U0362739

普通高等院校材料类专业精品教材

计算材料学

从算法原理到代码实现

◎单 斌 陈征征 陈 蓉 编著

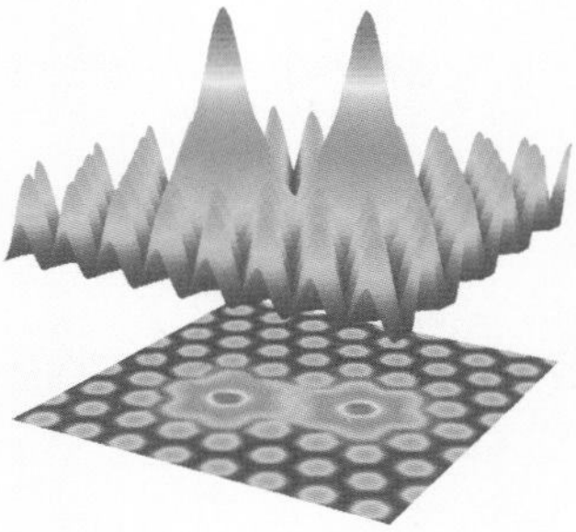

COMPUTATIONAL MATERIALS SCIENCE
FROM PRINCIPLES TO CODES

華中科技大學出版社
http://press.hust.edu.cn
中国·武汉

内容简介

本书主要介绍计算材料学中比较常用的微观尺度模拟方法的基本理论，深入讨论各种模拟方法的数值化实现、数值算法的收敛性及稳定性等，综述近年来计算材料学国内外最新研究成果。

本书共八章。第 1 章介绍必要的数学基础，包括线性代数、插值与拟合、优化算法、数值积分及群论等方面内容。第 2 章介绍量子力学、晶体点群及固体理论基础。第 3 章介绍第一性原理，主要包括 Hartree-Fock 方法和密度泛函理论，同时详细讨论了如何利用平面波赝势方法求解体系总能和本征波函数，并简要介绍了近年来发展比较迅速的准粒子近似和激发态算法。第 4 章介绍 VASP 计算模拟实例，包括 VASP 程序、小分子气体能量计算等内容。第 5 章介绍紧束缚方法，重点推导了 Slater-Koster 双中心近似下哈密顿矩阵元的普遍表达式、原子受力的计算方法，以及紧束缚模型自洽化的方法。第 6 章介绍分子动力学方法，包括原子经验势的种类、微正则系综下分子动力学的实现算法，同时详细讨论了微正则系综向正则系综的变换，以及近年来发展起来的第一性原理分子动力学的理论基础。第 7 章介绍 LAMMPS 分子动力学实例，包括 LAMMPS 程序、惰性气体的扩散运动与平衡速率分布等内容。第 8 章介绍蒙特卡罗方法，包括随机数采样策略及不同系综下的蒙特卡罗算法，以及连接微观与宏观现象的动力学蒙特卡罗方法。附录对正文中涉及的若干数学算法进行了详细讨论。

本书可作为材料专业、物理专业、化学专业及相关专业高年级本科生及研究生的教材或高校教师的参考书，也可作为从事计算材料学研究的科技工作者的参考资料。

图书在版编目(CIP)数据

计算材料学：从算法原理到代码实现/单斌，陈征征，陈蓉编著. —武汉：华中科技大学出版社，2023. 10 (2024. 7 重印)
ISBN 978-7-5772-0044-6

Ⅰ. ①计… Ⅱ. ①单… ②陈… ③陈… Ⅲ. ①材料科学-计算 Ⅳ. ①TB3

中国国家版本馆 CIP 数据核字(2023)第 192298 号

计算材料学：从算法原理到代码实现 单 斌 陈征征 陈 蓉 编著
Jisuan Cailiaoxue:Cong Suanfa Yuanli dao Daima Shixian

策划编辑：俞道凯 张少奇
责任编辑：姚同梅
封面设计：刘 卉
责任监印：周治超
出版发行：华中科技大学出版社(中国·武汉) 电话：(027)81321913
武汉市东湖新技术开发区华工科技园 邮编：430223
录 排：武汉市洪山区佳年华文印部
印 刷：湖北新华印务有限公司
开 本：787mm×1092mm 1/16
印 张：36.5 插页：2
字 数：911 千字
版 次：2024 年 7 月第 1 版第 2 次印刷
定 价：168.00 元

华中出版

本书若有印装质量问题，请向出版社营销中心调换
全国免费服务热线：400-6679-118 竭诚为您服务
版权所有 侵权必究

作者简介

单　斌，华中科技大学材料科学与工程学院教授、博士生导师，兼任中国科学院宁波材料技术与工程研究所客座研究员。教育部新世纪优秀人才支持计划入选者，湖北省特聘教授，湖北省杰出青年基金获得者，中国稀土学会稀土催化专业委员会委员。主要研究方向是计算材料学、先进催化与原子层沉积的跨尺度模拟，以及人工智能在材料中的应用。主持和参与了包括国家自然科学基金重点项目、面上项目，国家重大科学研究计划项目在内的多项国家级及省部级项目。在*Science*、*Nature Communication*、*Angewandte Chemie International Edition*、*Physical Review Letters*等国际权威杂志上发表论文150余篇，他引超过8000余次；获发明专利授权40余项；荣获日内瓦国际发明展特别嘉许金奖、湖北省技术发明奖一等奖、稀土科学技术奖二等奖、湖北省专利奖银奖等奖项。

陈征征，2006年清华大学物理系毕业，获理学博士学位。曾任美国加利福尼亚州立大学北岭分校物理系助理研究员，现任教育机构ScholarOne董事长。主要研究方向为基于第一性原理计算的难熔金属辐照损伤模拟、新型催化剂设计以及表面催化的微观动力学模拟。已于*Physical Review Letters*、*ACS Nano*、*Chemical Science*等相关领域顶级杂志上发表论文30篇。担任*Physical Review Letters*、*Physical Review B*以及*Journal of Physical Chemistry*等杂志的特约审稿人。

作者简介

陈　蓉，华中科技大学机械科学与工程学院教授、博士生导师，华中科技大学柔性电子研究中心副主任。国家级创新领军人才、国家海外高层次青年人才、中国工程院-中国工程前沿杰出青年学者。主要研究方向为原子层沉积原理方法与工艺装备。主持国家重点研发计划颠覆性技术创新项目、国家基金重点项目、973计划青年科学家专题项目等多个微电子与新能源相关项目，在*Nature Communication*、*Advanced Materials*、*Angewandte Chemie International Edition*、*Small*、*Engineering*、*Science Bulletin*等国内外期刊上发表SCI论文170余篇，主编/撰写中英文出版物4部，获专利授权100余项（含10余项国际专利）。荣获科学探索奖、中国青年科技奖、中国科协求是杰出青年成果转化奖、中国侨界(创新人才)贡献奖，并获湖北省技术发明奖一等奖、湖北省专利奖、全国颠覆性技术创新大赛优胜奖，入选中国科学技术学会首批“科创中国”先导技术榜等。在国际上，获得IEEE SMC杰出学术贡献奖、日内瓦发明展特别嘉许金奖等。

前　言

计算材料学是一门新兴的、发展迅速的综合性基础科学。它的研究方法既区别于理论物理学采用简化模型寻找普遍规律的做法，也不同于实验物理学在真实世界里对实际体系进行观测的方法。计算材料学采用的是一种分析型的虚拟实验方法。它根据物质材料遵循的物理学基本方程，利用高效计算机强大的运算能力对材料的性质、功能以及演化过程等进行详细的、拆解式的模拟和预测，从而帮助人们深入理解在材料学实验中观察到的各种现象，并缩短新材料研发的周期，降低研发成本。近二十年来，随着计算机性能的飞速提升，这门学科在科学研究领域愈来愈受到重视。与此同时，机器学习和人工智能技术的发展为计算材料学带来了新的机遇。通过结合大数据分析和深度学习等技术，计算材料学研究人员可以更高效地挖掘和分析通过实验和模拟获得的海量数据，从而更精确地预测新材料的性能和特性。相对传统试错方法，利用神经网络、支持向量机等机器学习模型，研究人员可以在更短的时间内针对材料特性建立高效的模型，从而缩短研究时间和降低成本。在晶体结构预测、电子结构计算、热力学性质预测等领域，机器学习和人工智能技术为计算材料学的发展提供了强大的支持。

计算材料学的进步对于科技强国的建设具有重要意义。加快新材料的研发和优化进程，有利于推动高科技产业的发展，提高国家的科技竞争力。在航空航天、能源、电子信息等关键领域，先进材料的研发和应用将为国家的经济建设和国防安全提供坚实的保障。因此，计算材料学不仅仅是科学研究的重要工具，更是推动国家科技进步和创新发展的重要力量。近十年来，随着计算材料学的不断发展，相关的理论和模拟算法也取得了显著的进步，为该领域带来了诸多重要的发现和创新。从近年来发表的研究成果来看，许多以实验为主导的工作都已经结合先进的计算方法，对实验现象进行了深入的计算模拟和剖析，以揭示材料的内在性质和作用机制，避免"知其然而不知其所以然"的尴尬。在这样的学科发展背景下，撰写一本全面、详细介绍计算材料学基本方法的教材显得尤为重要。这样的教材可以为学生和研究人员提供一份全面的、系统性的指南，使他们不仅能够掌握计算材料学的核心概念、方法和技巧，同时还能注重将计算材料学与实验研究相结合，学会利用现代计算材料学、机器学习等方法来提高科研的效率。

我们撰写本书的目的是提供全面的计算材料学知识——从基础数学理论到实践应用。本书第 1 章介绍了与计算材料学相关的基础数学知识，如线性代数、插值与拟合、优化算法、数值积分和群论。第 2 章涵盖了量子力学、晶体点群和固体理论等内容。第 3 章和第 4 章着重讲解了第一性原理方法，并提供了使用 VASP 软件的实例。第 5 章详细介绍了 Slater-Koster 双中心近似下的哈密顿矩阵元和原子受力的计算方法。第 6 章探讨了不同类型的原子经验势和微正则系综下的分子动力学实现算法，特别介绍了机器学习势方法。第 7 章使用 LAMMPS 展示了覆盖多个领域的分子动力学实例。第 8 章详细讨论了随机数采样策略、不同系综下的蒙特卡罗算法和连接微观与宏观现象的动力学蒙特卡罗方法。附录则对正文中的数学算法进行了深入讨论。

在本书撰写过程中，我们查阅了大量文献，对方程进行了详细推导，并注意尽量采用简练、易于理解的语言来表述。我们从直观的角度出发，力求在保证正确性的基础上，提供有别于本课程已有教材的内容，以帮助读者全方位理解计算材料学。

我们在学习和工作过程中深刻感受到，计算材料学中最棘手的问题在于如何实现从基础理论到实际操作之间的跨越。以我们在第 3 章介绍的密度泛函理论为例，尽管我们能够完成 Kohn-Sham 方程的推导，并理解其理论基础，但是从这个方程出发编写出实用的软件包仍然是一项极为艰巨的任务。这个问题在本书其他章节介绍的方法中也同样突出。学生们可能对此感同身受：即使能够自己推导出公式，却仍然无法知道如何利用相应的知识来应用这些理论。这无疑会对他们的学习兴趣产生不利影响。因此，在本书中，我们付出了大量的努力，详细介绍了每一种方法的具体实现过程。对于关键算法，我们提供了对应的 Python 代码，同时提供了数十个有代表性的计算实例和讲解视频，以帮助读者快速掌握计算材料学的方法和软件（相关资料可扫描下方二维码下载）。我们坚信，这种做法是有价值的。读者若能将本书从头到尾“啃”完，无疑将提升其工作和研究的水平。希望通过这本书，能培养学生们的科技报国意识，使他们在掌握实际操作能力的同时，能够在关键技术领域中发挥重要作用，为我国科技事业的发展做出贡献。同时，希望学生们通过努力攻克计算材料学中的难题，能够在学术上有所收获，并进一步为实现科技强国的宏伟目标贡献自己的力量。

本书由单斌、陈征征和陈蓉编著。特别感谢华中科技大学教材立项基金的大力支持。感谢漫长撰写过程中两个可爱的小宝贝阿芙、阿宸的陪伴，让枯燥的码字也变得有意思起来。

由于作者水平有限，书中不可避免地会存在不完善的地方或者见解，衷心希望各位专家和广大读者能不吝批评和指正。

单斌

2023 年 6 月

代码和教学视频

在线课程

目　　录

第1章　数学基础

1.1　矩阵运算

矩阵是线性代数中一种基本的数学对象。矩阵最初被引入是为了求解线性方程组，然而，在其发展过程中，矩阵被应用到了科学以及工程领域中的几乎各个方面。在本书的后续章节中我们将看到，利用矩阵表示对称群的各个群元或体系的薛定谔(Schrödinger)方程非常直观并且易于理解。因此我们首先简要介绍矩阵的最基本的性质和运算法则。

1.1.1　行列式

1.1.1.1　行列式的定义及基本性质

将若干个数按照一定的顺序排列起来就构成了矩阵，例如：

$$\boldsymbol{A}=\begin{bmatrix}1 & 2 & 3\\ 4 & 5 & 6\\ 7 & 8 & 9\\ 10 & 11 & 12\end{bmatrix}\tag{1.1}$$

一个矩阵的维数由行数和列数描述，一般称为 $m\times n$ 的矩阵。一个矩阵的横排叫做行，纵排叫做列。如式(1.1)中 $\boldsymbol{A}$ 就是一个四行三列的矩阵。如果某一矩阵的行数与列数相等，则该矩阵称为 n 阶方阵。对于一个 n 阶方阵 $\boldsymbol{B}$，可以定义它的行列式为

$$|\boldsymbol{B}|=\det\boldsymbol{B}=\sum_{\sigma\in S_n}\mathrm{sgn}(\sigma)\prod_{i=1}^{n}a_{i,\sigma(i)}\tag{1.2}$$

式中：S_n 是集合$\{1,2,\cdots,n\}$到其自身的一一映射(即置换)的所有操作，每个操作均用 σ 表示。显然，一共有 $n!$ 种操作，这几种操作也即该集合的所有排列。$\mathrm{sgn}(\sigma)$代表置换 σ 的符号，等于$(-1)^m$，而 m 为 σ 所包含的逆序数。逆序的定义为：给定一个有序数对(i,j)，若其满足 $1\leqslant i<j\leqslant n$ 且 $\sigma(i)>\sigma(j)$，则称为 σ 的一个逆序。例如：若$\sigma(123)=(231)$，则逆序数 $m=2$；若 $\sigma(123)=(321)$，则 $m=3$。对于每一个 σ，都从每一行中抽取一个元素 $a_{i,\sigma(i)}$ 做连乘。从该定义式不难看出，行列式即方阵中所有不同行、不同列元素的连乘的一个线性组合。一般而言，直接从定义式(1.2)出发计算$|\boldsymbol{B}|$比较繁杂，因此有必要归纳出行列式的若干性质以简化运算。

性质1　行列式的行与列按原顺序互换，其值不变，即

$$\begin{vmatrix}a_{11} & a_{12} & \cdots & a_{1n}\\ a_{21} & a_{22} & \cdots & a_{2n}\\ \vdots & \vdots & & \vdots\\ a_{n1} & a_{n2} & \cdots & a_{nn}\end{vmatrix}=\begin{vmatrix}a_{11} & a_{21} & \cdots & a_{n1}\\ a_{12} & a_{22} & \cdots & a_{n2}\\ \vdots & \vdots & & \vdots\\ a_{1n} & a_{2n} & \cdots & a_{nn}\end{vmatrix}\tag{1.3}$$

性质2　行列式的任一行(列)均拥有线性性质：① 若该行(列)有公因子，可提到行列式

外;② 若该行(列)的每个元素均写成两个数之和,则行列式可以表示为两个行列数之和。即

$$\begin{vmatrix} a_{11} & a_{12} & \cdots & a_{1n} \\ \vdots & \vdots & & \vdots \\ ka_{i1} & ka_{i2} & \cdots & ka_{in} \\ \vdots & \vdots & & \vdots \\ a_{n1} & a_{n2} & \cdots & a_{nn} \end{vmatrix} = k \begin{vmatrix} a_{11} & a_{12} & \cdots & a_{1n} \\ \vdots & \vdots & & \vdots \\ a_{i1} & a_{i2} & \cdots & a_{in} \\ \vdots & \vdots & & \vdots \\ a_{n1} & a_{n2} & \cdots & a_{nn} \end{vmatrix} \tag{1.4}$$

$$\begin{vmatrix} a_{11} & a_{12} & \cdots & a_{1n} \\ \vdots & \vdots & & \vdots \\ a_{i1}+b_{i1} & a_{i2}+b_{i2} & \cdots & a_{in}+b_{in} \\ \vdots & \vdots & & \vdots \\ a_{n1} & a_{n2} & \cdots & a_{nn} \end{vmatrix} = \begin{vmatrix} a_{11} & a_{12} & \cdots & a_{1n} \\ \vdots & \vdots & & \vdots \\ a_{i1} & a_{i2} & \cdots & a_{in} \\ \vdots & \vdots & & \vdots \\ a_{n1} & a_{n2} & \cdots & a_{nn} \end{vmatrix} + \begin{vmatrix} a_{11} & a_{12} & \cdots & a_{1n} \\ \vdots & \vdots & & \vdots \\ b_{i1} & b_{i2} & \cdots & b_{in} \\ \vdots & \vdots & & \vdots \\ a_{n1} & a_{n2} & \cdots & a_{nn} \end{vmatrix} \tag{1.5}$$

性质 3 行列式中的任意两行(列)互换,行列式的值改变符号。即

$$\begin{vmatrix} a_{11} & a_{12} & \cdots & a_{1n} \\ \vdots & \vdots & & \vdots \\ a_{i1} & a_{i2} & \cdots & a_{in} \\ \vdots & \vdots & & \vdots \\ a_{j1} & a_{j2} & \cdots & a_{jn} \\ \vdots & \vdots & & \vdots \\ a_{n1} & a_{n2} & \cdots & a_{nn} \end{vmatrix} = - \begin{vmatrix} a_{11} & a_{12} & \cdots & a_{1n} \\ \vdots & \vdots & & \vdots \\ a_{j1} & a_{j2} & \cdots & a_{jn} \\ \vdots & \vdots & & \vdots \\ a_{i1} & a_{i2} & \cdots & a_{in} \\ \vdots & \vdots & & \vdots \\ a_{n1} & a_{n2} & \cdots & a_{nn} \end{vmatrix} \tag{1.6}$$

性质 4 若行列式中任意两行(列)元素完全相等,则该行列式的值为 0。即,若$[a_{i1},a_{i2},\cdots,a_{in}]=[a_{j1},a_{j2},\cdots,a_{jn}]$,则

$$\begin{vmatrix} a_{11} & a_{12} & \cdots & a_{1n} \\ \vdots & \vdots & & \vdots \\ a_{i1} & a_{i2} & \cdots & a_{in} \\ \vdots & \vdots & & \vdots \\ a_{j1} & a_{j2} & \cdots & a_{jn} \\ \vdots & \vdots & & \vdots \\ a_{n1} & a_{n2} & \cdots & a_{nn} \end{vmatrix} = 0 \tag{1.7}$$

性质 5 将行列式中的任意一行(列)的每个元素同乘以一个非零常数 k,再将其加到另一行(列)的相应元素上,行列式的值不变。即

$$\begin{vmatrix} a_{11} & a_{12} & \cdots & a_{1n} \\ \vdots & \vdots & & \vdots \\ a_{i1} & a_{i2} & \cdots & a_{in} \\ \vdots & \vdots & & \vdots \\ a_{j1} & a_{j2} & \cdots & a_{jn} \\ \vdots & \vdots & & \vdots \\ a_{n1} & a_{n2} & \cdots & a_{nn} \end{vmatrix} = \begin{vmatrix} a_{11} & a_{12} & \cdots & a_{1n} \\ \vdots & \vdots & & \vdots \\ a_{i1}+ka_{j1} & a_{i2}+ka_{j2} & \cdots & a_{in}+ka_{jn} \\ \vdots & \vdots & & \vdots \\ a_{j1} & a_{j2} & \cdots & a_{jn} \\ \vdots & \vdots & & \vdots \\ a_{n1} & a_{n2} & \cdots & a_{nn} \end{vmatrix} \tag{1.8}$$

根据上述性质，还可以有如下几个重要的推论，分列如下。

推论 1 若行列式任意一行(列)元素全为零，则该行列式的值为 0。

推论 2 若行列式任意两行(列)的元素对应成比例，则该行列式的值为 0。

此外，还有一个比较重要的定理：

行列式的乘法定理 两个 n 阶方阵乘积的行列式等于两个方阵的行列式的乘积[1]，即

$$\det \boldsymbol{AB} = \det \boldsymbol{A} \det \boldsymbol{B}$$

1.1.1.2 行列式的展开

可以将 n 阶行列式按照一行(列)展开，将其变成 n 个低阶行列式的线性组合。设将 $|\boldsymbol{A}|$ 按照第 i 行展开，则有

$$|\boldsymbol{A}| = \sum_{j=1}^{n} (-1)^{i+j} a_{ij} M_{ij} \tag{1.9}$$

式中：M_{ij} 称为关于 a_{ij} 的余子式，是将行列式 $|\boldsymbol{A}|$ 的第 i 行与第 j 列元素全部拿掉而形成的一个 $n-1$ 阶行列式，其具体表示为

$$M_{ij} = \begin{vmatrix} a_{11} & \cdots & a_{1,j-1} & a_{1,j+1} & \cdots & a_{1n} \\ \vdots & & \vdots & \vdots & & \vdots \\ a_{i-1,1} & \cdots & a_{i-1,j-1} & a_{i-1,j+1} & \cdots & a_{i-1,n} \\ a_{i+1,1} & \cdots & a_{i+1,j-1} & a_{i+1,j+1} & \cdots & a_{i+1,n} \\ \vdots & & \vdots & \vdots & & \vdots \\ a_{n1} & \cdots & a_{n,j-1} & a_{n,j+1} & \cdots & a_{nn} \end{vmatrix} \tag{1.10}$$

若定义关于 a_{ij} 的代数余子式为

$$A_{ij} = (-1)^{i+j} M_{ij} \tag{1.11}$$

则行列式的展开式有很简洁的形式，即

$$|\boldsymbol{A}| = \sum_{j=1}^{n} a_{ij} A_{ij} \tag{1.12}$$

式(1.9)和式(1.12)在第 2 章中讨论 Hartree-Fock 方程的时候将会用到。

1.1.1.3 克莱默法则

克莱默法则(Cramer’s Rule)及其推论是求解 n 元一次定解线性方程组的重要方法，在本书后续章节中会经常看到。因此在这里做一下简要的介绍。

设有一个由 N 个线性非齐次方程组成的方程组，其中包含 n 个未知数 $x_1, x_2, \cdots, x_n$：

$$\begin{gathered} a_{11}x_1 + a_{12}x_2 + \cdots + a_{1n}x_n = b_1 \\ a_{21}x_1 + a_{22}x_2 + \cdots + a_{2n}x_n = b_2 \\ \vdots \\ a_{n1}x_1 + a_{n2}x_2 + \cdots + a_{nn}x_n = b_n \end{gathered} \tag{1.13}$$

记其系数矩阵为 $\boldsymbol{A} = (a_{ij})_{N \times N}$，若 $|\boldsymbol{A}| \neq 0$，则上述方程组有唯一解：

$$x_i = \frac{|\boldsymbol{A}_i|}{|\boldsymbol{A}|} \tag{1.14}$$

式中：$|\boldsymbol{A}_i|$ 为用常数项 $b_1, b_2, \cdots, b_n$ 替换 $|\boldsymbol{A}|$ 的第 i 列所形成的行列式，

$$|\boldsymbol{A}_i| = \begin{vmatrix} a_{11} & \cdots & a_{1,i-1} & b_1 & a_{1,i+1} & \cdots & a_{1n} \\ a_{21} & \cdots & a_{2,i-1} & b_2 & a_{2,i+1} & \cdots & a_{2n} \\ \vdots & & \vdots & \vdots & \vdots & & \vdots \\ a_{n1} & \cdots & a_{n,i-1} & b_n & a_{n,i+1} & \cdots & a_{nn} \end{vmatrix} \tag{1.15}$$

由克莱默法则可得出以下推论:

若齐次线性方程组

$$\sum_{j=1}^{n} a_{ij}x_j = 0 \quad (i = 1,2,\cdots,n)$$

的系数行列式 $|\boldsymbol{A}| \neq 0$,则该方程组只有零解。

而其逆否命题为:齐次线性方程组有非零解的必要条件是该方程组的系数行列式 $|\boldsymbol{A}| = 0$。

实际上,系数行列式 $|\boldsymbol{A}| = 0$ 是齐次线性方程组有非零解的充要条件[2]。在本书后续的章节中我们将多次用到这个条件,包括近自由电子气模型、第一性原理计算方法、紧束缚(tight binding,TB)方法等都会用到它。

1.1.2 矩阵的本征值问题

给定一个 N 阶方阵 $\boldsymbol{A}$、一个 N 维的非零矢量 $\boldsymbol{v}$ 及一个常数 λ,如果满足

$$\boldsymbol{A}\boldsymbol{v} = \lambda\boldsymbol{v} \tag{1.16}$$

则称 λ 是 $\boldsymbol{A}$ 的本征值,$\boldsymbol{v}$ 是 $\boldsymbol{A}$ 的属于 λ 的本征矢。从几何的角度来讲,方阵 $\boldsymbol{A}$ 代表在 N 维空间中的一个线性变换。在该空间中给定一个矢量 $\boldsymbol{v}$,如果将线性变换 $\boldsymbol{A}$ 作用于 $\boldsymbol{v}$ 会得到一个新的矢量 $\boldsymbol{v}'$,如果 $\boldsymbol{v}'$ 与原矢量 $\boldsymbol{v}$ 共线,且其内积定义下 $\boldsymbol{v}'$ 的长度改变为 $\boldsymbol{v}$ 的 λ 倍,则 $\boldsymbol{v}$ 即为 $\boldsymbol{A}$ 的本征矢。若 λ 为负数,则 $\boldsymbol{v}'$ 反向。因此,矩阵 $\boldsymbol{A}$ 的本征矢 $\boldsymbol{v}$ 在 $\boldsymbol{A}$ 的作用下除增加一个常数因子外不会改变任何信息。

按照方程(1.16)的定义,有

$$(\boldsymbol{A} - \lambda\boldsymbol{I})\boldsymbol{v} = 0 \tag{1.17}$$

式中:$\boldsymbol{I}$ 为 N 阶单位矩阵。$\boldsymbol{v}$ 即为上述齐次线性方程组的非零解。由 1.1.1.3 节中介绍的克莱默法则,可得其充要条件为

$$\det(\boldsymbol{A} - \lambda\boldsymbol{I}) = 0 \tag{1.18}$$

式(1.18)的左端是一个关于 λ 的 N 次多项式,称为矩阵 $\boldsymbol{A}$ 的本征值多项式。方程(1.18)有 N 个根,代表着 $\boldsymbol{A}$ 的所有本征值。高次多项式的根难以通过解析方法得到,因此如何高效、普遍地求出矩阵 $\boldsymbol{A}$ 的本征值是数值计算中非常重要的一个课题。对这个问题的详细讨论超出了本书的范围,读者可参阅更为专业的书籍[3]。

本征值方程(1.17)的成立有一个前提条件,即该 N 维线性空间由一组标准正交基张开,这可以由式中的单位矩阵 $\boldsymbol{I}$ 看出。但是很多情况下张开空间的基组/基函数并不满足正交条件(如第 3 章中的超软赝势和第 5 章中的紧束缚方法)。在这种情况下需要求解所谓的广义本征值方程:

$$\boldsymbol{A}\boldsymbol{v} = \lambda\boldsymbol{S}\boldsymbol{v} \tag{1.19}$$

式中:$\boldsymbol{S}$ 称为交叠矩阵。具体的表达式依赖于求解的问题,我们将在相关章节中详细讨论。

矩阵的本征值可以通过以下 Python 代码得到。

代码 1.1 矩阵本征值计算程序 eigenValue.py

```
import numpy as np

# Define matrix A
```

```
A=np.array([[2, -1],
            [1, 3]])

# Calculate eigenvalues
eigenvalues=np.linalg.eigvals(A)

print("Eigenvalues of matrix A:")
print(eigenvalues)
```

1.1.3 矩阵分解

矩阵分解是求解线性方程组的一种重要方法。本节简要介绍两种常见的关于方阵的分解算法。

1. 方阵的 *LU* 分解

LU 分解本质上是高斯消元法的一种表示方式。它将非奇异的方阵 $\boldsymbol{A}$ 分解成下三角矩阵 $\boldsymbol{L}$ 和上三角矩阵 $\boldsymbol{U}$ 的乘积。因此，对于系数矩阵为 $\boldsymbol{A}$ 的线性方程

$$\boldsymbol{Ax}=\boldsymbol{b} \tag{1.20}$$

求解的任务变为两步，即

$$\boldsymbol{Ly}=\boldsymbol{b},\quad \boldsymbol{Ux}=\boldsymbol{y} \tag{1.21}$$

计算过程由于 $\boldsymbol{L}$ 和 $\boldsymbol{U}$ 结构特殊可获得显著的简化。下面介绍比较基本和常用的 Doolittle 分解法。

设 $\boldsymbol{A}=\boldsymbol{LU}$，其中

$$\boldsymbol{L}=\begin{bmatrix} 1 & & & \\ l_{21} & 1 & & \\ \vdots & \vdots & \ddots & \\ l_{n1} & l_{n2} & \cdots & 1 \end{bmatrix},\quad \boldsymbol{U}=\begin{bmatrix} u_{11} & u_{12} & \cdots & u_{1n} \\ & u_{22} & \cdots & u_{2n} \\ & & \ddots & \vdots \\ & & & u_{nn} \end{bmatrix} \tag{1.22}$$

不难求出

$$u_{kj}=a_{kj}-\sum_{r=1}^{k-1} l_{kr}u_{rj}\quad (j=k,k+1,\cdots,n) \tag{1.23}$$

$$l_{ik}=\left(a_{ik}-\sum_{r=1}^{k-1} l_{ir}u_{rk}\right)\Big/u_{kk}\quad (i=k+1,k+2,\cdots,n) \tag{1.24}$$

因此，当 k 按顺序由 1 取到 n 时，交替使用方程(1.23)及方程(1.24)，就可以得到 $\boldsymbol{L}$ 和 $\boldsymbol{U}$ 的全部元素。具体方法是：首先取 $k=1$，由方程(1.23)计算出上三角矩阵 $\boldsymbol{U}$ 的第一行元素，之后利用方程(1.24)计算下三角矩阵 $\boldsymbol{L}$ 的第一列元素；设 $k=k+1$，用方程(1.23)计算 $\boldsymbol{U}$ 的第 k 行元素，再用方程(1.24)计算 $\boldsymbol{L}$ 的第 k 列元素。上述过程重复 n 次，当 $k=n$ 时，Doolittle 分解完成。

现介绍如何利用得到的 $\boldsymbol{L}$ 和 $\boldsymbol{U}$ 求解线性方程(1.20)。由式(1.21)可知 y_i 和 x_i 的递推公式为

$$y_i=b_i-\sum_{k=1}^{i-1} l_{ik}y_k\quad (i=1,2,\cdots,n) \tag{1.25}$$

$$x_i = \left(y_i - \sum_{k=i+1}^{n} u_{ik} x_k\right) \Big/ u_{ii} \quad (i = n, n-1, \cdots, 1) \tag{1.26}$$

式(1.26)即为方程(1.20)的解。注意 x_i 的下标由 n 递减至 1,对应于高斯消元法中的回代过程。

例 1.1 给定矩阵

$$\boldsymbol{A}=\begin{bmatrix} 1 & 6 & 0 & 3 \\ 0 & 2 & 0 & 4 \\ -1 & -6 & 3 & -3 \\ 0 & -2 & 0 & 8 \end{bmatrix}, \quad \boldsymbol{b}=\begin{bmatrix} 5 \\ 4 \\ 5 \\ 4 \end{bmatrix}$$

利用 ***LU*** 分解求 $\boldsymbol{Ax}=\boldsymbol{b}$ 的解。

解 $k=1$ 时,由式(1.23)得

$$u_{11}=a_{11}=1, \quad u_{12}=a_{12}=6, \quad u_{13}=a_{13}=0, \quad u_{14}=a_{14}=3$$

再由式(1.24)得

$$l_{21}=\frac{a_{21}}{u_{11}}=0, \quad l_{31}=\frac{a_{31}}{u_{11}}=-1, \quad l_{41}=\frac{a_{41}}{u_{11}}=0$$

$k=2$ 时,由式(1.23)得

$$u_{22}=a_{22}-l_{21}u_{12}=2, \quad u_{23}=a_{23}-l_{21}u_{13}=0, \quad u_{24}=a_{24}-l_{21}u_{14}=4$$

再由式(1.24)得

$$l_{32}=\frac{a_{32}-l_{31}u_{12}}{u_{22}}=0, \quad l_{42}=\frac{a_{42}-l_{41}u_{12}}{u_{22}}=-1$$

$k=3$ 时,由式(1.23)得

$$u_{33}=a_{33}-l_{31}u_{13}-l_{32}u_{23}=3, \quad u_{34}=a_{34}-l_{31}u_{14}-l_{32}u_{24}=0$$

再由式(1.24)得

$$l_{43}=\frac{a_{43}-l_{41}u_{13}-l_{42}u_{23}}{u_{33}}=0$$

$k=4$ 时,由式(1.23)得

$$u_{44}=a_{44}-l_{41}u_{14}-l_{42}u_{24}-l_{43}u_{34}=12$$

因此,

$$\boldsymbol{L}=\begin{bmatrix} 1 & & & \\ 0 & 1 & & \\ -1 & 0 & 1 & \\ 0 & -1 & 0 & 1 \end{bmatrix}, \quad \boldsymbol{U}=\begin{bmatrix} 1 & 6 & 0 & 3 \\ & 2 & 0 & 4 \\ & & 3 & 0 \\ & & & 12 \end{bmatrix}$$

再根据式(1.25),解得

$$\boldsymbol{y}^{\mathrm{T}}=[5 \quad 4 \quad 10 \quad 8]$$

最后由式(1.26)求得最终解为

$$\boldsymbol{x}^{\mathrm{T}}=[-1 \quad 2/3 \quad 10/3 \quad 2/3]$$

以上的解析计算均可采用 Python 代码由计算机实现,见代码 1.2。

代码 1.2 矩阵 *LU* 分解程序 LUdecomposition.py

```
import numpy as np
from scipy.linalg import lu_factor , lu_solve

```

```
4   #  Define matrix A and vector b
5   A=np.array([[1, 6, 0, 3],
6               [0, 2, 0, 4],
7               [-1, -6, 3, -3],
8               [0, -2, 0, 8]])
9   b=np.array ([[5],[4],[5],[4]])
10
11  #  Perform LU decomposition and factorization of A
12  lu, piv=lu_factor(A)
13
14  #  Solve Ax=b using LU decomposition
15  x=lu_solve((lu, piv), b)
16
17  print("Matrix.A:")
18  print(A)
19
20  print("\nVector.b:")
21  print(b)
22
23  print("\nSolution.vector.x:")
24  print(x)
```

2. 方阵的 Cholesky 分解

Cholesky 分解实际上是 LU 分解的一个特例。当 A 是对称正定矩阵时,LU 分解可以进一步简化为一个下三角矩阵 L 与它的转置 L^T 的乘积,即

$$A = LL^T \tag{1.27}$$

因为 A 是正定矩阵,所以必然存在唯一的 LU 分解。引入一个对角矩阵 D,其对角线上的元素为 U 的对角线元素 $u_{11}, u_{22}, \cdots, u_{mm}$。因为 $A^T = A$,所以有

$$A^T = U^T L^T = U^T D^{-1} D L^T = (D^{-1}U)^T (LD)^T = A = LU \tag{1.28}$$

显然,因为 LU 分解唯一,所以要使式(1.28)成立,必须有 $D^{-1}U = L^T$。对称正定矩阵 A 还可以写为

$$A = LDL^T = (LD^{1/2})(LD^{1/2})^T \tag{1.29}$$

式(1.29)即为 Cholesky 分解。根据 LU 分解的讨论,不难得出 Cholesky 分解矩阵元的计算公式以及线性方程组解的递推公式,即对于任意 j,有

$$l_{jj} = \left(a_{jj} - \sum_{k=1}^{j-1} l_{jk}^2 \right)^{1/2} \tag{1.30}$$

$$l_{ij} = \left(a_{ij} - \sum_{k=1}^{j-1} l_{ij}l_{jk} \right) \Big/ l_{jj} \quad (i = j+1, j+2, \cdots, n) \tag{1.31}$$

当 j 依次由 1 变到 n 时,利用式(1.30)和式(1.31)可以得出 Cholesky 的分解矩阵。线性方程组解的递推公式请读者自行推导。

3. 一般矩阵的奇异值分解(singular value decomposition,SVD)

对于一个 $m \times n$(设 $m > n$)的矩阵 A,总可以将其写为三个矩阵之积:

$$\boldsymbol{A}=\boldsymbol{U}\begin{bmatrix}\boldsymbol{S}\\ \boldsymbol{0}\end{bmatrix}\boldsymbol{V}^{\mathrm{T}} \tag{1.32}$$

式中：$\boldsymbol{U}$、$\boldsymbol{V}$ 分别是 m 阶、n 阶正交矩阵，且 $\boldsymbol{U}$ 和 $\boldsymbol{V}$ 的第 i 列分别是 $\boldsymbol{AA}^{\mathrm{T}}$ 的第 i 个本征值 η_i^2 以及 $\boldsymbol{A}^{\mathrm{T}}\boldsymbol{A}$ 的第 i 个本征值 λ_i^2 的本征矢；$\boldsymbol{S}$ 是一个 n 阶对角矩阵，其对角元素为 $\boldsymbol{A}^{\mathrm{T}}\boldsymbol{A}$ 各个本征值的二次方根，且有

$$\lambda_1 \geqslant \lambda_2 \geqslant \cdots \geqslant \lambda_n \geqslant 0 \tag{1.33}$$

关于奇异值分解更为详细的介绍可参阅文献[4]。

奇异值分解的 Python 实现如代码 1.3 所示。

代码 1.3　矩阵奇异值分解程序 SVD. py

```
% import numpy as np
% a=np.random.randint(0,10,(6, 2))
% u, s, vh=np.linalg.svd(a, full_matrices=True)
% print(u.shape,s.shape,vh.shape)
% print(np.allclose(a, np.dot(u[:, :2] *  s, vh)))
import numpy as np

# Define matrix A
A=np.array([[1, 2],
             [3, 4],
             [5, 6]])

 # Perform SVD
 U, S, Vt=np.linalg.svd(A)

 # Create the Sigma matrix with the same shape as A
 Sigma=np.zeros(A.shape)
 for i in range(min(A.shape)):
     Sigma[i, i]=S[i]

 print("Matrix.A:")
 print(A)

 print("\nMatrix.U:")
 print(U)

 print("\nMatrix.Sigma:")
 print(Sigma)

 print("\nMatrix.Vt:")
 print(Vt)
```

1.1.4　幺正变换

一个波函数可以用不同的正交完备基组进行展开，即

$$\psi = \sum_k a_k \phi_k \tag{1.34}$$

$$\psi = \sum_k a'_k \phi'_k \tag{1.35}$$

很容易推导出$[a_1, a_1, \cdots]$与$[a'_1, a'_2, \cdots]$之间的关系。将这两个方程写为一个等式，且两端与 ϕ'_j 的左矢内积，利用基组之间的正交性可以得到

$$\sum_k a'_k \langle \phi'_j \mid \phi'_k \rangle = \sum_k \delta_{jk} a'_k = a'_j = \sum_k \langle \phi'_j \mid \phi_k \rangle a_k = \sum_k S_{jk} a_k \tag{1.36}$$

写成矩阵形式为

$$\begin{bmatrix} a'_1 \\ a'_2 \\ \vdots \end{bmatrix} = \begin{bmatrix} S_{11} & S_{12} & \cdots \\ S_{21} & S_{22} & \cdots \\ \vdots & \vdots & \ddots \end{bmatrix} \begin{bmatrix} a_1 \\ a_2 \\ \vdots \end{bmatrix} \tag{1.37}$$

可见，量子力学中不同表象之间是用一个矩阵 $\boldsymbol{S}$ 相联系的，而可以证明，$\boldsymbol{S}$ 矩阵满足

$$\boldsymbol{S}\boldsymbol{S}^{\dagger} = \boldsymbol{S}^{\dagger}\boldsymbol{S} = \boldsymbol{I} \tag{1.38}$$

式中：† 表示转置共轭。

满足上述关系的矩阵 $\boldsymbol{S}$ 称为幺正矩阵，而相应的变换称为幺正变换。幺正性的证明如下。

我们考察 $\boldsymbol{S}^{\dagger}\boldsymbol{S}$ 矩阵的第 α 行、第 β 列的元素，即

$$\begin{aligned} (\boldsymbol{S}^{\dagger}\boldsymbol{S})_{\alpha\beta} &= \sum_i \boldsymbol{S}^{\dagger}_{\alpha i} \boldsymbol{S}_{i\beta} = \sum_i \boldsymbol{S}^{*}_{i\alpha} \boldsymbol{S}_{i\beta} = \sum_i \langle \phi_i \mid \phi'_\alpha \rangle^* \langle \phi_i \mid \phi'_\beta \rangle \\ &= \sum_i \langle \phi'_\alpha \mid \phi_i \rangle \langle \phi_i \mid \phi'_\beta \rangle = \langle \phi'_\alpha \mid \phi'_\beta \rangle = \delta_{\alpha\beta} \end{aligned} \tag{1.39}$$

量子力学中的算符 $\hat{A}$ 也可以经由正交完备基组展开。但是与波函数在该函数空间中展为一个矢量不同，算符 $\hat{A}$ 通常被表示为一个矩阵 $\boldsymbol{A}$，其矩阵元 A_{ij} 为

$$A_{ij} = \langle \phi_i | \hat{A} | \phi_j \rangle$$

同样可以考察算符矩阵在不同表象下的关系。设 $\hat{A}$ 在$\{\phi_1, \phi_2, \cdots, \phi_n\}$表象下的表示矩阵为 $\boldsymbol{A}$，而在$\{\phi'_1, \phi'_2, \cdots, \phi'_n\}$表象下的表示矩阵为 $\boldsymbol{A}'$，则

$$\boldsymbol{A}' = \boldsymbol{S}^{\dagger}\boldsymbol{A}\boldsymbol{S} \tag{1.40}$$

算符作用在波函数上会得到另一个波函数，在$\{\phi_1, \phi_2, \cdots, \phi_n\}$表象下记为

$$\boldsymbol{A} | \psi \rangle = | \varphi \rangle \tag{1.41}$$

在$\{\phi'_1, \phi'_2, \cdots, \phi'_n\}$表象下重新观察该方程左端，有

$$\boldsymbol{A}' | \psi' \rangle = \boldsymbol{S}^{\dagger}\boldsymbol{A}\boldsymbol{S}\boldsymbol{S}^{\dagger} | \psi \rangle = \boldsymbol{S}^{\dagger}\boldsymbol{A} | \psi \rangle = \boldsymbol{S}^{\dagger} | \varphi \rangle = | \varphi' \rangle \tag{1.42}$$

这正是方程(1.41)。因此，矩阵方程在幺正变换下保持不变。这是幺正变换的一个重要的性质。特别是，当$|\psi\rangle$是 $\hat{A}$ 的本征函数时，经幺正变换后，相应的$|\psi'\rangle$仍然是 $\hat{A}$ 的本征函数。更进一步，通过与式(1.42)相似的推导，可以得出结论：幺正变换不会改变算符的本征值。幺正变换的这两个性质表明算符 $\hat{A}$(或其相应的矩阵)的本征值问题与具体表象无关。因此，可以寻找最适合的表象。在算符自身表象中，矩阵 $\boldsymbol{A}$ 是对角矩阵，且对角线上的元素即为 $\hat{A}$ 的本征值。所以 $\hat{A}$ 的本征值问题可以归结为如何使相应的矩阵 $\boldsymbol{A}$ 对角化的问题。当对角化完成时，幺正矩阵 $\boldsymbol{S}$ 的第 i 列是 $\hat{A}$ 属于本征值 λ_i 的本征函数。

此外，幺正变换还有几种重要的性质：矢量内积在幺正变换下保持不变(因此矢量的模保持不变)；矩阵的迹 tr$\boldsymbol{A}$ 在幺正变换下保持不变；厄米(Hermite)算符在幺正变换下的厄米

性保持不变。这些性质使得幺正变换在量子力学中得到了非常广泛的应用。

1.2 群论基础

1.2.1 群的定义

设有一个数学对象的集合$\{a\}$,集合中的各元素间定义了与次序有关的运算方法(称为乘法或群乘),如果满足下列四个条件,则该集合构成群G:

(1) 存在一个单位元E,集合中任何其他元素a与其相乘均得到该元素自身,即$aE=a$;

(2) 集合中任意一个元素a_i,均存在对应其自身的逆a_i^{-1},二者相乘得到单位元E,即$a_ia_i^{-1}=E$;

(3) 集合中任意两个元素相乘得到的结果仍然是该集合的元素,即$a_ia_j=a_k$;

(4) 元素间的乘法满足结合律,即$(a_ia_j)a_k=a_i(a_ja_k)$。

集合中元素的个数称为群阶。

数学对象是一个抽象的概念,可以是操作、矩阵、数等。下面给出几个群的例子。

示例1 所有整数在代数加法运算下构成群,单位元为0,元素n的逆元为其相反数$-n$。该群为无限群。

示例2 集合$\{1,\mathrm{e}^{\mathrm{i}2\pi/m},\cdots,\mathrm{e}^{\mathrm{i}(m-1)2\pi/m}\}$在数乘运算下构成群,单位元为1,元素$\mathrm{e}^{\mathrm{i}2\pi n/m}$的逆元为$\mathrm{e}^{\mathrm{i}2\pi(m-n)/m}$。该群为有限群,群阶为$m$。

示例3 所有行列式$\det\boldsymbol{A}\neq0$的N阶方阵在矩阵乘法运算下构成群,单位元为单位矩阵$\boldsymbol{I}$,元素$\boldsymbol{A}$的逆元为其逆矩阵$\boldsymbol{A}^{-1}$。该群为无限群。

示例4 下列八个三阶方阵在矩阵乘法运算下构成一个八阶群:

$$\boldsymbol{A}=\begin{bmatrix}1&0&0\\0&1&0\\0&0&1\end{bmatrix},\quad \boldsymbol{B}=\begin{bmatrix}0&-1&0\\1&0&0\\0&0&1\end{bmatrix},\quad \boldsymbol{C}=\begin{bmatrix}-1&0&0\\0&-1&0\\0&0&1\end{bmatrix},\quad \boldsymbol{D}=\begin{bmatrix}0&1&0\\-1&0&0\\0&0&1\end{bmatrix}$$

$$\boldsymbol{E}=\begin{bmatrix}1&0&0\\0&-1&0\\0&0&-1\end{bmatrix},\quad \boldsymbol{F}=\begin{bmatrix}-1&0&0\\0&1&0\\0&0&-1\end{bmatrix},\quad \boldsymbol{G}=\begin{bmatrix}0&1&0\\1&0&0\\0&0&-1\end{bmatrix},\quad \boldsymbol{H}=\begin{bmatrix}0&-1&0\\-1&0&0\\0&0&-1\end{bmatrix}$$

示例5 三维空间中所有使正方形或四方体(Oxy面投影为正方形,Oxz面以及Oyz面投影为长方形)与其自身重合的旋转操作构成群。这些对称操作有八个:全等操作E;绕z轴旋转$\pi/2$、π、$3\pi/2$,分别标记为c_{4z}、c_{2z}以及c_{4z}^3;绕x轴、y轴、$\hat{\boldsymbol{x}}+\hat{\boldsymbol{y}}$轴以及$-\hat{\boldsymbol{x}}+\hat{\boldsymbol{y}}$轴转动$\pi$,分别标记为$c_{2x}$、$c_{2y}$、$c_2'$以及$c_2''$。这个八阶群称为$D_4$群。

1.2.2 子群、陪集、正规子群与商群

如果群G中有若干元素的集合S,在群乘作用下同样满足群的四个条件,则S同样是一个群,称为群G的子群。例如1.2.1节示例3中,所有行列式$\det\boldsymbol{A}=1$的N阶方阵构成矩阵群G的一个子群。又如1.2.1节示例5中,E、c_{4z}、c_{2z}、c_{4z}^3这四个元素构成D_4群的一个子群,称为C_4群。

取属于群G但不属于某子群S的一个元素a_i,右乘子群S中的所有元素,得到的集合

Sa_i 称为子群 S 的右陪集，a_i 称为陪集代表元。可以证明，S 的两个右陪集 Sa_i 和 Sa_j 或完全相同，或交集为零。而且 S 的右陪集数 $m-1$ 必须满足方程

$$g = sm \tag{1.43}$$

式中：g 是群 G 的阶；s 是其子群 S 的阶；m 是式(1.43)的整数解[5]。右陪集的这两条性质表明，可以将群 G 按照其某个子群 S 做右陪集分解，即

$$G = S + Sa_2 + Sa_3 + \cdots + Sa_m \tag{1.44}$$

式中：陪集代表元 $a_1 = E$。例如 D_4 群，按照其子群 C_4 群做右陪集分解，有

$$D_4 = C_4 + C_4 c_{2x}$$

式中：$C_4 = \{E, c_{4z}, c_{2z}, c_{4z}^3\}$；$C_4 c_{2x} = \{c_{2x}, c_{2y}, c'_2, c''_2\}$。此外，请注意陪集代表元 a_i 并不唯一，可以是陪集 Sa_i 中的任意元素。

事实上，作为 D_4 群的子群，C_4 群满足更广泛的条件，即任取 D_4 群中的一个元素 a_i（如 c_{2x}），均可以保证

$$a_i^{-1} C_4 a_i = C_4 \tag{1.45}$$

因此，C_4 称为 D_4 的一个正规子群，或称不变子群。不难证明，若将 D_4 群按照 C_4 群做陪集分解的两个集合 C_4、$C_4 c_{2x}$ 看作两个数学对象，则这两个集合同样满足群的定义，称为商群。上述定义以及讨论可以扩展到一般情况，只需要将 D_4 替换为一般群 G、将 C_4 替换为 G 的某个子群 S 即可。

1.2.3　直积群

如果两个群 $G_1 = \{E, a_1, a_2, \cdots, a_n\}$ 和 $G_2 = \{E, b_1, b_2, \cdots, b_m\}$ 仅有一个公共元 E，且 G_1 中的任意群元均与 G_2 中的任意群元对易，则二者可构成直积群

$$G = G_1 \otimes G_2 = \{E, a_2, \cdots, a_m, b_2, \cdots, b_n, a_2 b_2, \cdots, a_2 b_n, \cdots, a_m b_2, \cdots, a_m b_n\} \tag{1.46}$$

而 G_1 和 G_2 均为直积群 G 的正规子群。直积群也是对群进行扩维的一种重要的手段。在 1.2.5 节中我们将看到直积群的若干实例。

1.2.4　群的矩阵表示

群表示理论是群论中非常重要的一个组成部分。我们在此不详细讨论，只简单给出与后续章节有直接关系的若干结论。

对于群 G，如果能找到一组构成群的可逆方阵，对于每一个群元 a_i，都有一个与其对应的方阵 $\boldsymbol{D}(a_i)$，且对于群 G 中的任意两个元素 a_i 以及 a_j 都有

$$\boldsymbol{D}(a_i)\boldsymbol{D}(a_j) = \boldsymbol{D}(a_i a_j) \tag{1.47}$$

则该矩阵群称为群 G 的一个矩阵表示，简称表示。这些方阵的阶数 l 称为群 G 表示的维数。1.2.1 节中的示例 4 就是示例 5 中 D_4 群的一个三维表示。下列八个二阶方阵

$$\boldsymbol{A} = \begin{bmatrix} 1 & 0 \\ 0 & 1 \end{bmatrix},\quad \boldsymbol{B} = \begin{bmatrix} 0 & -1 \\ 1 & 0 \end{bmatrix},\quad \boldsymbol{C} = \begin{bmatrix} -1 & 0 \\ 0 & -1 \end{bmatrix},\quad \boldsymbol{D} = \begin{bmatrix} 0 & 1 \\ -1 & 0 \end{bmatrix}$$

$$\boldsymbol{E} = \begin{bmatrix} 1 & 0 \\ 0 & -1 \end{bmatrix},\quad \boldsymbol{F} = \begin{bmatrix} -1 & 0 \\ 0 & 1 \end{bmatrix},\quad \boldsymbol{G} = \begin{bmatrix} 0 & 1 \\ 1 & 0 \end{bmatrix},\quad \boldsymbol{H} = \begin{bmatrix} 0 & -1 \\ -1 & 0 \end{bmatrix}$$

构成 D_4 群的一个二维表示。而一阶单位矩阵 $\boldsymbol{I}$ 同样满足群表示的定义，因此是 D_4 群的一个一维表示。这些例子表明，一个群的表示并不唯一，而是有无限多种。但是所有这些表示

或彼此等价,或者可以分解为若干个更低维的、基本的表示。本书中所接触到的群均为描述分子或晶体空间对称性的点群,每个群元都代表三维空间中的一个对称操作。相应地,我们将各群元的表示矩阵选为其对应的坐标变换矩阵,也即我们只讨论点群的一个三维表示。

1.2.5 三维转动反演群 $O(3)$

首先讨论三维空间中的正旋转。转动算符 $\hat{R}$ 作用到三维空间中某个矢量 $\boldsymbol{r}$ 上,使其变换到 $\boldsymbol{r}'$,且作用到两个矢量上,保持这两个矢量的内积不变。可以证明,这样的算符可用一个三阶方阵 $\boldsymbol{A}$ 表示,其行列式满足 $\det\boldsymbol{A}=\pm 1$。$\det\boldsymbol{A}=1$ 的情况称为正旋转,而 $\det\boldsymbol{A}=-1$ 的情况称为非正旋转。

在三维空间中的所有正旋转 $\hat{R}$ 构成一个正旋转群 $SO(3)$。该群是一个无限群。对于 $\hat{R}$ 的描述,比较简单的方法是绕旋转轴 $\hat{\boldsymbol{n}}$ 旋转 θ 角,其中 $\hat{\boldsymbol{n}}$ 的取向由其与 x、y、z 三个坐标轴的夹角余弦(称为方位余弦)l、m、n 确定。因此 $\hat{R}$ 的表示矩阵为[5]

$$\begin{bmatrix} \cos\theta+l^2(1-\cos\theta) & lm(1-\cos\theta)-n\sin\theta & ln(1-\cos\theta)+m\sin\theta \\ ml(1-\cos\theta)+n\sin\theta & \cos\theta+m^2(1-\cos\theta) & mn(1-\cos\theta)-l\sin\theta \\ nl(1-\cos\theta)-m\sin\theta & nm(1-\cos\theta)+l\sin\theta & \cos\theta+n^2(1-\cos\theta) \end{bmatrix} \tag{1.48}$$

更多的情况下,$\hat{R}$ 由欧拉角描述。本书中不讨论这种方法。

再考虑非正旋转。因为 $\det\boldsymbol{A}=-1$,不存在单位元,所以所有非正旋转无法构成群。考虑到中心反演算符 $\hat{\boldsymbol{I}}$ 可表示为

$$\begin{bmatrix} -1 & 0 & 0 \\ 0 & -1 & 0 \\ 0 & 0 & -1 \end{bmatrix}$$

且有恒等式 $\det\boldsymbol{AB}\equiv\det\boldsymbol{A}\det\boldsymbol{B}$,所有的非正旋转均可以表示为一个正旋转和中心反演的联合作用,即

$$\hat{\boldsymbol{S}}=\hat{\boldsymbol{I}}\hat{\boldsymbol{R}} \tag{1.49}$$

很显然,$\{\boldsymbol{E},\boldsymbol{I}\}$ 构成一个二阶群,标记为 C_i。而 $\hat{\boldsymbol{I}}$ 与任意正旋转 $\hat{\boldsymbol{R}}$ 均可对易。所有的 $\hat{\boldsymbol{R}}$ 均属于 $SO(3)$ 群。根据直积群的定义,$SO(3)$ 和 C_i 可以组成直积群,记为 $O(3)$。这个群包含了三维空间中所有的正旋转和非正旋转,称为三维转动反演群:

$$O(3)=SO(3)\otimes C_i$$

$SO(3)$ 与 C_i 都是 $O(3)$ 的正规子群。

1.3 最优化方法

最优化方法在材料模拟研究中起着至关重要的作用。无论是寻找体系的基态构型、进行模型参数的拟合,还是求解体系的久期方程,本质上都可以归结为对目标函数的优化。各种优化方法之间的根本区别在于确定搜索方向的方式不同。根据构建搜索方向所需的信息,我们可以将优化方法大致划分为两大类:需要目标函数的导数信息的方法和仅用到函数值信息的方法。

第一类方法通常具有较高的精度和效率,主要包括最速下降法(需要一阶导数信息)、共轭梯度法(需要一阶导数信息)、牛顿法(需要二阶导数信息)以及拟牛顿法(需要一阶导数信

息)等。这些方法利用目标函数的导数信息来确定更加精确和有效的搜索方向,从而加速优化过程。

另一类方法则是实现简单且计算成本较低的优化方法,主要有坐标轮换法、鲍威尔法和单纯形法等。这些方法仅依赖于函数值信息,不需要计算目标函数的导数,因此对于某些没有导数信息的问题具有较大的优势。

在本节中,我们将具体介绍几种在材料模拟研究中比较常用的最优化方法,并详细探讨它们的原理和编程实现。

对于一般函数的优化,可以普遍地将其步骤归结如下:

(1) 给定起始点 $\boldsymbol{x}_0$、收敛判据 ε;

(2) 进行迭代,$\boldsymbol{x}_{i+1}=\boldsymbol{x}_i+\alpha_i\boldsymbol{d}_i$,其中 $\boldsymbol{d}_i$ 为搜索方向,α_i 为步长;

(3) 选取合适的 $\boldsymbol{d}_i$ 和 α_i,使得 $F(\boldsymbol{x}_{i+1})=F(\boldsymbol{x}_i+\alpha_i\boldsymbol{d}_i)<F(\boldsymbol{x}_i)$;

(4) 重复步骤(2)和(3),直到 $\|\boldsymbol{x}_{i-1}-\boldsymbol{x}\|<\varepsilon$ 或者当前梯度的模 $\|\boldsymbol{r}_i\|<\varepsilon$ 为止。

由于函数在最小极值附近,一阶导数为零,因此可以近似地将其泰勒展开为二次型的形式。现讨论如下二次型函数 $F(x)$ 的优化(其中二次型中的常数项因为对优化结果没有影响,所以可以设置为 $c=0$,但是得到的结论往往也适用于其他形式函数的优化):

$$F(x)=\frac{1}{2}\boldsymbol{x}^{\mathrm{T}}\boldsymbol{A}\boldsymbol{x}-\boldsymbol{b}^{\mathrm{T}}\boldsymbol{x} \tag{1.50}$$

其中 $\boldsymbol{A}$ 是对称正定的,也就是 $\boldsymbol{A}^{\mathrm{T}}=\boldsymbol{A}$。首先可以确定,对于式(1.50)所示形式的函数,如果已经确定第 i 步的搜索方向,则容易确定第 i 步的搜索步长。该步骤等价于求解

$$\frac{\mathrm{d}F(\boldsymbol{x}_{i+1})}{\mathrm{d}\alpha_i}=\frac{\mathrm{d}F(\boldsymbol{x}_i+\alpha_i\boldsymbol{d}_i)}{\mathrm{d}\alpha_i}=0 \tag{1.51}$$

根据求导的链式法则,有

$$\frac{\mathrm{d}F(\boldsymbol{x}_i+\alpha_i\boldsymbol{d}_i)}{\mathrm{d}\alpha_i}=\nabla F(\boldsymbol{x}_i+\alpha_i\boldsymbol{d}_i)^{\mathrm{T}}\boldsymbol{d}_i=0 \tag{1.52}$$

$$[\boldsymbol{A}(\boldsymbol{x}_i+\alpha_i\boldsymbol{d}_i)-b]^{\mathrm{T}}\boldsymbol{d}_i=0 \tag{1.53}$$

$$\alpha_i(\boldsymbol{A}\boldsymbol{d}_i)^{\mathrm{T}}\boldsymbol{d}_i=(b-\boldsymbol{A}\boldsymbol{x}_i)^{\mathrm{T}}\boldsymbol{d}_i \tag{1.54}$$

$$\alpha_i=\frac{\boldsymbol{r}_i^{\mathrm{T}}\boldsymbol{d}_i}{\boldsymbol{d}_i^{\mathrm{T}}\boldsymbol{A}\boldsymbol{d}_i} \tag{1.55}$$

其中残余矢量 $\boldsymbol{r}_i=-\nabla F(\boldsymbol{x})|_{x=x_i}=\boldsymbol{b}-\boldsymbol{A}\boldsymbol{x}_i$。可以看到,只要保证搜索方向确实是函数的下降方向,α_i 的表达式(1.55)对二次型就是普遍成立的。α_i 即为 $i\rightarrow i+1$ 步的最优步长(只对于二次型函数严格成立)。

如果函数 $F(x)$ 是一般函数(非二次型),则沿着 d_i 方向的最优步长 α_i 通常无法直接使用解析表达式(1.55),而需要通过一维搜索算法得到。

1.3.1 最速下降法

最速下降法(steepest decent):对于一个目标函数 F,在其优化过程中首先需要确定优化方向。直观地考虑,此优化方向应该选择为 F 在当前点处的负梯度方向 $\boldsymbol{r}_k=-\nabla F|_{x=x_k}$,因为 F 沿这个方向数值下降最快。确定优化方向 $\boldsymbol{d}$ 之后,利用一维搜索算法(如解析法、进退法、三次函数法等)找出沿 $\boldsymbol{d}$ 方向的最小值及其对应点。此后将该点作为新的出发点重复上述过程,直至 $\|\boldsymbol{d}\|\leqslant\varepsilon$($\varepsilon$ 是预设的收敛判据),此时优化过程结束[6]。详细步骤列于算法

1.1 中。

算法 1.1

(1) 给定起始点 $\boldsymbol{x}_0$,收敛判据 ε,设 $i=0$,计算 $\boldsymbol{x}_0$ 处 F 的负梯度方向,即 $\boldsymbol{r}_0=-\nabla F|_{\boldsymbol{x}=\boldsymbol{x}_0}$,并设 $\boldsymbol{d}_0=\boldsymbol{r}_0$;

(2) 若 $\|\boldsymbol{r}_i\|\leqslant\varepsilon$,则优化结束,转到步骤(4),否则更新 F 在 $\boldsymbol{d}_i$ 方向上的最优位置,$\boldsymbol{x}_{i+1}=\boldsymbol{x}_i+\alpha_i\boldsymbol{d}_i$,$\alpha_i$ 由方程(1.55)确定;

(3) 计算当前负梯度方向 $\boldsymbol{r}_{i+1}$,将其作为新的搜索方向 $\boldsymbol{d}_{i+1}=\boldsymbol{r}_{i+1}$,设 $i=i+1$,回到步骤(2);

(4) 计算 $F(\boldsymbol{x}_i)$并保存 $\boldsymbol{x}_i$。

下面举一个具体例子并且给出相应的详细算法与 Python 实现代码。假设有如下的凸二次型:

$$F(\boldsymbol{x})=6x_1^2+6x_2^2-8x_1x_2-16x_1+4x_2$$

若将其表示为 $F(\boldsymbol{x})=\frac{1}{2}\boldsymbol{x}^{\mathrm{T}}\boldsymbol{A}\boldsymbol{x}-\boldsymbol{b}^{\mathrm{T}}\boldsymbol{x}$ 的形式,则

$$\boldsymbol{A}=\begin{bmatrix}12 & -8\\-8 & 12\end{bmatrix},\quad \boldsymbol{b}=\begin{bmatrix}16\\-4\end{bmatrix}$$

我们从初始点 $\boldsymbol{x}_0=[4,2]^{\mathrm{T}}$ 开始寻找函数的极小值。代码 1.4 是最速下降法的 Python 代码与相关函数定义。

代码 1.4 最速下降法程序 SteepestDescent.py

```
import numpy as np

def steepest_descent(A, b, x0, tol=1e-6, max_iter=1000):
    x=x0
    for _ in range(max_iter):
        gradient=A @ x-b
        if np.linalg.norm(gradient)<tol:
            break
        alpha=(gradient.T@ gradient)/(gradient.T@ A@ gradient)
         x=x-alpha*gradient
     return x

 # Define the quadratic function 's matrix A and vector b
 A=np.array([[12,-8],[-8,12]])
 b=np.array([16,-4])

 # Initial guess for the solution x
 x0=np.array([4, 2])

 # Perform steepest descent
 x_min=steepest_descent(A, b, x0)

 print("Matrix.A:")
 print(A)
```

```
print("\nVector.b:")
print(b)

print("\nMinimum.point.x_min:")
print(x_min)
```

运行上述程序,输出结果如下。

```
Initial point:[4 2]
Step=1 : ||gradient||=1.65E+1 , x=[2.98507463 2.25373134]
Step=2 : ||gradient||=7.38E+0 , x=[2.76759062 1.38379531]
Step=3 : ||gradient||=6.33E+0 , x=[2.37806702 1.48117621]
Step=4 : ||gradient||=2.83E+0 , x=[2.29459768 1.14729884]
Step=5 : ||gradient||=2.43E+0 , x=[2.14510035 1.18467317]
Step=10 : ||gradient||=1.60E-1 , x=[2.01665437 1.00832719]
Step=20 : ||gradient||=1.33E-3 , x=[2.00013868 1.00006934]
Step=30 : ||gradient||=1.11E-5 , x=[2.00000115 1.00000058]
Final point:[2.00000007 1.00000003]
Toatl steps:36
```

可以看到,随着最速下降法的步数增长,梯度的模不断减小。到达第 10 个迭代步的时候,收敛精度达到了 10^{-6},最终的解为[2.0,1.0]。

我们可以将上述的优化过程用 Python 脚本进行可视化。结果如图 1.1 所示:优化的步长随着越来越接近真实解而逐步变小,并且相邻两次最速下降的搜索方向之间呈正交(垂直)关系。这并不是特例,而是最速下降算法普遍存在的问题。这种“之”字形的搜索方向的迭代,导致的是锯齿形的搜索,效率低下。具体如何改进算法,克服这个缺点,将在 1.3.2 节共轭梯度法中进行详细阐述。

总体而言,最速下降法的收敛速度与函数 F 的条件数(最大本征值与最小本征值的比值)成正比。事实上,可以证明,相邻的两次最速下降的搜索方向彼此正交。如果 F 的条件数太大,考虑一个二元函数 $F(x_1,x_2)$,该函数在极值点 $\boldsymbol{x}^*$ 附近可以近似展开成二次函数,其等高线是一系列离心率较大的同心椭圆。如图 1.2 所示,每一步的负梯度方向 $\boldsymbol{r}_k$ 并未直

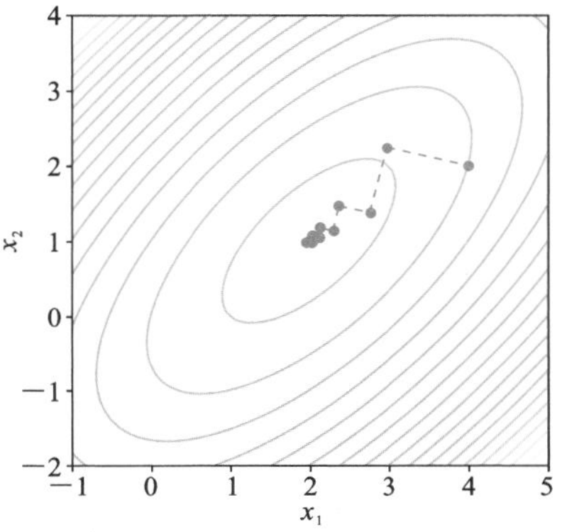

图 1.1 最速下降法实例的实际路径

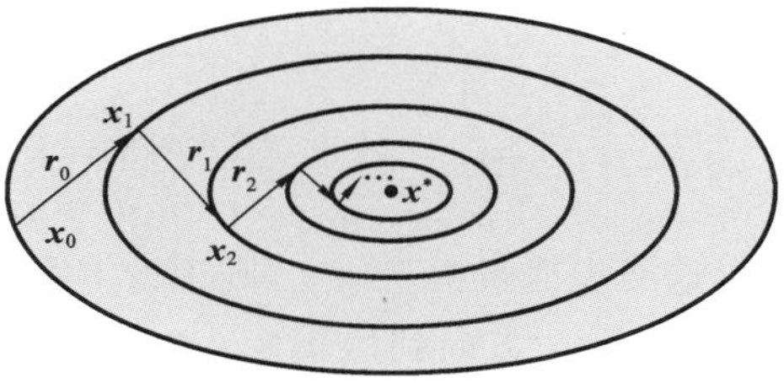

图 1.2 最速下降法沿“之”字形逼近最优解 $\boldsymbol{x}^*$

接指向极值点,因此搜索方向沿着"之"字形路径曲折地逼近极值点。且迭代点越靠近极值点,搜索步长会越小,导致收敛速度越慢。显然这种方法的效率比较低下。

1.3.2 共轭梯度法

从1.3.1节可以看到,虽然最速下降法每一步都沿着"最优"方向(即函数下降最快的方向)前进,但是实际上效率却相当低。这是因为搜索方向之间的关联性过强。事实上,在最速下降法中,当第 i 步结束,进行第 $i+1$ 步优化时,又会重新引入沿着第 $i-1$ 步方向的误差。这一点在二维情况下尤为明显。

如图1.2所示,在寻找二元函数 $F(\boldsymbol{x}_1,\boldsymbol{x}_2)$ 的极小值时,虽然用了若干步搜索,但是因为 $\boldsymbol{r}_k$ 和 $\boldsymbol{r}_{k+2}$ 互相平行,所以实际上搜索方向只有两个。这样的优化策略显然不能满足复杂函数或者高维函数的优化要求。因此,如果我们知道函数在一系列点上的值和梯度,就应该尽量使每一步的优化相互独立。换言之,新的优化步不应引起之前搜索方向上的误差。共轭梯度法(conjugate gradient)正是基于这一思路而提出的一种优化算法。

共轭梯度法主要分为线性共轭梯度法(用于优化二次型函数)和非线性共轭梯度法(用于优化一般函数)。其优点是所需存储量小,稳定性高,不需要任何外来参数,特别是对于系数矩阵正定的线性系统具有 N 步收敛性。下面对此算法做简要的介绍。

1.3.2.1 线性共轭梯度法

首先介绍矢量"共轭"的概念。设有一组非零矢量 $\{\boldsymbol{d}_i\}$,如果其中任意两个矢量 $\boldsymbol{d}_i$ 和 $\boldsymbol{d}_j$ 对于一个对称正定矩阵 $\boldsymbol{A}$ 满足

$$(\boldsymbol{d}_i)^{\mathrm{T}}\boldsymbol{A}\boldsymbol{d}_j=0 \quad (i\neq j) \tag{1.56}$$

则称 $\{\boldsymbol{d}_i\}$ 是关于 $\boldsymbol{A}$ 共轭的一组矢量。这组矢量同时也是线性无关的,因此可作为 N 维空间的基组。

先用一个简单的例子来阐述共轭梯度法的思想。选择一个形如 $F(\boldsymbol{x})=\frac{1}{2}\boldsymbol{x}^{\mathrm{T}}\boldsymbol{A}\boldsymbol{x}-\boldsymbol{b}^{\mathrm{T}}\boldsymbol{x}$ 的 N 元二次函数,为寻找这个函数的最优解,从任意一点 $\boldsymbol{x}_0$ 出发,每次沿一个 $\boldsymbol{d}_i$ 方向进行一维搜索(即确定沿该方向函数 $F(\boldsymbol{x})$ 的最小值)。那么我们可以提出一个问题:假设有两个搜索方向 $\boldsymbol{d}_1$ 和 $\boldsymbol{d}_2$,它们之间要满足什么样的关系,才能够使两步搜索"相互独立"?

首先考虑从 $\boldsymbol{x}_1$ 出发,如果允许求解点沿着 $\boldsymbol{d}_1$ 和 $\boldsymbol{d}_2$ 的方向自由运动,那么最优解 $\boldsymbol{x}'=\boldsymbol{x}_1+\alpha_1\boldsymbol{d}_1+\alpha_2\boldsymbol{d}_2$ 应满足

$$\frac{\mathrm{d}F(\boldsymbol{x}')}{\mathrm{d}\alpha_1}=\boldsymbol{\nabla} F(\boldsymbol{x}')^{\mathrm{T}}\boldsymbol{d}_1=0 \tag{1.57}$$

$$\frac{\mathrm{d}F(\boldsymbol{x}')}{\mathrm{d}\alpha_2}=\boldsymbol{\nabla} F(\boldsymbol{x}')^{\mathrm{T}}\boldsymbol{d}_2=0 \tag{1.58}$$

化简后得

$$[(\boldsymbol{x}+\alpha_1\boldsymbol{d}_1+\alpha_2\boldsymbol{d}_2)^{\mathrm{T}}\boldsymbol{A}-\boldsymbol{b}^{\mathrm{T}}]\boldsymbol{d}_1=0 \tag{1.59}$$

$$[(\boldsymbol{x}+\alpha_1\boldsymbol{d}_1+\alpha_2\boldsymbol{d}_2)^{\mathrm{T}}\boldsymbol{A}-\boldsymbol{b}^{\mathrm{T}}]\boldsymbol{d}_2=0 \tag{1.60}$$

如果这两步搜索相互独立,则理论上沿着 $\boldsymbol{d}_1$ 和 $\boldsymbol{d}_2$ 方向分别优化也应得到相同的结果。设首先由 $\boldsymbol{x}_1$ 沿 $\boldsymbol{d}_1$ 方向到达 $\boldsymbol{x}_2=\boldsymbol{x}_1+\alpha_1\boldsymbol{d}_1$ 点,再沿着 $\boldsymbol{d}_2$ 方向到达 $\boldsymbol{x}_3=\boldsymbol{x}_2+\alpha_2\boldsymbol{d}_2$ 点,则极值点条件分别满足:

$$\frac{\mathrm{d}F(\boldsymbol{x}_2)}{\mathrm{d}\alpha_1}=\nabla F(\boldsymbol{x}_2)^{\mathrm{T}}\boldsymbol{d}_1=0 \tag{1.61}$$

$$\frac{\mathrm{d}F(\boldsymbol{x}_3)}{\mathrm{d}\alpha_2}=\nabla F(\boldsymbol{x}_3)^{\mathrm{T}}\boldsymbol{d}_2=0 \tag{1.62}$$

化简后得

$$[(\boldsymbol{x}+\alpha_1\boldsymbol{d}_1)^{\mathrm{T}}\boldsymbol{A}-\boldsymbol{b}^{\mathrm{T}}]\boldsymbol{d}_1=0 \tag{1.63}$$

$$[(\boldsymbol{x}+\alpha_1\boldsymbol{d}_1+\alpha_2\boldsymbol{d}_2)^{\mathrm{T}}\boldsymbol{A}-\boldsymbol{b}^{\mathrm{T}}]\boldsymbol{d}_2=0 \tag{1.64}$$

比较方程(1.59)和方程(1.63)可知，若沿着 $\boldsymbol{d}_1$ 和 $\boldsymbol{d}_2$ 的优化步相互独立，则有

$$\boldsymbol{d}_2^{\mathrm{T}}\boldsymbol{A}\boldsymbol{d}_1=0 \tag{1.65}$$

这也正是两个矢量关于 $\boldsymbol{A}$ 共轭的定义。由上述讨论可以看到，如果选取共轭方向作为搜索方向，则各个优化步之间是相互独立的。上面描述的过程可以推广到 N 步的优化。

假设 $\boldsymbol{d}_0=\boldsymbol{r}_0$，我们在选取新方向 $\boldsymbol{d}_k$ 的时候，不但希望新的优化步可以使得函数 $F(\boldsymbol{x})$ 在 $\boldsymbol{d}_k$ 方向取得最小值，即

$$F(\boldsymbol{x}_{k+1})=\min_{\alpha_k}F(\boldsymbol{x}_k+\alpha_k\boldsymbol{d}_k) \tag{1.66}$$

而且要求 $\boldsymbol{d}_k$ 的选取能够使 $F(\boldsymbol{x})$ 在 $\boldsymbol{d}_0,\boldsymbol{d}_1,\cdots,\boldsymbol{d}_k$ 所张开的子空间里取得最小值，即

$$F(\boldsymbol{x}_{k+1})=\min_{x\in\{\boldsymbol{d}_0,\boldsymbol{d}_1,\cdots,\boldsymbol{d}_k\}}F(\boldsymbol{x}_k+\alpha_k\boldsymbol{d}_k) \tag{1.67}$$

利用数学归纳法，设第 $k-1$ 步时的 $\boldsymbol{x}_k$ 是前一步极小值问题的解，也就是说 $\boldsymbol{x}_k$ 在 $\boldsymbol{d}_0$，$\boldsymbol{d}_1,\cdots,\boldsymbol{d}_{k-1}$ 所张开的子空间里取得最小值，即

$$F(\boldsymbol{x}_k)=\min_{x\in\{\boldsymbol{d}_0,\boldsymbol{d}_1,\cdots,\boldsymbol{d}_{k-1}\}}F(\boldsymbol{x}_{k-1}+\alpha_{k-1}\boldsymbol{d}_{k-1}) \tag{1.68}$$

则第 k 步的优化问题可以简化为

$$F(\boldsymbol{x}_{k+1})=F(\boldsymbol{x}_k+\alpha_k\boldsymbol{d}_k)=F(\boldsymbol{x}_k)+\alpha_k\boldsymbol{x}_k^{\mathrm{T}}\boldsymbol{A}\boldsymbol{d}_k-\alpha_k\boldsymbol{b}^{\mathrm{T}}\boldsymbol{d}_k+\frac{\alpha_k^2}{2}\boldsymbol{d}_k^{\mathrm{T}}\boldsymbol{A}\boldsymbol{d}_k \tag{1.69}$$

式中：$\boldsymbol{x}_k$ 是在 $\boldsymbol{d}_0,\boldsymbol{d}_1,\cdots,\boldsymbol{d}_{k-1}$ 所张开的子空间内的矢量，

$$\boldsymbol{x}_k=\boldsymbol{x}_0+\alpha_0\boldsymbol{d}_0+\alpha_1\boldsymbol{d}_1+\cdots+\alpha_{k-1}\boldsymbol{d}_{k-1} \tag{1.70}$$

可以看到，如果每次选取的搜索方向 $\boldsymbol{d}_k$ 满足

$$\boldsymbol{d}_j^{\mathrm{T}}\boldsymbol{A}\boldsymbol{d}_k=0\quad(j=0,1,\cdots,k-1) \tag{1.71}$$

则容易有 $\boldsymbol{x}_k^{\mathrm{T}}\boldsymbol{A}\boldsymbol{d}_k=0$，因此，第 k 步的优化问题可以分解为两个独立的极小值问题，即

$$\begin{aligned}\min_{\boldsymbol{x}_{k+1}\in\{\boldsymbol{d}_0,\boldsymbol{d}_1,\cdots,\boldsymbol{d}_k\}}F(\boldsymbol{x}_{k+1})&=\min_{\boldsymbol{x}_k,\alpha_k}F(\boldsymbol{x}_k+\alpha_k\boldsymbol{d}_k)\\&=\min_{\boldsymbol{x}_k\in\{\boldsymbol{d}_0,\boldsymbol{d}_1,\cdots,\boldsymbol{d}_{k-1}\}}F(\boldsymbol{x}_k)+\min_{\alpha_k}\left(-\alpha_k\boldsymbol{b}^{\mathrm{T}}\boldsymbol{d}_k+\frac{\alpha_k^2}{2}\boldsymbol{d}_k^{\mathrm{T}}\boldsymbol{A}\boldsymbol{d}_k\right)\end{aligned} \tag{1.72}$$

根据数学归纳法，第一项的最优解即为 $\boldsymbol{x}_k$，而 α_k 的值可以通过对第二项求极值得到，其中第二步的推导用到了 $\boldsymbol{x}_k^{\mathrm{T}}\boldsymbol{A}\boldsymbol{d}_k=0$ 的条件：

$$\alpha_k=\frac{\boldsymbol{b}^{\mathrm{T}}\boldsymbol{d}_k}{\boldsymbol{d}_k^{\mathrm{T}}\boldsymbol{A}\boldsymbol{d}_k}=\frac{(\boldsymbol{b}-\boldsymbol{A}\boldsymbol{x}_k)^{\mathrm{T}}\boldsymbol{d}_k}{\boldsymbol{d}_k^{\mathrm{T}}\boldsymbol{A}\boldsymbol{d}_k}=\frac{\boldsymbol{r}_k^{\mathrm{T}}\boldsymbol{d}_k}{\boldsymbol{d}_k^{\mathrm{T}}\boldsymbol{A}\boldsymbol{d}_k} \tag{1.73}$$

根据残余矢量所满足的性质，可以简化第 k 步的优化距离 α_k 的表达形式。

首先，由 $\boldsymbol{x}_k=\boldsymbol{x}_{k-1}+\alpha_{k-1}\boldsymbol{d}_{k-1}$ 可以得到

$$\begin{aligned}\boldsymbol{r}_k&=\boldsymbol{b}-\boldsymbol{A}\boldsymbol{x}_k=\boldsymbol{b}-\boldsymbol{A}(\boldsymbol{x}_{k-1}+\alpha_{k-1}\boldsymbol{d}_{k-1})=(\boldsymbol{b}-\boldsymbol{A}\boldsymbol{x}_{k-1})-\alpha_{k-1}\boldsymbol{A}\boldsymbol{d}_{k-1}\\&=\boldsymbol{r}_{k-1}-\alpha_{k-1}\boldsymbol{A}\boldsymbol{d}_{k-1}\end{aligned} \tag{1.74}$$

因此根据 $\boldsymbol{r}_k$ 的递推和 α_k 的表达式，有

$$\begin{aligned} \boldsymbol{r}_k^{\mathrm{T}}\boldsymbol{d}_k &= \boldsymbol{r}_k^{\mathrm{T}}(\boldsymbol{r}_k+\beta_{k-1}\boldsymbol{d}_{k-1})=\boldsymbol{r}_k^{\mathrm{T}}\boldsymbol{r}_k+\beta_{k-1}\boldsymbol{r}_k^{\mathrm{T}}\boldsymbol{d}_{k-1} \\ &= \boldsymbol{r}_k^{\mathrm{T}}\boldsymbol{r}_k+\beta_{k-1}(\boldsymbol{r}_{k-1}-\alpha_{k-1}\boldsymbol{A}\boldsymbol{d}_{k-1})^{\mathrm{T}}\boldsymbol{d}_{k-1}=\boldsymbol{r}_k^{\mathrm{T}}\boldsymbol{r}_k \end{aligned} \tag{1.75}$$

以上推导中用到了方程(1.73)。由此得到共轭梯度算法中的每个搜索步的步长为

$$\alpha_k=\frac{\boldsymbol{r}_k^{\mathrm{T}}\boldsymbol{d}_k}{\boldsymbol{d}_k^{\mathrm{T}}\boldsymbol{A}\boldsymbol{d}_k}=\frac{\boldsymbol{r}_k^{\mathrm{T}}\boldsymbol{r}_k}{\boldsymbol{d}_k^{\mathrm{T}}\boldsymbol{A}\boldsymbol{d}_k} \tag{1.76}$$

进一步研究进行 N 次的搜索之后所找到的最优解 $\boldsymbol{x}_N$ 与实际的最优解 $\boldsymbol{x}^*$ 有多大的差距。将初始点与最优解的距离用$\{\boldsymbol{d}_i\}$展开,则有

$$\boldsymbol{x}^*-\boldsymbol{x}_0=\lambda_1\boldsymbol{d}_2+\lambda_2\boldsymbol{d}_2+\cdots+\lambda_N\boldsymbol{d}_N \tag{1.77}$$

将式(1.77)左乘$(\boldsymbol{A}\boldsymbol{d}_i)^{\mathrm{T}}$,则由式(1.56)有

$$\lambda_i=\frac{\boldsymbol{d}_i^{\mathrm{T}}\boldsymbol{A}(\boldsymbol{x}^*-\boldsymbol{x}_0)}{\boldsymbol{d}_i^{\mathrm{T}}\boldsymbol{A}\boldsymbol{d}_i} \tag{1.78}$$

设 $\boldsymbol{x}_i$ 为 i 轮优化之后所处位置,即 $\boldsymbol{x}_i=\boldsymbol{x}_0+\sum_{j=1}^{i=1}\alpha_j\boldsymbol{d}_j$,同样因为共轭性,有

$$\boldsymbol{d}_i^{\mathrm{T}}(\boldsymbol{x}_i-\boldsymbol{x}_0)=0 \tag{1.79}$$

将其代入方程(1.78),得

$$\lambda_i=\frac{\boldsymbol{d}_i^{\mathrm{T}}\boldsymbol{A}[(\boldsymbol{x}^*-\boldsymbol{x}_0)-(\boldsymbol{x}_i-\boldsymbol{x}_0)]}{\boldsymbol{d}_i^{\mathrm{T}}\boldsymbol{A}\boldsymbol{d}_i}=\frac{\boldsymbol{d}_i^{\mathrm{T}}\boldsymbol{A}(\boldsymbol{x}^*-\boldsymbol{x}_i)}{\boldsymbol{d}_i^{\mathrm{T}}\boldsymbol{A}\boldsymbol{d}_i}=\alpha_i \tag{1.80}$$

式(1.80)说明,每轮优化都会消除 $\boldsymbol{x}^*-\boldsymbol{x}_0$ 沿某个共轭矢量的分量。因此 N 轮优化结束后,$\boldsymbol{x}^*-\boldsymbol{x}_N=\boldsymbol{0}$。也即线性共轭梯度法具有 N 步收敛性,其收敛速度明显优于最速下降法。

构建一组关于 $\boldsymbol{A}$ 的共轭矢量,最直接的方法就是求出 $\boldsymbol{A}$ 的所有本征矢$\{\boldsymbol{d}_i\}$。借此对空间 $\boldsymbol{x}$ 做线性变换,$\boldsymbol{x}'=[\boldsymbol{d}_1,\boldsymbol{d}_2,\cdots,\boldsymbol{d}_N]^{-1}\boldsymbol{x}$。在 $\boldsymbol{x}'$空间内,$\boldsymbol{A}$ 是一个对角矩阵,也即二次函数 $F(\boldsymbol{x}')$是一个正置的 N 维椭球体,每个轴分别与一个坐标轴平行,如图 1.3 所示。这样,从任意一个初始点 $\boldsymbol{x}_0'$ 出发,每轮优化都可以到达当前坐标轴方向上的函数极小值点,非常直观地表现了上文所证明的 N 步收敛性。这里以图 1.4 所示方法为例,讨论上文所揭示的一个深刻的原理,即共轭梯度法的第 k 轮搜索,得到的结果是函数 $F(\boldsymbol{x})$在由$\{\boldsymbol{d}_0,\boldsymbol{d}_1,\cdots,\boldsymbol{d}_{k-1}\}$张开的 k 维子空间内的最优解 $\boldsymbol{x}_k$。如图 1.4 所示,设有一个三元二次函数 $F(\boldsymbol{x})$由 $\boldsymbol{x}_0$ 出发,第一步沿 $\boldsymbol{d}_0$ 到达该方向上以等值面 $S_0=F(\boldsymbol{x}_0)$为边界的空间内距离该等值面最远的点 $\boldsymbol{x}_1$(即最优解)。第二步沿 $\boldsymbol{d}_1$ 到达由 $\boldsymbol{d}_0$、$\boldsymbol{d}_1$ 展开的平面 π 内距离 S_0 最远的点 $\boldsymbol{x}_2$。第三步沿 $\boldsymbol{d}_2$ 到达由 $\boldsymbol{d}_0$、$\boldsymbol{d}_1$ 与 $\boldsymbol{d}_2$ 张开的空间(也即 $F(\boldsymbol{x})$的定义空间)内距离 S_0 最远的点 $\boldsymbol{x}_3$,显然,$\boldsymbol{x}_3$ 是

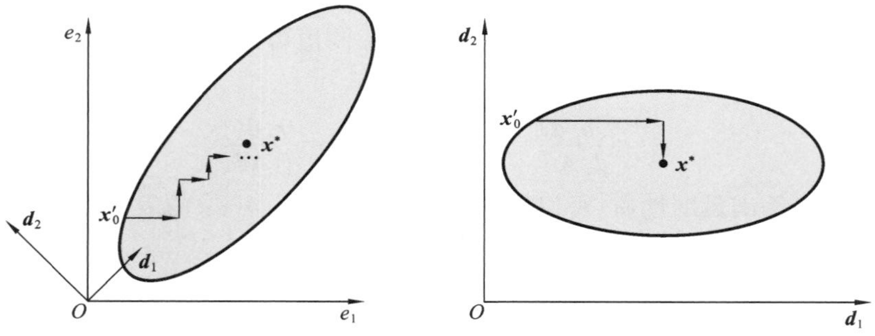

图 1.3 通过共轭矢量旋转坐标系使函数正置

真正的最优解。可以看到，线性共轭梯度法中每一步都同时包含了此前所有搜索步骤的信息，因此虽然每一步的搜索方向并不是该点处函数值下降最快的方向（一维最优方向），但是从 k 维子空间的角度来看却是最佳的选择。

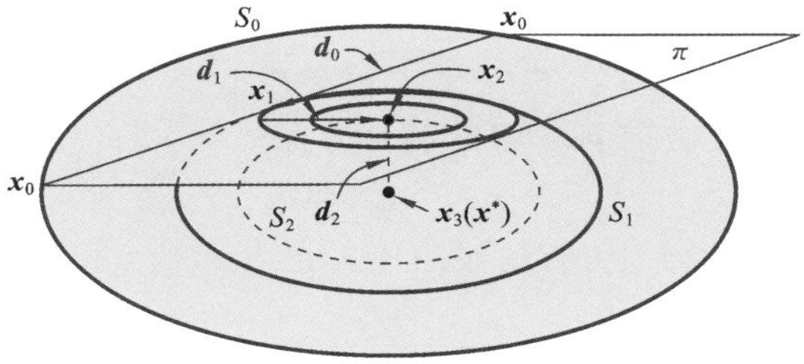

图 1.4　线性共轭梯度法优化过程

然而，预先得到一组完备的共轭向量（例如通过计算 $\boldsymbol{A}$ 的特征向量或利用施密特正交化）并不实际。这是因为在处理大规模线性系统时，获取所需的 N 个共轭矢量通常会消耗大量时间。同时，存储所有这些矢量的信息时也会引发存储问题。共轭梯度法的关键思想是通过迭代点的负梯度来构建共轭向量，这也是该方法名称的由来。

重新考察图 1.4，我们可以从另一个角度诠释线性共轭梯度法的工作过程。第一步，如前所述，沿 $\boldsymbol{d}_0$ 方向到达距离 S_0 最远的点 $\boldsymbol{x}_1$。第二步，由 $\boldsymbol{x}_1$ 开始，沿 $\boldsymbol{d}_1$ 到达距离等值面 $S_1=F(\boldsymbol{x}_1)$ 最远的点 $\boldsymbol{x}_2$（该点也是 $\boldsymbol{d}_0$ 沿 $\boldsymbol{d}_1$ 平移时能被 S_1 所截取的最大长度所对应的位置）。第三步，由 $\boldsymbol{x}_2$ 开始沿 $\boldsymbol{d}_2$ 到达距离等值面 $S_2=F(\boldsymbol{x}_2)$ 最远的点 $\boldsymbol{x}_3$（该点也是平面 π 沿 $\boldsymbol{d}_2$ 平移时能被 S_2 所截取的最大面积所对应的位置）。显然，我们并不需要预先知道所有的共轭矢量。在保证搜索方向关于 $\boldsymbol{A}$ 共轭的前提下，每一步的优化过程只与前一步的优化结果有关。因此可以提出一种迭代算法，每次构建新的搜索方向（共轭方向），沿该方向寻找函数的最优解。在共轭梯度算法中，一般取新的搜索方向为当前负梯度 $\boldsymbol{r}_{k+1}$ 和上一步搜索方向 $\boldsymbol{d}_k$ 的线性组合：

$$\boldsymbol{d}_{k+1}=\boldsymbol{r}_{k+1}+\beta_k\boldsymbol{d}_k \tag{1.81}$$

式中：$\boldsymbol{r}_{k+1}$ 为函数在第 $k+1$ 步之后的残余矢量。利用数学归纳法可以证明，$\boldsymbol{d}_{k+1}$ 与 $\boldsymbol{d}_k$ 共轭[7]。由此可求得

$$\beta_k=\frac{\boldsymbol{r}_{k+1}^{\mathrm{T}}\boldsymbol{A}\boldsymbol{d}_k}{\boldsymbol{d}_k^{\mathrm{T}}\boldsymbol{A}\boldsymbol{d}_k} \tag{1.82}$$

其中，第一步的 $\boldsymbol{d}_0$ 取最速下降方向 $\boldsymbol{r}_0$。至此，我们得到了共轭梯度算法的基本步骤以及 α_k 和 β_k 的表达式，即

$$\boldsymbol{r}_{k+1}=\boldsymbol{r}_k-\alpha_k\boldsymbol{A}\boldsymbol{d}_k$$

$$\boldsymbol{d}_k=\boldsymbol{r}_k+\beta_{k-1}\boldsymbol{d}_{k-1}$$

$$\beta_{k-1}=-\frac{\boldsymbol{r}_k^{\mathrm{T}}\boldsymbol{A}\boldsymbol{d}_{k-1}}{\boldsymbol{d}_{k-1}^{\mathrm{T}}\boldsymbol{A}\boldsymbol{d}_{k-1}}$$

$$\alpha_k=\frac{\boldsymbol{r}_k^{\mathrm{T}}\boldsymbol{r}_k}{\boldsymbol{d}_k^{\mathrm{T}}\boldsymbol{A}\boldsymbol{d}_k}$$

但是对上述算法还需要进行进一步的改进以提高效率。这是因为计算 β_k 必须进行两次矩阵-矢量运算，所以有必要简化 α_k 和 β_k 的表达式。沿共轭方向的优化函数有若干重要

的性质。首先,函数 F 在第 k 轮优化所得点 $\boldsymbol{x}_k$ 处的负梯度方向(残余矢量)与此前 $k-1$ 次的搜索方向 $\boldsymbol{d}_i$ 均正交,即

$$\boldsymbol{r}_k^{\mathrm{T}}\boldsymbol{d}_i=0 \quad (i=0,1,\cdots,k-1) \tag{1.83}$$

其次,各步的残余矢量 $\boldsymbol{r}_k$ 相互之间正交,即

$$\boldsymbol{r}_k^{\mathrm{T}}\boldsymbol{r}_j=0 \quad (k\neq j) \tag{1.84}$$

此外,连续两次优化的负梯度方向 $\boldsymbol{r}_{k-1}$ 与 $\boldsymbol{r}_k$ 满足方程

$$\boldsymbol{r}_k-\boldsymbol{r}_{k-1}=\alpha_{k-1}\boldsymbol{A}\boldsymbol{d}_{k-1} \tag{1.85}$$

将方程(1.76)、方程(1.84)与方程(1.85)代入 β_k 的表达式(1.82),则可得

$$\beta_k=\frac{\boldsymbol{r}_k^{\mathrm{T}}\boldsymbol{r}_k}{\boldsymbol{r}_{k-1}^{\mathrm{T}}\boldsymbol{r}_{k-1}} \tag{1.86}$$

更严格的证明指出,采用式(1.81)和式(1.86)构建共轭方向,第一步必须取初始点的负梯度方向,否则任意两个搜索方向并不关于 $\boldsymbol{A}$ 共轭[6,7]。在这种情况下共轭梯度法的收敛速率并不优于最速下降法的收敛速率。

至此,我们可以提出线性共轭梯度法的实现算法如下。

算法 1.2

(1) 给定起始点 $\boldsymbol{x}_0$,收敛判据 ε,设 $i=0$,计算 $\boldsymbol{x}_0$ 处 F 的负梯度方向 $\boldsymbol{r}_0=-\nabla F|_{\boldsymbol{x}=\boldsymbol{x}_0}$,设 $\boldsymbol{d}_0=\boldsymbol{r}_0$。

(2) 若 $\|\boldsymbol{r}_i\|\leqslant\varepsilon$,则优化结束,转到步骤(4),否则更新 F 在 $\boldsymbol{d}_i$ 方向上的最优位置,$\boldsymbol{x}_{i+1}=\boldsymbol{x}_i+\alpha_i\boldsymbol{d}_i$,$\alpha_i$ 由方程(1.76)或方程(1.55)确定。

(3) 依据方程(1.81)及方程(1.86)计算当前负梯度方向 $\boldsymbol{r}_{i+1}$,并构建新的共轭梯度方向 $\boldsymbol{d}_{i+1}$,设 $i=i+1$,回到步骤(2)。

(4) 计算 $F(\boldsymbol{x}_i)$并保存 $\boldsymbol{x}_i$。

需要注意的是,必须保证初始的搜索方向 $\boldsymbol{d}_0$ 是目标函数在当前点的负梯度方向。可以看到,这样建立的算法每步只需要保存当前负梯度 $\boldsymbol{r}_{r+1}$、前一步的搜索方向 $\boldsymbol{d}_i$ 以及前一步的位置 $\boldsymbol{x}_{i+1}$这三个 N 维矢量,因此在处理大型方程组的情况下具有非常明显的存储空间上的优势。

下面以最速下降法中的二次函数为例,说明线性共轭梯度法的优化过程,同时验证其二次终止性。设

$$F(\boldsymbol{x})=6x_1^2+6x_2^2-8x_1x_2-16x_1+4x_2$$

若将其表示为 $F(\boldsymbol{x})=\frac{1}{2}\boldsymbol{x}^{\mathrm{T}}\boldsymbol{A}\boldsymbol{x}-\boldsymbol{b}^{\mathrm{T}}\boldsymbol{x}$ 的形式,则有

$$\boldsymbol{A}=\begin{bmatrix}12 & -8\\ -8 & 12\end{bmatrix},\quad \boldsymbol{b}=\begin{bmatrix}16\\ -4\end{bmatrix}$$

设初始点为 $\boldsymbol{x}_0=[4,0]^{\mathrm{T}}$,则第一轮优化首先计算 $\boldsymbol{x}_0$ 处的负梯度 $\boldsymbol{r}_0$:

$$\boldsymbol{r}_0=\begin{bmatrix}-32\\ 28\end{bmatrix}$$

因此搜索方向

$$\boldsymbol{d}_0=\boldsymbol{r}_0=\begin{bmatrix}-32\\ 28\end{bmatrix}$$

由方程(1.76)求得沿 $\boldsymbol{d}_0$ 的优化步长 α_0 为

$$\alpha_0=\frac{\boldsymbol{r}_0^{\mathrm{T}}\boldsymbol{r}_0}{\boldsymbol{d}_0^{\mathrm{T}}\boldsymbol{A}\boldsymbol{d}_0}=\frac{113}{2252}$$

则沿 $\boldsymbol{d}_0$ 的函数最优解为

$$\boldsymbol{x}_1=\boldsymbol{x}_0+\alpha_0\boldsymbol{d}_0=\frac{1}{563}\begin{bmatrix}1348\\791\end{bmatrix}$$

第二轮优化计算 $\boldsymbol{x}_1$ 处的负梯度 $\boldsymbol{r}_1$：

$$\boldsymbol{r}_1=-\frac{120}{563}\begin{bmatrix}7\\8\end{bmatrix}$$

由方程(1.81)及方程(1.86)构建搜索方向，得

$$\boldsymbol{d}_1=\boldsymbol{r}_1+\beta\boldsymbol{d}_0=-\frac{120}{563^2}\begin{bmatrix}4181\\4294\end{bmatrix}$$

沿 $\boldsymbol{d}_0$ 的优化步长为

$$\alpha_1=\frac{\boldsymbol{r}_1^{\mathrm{T}}\boldsymbol{r}_1}{\boldsymbol{d}_1^{\mathrm{T}}\boldsymbol{A}\boldsymbol{d}_1}=\frac{563}{2260}$$

则沿 $\boldsymbol{d}_1$ 的函数最优解为

$$\boldsymbol{x}_2=\boldsymbol{x}_1+\alpha_1\boldsymbol{d}_1=\begin{bmatrix}2\\1\end{bmatrix}$$

这也是 $F(\boldsymbol{x})$的全局最优解。可以看到，对于 N 元二次凸函数，线性共轭梯度法可以在 N 步优化内达到最优解。

线性共轭梯度法的 Python 实现可参考代码 1.5。

代码 1.5　共轭梯度法程序 ConjugateGradient. py

```
import numpy as np

def conjugate_gradient(A, b, x0, tol=1e-6, max_iter=1000):
    x=x0
    r=b-A@ x
    p=r
    rs_old=r.T @  r

    for _ in range(max_iter):
        Ap=A@ p
        alpha=rs_old / (p.T@ Ap)
        x=x+alpha*p
        r=r-alpha*Ap

        if np.linalg.norm(r)<tol:
            break

        rs_new=r.T@ r
        p=r+(rs_new/rs_old)*p
        rs_old=rs_new
```

```python

    return x

# Define the quadratic function 's matrix A and vector b
A=np.array([[12,-8],[-8,12]])
b=np.array([16,-4])

# Initial guess for the solution x
x0=np.array([0, 0])

# Perform conjugate gradient
x_min=conjugate_gradient(A, b, x0)

print("Matrix.A:")
print(A)

print("\nVector.b:")
print(b)

print("\nMinimum.point.x_min:")
print(x_min)
```

1.3.2.2 非线性共轭梯度法

上述的讨论局限于多元二次凸函数。对于一般函数 F 仍然可以沿用算法 1.2,但是需要进行部分修改,且不再保证有 N 步收敛性。这种优化方法称为非线性共轭梯度法。具体来说,与算法 1.2 相比,非线性共轭梯度法中沿搜索方向 $\boldsymbol{d}_i$ 优化的步长没有解析表达式,需要利用一维搜索算法(见 1.3.4 节)确定 α_i。这种数值解法同时存在一个问题,即一维搜索过于精确会消耗大量的时间,严重地降低算法效率。但是,如果一维搜索过于粗糙,那么下一步构建的搜索方向的共轭性会受到影响,极端情况下,新的搜索方向甚至不是函数值的下降方向。为了解决这一困难,一般在算法实现上会采取"重置"的策略,即每步优化结束后计算当前的负梯度 $\boldsymbol{r}_{i+1}$,以及构建新的搜索方向 $\boldsymbol{d}_{i+1}$,如果 $\boldsymbol{r}_{i+1}^{\mathrm{T}}\boldsymbol{d}_{i+1}<0$,则设 $\boldsymbol{d}_{i+1}=\boldsymbol{r}_{i+1}$,即从最速下降方向重新开始。

算法 1.3

(1) 给定起始点 $\boldsymbol{x}_0$,收敛判据 ε,设 $i=0$,计算 $\boldsymbol{x}_0$ 处 F 的负梯度方向,$\boldsymbol{r}_0=-\nabla F|_{\boldsymbol{x}=\boldsymbol{x}_0}$,设 $\boldsymbol{d}_0=\boldsymbol{r}_0$。

(2) 若 $\|\boldsymbol{r}_i\|\leqslant\varepsilon$,则优化结束,转到步骤(4),否则沿 $\boldsymbol{d}_i$ 进行一维搜索,确定 F 在 $\boldsymbol{d}_i$ 方向上的最优位置,$\boldsymbol{x}_{i+1}=\boldsymbol{x}_i+\alpha_i\boldsymbol{d}_i$。

(3) 依据方程(1.81)及方程(1.86)计算 F 在 $\boldsymbol{x}_{i+1}$ 处的负梯度 $\boldsymbol{r}_{i+1}$,并构建新的共轭梯度方向 $\boldsymbol{d}_{i+1}$。若 $\boldsymbol{r}_{i+1}^{\mathrm{T}}\boldsymbol{d}_{i+1}<0$,则设 $\boldsymbol{d}_{i+1}=\boldsymbol{r}_{i+1}$。设 $i=i+1$,回到步骤(2)。

(4) 计算 $F(\boldsymbol{x}_i)$并保存 $\boldsymbol{x}_i$。

1.3.3 牛顿法与拟牛顿法

在优化算法领域,拟牛顿法以其高效性和广泛的应用而受到关注。这种导数优化算法在处理高精度和复杂度大的问题时可发挥关键作用。其强大之处在于其具有快速收敛特性，这使得它能有效地处理复杂和非线性的优化问题。同时，拟牛顿法具有良好的稳定性，即使在面临数据变化或复杂问题时也能保持性能。

拟牛顿法的编程实现相对简单，所以在大型计算程序中应用广泛。总的来说，拟牛顿法是一种高效、稳定、易于实现的优化算法，被广泛用于处理大数据和复杂优化问题。

1.3.3.1　牛顿法

牛顿法(Newton method)的基本思想是在极小值点附近通过对目标函数 $F(x)$ 做二阶泰勒展开，找到 $F(x)$ 的极小值点的估计值[6]。一维情况下，令函数 $\varphi(x)$ 为 $F(x)$ 在 x_k 附近的近似：

$$\varphi(x)=F(x_k)+F'(x_k)(x-x_k)+\frac{1}{2}F''(x_k)(x-x_k)^2$$

则其导数 $\varphi'(x)$ 满足

$$\varphi'(x)|_{x=x_k}=F'(x_k)+F''(x_k)(x-x_k)=0 \tag{1.87}$$

因此

$$x_{k+1}=x_k-\frac{F'(x_k)}{F''(x_k)} \tag{1.88}$$

将 x_{k+1} 作为 $F(x)$ 极小值点的一个进一步的估计值。重复上述过程，可以产生一系列的极小值点估值集合 $\{x_k\}$。在一定条件下，这个极小值点序列 x_k 收敛于 $F(x)$ 的极值点。

将上述讨论扩展到 N 维空间，类似的，对于 N 维函数 $F(\boldsymbol{x})$，同样可以用 $\varphi(\boldsymbol{x})$ 做近似，即

$$F(\boldsymbol{x})\approx\varphi(\boldsymbol{x})=F(\boldsymbol{x}_k)+\nabla F(\boldsymbol{x}_k)(\boldsymbol{x}-\boldsymbol{x}_k)+\frac{1}{2}(\boldsymbol{x}-\boldsymbol{x}_k)^{\mathrm{T}}\nabla^2 F(\boldsymbol{x}-\boldsymbol{x}_k)$$

式中：$\nabla F(\boldsymbol{x})$ 和 $\nabla^2 F(\boldsymbol{x})$ 分别是目标函数的一阶和二阶导数，表现为一个 N 维矢量和一个 N 阶对称矩阵。后者又称为目标函数 $F(\boldsymbol{x})$ 在 $\boldsymbol{x}_k$ 处的 Hessian 矩阵。设 $\nabla^2 F(\boldsymbol{x})$ 可逆，则可得与方程(1.88)类似的迭代公式：

$$\boldsymbol{x}_{k+1}=\boldsymbol{x}_k-[\nabla^2 F(\boldsymbol{x}_k)]^{-1}\nabla F(\boldsymbol{x}_k) \tag{1.89}$$

这就是原始牛顿法的迭代公式，其中 $[\nabla^2 F(\boldsymbol{x}_k)]^{-1}\nabla F(\boldsymbol{x}_k)$ 称为牛顿方向。牛顿法的 Python 实现见代码 1.6。

代码 1.6　牛顿法程序 Newton.py

```
import numpy as np

# Define the function , its gradient , and Hessian
def f(x):
    return x**4-4*x**2+4

def gradient_f(x):
    return 4*x**3-8*x

def hessian_f(x):
    return 12*x**2-8

```

```
# Newton method
def newton_method(f, gradient_f , hessian_f , x0, tol=1e-6, max_iter=1000):
    x=x0
    for _ in range(max_iter):
        x_prev=x
        x=x-gradient_f(x)/hessian_f(x)
        if np.abs(x-x_prev)<tol:
            break
    return x

# Initial guess for the solution x
x0=1.0

# Perform Newton method
x_min=newton_method(f, gradient_f , hessian_f , x0)

print("Initial.guess.x0:", x0)
print("Minimum.point.x_min:", x_min)
print("Function.value.at.x_min:", f(x_min))
```

尽管原始的牛顿法拥有二次收敛性(也就是说,当应用于二次凸函数时,经过有限次迭代可以达到极小值点),但这需要初始点尽可能靠近极小值点。否则,由等式(1.89)可以看出,系统优化的步长可能过大,对于复杂的函数(例如在定义域内存在多个极小值的函数)可能会产生振荡,从而导致优化失败。为解决这个问题,研究者们提出了阻尼牛顿法[6]。

与牛顿法不同,阻尼牛顿法在每次优化步骤中并不使用等式(1.89)、通过解析来确定步长,而是在确定搜索方向后,沿该方向进行一维搜索,以找到该方向上的极小值点(类似于欠阻尼振荡器达到其平衡位置的过程),然后在该点重新确定搜索方向,重复上述过程,直到函数梯度小于预定阈值 ε 为止。详细过程参见算法 1.4。

算法 1.4

(1) 给定初始点 $\boldsymbol{x}_0$,设定收敛判据 ε,$k=0$。

(2) 计算 $\nabla F(\boldsymbol{x}_k)$ 和 $\nabla^2 F(\boldsymbol{x}_k)$。

(3) 若 $\|\nabla F(\boldsymbol{x}_k)\|<\varepsilon$,则停止迭代,转步骤(5),否则确定搜索方向 $\boldsymbol{d}_k=-[\nabla^2 F(\boldsymbol{x}_k)]^{-1}\nabla F(\boldsymbol{x}_k)$。

(4) 从 $\boldsymbol{x}_k$ 出发,沿 $\boldsymbol{d}_k$ 做一维搜索,即

$$\min_{\alpha} F(\boldsymbol{x}_k+\alpha\boldsymbol{d}_k)=F(\boldsymbol{x}_k+\alpha_k\boldsymbol{d}_k)$$

令 $\boldsymbol{x}_{k+1}=\boldsymbol{x}_k+\alpha_k\boldsymbol{d}_k$,设 $k=k+1$,转步骤(2)。

(5) 计算 $F(\boldsymbol{x}_i)$ 并保存 $\boldsymbol{x}_i$。

由于引入了一维搜索步骤,阻尼牛顿法通常具备更强的稳定性。显然,从形式上看,阻尼牛顿法与其他依赖导数的优化算法非常相似。然而,它的每一步仍需要计算函数的二阶导数,因此相较于原始的牛顿法,效率并未显著提升。阻尼牛顿法的 Python 实现参见代码 1.7。

代码 1.7　阻尼牛顿法程序 dampedNewton.py

```
import numpy as np

# Define the function , its gradient , and Hessian
def f(x):
    return x**4-4*x**2+4

def gradient_f(x):
    return 4*x**3-8*x

def hessian_f(x):
    return 12*x**2-8

# Line search to find the optimal step size
def line_search(f, gradient_f , x, p):
    alpha=1.0
    c=1e-4
    rho=0.5

    while f(x+alpha*p)>f(x)+c*alpha*np.dot(gradient_f(x), p):
        alpha*=rho

    return alpha

# Damped Newton method with 1D search
def damped_newton_method(f, gradient_f, hessian_f, x0, tol=1e-6, max_iter=1000):
    x=x0
    for _ in range(max_iter):
        x_prev=x
        p=-gradient_f(x)/hessian_f(x)
        alpha=line_search(f, gradient_f, x, p)
        x=x+alpha*p

        if np.abs(x-x_prev)<tol:
            break

    return x

# Initial guess for the solution x
x0=1.0

# Perform damped Newton method with 1D search
x_min=damped_newton_method(f, gradient_f , hessian_f , x0)

print("Initial.guess.x0:", x0)
print("Minimum.point.x_min:", x_min)
print("Function.value.at.x_min:", f(x_min))
```

1.3.3.2 拟牛顿法

正如1.3.3.1小节所述,虽然牛顿法的收敛速度快,但其需要计算目标函数的二阶偏导数,这大大增加了难度。更为复杂的问题是目标函数的Hessian矩阵无法保持正定性,这会导致牛顿法失效。为了解决这两个问题,研究者们提出了拟牛顿法(quasi-Newton method)。这个方法的基本思想是不直接计算二阶偏导数,而构造一个能近似Hessian矩阵逆矩阵的正定对称阵,通过这个近似的矩阵确定拟牛顿法的搜索方向,并沿着这个方向优化目标函数。由于具体的构造方法不同,产生了不同的拟牛顿法。

首先分析如何构造矩阵才可以近似Hessian矩阵的逆。

设第k次迭代之后得到点$\boldsymbol{x}_{k+1}$,将目标函数$F(\boldsymbol{x})$在$\boldsymbol{x}_{k+1}$处展开成泰勒级数,进行二阶近似,得

$$F(\boldsymbol{x})\approx F(\boldsymbol{x}_{k+1})+\nabla F(\boldsymbol{x}_{k+1})(\boldsymbol{x}-\boldsymbol{x}_{k+1})+\frac{1}{2}(\boldsymbol{x}-\boldsymbol{x}_{k+1})^{\mathrm{T}}\nabla^2 F(\boldsymbol{x}_{k+1})(\boldsymbol{x}-\boldsymbol{x}_{k+1})$$

因此

$$\nabla F(\boldsymbol{x})\approx\nabla F(\boldsymbol{x}_{k+1})+\nabla^2 F(\boldsymbol{x}_{k+1})(\boldsymbol{x}-\boldsymbol{x}_{k+1})$$

令$\boldsymbol{x}=\boldsymbol{x}_k$,则

$$\nabla F(\boldsymbol{x}_{k+1})-\nabla F(\boldsymbol{x}_k)\approx\nabla^2 F(\boldsymbol{x}_{k+1})(\boldsymbol{x}_{k+1}-\boldsymbol{x}_k) \tag{1.90}$$

记

$$\boldsymbol{s}_k=\boldsymbol{x}_{k+1}-\boldsymbol{x}_k,\quad \boldsymbol{y}_k=\nabla F(\boldsymbol{x}_{k+1})-\nabla F(\boldsymbol{x}_k)$$

同时设Hessian矩阵$\nabla F(\boldsymbol{x}_{k+1})$可逆,则方程(1.90)可以表示为

$$\boldsymbol{s}_k\approx[\nabla^2 F(\boldsymbol{x}_{k+1})]^{-1}\boldsymbol{y}_k \tag{1.91}$$

式(1.91)表明,只需计算目标函数的一阶导数,就可以依据该式估计该处的Hessian矩阵的逆。也即,为了使用不包含二阶导数的矩阵$\boldsymbol{H}_{k+1}$来近似牛顿法中Hessian矩阵的逆矩阵$[\nabla^2 F(\boldsymbol{x}_{k+1})]^{-1}$,$\boldsymbol{H}_{k+1}$必须满足

$$\boldsymbol{s}_k\approx\boldsymbol{H}_{k+1}\boldsymbol{y}_k \tag{1.92}$$

方程(1.92)称为割线方程,也称为拟牛顿条件。上述推导完全基于代数演绎,因此理解起来可能有些困难。图1.5反映了一维情况下牛顿法与拟牛顿法的几何意义。如图1.5所示,纵坐标表示目标函数$F(x)$的导数$F'(x)=\mathrm{d}F(x)/\mathrm{d}x$。为求得$F(x)$的优化解,需要找到$F'(x)$的零点。在牛顿法(见图1.5(a))中,对于每一步的估计值x_k,都需要求出该点处的

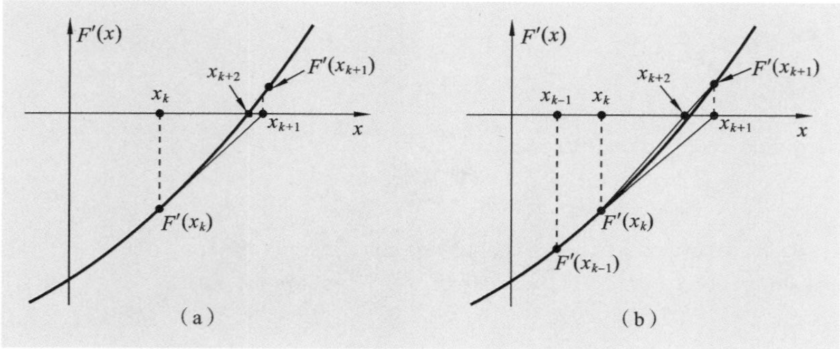

图1.5 一维情况下牛顿法与拟牛顿法的几何意义

(a) 牛顿法;(b) 拟牛顿法

$F'(x)$的导数 $F''(x)|_{x_k}$，并将相应的切线与 x 轴的交点作为下一步最优解的估计值 x_{k+1}（见式(1.89)）。因此，牛顿法又可称为切线法（需要求取目标函数的二阶导数，即在 N 维情况下需要用到 Hessian 矩阵）。图 1.5(b)所示为利用拟牛顿法求解 $F'(x)=0$ 的过程，这里是用 x_{k-1} 和 x_k 处的导数值的连线（即 $F'(x)$ 的割线）与 x 轴的交点作为最优解的新估计值 x_{k+1}，也就是用割线来近似切线。这正是割线方程(1.92)的几何含义。此外，图 1.5 也可以用来理解牛顿法的二次终止性。因为如果目标函数是一元二次函数，那么图 1.5(a)所示的导数即为一条直线，给定初始点 x_0，按照式(1.89)，牛顿法可以在一步内达到最优解 x^*。

除满足割线方程外，$\boldsymbol{H}_{k+1}$ 还需要满足其他一些条件，如具备对称性、更新矩阵的秩尽量低，等等。实际上，满足这些条件的矩阵即更新算法并不唯一，因此相应的拟牛顿法也不止一种。下面不加证明地给出两个最常用的 $\boldsymbol{H}_{k+1}$ 构造公式。

1. Davidon-Fletcher-Powell(DFP)公式

设初始的矩阵 $\boldsymbol{H}_0$ 为单位矩阵 $\boldsymbol{I}$，然后通过修正 $\boldsymbol{H}_k$ 给出 $\boldsymbol{H}_{k+1}$，即

$$\boldsymbol{H}_{k+1}=\boldsymbol{H}_k+\Delta\boldsymbol{H}_k$$

DFP 算法中定义校正矩阵为

$$\Delta\boldsymbol{H}_k=\frac{\boldsymbol{s}_k\boldsymbol{s}_k^{\mathrm{T}}}{\boldsymbol{s}_k^{\mathrm{T}}\boldsymbol{y}_k}-\frac{\boldsymbol{H}_k\boldsymbol{y}_k\boldsymbol{y}_k^{\mathrm{T}}\boldsymbol{H}_k}{\boldsymbol{y}_k^{\mathrm{T}}\boldsymbol{H}_k\boldsymbol{y}_k}$$

因此

$$\boldsymbol{H}_{k+1}=\boldsymbol{H}_k+\frac{\boldsymbol{s}_k\boldsymbol{s}_k^{\mathrm{T}}}{\boldsymbol{s}_k^{\mathrm{T}}\boldsymbol{y}_k}-\frac{\boldsymbol{H}_k\boldsymbol{y}_k\boldsymbol{y}_k^{\mathrm{T}}\boldsymbol{H}_k}{\boldsymbol{y}_k^{\mathrm{T}}\boldsymbol{H}_k\boldsymbol{y}_k}\tag{1.93}$$

可以验证，这样产生的 $\boldsymbol{H}_{k+1}$ 对二次凸函数而言可以保证正定，且满足拟牛顿条件。

2. BFGS 公式

BFGS 公式有时也称为 DFP 公式的对偶公式。这是因为其推导过程与方程(1.93)的推导过程完全一样，只需要将 $\boldsymbol{s}_k$ 和 $\boldsymbol{y}_k$ 互换，最后可以得到

$$\boldsymbol{H}_{k+1}=\boldsymbol{H}_k+\left(1+\frac{\boldsymbol{y}_k^{\mathrm{T}}\boldsymbol{H}_k\boldsymbol{y}_k}{\boldsymbol{s}_k^{\mathrm{T}}\boldsymbol{y}_k}\right)\frac{\boldsymbol{s}_k\boldsymbol{s}_k^{\mathrm{T}}}{\boldsymbol{s}_k^{\mathrm{T}}\boldsymbol{y}_k}-\frac{\boldsymbol{H}_k\boldsymbol{y}_k\boldsymbol{s}_k^{\mathrm{T}}+\boldsymbol{s}_k\boldsymbol{y}_k^{\mathrm{T}}\boldsymbol{H}_k}{\boldsymbol{s}_k^{\mathrm{T}}\boldsymbol{y}_k}\tag{1.94}$$

这个公式要优于 DFP 公式，因此目前得到了最为广泛的应用。

将利用方程(1.93)或方程(1.94)的拟牛顿法的计算方法列为算法 1.5。

算法 1.5

(1) 给定初始点 $\boldsymbol{x}_0$，设定收敛判据 ε，$k=0$，设 $\boldsymbol{H}_0=\boldsymbol{I}$。

(2) 计算出目标函数 $F(\boldsymbol{x})$在 $\boldsymbol{x}_k$ 处的梯度 $\boldsymbol{g}_k=\nabla F(\boldsymbol{x}_k)$。

(3) 确定搜索方向 $\boldsymbol{d}_k$：$\boldsymbol{d}_k=-\boldsymbol{H}_k\boldsymbol{g}_k$。

(4) 从 $\boldsymbol{x}_k$ 出发，沿 $\boldsymbol{d}_k$ 做一维搜索，使得 α_k 满足 $F(\boldsymbol{x}_k+\alpha_k\boldsymbol{d}_k)=\min\limits_{\alpha\geqslant 0}F(\boldsymbol{x}_k+\alpha_k\boldsymbol{d}_k)$。若 $F(\boldsymbol{x})$是 N 元二次凸函数，则 α_k 有解析解（见方程(1.55)）。令 $\boldsymbol{x}_{k+1}=\boldsymbol{x}_k+\alpha_k\boldsymbol{d}_k$。

(5) 若 $\|\boldsymbol{g}_{k+1}\|\leqslant\varepsilon$，则停止迭代，得到最优解 $\boldsymbol{x}=\boldsymbol{x}_{k+1}$，否则进行步骤(6)。

(6) 若 $k=N-1$，则令 $\boldsymbol{x}_0=\boldsymbol{x}_{k+1}$，回到步骤(2)，否则进行步骤(7)。

(7) 令 $\boldsymbol{g}_{k+1}=\nabla F(\boldsymbol{x}_{k+1})$，$\boldsymbol{s}_k=\boldsymbol{x}_{k+1}-\boldsymbol{x}_k$，$\boldsymbol{y}_k=\boldsymbol{g}_{k+1}-\boldsymbol{g}_k$，利用方程(1.93)或方程(1.94)计算 $\boldsymbol{H}_{k+1}$，设 $k=k+1$，回到步骤(2)。

在本节的最后，我们再次以最速下降法中的二次函数为例，说明拟牛顿法的优化过程及其二次终止性。因为手动计算 BFGS 公式过于繁杂，所以这个例子中我们利用 DFP 公式更

新 $\boldsymbol{H}_k$。设

$$F(\boldsymbol{x})=6x_1^2+6x_2^2-8x_1x_2-16x_1+4x_2$$

同样,设初始点为 $\boldsymbol{x}_0=[4,0]^{\mathrm{T}}$,则第一轮优化首先计算 $\boldsymbol{x}_0$ 处的导数,即

$$\boldsymbol{g}_0=\begin{bmatrix}32\\-28\end{bmatrix}$$

此时,$\boldsymbol{H}_0=\boldsymbol{I}$,因此搜索方向

$$\boldsymbol{d}_0=-\boldsymbol{H}_0\boldsymbol{g}_0=\begin{bmatrix}-32\\28\end{bmatrix}$$

由方程(1.76)求得沿 $\boldsymbol{d}_0$ 的优化步长为

$$\alpha_0=\frac{\boldsymbol{g}_0^{\mathrm{T}}\boldsymbol{g}_0}{\boldsymbol{d}_0^{\mathrm{T}}\boldsymbol{A}\boldsymbol{d}_0}=\frac{113}{2252}$$

则沿 $\boldsymbol{d}_0$ 的函数最优解为

$$\boldsymbol{x}_1=\boldsymbol{x}_0+\alpha_0\boldsymbol{d}_0=\frac{1}{563}\begin{bmatrix}1348\\791\end{bmatrix}$$

第二轮优化计算 $\boldsymbol{x}_1$ 处的导数,即

$$\boldsymbol{g}_1=\frac{120}{563}\begin{bmatrix}7\\8\end{bmatrix}$$

计算 $\boldsymbol{s}_0$ 与 $\boldsymbol{y}_0$ 如下:

$$\boldsymbol{s}_0=\boldsymbol{x}_1-\boldsymbol{x}_0=\frac{113}{563}\begin{bmatrix}-8\\7\end{bmatrix},\quad \boldsymbol{y}_0=\boldsymbol{g}_1-\boldsymbol{g}_0=\frac{452}{563}\begin{bmatrix}-38\\37\end{bmatrix}$$

由方程(1.93)构造 $\boldsymbol{H}_1$,即

$$\boldsymbol{H}_1=\frac{1}{6334876}\begin{bmatrix}3263020 & 3008784\\3008784 & 3389725\end{bmatrix}$$

由 $\boldsymbol{H}_1$ 构建搜索方向,即

$$\boldsymbol{d}_1=-\boldsymbol{H}_1\boldsymbol{g}_1=-\frac{120}{2813}\begin{bmatrix}37\\38\end{bmatrix}$$

沿 $\boldsymbol{d}_0$ 的优化步长为

$$\alpha_1=-\frac{\boldsymbol{g}_1^{\mathrm{T}}\boldsymbol{d}_1}{\boldsymbol{d}_1^{\mathrm{T}}\boldsymbol{A}\boldsymbol{d}_1}=\frac{2813}{11260}$$

则沿 $\boldsymbol{d}_1$ 的函数最优解为

$$\boldsymbol{x}_2=\boldsymbol{x}_1+\alpha_1\boldsymbol{d}_1=\begin{bmatrix}2\\1\end{bmatrix}$$

$\boldsymbol{x}_2$ 即为 $F(\boldsymbol{x})$的全局最优解。结合此例以及 1.3.2.1 节的例子,可以看到,虽然从第二步开始搜索路径有所区别,但是对于 N 元二次凸函数,拟牛顿法同样可以在 N 步优化内达到最优解。基于 DFP 公式的拟牛顿法 Python 实现见代码 1.8。

代码 1.8 基于 DFP 公式的拟牛顿法 dfpNewton.py

```
import numpy as np
from scipy.optimize import minimize_scalar

```

```
# Define the function and its gradient
def f(x):
    return 6*x[0]**2+6*x[1]**2-8*x[0]*x[1]-16*x[0]+4*x[1]

def gradient_f(x):
    return np.array([12*x[0]-8*x[1]-16, 12*x[1]-8*x[0]+4])

def dfp_quasi_newton(f, grad, x0, tol=1e-6, max_iter=100):
    x=np.array(x0, dtype=float)
    H=np.eye(len(x))

    for i in range(max_iter):
        g=np.array(grad(x))

        if np.linalg.norm(g)<tol:
            break

        p=-H@g

        def objective(alpha):
            return f(x+alpha*p)

        alpha=minimize_scalar(objective).x
        s=alpha*p
        x+=s

        y=grad(x)-g
        rho=1/(y.T@s)

        H=(np.eye(len(x))-rho*np.outer(s, y))@H@(np.eye(len(x))\
            -rho*np.outer(y, s))+rho*np.outer(s, s)

    return x

# Example usage:
# Initial guess for the solution x
x0=np.array([4.0, 0.0])

# Perform DFP quasi - Newton method
x_min=dfp_quasi_newton(f, gradient_f , x0)

print("Initial.guess.x0:", x0)
print("Minimum.point.x_min:", x_min)
print("Function value at x_min:", f(x_min))
```

1.3.3.3 限域拟牛顿法

1. 限域拟牛顿法的基本思想

算法 1.5 的步骤(3)中，为了确定第 k 次搜索方向，需要知道对称正定矩阵 $\boldsymbol{H}_k$，因此对于 N 维的问题，存储空间大小至少是 $N(N+1)/2$，对大型计算而言，这显然是一个极大的缺点。作为比较，共轭梯度法只需要存储三个 N 维矢量。为了解决这个问题，Nocedal 首次提出了基于 BFGS 公式的限域拟牛顿法(limited storage quasi-Newton method)，即 L-BFGS 算法[8]。

L-BFGS 算法的基本思想是存储有限次数(如 m 次)的更新矩阵 $\Delta\boldsymbol{H}_k$，如果 $k>m$，就舍弃 m 次以前的 $\Delta\boldsymbol{H}_{k-m+1}$，也即 L-BFGS 法的记忆只有 m 次。如果 $m=N$，则L-BFGS算法等价于标准的 BFGS 算法。

首先将方程(1.94)写为乘法形式，即

$$\boldsymbol{H}_{k+1}=(\boldsymbol{I}-\rho_k\boldsymbol{s}_k\boldsymbol{y}_k^{\mathrm{T}})\boldsymbol{H}_k(\boldsymbol{I}-\rho_k\boldsymbol{y}_k\boldsymbol{s}_k^{\mathrm{T}})+\rho_k\boldsymbol{s}_k\boldsymbol{s}_k^{\mathrm{T}}=\boldsymbol{v}_k^{\mathrm{T}}\boldsymbol{H}_k\boldsymbol{v}_k+\rho_k\boldsymbol{s}_k\boldsymbol{s}_k^{\mathrm{T}} \tag{1.95}$$

式中：$\rho=\dfrac{1}{\boldsymbol{y}_k^{\mathrm{T}}\boldsymbol{s}_k}$；$\boldsymbol{v}_k$ 是 N 阶方阵。在乘法形式下舍弃 m 次以前的 $\Delta\boldsymbol{H}_{k-m+1}$ 等价于置 $\boldsymbol{v}_k=\boldsymbol{I}$，$\rho_k=0$。容易得出，给定 m 后，矩阵 $\boldsymbol{H}_{k+1}$ 可以按如下方式更新：

若 $k+1\leqslant m$，则

$$\begin{aligned}\boldsymbol{H}_{k+1}=&\boldsymbol{v}_k^{\mathrm{T}}\boldsymbol{v}_{k-1}^{\mathrm{T}}\cdots\boldsymbol{H}_0\boldsymbol{v}_0\cdots\boldsymbol{v}_{k-1}\boldsymbol{v}_k+\boldsymbol{v}_k^{\mathrm{T}}\cdots\boldsymbol{v}_1^{\mathrm{T}}\rho_0\boldsymbol{s}_0\boldsymbol{s}_0^{\mathrm{T}}\boldsymbol{v}_1\cdots\boldsymbol{v}_k+\boldsymbol{v}_k^{\mathrm{T}}\boldsymbol{v}_{k-1}^{\mathrm{T}}\cdots\boldsymbol{v}_2^{\mathrm{T}}\rho_1\boldsymbol{s}_1\boldsymbol{s}_1^{\mathrm{T}}\boldsymbol{v}_2\cdots\boldsymbol{v}_k\cdots\\&+\boldsymbol{v}_k^{\mathrm{T}}\boldsymbol{v}_{k-1}^{\mathrm{T}}\rho_{k-2}\boldsymbol{s}_{k-2}\boldsymbol{s}_{k-2}^{\mathrm{T}}\boldsymbol{v}_{k-1}\boldsymbol{v}_k+\boldsymbol{v}_k^{\mathrm{T}}\rho_{k-1}\boldsymbol{s}_{k-1}\boldsymbol{s}_{k-1}^{\mathrm{T}}\boldsymbol{v}_k+\rho_k\boldsymbol{s}_k\boldsymbol{s}_k^{\mathrm{T}}\end{aligned} \tag{1.96}$$

若 $k+1>m$，则

$$\begin{aligned}\boldsymbol{H}_{k+1}=&\boldsymbol{v}_k^{\mathrm{T}}\boldsymbol{v}_{k-1}^{\mathrm{T}}\cdots\boldsymbol{v}_{k-m+1}^{\mathrm{T}}\boldsymbol{H}_0\boldsymbol{v}_{k-m+1}\cdots\boldsymbol{v}_{k-1}\boldsymbol{v}_k\\&+\boldsymbol{v}_k^{\mathrm{T}}\cdots\boldsymbol{v}_{k-m+2}^{\mathrm{T}}\rho_{k-m+1}\boldsymbol{s}_{k-m+1}\boldsymbol{s}_{k-m+1}^{\mathrm{T}}\boldsymbol{v}_{k-m+2}\cdots\boldsymbol{v}_k\cdots+\boldsymbol{v}_k^{\mathrm{T}}\rho_{k-1}\boldsymbol{s}_{k-1}\boldsymbol{s}_{k-1}^{\mathrm{T}}\boldsymbol{v}_k+\rho_k\boldsymbol{s}_k\boldsymbol{s}_k^{\mathrm{T}}\end{aligned} \tag{1.97}$$

方程(1.96)和方程(1.97)称为狭义 BFGS 矩阵(special BFGS matrix)。仔细分析这两个方程以及 ρ_k 和 $\boldsymbol{v}_k$ 的定义，可以发现，在 L-BFGS 算法中构造 $\boldsymbol{H}_{k+1}$ 只需要保留 $2m+1$ 个 N 维矢量：m 个 $\boldsymbol{s}_k$、m 个 $\boldsymbol{y}_k$ 以及 $\boldsymbol{H}_0$(对角矩阵)。

2. 快速计算 $\boldsymbol{H}\cdot\boldsymbol{g}$

在 L-BFGS 算法中，确定搜索方向 $\boldsymbol{d}_k$ 时需要计算 $\boldsymbol{H}\cdot\boldsymbol{g}$，可以用下列算法高效地完成计算任务。

算法 1.6

IF $k\leqslant m$ Then

incr=0; BOUND=k

ELSE

incr=$k-m$; BOUND=m

ENDIF

$\boldsymbol{q}$BOUND=$\boldsymbol{g}_k$;

DO i=(BOUND−1),0,−1

  $j=i+$incr;

  $\alpha_i=\rho_j\boldsymbol{s}_j^{\mathrm{T}}\boldsymbol{q}_{i+1}$;

  储存 α_i;

$\boldsymbol{q}_i=\boldsymbol{q}_{i+1}-\alpha_i\boldsymbol{y}_j$;

```
ENDDO
g_0 = H_0 · g_0;
DO i=0,(BOUND-1)
    j=i+incr;
    β_j = ρ_j y_j^T g_j;
    g_{i+1} = g_i + s_j(α_i - β_i);
ENDDO
```

完整的程序包可从该网址下载：http://www.ece.northwestern.edu/nocedal/software.html。

1.3.3.4 针对二次非凸函数的若干变形

在优化算法中，BFGS 算法是拟牛顿法的一个重要实例，对于二次凸函数，这种算法具有很好的全局收敛性。然而，在处理非凸函数，尤其是目标函数的 Hessian 矩阵非正定时，BFGS 算法表现得并不理想。在这种情况下，BFGS 算法生成的拟牛顿方向可能并非真正的下降方向，进而可能导致算法收敛困难或者无法找到最优解。

为了克服这一问题并扩大 BFGS 公式的应用范围，许多研究者对 BFGS 公式进行了修改或变形，以使 BFGS 算法在处理这类非凸问题时仍能保持良好的性能。下面举两个例子。

1. Li-Fukushima **方法**[9]

Li 和 Fukushima 提出了新的构造矩阵 $\boldsymbol{H}_k$ 的方法，即

$$\boldsymbol{H}_{k+1}^{-1}=\boldsymbol{H}_k^{-1}-\frac{\boldsymbol{H}_k^{-1}\boldsymbol{s}_k\boldsymbol{s}_k^{\mathrm{T}}\boldsymbol{H}_k^{-1}}{\boldsymbol{s}_k^{\mathrm{T}}\boldsymbol{H}_k^{-1}\boldsymbol{s}_k}+\frac{\boldsymbol{y}_k^{*}\boldsymbol{y}_k^{*\mathrm{T}}}{\boldsymbol{y}_k^{*\mathrm{T}}\boldsymbol{s}_k}$$

$$\boldsymbol{H}_{k+1}=(\boldsymbol{I}-\rho_k^{*}\boldsymbol{s}_k\boldsymbol{y}_k^{*\mathrm{T}})\boldsymbol{H}_k(\boldsymbol{I}-\rho_k^{*}\boldsymbol{y}_k^{*\mathrm{T}}\boldsymbol{s}_k^{\mathrm{T}})+\rho_k^{*}\boldsymbol{s}_k\boldsymbol{s}_k^{\mathrm{T}} \tag{1.98}$$

式中

$$\boldsymbol{y}_k^{*\mathrm{T}}=\boldsymbol{g}_{k+1}-\boldsymbol{g}_k+\boldsymbol{t}_k\|\boldsymbol{g}_k\|\boldsymbol{s}_k$$

$$t_k=1+\max\left(0,\frac{-\boldsymbol{y}_k^{\mathrm{T}}\boldsymbol{s}_k}{\|\boldsymbol{s}_k\|^2}\right)$$

$\boldsymbol{y}_k$ 的定义见算法 1.5 中步骤(7)，而

$$\rho_k^{*}=\frac{1}{\boldsymbol{y}_k^{*\mathrm{T}}\boldsymbol{s}_k}$$

除此之外，算法 1.5 中一维搜索采用如下方式：

给定两个参数 $\sigma\in(0,1)$ 和 $\varepsilon\in(0,1)$，找出最小的非负整数 j，满足

$$F(\boldsymbol{x}_k+\varepsilon_j\boldsymbol{d}_k)\leqslant F(\boldsymbol{x}_k)+\sigma\varepsilon_j\boldsymbol{g}_k^{\mathrm{T}}\boldsymbol{d}_k$$

取 $j_k=j$，步长 $\alpha_k=\varepsilon_{jk}$。

2. Xiao-Wei-Wang **方法**[10]

Xiao、Wei 和 Wang 提出了计入目标函数值 $F(\boldsymbol{x})$ 的另一种 $\boldsymbol{H}_k$ 的构造方法。

设 $\boldsymbol{y}_k^{\dagger}=\boldsymbol{y}_k+\alpha_k\boldsymbol{s}_k$，其中，

$$\alpha_k=\frac{1}{\|\boldsymbol{s}_k\|^2}[2(F(\boldsymbol{x}_k)-F(\boldsymbol{x}_{k+1}))+(\boldsymbol{g}_{k+1}+\boldsymbol{g}_k)^{\mathrm{T}}\boldsymbol{s}_k]$$

$\boldsymbol{H}_k$ 的形式与方程(1.95)和方程(1.98)中 $\boldsymbol{H}_{k+1}$ 的形式相同：

$$\boldsymbol{H}_{k+1}=(\boldsymbol{I}-\rho_k^{\dagger}\boldsymbol{s}_k\boldsymbol{y}_k^{\dagger\mathrm{T}})\boldsymbol{H}_k(\boldsymbol{I}-\rho_k^{\dagger}\boldsymbol{y}_k^{\dagger})\boldsymbol{s}_k^{\mathrm{T}}+\rho_k^{\dagger}\boldsymbol{s}_k\boldsymbol{s}_k^{\mathrm{T}} \tag{1.99}$$

而一维搜索则采用弱 Wolfe-Powell 准则：

给定两个参数 $\delta\in(0,1/2)$ 和 $\sigma\in(\delta,1)$，找出步长 α_k，满足

$$F(\boldsymbol{x}_k+\alpha_k\boldsymbol{d}_k)\leqslant F(\boldsymbol{x}_k)+\delta\alpha_k\boldsymbol{g}_k^{\mathrm{T}}\boldsymbol{d}_k \tag{1.100}$$

$$\boldsymbol{g}_{k+1}^{\mathrm{T}}\boldsymbol{d}_k\geqslant\sigma\boldsymbol{g}_k^{\mathrm{T}}\boldsymbol{d}_k \tag{1.101}$$

如果 $\alpha_k=1$ 满足方程(1.100)、方程(1.101)，则取 $\alpha_k=1$。

可以看出，这两种方法只是改变了 $\boldsymbol{y}_k$ 的定义方式，其他则与标准的 BFGS 法完全一样。因此将二者推广到限域形式是非常直接的，这里不再给出算法。用于二次非凸函数的拟牛顿法还在进一步发展当中，上述的两种方法并不一定是最佳算法。

1.3.3.5 小结

最速下降法、共轭梯度法以及(拟)牛顿法都是利用目标函数的导数构建新的搜索方向的。从前面的讨论可以看出，优化方法中的搜索方向只需确保是函数值下降的方向即可。牛顿方向是最重要的优化方向，也是理论上最快的搜索方向。如果目标函数确实是严格的二次凸函数，沿牛顿方向可以直接前进到最优解，而与空间维数无关。共轭梯度法中第 k 轮构建的搜索方向指向 k 维子空间中的最优解。该子空间由前面 $k-1$ 步以及当前步所有搜索方向所张开。而最速下降法的搜索方向仅指向一维子空间，即当前函数梯度方向中的最优解。因此，一般认为，(拟)牛顿法优于共轭梯度法，而共轭梯度法优于最速下降法。然而在实际工作中，由于目标函数的 Hessian 矩阵往往无法满足严格的正定条件，(拟)牛顿法可能会出现收敛失败的情形，当初始点距离最优解较远时这一点尤为突出。实践表明，共轭梯度法兼具强大的适应性与高效率，是解决一般优化问题的首选方案。

1.3.4 一维搜索算法

在优化算法中，沿优化方向 $\boldsymbol{d}_k$ 的一维搜索是一个非常重要的课题。实际上，一维搜索算法可以分为精确一维搜索算法和非精确一维搜索算法。标准的拟牛顿法(如 BFGS 算法)和 L-BFGS 法均采用精确一维搜索算法。与精确一维搜索算法相比，非精确一维搜索算法虽然牺牲了部分精度，但是效率更高，调用函数的次数更少，因此，Li-Fukushima 方法和Xiao-Wei-Wang 方法均采用了这类算法。

在这里，我们简要介绍分别采用精确一维搜索和非精确一维搜索两类算法的应用最为广泛的两个例子，即二点三次插值方法(精确一维搜索)和 Wolfe-Powell 准则(非精确一维搜索)。

1.3.4.1 二点三次插值方法

二点三次插值法是一种经过精心设计的一维搜索算法，其核心在于通过二点三次插值精确地寻找目标函数的最小值。其基本策略是在每一次迭代中构建一个基于目标函数值和其导数值的三次插值多项式，然后在这个多项式上寻找最小值点，从而确定一个新的搜索点。

二点三次插值法的优势在于其提供的精度较高，能够在优化过程中寻找到更精确的解。然而，这种方法也有其缺点，即在某些情况下可能需要更多的函数评估次数。尽管如此，二点三次插值法仍然是一个在处理复杂优化问题时十分有用的工具，其精度和效率的平衡使得它在优化算法中占有一席之地。

二点三次插值方法的基本思想是选取两个初始点 x_1 和 x_2，满足 $x_1<x_2$，$F'(x_1)<0$，

$F'(x_2)<0$。这样的初始条件保证了在区间(x_1,x_2)中存在极小值点。利用这两点处的函数值 $F(x_1)$、$F(x_2)$(记为 F_1、F_2)和导数值 $F'(x_1)$、$F'(x_2)$(记为 F'_1、F'_2)构造一个三次多项式 $\varphi(x)$,使得 $\varphi(x)$在 x_1 和 x_2 处与目标函数 $F(x)$有相同的函数值和导数值,则设 $\varphi(x)=a(x-x_1)^3+b(x-x_1)^2+c(x-x_1)+d$,那么通过四个边界条件可以完全确定 a、b、c、d 这四个参数。然后找出 $\varphi'(x)$的零点 x',作为极小值点的一个进一步的估计。可以证明,由 x_1 出发,最佳估计值的计算公式为

$$x'=x_1+\frac{-c}{b+\sqrt{b^2-3ac}} \tag{1.102}$$

为了避免每次都要求解四维线性方程组的麻烦,整个搜索过程可以采用算法 1.7。

算法 1.7

(1) 给定初始点 x_1 和 x_2,满足 $x_1<x_2$,计算函数值 F_1、F_2 和导数值 F'_1、F'_2,并且 $F'_1<0$,$F'_2>0$,给定允许误差 δ。

(2) 计算得到最佳估计值 x':

$$\begin{cases} s=\dfrac{3(F_2-F_1)}{x_2-x_1} \\ z=s-F'_1-F'_2 \\ w^2=z^2-F'_1F'_2 \end{cases} \tag{1.103}$$

$$x'=x_1+(x_2-x_1)\frac{1-F'_2+w+z}{F'_2-F'_1+2w} \tag{1.104}$$

(3) 若$|x_2-x_1|\leqslant\delta$,则停止计算,得到点 x',否则转到步骤(4)。

(4) 计算 $F(x')$和 $F'(x')$。若 $F'(x')=0$,则停止计算,得到点 x';若 $F'(x')<0$,则令 $x_1=x'$,$F_1=F(x')$,$F'_1=F'(x')$,转步骤(2);若 $F'(x')>0$,则令 $x_2=x'$,$F_2=F(x')$,$F'_2=F'(x')$,转步骤(2)。

若利用三次函数插值,利用方程(1.103)、方程(1.104)并不是唯一的方法,也可以利用以下式子来计算 a、b、c 三个参数:

$$\begin{cases} a=\dfrac{F'_1+F'_2}{(x_2-x_1)^2}-\dfrac{2(F_2-F_1)}{(x_2-x_1)^3} \\ b=\dfrac{-2F'_1-F'_2}{x_2-x_1}+\dfrac{3(F_2-F_1)}{(x_2-x_1)^2} \\ c=F'_1 \end{cases} \tag{1.105}$$

然后利用式(1.102)寻找最佳点 x'。此外,即使 $F'(x_2)<0$,一般而言也可以用式(1.102)外推寻找 x'。

1.3.4.2 Wolfe-Powell 准则

Wolfe-Powell 准则是一种有代表性的非精确一维搜索策略,它通过定义两个关键条件——Armijo 条件和曲率条件,来控制搜索步长的选择。只有当这两个条件同时满足时,才能认为找到了合适的步长。Armijo 条件主要用于保证足够的函数值下降速度,而曲率条件则用于确保搜索方向与梯度方向保持一定的一致性。这两个条件共同保证每次迭代都在正确的方向上取得足够的进展,从而有利于算法的收敛。

Wolfe-Powell 准则的主要优势在于其高效性。因为它并不要求在每次迭代中精确地找

到函数的最小值,这可大大减少函数评估的次数,进而提升优化算法的运行效率。因此,Wolfe-Powell 准则是一种在实际中应用广泛的一维搜索策略,其效率和实用性都得到了广泛的认可。

式(1.100)、式(1.101)给出了非精确一维搜索算法。如果将不等式(1.101)用下式替换:

$$|\boldsymbol{g}_{k+1}^{\mathrm{T}}\boldsymbol{d}_k| \leqslant -\sigma \boldsymbol{g}_k^{\mathrm{T}}\boldsymbol{d}_k$$

也即

$$\sigma \boldsymbol{g}_k^{\mathrm{T}}\boldsymbol{d}_k \leqslant \boldsymbol{g}_{k+1}^{\mathrm{T}}\boldsymbol{d}_k \leqslant -\sigma \boldsymbol{g}_k^{\mathrm{T}}\boldsymbol{d}_k \tag{1.106}$$

则式(1.100)、式(1.106)合称为强 Wolfe-Powell 准则,其重要性在于当 $\sigma \to 0$ 时,该方法过渡为精确一维搜索算法[11]。算法如下①。

算法 1.8

(1) 给定两个参数 $\delta \in (0,1/2)$ 和 $\sigma \in (\delta,1)$,x_1 为初始点(相应于 $\alpha_k=0$),x_2 为猜想点(可设为 1)。计算两点处的函数值 F_1、F_2 和导数值 F'_1、F'_2。给定最大循环次数 $N_{\max}$,设 $k=0, i=0$。

(2) 若 F_2 和 F'_2 违反式(1.100)或者式(1.106)的右半段,即 $\boldsymbol{g}_{k+1}^{\mathrm{T}}\boldsymbol{d}_k \leqslant -\sigma \boldsymbol{g}_k^{\mathrm{T}}\boldsymbol{d}_k$,则缩小搜索范围的上限 $x_{\mathrm{upper}}=\delta x_2$,否则转到步骤(5)。

(3) 若 $F_2 > F_1$,利用二次插值方法寻找最佳点 $x_{\min}$,即

$$x_{\min} = x_1 - \frac{1}{2}\frac{F'(x_2-x_1)^2}{F_2-F_1-F'_1(x_2-x_1)} \tag{1.107}$$

设 $x_2=x_{\min}$,计算 F_2 和 F'_2。设 $k=k+1$,若 $k \leqslant N_{\max}$,转到步骤(2),否则转到步骤(5);若 $F_2 \leqslant F_1$,转到步骤(4)。

(4) 利用式(1.103)、式(1.104)(或者式(1.102)、式(1.105))寻找最佳点 $x_{\min}$。令 $x_2=x_{\min}$,计算 F_2 和 F'_2。设 $k=k+1$,若 $k \leqslant N_{\max}$,转到步骤(2),否则转到步骤(5)。

(5) 若 F'_2 满足式(1.106)的左半段,即 $\boldsymbol{g}_{k+1}^{\mathrm{T}}\boldsymbol{d}_k \geqslant \sigma \boldsymbol{g}_k^{\mathrm{T}}\boldsymbol{d}_k$,则停止计算,得到最佳点 x_2,否则转到步骤(6)。

(6) 利用式(1.103)、式(1.104)(或者式(1.102)、式(1.105))寻找最佳点 $x_{\min}$,并计算 F_2 以及 F'_2;设 $i=i+1$,若 $i \leqslant N_{\max}$,转到步骤(2),否则转到步骤(7)。

(7) 停止计算,得到目前的最佳估计值 x_2。

需要补充说明的是,步骤(4)以及步骤(6)可以有不同的估算方法,例如:

$$x_{\min} = x_2 - \frac{F'_2(x_2-x_1)}{F'_2-F'_1} \tag{1.108}$$

此外,点 x 处的导数值 $F'(x)=\boldsymbol{g}^{\mathrm{T}}\boldsymbol{d}$,因为在一维搜索中,$x$ 相当于待求步长 α。在大多数情况下,当 $\sigma=0.4$ 以及 $\rho=0.1$ 时可以取得很好的效果。Wolfe-Powell 准则的几何意义可以参考文献[11]。

在实际的一维搜索问题中,我们往往可以直接调用 Python 里的 scipy 模块,比较方便地实现一维搜索。代码 1.9 给出了一个具体的实例。

① 参见 www.cs.toronto.edu/delve/methods/mlp_ese_1/minmize.ps.gz.

代码 1.9　一维搜索程序 1Dsearch. py

```
import numpy as np
from scipy.optimize import minimize_scalar

def quadratic_function(x):
return (x-2)**2+5

a, b=0, 5
result=minimize_scalar(quadratic_function, bounds=(a, b),\
                    method='bounded', options={'xatol': 1e-6})
optimal_point=result.x

print("Optimal.point:", optimal_point)
```

1.3.5　单纯形法

单纯形(simplex)法是无导数优化中非常重要和常用的一种直接算法，最早由 Nelder 和 Mead 于 1965 年提出[12]。其基本思想与前面介绍的优化方法有所不同：已知 n 维空间中 $n+1$ 个点$\{\boldsymbol{x}_i\}$处的函数值 $F(\boldsymbol{x}_i)$，将这些点作为一个凸多面体的各个顶点。根据每个顶点处函数值的大小，通过诸如反射、伸长、压缩等操作寻找减小函数值 $F(\boldsymbol{x})$的有利方向。接着，用一个函数值更小的点代替当前的最大值点，构成一个新的单纯形。重复这个过程，逼近极小值点，直至函数值符合预设的判据。具体而言，单纯形法遵循以下步骤。

算法 1.9

(1) 将 $\mathbf{R}^n$ 空间中已知的 $n+1$ 个点按照函数值大小按升序排列，即

$$F(\boldsymbol{x}_1)\leqslant F(\boldsymbol{x}_2)\leqslant\cdots\leqslant F(\boldsymbol{x}_{n+1})$$

确定允许误差 ε、反射系数 $\alpha>0$(一般取 1)、扩展系数 $\gamma>1$(一般取 2)、压缩系数 $\eta\in(0,1)$，并设定当前迭代次数 $k=1$。

(2) 显然，$\boldsymbol{x}_{n+1}$是最差的极小值点估计值，而其他 n 个点可能有利于改进极小值点估计值。为此，计算这 n 个点的形心 $\bar{\boldsymbol{x}}$，即

$$\bar{\boldsymbol{x}}=\frac{1}{n}\sum_{i=1}^{n}\boldsymbol{x}_i \tag{1.109}$$

(3) 将 $\boldsymbol{x}_{n+1}$经过 $\bar{\boldsymbol{x}}$ 进行反射，得到

$$\boldsymbol{x}_\alpha=\bar{\boldsymbol{x}}+\alpha(\bar{\boldsymbol{x}}-\boldsymbol{x}_{n+1}) \tag{1.110}$$

并计算该点的函数值 $F(\boldsymbol{x}_\alpha)$，记为 F_α。

(4) 若 $F_\alpha<F(\boldsymbol{x}_1)$，则方向 $\boldsymbol{x}_\alpha-\bar{\boldsymbol{x}}$ 有利于降低函数值，因此可沿其进一步扩展，即取

$$\boldsymbol{x}_\gamma=\bar{\boldsymbol{x}}+\gamma(\boldsymbol{x}_\alpha-\bar{\boldsymbol{x}}) \tag{1.111}$$

并计算该点的函数值 $F(\boldsymbol{x}_\gamma)$，记为 F_γ。若 $F_\gamma<F(\boldsymbol{x}_1)$，则扩展成功，更新 $\boldsymbol{x}_{n+1}=\boldsymbol{x}_\gamma$ 及函数值 $F(\boldsymbol{x}_{n+1})=F_\gamma$，转到步骤(9)；否则扩展失败，更新 $\boldsymbol{x}_{n+1}=x_\alpha$ 及函数值 $F(\boldsymbol{x}_{n+1})=F_\alpha$，转到步骤(9)。

(5) 若 $F(\boldsymbol{x}_1)\leqslant F_\alpha\leqslant F(\boldsymbol{x}_n)$，则更新 $\boldsymbol{x}_{n+1}=\boldsymbol{x}_\alpha$ 以及函数值 $F(\boldsymbol{x}_{n+1})=F_\alpha$，转到步骤(9)。

(6) 若 $F(\boldsymbol{x}_n)\leqslant F_\alpha<F(\boldsymbol{x}_{n+1})$，则取

$$\boldsymbol{x}_\beta=\bar{\boldsymbol{x}}+\beta(\boldsymbol{x}_\alpha-\bar{\boldsymbol{x}}) \tag{1.112}$$

并计算该点的函数值 $F(\boldsymbol{x}_\beta)$,记为 F_β。若 $F_\beta<F_\alpha$,则更新 $\boldsymbol{x}_{n+1}=\boldsymbol{x}_\beta$ 及函数值$F(\boldsymbol{x}_{n+1})=F_\beta$,转到步骤(9);否则转到步骤(8)。

(7) 若 $F(\boldsymbol{x}_{n+1})\leqslant F_\alpha$,则取

$$\boldsymbol{x}_\beta=\bar{\boldsymbol{x}}+\beta(\boldsymbol{x}_{n+1}-\bar{\boldsymbol{x}}) \tag{1.113}$$

并计算该点的函数值 $F(\boldsymbol{x}_\beta)$,记为 F_β。若 $F_\beta<F(\boldsymbol{x}_{n+1})$,则更新 $\boldsymbol{x}_{n+1}=\boldsymbol{x}_\beta$ 及函数值$F(\boldsymbol{x}_{n+1})=F_\beta$,转到步骤(9);否则转到步骤(8)。

(8) 各点向当前极小值点收缩,即

$$\boldsymbol{x}_i=\boldsymbol{x}_i+\frac{1}{2}(\boldsymbol{x}_1-\boldsymbol{x}_i),\quad (i=2,3,\cdots,n+1) \tag{1.114}$$

并更新各点的函数值 $F(\boldsymbol{x}_i)(i=1,2,\cdots,n+1)$。

(9) 检查收敛判据。

若
$$\frac{1}{n+1}\sum_{i=1}^{n+1}[F(\boldsymbol{x}_i)-F(\bar{\boldsymbol{x}})]^2<\varepsilon^2 \tag{1.115}$$

则停止计算,得到目前最佳估计值 $\boldsymbol{x}_1$,否则设 $k=k+1$,转到步骤(2)。

显然,根据算法 1.9,每次更新后得到的单纯形必有一个顶点处的函数值小于或等于原单纯形上各顶点处的函数值。因此,算法 1.9 可以逐步改善对函数极小值点的估计值,直至收敛判据得到满足为止。某些情况下,使用单纯形法会出现优化无法继续的问题,在这种情况下,可以重置一个单纯形,再运用算法 1.9,类似于非线性共轭梯度法的“重置”。具体的讨论请参考文献[13]。

Nelder-Mead 单纯形法是一种不依赖导数信息的优化方法,适用于在没有梯度信息的情况下优化函数。我们可以使用 scipy. optimize. minimize 函数,并设置 method='Nelder-Mead' 选项来应用单纯形法,如代码 1.10 所示。

代码 1.10 单纯形法程序 simplex. py

```
import numpy as np
from scipy.optimize import minimize


def quadratic_function(x):
return (x-2)**2+5

x0=3 #  Initial guess
result=minimize(quadratic_function, x0, method='Nelder-Mead',
                 options={'xatol': 1e-6})

 optimal_point=result.x

 print("Optimal.point:", optimal_point)
```

1.3.6 最小二乘法

最小二乘法是一种优化方法,其主要目标是最小化预测值和实际值之间的平方误差之和,以达到全局最优的数据拟合。这种方法被称为“曲线拟合”,并广泛应用于模型参数的拟

合，对各领域都具有重大意义。简而言之，最小二乘法以其卓越的拟合能力和广泛的应用，被视为一种重要的优化和数据分析工具。

设有 N 个数据点 $\{(x_i, y_i)\}$，其中 $\{x_i\}$ 是 N 个自变量的取值，而 $\{y_i\}$ 则是相应的 N 个测量值（或称输出值），则根据这些数据点有可能提出一个包含 m 个参数 $\{p_j\}$ 的函数 $f(x;\boldsymbol{p})$ 来描述 $\{x_i\}$ 与 $\{y_i\}$ 的关系。这个函数的优劣由 N 个点的预测值与测量值的方差来表征，即

$$F(\boldsymbol{p}) = \frac{1}{2}\sum_{i=1}^{N} r_i^2 = \sum_{i=1}^{N} |y_i - f(x_i;\boldsymbol{p})|^2 \tag{1.116}$$

如果将所有数据点上的残差值 r_i 排成一个 N 维矢量，称为残余矢量 $\boldsymbol{r}$，则式(1.116)表示 $\boldsymbol{r}$ 的二阶范数，或称“长度”的二次方。残余矢量长度最小对应于最优的参数 $\{p_i\}$。因此，对于最小二乘法，需要最优化的目标函数是 $F(\boldsymbol{p})$。该函数虽然没有最大值，但是存在最小值。

根据式(1.116)，写出 $F(\boldsymbol{p})$ 关于 $\boldsymbol{p}$ 的一阶导数（m 维矢量）和二阶导数（m 阶方阵）如下：

$$\nabla F(\boldsymbol{p}) = \sum_{j=1}^{N} r_j(\boldsymbol{p}) \nabla r_j(\boldsymbol{p}) = \begin{bmatrix} \frac{\partial r_1(\boldsymbol{p})}{\partial p_1} & \frac{\partial r_2(\boldsymbol{p})}{\partial p_1} & \cdots & \frac{\partial r_N(\boldsymbol{p})}{\partial p_1} \\ \frac{\partial r_1(\boldsymbol{p})}{\partial p_2} & \frac{\partial r_2(\boldsymbol{p})}{\partial p_2} & \cdots & \frac{\partial r_N(\boldsymbol{p})}{\partial p_2} \\ \vdots & \vdots & & \vdots \\ \frac{\partial r_1(\boldsymbol{p})}{\partial p_m} & \frac{\partial r_2(\boldsymbol{p})}{\partial p_m} & \cdots & \frac{\partial r_N(\boldsymbol{p})}{\partial p_m} \end{bmatrix} \begin{bmatrix} r_1(\boldsymbol{p}) \\ r_2(\boldsymbol{p}) \\ \vdots \\ r_N(\boldsymbol{p}) \end{bmatrix} = J(\boldsymbol{p})^{\mathrm{T}}\boldsymbol{r} \tag{1.117}$$

$$\begin{aligned} \nabla^2 F(\boldsymbol{p}) &= \sum_{j=1}^{N} \nabla r_j(\boldsymbol{p}) \nabla r_j(\boldsymbol{p})^{\mathrm{T}} + \sum_{J=1}^{n} r_j(\boldsymbol{p}) \nabla^2 r_j(\boldsymbol{p}) \\ &= J(\boldsymbol{p})^{\mathrm{T}} J(\boldsymbol{p}) + \sum_{j=1}^{N} r_j(\boldsymbol{p}) \nabla^2 r_j(\boldsymbol{p}) \end{aligned} \tag{1.118}$$

式中：$J(\boldsymbol{p})$ 为 $F(\boldsymbol{p})$ 的雅可比(Jacobian)矩阵，

$$J(\boldsymbol{p}) = \begin{bmatrix} \frac{\partial r_1(\boldsymbol{p})}{\partial p_1} & \frac{\partial r_1(\boldsymbol{p})}{\partial p_2} & \cdots & \frac{\partial r_1(\boldsymbol{p})}{\partial p_m} \\ \frac{\partial r_2(\boldsymbol{p})}{\partial p_1} & \frac{\partial r_2(\boldsymbol{p})}{\partial p_2} & \cdots & \frac{\partial r_2(\boldsymbol{p})}{\partial p_m} \\ \vdots & \vdots & & \vdots \\ \frac{\partial r_N(\boldsymbol{p})}{\partial p_1} & \frac{\partial r_N(\boldsymbol{p})}{\partial p_2} & \cdots & \frac{\partial r_N(\boldsymbol{p})}{\partial p_m} \end{bmatrix} \tag{1.119}$$

而式(1.118)中的每一个 $\nabla^2 r_j(\boldsymbol{p})$ 均为 m 阶方阵。

很多情况下，式(1.118)右端的第二项被认为可以忽略[7]，而第一项为主导项。下一节所要介绍的线性最小二乘拟合自然满足 $\nabla^2 r_j(\boldsymbol{p}) = \boldsymbol{0}$ 的条件，而处理非线性最小二乘拟合的算法也大都利用了 $\nabla^2 F(\boldsymbol{p}) = \boldsymbol{0}$ 这个性质。

1.3.6.1 线性最小二乘拟合

如果 $f(x;\boldsymbol{p})$ 可以写成关于 $\boldsymbol{p}$ 的线性函数，则对 $F(\boldsymbol{p})$ 的优化称为线性最小二乘拟合。由式(1.116)可知，残余矢量 $\boldsymbol{r}$ 也是关于 $\boldsymbol{p}$ 的线性函数，也即普遍地有 $\boldsymbol{r}(\boldsymbol{p}) = \boldsymbol{J}\boldsymbol{p} - \boldsymbol{y}$，其中 $\boldsymbol{J}$ 和 $\boldsymbol{y}$ 分别是与 $\boldsymbol{p}$ 无关的矩阵和矢量。由此，目标函数 $F(\boldsymbol{p})$ 可写为

$$F(\boldsymbol{p}) = \frac{1}{2}|\boldsymbol{J}\boldsymbol{p} - \boldsymbol{y}|^2 \tag{1.120}$$

此外，易得

$$\begin{cases}\nabla F(\boldsymbol{p})=\boldsymbol{J}^{\mathrm{T}}(\boldsymbol{J}\boldsymbol{p}-\boldsymbol{y})\\ \nabla^2 F(\boldsymbol{p})=\boldsymbol{J}^{\mathrm{T}}\boldsymbol{J}\end{cases}\tag{1.121}$$

显然，$\nabla^2 r_j(\boldsymbol{p})\equiv\boldsymbol{0}$。式(1.120)同时表明，$F(\boldsymbol{p})$是一个凸函数。因此所求参数 $\boldsymbol{p}_{\min}$应满足方程$\nabla F(\boldsymbol{p})=\boldsymbol{0}$，即

$$\boldsymbol{J}^{\mathrm{T}}\boldsymbol{J}\boldsymbol{p}_{\min}=\boldsymbol{J}^{\mathrm{T}}\boldsymbol{y}\tag{1.122}$$

式(1.122)(实际上是 m 维方程组)也称为线性最小二乘问题的法方程。因此，线性最小二乘拟合转化为求解 m 维线性方程组。根据 1.1.3 节介绍的 ***LU*** 分解或者 Cholesky 分解法，即可求出 $\boldsymbol{p}_{\min}$，也即式(1.120)的最小二乘解。

线性最小二乘可以用 Python 系统的 Numpy 数学库的 lstsq()函数简单实现。这里我们给出一个具体例子：假设某实验观测中，函数值 y_i 与自变量 x_i 满足 $y_i(\boldsymbol{p})=f(x_i;\boldsymbol{p})=p_1x_i+p_0+0.1\varepsilon_i$，其中 ε_i 是服从以 0 为均值、以 1 为标准差的正态分布的测量噪声。我们假设真实的物理关系满足 $p_0=-0.4$，$p_1=1.2$，现在需要通过一组有噪点的数据，利用线性最小二乘拟合推断出线性系数$[p_0, p_1]$。我们首先将 $\boldsymbol{J}$、$\boldsymbol{p}$、$\boldsymbol{y}$ 写成如下的矩阵形式：

$$\boldsymbol{J}=\begin{bmatrix}1 & x_1\\ 1 & x_2\\ \vdots & \vdots\\ 1 & x_N\end{bmatrix},\quad \boldsymbol{p}=\begin{bmatrix}p_0\\ p_1\end{bmatrix},\quad \boldsymbol{y}=\begin{bmatrix}y_1\\ y_2\\ \vdots\\ y_N\end{bmatrix}$$

然后运行代码 1.11，即可以得到 $p_0=-0.43$，$p_1=1.26$，非常接近理论值 $p_0=-0.4$，$p_1=1.2$。

代码 1.11 线性最小二乘程序 LinearLeastSquaresFitting.py

```
import numpy as np
import matplotlib.pyplot as plt
plt. rcParams["font.sans-serif"]=["SimHei"]        # 设置字体
# 该语句解决图象中的负号的乱码问题
plt. rcParams[" axes. unicode_minus"]=False

num_data=10
np. random. seed(7)
x=np. random. rand( num_data)
p0_true=-0.4
p1_true=1.2
noise_level=0.1
y=p0_true+p1_true* x+noise_level*np. random. randn( num_data)

# Construct the J matrix
J=np. hstack([ np. ones(( num_data , 1)), x. reshape(( num_data , 1))])
p, _, _, _=np. linalg. lstsq(J, y, rcond=None)
print ('p0={0:1.2 f}'. format (p[0]))
print ('p1={0:1.2 f}'. format (p[1])
```

```


fig, ax=plt. subplots(dpi=150)
xx=np. linspace(0, 1, 100)
#  y=f(x) without noise ( true correlation)
yy_true=p0_true+p1_true* xx
#  The model from least square fit
yy_pred=p[0]+p[1]* xx
#  plot the predict data
ax. plot(x, y, 'x', label=' 有噪点的数据')
ax. plot(xx, yy_true , label=' 理论线性关系')
ax. plot(xx, yy_pred , '- - ', label=' 最小二乘结果')
plt. legend( loc='best');
```

图 1.6 所示为运行代码所得结果。可见，即使在有噪声干扰的情况下，我们利用最小二乘法，仍然可以得到非常接近于真实值的线性系数，从而正确描述函数值与自变量之间的关系。

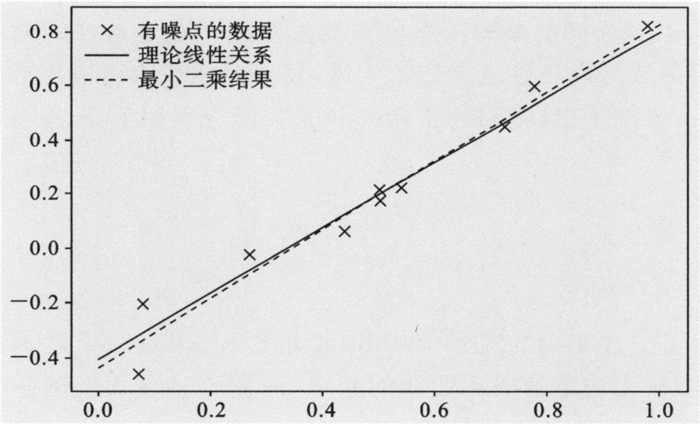

图 1.6　有噪点数据的线性最小二乘

从原则上讲，由式(1.119)可以求出雅可比矩阵 $\boldsymbol{J}$，但是在实际情况中往往将需要拟合的函数 $f(x;\boldsymbol{p})$ 表示为若干个线性无关的基函数的线性组合(相当于 $\boldsymbol{J}$ 列满秩)，所以可以直接给出 $\boldsymbol{J}^{\mathrm{T}}\boldsymbol{J}$ 的表达式。最常见的基函数选择为 x 的各阶次幂，即选取多项式空间 Φ 为

$$\Phi=\mathrm{Span}\{1,x,x^2,\cdots,x^{m-1}\}$$

进而将 $f(x;\boldsymbol{p})$ 表示为

$$f(x;\boldsymbol{p})=\sum_{j=1}^{m}p_j x^{j-1} \tag{1.123}$$

从更普遍的意义上来说，可以取任意一组线性无关的基函数张开的函数空间为

$$\Phi=\mathrm{Span}\{\varphi_1,\varphi_2,\cdots,\varphi_m\}$$

而

$$f(x;\boldsymbol{p})=\sum_{j=1}^{m}p_j\varphi_j \tag{1.124}$$

将式(1.124)代入式(1.116)及式(1.117),可得$\nabla F(\boldsymbol{p})$的每个分量:

$$\frac{\partial F}{\partial p_j} = \sum_{i=1}^{N} \varphi_j(x_i)\left(\sum_{j=1}^{m} p_j \varphi_j(x_i) - y_i\right) \tag{1.125}$$

将式(1.125)中的两次求和计算交换位置,则条件$\nabla F(\boldsymbol{p})=\mathbf{0}$即可表示为

$$\sum_{j=1}^{m} (\boldsymbol{\varphi}_j, \boldsymbol{\varphi}_k) p_j = (\boldsymbol{y}, \boldsymbol{\varphi}_k) \quad (k = 1,2,\cdots,m) \tag{1.126}$$

式中:$\boldsymbol{\varphi}_{k(j)} = [\varphi_{k(j)}(x_1), \varphi_{k(j)}(x_2), \cdots, \varphi_{k(j)(x_N)}]^{\mathrm{T}}$是$N\times 1$的矢量;$(\cdot,\cdot)$表示两个矢量的内积。这样,方程(1.122)可写为

$$\begin{bmatrix} (\boldsymbol{\varphi}_1,\boldsymbol{\varphi}_1) & (\boldsymbol{\varphi}_2,\boldsymbol{\varphi}_1) & \cdots & (\boldsymbol{\varphi}_m,\boldsymbol{\varphi}_1) \\ (\boldsymbol{\varphi}_1,\boldsymbol{\varphi}_2) & (\boldsymbol{\varphi}_2,\boldsymbol{\varphi}_2) & \cdots & (\boldsymbol{\varphi}_m,\boldsymbol{\varphi}_2) \\ \vdots & \vdots & & \vdots \\ (\boldsymbol{\varphi}_1,\boldsymbol{\varphi}_m) & (\boldsymbol{\varphi}_1,\boldsymbol{\varphi}_m) & \cdots & (\boldsymbol{\varphi}_m,\boldsymbol{\varphi}_m) \end{bmatrix} \begin{bmatrix} p_1 \\ p_2 \\ \vdots \\ p_m \end{bmatrix} = \begin{bmatrix} (\boldsymbol{y},\boldsymbol{\varphi}_1) \\ (\boldsymbol{y},\boldsymbol{\varphi}_2) \\ \vdots \\ (\boldsymbol{y},\boldsymbol{\varphi}_m) \end{bmatrix} \tag{1.127}$$

至此,给定N组离散数据,通过求解方程(1.127),就可以得出待定系数$p_1, p_2, \cdots, p_m$。

这里再给出一个利用线性最小二乘法进行多项式拟合的例子,同样利用Python系统的Numpy数学库来进行求解。

假设函数值y_i与自变量x_i满足$y_i(p)=f(x_i;\ p)=p_3x_i^3+p_2x_i^2+p_1x_i+p_0+0.1\varepsilon_i$,其中$\varepsilon_i$是以0为均值、以1为标准差的正态分布测量噪声。对于这样的问题,虽然存在x^n的非线性项,但是我们仍然可以巧妙地构造$\boldsymbol{J}$矩阵,使该问题成为可以用标准方法求解的线性最小二乘问题。在这个例子中,我们的$\boldsymbol{J}$矩阵和$\boldsymbol{p}$矢量分别如下:

$$\boldsymbol{J} = \begin{bmatrix} 1 & x_1 & x_1^2 & x_1^3 \\ 1 & x_2 & x_2^2 & x_2^3 \\ \vdots & \vdots & \vdots & \vdots \\ 1 & x_N & x_N^2 & x_N^3 \end{bmatrix}, \quad \boldsymbol{p} = \begin{bmatrix} p_0 \\ p_1 \\ p_2 \\ p_3 \end{bmatrix}, \quad \boldsymbol{y} = \begin{bmatrix} y_1 \\ y_2 \\ \vdots \\ y_N \end{bmatrix}$$

代码1.12给出了上述实例的完整Python求解过程,求解结果展示在图1.7中。可以看到一阶线性模型明显无法正确描述曲线的趋势,而三阶多项式模型则很好地契合了理论关系曲线。

代码1.12　高阶最小二乘程序 PolyLeastSquaresFitting.py

```
import numpy as np
import matplotlib.pyplot as plt
plt.rcParams["font.sans-serif"]=[" SimHei"]  # 设置字体
# 该语句解决图象中负号的乱码问题
plt.rcParams["axes.unicode_minus"]=False

num_data=10
np.random.seed(7)
x=-1.0+2*np.random.rand(num_data)
p0_true=-0.5
p1_true=1.0
p2_true=2.0
p3_true=3.0
```

```
noise_level=1.5
y=p0_true+p1_true*x+p2_true*x**2+\
      p3_true*x**3+noise_level*np.random.randn(num_data)

# 继续用一阶线性拟合结果
J=np.hstack([np.ones((num_data, 1)), x.reshape((num_data, 1))])
p, _, _, _=np.linalg.lstsq(J, y, rcond=None)
print (f'Linear: p_0={p[0]:.{2}}, p_1={p[1]:.{2}}')

# 用三阶多项式拟合结果
J=np.hstack([np.ones((num_data , 1)), x.reshape((num_data, 1)), \
        x.reshape((num_data, 1))**2, x.reshape((num_data, 1))**3])
p_poly, _, _, _=np.linalg.lstsq(J, y, rcond=None)
print (f' Polynomial: p_0={p_poly[0]:.2 f}, p_1={p_poly[1]:.2 f}')
print (f' p_2={p_poly[2]:.2f}, p_3={p_poly[3]:.2f}')

# 数据可视化
fig, ax=plt.subplots(dpi=300)
xx=np.linspace(-1, 1, 100)
yy_true=p0_true+p1_true*xx+p2_true*xx**2+p3_true*xx**3
# 一阶线性结果
yy=p[0]+ p[1]*xx
# 多项式结果
yy_poly=p_poly[0]+p_poly[1]*xx+p_poly[2]*xx**2+p_poly[3]*xx**3
# 叠加作图
ax.plot(x, y, 'x', color= 'k', ms= 6, mew= 2, label=' 有噪点的数据')
ax.plot(xx, yy_true , color= 'k', label=' 理论关系曲线')
ax.plot(xx, yy, '--', color= 'b', label=' 一阶线性模型')
ax.plot(xx, yy_poly , '-.', color= 'b', label=' 三阶多项式模型')
plt.legend(loc='best');
plt.show()
```

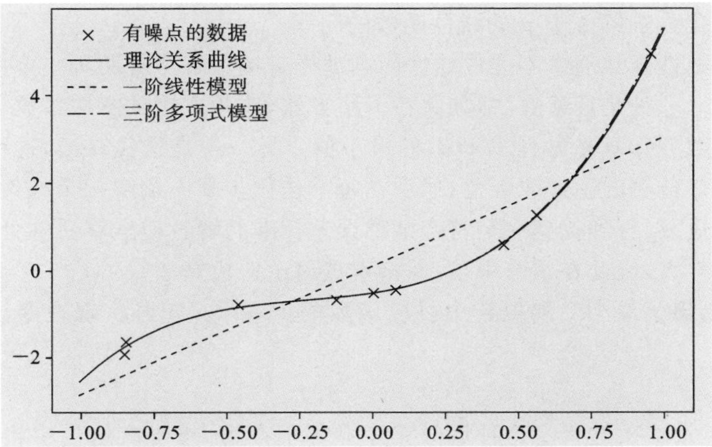

图 1.7　多项式线性最小二乘实例及与一阶线性最小二乘对比

利用 Cholesky 分解求解线性最小二乘拟合问题在很多情况下是非常简便而且有效的。但是因为系数矩阵是 $\boldsymbol{J}^{\mathrm{T}}\boldsymbol{J}$,条件数是 $\boldsymbol{J}$ 的条件数的二次方,所以当 $\boldsymbol{J}$ 的条件数比较大时,该方法的数值稳定性会比较差,系数矩阵数值上的微小变化都会极大地影响 $\boldsymbol{p}$ 的最终结果。也可能会遇见模型中的 m 个参数并不是线性无关的情况。此时 $\boldsymbol{J}^{\mathrm{T}}\boldsymbol{J}$ 的行列式为 0,方程(1.122)或者方程(1.127)无法求解。因此,在这些情况下我们需要借助于更稳定的奇异值分解法(singular value decomposition,SVD)[7]。

根据 1.1.3 节介绍的关于矩阵的奇异值分解的相关内容,雅可比矩阵 $\boldsymbol{J}$ 可以分解为

$$\boldsymbol{J}=\boldsymbol{U}\begin{bmatrix}\boldsymbol{S}\\\boldsymbol{0}\end{bmatrix}\boldsymbol{V}^{\mathrm{T}}=[\boldsymbol{U}_1\quad \boldsymbol{U}_2]\begin{bmatrix}\boldsymbol{S}\\\boldsymbol{0}\end{bmatrix}\boldsymbol{V}^{\mathrm{T}}=\boldsymbol{U}_1\boldsymbol{S}\boldsymbol{V}^{\mathrm{T}} \tag{1.128}$$

式中:$\boldsymbol{U}$、$\boldsymbol{V}$ 均是正交矩阵,且 $\boldsymbol{U}_1$ 和 $\boldsymbol{V}$ 的第 i 列分别是 $\boldsymbol{J}\boldsymbol{J}^{\mathrm{T}}$ 和 $\boldsymbol{J}^{\mathrm{T}}\boldsymbol{J}$ 的第 i 个本征值 σ_i^2 的本征矢。将式(1.128)代入式(1.120),并且根据“矢量范数在对该矢量的正交变换下保持不变”的性质,有

$$|\boldsymbol{J}\boldsymbol{p}-\boldsymbol{y}|^2=|\boldsymbol{U}^{\mathrm{T}}(\boldsymbol{J}\boldsymbol{p}-\boldsymbol{y})|^2=|\boldsymbol{S}\boldsymbol{V}^{\mathrm{T}}\boldsymbol{p}-\boldsymbol{U}_1^{\mathrm{T}}\boldsymbol{y}|^2+|\boldsymbol{U}_2^{\mathrm{T}}\boldsymbol{y}|^2 \tag{1.129}$$

式(1.129)右端的 $|\boldsymbol{U}_2^{\mathrm{T}}\boldsymbol{y}|^2$ 是一个常数项,所以要使 $|\boldsymbol{J}\boldsymbol{p}-\boldsymbol{y}|^2$ 最小化,就要求 $\boldsymbol{p}$ 满足 $|\boldsymbol{S}\boldsymbol{V}^{\mathrm{T}}\boldsymbol{p}-\boldsymbol{U}_1^{\mathrm{T}}\boldsymbol{y}|^2$ 为零的条件。即有

$$\boldsymbol{p}_{\min}=\boldsymbol{V}\boldsymbol{S}^{-1}\boldsymbol{U}_1^{\mathrm{T}}\boldsymbol{y}=\sum_{i=1}^{m}\frac{\boldsymbol{u}_i^{\mathrm{T}}\boldsymbol{y}}{\sigma_i}\boldsymbol{v}_i \tag{1.130}$$

式中:$\boldsymbol{u}_i$ 与 $\boldsymbol{v}_i$ 分别代表矩阵 $\boldsymbol{U}$ 和 $\boldsymbol{V}$ 的第 i 列。

1.3.6.2 非线性最小二乘拟合

如果 $f(x;\boldsymbol{p})$ 不能表示为关于待定参数 $\boldsymbol{p}$ 的线性函数,则相应的拟合问题称为非线性最小二乘拟合问题。对于某些类型的非线性函数,可以将其转化为线性函数,从而利用 1.3.6.1 节介绍的方法进行求解。例如:

$$y=p_1\mathrm{e}^{p_2x},\quad y=\frac{1}{p_0+p_1x+p_2x^2}$$

这两个函数可以分别化为

$$\ln y=\ln p_1+p_2x,\quad \frac{1}{y}=p_0+p_1x+p_2x^2$$

这样就将问题转化为求解关于 $\boldsymbol{p}$ 的线性函数的问题。

但更多的非线性函数通常不能像线性问题那样直接求解。有两种主要的方法可用来找到这类问题的解。一种是搜索算法,如蒙特卡洛方法,这种方法试图在参数 $\boldsymbol{p}$ 允许的搜索空间内直接找到函数 $F(\boldsymbol{p})$(见方程 1.116)的最小值。另一种是迭代算法,这种方法试图将非线性问题在当前最佳解的附近线性化,然后在每个迭代步骤中求解一个线性最小二乘问题。这个过程会一直重复,直到找到一个符合某种误差标准的解。搜索算法在处理高维问题时,计算量可能会非常大,因此在本节中,我们将重点讨论迭代算法。

式(1.118)给出了最小二乘拟合中目标函数的 Hessian 矩阵。现在令该式右端第二项近似为零,有

$$\nabla^2F_k\approx\boldsymbol{J}_k^{\mathrm{T}}\boldsymbol{J}_k$$

式中:下标 k 表示第 k 次迭代。这种近似实际上等于在第 $k+1$ 次迭代中将目标函数 $F(\boldsymbol{p})$ 用下面的函数近似:

$$\Phi_k(\boldsymbol{p})=\frac{1}{2}|\boldsymbol{J}_k\boldsymbol{p}-\boldsymbol{r}_k|^2\approx F(\boldsymbol{p}) \tag{1.131}$$

式中：$\boldsymbol{r}_k$ 是第 k 次迭代后得到的残余矢量。可以看到，式(1.131)正是线性最小二乘法的目标函数式(见式(1.120))。由方程(1.122)求出当前的优化方向 $\boldsymbol{d}_k$，有

$$\boldsymbol{d}_k=-(\boldsymbol{J}_k^{\mathrm{T}}\boldsymbol{J}_k)^{-1}\boldsymbol{J}_k^{\mathrm{T}}\boldsymbol{r}_k \tag{1.132}$$

$\boldsymbol{d}_k$ 有一个重要的性质，即当 $\boldsymbol{J}_k$ 列满秩而且 ∇F_k 不为零时，$\boldsymbol{d}_k$ 总是 $F(\boldsymbol{p})$ 的下降方向(至少不是上升方向)，即

$$\boldsymbol{d}_k^{\mathrm{T}}\nabla F_k=\boldsymbol{d}_k^{\mathrm{T}}\boldsymbol{J}_k^{\mathrm{T}}\boldsymbol{r}_k=-\boldsymbol{d}_k^{\mathrm{T}}\boldsymbol{J}_k^{\mathrm{T}}\boldsymbol{J}_k\boldsymbol{d}_k=-|\boldsymbol{J}_k\boldsymbol{d}_k|^2\leqslant 0 \tag{1.133}$$

这一性质使得我们可以沿 $\boldsymbol{d}_k$ 寻找 F 最小值对应的步长 λ_k，即

$$\lambda_k=\min_{\lambda}F(\boldsymbol{p}_k+\lambda\boldsymbol{d}_k) \tag{1.134}$$

求出 λ_k 后，有

$$\boldsymbol{p}_{k+1}=\boldsymbol{p}_k+\lambda_k\boldsymbol{d}_k \tag{1.135}$$

式(1.135)为第 $k+1$ 次近似。重复上述过程，直到求得满足判据的解为止。上述方法称为高斯-牛顿算法。

显然，高斯-牛顿算法与1.3.3.1节介绍的阻尼牛顿法极为相似。唯一不同之处在于此处采用的是 $\Phi_k(\boldsymbol{p})$ 而非真正的目标函数 $F(\boldsymbol{p})$ 的Hessian矩阵。利用高斯-牛顿法，我们可以处理类似 $y=a\sin(bx+c)+d$ 的函数的非线性拟合问题，如图1.8所示。非线性最小二乘的Python实现参见代码1.13。

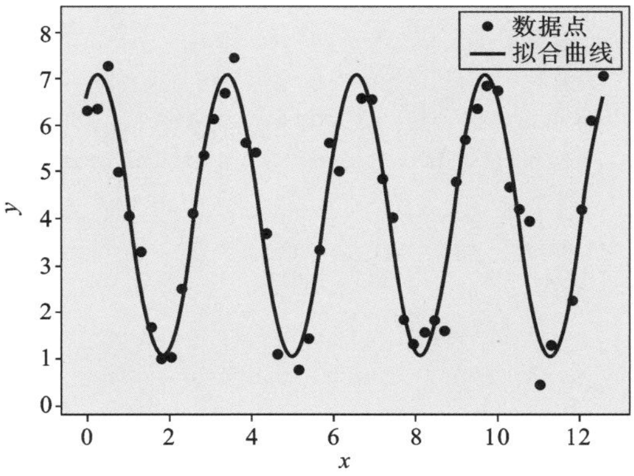

图1.8 用高斯-牛顿法最小二乘拟合非线性函数

代码1.13 非线性最小二乘程序NonLinearSquaresFitting.py

```
import numpy as np
import matplotlib.pyplot as plt

# Generate some example data
x_data=np.linspace(0, 4*np.pi, 50)
y_data=3*np.sin(2*x_data+1)+4+0.5*np.random.randn(len(x_data))

# Define the model function
def model(x, params):
```

```python
    a, b, c, d=params
    return a* np.sin(b* x+ c)+ d

# Define the residual function
def residual(params, x, y):
    return y-model(x, params)

# Gauss-Newton algorithm
def gauss_newton(x, y, initial_params , max_iter=100, tol=1e-6):
    params=np.array(initial_params , dtype=float)
    for i in range(max_iter):
    r=residual(params, x, y)
    J=np.column_stack((np.sin(params[1]* x+params[2]),
        params[0]* x* np.cos(params[1]* x+params[2]),
        params[0]* np.cos(params[1]* x+params[2]),
        np.ones_like(x)))
    delta_params=np.linalg.inv(J.T@ J)@ J.T@ r
    params+=delta_params
    if np.linalg.norm(delta_params)<tol:
        break
    return params

# Perform the fit
initial_params=[1.0, 1.0, 1.0, 1.0]  #Initial guess
optimal_params=gauss_newton(x_data , y_data , initial_params)

print("Optimal.parameters:", optimal_params)

# Visualization
plt.scatter(x_data, y_data, label="Data.points")
x_vals=np.linspace(0, 4* np.pi, 1000)
y_vals= model(x_vals , optimal_params)
plt.plot(x_vals , y_vals , label="Fitted.curve", color="red")
plt.xlabel("x")
plt.ylabel("y")
plt.legend()
plt.title("Nonlinear.Least.Squares.Fit.Using.Gauss-Newton.Method")
plt.show()
```

1.3.7 拉格朗日乘子法

在本章前半部分,我们介绍了目标函数不受任何限制的问题各种优化方法,它们属于无约束优化方法。然而,在实际问题中,我们经常会遇到一些限制条件,也就是对目标函数的约束。这类带约束条件的优化问题需要采用特殊处理方法。

拉格朗日乘子法是一种应用广泛的处理约束优化问题的方法。拉格朗日乘子法的基本思想是将约束条件融入目标函数，构造一个新的函数，然后通过求解这个新函数的极值来得到原约束优化问题的解。通过引入拉格朗日乘子，我们可以将约束条件转化为无约束优化问题，从而利用前面介绍的无约束优化方法求解。

设有目标函数 $f(\boldsymbol{x})$以及 m 个限制条件 $h(\boldsymbol{x})=0$，其中 $\boldsymbol{x}=[x_1,x_2,\cdots,x_n]^{\mathrm{T}}$ 为 n 维矢量，则最优化问题为

$$\begin{aligned} \min \quad & f(\boldsymbol{x}) \\ \text{s.t.} \quad & h_1(\boldsymbol{x})=0 \\ & h_2(\boldsymbol{x})=0 \\ & \quad\vdots \\ & h_m(\boldsymbol{x})=0 \end{aligned}$$

每个限制条件 $h_j(\boldsymbol{x})$均引入一个 n 维的曲面，要求自变量 $\boldsymbol{x}$ 仅允许在该等值面上变化。为了满足该条件，$\boldsymbol{x}$ 的移动方向显然要与 h_j 的梯度方向垂直。从数学上讲，h_j 的梯度为

$$\nabla h_j=\begin{bmatrix}\dfrac{\partial h_j}{\partial x_1} & \dfrac{\partial h_j}{\partial x_2} & \cdots & \dfrac{\partial h_j}{\partial x_n}\end{bmatrix}^{\mathrm{T}}$$

定义 h_j 的切向 $\boldsymbol{T}_j$ 满足

$$\boldsymbol{T}_j\cdot\nabla h_j=0$$

即为了时刻满足限制条件 h_j，$\boldsymbol{x}$ 只能沿 $\boldsymbol{T}_j$ 的方向变化（高维情况下 $\boldsymbol{T}_j$ 不唯一）。同时，为了使目标函数 $f(\boldsymbol{x})$增大或减小，$\boldsymbol{x}$ 需要沿目标函数的梯度方向∇f（或者有∇f 的分量的方向）移动。将上述两方面的讨论结合，可以看到，在限制条件 h_j 下优化$f(\boldsymbol{x})$仅可能在满足$\nabla f\cdot\boldsymbol{T}_j\neq 0$ 的条件下进行，即在 $\boldsymbol{T}_j$ 方向上 $f(\boldsymbol{x})$的梯度有不为零的分量。基于同样的讨论，在$f(\boldsymbol{x})$的极值处，$\boldsymbol{T}_j$ 应与 $f(\boldsymbol{x})$正交，也即∇f 与∇h_j 平行。因此，必然存在一个非零的实数 λ，使得

$$\nabla f(\boldsymbol{x})+\lambda\nabla h_j(\boldsymbol{x})=0 \tag{1.136}$$

上面的讨论只涉及 m 个限制条件中任意的一个 h_j。实际上所有的 h_j 必须同时满足方程(1.136)，因此其普遍形式应为

$$\nabla f(\boldsymbol{x})+\sum_{j=1}^{m}\lambda_j\nabla h_j(\boldsymbol{x})=0 \tag{1.137}$$

同时需要满足方程(1.136)中的约束条件 $h_j=0,j=1,2,\cdots,m$。

上述讨论的几何意义可以用一个简单的例子加以说明。如图 1.9 所示，设$f(x_1,x_2)$的等值线为一系列的同心圆（为简单起见，设圆心为坐标原点），约束条件$h(x_1,x_2)=0$ 为不过圆心的一条直线。这样，寻找 $f(x_1,x_2)$的最小值只能沿着这条直线进行。在本例中，很明显 $f(x_1,x_2)$的最小值为该直线上距圆心最短的距离，也即圆心到该直线的距离。以该距离为半径作一个圆，可知这个圆与直线（即约束条件）相切，而 $f(x_1,x_2)$的梯度方向指向圆心。因此，在极小值处，$f(x_1,x_2)$的梯度与约束条件的切线正

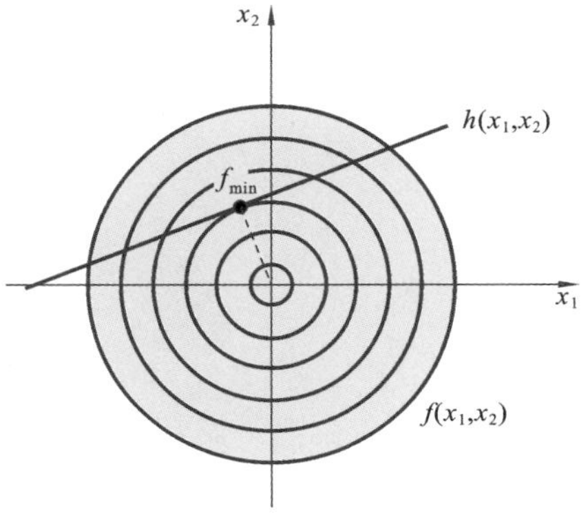

图 1.9　等式约束的拉格朗日乘子法几何意义

交，且 $f(x_1,x_2)$ 与 $h(x_1,x_2)$ 的梯度(或称法线)相平行。

引入拉格朗日函数

$$F(\boldsymbol{x},\boldsymbol{\lambda})=f(\boldsymbol{x})+\boldsymbol{\lambda}^{\mathrm{T}}\boldsymbol{h}(\boldsymbol{x}) \tag{1.138}$$

式中：$\boldsymbol{\lambda}$ 是 m 维的矢量，$\boldsymbol{\lambda}=[\lambda_1,\lambda_2,\cdots,\lambda_m]^{\mathrm{T}}$；$\boldsymbol{h}(\boldsymbol{x})=[h_1(\boldsymbol{x}),h_2(\boldsymbol{x}),\cdots,h_m(\boldsymbol{x})]^{\mathrm{T}}$。可见，拉格朗日函数是关于 $\boldsymbol{x}$ 和 $\boldsymbol{\lambda}$ 的 $n+m$ 元函数，其梯度为

$$\nabla \boldsymbol{F}=\begin{bmatrix} \dfrac{\partial f}{\partial x_1}+\sum\limits_{j=1}^{m}\lambda_j\dfrac{\partial h_j}{\partial x_1} \\ \dfrac{\partial f}{\partial x_2}+\sum\limits_{j=1}^{m}\lambda_j\dfrac{\partial h_j}{\partial x_2} \\ \vdots \\ \dfrac{\partial f}{\partial x_n}+\sum\limits_{j=1}^{m}\lambda_j\dfrac{\partial h_j}{\partial x_n} \\ h_1 \\ \vdots \\ h_m \end{bmatrix}^{\mathrm{T}}=\begin{bmatrix}\nabla f(\boldsymbol{x})+[\nabla \boldsymbol{h}(x)]^{\mathrm{T}}\boldsymbol{\lambda} \\ \boldsymbol{h}(\boldsymbol{x})\end{bmatrix} \tag{1.139}$$

式中：$\nabla \boldsymbol{h}$ 是一个 $m\times n$ 的矩阵，

$$\nabla \boldsymbol{h}=\begin{bmatrix} \dfrac{\partial h_1}{\partial x_1} & \dfrac{\partial h_1}{\partial x_2} & \cdots & \dfrac{\partial h_1}{\partial x_n} \\ \dfrac{\partial h_2}{\partial x_1} & \dfrac{\partial h_2}{\partial x_2} & \cdots & \dfrac{\partial h_2}{\partial x_n} \\ \vdots & \vdots & & \vdots \\ \dfrac{\partial h_m}{\partial x_1} & \dfrac{\partial h_m}{\partial x_2} & \cdots & \dfrac{\partial h_m}{\partial x_n} \end{bmatrix} \tag{1.140}$$

可见，设 $\nabla F=\mathbf{0}$，则由方程(1.139)可知，这正是方程(1.136)和方程(1.137)描述的条件以及约束条件。因此，通过拉格朗日函数，可将约束条件下的优化问题转化为无约束条件的优化问题。根据方程(1.139)，$\nabla F=\mathbf{0}$ 是一个 $n+m$ 维的方程组，可以通过解析法或数值方法求解。需要明确的是，这种方法只能保证找到函数 $f(\boldsymbol{x})$ 的极值点，但是具体是极大值还是极小值需要代入原方程进行验证或者考虑二阶充分条件，这里不做详细介绍。此外，满足 $\nabla F=\mathbf{0}$ 的 $\boldsymbol{x}$ 只是 F 的静态点(stationary point)，并不一定是其极值点，对这一点需要特别注意。

例 1.2 求 $f(x_1,x_2)=x_1^2+x_2^2$ 的最小值，约束条件为 $h(x_1,x_2)=3x_1^2-x_2-2=0$。

解 定义 $F(x_1,x_2,\lambda)=x_1^2+x_2^2+\lambda(3x_1^2-x_2-2)$，根据方程(1.139)以及条件 $\nabla F=\mathbf{0}$ 可得

$$\begin{cases}2x_1+6\lambda x_1=0 \\ 2x_2-\lambda=0 \\ 3x_1^2-x_2-2=0\end{cases}$$

由此方程组容易得到三组解：$x_1=\sqrt{22}/6$，$x_2=-1/6$，$\lambda=-1/3$；$x_1=-\sqrt{22}/6$，$x_2=-1/6$，$\lambda=-1/3$；$x_1=0$，$x_2=-2$，$\lambda=-4$。将这三组解代入 $f(x_1,x_2)$ 的表达式可得，该函数在 $x_1=\pm\sqrt{22}/6$，$x_2=-1/6$ 处取得最小值 $f_{\min}=23/36$。而 $x_1=0$，$x_2=-2$ 仅是 $F(x_1,x_2,\lambda)$ 的静态点。此外，可以验证，在两组最小值处，$f(x_1,x_2)$ 与 $h(x_1,x_2)$ 的梯度平行。

例 1.3　求 $f(x_1,x_2)=x_1x_2^2$ 的最小值，约束条件为 $h(x_1,x_2)=x_1^2+x_2^2-2=0$。

解　定义 $F(x_1,x_2,\lambda)=x_1x_2^2+\lambda(x_1^2+x_2^2-2)$，由 $\nabla F=\mathbf{0}$ 以及方程(1.139)得

$$\begin{cases}x_2^2+2\lambda x_1=0\\2x_1x_2+2\lambda x_2=0\\x_1^2+x_2^2-2=0\end{cases}$$

上述方程组有关于 (x_1,x_2,λ) 的六组解：$(\sqrt{2},0,0)$，$(-\sqrt{2},0,0)$，$(\sqrt{2/3},\sqrt{4/3},-\sqrt{2/3})$，$(-\sqrt{2/3},\sqrt{4/3},\sqrt{2/3})$，$(\sqrt{2/3},-\sqrt{4/3},-\sqrt{2/3})$，$(-\sqrt{2/3},-\sqrt{4/3},\sqrt{2/3})$。将其代入原函数得，在 $x_1=-\sqrt{2/3}$，$x_2=\pm\sqrt{4/3}$ 处 $f(x_1,x_2)$ 达到最小值 $-\sqrt{32/27}$。不难验证，在 $x_1=\sqrt{2/3}$，$x_2=\pm\sqrt{4/3}$ 处 $f(x_1,x_2)$ 达到最大值 $\sqrt{32/27}$。

拉格朗日乘子法还涉及对不等式约束条件（如自变量被约束于某个范围之内）的处理，以及与罚函数相结合的增广拉格朗日函数。在这里不多做介绍，请参看有关书籍[6,7,11]。

1.4　矢量正交化

1.4.1　施密特正交化

设在 N 维空间中给定一组 N 维矢量 $\boldsymbol{v}_1,\boldsymbol{v}_2,\cdots,\boldsymbol{v}_N$，我们可以采用施密特正交化方法构造出该空间内的一组正交 N 维矢量 $\boldsymbol{u}_1,\boldsymbol{u}_2,\cdots,\boldsymbol{u}_N$。当由这组矢量构成的矩阵的秩与空间维数相等时，这组正交矢量可以作为该空间的一组完备正交基。施密特正交化的具体过程如下：

$$\begin{aligned}\boldsymbol{u}_1&=\boldsymbol{v}_1\\\boldsymbol{u}_2&=\boldsymbol{v}_2-\frac{\boldsymbol{v}_2\cdot\boldsymbol{u}_1}{\boldsymbol{u}_1\cdot\boldsymbol{u}_1}\boldsymbol{u}_1\\\boldsymbol{u}_3&=\boldsymbol{v}_3-\frac{\boldsymbol{v}_3\cdot\boldsymbol{u}_1}{\boldsymbol{u}_1\cdot\boldsymbol{u}_1}\boldsymbol{u}_1-\frac{\boldsymbol{v}_3\cdot\boldsymbol{u}_2}{\boldsymbol{u}_2\cdot\boldsymbol{u}_2}\boldsymbol{u}_2\\&\vdots\\\boldsymbol{u}_N&=\boldsymbol{v}_N-\sum_{j=1}^{N-1}\frac{\boldsymbol{v}_N\cdot\boldsymbol{u}_j}{\boldsymbol{u}_j\cdot\boldsymbol{u}_j}\boldsymbol{u}_j\end{aligned}\tag{1.141}$$

如果我们需要得到一组关于矩阵 $\boldsymbol{A}$ 正交的矢量($\boldsymbol{u}_i\cdot\boldsymbol{A}\cdot\boldsymbol{u}_j=\mathbf{0}$，参见共轭梯度法)，同样可以用施密特正交化方法构造：

$$\begin{aligned}\boldsymbol{u}_1&=\boldsymbol{v}_1\\\boldsymbol{u}_2&=\boldsymbol{v}_2-\frac{\boldsymbol{v}_2\cdot\boldsymbol{A}\cdot\boldsymbol{u}_1}{\boldsymbol{u}_1\cdot\boldsymbol{A}\cdot\boldsymbol{u}_1}\boldsymbol{u}_1\\\boldsymbol{u}_3&=\boldsymbol{v}_3-\frac{\boldsymbol{v}_3\cdot\boldsymbol{A}\cdot\boldsymbol{u}_1}{\boldsymbol{u}_1\cdot\boldsymbol{A}\cdot\boldsymbol{u}_1}\boldsymbol{u}_1-\frac{\boldsymbol{v}_3\cdot\boldsymbol{A}\cdot\boldsymbol{u}_2}{\boldsymbol{u}_2\cdot\boldsymbol{A}\cdot\boldsymbol{u}_2}\boldsymbol{u}_2\\&\vdots\\\boldsymbol{u}_N&=\boldsymbol{v}_N-\sum_{j=1}^{N-1}\frac{\boldsymbol{v}_N\cdot\boldsymbol{A}\cdot\boldsymbol{u}_j}{\boldsymbol{u}_j\cdot\boldsymbol{A}\cdot\boldsymbol{u}_j}\boldsymbol{u}_j\end{aligned}\tag{1.142}$$

以下为施密特正交化程序代码。

代码 1.14　施密特正交化程序 GramSchmidt. py

```
import numpy as np

def gram_schmidt(vectors):
    orthogonal_vectors = []

    for vector in vectors:
        orthogonal_vector = np.array(vector, dtype = float)
        for ov in orthogonal_vectors:
            projection = np.dot(vector, ov)/np.dot(ov, ov)* ov
            orthogonal_vector -= projection
        # Check for linearly dependent vectors
        if np.linalg.norm(orthogonal_vector) > 1e-8:
            # Normalize the vector
            orthogonal_vector/= np.linalg.norm(orthogonal_vector)
            orthogonal_vectors.append(orthogonal_vector)
        else:
            raise ValueError("The.input.vectors.are.linearly.dependent.")

        return orthogonal_vectors

# Example usage:
input_vectors = [
[1, 0, 0],
[1, 1, 0],
[1, 1, 1]
]

orthogonalized_vectors = gram_schmidt(input_vectors)
print("Orthogonalized.vectors:")
for ov in orthogonalized_vectors:
    print(ov)
```

1.4.2　正交多项式

类似于矢量的正交化过程,可以利用施密特正交化方法来构造定义在某个区间范围内的正交多项式。正交多项式在高斯积分法(见 1.5.4 节)中有重要应用。在区间$[a,b]$上的正交多项式可以定义为

$$\int_a^b W(x)P_m(x)P_n(x)\mathrm{d}x = \delta_{mn}C_m \tag{1.143}$$

式中:P_m 和 P_n 分别表示阶数为 m 和 n 的多项式;$W(x)$ 为权重;δ_{mn} 是克罗内克 δ 函数;C_m 是与多项式阶数相关的常量或者表达式,如果 $C_m = 1$,则多项式不仅正交,而且是归一化的。

方程(1.143)表明,N 个不同阶数的正交多项式构成了 N 维空间上的一组完备基,可以

用正交多项式对定义在此区间范围内的任意函数进行展开。

在1.4.1节中提到的用于矢量正交化的施密特方法，可以类似地应用到正交多项式的构造上。下面看一个简单的例子：在区间[−1,1]上构造 n 阶的正交多项式。首先，选取一组独立的多项式 $p_n = x^n$。普遍地，n 阶的正交多项式 $P_n(x)$ 可以表示为 x^n 和从0阶到 $n-1$ 阶正交多项式 $P_l(x)$ 的线性组合：

$$P_n(x) = C_n\left(p_n + \sum_{l=0}^{n-1}\alpha_{nl}P_l(x)\right) \tag{1.144}$$

式中：C_n 为归一化常数。

先构造低阶的多项式：

$$P_0(x) = 1$$

$$P_1(x) = \left[x - \frac{\langle xP_0 \mid P_0\rangle}{\langle P_0 \mid P_0\rangle}\right]P_0$$

其他的高阶的多项式则可以由递推关系得到：

$$P_{i+1}(x) = \left[x - \frac{\langle xP_i \mid P_i\rangle}{\langle P_i \mid P_i\rangle}\right]P_i - \left[\frac{\langle P_i \mid P_i\rangle}{\langle P_{i-1} \mid P_{i-1}\rangle}\right]P_{i-1} \tag{1.145}$$

重复上述的递推过程并且归一化后，可以得到在区间[−1,1]上的正交多项式，此系列的多项式就是勒让德(Legendre)多项式。勒让德多项式的前几项分别为

$$\mathrm{P}_0(x) = 1$$

$$\mathrm{P}_1(x) = x$$

$$\mathrm{P}_2(x) = \frac{3}{2}x^2 - \frac{1}{2}$$

$$\mathrm{P}_3(x) = \frac{5}{2}x^3 - \frac{3}{2}x$$

$$\mathrm{P}_4(x) = \frac{35}{8}x^4 - \frac{30}{8}x^3 + \frac{3}{8}$$

其中的归一化条件用到了 $\mathrm{P}(1) = 1$。定义在[−1,1]区间上的正交多项式，根据 $W(x)$ 和 C_m 的不同，除了勒让德多项式，还有表1.1列举的几种常见的多项式等。

表1.1 定义在[−1,1]区间上的常见的正交多项式

$W(x)$	C_m	多项式
1	$\frac{2}{2n+1}$	勒让德多项式
$\frac{1}{\sqrt{1-x^2}}$	$\begin{cases}\pi, & n=0\\ \pi/2, & n\neq 0\end{cases}$	第一类切比雪夫多项式
$\sqrt{1-x^2}$	$\frac{\pi}{2}$	第二类切比雪夫多项式

1.5 积分方法

一般函数 $f(x)$ 的积分 $I=\int_a^b f(x)\mathrm{d}x$ 通常没有解析解，因此实际工作中往往利用数值方

法来得到满足精度要求的积分近似值。一个自然的想法是将积分区间$[a,b]$分为 N 个子区间,在每个子区间内用一个可以方便求得积分值并且与原函数接近的函数来近似求得该区域内 $f(x)$ 的积分值,然后对 N 个子区间的结果进行求和。那么,如何求得这个近似函数呢?下面,我们主要探讨这个问题,并介绍相关的数值积分方法。

1.5.1　矩形积分法

矩形积分法是最简单也最直观的近似求积分的方法。它相当于用一系列矩形面积的总和来近似函数 $f(x)$ 的积分值。设在积分区间$[a,b]$上有 N 个离散点 $x_1, x_2, \cdots, x_N$,已知各点上的函数值 $f(x_i)$,则

$$\int_a^b f(x)\mathrm{d}x \approx \sum_{i=1}^{N-1}(x_{i+1}-x_i)f(x_i) \tag{1.146}$$

式(1.146)即为左矩形法公式。

类似地可以得到中点矩形法公式:

$$\int_a^b f(x)\mathrm{d}x \approx \sum_{i=1}^{N-1}(x_{i+1}-x_i)f\left(\frac{x_{i+1}+x_i}{2}\right) \tag{1.147}$$

在矩形积分法中,所有区间内的被积函数均由常数函数近似,因此这种方法相当于用零阶插值函数逼近原函数。我们以函数 $f(x)=\mathrm{e}^{-(x-3)^2/2}+2\mathrm{e}^{-(x-8)^2/3}+0.5\mathrm{e}^{-(x-13)^2/6}$ 为例,用矩形积分法来计算其在区间[0, 20]上的积分值(约等于10.814)。这个积分值我们可以通过调用 Python 系统 scipy 模块内建的 integrate. quad() 函数得到,见代码1.15。

代码 1.15　IntegrateQuad. py

```
import math
from scipy import integrate

def f(x):
        return np. exp(-((x-3)* * 2)/2) + 2* np. exp(-((x-8)* * 2)/3)\
                    + 0.5* np. exp(-((x-13)* * 2)/6

fArea , err = integrate. quad(f,0 ,20)
print (" Integral area:",fArea)

输出: Integral area: 10.813950935272437
```

矩形积分法的 Python 实现见代码1.16。

代码 1.16　矩形积分程序 RectangularIntegral. py

```
import numpy as np

#  左矩形法
def left_rectangle_integral(func, a, b, n):
    h = (b - a)/n
    x = np.linspace(a, b - h, n)
    y = func(x)
```

```
return np.sum(y* h)

# 中点矩形法
def midpoint_rectangle_integral(func, a, b, n):
    h = (b- a)/n
    x = np.linspace(a+ h/2, b- h/2, n)
    y = func(x)
    return np.sum(y* h)

# 示例函数
def example_function(x):
    return np.exp(- ((x- 3)* * 2)/2) + 2* np.exp(- ((x- 8)* * 2)/3)\
        + 0.5* np.exp(- ((x- 13)* * 2)/6)

# 积分区间
a = 0
b = 20

# 区间划分的数量
n10

# 使用左矩形法计算积分值
left_integral_value = left_rectangle_integral(example_function, a, b, n)
print(" 左矩形法积分值:", left_integral_value)

# 使用中点矩形法计算积分值
midpoint_integral_value = midpoint_rectangle_integral(example_function, a, b, n)
print(" 中点矩形法积分值:", midpoint_integral_value)
```

运行代码 1.16，当积分区间数 $N = 10$ 时，左矩形法得到积分值 10.788533，中点矩形法得到积分值 10.845265，可见中点矩形法要略微优于左矩形法。

1.5.2 梯形积分法

与矩形积分法相似，梯形积分法用一系列梯形面积的总和来近似积分 I。在每个区间 $[x_i, x_{i+1}]$ 内用线性函数来逼近原函数，有

$$g(x) = \frac{x_{i+1} - x}{x_{i+1} - x_i} f(x_i) + \frac{x - x_i}{x_{i+1} - x_i} f(x_{i+1})$$

因此在该区间内对 $g(x)$ 积分可得

$$\int_a^b f(x)\mathrm{d}x \approx \frac{1}{2}\sum_{i=1}^{N}(x_{i+1} - x_i)(f(x_{i+1}) + f(x_i)) \tag{1.148}$$

当 $N+1$ 个点 $\{x_i\}$ 均匀分布、彼此间隔为 h 时，式(1.148) 简化为

$$\int_a^b f(x)\mathrm{d}x \approx \frac{h}{2}(S_t + 2S_m) \tag{1.149}$$

式中

$$S_t = f_0 + f_N$$

$$S_m = f_1 + f_2 + \cdots + f_{N-1}$$

梯形积分法相当于用一阶插值函数逼近原函数。梯形积分法的积分公式与矩形积分法非常类似,前面函数定语部分相同,求和部分代码如下:

代码 1.17　梯形积分程序 TrapezoidIntegral.py

```
import numpy as np

# 梯形积分函数
def trapezoid_integral(func, a, b, n):
    h = (b - a)/n
    x = np.linspace(a, b, n + 1)
    y = func(x)
    y[0]/ = 2
    y[- 1]/ = 2
    return np.sum(y* h)

# 示例函数
def example_function(x):
    return np.exp(- ((x - 3)* * 2)/2) + 2* np.exp(- ((x - 8)* * 2)/3)\
        + 0.5* np.exp(- ((x - 13)* * 2)/6)

# 积分区间
a = 0
b = 20

# 区间划分的数量
n = 10

# 计算积分值
integral_value = trapezoid_integral(example_function, a, b, n)
print(" 梯形积分值:", integral_value)
```

在积分区间数相同的情况下,梯形公式给出的积分值等于 10.777566。图 1.10 给出了矩形积分法与梯形积分法求积分的几何意义。可以看出,在一般情况下,梯形积分法可以给出较矩形积分法更精确的结果。

1.5.3　辛普森积分法

辛普森积分法也是在均匀分布的离散点网格上计算函数 $f(x)$ 的积分值的方法。但是与矩形积分法和梯形积分法不同,辛普森积分法相当于在积分域内用过三点的二次拉格朗日插值函数作为被积函数 $f(x)$ 的近似值,因此通常在三个点构成的长度为 $2h$ 的区域中分段求积分。具体来说,考察区间$[x_{i-1}, x_{i+1}]$上的函数积分值 $I_{[x_{i-1}, x_{i+1}]}$(x_i 是区间中点且距两端

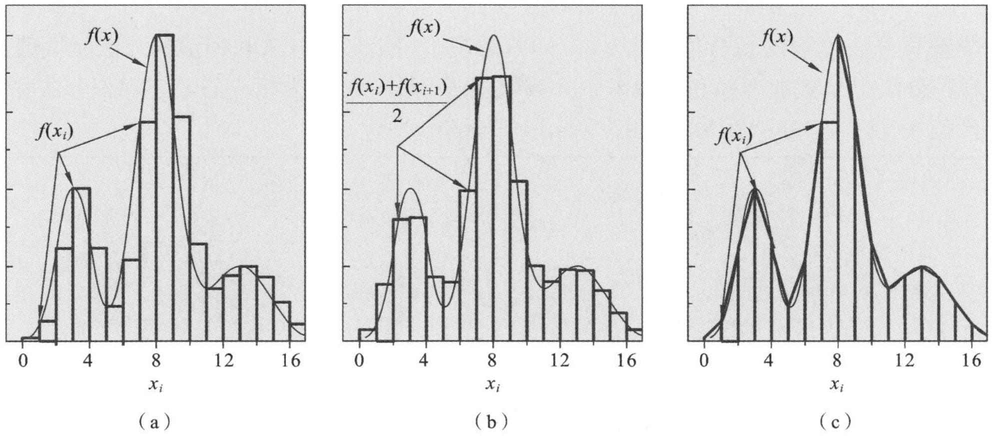

图 1.10　矩形积分法与梯形积分法求积分的几何意义

(a) 左矩形法；(b) 中点矩形法；(c) 梯形积分法

点距离均为 h)，则 $f(x)$ 可以在 x_i 附近做泰勒展开，因此 $I_{[x_{i-1},x_{i+1}]}$ 可表示为

$$\begin{aligned}I_{[x_{i-1},x_{i+1}]} &= \int_{x_{i-1}}^{x_{i+1}} f(x)\mathrm{d}x \\ &= f(x_i)\int_{x_{i-1}}^{x_{i+1}}\mathrm{d}x + \frac{f^{(1)}(x_i)}{1!}\int_{x_{i-1}}^{x_{i+1}}(x-x_i)\mathrm{d}x + \frac{f^{(2)}(x_i)}{2!}\int_{x_{i-1}}^{x_{i+1}}(x-x_i)^2\mathrm{d}x \\ &\quad + \frac{f^{(3)}(x_i)}{3!}\int_{x_{i-1}}^{x_{i+1}}(x-x_i)^3\mathrm{d}x + \frac{f^{(4)}(x_i)}{4!}\int_{x_{i-1}}^{x_{i+1}}(x-x_i)^4\mathrm{d}x + \cdots \\ &= f(x_i)\times 2h + 0 + \frac{1}{3}f^{(2)}(x_i)\times h^3 + 0 + \mathcal{O}(f^{(4)}h^5)\end{aligned} \tag{1.150}$$

式中：$f^{(n)}$ 代表被积函数的 n 阶导数。可见，因为$(x-x_i)^n$ 的奇偶性，最后的结果中偶数阶 h 的贡献为零。考虑到被积函数的二阶导数，可以得到 h^4 的精度。利用有限差分近似求得

$$f^{(2)}(x_i) \approx \frac{f(x_{i+1}) + f(x_{i-1}) - 2f(x_i)}{h^2} \tag{1.151}$$

则由方程(1.150) 可得

$$I_{[x_{i-1},x_{i+1}]} = h\left(\frac{1}{3}f(x_{i-1}) + \frac{1}{3}f(x_{i+1}) + \frac{4}{3}f(x_i)\right) \tag{1.152}$$

将积分上、下限分别扩展到 $x_0 = a$ 以及 $x_N = b$，且记 $f(x_i) = f_i$，则有

$$I_{[a,b]} = \sum_{i=1,3,5,\cdots}^{N-1} I_{[x_{i-1},x_{i+1}]} = \frac{1}{3}(f_0 + 4f_1 + 2f_2 + 4f_3 + \cdots + 2f_{N-2} + 4f_{N-1} + f_N) \tag{1.153}$$

在式(1.153) 中，预设 N 是偶数。从实际应用出发，方程(1.153) 最好写为

$$I_{[a,b]} = \frac{1}{3}(S_t + 4S_o + 2S_e) \tag{1.154}$$

式中

$$\begin{cases} S_t = f_0 + f_N \\ S_o = f_1 + f_3 + \cdots + f_{N-1} \\ S_e = f_2 + f_4 + \cdots + f_{N-2} \end{cases} \tag{1.155}$$

S_t、S_o、S_e 分别为端点函数值、奇数点函数值以及偶数点函数值之和。取 $N = 10$ 个积分区间，用辛普森积分法得到的积分值为 10.822698，远高于用矩形积分法和梯形积分法所得值。所以辛普森积分法也是更加准确和常用的积分数值算法。代码 1.18 为相应的辛普森积分法程序。

代码 1.18 辛普森积分法程序 SimpsonIntegral.py

```
import numpy as np

# 示例函数
def example_function(x):
        return np.exp(-((x-3)**2)/2)+2*np.exp(-((x-8)**2)/3)\
                        +0.5*np.exp(-((x-13)**2)/6)

def simpsonIntegral(f, low, high , N):
            step = (high-low)/(2*N)
             x0 = low+3*step
           x1 = low+2*step
           So, Se = 0, 0
           for i in range (0, N-1):
                 So += f(x0)
                 Se += f(x1)
                 x0 += 2*step
                 x1 += 2*step
           So += f(low+step)
           So* = (4/3)*step
           Se* = (2/3)*step
           sum = So+Se+((step/3)*(f(low)+f(high)))
           return sum

 sum = simpsonIntegral(example_function,0 ,20 ,10)
 print (f'The integral between {low} and {high} = {sum:.6f}')
```

由于在实际工作中，无法保证单次划分网格就可以得到必要的精度，因此通常采取迭代的办法逐步增加网格点的数目。迭代形式的辛普森积分法的算法如下[14]。

算法 1.10

(1) 设 $k=1$，给定离散点数目 $N^{(k)}+1$，设 $x_0=a$，$x_{N^{(k)}+1}=b$，$I_{\text{old}}=0$，并给定允许误差 ε。

(2) 设 $h^k=(b-a)/N^k$，并计算各点上的函数值 f_i，依据式(1.155)计算 S_t、$S_o^{(k)}$、$S_e^{(k)}$。

(3) 根据方程(1.154)计算 I_{new}，若 $|I_{\text{new}}-I_{\text{old}}|\leqslant\varepsilon$，计算停止，给出积分的最终结果 I_{new}，否则设 $I_{\text{old}}=I_{\text{new}}$，进行步骤(4)。

(4) 重设 $N^{(k+1)}=2N^{(k)}$ 以及 $h^{(k+1)}=h^{(k)}/2$，更新 $\{x_i\}$ 的坐标，并据此计算所有新加点上的函数值 $f_i(i=1,3,5,\cdots)$。因为新加的点是原有区间的中点，所以可做如下更新：

$$S_e^{(k+1)}=S_o^{(k)}+S_e^{(k)},\quad S_o^{(k+1)}=\sum_{i=1,3,5,\cdots}^{N^{(k+1)}} f_i$$

更新 $k=k+1$，转到步骤(3)。

请读者自行利用二次拉格朗日插值函数推出方程(1.153)。

1.5.4 高斯积分法

矩形积分法、梯形积分法及辛普森积分法的共同点是:① 都采用了均匀分布的自变量点;② 求和时所有的函数值所对应的权重(w_i)都是相等的。这一类的方法通常被称为牛顿-柯特斯(Cotes)法。从本质上来说,所有的积分都是利用离散的函数值来近似连续的积分值。用公式来表示就是

$$\int_a^b f(x)\mathrm{d}x \approx \sum_{i=1}^{N} w_i f(x_i) \tag{1.156}$$

在牛顿-柯特斯法中,所有属于不同区间的 $w_i=1$。现在我们摒弃等步长的前提条件,同时优化 x_i 和 w_i,以此来得到函数积分的最佳估计。本章要介绍的高斯积分法即基于此原理。从理论上可以证明,通过选择 N 个合适的节点 x_i 和权重 w_i,可以使式(1.156)的代数精度达到 $2N-1$。因此,使用高斯积分法可以在使用相同数量的函数撒点的情况下获得更精确的结果。

高斯积分法的基础是多项式插值,该算法能保证通过 N 个函数撒点得到 $2N-1$ 阶多项式的精度。假设在区间$[a,b]$上定义了一个任意函数,我们可以用多项式进行近似展开:

$$f(x)=c_0+c_1x+c_2x^2+c_3x^3+O(x^4) \tag{1.157}$$

为了让式(1.157)对于任意的 c_0、c_1、c_2、c_3 系数都成立,对应于 $N=2$,可以得到

$$\begin{cases} w_1+w_2=b-a \\ w_1x_1+w_2x_2=\dfrac{b^2-a^2}{2} \\ w_1x_1^2+w_2x_2^2=\dfrac{b^3-a^3}{3} \\ w_1x_1^3+w_2x_2^3=\dfrac{b^4-a^4}{4} \end{cases}$$

解该联立方程组可得

$$w_1=w_2=\frac{b-a}{2} \tag{1.158}$$

$$x_1=\frac{3+\sqrt{3}}{6}b+\frac{3-\sqrt{3}}{6}a \tag{1.159}$$

$$x_2=\frac{3-\sqrt{3}}{6}b+\frac{3+\sqrt{3}}{6}a \tag{1.160}$$

即如果只可以进行两次函数撒点,而函数 $f(x)$ 可以用多项式近似,那么其在区间$[a,b]$上积分的最佳近似值为

$$\int_a^b f(x)\mathrm{d}x \approx \frac{b-a}{2}f\left(\frac{3+\sqrt{3}}{6}b+\frac{3-\sqrt{3}}{6}a\right)+\frac{b-a}{2}f\left(\frac{3-\sqrt{3}}{6}b+\frac{3+\sqrt{3}}{6}a\right) \tag{1.161}$$

将上面的特例推广到普遍的情形,N 阶高斯积分能够精确求解最高为 $2N-1$ 阶的多项式函数的积分,其中撒点和权重可以通过 N 阶多项式的根来求得。此 N 阶多项式必须和区间$[a,b]$上的任何 N 阶以下的多项式正交,即

$$\int_a^b x^k P(x)\mathrm{d}x=0 \quad (k=0,1,\cdots,N-1) \tag{1.162}$$

N 阶的勒让德多项式就是在区间[0,1]上有此性质的多项式。可以根据方程(1.162)的要

求,分别求出撒点和权重。确定了 x_i 以后,可以构造一个通过 N 个点的拉格朗日插值多项式进一步求解其积分值。此即为高斯-勒让德(Gauss-Legendre)积分公式。表 1.2 列举了该公式前五项的系数。

表 1.2 高斯积分法低阶的撒点权重表

阶 数	撒点坐标	撒点权重
1	0	2
2	$\pm\frac{\sqrt{3}}{3}$	1
3	0 $\pm\sqrt{3/5}$	8/9 5/9
4	$\pm\sqrt{(3-2\sqrt{6/5})/7}$ $\pm\sqrt{(3+2\sqrt{6/5})/7}$	$\frac{18+\sqrt{30}}{36}$ $\frac{18-\sqrt{30}}{36}$
5	0 $\pm\frac{1}{3}\sqrt{5-2\sqrt{10/7}}$ $\pm\frac{1}{3}\sqrt{5+2\sqrt{10/7}}$	128/255 $\frac{322+13\sqrt{70}}{900}$ $\frac{322-13\sqrt{70}}{900}$
…	…	…
n	勒让德多项式的根	$\frac{2}{(1-x_i^2)[P'_n(x_i)]^2}$

例 1.4 求如下九阶多项式在区间$[-\pi,\pi]$上的积分(此多项式为函数 $\sin x+\cos x$ 的泰勒展开):

$$P(x)=1+x-\frac{x^2}{2}-\frac{x^3}{6}+\frac{x^4}{24}+\frac{x^5}{120}-\frac{x^6}{720}-\frac{x^7}{5040}+\frac{x^8}{40320}+\frac{x^9}{362880} \tag{1.163}$$

解 此积分可以用解析法求得,但是大多数函数通常无法通过解析法求得,这里仅给出解析解以验证高斯积分法的正确性:

$$I=\int_{\pi}^{-\pi}P(x)\mathrm{d}x=2\pi-\frac{\pi^2}{3}+\frac{\pi^5}{60}-\frac{\pi^7}{2520}+\frac{\pi^9}{181440}\approx 0.0138505 \tag{1.164}$$

也可以首先将积分变换到$[-1,1]$区间上,然后再用标准的高斯积分法计算积分值。$[-1,1]$区间上高斯积分的撒点的坐标和权重可以查表得到。因

$$\int_a^b f(x)\mathrm{d}x=\frac{b-a}{2}\int_{-1}^1 f\left(\frac{b-a}{2}x+\frac{a+b}{2}\right)\mathrm{d}x\approx\frac{b-a}{2}\sum_{i=1}^N w_i f\left(\frac{b-a}{2}x_i+\frac{a+b}{2}\right) \tag{1.165}$$

对于 $N=5$ 的情形,有

$$\int_{-\pi}^{\pi}P(x)\mathrm{d}x=\pi\sum_{i=1}^5 w_i f(\pi x_i)$$
$$=\pi\left[\frac{128}{225}f(0)+\frac{322+13\sqrt{70}}{900}f\left(\frac{\pi\sqrt{5-2\sqrt{10/7}}}{3}\right)\right.$$

$$
\begin{aligned}
&+\frac{322+13\sqrt{70}}{900}f\left(\frac{-\pi\sqrt{5-2\sqrt{10/7}}}{3}\right)\\
&+\frac{322-13\sqrt{70}}{900}f\left(\frac{\pi\sqrt{5+2\sqrt{10/7}}}{3}\right)\\
&+\frac{322-13\sqrt{70}}{900}f\left(\frac{-\pi\sqrt{5+2\sqrt{10/7}}}{3}\right)\Bigg]\\
\approx\ & 0.0138505
\end{aligned}
\tag{1.166}
$$

可见，通过五个撒点的高斯积分可精确地得到九阶多项式的积分值。此积分的 Python 实现见代码 1.19。

代码 1.19　高斯积分法程序 GaussIntegral.py

```
import numpy as np
from scipy.special import roots_legendre

# 高斯积分函数
def gaussian_integral(func, a, b, n):
    # 获取高斯-勒让德多项式的根和权重
    x,w = roots_legendre(n)

    # 变换积分区间到[-1,1]
    t = 0.5* (x+1)* (b-a)+a
    y = func(t)

    # 计算积分值
    return 0.5* (b-a)* np.sum(y* w)

# 示例函数
def example_function(x):
    return 1+x-1/2* x* * 2-1/6* x* * 3+1/24* x* * 4+1/120* x* * 5\
        -1/720* x* * 6-1/5040* x* * 7+1/40320* x* * 8+1/362880* x* * 9

# 积分区间
a = -np.pi
b = np.pi

# 高斯积分点的数量
n = 5

# 计算积分值
integral_value = gaussian_integral(example_function, a, b, n)
print("高斯积分值:", integral_value)
```

推广到更加普遍的情形，如果在式(1.156)的基础上引入权函数，考虑如下的积分：

$$
\int_a^b \rho(x)f(x)\mathrm{d}x \approx \sum_{i=1}^{N} w_i f(x_i) \tag{1.167}
$$

其中 $\rho(x) \geqslant 0$ 是权函数，则有更多的高斯积分形式。为不失普遍性，我们仅讨论定义在[−1, 1]上的标准积分，其他区间上的积分可以利用式(1.165)进行变量代换得到。根据 $\rho(x)$ 表达式的不同，可得到以下几种常见的积分公式。

- 高斯 - 切比雪夫积分公式

$$\int_{-1}^{1} \frac{f(x)}{\sqrt{1-x^2}} \mathrm{d}x \approx \sum_{i}^{N} w_i f(x_i) \tag{1.168}$$

式中：x_i 是 N 阶切比雪夫多项式的零点，$x_i = \cos\dfrac{(2i-1)\pi}{2N}$；$w_i = \dfrac{\pi}{N}$。

- 高斯 - 拉盖尔积分公式

$$\int_{-1}^{1} \mathrm{e}^{-x} f(x) \mathrm{d}x \approx \sum_{i}^{N} w_i f(x_i) \tag{1.169}$$

式中：x_i 是 N 阶拉盖尔多项式 $L_N(x)$ 的根；$w_i = \dfrac{x_i}{(n+1)^2[L_{N+1}(x_i)]^2}$。

- 高斯 - 厄米积分公式

$$\int_{-1}^{1} \mathrm{e}^{-x^2} f(x) \mathrm{d}x \approx \sum_{i}^{N} w_i f(x_i) \tag{1.170}$$

式中：x_i 是 N 阶厄米多项式 $H_N(x)$ 的根；$w_i = \dfrac{2^{n-1} n \sqrt{\pi}}{N^2[H_{N-1}(x_i)]^2}$。

从上面的例子可以看到，高斯积分是一种高精度的积分方法，尤其是在计算无穷区间上的积分以及旁义积分中有广泛的应用。但是由于高斯积分的节点是不规则的，因此当节点增加时，前面计算的函数值不能重复利用，计算过程较为复杂。

1.5.5 蒙特卡罗积分方法

定积分除了可通过均匀分布(如辛普森积分法)或者满足特定条件(如高斯积分法)的网格来计算以外，还可以通过随机撒点的方法来计算。也就是说，在 n 维空间中的一个定积分 I 可以通过下式计算：

$$I = \int_V \mathrm{d}^n \boldsymbol{x} f(\boldsymbol{x}) \approx \hat{I} = \frac{V}{N} \sum_{i=1}^{N} f(\boldsymbol{x}_i) \tag{1.171}$$

式中：V 是 n 维空间中积分限所包围的区域的体积。当 $N \to \infty$ 时，$\hat{I}$ 精确地等于 I。这种方法称为蒙特卡罗(Monte Carlo, MC)积分方法。蒙特卡罗积分方法的优点在于其适用于高维空间的积分问题，并且在某些情况下具有较高的计算效率。然而，这种方法的精度取决于采样点的数量，因此在实际应用中需要权衡计算精度与计算成本。

下面给出两个具体例子。为了简单起见，我们将自变域取为[0,1]。

例 1.5 计算定积分 $I = \int_0^1 x^2 \mathrm{d}x$。

解 被积函数 $f(x)$ 是一个一元函数，首先产生 N 个在[0,1]上均匀分布的随机数 x_i，$i = 1, N$，然后估算各个点上的函数值 $f(x_i)$，然后计算积分近似值：

$$\hat{I} = \frac{1}{N} \sum_{i=1}^{N} x_i^2$$

相关的 Python 实现参见代码 1.20。

代码 1.20　蒙特卡罗积分程序 MonteCarloIntegral.py

```
import random
import math

# Define the function to be integrated
def function(x):
    return x* * 2 # Replace this with the desired function

# Monte Carlo integration function
def monte_carlo_integration(func, a, b, num_samples):
    sum_samples = 0.0
    width = b - a

    for _ in range(num_samples):
        x = random.uniform(a, b)
        sum_samples + = func(x)

    return (sum_samples/num_samples)* width

# Set parameters
a = 0 # Lower limit of integration
b = 1 # Upper limit of integration
num_samples = 100000 # Number of samples for Monte Carlo method

# Estimate the integral using Monte Carlo method
integral_estimate = monte_carlo_integration(function, a, b, num_samples)
print("Estimated integral value:", integral_estimate)
```

例 1.6　计算定积分 $I=\int_0^1\int_0^1 x^2 y\mathrm{d}x\mathrm{d}y$。

解　被积函数 $f(x,y)$ 是一个二元函数，积分区域为正方形。首先产生 N 对各自在[0，1]中均匀分布的随机数($\{x_i\}$，$\{y_i\}$)($i=1,N$)，然后估算每对(x_i，y_i)上的函数值 $f(x_i,y_i)$，然后计算积分近似值：

$$\hat{I}=\frac{1}{N}\sum_{i=1}^{N}x_i^2\cdot y_i$$

相关的 Python 实现参见代码 1.21。

表 1.3 给出了上述两个定积分结果随撒点数 N 的变化情况，可以看到，随着 N 的逐渐增大，用蒙特卡罗积分方法得到的结果逼近各自的精确值(例 1.5 中为 2/3，例 1.6 中为 1/6)。但是与前面介绍的辛普森积分法或者高斯积分法相比，效率比较低，在 $N=10^6$ 时，对于精确值的偏差分别为 4×10^{-4} 和 6×10^{-5}。可以严格证明，与其他数值积分方法不同，蒙特卡罗积分方法的偏差 $\sigma\propto 1/\sqrt{N}$，而与空间维数 n 无关。因此，对于高维积分，蒙特卡罗积分方法是比较理想的一种方法。

代码 1.21 二维蒙特卡罗积分程序 2DMonteCarloIntegral.py

```
import random
import math

# Define the function to be integrated
def function(x, y):
    return x* * 2* y # Replace this with the desired function

# Monte Carlo integration function for double integral
def monte_carlo_double_integration(func, a, b, c, d, num_samples):
     sum_samples =  0.0
     area = (b - a)* (d - c)

     for_in range(num_samples):
         x =  random.uniform(a, b)
         y = random.uniform(c, d)
         sum_samples + = func(x, y)

     return (sum_samples/num_samples)* area

 # Set parameters
 a = 0 # Lower limit of integration for x
 b = 1 # Upper limit of integration for x
 c = 0 # Lower limit of integration for y
 d = 1 # Upper limit of integration for y
 num_samples = 100000 # Number of samples for Monte Carlo method

 # Estimate the double integral using Monte Carlo method
 double_integral_estimate = monte_carlo_double_integration(
                                function , a, b, c, d, num_samples)
 print("Estimated double integral.value:", double_integral_estimate)
```

表 1.3 用蒙特卡罗积分方法所得积分结果与撒点数 N 的关系

N	$f(x)=x^2$ 积分值 $\hat{I}$	$\lvert I-\hat{I}\rvert$	$f(x,y)=x^2y$ 积分值 $\hat{I}$	$\lvert I-\hat{I}\rvert$
1000	0.3467	1.4×10^{-2}	0.1675	8×10^{-3}
10000	0.3406	7×10^{-3}	0.1689	2×10^{-3}
100000	0.3339	6×10^{-4}	0.1658	9×10^{-4}
1000000	0.3337	4×10^{-4}	0.16673	6×10^{-5}

此外,重新观察方程(1.171),可知 $\sum_{i=1}^{N} f(\boldsymbol{x}_i) \Big/ N$ 即为被积函数的非权重代数平均值 $\overline{f}$,若被积函数随 $\boldsymbol{x}$ 变化比较平缓,在撒点数较少的情况下就可以得到比较准确的 $\overline{f}$。例如,f

是个常量，只需要采一个点就可以得到准确值。因此蒙特卡罗方法的效率也取决于被积函数的行为。为了提高效率，通常需要特别考虑随机点的分布。

习　　题

1. 写出切比雪夫分解法中，利用线性方程组 $\boldsymbol{Ax}=\boldsymbol{b}$ 所求解的递推公式。

2. 证明算符矩阵在不同表象下的变换关系方程(1.40)。

3. 证明最速下降法中，相邻两次搜索方向正交。

4. 设有函数 $F=\dfrac{1}{2}\boldsymbol{x}^{\mathrm{T}}\boldsymbol{Ax}-\boldsymbol{bx}$，试证明共轭梯度法中，第 k 轮开始时的梯度方向 $\boldsymbol{r}_k$ 与此前 $k-1$ 轮的搜索方向 $\boldsymbol{d}_i$ 关于 $\boldsymbol{A}$ 共轭，即方程(1.83)。

5. 分别用 DFP 公式以及共轭梯度法求方程 $f(x_1,x_2,x_3)=2x_1^2+4x_2^2+3x_3^2+x_1x_3+4x_2x_3$ 的最小值。

6. 利用二次拉格朗日插值函数求得辛普森积分法公式(1.153)。

7. 利用拉格朗日乘子法求解最小值问题 $f(x_1,x_2)=x_1^2+2x_2^2$，约束条件 $h(x_1,x_2)=x_1/2-x_2+1=0$。

第 2 章　量子力学和固体物理基础

2.1　量 子 力 学

量子力学是一门研究原子及亚原子尺度粒子和波动现象的物质和能量行为的深奥物理科学。作为现代物理学的核心理论，量子力学为我们理解宏观宇宙结构，如恒星、星系等天文体，以及宇宙演化过程中的宇宙学事件（如大爆炸）提供了重要的基础。量子力学也为纳米技术、凝聚态物理、量子化学、结构生物学、粒子物理学和电子学的发展提供了强大的理论支持。经过一个世纪的精密实验和实际应用探索，量子力学理论已被证实具有极高的可信度、预测能力和实用价值。

本章将带领读者深入了解量子力学的基本原理、重要概念和实际应用，帮助读者更好地掌握这一领域的基本原理和实际应用。

2.1.1　量子力学简介

20 世纪初，黑体辐射、光电效应、双缝干涉实验和原子光谱等一系列开创性的实验拉开了人类探索微观世界的序幕。1900 年，普朗克首次提出了量子化的概念，成功解释了黑体辐射中的“紫外灾难”；1905 年，爱因斯坦提出了光量子的概念，对光电效应进行了精确的解释，解决了光电效应与经典物理的矛盾；而玻尔则在 1913 年提出了氢原子模型，从数值上验证了氢原子光谱的特性，使人们开始窥探到原子内部的结构及其遵循的物理规律。毫无疑问，量子力学成为了人类理解这些微观尺度现象的基石，并奠定了现代计算材料学的基础。

计算材料学的核心目标在于通过数值方法求解材料体系的薛定谔方程，从而揭示材料的力学、电学、光学等物理性质。关于量子力学的发展历程，许多教科书已有详尽阐述，在此不再赘述。简而言之，经典力学用坐标描述物体的状态，而量子力学则借助波函数来描述体系的状态。经典物理学依赖牛顿定律来确定物体的运动轨迹，而量子力学则以薛定谔方程作为体系状态演变的关键。与经典力学的牛顿三大定律相似，量子力学基于以下几个基本假设：

（1）波函数假设：量子系统的状态由波函数表示，波函数包含系统所有可观测性质的信息。

（2）薛定谔方程：描述波函数随时间变化的方程，决定量子系统的时间演化。

（3）可观测量假设：量子力学中的可观测量由算符表示，其本征值对应于可观测量的可能取值。

（4）测量假设：测量一个量子系统时，系统将坍缩到与测量值对应的本征态上，测量结果是该本征值。

（5）波函数概率假设：波函数的模方表示粒子在空间中出现的概率密度。

由于我们关心的大部分材料体系通常处于低能量状态，非相对论量子力学方程——薛定谔方程便成为解决问题的关键所在。在量子力学领域，薛定谔方程的地位可与经典力学中的牛顿定律相媲美。对于涉及粒子高能碰撞、生成、湮灭等的高能物理过程，则需要借助量子电动力学的知识来进行研究。

在量子力学的理论框架中，波函数为微观粒子状态提供了完整的描述。一旦我们获得了微观粒子的波函数，关于微观粒子的所有可观测的物理量，如空间分布概率、动能、动量和势能等，都将完全确定。因此，从计算材料学的角度来看，研究材料体系性质的核心任务在于求解体系的波函数。

尽管存在少数可以用解析方法求解的例子，如方势阱、简谐振子和氢原子等，但实际研究中的材料体系在大多数情况下都无法轻易获得波函数的精确解。因此，我们通常采用数值模拟和数值求解的方法来近似求解波函数。通过这种方式，我们可以在一定程度上了解材料体系的性质，为实际应用提供重要依据。

在传统的解析求解方法遇到瓶颈时，计算机技术的高速发展为数值求解和计算材料学带来了新的机遇。自 1946 年冯·诺依曼研制出基于晶体管的第一台计算机 ENIAC 以来，计算机计算能力的提升可谓日新月异。特别是，高性能大型计算机集群技术取得了突飞猛进的发展：以 2016 年荣获世界超级计算机 500 强榜首的神威·太湖之光为例，该计算机采用了中国自主研发的申威 26010 处理器，并拥有约 40 960 个节点。其峰值运算能力达到了 125.4 PFLOPS(每秒可执行约 125 400 000 000 000 000 次浮点运算)，在持续运算性能方面也达到了 93 PFLOPS。相较之下，世界上第一台计算机 ENIAC 的计算速度仅为每秒 5000 次加法运算。如今计算机的计算能力与当年相比，简直是发生了翻天覆地的变化。这为计算材料学的发展提供了强大的硬件算力支持。

除了计算机硬件的飞速发展，软件方面的进步同样为计算材料学的繁荣奠定了坚实基础。首先，数学库日益完善且功能强大。如今，诸如 LINPACK、LAPACK、SCALPACK、GNU Scientific Lib、MKL、ACML、BLAS 等多个平台上的数学库为各类代数求解、矩阵运算等操作提供了强大且全面的支持，使科研工作者能免于进行烦琐的底层数据操作编程。近年来，针对图形处理器(GPU)的优化数学库也相继问世，如 cuBLAS、cuDNN、cuFFT 等，这些库显著提高了基于 GPU 的计算效率。许多计算材料学软件和算法，如 VASP、GROMACS、LAMMPS 等，已经针对 GPU 进行了优化，以充分利用 GPU 的并行计算能力。其次，出现了并行技术和规范标准如 MPI(多点接口)、OpenMP(标准)，它们使各个处理器之间能够协同高效地工作，同时执行子任务，以加速整个程序的求解过程。最后，在过去几十年里，作为计算材料学核心的模拟技术蓬勃发展，不断涌现出高效、高精度的方法。这些方法包括密度泛函理论方法、针对不同系综的分子动力学(molecular dynamics，MD)算法，以及动力学蒙特卡罗方法等。这些先进方法极大地拓展了材料研究的时间和空间尺度，提高了计算的精度，从而使计算材料学的研究领域变得更加广泛。

我们引用“中国稀土之父”徐光宪先生的一段话对计算材料学的远景做一个展望：

“进入 21 世纪以来，计算方法与分子模拟、虚拟实验，已经继实验方法、理论方法之后，成为第三个重要的科学方法，对未来科学与技术的发展，将起着越来越重要的作用。”

2013 年度诺贝尔化学奖授予了三位杰出的美国科学家——Martin Karplus、Michael Levitt 和 Arieh Warshel，以表彰他们在设计针对复杂化学体系的多尺度模型方面所做的卓越贡献。这正是对徐先生这段论述的最有力的证明。

2.1.2 薛定谔方程

在量子力学中，描述系统状态的核心概念是波函数。德拜在评论德布罗意提出的物质波概念时指出："既然存在波，那么必然有一个描述波动的方程！"紧随其后，薛定谔提出了一个描述波动的方程，即薛定谔方程。这一方程是量子力学中最基本的方程，其正确性不能通过其他原理推导，只能依靠实验证实。因此，薛定谔方程是量子力学的基本假设之一。

在量子力学体系中，微观粒子的状态由波函数表示。我们需要求解的波函数实际上是满足边界条件的薛定谔方程解。通过求解含时薛定谔方程（由薛定谔于 1926 年首次提出），我们可以得到波函数在空间中的分布以及其随时间演化的规律。这些规律为我们揭示了粒子在量子态下的行为和性质，从而使我们加深了对微观世界的理解。

薛定谔方程的形式极为简洁，但它包含了微观粒子运动的基本规律。最通用的含时薛定谔方程在数学上可以表示为：

$$\mathrm{i}\hbar\frac{\partial \Psi(r,t)}{\partial t}=\left(-\frac{\hbar^2}{2m}\nabla^2+V(r,t)\right)\Psi(r,t) \tag{2.1}$$

方程左端是波函数对时间的导数，右端涉及波函数对空间的导数。实际上，如果把薛定谔方程与在势场中运动的非相对论性经典粒子的能量公式

$$E=\frac{p^2}{2m}+V(r) \tag{2.2}$$

相比较，就可以发现，只需做如下的变换，并且将其作用在波函数上，就可得到薛定谔方程的形式：

$$E\rightarrow \mathrm{i}\hbar\frac{\partial}{\partial t} \tag{2.3}$$

$$p\rightarrow -\mathrm{i}\hbar\nabla \tag{2.4}$$

在势能函数显含时间的时候，通过初态求解波函数随时间的演变是一件比较困难的事情。但是在许多我们感兴趣的材料体系和待求解问题中，势能项 V 并不显含 t，而仅仅是空间坐标 r 的函数。在这种情况下，微观粒子在势场中运动总能量守恒。可以将含时波函数写成分离变量的形式，即

$$\Psi(r,t)=\psi(r)\mathrm{e}^{-\mathrm{i}Et/\hbar} \tag{2.5}$$

将式(2.5)代入方程(2.1)，便可得到定态薛定谔方程（也称为不含时薛定谔方程）

$$\left(-\frac{\hbar^2}{2m}\nabla^2+V(r)\right)\psi(r)=E\psi(r) \tag{2.6}$$

从物理角度来看，波函数必须是单值、有限和连续的。这是因为波函数的模方代表粒子在空间中出现的概率。粒子在空间某点出现的概率必须是唯一的，因此波函数必须是单值的；概率不可能无穷大，因此波函数必须是有限的。波函数及其一阶导数的连续性可以通过分析薛定谔方程的数学形式得到。在势能 V 没有奇点的情况下，薛定谔方程是一个二阶微分方程，方程(2.6) 的左右两边都必须是有限的。如果波函数或其一阶导数不连续，则方程左端的拉普拉斯算子会导致导数无穷大或不存在。

对于实际物理系统，由于边界条件的限制，只有满足特定条件的波函数和本征值才是可接受的解。相应的波函数解是系统的能量本征函数，而定态薛定谔方程右端的参数 E 则是系统的能量本征值。从本质上讲，定态薛定谔方程描述了粒子在外势场作用下的能量本征

方程。之所以称其为定态方程，是因为如果波函数具有如式(2.5)的形式，那么粒子在空间的概率分布密度将不随时间变化：

$$\rho(r,t)=|\Psi(r,t)|^2=|\psi(r)|^2 \mathrm{e}^{\mathrm{i}Et/\hbar}\mathrm{e}^{-\mathrm{i}Et/\hbar}=\rho(r,0) \tag{2.7}$$

粒子处在定态时，概率流、力学量(不含时)的平均值、力学量(不含时)的测量概率等物理量均不随时间变化。对于一般情形，体系的波函数可以表示为定态波函数的线性叠加，其系统的空间分布概率和其他物理量则会随着时间变化：

$$\Psi(r,t)=\sum_i c_i\psi_i(r)\mathrm{e}^{-\mathrm{i}E_it/\hbar} \tag{2.8}$$

值得一提的是，在最初的薛定谔方程中，并没有与电子自旋相关的算符，因此电子的自旋方向并不会直接影响系统的总能量。然而，由于电子是费米子，因此要求系统总波函数具有反对称性，如方程(2.9)所示：

$$\psi(\boldsymbol{r}_1,\cdots,\boldsymbol{r}_i,\cdots,\boldsymbol{r}_j,\cdots,\boldsymbol{r}_N)=-\psi(\boldsymbol{r}_1,\cdots,\boldsymbol{r}_j,\cdots,\boldsymbol{r}_i,\cdots,\boldsymbol{r}_N) \tag{2.9}$$

这会对系统的能量计算产生间接的影响。具体的细节将在第 3 章进一步讨论。

2.1.3　波函数的概率诠释

在宏观世界中，物体通常表现出粒子性。而人们所说的波动性，一般指的是机械波，即多个粒子协同运动的一种表现。在微观世界中，粒子同时展现出粒子性和波动性。这里的波动性与机械波中的波动性不同，它是单个粒子的内禀属性。从数学角度来说，波函数是满足边界条件的薛定谔方程的解。从物理角度来看，波函数的模方等于电子在空间各点出现的概率。这就是玻恩对波函数的“概率诠释”，用公式可表示为

$$\rho(r,t)=|\Psi(r,t)|^2 \tag{2.10}$$

根据波函数的概率诠释，我们可以推导出波函数性质的积分要求。真实的波函数必须满足归一化条件，即在整个空间内找到粒子的概率恒为 1。此外，通过积分变换，我们可以证明在薛定谔方程作用下，波函数的模方在整个空间内的积分是守恒的：

$$\begin{aligned}\frac{\mathrm{d}}{\mathrm{d}t}\int_{-\infty}^{\infty}|\Psi|^2\mathrm{d}x&=\int_{-\infty}^{\infty}\left(\Psi^*\frac{\partial\Psi}{\partial t}+\frac{\partial\Psi^*}{\partial t}\Psi\right)\mathrm{d}x\\&=\int_{-\infty}^{\infty}\left[\Psi^*\left(\frac{\mathrm{i}\hbar}{2m}\frac{\partial^2\Psi}{\partial x^2}-\frac{\mathrm{i}}{\hbar}V\Psi\right)+\left(-\frac{\mathrm{i}\hbar}{2m}\frac{\partial^2\Psi^*}{\partial x^2}+\frac{\mathrm{i}}{\hbar}V\Psi^*\right)\Psi\mathrm{d}x\right]\\&=\int_{-\infty}^{\infty}\frac{\mathrm{i}\hbar}{2m}\left(\Psi^*\frac{\partial^2\Psi}{\partial x^2}-\frac{\partial^2\Psi^*}{\partial x^2}\Psi\right)\mathrm{d}x=\int_{-\infty}^{\infty}\frac{\partial}{\partial x}\left\{\frac{\mathrm{i}\hbar}{2m}\left(\Psi^*\frac{\partial\Psi}{\partial x}-\frac{\partial\Psi^*}{\partial x}\Psi\right)\right\}\mathrm{d}x\\&=\frac{\mathrm{i}\hbar}{2m}\left(\Psi^*\frac{\partial\Psi}{\partial x}-\frac{\partial\Psi^*}{\partial x}\Psi\right)\Bigg|_{-\infty}^{\infty}=0\end{aligned} \tag{2.11}$$

也就是说，粒子在全空间出现的总概率守恒。由于在非相对论低能情况下不会出现粒子的产生、湮灭、转变等物理过程，因此粒子在空间出现的总概率应该不会随时间变化。这也间接证明了薛定谔方程的正确性。

现以图 2.1 所示的波函数为例，举例说明如何用波函数得出体系的性质：

$$\Psi(x,t)=\begin{cases}A(a^2-x^2)\mathrm{e}^{-\mathrm{i}\omega t} & (|x|<a)\\ 0 & (|x|\geqslant a)\end{cases} \tag{2.12}$$

式中：a 是正实数；A 是归一化常数。我们希望计算如下的量：

(1) 归一化常数 A；

(2) $t=0$ 时，坐标 x 和 x^2 的期望值；

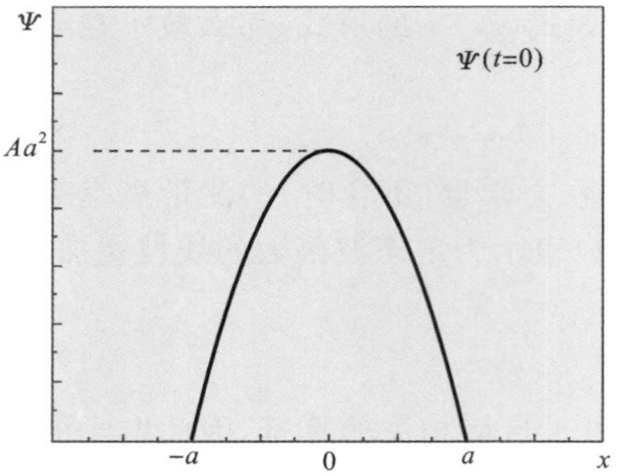

图 2.1　波函数示意图

(3) 坐标的均方差 $\sigma_x=\sqrt{(x-\langle x\rangle)^2}$；

(4) 在区间$[\langle x\rangle-\sigma_x,\langle x\rangle+\sigma_x]$内找到粒子的概率；

(5) $t=0$ 时，动量 p 和 p^2 的期望值；

(6) 动量 p 的均方差 σ_p；

(7) $\sigma_p^2 \cdot \sigma_x^2$ 的值。

1. 确定归一化常数

归一化常数 A 由方程 $\int_{-\infty}^{\infty}\Psi^*(x)\Psi\mathrm{d}x=1$ 确定，波函数的归一化保证了微观粒子在全空间出现的总概率恒等于 1，即

$$\int_{-\infty}^{\infty}\Psi^*(x)\Psi\mathrm{d}x=1 \tag{2.13}$$

$$A^2\int_{-a}^{a}(a^2-x^2)^2\mathrm{d}x=1,\quad A=\sqrt{\frac{15}{16a^5}}$$

2. 求坐标 x 和 x^2 的期望值

在量子力学中，力学量的期望值的物理含义是，对 $N(N\to\infty)$ 个相同的体系分别进行多次独立测量所得测量值的平均值。力学量 $\hat{F}$ 的期望值由方程$\langle F\rangle=\int_{-\infty}^{\infty}\Psi^*(x)\hat{F}\Psi(x)\mathrm{d}x$ 决定，根据此定义式，容易求得 x 和 x^2 的期望值，即

$$\langle x\rangle=\int_{-\infty}^{\infty}\Psi^*(x)x\Psi(x)\mathrm{d}x=A^2\int_{-a}^{a}x(a-x^2)^2\mathrm{d}x=0 \tag{2.14}$$

$$\langle x^2\rangle=\int_{-\infty}^{\infty}\Psi^*(x)x^2\Psi(x)\mathrm{d}x=A^2\int_{-a}^{a}x^2(a^2-x^2)^2\mathrm{d}x=\frac{1}{7}a^2 \tag{2.15}$$

3. 求坐标的均方差 σ_x

由于量子力学中对粒子的描述是一种概率描述，因此，即使是完全相同的体系，每次测量也仍会塌缩到不同的本征态，因此测量的值也会有波动。波动的大小在数学上用均方差来表达，在物理上通常也称为“不确定度”，即

$$\sigma_x=\sqrt{\langle x^2\rangle-\langle x\rangle^2}=a/\sqrt{7} \tag{2.16}$$

4. 确定在区间$[\langle x\rangle-\sigma_x,\langle x\rangle+\sigma_x]$内找到粒子的概率

在量子力学中，电子在空间某点出现的概率等于波函数的模方在该点的取值，因此在区间$[\langle x\rangle-\sigma_x,\langle x\rangle+\sigma_x]$内找到粒子的概率为波函数的模方在此区间上的积分：

$$P=\int_{\langle x\rangle-\sigma_x}^{\langle x\rangle+\sigma_x}|\Psi(x)|^2\mathrm{d}x=A^2\int_{-a/\sqrt{7}}^{a/\sqrt{7}}(a^2-x^2)^2\mathrm{d}x=\frac{167\sqrt{7}}{686}\approx 0.64 \tag{2.17}$$

5. 求动量 p 和 p^2 的期望值

动量 p 的期望值由方程$\langle p\rangle=\int_{-\infty}^{\infty}\Psi^*(x)\left(-\mathrm{i}\hbar\frac{\partial}{\partial x}\Psi(x)\right)\mathrm{d}x$ 决定，有

$$\langle p\rangle=\int_{-\infty}^{\infty}\Psi^*(x)\left(-\mathrm{i}\hbar\frac{\partial}{\partial x}\Psi(x)\right)\mathrm{d}x=A^2\int_{-a}^{a}(a^2-x^2)(-\mathrm{i}\hbar)(-2x)\mathrm{d}x=0 \tag{2.18}$$

事实上，可以证明，任何实波函数的动量期望值都等于零，而动能二次方的期望值则为

$$\langle p^2 \rangle = \int_{-\infty}^{\infty} \Psi^*(x)(-\mathrm{i}\hbar)^2 \frac{\partial^2}{\partial x^2}\Psi(x)\mathrm{d}x = A^2\int_{-a}^{a}(a^2-x^2)(-\hbar^2)(-2)\mathrm{d}x = \frac{5\hbar^2}{2a^2} \tag{2.19}$$

6. 求动量的均方差

动量的均方差为

$$\sigma_p = \sqrt{\langle p^2 \rangle - \langle p \rangle^2} = \sqrt{\frac{5}{2}}\frac{\hbar}{a} \tag{2.20}$$

7. 求 $\sigma_x^2 \cdot \sigma_p^2$

量子力学中著名的不确定性原理指的是所有共轭变量的不确定度的乘积有一个最小值。本例中的位置和动量就是一对共轭变量，因此它们的不确定度的乘积满足不确定性原理，即大于$\left(\frac{\hbar}{2}\right)^2$，有

$$\sigma_x^2 \cdot \sigma_p^2 = \left(\frac{a}{\sqrt{7}}\right)^2\left(\sqrt{\frac{5}{2}}\frac{\hbar}{a}\right)^2 = \frac{5}{14}\hbar \geqslant \langle \frac{1}{2\mathrm{i}}[\hat{x},\hat{p}]\rangle^2 = \left(\frac{\hbar}{2}\right)^2 \tag{2.21}$$

2.1.4　力学量算符和表象变换

在量子力学中，力学量都用算符来表示。当算符作用在一个波函数上时，可以将该波函数转换成另一个波函数。用某个算符的本征函数集合$\{\xi_1,\xi_2,\cdots\}$作为一组完备基来展开波函数或算符时，称之为波函数或力学量在该表象中的展开。

一个任意算符在该表象中的矩阵元可以表示为

$$A_{ij} = \langle \xi_i \mid \hat{A} \mid \xi_j \rangle \tag{2.22}$$

同一个算符在不同表象中的表达可以用幺正变换来联系。具体的变换关系为

$$A' = SAS^\dagger \tag{2.23}$$

以下的关系式通常用来简化复杂的算符对易运算：

$$[\hat{A},\hat{B}] = \hat{A}\hat{B} - \hat{B}\hat{A} \tag{2.24}$$

$$[\hat{A},\hat{B}] = -[\hat{B},\hat{A}] \tag{2.25}$$

$$[\hat{A},\hat{A}^N] = 0,\quad N = 0,1,2,\cdots \tag{2.26}$$

$$[\hat{A},\hat{B}+\hat{C}] = [\hat{A},\hat{B}] + [\hat{A},\hat{C}] \tag{2.27}$$

$$[\hat{A}+\hat{B},\hat{C}] = [\hat{A},\hat{C}] + [\hat{B},\hat{C}] \tag{2.28}$$

$$[\hat{A},\hat{B}\hat{C}] = [\hat{A},\hat{B}]\hat{C} + \hat{B}[\hat{A},\hat{C}] \tag{2.29}$$

$$[\hat{A}\hat{B},\hat{C}] = [\hat{A},\hat{C}]\hat{B} + \hat{A}[\hat{B},\hat{C}] \tag{2.30}$$

2.1.4.1　厄米共轭算符

首先引入一个重要概念，也就是一个算符的厄米共轭算法。其定义如下：如果对于任意波函数，给定算符 $\hat{A}$，有算符 $\hat{A}^\dagger$ 满足以下的关系：

$$\langle \phi \mid \hat{A}\varphi \rangle \equiv \langle \hat{A}^\dagger \phi \mid \varphi \rangle \tag{2.31}$$

则将 $\hat{A}^\dagger$ 称为 $\hat{A}$ 算符的厄米共轭算符。比如，如果算符 $\hat{A}$ 等于复数 a，则 $\hat{A}^\dagger = a^*$。这是因为

$$\langle \phi \mid a\varphi \rangle = a\langle \phi \mid \varphi \rangle$$

根据定义，有

$$\langle a^\dagger \phi \mid \varphi \rangle = \langle a^* \phi \mid \varphi \rangle \tag{2.32}$$

因此

$$a^\dagger = a^*$$

又例如,算符 $\hat{A}=\mathrm{d}/\mathrm{d}x$ 的厄米共轭算符为 $\hat{A}^{\dagger}=-\hat{A}=-\mathrm{d}/\mathrm{d}x$。这是因为

$$\langle\phi\mid\underbrace{\frac{\mathrm{d}}{\mathrm{d}x}}_{\hat{A}}\varphi\rangle=\int_{-\infty}^{\infty}\mathrm{d}x\phi^{*}\frac{\mathrm{d}\varphi}{\mathrm{d}x}\xrightarrow{\text{分部积分}}\underbrace{[\phi^{*}\varphi]\Big|_{-\infty}^{\infty}}_{=0}-\int_{-\infty}^{\infty}\mathrm{d}x\varphi\frac{\mathrm{d}\phi^{*}}{\mathrm{d}x}=\langle\underbrace{-\frac{\mathrm{d}}{\mathrm{d}x}}_{\hat{A}^{\dagger}}\phi\mid\varphi\rangle \tag{2.33}$$

2.1.4.2 厄米算符

量子力学中有一类特殊的算符,即厄米算符,其定义为:如果一个算符的厄米共轭等于它本身,则称此类算符为厄米算符。数学上可以表达为

$$\hat{A}^{\dagger}=\hat{A} \tag{2.34}$$

或者

$$\int\varphi^{*}\hat{A}\phi\mathrm{d}r=\int\phi(\hat{A}\varphi)^{*}\mathrm{d}r \tag{2.35}$$

在量子力学中,力学量都可以用线性厄米算符来表示。线性性质满足了量子力学中态叠加的基本假设,而厄米性则保证了力学量的本征值为实数,这样,本征值才有可能与实际测量结果相对应。

下面我们来证明厄米算符的两个重要性质:

性质 1:厄米算符的本征值为实数。

证明:根据厄米算符的定义,对于任意的波函数,有

$$\int\phi^{*}\hat{A}\phi\mathrm{d}r=\int(\hat{A}\phi)^{*}\phi\mathrm{d}r=\left(\int\phi^{*}\hat{A}\phi\mathrm{d}r\right)^{*} \tag{2.36}$$

当我们把波函数取成算符 $\hat{A}$ 的本征态时,则可以得到 $\varepsilon=\varepsilon^{*}$,因此厄米算符的本征值为实数。

性质 2:厄米算符对应不同本征值的本征态相互正交。

证明:假设 ϕ_m 和 ϕ_n 分别是厄米算符 $\hat{A}$ 的本征值为 ε_m 和 ε_n 的本征波函数(其中 $\varepsilon_m\neq\varepsilon_n$)。根据厄米算符定义,有

$$\langle\hat{A}\phi_m\mid\phi_n\rangle=\langle\phi_m\mid\hat{A}\phi_n\rangle$$
$$\varepsilon_m\langle\phi_m\mid\phi_n\rangle=\varepsilon_n\langle\phi_m\mid\phi_n\rangle$$
$$(\varepsilon_m-\varepsilon_n)\langle\phi_m\mid\phi_n\rangle=0$$

故有

$$\langle\phi_m\mid\phi_n\rangle=0$$

2.1.4.3 动量算符

动量算符是量子力学中的基本算符之一,其他许多算符,如动能算符、角动量算符等,都可以基于动量算符而推导出来。根据经典定义,动量的期望值等于坐标期望值对时间的导数。我们可以通过验证动量算符的经典对应来确认其形式的正确性:

$$\begin{aligned}\langle\hat{p}\rangle&=m\frac{\mathrm{d}\langle\hat{x}\rangle}{\mathrm{d}t}=m\frac{\mathrm{d}}{\mathrm{d}t}\int_{-\infty}^{\infty}x\Psi^{*}(x,t)\Psi(x,t)\mathrm{d}x\\&\xRightarrow{\text{薛定谔方程}}m\int_{-\infty}^{\infty}x\frac{\partial}{\partial x}\left\{\frac{\mathrm{i}\hbar}{2m}\left(\Psi^{*}\frac{\partial\Psi}{\partial x}-\frac{\partial\Psi}{\partial x}\Psi^{*}\right)\right\}\mathrm{d}x\\&\xRightarrow{\text{分部积分}}\frac{\mathrm{i}\hbar}{2}x\left\{\underbrace{\left(\Psi^{*}\frac{\partial\Psi}{\partial x}-\frac{\partial\Psi}{\partial x}\Psi^{*}\right)}_{=0,\Psi\to0\text{ when }x\to\pm\infty}\right\}\Bigg|_{-\infty}^{\infty}-\frac{\mathrm{i}\hbar}{2}\int_{-\infty}^{\infty}\left(\Psi^{*}\frac{\partial\Psi}{\partial x}-\frac{\partial\Psi^{*}}{\partial x}\Psi\right)\mathrm{d}x\\&\xRightarrow{\text{分部积分}}-\frac{\mathrm{i}\hbar}{2}\int_{-\infty}^{\infty}\Psi^{*}\frac{\partial\Psi}{\partial x}\mathrm{d}x+\frac{\mathrm{i}\hbar}{2}\left\{\underbrace{\Psi^{*}\Psi\Big|_{-\infty}^{\infty}}_{=0,\Psi\to0\text{ when }x\to\pm\infty}-\int_{-\infty}^{\infty}\Psi^{*}\frac{\partial\Psi}{\partial x}\mathrm{d}x\right\}\end{aligned}$$

$$=\int_{-\infty}^{\infty}\Psi^*\left(-\mathrm{i}\hbar\frac{\partial}{\partial x}\right)\Psi\mathrm{d}x$$

我们看到，一维情况下动量算符可以表示为 $\hat{p}=-\mathrm{i}\hbar\frac{\partial}{\partial x}$，而三维情况下，只需将$\frac{\partial}{\partial x}$用三维的那勃勒算符$\boldsymbol{\nabla}$替代，即 $\hat{\boldsymbol{p}}=-\mathrm{i}\hbar\boldsymbol{\nabla}$。

$$\hat{\boldsymbol{p}}=-\mathrm{i}\hbar\boldsymbol{\nabla}=-\mathrm{i}\hbar\left(\frac{\partial}{\partial x}\hat{\boldsymbol{x}}+\frac{\partial}{\partial y}\hat{\boldsymbol{y}}+\frac{\partial}{\partial z}\hat{\boldsymbol{z}}\right)\tag{2.37}$$

动量算符属于厄米算符，与坐标算符互为共轭算符，二者之间互不对易，满足不确定性原理。

2.1.4.4 角动量算符

现以角动量为例，说明在量子力学中，如何将经典量表示成量子力学中的算符。在经典力学中，角动量的表达式为

$$\boldsymbol{L}=\boldsymbol{r}\times\boldsymbol{p}\tag{2.38}$$

即

$$L_x=yp_z-zp_y$$
$$L_y=zp_x-xp_z$$
$$L_z=xp_y-yp_x$$

为了得到量子力学中的角动量算符的表达式，只需对动量算符做如下相应的替换：

$$p_x\rightarrow\hat{p}_x=-\mathrm{i}\hbar\frac{\partial}{\partial x}$$

$$p_y\rightarrow\hat{p}_y=-\mathrm{i}\hbar\frac{\partial}{\partial y}$$

$$p_z\rightarrow\hat{p}_z=-\mathrm{i}\hbar\frac{\partial}{\partial z}$$

由此可以得到角动量各个分量算符的表达式：

$$\hat{L}_x=-\mathrm{i}\hbar\left(y\frac{\partial}{\partial z}-z\frac{\partial}{\partial y}\right)$$

$$\hat{L}_y=-\mathrm{i}\hbar\left(z\frac{\partial}{\partial x}-x\frac{\partial}{\partial z}\right)$$

$$\hat{L}_z=-\mathrm{i}\hbar\left(x\frac{\partial}{\partial y}-z\frac{\partial}{\partial x}\right)$$

下面计算 L_x 和 L_y 之间的对易关系：

$$\begin{aligned}[\hat{L}_x,\hat{L}_y]&=[y\hat{p}_z-z\hat{p}_y,z\hat{p}_x-x\hat{p}_z]\\&=[y\hat{p}_z,z\hat{p}_x]-\underbrace{[z\hat{p}_y,z\hat{p}_x]}_{=0}-\underbrace{[y\hat{p}_z,x\hat{p}_z]}_{=0}+[z\hat{p}_y,x\hat{p}_z]\\&=y\hat{p}_x[\hat{p}_z,z]+x\hat{p}_y[z,\hat{p}_z]=\mathrm{i}\hbar(x\hat{p}_y-y\hat{p}_x)=\mathrm{i}\hbar\hat{L}_z\end{aligned}\tag{2.39}$$

推导过程第二步中的第二项和第三项为零是因为 z、$\hat{p}_x$、$\hat{p}_y$ 之间，x、y、$\hat{p}_z$ 之间分别相互对易。类似地，我们非常容易得到 L_y 和 L_z、L_z 和 L_x 之间的对易关系，因此有

$$\begin{cases}[\hat{L}_x,\hat{L}_y]=\mathrm{i}\hbar\hat{L}_z\\[\hat{L}_y,\hat{L}_z]=\mathrm{i}\hbar\hat{L}_x\\[\hat{L}_z,\hat{L}_x]=\mathrm{i}\hbar\hat{L}_y\end{cases}\tag{2.40}$$

可见角动量的各个分量之间并不对易，因此也没有共同的本征态。但是我们可以证明，

总角动量 $\hat{L}^2$ 和角动量的各个分量对易。

$$
\begin{aligned}
[\hat{L}_z,\hat{L}^2]&=[\hat{L}_z,\hat{L}_x^2+\hat{L}_y^2+\hat{L}_z^2]=[\hat{L}_z,\hat{L}_x^2]+[\hat{L}_z,\hat{L}_y^2]+\underbrace{[\hat{L}_z,\hat{L}_z^2]}_{=0}\\
&=\hat{L}_x[\hat{L}_z,\hat{L}_x]+[\hat{L}_z,\hat{L}_x]\hat{L}_x+\hat{L}_y[\hat{L}_z,\hat{L}_y]+[\hat{L}_z,\hat{L}_y]\hat{L}_y\\
&=\mathrm{i}\hbar[\hat{L}_x\hat{L}_y+\hat{L}_y\hat{L}_x-\hat{L}_y\hat{L}_x-\hat{L}_x\hat{L}_y]=0
\end{aligned}
\tag{2.41}
$$

因此有

$$
[\hat{L}_x,\hat{L}^2]=[\hat{L}_y,\hat{L}^2]=[\hat{L}_z,\hat{L}^2]=0 \tag{2.42}
$$

2.1.4.5 电荷的密度算符

密度算符用狄拉克符号可以表示为

$$
\hat{\rho}=|\psi\rangle\langle\psi| \tag{2.43}
$$

这是因为上述的 $\hat{\rho}$ 算符在坐标本征态 $|\boldsymbol{r}\rangle$ 下的期望值等于电子在空间该点出现的概率(电荷密度),即

$$
\langle\boldsymbol{r}|\hat{\rho}|\boldsymbol{r}\rangle=\langle\boldsymbol{r}|\psi\rangle\langle\psi|\boldsymbol{r}\rangle=\psi^*(\boldsymbol{r})\psi(\boldsymbol{r})=|\psi(\boldsymbol{r})|^2=\rho(\boldsymbol{r}) \tag{2.44}
$$

当然,算符 $\hat{\rho}$ 在坐标本征态 $|\boldsymbol{r}\rangle$ 下的期望值仅仅取决于此算符的对角元。我们还可以定义算符 $\hat{\rho}$ 的非对角元:

$$
\langle\boldsymbol{r}|\hat{\rho}|\boldsymbol{r}'\rangle=\langle\boldsymbol{r}|\psi\rangle\langle\psi|\boldsymbol{r}'\rangle=\psi^*(\boldsymbol{r})\psi(\boldsymbol{r}') \tag{2.45}
$$

密度矩阵在计算力学量的期望值时尤为重要,在第 3 章 Hartree-Fock 方程的双电子积分中也将被用到。

可以证明,一个任意算符的期望值可以表示为给定表象下密度矩阵和力学量算符矩阵的乘积的迹:

$$
\begin{aligned}
\langle\psi\mid\hat{A}\mid\psi\rangle&=\sum_\mu\sum_\nu\langle\psi\mid\zeta_\mu\rangle\langle\zeta_\mu\mid\hat{A}\mid\zeta_\nu\rangle\langle\zeta_\nu\mid\psi\rangle\\
&=\sum_\mu\sum_\nu\langle\zeta_\nu\mid\psi\rangle\langle\psi\mid\zeta_\mu\rangle\langle\zeta_\mu\mid\hat{A}\mid\zeta_\nu\rangle\\
&=\sum_\mu\sum_\nu\rho_{\nu\mu}A_{\mu\nu}=\mathrm{tr}\{\hat{\rho}\hat{A}\}
\end{aligned}
\tag{2.46}
$$

因此密度矩阵在量子化学的计算中得到了广泛的应用。

2.1.5 一维方势阱

一维方势阱是量子力学中的经典问题,其中最容易求解的是一维无穷深势阱。势阱势能的数学定义为

$$
V(x)=\begin{cases}\infty, & x\leqslant 0 \text{ 或 } x\geqslant L\\ 0, & 0<x<L\end{cases} \tag{2.47}
$$

在势阱区域内,薛定谔方程是一个二阶齐次微分方程,非常容易写出其普遍解。而在势阱外部,由于势能无穷大,因此波函数必须为零(否则薛定谔方程的两端无法相等),即

$$
\psi(x)=\begin{cases}A\sin\left(\sqrt{\dfrac{2mE}{\hbar^2}}x\right)+B\cos\left(\sqrt{\dfrac{2mE}{\hbar^2}}x\right), & 0\leqslant x\leqslant L\\ 0, & x<0 \text{ 或 } x>L\end{cases} \tag{2.48}
$$

匹配波函数在边界 $x=0$ 和 $x=L$ 处的边界条件为

$$
\psi(0)=0\Rightarrow B=0 \tag{2.49}
$$

$$\psi(L)=0 \Rightarrow A=0 \quad 或 \quad \sqrt{\frac{2mE}{\hbar}}L=n\pi \tag{2.50}$$

若 A 和 B 同时等于零，则意味着波函数不存在（全空间为零），因此边界条件得到满足的唯一可能就是能量 E 取分立值，并且在数值上为

$$E_n=\frac{n^2\pi^2\hbar^2}{2mL^2} \tag{2.51}$$

将能量的本征值代入方程(2.48)并且归一化，可以得到相应的本征波函数为

$$\psi(x)=\begin{cases}\sqrt{\frac{2}{L}}\sin\left(\frac{n\pi}{L}x\right), & 0\leqslant x\leqslant L\\ 0, & x<或\ x>L\end{cases} \tag{2.52}$$

图 2.2 展示了一维无穷深势阱的本征能级、相应的波函数，以及电子的空间概率分布（等于波函数的模方）。可以看到，量子力学中的势阱（简称量子阱）和经典势阱存在显著的不同之处：

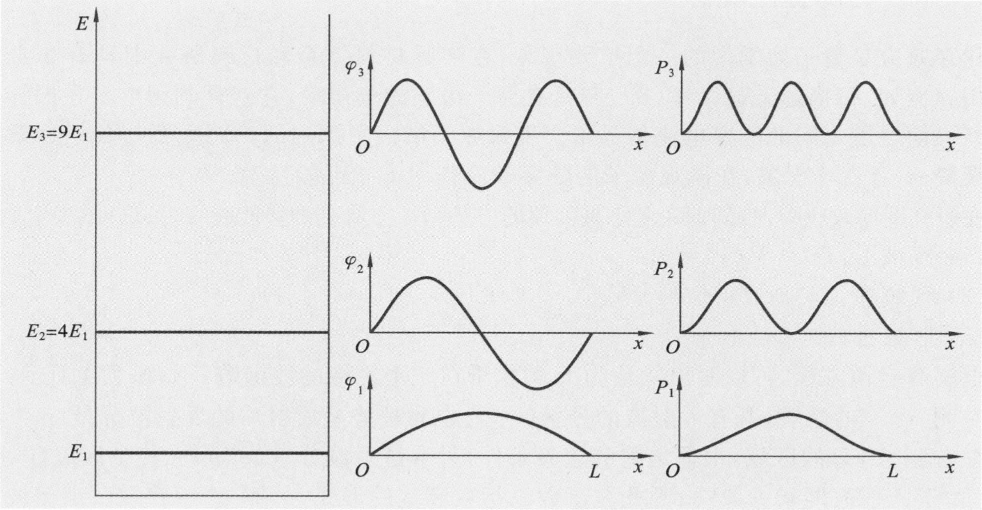

图 2.2　一维无穷深势阱

(1) 在经典势阱中，能级是连续分布的，而在量子阱中，能级是分立的。

(2) 在经典势阱中，体系总能的最小值可以为零，而在量子阱中，体系总能的最小值等于 E_1（零点能），并且零点能随着量子阱尺寸的减小而增大。

(3) 在经典势阱中，粒子在势阱中的概率分布是均匀的，而在量子阱中，概率分布随空间大小的变化而变化。电子处在基态时，势阱中心区域电子出现的概率最大。

在实际材料体系中，通常形成的是有限深势阱。其束缚态的求解过程与无穷深势阱类似，但是束缚能级的确切位置需要通过数值求解方法得到，详细的求解过程可以参考量子力学的相关书籍。在实验中，这样的势阱通常是通过构建具有不同禁带宽度的半导体材料异质结来得到的，其中最常见利用的是 GaAs 和 AlGaAs 这两种材料。如图 2.3 所示，其中 GaAs 的禁带宽度为 1.46 eV 左右，而掺杂 Al 元素的 AlGaAs 的禁带宽度为 2.0 eV 以上。考察导带的变化，相当于在 GaAs 层中引入了一个深度为 0.5 eV 左右的有限深势阱，电子容易被束缚在此势阱内，形成二维电子气。这种现象对于半导体物理和器件制作具有重要

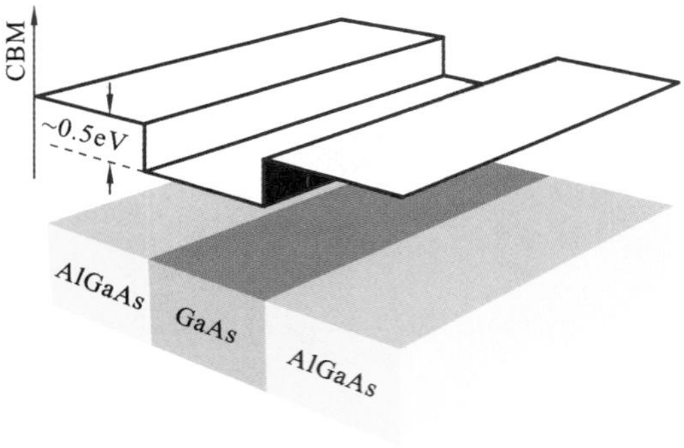

图 2.3　由 AlGaAs-GaAs-AlGaAs 异质结形成的有限深量子阱的示意图

注:CBM (conduct band minimum)代表导带底。

意义,因为它有助于调控电子在材料中的运动和分布。

2.1.6　方势垒的隧穿

隧穿效应是量子力学中的一个重要现象,在实际材料体系和材料研究中具有非常广泛的应用。例如,扫描隧道显微镜(STM)具有原子级别的分辨率,它就是利用电子在探针头和所观察表面原子之间的隧穿电流信号来实现对原子结构的探测的。而原子与分子物理领域的核聚变、α 衰变等现象,在微观粒子的隧穿效应作用下才可能发生。

在研究隧穿效应时,我们首先考虑最简单的方势垒。方势垒的势能曲线可以分段表示如下:

(1) 区域Ⅰ:$x<0, V(x)=0$。

(2) 区域Ⅱ:$0<x<L, V(x)=V_0$。

(3) 区域Ⅲ:$x>L, V(x)=0$。

根据薛定谔方程,可以写出能量为 E 的粒子在三个区域的波函数。如图 2.4 所示:在势垒的左侧 $x<0$ 的区域,既有入射波的分量(e^{ikx}),也有被势垒反射后的反射波分量(e^{-ikx});而在势垒右侧 $x>L$ 的区域,根据透射的边界条件,只有透射波分量(e^{ikx});在势垒区域($0<x<L$)内,由于入射波能量 $E<V_0$,因此波函数以指数衰减的形式($e^{\kappa x}$ 和 $e^{-\kappa x}$)存在。由于波函数的叠加性,入射波的波幅取为 1 并不影响反射系数和透射系数的计算。

首先通过分区写出薛定谔方程在各个区域的解,并可以利用边界条件将波函数连接起来,然后通过解方程并应用边界条件计算出反射系数和透射系数。

由上述分析可得

$$\psi_{\text{I}}(x)=e^{ikx}+Be^{-ikx} \tag{2.53}$$

$$\psi_{\text{II}}(x)=C_1e^{\kappa x}+C_2e^{-\kappa x} \tag{2.54}$$

$$\psi_{\text{III}}(x)=De^{ikx} \tag{2.55}$$

式中:$k=2\sqrt{mE}/\hbar$;$\kappa=\sqrt{2m(V-E)}/\hbar$;$B$、$C_1$、$C_2$、$D$ 四个变量由在 $x=0$ 和 $x=L$ 处的波函数和波函数一阶导数连续的边界条件确定,即

$$1+B=C_1+C_2 \tag{2.56}$$

$$ik(1-B)=\kappa(C_1-C_2) \tag{2.57}$$

$$C_1e^{\kappa L}+C_2e^{-\kappa L}=De^{ikL} \tag{2.58}$$

$$C_1\kappa e^{\kappa L}-C_2\kappa e^{-\kappa L}=ikDe^{ikL} \tag{2.59}$$

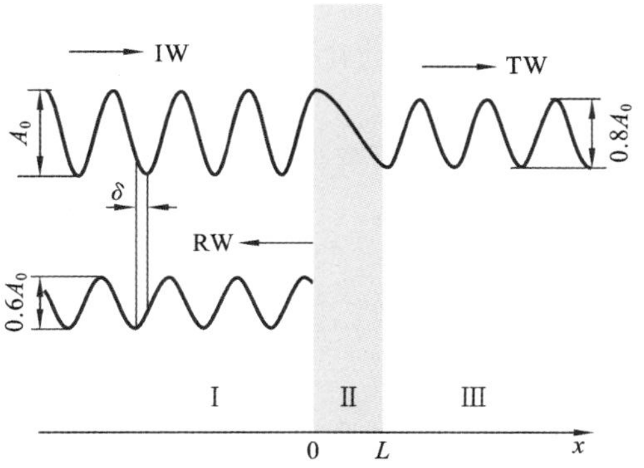

图 2.4　一维方势垒的透射示意图

注：IW、TW 和 RW 分别指代入射波、透射波和反射波；箭头代表波的行进方向；δ 表示因势垒反射而引起的相差；II 区内的实线表示方势垒内的衰减波函数。

根据式(2.58)和式(2.59)，可以将 C_1 和 C_2 表示为 D 的函数，即

$$C_1=\frac{1}{2}D\left(1+\frac{\mathrm{i}k}{\kappa}\right)\mathrm{e}^{\mathrm{i}kL-\kappa L} \tag{2.60}$$

$$C_2=\frac{1}{2}D\left(1-\frac{\mathrm{i}k}{\kappa}\right)\mathrm{e}^{\mathrm{i}kL+\kappa L} \tag{2.61}$$

将 C_1 和 C_2 代入式(2.56)和式(2.57)，解得

$$D=\mathrm{e}^{-\mathrm{i}kL}\left[\frac{\mathrm{i}\kappa}{2k}[1-(k/\kappa)^2]\sinh(\kappa L)+\cosh(\kappa L)\right]^{-1} \tag{2.62}$$

$$B=-\mathrm{i}\mathrm{e}^{\mathrm{i}kL}\frac{D}{2}\left(\frac{k}{\kappa}+\frac{\kappa}{k}\right)\sinh(\kappa L) \tag{2.63}$$

粒子流的透射概率是透射波幅的二次方，由此可以得到透射系数为

$$\begin{aligned}T=|D|^2&=\frac{4k^2\kappa^2}{(k^2+\kappa^2)^2\sinh^2(\kappa L)+4k^2\kappa^2}\\&=\left[1+\frac{1}{4}\frac{V^2}{E(V-E)}\sinh^2(\kappa L)\right]^{-1}\end{aligned} \tag{2.64}$$

同样，粒子流的反射概率是反射波幅的二次方，由此可以得到反射系数为

$$\begin{aligned}R=|B|^2&=\frac{1}{4}\left(\frac{k}{\kappa}+\frac{\kappa}{k}\right)^2\sinh^2(\kappa L)|D|^2\\&=\frac{\frac{1}{4}\frac{V^2}{E(V-E)}\sinh^2(\kappa L)}{1+\frac{1}{4}\frac{V^2}{E(V-E)}\sinh^2(\kappa L)}\end{aligned} \tag{2.65}$$

容易验证，$T+R=|D|^2+|B|^2=1$。对于 $E>V_0$ 的情况，只需将势垒区域内的指数衰减波函数改写为正弦形式的振荡波函数，也就是做 $\kappa\rightarrow\mathrm{i}k$ 的代换。如果对投射系数 T 进行无量纲化处理，令 $x'=\dfrac{E}{V}$，$L'=\dfrac{L}{\hbar/\sqrt{2mV}}$，则

$$T=\left[1+\frac{1}{4x'(1-x')}\sinh^2(\sqrt{1-x'}L')\right]^{-1} \tag{2.66}$$

图 2.5 显示了透射系数随着入射粒子有效能量与势垒高度的比值 x，以及势垒有效宽

度 L' 的变化而变化的情况。在给定势垒宽度的情况下，透射系数随着入射粒子有效能量的增加而单调递增并趋于 1。对于给定能量的粒子，则透射系数有呈指数规律衰减的趋势。

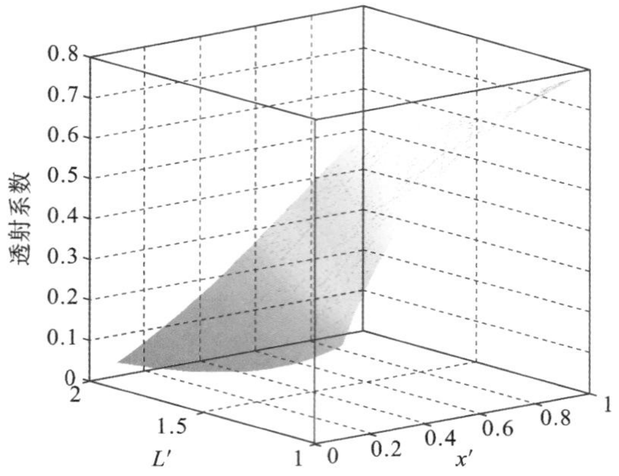

图 2.5　透射系数与入射粒子的有效能量和势垒有效宽度的变化关系

还可以看到，量子力学中微观粒子越过势垒的物理图像与经典物理图像截然不同，即使粒子的能量小于势垒的最高点的值，微观粒子仍有一定的概率可以透射，这就是量子力学中的隧穿效应，它是微观粒子波动性的一种表现。同时我们观察透射系数的表达式也可以发现，粒子的质量越大，κ 值也越大，在相同能量下 T 就越小，这说明粒子的质量越小越容易发生透射。

2.1.7　WKB 方法

WKB 方法是由 Wentzel、Kramers 和 Brillouin 共同提出的近似地求解一维薛定谔方程的一种方法，这种方法在计算束缚态的本征能级和一维势垒的透射系数方面简单有效。

WKB 方法近似成立的条件是，微观粒子的德布罗意波长要远小于它所处的势能面变化的特征尺度。在这种情况下，可以假定波函数保持正弦曲线的形状，并且在传播几个波数后，势能面没有显著变化。

WKB 方法的讨论可以分为两个区域进行。第一个是经典区域，即 $E>V(x)$ 的区域，在经典物理学中这个区域内的粒子是允许运动的。在这个区域，波函数可以表示为一个振幅随位置变化的正弦波，振幅的变化与势能的变化密切相关。第二个区域是隧穿区域，即 $E<V(x)$ 的区域。经典物理学不允许粒子在隧穿区域内存在，量子力学却允许粒子的波函数以指数衰减的形式在隧穿区域内存在。通过在这两个区域分别应用 WKB 近似，可以得到一组方程来描述粒子的波函数。将这些方程与边界条件结合起来，就可以近似地求解束缚态能级和透射系数等问题。

WKB 近似的思想来源于自由势场中的平面波解。我们知道，在一个没有势场作用的体系中，自由电子的波函数可以表示为平面波的形式：

$$\psi(x)=A\mathrm{e}^{\pm ikx} \tag{2.67}$$

式中

$$k=\sqrt{\frac{2m(E-V)}{\hbar^2}}$$

如果势能 $V(x)$ 变化缓慢，那么假定波函数的解仍然具有类似于平面波的形式，唯一的不同点在于现在我们允许波矢 $\boldsymbol{k}$ 随空间坐标变化，也就是

$$\psi(x)=Ae^{i\varphi(x)}=Ae^{ik(x)x} \tag{2.68}$$

式中

$$k(x)=\sqrt{\frac{2m[E-V(x)]}{\hbar^2}} \tag{2.69}$$

将波函数代入薛定谔方程，可以得到 $\varphi(x)$ 应满足方程

$$\frac{-\hbar^2}{2m}\frac{\partial^2}{\partial x^2}\psi(x)+V(x)\psi(x)=E(x) \tag{2.70}$$

得

$$i\frac{\partial^2\varphi}{\partial x^2}-\left(\frac{\partial\varphi}{\partial x}\right)^2+(k(x))^2=0 \tag{2.71}$$

由于势能函数 $V(x)$ 变化缓慢，因此 $k(x)$ 和 $\varphi(x)$ 也随空间坐标缓慢变化，可以忽略 $\varphi(x)$ 的二阶导数，即

$$\frac{\partial^2\varphi}{\partial x^2}=0$$

故有

$$\left(\frac{\partial\varphi}{\partial x}\right)^2=(k(x))^2 \tag{2.72}$$

因此得到 WKB 方法的零级近似解为

$$\varphi(x)=\pm\int k(x)\mathrm{d}x+C_0 \tag{2.73}$$

$$\psi(x)=\exp\left[i\left(\pm\int k(x)\mathrm{d}x+C_0\right)\right] \tag{2.74}$$

根据 WKB 近似可通过下式求解透射系数：

$$|T(E)|^2=\exp\left\{-\frac{2}{\hbar}\int_{x_1}^{x_2}\sqrt{2m(V(x)-E)}\mathrm{d}x\right\} \tag{2.75}$$

假设有如下势垒函数 $V(x)$（见图 2.6(a)）：

$$V(x)=\begin{cases}x-0.5, & 0.5<x<1.0\\ 0.5, & 1.0\leqslant x<1.5\\ 2.0-x, & 1.5\leqslant x<2.0\\ 0, & \text{其他}\end{cases} \tag{2.76}$$

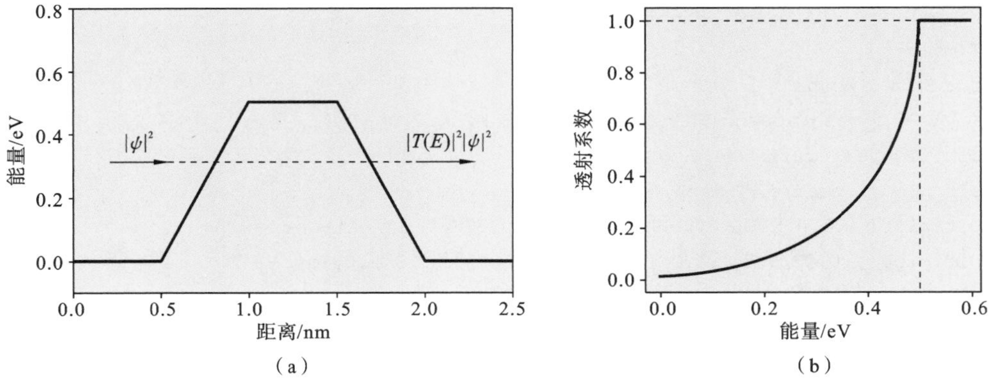

图 2.6　用 WKB 方法求透射系数随能量的变化

(a) 势垒函数 $V(x)$；(b) 透射系数 $T(E)$ 随能量 E 的变化

使用 Python 代码 2.1,求解不同能量下电子的透射系数,可以画出透射系数随能量变化的曲线,如图 2.6(b)所示。

代码 2.1　WKB 方法求解透射系数程序 WKB.py

```python
import numpy as np
from scipy import integrate
from matplotlib import pyplot as plt

e=1.602e-19
m0=9.11e-31
h_=6.626e-34/(2*np.pi)

# 定义势垒函数 V
def V(x):
        if (0.5e-9<x<=1.0e-9):
                return (x*1e9-0.5)*e
        elif (1.0e-9<x<=1.5e-9):
                return 0.5*e
        elif (1.5e-9<x<2.0e-9):
                return (-x*1e9+2.0)*e
        else:
                return 0

def func_I(x, E=0):
        tmp=max((V(x)-E)/e,.0)
        return np.sqrt(2*tmp)

def WKB_trans(func_I, E, x1, x2):
        I=integrate.quad(func_I, x1, x2, args=(E),
                limit=10000, epsabs=0)
        return np.sqrt(np.exp((-2*np.sqrt(m0*e)/h_)*I[0]))

E_mesh=np.linspace(0, 0.6*e, 121)
T_mesh=[]
for E in E_mesh:
        T_mesh.append(WKB_trans(func_I, E, 0, 2.5e-9))
plt.figure(figsize=(4.5,4))
plt.plot(E_mesh/e, T_mesh, c='r')
plt.plot([0.5,0.5],[-0.05,1.00], c='#000000', linestyle='--')
plt.plot([-0.03,0.5],[1.0,1.0], c='#000000', linestyle='--')
plt.xlabel('能量/eV')
plt.ylabel('透射系数')
plt.xlim(-0.03,0.62)
plt.ylim(-0.05,1.05)
plt.show()
```

可以看到：在 $E>1$ eV 的经典区域中，透射系数为 1；而在 $E<1$ eV 的隧穿区域中，随着 E 的降低，透射系数不断减小。

2.1.8 传递矩阵方法

前文介绍了求解方势垒(势阱)的薛定谔方程以及如何使用 WKB 方法近似求解一维问题。然而，这两种方法均无法处理任意形状的势垒问题，并且在计算方面也不易于实现。对于一维势垒的透射问题，传递矩阵方法无疑是最佳选择。这种方法不仅能够计算任意形状势垒的隧穿问题，而且其编程实现仅仅需要矩阵的连乘，因此算法简洁明了。下面将对传递矩阵方法进行简要介绍。如图 2.7 所示，任意形状的势垒都可以通过离散化变成一系列的方势垒的叠加，所以首先研究相邻的两个方势垒内波函数的系数之间的关系。

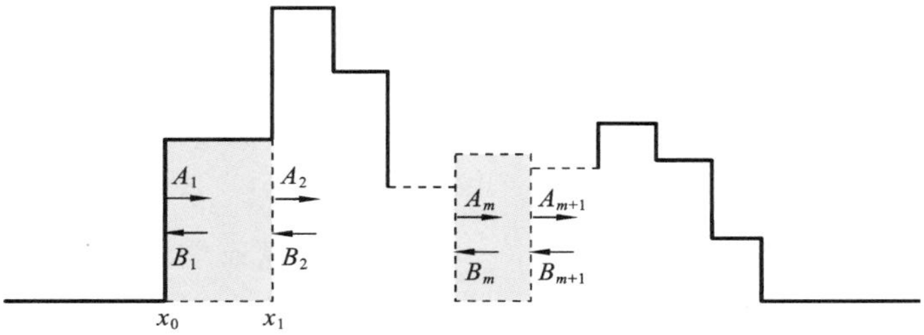

图 2.7　势垒的叠加

可以将相邻的两个区域内的波函数写成平面波的线性叠加的形式：

$$\psi_1(x)=A_1 e^{ik_1(x-x_0)}+B_1 e^{-ik_1(x-x_0)} \tag{2.77}$$

$$\psi_2(x)=A_2 e^{ik_2(x-x_1)}+B_2 e^{-ik_2(x-x_1)} \tag{2.78}$$

我们需要找到有规律的表达式，将系数 A_2、B_2 和 A_1、B_1 联系起来。可以通过匹配边界上的波函数及其一阶导数得到

$$A_1 e^{ik_1(x_1-x_0)}+B_1 e^{-ik_1(x_1-x_0)}=A_2+B_2 \tag{2.79}$$

$$A_1 k_1 e^{ik_1(x_1-x_0)}-B_1 k_1 e^{-ik_1(x_1-x_0)}=k_2(A_2-B_2) \tag{2.80}$$

此条件可用矩阵的形式表示为

$$\begin{bmatrix} A_1 e^{ik_1(x_1-x_0)} \\ B_1 e^{-ik_1(x_1-x_0)} \end{bmatrix}=\begin{bmatrix} \dfrac{1+\Delta_1}{2} & \dfrac{1-\Delta_1}{2} \\ \dfrac{1-\Delta_1}{2} & \dfrac{1+\Delta_1}{2} \end{bmatrix}\begin{bmatrix} A_2 \\ B_2 \end{bmatrix} \tag{2.81}$$

即

$$\begin{bmatrix} A_1 \\ B_1 \end{bmatrix}=\underbrace{\begin{bmatrix} e^{-ik_1 d_1} & 0 \\ 0 & e^{ik_1 d_1} \end{bmatrix}}_{\mathscr{P}_1}\underbrace{\begin{bmatrix} \dfrac{1+\Delta_1}{2} & \dfrac{1-\Delta_1}{2} \\ \dfrac{1-\Delta_1}{2} & \dfrac{1+\Delta_1}{2} \end{bmatrix}}_{\mathscr{D}_1}\begin{bmatrix} A_2 \\ B_2 \end{bmatrix} \tag{2.82}$$

式中 $\Delta_1=\dfrac{k_2}{k_1}$，$d_1=x_1-x_0$。用同样的方法，可以将此关系式推广到用来联系任意两个相邻的方势垒中的波函数：

$$\begin{bmatrix} A_m \\ B_m \end{bmatrix}=\mathscr{P}_m\mathscr{D}_m\begin{bmatrix} A_{m+1} \\ B_{m+1} \end{bmatrix} \tag{2.83}$$

对于一个有 N 个类似区域的势垒,容易得到

$$\begin{bmatrix} A_0 \\ B_0 \end{bmatrix} = \mathscr{D}_0 \mathscr{P}_1 \mathscr{D}_1 \cdots \mathscr{P}_N \mathscr{D}_N \begin{bmatrix} A_{N+1} \\ B_{N+1} \end{bmatrix} = \boldsymbol{T} \begin{bmatrix} A_{N+1} \\ B_{N+1} \end{bmatrix} \tag{2.84}$$

式中的 $\boldsymbol{T}$ 就是需要求解的转移矩阵,它是一个二阶方阵,可以分解为 N 个 $\mathscr{P}$ 和 $\mathscr{D}$ 的连乘。如果已经求得了 $\boldsymbol{T}$,那么透射系数就很容易求得:透射概率的边界条件之一是右边界的反射波系数为零,因此有

$$\begin{bmatrix} A \\ B \end{bmatrix} = \begin{bmatrix} T_{11} & T_{12} \\ T_{21} & T_{22} \end{bmatrix} \begin{bmatrix} F \\ 0 \end{bmatrix} \tag{2.85}$$

因此容易得到透射系数为

$$\eta = \frac{|A|^2 - |B|^2}{|A|^2} = 1 - \frac{|T_{21}|^2}{|T_{11}|^2} \tag{2.86}$$

此方法也同样适用于求解束缚态。对于任意势阱中的束缚态,要求其波函数趋于 $+\infty$ 和 $-\infty$ 时不发散,因此,有

$$\begin{bmatrix} 0 \\ B \end{bmatrix} = \begin{bmatrix} T_{11} & T_{12} \\ T_{21} & T_{22} \end{bmatrix} \begin{bmatrix} A_{N+1} \\ 0 \end{bmatrix} \tag{2.87}$$

方程要有非平凡解,需要满足条件 $T_{11}=0$,这也是束缚态能量所需要满足的方程。

例如,对于下面的双势垒函数 $V(x)$(见图 2.8(a)),求解透射系数 $T(E)$:

$$V(x) = \begin{cases} 0.5, & 0.5 < x < 1.0 \\ 0.5, & 1.5 < x < 2.0 \\ 0, & \text{其他} \end{cases}$$

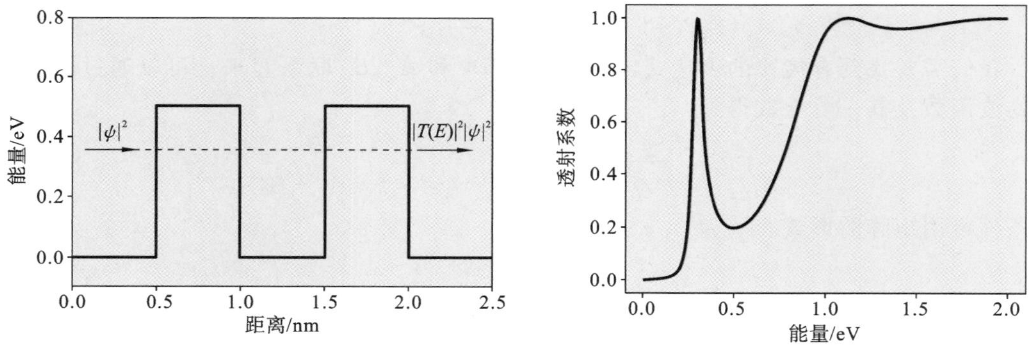

(a)　　　　(b)

图 2.8　用传递矩阵法求解透射系数随能量的变化

(a) 双势垒函数 $V(x)$;(b) 透射系数 $T(E)$随能量 E 的变化

下面使用 Python 编写传递矩阵法求解透射系数的代码,并针对 2.1.7 节中的势垒函数 $V(x)$求解不同能量下透射系数随能量的变化。

代码 2.2　传递矩阵法程序 transferMatrix.py

```
import numpy as np
from matplotlib import pyplot as plt

```

```
#计算第 n、n+1 层之间的边界条件矩阵
def Calculate_Boundary_Condition_Matrix( deltan):
    bcMatrix= (1/2)*np. array([[1+deltan , 1-deltan],
                                  [1-deltan , 1+deltan]])
    return bcMatrix

 #计算第 n 层的传递矩阵
 def Calculate_Propagation_Matrix(kn, dmn):
     propMatrix=np. array([[np. exp(-1j*kn*dmn), 0],
                          [0, np. exp(1j*kn*dmn)]])
     return propMatrix

 def divide(a,b):
         if (b==0):
                 return complex (np. log(float ('inf')**a. real),
                         np. log(float ('inf')**a. imag))
         else :
                 return a/b

 def TransmissionVsEnergyPlot(MF, VM, DM, energy):
     tfrac=np. zeros(len (energy))        #初始化透射系数
     #常量声明
     hbar=1.055*1e-34
     mo=9.1095*1e-31
     q=1.602*1e-19
     s= (2*q*mo*1e-18)/(hbar**2)
     #主循环
     for m in range (len (energy)):
         #初始化第一层的边界条件矩阵
         #计算第 1 层的 k 值
         k1=np. sqrt( complex (s*MF[0]* (energy[m]-VM[0])))
         #计算第 2 层的 k 值
         k2=np. sqrt(complex (s*MF[1]* (energy[m]-VM[1])))
         #计算第 1 层的 delta
         delta1= (k2/k1)* (MF[0]/MF[1])
         trans=Calculate_Boundary_Condition_Matrix(delta1)
         #对剩余各层 :
         for n in range ( len (MF)-2):
             n+=1
             #计算第 n 层的 k
             kn=np. sqrt(complex (s*MF[n]* (energy[m]-VM[n])))
             #计算下一层的 k
             kn1=np. sqrt(complex (s*MF[n+1]* ( energy[m]-VM[n+1])))
             #计算 deltan
```

```
            deltan= (kn1/kn)*(MF[n]/MF[n+1])
            LayerMatrixn=
                np.dot(Calculate_Propagation_Matrix(kn,DM[n]),
                Calculate_Boundary_Condition_Matrix( deltan))
            trans=np.dot(trans , LayerMatrixn)
        #求各能量下的透射系数
        tfrac[m]=1-abs (trans[1 ,0])**2/abs (trans[0 ,0])**2
    #画出透射系数随能量变化的曲线图
    plt.plot(energy , tfrac , c='r')
    plt.xlabel('E(eV)')
    plt.ylabel('T')
    plt.show()

#定义各层参数并求解 :
MF=[1, 1, 1, 1, 1];             #各层中电子的有效质量(单位:mo)
VM=[0, 0.5 , 0, 0.5 , 0];         #各层势垒高度(单位:eV)
DM=[0, 0.5 , 0.5 , 0.5 , 0];        #各层厚度(单位:nm)
energy=np.linspace(0 ,2 ,400)

TransmissionVsEnergyPlot(MF, VM, DM, energy)
```

分析图 2.8(b)中的透射系数变化规律，我们可以看到，在两个势垒之间形成一个势阱，粒子可能在这个势阱内被束缚。当入射粒子的能量与势阱内的某个束缚态能级相匹配时，粒子在势阱内会发生共振。这导致波函数的幅值在势阱内显著增大，从而增加了粒子穿越到另一侧的可能性。透射系数在共振能级附近达到峰值。

共振现象在量子力学中具有重要意义，因为它涉及许多实际应用中的物理现象，如共振隧穿和共振散射。在这些情况下，入射粒子与系统的能级相匹配，从而导致透射或散射概率显著增大。这种共振原理在材料科学、纳米科技和量子器件制造等领域具有广泛的应用。

2.1.9 氢原子

氢原子由原子核和绕核运动的电子构成，因此，氢原子的运动问题实际是一个两体问题。由于原子核与电子的相互作用仅仅依赖于核与电子之间的相对距离 $r=|\boldsymbol{r}_{\mathrm{p}}-\boldsymbol{r}_{\mathrm{e}}|$，因此可以通过坐标变换将总运动方程分解为质心的运动和做相对运动的两个单体的运动。

以两个粒子的单独坐标为变量的定态薛定谔方程为

$$\left(-\frac{\hbar^2}{2m_{\mathrm{p}}}\nabla_{\mathrm{p}}^2-\frac{\hbar^2}{2m_{\mathrm{e}}}\nabla_{\mathrm{e}}^2+V(|\boldsymbol{r}_{\mathrm{e}}-\boldsymbol{r}_{\mathrm{p}}|)\right)\Psi(\boldsymbol{r}_{\mathrm{e}},\boldsymbol{r}_{\mathrm{p}})=E\Psi(\boldsymbol{r}_{\mathrm{e}},\boldsymbol{r}_{\mathrm{p}}) \tag{2.88}$$

将电子坐标 $\boldsymbol{r}_{\mathrm{e}}$ 与核坐标 $\boldsymbol{r}_{\mathrm{p}}$ 变换为质心坐标与相对坐标，即

$$\boldsymbol{R}=\frac{m_{\mathrm{e}}\boldsymbol{r}_{\mathrm{e}}+m_{\mathrm{p}}\boldsymbol{r}_{\mathrm{p}}}{m_{\mathrm{e}}+m_{\mathrm{p}}} \tag{2.89}$$

$$\boldsymbol{r}=\boldsymbol{r}_{\mathrm{e}}-\boldsymbol{r}_{\mathrm{p}} \tag{2.90}$$

可以得到如下关系式：

$$\frac{1}{m_e}\nabla_e^2+\frac{1}{m_p}\nabla_p^2=\frac{1}{M}\nabla_R^2+\frac{1}{\mu}\nabla_r^2 \tag{2.91}$$

式中

$$M=m_e+m_p,\quad \mu=\frac{m_e m_p}{m_e+m_p} \tag{2.92}$$

因此式(2.88)可以改写为

$$\left(-\frac{\hbar}{2M}\nabla_R^2-\frac{\hbar^2}{2\mu}\nabla_r^2+V(r)\right)\Psi(\boldsymbol{R},\boldsymbol{r})=E\Psi(\boldsymbol{R},\boldsymbol{r}) \tag{2.93}$$

和式(2.88)相比，式(2.93)最大的简化是势能 $V(x)$ 仅与相对坐标 $\boldsymbol{r}$ 有关，因此可分离变量。令 $\Psi(\boldsymbol{R},\boldsymbol{r})=\phi(\boldsymbol{R})\psi(\boldsymbol{r})$，从而得到质心运动和两个单体的相对运动所遵循的方程分别为

$$-\frac{\hbar^2}{2M}\nabla_R^2\phi(\boldsymbol{R})=E_R\phi(\boldsymbol{R}) \tag{2.94}$$

$$\left(-\frac{\hbar^2}{2\mu}\nabla_r^2+V(r)\right)\psi(\boldsymbol{r})=E_r\psi(\boldsymbol{r}) \tag{2.95}$$

质心运动是氢原子整体的运动，而与其内部结构无关。我们需要关注的电子结构的信息包含在关于 $\psi(\boldsymbol{r})$ 的方程(2.95)中。此方程和假设氢原子核静止不动的单电子薛定谔方程在形式上并无任何不同，唯一的区别是方程中电子的质量由实际的 m_e 变成了简化后的有效质量 μ。下面着重关注如何求解电子相对核运动的薛定谔方程，并且暂时忽略 μ 和 m_e 之间的细微差别：

$$-\frac{\hbar}{2m_e}\nabla^2\psi(\boldsymbol{r})+V(r)\psi(\boldsymbol{r})=E\psi(\boldsymbol{r}) \tag{2.96}$$

式中：$V(r)=-\dfrac{e^2}{4\pi\varepsilon_0|\boldsymbol{r}|}$，相应的势场为中心对称的势场。和求解角动量本征波函数类似，假设氢原子的波函数可以写作径向波函数 $R(r)$ 和角向波函数 $\mathrm{Y}(\theta,\phi)$ 的乘积形式：

$$\Psi(\boldsymbol{r})=R(r)\mathrm{Y}(\theta,\phi) \tag{2.97}$$

拉普拉斯算符在球坐标下的表达式为

$$\nabla^2=\frac{1}{r^2}\frac{\partial}{\partial r}\left(r^2\frac{\partial}{\partial r}\right)+\frac{1}{r^2\sin\theta}\frac{\partial}{\partial\theta}\left(\sin\theta\frac{\partial}{\partial\theta}\right)+\frac{1}{r^2\sin^2\theta}\left(\frac{\partial^2}{\partial\phi^2}\right) \tag{2.98}$$

将拉普拉斯算符 ∇^2 的球坐标表达式和分离变量形式的波函数代入薛定谔方程，可以得到

$$-\frac{\hbar^2}{2m_e}\left[\frac{\mathrm{Y}(\theta,\phi)}{r^2}\frac{\mathrm{d}}{\mathrm{d}r}\left(r^2\frac{\mathrm{d}R(r)}{\mathrm{d}r}\right)+\frac{R(r)}{r^2\sin\theta}\frac{\partial}{\partial\theta}\left(\sin\theta\frac{\partial\mathrm{Y}(\theta,\phi)}{\partial\theta}\right)+\frac{R(r)}{r^2\sin^2\theta}\frac{\partial^2\mathrm{Y}(\theta,\phi)}{\partial\phi^2}\right]$$
$$+R(r)V(r)\mathrm{Y}(\theta,\phi)=ER(r)\mathrm{Y}(\theta,\phi) \tag{2.99}$$

方程(2.99)两端同时除以 $\mathrm{Y}(\theta,\phi)R(r)$，并且乘以 $-2m_e\left(\dfrac{r}{\hbar}\right)^2$，得

$$\left[\frac{1}{R(r)}\frac{\mathrm{d}}{\mathrm{d}r}\left(r^2\frac{\mathrm{d}R(r)}{\mathrm{d}r}\right)-\frac{2m_e r^2}{\hbar^2}(V(r)-E)\right]$$
$$+\frac{1}{\mathrm{Y}(\theta,\phi)}\left[\frac{1}{\sin\theta}\frac{\partial}{\partial\theta}\left(\sin\theta\frac{\partial\mathrm{Y}(\theta,\phi)}{\partial\theta}\right)+\frac{1}{\sin^2\theta}\frac{\partial^2\mathrm{Y}(\theta,\phi)}{\partial\phi^2}\right]=0 \tag{2.100}$$

可以看到，方程左边的第一项仅取决于 r，而第二项仅取决于 θ、ϕ，因此如果这两项之和等于零，则这两项应为正负相反而绝对值相同的两个常数。将其中正的常数暂且记为 $l(l+1)$，则

可将式(2.100)分离为径向方程与球谐函数方程,即

$$\frac{\mathrm{d}}{\mathrm{d}r}\left(r^2\frac{\mathrm{d}R(r)}{\mathrm{d}r}\right)-\frac{2m_e r^2}{\hbar^2}(V(r)-E)R(r)-l(l+1)R(r)=0 \tag{2.101}$$

$$\frac{1}{\sin\theta}\frac{\partial}{\partial\theta}\left(\sin\theta\frac{\partial \mathrm{Y}}{\partial\theta}\right)+\frac{1}{\sin^2\theta}\frac{\partial^2 \mathrm{Y}}{\partial\phi^2}+l(l+1)\mathrm{Y}=0 \tag{2.102}$$

球函数方程的一般解为球谐函数,通常记作 Y_l^m。对此将在附录中做详细讨论。其低阶的几个解分别为

$$\mathrm{Y}_1^0=\frac{1}{\sqrt{4\pi}} \tag{2.103}$$

$$\mathrm{Y}_1^1=-\sqrt{\frac{3}{8\pi}}\sin\theta\cdot \mathrm{e}^{\mathrm{i}\phi}=-\sqrt{\frac{3}{8\pi}}\frac{(x+\mathrm{i}y)}{r} \tag{2.104}$$

$$\mathrm{Y}_1^0=\sqrt{\frac{3}{4\pi}}\cos\theta=\sqrt{\frac{3}{4\pi}}\frac{z}{r} \tag{2.105}$$

$$\mathrm{Y}_1^{-1}=\sqrt{\frac{3}{8\pi}}\sin\theta\cdot \mathrm{e}^{-\mathrm{i}\phi}=\sqrt{\frac{3}{8\pi}}\frac{(x-\mathrm{i}y)}{r} \tag{2.106}$$

$$\mathrm{Y}_2^0=\sqrt{\frac{5}{16\pi}}(3\cos^2\theta-1) \tag{2.107}$$

我们可以用 Python 代码 SphericalHarmonics. py 实现球谐函数的可视化。球谐函数的形状如图 2.9 所示。

代码 2.3 球谐函数程序 SphericalHarmonics. py

```
import numpy as np
from scipy. special import sph_harm
import matplotlib. pyplot as plt
from matplotlib import cm
from mpl_toolkits. mplot3d import Axes3D
%matplotlib inline
#use '%matplotlib qt' to enable interactive plot on local machine

l=int (input ("Enter l value: Note that l should >=0\n"))
m=int (input ("Enter m value: Note that m should in [-l, l]\n"))

def genGrid( gridSize):
    '''
    set angles ( theta and phi).
    Note: in Scipy , theta and phi are azimuthal angle and polar
          angle , respectively.
    '''
    theta=np. linspace(0, 2*np.pi, gridSize)
    phi=np. linspace(0, np.pi, gridSize)
    theta_2d , phi_2d=np. meshgrid(theta , phi)
    return theta_2d , phi_2d


```

```
def realSphericalHarmonics(l,m):
    theta_2d , phi_2d=genGrid(181)
    Ylm=sph_harm(abs (m), l, theta_2d , phi_2d)
    xyz=np. array([ np. sin( phi_2d) *  np. sin(theta_2d),
                   np. sin(phi_2d)*np. cos( theta_2d),
                   np. cos(phi_2d)])

    #Linear combination of Y_{l,m} and Y_{l,-m} to create the
      real form. Ylm is defined a the sphere of unit radius
    if m<0:
        Ylm=np. sqrt(2)* (-1)**m*Ylm. imag
    elif m>0:
        Ylm=np. sqrt(2)* (-1)**m*Ylm. real
    return xyz, Ylm

def visualizeSphericalHarmonics(xyz, Ylm):
    '''visualize spherical harmonics'''
    r=np. abs (Ylm)*xyz
    colormap=cm. ScalarMappable(cmap=plt. get_cmap('PRGn'))
    colormap. set_clim(-0.5 , 0.5)
    ax_lim=0.5
    fig=plt. figure(figsize= (8 ,8))
    ax=fig. add_subplot(111 , projection='3d')
    ax. get_proj=lambda : np. dot( Axes3D. get_proj(ax), \
                  np. diag([0.75 , 0.75 , 1, 1]))
    ax. plot_surface(r[0], r[1], r[2],
                      facecolors=colormap. to_rgba( Ylm. real),
                      stride=2, cstride=2)
    ax. plot([-ax_lim , ax_lim], [0 ,0], [0 ,0], c='0.5 ',\
                lw=1, zorder=10)
    ax. plot([0 ,0], [-ax_lim , ax_lim], [0 ,0], c='0.5 ',\
                lw=1, zorder=10)
    ax. plot([0 ,0], [0 ,0], [-ax_lim , ax_lim], c='0.5 ',\
                lw=1, zorder=10)
    ax. set_xlim(-ax_lim , ax_lim)
    ax. set_ylim(-ax_lim , ax_lim)
    ax. set_zlim(-ax_lim , ax_lim)
    ax. axis('off')
    plt. show()

xyz, Ylm=realSphericalHarmonics(l,m)
visualizeSphericalHarmonics(xyz, Ylm)
```

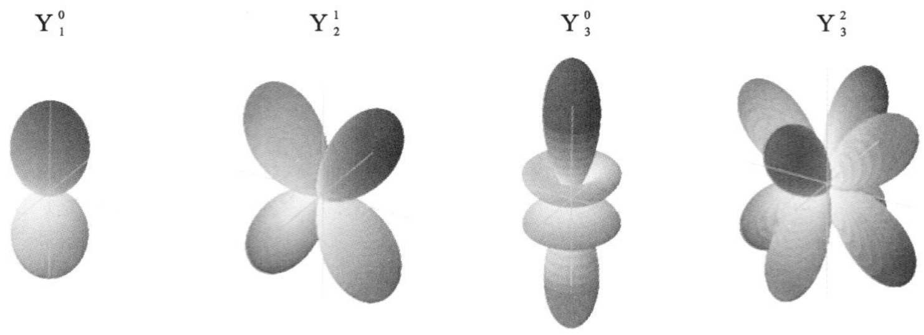

图 2.9　不同(l,m)的球谐函数形状

对于径向方程，首先做一次变量代换，以揭示其物理意义：

$$R(r)=\frac{\chi(r)}{r} \tag{2.108}$$

$$\frac{\mathrm{d}}{\mathrm{d}r}\left[r^2\,\frac{\mathrm{d}R(r)}{\mathrm{d}r}\right]=r\,\frac{\mathrm{d}^2\chi}{\mathrm{d}r^2} \tag{2.109}$$

函数 $\chi(r)$所满足的方程为

$$-\frac{\hbar^2}{2m_\mathrm{e}}\frac{\mathrm{d}^2\chi(r)}{\mathrm{d}r^2}+\underbrace{\left[\frac{l(l+1)\hbar^2}{2m_\mathrm{e}r^2}-\frac{e^2}{4\pi\varepsilon_0 r}\right]}_{V_{\mathrm{eff}}(r)}\chi(r)=E\chi(r) \tag{2.110}$$

可见，$\chi(r)$所描述的准粒子在一个由库仑场和离心势共同作用的有效势场中运动。角动量不等于零的波函数，随着 r 的减小，离心势不断增大，这也是为什么只有 s 电子可以进到原子核附近的原因。由于径向波函数 $R(r)$全空间有限，因此必须在如下的边界条件下求解束缚态 $\chi(r)$：

当 $r=0$ 时，$\chi(r)=0$，否则 $R(r)$在原点处发散；

当 $r\to\infty$时，$\chi(r)\to 0$，否则 $R(r)$在全空间积分发散。

问题最终归结于如何求解 $\chi(r)$在一维势场中的本征态。在严格求解前，先估算一下最后的能级会是什么样的量级。这个可以根据有效势的特点得到：

$$V_{\mathrm{eff}}(r)=\frac{l(l+1)\hbar^2}{2m_\mathrm{e}r^2}-\frac{e^2}{4\pi\varepsilon_0 r} \tag{2.111}$$

$$=\frac{l(l+1)a_0^2}{r^2}E_R-\frac{2a_0}{r}E_R \tag{2.112}$$

式中

$$a_0=\frac{\hbar^2}{m_\mathrm{e}}\left[\frac{4\pi\varepsilon_0}{e^2}\right] \tag{2.113}$$

$$E_R=\frac{e^2}{8\pi\varepsilon_0 a_0} \tag{2.114}$$

通过极值条件 $\mathrm{d}V_{\mathrm{eff}}/\mathrm{d}r=0$ 容易得到，当 $r=l(l+1)a_0$ 时，$V_{\mathrm{eff}}(r)$取得极小值：

$$V_{\mathrm{eff}}^{\min}=-\frac{E_R}{l(l+1)} \tag{2.115}$$

求解方程(2.110)时，首先进行变量代换，将其简化为无量纲的方程。令

$$\rho=r/a_0 \tag{2.116}$$

$$E=-\gamma^2 E_R \tag{2.117}$$

经过变量代换后，方程(2.110)化为

$$-\frac{d^2\chi(\rho)}{d\rho^2}+\left[\frac{l(l+1)}{\rho^2}-\frac{2}{\rho}\right]\chi(\rho)=-\gamma^2\chi(\rho) \tag{2.118}$$

首先考察 $\rho\to 0$ 和 $\rho\to\infty$ 时 $\chi(\rho)$ 的渐进解。显然，在 $\rho\to\infty$ 时，方程的通解为

$$\chi(\rho)=Ae^{-\gamma\rho}+Be^{\gamma\rho} \tag{2.119}$$

根据边界条件 $\rho\to\infty$ 时 $\chi(\rho)\to 0$，舍弃指数发散项 $Be^{\gamma\rho}$。而在 $\rho\to 0$ 时，$V_{eff}(r)$ 中 $\frac{l(l+1)}{\rho^2}$ 项占主导地位，方程的通解为

$$-\frac{d^2\chi(\rho)}{d\rho^2}+\frac{l(l+1)}{\rho^2}\chi(\rho)=-\gamma^2\chi(\rho) \tag{2.120}$$

$$\chi(\rho)=C\rho^{-l}+D\rho^{l+1} \tag{2.121}$$

类似地，根据边界条件 $\rho\to 0$ 时 $\chi(\rho)\to 0$，舍弃级数发散项 $C\rho^{-l}$。

综上可得

$$\chi(\rho\to\infty)\propto e^{-\gamma\rho} \tag{2.122}$$

$$\chi(\rho\to 0)\propto\rho^{-l} \tag{2.123}$$

得到 $\chi(\rho)$ 的渐进形式解后，假设最后解可以表示为以下形式：

$$\chi(\rho)=f(\rho)\rho^{l+1}e^{-\gamma\rho} \tag{2.124}$$

式中：$f(\rho)$ 为待求的多项式。这样函数形式的波函数保证了薛定谔方程的解满足在 $\rho\to 0$ 和 $\rho\to\infty$ 时的边界条件。将式(2.124)代入方程(2.118)，可以得到 $f(\rho)$ 所需满足的方程，即

$$\rho\frac{d^2 f(\rho)}{d\rho^2}+2\left[(l+1)-\gamma\rho\right]\frac{df(\rho)}{d\rho}+2\left[1-\gamma(l+1)\right]f(\rho)=0 \tag{2.125}$$

如果将方程(2.125)再进行一次变量代换($2\gamma\rho=\xi$)，则可以将其转化为特殊函数中的合流超几何方程，即

$$\xi\frac{d^2 f(\xi)}{d\xi^2}+\left[2(l+1)-\xi\right]\frac{df(\xi)}{d\xi}-\left[(l+1)-\frac{1}{\gamma}\right]f(\xi)=0 \tag{2.126}$$

$$\xi\frac{d^2 f(\xi)}{d\xi^2}+(z-\xi)\frac{df(\xi)}{d\xi}-\alpha f(\xi)=0 \tag{2.127}$$

式中

$$z=2(l+1) \tag{2.128}$$

$$\alpha=l+1-\frac{1}{\gamma} \tag{2.129}$$

标准的合流超几何方程(2.127)有两个线性独立解，即

$$f_1(\xi)=F(\alpha,z,\xi) \tag{2.130}$$

$$f_2(\xi)=\xi^{1-z}F(\alpha-z+1,2-z,\xi) \tag{2.131}$$

在 $\xi\sim 0$ 的区域内，f_2 的解趋于发散，这是物理上所不能接受的，因此只保留 $f_1(\xi)$ 的线性独立解。然而，如果 $f_1(\xi)$ 为无穷级数，$F(\alpha,z,\xi\to\infty)\propto e^{\xi}$，这样的解同样不满足束缚态在无穷远处的边界条件。所以唯一的可能性就是 $F(\alpha,z,\xi)$ 截断为多项式。根据级数解，此条件等价于 α 为负整数，即

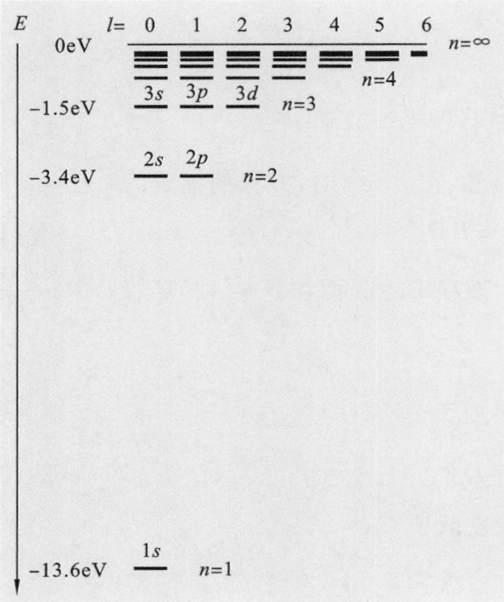

图 2.10 氢原子的能级示意图

$$\alpha=l+1-\frac{1}{\gamma}=-n_r \tag{2.132}$$

由此可以得到氢原子的本征能级为

$$E=-\gamma^2 E_R=-\frac{E_R}{(n_r+l+1)^2} \tag{2.133}$$

令主量子数 $n=n_r+l+1$,氢原子的能级公式可以简写为

$$E=-\frac{E_R}{n^2} \tag{2.134}$$

图 2.10 给出了式(2.134)所描述的氢原子能级。可见,在氢原子中,能级仅和主量子数 n 有关,能级的简并度为 n^2。而一般的其他中心力场中的简并能级(简并度为 $2l+1$)并不具备如此高的简并度。从径向方程的求解过程中可以看出,这和势场的 $V\propto 1/r$ 的形式密切相关,因此也称为偶然简并。

综上所述,氢原子轨道的具体解可以写为

$$R_{nl}(r)=\frac{F_{nl}(r)\mathrm{e}^{-Zr/n}}{r} \tag{2.135}$$

式中:$F_{nl}(r)$为合流超几何函数。$R_{nl}(r)$几个低阶的解分别为

$$R_{10}(r)=2\left(\frac{Z}{a_0}\right)^{3/2}\mathrm{e}^{-Zr/a_0} \tag{2.136}$$

$$R_{21}(r)=\frac{1}{\sqrt{3}}\left(\frac{Z}{2a_0}\right)^{3/2}\left(\frac{Zr}{a_0}\right)\mathrm{e}^{-Zr/2a_0} \tag{2.137}$$

$$R_{20}(r)=2\left(\frac{Z}{2a_0}\right)^{3/2}\left(1-\frac{Zr}{2a_0}\right)\mathrm{e}^{-Zr/2a_0} \tag{2.138}$$

2.1.10 变分法

在量子力学计算中,除了一维势阱、氢原子等少数体系可以求得基态的解析解外,绝大部分的实际体系都无法直接用解析的方法得到基态能量或者基态波函数。对于这类复杂的实际问题的求解,变分法是一个极为有效的工具。

严格地说,变分法并不能保证我们得到的是基态的能量。其作用是提供一个对体系基态能量上限的估计值,也就是说,体系真正的基态能量一定小于或等于用变分法得到的值。在通常情况下,如果我们对体系波函数的物理性质有一定的了解,从而能够选取比较合适的试探波函数,则通常用变分法得出的基态最低能量与实际基态能量会比较接近。

变分法的基石是变分原理。变分原理告诉我们,哈密顿量在任意波函数下的期望值都一定大于或等于基态能量。假设我们将体系任意的一个归一化波函数用哈密顿量的本征态作为完备基进行展开,即

$$\psi=\sum_k a_k\phi_k \tag{2.139}$$

则容易得到哈密顿量在此波函数下的期望值的表达式:

$$\langle\psi \mid \hat{H} \mid \psi\rangle = \sum_{kk'} a_k^* a_{k'} \langle\phi_k \mid \hat{H} \mid \phi_{k'}\rangle = \sum_{kk'} a_k^* a_{k'} E_{k'} \delta_{kk'} = \sum_k a_k^* a_k E_k$$
$$= \sum_k \mid a_k \mid^2 E_k \geqslant E_0 \sum_k \mid a_k \mid^2 = E_0 \tag{2.140}$$

在实际计算中,我们通常选择一种具有特定形式的参数化波函数,并通过调整参数,使这个波函数尽可能地接近体系的基态。这是一种优化问题的实现方式,其目标是找到一组参数,使得对应的波函数最接近真实的基态波函数。换言之,我们通过参数化波函数并寻找最优参数,可以得到一个非常接近于体系基态的波函数,从而获得体系的基态能量的良好估计。

下面用两个具体的例子来介绍变分法的运用。

1. 用变分法求氢原子的基态解

在原子坐标下,氢原子的薛定谔方程可以写为

$$\left\{-\frac{1}{2}\nabla^2 - \frac{1}{r}\right\}\psi(r) = E\psi(r) \tag{2.141}$$

由 2.1.9 节可知,方程的解为 Slater 形式的轨道,而基态能量 $E_0 = -0.5$,则该方程的基态解为

$$\psi_0(r) = \frac{1}{\sqrt{\pi}} e^{-r} \tag{2.142}$$

假设氢原子的基态无法解析求解,或者我们不知道如何求解,仍然可以用变分法,对氢原子的问题进行近似求解。设氢原子的试探基态波函数随着电子至原子核的距离的二次方衰减:

$$\psi(r) = N e^{-\alpha r^2} \tag{2.143}$$

根据波函数归一化的条件,容易得到前面的归一化系数 N,即由

$$N^2 \int_0^\infty e^{-2\alpha r^2} 4\pi r^2 dr = 1 \tag{2.144}$$

可得

$$N = \left(\frac{2\alpha}{\pi}\right)^{3/4} \tag{2.145}$$

因此归一化的试探波函数可以写为

$$\psi(r) = \left(\frac{2\alpha}{\pi}\right)^{3/4} e^{-\alpha r^2} \tag{2.146}$$

容易求得哈密顿量对于此试探波函数的期望值:

$$\langle\psi \mid \hat{H} \mid \psi\rangle = \int r^2 dr \sin\theta d\theta d\varphi \psi^*(r) \left(-\frac{1}{2}\nabla^2 - \frac{1}{r}\right)\psi(r)$$
$$= \int_0^\infty 4\pi r^2 dr \psi^*(r) \left(-\frac{1}{2}\nabla_r^2 - \frac{1}{r}\right)\psi(r)$$
$$= \left(\frac{2\alpha}{\pi}\right)^{3/2} \int_0^\infty 4\pi r^2 dr e^{-\alpha r^2} \left[-\frac{1}{2r^2}\frac{d}{dr}\left(r^2 \frac{d}{dr}\right) - \frac{1}{r}\right] e^{-\alpha r^2}$$
$$= \left(\frac{2\alpha}{\pi}\right)^{3/2} \left(\frac{3\pi}{4}\sqrt{\frac{\pi}{2\alpha}} - \frac{\pi}{\alpha}\right)$$
$$= \frac{3\alpha}{2} - 2\sqrt{\frac{2\alpha}{\pi}} \tag{2.147}$$

令 $\frac{\partial\langle\psi|\hat{H}|\psi\rangle}{\partial\alpha} = 0$,可以得到,当 $\alpha = \frac{8}{9\pi}$ 时,哈密顿量的期望值取得极值,即

$$\langle\psi|\hat{H}|\psi\rangle_{\min}=-\frac{4}{3\pi}=-0.4244 \tag{2.148}$$

可见，我们用变分法近似得到了氢原子的基态解。通过变分得到的能量会随着展开基组的更加完备而愈趋于真实的基态能量。

2. 利用变分法求解一维 δ 势阱中的束缚态能量

δ 势阱的数学定义为

$$V(x)=-\gamma\delta(x) \tag{2.149}$$

其严格的解可以参照曾谨严所著《量子力学导论》[15]，为

$$\begin{cases}E_0=-\dfrac{m\gamma^2}{2\hbar^2}\\ \psi_0(r)=\dfrac{\sqrt{m\gamma}}{\hbar}\mathrm{e}^{-m\gamma|x|/\hbar^2}\end{cases} \tag{2.150}$$

也可以用变分法近似估计 δ 势阱中束缚态的能量。仍然假设试探波函数为高斯型的函数。由于是一维问题，因此高斯函数的归一化系数和三维情况略有不同，有

$$\psi(x)=\left(\frac{2\alpha}{\pi}\right)^{1/4}\mathrm{e}^{-\alpha x^2} \tag{2.151}$$

可以求得在此试探波函数下的哈密顿量的期望值为

$$\langle\psi\mid\hat{H}\mid\psi\rangle=\int_{-\infty}^{\infty}\psi(x)\left\{-\frac{\hbar^2}{2m}\frac{\mathrm{d}^2}{\mathrm{d}x^2}-\alpha\delta(x)\right\}\psi(x)=\frac{\hbar^2\alpha}{2m}-\gamma\sqrt{\frac{2\alpha}{\pi}} \tag{2.152}$$

将哈密顿量的期望值对 α 求偏导，可以得到取极值的条件为

$$\frac{\mathrm{d}}{\mathrm{d}\alpha}\langle\hat{H}\rangle=\frac{\hbar^2}{2m}-\frac{\alpha}{\sqrt{2\pi\alpha}}=0 \tag{2.153}$$

得

$$\alpha=\frac{2m^2\gamma^2}{\pi\hbar^4} \tag{2.154}$$

$$\langle\hat{H}\rangle_{\min}=-\frac{m\gamma^2}{\pi\hbar^2} \tag{2.155}$$

对于一般的情况，试探波函数中通常包含多个参量，然后通过改变这些参量，在相空间内寻找使哈密顿量期望值取得极小值的波函数，并以此作为对基态波函数和基态能量的近似。由于大部分体系都无法严格地解析求解，因此变分法在计算材料学中的应用非常广泛。

2.2 晶体对称性

2.2.1 晶体结构和点群

晶体最重要的特征是组成单元（原子或原子基团）的空间结构存在周期性和对称性。根据晶体对称性的不同，可将其划分为不同的类别。晶体的对称性对物质的光学性质、力学性质、电学性质等均有着极为重要的意义。本节介绍晶体结构的基本概念。

为了更好地描述晶体的空间结构，通常将晶体抽象为周期性排布的几何点阵。其中，点

代表晶体组成单元所处的位置，它是抽象的数学概念，不考虑具体的物质组成。点阵中的每个点都处于相同的环境。为了具体描述和区分不同的几何点阵，需要引入晶胞、晶格、对称元素等概念。晶胞是对按周期性排列的点阵进行人为划分的一种方式，对于这种排列，晶胞可以有无限多种选取方法。因此，在选取晶胞时需要遵循几条原则：

（1）选取的晶胞应为平行六面体，且应尽可能地反映体系的对称性；

（2）所选取晶胞的基矢应尽可能地互相垂直或接近于垂直；

（3）在满足上述原则的基础上，应尽可能选取体积更小的晶胞。

2.2.1.1 对称操作

描述空间点阵的对称性需要依靠具体的对称元素，进行对称操作。按照对称操作的特点，可以将其分为点式对称操作和非点式对称操作两大类。前者在操作过程中起码有一个点保持不动，后者则使体系内所有点均有位移。对称操作主要有以下几种。

（1）全同操作　全同操作即为使各点保持不动的操作，标记为 E，其表示矩阵为单位矩阵 $\boldsymbol{I}$。

（2）反演操作　反演操作为将各点关于中心反向的操作，标记为 i，其表示矩阵为负单位矩阵。

（3）旋转操作　旋转操作是绕过原点的对称轴转动 $\phi=2\pi/n$ 的操作，标记为 c_n，其中 n 为该对称轴的阶数。因为描述晶体的空间点阵需要填充全空间，因此对称轴的阶数只有五种可能，即 1、2、3、4、6。其中一阶轴即为 E，其余四种对称轴的旋转角 θ 相应为 180°、120°、90°以及 60°。

（4）镜面反射　镜面反射是关于包含原点的镜面 σ 进行的反射。按照镜面与旋转轴相对位置不同，镜面反射又分为三种：若镜面与旋转轴垂直，则称为水平反射面 σ_h 的镜面反射；若镜面包含旋转轴，则称为垂直反射面 σ_v 的镜面反射；此外还有一种对角反射面 σ_d 的镜面反射。我们将在介绍晶体点群时对其进行具体讨论。

（5）旋转反射　旋转反射是绕对称轴旋转和关于垂直于该对称轴的镜面反射相结合而产生的操作形成的反射，标记为 s_n。与旋转操作相对应，在晶体中旋转反射轴也应有五种，但是 $s_1=\sigma_\mathrm{h}$，而 $s_2=i$，因此特别标明的旋转反射轴有三种，即 s_3、s_4、s_6。事实上，还有一种旋转反演操作，即先绕对称轴旋转 ϕ，再关于中心反演，记为 $\bar{n}$。但是通过作图可以看到，旋转反演和旋转反射是等价的，因此在这里不将其作为单独的对称操作。但是需要注意，$\bar{3}=s_6$，而 $\bar{6}=s_3$。

（6）螺旋轴操作　螺旋轴以及滑移面是晶体所特有的两类对称元素。螺旋轴操作并不是单纯的转动操作，而是转动操作和平移操作的结合。螺旋轴操作表示沿螺旋轴旋转 ϕ，接着沿该轴前进 L/n 个晶格，其中 L 是小于 n 的整数。因此，在晶体中，与旋转轴对应，应该有五种螺旋轴，其阶数分别为 1、2、3、4、6。螺旋轴一般记为 n_m。

（7）滑移面操作　滑移面操作是镜面反射和平移操作的结合，分为轴滑移、对角滑移以及金刚石滑移三种。轴滑移是指镜面包含基矢 $\boldsymbol{a}$、$\boldsymbol{b}$ 和 $\boldsymbol{c}$，首先关于该镜面反射，然后沿该基矢方向平移 1/2 个基矢长度。对角滑移的镜面包含面对角线或体对角线，例如 $\boldsymbol{a}\pm\boldsymbol{b}$、$\boldsymbol{b}\pm\boldsymbol{c}$、$\boldsymbol{a}\pm\boldsymbol{c}$、$\boldsymbol{a}\pm\boldsymbol{b}\pm\boldsymbol{c}$ 等。因此对角滑移是关于镜面反射后再沿该对角线平移 1/2 对角线长度，如 $(\boldsymbol{a}\pm\boldsymbol{b})/2$、$(\boldsymbol{b}\pm\boldsymbol{c})/2$、$(\boldsymbol{a}\pm\boldsymbol{c})/2$、$(\boldsymbol{a}\pm\boldsymbol{b}\pm\boldsymbol{c})/2$ 等。金刚石滑移的滑移方向与对角滑移方向相同，但是平移量仅为对角线的 1/4，即关于镜面反射后沿该对角线平移 $(\boldsymbol{a}\pm\boldsymbol{b})/4$、$(\boldsymbol{b}\pm$

$\boldsymbol{c})/4$、$(\boldsymbol{a}\pm\boldsymbol{c})/4$ 或者 $(\boldsymbol{a}\pm\boldsymbol{b}\pm\boldsymbol{c})/4$。这三种操作分别用 a（或者 b、c）、n 及 d 表示。此外，需要注意，仅靠“滑移面与滑移方向平行”这一个条件无法唯一确定该滑移面，应依据具体情况（如国际空间群表标号等）加以确定。

除了螺旋轴与滑移面操作之外，其他的对称操作都是正旋转和反演操作的组合，因此可以用正旋转矩阵及反演矩阵计算其相应的矩阵。

2.2.1.2 晶系与 Bravais 格子

一般可以用六个参数表征晶胞的形状：三个基矢的长度 a、b、c，以及基矢间的三个夹角 α（$\boldsymbol{b}$、$\boldsymbol{c}$ 间夹角）、β（$\boldsymbol{a}$、$\boldsymbol{c}$ 间夹角）、γ（$\boldsymbol{a}$、$\boldsymbol{b}$ 间夹角）。考虑以下几个特殊的条件：① a、b、c 是否相等；② α、β、γ 是否相等；③ α、β、γ 是否等于 90°或者 120°。从拥有特殊条件最多的立方系晶胞开始，即 $a=b=c$，$\alpha=\beta=\gamma=90°$，逐渐取消特殊条件（相当于降低对称性），可得到六类不等价的晶胞。比如：取消 $c=b$ 并保留其他条件，则可得四方系晶胞；进一步取消 $a=b$ 的条件，则得到正交系晶胞；若再取消 $\alpha=90°$，则得到单斜系晶胞；最后取消 $\beta=90°$，则得到三斜系晶胞。若采取另一条路线，从立方系开始，取消 $\alpha=90°$、$\beta=90°$、$\gamma=90°$并保留其他条件，可得三方（或称菱方）系晶胞；进一步取消任意一个条件，则晶胞退化为三斜系晶胞。需要特别考虑 $\gamma=120°$的情况，若同时满足 $a=b\neq c$，$\alpha=\beta=90°$，则该晶胞为六方系的晶胞；如果取消 $a=b$，则得到单斜系晶胞；若再将 $\alpha=90°$取消，则得到三斜系晶胞。

因此，对于三维的空间点阵，一共有七类不等价的晶胞，每一类称为一种晶系，因此共有七种晶系。图 2.11 给出了七种晶系的晶胞结构。更严格地说，不同的晶系可由各自的特征对称元素加以区分，其中特征对称元素指确定该晶系所需的最少的对称元素集合，结果列于表 2.1。

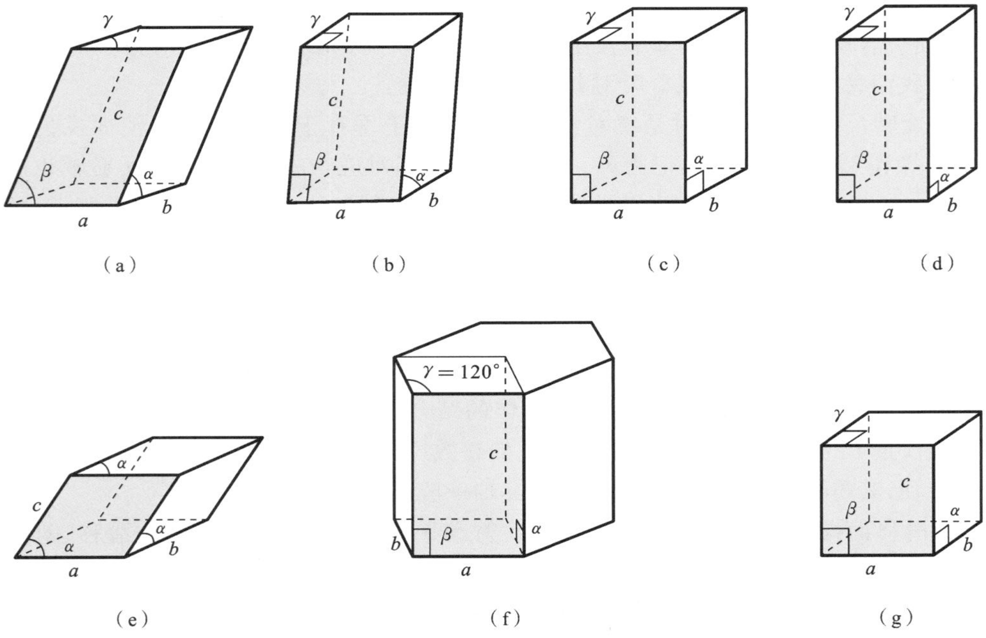

图 2.11　七种晶系晶胞结构

(a) 三斜系；(b) 单斜系；(c) 正交系；(d) 四方系；(e) 三方系；(f) 六方系；(g) 立方系

表 2.1　七种晶系的晶胞参数限制以及特征对称元素

晶　系	晶胞参数限制	特征对称元素
三斜系	$a \neq b \neq c$ $\alpha \neq \beta \neq \gamma \neq 90^\circ$	无
单斜系	$a \neq b \neq c$ $\alpha \neq 90^\circ, \beta = \gamma = 90^\circ$	一个反射面或一个二阶轴
正交系	$a \neq b \neq c$ $\alpha = \beta = \gamma = 90^\circ$	三个互相垂直的二阶轴 或两个互相垂直的反射面
三方系	$a = b = c$ $\alpha = \beta = \gamma \neq 90^\circ$	一个三阶轴
四方系	$a = b \neq c$ $\alpha = \beta = \gamma = 90^\circ$	一个四阶轴
六方系	$a = b \neq c$ $\alpha = \beta = 90^\circ, \gamma = 120^\circ$	一个六阶轴
立方系	$a = b = c$ $\alpha = \beta = \gamma = 90^\circ$	四个彼此夹角为 70.53°的三阶轴

若点阵中所有的点均处于晶胞的顶点处，则这样的晶胞称为简单晶胞，或素晶胞。但并不是所有点阵都有这种性质。除简单晶胞外，还有复式晶胞，即顶点以及心位（包括面心、体心）均有点占据的晶胞。综合以上信息，一共七种晶系，每种晶系可以有简单占位（P）、体心占位（I）、面心占位（F）（晶胞六个面的面心）以及底心占位（A-bc 面面心、B-ac 面面心、C-ab 面面心）四种情况。因此一共有二十八种空间点阵形式。但实际上有一部分点阵形式是彼此等价的，排除这部分形式之后，一共有十四种不等价的情况。这个结论是法国数学家 Bravais 首先推导出来的，因此也称这十四种点阵形式为 Bravais 格子。这一结论原始的数学证明比较繁难，本节中我们从实例出发，按照对称性由低到高的顺序，具体说明为什么只有十四种独立的 Bravais 格子[16]。

（1）三斜系（triclinic）　三斜系晶胞只有 P 型格子，因为该晶系仅可能有全同 E 以及反演 c_i 两种对称操作，因此 I 型、F 型以及 C 型格子均可划分为更小的三斜系 P 型格子，而不会引起对称性的变化。三斜系 Bravais 格子如图 2.12 所示。

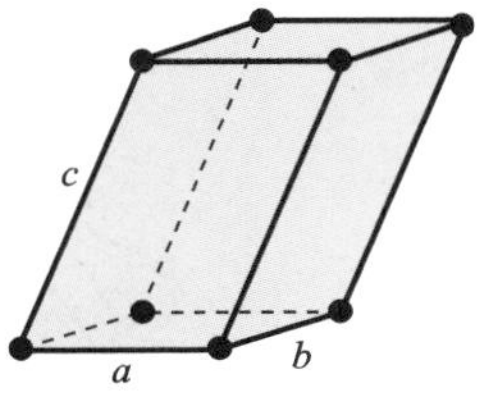

图 2.12　三斜系 Bravais **格子**

（2）单斜系（monoclinic）　单斜系晶胞存在一个二阶轴 c_2 以及一个反射面 σ。该晶系有 P 型和 C 型两种独立的 Bravais 格子。其他占位情况中，A 型格子可重新划分为 P 型格子（取 $c' = (a+c)/2$）；I 型格子可转换为 B 型格子（取 $a' = a, b' = b, c' = b + c$）；$F$ 型格子等价于 B 型格子（取 $a' = a, b' = (b+c)/2, c' = c$）。单斜系晶胞中，$B$ 型与 C 型等价，因此依惯例将其表示为 C 型格子。单斜系 Bravais 格子如图 2.13 所示。

（3）正交系（orthorhombic）　正交系晶胞有三个二阶轴 c_2 以及三个反射面 σ。这种晶

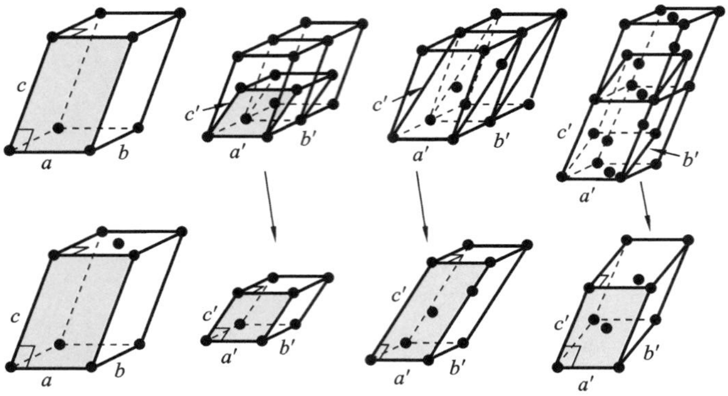

图 2.13　单斜系 Bravais 格子

系拥有的独立格子种类较多,P 型、C 型、I 型以及 F 型格子均为独立的正交系 Bravais 格子,如图 2.14 所示。

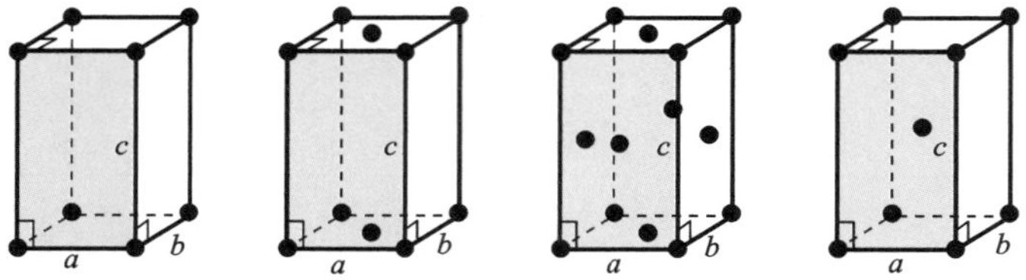

图 2.14　正交系 Bravais 格子

(4) 三方系(rhombohedral)　三方系晶胞存在一个三阶轴 c_3,而 C 型占位会破坏三阶对称性(A 型、B 型占位情况相同),因此该类格子不可能属于三方系。三方系 Bravais 格子如图 2.15 所示。取 $a'=(a+b)/2$、$b'=(a-b)/2$,则 C 型格子退化为三斜系 P 型格子。而 F 型以及 I 型格子不会破坏任何三方晶系的对称操作,且均等价于三方系 P 型格子。取 $a'=(a+b)/2$、$b'=(b+c)/2$、$c'=(c+a)/2$,F 型格子即转化为三方系 P 型格子;取 $a'=(a-b+c)/2$、$b'=(a+b-c)/2$、$c'=(-a+b+c)/2$,则 I 型格子可转化为三方系 P 型格子。

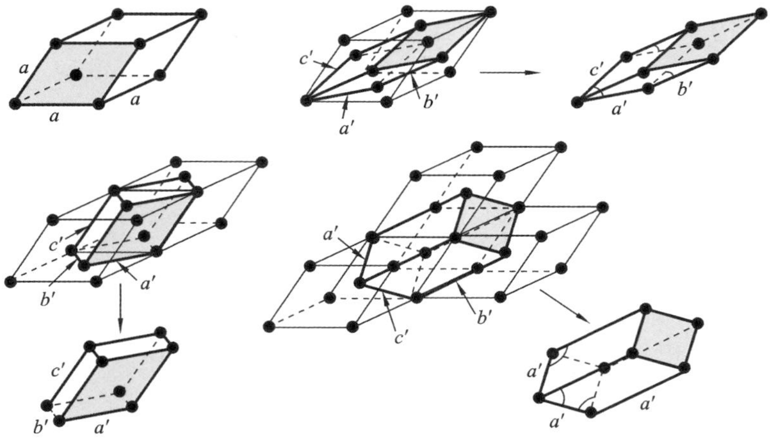

图 2.15　三方系 Bravais 格子

(5) 四方系(tetragonal)　四方系晶胞有一个四阶轴 c_4。除了 P 型格子外，I 型格子也是独立的一种格子，因为它拥有四方系所有对称性，而且无法分解为对称性更低的格子或者四方 P 型格子。除此之外，四方 C 型格子等价于更小的四方 P 型格子，F 型格子等价于四方 I 型格子，而 A 型以及 B 型格子会破坏四阶轴，因此不属于四方系。四方系 Bravais 格子如图 2.16 所示。可以看到，若取 $a'=(a+b)/2, b'=(a-b)/2$，则 C 型格子将转化为 P 型格子，F 型格子将转化为 I 型格子。而 A 型及 B 型格子实际上等价于正交系 C 型格子。

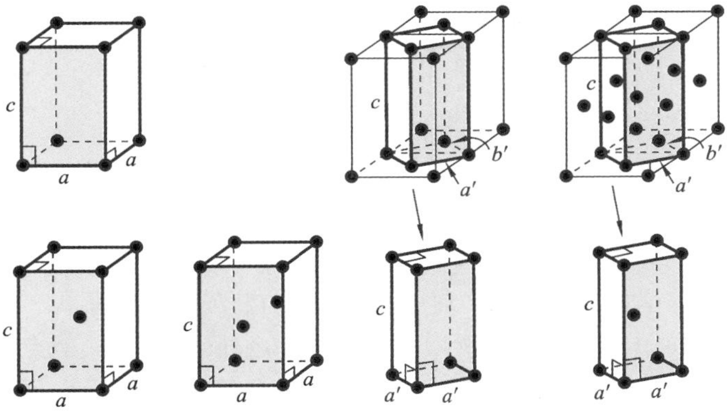

图 2.16　四方系 Bravais **格子**

(6) 六方系(hexagonal)　六方系晶胞存在一个六阶轴 c_6，这种特殊对称元素的存在使得其只有 P 型格子，而其他复式格子均会破坏六阶轴。六方系 Bravais 格子如图 2.17 所示。C 型格子等价于四方系 P 型格子(取 $a'=(a+b)/2, b'=(a-b)/2$)。取 $a'=a-b, b'=a+b$，I 型格子可转换为正交系 F 型格子。A 型及 B 型格子等价于 I 型格子，这里不再单独列出。最后，若取 $a'=a, b'=(a+b)/2$，则 F 型格子转换为正交系 I 型格子。

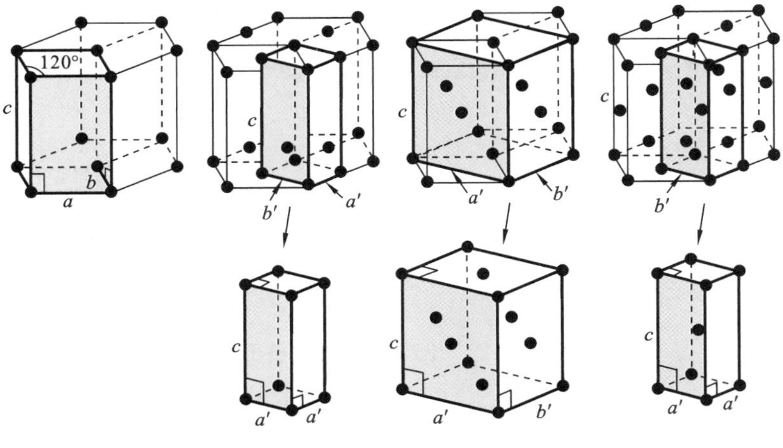

图 2.17　六方系 Bravais **格子**

(7) 立方系(cubic)　立方系晶胞有四个三阶轴 c_3。除了 P 型格子以外，I 型和 F 型格子也分别是独立的 Bravais 格子，而 C 型格子会破坏三阶轴。如图 2.18 所示，取 $a'=(a+b)/2, b'=(a-b)/2$，则 C 型格子转化为四方系 P 型格子。需要特别强调的是，立方系 F 型格子不能转化为四方系 I 型格子，因为后者不能正确反映它的立方对称性。

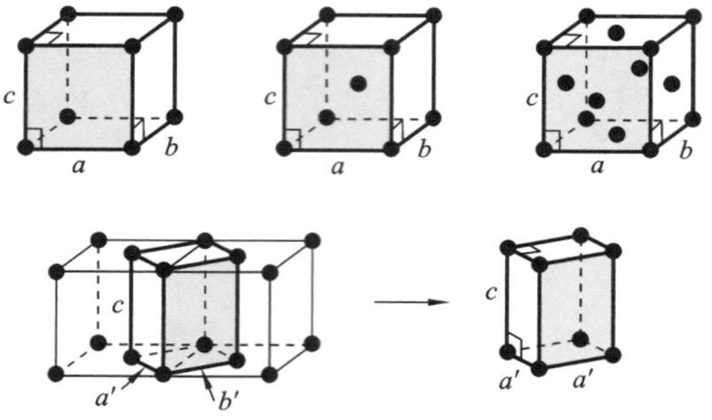

图 2.18　立方系 Bravais 格子

综上所述,空间点阵一共有十四种独立的形式,即十四种 Bravais 格子,如图2.19所示。表 2.2 中列出了每种晶系所包含的 Bravais 格子种类以及正当晶胞的取法。其中三方系比较特殊,它可以取三方晶胞或六方晶胞。当三方系取六方晶胞时并不产生新的格点形式。此外,在实际晶体学的应用中,常常用六方 R 型格子来替换简单三方格子。R 型格子除顶点外,在体内(2/3,1/3,1/3)以及(1/3,2/3,2/3)处还各有一个点。可以证明,三方格子可用六方 R 型格子表示,而六方格子可用三方 R 型格子表示。因此,三方系与六方系可以合称为六方晶族。

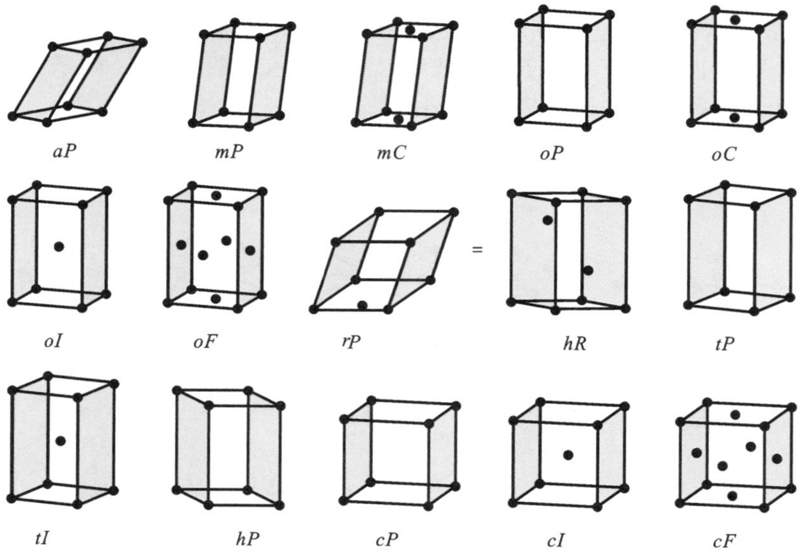

图 2.19　十四种 Bravais 格子

表 2.2　七种晶系的正当晶胞取法以及 Bravais 格子种类

晶　系	正当晶胞取法	Bravais 格子种类
三斜系	a、b、c 不共面	三斜简单格子(aP)
单斜系	b 为二阶轴(或垂直于反射面), 且 $a\perp b$、$c\perp b$	单斜简单格子(mP) 单斜底心格子(mC)

续表

晶 系		正当晶胞取法	Bravais 格子种类
正交系		a、b、c 互相垂直	正交简单格子(oP) 正交底心格子(oC) 正交体心格子(oI) 正交面心格子(oF)
三方系	菱方晶胞	a、b、c 与三重轴相交成等角,且彼此间交角相等	三方简单格子(rP)
	六方晶胞	$a \perp c$、$b \perp c$,且 a、b 呈 120°相交	六方简单格子(hR)
四方系		c 为四阶轴,且 a、b、c 互相垂直	四方简单格子(tP) 四方体心格子(tI)
六方系		$a \perp c$、$b \perp c$,且 a、b 呈 120°相交	六方简单格子(hP)
立方系		a、b、c 分别为四阶轴,且互相垂直	立方简单格子(cP) 立方体心格子(cI) 立方面心格子(cF)

2.2.1.3 转动点群

转动点群的完整推导涉及群论的一些知识,在本书中我们不详细讨论。这里只给出 2.2.1.4 节讨论中需要用到的几个结论。

转动点群由正旋转点群和由其生成的非正旋转点群组成。正旋转点群只有五种,分别是轴转动群 C、二面体群 D、四面体群 T、八面体群 O 以及二十面体群 P。其中 T、O 以及 P 三种群都是有限群,具有特定的 n 阶旋转轴,每种旋转轴的数目也一定,因此群元的个数有限,如表 2.3 所示。而 C 和 D 两种群是无限群,即群元个数无限。这一点容易理解。例如,对于 C 群,对称操作为绕轴转动 $2\pi/n$,而对 n 并没有限制,因此可以有无穷阶主轴 C_∞(如一氧化碳分子)。类似地,D 群也可以有一个无穷阶的主轴以及无穷多个与该主轴垂直的二阶轴,即 D_∞(如氧气分子)。正旋转点群与非正旋转操作,例如反演或者镜面反射相结合,可以得到其他的非正旋转点群,例如 D_{nh} 或者 S_n 群,等等。

表 2.3 五类正旋转点群

点群名称	对称操作个数	各旋转轴的阶数与个数
轴转动群 C_n	n	n 阶旋转轴:1 个
二面体群 D_n	$2n$	n 阶旋转轴:1 个 二阶旋转轴:n 个
四面体群 T	12	三阶旋转轴:4 个 二阶旋转轴:3 个
八面体群 O	24	四阶旋转轴:3 个 三阶旋转轴:4 个 二阶旋转轴:6 个
二十面体群 P	60	五阶旋转轴:6 个 三阶旋转轴:10 个 二阶旋转轴:15 个

2.2.1.4 晶体点群

在 2.2.1.1 节中我们已经提到,由于晶体的空间扩展性,晶体中的对称轴只有五种。这种限制导致晶体点群的数量是有限的。在这一节中我们将看到,由对称元素与晶系按不同方式组合,一共可以形成三十二个晶体点群,其中包括十一个由正旋转对称元素组成的第一类点群和二十一个由正旋转和非正旋转对称元素组成的第二类点群。按照 2.2.1.2 节所确定的七种晶系,我们在这一节中列出了全部三十二个晶体点群。

(1) 三斜系　由图 2.11 可知,三斜系晶胞的正旋转操作只有一阶轴转动 c_1,因此属于三斜系的第一类点群只有 C_1。此外,不违背三斜系晶胞对称性的非正旋转对称元素只有反演操作 i,因此三斜系包含一种第二类点群 C_i。三斜系包含的晶体点群 C_1 和 C_i 的极射赤面投影如图 2.20 所示。

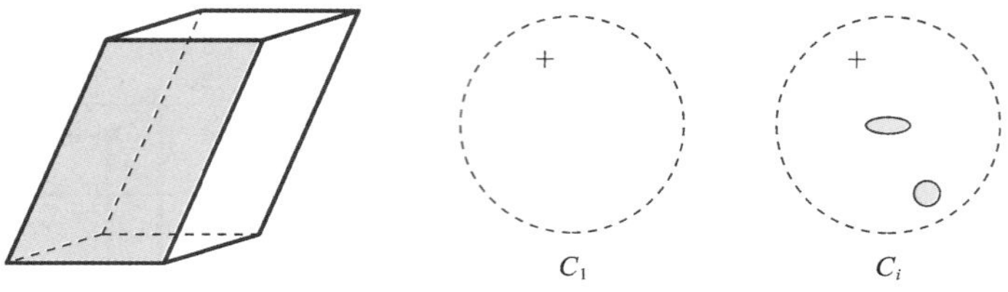

图 2.20　三斜系所含点群的极射赤面投影图

(2) 单斜系　单斜系晶胞拥有一个二阶轴(基矢 $\boldsymbol{a}$),因此包含第一类点群 C_2。此外,由图 2.21 可知,单斜系晶胞还有一个与二阶轴垂直的水平反射面 σ_h(bc 面),因此包含第二类点群 C_{1h}。此外,二阶轴和该反射面联合作用,生成另一个第二类点群 C_{2h}。需要说明的是,单斜系也有反演操作,但是二阶轴与 c_i 结合仍然得到 C_{2h},并没有新的点群生成。因此单斜系包含 C_2、C_{1h}、C_{2h} 三种晶体点群,其极射赤面投影如图 2.21 所示,其中 $C_{2h}=C_2\otimes C_i$。

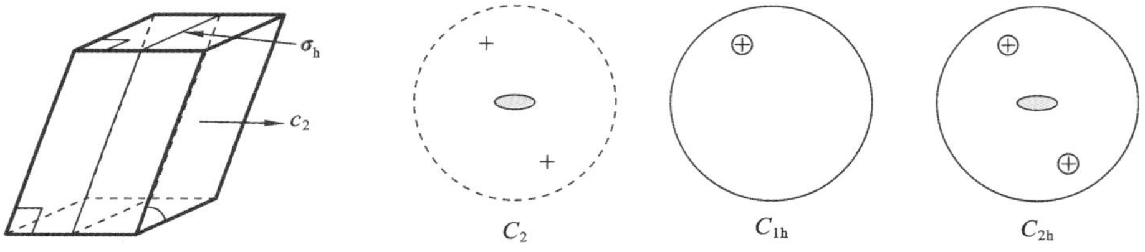

图 2.21　单斜系所含点群的极射赤面投影图

(3) 正交系　容易看到,正交系晶胞包含一个二阶轴(基矢 $\boldsymbol{c}$),称为主轴,以及两个与其垂直的二阶轴,即第一类点群 D_2。此外,正交系晶胞有三个反射面,其中一个是与主轴垂直的水平反射面 σ_h(ab 面),另外两个包含主轴的反射面(ac 面与 bc 面),称为垂直反射面 σ_v。二阶主轴与两个垂直反射面共同生成第二类点群 C_{2v}。而 D_2 群与水平反射面结合,生成另外一个点群 D_{2h}。与单斜系类似,正交系中的对称操作与反演操作结合并不产生新的点群,因此正交系包含 C_{2v}、D_2、D_{2h} 三种晶体点群,其极射赤面投影如图 2.22 所示,其中 $D_{2h}=D_2\otimes C_{1h}$。

(4) 三方系　显然,三方系晶胞有一个三阶的主轴和三个垂直于该主轴的二阶轴(图 2.23 中细虚线所示的 c_2 轴),因此它包含第一类点群 C_3 和 D_3。此外,三方系晶胞还有三个包含主轴的垂直反射面 σ_v,它们与点群 C_3 结合生成点群 C_{3v},而与点群 D_3 结合生成点群

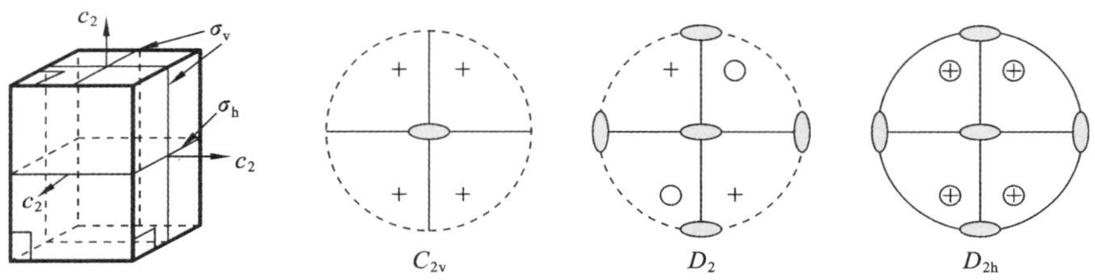

图 2.22　正交系所含点群的极射赤面投影图

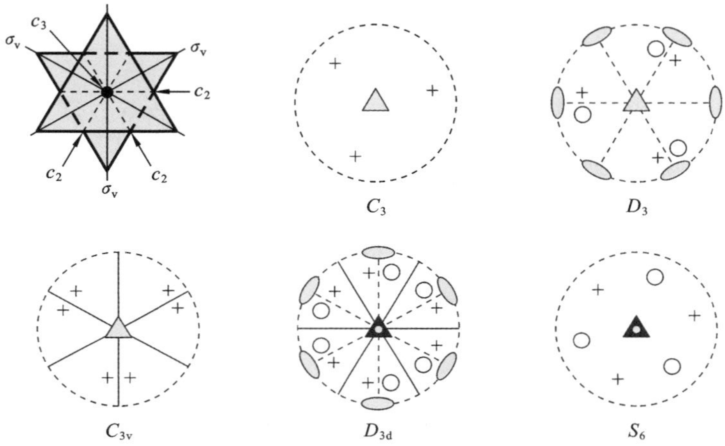

图 2.23　三方系所含点群的极射赤面投影图

D_{3d}，其中下标“d”表示这些垂直反射面平分二阶轴的夹角，该夹角记为 σ_d。此外，三方系还包含反演操作 i，它与点群 C_3 结合，使得主轴成为六阶的旋转反射轴（也即三阶旋转反演轴 $\overline{3}$），从而产生了一个新的第二类点群 S_6。因此，三方系包含五种晶体点群 C_3、D_3、C_{3v}、D_{3d} 以及 S_6，其极射赤面投影如图 2.23 所示，其中 $D_{3d}=D_3\otimes C_i$，$S_6=C_3\otimes C_i$。

（5）四方系　很明显，四方系晶胞拥有一个四阶主轴和四个与其垂直的二阶轴，因此，该晶系包含第一类点群 C_4 和 D_4。四方系包含一个水平反射面 σ_h，与点群 C_4 和 D_4 结合分别生成 C_{4h} 和 D_{4h} 两种点群。四方系还包含两对包含主轴的垂直反射面 σ_v，它们与点群 C_4 结合生成点群 C_{4v}。而这两对垂直反射面中的每一对都平分互相垂直的两个二阶轴的夹角，而包含另一对互相垂直的二阶轴，如图 2.24 所示。因此，每组反射面也可标记为 σ_d。σ_d 的存在使得 n 阶旋转主轴同时成为 $2n$ 阶的旋转反射轴，所以点群 D_4 与 σ_d 结合并不产生新的点群。与此同时，D_4 的子群 D_2 与任意一组 σ_d 结合，均可生成新的点群 D_{2d}。最后，因为四方系还包含反演操作 i，该操作与 C_4 点群结合而将主轴变为四阶旋转反射轴，所以四方系还包含点群 S_4。反演操作 i 与其他点群结合并不产生新的点群。综上所述，四方系包含七个晶体点群，分别是 C_4、D_4、C_{4h}、D_{4h}、C_{4v}、D_{2d} 和 S_4，其极射赤面投影如图 2.24 所示，其中 $C_{4h}=C_4\otimes C_{1h}$，$D_{4h}=D_4\otimes C_{1h}$。

（6）六方系　六方系晶胞有一个六阶主轴以及六个与其垂直的二阶轴，因此它包含第一类点群 C_6 和 D_6。此外，六方系显然包含 C_3 与 D_3 两个子群。与三方系不同，六方系还有一个水平反射面 σ_h，与点群 C_3 和 D_3 结合分别生成点群 C_{3h} 与 D_{3h}（需要指出，点群 C_{3h} 与 D_{3h}

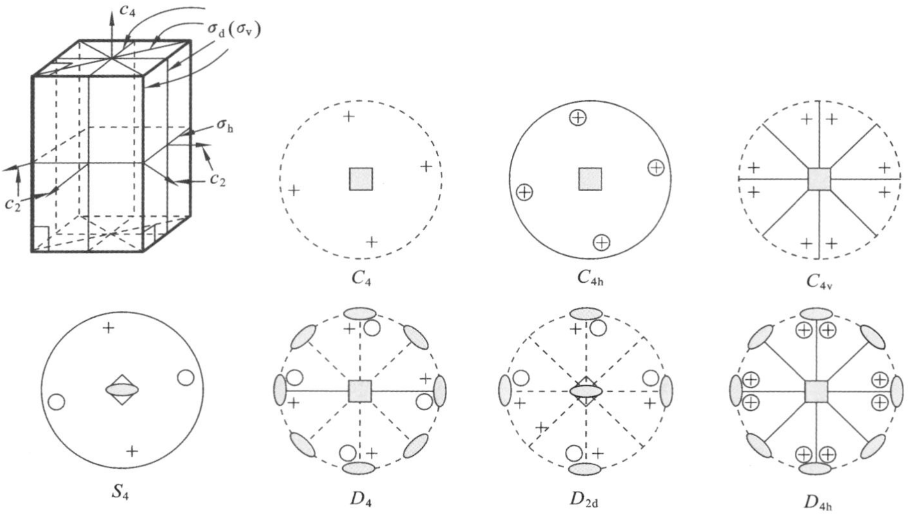

图 2.24　四方系所含点群的极射赤面投影图

的主轴均为三阶旋转反射轴,也即六阶旋转反演轴 $\bar{6}$),而与点群 C_6 和 D_6 结合,又分别生成 C_{6h} 与 D_{6h} 两种点群。六方系还有六个垂直反射面 σ_v,与点群 C_6 结合生成点群 C_{6v}。六方系虽然也包含反演操作 i,但是它与其余点群结合并不生成新的点群。因此,六方系也包含七个晶体点群,分别是 C_6、D_6、C_{3h}、D_{3h}、C_{6h}、D_{6h} 和 C_{6v},其极射赤面投影如图 2.25 所示,其中 $C_{3h}=C_3\otimes C_{1h}$,$C_{6h}=C_6\otimes C_{1h}$,$D_{6h}=D_6\otimes C_i$。

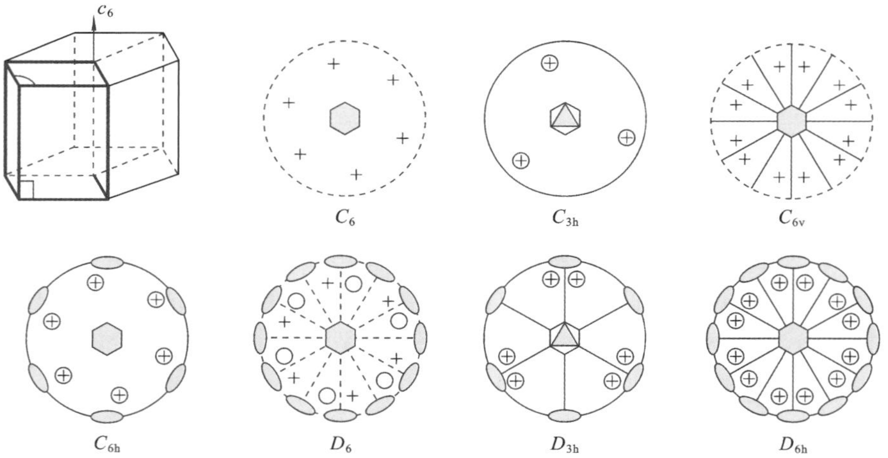

图 2.25　六方系所含点群的极射赤面投影图

(7) 立方系　立方系晶胞包含描述空间正多面体对称操作的点群。立方系晶胞包含正四面体、正六面体与正八面体三种正多面体,其中后两种互为对偶。此外还有正十二面体与正二十面体两种正多面体,但是因为它们存在五阶轴,所以不可能构成晶体点群。该晶系只包含描述正四面体和正六面体对称操作的晶体点群。与前面六种晶系不同,因为正多面体的几个面都是等价面,所以正多面体没有主轴。首先考虑正四面体,其所有十二个正旋转操作(包含四个三阶轴、三个二阶轴,见图 2.26)——组成了 T 群。正四面体不存在反演操作,但是包含六个反射面。如图 2.26所示，每个反射面均包含一个二阶轴并平分另两个二阶轴的夹角，因此可标记为 σ_d。垂直的二阶轴和 σ_d 的存在，使得每个二阶轴同时也是四阶反射轴。由图2.26可知，s_{4_x} 和 $s_{4_x}^{-1}$ 均是正四面体的对称操作，但是 $s_{4_x}^2=c_{2_x}$ 却并不是新的群元。其余的两个二阶轴有类似的形式。因此，六个 σ_d、三个 s_4、三个 s_4^{-1} 和 T 群中的十二个操作一起组成了描述正四面体全部对称操作的 T_d 群。

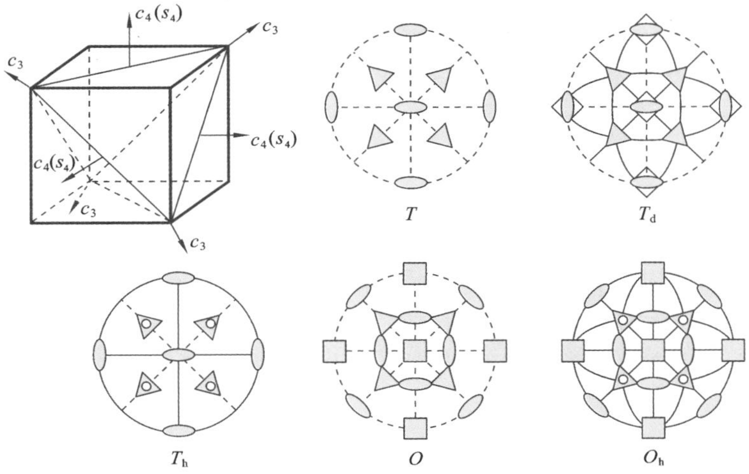

图 2.26　立方系所含点群的极射赤面投影图

接下来考虑正六面体(或正八面体)的情况。T 群与反演操作 i 结合可以生成 T_h 群，但是因为正四面体没有反演中心，所以 T_h 群是描述正六面体的一个群。正六面体的所有二十四个正旋转操作组成了 O 群，其中包含三个四阶轴、四个三阶轴以及六个二阶轴。最后，O 群与 i 结合生成最大的晶体点群 O_h，它包含四十八个操作，是描述正六面体或正八面体全部对称操作的点群。因此，立方系包含五种点群，分别是 T、T_d、T_h、O 和 O_h，其关于[001]方向的极射赤面投影如图 2.27 所示，其中 $T_h=T\otimes C_i$，$O_h=O\otimes C_i$。

至此，我们找到了全部三十二个晶体点群。

2.2.1.5　空间群

晶体点群与 Bravais 格子相结合，一共可以产生二百三十个空间群。因此空间群的每个群元均对应一个联合操作，记为$\{\alpha|\boldsymbol{R}_n\}$，其中 α 代表点群对称操作，$\boldsymbol{R}_n$ 代表平移操作。对一个矢量 $\boldsymbol{r}$ 的操作效果为

$$\{\alpha|\boldsymbol{R}_n\}\boldsymbol{r}=\alpha\boldsymbol{r}+\boldsymbol{R}_n \tag{2.156}$$

空间群的单位元、逆元$\{\alpha|\boldsymbol{R}_n\}^{-1}$以及群乘分别表示为

$$\{E|\boldsymbol{0}\}$$

$$\{\alpha|\boldsymbol{R}_n\}^{-1}=\{\alpha^{-1}|-\alpha^{-1}\boldsymbol{R}_n\} \tag{2.157}$$

$$\{\alpha|\boldsymbol{R}_n\}\{\beta|\boldsymbol{R}_m\}=\{\alpha\beta|\alpha\boldsymbol{R}_m+\boldsymbol{R}_n\} \tag{2.158}$$

如前所述，扩展体系的对称操作除正旋转和非正旋转这些点对称操作之外，还有螺旋轴操作和滑移面操作这类非点式操作。因此全部二百三十个空间群可以分为两类：一类只包含点对称操作，共七十三种，称为简单空间群或点群空间群；另一类同时包含点式和非点式对称操作，共有一百五十七种。关于简单空间群的讨论相对比较简单，对深入理解对称操作

与 Bravais 格子的关系也有帮助。下面对其进行简要的介绍。

在给定晶系中，该晶系所包含的每种点群与每种 Bravais 格子结合都会产生一种简单空间群。因此：三斜系有两种（一种 Bravais 格子与两种点群结合，$1\times2=2$）简单空间群；四方系有十四种简单空间群（两种 Bravais 格子与七种点群结合，$2\times7=14$）；依此类推，七种晶系总共可以生成六十一种简单空间群[5]。但是其中三方系比较特殊，由表 2.2 以及图 2.19 可知，三方系的单胞有两种取法，其中六方 R 型格子与六方简单格子包含的五种点群，会生成独立的十种空间群，因此简单空间群总数增加至六十六种。此外，有些点群与 Bravais 格子的取向不同，会产生不同的空间群，这样的情况有七种，分列如下。

(1) 正交系　正交系中，C_{2v}点群的主轴与基矢 $\boldsymbol{c}$ 平行或者与基矢 $\boldsymbol{a}$ 平行，各生成一种空间群。因此正交系会额外贡献一种空间群。

(2) 三方系　三方系 P 型取法（见图 2.19）中，D_3 群三个二阶轴与等边三角形的边垂直和平行时分别会产生一个空间群。与之类似，D_{3d}群和 C_{3v}群的三个垂直反射面与等边三角形各边平行和垂直时也会分别产生一个不同的空间群。因此三方系会额外贡献三种空间群。

(3) 四方系　四方系中，D_{2d}群中的一组二阶轴与 P 型格子的基矢 $\boldsymbol{a}$ 平行和与基面 ab 对角线平行时会分别产生一种空间群，I 型格子与此类似。因此四方系会额外贡献两种空间群。

(4) 六方系　六方系中，D_{3h}群的二阶轴与 ab 面的长对角线及短对角线平行，各生成一种空间群。因此六方系会额外贡献一种空间群。

综上所述，简单空间群一共有七十三种。

关于一百五十七种非简单空间群的导出过于复杂，已经超出了本书的范围，其详细讨论请参考更专业的著作[17,18]。

2.2.2　常见晶体结构和晶面

在物质科学中，常见的晶体结构有简单立方(SC)结构、面心立方(FCC)结构、体心立方(BCC)结构、密排六方(HCP)结构、金刚石(diamond)结构、闪锌矿(zinc blende)结构、钙钛矿(perovskite)结构等。图 2.27 至图 2.29 所示为几种晶体结构以及 BCC 和 FCC 结构中几个常见的低指数面的堆垛顺序。

BCC 晶格如图 2.27 所示，其中，用不同颜色、不同大小的球表示沿面垂直方向的堆垛顺序。可以看到，BCC 晶格沿[001]和[110]方向的堆垛顺序均为 $ABAB$，而沿[111]方向按 $ABCABC$ 顺序堆垛。FCC 晶格如图 2.28 所示，同样，用不同颜色的不同大小的球表示沿面垂直方向的堆垛顺序。比较两图可知，FCC 晶格和 BCC 晶格在这三个低指数面上的堆垛顺序相同，但是它们在层间距和同一原子层内的间距上有区别。这种堆垛方式上的相似性，揭示了 BCC 和 FCC 三维结构之间的关联性。事实上，如果将 FCC 晶格沿[001]方向压缩到原周期的 $1/\sqrt{2}$，体系将转变为 BCC 晶格。

其他四种结构如图 2.29 所示。严格的 HCP 结构要求 $c/a=1.633$，与 FCC(111)面非常相似（见图 2.29），二者都是密堆结构。区别在于前者沿[001]方向堆垛顺序为 AB，后者沿[111]方向的堆垛顺序为 ABC。这种相似性使得在结构分析中，FCC 与 HCP 结构的区分变得相当困难。

金刚石结构和闪锌矿结构在空间原子排列上完全一致，它们都属于复式格子结构。将

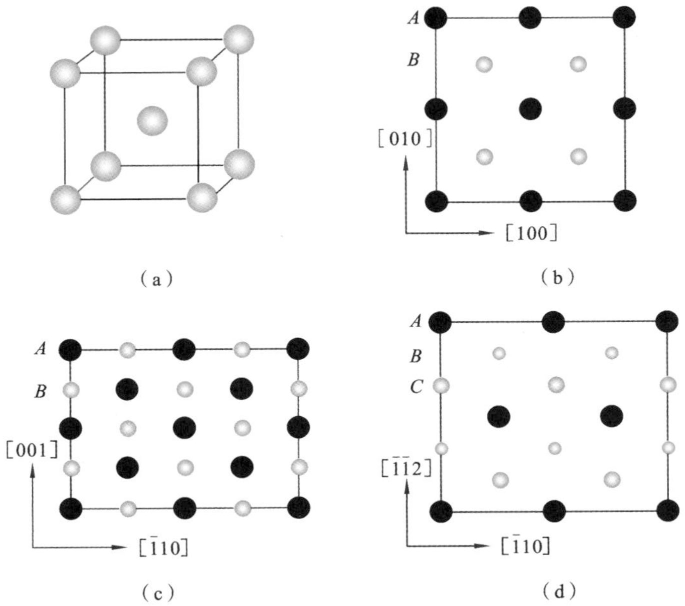

图 2.27 BCC **晶格及(001)面、(110)面、(111)面结构**

(a) 晶格结构；(b) (001)面结构；(c) (110)面结构；(d) (111)面结构

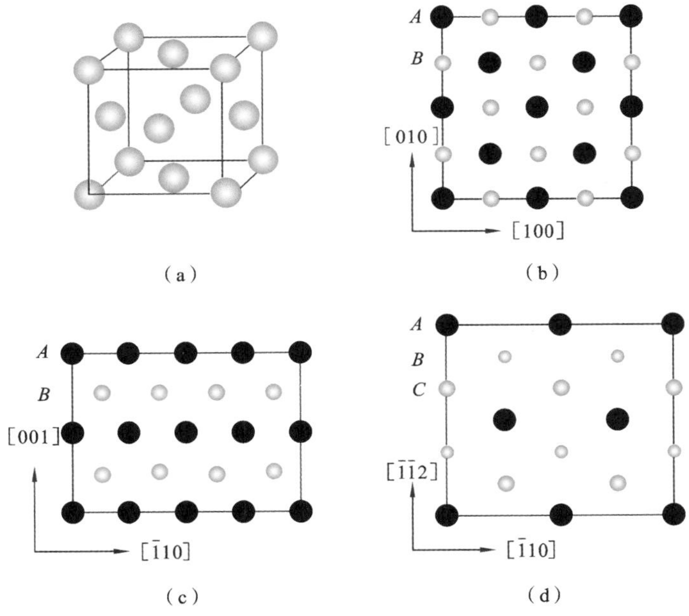

图 2.28 FCC **晶格及(001)面、(110)面、(111)面结构**

(a) 晶格结构；(b) (001)面结构；(c) (110)面结构；(d) (111)面结构

FCC 格子沿体对角线平移 1/4，就得到这两种结构。它们的不同之处在于，金刚石结构中两套格子上的元素相同，而闪锌矿结构中这两套格子上的原子元素却是不同的。最近十年来在材料研究中受关注较多的Ⅱ-Ⅵ族和Ⅲ-Ⅴ族化合物大多数属于闪锌矿结构。需要注意的是，虽然在图 2.29(b)、(c)中两种结构均用立方单胞给出，但是因为它们没有反演中心和四

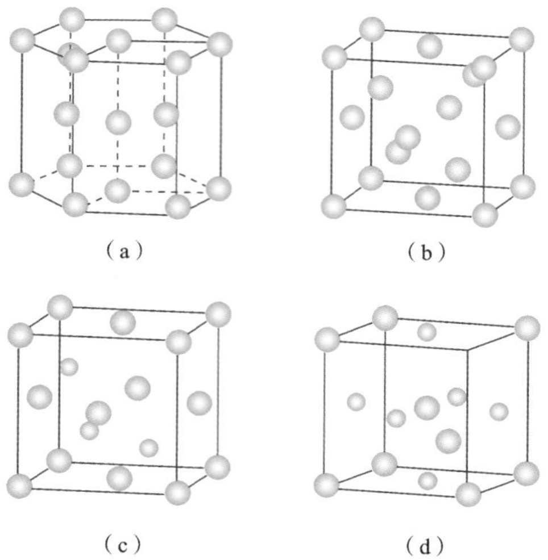

图 2.29 常见的晶体结构

(a) HCP 结构;(b) 金刚石结构;(c) 闪锌矿结构;(d) 钙钛矿结构

阶轴,所以并不属于八面体群,而是属于四面体群。

钙钛矿结构的晶体多为过渡金属氧化物,化学式为 ABO_3,其中:A 一般为体积较大的碱土金属元素,A 原子占据立方体的顶点,起稳定结构的作用;B 为过渡金属元素,B 原子占据体心的位置;O 原子则位于面心位置,与过渡金属元素形成 BO_6 形式的正八面体结构。钙钛矿结构的晶体在催化以及自旋电子学领域有着很好的应用前景。

2.2.3 结构缺陷

在 2.2.2 小节中,我们对理想晶体结构的分类进行了介绍。然而,在现实中,由于材料内的原子数量达到了 10^{23} 量级,并且不可避免地受到外部环境因素(如温度和压力等)的影响,或者由于合成过程的不完美,部分原子不会位于晶格的完美位置。这种原子偏离理想位置的现象,我们统称为缺陷。

值得注意的是,结构缺陷并非热力学稳定的。原则上,如果在晶体生长的过程中将条件控制得足够严格,可以生长出近乎完美的晶体。然而,缺陷并非仅见于少数材料,而是几乎在所有材料中都能观察到。尽管从缺陷浓度上看,缺陷原子可能仅占总原子数的几百万分之一或更少,但这些缺陷对材料性质的影响却是相当大的。

例如,在催化领域,几乎所有的反应都是在缺陷处,而非完美的晶格表面上发生的。这是因为缺陷的存在影响了其邻近原子的键合特性,从而提升了缺陷周围原子的催化能力。同时,缺陷对材料的力学性质和电性质也有很大影响。位错的运动决定了材料的塑性行为,而位错导致材料的屈服强度仅为理想晶体理论强度的千分之一。位错在其芯区附近形成的电偶极线,以及作为散射中心的缺陷,进一步决定了材料的电阻率曲线。这些例子都清楚地表明,对结构缺陷的研究是材料学研究的关键组成部分。

通常根据缺陷在空间中的分布范围,将缺陷分为两大类。一类是在空间上受限的点缺陷,如掺杂原子、间隙原子、空位等。另一类则是可在空间上扩展的缺陷,包括沿一维扩展的线缺陷(如位错),以及沿二维扩展的面缺陷(如表面、晶界、相界等)。晶体缺陷会增大材料的熵(描述物体有序度的量),因此在通常情况下,随着温度的升高,缺陷体系的自由能降低得更快,从而使得缺陷的数量随着温度的升高而呈指数级增长。下面介绍几类重要缺陷的基本概念。

2.2.3.1　位错

位错是一种极为关键的结构缺陷,其特征在于晶格畸变沿着特定的方向延伸。因此,位错的核心区域呈一维扩展,像一条弹性的直线或曲线,被称为位错线。Burgers 提出了用 Burgers 矢量 $\boldsymbol{b}$ 来描述位错的方法。Burgers 矢量的几何意义如图 2.30 所示,其中,细箭头代表运动轨迹,粗箭头则代表位错的 Burgers 矢量。假设我们有一个含有位错的缺陷体系,并将一个完美的晶格作为参考体系。在参考体系中构建一个回路,然后在含位错的体系中按照此回路在每个边上走相同的步数,那么最后我们会得到一个回路外加一段额外的矢量。这段相对于参考体系多出来的矢量就是 Burgers 矢量。根据位错线与 Burgers 矢量的相对位置关系,可以将位错分为刃位错、螺位错和混合位错等。

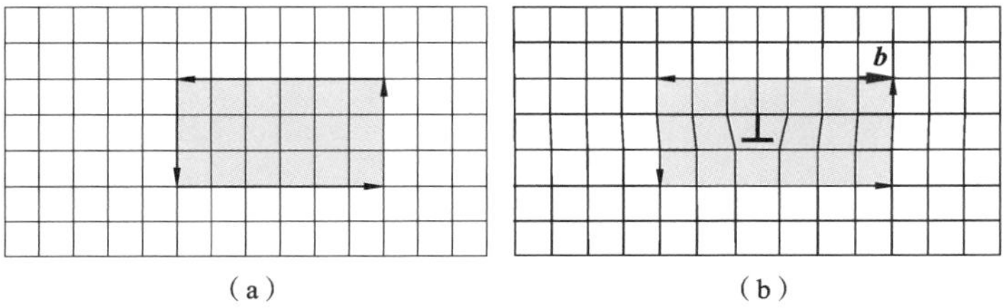

图 2.30　Burgers **矢量**

(a) 参考体系;(b) 含位错体系

(1) 刃位错(edge dislocation)　如图 2.31(a)所示,若位错的 Burgers 矢量 $\boldsymbol{b}$ 与位错线垂直,则该类位错称为刃位错。刃位错的主要运动方式是沿由位错线与 Burgers 矢量确定的滑移面滑移,如图中箭头所示。刃位错的上半部分比下半部分多了半个原子面,因此滑移面以上为应力压缩区,以下为应力扩张区。这种正应力场的存在使得电荷分布、间隙原子分布和空位分布等在位错芯区处与在理想晶格中的情况显著不同。

(2) 螺位错(screw dislocation)　如图2.31(b)所示,若位错的 Burgers 矢量 $\boldsymbol{b}$ 与位错线平行,则称该类位错为螺位错。螺位错的存在使得晶体的原子面呈螺旋状排列,其他因此而得名。与刃位错不同,螺位错并不会引起芯区附近原子体积的显著变化,而仅有切应力存在。此外,图中并未标出螺位错的滑移方向。这是因为 $\boldsymbol{b}$ 与位错线平行,所以螺位错的滑移面以及滑移方向不唯一。例如,体心立方晶体中〈111〉/2 螺位错共有四十八个滑移系。这种可以改变滑移面前进方向的运动方式是螺位错所特有的,称为交滑移(cross-slip)。

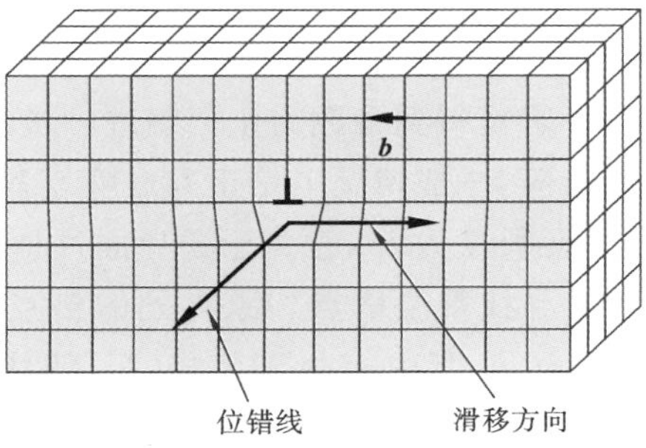

(a)

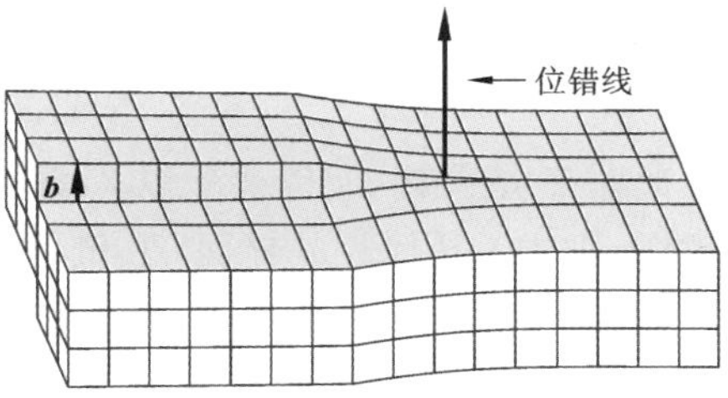

(b)

图 2.31　刃位错与螺位错

(a) 刃位错;(b) 螺位错

螺位错的交滑移对理解材料的塑性行为有着非常重要的意义。

(3) 混合位错(mixed dislocation):如果 Burgers 矢量 $\boldsymbol{b}$ 与位错线斜交,那么这种位错称为混合位错。根据矢量分解的原则,混合位错可以分解为刃位错和螺位错。混合位错通常是由于位错线的扭曲或者受到特殊晶体结构的限制而出现的。后一种情况的典型例子是面心立方晶体中的〈112〉/6 偏位错。关于这个问题的详细讨论已经超出了本书的范围,如需要更多信息,请查阅更专业的资料。

2.2.3.2 面缺陷

1. 晶界

一般而言,大块材料极少由单一晶粒构成。普遍的情况是材料中存在若干取向各不相同的晶粒。这些晶粒的交界面称为晶界(grain boundary),是一种非常典型的面缺陷。这里只考虑结构相同的晶粒所构成的对称倾斜晶界,也即将晶体沿某个面分为两部分,每部分沿该面内的同一个轴旋转相同的角度而形成的晶界。当倾角较小(小于 10°)时,晶界可以看作由一系列平行的刃位错组成。随着倾角增大,这些平行位错的间距减小,因此对大角度晶界而言,这些位错的间距已经可以比拟甚至小于位错芯区的尺度,在这种情况下上述模型不再适用,而应采用重位点阵模型(coincidence lattice site model,CLS)[19]。将一块立方晶体沿某个面分为两部分,每个部分代表一个晶粒。该分界面中有一个低指数的转轴方向[uvw]。设晶粒Ⅱ绕[uvw]旋转一个特定角度 θ,使得两个点阵中的部分格点位置互相重叠,这些重叠的格点同样构成一个点阵,称为重位点阵。该点阵中每个格点所占的体积明显大于原点阵中的格点所占体积,二者的比值用 Σ 表示。Brandon 等给出了立方晶体中[uvw]、θ 及 Σ 的一般关系:

$$\theta=2\arctan\left(\frac{m}{n}\sqrt{u^2+v^2+w^2}\right)$$

$$\Sigma=n^2+m^2(u^2+v^2+w^2) \tag{2.159}$$

式中:m 与 n 是两个互质的整数,且 $m<n$。Σ 必须为奇数,如果 Σ 为偶数,则需要将其连续除以 2 直至得到奇数为止。现进一步说明 m 和 n 的物理意义。考虑与(uvw)面平行的一层二维点阵,一般情况下是正方点阵或者正交点阵。设沿分界面且垂直于转轴的方向为 x' 方向,单元长度为 $l_{x'}$,垂直于分界面且垂直于转轴的方向为 y' 方向,单元长度为 $l_{y'}$。绕转轴旋转 θ 后寻找重位格点。原点处的格点必定重合,而与其相距最近的一个重位格点坐标为($nl_{x'}$,$ml_{y'}$),其中 m、n 即为式(2.159)中的参数。以 *BCC* 结构的Σ5[001]晶界为例。转轴为[001],$m=1$,$n=3$,因此

$$\theta=2\arctan\left(\frac{1}{3}\sqrt{1^2+0^2+0^2}\right)=36.86°$$

$$\Sigma=3^2+1^2(1^2+0^2+0^2)=10$$

因为此时 Σ 是偶数,所以要除以 2,最终得到 $\Sigma=5$。图 2.32 为这个大角度对称倾斜晶界的示意图,图中 GB 代表晶界面,Ⅰ和Ⅱ分别代表构成该晶界的两个晶粒。文献[20]系统给出了立方晶体中若干晶界的 CLS 参数。

显然,CLS 模型只能描述特殊的晶界结构。而对于倾角较大甚至是不同晶相构成的晶界,必须扩充甚至弃用 CLS 模型。到目前为止,公认的描述一般晶界结构的最普适理论是 Bollmann 提出并发展的 O-点阵模型(O-Lattice model)理论。我们在这里不做详细讨论,可参阅更专门的著作[20,21]。

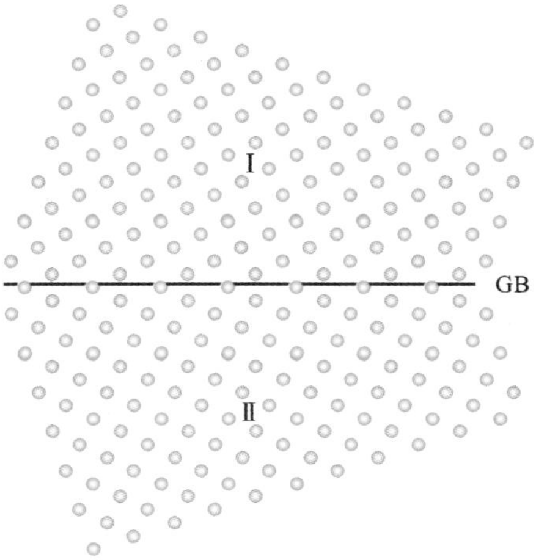

图 2.32　BCC 晶体转轴为[001]方向的 Σ5[001]大角度对称晶界示意图

2. 堆垛层错

沿着某一方向，晶体有特定的堆垛次序。如图 2.33 所示，FCC 晶体沿[111]方向的堆垛顺序为 *ABCABC*，BCC 晶体沿[$\bar{1}\bar{1}$2]方向的堆垛顺序为 *ABCDEF*。在某些情况下，比如由于存在位错或者原子/空位沿晶面汇集等，晶体沿该方向的堆垛次序会发生变化。这种偏离正常堆垛次序的情况称为堆垛层错（stacking fault）。图2.33(a)中 FCC 晶体沿[111]方向的堆垛层错由[11$\bar{2}$]/6 偏位错引起，而图 2.33(b)中 BCC 晶体沿[$\bar{1}\bar{1}$2]方向的堆垛层错由[$\bar{1}\bar{1}\bar{1}$]/6 偏位错引起。

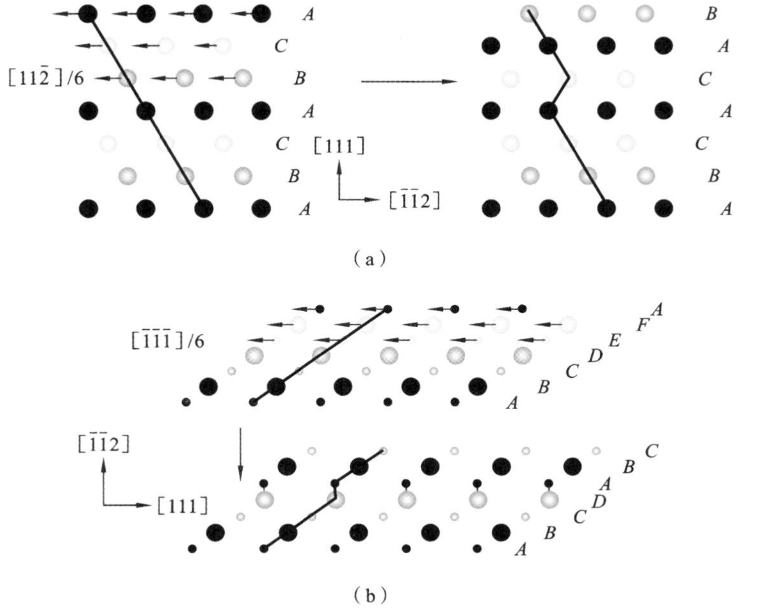

图 2.33　堆垛层错形成过程

(a) FCC 晶体沿[111]方向的堆垛层错形成过程；(b) BCC 晶体沿[$\bar{1}\bar{1}$2]方向的堆垛层错形成过程

注：小球体表示原子在纸面内，大球体表示原子在纸面之上以及之下；黑色实线表明了堆垛层错的几何意义。

3. 孪晶

将图 2.33(b)所示因偏位错引起的堆垛层错加以扩展:在连续三个原子层上都放置一个$[11\bar{2}]/6$ 偏位错,如图 2.34 所示,则得到的$[111]$方向上的堆垛顺序为 *ABCACBA*。可以看到,晶体关于中间的 *A* 原子层(标为黑色)呈镜像对称分布。具有这种特殊的堆垛顺序的晶体称为孪晶(twin crystal),而对称的晶面(例如 *A* 原子层)就称为孪晶界(twin boundary)。近年来人们合成了含高密度孪晶的铜,发现了孪晶的一些非常有趣的性质,比如孪晶可以极大地提高铜的强度,但是同时铜孪晶与铜单晶相比电导率几乎不变[22],甚至可以通过改变孪晶的厚度来控制铜的强度[23,24]。这些事实表明,结构缺陷是研究固体材料各方面性质的不可或缺的重要因素。

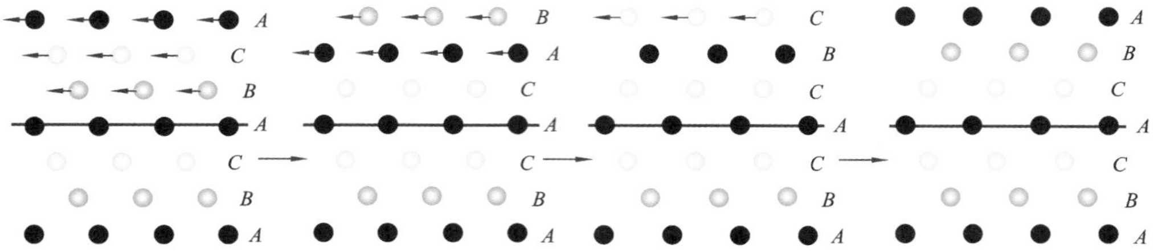

图 2.34　FCC 晶体孪晶生成过程

注:图中细箭头代表$[11\bar{2}]/6$ 偏位错;坐标轴取向与图 2.33 相同。

2.3　晶体的力学性质

2.3.1　状态方程

体模量(其倒数为该物质的压缩率)被广泛用于描述物体在各向同性的压强情况下体积的变化,其定义为

$$B=-V\left(\frac{\partial p}{\partial V}\right)_T \tag{2.160}$$

假设固体在压强 p_0 下的体积为 V_0,则当压强增大 Δp 时,体积减小量为 ΔV。所以体模量的物理意义为引起一定的相对体积变化($\mathrm{d}V/V$)所需要的压强变化。对于一种各向同性材料,只要知道了体模量,就可以推导出其固体的能量随着体积的变化而变化的趋势,也就是通常所说的状态方程。

作为一阶近似,可以认为体模量是一个常量,而不随体积或者压强的变化而变化,即

$$-V\left(\frac{\partial p}{\partial V}\right)_T \cong B_0 \tag{2.161}$$

根据能量守恒定律,绝热条件下物体内能 U 的变化等于外界对物体所做的功 $-\int p\mathrm{d}V$(我们所研究的均匀压缩过程不涉及热传导)。首先可以通过方程(2.161)得到压强 p 随体积变化的表达式(其中用到了压强为零时,物质体积为 V_0 的边界条件)为

$$-V\left(\frac{\partial p}{\partial V}\right)_T = B_0$$

得

$$p = -B_0 \ln\left(\frac{V}{V_0}\right) \tag{2.162}$$

将式(2.162)代入能量守恒方程，即可得到物体的内能随体积变化的函数(假设体模量为常数)

$$\begin{aligned} U(V) &= U_0 - \int_{V_0}^{V} p\mathrm{d}V = U_0 - \int_{V_0}^{V} \left[-B_0 \ln\left(\frac{V}{V_0}\right)\right]\mathrm{d}V \\ &= U_0 + B_0 V \ln\left(\frac{V}{V_0}\right) - B_0 (V - V_0) \end{aligned} \tag{2.163}$$

反之，如果算出了物体内能随着体积的变化量，则可以通过拟合得到方程(2.163)中的 B_0、V_0、U_0 三个参数。

Murnaghan 于 1944 年提出了更为严谨的物体状态方程[25]。在上面的推导中，我们认为体模量 B_0 为常数。而在实际实验中，人们发现体模量和压强近似地呈线性关系，即

$$-V\left(\frac{\partial p}{\partial V}\right)_T \cong B_0 + B'_0 p \tag{2.164}$$

重复式(2.162)和式(2.163)的推导过程，有

$$-V\left(\frac{\partial p}{\partial V}\right)_T = B_0 + B'_0 p$$

故

$$\frac{\mathrm{d}p}{B_0 + B'_0 p} = -\frac{\mathrm{d}V}{V}$$

$$p = \frac{B_0}{B'_0}\left[\left(\frac{V_0}{V}\right)^{B'_0} - 1\right]$$

物体的内能随体积变化的函数为

$$\begin{aligned} U(V) &= U_0 - \int_{V_0}^{V} p\mathrm{d}V = U_0 - \int_{V_0}^{V} \frac{B_0}{B'_0}\left[\left(\frac{V_0}{V}\right)^{B'_0} - 1\right]\mathrm{d}V \\ &= U_0 + \frac{B_0 V}{B'_0}\left[\frac{(V_0/V)^{B'_0}}{B'_0 - 1} + 1\right] - \frac{B_0 V_0}{B'_0 - 1} \end{aligned} \tag{2.165}$$

式(2.165)即为 Murnaghan 方程。可以通过拟合结合能曲线，得到 B_0、B'_0、V_0、U_0 四个参数。这是求各向同性的晶体体模量的常用方法。

2.3.2　应变与应力

材料在外力的作用下会产生形变，形变的主要表现是材料内部格点间的相对位置发生改变。通常用应变 ε 来表征物体的形变程度。应变是无量纲的量。材料产生形变之后，就会产生相应的应力 σ(单位为 $\mathrm{N/m^2}$ 或 $\mathrm{J/m^3}$)。可以看到，应力的单位与压强或者能量密度的单位相同。图 2.35 给出了材料应力和应变的物理意义。材料内部任意一点处(图2.35(a)中无限小的立方体)的应力状态由九个分量 σ_{ij} 描述，其中第一个下标 i 表示应力所作用的面，第二个下标 j 表示应力作用的方向。根据力偶极矩平衡，可知 $\sigma_{ij} = \sigma_{ji}$。因此，应力是一个 3×3 的对称二阶张量，其中对角元称为正应力，非对角元称为切应力。相应地，材料内任意一点处的应变 ε 也是一个 3×3 的对称二阶张量。应变也分为正应变和切应变两种类型。正应变是张量的对角元，描述边长的变化；切应变是非对角元，描述形状的变化。图 2.35(b)给出了 ε 的物理意义。设材料中一个无限小的长方体Ⅰ经过形变后成为一个平行六面体Ⅱ，图 2.35 给出了最重要的三个点形变前后的坐标。A 点沿 y 轴的位移为 u，沿 z 轴的位移为

v,最终到达 A' 点;B 点沿 y 轴和 z 轴的位移分别为 $u+(\partial u/\partial y)\mathrm{d}y$ 和 $v+(\partial v/\partial y)\mathrm{d}y$,而 C 点相应的位移为 $u+(\partial u/\partial z)\mathrm{d}z$ 和 $v+(\partial v/\partial z)\mathrm{d}z$。由此可以计算正应变 ε_{yy} 和 ε_{zz}:

$$\varepsilon_{yy}=\frac{(\overline{A'B'})_y-\overline{AB}}{\overline{AB}}=\frac{[u+(\partial u/\partial y)\mathrm{d}y]+\mathrm{d}y-u-\mathrm{d}y}{\mathrm{d}y}=\frac{\partial u}{\partial y} \tag{2.166}$$

$$\varepsilon_{zz}=\frac{(\overline{A'C'})_z-\overline{AC}}{\overline{AC}}=\frac{[v+(\partial v/\partial y)\mathrm{d}y]+\mathrm{d}z-v-\mathrm{d}z}{\mathrm{d}z}=\frac{\partial v}{\partial z} \tag{2.167}$$

同时也可以计算切应变 ε_{yz},按照定义

$$\varepsilon_{yz}=\frac{1}{2}(\theta_y+\theta_z) \tag{2.168}$$

式中:θ_y 为$\overline{A'B'}$与 y 轴的夹角;θ_z 为$\overline{A'C'}$与 z 轴的夹角。在小形变的条件下,$\varepsilon_{yy}\ll 1$,$\varepsilon_{zz}\ll 1$,有

$$\begin{cases}\theta_y\approx\tan\theta_y=\dfrac{(\partial v/\partial y)\mathrm{d}y}{\mathrm{d}y(1+\varepsilon_{yy})}=\dfrac{\partial v/\partial y}{1+\varepsilon_{yy}}\approx\dfrac{\partial v}{\partial y}\\[2ex]\theta_z\approx\tan\theta_z=\dfrac{(\partial u/\partial z)\mathrm{d}z}{\mathrm{d}z(1+\varepsilon_{zz})}=\dfrac{\partial u/\partial z}{1+\varepsilon_{zz}}\approx\dfrac{\partial u}{\partial z}\end{cases} \tag{2.169}$$

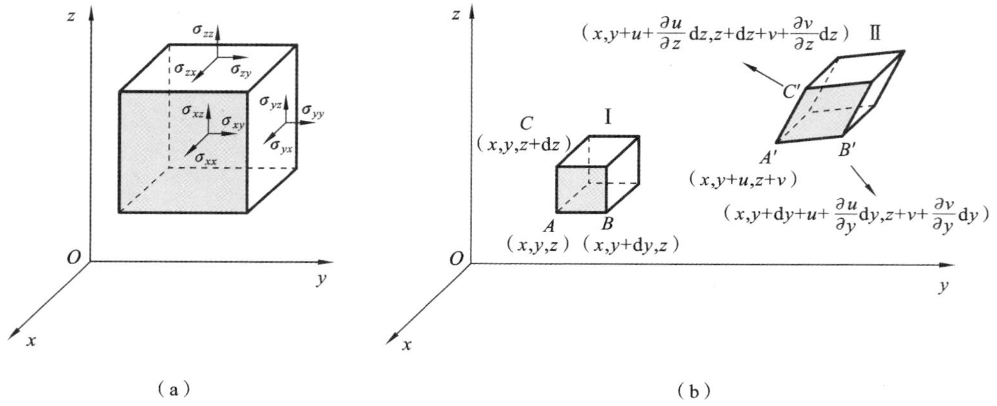

图 2.35 材料应力和应变的物理意义

(a) 应力分量;(b) 正应变和切应变的物理意义

将式(2.169)代入式(2.168),得

$$\varepsilon_{yz}=\frac{1}{2}\left(\frac{\partial v}{\partial y}+\frac{\partial u}{\partial z}\right) \tag{2.170}$$

在考虑一阶近似的条件下,切应变并不改变小六面体的体积。

2.3.3 弹性常数

2.3.3.1 弹性常数概述

材料的应力 σ_{ij} 和应变 ε_{mn} 之间的关系通常用弹性常数来描述。具体而言,有

$$\sigma_{ij}=C_{ijmn}\varepsilon_{mn} \tag{2.171}$$

可见,弹性常数 $\boldsymbol{C}$ 是四阶张量,一共有八十一个分量,记作 C_{ijmn}。但是,这八十一个分量并不都是独立的。因为 σ_{ij} 与 ε_{mn} 分别是对称二阶张量 $\boldsymbol{\sigma}$ 和 $\boldsymbol{\varepsilon}$ 的分量,即下标对换时各自的数值不变,所以 C_{ijmn} 的前两个下标可以互换,后两个下标也可以互换。此外,C_{ijmn} 还可以表达为系

统内能 U 对应变的二阶微分，即

$$C_{ijmn}=\frac{\partial^2 U}{\partial \varepsilon_{ij}\partial \varepsilon_{mn}}=\frac{\partial^2 U}{\partial \varepsilon_{mn}\partial \varepsilon_{ij}}$$

所以它的前后两对下标也可以互换。综上所述，可以写出如下关于 C_{ijmn} 的等式：

$$C_{ijmn}=C_{jimn}=C_{ijnm}=C_{jinm}=C_{mnij}=C_{nmij}=C_{mnji}=C_{nmji} \tag{2.172}$$

因此，$\boldsymbol{C}$ 只有二十一个独立分量：

$$\begin{bmatrix} C_{1111} & C_{1122} & C_{1133} & C_{1123} & C_{1113} & C_{1112} \\ & C_{2222} & C_{2233} & C_{2223} & C_{2213} & C_{2212} \\ & & C_{3333} & C_{3323} & C_{3313} & C_{3312} \\ & & & C_{2323} & C_{2313} & C_{2312} \\ & & & & C_{1313} & c_{1312} \\ & & & & & C_{1212} \end{bmatrix} \tag{2.173}$$

为了书写方便，采用 Voigt 简标：

$$11\rightarrow1\quad 22\rightarrow2\quad 33\rightarrow3\quad 23\rightarrow4\quad 13\rightarrow5\quad 12\rightarrow6$$

则应力和应变在小形变的情况下应该满足

$$\begin{bmatrix}\sigma_1\\ \sigma_2\\ \sigma_3\\ \sigma_4\\ \sigma_5\\ \sigma_6\end{bmatrix}=\begin{bmatrix} C_{11} & C_{12} & C_{13} & C_{14} & C_{15} & C_{16} \\ C_{21} & C_{22} & C_{23} & C_{24} & C_{25} & C_{26} \\ C_{31} & C_{32} & C_{33} & C_{34} & C_{35} & C_{36} \\ C_{41} & C_{42} & C_{43} & C_{44} & C_{45} & C_{46} \\ C_{51} & C_{52} & C_{53} & C_{54} & C_{55} & C_{56} \\ C_{61} & C_{62} & C_{63} & C_{64} & C_{65} & C_{66} \end{bmatrix}\begin{bmatrix}\varepsilon_1\\ \varepsilon_2\\ \varepsilon_3\\ \varepsilon_4\\ \varepsilon_5\\ \varepsilon_6\end{bmatrix} \tag{2.174}$$

比较常见的计算弹性常数的方法是设计一系列小的应变，然后研究应力或者体系能量随应变量的变化，再通过拟合求得我们感兴趣的弹性常数。对于不同的对称性需要设计不同的应变模式[26]，这是因为不同对称性的晶体结构具有不同数目的独立弹性常数，晶体的对称性越高，独立的弹性常数就越少。比如，三斜系的晶体有二十一个独立的弹性常数，而立方系的晶体只有三个独立的弹性常数。

2.3.3.2　立方系

下面以立方系的材料为例，说明对称性对独立弹性常数个数的影响。弹性常数 C_{ijmn} 的变换性质同 $r_i r_j r_m r_n$。而 O 群中的所有对称操作都可视为 x、y、z 轴间的变换。这里举出下面推导中需要用到的三个操作：c_{3xyz}（沿[111]轴旋转 $2\pi/3$ 角）、c_{2y}（沿[010]轴旋转 π 角）及 c_{2z}（沿[001]轴旋转 π 角）。其效果为

$$c_{3xyz}:(x,y,z)\rightarrow(z,x,y);\quad c_{2y}:(x,y,z)\rightarrow(\bar{x},y,\bar{z});\quad c_{2z}:(x,y,z)\rightarrow(\bar{x},\bar{y},z)$$

考虑方程(2.173)中的分量 C_{1111}，变换性质为 $(xx)(xx)$，以 c_{3xyz} 作用在 C_{1111} 上，有

$$(xx)(xx)\rightarrow(yy)(yy)\rightarrow(zz)(zz)$$

因此，$C_{1111}=C_{2222}=C_{3333}$。用 O 群中的其他对称操作作用在 C_{1111} 上，可以发现该关系永远成立。

考虑分量 C_{1122}，变换性质为 $(xx)(yy)$，以 c_{3xyz} 作用在 C_{1122} 上，有

$$(xx)(yy)\rightarrow(zz)(xx)\rightarrow(yy)(zz)$$

因此，$C_{1122}=C_{1133}=C_{2233}$。用 O 群中的其他对称操作作用在 C_{1122} 上，同样可以发现该关系永远成立。

考虑分量 C_{1212},变换性质为$(xy)(xy)$,以 c_{3xyz} 作用在 C_{1212} 上,有

$$(xy)(xy)\rightarrow(zx)(zx)\rightarrow(yz)(yz)$$

因此,$C_{1212}=C_{1313}=C_{2323}$。用 O 群中的其他对称操作作用在 C_{1212} 上,同样可以发现该关系永远成立。

考虑分量 C_{1123},变换性质为$(xx)(yz)$,以 c_{3xyz} 作用在 C_{1123} 上,有

$$(xx)(yz)\rightarrow(zz)(xy)\rightarrow(yy)(zx)$$

再以 c_{2z} 作用在 C_{1123} 上,有

$$(xx)(yz)\rightarrow(\bar{x}\bar{x})(\bar{y}z)=-(xx)(yz)$$

可得 $C_{1123}=C_{3312}=C_{2213}=0$。

考虑分量 C_{2313},变换性质为$(yz)(xz)$,以 c_{3xyz} 作用在 C_{2313} 上,有

$$(yz)(xz)\rightarrow(xy)(zy)\rightarrow(zx)(yz)$$

再以 c_{2y} 作用在 C_{2313} 上,有

$$(yz)(xz)\rightarrow(y\bar{z})(\bar{x}\bar{z})=-(yz)(xz)$$

可得 $C_{2313}=C_{1312}=C_{2312}=0$。

考虑分量 C_{1113},变换性质为$(xx)(xz)$,以 c_{3xyz} 作用在 C_{1113} 上,有

$$(xx)(xz)\rightarrow(zz)(zy)\rightarrow(yy)(yx)$$

再以 c_{2z} 作用在 C_{1113} 上,有

$$(xx)(xz)\rightarrow(\bar{x}\bar{x})(\bar{x}z)=-(xx)(xz)$$

可得 $C_{1113}=C_{2212}=C_{3323}=0$。

最后考虑分量 C_{1112},变换性质为$(xx)(xy)$,以 c_{3xyz} 作用在 C_{1112} 上,有

$$(xx)(xy)\rightarrow(zz)(zx)\rightarrow(yy)(yz)$$

再以 c_{2y} 作用在 C_{1112} 上,有

$$(xx)(xy)\rightarrow(\bar{x}\bar{x})(\bar{x}y)=-(xx)(xy)$$

可得 $C_{1112}=C_{2223}=C_{3313}=0$。

综上所述,满足 O 群对称性的体系仅有三个独立的弹性常数:C_{1111}、C_{1122} 和 C_{2323}。采用 Voigt 简标,其弹性常数矩阵为

$$\begin{bmatrix}\sigma_1\\\sigma_2\\\sigma_3\\\sigma_4\\\sigma_5\\\sigma_6\end{bmatrix}=\begin{bmatrix}C_{11}&C_{12}&C_{12}&0&0&0\\C_{12}&C_{11}&C_{12}&0&0&0\\C_{12}&C_{12}&C_{11}&0&0&0\\0&0&0&C_{44}&0&0\\0&0&0&0&C_{44}&0\\0&0&0&0&0&C_{44}\end{bmatrix}\begin{bmatrix}\varepsilon_1\\\varepsilon_2\\\varepsilon_3\\\varepsilon_4\\\varepsilon_5\\\varepsilon_6\end{bmatrix}\tag{2.175}$$

2.4 固体能带论

能带论在固体物理学中具有非常重要的地位,它为理解和解释固体材料的许多性质,如电学、光学、输运以及响应性质等提供了一个基本的理论框架。固体中原子之间的相互作用导致电子能级发生扩展,形成连续的能带结构。这些能带结构反映了材料的特殊电子状态分布,从而决定了固体的各种物理性质。

在能带论中，能带的形成与布里渊区和布洛赫波函数密切相关。通过分析布里渊区的几何结构以及布洛赫波函数的性质，我们可以得到材料的能带结构，从而预测和解释其特性。例如，半导体材料的带隙大小决定了其光学和电学性质，如光吸收和载流子输运等；金属和绝缘体则根据其费米能级附近的电子态密度来区分，影响导电性和磁性等性质。

能带结构的计算和分析对现代材料科学和凝聚态物理学的发展起到了关键作用。通过第一性原理计算和实验手段，研究者们可以探索各种材料的能带结构，从而设计和优化新型功能材料。此外，能带论还为超导、拓扑材料等领域的研究提供了理论支持。

2.4.1 周期边界、倒空间与 Blöch 定理

晶体材料中原子按照一定的对称性呈周期性排列，因此由原子引入的势场(V_{ext})拥有同样的周期性以及对称性。考虑单电子薛定谔方程(参见式(2.1))：

$$\hat{H}\psi(\boldsymbol{r}) = -\frac{\hbar}{2m}\boldsymbol{\nabla}^2 + V(\boldsymbol{r}) = \varepsilon\psi(\boldsymbol{r}) \tag{2.176}$$

式中：$V(\boldsymbol{r})$是电子感受到的有效势，包括电子-电子相互作用以及 V_{ext}。$V(\boldsymbol{r})$显然也应该与体系拥有相同的对称性和周期性，否则体系会因为经典相互作用而无法保持当前的晶体结构。因此将空间群的群元$\{\alpha|\boldsymbol{R}_n\}$作用在 $V(\boldsymbol{r})$及 $\hat{H}$ 上，有

$$V(\{\alpha|\boldsymbol{R}_n\}\boldsymbol{r}) = V(\boldsymbol{r}),\quad \hat{H}(\{\alpha|\boldsymbol{R}_n\}\boldsymbol{r}) = \hat{H}(\boldsymbol{r})$$

这种周期性的哈密顿量会使本征能级与本征波函数具有一些特殊的性质。下面对这些性质进行详细讨论。

2.4.1.1 倒空间与布拉格反射

由 2.2.1 节中的讨论可知，晶体可以抽象为实空间中排列的点阵，如果已经确定了体系的单胞，则任意点阵 $\boldsymbol{R}_n$ 均可由单胞的基矢 $\boldsymbol{a}_1$、$\boldsymbol{a}_2$、$\boldsymbol{a}_3$ 展开：

$$\boldsymbol{R}_n = n_1\boldsymbol{a}_1 + n_2\boldsymbol{a}_2 + n_3\boldsymbol{a}_3$$

由实空间的基矢出发，也可以定义 k 空间(也称动量空间或者倒空间)中的基矢 $\boldsymbol{b}_1$、$\boldsymbol{b}_2$、$\boldsymbol{b}_3$：

$$\boldsymbol{b}_1 = \frac{2\pi\cdot\boldsymbol{a}_2\times\boldsymbol{a}_3}{(\boldsymbol{a}_1\times\boldsymbol{a}_2)\cdot\boldsymbol{a}_3},\quad \boldsymbol{b}_2 = \frac{2\pi\cdot\boldsymbol{a}_3\times\boldsymbol{a}_1}{(\boldsymbol{a}_1\times\boldsymbol{a}_2)\cdot\boldsymbol{a}_3},\quad \boldsymbol{b}_3 = \frac{2\pi\cdot\boldsymbol{a}_1\times\boldsymbol{a}_2}{(\boldsymbol{a}_1\times\boldsymbol{a}_2)\cdot\boldsymbol{a}_3}$$

可以验证，$\boldsymbol{a}_i$ 与 $\boldsymbol{b}_j$ 满足如下正交关系：

$$\boldsymbol{a}_i\cdot\boldsymbol{b}_j = 2\pi\delta_{ij} \tag{2.177}$$

与实空间中晶体结构的讨论类似，由 $\boldsymbol{b}_i$ 围成的平行六面体即为倒空间的单胞，而其维格纳-塞茨原胞则称为布里渊区(Brillouin zone)，而且在倒空间中同样存在点阵，记为 $\boldsymbol{G}_m$，称为倒格矢。与实空间中的矢量可以用 $\boldsymbol{a}_i$ 展开一样，$\boldsymbol{G}_m$ 也可用 $\boldsymbol{b}_i$ 展开，即

$$\boldsymbol{G}_m = m_1\boldsymbol{b}_1 + m_2\boldsymbol{b}_2 + m_3\boldsymbol{b}_3$$

由正交关系式(2.177)可得

$$\boldsymbol{R}_n\cdot\boldsymbol{G}_m = 2\pi(n_1m_1 + n_2m_2 + n_3m_3) = 2\pi N \tag{2.178}$$

式中 N 为整数。根据矢量内积的几何意义可知，满足上述方程的所有 $\boldsymbol{R}_n$ 在 $\boldsymbol{G}_m$ 上的投影相同，即这些矢量的终点均处在一个与 $\boldsymbol{G}_m$ 垂直的平面上。

因为电子运动有波的性质，而周期性排列的原子核对电子有散射作用，且原子间距与电子波长相近，所以可以预见在晶体中存在电子的衍射，称之为布拉格反射(Bragg reflection)。如

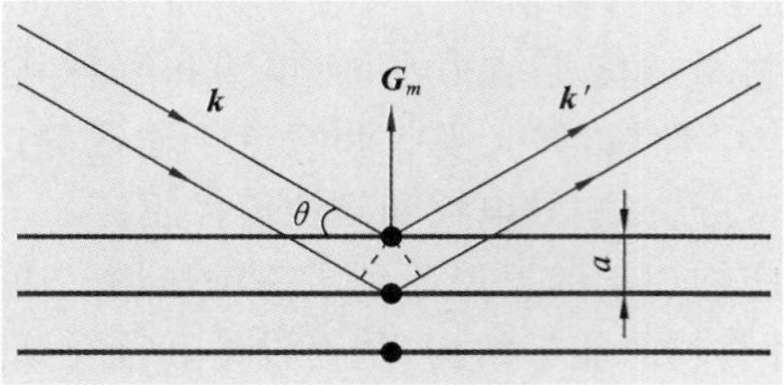

图 2.36 布拉格反射示意图

图 2.36 所示,原子层的间距为 a。一束电子波(波矢为 $\boldsymbol{k}$)沿图中所示的入射方向到达两层相邻的晶格面,在晶格面与原子交换 $\hbar\boldsymbol{G}_m$ 的动量,则当两个晶面上的电子波程差为电子德布罗意波长 λ 的整数倍时,可观察到反射波 $\boldsymbol{k}'$。

由图 2.36 可知

$$2a\sin\theta = N\lambda \tag{2.179}$$

式中 N 为整数。显然,方程(2.179)等价于

$$\boldsymbol{k}' = \boldsymbol{k} + \boldsymbol{G}_m \tag{2.180}$$

因为是弹性散射,即 $|\boldsymbol{k}'| = |\boldsymbol{k}|$,所以式(2.180)也可写为

$$\boldsymbol{k} \cdot \boldsymbol{G}_m = -\frac{1}{2}|\boldsymbol{G}_m|^2 \tag{2.181}$$

因为倒空间的周期性关系,$\boldsymbol{G}_m$ 有很多种选择,对于选定了 Γ 点(倒空间中格矢为 $\boldsymbol{0}$ 的点)的倒空间,可以通过方程(2.181)将空间划分为很多个封闭的区域。这些区域称为布里渊区。而包含 Γ 点的最小的封闭区域称为第一布里渊区(first Brillouin zone,FBZ)。

2.4.1.2 Blöch 定理与布里渊区

2.4.1.1 节中由周期性引入了倒空间的概念,本节则进一步讨论电子的本征波函数由于哈密顿量的周期性而呈现出的特点。为了描述体系的周期性,可以引入平移算符 $\hat{T}_{\boldsymbol{R}_I}$,有

$$\hat{T}_{\boldsymbol{R}_I} f(\boldsymbol{r}) = f(\boldsymbol{r} + \boldsymbol{R}_I) \tag{2.182}$$

因此,$\hat{\psi}(\boldsymbol{r})$ 也是平移算符 $\hat{T}_{\boldsymbol{R}_I}$ 的本征函数,有本征值方程

$$\hat{T}_{\boldsymbol{R}_I}\psi(\boldsymbol{r}) = t_I\psi(\boldsymbol{r})$$

此外,因为平移并不改变函数的形状,所以

$$|\hat{T}_{\boldsymbol{R}_I}\psi(\boldsymbol{r})|^2 = |\psi(\boldsymbol{r})|^2$$

有

$$t_I = \pm 1$$

因此,周期性势场中的电子本征波函数满足

$$\psi(\boldsymbol{r}) = u(\boldsymbol{r})\mathrm{e}^{\mathrm{i}\boldsymbol{k}\cdot\boldsymbol{r}}$$
$$u(\boldsymbol{r} + \boldsymbol{L}) = u(\boldsymbol{r}) \tag{2.183}$$

式中:$\boldsymbol{L}$ 为任意格矢。$\psi(\boldsymbol{r})$ 称为 Blöch 波函数。式(2.183)表明,在周期势场中,电子本征波函数为调幅周期函数,其包络线为 $\mathrm{e}^{\mathrm{i}\boldsymbol{k}\cdot\boldsymbol{r}}$。图 2.37 给出了一个具体的例子。

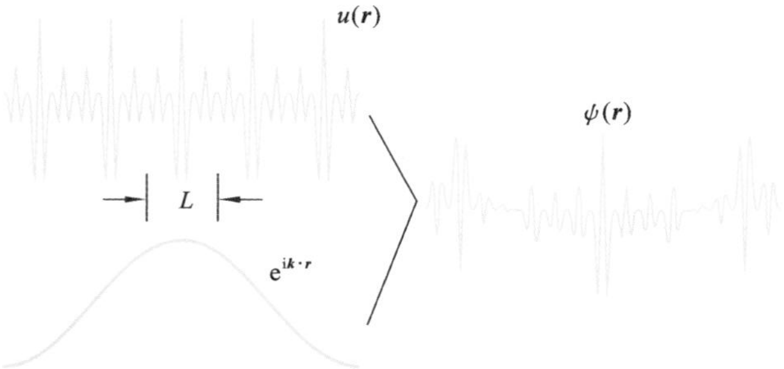

图 2.37 Blöch 波函数可以表示为一个周期函数与平面波的乘积

Blöch 定理给出了晶体平移对称性对电子波函数数学表达式的周期性要求。因为调幅

项 $u(\boldsymbol{r})$ 的周期性，无限大晶体的电子结构可以利用实空间中一个单胞来表示。对固体物理的计算模拟而言，这无疑是一个非常有用的便利条件。

2.4.1.3　玻恩-冯卡门循环边界条件

严格来讲，平移对称性只在晶体无限大时才成立，而实际的晶体体积总是有限的。但是当表面处的原子数远小于晶体内部原子数时，表面效应可以忽略不计。此时需要设定一种特殊的边界条件，将平移对称性引入有限大晶体。这就是著名的玻恩-冯卡门循环边界条件(Born-von Karman cyclic boundary condition)。

考虑一块宏观尺度的晶体，沿单胞的三个基矢 $\boldsymbol{a}_1$、$\boldsymbol{a}_2$、$\boldsymbol{a}_3$ 分别重复 N_1、N_2 和 N_3 次。

玻恩-冯卡门循环边界条件要求晶体中的波函数 $\psi(\boldsymbol{r})$ 满足

$$\psi(\boldsymbol{r})=\psi(\boldsymbol{r}+N_1\boldsymbol{a}_1)=\psi(\boldsymbol{r}+N_2\boldsymbol{a}_2)=\psi(\boldsymbol{r}+N_3\boldsymbol{a}_3) \tag{2.184}$$

因为 $\psi(\boldsymbol{r})$ 必是 Blöch 波，所以有

$$\mathrm{e}^{\mathrm{i}\boldsymbol{k}\cdot N_1\boldsymbol{a}_1}=\mathrm{e}^{\mathrm{i}\boldsymbol{k}\cdot N_2\boldsymbol{a}_2}=\mathrm{e}^{\mathrm{i}\boldsymbol{k}\cdot N_3\boldsymbol{a}_3}=1 \tag{2.185}$$

式中：$\boldsymbol{k}$ 为波矢。实际上满足条件的 $\boldsymbol{k}$ 有无限多个，将式(2.185)中的 1 用复数形式等效表示为 $\mathrm{e}^{\mathrm{i}2\pi}$，则有

$$\boldsymbol{k}=\frac{m_1}{N_1}\boldsymbol{b}_1+\frac{m_2}{N_2}\boldsymbol{b}_2+\frac{m_3}{N_3}\boldsymbol{b}_3 \tag{2.186}$$

式中：m_i 为整数，且 $m_i\in[0,N_i)$；$\boldsymbol{b}_i$ 为倒空间基矢，由方程(2.177)给出。此时 $\boldsymbol{k}$ 的个数 N 有限，等于 $N_1\times N_2\times N_3$。因为 N_1、N_2、N_3 通常是很大的整数，所以 N 个 $\boldsymbol{k}$ 点均匀而且密集地分布在第一布里渊区内。每个 $\boldsymbol{k}$ 点在倒空间内占据的体积为

$$\Delta\boldsymbol{k}_1\cdot(\Delta\boldsymbol{k}_2\times\Delta\boldsymbol{k}_3)=\frac{\boldsymbol{b}_1\cdot(\boldsymbol{b}_2\times\boldsymbol{b}_3)}{N_1N_2N_3}=\frac{(2\pi)^3}{N\Omega_{\mathrm{cell}}}=\frac{(2\pi)^3}{V}$$

式中：V 为整块晶体的体积。根据与第 1 章矩形积分法计算积分类似的讨论，我们可以将第一布里渊区内对离散 $\boldsymbol{k}$ 点的求和转化为 $\boldsymbol{k}$ 的积分，即

$$\sum_{\boldsymbol{k}}f(\boldsymbol{k})=\frac{V}{(2\pi)^3}\int f(\boldsymbol{k})\mathrm{d}\boldsymbol{k} \tag{2.187}$$

这个关系式已出现在很多重要的推导中。

由玻恩-冯卡门循环边界条件还可引出下面两个常见的关系式：

$$\sum_{\boldsymbol{k}}^{\mathrm{FBZ}}\mathrm{e}^{\mathrm{i}\boldsymbol{k}\cdot(\boldsymbol{R}_i-\boldsymbol{R}_j)}=N_1N_2N_3\delta_{ij} \tag{2.188}$$

$$\sum_{\boldsymbol{R}_i}^{V}\mathrm{e}^{\mathrm{i}(\boldsymbol{k}_l-\boldsymbol{k}_m)\cdot\boldsymbol{R}_i}=N_1N_2N_3\delta_{lm} \tag{2.189}$$

从原则上讲，$\mathrm{e}^{\mathrm{i}\boldsymbol{k}\cdot\boldsymbol{R}_i}$ 是平移算符 $\hat{T}_{\boldsymbol{R}_i}$ 的本征方程，因此也可以作为平移群的一个一维表示。所以上面这两个关系式的严格证明用到了群表示理论的若干定理和结论。考虑到本书没有涉及这方面的内容，所以这里不详加讨论，具体请参考文献[27]。以式(2.188)为例，可以给出一个比较简单的证明。

当 $\boldsymbol{R}_i=\boldsymbol{R}_j$ 时，方程(2.188)显然成立。否则，记

$$\boldsymbol{R}_i-\boldsymbol{R}_j=\boldsymbol{R}_{ij}=u\boldsymbol{a}_1+v\boldsymbol{a}_2+w\boldsymbol{a}_3$$

u、v、w 中至少有一个不为零。因为 $\boldsymbol{k}$ 点在布里渊区中均匀分布，所以对离散 $\boldsymbol{k}$ 点的求和可以表示为

$$\sum_{\boldsymbol{k}}^{\mathrm{FBZ}} \mathrm{e}^{\mathrm{i}\boldsymbol{k}\cdot\boldsymbol{R}_{ij}} = \sum_{m_1=0}^{N_1-1} \mathrm{e}^{\mathrm{i}\frac{m_1}{N_1}u\boldsymbol{b}_1\cdot\boldsymbol{a}_1} \sum_{m_2=0}^{N_2-1} \mathrm{e}^{\mathrm{i}\frac{m_2}{N_2}v\boldsymbol{b}_2\cdot\boldsymbol{a}_2} \sum_{m_3=0}^{N_3-1} \mathrm{e}^{\mathrm{i}\frac{m_3}{N_3}w\boldsymbol{b}_3\cdot\boldsymbol{a}_3}$$

即三个等比数列求和结果的连乘。若 $u\neq 0$,则第一个等比数列求和为

$$\sum_{m_1=0}^{N_1-1} \mathrm{e}^{\mathrm{i}\frac{m_1}{N_1}u\boldsymbol{b}_1\cdot\boldsymbol{a}_1} = \frac{\mathrm{e}^{\mathrm{i}2u\pi}-1}{\mathrm{e}^{\mathrm{i}2\pi\frac{u}{N_1}}-1} = 0$$

对于 $v\neq 0$ 和 $w\neq 0$ 的情况,可进行相同的讨论。因此方程(2.188)得证。对方程(2.189)可做类似的证明。

2.4.2 空晶格模型与第一布里渊区

2.4.1.1 节中引入了一个在固体物理学中占有极重要地位的概念——布里渊区。下面用空晶格模型以及 Blöch 定理说明布里渊区,尤其是第一布里渊区的重要性。

空晶格模型下,因为 $V(\boldsymbol{r})\equiv 0$,所以哈密顿量中只包含动能项 $-\frac{\hbar^2}{2m}\nabla^2$(不受晶体势影响,相当于在自由空间中),易解得电子波函数为平面波 $\mathrm{e}^{\mathrm{i}\boldsymbol{k}\cdot\boldsymbol{r}}$,本征能级 $\varepsilon(\boldsymbol{k})=\frac{\hbar^2}{2m}|\boldsymbol{k}|^2$。由于体系有周期性,所以电子波函数同时应该符合 Blöch 波函数的形式。若实空间内的格矢为 $\boldsymbol{R}_n$,则很明显 $u(\boldsymbol{r})$可取 $u(\boldsymbol{r})=\mathrm{e}^{\mathrm{i}\boldsymbol{G}_m\cdot\boldsymbol{r}}$,$m$ 为任意整数,$\boldsymbol{G}_m$ 为倒格矢。所以,空晶格模型下,电子的本征波函数为

$$\psi(\boldsymbol{k},\boldsymbol{r})=\mathrm{e}^{\mathrm{i}(\boldsymbol{k}+\boldsymbol{G}_m)\cdot\boldsymbol{r}} \tag{2.190}$$

显然,通过平移算符,所有 $\boldsymbol{k}'=\boldsymbol{k}+\boldsymbol{G}_m$ 都与 $\boldsymbol{k}$ 联系起来,即都是 $\boldsymbol{k}$ 的等价点。式(2.190)也表明,倒空间中任意一个倒格点均可以作为原点,这与空间中 **0** 点不确定是一致的。因此,如果想描述 $\varepsilon(\boldsymbol{k})$,可以首先选择倒空间中某个格矢为 **0** 的点(Γ 点),然后利用倒空间的周期性,只研究第一布里渊区内的波函数或者本征能级随 $\boldsymbol{k}$ 点变化的情况。图 2.38 给出了一维格子的扩展和简约布里渊区的能带结构。这意味着第一布里渊区内的 k_i 点代表了倒空间

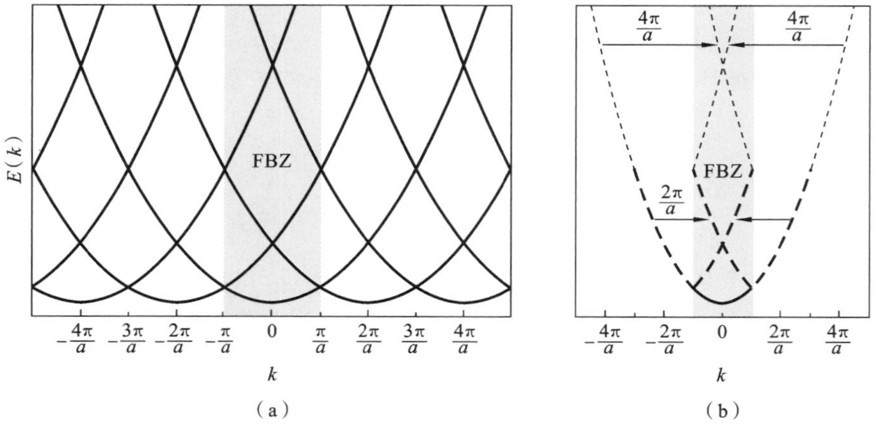

图 2.38 一维格子的重复与简约布里渊区的能带结构

(a) 一维格子的重复;(b) 简约布里渊区的能带结构

注:第一布里渊区用蓝色标出;图(b)中,粗实线、粗虚线和细虚线分别代表经过 0、1、2 次折叠后返回第一布里渊区的部分。

中所有符合 k_i+G_m 的点。为了保证对倒空间描述的完备性，每一个 k_i 点均有一套本征波函数 $\{\psi_n(k_i)\}$，其中下标 n 称为能带指标。由图 2.39 可以清楚地看到，能带指标 n 与第一布里渊区内 k_i 的等价点 k_i+G_m 所在的第 n 布里渊区相对应。

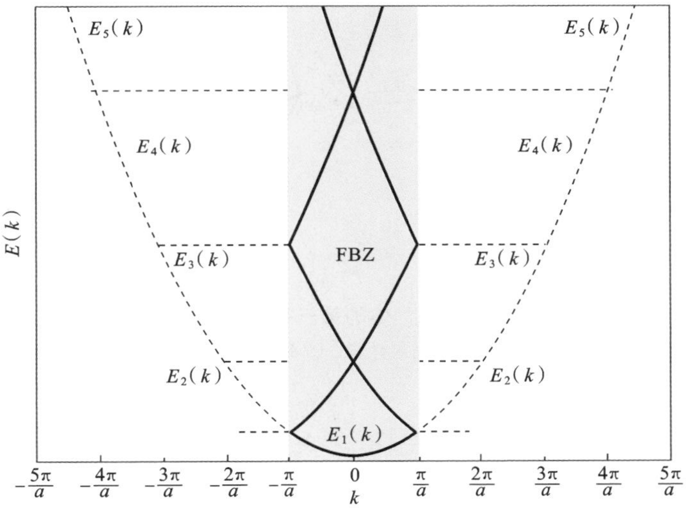

图 2.39　一维格子能带指标与扩展布里渊区关系示意

注：第一布里渊区用蓝色标出。虚线为扩展布里渊区自由电子的色散曲线，实线为相应的简约布里渊区的能带结构。图中示出了不同能带和第一到第五布里渊区。

一维情况下第一布里渊区与整个倒空间的关系可以推广到二维以及三维的情况。图 2.40 和图 2.41 中给出了几种常见晶体结构的第一布里渊区。过去二维体系并未引起人们广泛的研究兴趣。但是近年来随着表面技术的兴起，二维体系的布里渊区和对称性开始受到越来越多的关注。

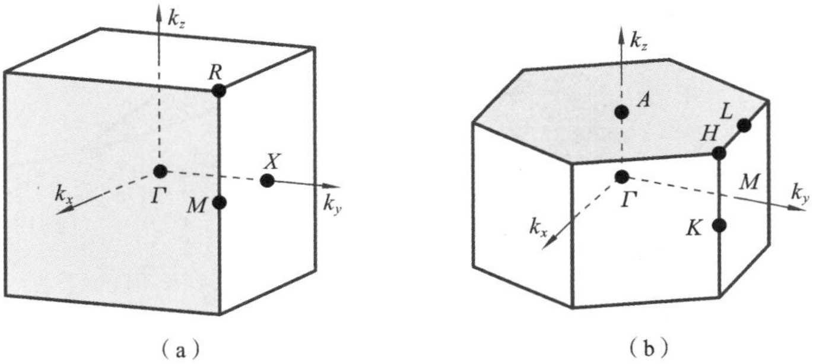

图 2.40　简单立方晶体和 HCP 晶体的第一布里渊区及典型高对称点

(a) 简单立方晶体的第一布里渊区及典型高对称点；(b) HCP 晶体的第一布里渊区及典型高对称点

图 2.42 给出了二维正方格子的第一到第六布里渊区。在多维情况下，第一布里渊区和整个倒空间的映射关系较一维情况要复杂一些。相应地，多维体系第一布里渊区中的能带结构也要较一维情况复杂。

图 2.43 给出了 FCC 空晶格第一布里渊区内沿高对称线由 Γ 点到 X 点的能带结构。可以看到，不同能带间出现了交叉。这是因为二维以及三维体系的第一布里渊区中，每个点都通过不同的倒格矢 $\boldsymbol{G}$ 与倒空间中其他的点联系在一起。因为不同的 $\boldsymbol{G}$ 彼此不共线，所以即使

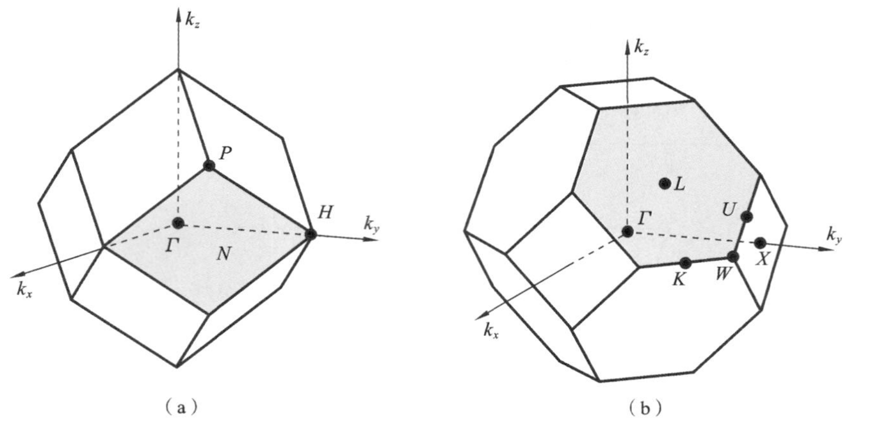

图 2.41　BCC 和 FCC 晶体的第一布里渊区及典型高对称点

(a) BCC 晶体的第一布里渊区及典型高对称点;(b) FCC 晶体的第一布里渊区及典型高对称点

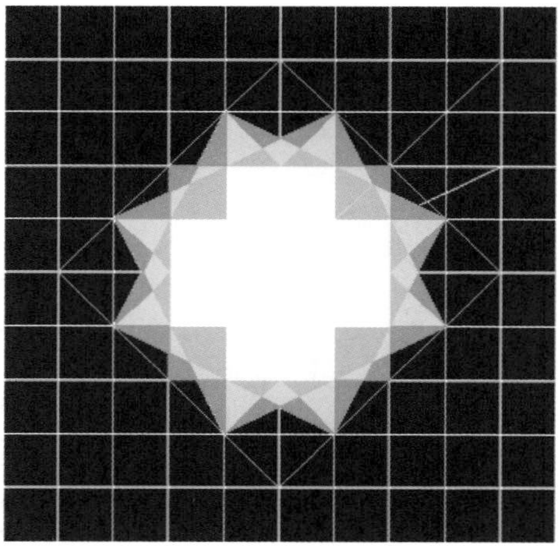

图 2.42　二维正方格子前六个布里渊区示意图

注:第一布里渊区用白色标出。

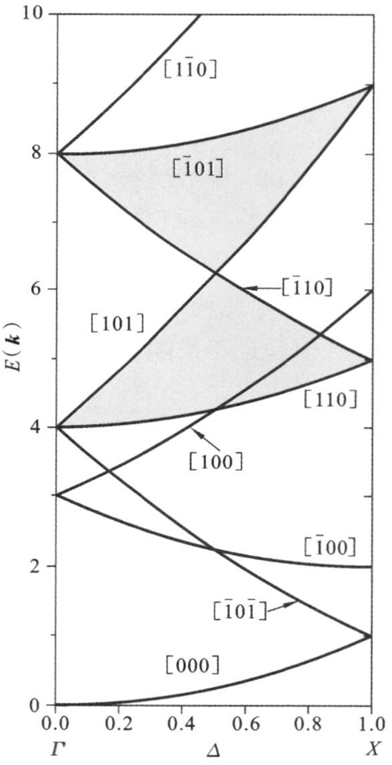

图 2.43　FCC 空晶格第一布里渊区内沿高对称线由 Γ 点到 X 点的能带结构

注:能量 $E(\boldsymbol{k})$ 的单位为 $\hbar^2(2\pi)^2/(2ma^2)$;$[hkl]$代表倒格矢 $\boldsymbol{G}$。

能带指标相同,仍然需要额外的参量来描述该能带所对应的倒格矢 $\boldsymbol{G}$。在本例中,FCC 晶格对应的倒格矢为

$$\boldsymbol{G}=h\boldsymbol{b}_1+k\boldsymbol{b}_2+l\boldsymbol{b}_3=\frac{2\pi}{a}[h(\hat{\boldsymbol{x}}+\hat{\boldsymbol{y}}-\hat{\boldsymbol{z}})+k(-\hat{\boldsymbol{x}}+\hat{\boldsymbol{y}}+\hat{\boldsymbol{z}})+l(\hat{\boldsymbol{x}}-\hat{\boldsymbol{y}}+\hat{\boldsymbol{z}})] \tag{2.191}$$

因此对空晶格而言,沿高对称线 Δ 的能量 $E(\boldsymbol{k})$ 可以表示为

$$E(\boldsymbol{k})=\frac{\hbar}{2m}[(k_x+G_x)^2+G_y^2+G_z^2]$$
$$=\frac{\hbar^2}{2m}\left(\frac{2\pi}{a}\right)^2[(u+h-k+l)^2+(h+k-l)^2+(-h+k+l)^2] \tag{2.192}$$

式中：u 是由 Γ 点到 X 点的分数坐标。很明显，倒格矢的指标 h、k、l 不同，$E(\boldsymbol{k})$关于 u 的函数形式也不同，由此导致了如图 2.43 所示的复杂的能带结构。

2.4.3　近自由电子近似与能带间隙

空晶格模型中离子对 Blöch 波函数没有任何作用。这样的模型显然不合理。设体系中晶格势较弱，则我们可以将空晶格模型改进为近自由电子模型[28]。

显然，晶格势函数 $V(\boldsymbol{r})$应该拥有与晶体结构一致的对称性和周期性，因此可将其展开为傅里叶级数：

$$V(\boldsymbol{r}) = V_0 + \sum_{n\neq 0} V(\boldsymbol{G}_n)\exp(\mathrm{i}\boldsymbol{G}_n \cdot \boldsymbol{r}) \tag{2.193}$$

而波函数 ψ 同样可以利用 Blöch 定理展开为傅里叶级数：

$$\psi(\boldsymbol{k},\boldsymbol{r}) = \frac{1}{\sqrt{\Omega}}\exp(\mathrm{i}\boldsymbol{k}\cdot\boldsymbol{r})\sum_m u(\boldsymbol{G}_m)\exp(\mathrm{i}\boldsymbol{G}_m\cdot\boldsymbol{r}) \tag{2.194}$$

因为晶格势较弱，所以方程(2.193)中除 V_0 以外的各项都可以作为微扰项处理。零级近似即为空晶格模型，零级波函数则为

$$u(0)=1,\quad u(\boldsymbol{G}_m)=0\quad (m\neq 0)$$

显然，零级波即为平面波。

现在考虑 $V(\boldsymbol{G}_m)$的影响。将式(2.193)及式(2.194)代入薛定谔方程，有

$$\frac{1}{\sqrt{\Omega}}\sum_m\left[\left(\frac{\hbar^2}{2m}|\boldsymbol{k}+\boldsymbol{G}_m|^2-E(\boldsymbol{k})\right)\sum_l V(\boldsymbol{G}_l)\exp(\mathrm{i}\boldsymbol{G}_l\cdot\boldsymbol{r})\right]u(\boldsymbol{G}_m)\exp[\mathrm{i}(\boldsymbol{k}+\boldsymbol{G}_m)\cdot\boldsymbol{r}]=0 \tag{2.195}$$

将式(2.195) 左乘$\frac{1}{\sqrt{\Omega}}\exp[-\mathrm{i}(\boldsymbol{k}+\boldsymbol{G}_n)\cdot\boldsymbol{r}]$ 并在 Ω 内积分，考虑到正交条件

$$\frac{1}{\Omega}\int_\Omega \exp(\mathrm{i}\boldsymbol{G}\cdot\boldsymbol{r}) = \delta_{\boldsymbol{G}0} \tag{2.196}$$

则得

$$\left[\frac{\hbar^2}{2m}|\boldsymbol{k}+\boldsymbol{G}_n|^2-E(\boldsymbol{k})\right]u(\boldsymbol{G}_n)+\sum_m V(\boldsymbol{G}_n-\boldsymbol{G}_m)u(\boldsymbol{G}_m)=0 \tag{2.197}$$

即 $V(\boldsymbol{r})$中只有满足 $\boldsymbol{G}_l=\boldsymbol{G}_n-\boldsymbol{G}_m$ 的分量才不为 0[29]。式(2.197)表明，因为弱晶体势的存在，Blöch 波的各个分量彼此关联在一起。

在式(2.197)中取 $E(\boldsymbol{k})=\frac{\hbar^2k^2}{2m}$，且求和项中只取 $u(0)$这一项，则有

$$u(\boldsymbol{G}_n)=-\frac{V(\boldsymbol{G}_n)}{\frac{\hbar^2}{2m}[(\boldsymbol{k}+\boldsymbol{G}_n)^2-k^2]} \tag{2.198}$$

式(2.198)表明，当 $\boldsymbol{k}$ 靠近布里渊区边界时，$k^2\approx|\boldsymbol{k}+\boldsymbol{G}_n|^2$，因此式(2.198)的分母近似为零，则 $u(\boldsymbol{G}_n)$非常大，$\exp(\mathrm{i}\boldsymbol{k}\cdot\boldsymbol{r})$和 $\exp[\mathrm{i}(\boldsymbol{k}+\boldsymbol{G}_m)\cdot\boldsymbol{r}]$两个态在该处简并。此时不能用前

面的微扰法进行处理,而应利用量子力学中对于简并微扰的方法进行计算。取上述在布里渊区边界处简并的两个态,由方程(2.197),有

$$\begin{cases}\left[\dfrac{\hbar^2}{2m}k^2-E(\boldsymbol{k})\right]u(0)+V(-\boldsymbol{G}_n)u(\boldsymbol{G}_n)=0\\\left[\dfrac{\hbar^2}{2m}|\boldsymbol{k}+\boldsymbol{G}_n|^2-E(\boldsymbol{k})\right]u(\boldsymbol{G}_n)+V(\boldsymbol{G}_n)u(0)=0\end{cases}\tag{2.199}$$

解上述方程组,考虑到 $V(-\boldsymbol{G}_n)=V^*(\boldsymbol{G}_n)$,即得弱晶格势下近自由电子气的能带关系为

$$E(\boldsymbol{k})=\frac{1}{2}\left\{\left[\frac{\hbar^2k^2}{2m}+\frac{\hbar^2|\boldsymbol{k}+\boldsymbol{G}_n|^2}{2m}\right]\pm\left[\left(\frac{\hbar^2k^2}{2m}-\frac{\hbar^2|\boldsymbol{k}+\boldsymbol{G}_n|^2}{2m}\right)^2+4|V(\boldsymbol{G}_n)|^2\right]^{1/2}\right\}\tag{2.200}$$

由方程(2.200)不难得出,在布里渊区边界处,即当 $\boldsymbol{k}$ 满足布拉格散射条件式(2.181)时,有

$$E_{\pm}=\frac{\hbar^2k^2}{2m}\pm|V(\boldsymbol{G}_n)|\tag{2.201}$$

因此,与空晶格模型相比,近自由电子气模型的色散曲线在布里渊区边界处会发生“断裂”,即产生能隙 $E_g=2|V(\boldsymbol{G}_n)|$,在这个能量范围内,不允许有任何电子态存在。

有必要对方程(2.200)做进一步的讨论。主要讨论两种极端情况:① 靠近布里渊区边界处,$(\hbar^2/2m)(k^2-|\boldsymbol{k}+\boldsymbol{G}_n|^2)\ll|V(\boldsymbol{G}_n)|$;② 远离布里渊区边界处,$(\hbar^2/2m)(k^2-|\boldsymbol{k}+\boldsymbol{G}_n|^2)\gg|V(\boldsymbol{G}_n)|$。这里仅讨论一维情况。为了方便讨论,首先将方程(2.200)改写为更简单的形式。在一维情况下,将 k 以及 $k+G_n$ 分别表示为各自相对于布里渊区边界的偏离,即

$$\begin{cases}k=\dfrac{n\pi}{a}-\Delta k\\k+G_n=\dfrac{n\pi}{a}+\Delta k\end{cases}\tag{2.202}$$

式中:$m\pi/a$ 即为各布里渊区的边界。引入

$$E_n=\frac{n^2\hbar^2\pi^2}{2ma^2}\tag{2.203}$$

将式(2.202)及式(2.203)代入方程(2.200),则有

$$E(k)=E_n+\frac{\hbar^2\Delta k^2}{2m}\pm\frac{1}{2}\left[16E_n\frac{\hbar^2\Delta k^2}{2m}+4|V(\boldsymbol{G}_n)|^2\right]^{1/2}\tag{2.204}$$

对于靠近布里渊区边界的情况,Δk 较小,将方程(2.204)中的二次方根项关于 $(4E_n\hbar^2\Delta k^2/2m)/|V(\boldsymbol{G}_n)^2|$ 做泰勒展开,保留至 Δk^2 项,则有

$$E(k)=E_n+\frac{\hbar^2\Delta k^2}{2m}\pm|V(\boldsymbol{G}_n)|\left[1+\frac{2E_n}{|V(\boldsymbol{G}_n)|^2}\frac{\hbar^2\Delta k^2}{2ma^2}\right]\tag{2.205}$$

这表明,靠近布里渊边界处,$E(k)$ 均以抛物线形式逼近极限值式(2.201)。

对于远离布里渊区边界的情况,Δk 较大,将方程(2.204)中的二次方根项关于 $\dfrac{|V(\boldsymbol{G}_n)|^2}{4E_n\hbar\Delta k^2/2m}$ 做泰勒展开,保留至 Δk^2 项,则有

$$E(k)=\begin{cases}\dfrac{\hbar^2k^2}{2m}-\dfrac{ma|V(\boldsymbol{G}_n)|^2}{2\hbar^2n\pi\Delta k}\\\dfrac{\hbar^2(k+G_n)^2}{2m}+\dfrac{ma|V(\boldsymbol{G}_n)|^2}{2\hbar^2n\pi\Delta k}\end{cases}\tag{2.206}$$

与自由电子气的结果相比可知,式(2.206)对于弱晶体场的效果是将高能级上移一个小

量，而将低能级下移一个小量。这实际上代表了两个轨道的杂化。

为了获得更直观的图象，用 Mathieu 势表示一维晶体场：$V(r)=-V_0\cos(2\pi r/a)$，取 $V_0=0.1E_1$。显然，其傅里叶分量仅有一个，即 $-V_0$。将其代入久期方程(2.197)中，可得一个三对角的 N 阶联立方程组：

$$\left[\frac{\hbar^2}{2m}|\boldsymbol{k}+\boldsymbol{G}_n|^2-E(k)\right]u(\boldsymbol{G}_n)-V_0u(\boldsymbol{G}_{n-1})-V_0u(\boldsymbol{G}_{n+1})=0 \qquad (2.207)$$

由该方程组可以求得能量函数 $E(k)$ 的精确结果，如图 2.44 所示。由图可见，外周期场 $V(r)$ 将引发布里渊区边界处能带分裂，出现能隙 $E_g=2V_0$。更为详细的讨论请参阅文献[30]。

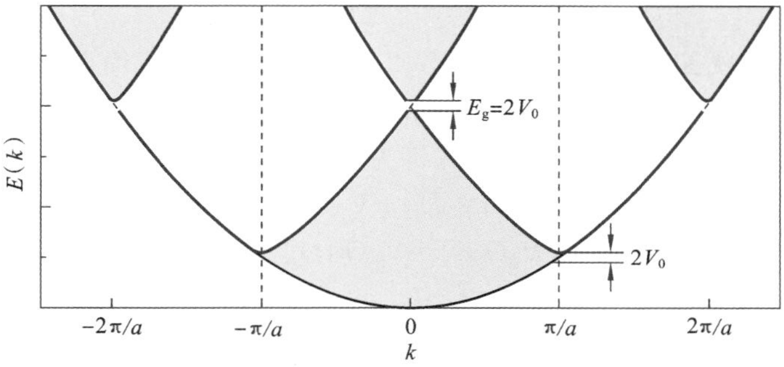

图 2.44　近自由电子气模型下一维格子的能带图

2.4.4　晶体能带结构

从 2.4.3 节的讨论中可以知道，即使是三维空晶格，相应的能带结构也十分复杂。而在实际三维晶体中，由于原子间相互作用往往非常复杂，难以用解析式表达，因此体系的能带结构只能通过数值计算得出。因为在三维倒空间内波矢 $\boldsymbol{k}$ 有三个分量，这使得能量 $E(\boldsymbol{k})$ 成为一个三元函数，其可视化便成为一个非常具有挑战性的问题。

通常的做法是沿着连接第一布里渊区中若干高对称点的路径计算各 $\boldsymbol{k}$ 点的能量 $E_i(\boldsymbol{k})$，然后将该路径展开成类似图 2.44 所示一维情况下的能带图。图 2.45 给出了 FCC 结构铜

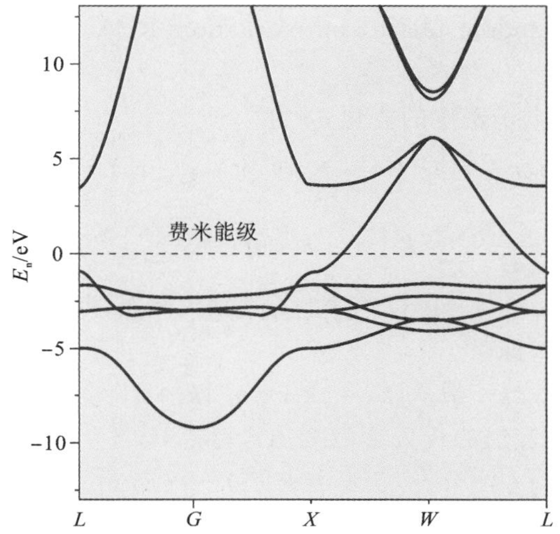

图 2.45　FCC **结构铜的能带图**

的第一布里渊区内的高对称点之间的能带结构,以便于我们理解和分析材料的物理性质。

2.4.5 介电函数

介电函数表明体系对外界电场的响应,因此在相互作用电子气、外势场输运、光吸收等研究领域内有着重要的应用。在严格的非局域情况下,介电函数的推导过程比较复杂,本节只考虑实验中可以直接测量的宏观介电函数 ε,并给出详细推导过程。为简单起见,首先考虑自由空间中的电子气,无微扰时哈密顿算符为 $\hat{H}_0=-\nabla^2/2$,其本征波函数为平面波函数,记为 $|\boldsymbol{k}\rangle=\Omega^{-1/2}\mathrm{e}^{\mathrm{i}\boldsymbol{k}\cdot\boldsymbol{r}}$,而相应的密度算符 ρ^0 满足

$$\rho^0|\boldsymbol{k}\rangle=2f(E_k)|\boldsymbol{k}\rangle \tag{2.208}$$

式中:$f(E_k)$是费米-狄拉克分布函数;系数 2 表示电子的自旋简并度。现在设加入微扰 $V_\mathrm{i}(r,t)$,由此导致电子气密度发生变化,有 $\rho=\rho^0+\rho^1$,而随着电子气的变化会产生屏蔽势 $V_\mathrm{s}(r,t)$,因此加入微扰后,体系的哈密顿算符为

$$\hat{H}=\hat{H}_0+V(r,t) \tag{2.209}$$

式中:$V(r,t)$称为自洽势,$V(r,t)=V_\mathrm{i}(r,t)+V_\mathrm{s}(r,t)$。该体系电子气变化遵循刘维尔方程

$$\mathrm{i}\hbar(\partial\rho/\partial t)=[\hat{H},\rho] \tag{2.210}$$

为了求解式(2.210),首先将 $\hat{H}$ 与 ρ 的表达式代入其中,并做线性化处理,即略去 $V\rho^1$ 项,且引入物理量的傅里叶分析,即

$$\mathcal{O}(r,t)=\sum_q \boldsymbol{O}(\boldsymbol{q},t)\mathrm{e}^{\mathrm{i}\boldsymbol{q}\cdot\boldsymbol{r}} \tag{2.211}$$

此外,注意到 $\hat{H}_0$ 和 ρ^0 有相同的本征矢,因此$[\hat{H}_0,\rho^0]=0$,$\rho^0=0$。

综上所述,在$\{|\boldsymbol{k}\rangle\}$下展开方程(2.210),有

$$\begin{aligned}\mathrm{i}\hbar\frac{\partial}{\partial t}\langle\boldsymbol{k}'|\rho^1|\boldsymbol{k}\rangle&=\langle\boldsymbol{k}'|[\hat{H}_0,\rho^1]|\boldsymbol{k}\rangle+\langle\boldsymbol{k}'|[V,\rho^0]|\boldsymbol{k}\rangle\\&=(E_{k'}-E_k)\langle\boldsymbol{k}'|\rho^1|\boldsymbol{k}\rangle+2[f(E_k)-f(E_{k'})]\langle\boldsymbol{k}'|V|\boldsymbol{k}\rangle\end{aligned} \tag{2.212}$$

由式(2.211)可知,$\langle\boldsymbol{k}+\boldsymbol{q}|V|\boldsymbol{k}\rangle=V(\boldsymbol{q},t)$。因此

$$\mathrm{i}\hbar\frac{\partial}{\partial t}\langle\boldsymbol{k}+\boldsymbol{q}|\rho^1|\boldsymbol{k}\rangle=(E_{k+q}-E_k)\langle\boldsymbol{k}+\boldsymbol{q}|\rho^1|\boldsymbol{k}\rangle+2[f(E_k)-f(E_{k+q})]V(\boldsymbol{q},t) \tag{2.213}$$

这里应用了无规相近似(random phase approximation,RPA)方法。在该近似下,ρ^1 的 $\boldsymbol{q}$ 分量只与 $V(\boldsymbol{q})$有关。

另一方面,V_i 引起的电子密度的变化 $\delta\rho$ 为

$$\begin{aligned}\delta\rho&=\mathrm{tr}\{\delta(\boldsymbol{r}-\boldsymbol{r}_0)\rho^1\}=\sum_{k,k'}\langle\boldsymbol{k}'\mid\delta(\boldsymbol{r}-\boldsymbol{r}_0)\mid\boldsymbol{k}\rangle\langle\boldsymbol{k}\mid\rho^1\mid\boldsymbol{k}\rangle\\&=\sum_q\frac{\mathrm{e}^{-\mathrm{i}\boldsymbol{q}\cdot\boldsymbol{r}}}{\Omega}\sum_k\langle\boldsymbol{k}\mid\rho^1\mid\boldsymbol{k}+\boldsymbol{q}\rangle=\sum_q\mathrm{e}^{-\mathrm{i}\boldsymbol{q}\cdot\boldsymbol{r}}\delta\rho(\boldsymbol{q},t)\end{aligned} \tag{2.214}$$

假设 $V_\mathrm{i}(\boldsymbol{q},t)$通过 $V_\mathrm{i}(\boldsymbol{q},0)\mathrm{e}^{-\mathrm{i}\omega t}\mathrm{e}^{\alpha t}$ 以绝热的方式加入体系,即 $\alpha\to0$,可以认为$\langle\boldsymbol{k}+\boldsymbol{q}|\rho^1|\boldsymbol{k}\rangle$也遵循同样的含时变化规律,即

$$\langle\boldsymbol{k}+\boldsymbol{q}|\rho^1|\boldsymbol{k}\rangle=\langle\boldsymbol{k}+\boldsymbol{q}|\rho^1|\boldsymbol{k}\rangle|_{t=0}\mathrm{e}^{-\mathrm{i}\omega t}\mathrm{e}^{\alpha t} \tag{2.215}$$

将式(2.214)以及式(2.215)代入式(2.213),可得

$$\langle\boldsymbol{k}+\boldsymbol{q}|\rho^1|\boldsymbol{k}\rangle=\frac{2[f(E_{k+q})-f(E_k)]}{E_{k+q}-E_k-\hbar\omega-\mathrm{i}\hbar\alpha}V(\boldsymbol{q},t) \tag{2.216}$$

根据定义,介电函数 $\varepsilon(\boldsymbol{q},\omega)$满足

$$P(\boldsymbol{q},t)=\frac{1}{4\pi}[\varepsilon(\boldsymbol{q},\omega)-1]\mathscr{E}(\boldsymbol{q},t) \tag{2.217}$$

式中：$P(\boldsymbol{q},t)$和$\mathscr{E}(\boldsymbol{q},t)$分别为体系的极化场和电场强度函数。这两个量分别与$\delta\rho$以及$V$有关，即

$$\begin{cases}\nabla\cdot P(\boldsymbol{q},t)=e\delta\rho\\ e\mathscr{E}=\nabla V\end{cases} \tag{2.218}$$

相应的傅里叶变换为

$$\begin{cases}-\mathrm{i}qP(\boldsymbol{q},t)=e\delta\rho(\boldsymbol{q},t)\\ e\mathscr{E}(\boldsymbol{q},t)=-\mathrm{i}qV(\boldsymbol{q},t)\end{cases} \tag{2.219}$$

将式(2.216)、式(2.219)代入式(2.217)，可得

$$\begin{aligned}\varepsilon(\boldsymbol{q},\omega)&=1+4\pi\frac{P(\boldsymbol{q},t)}{\mathscr{E}(\boldsymbol{q},t)}=1-4\pi\frac{e^2}{q^2}\frac{\delta\rho(\boldsymbol{q},t)}{V(\boldsymbol{q},t)}\\&=1-\lim_{\alpha\to0}\frac{8\pi e^2}{\Omega q^2}\sum_{\boldsymbol{k}}\frac{f(E_{\boldsymbol{k}+\boldsymbol{q}})-f(E_{\boldsymbol{k}})}{E_{\boldsymbol{k}+\boldsymbol{q}}-E_{\boldsymbol{k}}-\hbar\omega-\mathrm{i}\hbar\alpha}\end{aligned} \tag{2.220}$$

根据恒等式

$$\lim_{\eta\to0}\frac{1}{z\pm\mathrm{i}\eta}\equiv P\frac{1}{z}\mp\mathrm{i}\pi\delta(z) \tag{2.221}$$

可将介电函数表达式(2.220)的实部和虚部分别写出，即

$$\begin{cases}\varepsilon_1(\boldsymbol{q},\omega)=1-\dfrac{8\pi e^2}{\Omega q^2}\displaystyle\sum_{\boldsymbol{k}}\frac{f(E_{\boldsymbol{k}+\boldsymbol{q}})-f(E_{\boldsymbol{k}})}{E_{\boldsymbol{k}+\boldsymbol{q}}-E_{\boldsymbol{k}}-\hbar\omega}\\ \varepsilon_2(\boldsymbol{q},\omega)=\dfrac{8\pi e^2}{\Omega q^2}\displaystyle\sum_{\boldsymbol{k}}[f(E_{\boldsymbol{k}+\boldsymbol{q}})-f(E_{\boldsymbol{k}})]\delta(E_{\boldsymbol{k}+\boldsymbol{q}}-E_{\boldsymbol{k}}-\hbar\omega)\end{cases} \tag{2.222}$$

因为上述推导过程中假设外势场随时间变化，因此$\varepsilon(\boldsymbol{q},\omega)$又称为动态宏观介电函数(简称动态介电函数)，而相应的静态宏观介电函数(简称静态介电函数)为

$$\varepsilon(\boldsymbol{q})=1-\frac{8\pi e^2}{\Omega q^2}\sum_{\boldsymbol{k}}\frac{f(E_{\boldsymbol{k}+\boldsymbol{q}})-f(E_{\boldsymbol{k}})}{E_{\boldsymbol{k}+\boldsymbol{q}}-E_{\boldsymbol{k}}} \tag{2.223}$$

直接给出自由电子气模型以及 RPA 近似下的静态介电函数的 Lindhard 公式[31]：

$$\varepsilon_1(q)=1+\frac{2me^2k_{\mathrm{F}}}{\pi\hbar^2q^2}\left(1+\frac{4k_{\mathrm{F}}^2-q^2}{4k_{\mathrm{F}}q}\ln\left|\frac{2k_{\mathrm{F}}+q}{2k_{\mathrm{F}}-q}\right|\right) \tag{2.224}$$

可以证明，当$q\to0$时，式(2.224)给出了自由电子气中原点处带单位电荷的粒子引起的屏蔽库仑势$V(r)\propto\mathrm{e}^{-\lambda/r}/r$。

很多情况下，可以进行变量代换，即$\boldsymbol{k}+\boldsymbol{q}\to-\boldsymbol{k}'$，并将$\boldsymbol{k}'$重新命名为$\boldsymbol{k}$，而将方程(2.220)重新写为[32]

$$\varepsilon(\boldsymbol{q},\omega)=1+\lim_{\alpha\to0}\frac{8\pi e^2}{\Omega q^2}\left(\frac{f(E_{\boldsymbol{k}})}{E_{\boldsymbol{k}+\boldsymbol{q}}-E_{\boldsymbol{k}}+\hbar\omega+\mathrm{i}\hbar\alpha}+\frac{f(E_{\boldsymbol{k}})}{E_{\boldsymbol{k}+\boldsymbol{q}}-E_{\boldsymbol{k}}-\hbar\omega-\mathrm{i}\hbar\alpha}\right) \tag{2.225}$$

括号中的两项分别表示吸收和发射准粒子的情况。

在固体中，体系的本征波函数为 Blöch 波函数，记为

$$|\boldsymbol{k}l\rangle=\Omega^{-1/2}u_{\boldsymbol{k},l}(\boldsymbol{r})\mathrm{e}^{\mathrm{i}\boldsymbol{k}\cdot\boldsymbol{r}} \tag{2.226}$$

介电函数有类似的推导。但是因为本征函数的变化，所以方程(2.212)、方程(2.214)等相应地也要发生变化。具体而言[32,33]，

$$\begin{aligned}\langle \boldsymbol{k}l \mid V(\boldsymbol{r},t) \mid \boldsymbol{k}+\boldsymbol{q}l'\rangle &= \Omega^{-1}\sum_{\boldsymbol{q}'}\int \mathrm{e}^{-\mathrm{i}\boldsymbol{k}\cdot\boldsymbol{r}}V(\boldsymbol{q}',t)\mathrm{e}^{-\mathrm{i}\boldsymbol{q}'\cdot\boldsymbol{r}}\mathrm{e}^{\mathrm{i}\boldsymbol{k}+\boldsymbol{q}\cdot\boldsymbol{r}}u_{\boldsymbol{k}l}^{*}(\boldsymbol{r})u_{\boldsymbol{k}+\boldsymbol{q}l'}(\boldsymbol{r})\mathrm{d}\boldsymbol{r}\\ &= \frac{N}{\Omega}V(\boldsymbol{q},t)\int_{\Omega_0} u_{\boldsymbol{k}l}^{*}(\boldsymbol{r})u_{\boldsymbol{k}+\boldsymbol{q}l'}(\boldsymbol{r})\mathrm{d}\boldsymbol{r}\\ &= \frac{V(\boldsymbol{q},t)}{\Omega_0}\int_{\Omega_0} u_{\boldsymbol{k}l}^{*}(\boldsymbol{r})u_{\boldsymbol{k}+\boldsymbol{q}l'}(\boldsymbol{r})\mathrm{d}\boldsymbol{r}\\ &= (\boldsymbol{k}l \mid \boldsymbol{k}+\boldsymbol{q}l')V(\boldsymbol{q},t)\end{aligned} \tag{2.227}$$

其中,$(\boldsymbol{k}l \mid \boldsymbol{k}+\boldsymbol{q}l')$ 的积分仅在一个体积为 Ω_0 的单胞内进行。类似地,$\delta\rho$ 可写为

$$\begin{aligned}\delta\rho(\boldsymbol{r}) &= \mathrm{tr}\{\delta(\boldsymbol{r}-\boldsymbol{r}_0)\rho^1\} = \sum_{\boldsymbol{k},\boldsymbol{q}',l,l'}\langle \boldsymbol{k}+\boldsymbol{q}'l' \mid \delta(\boldsymbol{r}-\boldsymbol{r}_0) \mid \boldsymbol{k}l\rangle\langle \boldsymbol{k}l \mid \rho^1 \mid \boldsymbol{k}+\boldsymbol{q}'l'\rangle\\ &= \Omega^{-1}\sum_{\boldsymbol{q}'}\mathrm{e}^{-\boldsymbol{q}'\cdot\boldsymbol{r}}\sum_{\boldsymbol{k},l,l'}u_{\boldsymbol{k}+\boldsymbol{q}'l'}^{*}(\boldsymbol{r})u_{\boldsymbol{k}l}(\boldsymbol{r})\langle \boldsymbol{k}l \mid \rho^1 \mid \boldsymbol{k}+\boldsymbol{q}'l'\rangle\end{aligned} \tag{2.228}$$

由此可得

$$\begin{aligned}\delta\rho(\boldsymbol{q}) &= \Omega^{-1}\int\delta\rho(\boldsymbol{r})\mathrm{e}^{\mathrm{i}\boldsymbol{q}\cdot\boldsymbol{r}}\mathrm{d}\boldsymbol{r} = \sum_{\boldsymbol{k},l,l'}\Omega^{-1}\int u_{\boldsymbol{k}+\boldsymbol{q}l'}^{*}(\boldsymbol{r})u_{\boldsymbol{k}l}(\boldsymbol{r})\mathrm{d}\boldsymbol{r}\langle \boldsymbol{k}l \mid \rho^1 \mid \boldsymbol{k}+\boldsymbol{q}l'\rangle\\ &= \Omega^{-1}\sum_{\boldsymbol{k},l,l'}(\boldsymbol{k}l \mid \boldsymbol{k}+\boldsymbol{q}l' \mid)\langle \boldsymbol{k}l \mid \rho^1 \mid \boldsymbol{k}+\boldsymbol{q}l'\rangle\end{aligned} \tag{2.229}$$

将式(2.227)与式(2.229)代入方程(2.220),可得介电函数为

$$\varepsilon(\boldsymbol{q},\omega) = 1-\lim_{\alpha\to 0}\frac{8\pi e^2}{\Omega q^2}\sum_{\boldsymbol{k},l,l'}\mid(\boldsymbol{k}l \mid \boldsymbol{k}+\boldsymbol{q}l')\mid^2\frac{f(E_{\boldsymbol{k}+\boldsymbol{q},l'})-f(E_{\boldsymbol{k},l})}{E_{\boldsymbol{k}+\boldsymbol{q},l'}-E_{\boldsymbol{k},l}-\hbar\omega+\mathrm{i}\hbar\alpha} \tag{2.230}$$

方程(2.230)虽然很严格,但是很多情况下体系的本征波函数并不显式地表示为 Blöch 波函数的形式,因此,有必要写出 $\varepsilon(\boldsymbol{q},\omega)$ 更为普遍的形式[31,34]:

$$\varepsilon(\boldsymbol{q},\omega) = 1-\lim_{\alpha\to 0}\frac{8\pi e^2}{\Omega q^2}\sum_{\boldsymbol{k},l,l'}\mid\langle \boldsymbol{k}+\boldsymbol{q},l' \mid \mathrm{e}^{\mathrm{i}\boldsymbol{q}\cdot\boldsymbol{r}} \mid \boldsymbol{k},l\rangle\mid^2\frac{f(E_{\boldsymbol{k}+\boldsymbol{q},l'})-f(E_{\boldsymbol{k},l})}{E_{\boldsymbol{k}+\boldsymbol{q},l'}-E_{\boldsymbol{k},l}-\hbar\omega-\mathrm{i}\hbar\alpha} \tag{2.231}$$

长波极限,即 $\boldsymbol{q}\to\boldsymbol{0}$ 的情况具有特殊意义,体系对可见光的吸收特性与此相关。将方程(2.231)中的矩阵元 $\langle \boldsymbol{k}+\boldsymbol{q},l' \mid \mathrm{e}^{\mathrm{i}\boldsymbol{q}\cdot\boldsymbol{r}} \mid \boldsymbol{k},l\rangle$ 展开,有

$$\begin{aligned}\langle \boldsymbol{k}+\boldsymbol{q},l' \mid \mathrm{e}^{\mathrm{i}\boldsymbol{q}\cdot\boldsymbol{r}} \mid \boldsymbol{k},l\rangle &= \langle \boldsymbol{k}+\boldsymbol{q},l' \mid 1+\mathrm{i}\boldsymbol{q}\cdot\boldsymbol{r}+\mathcal{O}(\boldsymbol{q}^2) \mid \boldsymbol{k},l\rangle\\ &= \mathrm{i}\boldsymbol{q}\cdot\langle \boldsymbol{k}+\boldsymbol{q},l' \mid \boldsymbol{r} \mid \boldsymbol{k},l\rangle\end{aligned} \tag{2.232}$$

考虑对易关系,有

$$[H_0,\boldsymbol{r}] = \frac{\mathrm{i}\hbar}{m}\hat{\boldsymbol{p}} \tag{2.233}$$

式中:$\hat{\boldsymbol{p}}$ 为动量算符。将其代入式(2.232),可得

$$\mathrm{i}\boldsymbol{q}\cdot\langle \boldsymbol{k}+\boldsymbol{q},l' \mid \boldsymbol{r} \mid \boldsymbol{k},l\rangle = \frac{\boldsymbol{q}\cdot\langle \boldsymbol{k}+\boldsymbol{q},l' \mid \hat{\boldsymbol{p}} \mid \boldsymbol{k},l\rangle}{m(E_{\boldsymbol{k}+\boldsymbol{q},l'}-E_{\boldsymbol{k},l})/\hbar} \tag{2.234}$$

如果将 $\boldsymbol{q}$ 表示为 $q\boldsymbol{e}$,$\boldsymbol{e}$ 为单位矢量,则长波极限下,介电函数可表示为

$$\begin{aligned}\varepsilon(\boldsymbol{q}\to 0,\omega) &= 1-\lim_{\alpha\to 0}\frac{8\pi e^2}{\Omega m^2}\sum_{\boldsymbol{k},l,l'}\frac{\mid\langle \boldsymbol{k}+\boldsymbol{q},l' \mid \boldsymbol{e}\cdot\hat{\boldsymbol{p}} \mid \boldsymbol{k},l\rangle\mid^2}{[(E_{\boldsymbol{k}+\boldsymbol{q},l'}-E_{\boldsymbol{k},l})/\hbar]^2}\\ &\quad\times\frac{f(E_{\boldsymbol{k}+\boldsymbol{q},l'})-f(E_{\boldsymbol{k},l})}{E_{\boldsymbol{k}+\boldsymbol{q},l'}-E_{\boldsymbol{k},l}-\hbar\omega+\mathrm{i}\hbar\alpha}\end{aligned} \tag{2.235}$$

其虚部可给出吸收峰的位置及吸收强度。

2.5　晶格振动与声子谱

在有限温度下，晶体内的原子会在其平衡位置附近发生振动，这种现象称为晶格振动。晶格振动是固体中的一种重要的元激发形式。通过将原子视为经典粒子，并将体系的总能量表示为各原子位置的函数，我们可以普遍地建立用于求解晶格振动的动力学方程。这有助于我们了解和分析固体中振动的特性及其对材料性能的影响。

设晶体有 N 个单胞，其中第 n 个单胞的平移矢量为 $\boldsymbol{t}_n$；每个单胞中有 K 个原子，其中第 ν 个原子距离单胞原点 $\boldsymbol{d}_\nu$，其质量为 M_ν。任取某个原子 n_ν，设其偏离平衡位置 $\boldsymbol{u}_{n\nu}$，则该原子位置为

$$\boldsymbol{R}_{n\nu} = \boldsymbol{t}_n + \boldsymbol{d}_\nu + \boldsymbol{u}_{n\nu} \tag{2.236}$$

将晶体的势能 $E(\{\boldsymbol{R}_{n\nu}\})$ 关于 $\boldsymbol{u}_{n\nu}$ 展开到二阶，有

$$E(\{\boldsymbol{R}_{n\nu}\}) = E_0 + \frac{1}{2}\sum_{\substack{n\nu\alpha \\ n'\nu'\alpha'}} \left.\frac{\partial^2 E}{\partial R^\alpha_{n\nu}\partial R^{\alpha'}_{n'\nu'}}\right|_{\{\boldsymbol{R}^0\}} u^\alpha_{n\nu} u^{\alpha'}_{n'\nu'} \tag{2.237}$$

式中上标 α 代表 x、y、z 分量。式(2.237) 右端第一项是常数项，代表所有原子处于平衡位置时的晶体势能，研究晶格振动时可以将其省略；因为我们是在平衡位置处展开的，所以 $\partial E/\partial u^\alpha_{n\nu} = 0$。该展开方式称为简谐近似。更高阶的展开项代表了晶格振动的非谐效应，这里不予讨论。记

$$D^{\alpha,\alpha'}_{n\nu,n'\nu'} = \left.\frac{\partial^2 E}{\partial R^\alpha_{n\nu}\partial R^{\alpha'}_{n'\nu'}}\right|_{\{\boldsymbol{R}^0\}} \tag{2.238}$$

$D^{\alpha,\alpha'}_{n\nu,n'\nu'}$ 称为原子力常数。所有 $D^{\alpha,\alpha'}_{n\nu,n'\nu'}$ 组成一个 $3KN$ 阶方阵 $\boldsymbol{D}$，称为力常数矩阵，即晶体势能 $E(\{\boldsymbol{R}_{n\nu}\})$ 的 Hessian 矩阵。因为原子被视为经典粒子，所以动能项非常简单。简谐近似下，体系的哈密顿量为

$$H = \sum_{n\nu\alpha} \frac{1}{2} M_\nu \dot{u}^\alpha_{n\nu} + E_0 + \frac{1}{2}\sum_{\substack{n\nu\alpha \\ n'\nu'\alpha'}} D^{\alpha,\alpha'}_{n\nu,n'\nu'} u^\alpha_{n\nu} u^{\alpha'}_{n'\nu'} \tag{2.239}$$

由哈密顿运动方程可得原子的运动方程：

$$M_\nu \ddot{u}^\alpha_{n\nu} = -\sum_{n'\nu'\alpha'} D^{\alpha,\alpha'}_{n\nu,n'\nu'} u^{\alpha'}_{n'\nu'} \tag{2.240}$$

这是一个耦合的 $3KN$ 维方程组。为了能够化简求解，必须利用力常数矩阵的特点。因为式(2.238) 中的偏导求解可以交换次序，所以有

$$D^{\alpha,\alpha'}_{n\nu,n'\nu'} = D^{\alpha',\alpha}_{n'\nu',n\nu} \tag{2.241}$$

其次，若晶体刚性平移一个小量，则任取 n、ν 和 α，都有 $u^\alpha_{n\nu} = \delta u^\alpha$，此时所有原子上的受力仍为 0。将上述条件代入方程(2.240)，可得

$$\sum_{n\nu} D^{\alpha,\alpha'}_{n\nu,n'\nu'} = 0 \tag{2.242}$$

晶体刚性转动一个小量也有类似的讨论。在这里只给出最后的结果：

$$\sum_{n\nu} D^{\alpha',\alpha}_{n'\nu',n\nu} R^\beta_{n\nu} = \sum_{n\nu} D^{\alpha',\beta}_{n'\nu',n\nu} R^\alpha_{n\nu} \tag{2.243}$$

详细的推导过程请参考文献[29]。最后考虑到晶格的平移不变性，力常数 $D^{\alpha,\alpha'}_{n\nu,n'\nu'}$ 只与正格矢 $\boldsymbol{t}_n - \boldsymbol{t}_{n'}$ 有关，即

$$D_{n\nu\alpha}^{n'\nu'\alpha'} = D_{\nu\alpha}^{\nu'\alpha'}(n-n') = D_{\nu'\alpha'}^{\nu\alpha}(n'-n) \tag{2.244}$$

由于力常数和晶格的平移不变性,方程组(2.240)的解有以下特点:① $u_{n\nu}^{\alpha}$ 随时间呈周期性变化;② 对于不同原胞内相应的原子,其位移与时间的关系完全相同,仅存在相差 $e^{i\boldsymbol{q}\cdot(\boldsymbol{t}_n-\boldsymbol{t}_{n'})}$,其中 $\boldsymbol{q}$ 为波矢,区别于电子波函数波矢 $\boldsymbol{k}$。因此,可以设

$$u_{n\nu}^{\alpha}(t) = c_{\nu}^{\alpha}(\boldsymbol{q},\omega)e^{i(\boldsymbol{q}\cdot\boldsymbol{t}_n-\omega t)} \tag{2.245}$$

将其代入方程(2.240)可得

$$-M_{\nu}\omega^2 c_{\nu}^{\alpha} = -\sum_{n'\nu'\alpha'} D_{\nu\alpha}^{\nu'\alpha'}(n-n')e^{-i\boldsymbol{q}\cdot(\boldsymbol{t}_n-\boldsymbol{t}_{n'})}c_{\nu'}^{\alpha'} \tag{2.246}$$

这是一个关于 c_{ν}^{α} 的 $3K$ 维线性方程组,该方程组有非平凡解的充要条件是系数矩阵行列式等于零,即久期方程为

$$\| D_{\nu\alpha}^{\nu'\alpha'}(\boldsymbol{q}) - M_{\nu}\omega^2\delta_{\nu\nu'}\delta_{\alpha\alpha'} \| = 0 \tag{2.247}$$

式中

$$D_{\nu\alpha}^{\nu'\alpha'}(\boldsymbol{q}) = \sum_{n'} D_{\nu\alpha}^{\nu'\alpha'}(n-n')e^{-i\boldsymbol{q}\cdot(\boldsymbol{t}_n-\boldsymbol{t}_{n'})} \tag{2.248}$$

由 $D_{\nu\alpha}^{\nu'\alpha'}(\boldsymbol{q})$ 组成的矩阵称为动力学矩阵 $\boldsymbol{D}(\boldsymbol{q})$。可见,利用晶体的平移不变性,可以极大地简化晶格振动的运动方程。对角化 $\boldsymbol{D}(\boldsymbol{q})$ 可获得 $3K$ 个振动频率的本征值 $\omega_j(j=1,2,\cdots,3K)$ 及相应的格波解 $\boldsymbol{u}_{n\nu}(t)$,$\boldsymbol{u}_{n\nu}$ 通常称为声子(phonon)的简正模(normal mode)。本征频率和声子模实际上都是波矢 $\boldsymbol{q}$ 的函数。因此,与 2.4.2 节类似,将 $\boldsymbol{q}$ 限制在第一布里渊区中,通过求解方程(2.247)可以得出沿特定回路的一套频率 $\{\omega_j(\boldsymbol{q})\}$,称为声子谱。同时,因为简正模 $\boldsymbol{u}_{n\nu}$ 也是个矢量,所以它和波矢 $\boldsymbol{q}$ 取向的关系使得我们可以将其分为不同的种类:若二者平行,则称该简正模为纵波;若二者互相垂直,则称之为横波。

现举几个较为简单的例子来结束本节的讨论。首先考虑一个一维复格子,其单元长度为 a,其中包含两个原子,原子 1 质量为 M_1,位置为 $na+u_n^{(1)}$;原子 2 质量为 M_2,位置为$(n+0.5)a+u_n^{(2)}$。原子间以刚度系数为 f 的弹簧连接。将上述条件代入运动方程(2.240),有

$$\begin{cases} M_1\ddot{u}_n^{(1)} = -f(2u_n^{(1)} - u_n^{(2)} - u_{n-1}^{(2)}) \\ M_2\ddot{u}_n^{(2)} = -f(2u_n^{(2)} - u_n^{(1)} - u_{n+1}^{(2)}) \end{cases} \tag{2.249}$$

按照式(2.245)取 $u_n^{(1)}$ 和 $u_n^{(2)}$ 的格波解为

$$\begin{cases} u_n^{(1)} = c_1 e^{i(qna-\omega t)} \\ u_n^{(2)} = c_2 e^{i(qna+qa/2-\omega t)} \end{cases} \tag{2.250}$$

将其代入方程(2.249),可得

$$\begin{cases} -M_1\omega^2 = -f(2c_1 - c_2e^{-iqa/2} - c_2e^{iqa/2}) \\ -M_2\omega^2 = -f(2c_2 - c_1e^{-iqa/2} - c_1e^{-iqa/2}) \end{cases} \tag{2.251}$$

该体系的久期方程为

$$\begin{vmatrix} 2f-\omega^2M_1 & -2f\cos(qa/2) \\ -2f\cos(qa/2) & 2f-\omega^2M_2 \end{vmatrix} = 0 \tag{2.252}$$

很容易求出振动本征值为

$$\omega_{\pm}^2 = f\left(\frac{1}{M_1}+\frac{1}{M_2}\right) \pm f\sqrt{\left(\frac{1}{M_1}+\frac{1}{M_2}\right)^2 - \frac{4\sin^2(qa/2)}{M_1M_2}} \tag{2.253}$$

图 2.46 给出了第一布里渊区中一维双原子链的声子谱 $\omega_{\pm}(q)$,图中 $M_1/M_2=1/2$。声子

谱中的一支 $\omega_-(q)$ 的振动频率在 Γ 点处为零，相应的振动模式为所有原子在任意时刻位移相同，即体系平移。ω_- 称为声学支。另一支 ω_+ 的振动频率在 Γ 点处达到最大值，代表一个单胞内的两个原子相对运动。ω_+ 称为光学支。普遍来说，如果一个单胞内有 r 个原子，则该体系有一个声学支及 $r-1$ 个光学支。

第二个例子为二维正方简单格子。原子质量为 M，原子间相互作用的截断半径为 $(\sqrt{2}+\delta)a$（δ 为一微小正数），即只考虑次近邻相互作用。原子间的相互作用同样由弹簧模型描述，连接最近邻原子对的弹簧刚度系数为 f_1，连接次近邻原子对的弹簧刚度系数为 f_2，如图 2.47 所示。可以只利用第 0 个单胞中的原子构建动力学矩阵。当第 n 个原子位移为 $\boldsymbol{u}_n$ 时，原子 0 上的受力为

$$\boldsymbol{F}_{n\to 0}=f_l\boldsymbol{e}_n(\boldsymbol{e}_n\cdot\boldsymbol{u}_n)\quad(l=1,2) \tag{2.254}$$

式中：$\boldsymbol{e}_n$ 是位矢 $\boldsymbol{R}_n$ 的单位矢量。将式(2.254) 与方程(2.240) 相比较，可知该体系中，力常数矩阵元为

$$D_{0,n}^{\alpha,\alpha'}=-f_l e_n^{\alpha}e_n^{\alpha'}\quad(n\neq 0) \tag{2.255}$$

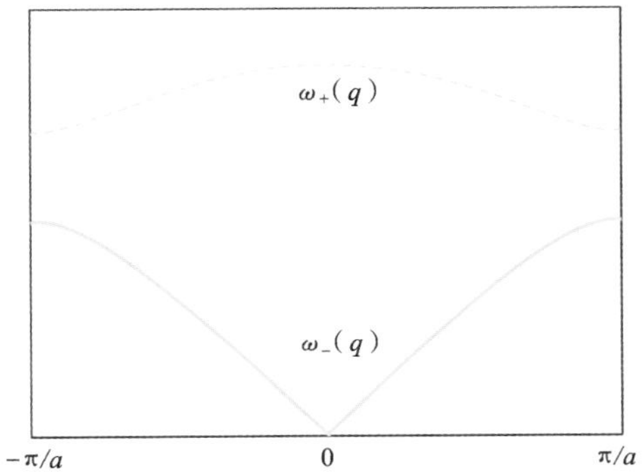

图 2.46　一维双原子链的声子谱 $\omega_\pm(q)$

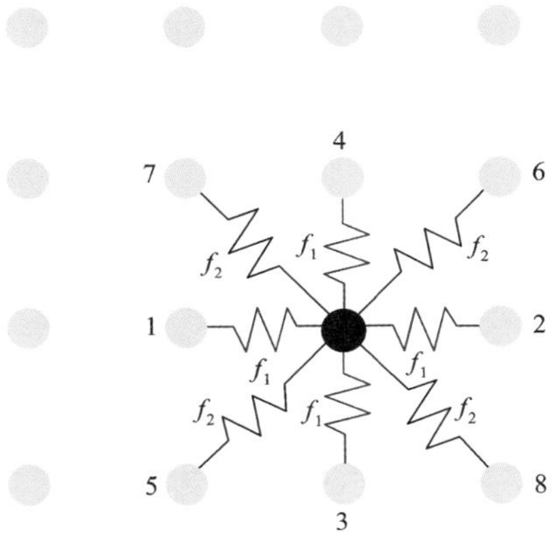

图 2.47　二维正方简单格子

注：原子 0 用黑色标出，并用数字标出了其八个近邻原子。

式(2.255) 省略了描述复格子的下标 ν。进一步考虑描述原子 0 的位移在其自身上所引起的受力矩阵元 $D_{0,0}^{\alpha,\alpha'}$，由力常数矩阵性质（见式(2.242)），可得

$$D_{0,0}^{\alpha,\alpha'}=-\sum_{n\neq 0}D_{0,n}^{\alpha,\alpha'}=\sum_{n\neq 0}f_l e_n^{\alpha}e_n^{\alpha'} \tag{2.256}$$

由此可以得出二维正方简单格子的所有力常数矩阵元。所有非零的 $D_{0,n}^{\alpha,\alpha'}$ 如下：

$$\begin{cases}D_{00}^{11}=D_{00}^{22}=2(f_1+f_2)\\ D_{01}^{11}=D_{02}^{11}=D_{03}^{22}=D_{04}^{22}=-f_1\\ D_{05}^{11}=D_{05}^{12}=D_{05}^{21}=D_{05}^{22}=-f_2/2\\ D_{06}^{11}=D_{06}^{12}=D_{06}^{21}=D_{06}^{22}=-f_2/2\\ D_{07}^{11}=-D_{07}^{12}=-D_{07}^{21}=D_{07}^{22}=-f_2/2\\ D_{08}^{11}=-D_{08}^{12}=-D_{08}^{21}=D_{08}^{22}=-f_2/2\end{cases} \tag{2.257}$$

将上述结果代入久期方程(2.247)，可得

$$\begin{vmatrix} \{f_1[1-\cos(q_1a)]+f_2[1-\cos(q_1a)\cos(q_2a)]\}-\frac{M}{2}\omega^2 & \sin(q_1a)\sin(q_2a) \\ \sin(q_1a)\sin(q_2a) & \{f_1[1-\cos(q_2a)]+f_2[1-\cos(q_1a)\cos(q_2a)]\}-\frac{M}{2}\omega^2 \end{vmatrix} =0 \tag{2.258}$$

与能带结构相似,沿着某些高对称方向,对角化式(2.258)可以给出声子谱的解析形式。例如:

(1) 沿 Γ 点到 X 点(Δ 轴) 此时 $q_2\equiv 0$,可得

$$\begin{cases} \omega_1=\left\{\frac{2}{M}(f_1+f_2)[1-\cos(q_1a)]\right\}^{1/2} \\ \omega_2=\left\{\frac{2}{M}f_2[1-\cos(q_1a)]\right\}^{1/2} \end{cases} \tag{2.259}$$

(2) 沿 Γ 点到 M 点(Σ 轴) 此时 $q_1\equiv q_2$,可得

$$\begin{cases} \omega_1=\left(\frac{2}{M}\{f_1[1-\cos(q_1a)]+f_2[1-\cos(2q_1a)]\}\right)^{1/2} \\ \omega_2=\left\{\frac{2}{M}f_1[1-\cos(q_1a)]\right\}^{1/2} \end{cases} \tag{2.260}$$

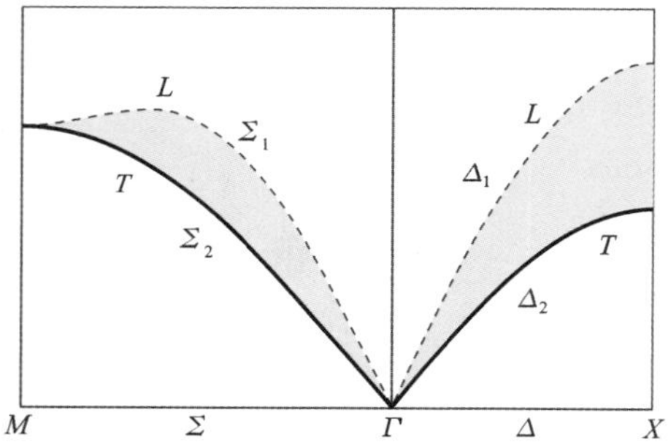

图 2.48 二维正方简单格子的声子谱 $\omega_\pm(\boldsymbol{q})$

图 2.48 给出了上述结果(图中取 $f_1/f_2=2$),横波和纵波分别用实线和虚线标出。与图 2.46相比,可以发现,二维简单格子没有光学支。但是因为运动方向扩展为二维的,出现了新的复杂性。沿着 Δ 轴,将式(2.259)中的 $\omega_{1,2}$ 代入久期方程(2.258),可以得出两个频率相应的本征矢,也即原子简振模。结果表明,对于 ω_1,$c^x=1$,$c^y=0$,即原子简振模与声波波矢 $\boldsymbol{q}$ 平行,因此是纵波,而 ω_2 对应于 $c^x=0$,$c^y=1$,原子振动方向与波矢 $\boldsymbol{q}$ 垂直,因此是横波。而且纵波的频率要高于横波的频率。同样的讨论也适用于 Σ 轴。但是横波、纵波的区分仅适用于特定的波矢 $\boldsymbol{q}$。例如,波矢 $\boldsymbol{q}$ 沿 X 点到 M 点(z 轴)的本征矢,就无法做上述区分。利用第 3 章介绍的第一性原理计算方法,可以更准确地得出原子间的相互作用,从而得到精确的声子谱[35]。

习　　题

1. 根据对称操作给出四方系的独立弹性常数。

2. 对于正方形晶格,其晶格常数为 a。请画出其布里渊区域,并指出布里渊区域的边界和顶点处对应的波矢 $\boldsymbol{k}$ 值。

3. 画出正交晶系所有不等价的六种第一布里渊区。

4. 利用重位点阵模型构建 FCC 结构 $\Sigma 9[110]$对称晶界。

5. 利用群对称操作找出六方晶系独立的弹性常数。

6. 计算 NaCs 沿 Γ-X-M-Γ 回路的声子谱。NaCs 晶体结构为 BCC,Na 离子占据立方体

顶点，Cs 离子占据体心。原子间相互作用考虑至第二近邻，即截断半径为$(1+\delta)a$，其中 a 为 NaCs 的晶格常数，δ 为一微小正数。

7. 一维原子链中，质量为 m 的原子间的平衡间距为 a。原子间的力常数为 k，求声子的色散关系（E 与 k 的关系）。

8. 证明简单晶格（即单胞中只包含一个原子）的声子谱只有声学支，即 $\omega_i(\boldsymbol{q}=\boldsymbol{0})=0$。

9. 利用方程(2.258)，求解 $\boldsymbol{q}$ 沿 z 轴上 X 点到 M 点($q_1\equiv\pi/a$)的本征频率 ω 和相应的本征矢(c^x, c^y)，并说明本征矢无法区分横波和纵波的原因。

10. 在一个简化的金属中，费米能级为 $E_f=5$ eV。假设费米能级以下的能量范围内，每个能量状态可以容纳 2 个电子。请计算该金属中电子的浓度。设玻尔兹曼常数 $k_B=8.617\times10^{-5}$ eV/K。

第 3 章　第一性原理的微观计算模拟

3.1　分子轨道理论

分子轨道理论是 20 世纪初由 F. Hund 和 R. S. Mulliken 发展起来的化学键理论，被广泛用于描述不同分子的结构和性质。早期的价键理论无法充分解释某些分子如何包含两个或多个等效键，以及其键序介于单键和双键之间的现象，而分子轨道理论比价键理论的解释能力要强大一些，它所描述的轨道可以准确反映所研究分子的几何形状。

3.1.1　玻恩-奥本海默近似

哈特里-福克（Hartree-Fock）方法，或者说大多数第一性原理计算方法的基础都是不含时薛定谔方程（见式(2.6)）。从本质上看，这些计算方法可以视为对薛定谔方程所采取的不同的近似求解方法。设

$$\hat{H}\Phi(\{\boldsymbol{r}_i\},\{\boldsymbol{R}_A\})=\mathscr{E}\Phi(\{\boldsymbol{r}_i\},\{\boldsymbol{R}_A\}) \tag{3.1}$$

考虑到体系中的核运动的动能，电子的动能，核与核、核与电子、电子与电子之间的库仑相互作用，在国际单位制下哈密顿量可以表示为

$$\mathscr{H}=-\sum_{A=1}^{M}\frac{\hbar^2}{2m_A}\nabla_A^2-\sum_{i=1}^{N}\frac{\hbar^2}{2m_e}\nabla_i^2+\sum_{A=1}^{M}\sum_{B>A}^{M}\frac{Z_AZ_Be^2}{4\pi\varepsilon_0R_{AB}}+\sum_{i=1}^{N}\sum_{j>i}^{N}\frac{e^2}{4\pi\varepsilon_0r_{ij}}-\sum_{i=1}^{N}\sum_{A=1}^{N}\frac{Z_Ae^2}{4\pi\varepsilon_0r_{iA}} \tag{3.2}$$

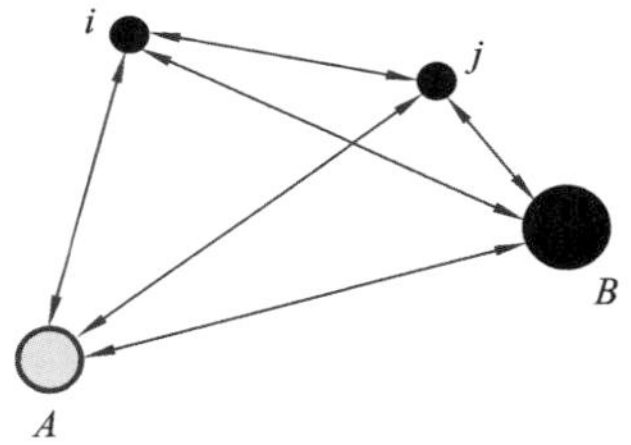

图 3.1　粒子间相互作用力的示意图

式中：A、B 分别为核的标号；i、j 为电子的标号；m_A、m_e 分别为核子和电子的质量；Z_A、Z_B 为各个核子所带的正电荷；R_{AB}、r_{ij}、r_{iA} 分别为核与核、电子与电子、核与电子之间的距离；ε_0 为真空介电常数，$\varepsilon_0=8.85419\times10^{-12}\ \mathrm{C^2\cdot J^{-1}\cdot m^{-1}}$；$e$ 为单位电荷，$e=1.6022\times10^{-19}$ C。该表达式的前两项分别是核子和电子的动能，后三项分别是核与核、电子与电子、核与电子间库仑相互作用，如图 3.1 所示。需要指出的是，求解多体薛定谔方程的最大困难在于，电子与电子间相互作用项的存在，使得薛定谔方程无法采用分离变量的方法求解。因此，如何引入适当的近似（平均场），将一个多体问题有效地转化为单体问题，是解决该问题的关键所在。Hartree-Fock 方法是实现以上目的的有效近似方法之一。后面提到的密度泛函，则是基于另外一种思路引入的。

哈密顿量中的系数，如$\frac{\hbar^2}{2m_A}$、$\frac{Z_AZ_Be^2}{4\pi\varepsilon_0R_{AB}}$等，不仅使方程显得比较烦琐，而且在具体的数值计算中涉及很大的常数。由于计算机的数值模拟的精度有限，乘以或者除以很大的常数将大大降低计算的精度，因此，为了讨论和计算方便，人们通常采用原子单位制来重写方程，使

之更易于处理。

表 3.1 给出了改写薛定谔方程时相关的几个量的国际单位制和原子单位制。改用原子单位制后，哈密顿量可简化为

$$\mathscr{H}=-\sum_{A=1}^{M}\frac{1}{2M_A}\nabla_A^2-\sum_{i=1}^{N}\frac{1}{2}\nabla_i^2+\sum_{A=1}^{M}\sum_{B>A}^{M}\frac{Z_AZ_B}{R_{AB}}+\sum_{i=1}^{N}\sum_{j>i}^{N}\frac{1}{r_{ij}}-\sum_{i=1}^{N}\sum_{A=1}^{M}\frac{Z_A}{r_{iA}} \tag{3.3}$$

式中：$M_A=m_A/m_e$。

表 3.1　国际单位制和原子单位制之间的对应关系

	国际单位制	原子单位制
质量	千克(kg)	电子质量 $m_e=9.1094\times10^{-31}$ kg
电荷	库仑(C)	单位电荷 $e=1.6022\times10^{-19}$ C
角动量	千克二次方米每秒($\text{kg}\cdot\text{m}^2\cdot\text{s}^{-1}$)	$\hbar=1.0546\times10^{-34}$ J·s
介电常数	法每米($\text{F}\cdot\text{m}^{-1}$)	$4\pi\varepsilon_0=1.1127\times10^{-10}\ \text{F}\cdot\text{m}^{-1}$
长度	米(m)	玻尔半径 $a_0=\frac{4\pi\varepsilon_0\hbar^2}{m_e e^2}=5.2918\times10^{-11}$ m
能量	焦耳(J)	$\mathscr{E}_a=1$ Hartree$=\frac{m_e e^2}{16\pi^2\varepsilon^2\hbar}=4.3597\times10^{-18}$ J

由于$\frac{Z_A}{r_{iA}}$项的存在，无法简单地对电子和核运动方程进行分离变量处理。将此薛定谔方程进一步简化的一个关键的近似方法是玻恩-奥本海默近似(Born-Oppenheimer approximation)。由于核的质量通常是电子质量的上万倍，因此缓慢的核运动方程和电子运动方程可以被有效地分开求解，而不会引入大的误差。从数学角度，我们可以显式地将总波函数 $\Phi(\{\boldsymbol{r}_i\},\{\boldsymbol{R}_A\})$中的核运动部分分离出来，有

$$\Phi(\{\boldsymbol{r}_i\},\{\boldsymbol{R}_A\})=\phi(\{\boldsymbol{r}_i\};\{\boldsymbol{R}_A\})\chi(\{\boldsymbol{R}_A\}) \tag{3.4}$$

式中：$\phi(\{\boldsymbol{r}_i\};\{\boldsymbol{R}_A\})$代表在$\{\boldsymbol{R}_A\}$构型下的电子运动波函数；$\chi(\{\boldsymbol{R}_A\})$代表相应的核运动波函数。假设电子运动波函数 $\phi(\{\boldsymbol{r}_i\};\{\boldsymbol{R}_A\})$满足：

$$\underbrace{\left(-\sum_{i=1}^{N}\frac{1}{2}\nabla_i^2+\sum_{i=1}^{N}\sum_{j>i}^{N}\frac{1}{r_{ij}}-\sum_{i=1}^{N}\sum_{A=1}^{N}\frac{Z_A}{r_{iA}}\right)}_{\mathscr{H}_{\text{elec}}}\phi(\{\boldsymbol{r}_i\};\{\boldsymbol{R}_A\})=\mathscr{E}_{\text{elec}}(\{\boldsymbol{R}_A\})\phi(\{\boldsymbol{r}_i\};\{\boldsymbol{R}_A\}) \tag{3.5}$$

下面研究核运动波函数 $\chi(\{\boldsymbol{R}_A\})$ 需要满足什么样的条件，才能使得方程(3.1) 成立。

$$\begin{aligned}
\mathscr{H}\Phi(\{\boldsymbol{r}_i\},\{\boldsymbol{R}_A\}) &=-\left[-\sum_{A=1}^{M}\frac{1}{2M_A}\nabla_A^2+\sum_{A=1}^{M}\sum_{B>A}^{M}\frac{Z_AZ_B}{R_{AB}}+\mathscr{H}_{\text{elec}}\right]\Phi(\{\boldsymbol{r}_i\},\{\boldsymbol{R}_A\})\\
&=\left[-\sum_{A=1}^{M}\frac{1}{2M_A}\nabla_A^2+\sum_{A=1}^{M}\sum_{B>A}^{M}\frac{Z_AZ_B}{R_{AB}}+\mathscr{E}_{\text{elec}}(\{\boldsymbol{R}_A\})\right]\Phi(\{\boldsymbol{r}_i\},\{\boldsymbol{R}_A\})\\
&=\phi(\{\boldsymbol{r}_i\};\{\boldsymbol{R}_A\})\left[-\sum_{A=1}^{M}\frac{1}{2M_A}\nabla_A^2+\sum_{A=1}^{M}\sum_{B>A}^{M}\frac{Z_AZ_B}{R_{AB}}+\mathscr{E}_{\text{elec}}(\{\boldsymbol{R}_A\})\right]\\
&\quad\cdot\chi(\{\boldsymbol{R}_A\})-\sum_{A=1}^{M}\frac{1}{2M_A}[2\nabla_A\phi(\{\boldsymbol{r}_i\};\{\boldsymbol{R}_A\})\cdot\nabla_A\chi(\{\boldsymbol{R}_A\})\\
&\quad+\chi(\{\boldsymbol{R}_A\})\nabla_A^2\phi(\{\boldsymbol{r}_i\};\{\boldsymbol{R}_A\})]
\end{aligned} \tag{3.6}$$

可以证明,方程(3.6)的最后两项可以忽略,其中前一项由于波函数模守恒等于零,后一项是电声作用项,其大小为电子动能项的 $10^{-4} \sim 10^{-5}$。因此,只要核运动波函数满足

$$\left[-\sum_{A=1}^{M}\frac{1}{2M_A}\nabla_A^2+\sum_{A=1}^{M}\sum_{B>A}^{M}\frac{Z_AZ_B}{R_{AB}}+\mathscr{E}_{\text{elec}}(\{\boldsymbol{R}_A\})\right]\chi(\{\boldsymbol{R}_A\})=\mathscr{E}\chi(\{\boldsymbol{R}_A\}) \tag{3.7}$$

则在玻恩-奥本海默近似下,可以得到体系的总波函数为

$$\Phi(\{\boldsymbol{r}_i\},\{\boldsymbol{R}_A\})=\phi(\{\boldsymbol{r}_i\};\{\boldsymbol{R}_A\})\chi(\{\boldsymbol{R}_A\}) \tag{3.8}$$

由上面的推导可以看出,体系波函数中的电子自由度和核自由度可以被有效分离。在求解过程中,首先需要求得某个固定核构型下的电子基态,然后将电子能量的本征值(核构型的泛函)作为参数,来求解核运动的本征值问题。以下主要讨论电子自由度,也就是电子波函数 $\phi(\{\boldsymbol{r}_i\};\{\boldsymbol{R}_A\})$ 的求解问题。

3.1.2 平均场的概念

进行玻恩-奥本海默近似后,所需要求解的是固定核构型下电子的基态波函数(即电子运动波函数),它满足如下的薛定谔方程:

$$\underbrace{\left(-\sum_{i=1}^{N}\frac{1}{2}\nabla_i^2+\sum_{i=1}^{N}\sum_{j>i}^{N}\frac{1}{r_{ij}}-\sum_{i=1}^{N}\sum_{A=1}^{M}\frac{Z_A}{r_{iA}}\right)}_{\mathscr{H}_{\text{elec}}}\phi(\{\boldsymbol{r}_i\};\{\boldsymbol{R}_A\})=\mathscr{E}_{\text{elec}}(\{\boldsymbol{R}_A\})\phi(\{\boldsymbol{r}_i\};\{\boldsymbol{R}_A\})$$

这仍然是一个相当具有挑战性的问题,这是因为电子哈密顿量 $\mathscr{H}_{\text{elec}}$ 中的 $1/r_{ij}$ 项,使得我们无法用分离变量的办法求解上述方程。当然,在极端的情况下,也就是假设电子与电子之间的库仑相互作用 $\left(\sum_{i=1}^{N}\sum_{j>i}^{N}\frac{1}{r_{ij}}\right)$ 为零时,方程可以写成分离变量的形式进行求解(下面讨论原子核构型固定的情况,因此可省略波函数中的原子核坐标):

$$\left[\sum_{i=1}^{N}\left(-\frac{1}{2}\nabla_i^2+V_{\text{ion}}\right)\right]\phi(\{\boldsymbol{r}_i\})=\mathscr{E}_{\text{elec}}\phi(\{\boldsymbol{r}_i\}) \tag{3.9}$$

式中

$$V_{\text{ion}}=\sum_{A=1}^{M}-\frac{Z_A}{r_{iA}} \tag{3.10}$$

但是在真实的物理体系中,电子与电子之间的相互作用是相当强的,至少和电子与核之间的相互作用在同一个数量级。实际上,为了达到分离变量的目的,也并不需要完全忽略电子间相互作用。这是因为我们可以用一个局域的势场来近似地描述其他电子所产生的作用,这个势场和由核产生的势场叠加所形成的"有效势",就是独立电子空间运动所处的"平均场"(mean field)。因此在平均场近似下,方程(3.9)应当改写成

$$\left[\sum_{i=1}^{N}\left(-\frac{1}{2}\nabla_i^2+V_{\text{eff}}\right)\right]\phi(\{\boldsymbol{r}_i\})=\mathscr{E}_{\text{elec}}\phi(\{\boldsymbol{r}_i\}) \tag{3.11}$$

需要特别指出的是,虽然我们假设电子之间的运动是独立的(独立电子近似),但是这并不意味着求体系的总能等于各个电子能量的简单求和,也不意味着各电子空间分布概率完全不相关。这是因为和其他的微观粒子一样,电子也是不可区分的全同粒子,其波函数必须满足对称(玻色子)或者反对称(费米子)的量子力学要求。虽然没有经典的相互作用项,但是对波函数的交换对称性要求会对总能计算或者空间相对分布概率产生间接影响。总体上来说,玻色子波函数的量子力学要求导致玻色子之间相互吸引,而费米子波函数的量子力学

要求导致费米子之间互相排斥。这可以从下面的例子看出。

假设有两个自由粒子，分别处在自旋向上的动量本征态 $|\boldsymbol{k}_1\rangle$ 和 $|\boldsymbol{k}_2\rangle$，有

$$\phi_{\boldsymbol{k}_1}(\boldsymbol{r}_1) = \frac{1}{(2\pi)^{3/2}} \mathrm{e}^{\mathrm{i}\boldsymbol{k}_1\boldsymbol{r}_1}\alpha(s_1)$$

$$\phi_{\boldsymbol{k}_2}(\boldsymbol{r}_2) = \frac{1}{(2\pi)^{3/2}} \mathrm{e}^{\mathrm{i}\boldsymbol{k}_2\boldsymbol{r}_2}\alpha(s_2)$$

如果这两个粒子为费米子，则体系符合交换反对称性要求的总波函数可以写为

$$\begin{aligned}\phi_{\boldsymbol{k}_1,\boldsymbol{k}_2}(\boldsymbol{r}_1,\boldsymbol{r}_2) &= \frac{1}{\sqrt{2}}\frac{1}{(2\pi)^3}\begin{vmatrix} \mathrm{e}^{\mathrm{i}\boldsymbol{k}_1\boldsymbol{r}_1}\alpha(s_1) & \mathrm{e}^{\mathrm{i}\boldsymbol{k}_2\boldsymbol{r}_1}\alpha(s_1) \\ \mathrm{e}^{\mathrm{i}\boldsymbol{k}_1\boldsymbol{r}_2}\alpha(s_2) & \mathrm{e}^{\mathrm{i}\boldsymbol{k}_2\boldsymbol{r}_2}\alpha(s_2)\end{vmatrix} \\ &= \frac{1}{\sqrt{2}}\frac{1}{(2\pi)^3}\left[\mathrm{e}^{\mathrm{i}(\boldsymbol{KR}+\boldsymbol{kr})} - \mathrm{e}^{\mathrm{i}(\boldsymbol{KR}-\boldsymbol{kr})}\right]\alpha(s_1)\alpha(s_2) \\ &= \frac{\mathrm{i}\sqrt{2}}{(2\pi)^{3/2}}\sin(\boldsymbol{kr})\left[\frac{1}{(2\pi)^{3/2}}\mathrm{e}^{\mathrm{i}\boldsymbol{KR}}\right]\alpha(s_1)\alpha(s_2) \\ &= \phi_{\boldsymbol{k}}(\boldsymbol{r})\left[\frac{1}{(2\pi)^{3/2}}\mathrm{e}^{\mathrm{i}\boldsymbol{KR}}\right]\alpha(s_1)\alpha(s_2) \qquad (3.12)\end{aligned}$$

式中：$\boldsymbol{K} = \boldsymbol{k}_1 + \boldsymbol{k}_2$；$\boldsymbol{k} = \dfrac{\boldsymbol{k}_1 - \boldsymbol{k}_2}{2}$；$\boldsymbol{R} = \dfrac{\boldsymbol{r}_1 + \boldsymbol{r}_2}{2}$；$\boldsymbol{r} = \boldsymbol{r}_1 - \boldsymbol{r}_2$；$\dfrac{1}{(2\pi)^{3/2}}\mathrm{e}^{\mathrm{i}\boldsymbol{KR}}$ 表示质心的运动，不影响两粒子的相对分布概率。而两个粒子之间的距离在$(r, r+\mathrm{d}r)$ 区间内的概率可以通过积分得到：

$$4\pi r^2 P(r)\mathrm{d}r = r^2\mathrm{d}r\int |\phi_{\boldsymbol{k}}(\boldsymbol{r})|^2 \mathrm{d}\Omega$$

$$P(r) = \frac{1}{4\pi}\iint\left|\frac{\mathrm{i}\sqrt{2}}{(2\pi)^{3/2}}\sin(kr\cos\theta)\right|^2 \sin\theta\mathrm{d}\theta\mathrm{d}\phi = \frac{1}{(2\pi)^3}\left[1 - \frac{\sin(2kr)}{2kr}\right] \qquad (3.13)$$

可见，当 $r \to 0$ 时，$P(r) \to 0$，也就是说自旋方向相同的两个电子不能出现在空间中的同一点。利用同样的推导过程，并将第二个电子的自旋方向改为 $\beta(s)$，可以证明 $P(r) \equiv \dfrac{1}{(2\pi)^3}$，也就是说两个自旋方向相反的电子空间出现的概率相互独立。

3.1.3　电子的空间轨道与自旋轨道

在平均场近似下，每个独立电子满足薛定谔方程

$$\left(-\frac{1}{2}\nabla_i^2 + V_{\mathrm{eff}}\right)\phi_{n\sigma}(\boldsymbol{r}_i) = \mathscr{E}_n\phi_{n\sigma}(\boldsymbol{r}_i) \qquad (3.14)$$

式中：n 表示第 n 个激发态；σ 表示自旋态，其取值只能为自旋向上(α) 或者自旋向下(β)。而对单电子来说，其自旋轨道(spin orbital) 也可以分解为空间部分与自旋部分的直积，即

$$\phi_{n\sigma}(\boldsymbol{r}_i) = \xi_n(\boldsymbol{r}_i)\sigma(s_i) \qquad (3.15)$$

3.1.4　Hartree-Fock 方法

引入 Hartree-Fock 近似后，可以有效地把方程(3.5) 等价地转化为 N 个互相独立的可分离变量的方程，从而使得数值求解电子基态波函数成为可能。值得一提的是，类似于量子蒙特卡罗的求解方法则不需引入独立电子的概念，但是其计算量是可分离变量的 Hartree-Fock 方法计算量的上千倍甚至上亿倍。

首先考虑 Hartree-Fock 近似背后所代表的物理意义。电子是费米子的一种，因此其对波函数的要求首先是反对称性。如果体系中有 N 个电子，一共有 K 个可供占据的自旋轨道，则普遍来说，体系的基态（或者激发态）的波函数可以用自旋轨道所组成的反对称的 Slater 行列式进行展开：

$$\phi\langle \boldsymbol{x}_1,\boldsymbol{x}_2,\cdots,\boldsymbol{x}_N\rangle=\frac{C_1}{\sqrt{N!}}\begin{vmatrix}\xi_i(\boldsymbol{x}_1) & \xi_j(\boldsymbol{x}_1) & \cdots & \xi_k(\boldsymbol{x}_1)\\ \xi_i(\boldsymbol{x}_2) & \xi_j(\boldsymbol{x}_2) & \cdots & \xi_k(\boldsymbol{x}_2)\\ \vdots & \vdots & & \vdots\\ \xi_i(\boldsymbol{x}_N) & \xi_j(\boldsymbol{x}_N) & \cdots & \xi_k(\boldsymbol{x}_N)\end{vmatrix}+\frac{C_2}{\sqrt{N!}}\begin{vmatrix}\xi_{i'}(\boldsymbol{x}_1) & \xi_j(\boldsymbol{x}_1) & \cdots & \xi_k(\boldsymbol{x}_1)\\ \xi_{i'}(\boldsymbol{x}_2) & \xi_j(\boldsymbol{x}_2) & \cdots & \xi_k(\boldsymbol{x}_2)\\ \vdots & \vdots & & \vdots\\ \xi_{i'}(\boldsymbol{x}_N) & \xi_j(\boldsymbol{x}_N) & \cdots & \xi_k(\boldsymbol{x}_N)\end{vmatrix}$$
$$+\cdots+\frac{C'}{\sqrt{N!}}\begin{vmatrix}\xi_{i'}(\boldsymbol{x}_1) & \xi_{j'}(\boldsymbol{x}_1) & \cdots & \xi_{k'}(\boldsymbol{x}_1)\\ \xi_{i'}(\boldsymbol{x}_2) & \xi_{j'}(\boldsymbol{x}_2) & \cdots & \xi_{k'}(\boldsymbol{x}_2)\\ \vdots & \vdots & & \vdots\\ \xi_{i'}(\boldsymbol{x}_N) & \xi_{j'}(\boldsymbol{x}_N) & \cdots & \xi_{k'}(\boldsymbol{x}_N)\end{vmatrix}\tag{3.16}$$

方程(3.16) 中的每一个行列式都称为一个组态。要精确地展开体系的波函数，有可能需要用到上千个组态。当然所有这些组态中，和体系基态最接近的应该是从 K 个轨道中挑出 N 个能量最低的自旋轨道所组成的行列式。Hartree-Fock 近似从本质上来说就是用 N 个能量最低轨道所组成的单行列式来近似体系的真实波函数。我们用 $|\xi_i(1)\xi_j(2)\cdots\xi_k(N)\rangle_S$ 来区别 Slater 形式波函数和普通的右矢 $|\xi_i(1)\xi_j(2)\cdots\xi_k(N)\rangle$，有

$$\begin{aligned}&\phi(\boldsymbol{x}_1,\boldsymbol{x}_2,\cdots,\boldsymbol{x}_N)\simeq\phi^0(\boldsymbol{x}_1,\boldsymbol{x}_2,\cdots,\boldsymbol{x}_N)\\&=|\xi_i(1)\xi_j(2)\cdots\xi_k(N)|\rangle_S\\&=(N!)^{-1/2}\sum_{n=1}^{N!}(-1)^{P_n}\mathscr{P}_n\{\xi_i(1)\xi_j(2)\cdots\xi_k(N)\}=(N!)^{-1/2}\begin{vmatrix}\xi_i(\boldsymbol{x}_1) & \xi_j(\boldsymbol{x}_1) & \cdots & \xi_k(\boldsymbol{x}_1)\\ \xi_i(\boldsymbol{x}_2) & \xi_j(\boldsymbol{x}_2) & \cdots & \xi_k(\boldsymbol{x}_2)\\ \vdots & \vdots & & \vdots\\ \xi_i(\boldsymbol{x}_N) & \xi_j(\boldsymbol{x}_N) & \cdots & \xi_k(\boldsymbol{x}_N)\end{vmatrix}\end{aligned}\tag{3.17}$$

式中：$\mathscr{P}$表示下标的置换算符。下面首先来推导当基态波函数为单个行列式的时候，体系的总能和单电子各个能级之间的关系。在给出普适的表达式之前，先来看一下双电子体系的例子。

归一化、反对称的双电子波基态函数在 Hartree-Fock 近似下可以通过最低占据的单电子轨道反对称化得到：

$$\phi^0(\boldsymbol{x}_1,\boldsymbol{x}_2)=|\xi_i(1)\xi_j(2)\rangle_S=\frac{1}{\sqrt{2}}\begin{vmatrix}\xi_i(\boldsymbol{x}_1) & \xi_j(\boldsymbol{x}_1)\\ \xi_i(\boldsymbol{x}_2) & \xi_j(\boldsymbol{x}_2)\end{vmatrix}=\frac{1}{\sqrt{2}}[\xi_i(\boldsymbol{x}_1)\xi_j(\boldsymbol{x}_2)-\xi_i(\boldsymbol{x}_2)\xi_j(\boldsymbol{x}_1)]\tag{3.18}$$

同时，为了计算方便，将电子哈密顿量（原子单位制）分解成单电子部分和双电子部分，即

$$\begin{aligned}\mathscr{H}_{\text{elec}}&=-\sum_{i=1}^{N}\frac{1}{2}\nabla_i^2+\sum_{i=1}^{N}\sum_{j>i}^{N}\frac{1}{r_{ij}}-\sum_{i=1}^{N}\sum_{A=1}^{M}\frac{Z_A}{r_{iA}}=\sum_{i=1}^{N}\left[-\frac{1}{2}\nabla_i^2-\sum_{A=1}^{M}\frac{Z_A}{r_{iA}}\right]+\sum_{i=1}^{N}\sum_{j>i}^{N}\frac{1}{r_{ij}}\\&=\sum_{i=1}^{N}h(i)+\sum_{i<j}v(i,j)=\mathscr{O}_1+\mathscr{O}_2\end{aligned}\tag{3.19}$$

接下来根据定义计算体系的基态能量，有

$$E=\langle\phi^0(\boldsymbol{x}_1,\boldsymbol{x}_2)\mid\mathscr{H}_{\text{elec}}\mid\phi^0(\boldsymbol{x}_1,\boldsymbol{x}_2)\rangle=\langle\phi^0(\boldsymbol{x}_1,\boldsymbol{x}_2)\mid\mathscr{O}_1+\mathscr{O}_2\mid\phi^0(\boldsymbol{x}_1,\boldsymbol{x}_2)\rangle\tag{3.20}$$

首先计算单电子部分 $\mathscr{O}_1$ 的贡献。由于自旋轨道之间的正交性，对于 $\mathscr{O}_1$，只有左矢和右矢

完全等同时，积分才不等于零，于是有

$$
\begin{aligned}
&\langle \phi^0(\boldsymbol{x}_1,\boldsymbol{x}_2) \mid \mathscr{O}_1 \mid \phi^0(\boldsymbol{x}_1,\boldsymbol{x}_2)\rangle \\
&= \sum_{i=1}^{2}\langle \phi^0(\boldsymbol{x}_1,\boldsymbol{x}_2) \mid h(i) \mid \phi^0(\boldsymbol{x}_1,\boldsymbol{x}_2)\rangle_{\mathrm{S}} \\
&= 2\langle \phi^0(\boldsymbol{x}_1,\boldsymbol{x}_2) \mid h(1) \mid \phi^0(\boldsymbol{x}_1,\boldsymbol{x}_2)\rangle \\
&= \langle \xi_i(\boldsymbol{x}_1)\xi_j(\boldsymbol{x}_2)-\xi_i(\boldsymbol{x}_2)\xi_j(\boldsymbol{x}_1) \mid h(1) \mid \xi_i(\boldsymbol{x}_1)\xi_j(\boldsymbol{x}_2)-\xi_i(\boldsymbol{x}_2)\xi_j(\boldsymbol{x}_1)\rangle \\
&= \langle \xi_i(\boldsymbol{x}_1) \mid h(1) \mid \xi_i(\boldsymbol{x}_1)\rangle + \langle \xi_j(\boldsymbol{x}_1) \mid h(1) \mid \xi_j(\boldsymbol{x}_1)\rangle \\
&= \sum_{i=1}^{2}\langle i \mid h \mid i\rangle
\end{aligned}
\tag{3.21}
$$

以上双电子的情况非常容易推广到多电子。对于一个多电子的体系，在 Hartree-Fock 近似下，基态的电子波函数用 N 个能量最低占据轨道的反对称波函数近似，而在此近似下，基态能量可以表示为单电子积分和双电子积分的形式，有

$$
\begin{aligned}
E_0 = \langle \phi^0 \mid \mathscr{H}_{\mathrm{elec}} \mid \phi^0\rangle &= \sum_{i=1}^{N}\langle i \mid h \mid i\rangle + \frac{1}{2}\sum_{i=1}^{N}\sum_{j=1}^{N}(\langle ij \mid ij\rangle - \langle ij \mid ji\rangle) \\
&= \sum_{i=1}^{N}\langle i \mid h \mid i\rangle + \frac{1}{2}\sum_{i=1}^{N}\sum_{j=1}^{N}\langle ij \parallel ij\rangle
\end{aligned}
\tag{3.22}
$$

式中

$$
\begin{aligned}
\langle ij \parallel ij\rangle &= \langle \xi_i\xi_j \mid \xi_i\xi_j\rangle - \langle \xi_i\xi_j \mid \xi_j\xi_i\rangle \\
&= \int \mathrm{d}\boldsymbol{x}_1\,\mathrm{d}\boldsymbol{x}_2\,\xi_i^*(\boldsymbol{x}_1)\xi_j^*(\boldsymbol{x}_2)\frac{1}{r_{12}}[\xi_i(\boldsymbol{x}_1)\xi_j(\boldsymbol{x}_2)-\xi_j(\boldsymbol{x}_1)\xi_i(\boldsymbol{x}_2)]
\end{aligned}
\tag{3.23}
$$

可以看到，在 Hartree-Fock 近似下，体系能量的表达式的物理意义非常明显。单电子项表达的是电子的动能项和电子与核之间的库仑相互作用。双电子项中的 $\langle \xi_i\xi_j \mid \xi_i\xi_j\rangle$ 可以根据电子密度的定义改写为 $\dfrac{\rho_i(x_1)\rho_j(x_2)}{r_{12}}$，表达电子之间的静电库仑斥能。双电子项中的 $\langle \xi_i\xi_j \mid \xi_j\xi_i\rangle$ 表达的则是相同自旋电子之间的交换作用，其源于 Slater 行列式的波函数中两个自旋相同的电子之间的交换关联作用。

需要注意的是，在部分化学书中，用到了另外一种不同但是等价的积分简写方式，即

$$
\begin{aligned}
\langle ij \mid kl\rangle &= \iint \mathrm{d}\boldsymbol{x}_1\,\mathrm{d}\boldsymbol{x}_2\,\xi_i^*(\boldsymbol{x}_1)\xi_j^*(\boldsymbol{x}_2)\frac{1}{r_{ij}}\xi_k(\boldsymbol{x}_1)\xi_l(\boldsymbol{x}_2) \\
&= \iint \mathrm{d}\boldsymbol{x}_1\,\mathrm{d}\boldsymbol{x}_2\,\xi_i^*(\boldsymbol{x}_1)\xi_k(\boldsymbol{x}_1)\frac{1}{r_{ij}}\xi_j^*(\boldsymbol{x}_2)\xi_l(\boldsymbol{x}_2) \\
&= [ik \mid jl]
\end{aligned}
\tag{3.24}
$$

3.1.5　Hartree-Fock 近似下的单电子自洽场方程

在 3.1.4 节中我们讨论了在 Hartree-Fock 近似下构造基态波函数的方法，以及体系的总能量和各个单电子轨道的单电子积分和双电子积分之间的关系。但是，如何构造、求解 1，2，…，N 个被占据的单电子轨道方程呢？在这一节中，我们从 Hartree-Fock 的总能表达式出发，利用变分原理，推导 Hartree-Fock 近似下单电子轨道所满足的方程。

根据变分原理可知，任意归一化的试探波函数都满足

$$
\langle \hat{\Phi} \mid \mathscr{H} \mid \hat{\Phi}\rangle \geqslant \mathscr{E}_0 \tag{3.25}
$$

我们可以利用变分原理来有效地求解薛定谔方程的最佳近似解。也就是构造一系列含参数的试探波函数,然后通过变化参数,使得在这组参数下哈密顿量的期望值最小。这组参数所对应的波函数就是在相应子空间中,薛定谔方程的最佳近似解。

根据拉格朗日乘子法,需要在保持各个自旋轨道正交的情况下,变化各个轨道,使总能达到最小。也说是在$\langle \xi_i \mid \xi_j \rangle = \delta_{ij}$ 的情况下,找到一组自旋轨道 ξ,使得

$$\delta E_0 = 0 \tag{3.26}$$

其中

$$E_0 = \sum_{i=1}^{N}\langle i \mid h \mid i\rangle + \frac{1}{2}\sum_{i,j=1}^{N}(\langle ij \mid ij\rangle - \langle ij \mid ji\rangle) \tag{3.27}$$

在给出具体推导过程前,我们先给出最终结果,并对其物理意义进行分析。最终得到 Hartree-Fock 的单电子轨道满足的自洽场(self-consistent field,SCF)方程为

$$h(x_1)\xi_i(x_1) + \sum_{j\neq i}\left[\int \frac{\mathrm{d}x_2 \mid \xi_j(x_2) \mid^2}{r_{12}}\right]\xi_i(x_1) - \sum_{j\neq i}\left[\int \frac{\mathrm{d}x_2 \xi_j^*(x_2)\xi_i(x_2)}{r_{12}}\right]\xi_j(x_2)$$
$$= \varepsilon_a \xi_i(x_1) \tag{3.28}$$

式中:ε_a 为标号为 a 的电子的轨道能量。通常根据物理意义,引入库仑算符和交换算符,则

$$\mathscr{J}_j(x_1)\xi_i(x_1) = \left(\int \mathrm{d}x_2 \xi_j^*(x_2)\frac{1}{r_{12}}\xi_j(x_2)\right)\xi_i(x_1) \tag{3.29}$$

$$\mathscr{K}_j(x_1)\xi_i(x_1) = \left(\int \mathrm{d}\boldsymbol{x}_2 \xi_j^*(x_2)\frac{1}{r_{12}}\mathscr{P}_{12}\xi_j(x_2)\right)\xi_i(x_1) = \left(\int \mathrm{d}\boldsymbol{x}_2 \xi_j^*(x_2)\frac{1}{r_{12}}\xi_i(x_2)\right)\xi_j(x_1) \tag{3.30}$$

利用这两个算符,Hartree-Fock 的单电子自洽场方程可以简洁地表示为

$$\left(h(x_1) + \sum_{j\neq i}^{N}\mathscr{J}_j(x_1) - \sum_{j\neq i}^{N}\mathscr{K}_j(x_1)\right)\xi_i(x_1) = \varepsilon_a\xi_i(x_1) \tag{3.31}$$

上述方程中,对于不同的轨道,库仑算符和交换算符分别需要去掉 $j = i$ 的项,因此在形式表达上不方便。由于 $j = i$ 时库仑算符和交换算符相互抵消,还可以去除求和下标中 $j \neq i$ 的限制,即

$$\left(h(x_1) + \sum_{j=1}^{N}\mathscr{J}_j(x_1) - \sum_{j=1}^{N}\mathscr{K}_j(x_1)\right)\xi_i(x_1) = \varepsilon_a\xi_i(x_1) \tag{3.32}$$

如果定义 Fock 算符为

$$\mathscr{F}(x_1) = h(x_1) + \sum_{j=1}^{N}(\mathscr{J}_j(x_1) - \mathscr{K}_j(x_1)) \tag{3.33}$$

则正则 Hartree-Fock 方程有如下非常简洁的形式:

$$\mathscr{F} \mid \xi_i(x_1)\rangle = \varepsilon_i \mid \xi_i(x_1)\rangle \tag{3.34}$$

下面我们通过变分原理给出正则 Hartree-Fock 方程的推导过程。这里的变分函数是自旋轨道,也就是说,总能对正交的自旋轨道的变分为零:

$$\xi_i \rightarrow \xi_i + \delta\xi_i \quad (i = 1,2,\cdots,N)$$

$$\delta\mathscr{L} = \delta E_0 - \delta\left[\sum_{i,j=1}^{N}\varepsilon_{ji}(\langle i \mid j\rangle - \delta_{ij})\right] = \delta E_0 - \sum_{i,j=1}^{N}\varepsilon_{ji}\delta\langle i \mid j\rangle = 0 \tag{3.35}$$

根据 E_0 的表达式

$$E_0 = \sum_{i=1}^{N}\langle i \mid h \mid i\rangle + \frac{1}{2}\sum_{i=1}^{N}\sum_{j=1}^{N}(\langle ij \mid ij\rangle - \langle ij \mid ji\rangle)$$

容易得到

$$\begin{aligned}\delta E_0 &= \sum_{i=1}^{N}\delta\langle i \mid h \mid i\rangle + \frac{1}{2}\sum_{i=1}^{N}\sum_{j=1}^{N}(\delta\langle ij \mid ij\rangle - \delta\langle ij \mid ji\rangle) \\ &= \sum_{i=1}^{N}\langle \delta\xi_i \mid h \mid \xi_i\rangle + \frac{1}{2}\sum_{i=1}^{N}\sum_{j=1}^{N}(\langle \delta\xi_i\xi_j \mid \xi_i\xi_j\rangle + \langle \xi_i\delta\xi_j \mid \xi_i\xi_j\rangle) \\ &\quad - \frac{1}{2}\sum_{i=1}^{N}\sum_{j=1}^{N}\langle \delta\xi_i\xi_j \mid \xi_j\xi_i\rangle + \langle \xi_i\delta\xi_j \mid \xi_j\xi_i\rangle + \text{C. C.} \\ &= \sum_{i=1}^{N}\langle \delta\xi_i \mid h \mid \xi_i\rangle + \sum_{i=1}^{N}\sum_{j=1}^{N}\langle \delta\xi_i\xi_j \mid \xi_i\xi_j\rangle - \sum_{i=1}^{N}\sum_{j=1}^{N}\langle \delta\xi_i\xi_j \mid \xi_j\xi_i\rangle + \text{C. C.}\end{aligned} \tag{3.36}$$

其中 C. C. 代表共轭项。

式(3.35)中第二项的变分为

$$\sum_{i,j=1}^{N}\varepsilon_{ji}\delta\langle i \mid j\rangle = \sum_{i,j=1}^{N}\varepsilon_{ji}\langle \delta\xi_i \mid \xi_j\rangle + \text{C. C.} \tag{3.37}$$

因此总能量对自旋轨道变分为零的条件等价转化为

$$\begin{aligned}\delta\mathscr{L} &= \sum_{i=1}^{N}\langle \delta\xi_i \mid h \mid \xi_i\rangle + \sum_{i=1}^{N}\sum_{j=1}^{N}\langle \delta\xi_i\xi_j \mid \xi_i\xi_j\rangle - \sum_{i=1}^{N}\sum_{j=1}^{N}\langle \delta\xi_i\xi_j \mid \xi_j\xi_i\rangle \\ &\quad - \sum_{i,j=1}^{N}\varepsilon_{ji}\langle \delta\xi_i \mid \xi_j\rangle + \text{C. C.} = 0\end{aligned} \tag{3.38}$$

将方程(3.35)改写后，因为取极值的条件必须对于任意的 $\delta\xi_i$ 均成立，因此括号里的项必须为零，即

$$\delta\mathscr{L} = \int\sum_{i=1}^{N}\mathrm{d}\boldsymbol{x}_1\,\delta\xi_i^*(x_1)\Big[h(x_1)\xi_i(x_1) + \sum_{j=1}^{N}(\mathscr{J}_j(x_1) - \mathscr{K}_j(x_1))\xi_i(x_1) - \sum_{j=1}^{N}\varepsilon_{ji}\xi_j(x_1)\Big] + \text{C. C.} = 0$$

得

$$\Big[h(x_1) + \sum_{j=1}^{N}(\mathscr{J}_j(x_1) - \mathscr{K}_j(x_1))\Big]\xi_i(x_1) = \sum_{j=1}^{N}\varepsilon_{ji}\xi_j(x_1) \tag{3.39}$$

因此有

$$\mathscr{F}(x_1) \mid \xi_i(x_1)\rangle = \sum_{j=1}^{N}\varepsilon_{ji} \mid \xi_j(x_1)\rangle \tag{3.40}$$

至此，我们得到了和 Hartree-Fock 方程等价的结果，但是与正则 Hartree-Fock 方程(式(3.34))相比较，还是略有不同。二者之间的差别可以通过幺正变换消除。首先考察当一组自旋轨道通过幺正变换成一组新的自旋轨道时，厄米算符(物理上的可观测量)所对应的期望值如何变化。有

$$\mid \xi'_i(x_1)\xi'_j(x_2)\cdots\xi'_k(x_N)\rangle_{\mathrm{S}} = \mid \xi_i(x_1)\xi_j(x_2)\cdots\xi_k(x_N)\rangle_{\mathrm{S}}\cdot U$$

即

$$\begin{vmatrix}\xi'_i(\boldsymbol{x}_1) & \xi'_j(\boldsymbol{x}_1) & \cdots & \xi'_k(\boldsymbol{x}_1) \\ \xi'_i(\boldsymbol{x}_2) & \xi'_j(\boldsymbol{x}_2) & \cdots & \xi'_k(\boldsymbol{x}_2) \\ \vdots & \vdots & & \vdots \\ \xi'_i(\boldsymbol{x}_N) & \xi'_j(\boldsymbol{x}_N) & \cdots & \xi'_k(\boldsymbol{x}_N)\end{vmatrix} = \begin{vmatrix}\xi_i(\boldsymbol{x}_1) & \xi_j(\boldsymbol{x}_1) & \cdots & \xi_k(\boldsymbol{x}_1) \\ \xi_i(\boldsymbol{x}_2) & \xi_j(\boldsymbol{x}_2) & \cdots & \xi_k(\boldsymbol{x}_2) \\ \vdots & \vdots & & \vdots \\ \xi_i(\boldsymbol{x}_N) & \xi_j(\boldsymbol{x}_N) & \cdots & \xi_k(\boldsymbol{x}_N)\end{vmatrix}\begin{vmatrix}U_{11} & U_{12} & \cdots & U_{1N} \\ U_{21} & U_{22} & \cdots & U_{2N} \\ \vdots & \vdots & & \vdots \\ U_{N1} & U_{N2} & \cdots & U_{NN}\end{vmatrix} \tag{3.41}$$

由于幺正变换满足 $U^* \cdot U = 1$,因此容易得出 $|\det(U)|^2 = 1$。也就是说 $\det(U) = e^{i\varphi}$。我们可以得到,任意的厄米算符,包括总能量、动量等的期望值,在自旋轨道幺正变换下均保持不变。也就是说,自旋轨道的确定具有一定的任意性,给定的一组是 Hartree-Fock 方程解的自旋轨道,对其做幺正变换后得到的新的自旋轨道同样是方程的解。下面我们考察如何利用幺正变换,将方程(3.40)等价地转变成正则 Hartree-Fock 方程。

方程(3.40)左端包括库仑算符、交换算符。其中单电子算符并不依赖于自旋轨道。库仑算符和交换算符虽然依赖于自旋轨道,但是容易证明这两个算符在幺正变换下各自保持不变。下面给出库仑算符的证明(交换算符类似可证):

$$
\begin{aligned}
\sum_i \mathscr{J}'_i(x_1) &= \sum_i \left[\int \mathrm{d}\boldsymbol{x}_2 \xi'^*_i(x_2) \frac{1}{r_{12}} \xi'_i(x_2)\right] = \sum_i \int \mathrm{d}\boldsymbol{x}_2 \sum_j U^*_{ji} \xi^*_j(x_2) \frac{1}{r_{12}} \sum_k \xi_k(x_2) U_{ik} \\
&= \sum_j \sum_k \left[\sum_i U^*_{ji} U_{ik}\right] \int \mathrm{d}\boldsymbol{x}_2 \xi^*_j(x_2) \frac{1}{r_{12}} \xi_k(x_2) \\
&= \sum_j \sum_k \delta_{jk} \int \mathrm{d}\boldsymbol{x}_2 \xi^*_j(x_2) \frac{1}{r_{12}} \xi_k(x_2) = \sum_j \int \mathrm{d}\boldsymbol{x}_2 \xi^*_j(x_2) \frac{1}{r_{12}} \xi_j(x_2) \\
&= \sum_J \mathscr{J}_j(x_1)
\end{aligned} \tag{3.42}
$$

因此可知,Fock 算符在自旋轨道的幺正变换下保持不变。进一步容易得到,拉格朗日乘子 ε_{ji} 满足下式:

$$
\langle \xi_k(x_1) \mid \mathscr{F}(x_1) \mid \xi_i(x_1) \rangle = \sum_{j=1}^{N} \varepsilon_{ji} \langle \xi_k(x_1) \mid \xi_j(x_1) \rangle = \varepsilon_{ki} \tag{3.43}
$$

因此在自旋轨道幺正变换下,有

$$
\begin{aligned}
\varepsilon'_{ij} &= \int \mathrm{d}\boldsymbol{x}_1 \xi'^*_i(x_1) \mathscr{F}(x_1) \xi'_j(x_1) = \sum_{k,l} U^*_{ki} U_{lj} \int \mathrm{d}\boldsymbol{x}_1 \xi^*_k(x_1) \mathscr{F}(x_1) \xi_l(x_1) \\
&= \sum_{k,l} U^*_{ki} \varepsilon_{kl} U_{lj}
\end{aligned} \tag{3.44}
$$

解得

$$
\varepsilon' = U^* \varepsilon U
$$

由此,可以看到,总是可以通过幺正变换得到一组自旋轨道,在此组自旋轨道下,ε 成为一个对角矩阵。相应地,Hartree-Fock 方程退化为正则 Hartree-Fock 方程。

由上述讨论可知,如果我们以最低占据轨道构成的 Slater 行列式近似作为基态波函数,可以运用变分的方法得到一组自洽的 Hartree-Fock 方程。其中单电子的哈密顿量主要由三项构成:第一项 h 是单电子算符,表达动能项和核的吸引作用项;第二项 $\mathscr{J}$ 是库仑斥能项,表示的是所有其他电子的密度分布对该电子的平均斥能,而并没有考虑电子与电子之间相斥对电子间关联函数的影响;第三项 $\mathscr{K}$ 是交换能项,在经典物理中没有对应,它所表现的是量子力学对费米子波函数的反对称性要求引起的一种关联作用。

3.1.6 Hartree-Fock 单电子波函数的讨论

本节中,我们将详细讨论用于构建 Hartree-Fock 基态波函数的 Slater 行列式的特点,以及处于此态的电子和独立电子之间的运动的差别,并且引入密度泛函中非常重要的费米空穴的概念。

在 3.1.5 节的讨论中,我们已经看到单电子的 Hartree-Fock 方程(式(3.31))中,Fock 算符有单电子项及双电子项。如果不考虑自旋，则可以相应地建立单电子密度分布函数 $\rho(\boldsymbol{r})$ 以及双电子密度分布函数 $\rho(\boldsymbol{r},\boldsymbol{r}')$：

$$1=\int|\Psi^0(\boldsymbol{r},\boldsymbol{r}_2,\boldsymbol{r}_3,\cdots,\boldsymbol{r}_N)|^2\mathrm{d}\boldsymbol{r}\mathrm{d}\boldsymbol{r}_2\cdots\mathrm{d}\boldsymbol{r}_N \tag{3.45}$$

$$\rho(\boldsymbol{r})=N\int\cdots\int|\Psi^0(\boldsymbol{r},\boldsymbol{r}_2,\boldsymbol{r}_3,\cdots,\boldsymbol{r}_N)|^2\mathrm{d}\boldsymbol{r}_2\mathrm{d}\boldsymbol{r}_3\cdots\mathrm{d}\boldsymbol{r}_N \tag{3.46}$$

$$\rho(\boldsymbol{r},\boldsymbol{r}')=N(N-1)\int\cdots\int|\Psi^0(\boldsymbol{r},\boldsymbol{r}',\boldsymbol{r}_3,\cdots,\boldsymbol{r}_N)|^2\mathrm{d}\boldsymbol{r}_3\mathrm{d}\boldsymbol{r}_4\cdots\mathrm{d}\boldsymbol{r}_N \tag{3.47}$$

式中：Ψ^0 为体系的多体波函数；$\rho(\boldsymbol{r})$ 代表总数为 N 的电子气中，在 $\boldsymbol{r}$ 的终点处发现电子的概率；系数 N 表示体系中有 N 个全同粒子，而每个粒子在空间 $\mathrm{d}\boldsymbol{r}$ 出现的概率相同；$\rho(\boldsymbol{r},\boldsymbol{r}')$ 表示在 $\boldsymbol{r}$ 的终点处发现一个电子的同时，在 $\boldsymbol{r}'$ 的终点处发现另一个电子的概率。式(3.47)前面的系数为 $N(N-1)$，和从 N 个全同粒子中选取两个粒子放到空间两个位置的排列数相同。从上面的表达式还可以知道，电荷分布密度对全空间的积分等于电子总数，即

$$\int\rho(\boldsymbol{r})\mathrm{d}\boldsymbol{r}=N \tag{3.48}$$

对于经典粒子，$\rho^0(\boldsymbol{r},\boldsymbol{r}')$ 为两个 $\rho(\boldsymbol{r})$ 的积，即

$$\rho^0(\boldsymbol{r},\boldsymbol{r}')=\rho(\boldsymbol{r})\rho(\boldsymbol{r}')$$

而如果计入自能项(也就是电子不能和自己发生作用)，则有

$$\rho(\boldsymbol{r},\boldsymbol{r}')=\frac{N-1}{N}\rho(\boldsymbol{r})\rho(\boldsymbol{r}')$$

该式明显有别于式(3.47)。虽然经典粒子和独立电子都在势场中独立运动，但仍存在以下不同之处：① 电子遵循费米统计，基于泡利不相容原理，自旋相同的电子在空间上彼此疏离，若已有一个电子在 $\boldsymbol{r}$ 的终点，那么显然在 $\boldsymbol{r}'$ 的终点处发现另一个相同自旋态电子的概率比经典统计的要低；② 电子和电子之间由于带电，存在较强的库仑斥能，这种斥能同样会导致电子彼此疏离，因此，每个电子在它自身周围都存在一个低密度区，称为费米空穴或者交换关联空穴。在费米空穴处电子密度 $\rho_{\mathrm{xc}}(\boldsymbol{r},\boldsymbol{r}')$ 满足

$$\rho(\boldsymbol{r},\boldsymbol{r}')=\rho(\boldsymbol{r})\rho(\boldsymbol{r}')+\rho(\boldsymbol{r})\rho_{\mathrm{xc}}(\boldsymbol{r},\boldsymbol{r}') \tag{3.49}$$

在 Hartree-Fock 近似中，Ψ^0 近似为 ϕ^0，即在轨道 ξ_i 彼此正交的条件下，可以由方程(3.17)解析地给出 $\rho(\boldsymbol{r})$、$\rho(\boldsymbol{r},\boldsymbol{r}')$ 及 $\rho_{\mathrm{xc}}(\boldsymbol{r},\boldsymbol{r}')$。$\rho(\boldsymbol{r})$ 比较简单，有

$$\rho(\boldsymbol{r})=\sum_i\xi_i^*(\boldsymbol{r})\xi_i(\boldsymbol{r}) \tag{3.50}$$

为求得 $\rho(\boldsymbol{r},\boldsymbol{r}')$，首先将 ϕ^0 按第 i 列展开：

$$\begin{aligned}\phi^0&=\frac{1}{\sqrt{N!}}\begin{vmatrix}\xi_1(\boldsymbol{r}) & \xi_2(\boldsymbol{r}) & \cdots & \xi_N(\boldsymbol{r})\\ \xi_1(\boldsymbol{r}') & \xi_2(\boldsymbol{r}') & \cdots & \xi_N(\boldsymbol{r}')\\ \vdots & \vdots & & \vdots\\ \xi_1(\boldsymbol{r}_N) & \xi_2(\boldsymbol{r}_N) & \cdots & \xi_N(\boldsymbol{r}_N)\end{vmatrix}\\ &=\frac{1}{\sqrt{N!}}\sum_i\xi_i(\boldsymbol{r})(-1)^{i+1}\begin{vmatrix}\xi_1(\boldsymbol{r}') & \cdots & \xi_{i-1}(\boldsymbol{r}') & \xi_{i+1}(\boldsymbol{r}') & \cdots & \xi_N(\boldsymbol{r}')\\ \xi_1(\boldsymbol{r}_3) & \cdots & \xi_{i-1}(\boldsymbol{r}_3) & \xi_{i+1}(\boldsymbol{r}_3) & \cdots & \xi_N(\boldsymbol{r}_3)\\ \vdots & & \vdots & \vdots & & \vdots\\ \xi_1(\boldsymbol{r}_N) & \cdots & \xi_{i-1}(\boldsymbol{r}_N) & \xi_{i+1}(\boldsymbol{r}_N) & \cdots & \xi_N(\boldsymbol{r}_N)\end{vmatrix}\end{aligned} \tag{3.51}$$

进一步将式(3.51)按第 j 列展开：

$$\phi^0 = \frac{1}{\sqrt{N!}}\sum_{i,j\neq i}\xi_i(\boldsymbol{r})\xi_j(\boldsymbol{r}')(-1)^{C_{i,j}}$$
$$\times\begin{vmatrix} \xi_1(\boldsymbol{r}_3) & \cdots & \xi_{i-1}(\boldsymbol{r}_3) & \xi_{i+1}(\boldsymbol{r}_3) & \cdots & \xi_{j-1}(\boldsymbol{r}_3) & \xi_{j+1}(\boldsymbol{r}_3) & \cdots & \xi_N(\boldsymbol{r}_3) \\ \xi_1(\boldsymbol{r}_4) & \cdots & \xi_{i-1}(\boldsymbol{r}_4) & \xi_{i+1}(\boldsymbol{r}_4) & \cdots & \xi_{j-1}(\boldsymbol{r}_4) & \xi_{j+1}(\boldsymbol{r}_4) & \cdots & \xi_N(\boldsymbol{r}_4) \\ \vdots & & \vdots & \vdots & & \vdots & \vdots & & \vdots \\ \xi_1(\boldsymbol{r}_N) & \cdots & \xi_{i-1}(\boldsymbol{r}_N) & \xi_{i+1}(\boldsymbol{r}_N) & \cdots & \xi_{j-1}(\boldsymbol{r}_N) & \xi_{j+1}(\boldsymbol{r}_N) & \cdots & \xi_N(\boldsymbol{r}_N) \end{vmatrix} \tag{3.52}$$

式中

$$C_{i,j} = i + j - 1 + \frac{\text{sgn}[i-j]+1}{2} \tag{3.53}$$

$\text{sgn}[i-j]$ 为 $i-j$ 的符号函数。

将式(3.52)代入方程(3.47),由于 $\langle \xi_i \mid \xi_j \rangle = \delta_{ij}$,因此式(3.52)最后一行的 $N-2$ 阶行列式相乘,只有 $(N-2)!$ 个对角项(即包含相同 $\boldsymbol{r}_l$ 的 ξ 项下标也相同)等于1,而其他各项因为均包含至少一个形如 $\int \xi_k^*(\boldsymbol{r}_l)\xi_{m\neq k}^*(\boldsymbol{r}_l)\mathrm{d}\boldsymbol{r}_l$ 的项而等于零。因此有

$$\rho(\boldsymbol{r},\boldsymbol{r}') = \sum_{i,j\neq i}\xi_i^*(\boldsymbol{r})\xi_j(\boldsymbol{r}')\times[\xi_i(\boldsymbol{r})\xi_j(\boldsymbol{r}') - \xi_j(\boldsymbol{r})\xi_i(\boldsymbol{r}')] = \frac{1}{2!}\sum_{i,j}\begin{vmatrix} \xi_i(\boldsymbol{r}) & \xi_j(\boldsymbol{r}) \\ \xi_i(\boldsymbol{r}') & \xi_j(\boldsymbol{r}') \end{vmatrix}^2 \tag{3.54}$$

最后一步借用两行相同的行列式等于零这一性质而消除求和符号中 $j\neq i$ 的限制。由方程(3.54)也可得

$$\rho_{\text{xc}}(\boldsymbol{r},\boldsymbol{r}') = \frac{\rho(\boldsymbol{r},\boldsymbol{r}') - \rho(\boldsymbol{r})\rho(\boldsymbol{r}')}{\rho(\boldsymbol{r})} = -\frac{\sum_{i,j}\xi_i^*(\boldsymbol{r}')\xi_i(\boldsymbol{r}')\xi_j^*(\boldsymbol{r}')\xi_j(\boldsymbol{r})}{\sum_i \xi_i^*(\boldsymbol{r})\xi_i(\boldsymbol{r})}$$
$$= -\frac{\left[\sum_i \mid \xi_i^*(\boldsymbol{r})\xi_i(\boldsymbol{r}') \mid\right]^2}{\sum_i \xi_i^*(\boldsymbol{r})\xi_i(\boldsymbol{r})} \tag{3.55}$$

式(3.55)表明,$\rho_{\text{xc}}(\boldsymbol{r},\boldsymbol{r}')$ 恒为负值,且有一个重要的性质:

$$\int \rho_{\text{xc}}(\boldsymbol{r},\boldsymbol{r}')\mathrm{d}\boldsymbol{r}' = -\frac{\sum_{i,j}\delta_{ij}\xi_j^*(\boldsymbol{r})\xi_i(\boldsymbol{r})}{\sum_i \xi_i^*(\boldsymbol{r})\xi_i(\boldsymbol{r})} = -1 \tag{3.56}$$

式(3.56)的物理意义非常明显:既然一个电子已经确定处于 $\boldsymbol{r}$ 终点位置,那么在所有其他 $\boldsymbol{r}'$ 终点位置所能找到的电子只有 $N-1$ 个,即一个电子不能同时存在于两处。在推导过程中,我们在Hartree-Fock近似下只考虑了自旋态相同的电子态,因此实际上只有交换效应而没有关联效应。所以式(3.56)中只有交换空穴密度 ρ_{x},而关联空穴密度 $\rho_{\text{c}}\equiv 0$。引入交换关联空穴 ρ_{xc},可以很方便地写出交换关联能的表达式为

$$E_{\text{xc}}^{\text{HF}} = \frac{1}{2}\int\rho(\boldsymbol{r})\mathrm{d}\boldsymbol{r}\int\frac{\rho_{\text{xc}}(\boldsymbol{r},\boldsymbol{r}')}{\mid\boldsymbol{r}-\boldsymbol{r}'\mid}\mathrm{d}\boldsymbol{r}' \tag{3.57}$$

如果将自旋变量 σ 显式地表达出来,则方程(3.47)、方程(3.50)及方程(3.55)的形式略有变化:

$$\rho(\boldsymbol{r},\sigma;\boldsymbol{r}',\sigma') = N(N-1)\times\sum_{\sigma_3,\sigma_4,\cdots,\sigma_N}\int|\Psi^0(\boldsymbol{r},\sigma;\boldsymbol{r}',\sigma';\boldsymbol{r}_3,\sigma_3;\cdots;\boldsymbol{r}_N,\sigma_N)|^2\mathrm{d}\boldsymbol{r}_3\mathrm{d}\boldsymbol{r}_4\cdots\mathrm{d}\boldsymbol{r}_N \tag{3.58}$$

$$\rho^{\sigma}(\boldsymbol{r}) = \sum_i \xi_i^{\sigma *}(\boldsymbol{r})\xi_i^{\sigma}(\boldsymbol{r}) \tag{3.59}$$

$$\rho_{\mathrm{xc}}(\boldsymbol{r},\sigma;\boldsymbol{r}',\sigma') = -\delta_{\sigma\sigma'}\frac{\left[\sum_i|\xi_i^{\sigma *}(\boldsymbol{r})\xi_i^{\sigma}(\boldsymbol{r}')|\right]^2}{\sum_i\xi_i^{\sigma *}(\boldsymbol{r})\xi_i^{\sigma}(\boldsymbol{r})} \tag{3.60}$$

上面不显含自旋情况的讨论在此仍然有效，这里不再详述。

根据上述讨论，可以引入双电子的对关联函数 $g(\boldsymbol{r},\sigma;\boldsymbol{r}',\sigma')$，且

$$g(\boldsymbol{r},\sigma;\boldsymbol{r}',\sigma') = \frac{\rho(\boldsymbol{r},\sigma;\boldsymbol{r}',\sigma')}{\rho^{\sigma}(\boldsymbol{r})\rho^{\sigma'}(\boldsymbol{r}')} = 1+\frac{\rho^{\sigma}(\boldsymbol{r})\rho_{\mathrm{xc}}(\boldsymbol{r},\sigma;\boldsymbol{r}',\sigma')}{\rho^{\sigma}(\boldsymbol{r})\rho^{\sigma'}(\boldsymbol{r}')} \tag{3.61}$$

在 Hartree-Fock 近似下，方程(3.55)或者方程(3.60)的分子显然就是单体密度矩阵 $n^{\sigma}(\boldsymbol{r},\boldsymbol{r}')$ 的二次方。因此式(3.61)可写为

$$g(\boldsymbol{r},\sigma;\boldsymbol{r}',\sigma') = 1-\delta_{\sigma\sigma'}\frac{|n^{\sigma}(\boldsymbol{r},\boldsymbol{r}')|^2}{\rho^{\sigma}(\boldsymbol{r})\rho^{\sigma'}(\boldsymbol{r}')} \tag{3.62}$$

从式(3.60)、式(3.62)可知，Hartree-Fock 近似只考虑了交换作用，而对另外的多体效应(如自旋相反波函数间的相互作用)未加考虑，这种影响通称为关联作用。

最后，给出显含自旋变量，但自旋非极化的情况下，对关联函数 $g_{\mathrm{x}}(\boldsymbol{r},\boldsymbol{r}')$ 的定义：

$$g_{\mathrm{x}}(\boldsymbol{r},\boldsymbol{r}') = 1-\frac{\sum_{\sigma}|n^{\sigma}(\boldsymbol{r},\boldsymbol{r}')|^2}{\rho(\boldsymbol{r})\rho(\boldsymbol{r}')} \tag{3.63}$$

在后文中我们将讨论特殊情况下 $g_{\mathrm{x}}(\boldsymbol{r};\boldsymbol{r}')$ 的一个解析解。

双电子对关联函数的引入，使得我们可以重新审视交换作用的物理意义。对于经典粒子，$g(\boldsymbol{r},\boldsymbol{r}')\equiv 1$。因此，对关联函数对 1 的偏离反映了量子效应，而这种量子效应最终会体现在体系的能量表达式中。根据上面的讨论，可以知道对关联函数的大致行为。当 $\boldsymbol{r}'$ 趋于 $\boldsymbol{r}$ 时，$g(\boldsymbol{r},\boldsymbol{r}')$ 远小于 1(不考虑自旋时趋于 0，考虑自旋非极化时趋于 1/2)；而当 $\boldsymbol{r}'$ 远离 $\boldsymbol{r}$ 时，$g(\boldsymbol{r},\boldsymbol{r}')$ 趋于 1。因此，若用经典电荷间的库仑相互作用描述电子与电子之间的相互作用，显然会严重高估排斥能，需要再引入一个吸引项以做校正 / 补偿，这就是交换能。所以，交换能并不反映某种新形式的粒子相互作用，而仅用于对被高估的库仑能进行修正。它是要求电子波函数反对称的必然结果。

3.1.7　闭壳层体系中的 Hartree-Fock 方程

正则 Hartree-Fock 方程(式(3.34))中的轨道是自旋轨道，分为空间部分和自旋部分。在实际求解体系中，由于自旋量子数是非经典的量子数，因此在数值求解中我们更关心如何得到自旋轨道中的空间部分。接下来介绍在闭壳层的情况下，如何将正则 Hartree-Fock 方程简化为空间轨道的一系列微分方程。闭壳层是指每一个占据的空间轨道都有自旋向上和自旋向下的电子配对填充的情况。

考虑一个含有偶数个电子的体系，用如下的方式对自旋轨道进行编号($i=1,2,\cdots,N/2$)

$$\xi_{2i-1}(x) = \chi_i(r)\alpha(s) = \phi_{i\alpha} \tag{3.64}$$

$$\xi_{2i}(x) = \chi_i(r)\beta(s) = \phi_{i\beta} \tag{3.65}$$

重新编号后,体系的基态波函数可以写为

$$\phi^0_{\mathrm{RHF}}(\boldsymbol{x}_1, \boldsymbol{x}_2, \cdots, \boldsymbol{x}_N) = |\xi_i(1)\xi_j(2)\cdots\xi_k(N)\rangle_{\mathrm{S}} = |\phi_{1\alpha}(1)\phi_{1\beta}(2)\cdots\phi_{\frac{N}{2}\alpha}(N-1)\phi_{\frac{N}{2}\beta}(N)\rangle_{\mathrm{S}} \tag{3.66}$$

而双重求和可以表示为

$$\sum_{i=1}^{N}\sum_{j=1}^{N} = \sum_{i\alpha}^{N/2}\sum_{j\alpha}^{N/2} + \sum_{i\alpha}^{N/2}\sum_{j\beta}^{N/2} + \sum_{i\beta}^{N/2}\sum_{j\alpha}^{N/2} + \sum_{i\beta}^{N/2}\sum_{j\beta}^{N/2} \tag{3.67}$$

另外,由于自旋态之间的正交性归一,可以得到

$$\langle\phi_{i\alpha}\phi_{j\alpha} \mid \phi_{i\alpha}\phi_{j\alpha}\rangle = \langle\phi_{i\alpha}\phi_{j\beta} \mid \phi_{i\alpha}\phi_{j\beta}\rangle = \langle\phi_{i\beta}\phi_{j\alpha} \mid \phi_{i\beta}\phi_{j\alpha}\rangle = \langle\phi_{i\beta}\phi_{j\beta} \mid \phi_{i\beta}\phi_{j\beta}\rangle = \langle\chi_i\chi_j \mid \chi_i\chi_j\rangle$$

$$\langle\phi_{i\alpha}\phi_{j\alpha} \mid \phi_{j\alpha}\phi_{i\alpha}\rangle = \langle\phi_{i\beta}\phi_{j\beta} \mid \phi_{j\beta}\phi_{i\beta}\rangle = \langle\chi_i\chi_j \mid \chi_j\chi_i\rangle$$

$$\langle\phi_{i\alpha}\phi_{j\beta} \mid \phi_{j\beta}\phi_{i\alpha}\rangle = \langle\phi_{i\beta}\phi_{j\alpha} \mid \phi_{j\alpha}\phi_{i\beta}\rangle = 0$$

因此 Hartree-Fock 基态能量表达式(3.22)可以化简为

$$\begin{aligned} E_0 &= \sum_{i=1}^{N}\langle\xi_i \mid h \mid \xi_i\rangle + \frac{1}{2}\sum_{i=1}^{N}\sum_{j=1}^{N}(\langle\xi_i\xi_j \mid \xi_i\xi_j\rangle - \langle\xi_i\xi_j \mid \xi_j\xi_i\rangle) \\ &= 2\sum_{i=1}^{N/2}\langle\chi_i \mid h \mid \chi_i\rangle + \sum_{i=1}^{N/2}\sum_{j=1}^{N/2}(2\langle\chi_i\chi_j \mid \chi_i\chi_j\rangle - \langle\chi_i\chi_j \mid \chi_j\chi_i\rangle) \\ &= 2\sum_{i=1}^{N/2}h_{ii} + \sum_{i=1}^{N/2}\sum_{j=1}^{N/2}(2\mathcal{J}_{ij} - \mathcal{K}_{ij}) \end{aligned} \tag{3.68}$$

式中

$$h_{ii} = \langle\chi_i \mid h \mid \chi_i\rangle = \int \mathrm{d}r\chi_i^*(r)h\chi_i(r) \tag{3.69}$$

$$\mathcal{J}_{ij} = \langle\chi_i\chi_j \mid \chi_i\chi_j\rangle = \int \mathrm{d}r_1\mathrm{d}r_2\,\chi_i^*(r_1)\chi_j^*(r_2)\frac{1}{r_{12}}\chi_i(r_1)\chi_j(r_2) \tag{3.70}$$

$$\mathcal{K}_{ij} = \langle\chi_i\chi_j \mid \chi_j\chi_i\rangle = \int \mathrm{d}r_1\mathrm{d}r_2\,\chi_i^*(r_1)\chi_j^*(r_2)\frac{1}{r_{12}}\chi_j(r_1)\chi_i(r_2) \tag{3.71}$$

每一对自旋方向相反的电子贡献 $\mathcal{J}_{ij}$ 的库仑斥能,而每一对自旋方向相同的电子贡献 $\mathcal{J}_{ij}-\mathcal{K}_{ij}$ 的库仑能和交换能。

同样,在求解单电子方程的时候,也需要将对自旋轨道的方程转成对空间轨道的微分方程。考察自旋 α 的自旋轨道

$$\begin{aligned} &\mathcal{F}(x_1)\xi_i(x_1) = \varepsilon_i\xi_i(x_1) \\ \Rightarrow\quad &\mathcal{F}(x_1)\chi_i(r_1)\alpha(s) = \varepsilon_i\chi_i(r_1)\alpha(s) \\ \Rightarrow\quad &\int \mathrm{d}s\alpha^*(s)\mathcal{F}(x_1)\chi_i(r_1)\alpha(s) = \int \mathrm{d}s\alpha^*(s)\varepsilon_i\chi_i(r_1)\alpha(s) \\ \Rightarrow\quad &\left\{\int \mathrm{d}s\alpha^*(s)\mathcal{F}(x_1)\alpha(s)\right\}\chi_i(r_1) = \varepsilon_i\chi_i(r_1) \\ \Rightarrow\quad &\mathcal{F}(r_1)\chi_i(r_1) = \varepsilon_i\chi_i(r_1) \end{aligned} \tag{3.72}$$

通过上面的推导可知,Fock 算符在闭壳层情况下可以写为

$$\begin{aligned} \mathcal{F}(r_1) &= \int \mathrm{d}s\alpha^*(s)\mathcal{F}(x_1)\alpha(s) = \int \mathrm{d}s\alpha^*(s)\Big[h(x_1) + \sum_{i=1}^{N}(\mathcal{J}_i(x_1) - \mathcal{K}_i(x_1))\Big]\alpha(s) \\ &= h(r_1) + \sum_{i}^{N/2}[2\mathcal{J}_i(r_1) - \mathcal{K}_i(r_1)] \end{aligned} \tag{3.73}$$

式中

$$\mathcal{J}_i(r_1) = \int \mathrm{d}r_1\, \chi_i^*(r_2) \frac{1}{r_{12}} \chi_i(r_2) \tag{3.74}$$

$$\mathcal{K}_1(r_1) = \int \mathrm{d}r_1\, \chi_i^*(r_2) \frac{1}{r_{12}} \mathcal{P}_{12}\, \chi_i(r_2) \tag{3.75}$$

因此在闭壳层下，Hartree-Fock 方程为

$$\left[h(r_1) + \sum_{i=1}^{N/2} (2\mathcal{J}_i(r_1) - \mathcal{K}_i(r_1))\right]\chi_i(r_1) = \varepsilon_i\, \chi_i(r_1) \tag{3.76}$$

3.1.8　开壳层体系中的 Hartree-Fock 方程

当体系中含有奇数个电子时，以及对于远离平衡态的解离过程等，由开壳层方法通常能够得到比闭壳层方法更加准确的结果。其处理方法和闭壳层的 Hartree-Fock 方法类似，但是我们不强制要求不同自旋方向的电子配对占据相同的空间轨道，而是允许同一个能级的不同自旋方向的电子占据不同的空间轨道。有：

$$\begin{aligned}\phi^0_{\mathrm{UHF}}(\boldsymbol{x}_1, \boldsymbol{x}_2, \cdots, \boldsymbol{x}_N) &= |\, \xi_i(1)\xi_j(2)\cdots\xi_k(N)\rangle_{\mathrm{S}} \\ &= |\, \phi_{1\alpha}(1)\bar{\phi}_{1\beta}(2)\cdots\phi_{\frac{N}{2}\alpha}(N-1)\bar{\phi}_{\frac{N}{2}\beta}(N)\rangle_{\mathrm{S}}\end{aligned} \tag{3.77}$$

在这种情况下，自旋方向相同的空间轨道互相正交，而自旋方向不同的空间轨道的交叠由矩阵 $\boldsymbol{S}$ 描述，其中 $S_{i\alpha,j\beta} = \langle \phi_{i\alpha} \mid \bar{\phi}_{j\beta} \rangle$。和闭壳层 Hartree-Fock 方程推导类似，可以通过对自旋积分将方程转化成只涉及空间轨道的微分方程。在开壳层 Hartree-Fock 方法中，将得到关于自旋 α 和 β 的电子分立的两组关于空间轨道的方程：

$$\mathcal{F}^{\alpha}(r_1)\phi_{i\alpha}(r_1) = \varepsilon_i \phi_{i\alpha}(r_1) \tag{3.78}$$

$$\mathcal{F}^{\beta}(r_1)\bar{\phi}_{i\beta}(r_1) = \varepsilon_i \bar{\phi}_{i\beta}(r_1) \tag{3.79}$$

式中

$$\mathcal{F}^{\alpha}(r_1) = h(r_1) + \sum_{i=1}^{N_\alpha}[\mathcal{J}_i^{\alpha}(r_1) - \mathcal{K}_i^{\alpha}(r_1)] + \sum_{i=1}^{N_\beta}\mathcal{J}_i^{\beta}(r_1) \tag{3.80}$$

$$\mathcal{F}^{\beta}(r_1) = h(r_1) + \sum_{i=1}^{N_\alpha}[\mathcal{J}_i^{\beta}(r_1) - \mathcal{K}_i^{\beta}(r_1)] + \sum_{i=1}^{N_\beta}\mathcal{J}_i^{\alpha}(r_1) \tag{3.81}$$

3.1.9　Hartree-Fock 方程的矩阵表达

在实际求解 Hartree-Fock 自洽场方程的过程中，通常用已知的 K 个基组对第 i 个分子轨道的空间部分 $\chi_i(\boldsymbol{r})$ 进行展开：

$$\chi_i(\boldsymbol{r}) = \sum_{\mu=1}^{K} C_{\mu i}\zeta_\mu(\boldsymbol{r}) \tag{3.82}$$

式中：$\zeta_\mu(\boldsymbol{r})$ 中的下标 μ 用于同时标记不同原子中心和位于该中心的基组。

以闭壳层的 Hartree-Fock 方程为例，在上面的基组展开下，Hartree-Fock 方程可以写为

$$\sum_\nu F_{\mu\nu}C_{\nu i} = \varepsilon_i \sum_\nu S_{\mu\nu}C_{\nu i} \tag{3.83}$$

式中

$$S_{\mu\nu} = \int \mathrm{d}\boldsymbol{r}\zeta_\mu^*(\boldsymbol{r})\zeta_\nu(\boldsymbol{r}),\quad F_{\mu\nu} = \int \mathrm{d}\boldsymbol{r}\zeta_\mu^*(\boldsymbol{r})\mathcal{F}(\boldsymbol{r})\zeta_\nu(\boldsymbol{r})$$

如果写成矩阵的形式，式(3.83)可以表示为

$$\boldsymbol{FC} = \boldsymbol{SCE} \tag{3.84}$$

此方程称为 Roothaan 方程，其中

$$\boldsymbol{C} = \begin{bmatrix} C_{11} & C_{12} & \cdots & C_{1K} \\ C_{21} & C_{22} & \cdots & C_{2K} \\ \vdots & \vdots & & \vdots \\ C_{K1} & C_{22} & \cdots & C_{KK} \end{bmatrix} \tag{3.85}$$

$$\boldsymbol{E} = \begin{bmatrix} \varepsilon_1 & & & \\ & \varepsilon_2 & & \\ & & \ddots & \\ & & & \varepsilon_K \end{bmatrix} \tag{3.86}$$

方程(3.84)中，$\boldsymbol{S}$、$\boldsymbol{C}$、$\boldsymbol{E}$ 三个矩阵都比较简单。$\boldsymbol{F}$ 矩阵的计算由于涉及双电子积分而比较复杂，因此给出 $\boldsymbol{F}$ 矩阵元比较详细的推导过程：

$$\begin{aligned} F_{\mu\nu} &= \int \mathrm{d}\boldsymbol{r}\zeta_\mu^*(\boldsymbol{r})\mathscr{F}(\boldsymbol{r})\zeta_\nu(\boldsymbol{r}) = \int \mathrm{d}\boldsymbol{r}\zeta_\mu^*(\boldsymbol{r})\left[h(\boldsymbol{r}) + \sum_{i=1}^{N/2}(2\mathscr{J}_i(\boldsymbol{r}) - \mathscr{K}_i(\boldsymbol{r}))\right]\zeta_\nu(\boldsymbol{r}) \\ &= \int \mathrm{d}\boldsymbol{r}\zeta_\mu^*(\boldsymbol{r})h(\boldsymbol{r})\zeta_\nu(\boldsymbol{r}) + \sum_{i=1}^{N/2}\int \mathrm{d}\boldsymbol{r}\zeta_\mu^*(\boldsymbol{r})(2\mathscr{J}_i(\boldsymbol{r}) - \mathscr{K}_i(\boldsymbol{r}))\zeta_\nu(\boldsymbol{r}) = H_{\mu\nu} + G_{\mu\nu} \end{aligned} \tag{3.87}$$

式中：$H_{\mu\nu}$ 为单电子积分；$G_{\mu\nu}$ 可以简化为单电子密度矩阵和双电子积分的乘积，即

$$\begin{aligned} G_{\mu\nu} &= \sum_{i=1}^{N/2}\int \mathrm{d}\boldsymbol{r}_1\left(2\zeta_\mu^*(\boldsymbol{r}_1)\int \mathrm{d}\boldsymbol{r}_2\,\chi_i^*(\boldsymbol{r}_2)\frac{1}{r_{12}}\chi_i(\boldsymbol{r}_2)\zeta_\nu(\boldsymbol{r}_1) - \zeta_\mu^*(\boldsymbol{r}_1)\int \mathrm{d}\boldsymbol{r}_2\,\chi_i^*(\boldsymbol{r}_2)\frac{1}{r_{12}}\zeta_\nu(\boldsymbol{r}_2)\chi_i(\boldsymbol{r}_1)\right) \\ &= \sum_{i=1}^{N/2}\int \mathrm{d}\boldsymbol{r}_1\mathrm{d}\boldsymbol{r}_2\Big(2\zeta_\mu^*(\boldsymbol{r}_1)\sum_{\lambda=1}^{K}C_{\lambda i}^*\zeta_\lambda^*(\boldsymbol{r}_2)\frac{1}{r_{12}}\sum_{\sigma=1}^{K}C_{\sigma i}\zeta_\sigma(\boldsymbol{r}_2)\zeta_\nu(\boldsymbol{r}_1) \\ &\quad - \zeta_\mu^*(\boldsymbol{r}_1)\sum_{\lambda=1}^{K}C_{\lambda i}^*\zeta_\lambda^*(\boldsymbol{r}_2)\frac{1}{r_{12}}\zeta_\mu(\boldsymbol{r}_2)\sum_{\sigma=1}^{K}C_{\sigma i}\zeta_\sigma(\boldsymbol{r}_1)\Big) \\ &= \sum_{\lambda=1}^{K}\sum_{\sigma=1}^{K}\left(2\sum_{i=1}^{N/2}C_{\lambda i}^*C_{\sigma i}\right)\Big(\int \mathrm{d}\boldsymbol{r}_1\mathrm{d}\boldsymbol{r}_2\zeta_\mu^*(\boldsymbol{r}_1)\zeta_\lambda^*(\boldsymbol{r}_2)\frac{1}{r_{12}}\zeta_\nu(\boldsymbol{r}_1)\zeta_\sigma(\boldsymbol{r}_2) \\ &\quad - \frac{1}{2}\int \mathrm{d}\boldsymbol{r}_1\mathrm{d}\boldsymbol{r}_2\zeta_\mu^*(\boldsymbol{r}_1)\zeta_\lambda^*(\boldsymbol{r}_2)\frac{1}{r_{12}}\zeta_\sigma(\boldsymbol{r}_1)\zeta_\nu(\boldsymbol{r}_2)\Big) \\ &= \sum_{\lambda=1}^{K}\sum_{\sigma=1}^{K}P_{\lambda\sigma}\left(\langle\mu\lambda \mid \nu\sigma\rangle - \frac{1}{2}\langle\mu\lambda \mid \sigma\nu\rangle\right) \end{aligned} \tag{3.88}$$

其中

$$P_{\lambda\sigma} = 2\sum_{i=1}^{N/2}C_{\lambda i}^*C_{\sigma i} \tag{3.89}$$

开壳层的 Hartree-Fock 方程在基组展开下可以类似地化为方程组进行求解，所对应的方程组称为 Pople-Nesbet 方程，在此不赘述，有兴趣的读者可以参考 Szabo 和 Ostlund 的 *Modern Quantum Chemistry: Introduction to Advanced Electronic Structure Theory* 一书。

3.1.10 Koopmans 定理

Koopmans 在 1933 年证明了下述定理[36]：

Koopmans 定理 在 Hartree-Fock 近似下，一个占据(非占据)轨道 ξ_k 的本征值 ε_k 等于

将一个电子从(向)该轨道移走(填充)且其他各轨道保持不变的情况下,Hartree-Fock 总能(见式(3.22))的变化 $E_0(N)-E_0(N-1)$。

该定理的证明比较简单,以从 ξ_k 移走一个电子为例。将该电子从 ξ_k 移走前后的所有占据态代入方程(3.27),可得

$$E_0(N)-E_0(N-1)\big|_{\xi_k}=\langle\xi_k\mid h\mid\xi_k\rangle+\sum_{i=1}^{N}(\langle\xi_k\xi_i\mid\xi_k\xi_i\rangle-\langle\xi_k\xi_i\mid\xi_i\xi_k\rangle) \tag{3.90}$$

而将 $\langle\xi_k\mid$ 作用到 Hartree-Fock 自洽场方程(式(3.31)),可得

$$\begin{aligned}&\langle\xi_k\mid h(x_1)+\sum_{j\neq i}^{N}\mathscr{J}_j(x_1)-\sum_{j\neq i}^{N}\mathscr{K}_j(x_1)\mid\xi_k\rangle\\&=\varepsilon_k=\langle\xi_k\mid h\mid\xi_k\rangle+\sum_{i=1}^{N}(\langle\xi_k\xi_i\mid\xi_k\xi_i\rangle-\langle\xi_k\xi_i\mid\xi_i\xi_k\rangle)\end{aligned} \tag{3.91}$$

上面两个方程明显相等。至此,定理得证。

Koopmans 定理的重要意义在于它明确地给出了 Hartree-Fock 单电子自洽场方程本征能级的物理意义。需要强调的是,Hartree-Fock 方法本身是一种对多体体系并不十分准确的单电子近似。因此尽管 Koopmans 定理成立,但是 ε_k 不能理解为分子轨道的真实本征能级。最为明显的一个例子就是 Hartree-Fock 近似没有包含关联效应,对自能修正的描述也不完全,因此其严重高估了最高占据态和最低非占据态的能量差,即能隙 E_g。

3.1.11　均匀电子气模型

在本章开头讨论 Hartree-Fock 方法时我们已经提到,相互作用电子气由于多体效应而出现了一些非经典的能量项,比如交换能与关联能,与之相应的电子气分布也不同于独立电子气系统。对于绝大部分体系,都无法求得这些能量项的解析表达式。但是对于极个别情况,如凝胶模型(jellium model)下的均匀电子气,体系的各项能量可以解析地或者比较精确地给出。这无疑有助于我们对交换关联项的理解,因此有必要对其进行详细介绍。在凝胶模型下,电子气在空间中均匀分布,且嵌入同样在空间中均匀分布的正电荷背景。

引入电子的平均自由程 r_s^0,其物理意义为:按密度 ρ_0 均匀分布的电子,平均每个电子所占据的球体的半径。为了讨论方便,我们将 r_s^0 写为 $r_s a_0$,其中 a_0 为玻尔半径。显而易见,有关系式

$$\frac{4\pi}{3}r_s^3=\frac{1}{\rho_0 a_0^3} \tag{3.92}$$

利用 2.4.1.3 小节中的结果,可知在不考虑自旋的情况下,有

$$\rho_0=\frac{2}{(2\pi)^3}\int f(E(\boldsymbol{k}))\mathrm{d}\boldsymbol{k}=\frac{1}{\pi^2}\int_0^{k_F}k^2\mathrm{d}k=\frac{k_F^3}{3\pi^2} \tag{3.93}$$

式中:k_F 是费米波矢的大小。由式(3.92)及式(3.93)可得

$$k_F a_0=(3\pi^2\rho_0)^{1/3}a_0=\left(\frac{9\pi}{4}\right)^{1/3}\left(\frac{4\pi\rho_0 a_0^3}{3}\right)^{1/3}=\left(\frac{9\pi}{4}\right)^{1/3}\frac{1}{r_s}=\frac{1.9192}{r_s} \tag{3.94}$$

根据表 3.1,有

$$\frac{\hbar^2}{2m_e a_0^2}=\mathscr{E}_a \tag{3.95}$$

也就是说,在原子单位制下,取 $\hbar=m_e=4\pi\varepsilon=1$,坐标单位取 a_0,能量单位为 Hartree,

1Hartree=27.2 eV。

在下面的讨论中,我们将详细、定量地推导该模型下体系能量的各项贡献。

3.1.11.1 库仑能

体系总的库仑能分别由电子与电子间库仑相互作用、正电荷背景间库仑相互作用以及电子-正电荷背景间库仑相互作用贡献。因为电子与正电荷背景均在空间中均匀分布,即

$$\rho^-(\boldsymbol{r})=\rho^+(\boldsymbol{r})\equiv\rho_0=\frac{N}{V} \tag{3.96}$$

所以体系的库仑能为

$$U_{\text{Col}}=U_{\text{ee}}+U_{\text{II}}+U_{\text{eI}}=e^2\left(\frac{N}{V}\right)^2\iint\left(\frac{1}{2}\frac{1}{|\boldsymbol{r}-\boldsymbol{r}'|}+\frac{1}{2}\frac{1}{|\boldsymbol{r}-\boldsymbol{r}'|}-\frac{1}{|\boldsymbol{r}-\boldsymbol{r}'|}\right)\mathrm{d}\boldsymbol{r}\mathrm{d}\boldsymbol{r}'=0 \tag{3.97}$$

因此,这三项库仑相互作用相互抵消,体系的库仑能对总能没有贡献。

3.1.11.2 动能与交换能

由于电子-电子间库仑相互作用以及电子-正电荷背景间库仑相互作用相互抵消,因此,在均匀电子气模型下,单电子的本征态可以用平面波 $|\boldsymbol{k}_i\rangle=\Omega^{-1/2}\mathrm{e}^{\mathrm{i}\boldsymbol{k}_i\cdot\boldsymbol{r}}$ 表示。同时,体系的基态波函数可表示为 Slater 行列式,其中 $\boldsymbol{k}$ 的取值充满半径为 k_{F} 的费米球。不考虑自旋极化,也即每个 $|\boldsymbol{k}\rangle$ 态上占据两个电子,可具体写出该多体基态波函数 ϕ^0:

$$\phi^0=(N!)^{-1/2}\begin{vmatrix}\langle\boldsymbol{r}_1|\boldsymbol{k}_1\rangle\uparrow & \langle\boldsymbol{r}_2|\boldsymbol{k}_1\rangle\uparrow & \cdots & \langle\boldsymbol{r}_N|\boldsymbol{k}_1\rangle\uparrow\\ \langle\boldsymbol{r}_1|\boldsymbol{k}_1\rangle\downarrow & \langle\boldsymbol{r}_2|\boldsymbol{k}_1\rangle\downarrow & \cdots & \langle\boldsymbol{r}_N|\boldsymbol{k}_1\rangle\downarrow\\ \langle\boldsymbol{r}_1|\boldsymbol{k}_2\rangle\uparrow & \langle\boldsymbol{r}_2|\boldsymbol{k}_2\rangle\uparrow & \cdots & \langle\boldsymbol{r}_N|\boldsymbol{k}_2\rangle\uparrow\\ \vdots & \vdots & & \vdots\\ \langle\boldsymbol{r}_1|\boldsymbol{k}_{N/2}\rangle\downarrow & \langle\boldsymbol{r}_2|\boldsymbol{k}_{N/2}\rangle\downarrow & \cdots & \langle\boldsymbol{r}_N|\boldsymbol{k}_{N//2}\rangle\downarrow\end{vmatrix} \tag{3.98}$$

因为库仑能为零,所以正则 Hartree-Fock 方程(见式(3.34))中的 Fock 算符仅有动能算符及交换算符。动能算符的形式比较简单,而交换算符的普遍形式已经由方程(3.30)给出。在平面波基下,方程(3.34)可改写为(原子单位制下)

$$\begin{aligned}\mathscr{F}\mathrm{e}^{\mathrm{i}\boldsymbol{k}\cdot\boldsymbol{r}}&=\left(-\frac{\boldsymbol{\nabla}^2}{2}-\sum_j\mathscr{K}_j\right)\mathrm{e}^{\mathrm{i}\boldsymbol{k}\cdot\boldsymbol{r}}=\frac{k^2}{2}\mathrm{e}^{\mathrm{i}\boldsymbol{k}\cdot\boldsymbol{r}}-\frac{1}{\Omega}\sum_{k'}^{(\text{occ})}\mathrm{e}^{\mathrm{i}\boldsymbol{k}'\cdot\boldsymbol{r}}\int\mathrm{e}^{-\mathrm{i}\boldsymbol{k}'\cdot\boldsymbol{r}'}\frac{1}{|\boldsymbol{r}-\boldsymbol{r}'|}\mathrm{e}^{\mathrm{i}\boldsymbol{k}\cdot\boldsymbol{r}'}\mathrm{d}\boldsymbol{r}'\\&=\frac{k^2}{2}\mathrm{e}^{\mathrm{i}\boldsymbol{k}\cdot\boldsymbol{r}}-\frac{1}{\Omega}\mathrm{e}^{\mathrm{i}\boldsymbol{k}\cdot\boldsymbol{r}}\sum_{k'}^{(\text{occ})}\int\frac{\mathrm{e}^{-\mathrm{i}(\boldsymbol{k}'-\boldsymbol{k})\cdot(\boldsymbol{r}-\boldsymbol{r}')}}{|\boldsymbol{r}-\boldsymbol{r}'|}\mathrm{d}\boldsymbol{r}'=\left(\frac{k^2}{2}-\frac{1}{\Omega}\sum_{k'<k_{\mathrm{F}}}\frac{4\pi}{|\boldsymbol{k}-\boldsymbol{k}'|^2}\right)\mathrm{e}^{\mathrm{i}\boldsymbol{k}\cdot\boldsymbol{r}}\\&=\varepsilon_k\mathrm{e}^{\mathrm{i}\boldsymbol{k}\cdot\boldsymbol{r}}\end{aligned} \tag{3.99}$$

上述计算过程中最后一步采用了 $1/|\boldsymbol{r}-\boldsymbol{r}'|$ 的傅里叶变换。其中本征值的交换能部分可以转化为费米球内的积分:

$$\begin{aligned}\frac{1}{\Omega}\sum_{k'<k_{\mathrm{F}}}\frac{4\pi}{|\boldsymbol{k}-\boldsymbol{k}'|^2}&=\frac{4\pi}{(2\pi)^3}\iiint\frac{k'^2\sin\theta\mathrm{d}k'\mathrm{d}\theta\mathrm{d}\varphi}{k^2-2kk'\cos\theta+k'^2}=\frac{1}{\pi k}\int_0^{k_{\mathrm{F}}}k\ln\left|\frac{k+k'}{k-k'}\right|\mathrm{d}k'\\&=\frac{k_{\mathrm{F}}}{\pi}F\left(\frac{k}{k_{\mathrm{F}}}\right)\end{aligned} \tag{3.100}$$

式中

$$F(x)=1+\frac{1-x^2}{2x}\ln\left|\frac{1+x}{1-x}\right| \tag{3.101}$$

方程(3.99)至方程(3.101)表明,$|\boldsymbol{k}\rangle$ 确实是均匀电子气系统的 Fock 算符的本征函数,

相应的本征值为

$$\varepsilon(k)=\frac{k^2}{2}-\frac{k_{\mathrm{F}}}{\pi}F\left(\frac{k}{k_{\mathrm{F}}}\right) \tag{3.102}$$

图 3.2 给出了均匀电子气考虑和未考虑交换作用的约化色散曲线。可以看到，计入交换能会高估导带的带宽。而且在费米动量为 k_{F} 处，$\mathrm{d}\varepsilon_{\mathrm{HF}}/\mathrm{d}k$ 发散，从而导致此处的态密度为零，这显然与实际情况不符。这些都是利用 Hartree-Fock 方法处理均匀电子气的局限。

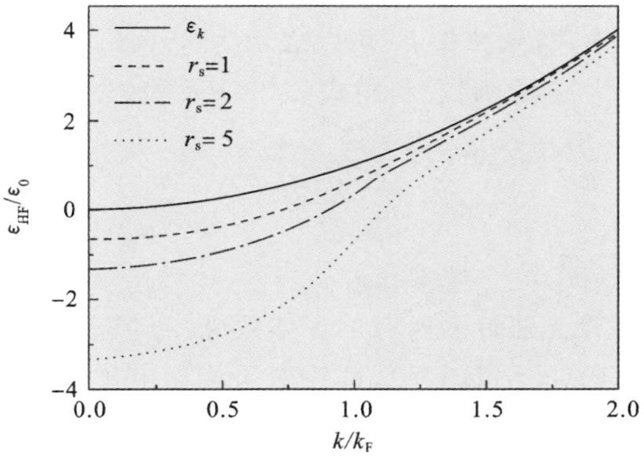

图 3.2　约化非相互作用均匀电子气及相互作用均匀电子气在不同电子密度下的 Hartree-Fock **能** $\varepsilon_{\mathrm{HF}}/\varepsilon_0\ (\varepsilon_0=\hbar^2k_{\mathrm{F}}^2/(2m))$

由方程(3.102)出发，为了得到基态下每个电子的平均 Hartree-Fock 能量，需要对费米球内所有的态求和，并乘以 2(因为自旋简并度)，而交换能部分还应再乘以 1/2(因为求和导致每个电子对交换能的贡献计入了两次)。因此

$$E_0^{\mathrm{HF}}=2\sum_{k<k_{\mathrm{F}}}\frac{k^2}{2}-\sum_{k<k_{\mathrm{F}}}\frac{k_{\mathrm{F}}}{\pi}F\left(\frac{k}{k_{\mathrm{F}}}\right)=\frac{4\pi\Omega}{8\pi^3}\int_0^{k_{\mathrm{F}}}k^2\left[k^2-\frac{k_{\mathrm{F}}}{\pi}F\left(\frac{k}{k_{\mathrm{F}}}\right)\right]\mathrm{d}k \tag{3.103}$$

容易求出，积分的第一项动能为$\dfrac{8\pi\Omega k_{\mathrm{F}}^3}{3(2\pi)^3}\times\dfrac{3}{5}\dfrac{k_{\mathrm{F}}^2}{2}$。

利用不定积分公式[31]，有

$$\int x(1-x^2)\ln\frac{1+x}{1-x}\mathrm{d}x=\frac{x}{2}-\frac{x^3}{6}-\frac{1}{4}(1-x^2)^2\ln\frac{1+x}{1-x} \tag{3.104}$$

可以得到积分的第二项交换能为$\dfrac{8\pi\Omega k_{\mathrm{F}}^3}{3(2\pi)^3}\times\dfrac{3}{4}\dfrac{k_{\mathrm{F}}}{\pi}$。

又因为电子总数 N 为

$$N=\frac{8\pi\Omega k_{\mathrm{F}}^3}{3(2\pi)^3} \tag{3.105}$$

则可得

$$\bar{E}_0=\frac{E_0^{\mathrm{HF}}}{N}=\frac{3}{5}\frac{k_{\mathrm{F}}^2}{2}-\frac{3}{4}\frac{k_{\mathrm{F}}}{\pi} \tag{3.106}$$

比较方程(3.105)和方程(3.106)，可以看到，在均匀电子气系统中，可以认为交换能密度正比于系统的电子密度 $\rho^{1/3}$。如果认为交换能密度只与局域的电子密度有关，则可以近似认为

$$V_{\mathrm{x}}(\boldsymbol{r})\propto\rho(\boldsymbol{r})^{1/3} \tag{3.107}$$

特别需要说明的是,交换作用只涉及自旋相同的电子态,因此方程(3.106)的第二项——交换能密度实际上应显含自旋指标[37]:

$$\varepsilon_x^\sigma = -\frac{3}{4}\frac{k_F^\sigma}{\pi} = -\frac{3}{4}\left(\frac{6\rho^\sigma}{\pi}\right)^{1/3} \tag{3.108}$$

对于自旋非极化情况,显然有

$$\varepsilon_x^\uparrow = \varepsilon_x^\downarrow = -\frac{3}{4}\left(\frac{3\rho^{\text{tot}}}{\pi}\right)^{1/3} \tag{3.109}$$

从本节开始的讨论可知,费米波矢 $\boldsymbol{k}_F$ 可以表示为电子平均自由程 r_s 的函数,因此平均动能与交换能也可以表示为 r_s 的函数。利用式(3.94)及式(3.95),可以将式(3.106)表示为

$$\bar{E}_0 = \frac{3}{10}(k_F a_0)^2\frac{1}{a_0^2} - \frac{3}{4\pi}\frac{k_F a_0}{a_0} = \frac{1.1050}{r_s^2} - \frac{0.4581}{r_s} \tag{3.110}$$

此时 $\bar{E}_0$ 的单位为 Hartree。

3.1.11.3 关联能

利用 Hartree-Fock 理论无法计入所有的多体效应,习惯上将除去交换作用以外所有其他的多体效应称为关联作用(correlation)。即使对于均匀电子气模型,平均每个电子的关联能 E_c 也很难精确求得。这个问题的定量解决是由 Gellmann 与 Brueckner 在 1957 年完成的[38]。Gellmann 和 Brueckner 在高电子密度极限($r_s \to 0$)下利用微扰将 E_c 展开,找出各阶的发散项,将这些项转为子级数各项积分的求和,从而求得 E_c。定量的计算需要用到多体理论,这大大超出了本书的讨论范围,因此这里只给出最终结果(到二阶微扰为止,能量单位为 Hartree)[38-42]:

$$E_c = A\ln r_s + C + \cdots = \frac{1}{\pi^2}(1-\ln 2)\left\{\ln\left[\frac{4}{\pi}\left(\frac{4}{9\pi}\right)^{1/3}\right] + \ln r_s - \frac{1}{2} + \beta\right\} + \delta + \Sigma^{2a} \tag{3.111}$$

其中,$\beta = -0.276$,$\delta = -0.0254$,$\Sigma^{2a} = 0.023$。将它们代入式(3.111),可得

$$E_c = 0.0311\ln r_s - 0.048 \tag{3.112}$$

式(3.112)称为 Gellmann-Brueckner 公式。若电子密度不符合上述极限,一般采用 Wigner 公式[43]:

$$E_c = -\frac{0.44}{r_s + 7.8} \tag{3.113}$$

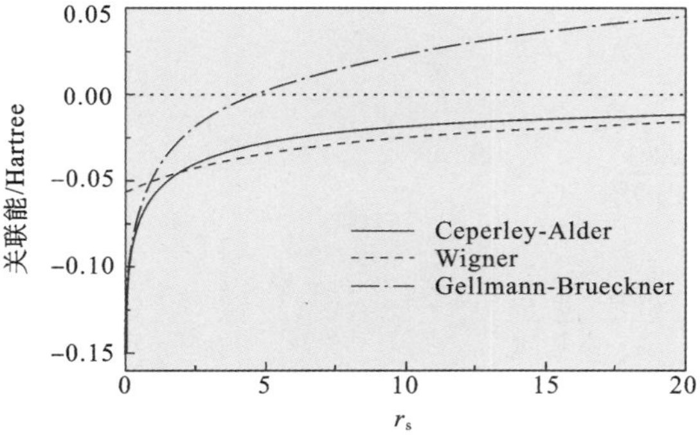

图 3.3 相互作用均匀电子气的关联能 $E_c(r_s)$

图 3.3 给出了由 Gellmann-Brueckner 公式(3.112)以及 Wigner 公式(3.113)得出的均匀电子气关联能 $E_c(r_s)$,图中实线是作为基准的精确结果(见 3.2.5 节),标识“Ceperley-Alder”的结果取自 Perdew-Wang 对原始计算的拟合结果(见 3.2.5 节)。在高密度情况下($r_s \leqslant 1$),Gellmann-Brueckner 公式非常精确。但是当 $r_s \geqslant 2$ 时,Wigner 公式更加准确。而当 $r_s > 5$ 时,根据 Gellmann-Brueckner 公式计算出的关联能明显错误,这表明需要加入更高阶的项(如 r_s 以及 $r_s\ln r_s$ 等)加以修正。

3.1.11.4　电子对关联函数

Hartree-Fock 近似下，电子对关联函数 $g(\boldsymbol{r},\sigma;\boldsymbol{r}',\sigma')$ 由方程(3.61)或者方程(3.62)给出。$\tilde{\rho}(r)$ 可计算如下：

$$\begin{aligned}\tilde{\rho}(r) &= \frac{2}{V}\sum_{\boldsymbol{k}} \mathrm{e}^{\mathrm{i}\boldsymbol{k}\cdot\boldsymbol{r}} = \frac{2}{8\pi^3}\int \mathrm{d}\boldsymbol{k}\mathrm{e}^{\mathrm{i}\boldsymbol{k}\cdot\boldsymbol{r}} f[E(\boldsymbol{k})] \\ &= \frac{1}{4\pi^3}\sum_l \int_0^{k_\mathrm{F}} k^2 \mathrm{d}k(2l+1)i^l \mathrm{j}_l(kr)\cdot\int_0^{\pi} \mathrm{P}_0(\cos\theta)\mathrm{P}_l(\cos\theta)\sin\theta \mathrm{d}\theta \int_0^{2\pi}\mathrm{d}\varphi \\ &= \frac{1}{\pi^2}\int_0^{k_\mathrm{F}} k^2 \mathrm{j}_0(kr)\mathrm{d}k \\ &= \frac{1}{\pi^2 r^3}[\sin(rk_\mathrm{F}) - rk_\mathrm{F}\cos(rk_\mathrm{F})]\end{aligned} \tag{3.114}$$

设体系自旋非极化，$\tilde{\rho}^{\uparrow}(r) = \tilde{\rho}^{\downarrow}(r) = \tilde{\rho}(r)/2$，而 ρ_0 由式(3.93)给出，将其代入式(3.62)，即得

$$g_\mathrm{x}(r) = 1 - \frac{9}{2}\left[\frac{\sin rk_\mathrm{F} - rk_\mathrm{F}\cos(rk_\mathrm{F})}{(rk_\mathrm{F})^3}\right]^2 \tag{3.115}$$

图 3.4 给出了 $g_\mathrm{x}(r)$ 的具体形状。

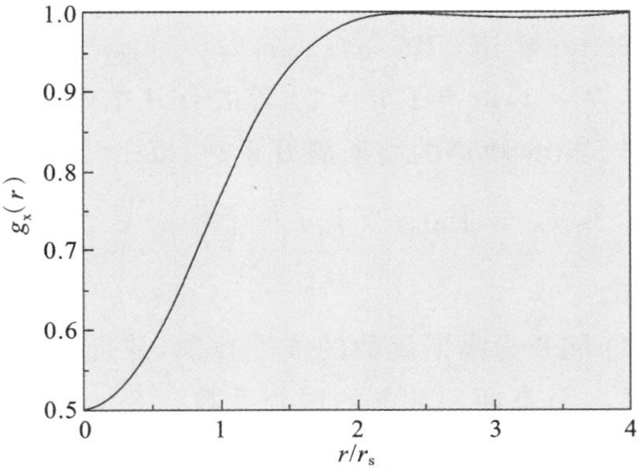

图 3.4　相互作用的均匀电子气在不同电子密度下的对关联函数 $g_\mathrm{x}(r)$

3.1.12　Hartree-Fock 方程的数值求解和基组选取

对于一个实际分子体系的轨道，我们通常用类似于原子轨道的基组对波函数进行展开。Slater 形式的原子轨道是最自然的选择。普遍地，中心在 $\boldsymbol{r}_A$ 终点处、衰减指数为 κ 的 Slater 函数可以表示为

$$S_n(\kappa, A) = (2\kappa)^{n+\frac{1}{2}}[(2n)!]^{-\frac{1}{2}} r^{n-1}\mathrm{e}^{-\kappa r} \tag{3.116}$$

式中：A 代表空间中的原子核的坐标(A_x, A_y, A_z)。

由于实际计算过程涉及多中心积分，且涉及 Slater 原子轨道的多中心积分，计算量庞大，人们发展了高斯函数作为波函数的展开基组以简化计算。目前许多常用的计算软件如 Gaussian16 等都支持高斯基组。高斯基组受欢迎的根本原因在于两中心的高斯函数的积分可以简化为单中心的高斯积分，此性质递推使用，可以极大简化多电子体系的 Hartree-Fock 方程中的三中心、四中心积分的计算。下面对高斯基组做一个简单介绍。我们用 $G(\alpha, A)$ 表示

中心在 $\boldsymbol{r}_A$ 终点 A 处、衰减指数为 α 的未归一化高斯函数,用 $\widetilde{G}(\alpha,A)$ 表示归一化的高斯函数,则它们的定义式分别为

$$G(\alpha,\boldsymbol{r}-\boldsymbol{r}_A)=\mathrm{e}^{-\alpha|\boldsymbol{r}-\boldsymbol{r}_A|^2} \tag{3.117}$$

$$\widetilde{G}(\alpha,\boldsymbol{r}-\boldsymbol{r}_A)=\left(\frac{2\alpha}{\pi}\right)^{3/4}\mathrm{e}^{-\alpha|\boldsymbol{r}-\boldsymbol{r}_A|^2} \tag{3.118}$$

而广义高斯函数可以写成如下形式:

$$G(\alpha,\boldsymbol{r}-\boldsymbol{r}_A,l,m,n)=(x-x_A)^l(y-y_A)^m(z-z_A)^n\mathrm{e}^{-\alpha|\boldsymbol{r}-\boldsymbol{r}_A|^2} \tag{3.119}$$

$$\widetilde{G}(\alpha,\boldsymbol{r}-\boldsymbol{r}_A,l,m,n)=N(x-x_A)^l(y-y_A)^m(z-z_A)^n\mathrm{e}^{-\alpha|\boldsymbol{r}-\boldsymbol{r}_A|^2} \tag{3.120}$$

式中:x_A、y_A、z_A 分别为空间动点到点 A 的距离。归一化常数 N 由下式得到:

$$N=\left(\frac{2\alpha}{\pi}\right)^{3/4}\left[\frac{(4\alpha)^{l+m+n}}{(2l-1)!!(2m-1)!!(2n-1)!!}\right]^{1/2} \tag{3.121}$$

式中:!!代表双阶乘,$(2l-1)!!=(2l-1)(2l-3)\cdots(3)(1)$。

在实际分子轨道计算中,由于高斯函数与原子轨道(更接近 Slater 函数)相差较远,因此通常用一组高斯函数来线性拟合 Slater 基组,这样的高斯函数的集合称为编缩高斯基组。通常用 K 个高斯函数就记为 STO-KG,比如量化计算中最常用的最小基组 STO-3G 代表用三个高斯函数来线性展开一个近似为 Slater 形式的函数。人们通常用 $G(\alpha,\boldsymbol{r}-\boldsymbol{r}_A,l=0,m=0,n=0)$ 来拟合 s 电子的 Slater 轨道,用 $G(\alpha,\boldsymbol{r}-\boldsymbol{r}_A,l=1,m=0,n=0)$ 来拟合 p_x 电子的 Slater 轨道,用 $G(\alpha,\boldsymbol{r}-\boldsymbol{r}_A,l=1,m=1,n=0)$ 等展开 d 电子的 Slater 轨道。接下来我们说明如何用最小二乘法确定 Slater 轨道的高斯展开系数。以 1s 的 Slater 函数为例:

$$S_{1s}(\kappa=1.0,\boldsymbol{r}-\boldsymbol{r}_A)=\left(\frac{1}{\pi}\right)^{1/2}\mathrm{e}^{-|\boldsymbol{r}-\boldsymbol{r}_A|} \tag{3.122}$$

其中,取衰减系数 $\kappa=1.0$。

我们需要将式(3.122)展开为高斯函数的线性叠加,并且利用非线性的最小二乘法确定各个高斯函数的衰减系数 α_i 及高斯函数前的展开系数 c_i。

$$S_{1s}(\kappa,\boldsymbol{r}-\boldsymbol{r}_A)\approx\sum_{i=1}^{K}c_iG(\alpha_i,\boldsymbol{r}-\boldsymbol{r}_A) \tag{3.123}$$

优化系数后得到 STO-1G、STO-2G、STO-3G 的结果分别如下:

STO-1G:$S_{1s}(\kappa=1.0,\boldsymbol{r}-\boldsymbol{r}_A)=\widetilde{G}(0.270950,\boldsymbol{r}-\boldsymbol{r}_A)$

STO-2G:$S_{1s}(\kappa=1.0,\boldsymbol{r}-\boldsymbol{r}_A)=0.678914\times\widetilde{G}(0.151623,\boldsymbol{r}-\boldsymbol{r}_A)+0.430129\times\widetilde{G}(0.851819,\boldsymbol{r}-\boldsymbol{r}_A)$

STO-3G:$S_{1s}(\kappa=1.0,\boldsymbol{r}-\boldsymbol{r}_A)=0.444635\times\widetilde{G}(0.109818,\boldsymbol{r}-\boldsymbol{r}_A)+0.535328\times\widetilde{G}(0.405771,\boldsymbol{r}-\boldsymbol{r}_A)+0.154329\times\widetilde{G}(2.22766,\boldsymbol{r}-\boldsymbol{r}_A)$

图 3.5 给出了 Slater 函数分别用 1、2、3 个高斯函数拟合结果的对比。可以看到,随着用于拟合的高斯基组的不断增大,编缩的高斯基组也越来越接近 Slater 轨道。但是,同时也可以看到,Slater 函数在原子核所在的空间坐标处导数不连续(这是由库仑势在距离等于零时的发散引起的),而高斯函数的线性组合则在原点处导数平滑连续。

将基组展开成高斯函数后,可以利用高斯函数的约化法则简化双中心的积分计算。只需将 $|\boldsymbol{r}-\boldsymbol{r}'|^2$ 用 $r^2+r'^2-2r\cdot r'$ 展开。易证明以下等式成立:

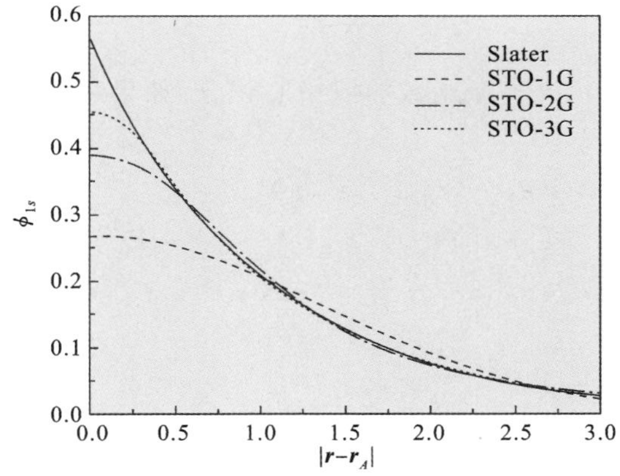

图 3.5 用 STO-1G、STO-2G、STO-3G 的高斯基组分别拟合 Slater 函数

$$\begin{aligned}&\exp(-\alpha\mid \boldsymbol{r}-\boldsymbol{r}_A\mid^2)\exp(-\beta\mid \boldsymbol{r}-\boldsymbol{r}_B\mid)\\&=\exp\left(-\frac{\alpha\beta}{\alpha+\beta}\mid \boldsymbol{r}_A-\boldsymbol{r}_B\mid\right)\exp\left[-(\alpha+\beta)\left|\boldsymbol{r}-\frac{\beta}{\alpha+\beta}\boldsymbol{r}_B-\frac{\alpha}{\alpha+\beta}\boldsymbol{r}_A\right|^2\right]\end{aligned} \tag{3.124}$$

如图 3.6 所示，以 A 点和 B 点为中心的两个高斯函数的乘积可以约化成一个与 r_{AB} 相关的常数与一个以 AB 连线上的重心 C 为中心的高斯函数的乘积。

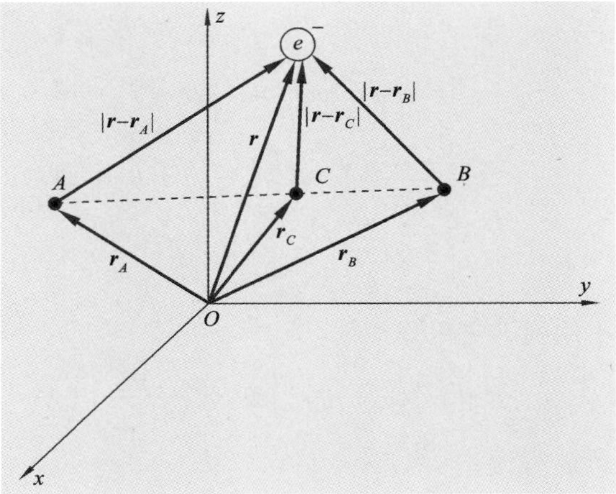

图 3.6 高斯函数双中心积分约化示意

如果不考虑高斯函数的归一化，上述规律可以表示为

$$G(\alpha,\boldsymbol{r}-\boldsymbol{r}_A)G(\beta,\boldsymbol{r}-\boldsymbol{r}_B)=K\cdot G(\alpha+\beta,\boldsymbol{r}-\boldsymbol{r}_C) \tag{3.125}$$

如果进一步考虑归一化系数，则可以表示为

$$\widetilde{G}(\alpha,\boldsymbol{r}-\boldsymbol{r}_A)\widetilde{G}(\beta,\boldsymbol{r}-\boldsymbol{r}_B)=\widetilde{K}\cdot\widetilde{G}(\alpha+\beta,\boldsymbol{r}-\boldsymbol{r}_C) \tag{3.126}$$

其中

$$K=\exp\left(-\frac{\alpha\beta}{\alpha+\beta}r_{AB}^2\right) \tag{3.127}$$

$$\widetilde{K}=\left[\frac{2\alpha\beta}{\pi(\alpha+\beta)}\right]^{3/4}\exp\left(-\frac{\alpha\beta}{\alpha+\beta}r_{AB}^2\right) \tag{3.128}$$

$$\boldsymbol{r}_C = \frac{\alpha}{\alpha+\beta}\boldsymbol{r}_A + \frac{\beta}{\alpha+\beta}\boldsymbol{r}_B \tag{3.129}$$

上述结果容易推广到广义高斯函数的双中心积分。如果忽略高斯函数前面的归一化系数,其约化规律如下

$$\begin{aligned} & G(\alpha,\boldsymbol{r}-\boldsymbol{r}_A,l,m,n)G(\beta,\boldsymbol{r}-\boldsymbol{r}_B,l',m',n') \\ & = [(x-x_C)+R_x]^l[(x-x_C)+R'_x]^{l'}[(y-y_C)+R_y]^m[(y-y_C)+R'_y]^{m'} \\ & \quad \cdot [(z-z_C)+R_z]^n[(z-z_C)+R'_z]^{n'} \cdot K \cdot G(\alpha+\beta,\boldsymbol{r}-\boldsymbol{r}_C) \end{aligned} \tag{3.130}$$

其中

$$R = \frac{\beta}{\alpha+\beta}(\boldsymbol{r}_B-\boldsymbol{r}_A) \tag{3.131}$$

$$R' = \frac{\alpha}{\alpha+\beta}(\boldsymbol{r}_A-\boldsymbol{r}_B) \tag{3.132}$$

通过递推运用高斯函数的约化规则,可以将多中心的积分转变成单中心的积分。Hartree-Fock 方程矩阵表达中的积分项可以有解析表达式。现以 1s 型的高斯函数为例说明计算简化步骤。

假设我们感兴趣的是分别位于 $\boldsymbol{r}_A$ 和 $\boldsymbol{r}_B$ 终点处的两个高斯基组 ζ_μ 和 ζ_ν 之间的矩阵元

$$\zeta_\mu = \widetilde{G}^*(\alpha,\boldsymbol{r}-\boldsymbol{r}_A) \tag{3.133}$$

$$\zeta_\nu = \widetilde{G}^*(\beta,\boldsymbol{r}-\boldsymbol{r}_B) \tag{3.134}$$

重叠积分 $S_{\mu\nu}$ 的计算如下:

$$\begin{aligned} S_{\mu\nu} &= \int \widetilde{G}^*(\alpha,\boldsymbol{r}-\boldsymbol{r}_A)\widetilde{G}(\beta,\boldsymbol{r}-\boldsymbol{r}_B)\mathrm{d}\boldsymbol{r} \\ &= \left(\frac{2\sqrt{\alpha\beta}}{\pi}\right)^{3/2} K\int_{-\infty}^{\infty} G(\alpha+\beta,\boldsymbol{r}-\boldsymbol{r}_C)\mathrm{d}\boldsymbol{r} \\ &= \left(\frac{2\sqrt{\alpha\beta}}{\alpha+\beta}\right)^{3/2} \exp\left(-\frac{\alpha\beta}{\alpha+\beta}r_{AB}^2\right) \end{aligned} \tag{3.135}$$

式(3.135)的推导中用到了定积分

$$\int_{-\infty}^{\infty} \exp[-(\alpha+\beta)r^2]\mathrm{d}\boldsymbol{r} = \left(\frac{\pi}{\alpha+\beta}\right)^{3/2} \tag{3.136}$$

动能项矩阵元 $T_{\mu\nu}$ 可以写为

$$\begin{aligned} T_{\mu\nu} &= \langle \zeta_\mu(\boldsymbol{r}) | -\frac{1}{2}\left(\frac{\partial^2}{\partial x^2}+\frac{\partial^2}{\partial x^2}+\frac{\partial^2}{\partial x^2}\right) | \zeta_\nu(\boldsymbol{r}) \rangle \\ &= N_\alpha N_\beta \int_{-\infty}^{\infty} G^*(\alpha,\boldsymbol{r}-\boldsymbol{r}_A)[\beta-2\beta^2(x-x_B)^2]G(\beta,\boldsymbol{r}-\boldsymbol{r}_B)\mathrm{d}x + I_y + I_z \\ &= N_\alpha N_\beta \int_{-\infty}^{\infty} \left\{\beta-2\beta^2\left[x-x_C+\frac{\alpha}{\alpha+\beta}(x_A-x_B)\right]^2\right\} KG(\alpha+\beta,\boldsymbol{r}-\boldsymbol{r}_C)\mathrm{d}x + I_y + I_z \\ &= N_\alpha N_\beta \left(\beta-2\beta^2\left\{\frac{1}{2(\alpha+\beta)}+\left[\frac{\alpha}{\alpha+\beta}(x_A-x_B)\right]^2\right\}\right) K\int_{-\infty}^{\infty} G(\alpha+\beta,\boldsymbol{r}-\boldsymbol{r}_C)\mathrm{d}x + I_y + I_z \\ &= N_\alpha N_\beta \left[\frac{3\alpha\beta}{\alpha+\beta}-\frac{2\alpha^2\beta^2}{(\alpha+\beta)^2}r_{AB}^2\right] K\int_{-\infty}^{\infty} G(\alpha+\beta,\boldsymbol{r}-\boldsymbol{r}_C)\mathrm{d}x \\ &= N_\alpha N_\beta \left[\frac{3\alpha\beta}{\alpha+\beta}-\frac{2\alpha^2\beta^2}{(\alpha+\beta)^2}r_{AB}^2\right] K\left(\frac{\pi}{\alpha+\beta}\right)^{3/2} \end{aligned}$$

$$= \left(\frac{2\sqrt{\alpha\beta}}{\alpha+\beta}\right)^{3/2}\left[\frac{3\alpha\beta}{\alpha+\beta}-\frac{2\alpha^2\beta^2}{(\alpha+\beta)^2}r_{AB}^2\right]\exp\left(-\frac{\alpha\beta}{\alpha+\beta}r_{AB}^2\right) \tag{3.137}$$

式(3.137)的推导中用到了定积分

$$\int_{-\infty}^{\infty} x^2\exp[-(\alpha+\beta)x^2]\mathrm{d}x = \frac{1}{2(\alpha+\beta)}\sqrt{\frac{\pi}{\alpha+\beta}} = \frac{1}{2(\alpha+\beta)}\int_{-\infty}^{\infty}\exp[-(\alpha+\beta)x^2]\mathrm{d}x$$

电子-核库仑吸引矩阵元的简化需要用到$\frac{1}{r}$和高斯函数的傅里叶变换(见附录 A 中表 A.1)：

$$\langle\widetilde{G}(\alpha,\boldsymbol{r}-\boldsymbol{r}_A)\left|\frac{-Z_M}{\boldsymbol{r}-\boldsymbol{r}_M}\right|\widetilde{G}(\alpha,\boldsymbol{r}-\boldsymbol{r}_B)\rangle$$

$$=-Z_M\widetilde{K}\int\mathrm{d}\boldsymbol{r}\,\widetilde{G}(\alpha+\beta,\boldsymbol{r}-\boldsymbol{r}_C)\,\frac{1}{\boldsymbol{r}-\boldsymbol{r}_M}$$

$$=-Z_M\widetilde{K}N_{\alpha+\beta}\int\mathrm{d}\boldsymbol{r}\left\{\frac{1}{(\sqrt{2\pi})^2}\int\mathrm{d}\boldsymbol{k}_1\,\frac{1}{[\sqrt{2(\alpha+\beta)}]^3}\exp\left[-\frac{\boldsymbol{k}_1^2}{4(\alpha+\beta)}\right]\exp[\mathrm{i}\boldsymbol{k}_1(\boldsymbol{r}-\boldsymbol{r}_C)]\right\}$$

$$\times\left\{\frac{1}{(\sqrt{2\pi})^3}\int\mathrm{d}\boldsymbol{k}_2\,\frac{2}{\sqrt{2\pi}}\,\frac{1}{\boldsymbol{k}_2^2}\exp[\mathrm{i}\boldsymbol{k}_2(\boldsymbol{r}-\boldsymbol{r}_M)]\right\}$$

$$=\widetilde{N}\iiint\mathrm{d}\boldsymbol{r}\mathrm{d}\boldsymbol{k}_1\mathrm{d}\boldsymbol{k}_2\,\frac{1}{\boldsymbol{k}_2^2}\exp\left[-\frac{\boldsymbol{k}_1^2}{4(\alpha+\beta)}\right]\exp[\mathrm{i}(\boldsymbol{k}_1+\boldsymbol{k}_2)\boldsymbol{r}]\exp(-\mathrm{i}\boldsymbol{k}_1\boldsymbol{r}_C-\mathrm{i}\boldsymbol{k}_2\boldsymbol{r}_M)$$

$$=\widetilde{N}(2\pi)^3\iint\mathrm{d}\boldsymbol{k}_1\mathrm{d}\boldsymbol{k}_2\,\frac{1}{\boldsymbol{k}_2^2}\exp\left[-\frac{\boldsymbol{k}_1^2}{4(\alpha+\beta)}\delta(\boldsymbol{k}_1+\boldsymbol{k}_2)\right]\exp(-\mathrm{i}\boldsymbol{k}_1\boldsymbol{r}_C-\mathrm{i}\boldsymbol{k}_2\boldsymbol{r}_M)$$

$$=\widetilde{N}(2\pi)^3\int\mathrm{d}\boldsymbol{k}\,\frac{1}{\boldsymbol{k}^2}\exp\left[-\frac{\boldsymbol{k}^2}{4(\alpha+\beta)}\right]\exp[-\mathrm{i}\boldsymbol{k}(\boldsymbol{r}_C-\boldsymbol{r}_M)]$$

$$=\widetilde{N}(2\pi)^3\int_0^{\infty}k^2\,\mathrm{d}k\int_0^{\pi}\sin\theta\mathrm{d}\theta\int_0^{2\pi}\mathrm{d}\phi\,\frac{1}{k^2}\exp\left[-\frac{k^2}{4(\alpha+\beta)}\right]\exp[-\mathrm{i}k\,|\boldsymbol{r}_C-\boldsymbol{r}_M|\cos\theta]$$

$$=\widetilde{N}(2\pi)^4\,\frac{2}{|\boldsymbol{r}_C-\boldsymbol{r}_M|}\int_0^{\infty}\mathrm{d}k\,\frac{1}{k}\exp\left[-\frac{k^2}{4(\alpha+\beta)}\right]\sin(k\,|\boldsymbol{r}_C-\boldsymbol{r}_M|)$$

利用恒等式

$$\int_0^{\infty}\mathrm{d}k\exp(-\alpha k^2)\frac{1}{k}\sin(kx)\equiv\frac{1}{2}\sqrt{\frac{\pi}{\alpha}}\int_0^{x}\mathrm{d}y\exp(-y^2/4\alpha) \tag{3.138}$$

并且定义 F_0 函数为

$$F_0(x)=\frac{1}{\sqrt{x}}\int_0^{\sqrt{x}}\mathrm{d}y\exp(-y^2) \tag{3.139}$$

则可将电子-核库仑吸引矩阵元简化为

$$\langle\widetilde{G}(\alpha,\boldsymbol{r}-\boldsymbol{r}_A)\left|\frac{-Z_M}{\boldsymbol{r}-\boldsymbol{r}_M}\right|\widetilde{G}(\alpha,\boldsymbol{r}-\boldsymbol{r}_B)\rangle$$

$$=\widetilde{N}(2\pi)^4\,\frac{2\sqrt{\pi(\alpha+\beta)}}{|\boldsymbol{r}_C-\boldsymbol{r}_M|}\int_0^{|\boldsymbol{r}_C-\boldsymbol{r}_M|}\mathrm{d}y\exp[-(\alpha+\beta)y^2]$$

$$=\widetilde{N}(2\pi)^4\cdot 2\sqrt{\pi(\alpha+\beta)}F_0[(\alpha+\beta)\,|\boldsymbol{r}_C-\boldsymbol{r}_M|^2]$$

$$=-\frac{\alpha^{3/4}\beta^{3/4}2^{5/2}\pi^{-1/2}}{\alpha+\beta}Z_M\exp[-\alpha\beta r_{AB}^2/(\alpha+\beta)]\cdot F_0[(\alpha+\beta)\,|\boldsymbol{r}_C-\boldsymbol{r}_M|^2] \tag{3.140}$$

在实际计算过程中，F_0 可以很容易通过程序包自带的误差函数得到：

$$F_0(x)=\frac{1}{2}\sqrt{\frac{\pi}{x}}\operatorname{erf}\sqrt{x} \tag{3.141}$$

方程(3.88)所呈现的双电子积分的约化思路与电子-核库仑吸引矩阵元的简化过程类似。如图3.7所示,我们首先可以将分别位于点 A、C 处的高斯函数乘积约化成位于 A、C 连线中心的点 M 处的高斯函数,将分别位于点 B、D 处的高斯函数乘积约化成位于 B、D 连线中心的点 N 处的高斯函数。分别位于点 M、N 处的高斯函数则可以类似地利用计算电子-核库仑吸引矩阵元时的傅里叶变换技巧进行简化。由于和计算电子-核库仑吸引矩阵元的相似度较高,我们省略了具体的推导过程,直接给出该积分最终的表达式:

$$\begin{aligned}\langle AB\mid CD\rangle &=\iint \mathrm{d}\boldsymbol{r}_1\mathrm{d}\boldsymbol{r}_2\widetilde{G}^*(\alpha,\boldsymbol{r}_1-\boldsymbol{r}_A)\widetilde{G}^*(\beta,\boldsymbol{r}_2-\boldsymbol{r}_B)\frac{1}{\mid\boldsymbol{r}_1-\boldsymbol{r}_2\mid}\widetilde{G}(\gamma,\boldsymbol{r}_1-\boldsymbol{r}_C)\widetilde{G}(\delta,\boldsymbol{r}_2-\boldsymbol{r}_D)\\&=\frac{16(\alpha\beta\gamma\delta)^{3/4}}{(\alpha+\gamma)(\beta+\delta)\sqrt{\pi(\alpha+\beta+\gamma+\delta)}}\exp\left(-\frac{\alpha\gamma}{\alpha+\gamma}\mid\boldsymbol{r}_A-\boldsymbol{r}_C\mid^2\right.\\&\quad\left.-\frac{\beta\delta}{\beta+\delta}\mid\boldsymbol{r}_B-\boldsymbol{r}_D\mid^2\right)\cdot F_0\left[\frac{(\alpha+\gamma)(\beta+\delta)}{\alpha+\beta+\gamma+\delta}\mid\boldsymbol{r}_M-\boldsymbol{r}_N\mid^2\right]\end{aligned} \tag{3.142}$$

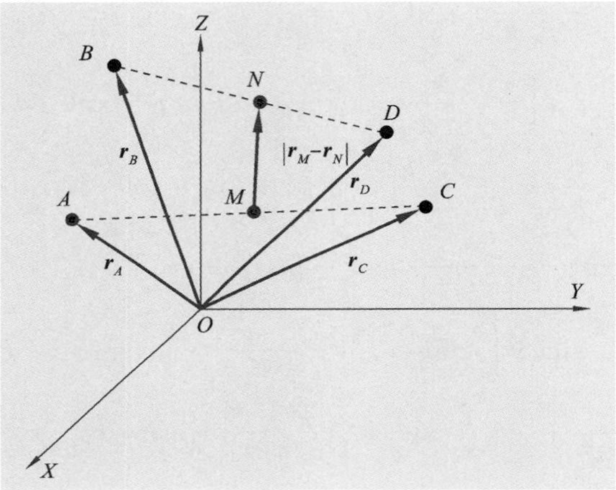

图3.7 高斯函数双电子积分约化示意

可见高斯函数的引入大大简化了Hartree-Fock方程求解过程中的其他交换能、库仑斥能、交换能等积分项,用高斯积分的解析表达式结合约化法则替代耗时的数值积分过程,可以加速求解的过程。

3.1.13 X_α 方法和超越Hartree-Fock近似

现代的分子轨道计算理论很大程度上是以Hartree-Fock方法为基础的。在这里我们给出与Hartree-Fock方法联系非常紧密的两种方法。第一种是 X_α 方法,从实用角度看可以认为它是对Hartree-Fock方法的一种简化,从另外一个角度看,也可以认为它是密度泛函理论的前身。在3.1.12节中我们可以看到,交换关联势 $\mu_{xc}(\boldsymbol{r})$ 的计算涉及多中心的积分,这是最为耗时的一部分,因此人们借鉴均匀电子气的结果(见式(3.108)),将其近似表示为

$$\mu_{xc}(\boldsymbol{r})=-\alpha\left(\frac{3\rho(\boldsymbol{r})}{8\pi}\right)^{1/3} \tag{3.143}$$

式中：α 是一个可调参数。实际计算中取 $\alpha = 0.7$ 可以得到较好的结果。

另外，在现代量子化学计算中，许多高精度方法是在 Hartree-Fock 方法的基础上发展起来的，统称为超越 Hartree-Fock 近似的方法。其中最主要的一种为组态相互作用(configuration interaction，CI) 方法。在这里，我们简要地介绍一下该方法。回顾 Hartree-Fock 方法的基本假设，可以看到其核心是用单行列式的波函数近似体系的真实基态，其本征解给出基态能量的上限估计。显然，单行列式的波函数不足以构成能展开一个多电子体系的完备基组，更精确的近似是行列式波函数的线性组合。假设有 $2K$ 个单电子轨道，从中挑出 N 个轨道组成行列式的可能性为 C_N^{2K}。可见，即使是一个较小的体系，将其波函数用所有的行列式波函数展开，计算量也是相当大的。因此，在实际计算中，人们通常取几阶较低的近似。如果用于展开的行列式中，N 个轨道的组成和 Hartree-Fock 中的单行列式分别仅相差一个轨道，则称为单激发的组态相互作用；如果各个行列式与 Hartree-Fock 行列式相差两个轨道，则称该组态相互作用为双激发的组态相互作用。

我们从 Hartree-Fock 基态波函数出发，有

$$|\phi\rangle = \phi(\boldsymbol{x}_1, \boldsymbol{x}_2, \cdots, \boldsymbol{x}_N) = |\xi_i(1)\xi_j(2)\cdots\xi_l(a)\xi_m(b)\cdots\xi_k(N)\rangle_S \tag{3.144}$$

用如下的符号代表第 a 个电子从 ξ_l 轨道到 ξ_p 轨道的激发：

$$|\phi_l^p\rangle = |\xi_i(1)\xi_j(2)\cdots\xi_p(a)\xi_m(b)\cdots\xi_k(N)\rangle_S \tag{3.145}$$

$|\phi_{lm}^{pq}\rangle$ 代表第 a 个电子从 ξ_l 轨道到 ξ_p 轨道激发的同时，第 b 个电子从 ξ_m 轨道被激发到 ξ_q 轨道，即

$$|\phi_{lm}^{pq}\rangle = |\xi_i(1)\xi_j(2)\cdots\xi_p(a)\xi_q(b)\cdots\xi_k(N)\rangle_S \tag{3.146}$$

如果用一组单电子波函数$\{\xi_i\}$ 作为完备基组，则符合反对称性质的体系真实波函数可以如下行列式的形式完备展开(其中 $l < m, p < q$，该限制条件保证不重复对各组态计数)：

$$\psi = c_0|\phi\rangle + \sum_{l,p} c_l^p |\phi_l^p\rangle + \sum_{l<m,p<q} c_{lm}^{pq} |\phi_{lm}^{pq}\rangle + \cdots \tag{3.147}$$

因此，从理论上来讲，只要有足够的计算能力，我们就可以穷举所有的组态，并计算哈密顿量在各个组态下的矩阵元，则对角化哈密顿量得到的最低能级就是体系的基态能量。在变分过程中，由于引入了更多的自由度，通过 CI 方法计算出来的基态能量要低于用 Hartree-Fock 方法得到的基态能量，两者之间的差值通常被定义为关联能。

现以氢分子 H_2 的电子结构为例，阐述组态相互作用的基本计算过程及其与 Hartree-Fock 方法的区别。为简洁起见，仅考虑以氢原子的 1s 轨道作为基组，并将 H_2 的分子波函数近似为原子轨道的线性组合。对角化单电子哈密顿量后，可以得到四个单电子自旋轨道：

$$\begin{cases} \xi_1 = \phi_{1s}^{+}\alpha(s) \\ \xi_2 = \phi_{1s}^{+}\beta(s) \\ \xi_3 = \phi_{1s}^{-}\alpha(s) \\ \xi_4 = \phi_{1s}^{-}\beta(s) \end{cases} \tag{3.148}$$

式中：ξ_1 和 ξ_2 为简并的成键轨道；ξ_3 和 ξ_4 为简并的反键轨道。Hartree-Fock 近似下的基态轨道为 $|\phi\rangle = |\xi_1\xi_2\rangle_S$。在组态相互作用计算中，我们需要从四个自旋轨道中挑出两个构成 Slater 行列式，作为电子的一个组态，则这样的取法共有 $C_2^4 = 6$ 种，如图3.8 所示，它们分别是：

(1) 基态组态 $|\xi_1\xi_2\rangle_S$;

(2) 单激发组态 $|\xi_3\xi_2\rangle_S$、$|\xi_4\xi_2\rangle_S$、$|\xi_1\xi_3\rangle_S$、$|\xi_1\xi_4\rangle_S$;

(3) 双激发组态 $|\xi_3\xi_4\rangle_S$。

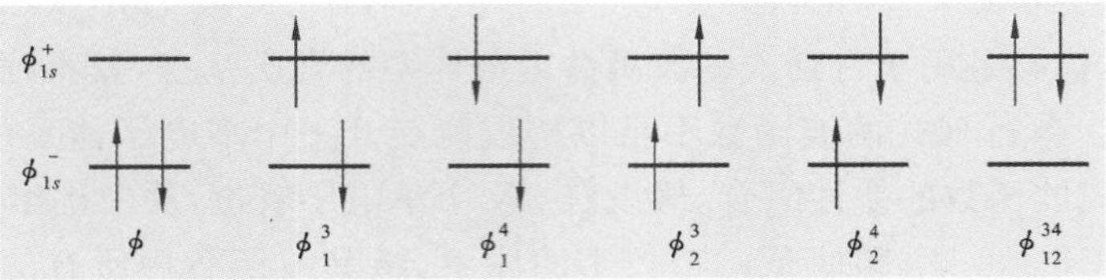

图 3.8 H_2 分子中考虑 $1s$ 轨道时所有可能的组态

和 Hartree-Fock 基态波函数类似,CI 基态波函数也具有偶宇称,即在空间反演操作下该基态波函数保持不变。因此,其基态波函数可以表示成基态组态和双激发组态的线性叠加:

$$|\phi_{\mathrm{CI}}\rangle = c_0|\xi_1\xi_2\rangle_S + c_{12}^{34}|\xi_3\xi_4\rangle_S \tag{3.149}$$

不可约的二阶哈密顿矩阵可以写为

$$\boldsymbol{H} = \begin{bmatrix} \langle\phi|\mathscr{H}|\phi\rangle & \langle\phi|\mathscr{H}|\phi_{12}^{34}\rangle \\ \langle\phi_{12}^{34}|\mathscr{H}|\phi\rangle & \langle\phi_{12}^{34}|\mathscr{H}|\phi_{12}^{34}\rangle \end{bmatrix}$$

$$= \begin{bmatrix} \langle 1|h|1\rangle + \langle 2|h|2\rangle + \langle 12|12\rangle - \langle 12|21\rangle & \langle 12|34\rangle - \langle 12|43\rangle \\ \langle 34|12\rangle - \langle 34|21\rangle & \langle 3|h|3\rangle + \langle 4|h|4\rangle + \langle 34|34\rangle - \langle 34|43\rangle \end{bmatrix}$$

将自旋部分积分后,哈密顿矩阵可以进一步简化为

$$\boldsymbol{H} = \begin{bmatrix} 2\langle\phi_{1s}^{+}|h|\phi_{1s}^{+}\rangle + \langle\phi_{1s}^{+}\phi_{1s}^{+}|\phi_{1s}^{+}\phi_{1s}^{+}\rangle & \langle\phi_{1s}^{+}\phi_{1s}^{-}|\phi_{1s}^{+}\phi_{1s}^{-}\rangle \\ \langle\phi_{1s}^{-}\phi_{1s}^{+}|\phi_{1s}^{-}\phi_{1s}^{+}\rangle & 2\langle\phi_{1s}^{-}|h|\phi_{1s}^{-}\rangle + \langle\phi_{1s}^{-}\phi_{1s}^{-}|\phi_{1s}^{-}\phi_{1s}^{-}\rangle \end{bmatrix}$$

对角化此哈密顿矩阵,即可得到仅考虑 $1s$ 轨道时的基态能量和基态波函数。值得指出的是,矩阵元 H_{11} 即为 Hartree-Fock 方法的基态能量。因此,由 CI 方法得到的基态能量是考虑激发组态时对系统总能的一个修正。

3.2 密度泛函理论

密度泛函理论(density functional theory, DFT)是一种研究如何将复杂的多体问题严格转化为相对简单的单体问题的理论。与 Hartree-Fock 方法不同,DFT 方法并不关心电子的具体组态,它关注的是体系基态所对应的空间中的电荷密度 $\rho(\boldsymbol{r})$。DFT 方法在当今的量子物理计算、材料模拟和化学反应研究中占据着主导地位,具有较高的精度和较快的计算速度。这一理论分支的发展非常迅速,已经广泛应用于各个领域。

DFT 的核心思想是将多体问题转化为一个单体问题,从而避免了直接处理多电子波函数的困难。在 DFT 框架下,电子的基态能量可以通过电子密度 $\rho(\boldsymbol{r})$ 来表示,而不是通过复杂数量的多电子波函数。这使得 DFT 方法在处理大量电子体系时变得相对简单和高效。

DFT 的基础是 Hohenberg-Kohn 定理和 Kohn-Sham 方程。Hohenberg-Kohn 定理表明,一个多电子体系的基态密度可以唯一确定其基态性质,从而建立了电子密度与多电子哈密顿量之间的一一对应关系。Kohn-Sham 方程将电子间的相互作用转化为一系列单电子方程,这些方程包含了一个有效的外势,包括电子-核吸引势、库仑排斥势以及交换关联势。

解 Kohn-Sham 方程得到的是 Kohn-Sham 轨道，从这些轨道可以获得电子密度，并进一步计算得到体系的基态能量。

尽管 DFT 方法具有很多优点，但它的精确性仍然受限于交换关联势的近似。为了提高 DFT 方法的精度，研究人员发展了许多不同的交换关联泛函，例如局域密度近似(LDA)泛函、广义梯度近似(GGA)泛函和杂化泛函等。这些泛函在不同的应用领域和体系中表现出各自的优缺点，用户需要根据实际问题选择合适的泛函。

在本节中我们将会详细讨论 DFT 的基本理论及具体实现。

3.2.1 托马斯-费米-狄拉克近似

1927 年，托马斯和费米各自独立地提出了将体系能量写为仅显含电子密度 $\rho(\boldsymbol{r})$ 的表达式的方法。这是密度泛函理论的第一次尝试，称为托马斯-费米理论。其主要的思想是利用均匀电子气的解析结果，将体系总能各项，如动能项、Hartree 项等表示成如下形式的方程：

$$E_i = \int \varepsilon_i[\rho(\boldsymbol{r})]\rho(\boldsymbol{r})\mathrm{d}\boldsymbol{r} \tag{3.150}$$

式中：$\varepsilon_i[\rho(\boldsymbol{r})]$是均匀电子气模型下各项的能量"密度"(相对于 $\boldsymbol{r}$ 终点处的电子密度$\rho(\boldsymbol{r})$而言)。此外，式(3.150)表示体系能量只与该点处的 $\rho(\boldsymbol{r})$有关。为使计算简便，在下面的讨论中设体系的体积为 1。

对于动能项，根据 3.1.11 小节的均匀电子气模型，有

$$T = \frac{3}{5}\varepsilon_{\mathrm{F}}\rho \tag{3.151}$$

其中，$\varepsilon_{\mathrm{F}} = \frac{\hbar^2 k_{\mathrm{F}}^2}{2m}$是费米动能。而

$$\rho = \frac{1}{3\pi^2}\left(\frac{2m}{\hbar^2}\right)^{3/2}\varepsilon_{\mathrm{F}}^{3/2} \tag{3.152}$$

由式(3.151)和式(3.152)可得，动能密度为

$$t[\rho] = \frac{T}{\rho} = \frac{3}{5}\frac{\hbar^2}{2m}(3\pi^2)^{2/3}\rho^{2/3} \tag{3.153}$$

代入式(3.150)可得

$$T[\rho] = C_1\int \rho(\boldsymbol{r})^{5/3}\mathrm{d}\boldsymbol{r} \tag{3.154}$$

显然，取原子单位制，并令 $\hbar = m = e = 4\pi/\varepsilon_0 = 1$，可知

$$C_1 = \frac{3(3\pi^2)^{2/3}}{10} \approx 2.871 \tag{3.155}$$

Hartree 项及电子-核相互作用能的表达式分别为

$$E_{\mathrm{H}} = \frac{1}{2}\iint \frac{\rho(\boldsymbol{r})\rho(\boldsymbol{r}')}{|\boldsymbol{r}-\boldsymbol{r}'|}\mathrm{d}\boldsymbol{r}\mathrm{d}\boldsymbol{r}' \tag{3.156}$$

$$E_{\mathrm{ext}} = \int V_{\mathrm{ext}}(\boldsymbol{r})\rho(\boldsymbol{r})\mathrm{d}\boldsymbol{r} \tag{3.157}$$

托马斯和费米在工作中忽略了多体体系的交换关联作用。狄拉克对托马斯-费米理论予以发展，提出电子的交换能密度应满足 $\varepsilon_x \propto \rho^{1/3}$。同样，根据均匀电子气模型，体系的交换能为

$$E_x = C_2\int\rho(\boldsymbol{r})^{4/3}\mathrm{d}\boldsymbol{r} \tag{3.158}$$

在原子单位制下,有

$$C_2 = -\frac{3}{4}\left(\frac{3}{\pi}\right)^{1/3} \approx -0.739 \tag{3.159}$$

因此,体系的总能可以表示为

$$E_{\mathrm{TFD}} = 2.871\int\rho(\boldsymbol{r})^{5/3}\mathrm{d}\boldsymbol{r} + \frac{1}{2}\iint\frac{\rho(\boldsymbol{r})\rho(\boldsymbol{r}')}{|\boldsymbol{r}-\boldsymbol{r}'|}\mathrm{d}\boldsymbol{r}\mathrm{d}\boldsymbol{r}' + \int V_{\mathrm{ext}}(\boldsymbol{r})\rho(\boldsymbol{r})\mathrm{d}\boldsymbol{r} - 0.739\int\rho(\boldsymbol{r})^{4/3}\mathrm{d}\boldsymbol{r} \tag{3.160}$$

式(3.160)称为托马斯-费米-狄拉克(TFD)近似。可以看到,E_{TFD}仅与体系的电子密度分布$\rho(\boldsymbol{r})$有关,可表示为$\rho(\boldsymbol{r})$的泛函。

根据方程(3.160)及约束条件,有

$$\int\rho(\boldsymbol{r})\mathrm{d}\boldsymbol{r} = N \tag{3.161}$$

通过拉格朗日乘子法求解体系的基态能量及相应的电子密度分布:

$$\frac{\delta\left[E_{\mathrm{TFD}}[\rho] - \mu\left(\int\rho(\boldsymbol{r})\mathrm{d}\boldsymbol{r} - N\right)\right]}{\delta\rho(\boldsymbol{r})} = 0 \tag{3.162}$$

即可得 TFD 方程

$$\mu = \frac{5}{3}C_1\rho(\boldsymbol{r})^{2/3} + V_{\mathrm{ext}}(\boldsymbol{r}) + \int\frac{\rho(\boldsymbol{r}')}{|\boldsymbol{r}-\boldsymbol{r}'|}\mathrm{d}\boldsymbol{r}' - C_2\rho(\boldsymbol{r})^{1/3} \tag{3.163}$$

其中拉格朗日乘子 μ 是电子的化学势,即费米能。在已知 μ 和 $V_{\mathrm{ext}}(\boldsymbol{r})$ 的情况下,可以反解该方程,得到基态电子密度分布。可以看到,由于积分项及非线性项的存在,这个任务并不容易完成。

根据 TFD 近似,体系的基态能量原则上可以通过对单一函数 $\rho(\boldsymbol{r})$ 的变分求得。相对 Hartree-Fock 方法需要求解 N 个联立的方程组而言,TFD 近似要简单得多,且在碱金属体系的计算上得到了理想的结果。但是因为方程(3.160) 的导出是依据均匀电子气模型,且没有考虑电子的关联作用,所以 TFD 近似方法用于处理成键方向性较强的体系(如离子键或共价键体系等)时效果并不理想。严格的密度泛函理论及其实践算法是在 TFD 近似提出三十多年后由 Hohenberg、Kohn 及 Sham 给出的,我们将在下面几节中进行详细的讨论。

3.2.2 Hohenberg-Kohn 定理

Hohenberg-Kohn 定理给出了体系能量与电子密度分布之间的泛函关系,可将多体问题严格地转化为单体问题,因此它是现代密度泛函理论的基础[44]。该定理主要由两部分组成。

定理 3.1 任意一个由相互作用粒子组成的体系所感受到的外势 $V_{\mathrm{ext}}(\boldsymbol{r})$,除了常数因子外,唯一地由该体系的基态电子密度分布 $\rho^0(\boldsymbol{r})$ 确定。

推论 3.1 既然 $V_{\mathrm{ext}}(\boldsymbol{r})$ 决定了体系的哈密顿量 $H(\boldsymbol{r})$,而 $V_{\mathrm{ext}}(\boldsymbol{r})$ 又由 $\rho^0(\boldsymbol{r})$ 确定,那么体系的多电子基态波函数 Ψ^0完全由 $\rho^0(\boldsymbol{r})$ 确定,是 $\rho^0(\boldsymbol{r})$ 的泛函。

定理 3.2 对于任意一个电子密度分布 $\tilde{\rho}(\boldsymbol{r})$,均可定义体系能量为 $\tilde{\rho}(\boldsymbol{r})$ 的泛函,记为 $E[\tilde{\rho}(\boldsymbol{r})]$,该泛函对所有外势场均有效。若给定 $V_{\mathrm{ext}}(\boldsymbol{r})$,仅当电子密度分布 $\rho(\boldsymbol{r})$ 为该体系的

基态电子密度分布$\rho^0(\boldsymbol{r})$时，泛函 $E[\tilde{\rho}(\boldsymbol{r})]$ 最小，且给出体系的基态能量。

首先证明定理 3.1。用反证法，设有外势差别不仅仅为一个常数的两个外势场（外势分别为 $V_{\text{ext}}^0(\boldsymbol{r})$ 和 $V_{\text{ext}}^1(\boldsymbol{r})$），它们所对应的基态电子密度分布为$\rho^0(\boldsymbol{r})$。这两个不同的外势场规定了体系的两个哈密顿量 H^0 和 H^1，相应地有两个不同的基态波函数 ψ^1 以及 ψ^2。当基态非简并时（简并情况可以通过引入一个微弱势场加以消除），有

$$\begin{aligned} E^0 &= \langle \psi^0 \mid H^0 \mid \psi^0 \rangle < \langle \psi^1 \mid H^0 \mid \psi^1 \rangle = \langle \psi^1 \mid H^1 \mid \psi^1 \rangle + \langle \psi^1 \mid H^0 - H^1 \mid \psi^1 \rangle \\ &= E^1 + \int [V_{\text{ext}}^0(\boldsymbol{r}) - V_{\text{ext}}^1(\boldsymbol{r})] \rho^0(\boldsymbol{r}) \mathrm{d}\boldsymbol{r} \end{aligned} \tag{3.164}$$

同理，有

$$\begin{aligned} E^1 &= \langle \psi^1 \mid H^1 \mid \psi^1 \rangle < \langle \psi^0 \mid H^1 \mid \psi^0 \rangle = \langle \psi^0 \mid H^0 \mid \psi^0 \rangle + \langle \psi^0 \mid H^1 - H^0 \mid \psi^0 \rangle \\ &= E^0 + \int [V_{\text{ext}}^1(\boldsymbol{r}) - V_{\text{ext}}^0(\boldsymbol{r})] \rho^0(\boldsymbol{r}) \mathrm{d}\boldsymbol{r} \end{aligned} \tag{3.165}$$

将式(3.164)和式(3.165)相加，则有不等式 $E^0 + E^1 < E^0 + E^1$，这显然不成立。因此假设错误，故 $V_{\text{ext}}^0(\boldsymbol{r})$ 与 $V_{\text{ext}}^1(\boldsymbol{r})$ 只可能相差一个常数。定理 3.1 得证。

再证明定理3.2。根据定理3.1及推论3.1，多体波函数 ψ^0 是电子密度分布 $\rho^0(\boldsymbol{r})$ 的泛函。而波函数的确定意味着体系的所有性质，如动能、电子间相互作用等均可确定。因此，可以认为体系动能和电子间相互作用也可以表示为 $\rho^0(\boldsymbol{r})$ 的泛函，分别记为 $T[\rho(\boldsymbol{r})]$ 和 $E_{\text{ee}}[\rho(\boldsymbol{r})]$。这里将表示基态的上标“0”去掉，因为根据定理 3.1，每个 $\rho(\boldsymbol{r})$ 都是一个特定的外势场($V_{\text{ext}}(\boldsymbol{r})$)的基态电子密度。由此，可以设泛函 $F[\rho(\boldsymbol{r})]$ 为

$$F[\rho(\boldsymbol{r})] = T[\rho(\boldsymbol{r})] + E_{\text{ee}}[\rho(\boldsymbol{r})] = \langle \psi \mid \hat{T} + \hat{V}_{\text{ee}} \mid \psi \rangle \tag{3.166}$$

这是泛函的普遍形式。该泛函仅取决于 $\rho(\boldsymbol{r})$，而与外势 $V_{\text{ext}}(\boldsymbol{r})$ 无关。

对于任意 $V_{\text{ext}}(\boldsymbol{r})$，可以定义 Hohenberg-Kohn 能量泛函 $E^{\text{HK}}[\rho(\boldsymbol{r}), V_{\text{ext}}(\boldsymbol{r})]$ 为

$$E^{\text{HK}}[\rho(\boldsymbol{r}), V_{\text{ext}}(\boldsymbol{r})] = T[\rho(\boldsymbol{r})] + E_{\text{ee}}[\rho(\boldsymbol{r})] + \int V_{\text{ext}}(\boldsymbol{r}) \rho(\boldsymbol{r}) \mathrm{d}\boldsymbol{r} + E_{\text{II}}(\{\boldsymbol{R}_{\text{I}}\}) \tag{3.167}$$

若已给定$V_{\text{ext}}^0(\boldsymbol{r})$，其相应的基态电子密度为 $\rho^0(\boldsymbol{r})$，则 Hohenberg-Kohn 能量泛函等于哈密顿量 H^0 对基态多体波函数 $\psi^0(\boldsymbol{r})$ 的期待值，即

$$E^{\text{HK}}[\rho^0, V_{\text{ext}}^0] = \langle \psi^0 \mid H^0 \mid \psi^0 \rangle \tag{3.168}$$

也即体系的基态能量。设对于另一个电子密度 $\rho'(\boldsymbol{r})$（外势为 $V'(\boldsymbol{r})$ 的外势场的基态电子密度），相应地有基态多体波函数 $\psi'(\boldsymbol{r})$。类似于定理 3.1 的证明过程，有

$$E' = \langle \psi' \mid H^0 \mid \psi' \rangle > \langle \psi^0 \mid H^0 \mid \psi^0 \rangle \tag{3.169}$$

因此，$E^{\text{HK}}[\rho^0, V_{\text{ext}}^0]$ 的最小值仅在电子密度（相对于 $V^0(\boldsymbol{r})$）为基态电子密度 $\rho^0(\boldsymbol{r})$ 时才能取得。

Hohenberg-Kohn 定理除了证明多体问题可以严格地转化为单体问题外，还明确指出，若 $F[\rho(\boldsymbol{r})]$ 已知，那么求解体系的基态能量时，只需要找出 Hohenberg-Kohn 能量泛函对体系电子密度的变分极值。这明显比 Hartree-Fock 方法来得简单。但是到目前为止，对于相互作用电子气，人们还不知道 $F[\rho(\boldsymbol{r})]$ 的具体形式。

3.2.3 Kohn-Sham 方程

Hohenberg-Kohn 定理从理论上保证了体系基态能量泛函的存在性与唯一性，且指出了

该能量泛函对电荷密度 $\rho(\boldsymbol{r})$ 求变分达到的极值即为体系基态能量。但是如3.2.2 节所述,与外势场无关的普适泛函 $F[\rho(\boldsymbol{r})]$ 的具体形式未知,因此 Hohenberg-Kohn 定理不能直接用于求解问题。实际运用密度泛函理论时,需要用到 Kohn-Sham(KS) 方程[45]。将电子密度表示为

$$\rho(\boldsymbol{r}) = \sum_{j=1}^{N} \phi_j^*(\boldsymbol{r})\phi_j(\boldsymbol{r}) \tag{3.170}$$

$\{\phi_j\}$ 为互为正交的一组波函数(共 N 个)。这种划分总可以是正确的,因为总可以设想一个无相互作用电子气体系,其基态电子密度 $\rho^0(\boldsymbol{r})$ 与 $\rho(\boldsymbol{r})$ 相等。根据 Hohenberg-Kohn 定理,$\rho^0(\boldsymbol{r})$ 可以唯一地确定一个外势场,从而可以求解该无相互作用电子气系统,得到最低的 N 个轨道的波函数$\{\phi_j(\boldsymbol{r})\}$,而

$$\rho^0(\boldsymbol{r}) = \sum_{j} \phi_j^*(\boldsymbol{r})\phi_j(\boldsymbol{r})$$

因为 $\rho(\boldsymbol{r})$ 与 $\rho^0(\boldsymbol{r})$ 相等,所以方程(3.170) 总是成立的。上述讨论也称为 Kohn-Sham 拟设。

具体写出外势的表达式,即

$$V_{\text{ext}}(\boldsymbol{r}) = \sum_{I} V(\boldsymbol{r} - \boldsymbol{R}_I) \tag{3.171}$$

并且引入两个已知的泛函:无相互作用电子气的动能泛函 $T_0[\rho]$ 和电子间库仑相互作用(又称 Hartree 项)$E_{\text{H}}[\rho]$。采用原子单位制 $\hbar = m = e = 4\pi/\varepsilon_0 = 1$,则有

$$\begin{aligned} T_0[\rho] &= \sum_j \langle \phi_j \left| -\frac{\nabla^2}{2} \right| \phi_j \rangle \\ E_{\text{H}}[\rho] &= \int \frac{\rho(\boldsymbol{r})\rho(\boldsymbol{r}')}{|\boldsymbol{r}-\boldsymbol{r}'|} \mathrm{d}\boldsymbol{r}\mathrm{d}\boldsymbol{r}' = \frac{1}{2}\sum_{ij} \langle \phi_i\phi_j \left| \frac{1}{r} \right| \phi_i\phi_j \rangle \end{aligned} \tag{3.172}$$

$T_0[\rho] + E_{\text{H}}[\rho]$ 与方程(3.166) 显然并不一致,两者之间的差别可以归结为描述多体相互作用的交换关联泛函 $E_{\text{xc}}[\rho]$,且

$$E_{\text{xc}}[\rho] = T[\rho] - T_0[\rho] + E_{\text{ee}}[\rho] - E_{\text{H}}[\rho] \tag{3.173}$$

因此,借助式(3.172) 及式(3.173),方程(3.167) 可以重新写为

$$\begin{aligned} E^{\text{HK}}[\rho(\boldsymbol{r}), V_{\text{ext}}(\boldsymbol{r})] = &\sum_j \langle \phi_j \left| -\frac{\nabla^2}{2} + V_{\text{ext}} \right| \phi_j \rangle + \frac{1}{2}\sum_{ij} \langle \phi_i\phi_j \left| \frac{1}{r} \right| \phi_i\phi_j \rangle \\ &+ E_{\text{xc}}[\rho] + E_{\text{II}}(\{\boldsymbol{R}_I\}) \end{aligned} \tag{3.174}$$

引入所谓的交换关联势 V_{xc},即

$$V_{\text{xc}} = \frac{\delta E_{\text{xc}}}{\delta \rho} \tag{3.175}$$

可以将 $E_{\text{xc}}[\rho]$ 随 ρ 的小量变化写为

$$\delta E_{\text{xc}}[\rho] = \frac{\delta E_{\text{xc}}[\rho]}{\delta \rho}\delta\rho = V_{\text{xc}} \sum_j \langle \delta\phi_j \mid \phi_j \rangle \tag{3.176}$$

将式(3.176) 代入方程(3.174),考虑到体系电子总数 N 恒定,即有限制条件

$$\sum_j \langle \phi_j \mid \phi_j \rangle = N \tag{3.177}$$

则利用 1.3.7 节中介绍的带限制条件的拉格朗日乘子法,对方程(3.174) 关于$\langle \phi_j \mid$ 求变分极值,可以得到

$$\frac{\delta E^{\text{HK}}[\rho(\boldsymbol{r}), V_{\text{ext}}(\boldsymbol{r})]}{\delta \langle \phi_j \mid} - \varepsilon_j \frac{\delta \sum_j \langle \phi_j \mid \phi_j \rangle}{\delta \langle \phi_j \mid}$$

$$= \frac{\delta \sum_j \langle \phi_j \left| -\frac{\nabla^2}{2} + V_{\text{ext}} \right| \phi_j \rangle}{\delta \langle \phi_j |} + \frac{1}{2} \frac{\delta \sum_{ij} \langle \phi_i \phi_j \left| \frac{1}{r} \right| \phi_i \phi_j \rangle}{\delta \langle \phi_j |} + \frac{\delta E_{\text{xc}}}{\delta \rho} \frac{\delta \rho}{\delta \langle \phi_j |} - \varepsilon_j \frac{\sum_j \langle \phi_j \mid \phi_j \rangle}{\delta \langle \phi_j |}$$

$$= \left(-\frac{\nabla^2}{2} + V_{\text{ext}} + V_{\text{H}} + V_{\text{xc}} - \varepsilon_j \right) | \phi_j \rangle = 0 \tag{3.178}$$

式中

$$V_{\text{H}} = \sum_i \langle \phi_i \left| \frac{1}{r} \right| \phi_i \rangle$$

对式(3.178)重新进行整理，可得

$$\left(-\frac{\nabla^2}{2} + V_{\text{KS}}(\boldsymbol{r}) \right) \phi_j(\boldsymbol{r}) = \varepsilon_j \phi_j(\boldsymbol{r}) \tag{3.179}$$

式中

$$V_{\text{KS}}(\boldsymbol{r}) = V_{\text{ext}}(\boldsymbol{r}) + V_{\text{H}}(\boldsymbol{r}) + V_{\text{xc}}(\boldsymbol{r}) \tag{3.180}$$

方程(3.179)即著名的 Kohn-Sham 方程。假设已经得到一组 Kohn-Sham 方程的本征值 $\{\varepsilon_j\}$，则可以将体系基态总能表示为

$$E_0 = \sum_j \varepsilon_j - \frac{1}{2} \iint \frac{\rho(\boldsymbol{r}')\rho(\boldsymbol{r})}{|\boldsymbol{r} - \boldsymbol{r}'|} \mathrm{d}\boldsymbol{r} \mathrm{d}\boldsymbol{r}' + E_{\text{xc}}[\rho(\boldsymbol{r})] - \int V_{\text{xc}}(\boldsymbol{r}) \rho(\boldsymbol{r}) \mathrm{d}\boldsymbol{r} \tag{3.181}$$

方程(3.181)右端第一项 $\sum_j \varepsilon_j$ 称为能带结构能(band structure energy)，而后三项称为冗余项(double counting，d. c.)。

3.2.4 交换关联能概述

Kohn-Sham 方程最重要的一个特点就是将所有未知的、难以求得的多体项的贡献全部包含在交换关联能 E_{xc} 中了，所以这一项的精确度直接决定了 Kohn-Sham 方程的计算精度。由 3.2.3 节的讨论可知，在严格意义上，DFT 理论中的交换关联能 E_{xc} 与 Hartree-Fock 近似下对应的项 $E_{\text{xc}}^{\text{HF}}$ 并不相同，因为前者还包含了相互作用电子气的动能泛函的修正。结合 Hartree-Fock 近似的讨论，可知 E_{xc} 与 $E_{\text{xc}}^{\text{HF}}$ 满足下列关系：

$$E_{\text{xc}} = E_{\text{xc}}^{\text{HF}} + T[\rho] - T_0[\rho] \tag{3.182}$$

为了将动能泛函的修正包括进去，一般采用耦合常数积分法。设一个电子密度为 $\rho(\boldsymbol{r})$ 的体系，电子间的相互作用 E_{ee} 正比于 e^2。现在假设该体系的电子所带电荷可以在[0,1]之间变化，设为 $\sqrt{\lambda}e$，则 $E_{\text{ee}} \propto \lambda e^2$，$\lambda$ 称为耦合常数。显然，若 $\lambda = 0$，则体系无相互作用电子气，若 $\lambda = 1$，则体系为真实的物理体系。参照式(3.57)，可以将 E_{xc} 表示为

$$E_{\text{xc}} = \frac{1}{2} \int \rho(\boldsymbol{r}) \mathrm{d}\boldsymbol{r} \int \frac{\bar{\rho}_{\text{xc}}(\boldsymbol{r}, \boldsymbol{r}')}{|\boldsymbol{r} - \boldsymbol{r}'|} \mathrm{d}\boldsymbol{r}' \tag{3.183}$$

式中

$$\bar{\rho}_{\text{xc}}(\boldsymbol{r}, \boldsymbol{r}') = \int_0^1 \rho_{\text{xc}}(\boldsymbol{r}, \boldsymbol{r}', \lambda) \mathrm{d}\lambda = \rho(\boldsymbol{r}') \left[\int_0^1 g(\boldsymbol{r}, \boldsymbol{r}', \lambda) \mathrm{d}\lambda - 1 \right] = \rho(\boldsymbol{r}') [\bar{g}(\boldsymbol{r}, \boldsymbol{r}') - 1] \tag{3.184}$$

在均匀电子气模型中，ρ_{xc} 仅是电子间距 $r = |\boldsymbol{r} - \boldsymbol{r}'|$ 的函数。到目前为止，虽然给出了 E_{xc} 的一个合理的近似，但是仍然需要知道 $\rho_{\text{xc}}(r, \lambda)$ 随耦合常数 λ 的变化关系才能进行定量计算。为了具体给出定量计算的方法，需要讨论均匀电子气模型下的方程(3.2)。首先利用

玻恩-奥本海默近似忽略原子核的动能项,然后设正电荷也以同样的密度 ρ_0 在空间均匀分布,则方程(3.2)中的哈密顿量为(原子单位制下)

$$\hat{H}=-\sum_i\frac{\boldsymbol{\nabla}_i^2}{2}+\frac{1}{2}\sum_{i\neq j}\frac{1}{|\boldsymbol{r}_i-\boldsymbol{r}_j|}-\frac{1}{2}\iint\frac{\rho_0^2}{|\boldsymbol{r}-\boldsymbol{r}'|}\mathrm{d}\boldsymbol{r}\mathrm{d}\boldsymbol{r}' \tag{3.185}$$

现在将位置坐标 $\boldsymbol{r}$ 以电子平均自由程 $r_s a_0$(见式(3.92))为单位进行约化($\tilde{\boldsymbol{r}}=\boldsymbol{r}/(r_s a_0)$),则式(3.185)右端的三项分别为

$$\sum_i\frac{\boldsymbol{\nabla}_i^2}{2}=\left(\frac{1}{r_s a_0}\right)^2\sum_i\frac{\tilde{\boldsymbol{\nabla}}_i^2}{2}$$

$$\frac{1}{2}\sum_{i\neq j}\frac{1}{|\boldsymbol{r}_i-\boldsymbol{r}_j|}=\frac{1}{2r_s a_0}\sum_{i\neq j}\frac{1}{\tilde{\boldsymbol{r}}_i-\tilde{\boldsymbol{r}}_j}$$

$$\frac{1}{2}\iint\frac{\rho_0^2}{|\boldsymbol{r}-\boldsymbol{r}'|}\mathrm{d}\boldsymbol{r}\mathrm{d}\boldsymbol{r}'=\frac{1}{2}\sum_i\frac{1}{\rho_0}\int\frac{\rho_0^2}{|\boldsymbol{r}-\boldsymbol{r}_i|}\mathrm{d}\boldsymbol{r}=\frac{1}{2r_s a_0}\frac{3}{4\pi}\sum_i\int\frac{1}{|\tilde{\boldsymbol{r}}-\tilde{\boldsymbol{r}}_i|}\mathrm{d}\tilde{\boldsymbol{r}}$$

由此可得

$$\hat{H}=\left(\frac{1}{r_s a_0}\right)^2\sum_i\left[-\frac{\tilde{\boldsymbol{\nabla}}_i^2}{2}+\frac{1}{2}r_s a_0\left(\sum_{i\neq j}\frac{1}{|\tilde{\boldsymbol{r}}_i-\tilde{\boldsymbol{r}}_j|}-\frac{3}{4\pi}\int\frac{1}{|\tilde{\boldsymbol{r}}-\tilde{\boldsymbol{r}}_i|}\mathrm{d}\tilde{\boldsymbol{r}}\right)\right] \tag{3.186}$$

式(3.186)表明,耦合常数可以用 $r_s a_0$,即电子密度来表示。因此,原则上可以通过模拟不同密度下的均匀电子气[46],得到相应的 $\rho_{xc}(\boldsymbol{r},\boldsymbol{r}',\lambda)$ 或者 $g_{xc}(\boldsymbol{r},\boldsymbol{r}',\lambda)$(二者通过式(3.61)相互联系),从而求得 E_{xc}。对于电子非均匀分布的体系,如原子、分子、固体等,情况显然更为复杂。为了使问题可解,通常需要预先做某种假设,以便尽可能地利用均匀电子气的解析或模拟结果。我们将在下几节中做具体介绍。

联系3.1.5节以及3.1.6节中的讨论可知,原则上体系的交换能是可以通过解析形式给出的,但是采用这种做法计算量过大,且精度不会显著提高(因为关联能并没有对应的精确解,所以即使其他各项均得到精确解,关联能部分的误差也无法被部分抵消)。因此,在实际应用中,研究人员通常寻求合适的近似方法来处理交换关联能。

3.2.5 局域密度近似

与理想化的均匀电子气模型不同,实际体系中的电荷分布往往呈现出非常明显的起伏及各向异性。为了使用均匀电子气的结果,最简单的办法是将 $E_{xc}[\rho]$ 的求解视为各个离散的 $\boldsymbol{r}$ 终点处仅由局域电荷密度 $\rho(\boldsymbol{r})$ 决定的交换关联能密度 $\varepsilon_{xc}[\rho(\boldsymbol{r})]$ 的加权求和,而权重就是 $\rho(\boldsymbol{r})$,也即

$$E_{xc}[\rho]=\int\varepsilon_{xc}[\rho(\boldsymbol{r}),\boldsymbol{r}]\rho(\boldsymbol{r})\mathrm{d}\boldsymbol{r} \tag{3.187}$$

这种处理方法称为局域密度近似(local density approximation,LDA)。LDA 中 $\varepsilon_{xc}[\rho]$ 分为交换能密度 $\varepsilon_x[\rho]$ 和关联能密度 $\varepsilon_c[\rho]$ 两部分。$\varepsilon_x[\rho]$ 一般采用均匀电子气结果(见式(3.109))给出。而 $\varepsilon_c[\rho]$ 则通常没有严格的解析解,其表达式主要基于 Ceperley 和 Alder 对均匀电子气的量子蒙特卡罗(QMC)模拟[47]。在实际应用中,为了避免大量的计算,通常用拟合的函数形式来近似 ε_c,其中最常见的几种形式(能量单位均为 Hartree)如下。

1. Perdew-Zunger(PZ) 函数[48]

$$\varepsilon_c^{PZ}(r_s)=\begin{cases}A\ln r_s+B+Cr_s\ln r_s+Dr_s & (r_s\leqslant 1)\\ \gamma/(1+\beta_1\sqrt{r_s}+\beta_2 r_s) & (r_s>1)\end{cases} \tag{3.188}$$

式中：$A=0.0311$，$B=-0.048$，$C=0.002$，$D=-0.0116$。其中 A 与 B 正是方程(3.112)中的系数。$r_s\leqslant 1$ 是高密度极限，不考虑自旋极化的情况已经在3.1.11节中的关联能部分讨论过了；而电子气密度较低时，$r_s>1$，在 Perdew-Zunger 函数中，$\gamma=-0.1423$，$\beta_1=1.0529$，$\beta_2=0.3334$。

2. Vosko-Wilk-Nusair(VWN) **函数**[49,50]

$$\varepsilon_c^{\mathrm{VWN}}(r_s)=\frac{A}{2}\left\{\ln\left(\frac{r_s}{F(\sqrt{r_s})}\right)+\frac{2b}{\sqrt{4c-b^2}}\tan^{-1}\left(\frac{\sqrt{4c-b^2}}{2\sqrt{r_s}+b}\right)-\frac{bx_0}{F(x_0)}\left[\ln\left(\frac{\sqrt{r_s}-x_0}{F(\sqrt{r_s})}\right)+\frac{2(b+2x_0)}{\sqrt{4c-b^2}}\tan^{-1}\left(\frac{\sqrt{4c-b^2}}{\sqrt{r_s}+b}\right)\right]\right\} \tag{3.189}$$

对于自旋非极化的情况，有 $x_0=-0.10498$，$b=3.72744$，$c=12.9352$。

还有另外一些 LDA 下的函数形式，这里不多做介绍，具体函数形式请参考文献[51]。

3.2.5.1 自旋极化情况

首先定义自旋极化分布：

$$\zeta=\frac{\rho^{\uparrow}(\boldsymbol{r})-\rho^{\downarrow}(\boldsymbol{r})}{\rho^{\uparrow}(\boldsymbol{r})+\rho^{\downarrow}(\boldsymbol{r})} \tag{3.190}$$

对于自旋极化情况，一般将交换关联能密度表示为完全非极化情况($\zeta=0$)与完全极化情况($\zeta=1$)的插值。Barth 和 Hedin 指出，对于交换能密度，可以采取如下方式[52]：

$$\varepsilon_x(r_s,\zeta)=\varepsilon_x^{\mathrm{U}}+(\varepsilon_x^{\mathrm{P}}-\varepsilon_x^{\mathrm{U}})f(\zeta) \tag{3.191}$$

其中上标 U 和 P 分别代表 $\zeta=0$ 和 $\zeta=1$ 的情况，而 $f(\zeta)$ 为

$$f(\zeta)=\frac{(1+\zeta)^{4/3}+(1-\zeta)^{4/3}-2}{2^{4/3}-2} \tag{3.192}$$

Perdew 与 Wang 指出，对于关联能密度，同样可以采用方程(3.191)，只不过 $\zeta=1$ 时 ε_c 所取的参数值要不同于 $\zeta=0$ 的情况[48]。他们在同一篇文章中给出了 $\varepsilon_c^{\mathrm{P}}$ 的具体形式：

$$\varepsilon_c^{\mathrm{P}}(r_s)=\begin{cases}0.01555\ln r_s-0.0269+0.0007r_s\ln r_s-0.0048r_s, & r_s\leqslant 1\\ -0.0843/(1+1.3981\sqrt{r_s}+0.2611r_s), & r_s>1\end{cases} \tag{3.193}$$

对于自旋极化的情况，Vosko 等人提出了一个更为复杂的 ε_c 的表达式[49,50,53]：

$$\varepsilon_c(r_s,\zeta)=\varepsilon_x^{\mathrm{U}}+\left[\frac{f(\zeta)}{f''(0)}\right](1-\zeta^4)\alpha_c(r_s)+f(\zeta)\zeta^4[\varepsilon_c^{\mathrm{P}}-\varepsilon_c^{\mathrm{U}}] \tag{3.194}$$

其中 $\varepsilon_c^{\mathrm{P}}$ 中的参数分别为

$$A^{\mathrm{P}}=0.0310907,\quad x_0^{\mathrm{P}}=-0.325,\quad b^{\mathrm{P}}=7.06042,\quad c^{\mathrm{P}}=18.0578$$

而 $\alpha_c(r_s)$ 也取方程(3.189)所示的形式，其中四个参数分别为

$$A^{\alpha}=-1/(3\pi^2),\quad x_0^{\alpha}=-0.0047584,\quad b^{\alpha}=1.13107,\quad c^{\alpha}=13.0045$$

最后给出局域自旋密度近似(local spin density approximation，LSDA)下的交换关联能 E_{xc}^{LSDA} 的表达式：

$$E_{xc}^{\mathrm{LSDA}}[\rho^{\uparrow},\rho^{\downarrow}]=\int\rho(\boldsymbol{r})[\varepsilon_x(r_s,\zeta)+\varepsilon_c(r_s,\zeta)]\mathrm{d}\boldsymbol{r} \tag{3.195}$$

3.2.5.2 LDA 下的交换关联势

LDA 下的交换关联势有非常简单的形式。由 V_{xc} 的定义式(3.175)及 LDA 下 E_{xc} 的表达式(式(3.187))，可得

$$V_{xc}(\boldsymbol{r})=\frac{\delta E_{xc}[\rho(\boldsymbol{r})]}{\delta\rho(\boldsymbol{r})}=\varepsilon_{xc}[\rho,\boldsymbol{r}]+\rho(\boldsymbol{r})\frac{\delta\varepsilon_{xc}[\rho,\boldsymbol{r}]}{\delta\rho(\boldsymbol{r})} \tag{3.196}$$

与关于 ε_{xc} 的讨论类似，一般也将 $V_{xc}(\boldsymbol{r})$ 分为 $V_x(\boldsymbol{r})$ 和 $V_c(\boldsymbol{r})$ 两部分。由前面几节的讨论可知，实际计算中需要将 V_{xc} 表示成 r_s 的函数。其中交换能部分 $V_x(r_s)$ 比较简单，根据方程(3.109)，有

$$V_x=\frac{4}{3}\varepsilon_x(r_s)\propto\rho^{1/3} \tag{3.197}$$

与 X_α 方法的表达式(3.143) 等价。

而由式(3.92) 及式(3.109) 可以直接得到 $V_c(r_s)$ 的表达式：

$$V_c(r_s)=\varepsilon_c-\frac{r_s}{3}\frac{d\varepsilon_c}{dr_s} \tag{3.198}$$

由此不难得到 PZ 函数及 VWN 函数形式的交换关联势。

考虑自旋自变量 σ 的情况，直接给出 V_{xc} 的表达式：

$$V_{xc}^{\sigma}(\boldsymbol{r})=\varepsilon_{xc}[\rho^{\sigma},\boldsymbol{r}]+\rho(\boldsymbol{r})\frac{\partial\varepsilon_{xc}[\rho^{\sigma},\boldsymbol{r}]}{\partial\rho^{\sigma}} \tag{3.199}$$

3.2.5.3 LDA 的特性概述

应该指出的是，交换能本质上是一个非局域的函数。也就是说，其泛函值取决于全空间的电子密度，而非取决于空间某点的局域电子密度。这一点通过比较方程(3.183) 和方程(3.187) 就可看出：

$$\varepsilon_{xc}[\rho]=\frac{1}{2}\int\frac{\bar{\rho}_{xc}(\boldsymbol{r},\boldsymbol{r}')}{|\boldsymbol{r}-\boldsymbol{r}'|}d\boldsymbol{r}' \tag{3.200}$$

均匀电子气只是一个可以解析求解的特例。对于电子气分布较均匀的体系，如简单金属等，LDA 显然是非常合理的。但是对于以共价键为主的晶体或分子体系，LDA 的效果往往要差一些。除了前面已经讨论过的假设之外，LDA 方法还定义交换关联空穴 $\bar{\rho}_{xc}^{\mathrm{LDA}}$ 为

$$\bar{\rho}_{xc}^{\mathrm{LDA}}(\boldsymbol{r},\boldsymbol{r}')=\rho(\boldsymbol{r})[\bar{g}^{\,\mathrm{hom}}(|\boldsymbol{r}-\boldsymbol{r}'|_{\rho(\boldsymbol{r})})-1] \tag{3.201}$$

与严格的定义方程(3.184) 相比，LDA 采用 $\boldsymbol{r}$ 终点处而非 $\boldsymbol{r}'$ 终点处的电子密度，而且电子对关联函数 $g(\boldsymbol{r},\boldsymbol{r}')$ 采用了密度为 $\rho(\boldsymbol{r})$ 的均匀电子气的结果。这表明在 LDA 下，交换关联能是 $\boldsymbol{r}$ 终点处的电子密度与 $\boldsymbol{r}$ 终点处的交换关联空穴之间的局域相互作用，而且由式(3.201) 可得

$$\int\bar{\rho}_{xc}^{\mathrm{LDA}}(\boldsymbol{r},\boldsymbol{r}')d\boldsymbol{r}'=\int\rho(\boldsymbol{r})[\bar{g}^{\,\mathrm{hom}}(|\boldsymbol{r}-\boldsymbol{r}'|_{\rho(\boldsymbol{r})})-1]d\boldsymbol{r}'=-1 \tag{3.202}$$

因为在每一个 $\boldsymbol{r}$ 终点处，关联函数 $\bar{g}^{\,\mathrm{hom}}$ 都对应着一个密度为 $\rho(\boldsymbol{r})$ 的均匀电子气体系。这样，式(3.202) 中的积分实际上就是对均匀电子气的交换关联空穴的积分，因此 LDA 满足交换关联空穴的求和要求。因为只考虑局域的电荷密度信息，所以 LDA 是一个比较粗略的近似，但是其在实际使用中却取得了非常好的效果，式(3.202) 能够成立是其中一个很重要的原因。

但是，在实际使用 LDA 过程中会出现以下问题：

(1) LDA 在计算中往往会高估结合能、低估晶格常数，因此用 LDA 计算的弹性常数往往比实验值高大约 10%。

(2) 因为无法正确处理电子跃迁时产生的交换关联势的突变，所以 LDA 会低估半导体

或绝缘体的带隙及介电常数。

(3) 因为没有考虑 $E_{xc}[\rho]$ 的非局域效应，所以无法有效处理范德瓦尔斯力。

(4) 对于强关联体系，如过渡金属氧化物等，LDA 无法获得令人满意的结果。

尽管 LDA 在很多情况下可以提供合理的近似，但在一些特定场景中，它的局限性仍然较为明显。为了解决这些问题，研究人员在不断探索更加精确和可靠的交换关联势近似方法。

3.2.6 广义梯度近似

在实际的固体体系中，电子云在晶体中的分布并不均匀，因此对 LDA 的一个自然改进便是在交换关联项中引入电子密度的梯度以及更高阶的导数项。然而，由于实际体系中 $|\nabla\rho|$ 通常较大，且最初提出的泛函形式并不满足 ε_{xc} 准则，因此早期的尝试并未取得成功。经过不断地尝试和改进，研究人员提出了一系列方案，能够很好地处理梯度项并尽可能地满足上述准则。这些方案统称为广义梯度近似(generalized gradient approximation，GGA)。

考虑电子密度梯度的修正，可以将 E_{xc} 表示为

$$E_{xc}[\rho]=\int d\boldsymbol{r}\rho(\boldsymbol{r})\varepsilon_{xc}^{hom}F_{xc}[\rho^{\uparrow}(\boldsymbol{r}),\rho^{\downarrow}(\boldsymbol{r}),|\nabla\rho^{\uparrow}(\boldsymbol{r})|,|\nabla\rho^{\downarrow}(\boldsymbol{r})|,\cdots] \tag{3.203}$$

式中：F_{xc} 称为增效函数，包含非局域、非均匀项对均匀电子气结果的修正。

对于交换能，因为其只存在于相同自旋态中，所以可以分解成两项，即

$$E_x[\rho^{\uparrow},\rho^{\downarrow}]=\frac{1}{2}(E_x[2\rho^{\uparrow}]+E_x[2\rho^{\downarrow}]) \tag{3.204}$$

式(3.204)表示自旋标度关系，由 Oliver 和 Perdew 提出[54]。该方程右端的两项均为非自旋极化的结果，因此可以将 F_x 表示为总电子密度和总电子密度各阶导数的函数。为方便起见，引入无量纲变量 s_m，有

$$s_m=\frac{|\nabla^m\rho|}{(2k_F)^m\rho} \tag{3.205}$$

GGA 的理论推导均涉及多体理论以及复杂的公式推导，在这里不拟详细讨论，具体可参考文献[55]～[57]。$F_x(s)$ 做泰勒展开精确到 $\mathcal{O}(\nabla^6\rho)$ 的普遍表达式为[53,58]

$$F_x(s)=1+\frac{10}{81}s_1^2+\frac{146}{2025}s_2^2-\frac{73}{405}s_1^2s_2+Ds_1^4+\mathcal{O}(\nabla^6\rho) \tag{3.206}$$

一般认为 $D=0$。

关联能的计算更加困难，到目前为止还没有人提出比较普遍的表达式。因此一般的做法是尽量使 ε_c 满足交换关联能的准则，且在 $s\to 0$ 的情况下回归到 LDA 的形式。

3.2.6.1 GGA 泛函

目前 DFT 计算中最为常见的 GGA 泛函包括 Becke-Lee-Yang-Parr(BLYP)、Perdew-Wang (PW91)和 Perdew-Burke-Ernzerhof (PBE)泛函(能量单位均为 Hartree)。

1. BLYP[59,60] 泛函

在 BLYP 泛函中：

$$\varepsilon_x^{BLYP}=\varepsilon_x^{LDA}\left(1-\frac{\beta}{2^{1/3}A_x}\frac{x^2}{1+6\beta x\sinh^{-1}(x)}\right) \tag{3.207}$$

式中：$\beta=0.0042$，$A_x=(3/4)(3/\pi)^{1/3}$，$x=2(6\pi^2)^{1/3}s_1=2^{1/3}|\nabla\rho(\boldsymbol{r})|/\rho(\boldsymbol{r})^{4/3}$。

$$\varepsilon_c^{\mathrm{BLYP}}=-\frac{a}{1+d\rho^{-1/3}}\left\{\rho+b\rho^{-2/3}\left[C_F\rho^{5/3}-2t_W+\frac{1}{9}\left(t_W+\frac{1}{2}\nabla^2\rho\right)\right]e^{-\varphi^{-1/3}}\right\} \tag{3.208}$$

式中:$C_F=3/10(3\pi^2)^{2/3}$,$a=0.04918$,$b=0.132$,$c=0.2533$,$d=0.349$。

2. PW91[61]泛函

在 PW91 泛函中,将 ε_x 表示为

$$\begin{aligned}\varepsilon_x^{\mathrm{PW91}}(r_s,\zeta)&=\varepsilon_x^{\mathrm{hom}}(r_s)F_x(s_1)\\&=\varepsilon_x^{\mathrm{hom}}(r_s)\frac{1+0.19645s_1\sinh^{-1}(7.7956s_1)+(0.2743-0.1508e^{-100s_1^2})}{1+0.19645s_1\sinh^{-1}(7.7956s_1)+0.004s_1^4}\end{aligned} \tag{3.209}$$

可以看出,在 s_1 较小时,有

$$F_x\simeq1+0.1234s_1^2+\mathscr{O}(|\nabla\rho|^4)$$

即方程(3.206)。

而关联能表示为

$$E_c^{\mathrm{PW91}}[\rho^\uparrow,\rho^\downarrow]=\int\rho(\boldsymbol{r})[\varepsilon_c^{\mathrm{hom}}(r_s,\zeta)+H(r_s,t,\zeta)]\mathrm{d}\boldsymbol{r} \tag{3.210}$$

式中:$t=|\nabla\rho|/(2\phi(\zeta)\boldsymbol{k}_s\rho)$,其中 $\boldsymbol{k}_s$ 是 Thomas-Fermi 屏蔽波矢,$|\boldsymbol{k}_s|=\sqrt{4k_F/\pi}$,而 $\phi(\zeta)=[(1+\zeta)^{2/3}+(1-\zeta)^{2/3}]/2$。

方程(3.210)中的第二项 $H=H_0+H_1$,其中

$$H_0=\phi^3(\zeta)\frac{\beta}{2\alpha}\times\ln\left(1\frac{2\alpha}{\beta}\frac{t^2+At^4}{1+At^2+A^2t^4}\right) \tag{3.211}$$

式中

$$A=\frac{2\alpha}{\beta}\frac{1}{\exp[-2\alpha\varepsilon_c^{\mathrm{hom}}(r_s,\zeta)/(\phi^3(\xi)\beta^2)]-1} \tag{3.212}$$

其中:$\alpha=0.09$,$\beta=\nu C_c(0)=(16/\pi)(3\pi^2)^{1/3}\times0.004235$。而

$$H_1=\nu[C_c(r_s)-C_c(0)-3C_x/7]\phi^3(\zeta)t^2\times\exp[-100\phi^4(\zeta)(k_s^2/k_F^2)t^2] \tag{3.213}$$

式中:$C_x=-0.001667$;$C_c(r_s)$ 由文献[62]给出,且有

$$C_c(r_s)=10^{-3}\frac{2.568+ar_s+br_s^2}{1+cr_s+dr_s^2+10br_s^3} \tag{3.214}$$

其中:$a=23.266$,$b=7.389\times10^{-3}$,$c=8.723$,$d=0.472$。

3. PBE[63] 泛函

PBE 泛函的形式与 PW91 泛函类似,但是其形式更简单,而且在实际应用中取得了比较好的效果,因此是目前材料计算里被广泛采用的一种 GGA 泛函。PBE 泛函理论规定

$$\varepsilon_x^{\mathrm{PBE}}=\varepsilon_x^{\mathrm{hom}}(r_s)F_x(r_s,\zeta,s_1)=\varepsilon_x^{\mathrm{hom}}\left(1+\kappa-\frac{\kappa}{1+\mu s_1^2/\kappa}\right) \tag{3.215}$$

其中:$\mu\simeq0.21915$,$\kappa=0.804$。F_x 的这个形式保证了方程(3.215)在 $s_1\to0$ 的情况下回到 LDA,而且满足式(3.204)。

与 PW91 泛函类似,PBE 泛函也将 E_c 表示为两项之和,即

$$E_c^{\mathrm{PBE}}[\rho^\uparrow,\rho^\downarrow]=\int\rho(\boldsymbol{r})[\varepsilon_c^{\mathrm{hom}}(r_s,\zeta)+H(r_s,t,\zeta)]\mathrm{d}\boldsymbol{r} \tag{3.216}$$

式中

$$H(r_s,t,\zeta)=\frac{e^2}{a_0}\gamma\phi^3(\zeta)\times\ln\left[1+\frac{\beta}{\gamma}t^2\left(\frac{1+At^2}{1+At^2+A^2t^4}\right)\right] \tag{3.217}$$

而

$$A=\frac{\beta}{\gamma}\frac{1}{\exp[-\varepsilon_c^{\mathrm{hom}}(r_s,\zeta)/(\gamma\phi^3(\zeta)e^2/a_0)]-1} \tag{3.218}$$

方程(3.217)及方程(3.218)中，$\beta\simeq0.066725$，$\gamma=(1-\ln2)/\pi^2\simeq0.031091$。$t$、$\phi(\zeta)$、$\boldsymbol{k}_s$ 均与 PW91 泛函中的定义相同。注意 PBE 泛函中，e 和 a_0 均取原子单位。

通常情况下，由于考虑了对电子密度梯度的修正，GGA 泛函的计算结果要比 LDA 泛函的精确，这一点的主要体现是原子能量、晶体结合能、体系键长、键角等的值在 GGA 中可以更接近实验结果。但是也存在例外情况。例如，在描述金属和氧化物的表面能时，GGA 方法反而不如 LDA 方法合理。

PW91 泛函和 PBE 泛函被广泛运用在各种晶体性质计算中。在计算各种分子在贵金属表面的吸附能时，这两种形式的 GGA 泛函都有高估吸附能的趋势。为了解决这个问题，Hammer 提出了 Revised-Perdew-Burke-Ernzerhof (RPBE)泛函[64]。但是最近的研究表明，为了精确地计算分子在贵金属表面的吸附能，需要引入自能修正或者范德瓦尔斯修正，这里不做详细讨论。

3.2.6.2　GGA 下的交换关联势

因为 GGA 包含了密度梯度，所以其交换关联势的计算也相对复杂。设当电子密度改变 $\delta\rho$、密度梯度改变 $\delta\nabla\rho=\nabla\delta\rho$ 时，交换关联能改变 $\delta E_{xc}[\rho,\nabla\rho]$，则

$$\delta E_{xc}[\rho]=\int\left[\varepsilon_{xc}+\rho(\boldsymbol{r})\frac{\partial\varepsilon_{xc}}{\partial\rho}+\rho(\boldsymbol{r})\frac{\partial\varepsilon_{xc}}{\partial\nabla\rho}\nabla\right]\delta\rho(\boldsymbol{r})\mathrm{d}\boldsymbol{r} \tag{3.219}$$

式(3.219)右端方括号中的前两项即 LDA 中的交换关联势；对最后一项做分部积分，可得[37]

$$V_{xc}(\boldsymbol{r})=\varepsilon_{xc}[\rho,\boldsymbol{r}]+\rho(\boldsymbol{r})\frac{\partial\varepsilon_{xc}}{\partial\rho}-\nabla\left[\rho(\boldsymbol{r})\frac{\partial\varepsilon_{xc}}{\partial\rho}\right] \tag{3.220}$$

通常交换能部分与关联能部分遵循各自独立的方程，因此(3.220)也相应地分为 V_x 和 V_c 两部分。对于考虑自旋自变量 σ 的情况，直接给出 V_{xc}^{σ} 的表达式：

$$V_{xc}^{\sigma}=\varepsilon_{xc}[\rho^{\sigma},\boldsymbol{r}]+\rho(\boldsymbol{r})\frac{\partial\varepsilon_{xc}[\rho^{\sigma},\boldsymbol{r}]}{\partial\rho^{\sigma}}-\nabla\left[\rho(\boldsymbol{r})\frac{\partial\varepsilon_{xc}}{\partial\rho^{\sigma}}\right] \tag{3.221}$$

3.2.7　混合泛函

在电子结构的计算中，自关联项和交换项没有办法抵消，因此引起了较大的误差。为了解决这个问题，在混合泛函方法中，交换关联势的表达式加入了部分 Hartree-Fock 的精确交换。这类泛函包括 B3LYP、HSE03[65]、HSE06[66] 等。

此混合泛函在基于局域基组的量子化学计算中得到了广泛的应用，但是在基于平面波的程序中，由于非局域的交换项计算比较困难，因此应用受到一定的限制。最新发展的 HSE06 等平面波基的混合泛函，通过将交换项分解成长程部分和短程部分，并仅对短程部分加入精确交换势，从而使计算量减小，为混合泛函在平面波基的密度泛函程序中的应用铺平了道路。

混合泛函中，体系的交换关联能往往表示为

$$E_{xc}^{\mathrm{HF}}=\alpha E_x^{\mathrm{HF}}+(1-\alpha)E_x^{\mathrm{DFT}}+E_c^{\mathrm{DFT}} \tag{3.222}$$

式中：α 是一个可调参数。在 HSE03 和 HSE06 中，一般取 $\alpha=0.25$。

3.2.8 强关联与 LDA + U 方法

对于强关联体系，如过渡金属氧化物或者稀土元素化合物等，LDA 和 GGA 方法会遇到比较严重的问题。强关联体系通常具有部分填充的 d 轨道或者 f 轨道。由于电子云扩展方向的复杂性以及巡游性，这类轨道的多体效应难以被 LDA 泛函或者 GGA 泛函准确描述。对于这类体系的计算，LDA 或者 GGA 往往给出金属的能带结构，而且跨越费米能级的能带往往属于 d 轨道或者 f 轨道。而事实上，这类体系的能带结构具有半导体特征，在成键态和反键态之间有一个比较明显的能隙，且 d 轨道或 f 轨道紧紧地局限在原子核周围，并不展现出离域性。

为了更好地描述这类强关联体系，必须超越传统的 LDA 或者 GGA 近似。在这方面，比较成功的改进方法包括 LDA + U(LSDA + U)、GW 近似等。其中，LDA + U 方法比较粗糙，但是与传统的 DFT 计算相比，计算量不会显著增加，而且在参数选择合理的情况下确实可以显著改进计算结果。我们将在本节中对 LDA + U 方法进行简要的介绍。

LDA + U 的理论推导需要用到二次量子化的知识，这超出了本书的范围。因此，这里只给出重要的结果并做相关讨论。以 d 轨道为例，在不考虑自旋极化的情况下，可以将体系中的电子分为两个亚系统，分别是局域性较强的 d 电子与离域性较强的 s 电子和 p 电子。后者的相互作用可以用 LDA 描述，而 d 电子与 d 电子间的库仑相互作用(简称 d-d 库仑作用)则写为

$$E_{d\text{-}d} = \frac{U}{2}\sum_{i\neq j} n_i n_j \tag{3.223}$$

式中：n_i 和 n_j 分别为第 i 个和第 j 个 d 轨道上的电子占据数；U 为库仑参数，取正值。此时体系的总能可以表示为

$$E_{\text{tot}} = E_{\text{LDA}} + E_{d\text{-}d} + E_{\text{d.c.}} \tag{3.224}$$

式中：右端第一项就是普通的 LDA 近似下体系基态总能，参见方程(3.181)；第二项由式(3.223)给出；第三项是冗余项，这是因为 E_{LDA} 中已经包含了 d-d 库仑作用，因此需要将这部分重复计入的能量作为冗余项排除。Anisimov 等人假设 LDA 中，d-d 库仑作用只与总的 d 轨道占据数 N 相关，因此可以将 $E_{\text{d.c.}}$ 写为[67]

$$E_{\text{d.c.}} = UN(N-1)/2 \tag{3.225}$$

式中 $N = \sum_i n_i$。由此可以得到 LDA + U 方法下第 i 个 d 轨道的本征值 ε_i 为

$$\varepsilon_i = \frac{\partial E_{\text{tot}}}{\partial n_i} = \varepsilon_{i,\text{LDA}} + U\left(\frac{1}{2} - n_i\right) \tag{3.226}$$

式(3.226)表明，与 LDA 的结果相比，被占据的 d 轨道能量下移 $U/2$，未被占据的 d 轨道能量上移 $U/2$。因此引入 U 有助于改进被低估的能隙。但是因为能量表达式改变，所以相应的 Kohn-Sham 方程中的 V_{eff} 和哈密顿矩阵都要做相应的修改。一般而言，将 d 轨道或者 f 轨道用一组正交的局域轨道基 $|i, nlm, \sigma\rangle$ 展开，其中 i 表示格点，nlm 为轨道基的量子数，而 σ 代表自旋。为了简化推导，在这里认为只有特定的 nl 轨道需要利用 U 来准确描述，因此，只有磁量子数 m 可以变化。由此可定义格点 i 上的密度矩阵元 $n^{\sigma}_{i,mm'}$：

$$n^{\sigma}_{i,mm'} = \sum_{m''} f_{m''}\langle m \mid m''\rangle\langle m'' \mid m'\rangle \tag{3.227}$$

这里用 $|m\rangle$ 代表给定了其他四个状态指标的轨道基，$f_{m''}$ 为占据数。写出普遍的 LSDA $+U$ 的总能[67,68]：

$$E^{\mathrm{LSDA}+U}[\rho^\sigma(\boldsymbol{r})\{n_i^\sigma\}] = E^{\mathrm{LSDA}} + E^U[\{n_i^\sigma\}] + E_{\mathrm{d.c.}}[\{n_i^\sigma\}] \tag{3.228}$$

式中：$\rho^\sigma(\boldsymbol{r})$ 是自旋态为 σ 的电子密度。右端第一项 E^{LSDA} 由式(3.181)、式(3.195)及式(3.199)给出。第二项为

$$E^U[\{n_i^\sigma\}] = \frac{1}{2}\sum_i\sum_{\{m\},\sigma}[\langle m,m'' \mid V_{\mathrm{ee}} \mid m',m'''\rangle n_{i,mm'}^\sigma n_{i,m''m'''}^{-\sigma} - (\langle mm'' \mid V_{\mathrm{ee}} \mid m'm'''\rangle - \langle mm'' \mid V_{\mathrm{ee}} \mid m'''m'\rangle) n_{i,mm'}^\sigma n_{i,m''m'''}^\sigma] \tag{3.229}$$

式中：V_{ee} 为处于 $\boldsymbol{r}(r,\theta,\phi)$ 和 $\boldsymbol{r}'(r',\theta',\phi')$ 终点的两个点电荷之间的库仑相互作用，用球谐函数展开为

$$V_{\mathrm{ee}}(\boldsymbol{r},\boldsymbol{r}') = \frac{1}{|\boldsymbol{r}-\boldsymbol{r}'|} = \sum_l \frac{4\pi}{2l+1}\frac{r_<^l}{r_>^{l+1}}\sum_{m=-l}^{l} Y_l^m(\theta,\phi)Y_l^{m*}(\theta',\phi') \tag{3.230}$$

式中 $r_<^l$ 和 $r_>^{l+1}$ 分别代表 $\min(r,r')$ 和 $\max(r,r')$。

式(3.229)中的第一项积分可以写为

$$\begin{aligned}&\langle m,m'' \mid V_{\mathrm{ee}} \mid m',m'''\rangle\\ &= \iint \mathrm{d}\boldsymbol{r}\mathrm{d}\boldsymbol{r}' R_{lm}^*(r)Y_l^{m*}(\theta,\phi)R_{lm'}(r)Y_l^{m'}(\theta,\phi)V_{\mathrm{ee}}R_{lm''}^*(r')Y_l^{m''*}(\theta',\phi')R_{lm'''}(r')Y_l^{m'''}(\theta',\phi')\\ &= \sum_{k=0}^{2l} a_k(m,m',m'',m''')F^k\end{aligned} \tag{3.231}$$

式中：F^k 包括了径向函数积分，称为屏蔽 Slater 积分[69]；a_k 称为 Gaunt 系数，有

$$a_k(m,m',m'',m''') = \sum_{q=-k}^{k}\frac{4\pi}{2k+1}\langle lm \mid Y_k^q \mid lm'\rangle\langle lm'' \mid Y_k^{q*} \mid lm'''\rangle \tag{3.232}$$

式(3.229)中其余两项积分也可以类似地写成上述形式。描述 d 电子，需要 F^0、F^2 及 F^4，描述 f 电子，则还需要 F^6。稍后讨论哈密顿矩阵元时，我们还要再讨论 F^k。

LSDA $+U$ 总能表达式中的冗余项 $E_{\mathrm{d.c.}}$ 为

$$E_{\mathrm{d.c.}}[\{n_i^\sigma\}] = \frac{U}{2}N(N-1) - \frac{J}{2}[N^\uparrow(N^\uparrow-1) + N^\downarrow(N^\downarrow-1)] \tag{3.233}$$

式中

$$N^\sigma = \sum_i \mathrm{tr}(n_{i,mm'}^\sigma),\quad N = N^\uparrow + N^\downarrow$$

其中 σ 表示 ↑ 或 ↓。

式(3.233)中出现了两个参数 U 和 J，它们分别是库仑参数和 Stoner 参数，用于描述 d 电子或者 f 电子的库仑相互作用和交换作用。可以看到，J 的存在部分抵消了 U 所描述的排斥作用，这一点我们在讨论 Hartree-Fock 方程的时候已经发现了。

将式(3.229)至式(3.233)代入 LSDA$+U$ 的总能表达式，并对 $n_{i,mm'}^\sigma$ 求变分，可以得到作用在格点 i(或称第 i 个 d 轨道或 f 轨道)的 Kohn-Sham 有效势 $V_{i,\mathrm{eff}}^\sigma$：

$$V_{i,\mathrm{eff}}^\sigma = V_{\mathrm{KS}}^{\mathrm{LSDA}} + \sum_{mm'} |i,nlm,\sigma\rangle V_{i,mm'}^\sigma\langle i,nlm',\sigma| \tag{3.234}$$

$V_{\mathrm{KS}}^{\mathrm{LSDA}}$ 即为通常 LSDA 近似下的 Kohn-Sham 有效势(见方程(3.180)、方程(3.199))，而附加的一项则代表了 d 电子或 f 电子相互作用的影响，其中 $V_{i,mm'}^\sigma$ 可写为

$$V_{i,mm'}^{\sigma} = \sum_{m''m'''}\Big\{\Big(\sum_{k=0}^{2l}a_k(m,m',m'',m''')F^k\Big)n_{i,m''m'''}^{-\sigma} - \Big[\sum_{k=0}^{2l}(a_k(m,m',m'',m''')-a_k(m,m''',m'',m'))F^k\Big]n_{i,m'',m'''}^{\sigma}\Big\} - U\Big(N-\frac{1}{2}\Big)+J\Big(N^{\sigma}-\frac{1}{2}\Big) \tag{3.235}$$

至此，我们构建了包含自旋极化的 LDA+U 理论框架，但是屏蔽 Slater 积分并未给出，而且在实际工作中需要设定的是 U 和 J，所以必须给出 F^k 和 U、J 之间的关系。对于 d 电子，有[70]

$$U=F^0,\quad J=\frac{F^2+F^4}{14},\quad \frac{F^4}{F^2}=0.625$$

对于 f 电子，计算程序 VASP 采用

$$U=F^0,\quad J=\frac{286F^2+195F^4+250F^6}{6435},\quad \frac{F^4}{F^2}=0.668,\quad \frac{F^6}{F^2}=0.494$$

3.3 赝　势

3.3.1 正交化平面波

利用平面波函数作为基函数有很多优点，但是其中有一个很显著的缺陷，即原子的内层电子波函数在靠近原子核的区域有很大的振荡，需要用数目很大的平面波基组展开这些波函数才能获得比较精确的结果。这种处理方法无疑极大地增加了计算量。考虑到原子的内层电子并不参与成键，在固体或分子体系中芯区轨道与自由原子状态相比几乎不变，而外层电子，或者更精确地说，处于价带或者导带中的电子才是我们的研究重点，因此可以将这两种轨道分开处理。

首先介绍正交化平面波(orthogonalized plane wave，OPW)方法[71]。

价带或者导带的 Blöch 波函数应与芯区轨道的波函数正交。如果已知各芯区轨道的波函数 φ_j(满足薛定谔方程 $H\varphi_j=\varepsilon_j\varphi_j$)，则可以构建满足上述正交条件的波函数的普遍表达式：

$$\psi_n(\boldsymbol{k},\boldsymbol{r}) = \chi_n(\boldsymbol{k},\boldsymbol{r}) - \sum_j \langle\varphi_j \mid \chi_n\rangle\varphi_j \tag{3.236}$$

不难验证，$\langle\psi_n \mid \varphi_j\rangle = 0$。式(3.236)中并没有对$\chi_n$予以明确定义，如果取其为平面波，则式(3.236)所表示的波称为正交化平面波。考虑一个孤立原子，将式(3.236)代入该原子的薛定谔方程，有

$$\hat{H}\chi_n + \sum_j(\varepsilon_n-\varepsilon_j)\mid\varphi_j\rangle\langle\varphi_j\mid\chi_n = \varepsilon_n\chi_n \tag{3.237}$$

与原方程比较，式(3.237)中的哈密顿量多了一项$\sum_j(\varepsilon_n-\varepsilon_j)\mid\varphi_j\rangle\langle\varphi_j\mid$。原子的哈密顿量表示为动能算符与库仑势之和，即 $\hat{H}=\hat{T}+\hat{V}$，其中 $\hat{V}=-(Z/r)\boldsymbol{I}$，也即裸核的库仑势，$\boldsymbol{I}$ 是单位矩阵。因此式(3.237)表示χ_n满足下列方程

$$(\hat{T}+\hat{V}_{\mathrm{PK}})\chi_n = \varepsilon_n\chi_n \tag{3.238}$$

式中

$$\hat{V}_{\mathrm{PK}} = -\frac{Z}{r}\boldsymbol{I} + \sum_j (\varepsilon_n - \varepsilon_j) \mid \varphi_j \rangle \langle \varphi_j \mid \tag{3.239}$$

这意味着可以将内层电子视为一个等效屏蔽势函数，而不对其进行精确的求解。这也是赝势(pseudopotential)理论最早的由来[71]。因为 $\varepsilon_n - \varepsilon_j$ 恒大于零，所以 $\hat{V}_{\mathrm{PK}}$ 比 $\hat{V}$ 弱，其所对应的波函数 χ_n 在原子核附近更为平滑，随着 $\boldsymbol{G}$ 的增大，其傅里叶变换相应的分量也减小得更快。

由正交化平面波方法的思想出发，我们可以构建每种原子的等效势算符 $\hat{V}_{\mathrm{ps}}(r)$，称为赝势。相应的薛定谔方程的解 ψ_{ps} 称为赝波函数。由式(3.239)可知，$\hat{V}_{\mathrm{ps}}$ 应与轨道的角动量量子数 $L=\{l,m\}$ 相关。为使计算简便，我们可以进一步设定对于每个角动量量子数为 L 的轨道，$\hat{V}_{\mathrm{ps}}(r)$ 是一个球对称的函数。综合以上讨论，比照式(3.239)，可将赝势写为

$$\hat{V}_{\mathrm{ps}}(r) = \sum_{l=0}^{\infty} \sum_{m=-1}^{l} V_{\mathrm{ps}}^{l}(r) \mid lm \rangle \langle lm \mid = \sum_{l=0}^{\infty} V_{\mathrm{ps}}^{l}(r) \hat{P}_l \tag{3.240}$$

坐标表象下 $\mid lm \rangle$ 为球谐函数 $\mathrm{Y}_l^m(\theta,\phi)$，而投影算符 $\hat{P}_l$ 为

$$\hat{P}_l = \sum_{m=-1}^{l} \mid lm \rangle \langle lm \mid \tag{3.241}$$

因此，将 $\hat{V}_{\mathrm{ps}}(r)$ 作用于波函数时，首先将其投影到不同的 l 分量上，并对该分量作用相应的 V_{ps}^{l}，最后对各分量的结果求和。方程(3.241)表明，赝势算符同时包含 $\mid lm \rangle$ 的变量 (θ,ϕ) 及 $\langle lm \mid$ 的变量 (θ',ϕ')，但是径向部分仅与 r 一个变量有关。因此，$\hat{V}_{\mathrm{ps}}$ 是一个非局域(non-local)算符，更准确地说，是一个半局域(semi-local)算符(角向部分为非局域的，径向部分为局域的)，这一点可以表示如下：将 $\hat{V}_{\mathrm{ps}}(r)$ 作用于某函数 $f(r,\theta',\phi')$，可得

$$\hat{V}_{\mathrm{ps}}(r) f(r,\theta',\phi') = \sum_{l=0}^{\infty} \sum_{m=-1}^{l} \mathrm{Y}_l^m(\theta,\phi) V_{\mathrm{ps}}^{l}(r) \iint \sin\theta' \mathrm{d}\theta \mathrm{d}\phi' \mathrm{Y}_l^{m*}(\theta',\phi') f(r,\theta',\phi') \tag{3.242}$$

3.3.2　模守恒赝势

在 3.3.1 节中，我们推导出了赝势的普遍表达式，但是尚未讨论如何得到 $V_{\mathrm{ps}}^{l}(r)$ 以及构建赝势时应该满足的条件或者性质。在本节以及随后的几节中我们将对此进行详细探讨。实际上，从 3.3.1 节的讨论中已经可以得出某些结论，例如：赝波函数与全电子波函数 Ψ_{ae}(或称真实波函数)拥有相同的本征能级 ε_l；赝势的建立需要给定的参考态，对同种原子如果选取其不同的电子组态，因为 ε_j 不同，构造出来的赝势也会有差异。Hamann、Schlüter 和 Chiang 最早提出模守恒赝势(norm-conserving pseudopotential, NCPP)的概念以及一个优良的赝势应该满足的条件[72]：

(1) 赝波函数与作为其参考态的全电子波函数拥有相同的本征能级，即

$$\tilde{\varepsilon}_l = \varepsilon_l \tag{3.243}$$

(2) 在芯区截断半径 $\boldsymbol{r}_{\mathrm{c}}$ 之外，赝波函数与全电子波函数完全重合，即

$$\Psi_{\mathrm{ps}}^{l}(r) = \Psi_{\mathrm{ae}}^{l}(r), \quad r > r_{\mathrm{c}} \tag{3.244}$$

(3) 在 $\boldsymbol{r}_{\mathrm{c}}$ 终点处，赝波函数与全电子波函数的对数导数相等，即

$$\frac{\mathrm{d}}{\mathrm{d}r} \ln \Psi_{\mathrm{ps}}^{l}(r) \big|_{r=r_{\mathrm{c}}} = \frac{\mathrm{d}}{\mathrm{d}r} \ln \Psi_{\mathrm{ae}}^{l}(r) \big|_{r=r_{\mathrm{c}}} \tag{3.245}$$

波函数的对数导数记为 D_{ps}^{l} 及 D_{ae}^{l}。

(4) 在 $\boldsymbol{r}_c$ 之内,赝波函数与全电子波函数对体积的积分相等,即

$$\int r^2 \mid \Psi_{ps} \mid^2 \mathrm{d}r = \int r^2 \mid \Psi_{ae} \mid^2 \mathrm{d}r \tag{3.246}$$

(5) 在 $\boldsymbol{r}_c$ 终点处,赝波函数与全电子波函数的对数导数相对于能量的一阶导数相等,即

$$\frac{\partial D_{ps}^l}{\partial \varepsilon} = \frac{\partial D_{ae}^l}{\partial \varepsilon}$$

条件(1)、(2)表明,引入赝势不应对元素在芯区之外的电子结构产生干扰。条件(3)要求赝波函数与全电子波函数在截断半径处光滑连续。条件(4)即"模守恒条件",它表明赝波函数在芯区内的电荷量正确。由于芯区外的势函数取决于芯区内的电荷总量,因此符合"模守恒条件"的赝势保证了在多原子体系内对原子间相互作用的描述是准确的。条件(5)与赝势的移植性有关。

通常,赝势是根据原子在孤立环境下的电子结构构建的,将其应用到相互作用的多原子体系中时,本征波函数及本征能级都会发生变化。如果赝势满足条件(5),则它同样可以反映这种变化,且在线性项上是正确的。上述讨论也可以根据散射理论进行:环境变化会导致全电子波函数的相移(phase shift)$\delta\eta_{ae}^l$,而用赝势生成的赝波函数在相同的环境变化下也会产生相移 $\delta\eta_{ps}^l$。$\delta\eta$ 是本征能级 ε^l 的函数,将 $\delta\eta$ 关于 ε^l 展开,则 $\delta\eta_{ae}^l$ 与 $\delta\eta_{ps}^l$ 的线性项相同。从上面的讨论中也可以看出,最后两点的联系非常紧密(均与本征能级 ε^l 的变化有关)。更严格的数学推导指出,一种赝势若满足条件(4),则必然满足条件(5)。详细过程请参看文献[37]、[72]、[73]。

3.3.2.1 构建赝势的普遍过程

对于一个体系,如果确定了体系的势函数,可以唯一地求解对应的波函数。而如果预知了体系的本征波函数,则可以反推相应的势函数。因此,构建赝势实际上是求解薛定谔方程的反问题。首先预设一个合适的赝波函数,注意满足前述的几个条件,然后通过反解薛定谔方程得到体系的赝势。一般设赝势具有球对称性,因此,薛定谔方程可以分离变量,角向和径向函数可以分别求解,即 $\Psi_{ps}^l(\boldsymbol{r}) = R_{ps}^l(r)\mathrm{Y}_{lm}(\theta,\phi)$,而 $R_{ps}^l(r)$ 满足径向薛定谔方程(在原子单位制下,参见 2.1.9 节)

$$\left[-\frac{1}{2}\frac{\mathrm{d}^2}{\mathrm{d}r^2} + \frac{l(l+1)}{2r^2} + V_{ps,scr}^l(r)\right] rR_{ps}^l(r) = \varepsilon_l rR_{ps}^l(r) \tag{3.247}$$

由方程(3.247)立即可以解得屏蔽有效势 $V_{ps,scr}^l(r)$,即

$$V_{ps,scr}^l(r) = \varepsilon_l - \frac{l(l+1)}{2r^2} + \frac{1}{2rR_{ps}^l(r)}\frac{\mathrm{d}^2}{\mathrm{d}r^2}(rR_{ps}^l(r)) \tag{3.248}$$

需要注意的是,屏蔽有效势 $V_{ps,scr}^l(r)$ 并不是所求的原子赝势,因为其包含多体效应。因此需要再进行如下"去屏蔽"的操作:

$$V_{ps}^l(r) = V_{ps,scr}^l(r) - \int \frac{\rho_v(r')}{\mid \boldsymbol{r} - \boldsymbol{r}' \mid}\mathrm{d}r' - \mu_{xc}[\rho_v(r)] \tag{3.249}$$

式中:价电荷密度 $\rho_v(r)$ 表示为 $rR_{ps}^l(r)$ 的二次方求和,即

$$\rho_v(r) = \sum_{l=0}^{l_{\max}} \sum_{m=-l}^{l} \mid rR_{ps}^l(r) \mid^2 \tag{3.250}$$

式中:r^2 来源于球坐标系下单位体积的表达式 $r^2\sin\theta\mathrm{d}r\mathrm{d}\theta\mathrm{d}\phi$。方程(3.249)右端的第二项与第三项分别为 Hartree 势以及交换关联势,对此我们将在第 4 章详细讨论。

3.3.2.2 Troullier-Martins 赝势

Troullier 与 Martins 于 1991 年提出了一种模守恒赝势——TM 赝势[74]，它也是其后提出的很多模守恒赝势的模板。TM 赝势是对 Kerker 早期工作[75]的扩展。TM 赝势将赝波函数表示为

$$R_{\mathrm{ps}}^{l}(r)=\begin{cases}R_{\mathrm{ae}}^{l}(r), & r>r_{\mathrm{c}}\\ r^{l}\exp[p(r)], & r\leqslant r_{\mathrm{c}}\end{cases} \tag{3.251}$$

式中：$p(r)$是一个多项式，有

$$p(r)=c_0+c_2r^2+c_4r^4+c_6r^6+c_8r^8+c_{10}r^{10}+c_{12}r^{12} \tag{3.252}$$

其中 $c_0,c_2,\cdots,c_{12}$ 是七个待定系数。根据方程(3.248)，可得 $V_{\mathrm{ps,scr}}^{l}(r)$满足

$$V_{\mathrm{ps,scr}}^{l}(r)=\begin{cases}V_{\mathrm{ae}}^{l}(r), & r>r_{\mathrm{c}}\\ \varepsilon_l+\dfrac{l+1}{r}p'(r)+\dfrac{1}{2}p''(r)+\dfrac{1}{2}[p'(r)]^2, & r\leqslant r_{\mathrm{c}}\end{cases} \tag{3.253}$$

可以看到，式(3.252)中所有奇数项的系数均为零，因为 Troullier 与 Martins 发现这种设定可以使所生成的赝势随倒格矢 $\boldsymbol{G}$ 的增加而更快地趋于零，即改善赝势的光滑性。此外，引入限制条件

$$[V_{\mathrm{ps}}^{l}(r=0)]''=0 \tag{3.254}$$

也可以有效地提升赝势的光滑性。$[V]''$代表 V 对于 r 的二阶导数。因此，$p(r)$中的七个待定系数可以由如下几个条件确定[74,76]。

(1) 由模守恒条件，有

$$2c_0+\ln\left[\int_0^{r_{\mathrm{c}}}r^{2(l+1)}\exp(2p(r)-2c_0)\mathrm{d}r\right]=\ln\left(\int_0^{r_{\mathrm{c}}}r^2\ |R_{\mathrm{ae}}^{l}(r)|^2\mathrm{d}r\right) \tag{3.255}$$

(2) 在 $\boldsymbol{r}_{\mathrm{c}}$ 终点处 $rR_{\mathrm{ps}}^{l}(r)$与 $rR_{\mathrm{ae}}^{l}(r)$连续，即

$$p(r_{\mathrm{c}})=\ln\left(\frac{P(r_{\mathrm{c}})}{r_{\mathrm{c}}^{l+1}}\right) \tag{3.256}$$

式中 $P(r_{\mathrm{c}})=rR_{\mathrm{ae}}^{l}(r)$，下同。

(3) 在 $\boldsymbol{r}_{\mathrm{c}}$ 终点处 $rR_{\mathrm{ps}}^{l}(r)$与 $rR_{\mathrm{ae}}^{l}(r)$对 r 的一阶导数连续，即

$$\left.\frac{\mathrm{d}(rR_{\mathrm{ps}}^{l})}{\mathrm{d}r}\right|_{r=r_{\mathrm{c}}}=\left.\frac{\mathrm{d}(rR_{\mathrm{ae}}^{l})}{\mathrm{d}r}\right|_{r=r_{\mathrm{c}}} \tag{3.257}$$

由此并利用条件(2)中的连续性条件，推出

$$p'(r_{\mathrm{c}})=\frac{P'(r_{\mathrm{c}})}{P(r_{\mathrm{c}})}-\frac{l+1}{r} \tag{3.258}$$

(4) 在 $\boldsymbol{r}_{\mathrm{c}}$ 终点处 $rR_{\mathrm{ps}}^{l}(r)$与 $rR_{\mathrm{ae}}^{l}(r)$对 r 的二阶导数连续，并利用方程(3.248)，有

$$p''(r_{\mathrm{c}})=2V_{\mathrm{ae}}-2\varepsilon_l-\frac{2(l+1)}{r_{\mathrm{c}}}p'(r_{\mathrm{c}})-[p'(r_{\mathrm{c}})]^2 \tag{3.259}$$

(5) 在 $\boldsymbol{r}_{\mathrm{c}}$ 终点处 $rR_{\mathrm{ps}}^{l}(r)$与 $rR_{\mathrm{ae}}^{l}(r)$对 r 的三阶导数连续，直接对式(3.259)求导，得

$$p^{(3)}(r_{\mathrm{c}})=2V'_{\mathrm{ae}}(r_{\mathrm{c}})+\frac{2(l+1)}{r_{\mathrm{c}}^2}p'(r_{\mathrm{c}})-\frac{2(l+1)}{r_{\mathrm{c}}}p''(r_{\mathrm{c}})-2p'(r_{\mathrm{c}})p''(r_{\mathrm{c}}) \tag{3.260}$$

(6) 在 $\boldsymbol{r}_{\mathrm{c}}$ 终点处 $rR_{\mathrm{ps}}^{l}(r)$与 $rR_{\mathrm{ae}}^{l}(r)$对 r 的四阶导数连续，直接对式(3.260)求导，得

$$\begin{aligned}p^{(4)}(r_{\mathrm{c}})=&2V''_{\mathrm{ae}}(r_{\mathrm{c}})-\frac{4(l+1)}{r_{\mathrm{c}}^3}p'(r_{\mathrm{c}})+\frac{4(l+1)}{r_{\mathrm{c}}^2}p''(r_{\mathrm{c}})-\frac{2(l+1)}{r_{\mathrm{c}}}p^{(3)}(r_{\mathrm{c}})\\&-2[p''(r_{\mathrm{c}})]^2-2p'(r_{\mathrm{c}})p^{(3)}(r_{\mathrm{c}})\end{aligned} \tag{3.261}$$

(7) 根据方程(3.253)以及方程(3.254),可得

$$c_2^2+c_4(2l+5)=0 \tag{3.262}$$

全电子波函数以及全电子势对 r 的导数可利用有限差分得到。由此,可以确定赝波函数,再根据方程(3.253)求得 $V_{\text{ps,scr}}^l(r)$。如果已知交换关联势 $\mu_{\text{xc}}[\rho_{\text{v}}(r)]$,则根据式(3.249)可确定赝势 $V_{\text{ps}}^l(r)$。

3.3.2.3 自旋-轨道耦合的处理

如果考虑自旋-轨道耦合,那么好量子数将是 $j=l\pm 1$。首先生成 $j=l+1/2$ 的赝势 $V_{\text{ps}}^{l+1/2}$ 以及 $j=l-1/2$ 的赝势 $V_{\text{ps}}^{l-1/2}$。由此得

$$V_{\text{ps}}^l=\frac{l}{2l+1}\left[(l+1)V_{\text{ps}}^{l+1/2}+lV_{\text{ps}}^{l-1/2}\right] \tag{3.263}$$

$$\delta V_{\text{so}}^l=\frac{2}{2l+1}\left(V_{\text{ps}}^{l+1/2}-V_{\text{ps}}^{l-1/2}\right) \tag{3.264}$$

这样,赝势方程(3.242)可以表示为

$$V_{\text{ps}}^l=\sum_{lm}\left[|\mathrm{Y}_{lm}\rangle V_{\text{ps}}^l\langle \mathrm{Y}_{lm}|+|\mathrm{Y}_{lm}\rangle\delta V_{\text{so}}^l\boldsymbol{L}\cdot\boldsymbol{S}\langle \mathrm{Y}_{lm}|\right] \tag{3.265}$$

式中:$\boldsymbol{L}$ 为轨道角动量;$\boldsymbol{S}$ 为自旋角动量。更具体的讨论请参看文献[77]。

3.3.3 赝势的分部形式

3.3.3.1 局域赝势形式

从原则上讲,对所有的 l 轨道都应该单独建立赝势 $V_{\text{ps}}^l(r)$。但是在实际应用中,仅对少数几个 $l<l_{\max}$ 的轨道分别建立赝势,而对 $l>l_{\max}$ 的轨道则认为感受到的赝势相同,也即其赝势与 l 无关。与 l 无关的 $l>l_{\max}$ 的轨道的赝势称为局域赝势 $V_{\text{ps}}^{\text{loc}}$。因此,可以重新将方程(3.242)写为

$$\hat{V}_{\text{ps}}(r)=\sum_{l=0}^{\infty}V_{\text{ps}}^{\text{loc}}(r)\hat{P}_l+\sum_{l=0}^{l_{\max}}\left(V_{\text{ps}}^l(r)-V_{\text{ps}}^{\text{loc}}\right)\hat{P}_l=V_{\text{ps}}^{\text{loc}}(r)\boldsymbol{I}+\sum_{l=0}^{l_{\max}}\delta V_{\text{ps}}^l(r)\hat{P}_l \tag{3.266}$$

式中:$\delta V_{\text{ps}}^l(r)$ 为短程函数,仅局限于芯区范围内,而其局域部分 $V_{\text{ps}}^{\text{loc}}(r)=V_{\text{ps}}^{l_{\max}+1}(r)$,其中 $l_{\max}$ 一般选取芯区电子占据态的角动量量子数最大值,或者单质状态下最高占据轨道的角动量量子数。但是 $V_{\text{ps}}^{\text{loc}}(r)$ 本质上是一个可以任意选取的平滑函数,只需要保证其在 $\boldsymbol{r}_{\text{c}}$ 之外与真实离子势一致即可。如果给定一组标准正交基 $\{\varphi_i\}$,则由方程(3.266)可计算矩阵元:

$$\begin{aligned}V_{\text{ps},i,j}&=\langle\varphi_i|\hat{V}_{\text{ps}}(\boldsymbol{r})|\varphi_j\rangle=\langle\varphi_i|V_{\text{ps}}^{\text{loc}}(r)\boldsymbol{I}+\sum_{l=0}^{l_{\max}}\delta V_{\text{ps}}^l(r)\hat{P}_l|\varphi_j\rangle\\&=V_{\text{ps}}^{\text{loc}}(i)\delta_{ij}+\sum_{l=0}^{l_{\max}}\delta V_{\text{ps}}^l(i,j)\end{aligned} \tag{3.267}$$

其中局域部分为对角元,而在坐标表象下,非局域部分为

$$\begin{aligned}\delta V_{\text{ps}}^l(i,j)&=\langle\varphi_i|\delta V_{\text{ps}}^l(r)\sum_{m=-l}^{l}|lm\rangle\langle lm|\varphi_j\rangle\\&=\sum_{m=-l}^{l}\int r^2\mathrm{d}r\int\mathrm{d}\Omega\varphi_i^*(r,\theta,\phi)\delta V_{\text{ps}}^l(r)\mathrm{Y}_{lm}(\theta,\phi)\int\mathrm{d}\Omega'\mathrm{Y}_{lm}^*(\theta',\phi')\varphi_j(r',\theta',\phi')\\&=\sum_{m=-l}^{l}\int\sin\theta\mathrm{d}\theta\mathrm{d}\phi\int\sin\theta'\mathrm{d}\theta'\mathrm{d}\phi'\end{aligned}$$

$$\cdot \int \mathrm{d}r r^2 \varphi(r,\theta,\phi) Y_{lm}^*(\theta,\phi) \delta V_{ps}^l(r) Y_{lm}(\theta',\phi') \varphi(r',\theta',\phi') \tag{3.268}$$

式(3.268)的第二行用到了方程(3.242)(将其中的 $V_{ps}^l(r)$ 替换为 $\delta V_{ps}^l(r)$),即径向的积分仅对 r 进行。

两种常用的基函数——平面波函数和原子轨道波函数,均可表示为$R(r)Y_{lm}(\theta,\phi)$,所以相应地式(3.268)的积分可以表示成角向积分以及径向积分的乘积。其中角向部分由球谐函数的卷积决定,而径向部分则为 $\int R_i^*(r)\delta V_{ps}^l(r)R_j(r)r^2\mathrm{d}r$。

对于平面波,$R_j(r)$为 j 阶的球贝塞尔函数,而对于原子轨道波函数,$R_j(r)$可取类氢原子的径向波函数。

方程(3.268)径向部分的计算量相当大,因为需要对每一对 φ_i 和 φ_j 进行积分。以平面波为例,如果有 N 个基函数,在第一布里渊区内有 M 个 $\boldsymbol{k}$ 采样点,则对于每一个 l,需要进行 $MN^2/2$ 次计算。为了克服这个困难,Kleinman 和 Bylander 提出将半局域的 $\delta V_{ps}^l(r)$ 表示成非局域的投影算符,从而达到减小计算量的目的。这就是著名的 Kleinman-Bylander(KB)非局域赝势形式。

3.3.3.2 KB 非局域赝势形式

1982 年,Kleinman 和 Bylander 提出了一种普适的方法[78]——将半局域的赝势变换为非局域的形式,也即式(3.268)可以写为如下形式

$$\delta V_{NL}^l(i,j) = \sum_i F_i(\boldsymbol{r}) G_i(\boldsymbol{r}') \tag{3.269}$$

其中 F_i 与 G_i 分别依赖于 $\boldsymbol{r}$ 和 $\boldsymbol{r}'$,同时需要满足一个条件,即当作用在赝波函数 Ψ_{ps}^{lm} 上时,$\delta V_{NL}(\boldsymbol{r},\boldsymbol{r}')$ 与 $\delta V_{ps}^l(r)$ 的结果相同(其中 $\delta V_{ps}^l(r)$ 由 Ψ_{ps}^{lm} 生成)。为此 Kleinman 和 Bylander 构建了非局域算符

$$\delta V_{NL} = \sum_{l=0}^{l_{max}} \sum_{m=-l}^{l} \frac{|\delta V_{ps}^l \Psi_{ps}^{lm}\rangle\langle \delta V_{ps}^l \Psi_{ps}^{lm}|}{\langle \Psi_{ps}^{lm} | \delta V_{ps}^l | \Psi_{ps}^{lm}\rangle} \tag{3.270}$$

不难证明,利用式(3.270)构建的非局域赝势算符满足条件

$$\delta V_{NL} | \Psi_{ps}^{l'm'}\rangle = \delta V_{ps}^l | \Psi_{ps}^{l'm'}\rangle \tag{3.271}$$

KB 非局域赝势形式的优势在于将其作用在两个基函数上时,可写为

$$\langle \varphi_i | \delta V_{NL} | \varphi_j\rangle = \sum_{l=0}^{l_{max}} \sum_{m=-l}^{l} \langle \varphi_i | \Psi_{ps}^{lm} \delta V_{ps}^l\rangle \frac{1}{\langle \Psi_{ps}^{lm} | \delta V_{ps}^l | \Psi_{ps}^{lm}\rangle} \langle \delta V_{ps}^l \Psi_{ps}^{lm} | \varphi_j\rangle \tag{3.272}$$

显然,这正是方程(3.269)的形式。两个基函数的积分是分开进行的,因此对于给定的 l,计算次数下降为 NM,对实际工作而言,这是一个极大的改进。

引入χ_{ps}^{lm},有

$$|\chi_{ps}^{lm}\rangle = |\delta V_{ps}^l \Psi_{ps}^{lm}\rangle \tag{3.273}$$

则可将 KB 非局域赝势形式改写为更简洁的形式:

$$\delta V_{NL} = \sum_{l=0}^{l_{max}} \sum_{m=-1}^{l} \frac{|\chi_{ps}^{lm}\rangle\langle \chi_{ps}^{lm}|}{\langle \chi_{ps}^{lm} | \Psi_{ps}^{lm}\rangle} \tag{3.274}$$

式(3.274)表明,可以在构建模守恒赝势 V_{ps}^l的同时得到 KB 非局域赝势形式(因为可以

同时得到$|\Psi_{ps}^{lm}\rangle$与δV_{ps}^{l})。不难看到，新引入的χ_{ps}^{lm}满足

$$\chi_{ps}^{lm}(\boldsymbol{r})=\left[\varepsilon_l-\left(-\frac{1}{2}\nabla^2+V_{ps}^{loc}(r)\right)\right]\Psi_{ps}^{lm}(\boldsymbol{r}) \tag{3.275}$$

显然，χ_{ps}^{lm}只在$\boldsymbol{r}_c$内不为零，因此是一个局域函数。而赝势波函数满足：

$$\left(-\frac{1}{2}\nabla^2+V_{ps}^{loc}(r)+\delta V_{ps}^{l}\right)\Psi_{ps}^{lm}(\boldsymbol{r})=\varepsilon_l\Psi_{ps}^{lm}(\boldsymbol{r}) \tag{3.276}$$

KB非局域赝势形式的重要性还在于它为赝势构建新方法的应用铺平了道路。如式(3.274)所示，δV_{NL}的形式与OPW方法中的$\hat{V}_{PK}$(见式(3.239))非常相似。这表明赝势可以表示为投影算符，而不是必须采用3.3.3节一开始介绍的半局域形式。在KB方法中，对于给定的l，δV_{NL}^{l}只扩展为一项投影算符。如果将其扩展为多项投影算符的线性组合，会产生怎样的效果呢？Blöch和Vanderbilt各自独立地研究了这个问题[79,80]，并由此为赝势家族增添了超软赝势和投影缀加平面波两大类成员。这两类赝势也被广泛地应用于当前流行的电子结构计算软件中。

3.3.4 超软赝势

3.3.2节中引入了模守恒条件，用以保证所生成的赝势可以适用于不同环境。但是在特定情况下，这个限制条件可能会影响计算效率。考虑元素周期表中第二行元素的$2p$轨道(如O_{2p})或者第四周期过渡金属元素的$3d$轨道(如Cu_{3d})等，因为原子径向波函数的节点数为$n-l-1$，所以这两类价电子轨道没有节点。如果保持模守恒条件，可以预见赝波函数Ψ_{ps}^{l}与全电子波函数Ψ_{ae}^{l}形状相似。因此，在平面波计算方法中，仍然需要大量的平面波来展开这类赝波函数，这样将使计算效率降低。

为了解决这个问题，Vanderbilt提出，可以放弃模守恒条件，从而生成对应于更平滑的赝波函数Ψ_{ps}^{l}的赝势，称为超软赝势(ultrasoft pseudopotential, USPP)[80]。为了再次满足3.3.2节中提出的条件(5)，USPP需要引入额外的补偿项。尽管这些补偿项的引入可能导致体系总能以及原子受力的表达式的变化，但是实际上，补偿项只需要在构建赝势时计算一次即可，而在后续计算中保持不变。此外，能量和力的附加项可以与正常项同时求解，因此利用USPP可以有效降低哈密顿矩阵的维数，从而提高计算效率。下面将具体介绍这一方法。

对于给定的l和m，选定s个(通常为1～3个)参考能量ε_i^{lm}，对于每一个ε_i^{lm}，求解薛定谔方程[81]

$$\left(-\frac{1}{2}\nabla^2+V_{ae}\right)=\varepsilon_i^{lm}\Psi_{ae,i}^{lm} \tag{3.277}$$

然后按照3.3.2节中介绍的普遍过程构造$\Psi_{ps,i}^{lm}$，并通过方程(3.275)计算χ_i^{lm}：

$$|\chi_i^{lm}\rangle=\left[\varepsilon_l-\left(-\frac{1}{2}\nabla^2+V_{ps}^{loc}(r)\right)\right]|\Psi_{ps}^{lm}\rangle \tag{3.278}$$

至此，对于给定的(l,m)，我们得到了两类赝波函数：$\{\Psi_{ps,i}^{lm}\}$和$\{\chi_i^{lm}\}$。由此可以构建矩阵$\boldsymbol{B}_{ij}^{lm}$：

$$\boldsymbol{B}_{ij}^{lm}=\langle\Psi_{ps,i}^{lm}|\chi_j^{lm}\rangle \tag{3.279}$$

$\boldsymbol{B}_{ij}^{lm}$是一个s阶方阵。因为$|\Psi_{ps,i}^{lm}\rangle$和$|\chi_{ps,i}^{lm}\rangle$总是选取同样的m，所以$\boldsymbol{B}_{ij}^{lm}$上标中的m可以省

略[53]。但是为了简化公式，在此仍然将其保留。通过 $\boldsymbol{B}_{ij}^{lm}$，可以定义新的局域波函数：

$$|\beta_i^{lm}\rangle = \sum_j (\boldsymbol{B}_{ji}^{lm})^{-1} |\chi_j^{lm}\rangle \tag{3.280}$$

此外，还可以定义一个补偿量 Q_{ij}^{lm}：

$$Q_{ij}^{lm} = \langle \Psi_{\mathrm{ae},i}^{lm} | \Psi_{\mathrm{ae},i}^{lm} \rangle_{R_C} - \langle \Psi_{\mathrm{ps},i}^{lm} | \Psi_{\mathrm{ps},i}^{lm} \rangle_{R_C} \tag{3.281}$$

式中：$\langle \cdots \rangle_{R_C}$ 代表积分在半径为 R_C 的球体内进行。Vanderbilt 在文献[80]中证明，若 $Q_{ij}^{lm} = 0$，则矩阵 $\boldsymbol{B}_{ij}^{lm}$ 是厄米矩阵，可将赝势的非局域形式写为

$$\delta V_{\mathrm{NL}}^{l} = \sum_{m=-l}^{l} \sum_{ij} \boldsymbol{B}_{ij}^{lm} |\beta_i^{lm}\rangle\langle\beta_j^{lm}| \tag{3.282}$$

对比式(3.282)与KB非局域赝势形式的方程(3.274)，可以看到前者正是后者的推广，因为式(3.282)同样将赝势的非局域部分 δV_{NL} 写为投影算符。与KB非局域赝势不同的是，δV_{NL} 在这里被表示为 s 个投影算符的线性组合。

但是 Q_{ij}^{lm} 并非必须为零不可。若 $Q_{ij}^{lm} \neq 0$，则对薛定谔方程的求解由本征值问题转化为广义本征值问题。由此，需要定义交叠算符：

$$\hat{S} = \boldsymbol{I} + \sum_{lm} \sum_{ij} Q_{ij}^{lm} |\beta_i^{lm}\rangle\langle\beta_j^{lm}| \tag{3.283}$$

不难证明，交叠算符 $\hat{S}$ 具有以下性质：

$$\langle \Psi_{\mathrm{ps},i}^{lm} | \hat{S} | \Psi_{\mathrm{ps},i}^{lm} \rangle_{R_C} = \langle \Psi_{\mathrm{ae},i}^{lm} | \Psi_{\mathrm{ae},i}^{lm} \rangle_{R_C} \tag{3.284}$$

此外，定义算符 D_{ij}^{lm} 为

$$D_{ij}^{lm} = B_{ij}^{lm} + \varepsilon_j Q_{ij}^{lm} \tag{3.285}$$

并借此定义超软赝势的非局域形式为

$$\delta V_{\mathrm{NL}}^{\mathrm{US}} = \sum_{lm} \sum_{ij} D_{ij}^{lm} |\beta_i^{lm}\rangle\langle\beta_j^{lm}| \tag{3.286}$$

由式(3.278)至式(3.286)可得，赝波函数 $\Psi_{\mathrm{ps},i}^{lm}$ 满足

$$\left(-\frac{1}{2}\boldsymbol{\nabla}^2 + V_{\mathrm{ps}}^{\mathrm{loc}} + \delta V_{\mathrm{NL}}^{\mathrm{US}} - \varepsilon_i \hat{S}\right) | \Psi_{\mathrm{ps},i}^{lm} \rangle = 0 \tag{3.287}$$

将模守恒条件 $Q_{ij}^{lm} = 0$ 取消，意味着赝波函数的限制条件只有“在芯区半径 $\boldsymbol{r}_c$ 终点处及以外与全电子波函数一致”。这种宽松的条件使得超软赝势可以选取非常大的 r_c，从而有效改善芯区内的波函数的平滑度，这无疑会提高对元素周期表中第二行元素及第三行过渡金属元素的计算效率。

另一方面，在具体的计算中，因为模守恒条件被取消，所以价电子密度“缺失”的部分需要用 Q_{ij}^{lm} 来补偿，即

$$\rho_{\mathrm{v}}(\boldsymbol{r}) = \sum_{n}^{\mathrm{occ}} \varphi_n^*(\boldsymbol{r})\varphi_n(\boldsymbol{r}) + \sum_{lm}\sum_{ij} \rho_{ij}^{lm} Q_{ij}^{lm}(\boldsymbol{r}) \tag{3.288}$$

式中

$$\rho_{ij}^{lm} = \sum_{n}^{\mathrm{occ}} \langle \varphi_n | \beta_j^{lm} \rangle \langle \beta_i^{lm} | \varphi_n \rangle \tag{3.289}$$

$$Q_{ij}^{lm}(\boldsymbol{r}) = \Psi_{\mathrm{ae},i}^{lm\,*}(\boldsymbol{r})\Psi_{\mathrm{ae},j}^{lm}(\boldsymbol{r}) - \Psi_{\mathrm{ps},i}^{lm\,*}(\boldsymbol{r})\Psi_{\mathrm{ps},j}^{lm}(\boldsymbol{r}) \tag{3.290}$$

方程(3.288)中的 φ_n 满足广义正交性条件

$$\langle \varphi_m | \hat{S} | \varphi_n \rangle = \delta_{mn} \tag{3.291}$$

而体系的总能为

$$E_{\text{tot}} = \sum_{n=1}^{\text{occ}} \langle \varphi_n \mid \left(-\frac{1}{2}\nabla^2 + V_{\text{ps}}^{\text{loc}} + \sum_{lm}\sum_{ij} D_{ij}^{lm} \mid \beta_i^{lm}\rangle\langle\beta_i^{lm} \mid \right) \mid \varphi_n \rangle + E_{\text{H}}[\rho_{\text{v}}] + E_{\text{xc}}[\rho_{\text{v}}] + E_{\text{II}} \tag{3.292}$$

在广义正交性条件（式(3.291)）下求 E_{tot} 的变分极值，所得的结果即为式(3.288)至式(3.292)中出现的本征波函数 φ_n。

为了简化最后的久期方程，引入所谓"未屏蔽"的离子势 $\widetilde{V}_{\text{ps}}^{\text{loc}}$ 和 $\widetilde{D}_{ij}^{lm}$，即

$$\widetilde{V}_{\text{ps}}^{\text{loc}}(\boldsymbol{r}) = V_{\text{ps}}^{\text{loc}} + V_{\text{H}}(\boldsymbol{r}) + V_{\text{xc}}(\boldsymbol{r}) \tag{3.293}$$

$$\widetilde{D}_{ij}^{lm} = D_{ij}^{lm} + \int \mathrm{d}\boldsymbol{r}(V_{\text{H}}(\boldsymbol{r}) + V_{\text{xc}}(\boldsymbol{r}))Q_{ij}^{lm}(\boldsymbol{r}) \tag{3.294}$$

由此，可以将利用超软赝势的久期方程写为

$$\left[-\frac{1}{2}\nabla^2 + \sum_{I}(\widetilde{V}_{\text{ps}}^{\text{loc}}(\boldsymbol{r}-\boldsymbol{R}_{\text{I}}) + \delta\widetilde{V}_{\text{NL}}^{\text{US}}(\boldsymbol{r}-\boldsymbol{R}_{\text{I}})) \right] \mid \varphi_n \rangle = 0 \tag{3.295}$$

式中：$\delta\widetilde{V}_{\text{NL}}^{\text{US}}$ 由方程(3.286)给出，只需要将式中的 D_{ij}^{lm} 替换为 $\widetilde{D}_{ij}^{lm}$。

近年来，Blöch 提出的投影缀加平面波（projector augmented-wave，PAW）方法[82]引起了越来越多的关注。与传统的赝势方法相比，PAW 方法最大的优点是可以重新构建出因为赝势化而丢失的芯区电子的信息，而其构建过程并不比 USPP 的构建过程复杂。事实上，USPP 方程与 PAW 方程有着类似的推导过程。Kresse 与 Joubert 给出了二者之间联系的详细证明[83]。受篇幅所限，我们在这里不展开讨论。

3.4 平面波-赝势方法

在 3.2.3 节中我们详细介绍了 Kohn-Sham 方程，但是距离 Kohn-Sham 方程的具体求解尚有一定距离。一般可以选择三类基函数来展开波函数。第一类是平面波函数，其在空间中没有固定的参考点。第二类是局域波函数，例如原子轨道或者高斯基函数等。第三类则是混合基组，即将平面波函数"缀加"于局域波函数上作为基函数。选取不同的基函数，则相应的 Kohn-Sham 方程形式、哈密顿矩阵元表达式及总能的表达式会有显著差异。在本节中我们以平面波-赝势框架下 Kohn-Sham 方程具体求解过程为例，对第一性原理计算程序的若干关键点进行详细讨论。

3.4.1 布里渊区积分——特殊 k 点

在各种周期性边界条件下的第一性原理计算方法中，往往会涉及在布里渊区积分的问题，例如总能、电荷密度分布，以及金属体系中费米面的确定等等。为了提高计算效率，需要寻找一种高效的积分方法，可以通过较少的 $\boldsymbol{k}$ 点运算取得较高的精度。这些 $\boldsymbol{k}$ 点称为平均值点或者特殊点，而这种方法就称为特殊 $\boldsymbol{k}$ 点法。

3.4.1.1 特殊 k 点法基本思想

Chadi 和 Cohen 最早提出了这种特殊 $\boldsymbol{k}$ 点法的数学基础[84]。考虑一个光滑周期性函数 $g(\boldsymbol{k})$，周期为 $\boldsymbol{G}$，可以将其展开为如下傅里叶级数：

$$g(\boldsymbol{k}) = g_0 + \sum_{m=1} g_m \mathrm{e}^{\mathrm{i}\boldsymbol{k}\cdot\boldsymbol{R}_m} \tag{3.296}$$

式中：$\boldsymbol{R}_m$ 是与倒格矢 $\boldsymbol{G}$ 相应的晶体格子，其对称性用对称点群 G 来描述。假设另有一个拥有

体系全部对称性的函数 $f(\boldsymbol{k})$ 满足条件

$$f(T\boldsymbol{k}) = f(\boldsymbol{k}), \quad \forall T \in G$$

则可以将 $f(\boldsymbol{k})$ 用 $g(\boldsymbol{k})$ 展开为

$$f(\boldsymbol{k}) = \frac{1}{n_G}\sum_i g(T_i\boldsymbol{k}) = g_0 + \sum_{m=1}^{\infty}\sum_i \frac{1}{n_G} g_m \mathrm{e}^{\mathrm{i}T_i\boldsymbol{k}\cdot\boldsymbol{R}_m} \tag{3.297}$$

式中：n_G 是点群 G 的阶数。设 $g_0 = f_0$，将式(3.297) 的求和顺序重新调整可以得到

$$f(\boldsymbol{k}) = f_0 + \sum_{m=1} \frac{g_m}{n_G}\sum_{T_i\in G}\mathrm{e}^{\mathrm{i}\boldsymbol{k}T_i^{-1}\cdot\boldsymbol{R}_m} = f_0 + \sum_{m=1} f_m \sum_{|\boldsymbol{R}|=C_m}\mathrm{e}^{\mathrm{i}\boldsymbol{k}\cdot\boldsymbol{R}} = f_0 + \sum_{m=1} f_m A_m(\boldsymbol{k}) \tag{3.298}$$

式中：C_m 是距离原点第 m 近邻的球半径，按升序排列，$C_m \leqslant C_{m+1}$。注意限制条件 $C_m \leqslant |\boldsymbol{R}| \leqslant C_{m+1}$ 具有球对称性，也即高于 G 的对称性，所以满足限制条件的格点集合$\{\boldsymbol{R}\}$ 并不一定可以通过 G 中的操作联系起来。方程(3.298) 中的函数 A_m 满足下列条件：

$$\begin{cases} \dfrac{\Omega}{(2\pi)^3}\displaystyle\int_{\mathrm{BZ}} A_m(\boldsymbol{k})\mathrm{d}\boldsymbol{k} = 0, \quad \forall (m > 0, m \in \mathbf{Z}) \\ \dfrac{\Omega}{(2\pi)^3}\displaystyle\int_{\mathrm{BZ}} A_m(\boldsymbol{k})A_n(\boldsymbol{k})\mathrm{d}\boldsymbol{k} = N_n\delta_{nm} \\ A_m(\boldsymbol{k}+\boldsymbol{G}) = A_m(\boldsymbol{k}) \\ A_m(T_i\boldsymbol{k}) = A_m(\boldsymbol{k}) \\ A_m(\boldsymbol{k})A_n(\boldsymbol{k}) = \displaystyle\sum_j a(j,m,n)A_j(\boldsymbol{k}) \end{cases} \tag{3.299}$$

式中：$\boldsymbol{G}$ 是倒格矢；N_n 是满足条件 $|\boldsymbol{R}| = C_n$ 的格点数。

式(3.299) 中后四个方程分别表明函数 $A_m(\boldsymbol{k})$ 在第一布里渊区内的正交性、周期性、体系对称性和完备性，第一个方程则给出了对 $A_m(\boldsymbol{k})$ 的要求。对特殊 $\boldsymbol{k}$ 点法而言，前两个方程更为重要。

注意到式(3.299) 中的求和从 $m = 1$ 开始，因此需要对 $m = 0$ 的情况进行单独定义。定义 $A_0(\boldsymbol{k}) = 1$，则函数 $f(\boldsymbol{k})$ 的平均值为

$$\bar{f} = \frac{\Omega}{(2\pi)^3}\int_{\mathrm{BZ}} f(\boldsymbol{k})\mathrm{d}\boldsymbol{k} = f_0 \tag{3.300}$$

由方程(3.298) 可知，如果存在 $\boldsymbol{k}_0$，满足

$$A_m(\boldsymbol{k}_0) = 0, \quad \forall (m > 0, m \in \mathbf{Z}) \tag{3.301}$$

那么立刻可以得到 $f = f_0 = f(\boldsymbol{k}_0)$，这样的 $\boldsymbol{k}_0$ 点即为平均值点。但是满足上述条件的 $\boldsymbol{k}$ 点并不是普遍存在的，所以需要构建满足一定条件的集合$\{\boldsymbol{k}\}$，利用这些点上函数值的加权平均计算 f_0。也即

$$\begin{cases} \displaystyle\sum_{i=1}^{n}\alpha_i A_m(\boldsymbol{k}_i) = 0, \quad m = 1,2,\cdots,N \\ \displaystyle\sum_i \alpha_i = 1 \end{cases} \tag{3.302}$$

式中 N 可以取有限值。

利用方程(3.298)，可以得到

$$\sum_{i=1}^{n}\alpha_i f(\boldsymbol{k}_i) = f_0\sum_{i=1}^{n}\alpha_i + \sum_{m=1}^{N} f_m \sum_{i=1}^{n}\alpha_i A_m(\boldsymbol{k}_i) + \sum_{m=N+1}^{\infty}\alpha_i A_m(\boldsymbol{k}_i) f_m \tag{3.303}$$

根据方程(3.303),有

$$f_0 = \sum_{i=1}^{n} f(\boldsymbol{k}_i) - \sum_{m=N+1}^{\infty}\sum_{i=1}^{n}\alpha_i A_m(\boldsymbol{k}_i) f_m \tag{3.304}$$

考虑到 f_m 随 m 的增大而迅速减小的性质,可以近似地得到 $f(\boldsymbol{k})$ 的平均值,即

$$f(\boldsymbol{k}) \approx f_0 = \sum_{i=1}^{n}\alpha_i f(\boldsymbol{k}_i) \tag{3.305}$$

而将方程(3.304)右端的第二项作为可控误差。因此,如果可以找到一组 $\boldsymbol{k}$ 点,使得集合中的 $\boldsymbol{k}$ 点尽量少,而且这些 $\boldsymbol{k}$ 点在 N 尽量大的情况下满足方程(3.303),则我们进行布里渊区积分的时候就可以尽可能快地得到精度较高的结果。这正是特殊 $\boldsymbol{k}$ 点法的要点所在。反过来讲,这也表明进行具体计算的时候我们需要对计算精度进行测试,也即保证所取 $\boldsymbol{k}$ 点使得式(3.304)右端第二项足够小。

3.4.1.2 Chadi-Cohen 方法

在 3.4.1.1 节我们讨论了 $\boldsymbol{k}$ 点的可行性。Chadi 和 Cohen 提出了一套可以得出这些特殊 $\boldsymbol{k}$ 点的方法[84]。首先找出两个特殊 $\boldsymbol{k}$ 点——$\boldsymbol{k}_1$、$\boldsymbol{k}_2$,二者分别在 $\{N_1\}$ 和 $\{N_2\}$ 的情况下满足

$$A_m(\boldsymbol{k}) = 0$$

然后通过这两个 $\boldsymbol{k}$ 点构造新的 $\boldsymbol{k}$ 点集合:

$$\boldsymbol{k}_i = \boldsymbol{k}_1 + T_i\boldsymbol{k}_2$$

且权重 $\alpha_i = \dfrac{1}{n_G}$。下面证明 $\boldsymbol{k}_i$ 在 $\{N_1\}\cup\{N_2\}$ 的情况下仍然满足方程(3.303)。

根据 $\boldsymbol{k}_1$ 和 $\boldsymbol{k}_2$ 的定义可知,对于 $m\in\{N_1\}$ 和 $m\in\{N_2\}$,有

$$A_m(\boldsymbol{k}_1)A_m(\boldsymbol{k}_2) = 0$$

即

$$\Big(\sum_{|\boldsymbol{R}|=C_m}\mathrm{e}^{\mathrm{i}\boldsymbol{k}_1\cdot\boldsymbol{R}}\Big)\Big(\sum_{|\boldsymbol{R}|=C_m}\mathrm{e}^{\mathrm{i}\boldsymbol{k}_2\cdot\boldsymbol{R}}\Big) = 0 \tag{3.306}$$

由式(3.306)可进行如下推导:

$$\Big(\sum_{|\boldsymbol{R}|=C_m}\mathrm{e}^{\mathrm{i}\boldsymbol{k}_1\cdot\boldsymbol{R}}\Big)\Big(\sum_{i}\mathrm{e}^{\mathrm{i}\boldsymbol{k}_2\cdot T_i\boldsymbol{R}}\Big) = \Big(\sum_{|\boldsymbol{R}|=C_m}\mathrm{e}^{\mathrm{i}\boldsymbol{k}_1\cdot\boldsymbol{R}}\Big)\Big(\sum_{l}\mathrm{e}^{\mathrm{i}T_l\boldsymbol{k}_2\cdot\boldsymbol{R}}\Big) = \sum_{l}\sum_{|\boldsymbol{R}|=C_m}\mathrm{e}^{\mathrm{i}(\boldsymbol{k}_1+T_l\boldsymbol{k}_2)\cdot\boldsymbol{R}} = 0$$

$$\Rightarrow \sum_{l} A_m(\boldsymbol{k}_1 + T_l\boldsymbol{k}_2) = 0$$

$$\Rightarrow \sum_{l} A_m(\boldsymbol{k}_l) = 0$$

因此可以用这种方法产生一系列 $\boldsymbol{k}$ 点,用于计算布里渊区内的积分。如果此时的精度不够,则利用同样的方法继续生成新的 $\boldsymbol{k}$ 点集合,从而改进精度,即

$$\boldsymbol{k}_{ii} = \boldsymbol{k}_i + T_i\boldsymbol{k}_3$$

式中:$\boldsymbol{k}_3$ 为在 $m\in\{N_3\}$ 情况下满足 $A_m(\boldsymbol{k}) = 0$ 的特殊 $\boldsymbol{k}$ 点。

事实上,如果考虑体系的对称性,则 $\{\boldsymbol{k}\}$ 中的 $\boldsymbol{k}$ 点数目可以极大地减少。即对于给定的点 $\boldsymbol{k}_i$,可以找出其波矢群 $\{\boldsymbol{k}_i^*\}$,阶数为 n_i,那么实际上按上述方法构造出来的 $\boldsymbol{k}_i$ 只有 n_G/n_i 个,此时各点上的权重 $\alpha_i = 1/n_i$。这意味着通过点群 G 的全部对称操作(含倒格矢平移)将全部的 $\boldsymbol{k}_i$ 点转入第一布里渊区的不可约部分。$\boldsymbol{k}_i$ 点的波矢群阶数 n_G/n_i 即为全部对称操作后在第一布里渊区不可约部分中占有同样位置的 $\boldsymbol{k}_i$ 点的个数。考虑权重的归一化,$\boldsymbol{k}_i$ 的权重为

$$\omega_{k_i} = \frac{n_i}{\sum_j n_j} \tag{3.307}$$

或者

$$\omega_{k_i} = \frac{\alpha_i}{\sum_j \alpha_j} \tag{3.308}$$

3.4.1.3　Monkhorst-Pack 方法

上述 Chadi-Cohen 方法非常巧妙，但是在具体应用中，必须首先确定 2 ~ 3 个性能比较好的 $\boldsymbol{k}$ 点，由此构建出的 $\boldsymbol{k}$ 点集合才拥有比较高的效率和精度。因此，对于每一个具体问题，在计算之前都必须经过相当多的对称性分析。对程序编写而言，这是一个相当烦琐的任务。Monkhorst 和 Pack 提出了一种简单的产生 $\boldsymbol{k}$ 点网格的方法，同时又可使方程(3.303) 得到满足，这就是通常所说的 Monkhorst-Pack 方法[85]。

晶体中的格点 $\boldsymbol{R}$ 总可以表示为 $\boldsymbol{R} = R_1\boldsymbol{a}_1 + R_2\boldsymbol{a}_2 + R_3\boldsymbol{a}_3$，其中 $\boldsymbol{a}_i$ 是实空间三个方向上的基矢。Monkhorst 和 Pack 建议按如下方法划分布里渊区：

$$u_r = (2r - q + 1)/2q, \quad 1 \leqslant r \leqslant q \tag{3.309}$$

将 $\boldsymbol{k}$ 点写为分量形式，则可得到如下表达式：

$$\boldsymbol{k}_{prs} = u_p\boldsymbol{b}_1 + u_r\boldsymbol{b}_2 + u_s\boldsymbol{b}_3 \tag{3.310}$$

式中：$\boldsymbol{b}_1$、$\boldsymbol{b}_2$、$\boldsymbol{b}_3$ 是倒空间的基矢。与 Chadi-Cohen 方法相似，Monkhorst-Pack 方法定义函数 A_m 为

$$\begin{cases} A_m(\boldsymbol{k}) = \dfrac{1}{\sqrt{N_m}} \sum\limits_{|\boldsymbol{R}|=C_m} \mathrm{e}^{\mathrm{i}\boldsymbol{k}\cdot\boldsymbol{R}}, & m > 1 \\ A_1(\boldsymbol{k}) = 1 \end{cases} \tag{3.311}$$

则相应于式(3.299) 中的 $\dfrac{\Omega}{(2\pi)^3}\int_{\mathrm{BZ}} A_m(\boldsymbol{k})A_n(\boldsymbol{k})\mathrm{d}\boldsymbol{k}$，可以计算方程(3.309) 所生成的离散化网格点上相同的量：

$$S_{mn}(q) = \frac{1}{q^3}\sum_{p,r,s=1}^{q} A_m(\boldsymbol{k}_{prs})A_n(\boldsymbol{k}_{prs}) = \frac{1}{\sqrt{N_m N_n}}\sum_{a=1}^{N_m}\sum_{b=1}^{N_n}\prod_{j=1}^{3} W_j^{ab}(q) \tag{3.312}$$

式中

$$W_j^{ab}(q) = \frac{1}{q}\sum_{r=1}^{q} \mathrm{e}^{[\mathrm{i}\pi(2r-q+1)/q](\boldsymbol{R}_j^b - \boldsymbol{R}_j^a)} \tag{3.313}$$

注意到 $\boldsymbol{R}_j^a$ 和 $\boldsymbol{R}_j^b (j = 1,2,3)$ 都是整数，因此可以算出

$$W_j^{ab}(q) = \begin{cases} 1, & |\boldsymbol{R}_j^b - \boldsymbol{R}_j^a| = 0, 2q, 4q, \cdots \\ (-1)^{q+1}, & |\boldsymbol{R}_j^b - \boldsymbol{R}_j^a| = q, 3q, 5q, \cdots \\ 0, & \text{其他} \end{cases} \tag{3.314}$$

其中第三种情况是因为 $W_j^{ab}(q)$ 是奇函数。引入限制条件

$$\begin{cases} |\boldsymbol{R}_j^a| < q/2 \\ |\boldsymbol{R}_j^b| < q/2 \end{cases} \tag{3.315}$$

则可得

$$S_{mn}(q) = \delta_{mn}$$

也即在满足方程上述限制条件的前提下,A_m 在 $\boldsymbol{k}$ 点网格上是正交的。与 Chadi-Cohen 方法类似,将函数 $f(\boldsymbol{k})$ 用 A_m 展开,有

$$f(\boldsymbol{k}) = \sum_{m=1} f_m A_m(\boldsymbol{k}) \tag{3.316}$$

同时左乘 $A_m^*(\boldsymbol{k})$ 并在布里渊区内积分,可得

$$f_m = \frac{\Omega}{(2\pi)^3}\int_{\mathrm{BZ}} A_m^*(\boldsymbol{k}) f(\boldsymbol{k})\mathrm{d}\boldsymbol{k} \tag{3.317}$$

因为 $A_1(\boldsymbol{k}) = 1$,所以由方程(3.317)可得

$$f = \int_{\mathrm{BZ}} f(\boldsymbol{k})\mathrm{d}\boldsymbol{k} = \frac{8\pi^3}{\Omega} f_1 \tag{3.318}$$

忽略前面的常数因子,可以看到 Monkhorst-Pack 方法中 f 的表达式与 Chadi-Cohen 方法中的完全一样。

方程(3.318)虽然表明函数 $f(\boldsymbol{k})$ 的积分值可以用 f_1 准确地给出,但是我们无法得到 f_1 的精确值。因此仍然需要用上述 $\boldsymbol{k}$ 点网格得到 f_1,以及更普遍的 f_m 的近似值 $\widetilde{f}_m$:

$$\widetilde{f}_m = \frac{1}{q^3}\sum_{j=1}^{q^3} \omega_j f(\boldsymbol{k}_j) A_m^*(\boldsymbol{k}_j) \tag{3.319}$$

相应地,函数 $f(\boldsymbol{k})$ 的近似值 $\widetilde{f}(\boldsymbol{k})$ 可表示为

$$\widetilde{f}(\boldsymbol{k}) = \sum_{m=1} \widetilde{f}_m A_m(\boldsymbol{k}) \tag{3.320}$$

将恒等式[86]

$$\frac{1}{(2\pi)^3}\int_{\mathrm{BZ}} f(\boldsymbol{k}) = \lim_{V\to\infty}\frac{1}{V}\sum_j f(\boldsymbol{k}_j)$$

与方程(3.319)相比较,可得 $\omega_j \equiv 1 (V = q^3\Omega)$。需要指出的是,由方程(3.299)可知,$A_m(\boldsymbol{k})$ 并不是归一化的基函数。这一点也可以通过检验 $\int_{\mathrm{BZ}} A_1^* A_1 \mathrm{d}\boldsymbol{k}$ 得到,其满足

$$\int_{\mathrm{BZ}} A_m^* A_n \mathrm{d}\boldsymbol{k} = \frac{8\pi^3}{\Omega}\delta_{mn} \tag{3.321}$$

利用这种 $\boldsymbol{k}$ 点网格近似布里渊区积分所产生的误差可按以下公式计算:

$$\begin{aligned}
\varepsilon_{\mathrm{BZ}} &= \int_{\mathrm{BZ}} \mathrm{d}\boldsymbol{k}[f(\boldsymbol{k}) - \widetilde{f}(\boldsymbol{k})] = \int_{\mathrm{BZ}} \mathrm{d}\boldsymbol{k}\left(\sum_{m=1} f_m A_m(\boldsymbol{k}) - \sum_{m=1}\frac{1}{q^3}\sum_{j=1}^{q^3} f(\boldsymbol{k}_j) A_m^*(\boldsymbol{k}_j) A_m(\boldsymbol{k}_j)\right) A_1^* \\
&= \frac{8\pi^3}{\Omega} f_1 - \frac{8\pi^3}{\Omega}\delta_{m1}\sum_{m=1}\frac{1}{q^3}\sum_{j=1}^{q^3}\sum_{m'=1} f_{m'} A_{m'}(\boldsymbol{k}_j) A_m^*(\boldsymbol{k}_j) \\
&= \frac{8\pi^3}{\Omega} f_1 - \frac{8\pi^3}{\Omega}\sum_{j=1}\frac{1}{q^3} f_1 A_1(\boldsymbol{k}_j) A_1^*(\boldsymbol{k}_j) - \frac{8\pi^3}{\Omega}\sum_{j=1}^{q^3}\frac{1}{q^3}\sum_{m>1} f_m A_m(\boldsymbol{k}_j) A_1^*(\boldsymbol{k}_j) \\
&= \frac{8\pi^3}{\Omega} f_1 - \frac{8\pi^3}{\Omega} f_1 - \frac{8\pi^3}{\Omega}\sum_{m>1} f_m S_{m1}(q) = -\frac{8\pi^2}{\Omega}\sum_{m>1} f_m N_m^{-1/2} S_{m1}(q)
\end{aligned} \tag{3.322}$$

式中

$$S_{m1}(q) = \begin{cases} (-1)^{(q+1)(R_1+R_2+R_3)/q}, & R_j = nq, j = 1,2,3, n \in \boldsymbol{Z} \\ 0, & \text{其他} \end{cases} \tag{3.323}$$

注意,这里 $S_{m1}(q)$ 的定义与方程(3.312)中的有所不同。因为 $n = 1$,在同一个壳层 m 中,所有不为零的 W 相等,所以方程(3.312)中求和符号等价于因子 N_m,与方程(3.312)中

的系数 $N_m^{-1/2}$ 相消，则可以给出误差 ε_{BZ} 的最后结果。与在 Chadi-Cohen 方法中一样，$f(\boldsymbol{k})$ 在第一布里渊区的平均值可以用 f_1（在 Chadi-Cohen 方法中是 f_0）近似，而且误差可控，即可以通过增加 $\boldsymbol{k}$ 点密度 q 的方法提高精度。这是因为 q 增大，根据上面所述 $S_{m1}(q)$ 的取值可知，在 R_j 更大的时候仍能保证方程(3.303)成立。

但是根据方程(3.319)可知，$\widetilde{f}_1$ 的计算量与 q^3 成正比。如果 q 值取得比较大，那么所需计算的 $\boldsymbol{k}$ 点数目就会非常大，如何提高 Monkhorst-Pack 方法的效率呢？如果考虑体系的对称性，则 $\boldsymbol{k}$ 点的数目会大大减少。重新写出 f_1 的表达式如下：

$$f_1 = \frac{1}{q^3}\sum_{j=1}^{P(q)}\omega_j f(\boldsymbol{k}_j) \tag{3.324}$$

式中：ω_j 为体系所属点群阶数与 $\boldsymbol{k}_j$ 点的波矢群阶数的比值，$\omega_j = n_G/n_j$；$P(q)$ 是对所有 $\boldsymbol{k}$ 点进行对称及平移操作后第一布里渊区中所有不重合的 $\boldsymbol{k}$ 点数目。因为处于高对称位置上的 $\boldsymbol{k}$ 点的波矢群阶数也比较高，所以相应地这些高对称 $\boldsymbol{k}$ 点的权重就比较小。这也是运用特殊 $\boldsymbol{k}$ 点法时应尽量避开高对称点的原因所在。与 Chadi-Cohen 方法一样，$P(q)$ 的大小是 Monkhorst-Pack 方法效率高低的重要标志。文献[85]中给出了 BCC 和 FCC 两种格子中的 $P(q)$：

对于 BCC 格子，

$$P(q) = \begin{cases} q(q+4)(q+8)/192, & \mathrm{mod}(q/2) = 0 \\ (q+2)(q+4)(q+6)/192, & \mathrm{mod}(q/2) \neq 0 \end{cases} \tag{3.325}$$

对于 FCC 格子，

$$P(q) = \begin{cases} q(q+2)(q+4)/96, & \mathrm{mod}(q/2) = 0 \\ (q+2)(q^2+4q+2), & \mathrm{mod}(q/2) \neq 0 \end{cases} \tag{3.326}$$

可以看出，即使对于较大的 q 值，$P(q)$ 也是比较小的，因此 Monkhorst-Pack 方法效率是比较高的。

需要注意，运用 Monkhorst-Pack 方法的关键是将三维空间的问题转化为三个独立的一维问题。因此，对于六角格子或者单斜格子，基矢之间不正交，上述 Monkhorst-Pack 方法并不适用，而必须加以修改[87]。以六角格子为例，Pack 指出 $\boldsymbol{k}$ 点网格应按以下公式生成[88]：

$$u_p = u_r = (p-1)/q_a, \quad p, r \in [1, q_a] \tag{3.327}$$

$$u_s = (2s - q_c - 1)/2q_c, \quad s \in [1, q_c] \tag{3.328}$$

即 a 轴和 c 轴分别设置。相应地，$P(q)$ 的大小可按下式计算：

$$P_a(q_a) = (\alpha+1)(3\alpha+\beta) + \delta_{\beta 0}, \quad \beta = \mathrm{mod}\,(q_a/6), \quad \alpha = (q_a - \beta)/6$$

$$P_c(q_c) = \begin{cases} q_c/2, & q_c/2 = 0 \\ (q_c+1)/2, & q_c/2 \neq 0 \end{cases}$$

因此，对于六方系，生成 $\boldsymbol{k}$ 点时偏移量应设为零，即总有一个 $\boldsymbol{k}$ 点占据 Γ 点的位置。

需要指出，以上讨论中所有对称性均指纯旋转操作对称性，即点群对称性。因此，对于属于同一种晶系而所属的空间群不同的两种体系，其操作可能并不一致。

3.4.1.4　Chadi-Cohen 方法的应用实例

1. $\boldsymbol{k}$ 点集合的生成

Cunningham[89] 对于二维情况依照 Chadi-Cohen 方法分别生成了 $\boldsymbol{k}$ 点集合。我们选择长方格子和正方格子这两种情况进行具体的分析。

1) 长方格子

实空间和倒空间的基矢及格点坐标分别为

$$\boldsymbol{a}_1 = a(1,0),\quad \boldsymbol{a}_2 = a(0,\beta)(\text{其中 } \beta < 1),\quad \boldsymbol{R} = a(l,n\beta)$$

$$\boldsymbol{b}_1 = (2\pi/a)(1,0),\quad \boldsymbol{b}_2 = (2\pi/a)(0,1/\beta),\quad \boldsymbol{K} = (2\pi/a)(k,n/\beta)$$

选择

$$\boldsymbol{k}_1^0 = (\pi/a)[1/2,1/(2\beta)],\quad \boldsymbol{k}_2^0 = (\pi/a)[1/4,1/(4\beta)]$$

前者保证 l 或 n 为奇数时 $A_m(\boldsymbol{k}) = 0$,而后者保证 $l/2$ 或 $n/2$ 为奇数时 $A_m(\boldsymbol{k}) = 0$。该长方格子的对称操作为$\{E,c_2,\sigma_v^1,\sigma_v^2\}$。按照 Chadi-Cohen 方法,可以构建 $\boldsymbol{k}_i$ 点如下:

$$\begin{cases}\boldsymbol{k}_1 = \boldsymbol{k}_1^0 + E\boldsymbol{k}_2^0 = [1/2,1/(2\beta)] + [1/4,1/(4\beta)] = [3/4,3/(4\beta)] \\ \boldsymbol{k}_2 = \boldsymbol{k}_1^0 + c_2\boldsymbol{k}_2^0 = [1/2,1/(2\beta)] + [-1/4,-1/(4\beta)] = [1/4,1/(4\beta)] \\ \boldsymbol{k}_3 = \boldsymbol{k}_1^0 + \sigma_v^1\boldsymbol{k}_2^0 = [1/2,1/(2\beta)] + [-1/4,1/(4\beta)] = [1/4,3/(4\beta)] \\ \boldsymbol{k}_4 = \boldsymbol{k}_1^0 + \sigma_v^2\boldsymbol{k}_2^0 = [1/2,1/(2\beta)] + [1/4,-1/(4\beta)] = [3/4,1/(4\beta)]\end{cases} \tag{3.329}$$

每个 $\boldsymbol{k}$ 点的权重 $\alpha_i = 1/4$。

2) 正方格子

在上述情况下,令 $\beta = 1$,则长方格子转变为正方格子。两种情况最主要的不同是布里渊区不可约部分有了变化。从式(3.329)可以看出,在正方格子中 $\beta = 1$,$\boldsymbol{k}_3$ 和 $\boldsymbol{k}_4$ 重合。因此只有三个不同的 $\boldsymbol{k}$ 点,每个 $\boldsymbol{k}$ 点的权重分别为 $\alpha_1 = \alpha_2 = 1/4$,$\alpha_3 = 1/2$,而且 $\sum_{i=1}^{3}\alpha_i = 1$。

2. 利用特殊 $\boldsymbol{k}$ 点计算电荷密度

将 Blöch 函数用 Wannier 函数展开,有[90]

$$\Psi_{\boldsymbol{k}}(\boldsymbol{r}) = \frac{1}{\sqrt{N}}\sum_m e^{i\boldsymbol{k}\cdot\boldsymbol{R}_m} a(\boldsymbol{r} - \boldsymbol{R}_m) \tag{3.330}$$

则在给定 $\boldsymbol{k}$ 点的电荷密度为

$$\rho_{\boldsymbol{k}}(\boldsymbol{r}) = \Psi_{\boldsymbol{k}}^*(\boldsymbol{r})\Psi_{\boldsymbol{k}}(\boldsymbol{r}) = \frac{1}{N}\sum_{mn} e^{i\boldsymbol{k}\cdot(\boldsymbol{R}_m - \boldsymbol{R}_n)} a(\boldsymbol{r} - \boldsymbol{R}_m)a^*(\boldsymbol{r} - \boldsymbol{R}_n) \tag{3.331}$$

而

$$\rho(\boldsymbol{r}) = \int_{BZ}\rho_{\boldsymbol{k}}(\boldsymbol{r})d\boldsymbol{k} \tag{3.332}$$

将 $\rho_{\boldsymbol{k}}(\boldsymbol{r})$ 的表达式(3.331)写为

$$\rho_{\boldsymbol{k}}(\boldsymbol{r}) = \frac{1}{N}\sum_m |a(\boldsymbol{r} - \boldsymbol{R}_m)^2| + \frac{1}{N}\sum_j{}'\sum_m e^{i\boldsymbol{k}\cdot\boldsymbol{R}_j} a(\boldsymbol{r} - \boldsymbol{R}_m)a^*(\boldsymbol{r} + \boldsymbol{R}_j - \boldsymbol{R}_m) \tag{3.333}$$

式中:求和符号上的撇号(′)表明 $\boldsymbol{R}_j \neq \boldsymbol{0}$ 而且 $\boldsymbol{R}_j = \boldsymbol{R}_m - \boldsymbol{R}_n$。因此,考虑到对称性,$\rho_{\boldsymbol{k}}(\boldsymbol{r})$ 又可表示为

$$\begin{aligned}\rho_{\boldsymbol{k}}(\boldsymbol{r}) &= \frac{1}{n_G}\sum_{T_i}\rho_{T_i\boldsymbol{k}}(\boldsymbol{r}) \\ &= \frac{1}{Nn_G}\sum_{T_i}\sum_m |a(\boldsymbol{r} - \boldsymbol{R}_m)|^2 + \frac{1}{Nn_G}\sum_j{}'\sum_m\sum_{T_i} e^{i\boldsymbol{k}\cdot\boldsymbol{R}_j} a(\boldsymbol{r} - \boldsymbol{R}_m)a^*(\boldsymbol{r} + \boldsymbol{R}_j - \boldsymbol{R}_m)\end{aligned} \tag{3.334}$$

式(3.334)右端第一项与 T_i 和 $\boldsymbol{k}$ 无关,相当于 Chadi-Cohen 方法中的 f_0,而第二项因为是对所有的 j 求和,因此可以写成如下形式:

$$F(\boldsymbol{r}) = \frac{1}{Nn_G}\sum_j{}' \mathrm{e}^{\mathrm{i}\boldsymbol{k}\cdot\boldsymbol{R}_j} \sum_m \sum_{T_l} a(\boldsymbol{r}-\boldsymbol{R}_m)a^*(\boldsymbol{r}-T_l\boldsymbol{R}_j-\boldsymbol{R}_m)$$
$$= \frac{1}{Nn_G}\sum_j{}' \mathrm{e}^{\mathrm{i}\boldsymbol{k}\cdot\boldsymbol{R}_j} \sum_m S_m(\boldsymbol{r}) \tag{3.335}$$

式中：$S_m(\boldsymbol{r})$ 与 $\boldsymbol{R}_j$ 无关，且随 $|T_l\boldsymbol{R}_j+\boldsymbol{R}_m|$ 的增大而减小，相当于 f_m。因此 $\rho_k(\boldsymbol{r})$ 可写为

$$\rho_k(\boldsymbol{r}) = f_0 + \sum_m \sum_{|\boldsymbol{R}_j|=C_m} \mathrm{e}^{\mathrm{i}\boldsymbol{k}\cdot\boldsymbol{R}_j} f_m = f_0 + \sum_m A_m(\boldsymbol{k}) f_m \tag{3.336}$$

如果存在 $\boldsymbol{k}_0$，满足 $A_m(\boldsymbol{k}_0)=0, m=1,2,\cdots$，则可得

$$\rho(\boldsymbol{r}) = f_0 = \frac{1}{N}\sum_m |a(\boldsymbol{r}-\boldsymbol{R}_m)^2| = \rho_{\boldsymbol{k}_0}(\boldsymbol{r}) \tag{3.337}$$

但是普遍来讲，这样的 $\boldsymbol{k}_0$ 并不存在。例如，在 FCC 格子中考虑第一、二、三近邻，写出 $A_m(\boldsymbol{k})$：

$$\begin{cases}\cos k_x \cos k_y + \cos k_x \cos k_z + \cos k_y \cos k_z = 0 \\ \cos 2k_x + \cos 2k_y + \cos 2k_z = 0 \\ \cos 2k_x \cos k_y \cos k_z + \cos k_x \cos 2k_y \cos k_z + \cos k_x \cos k_y \cos 2k_z = 0\end{cases} \tag{3.338}$$

不存在单独的 $\boldsymbol{k}_0$ 点同时满足上述三个方程。因此，需要寻找一系列特殊的 $\boldsymbol{k}$ 点，满足

$$\sum_{i=1}^{n} \sum_{|\boldsymbol{R}_j|=C_m} \alpha_i \mathrm{e}^{\mathrm{i}\boldsymbol{k}\cdot\boldsymbol{R}_j} = \sum_{i=1}^{n} \alpha_i A_m(\boldsymbol{k}_i) = 0, \quad \sum_i \alpha_i = 1 \tag{3.339}$$

则 $\rho(\boldsymbol{r}) = \sum_i \alpha_i \rho_{\boldsymbol{k}_i}(\boldsymbol{r})$。

Chadi 和 Cohen[90] 采用 $\boldsymbol{k}_1=(0.5,0,0)$、$\boldsymbol{k}_2=(1.0,0.5,0)$ 和 $\boldsymbol{k}_3=(0.5,0.5,0)$ 三个 $\boldsymbol{k}$ 点计算 $\rho(\boldsymbol{r})$ 取得了较好的结果：

$$\rho(\boldsymbol{r}) = \frac{1}{4}\rho_{\boldsymbol{k}_1}(\boldsymbol{r}) + \frac{1}{2}\rho_{\boldsymbol{k}_2}(\boldsymbol{r}) + \frac{1}{4}\rho_{\boldsymbol{k}_3}(\boldsymbol{r})$$

而如果采用 $\boldsymbol{k}_1=(0.75,0.25,0.25)$ 和 $\boldsymbol{k}_2=(0.25,0.25,0.25)$，则可以改进计算结果：

$$\rho(\boldsymbol{r}) = \frac{3}{4}\rho_{\boldsymbol{k}_1}(\boldsymbol{r}) + \frac{1}{4}\rho_{\boldsymbol{k}_2}(\boldsymbol{r})$$

3.4.2 布里渊区积分——四面体方法

四面体方法是一种在第一性原理计算程序中广泛使用的积分方法，尤其适合用于计算总能量、态密度和各能带电子占据数等。与特殊 $\boldsymbol{k}$ 点法相比，四面体方法具有一定的优势和特点。

首先，四面体方法的基本原理是将布里渊区内的积分区域划分为许多小的四面体，然后在每个四面体内部进行积分。这种方法能够更加准确地描述能带结构的细节，特别是在处理金属或半金属体系时，能够有效地降低对 $\boldsymbol{k}$ 点采样密度的要求。

其次，四面体方法对于具有复杂能带结构的材料具有较高的计算效率。这是因为在四面体方法中，能带的贡献是通过局部积分得到的，而不是通过全局积分。因此，四面体方法能够减少不必要的计算量，从而提高计算速度。

最后，四面体方法在处理弱束缚和强关联体系时表现出较好的性能。这是由于四面体方法能够更好地捕捉能带结构中的局部特征，如能带交叉点和能带窄化现象，从而为研究这些体系提供一个更精确的描述。

以下我们将对四面体方法进行详细的讨论和分析。

3.4.2.1 总能量

四面体方法涉及各 $\boldsymbol{k}$ 点上的能级值，通常用 E 表示。因此，为了避免符号混淆，此处的总能量用 F 表示。则其期待值 $\langle F\rangle$ 在倒空间中计算如下：

$$\langle F\rangle=\frac{1}{V_G}\sum_n\int_{V_G}\mathrm{d}^3kF_n(\boldsymbol{k})f[E_n(\boldsymbol{k})] \tag{3.340}$$

式中：V_G 为第一布里渊区的体积；$f(\varepsilon)$ 是费米-狄拉克分布函数；$F_n(\boldsymbol{k})$ 为哈密顿算符 $\hat{H}$ 在第 n 条能带中指定 $\boldsymbol{k}$ 点上的值。为了计算这个积分，四面体方法将第一布里渊区分解成若干个小的四面体，然后在各个四面体中分别计算积分，再对所有四面体求和，即

$$\frac{1}{V_G}\int_{V_G}F(\boldsymbol{k})\mathrm{d}^3k=\frac{1}{V_G}\sum_{j=1}^{N}\int_{V_T}F(\boldsymbol{k})\mathrm{d}^3k \tag{3.341}$$

而在每个四面体内 $F_n(\boldsymbol{k})$ 采用线性函数 $f(\boldsymbol{k})=a_0+a_1k_x+a_2k_y+a_3k_z$ 近似。$f(\boldsymbol{k})$ 的线性系数由边界条件 $f(\boldsymbol{k}_i)=F_{n,i}(i=1,2,3,4)$ 确定，i 是四面体的四个顶点。这样，$F_n(\boldsymbol{k})$ 在每个四面体中的积分为

$$\frac{1}{V_G}\int_{V_T}F(\boldsymbol{k})\mathrm{d}^3k=\frac{V_T}{V_G}\sum_{j=1}^{4}\frac{F_{n,j}}{4} \tag{3.342}$$

式中：$F_{n,j}$ 为四面体顶点的函数值。可以证明，式(3.342)中 1/4 这个权重来源于积分[91]

$$\omega_j=\int_{T_0}k_x\mathrm{d}^3k,\quad j=1,2,3 \tag{3.343}$$

将顶点分别为(0,0,0)，(1,0,0)，(0,1,0)，(0,0,1)的参考四面体称为 T_0。$\omega_4=1-\sum_{j=1}^{3}\omega_j$。从更严格的角度来说，式(3.342)中的系数分子应为 V_T^{occ}，也就是这个四面体小于费米能级 E_{F} 的部分的体积。式(3.342)也是现有算法中最基本的表达式。在不产生误解的前提下，此后的讨论中如无必要，将省略能带指数 n。

更加精确的计算表明[91,92]，利用线性函数近似 $F(\boldsymbol{k})$ 有些情况下并不是最理想的选择，这时对其更好的近似应该取为两个线性函数的商：

$$f(\boldsymbol{k})=\frac{f(\boldsymbol{k})}{g(\boldsymbol{k})}=\frac{a_0+a_1k_x+a_2k_y+a_3k_z}{b_0+b_1k_x+b_2k_y+b_3k_z}$$

与前面叙述相似，$g(\boldsymbol{k})$ 的系数由边界条件 $g(\boldsymbol{k}_i)=E_i(i=1,2,3,4)$ 确定，其中 E_i 是第 i 个顶点上的能量本征值。相应地，$f(\boldsymbol{k})$ 在顶点处等于 $F_i\cdot E_i$。经推导可得，这时四面体的积分可表示为

$$\int_{V_T}F(\boldsymbol{k})\mathrm{d}^3k=\frac{V_T}{V_G}\sum_{i=1}^{4}F_i\omega_i \tag{3.344}$$

式中

$$\omega_i=\frac{1}{\prod_{k\neq i}\left(1-\dfrac{E_k}{E_i}\right)}+\sum_{k\neq i}\frac{1}{\prod_{l\neq k}\left(1-\dfrac{E_l}{E_k}\right)}\frac{\ln\dfrac{E_k}{E_i}}{\dfrac{E_k}{E_i}-1} \tag{3.345}$$

考虑到简并情况，Zaharioudakis 给出了比较完整的权重表达式[92]：

(1) 当 $E_1<E_2<E_3<E_4$ 时，同方程(3.345)；

(2) 当 $E_1=E_2<E_3<E_4$ 时，

$$\omega_1=\omega_2=\frac{5}{2\left(1-\frac{E_3}{E_1}\right)\left(1-\frac{E_4}{E_1}\right)}-\frac{1}{\left(1-\frac{E_3}{E_1}\right)^2\left(1-\frac{E_4}{E_1}\right)}-\frac{1}{\left(1-\frac{E_3}{E_1}\right)\left(1-\frac{E_4}{E_1}\right)^2}$$

$$+\frac{1}{\left(1-\frac{E_1}{E_3}\right)^3\left(1-\frac{E_4}{E_3}\right)}\frac{\ln\frac{E_3}{E_1}}{\frac{E_3}{E_1}}+\frac{1}{\left(1-\frac{E_1}{E_4}\right)^3\left(1-\frac{E_3}{E_4}\right)}\frac{\ln\frac{E_4}{E_1}}{\frac{E_4}{E_1}} \tag{3.346}$$

$$\omega_3=\frac{1}{\left(1-\frac{E_1}{E_3}\right)^2\left(1-\frac{E_4}{E_3}\right)}+\frac{\frac{E_3}{E_1}}{\left(1-\frac{E_3}{E_1}\right)^2\left(1-\frac{E_4}{E_1}\right)}+\frac{1}{\left(1-\frac{E_1}{E_4}\right)^2\left(1-\frac{E_3}{E_4}\right)^2}\frac{\ln\frac{E_4}{E_3}}{\frac{E_4}{E_3}}$$

$$+\left[\frac{3}{\left(1-\frac{E_3}{E_1}\right)^2\left(1-\frac{E_4}{E_1}\right)}-\frac{1}{\left(1-\frac{E_3}{E_1}\right)^2\left(1-\frac{E_4}{E_1}\right)^2}-\frac{2}{\left(1-\frac{E_3}{E_1}\right)^3\left(1-\frac{E_4}{E_1}\right)}\right]\frac{\ln\frac{E_1}{E_3}}{\frac{E_1}{E_3}} \tag{3.347}$$

ω_4 与 ω_3 形式相同，只需要将式(3.347)中的 E_3 和 E_4 位置互换即可。

(3) 当 $E_1<E_2=E_3<E_4$ 时，

$$\omega_1=\frac{1}{\left(1-\frac{E_2}{E_1}\right)^2\left(1-\frac{E_4}{E_1}\right)}+\frac{\frac{E_1}{E_2}}{\left(1-\frac{E_1}{E_2}\right)^2\left(1-\frac{E_4}{E_2}\right)}+\frac{1}{\left(1-\frac{E_1}{E_4}\right)^2\left(1-\frac{E_2}{E_4}\right)^2}\frac{\ln\frac{E_4}{E_1}}{\frac{E_4}{E_1}}$$

$$+\left[\frac{3}{\left(1-\frac{E_1}{E_2}\right)^2\left(1-\frac{E_4}{E_2}\right)}-\frac{1}{\left(1-\frac{E_1}{E_2}\right)^2\left(1-\frac{E_4}{E_2}\right)^2}-\frac{2}{\left(1-\frac{E_1}{E_2}\right)^3\left(1-\frac{E_4}{E_2}\right)}\right]\frac{\ln\frac{E_2}{E_1}}{\frac{E_2}{E_1}} \tag{3.348}$$

$$\omega_2=\omega_3=\frac{5}{2\left(1-\frac{E_1}{E_2}\right)\left(1-\frac{E_4}{E_2}\right)}-\frac{1}{\left(1-\frac{E_1}{E_2}\right)^2\left(1-\frac{E_4}{E_2}\right)}-\frac{1}{\left(1-\frac{E_1}{E_2}\right)\left(1-\frac{E_4}{E_2}\right)^2}$$

$$+\frac{1}{\left(1-\frac{E_2}{E_1}\right)^3\left(1-\frac{E_4}{E_1}\right)}\frac{\ln\frac{E_1}{E_2}}{\frac{E_1}{E_2}}+\frac{1}{\left(1-\frac{E_1}{E_4}\right)\left(1-\frac{E_2}{E_4}\right)^3}\frac{\ln\frac{E_4}{E_2}}{\frac{E_4}{E_2}} \tag{3.349}$$

ω_4 与 ω_1 形式相同，只需要将式(3.348)中的 E_1 和 E_4 位置互换即可。

(4) 当 $E_1<E_2<E_3=E_4$ 时，

$$\omega_1=\frac{1}{\left(1-\frac{E_3}{E_1}\right)^2\left(1-\frac{E_2}{E_1}\right)}+\frac{\frac{E_1}{E_3}}{\left(1-\frac{E_1}{E_3}\right)^2\left(1-\frac{E_2}{E_3}\right)}+\frac{1}{\left(1-\frac{E_1}{E_2}\right)^2\left(1-\frac{E_3}{E_2}\right)^2}\frac{\ln\frac{E_2}{E_1}}{\frac{E_2}{E_1}}$$

$$+\left[\frac{3}{\left(1-\frac{E_1}{E_3}\right)^2\left(1-\frac{E_2}{E_3}\right)}-\frac{1}{\left(1-\frac{E_1}{E_3}\right)^2\left(1-\frac{E_2}{E_3}\right)^2}-\frac{2}{\left(1-\frac{E_1}{E_3}\right)^3\left(1-\frac{E_2}{E_3}\right)}\right]\frac{\ln\frac{E_3}{E_1}}{\frac{E_3}{E_1}} \tag{3.350}$$

$$\omega_3 = \omega_4 = \frac{5}{2\left(1-\dfrac{E_1}{E_3}\right)\left(1-\dfrac{E_2}{E_3}\right)} - \frac{1}{\left(1-\dfrac{E_1}{E_3}\right)^2\left(1-\dfrac{E_2}{E_3}\right)} - \frac{1}{\left(1-\dfrac{E_1}{E_3}\right)\left(1-\dfrac{E_2}{E_3}\right)^2} + \frac{1}{\left(1-\dfrac{E_2}{E_1}\right)\left(1-\dfrac{E_3}{E_1}\right)^3}\frac{\ln\dfrac{E_1}{E_3}}{\dfrac{E_1}{E_3}} + \frac{1}{\left(1-\dfrac{E_1}{E_2}\right)\left(1-\dfrac{E_3}{E_2}\right)^3}\frac{\ln\dfrac{E_2}{E_3}}{\dfrac{E_2}{E_3}} \tag{3.351}$$

ω_2 与 ω_1 形式相同,只需要将式(3.350)中的 E_1 和 E_2 位置互换即可。

(5) 当 $E_1 = E_2 = E_3 < E_4$ 时,

$$\omega_1 = \omega_2 = \omega_3 = \frac{11}{6\left(1-\dfrac{E_4}{E_1}\right)} - \frac{5}{2\left(1-\dfrac{E_4}{E_1}\right)^2} + \frac{1}{\left(1-\dfrac{E_4}{E_1}\right)^3} + \frac{1}{\left(1-\dfrac{E_1}{E_4}\right)^4}\frac{\ln\dfrac{E_4}{E_1}}{\dfrac{E_4}{E_1}} \tag{3.352}$$

$$\omega_4 = \left[\frac{3}{\left(1-\dfrac{E_4}{E_1}\right)^2} - \frac{6}{\left(1-\dfrac{E_4}{E_1}\right)^3} + \frac{3}{\left(1-\dfrac{E_4}{E_1}\right)^4}\right]\frac{\ln\dfrac{E_1}{E_4}}{\dfrac{E_1}{E_4}} + \frac{1}{\left(1-\dfrac{E_1}{E_4}\right)^3} + \frac{5}{2}\frac{\dfrac{E_4}{E_1}}{\left(1-\dfrac{E_4}{E_1}\right)^2} - 2\frac{\dfrac{E_4}{E_1}}{\left(1-\dfrac{E_4}{E_1}\right)^3} \tag{3.353}$$

(6) 当 $E_1 < E_2 = E_3 = E_4$ 时,

$$\omega_1 = \left[\frac{3}{\left(1-\dfrac{E_1}{E_2}\right)^2} - \frac{6}{\left(1-\dfrac{E_1}{E_2}\right)^3} + \frac{3}{\left(1-\dfrac{E_1}{E_2}\right)^4}\right]\frac{\ln\dfrac{E_2}{E_1}}{\dfrac{E_2}{E_1}} + \frac{1}{\left(1-\dfrac{E_2}{E_1}\right)^3} + \frac{5}{2}\frac{\dfrac{E_1}{E_2}}{\left(1-\dfrac{E_1}{E_2}\right)^2} - 2\frac{\dfrac{E_1}{E_2}}{\left(1-\dfrac{E_1}{E_2}\right)^3} \tag{3.354}$$

$$\omega_2 = \omega_3 = \omega_4 = \frac{11}{6\left(1-\dfrac{E_1}{E_2}\right)} - \frac{5}{2\left(1-\dfrac{E_1}{E_2}\right)^2} + \frac{1}{\left(1-\dfrac{E_1}{E_2}\right)^3} + \frac{1}{\left(1-\dfrac{E_2}{E_1}\right)^4}\frac{\ln\dfrac{E_1}{E_2}}{\dfrac{E_1}{E_2}} \tag{3.355}$$

(7) 当 $E_1 = E_2 < E_3 = E_4$ 时,

$$\omega_1 = \omega_2 = \frac{5}{2\left(1-\dfrac{E_3}{E_1}\right)^2} - \frac{2}{\left(1-\dfrac{E_3}{E_1}\right)^3} + \frac{\dfrac{E_1}{E_3}}{\left(1-\dfrac{E_1}{E_3}\right)^3} + \left[\frac{3}{\left(1-\dfrac{E_1}{E_3}\right)^3} - \frac{3}{\left(1-\dfrac{E_1}{E_3}\right)^4}\right]\frac{\ln\dfrac{E_3}{E_1}}{\dfrac{E_3}{E_1}} \tag{3.356}$$

$$\omega_3=\omega_4=\frac{5}{2\left(1-\frac{E_1}{E_3}\right)^2}-\frac{2}{\left(1-\frac{E_1}{E_3}\right)^3}+\frac{\frac{E_3}{E_1}}{\left(1-\frac{E_3}{E_1}\right)^3}+\left[\frac{3}{\left(1-\frac{E_3}{E_1}\right)^3}-\frac{3}{\left(1-\frac{E_3}{E_1}\right)^4}\right]\frac{\ln\frac{E_1}{E_3}}{\frac{E_1}{E_3}} \tag{3.357}$$

(8) 当 $E_1=E_2=E_3=E_4$ 时，

$$\omega_1=\omega_2=\omega_3=\omega_4=\frac{1}{4} \tag{3.358}$$

3.4.2.2　态密度

四面体方法的提出，最早就是为了求解形如

$$I(E)=\int_{E(\boldsymbol{k})=E}F(\boldsymbol{k})\,|\nabla E(\boldsymbol{k})|^{-1}\mathrm{d}S \tag{3.359}$$

的积分式。当 $F(\boldsymbol{k})\equiv 1$ 时，积分式前乘以因子 $1/V_G$，式(3.359)就成为态密度的定义式。除了在物理上的重要性以外，讨论态密度有助于直观地理解四面体方法的几何意义。

Lehmann 和 Taut[93] 指出，设四个顶点的能量本征值满足条件 $E_1<E_2<E_3<E_4$，在四面体内能量按照线性函数展开，与 3.4.2.1 节的 $g(\boldsymbol{k})$ 相同：

$$E(\boldsymbol{k})=E_1+\boldsymbol{b}\cdot(\boldsymbol{k}-\boldsymbol{k}_1) \tag{3.360}$$

式中：$\boldsymbol{b}=\sum_{i=1}^{3}(E_{i+1}-E_1)\boldsymbol{r}_i$，$\boldsymbol{r}_i\cdot\boldsymbol{k}_j=\delta_{ij}$，其中 $\boldsymbol{k}_j=\boldsymbol{k}_{j+1}-\boldsymbol{k}_1$。因此可以按照倒格矢与正格矢的关系式写出 $\boldsymbol{r}_i$，有

$$\boldsymbol{r}_1=\frac{\boldsymbol{k}_2\times\boldsymbol{k}_3}{\boldsymbol{k}_1\cdot(\boldsymbol{k}_2\times\boldsymbol{k}_3)},\quad \boldsymbol{r}_2=\frac{\boldsymbol{k}_3\times\boldsymbol{k}_1}{\boldsymbol{k}_1\cdot(\boldsymbol{k}_2\times\boldsymbol{k}_3)},\quad \boldsymbol{r}_3=\frac{\boldsymbol{k}_1\times\boldsymbol{k}_2}{\boldsymbol{k}_1\cdot(\boldsymbol{k}_2\times\boldsymbol{k}_3)}$$

式中分母是以 $\boldsymbol{k}_i$ 为顶点的四面体体积的六倍，即 $6V_T$。因此该四面体对态密度 $D_T(E)$ 的贡献为

$$D_T(E)=\frac{1}{V_G}\frac{\mathrm{d}S(E)}{|\boldsymbol{b}|}=\begin{cases}0, & E\leqslant E_1\\ \dfrac{1}{V_G}\dfrac{f_1}{|\boldsymbol{b}|}, & E_1\leqslant E\leqslant E_2\\ \dfrac{1}{V_G}\dfrac{f_1-f_2}{|\boldsymbol{b}|}, & E_2\leqslant E\leqslant E_3\\ \dfrac{1}{V_G}\dfrac{f_4}{|\boldsymbol{b}|}, & E_3\leqslant E\leqslant E_4\\ 0, & E\geqslant E_4\end{cases} \tag{3.361}$$

其中函数 f 是等能面 $S(E)$ 在四面体内的截面面积，如图 3.9 所示。因此容易得出 $f/|\boldsymbol{b}|$ 的表达式为

$$\begin{cases}\dfrac{f_1}{|\boldsymbol{b}|}=3V_T\dfrac{(E-E_1)^2}{(E_2-E_1)(E_3-E_1)(E_4-E_1)}\\ \dfrac{f_2}{|\boldsymbol{b}|}=3V_T\dfrac{(E-E_2)^2}{(E_2-E_1)(E_3-E_2)(E_4-E_2)}\\ \dfrac{f_4}{|\boldsymbol{b}|}=3V_T\dfrac{(E-E_4)^2}{(E_4-E_1)(E_4-E_2)(E_4-E_3)}\end{cases} \tag{3.362}$$

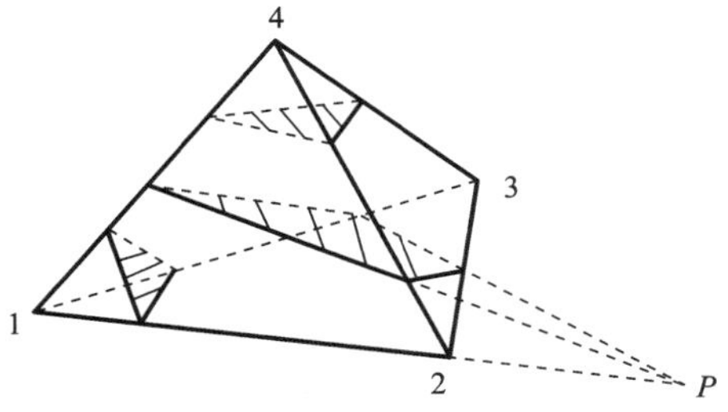

图 3.9　等能面 $S(E)$ 在四面体中的截面

对于态密度,Jepsen 和 Andersen[94] 还提出了更直观简单的计算方法,之后由 Blöch 对他们所提方法进行了改进[95]。可以将每个四面体看作容器,给定等能面 $S(E)$ 之后,该四面体对电子态数目 $n(E)$ 的贡献等于 $\varepsilon \leqslant E$ 的包络体积对第一布里渊区体积的比值。而态密度 $D_T(E)$ 可以定义为 $\mathrm{d}n/\mathrm{d}E$。通过简单的三角锥体积计算,可得

$$n(E)=\begin{cases}0, & E\leqslant E_1\\ \dfrac{V_T}{V_G}\dfrac{(E-E_1)^3}{(E_2-E_1)(E_3-E_1)(E_4-E_1)}, & E_1\leqslant E\leqslant E_2\\ \dfrac{V_T}{V_G}\left[\dfrac{(E-E_1)^3}{(E_2-E_1)(E_3-E_1)(E_4-E_1)}\right.\\ \qquad\left.-\dfrac{(E-E_1)^3}{(E_2-E_1)(E_3-E_2)(E_4-E_2)}\right], & E_2\leqslant E\leqslant E_3\\ \dfrac{V_T}{V_G}\left[1-\dfrac{(E_4-E)^3}{(E_4-E_1)(E_4-E_2)(E_4-E_3)}\right], & E_3\leqslant E\leqslant E_4\\ \dfrac{V_T}{V_G}, & E>E_4\end{cases}\tag{3.363}$$

将式(3.363)对 E 求导,即得方程(3.361)。对于简并情况,式(3.361)至式(3.363)并不适用。因此对于式(3.363)中的第三种情况,电子态数目方程可等效地写为[94]

$$\begin{aligned}n(E)=&\frac{V_T}{V_G}\frac{1}{(E_3-E_1)(E_4-E_1)}\Big[(E_2-E_1)^2+3(E_2-E_1)(E-E_2)+3(E-E_2)^2\\&-\frac{E_3-E_1+E_4-E_2}{(E_3-E_2)(E_4-E_2)}(E-E_2)^2\Big],\quad E_2\leqslant E\leqslant E_3\end{aligned}\tag{3.364}$$

而相应地,该情况下的态密度 $D_T(E)$ 可写为

$$\begin{aligned}D_T(E)=&\frac{V_T}{V_G}\frac{1}{(E_3-E_1)(E_4-E_1)}\Big[3(E_2-E_1)+6(E-E_2)\\&-3\frac{(E_3-E_1+E_4-E_2)(E-E_2)^2}{(E_3-E_2)(E_4-E_2)}\Big],\quad E_2\leqslant E\leqslant E_3\end{aligned}$$

在传统的四面体方法中,首先通过对称群的操作找出第一布里渊区的不可约部分,然后在等间距的 $\boldsymbol{k}$ 点网格上将其手动划分为若干四面体。这种划分有一定的随意性,因为给定一组 $\boldsymbol{k}$ 点网格,可以有很多种不同的方法将该网格划分为若干互不重叠的四面体,进而进行计算。这种随意性是否会造成计算上的误差甚至错误? Kleinman 对此做了讨论[96]。通过一个简单的例子,他证明在 $\boldsymbol{k}$ 点比较稀疏的情况下,不同的划分会造成高达 14% 的误差,而划分正确时会得出与特殊 $\boldsymbol{k}$ 点法相同的结果。在 $\boldsymbol{k}$ 点足够密集时,这种划分上的随意性对计算结果的影响可以忽略不计。其原因在于,在四面体方法中,除个别 $\boldsymbol{k}$ 点外,绝大多数 $\boldsymbol{k}$ 点由多个四面体共享,因此实际上在积分中参与了超过一次的计算。边界及靠近边界的 $\boldsymbol{k}$ 点在不同的划分中所归属的四面体数量不尽相同,从而使得各自对积分值的贡献有差异。而在网格中间区域的 $\boldsymbol{k}$ 点则不存在这个问题。因此,在 $\boldsymbol{k}$ 点密集时,可以忽略边界处 $\boldsymbol{k}$ 点的贡献,但在 $\boldsymbol{k}$ 点较少时,这样做则可能影响最终结果。Kleinman 的研究促使 Jepsen 和 Andersen 重新审视四面体方法,并提出了一种通用的、适用于编程的四面体划分法[97]。这为后来 Blöch 的工作奠定了基础,进一步推动了四面体方法在第一性原理计算中的应用和发展。

Kleinman 的工作的重要性还在于第一次明确指出了利用四面体方法,同样可以将 $\langle F\rangle$

$=\frac{1}{V_G}\sum_n\int_{V_G}\mathrm{d}^3kF_n(\boldsymbol{k})f(E_n(\boldsymbol{k}))$ 中的积分计算转化为各个 $\boldsymbol{k}$ 点上的被积函数值的加权求和：

$$\langle F\rangle=\frac{1}{4V_G}\sum_n\sum_i F_n(\boldsymbol{k}_i)\Big(\sum_{T\in\boldsymbol{k}_i}V_T^{\mathrm{occ}}\Big) \tag{3.365}$$

其中圆括号中的求和遍历所有以 $\boldsymbol{k}_i$ 为一个顶点的四面体，而 V_T^{occ} 则是这个四面体中满足 $E_n(\boldsymbol{k})\leqslant E_F$ 的体积，具体公式参见方程(3.363)。在前面工作的基础上，Blöch 给出了有较大改进的四面体方法的普适算法[95]，其主要特点体现在以下三个方面：四面体的自动划分；各 $\boldsymbol{k}$ 点的权重；对金属体系的 Blöch 修正。

1. 四面体的自动划分

前面已经指出，为了减少需要计算的四面体数目，首先需要找出第一布里渊区的不可约部分。这样的策略有一个副作用，即对不可约部分的四面体划分几乎不可避免地要进行人工干预，不利于编程求解。因此 Blöch 提出，首先利用 Monkhorst-Pack(MP) 方法[85] 在第一布里渊区内生成等距的 $\boldsymbol{k}$ 点网格，然后给每个 $\boldsymbol{k}$ 点编号：

$$N=1+\frac{l-l_0}{2}+(n_1+1)\left[\frac{m-m_0}{2}+(n_2+1)\frac{n-n_0}{2}\right] \tag{3.366}$$

式中：(l,m,n) 是该 $\boldsymbol{k}$ 点沿倒格矢 $\boldsymbol{b}_1$、$\boldsymbol{b}_2$、$\boldsymbol{b}_3$ 的序数的 2 倍；n_i 是在三个方向上的 $\boldsymbol{k}$ 点数；(l_0,m_0,n_0) 是 MP 方法中 Γ 点的偏移量，有偏移则为 1，否则为 0。编号之后建立标识数组，其位置与该位置储存的元素值相同，例如，在第一个位置存储 1，在第二个位置存储 2，依次类推。然后从第一个位置开始，利用对称群的操作矩阵对每个 $\boldsymbol{k}$ 点坐标进行操作，再与数组中其他 $\boldsymbol{k}$ 点的坐标进行比较，如果彼此相同且后者的编号大于前者，则将后者的元素值改为前者的。这样对全部数组操作完毕之后，可以立即挑出所有不可约 $\boldsymbol{k}$ 点 —— 只有当 $\boldsymbol{k}_i$ 点为不可约 $\boldsymbol{k}$ 点时，其编号才与其存储位置相同。之后，为了计算方便，可以对所有这些不可约 $\boldsymbol{k}$ 点按存储位置的顺序重新编号，即从 1 到 $\boldsymbol{k}_{\mathrm{irr}}(\max)$。数组中的各个元素也相应地改为新的编号(或名称)。这样整个第一布里渊区中的 $\boldsymbol{k}$ 点都可用不可约 $\boldsymbol{k}$ 点标记。

下一步讨论四面体的自动划分过程。以下八组坐标代表的 $\boldsymbol{k}$ 点构成平行六面体：

$$(l,m,n)-1,\quad (l+2,m,n)-2,\quad (l,m+2,n)-3,\quad (l,m,n+2)-4,$$
$$(l+2,m+2,n)-5,\ (l+2,m,n+2)-6,\ (l,m+2,n+2)-7,\ (l+2,m+2,n+2)-8$$

为了尽量减小插值引起的误差，可以取此平行六面体中最短的体对角线作为等体积的六个四面体的公共对角线。将平行六面体的顶点依次设为 1 ~ 8，则可以采用下面六组途径确定这六个四面体的各个顶点：

$$3\to5\to6\to7,\quad 3\to6\to7\to8,\quad 3\to4\to6\to8$$
$$1\to3\to5\to6,\quad 1\to2\to3\to6,\quad 2\to3\to4\to6$$

整个分解过程如图 3.10 所示。为简单起见，图中以立方体为例。对每个平行六面体重复上述过程，可以将整个第一布里渊区划分为体积相等的若干个四面体，每个四面体的顶点可用标识数组中的不可约 $\boldsymbol{k}$ 点标记。将这四个顶点的标号按升序排列，则每个四面体的简并度可以轻易得出。因此，这个过程保证了可以只用不可约 $\boldsymbol{k}$ 点上的信息进行整个第一布里渊区的积分，而无须考虑如何划定其不可约部分。上述过程可以避免 Kleinman 所说的计算误差，而且整个过程可以通过程序自动实现而无须人工干预。

2. 各个 $\boldsymbol{k}$ 点的权重计算

四面体方法的基本过程是，先算出每个四面体对积分值的贡献，再对所有四面体求和。

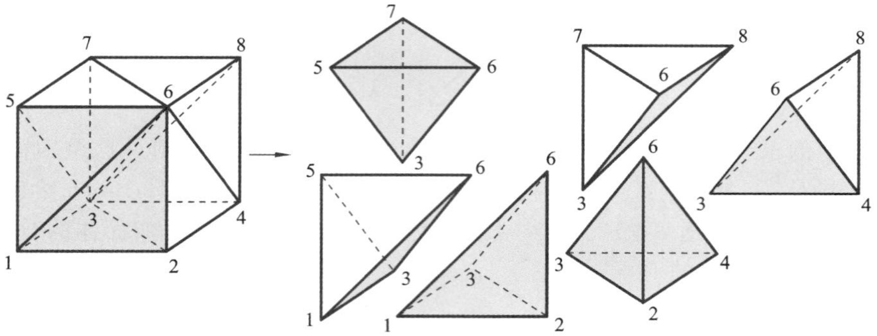

图 3.10　k 点网格中的四面体划分

因此如前文所述,绝大多数 $\boldsymbol{k}$ 点参与了多次计算。同时采用这种算法时也需要知道每个不可约 $\boldsymbol{k}$ 点上的被积函数值,对大规模计算而言难免会有存储方面的困难。如同 Kleinman 所指出的,积分 $\langle F\rangle$ 可以表示为 $\boldsymbol{k}$ 点的加权求和,即

$$\langle F\rangle=\sum_{i,n}F_n(\boldsymbol{k}_i)\omega_{ni} \tag{3.367}$$

与标准的四面体方法相同,在每个四面体内,$F_n(\boldsymbol{k})$ 用线性函数 $f_n(\boldsymbol{k})$ 近似。$f_n(\boldsymbol{k})$ 也可写为

$$f_n(\boldsymbol{k})=\sum_{i}F_n(\boldsymbol{k}_i)\omega_i(\boldsymbol{k}_i) \tag{3.368}$$

将其代入方程(3.367),可得每个不可约 $\boldsymbol{k}$ 点的积分权重 ω_{ni}:

$$\omega_{ni}=\frac{1}{V_G}\int_{V_G}\omega_i(\boldsymbol{k})f(E_n(\boldsymbol{k}))\mathrm{d}\boldsymbol{k} \tag{3.369}$$

若取 $\omega_i(\boldsymbol{k})$ 为常数 1/4,则根据方程(3.369)很容易得到方程(3.365)。事实上方程(3.365)非常简单实用。但是考虑到问题的完整性以及与修正项的自洽问题,在这里还是重复一下 Blöch 的计算。将 $\omega_i(\boldsymbol{k})$ 作为线性函数,其在 $\boldsymbol{k}_i$ 点及等价点 $\{\boldsymbol{k}_i^*\}$ 上为 1,而在其他 $\boldsymbol{k}$ 点上均为 0(当然在两 $\boldsymbol{k}$ 点间 $\omega_i(\boldsymbol{k})$ 呈线性变化)。为计算这种情况下的积分权重 ω_{ni},首先必须计算出体系的费米能 E_{F}:利用方程(3.363)计算能量小于给定 E 的状态数 $n(E)$,直到 $\sum_n g_n n(E_n)$ 等于体系的总电子数(g_n 为相应能级的简并度)为止,此时的 E 即为所求的 E_{F}。据此可以得出 ω_{ni}(省略能带指数 n):

当 $E_{\mathrm{F}}<E_1$ 时,

$$\omega_1=\omega_2=\omega_3=\omega_4=0 \tag{3.370}$$

当 $E_1<E_{\mathrm{F}}<E_2$ 时

$$\begin{cases}\omega_1=C_0\left[4-(E_{\mathrm{F}}-E_1)\left(\dfrac{1}{E_2-E_1}+\dfrac{1}{E_3-E_1}+\dfrac{1}{E_4-E_1}\right)\right]\\ \omega_2=C_0\dfrac{E_{\mathrm{F}}-E_1}{E_2-E_1}\\ \omega_3=C_0\dfrac{E_{\mathrm{F}}-E_1}{E_3-E_1}\\ \omega_4=C_0\dfrac{E_{\mathrm{F}}-E_1}{E_4-E_1}\end{cases} \tag{3.371}$$

式中
$$C_0=\frac{V_T}{4V_G}\frac{(E_F-E_1)^3}{(E_2-E_1)(E_3-E_1)(E_4-E_1)}$$

当 $E_2<E_F<E_3$ 时

$$\begin{cases}\omega_1=C_1+(C_1+C_2)\dfrac{E_3-E_F}{E_3-E_1}+(C_1+C_2+C_3)\dfrac{E_4-E_F}{E_4-E_1}\\ \omega_2=C_1+C_2+C_3+(C_2+C_3)\dfrac{E_3-E_F}{E_3-E_2}+C_3\dfrac{E_4-E_F}{E_4-E_2}\\ \omega_3=(C_1+C_2)\dfrac{E_F-E_1}{E_3-E_1}+(C_2+C_3)\dfrac{E_F-E_2}{E_3-E_2}\\ \omega_4=(C_1+C_2+C_3)\dfrac{E_F-E_1}{E_4-E_1}+C_3\dfrac{E_F-E_2}{E_4-E_2}\end{cases} \tag{3.372}$$

式中

$$\begin{cases}C_1=\dfrac{V_T}{4V_G}\dfrac{(E_F-E_1)^2}{(E_4-E_1)(E_3-E_1)}\\ C_2=\dfrac{V_T}{4V_G}\dfrac{(E_F-E_1)(E_F-E_2)(E_3-E_F)}{(E_4-E_1)(E_3-E_2)(E_3-E_1)}\\ C_3=\dfrac{V_T}{4V_G}\dfrac{(E_F-E_2)^2(E_4-E_F)}{(E_4-E_2)(E_3-E_2)(E_4-E_1)}\end{cases}$$

当 $E_3<E_F<E_4$ 时，

$$\begin{cases}\omega_1=\dfrac{V_T}{4V_G}-C_4\dfrac{E_4-E_F}{E_4-E_1}\\ \omega_2=\dfrac{V_T}{4V_G}-C_4\dfrac{E_4-E_F}{E_4-E_2}\\ \omega_3=\dfrac{V_T}{4V_G}-C_4\dfrac{E_4-E_F}{E_4-E_3}\\ \omega_4=\dfrac{V_T}{4V_G}-C_4\left[4-\left(\dfrac{1}{E_4-E_1}+\dfrac{1}{E_4-E_2}+\dfrac{1}{E_4-E_3}\right)(E_4-E_F)\right]\end{cases} \tag{3.373}$$

式中

$$C_4=\frac{V_T}{4V_G}\frac{(E_4-E_F)^3}{(E_4-E_1)(E_4-E_2)(E_4-E_3)}$$

当 $E_F>E_4$ 时，

$$\omega_1=\omega_2=\omega_3=\omega_4=\frac{V_T}{4V_G},\quad E_F>E_4 \tag{3.374}$$

因此，对于给定的 $\boldsymbol{k}_i$，可以找出其自身和等价点所属的四面体，通过分析各四面体内的能级分布情况，由式(3.370) 至式(3.374) 计算出积分权重 ω_{ni}。

3. Blöch 修正

在四面体方法中，通过对被积函数进行线性插值，可以得到简单的计算公式，同时可在很大程度上保持计算精度。然而，对于费米面形状复杂且部分填充的过渡金属体系，我们仍然需要考虑线性近似可能带来的误差以及相关的修正问题。对于这些系统的精确计算和理解，需要在计算方法和数值技巧上做出适当的调整，以减小近似所产生的影响并提高计算精度。

首先讨论误差。在四面体中，真实的被积函数 $F(\boldsymbol{k})$ 总会有正曲率和负曲率的部分，而线

性函数 $f(\boldsymbol{k})$ 则会高估正曲率区间的函数值,同时低估负曲率区间的函数值。对于绝缘体和半导体,由于积分区域覆盖整个四面体,这两部分误差在很大程度上可以相互抵消。但是,对于金属体系,由于导带部分填充,即积分区域仅覆盖四面体的一部分而非全部,高估和低估的误差部分之间可能存在显著的不平衡,这将导致误差大大增加,具体表现为总能量随 $\boldsymbol{k}$ 点数目收敛的速度较慢。

再考虑对上述误差的修正。设一个普遍的二次函数 $X(\boldsymbol{k})$ 在以四面体三条边为坐标轴的坐标系内可以表示为

$$X(\boldsymbol{k}) = \tilde{a} + \sum_i \tilde{b}_i k_i + \frac{1}{2}\sum_{i,j} k_i \tilde{c}_{ij} k_j, \quad i,j = 1,2,3$$

相应的线性差值函数 $x(\boldsymbol{k})$ 则为

$$x(\boldsymbol{k}) = \tilde{a} + \sum_i \left(\tilde{b}_i + \frac{1}{2}\tilde{c}_{ii}\right) k_i$$

则四面体中的误差为

$$\delta\langle X\rangle_T = \int_{V_T} \mathrm{d}^3 k \cdot \frac{1}{2}\left(\sum_{ij} k_i \tilde{c}_{ij} k_j - \sum_i \tilde{c}_{ii} k_i\right) = V_T \cdot \frac{1}{40}\left(\sum_{i\neq j}\tilde{c}_{ij} - 3\sum_i \tilde{c}_{ii}\right) \quad (3.375)$$

其中最后一步利用了公式[98]

$$\frac{1}{V_T}\int_{V_T} X(\boldsymbol{k})\mathrm{d}^3\boldsymbol{k} = \frac{1}{40}\sum F_{\mathrm{v}} + \frac{9}{40}\sum F_{\mathrm{f}} + \mathcal{O}(4)$$

式中:F_{v} 和 F_{f} 分别指四面体顶点处及面心处的函数值。利用方程(3.375)可以计算整个第一布里渊区(必须是全部区域,仅包含不可约部分的求和无效)中的误差总值 $\delta\langle X\rangle$。具体的计算过程可以在文献[95]中找到,这里不赘述,仅给出结果。利用高斯定理以及有限差分近似,最终可得

$$\delta\langle X\rangle = \sum_T D_T(E_{\mathrm{F}}) \cdot \frac{1}{40}\sum_{i=1}^{4} X_i \sum_{j=1}^{4}(E_j - E_i) \quad (3.376)$$

则相应的修正权重 $\mathrm{d}\omega_i$ 为

$$\mathrm{d}\omega_i = \frac{\mathrm{d}\delta\langle X\rangle}{\mathrm{d}X_i} = \sum_T \frac{1}{40} D_T(E_{\mathrm{F}}) \sum_{j=1}^{4}(E_j - E_i) \quad (3.377)$$

在利用方程(3.367)计算形如式(3.359)的积分时,对于金属体系,计入上述修正项会有效地改善被积函数的收敛性。

3.4.3 平面波-赝势框架下体系的总能

通过 3.3 节中的讨论可知,使用赝势可以显著减少描述本征轨道所需的平面波数量,从而有效地提高计算效率。此外,利用平面波可以轻松地计算动能项,这一点相对于局域轨道基(如 GTO(高斯型轨道)、STO(斯莱特型轨道)等)或混合基(如 LAPW(线性缀加平面波)等)是一个很大的优势。在可以获得高质量赝势的前提下,利用平面波-赝势框架进行 DFT 计算已经成为材料计算和模拟领域的重要研究方向。目前广泛应用的计算软件,如 VASP、CASTEP、PWSCF 等,都采用了这一类方法。在本节中,我们将详细推导这类方法的总能量表达式。

3.4.3.1 总能表达式的推导

Ihm、Zunger 和 Cohen 在 1979 年提出了倒空间下利用赝势计算体系总能的公式,奠定

了目前计算物理中应用广泛的平面波-赝势方法的理论基础[99]。为简单起见，设体系为单质，由 N_{cell} 个单胞组成，每个单胞中有一个原子。该体系在 DFT 的框架下体系总能可以表示为

$$E_{\mathrm{tot}}=T[\rho]+E_{\mathrm{ee}}[\rho]+E_{\mathrm{xc}}[\rho]+E_{\mathrm{Ie}}[\rho]+E_{\mathrm{II}} \tag{3.378}$$

式中 $E_{\mathrm{xc}}=\int\varepsilon_{\mathrm{xc}}(\boldsymbol{r})\mathrm{d}\boldsymbol{r}$。如果采用赝势 $V_{\mathrm{ps},l}(\boldsymbol{r}-\boldsymbol{R}_{k,I})$ 代表位于 $\boldsymbol{R}_{k,I}$ 终点处的原子核(k 代表单胞序号)对角动量为 l 的电子波函数的作用，则 $E_{\mathrm{Ie}}[\rho]$(I 代表该单胞中的原子，e 表示电子)可以表示为

$$E_{\mathrm{Ie}}[\rho]=\sum_{i,l,k,I}\int\psi_i^*(\boldsymbol{r})V_{\mathrm{ps},l}(\boldsymbol{r}-\boldsymbol{R}_{k,I})\hat{P}_l\psi_i(\boldsymbol{r})\mathrm{d}\boldsymbol{r} \tag{3.379}$$

式中：$\hat{P}_l$ 表示将波函数投影到角动量为 l 的电子波函数上的投影算符。根据式(3.378)导出的单电子薛定谔方程为

$$\left[-\frac{1}{2}\nabla^2+\frac{1}{2}\int\frac{\rho(\boldsymbol{r}')}{|\boldsymbol{r}-\boldsymbol{r}'|}\mathrm{d}\boldsymbol{r}'+\mu_{\mathrm{xc}}(\boldsymbol{r})+\sum_{k,I,l}V_{\mathrm{ps},l}(\boldsymbol{r}-\boldsymbol{R}_{k,I})\right]\psi_n(\boldsymbol{r})=\varepsilon_n\psi_n(\boldsymbol{r}) \tag{3.380}$$

式中：$\mu_{\mathrm{xc}}(\boldsymbol{r})$ 为交换关联势，$\mu_{\mathrm{xc}}(\boldsymbol{r})=\partial E_{\mathrm{xc}}[\rho(\boldsymbol{r})]/\partial\rho(\boldsymbol{r})$。$u_{\mathrm{xc}}(\boldsymbol{r})$ 具体的函数形式有很多种，Ihm 等人采用了 X_α 方法中的结果，即方程(3.143)，则

$$E_{\mathrm{xc}}(\boldsymbol{r})=\int\mu_{\mathrm{xc}}(\boldsymbol{r})\mathrm{d}\rho(\boldsymbol{r})=\frac{3}{4}\mu_{\mathrm{xc}}(\boldsymbol{r})\rho(\boldsymbol{r}) \tag{3.381}$$

当然也可以采取其他形式，如 3.2 节中介绍的各种交换关联势。

采用平面波 $\mathrm{e}^{\mathrm{i}\boldsymbol{k}\cdot\boldsymbol{r}}$ 作为基函数，对于给定的 $\boldsymbol{k}_i$，$\psi_n(\boldsymbol{r})$ 可以展开为

$$\psi_n(\boldsymbol{r})=\sum_{\boldsymbol{G}}c_{n,\boldsymbol{k}_i}(\boldsymbol{G})\mathrm{e}^{\mathrm{i}(\boldsymbol{k}_i+\boldsymbol{G})\cdot\boldsymbol{r}} \tag{3.382}$$

则式(3.378)和式(3.380)中的各项均需在倒空间内展开，也即需进行傅里叶变换。首先考虑 Hartree 势(有时也称为库仑势)

$$V_{\mathrm{H}}(\boldsymbol{r})=\int\frac{\rho(\boldsymbol{r}')}{|\boldsymbol{r}-\boldsymbol{r}'|}\mathrm{d}\boldsymbol{r}' \tag{3.383}$$

其傅里叶变换为

$$\begin{aligned}V_{\mathrm{H}}(\boldsymbol{G})&=\int V_{\mathrm{H}}(\boldsymbol{r})\mathrm{e}^{-\mathrm{i}\boldsymbol{G}\cdot\boldsymbol{r}}\mathrm{d}\boldsymbol{r}=\int\frac{\rho(\boldsymbol{r}')}{|\boldsymbol{r}-\boldsymbol{r}'|}\mathrm{e}^{-\mathrm{i}\boldsymbol{G}\cdot\boldsymbol{r}}\mathrm{d}\boldsymbol{r}'=\iint\frac{\sum_{\boldsymbol{G}'}\rho(\boldsymbol{G}')}{|\boldsymbol{r}-\boldsymbol{r}'|}\mathrm{e}^{-\mathrm{i}\boldsymbol{G}\cdot\boldsymbol{r}}\mathrm{e}^{\mathrm{i}\boldsymbol{G}'\cdot\boldsymbol{r}'}\mathrm{d}\boldsymbol{r}\mathrm{d}\boldsymbol{r}'\\&=\iint\frac{\sum_{\boldsymbol{G}'}\rho(\boldsymbol{G}')}{|\boldsymbol{r}''|}\mathrm{e}^{\mathrm{i}\boldsymbol{G}'\cdot\boldsymbol{r}'}\mathrm{e}^{-\mathrm{i}\boldsymbol{G}\cdot\boldsymbol{r}'}\mathrm{e}^{-\mathrm{i}\boldsymbol{G}\cdot\boldsymbol{r}''}\mathrm{d}\boldsymbol{r}'\mathrm{d}\boldsymbol{r}''=\int\frac{\sum_{\boldsymbol{G}'}\rho(\boldsymbol{G}')}{|\boldsymbol{r}''|}\mathrm{e}^{-\mathrm{i}\boldsymbol{G}\cdot\boldsymbol{r}''}\mathrm{d}\boldsymbol{r}''\int\mathrm{e}^{\mathrm{i}(\boldsymbol{G}'-\boldsymbol{G})\cdot\boldsymbol{r}'}\mathrm{d}\boldsymbol{r}'\\&=\sum_{\boldsymbol{G}'}\int\frac{\rho(\boldsymbol{G}')}{|\boldsymbol{r}''|}\mathrm{e}^{-\mathrm{i}\boldsymbol{G}\cdot\boldsymbol{r}''}\mathrm{d}\boldsymbol{r}''\delta_{\boldsymbol{G}\boldsymbol{G}'}=\rho(\boldsymbol{G})\int\frac{\mathrm{e}^{-\mathrm{i}\boldsymbol{G}\cdot\boldsymbol{r}''}}{|\boldsymbol{r}''|}\mathrm{d}\boldsymbol{r}''=\frac{4\pi\rho(\boldsymbol{G})}{|\boldsymbol{G}|^2}\end{aligned} \tag{3.384}$$

式(3.384)也可以通过泊松方程或者函数卷积的傅里叶变换得到。相应的 Hartree 能为

$$E_{\mathrm{H}}=\frac{1}{2}\iint\frac{\rho(\boldsymbol{r})\rho(\boldsymbol{r}')}{|\boldsymbol{r}-\boldsymbol{r}'|}\mathrm{d}\boldsymbol{r}\mathrm{d}\boldsymbol{r}'=\frac{\Omega}{2}\sum_{\boldsymbol{G}}V_{\mathrm{H}}(\boldsymbol{G})\rho(\boldsymbol{G}) \tag{3.385}$$

式中：Ω 是体系的总体积。与其相似，交换关联能 E_{xc} 在倒空间的表达式为

$$E_{\mathrm{xc}}=\Omega\sum_{\boldsymbol{G}}\varepsilon_{\mathrm{xc}}(\boldsymbol{G})\rho(\boldsymbol{G}) \tag{3.386}$$

式中：$\varepsilon_{\mathrm{xc}}(\boldsymbol{G})$ 是交换关联能密度 $\varepsilon_{\mathrm{xc}}(\boldsymbol{r})$ 的傅里叶变换 $\boldsymbol{G}$ 分量。

动能项比较简单,计算如下:

$$
\begin{aligned}
T &= \frac{1}{N_{\boldsymbol{k}}}\sum_{n,i}\int \psi_n^*(\boldsymbol{r})\frac{-\nabla^2}{2}\psi_n(\boldsymbol{r})\mathrm{d}\boldsymbol{r} \\
&= \sum_{n,i,\boldsymbol{G},\boldsymbol{G}'}\int c_{n,\boldsymbol{k}_i}^*(\boldsymbol{G}')\mathrm{e}^{-\mathrm{i}(\boldsymbol{k}_i+\boldsymbol{G}')\cdot\boldsymbol{r}}\frac{-\nabla^2}{2}c_{n,\boldsymbol{k}_i}(\boldsymbol{G})\mathrm{e}^{\mathrm{i}(\boldsymbol{k}_i+\boldsymbol{G})\cdot\boldsymbol{r}}\mathrm{d}\boldsymbol{r} \\
&= \sum_{n,i,\boldsymbol{G},\boldsymbol{G}'}\frac{|\boldsymbol{k}_i+\boldsymbol{G}|^2}{2}\int c_{n,\boldsymbol{k}_i}^*(\boldsymbol{G}')c_{n,\boldsymbol{k}_i}(\boldsymbol{G})\mathrm{e}^{\mathrm{i}(\boldsymbol{G}-\boldsymbol{G}')\cdot\boldsymbol{r}}\mathrm{d}\boldsymbol{r} \\
&= \frac{\Omega}{2}\sum_{n,i,\boldsymbol{G},\boldsymbol{G}'}|\boldsymbol{k}_i+\boldsymbol{G}|^2\delta_{\boldsymbol{G}\boldsymbol{G}'}|c_{n,\boldsymbol{k}_i}(\boldsymbol{G})|^2 \\
&= \frac{\Omega}{2}\sum_{n,i,\boldsymbol{G}}|\boldsymbol{k}_i+\boldsymbol{G}|^2|c_{n,\boldsymbol{k}_i}(\boldsymbol{G})|^2
\end{aligned}
\tag{3.387}
$$

式中:$N_{\boldsymbol{k}}$ 是第一布里渊区中 $\boldsymbol{k}$ 点个数。

比较困难的是原子核-电子相互作用能 E_{Ie}。如前所述,原子核的势场由赝势 $V_{\mathrm{ps},l}(\boldsymbol{r}-\boldsymbol{R}_{k,I})$ 表示,则

$$
E_{\mathrm{Ie}} = \sum_{i,k,l}\int \psi_i^*(\boldsymbol{r})V_{\mathrm{ps},l}(\boldsymbol{r}-\boldsymbol{R}_{k,I})\hat{P}_l\psi_i(\boldsymbol{r})\mathrm{d}\boldsymbol{r} \tag{3.388}
$$

该积分是在全空间中进行的。但是考虑到原子赝势 $V_{\mathrm{ps},l}$ 拥有平移对称性,因此对于每个 $\boldsymbol{R}_k$ 都可以做变量代换:$\boldsymbol{r}'_k=\boldsymbol{r}-\boldsymbol{R}_k$。因此,全空间积分可以表示为单胞 k 的积分且对 k 求和。在各个原胞中,$\boldsymbol{r}'$ 的下标可以忽略。因此,式(3.388)可写为

$$
\begin{aligned}
E_{\mathrm{Ie}} &= \sum_{n,k,l}\int \psi_n^*(\boldsymbol{r})V_{\mathrm{ps},l}(\boldsymbol{r}-\boldsymbol{R}_k)\hat{P}_l\psi_n(\boldsymbol{r})\mathrm{d}\boldsymbol{r} \\
&= \frac{\Omega}{N_{\boldsymbol{k}}}\sum_{n,i,\boldsymbol{G},\boldsymbol{G}',l}c_{n,\boldsymbol{k}_i}^*(\boldsymbol{G})c_{n,\boldsymbol{k}_i}(\boldsymbol{G}')\times\frac{1}{N_{\mathrm{cell}}\Omega_{\mathrm{cell}}}\sum_{k,I}\int \mathrm{e}^{-\mathrm{i}(\boldsymbol{k}_i+\boldsymbol{G})(\boldsymbol{r}'+\boldsymbol{R}_{k,I})} \\
&\quad\times V_{\mathrm{ps},l}(\boldsymbol{r}')\hat{P}_l\mathrm{e}^{\mathrm{i}(\boldsymbol{k}_i+\boldsymbol{G}')(\boldsymbol{r}'+\boldsymbol{R}_{k,I})}\mathrm{d}\boldsymbol{r}' \\
&= \frac{\Omega}{N_{\boldsymbol{k}}}\sum_{n,i,\boldsymbol{G},\boldsymbol{G}',l}c_{n,\boldsymbol{k}_i}^*(\boldsymbol{G})c_{n,\boldsymbol{k}_i}(\boldsymbol{G}')\sum_{I}\mathrm{e}^{(\boldsymbol{G}'-\boldsymbol{G})\cdot\boldsymbol{R}_I}\cdot\frac{1}{\Omega_{\mathrm{cell}}}\int \mathrm{e}^{-\mathrm{i}(\boldsymbol{k}_i+\boldsymbol{G})\boldsymbol{r}}V_{\mathrm{ps},l}(\boldsymbol{r})\hat{P}_l\mathrm{e}^{\mathrm{i}(\boldsymbol{k}_i+\boldsymbol{G}')\cdot\boldsymbol{r}}\mathrm{d}\boldsymbol{r} \\
&= \frac{\Omega}{N_{\boldsymbol{k}}}\sum_{n,i,\boldsymbol{G},\boldsymbol{G}',l}c_{n,\boldsymbol{k}_i}^*(\boldsymbol{G})c_{n,\boldsymbol{k}_i}(\boldsymbol{G}')S(\boldsymbol{G}'-\boldsymbol{G})V_{\mathrm{ps},l,\boldsymbol{k}_i+\boldsymbol{G},\boldsymbol{k}_i+\boldsymbol{G}'}
\end{aligned}
\tag{3.389}
$$

式中:$S(\boldsymbol{G}'-\boldsymbol{G})$ 称为结构因子(注意对原子 I 的求和只限制在一个单胞中);$V_{\mathrm{ps},l,\boldsymbol{k}_i+\boldsymbol{G},\boldsymbol{k}_i+\boldsymbol{G}'}$ 称为位势因子。位势因子的数学推导比较烦琐,需要将平面波用球谐函数和球贝塞尔函数展开。下面给出具体推导过程。

考虑恒等式

$$
\mathrm{e}^{\mathrm{i}\boldsymbol{k}\cdot\boldsymbol{r}} = 4\pi\sum_{L}i^l\mathrm{j}_l(kr)\mathrm{Y}_L^*(\hat{\boldsymbol{k}})\mathrm{Y}_L(\hat{\boldsymbol{r}}) \tag{3.390}
$$

式中:$\mathrm{j}_l(kr)$ 是球贝塞尔函数;$\mathrm{Y}_L(\hat{\boldsymbol{r}})$ 是球谐函数(见附录 A.3 节);$L=(l,m)$,l 是角动量量子数,m 是角动量 z 分量量子数;$\hat{\boldsymbol{r}}$ 代表单位矢量。此外,因为式(3.390)左端项与球谐函数中的变量 ϕ 无关,所以又有以下恒等式

$$
\mathrm{e}^{\mathrm{i}\boldsymbol{k}\cdot\boldsymbol{r}} = \sum_{l}(2l+1)i^l\mathrm{j}_l(kr)\mathrm{P}_l(\cos\theta) \tag{3.391}
$$

由方程(3.389)可知,$V_{\mathrm{ps},l,\boldsymbol{k}_i+\boldsymbol{G},\boldsymbol{k}_i+\boldsymbol{G}'}$ 涉及三个矢量,分别为 $\boldsymbol{r}$、$\boldsymbol{k}_i+\boldsymbol{G}$ 和 $\boldsymbol{k}_i+\boldsymbol{G}'$。设 $\boldsymbol{k}_i+\boldsymbol{G}'$ 为 z 轴,$\boldsymbol{k}_i+\boldsymbol{G}$ 与其夹角为 γ,$\boldsymbol{r}$ 与其夹角为 θ,则利用式(3.391)展开 $\mathrm{e}^{\mathrm{i}(\boldsymbol{k}_i+\boldsymbol{G}')\cdot\boldsymbol{r}}$,而用式(3.390)展开 $\mathrm{e}^{\mathrm{i}(\boldsymbol{k}_i+\boldsymbol{G})\cdot\boldsymbol{r}}$,可得

$$
\begin{aligned}
V_{\mathrm{ps},l,\boldsymbol{k}_i+\boldsymbol{G},\boldsymbol{k}_i+\boldsymbol{G}'} &= \int \mathrm{e}^{-\mathrm{i}(\boldsymbol{k}_i+\boldsymbol{G}\cdot\boldsymbol{r})} V_{\mathrm{ps},l}\hat{P}_l \sum_{l'}(2l'+1)i^{l'}\mathrm{j}_{l'}(|\boldsymbol{k}_i+\boldsymbol{G}'|r)\mathrm{P}_{l'}(\cos\theta)\mathrm{d}\boldsymbol{r} \\
&= 4\pi(2l+1)\mathrm{i}^l\sum_{L'}(-\mathrm{i})^{l'}\mathrm{j}_{l'}(|\boldsymbol{k}_i+\boldsymbol{G}|r)\mathrm{Y}_{l'}^{-m'}(\gamma,\phi)\mathrm{Y}_{l'}^{-m'}(\theta,\phi)V_{\mathrm{ps},l}(\boldsymbol{r}) \\
&\quad \times \mathrm{j}_l(|\boldsymbol{k}_i+\boldsymbol{G}'|r)\mathrm{d}\boldsymbol{r} \\
&= 4\pi\ (2l+1)\mathrm{i}^l\sum_{L'}\int(-\mathrm{i})^{l'}\mathrm{j}_{l'}(|\boldsymbol{k}_i+\boldsymbol{G}|r)\mathrm{j}_l(|\boldsymbol{k}_i+\boldsymbol{G}'|r)V_{\mathrm{ps},l}(r) \\
&\quad \cdot \mathrm{Y}_{l'}^{m'}(\gamma,\phi)r^2\mathrm{d}r\cdot\left(\frac{4\pi}{2l+1}\right)^{1/2}\int\mathrm{Y}_{l'}^{-m'}(\theta,\phi)\mathrm{Y}_l^0(\theta,\phi)\sin\theta\mathrm{d}\theta\mathrm{d}\phi \\
&= 4\pi(2l+1)\mathrm{i}^l\sum_{L'}\int(-\mathrm{i})^{l'}\mathrm{j}_{l'}(|\boldsymbol{k}_i+\boldsymbol{G}|r)\mathrm{j}_l(|\boldsymbol{k}_i+\boldsymbol{G}'|r)V_{\mathrm{ps},l}(r) \\
&\quad \cdot\sqrt{\frac{(2l'+1)(l'+m')!}{(2l+1)(l'-m')!}}\mathrm{P}_{l'}^{-m'}(\cos\gamma)\times\mathrm{e}^{-\mathrm{i}m'\phi}r^2\mathrm{d}r\delta_{ll',m'0} \\
&= 4\pi(2l+1)\int\mathrm{j}_l(|\boldsymbol{k}_i+\boldsymbol{G}|r)\mathrm{j}_l(|\boldsymbol{k}_i+\boldsymbol{G}'|r)V_{\mathrm{ps},l}(r)\mathrm{P}_l(\cos\gamma)r^2\mathrm{d}r
\end{aligned}
\tag{3.392}
$$

对于原子赝势，我们采取第 2 章中介绍过的半局域分部形式。其中球对称的局域部分为 $V_{\mathrm{ps}}^{\mathrm{loc}}(\boldsymbol{r}-\boldsymbol{R}_{k,I})$，则其对总能的贡献有很简单的形式：

$$
\sum_{i,k,I}\int\psi_i^*(\boldsymbol{r})V_{\mathrm{ps}}^{\mathrm{loc}}(\boldsymbol{r}-\boldsymbol{R}_k)\psi_i(\boldsymbol{r})\mathrm{d}\boldsymbol{r}=\Omega\sum_{\boldsymbol{G}}S(\boldsymbol{G})V_{\mathrm{ps}}^{\mathrm{loc}}(\boldsymbol{G})\rho(\boldsymbol{G}) \tag{3.393}
$$

而非局域部分 $\delta V_{\mathrm{ps},l}^{\mathrm{nl}}$ 则利用方程(3.392)计算，仅需要将该方程中的 $V_{\mathrm{ps},l}$ 替换为 $\delta V_{\mathrm{ps},l}^{\mathrm{nl}}$ 即可。

因此，若取基函数为平面波，则在倒空间中体系的总能可以表示为

$$
\begin{aligned}
E_{\mathrm{tot}}=\Omega\Bigg\{&\frac{1}{2N_{\boldsymbol{k}}}\sum_{n,i,\boldsymbol{G}}|c_{n,\boldsymbol{k}_i}(\boldsymbol{G})|^2|\boldsymbol{k}_i+\boldsymbol{G}|^2+\sum_{\boldsymbol{G}}\left[\frac{1}{2}V_{\mathrm{H}}(\boldsymbol{G})+\varepsilon_{\mathrm{xc}}(\boldsymbol{G})+V_{\mathrm{ps}}^{\mathrm{loc}}(\boldsymbol{G})S(\boldsymbol{G})\right]\rho(\boldsymbol{G}) \\
&+\frac{1}{N_{\boldsymbol{k}}}\sum_{n,i,l,\boldsymbol{G},\boldsymbol{G}'}c_{n,\boldsymbol{k}_i}^*(\boldsymbol{G})c_{n,\boldsymbol{k}_i}(\boldsymbol{G}')S(\boldsymbol{G}'-\boldsymbol{G})\delta V_{\mathrm{ps},l,\boldsymbol{k}_i+\boldsymbol{G},\boldsymbol{k}_i+\boldsymbol{G}'}^{\mathrm{nl}}\Bigg\}+\frac{1}{2}\sum_{k,I,m,J}\frac{Z^2}{|\boldsymbol{R}_{k,I}-\boldsymbol{R}_{m,J}|}
\end{aligned}
\tag{3.394}
$$

将式(3.394)推广到普遍情况(即每个单胞中有 P_s 种原子，每种原子有 N_s 个)非常简单，只需要额外给结构因子 S 及赝势 $V_{\mathrm{ps},l}$ 加上上标 s 并对其求和即可：

$$
\begin{aligned}
E_{\mathrm{tot}}=\Omega\Bigg\{&\frac{1}{2N_{\boldsymbol{k}}}\sum_{n,i,\boldsymbol{G}}|c_{n,\boldsymbol{k}_i}(\boldsymbol{G})|^2|\boldsymbol{k}_i+\boldsymbol{G}|^2+\sum_{\boldsymbol{G}}\Bigg[\frac{1}{2}V_{\mathrm{H}}(\boldsymbol{G})+\varepsilon_{\mathrm{xc}}(\boldsymbol{G}) \\
&+\sum_{s=1}^{P_s}V_{\mathrm{ps}}^{\mathrm{loc},s}(\boldsymbol{G})S^s(\boldsymbol{G})\Bigg]\rho(\boldsymbol{G})+\frac{1}{N_{\boldsymbol{k}}}\sum_{n,i,l,\boldsymbol{G},\boldsymbol{G}'}c_{n,\boldsymbol{k}_i}^*(\boldsymbol{G})c_{n,\boldsymbol{k}_i}(\boldsymbol{G}')\sum_{s=1}^{P_s}S^s(\boldsymbol{G}'-\boldsymbol{G})\delta V_{\mathrm{ps},l,\boldsymbol{k}_i+\boldsymbol{G},\boldsymbol{k}_i+\boldsymbol{G}'}^{\mathrm{nl},s}\Bigg\} \\
&+\frac{1}{2}\sum_{k,I,m,J}\frac{Z_IZ_J}{|\boldsymbol{R}_{k,I}-\boldsymbol{R}_{m,J}|}
\end{aligned}
\tag{3.395}
$$

其中结构因子为

$$
S^s(\boldsymbol{G}'-\boldsymbol{G})=\sum_{I=1}^{N_s}\mathrm{e}^{\mathrm{i}(\boldsymbol{G}'-\boldsymbol{G})\cdot\boldsymbol{R}_{I,s}} \tag{3.396}
$$

式中求和遍历第 s 种元素的所有原子，$\boldsymbol{R}_{I,s}$ 为每个该种原子在单胞中的位置。注意：与方程(3.389)中定义的 $S(\boldsymbol{G}'-\boldsymbol{G})$ 不同，式(3.396)中对原子位置的求和限制在一个单胞内，而取消了分母上的单胞数 N_{cell}。这显然是合理的，因为对于任意 n，$\mathrm{e}^{\mathrm{i}n\boldsymbol{G}\cdot\boldsymbol{L}}\equiv 1$。

在上面的所有计算中，非局域赝势 $\delta V_{\mathrm{ps},l}^s$ 需要计算 $N(N+1)/2$ 个积分，所以计算量比较大。为了解决这个问题，可以利用 3.3.3 节中介绍的 KB 方法将其改写为局域赝势。我们在这

里给出最终结果(更详细的讨论可参阅文献[53]):

$$\delta V_{\mathrm{ps},l,\boldsymbol{k}_i+\boldsymbol{G},\boldsymbol{k}_i+\boldsymbol{G}'}^{\mathrm{nl},s} = \sum_{m=-l}^{l}\sum_{I=1}^{N_s}\beta_{lm}^{s}\,\mathrm{e}^{-\mathrm{i}\boldsymbol{G}\cdot\boldsymbol{R}_{I,s}} f_{lm}^{s*}(\boldsymbol{k}_i+\boldsymbol{G}) f_{lm}^{s}(\boldsymbol{k}_i+\boldsymbol{G}')\,\mathrm{e}^{\mathrm{i}\boldsymbol{G}'\cdot\boldsymbol{R}_{I,s}} \tag{3.397}$$

式中

$$\beta_{lm}^{s} = \left(\int r^2\,\mathrm{d}r\,|\,\Phi_{\mathrm{ps}}^{lm,s}(r)\,|^2\,\delta V_{\mathrm{ps},l}^{\mathrm{nl},s}(r)\right)^{-1} \tag{3.398}$$

$$f_{lm}^{s}(\boldsymbol{k}_i+\boldsymbol{G}') = \int r^2\,\mathrm{d}r\Phi_{\mathrm{ps}}^{lm,s}(r)\,\delta V_{\mathrm{ps},l}^{\mathrm{nl},s}(r)\,\mathrm{j}_l(|\,\boldsymbol{k}_i+\boldsymbol{G}\,|\,r) \tag{3.399}$$

按照式(3.397),计算量减小为 N 个积分。分析式(3.397),可知其包含了结构因子。

综合上述讨论,我们得到平面波-赝势框架下的 Kohn-Sham 方程为

$$\sum_{\boldsymbol{G}'}\left(\frac{1}{2}\,|\,\boldsymbol{k}_i+\boldsymbol{G}'\,|^2\,\delta_{\boldsymbol{G}\boldsymbol{G}'} + V_{\boldsymbol{G},\boldsymbol{G}'}^{i}\right)c_{n,\boldsymbol{k}_i}(\boldsymbol{G}') = \varepsilon_n c_{n,\boldsymbol{k}_i}(\boldsymbol{G}) \tag{3.400}$$

式中

$$\begin{aligned} V_{\boldsymbol{G},\boldsymbol{G}'}^{i} = {} & V_{\mathrm{H}}(\boldsymbol{G}'-\boldsymbol{G}) + \mu_{\mathrm{xc}}(\boldsymbol{G}'-\boldsymbol{G}) + \sum_{s=1}^{P_s} S^{s}(\boldsymbol{G}'-\boldsymbol{G})V_{\mathrm{ps}}^{\mathrm{loc},s}(\boldsymbol{G}'-\boldsymbol{G}) \\ & + \sum_{s=1}^{P_s} S^{s}(\boldsymbol{G}'-\boldsymbol{G})\sum_{l}\delta V_{\mathrm{ps},l,\boldsymbol{k}_i+\boldsymbol{G},\boldsymbol{k}_i+\boldsymbol{G}'}^{\mathrm{nl},s} \end{aligned} \tag{3.401}$$

需要指出的是,式(3.384)中的 $V_{\mathrm{H}}(\boldsymbol{G})$、式(3.393)中的 $V_{\mathrm{ps}}^{\mathrm{loc}}(\boldsymbol{G})$ 均正比于 $1/|\boldsymbol{G}|^2$,因此 $V_{\mathrm{H}}(0)$ 和 $V_{\mathrm{ps}}^{\mathrm{loc}}(0)$ 分别发散。而式(3.378)中 E_{II} 同样包含这样的发散项。可以严格证明,虽然发散项各自发散,但是因为整个体系呈电中性,因此对这三项求和时发散项可彼此抵消,总能仍然是收敛的。具体的做法是在体系中加上遵循某种分布的负电荷 $\rho_{\mathrm{aux}}(\boldsymbol{r})$,其总量 $\int\rho_{\mathrm{aux}}(\boldsymbol{r})\mathrm{d}\boldsymbol{r}$ 等于全体离子所带电荷。然后相应地对体系的总能进行修正,加上并减去 $\rho_{\mathrm{aux}}(\boldsymbol{r})$ 的自相互作用 E_{aux}[53,100]。附加电荷的分布是任意的,但是为了计算方便,一般取为以各离子为中心呈高斯分布的电荷的叠加。对这个问题的处理需要用到 Ewald 求和,因此首先对其加以介绍。

3.4.3.2 Ewald 求和

Ewald 求和方法最早是由 Ewald 提出的,用于计算周期性排列的点电荷势能,或者更准确地说,用于计算静电能[101]。其核心思想是将库仑势分为长程势与短程势两部分,分别在倒空间与实空间内计算其各自对静电能的贡献,再对结果求和。Ewald 求和作为一种成熟的、被广泛应用的计算方法,其公式的数学推导有若干不同的方法[102,103]。本节中我们选择 Stanford 大学 Lee 和 Cai 的推导方法[103],因为该方法涉及的物理图像比较清晰,过程也比较直观。

设一个单胞周期为 $\boldsymbol{L}$ 的体系,单胞中有 N_{ion} 个离子,携带电荷数为 $\{Z_I\}$,所处位置为 $\{\boldsymbol{r}_I\}$,则体系的静电能(原子单位制下)为

$$E_{\mathrm{es}} = \frac{1}{2}\sum_{n}\sum_{I}\sum_{J}{}' \frac{Z_I Z_J}{|\,\boldsymbol{r}_I-\boldsymbol{r}_J+n\boldsymbol{L}\,|} \tag{3.402}$$

式中求和符号上的“′”表示不包括 $n=0, I=J$ 的一项。同时定义下面两个势函数:

$$\varphi_I(\boldsymbol{r}) = \frac{Z_I}{|\,\boldsymbol{r}-\boldsymbol{r}_I\,|} \tag{3.403}$$

$$\varphi(\boldsymbol{r}) = \sum_{n}\sum_{J} \frac{Z_J}{|\boldsymbol{r}-\boldsymbol{r}_J+n\boldsymbol{L}|} \tag{3.404}$$

式中：$\varphi_I(\boldsymbol{r})$ 为离子 I 在空间中产生的静电势；$\varphi(\boldsymbol{r})$ 为所有离子及其全部映像在空间中产生的静电势。由此可以定义嵌入势

$$\varphi_{[I]}(\boldsymbol{r}) = \varphi(\boldsymbol{r}) - \varphi_I(\boldsymbol{r}) = \sum_{n}\sum_{J}{}' \frac{Z_J}{|\boldsymbol{r}-\boldsymbol{r}_J+n\boldsymbol{L}|} \tag{3.405}$$

式中：$\varphi_{[I]}(\boldsymbol{r})$ 表示当 $n=0$ 的单胞内 $\boldsymbol{r}_I$ 终点处没有离子 I 时空间中所有其他离子所产生的静电势。该势函数的重要性在于可以借助它将 E_{es} 表示为如下非常简单的形式：

$$E_{\mathrm{es}} = \frac{1}{2}\sum_{I} Z_I \varphi_{[I]}(\boldsymbol{r}_I) \tag{3.406}$$

上述讨论均基于点电荷模型。借助电荷密度分布函数 $\rho_I(\boldsymbol{r})$，可以将上述讨论扩展到一般情况。容易写出，由 $\rho_I(\boldsymbol{r})$ 产生的静电势为

$$\varphi_I(\boldsymbol{r}) = \int \frac{\rho_I(\boldsymbol{r}')}{|\boldsymbol{r}'-\boldsymbol{r}_I|}\mathrm{d}\boldsymbol{r}' \tag{3.407}$$

由此，遵循与此前一样的步骤，写出一般情况下的静电势能：

$$E_{\mathrm{es}} = \frac{1}{2}\sum_{n}\sum_{I}\sum_{J}{}' \iint \frac{\rho_I(\boldsymbol{r})\rho_J(\boldsymbol{r}')}{|\boldsymbol{r}-\boldsymbol{r}'+n\boldsymbol{L}|}\mathrm{d}\boldsymbol{r}\mathrm{d}\boldsymbol{r}' \tag{3.408}$$

而相应地，有

$$\varphi_{[I]}(\boldsymbol{r}) = \sum_{n}\sum_{J}{}' \int \frac{\rho_J(\boldsymbol{r}')}{|\boldsymbol{r}-\boldsymbol{r}'+n\boldsymbol{L}|}\mathrm{d}\boldsymbol{r}' \tag{3.409}$$

为了计算静电能，在每个点电荷 $Z_I\delta(\boldsymbol{r}-\boldsymbol{r}_I)$ 上先叠加再减去一个相同的呈高斯分布的电荷 $\rho_\sigma^{\mathrm{G}}(\boldsymbol{r})$，从而将其分解为短程电荷 $\rho_I^{\mathrm{S}}(\boldsymbol{r})$ 和长程电荷 $\rho_I^{\mathrm{L}}(\boldsymbol{r})$：

$$\rho_I^{\mathrm{S}} = Z_I\delta(\boldsymbol{r}-\boldsymbol{r}_I) - Z_I\rho_\sigma^{\mathrm{G}}(\boldsymbol{r}-\boldsymbol{r}_I) \tag{3.410}$$

$$\rho_I^{\mathrm{L}} = Z_I\rho_\sigma^{\mathrm{G}}(\boldsymbol{r}-\boldsymbol{r}_I) \tag{3.411}$$

式中：$\rho_\sigma^{\mathrm{G}}(\boldsymbol{r}-\boldsymbol{r}_I)$ 代表中心在 $\boldsymbol{r}_I$ 终点处、展宽为 σ 的高斯电荷分布，且有

$$\rho_\sigma^{\mathrm{G}}(\boldsymbol{r}-\boldsymbol{r}_I) = \frac{1}{(2\pi\sigma^2)^{3/2}}\mathrm{e}^{-|\boldsymbol{r}-\boldsymbol{r}_I|^2/(2\sigma^2)} \tag{3.412}$$

相应地有短程势 $\varphi_I^{\mathrm{S}}(\boldsymbol{r})$ 和长程势 $\varphi_I^{\mathrm{L}}(\boldsymbol{r})$：

$$\varphi_I^{\mathrm{S}}(\boldsymbol{r}) = Z_I\int \frac{\delta(\boldsymbol{r}'-\boldsymbol{r}_I) - \rho_\sigma^{\mathrm{G}}(\boldsymbol{r}-\boldsymbol{r}')}{|\boldsymbol{r}-\boldsymbol{r}'|}\mathrm{d}\boldsymbol{r}' \tag{3.413}$$

$$\varphi_I^{\mathrm{L}}(\boldsymbol{r}) = Z_I\int \frac{\rho_\sigma^{\mathrm{G}}(\boldsymbol{r}'-\boldsymbol{r}_I)}{|\boldsymbol{r}-\boldsymbol{r}'|}\mathrm{d}\boldsymbol{r}' \tag{3.414}$$

而

$$\varphi_I(\boldsymbol{r}) = \varphi_I^{\mathrm{S}}(\boldsymbol{r}) + \varphi_I^{\mathrm{L}}(\boldsymbol{r}) \tag{3.415}$$

显然，静电能可以写为

$$E_{\mathrm{es}} = \frac{1}{2}\sum_{I} Z_I\varphi_{[I]}^{\mathrm{S}}(\boldsymbol{r}_I) + \frac{1}{2}\sum_{I} Z_I\varphi_{[I]}^{\mathrm{L}}(\boldsymbol{r}_I) \tag{3.416}$$

式中：$\varphi_{[I]}^{\mathrm{S}}(\boldsymbol{r}_I)$、$\varphi_{[I]}^{\mathrm{L}}(\boldsymbol{r}_I)$ 由方程(3.409)给出，仅需将其中的 ρ_J 相应替换为 ρ_J^{S} 和 ρ_J^{L} 即可。在实际计算中，常常将 E_{es} 写成如下形式：

$$E_{\mathrm{es}} = \frac{1}{2}\sum_{I} Z_I\varphi_{[I]}^{\mathrm{S}}(\boldsymbol{r}_I) + \frac{1}{2}\sum_{I} Z_I\varphi^{\mathrm{L}}(\boldsymbol{r}_I) - \frac{1}{2}\sum_{I} Z_I\varphi_I^{\mathrm{L}}(\boldsymbol{r}_I) \tag{3.417}$$

式(3.417)右端第一项称为短程静电能,用 E_{es}^{S} 表示;第二项称为长程静电能,用 E_{es}^{L} 表示;第三项称为自能项,用 E^{self} 表示。E_{es}^{S} 与 E^{self} 需要在实空间内求解,而 E_{es}^{L} 需要在倒空间内求解。

静电势 φ 与电荷 ρ 之间的关系由泊松方程确定。原子单位制下,有

$$\nabla^2 \varphi_\sigma^G(\boldsymbol{r}) = -4\pi\rho_\sigma^G(\boldsymbol{r}) \tag{3.418}$$

附录 A.2 节中给出了球坐标系下∇^2的具体形式。考虑到静电势的球对称性,$\varphi_\sigma^G(\boldsymbol{r})$ 仅由 $r=|\boldsymbol{r}|$ 决定。因此,$\varphi_\sigma^G(\boldsymbol{r})$ 对 θ 和 ϕ 的导数均为零。因此方程(3.418)可写为

$$\frac{1}{r}\frac{\partial^2}{\partial r^2}[r\varphi_\sigma^G(\boldsymbol{r})] = -4\pi\rho_\sigma^G(\boldsymbol{r}) \tag{3.419}$$

由此解得

$$\varphi_\sigma^G(\boldsymbol{r}) = \frac{1}{|\boldsymbol{r}|}\operatorname{erf}\left(\frac{|\boldsymbol{r}|}{\sqrt{2}\sigma}\right) \tag{3.420}$$

其中 erf(z) 为误差函数,有

$$\operatorname{erf}(z) = \frac{2}{\sqrt{\pi}}\int_0^z e^{-t^2}\,dt \tag{3.421}$$

将式(3.421)代入式(3.413)和式(3.414),可得

$$\varphi_I^S(\boldsymbol{r}) = \frac{Z_I}{|\boldsymbol{r}-\boldsymbol{r}_I|}\operatorname{erfc}\left(\frac{|\boldsymbol{r}-\boldsymbol{r}_I|}{\sqrt{2}\sigma}\right) \tag{3.422}$$

$$\varphi_I^L(\boldsymbol{r}) = \frac{Z_I}{|\boldsymbol{r}-\boldsymbol{r}_I|}\operatorname{erf}\left(\frac{|\boldsymbol{r}-\boldsymbol{r}_I|}{\sqrt{2}\sigma}\right) \tag{3.423}$$

其中,$\operatorname{erfc}(z) = 1-\operatorname{erf}(z)$。将式(3.423)和式(3.409)代入式(3.417),可得

$$E_{es}^S = \frac{1}{2}\sum_n\sum_I{\sum_J}' \frac{Z_I Z_J}{|\boldsymbol{r}_I-\boldsymbol{r}_J+n\boldsymbol{L}|}\operatorname{erfc}\left(\frac{|\boldsymbol{r}_I-\boldsymbol{r}_J+n\boldsymbol{L}|}{\sqrt{2}\sigma}\right) \tag{3.424}$$

因为 E^{self} 中 $|\boldsymbol{r}_I-\boldsymbol{r}_J|=0$,所以利用 $z\to 0$ 时 erf(z) 的极限

$$\lim_{z\to 0}\operatorname{erf}(z) = \frac{2}{\sqrt{\pi}}z$$

可得

$$\varphi_I^L(\boldsymbol{r}_I) = \frac{Z_I}{\sigma}\sqrt{\frac{2}{\pi}} \tag{3.425}$$

因此,将其代入式(3.417)中,可求得

$$E^{self} = \frac{1}{\sqrt{2\pi}\sigma}\sum_I Z_I^2 \tag{3.426}$$

接下来讨论 E_{es}^{L} 的计算过程。由式(3.414)可以看出,$\varphi_I^L(\boldsymbol{r})$ 是一个长程且无奇点的势函数,因此 E_{es}^{L} 无法直接在实空间内求解。Ewald 借助傅里叶变换及其逆变换,首先将 $\rho^L(\boldsymbol{r})$ 变换为倒空间中的 $\rho^L(\boldsymbol{G})$,然后通过倒空间下的泊松方程求解 $\varphi^L(\boldsymbol{G})$,再变换到实空间中,得到了最后结果。

式(3.417)右端第二项的求和中没有扣除任何离子的贡献,因此 $\varphi^L(\boldsymbol{r})$ 是由在空间中呈周期分布的所有 $\rho_I^L(\boldsymbol{r})$ 叠加而生成的长程势。可以写出长程电荷总和:

$$\rho^L(\boldsymbol{r}) = \sum_n\sum_I \rho_I^L(\boldsymbol{r}+n\boldsymbol{L}) \tag{3.427}$$

显然,$\rho^L(\boldsymbol{r})$ 与 $\varphi^L(\boldsymbol{r})$ 均为周期性函数。因此,可以定义二者各自的傅里叶变换:

$$\tilde{\rho}^{\mathrm{L}}(\boldsymbol{G})=\frac{1}{\Omega_{\text{cell}}}\int_{\Omega_{\text{cell}}}\rho^{\mathrm{L}}(\boldsymbol{r})\mathrm{e}^{-\mathrm{i}\boldsymbol{G}\cdot\boldsymbol{r}}\mathrm{d}\boldsymbol{r} \tag{3.428}$$

$$\tilde{\varphi}^{\mathrm{L}}(\boldsymbol{G})=\frac{1}{\Omega_{\text{cell}}}\int_{\Omega_{\text{cell}}}\varphi^{\mathrm{L}}(\boldsymbol{r})\mathrm{e}^{-\mathrm{i}\boldsymbol{G}\cdot\boldsymbol{r}}\mathrm{d}\boldsymbol{r} \tag{3.429}$$

其中积分在单胞 Ω_{cell} 中进行。相应的傅里叶逆变换为

$$\rho^{\mathrm{L}}(\boldsymbol{r})=\sum_{\boldsymbol{G}}\tilde{\rho}^{\mathrm{L}}(\boldsymbol{G})\mathrm{e}^{\mathrm{i}\boldsymbol{G}\cdot\boldsymbol{r}} \tag{3.430}$$

$$\varphi^{\mathrm{L}}(\boldsymbol{G})=\sum_{\boldsymbol{G}}\tilde{\varphi}^{\mathrm{L}}(\boldsymbol{G})\mathrm{e}^{\mathrm{i}\boldsymbol{G}\cdot\boldsymbol{r}} \tag{3.431}$$

将 $\rho^{\mathrm{L}}(\boldsymbol{r})$ 的表达式(3.427)、式(3.412) 代入式(3.428)，可得

$$\begin{aligned}\tilde{\rho}^{\mathrm{L}}(\boldsymbol{G})&=\frac{1}{\Omega_{\text{cell}}}\int_{\Omega_{\text{cell}}}\sum_{n}\sum_{J}Z_J\rho_\sigma^{\mathrm{G}}(\boldsymbol{r}-\boldsymbol{r}_J+n\boldsymbol{L})\mathrm{e}^{-\mathrm{i}\boldsymbol{G}\cdot\boldsymbol{r}}\mathrm{d}\boldsymbol{r}\\&=\frac{1}{\Omega_{\text{cell}}}\sum_{J}Z_J\int_{\text{allspace}}\rho_\sigma^{\mathrm{G}}(\boldsymbol{r}-\boldsymbol{r}_J)\mathrm{e}^{\mathrm{i}\boldsymbol{G}\cdot\boldsymbol{r}}\mathrm{d}\boldsymbol{r}\\&=\frac{1}{\Omega_{\text{cell}}}\sum_{J}Z_J\mathrm{e}^{-\mathrm{i}\boldsymbol{G}\cdot\boldsymbol{r}_J}\mathrm{e}^{-\sigma^2|\boldsymbol{G}|^2/2}\end{aligned} \tag{3.432}$$

倒空间中泊松方程为

$$|\boldsymbol{G}|^2\tilde{\varphi}^{\mathrm{L}}(\boldsymbol{G})=4\pi\tilde{\rho}^{\mathrm{L}}(\boldsymbol{G}) \tag{3.433}$$

将式(3.432) 代入式(3.433)，有

$$\tilde{\varphi}^{\mathrm{L}}(\boldsymbol{G})=\frac{4\pi}{|\boldsymbol{G}|^2}\sum_{J}Z_J\mathrm{e}^{-\mathrm{i}\boldsymbol{G}\cdot\boldsymbol{r}_J}\mathrm{e}^{-\sigma^2|\boldsymbol{G}|^2/2} \tag{3.434}$$

然后利用傅里叶逆变换得

$$\begin{aligned}\varphi^{\mathrm{L}}(\boldsymbol{r})&=\frac{1}{\Omega_{\text{cell}}}\sum_{\boldsymbol{G}}\tilde{\varphi}^{\mathrm{L}}(\boldsymbol{G})\mathrm{e}^{\mathrm{i}\boldsymbol{G}\cdot\boldsymbol{r}}\\&=\frac{4\pi}{\Omega_{\text{cell}}}\lim_{\boldsymbol{G}_0\to\boldsymbol{0}}\frac{\sum_{J}Z_J}{|\boldsymbol{G}_0|^2}+\frac{4\pi}{\Omega_{\text{cell}}}\sum_{\boldsymbol{G}\neq\boldsymbol{0}}\frac{1}{|\boldsymbol{G}|^2}\sum_{J}Z_J\mathrm{e}^{-\sigma|\boldsymbol{G}|^2/2}\mathrm{e}^{\mathrm{i}\boldsymbol{G}\cdot(\boldsymbol{r}-\boldsymbol{r}_J)}\end{aligned} \tag{3.435}$$

式(3.435) 右端的第一项因为单胞呈电中性，即 $\sum_{J}Z_J=0$，所以为 0，故 $\varphi^{L}(\boldsymbol{r})$ 仅为其第二项 $\boldsymbol{G}\neq\boldsymbol{0}$ 的求和。将式(3.435) 代入式(3.417)，可得长程静电能为

$$E_{\text{es}}^{\mathrm{L}}=\frac{1}{2}\sum_{I}Z_I\varphi^{\mathrm{L}}(\boldsymbol{r}_I)=\frac{2\pi}{\Omega_{\text{cell}}}\sum_{\boldsymbol{G}\neq\boldsymbol{0}}\sum_{I}\sum_{J}\frac{Z_IZ_J}{|\boldsymbol{G}|^2}\mathrm{e}^{\mathrm{i}\boldsymbol{G}\cdot(\boldsymbol{r}_I-\boldsymbol{r}_J)}\mathrm{e}^{-\sigma^2|\boldsymbol{G}|^2/2} \tag{3.436}$$

将式(3.424)、式(3.426)、式(3.436) 代入 E_{es} 的表达式(3.417)，得到最后结果：

$$\begin{aligned}E_{\text{es}}=&\frac{1}{2}\sum_{n}\sum_{I}\sum_{J}{}'\frac{Z_IZ_J}{|\boldsymbol{r}_I-\boldsymbol{r}_J+n\boldsymbol{L}|}\operatorname{erfc}\frac{|\boldsymbol{r}_I-\boldsymbol{r}_J+n\boldsymbol{L}|}{\sqrt{2}\sigma}\\&+\frac{2\pi}{\Omega_{\text{cell}}}\sum_{\boldsymbol{G}\neq\boldsymbol{0}}\sum_{I}\sum_{J}\frac{Z_IZ_J}{|\boldsymbol{G}|^2}\mathrm{e}^{\mathrm{i}\boldsymbol{G}\cdot(\boldsymbol{r}_I-\boldsymbol{r}_J)}\mathrm{e}^{-\sigma^2|\boldsymbol{G}|^2/2}-\frac{1}{\sqrt{2\pi}\sigma}\sum_{I}Z_I^2\end{aligned} \tag{3.437}$$

3.4.3.3 实际应用中的总能表达式

由 3.4.3.2 节的结果，可以推导在实际应用中的总能 E_{tot} 的表达式。为了后面的计算方便，取附加正电荷分布 $\rho_{\text{aux}}(\boldsymbol{r})$ 为

$$\rho_{\text{aux}}(\boldsymbol{r})=-\sum_{i}\frac{Z_i}{(2\pi\sigma^2)^{3/2}}\mathrm{e}^{-|\boldsymbol{r}-\boldsymbol{R}_i|^2/\sigma^2} \tag{3.438}$$

式中：$\boldsymbol{r}$ 遍历全空间；右端最前面有负号是因为采用的是原子单位制，$e=1$。相应的傅里叶变

换为

$$\rho_{\text{aux}}(\boldsymbol{G}) = -\frac{1}{\Omega}\mathrm{e}^{-|\boldsymbol{G}|^2\sigma^2/4}\left[\sum_{s=1}^{P_s} Z_s S^s(\boldsymbol{G})\right] \tag{3.439}$$

而相互作用能 E_{aux} 为

$$E_{\text{aux}} = \frac{1}{2}\iint \frac{\rho_{\text{aux}}(\boldsymbol{r})\rho_{\text{aux}}(\boldsymbol{r}')}{|\boldsymbol{r}-\boldsymbol{r}'|}\mathrm{d}\boldsymbol{r}\mathrm{d}\boldsymbol{r}' \tag{3.440}$$

将式(3.440)加入总能表达式(3.378),再将其从中减去,则根据式(3.385)、式(3.393)、式(3.402)等,可以将方程(3.378)中的静电能部分表示为

$$\begin{aligned}E_{\text{es}} &= E_{\text{ee}} + E_{\text{Ie}}^{\text{loc}} + E_{\text{II}}\\ &= \frac{1}{2}\iint \frac{\rho(\boldsymbol{r})\rho(\boldsymbol{r}')}{|\boldsymbol{r}-\boldsymbol{r}|}\mathrm{d}\boldsymbol{r}\mathrm{d}\boldsymbol{r}' + \int\rho(\boldsymbol{r})\Big(\sum_{n}\sum_{s=1}^{P_s}\sum_{I=1}^{N_s} V_{\text{ps}}^{\text{loc},s}\ |\boldsymbol{r}-\boldsymbol{R}_I+n\boldsymbol{L}|\Big)\mathrm{d}\boldsymbol{r}\\ &\quad+\frac{1}{2}\sum_{n}\sum_{I}\sum_{J}{}' \frac{Z_I Z_J}{|\boldsymbol{r}_I-\boldsymbol{r}_J+n\boldsymbol{L}|} - \frac{1}{2}\iint\frac{\rho_{\text{aux}}(\boldsymbol{r})\rho_{\text{aux}}(\boldsymbol{r}')}{|\boldsymbol{r}-\boldsymbol{r}'|}\mathrm{d}\boldsymbol{r}\mathrm{d}\boldsymbol{r}'\\ &\quad-\frac{1}{2}\iint\frac{\rho_{\text{aux}}(\boldsymbol{r})\rho_{\text{aux}}(\boldsymbol{r}')}{|\boldsymbol{r}-\boldsymbol{r}'|}\mathrm{d}\boldsymbol{r}\mathrm{d}\boldsymbol{r}'\end{aligned} \tag{3.441}$$

将赝势的非局域部分单独处理。引入总电荷密度 $\rho_{\text{T}}(\boldsymbol{r}) = \rho(\boldsymbol{r}) + \rho_{\text{aux}}(\boldsymbol{r})$。显然,如果体系呈电中性,则有

$$Q_{\text{T}} = \int\rho_{\text{T}}(\boldsymbol{r})\mathrm{d}\boldsymbol{r} = 0 \tag{3.442}$$

经过简单的计算,可将 E_{es} 重新表示为

$$\begin{aligned}E_{\text{es}} &= \frac{1}{2}\iint\frac{\rho_{\text{T}}(\boldsymbol{r})\rho_{\text{T}}(\boldsymbol{r}')}{|\boldsymbol{r}-\boldsymbol{r}'|}\mathrm{d}\boldsymbol{r}\mathrm{d}\boldsymbol{r}' + \int\rho(\boldsymbol{r})\Big(\sum_{n}\sum_{s=1}^{P_s}\sum_{I=1}^{N_s}V_{\text{ps}}^{\text{loc},s}\ |\boldsymbol{r}-\boldsymbol{R}_{I,s}+n\boldsymbol{L}| - \int\mathrm{d}\boldsymbol{r}'\frac{\rho_{\text{aux}}(\boldsymbol{r}')}{|\boldsymbol{r}-\boldsymbol{r}'|}\Big)\mathrm{d}\boldsymbol{r}\\ &\quad+\frac{1}{2}\Big[\sum_{n}\sum_{I}\sum_{J}{}'\frac{Z_I Z_J}{|\boldsymbol{r}_I-\boldsymbol{r}_J+n\boldsymbol{L}|} - \iint\frac{\rho_{\text{aux}}(\boldsymbol{r})\rho_{\text{aux}}(\boldsymbol{r}')}{|\boldsymbol{r}-\boldsymbol{r}'|}\mathrm{d}\boldsymbol{r}\mathrm{d}\boldsymbol{r}'\Big]\end{aligned} \tag{3.443}$$

根据 3.4.3.1 节中的讨论,在平面波基组的表象下,式(3.443) 中,

$$\frac{1}{2}\iint\frac{\rho_{\text{T}}(\boldsymbol{r})\rho_{\text{T}}(\boldsymbol{r}')}{|\boldsymbol{r}-\boldsymbol{r}'|}\mathrm{d}\boldsymbol{r}\mathrm{d}\boldsymbol{r}' = \frac{4\pi\Omega}{2}\sum_{\boldsymbol{G}\neq\boldsymbol{0}}\frac{\rho_{\text{T}}^2(\boldsymbol{G})}{|\boldsymbol{G}|^2} \tag{3.444}$$

其中 $\boldsymbol{G}=\boldsymbol{0}$ 的一项为发散项,但是 $\rho_{\text{T}}(0)$ 等于 Q_{T}/Ω,由式(3.442) 可知该项为零,因此发散项消失。同理,有

$$\iint\frac{\rho_{\text{aux}}(\boldsymbol{r})\rho_{\text{aux}}(\boldsymbol{r}')}{|\boldsymbol{r}-\boldsymbol{r}'|}\mathrm{d}\boldsymbol{r}\mathrm{d}\boldsymbol{r}' = 4\pi\Omega\sum_{\boldsymbol{G}\neq\boldsymbol{0}}\frac{\rho(\boldsymbol{G})\rho_{\text{aux}}(\boldsymbol{G})}{|\boldsymbol{G}|^2} \tag{3.445}$$

式(3.443) 中 $\boldsymbol{G}=\boldsymbol{0}$ 的一项在后面单独处理,而包括 $V_{\text{ps}}^{\text{loc},s}$ 的项由方程(3.393) 给出,有

$$\int\rho(\boldsymbol{r})\Big(\sum_{n}\sum_{s=1}^{P_s}\sum_{I=1}^{N_s}V_{\text{ps}}^{\text{loc},s}\ |\boldsymbol{r}-\boldsymbol{R}_I+n\boldsymbol{R}_{I,s}|\Big)\mathrm{d}\boldsymbol{r} = \Omega\sum_{|\boldsymbol{G}|}\sum_{s=1}^{N_s}S^s(\boldsymbol{G})V_{\text{ps}}^{\text{loc},s}(\boldsymbol{G})\rho(\boldsymbol{G}) \tag{3.446}$$

注意,与式(3.396) 相同,此时第二次求和只在一个单胞内进行。因此,方程(3.443) 中的 $E_{\text{Ie}}^{\text{loc}}$ 项为

$$E_{\text{Ie}}^{\text{loc}} = \Omega\sum_{\boldsymbol{G}}\Big[\sum_{s=1}^{N_s}S^s(\boldsymbol{G})V_{\text{ps}}^{\text{loc},s}(\boldsymbol{G}) - \frac{4\pi}{|\boldsymbol{G}|^2}\rho_{\text{aux}}(\boldsymbol{G})\Big]\rho(\boldsymbol{G}) \tag{3.447}$$

其中 $\boldsymbol{G}=\boldsymbol{0}$ 的一项要进行特殊的处理。

首先考虑方程(3.447) 方括号中的第一项 $\sum_{s=1}^{N_s}S^s(\boldsymbol{G})V_{\text{ps}}^{\text{loc},s}(\boldsymbol{G})$。当 $\boldsymbol{G}=\boldsymbol{0}$ 时,由式(3.396)

可知 $S^s(\boldsymbol{G}) = N_s$。而 $V_{\text{ps}}^{\text{loc},s}(\boldsymbol{G})$ 可计算如下：

$$\begin{aligned}
V_{\text{ps}}^{\text{loc},s}(\boldsymbol{G}) &= \frac{1}{\Omega_{\text{cell}}}\int_{\Omega_{\text{cell}}} V_{\text{ps}}^{\text{loc},s}\,\mathrm{e}^{-\mathrm{i}\boldsymbol{G}\cdot\boldsymbol{r}}\,\mathrm{d}\boldsymbol{r} \\
&= \frac{1}{\Omega_{\text{cell}}}\int_{|\boldsymbol{r}|<r_{\text{c}}}\left(V_{\text{ps}}^{\text{loc},s} + \frac{Z_s}{r}\right)\mathrm{e}^{-\mathrm{i}\boldsymbol{G}\cdot\boldsymbol{r}}\,\mathrm{d}\boldsymbol{r} + \frac{1}{\Omega_{\text{cell}}}\int_{\Omega_{\text{cell}}}\left(-\frac{Z_s}{r}\right)\mathrm{e}^{-\mathrm{i}\boldsymbol{G}\cdot\boldsymbol{r}}\,\mathrm{d}\boldsymbol{r} \\
&= \frac{1}{\Omega_{\text{cell}}}\int_{|\boldsymbol{r}|<r_{\text{c}}}\left(V_{\text{ps}}^{\text{loc},s} + \frac{Z_s}{r}\right)\mathrm{e}^{-\mathrm{i}\boldsymbol{G}\cdot\boldsymbol{r}}\,\mathrm{d}\boldsymbol{r} - \frac{4\pi Z_s}{\Omega_{\text{cell}}\,|\boldsymbol{G}|^2}
\end{aligned} \tag{3.448}$$

式(3.448)中利用了前面得出的结果，即在 $\boldsymbol{r}_{\text{c}}$ 终点之外，$V_{\text{ps}}^{\text{loc},s} = Z_s/r$。考虑 $\boldsymbol{G} = \boldsymbol{0}$ 的项，式(3.448)中最后一行第一项记为 α^s，即

$$\alpha^s = \frac{1}{\Omega_{\text{cell}}}\int_{|\boldsymbol{r}|<r_{\text{c}}}\left(V_{\text{ps}}^{\text{loc},s} + \frac{Z_s}{r}\right)\mathrm{d}\boldsymbol{r} \tag{3.449}$$

它的值是非零的有限值；第二项为发散项，暂且记为 $V_{\text{c}}^{\text{loc},s}(0)$。

其次考虑式(3.447)方括号中的第二项。因为 $\rho_{\text{aux}}(\boldsymbol{G})$ 前面有因子 $4\pi/|\boldsymbol{G}|^2$，所以应该将 $\rho_{\text{aux}}(\boldsymbol{G})$ 按照 $|\boldsymbol{G}|$ 展开到 $|\boldsymbol{G}|^2$ 项，再取 $|\boldsymbol{G}|\to 0$ 的极限。由式(3.428)、式(3.438)可得

$$\lim_{|\boldsymbol{G}|\to 0}\rho_{\text{aux}}(\boldsymbol{G}) = -\frac{Q}{\Omega_{\text{cell}}} - \frac{\sigma^2}{4\Omega_{\text{cell}}}|\boldsymbol{G}|^2 \tag{3.450}$$

由式(3.449)、式(3.450)及 $V_{\text{c}}^{\text{loc},s}(0)$ 可得，$E_{\text{le}}^{\text{loc}}$ 中 $|\boldsymbol{G}| = 0$ 的一项(记为 $\bar{E}_{\text{le}}^{\text{loc}}$)为

$$\frac{\bar{E}_{\text{le}}^{\text{loc}}}{N_{\text{cell}}} = \sum_{s=1}^{P_s} N_s\alpha^s\rho(0) + \lim_{|\boldsymbol{G}|\to 0}\left(-\sum_{s=1}^{P_s}N_sZ_s + Q\right)\frac{4\pi}{|\boldsymbol{G}|^2}\rho(0) - \pi Q\sigma^2\rho(0) \tag{3.451}$$

因为 $Q = \sum N_sZ_s$，所以式(3.451)右端第二项为零，发散项消失。而根据式(3.439)、式(3.447)、式(3.451)和 $\rho(0) = Q/\Omega_{\text{cell}}$ 可得

$$\begin{aligned}
E_{\text{es}}^{\text{loc}} = {}& \Omega\sum_{|\boldsymbol{G}|\neq 0}\left[\sum_{s=1}^{N_s}S^s(\boldsymbol{G})V_{\text{ps}}^{\text{loc},s}(\boldsymbol{G}) - \frac{4\pi}{|\boldsymbol{G}|^2}\sum_I\frac{Z_I}{\Omega_{\text{cell}}}\left(\sum_{s=1}^{P_s}Z_sS^s(\boldsymbol{G})\right)\right]\rho(\boldsymbol{G}) \\
& + N_{\text{cell}}\frac{Q}{\Omega_{\text{cell}}}\sum_{s=1}^{P_s}N_s\alpha^s - N_{\text{cell}}\pi\frac{\sigma^2Q^2}{\Omega_{\text{cell}}}
\end{aligned} \tag{3.452}$$

方程(3.443)中的第二行记为 $E_{\text{II}}^{\text{mix}}$，其中方括号内第二项记为 E_{aux}，其表达式在倒空间中可以写为与式(3.444)、式(3.445)类似的形式：

$$E_{\text{aux}} = \frac{\Omega}{2}\sum_{|\boldsymbol{G}|}\frac{4\pi}{|\boldsymbol{G}|^2}\rho_{\text{aux}}(\boldsymbol{G})\rho_{\text{aux}}(\boldsymbol{G}) \tag{3.453}$$

根据式(3.453)、式(3.437)，可得

$$\begin{aligned}
E_{\text{II}}^{\text{mix}} = {}& \frac{N_{\text{cell}}}{2}\sum_n\sum_I\sum_J{}' \frac{Z_IZ_J}{|\boldsymbol{r}_I - \boldsymbol{r}_J + n\boldsymbol{L}|}\operatorname{erfc}\frac{|\boldsymbol{r}_I - \boldsymbol{r}_J + n\boldsymbol{L}|}{\sqrt{2}\sigma} - \frac{N_{\text{cell}}}{\sqrt{2\pi}\sigma}\sum_I Z_I^2 \\
& + \frac{N_{\text{cell}}}{2\Omega_{\text{cell}}}\sum_{\boldsymbol{G}\neq\boldsymbol{0}}\frac{4\pi}{|\boldsymbol{G}|^2}\left(\left|\sum_{s=1}^{N_s}Z_sS^s(\boldsymbol{G})\right|^2\mathrm{e}^{-\sigma^2|\boldsymbol{G}|^2/2} - \Omega_{\text{cell}}^2\,|\rho_{\text{aux}}(\boldsymbol{G})|^2\right) \\
& + \frac{1}{2\Omega_{\text{cell}}}\frac{4\pi Q^2}{0^2} - \frac{\pi\sigma^2Q^2}{\Omega_{\text{cell}}} - \frac{1}{2\Omega_{\text{cell}}}\frac{4\pi}{0^2}\Omega_{\text{cell}}^2\,|\rho_{\text{aux}}(0)|^2 - 2\pi\Omega_{\text{cell}}\rho_{\text{aux}}(0)\rho''_{\text{aux}}(0)
\end{aligned} \tag{3.454}$$

其中右端倒数第三、四项与最后两项分别为第二行方括号中第一项和第二项在 $\boldsymbol{G}\to\boldsymbol{0}$ 时展开到 $|\boldsymbol{G}|^2$ 项的极限(见式(3.450))。$\rho_{\text{aux}}(0)$ 由式(3.438)给出，容易求得

$$\rho_{\text{aux}}(0) = -Q/\Omega_{\text{cell}}, \quad \rho''_{\text{aux}}(0) = Q\sigma^2/(2\Omega_{\text{cell}})$$

因此式(3.454)的第三行的各项彼此相消。而由 $\rho_{\text{aux}}(\boldsymbol{G})$ 的表达式(3.439)可知，式(3.454)中

第二行的各求和项在倒空间中也互相抵消，因此只剩下实空间中的求和项。

至此，得到没有发散项的每个单胞中的静电能 E_{es} 的表达式：

$$\begin{aligned}\frac{E_{\text{es}}[\rho]}{N_{\text{cell}}} =& \frac{\Omega_{\text{cell}}}{2}\sum_{\boldsymbol{G}\neq\boldsymbol{0}}\frac{4\pi}{|\boldsymbol{G}|^2}\rho_{\text{T}}(\boldsymbol{G})\rho_{\text{T}}(-\boldsymbol{G}) + \Omega_{\text{cell}}\sum_{\boldsymbol{G}\neq\boldsymbol{0}}\sum_{s=1}^{P_s}V_{\text{ps}}^{\text{loc},s}(\boldsymbol{G})S^s(\boldsymbol{G})\rho(\boldsymbol{G}) \\ &+ \sum_{\boldsymbol{G}\neq\boldsymbol{0}}\sum_{s=1}^{P_s}\frac{4\pi Z_s}{|\boldsymbol{G}|^2}S^s(\boldsymbol{G})\mathrm{e}^{-|\boldsymbol{G}|^2\sigma^2/4}\rho(-\boldsymbol{G}) - \frac{1}{\sqrt{2\pi}\sigma}\sum_I Z_I^2 - \frac{\pi\sigma^2}{\Omega_{\text{cell}}}\left(\sum_{s=1}^{P_s}N_sZ_s\right)^2 \\ &+ \frac{1}{2}\sum_n\sum_I\sum_J{}' \frac{Z_IZ_J}{|\boldsymbol{r}_I-\boldsymbol{r}_J+n\boldsymbol{L}|}\operatorname{erfc}\left(\frac{|\boldsymbol{r}_I-\boldsymbol{r}_J+n\boldsymbol{L}|}{\sqrt{2}\sigma}\right) + \frac{1}{\Omega_{\text{cell}}}\sum_{s=1}^{P_s}(N_s\alpha^sZ_s)\end{aligned} \tag{3.455}$$

从上面的推导也可看到，取 $\rho_{\text{aux}}(\boldsymbol{r})$ 为式(3.438)所示的形式确实简化了 E_{es} 的表达式。

总能的其他部分，如动能、交换关联能、非局域赝势项等已经在 3.4.3.1 节中给出。从原则上讲，体系的总能可以在求解本征值的同时得到。但是此时的本征函数及电荷分布均未更新，所以与通常所说的 Kohn-Sham 总能有所不同。这说明，仍然需要首先得到体系的本征值和相应的本征方程，之后才能计算更新后体系的 Kohn-Sham 总能。

倒空间中总能表达式(3.394)、式(3.395)与式(3.455)看起来并不是很协调，最明显的区别在于式(3.394)和式(3.395)中用 $\sum V_{\text{H}}(\boldsymbol{G})\rho(\boldsymbol{G})$ 项来表示电子相互作用，而式(3.455)则借助人为构建的 $\rho_{\text{T}}(\boldsymbol{G})$ 进行描述。为使这三个公式达成一致，将 $\rho_{\text{T}}(\boldsymbol{r})=\rho(\boldsymbol{r})+\rho_{\text{aux}}(\boldsymbol{r})$ 代入式(3.455)，同时定义 γ_{Ewald} 为

$$\begin{aligned}\gamma_{\text{Ewald}} =& \frac{1}{2}\sum_n\sum_I\sum_J{}' \frac{Z_IZ_J}{|\boldsymbol{r}_I-\boldsymbol{r}_J+n\boldsymbol{L}|}\operatorname{erfc}\left(\frac{|\boldsymbol{r}_I-\boldsymbol{r}_J+n\boldsymbol{L}|}{\sqrt{2}\sigma}\right) \\ &+ \frac{4\pi}{\Omega_{\text{cell}}}\sum_{\boldsymbol{G}\neq\boldsymbol{0}}\frac{1}{|\boldsymbol{G}|^2}\left(\sum_I\mathrm{e}^{-\boldsymbol{G}\cdot\boldsymbol{R}_I}\mathrm{e}^{-|\boldsymbol{G}|^2\sigma^2/4}\right)^2 - \frac{1}{\sqrt{2\pi}\sigma}\sum_I Z_I^2 - \frac{\pi\sigma^2}{\Omega_{\text{cell}}}\left(\sum_{s=1}^{P_s}N_sZ_s\right)^2\end{aligned} \tag{3.456}$$

经过简单的计算，就可以得到比较常见的平面波-赝势框架下的单胞总能表达式：

$$\begin{aligned}E_{\text{tot}} =& \Omega_{\text{cell}}\Bigg[\frac{1}{2N_{\boldsymbol{k}}}\sum_{n,i,\boldsymbol{G}}|c_{n,\boldsymbol{k}_i}(\boldsymbol{G})|^2|\boldsymbol{k}_i+\boldsymbol{G}|^2 + \sum_{\boldsymbol{G}\neq\boldsymbol{0}}\left(\frac{1}{2}V_{\text{H}}(\boldsymbol{G}) + \sum_{s=1}^{P_s}V_{\text{ps}}^{\text{loc},s}(\boldsymbol{G})S^s(\boldsymbol{G})\right)\rho(\boldsymbol{G}) \\ &+ \sum_{\boldsymbol{G}}\varepsilon_{\text{xc}}(\boldsymbol{G})\rho(\boldsymbol{G}) + \frac{1}{N_{\boldsymbol{k}}}\sum_{n,i,l,\boldsymbol{G},\boldsymbol{G}'}c_{n,\boldsymbol{k}_i}^*(\boldsymbol{G})c_{n,\boldsymbol{k}_i}(\boldsymbol{G}')\sum_{s=1}^{P_s}S^s(\boldsymbol{G}'-\boldsymbol{G})\delta V_{\text{ps},l,\boldsymbol{k}_i+\boldsymbol{G},\boldsymbol{k}_i+\boldsymbol{G}'}^s \\ &+ \gamma_{\text{Ewald}} + \frac{1}{\Omega_{\text{cell}}}\sum_{s=1}^{P_s}(N_s\alpha^sZ_s)\Bigg]\end{aligned} \tag{3.457}$$

利用 3.4.1 节中介绍的特殊 $\boldsymbol{k}$ 点法，将 $\boldsymbol{k}$ 的取值限制在第一布里渊区的不可约区域内，则可得

$$\begin{aligned}E_{\text{tot}} =& \frac{\Omega_{\text{cell}}}{N_{\boldsymbol{k}}}\sum_i\omega_{\boldsymbol{k}_i}\Bigg[\sum_{n,\boldsymbol{G},\boldsymbol{G}'}c_{n,\boldsymbol{k}_i}^*(\boldsymbol{G})\Bigg(\frac{1}{2}|\boldsymbol{k}_i+\boldsymbol{G}|^2\delta_{\boldsymbol{G},\boldsymbol{G}'} \\ &+ \sum_l\sum_{s=1}^{P_s}S^s(\boldsymbol{G}'-\boldsymbol{G})\delta V_{\text{ps},l,\boldsymbol{k}_i+\boldsymbol{G},\boldsymbol{k}_i+\boldsymbol{G}'}^s\Bigg)c_{n,\boldsymbol{k}_i}(\boldsymbol{G}')\Bigg] + \Omega_{\text{cell}}\sum_{\boldsymbol{G}}\varepsilon_{\text{xc}}(\boldsymbol{G})\rho(\boldsymbol{G}) \\ &+ \Omega_{\text{cell}}\sum_{\boldsymbol{G}\neq0}\left(\frac{1}{2}V_{\text{H}}(\boldsymbol{G}) + \sum_{s=1}^{P_s}V_{\text{ps}}^{\text{loc},s}(\boldsymbol{G})S^s(\boldsymbol{G})\right)\rho(\boldsymbol{G}) + \gamma_{\text{Ewald}} + \frac{1}{\Omega_{\text{cell}}}\sum_{s=1}^{P_s}(N_s\alpha^sZ_s)\end{aligned} \tag{3.458}$$

式中：$N_{\boldsymbol{k}}$ 是第一布里渊区内 $\boldsymbol{k}$ 点的数目。

为了计算体系本征值，需要对平面波-赝势框架下的 Kohn-Sham 方程（式(3.400)）中的势能项 $V^{i}_{\boldsymbol{G},\boldsymbol{G}'}$ 加以限制。令 $V_{\mathrm{H}}(0)$ 及 $V^{\mathrm{loc}}_{\mathrm{ps}}(0)$ 等于 0，因此，当 $\boldsymbol{G}=\boldsymbol{G}'$ 时，有

$$V^{i}_{\boldsymbol{G},\boldsymbol{G}} = \mu_{\mathrm{xc}}(0) + \sum_{s=1}^{P_s} N_s \sum_{l} \delta V^{\mathrm{nl},s}_{\mathrm{ps},l,\boldsymbol{k}_i+\boldsymbol{G},\boldsymbol{k}_i+\boldsymbol{G}} \tag{3.459}$$

这种直接忽略发散项的做法相当于平移了势能零点，因此需要对最后的总能表达式做出修正[99]。而由式(3.458)可知，修正由最后的 αZ 项给出。

有必要指出，实际计算中，即使在平面波基组下，也并不是所有能量项都适合在动量空间中求解。式(3.457)和式(3.458)中的交换关联项，在考虑更复杂的 $\varepsilon_{\mathrm{xc}}$ 函数形式时（例如在 GGA 中），可能无法表示成如此简单的形式。更适合的方法是在实空间中计算：

$$E_{\mathrm{xc}} = \frac{\Omega}{N_{\boldsymbol{k}}} \sum_{i}^{N_{\boldsymbol{k}}} \varepsilon_{\mathrm{xc}}[\rho(\boldsymbol{r}_i)]\rho(\boldsymbol{r}_i) \tag{3.460}$$

此外，赝势非局域部分对总能的贡献 $E^{\mathrm{nl}}_{\mathrm{ps}}$ 也可以通过 KB 分部形式重新写出：

$$E^{\mathrm{nl}}_{\mathrm{ps}} = \frac{\Omega_{\mathrm{cell}}}{N_{\boldsymbol{k}}} \sum_{i} \omega_{\boldsymbol{k}_i} \sum_{l=0}^{l_{\max}} \sum_{m=-l}^{l} \sum_{s=1}^{P_s} \sum_{I=1}^{N_s} \sum_{n}^{N_{\mathrm{stat}}} \beta^{s}_{lm} \mid F^{lm,s}_{I,n}(\boldsymbol{k}_i+\boldsymbol{G}) \mid^2 \tag{3.461}$$

其中 β^{s}_{lm} 由式(3.398)给出，而 $F^{lm,s}_{I,n}$ 表示为

$$F^{lm,s}_{I,n}(\boldsymbol{k}_i+\boldsymbol{G}) = \sum_{\boldsymbol{G}} \mathrm{e}^{\mathrm{i}\boldsymbol{G}\cdot\boldsymbol{R}_{I,s}} f^{s}_{lm}(\boldsymbol{k}_i+\boldsymbol{G}) c_{n,\boldsymbol{k}_i}(\boldsymbol{G}) \tag{3.462}$$

3.4.4　自洽场计算的实现

3.4.3 节已经给出了平面波-赝势框架下体系的总能表达式。从方程(3.458)不难看出，哈密顿矩阵元中的 Hartree 势 $V_{\mathrm{H}}(\boldsymbol{G})$ 必须通过 $\rho(\boldsymbol{G})$ 构建，但是 $\rho(\boldsymbol{G})$ 正是我们需要求解的物理量。这意味着必须已知 $\rho(\boldsymbol{G})$ 才能求解 $\rho(\boldsymbol{G})$。解决这个矛盾的一般方法是首先给定一个初始猜测，然后通过自洽场（self-consistent field，SCF）计算逐步逼近精确解。本节具体讨论自洽场计算的方法与过程。

3.4.4.1　自洽过程

图 3.11 为自洽场计算的流程图。

自洽场计算的基本步骤如下。

(1) 初始化：首先对电荷密度 ρ 进行一个合理的初始猜测。这通常可以通过将靠近原子核的位置上的电荷密度相叠加得到。初始电荷密度的选择对于自洽场计算的收敛速度和稳定性具有重要意义。

(2) 构建势能：根据初始电荷密度 ρ 计算出交换相关势 V_{xc} 和 Hartree 势 V_{H}。这些势能与赝势一起构成系统的总势能。

(3) 求解 Kohn-Sham 方程：使用总势能求解 Kohn-Sham 方程，得到一组 Kohn-Sham 本征值和本征函数，这些本征函数可以用于计算新的电荷密度。

(4) 更新电荷密度：根据求得的本征函数计算新的电荷密度 ρ'。为了提高收敛稳定性，可以采用混合策略将新的电荷密度与旧的电荷密度相结合，如 $\rho_{\mathrm{new}} = \alpha\rho' + (1-\alpha)\rho$，其中 α 是介于 0 和 1 之间的混合系数。

(5) 收敛检查：检查电荷密度、总能量或其他相关物理量的变化是否满足预设的收敛标

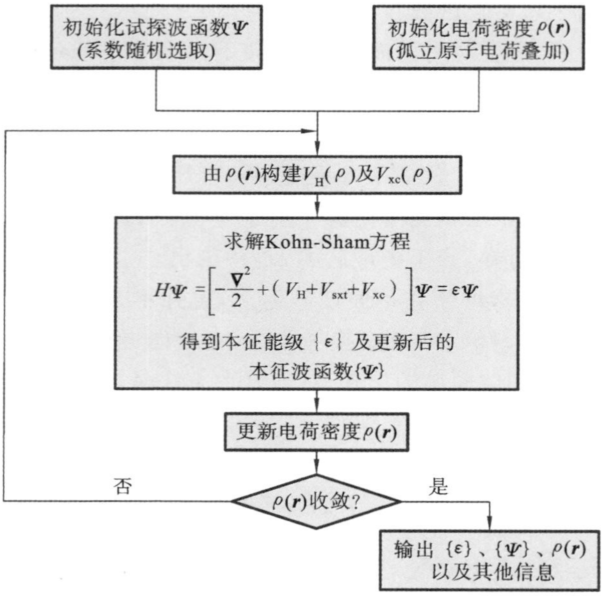

图 3.11　第一性原理计算中自洽场计算的流程图

准。如果满足收敛标准,则自洽场计算完成,可以得到体系的总能量和其他物理量。如果不满足收敛标准,则使用更新后的电荷密度 ρ_{new},返回步骤(2)继续迭代。

在实际计算的过程中,我们可能需要采用一些策略和算法来提升自洽场计算的收敛速度和稳定性,例如使用 Pulay 混合方法、Kerker 预条件等。

此外,根据具体问题的特性,我们可以选择适合的交换相关泛函、赝势和基组,以提高计算的精度和效率。

在计算过程中,最耗时的部分是矩阵对角化。最直接的算法是利用 LAPACK 中的标准库函数直接对角化哈密顿矩阵,从而得到体系的本征值和本征波函数。但是,这种直接对角化方法需要在计算过程中存储整个 N 阶哈密顿矩阵,因此对内存的需求量很大。此外,直接对角化方法的计算量正比于哈密顿矩阵维数的三次方(即 N^3)。因此,直接对角化方法并不适合用于处理大型体系(例如原胞内原子数大于 20 的体系)。目前,采用平面波为基组并使用赝势的软件包大都使用所谓的迭代对角化方法,这种方法可以有效地克服直接对角化方法的这两个缺点。

通过自洽场计算,可以获取系统的电子结构信息,这为我们进一步研究材料的各种性质和现象提供了基础。

3.4.4.2　电荷密度更新

由 3.4.4.1 节可知,自洽场计算的每一步都需要迭代更新电荷密度。最直接的方案是用当前步得到的输出电荷密度 $\rho_i(\boldsymbol{r})$ 作为下一步的输入电荷密度。但是采取这种更新方式会导致自洽场计算不收敛。实际应用中常用的更新方法是将下一步的输入电荷表示为当前步的输入电荷以及输出电荷的线性叠加:

$$\rho_{i+1}^{in}=\beta\rho_i^{out}+(1-\beta)\rho_i^{in} \tag{3.463}$$

式中:β 是一个经验参数。对于一般的体系,取 $\beta=0.3$ 可以保证自洽场计算收敛。但是对于自旋极化体系,β 有可能需要取得很小,如 0.05 左右。因为新一轮计算所得的电荷强度仅有一小部分用于更新电荷，所以体系只能非常缓慢地向精确解逼近。在这种情况下，更好的选择是采用此前若干步的输入、输出电荷密度构建最佳的近似解，作为最新一步的输入电荷密度。这种方法称为 Pulay 电荷更新。其详细介绍请参看附录 A.8 节。

虽然平面波基组下电荷密度在动量空间中计算看起来更为直接，但效率更高的做法是通过快速傅里叶逆变换将本征矢$\{c_{n,\boldsymbol{k}_i}(\boldsymbol{G})\}$变换为实空间网格点上的本征函数值$\{\psi_{n,\boldsymbol{k}_i}(\boldsymbol{r})\}$，然后利用公式

$$\rho(\boldsymbol{r}) = \sum_{\boldsymbol{k}_i}\omega_{\boldsymbol{k}_i}\sum_{n=1}^{N_{\text{occ}}} |\psi_{n,\boldsymbol{k}_i}(\boldsymbol{r})|^2 \tag{3.464}$$

计算实空间各网格点上的电荷密度值。如在接下来的计算过程中需要，则再通过快速傅里叶变换计算 $\rho(\boldsymbol{G})$。

3.4.5　利用共轭梯度法求解广义本征值

在 DFT 理论框架下，对于弱相互作用体系，求解体系基态等价为优化下述泛函：

$$E = \langle\phi|\hat{H}|\phi\rangle - \varepsilon_n\langle\phi|\hat{S}|\phi\rangle \tag{3.465}$$

式中右端第二项来自于本征函数正交性的约束。在特定的函数基下看待此问题，本征函数$|\phi\rangle$相当于矢量 $\boldsymbol{x}$，哈密顿算符 $\hat{H}$ 表征为一个矩阵 $\boldsymbol{A}$，E 等于目标函数 F，则上述问题等价为优化一个二次函数。即使考虑 Kohn-Sham 方程 $\hat{H}|\phi\rangle = \varepsilon\hat{S}|\phi\rangle$，其广义本征值问题仍然可以等同于函数优化，因此可以利用共轭梯度法求出最接近实际本征值的近似本征值及其相应的本征矢。这种迭代求解 Kohn-Sham 方程的做法有别于直接对角化矩阵以及 Car-Parrinello 动力学方法(统称为直接法)。

由 1.3.2 节的讨论可知，利用共轭梯度法优化目标函数时需要确定最速下降方向及共轭方向。因为 Kohn-Sham 方程本身的特点，还需要考虑正交化处理以及利用预处理技术提升收敛速度。对此分别加以介绍。

1. 最速下降方向

选定某条能带 m，根据方程(3.465)，优化泛函 $E = \langle\phi_m|\hat{H} - \varepsilon_m\hat{S}|\phi_m\rangle$。由此定义知，第 i 次迭代时相应的残余矢量为

$$|R(\phi_m^i)\rangle = -(\hat{H} - \varepsilon_m\hat{S})|\phi_m^i\rangle \tag{3.466}$$

即此处的最速下降方向与$|\phi_m^i\rangle$正交。因此，此时的拉格朗日乘子可计算如下：

$$\varepsilon_m^i = \frac{\langle\phi_m^i|\hat{H}|\phi_m^i\rangle}{\langle\phi_m^i|\hat{S}|\phi_m^i\rangle} \tag{3.467}$$

这个值也是第 m 个本征值的当前最佳估计值。

2. 正交化

正交化的要求源自以下矛盾：共轭梯度法是一种无约束的优化方法，但是如果要进行一系列能量本征值的求解，那么要求分属不同本征值的本征矢彼此正交。可以通过对最速下降方向进行正交化处理而将约束优化问题转化为无约束优化问题。因为每条能带的本征矢都与其他的本征矢正交，所以假设已经将指标小于 m 的所有能带优化完毕，那么第 m 条能带的本征值应该是满足与 $m-1$ 个本征矢正交的最小的本征值。因此，第 i 次迭代的最速下降方向应该与 $m-1$ 个本征矢正交。利用格拉姆-施密特正交化方案实现，即

$$|\zeta_m^i\rangle = |R(\phi_m^i)\rangle - \sum_{n<m}\langle\phi_n|R(\phi_m^i)\rangle\hat{S}|\phi_n\rangle \tag{3.468}$$

3. 预处理

从理论上讲,在 N 步之内对能带 m 的优化可以结束,但是可以进行一系列操作来提高优化效率。从数学上讲,预处理等于对矩阵 $\boldsymbol{A}$ 进行相似变换,改善其条件数,使得尽量多的本征值简并。这种操作之所以可以提高效率,是因为如果最速下降方向是当前误差(即当前解与精确解之差)乘以一个常数的话,那么沿着最速下降方向移动适当的距离就可以非常精确地到达精确解。

设当前步骤下最优解与精确解之间的差别为 $|\delta\phi_m^i\rangle$,这个量可以用体系的本征值展开为

$$|\delta\phi_m^i\rangle = \sum_n c_{n,m} |\phi_n\rangle \tag{3.469}$$

因此第 m 条能带的精确解可以写为 $|\phi_m\rangle = |\phi_m^i\rangle + |\delta\phi_m^i\rangle$,将其代入方程(3.466),可得

$$|R(\phi_m^i)\rangle = -(\hat{H} - \varepsilon_m\hat{S})|\phi_m\rangle + (\hat{H} - \varepsilon_m\hat{S})|\delta\phi_m\rangle \tag{3.470}$$

在比较接近精确解的时候,式(3.470)右端的第一项可以忽略,仅考虑第二项即可。将式(3.469)代入式(3.470),可得

$$|R(\phi_m^i)\rangle = (\hat{H} - \varepsilon_m\hat{S})|\delta\phi_m\rangle = \sum n(\varepsilon_n - \varepsilon_m^i)c_{n,m}|\phi_n\rangle$$

可以看出,如果 n 个能级彼此简并,则最速下降方向是 $|\delta\phi_m^i\rangle$ 的常数倍。因此,如前所述,沿着最速下降方向移动适当的距离就可以非常精确地到达精确解。这可以大大提升共轭梯度法的收敛速度。而预处理可以通过乘以一个预处理矩阵 $\boldsymbol{K}$ 得以实现,$\boldsymbol{K}$ 取决于在计算中所采用的基函数。

以平面波基为例,对于 G 较高的平面波,动能项为主要项,因此,如果要构造一个简并度比较高的变换,那么令计算最简便的矩阵 $\boldsymbol{K}$ 是一个对角矩阵,对角元是动能的倒数。但是对于 G 较低的平面波,动能项不占优势,因此 $\boldsymbol{K}$ 应该趋近于 1。一般取下面的表达式:

$$K_{m,n} = \frac{27 + 18x + 12x^2 + 8x^3}{27 + 18x + 12x^2 + 8x^3 + 16x^4}\delta_{mn} \tag{3.471}$$

式中:x 为平面波动能与 $|\phi_m^i\rangle$ 动能的比值。

同时考虑最速下降方向的正交性与预处理,可以构造最速下降方向为

$$|\eta_m^i\rangle = \boldsymbol{K}|\zeta_m^i\rangle$$

但是乘以矩阵 $\boldsymbol{K}$ 会破坏正交性,因此需要特别对 $|\eta_m^i\rangle$ 再进行一次格拉姆-施密特正交化:

$$|\eta'^i_m\rangle = |\eta_m^i\rangle - \langle\phi_m^i|\eta_m^i\rangle - \sum_{n<m}\langle\phi_n|\eta_m^i\rangle|\phi_n\rangle \tag{3.472}$$

将 $|\eta'^i_m\rangle$ 作为最速下降方向。注意式(3.472)右端第三项中的 $|\phi_n\rangle$ 没有上标,表明第 n 个能带以下的能带均已优化到精确解。

4. 共轭方向

确定最速下降方向之后,可以依照经典的共轭梯度方法构造共轭方向:

$$|\varphi_m^i\rangle = |\eta'^i_m\rangle + \gamma_m^i|\varphi_m^{i-1}\rangle, \quad \gamma_m^i = \frac{\langle\eta'^i_m|\zeta_m^i\rangle}{\langle\eta'^{i-1}_m|\zeta_m^{i-1}\rangle}$$

应当注意,共轭方向中的 γ_m^i 不仅仅有一种表达式。比如 Dyutiman Das 采用了 γ_m^i 的另外一种形式:

$$\gamma_m^i = \frac{(\langle\eta'^i_m| - \langle\eta'^{i-1}_m|)|\eta'^i_m\rangle}{(\langle\eta'^i_m| - \langle\eta'^{i-1}_m|)|\varphi_m^i\rangle} \tag{3.473}$$

这些表达式在没有外约束的条件下是彼此等价的，但是因为本征矢正交性的限制，由不同的 γ_m^i 构造出来的 $|\varphi_m^i\rangle$ 并不相同，很难说哪一种效率更高，需要在具体的问题中通过测试确定。

当前的共轭方向 $|\varphi_m^i\rangle$ 还需要与当前第 m 个能带的本征矢正交，并归一化。因此，最终的共轭方向的表达式为

$$\begin{cases} |\varphi''^i_m\rangle = |\varphi_m^i\rangle - \langle\phi_m^i|\varphi_m^i\rangle|\phi_m^i\rangle \\ |\varphi'^i_m\rangle = \dfrac{|\varphi''^i_m\rangle}{\langle\varphi''^i_m|\varphi''^i_m\rangle} \end{cases} \tag{3.474}$$

而以 $|\varphi'^i_m\rangle$ 最终的共轭梯度方向作为优化方向。

5. 一维搜索

确定了优化方向后，需要沿优化方向求出目标函数的最优解，而相应的本征矢 $|\phi_m^{i+1}\rangle$ 相当于当前本征矢 $|\phi_m^i\rangle$ 和优化方向 $|\varphi'^i_m\rangle$ 的一个线性叠加。考虑到 $|\phi_m^{i+1}\rangle$ 和 $|\phi_m^i\rangle$ 的模方应该相等，因此可写为 $|\phi_m^{i+1}\rangle = \cos\theta|\phi_m^{i+1}\rangle + \sin\theta|\varphi'^i_m\rangle$，优化参数 θ 即可。前面说过，对于二次正定的函数，优化步长有解析的形式。假设采用经验赝势方法，则可写出 $\theta_{\min}$ 的解析式为

$$\tan(2\theta) = \frac{2\langle\varphi'^i_m|\hat{H}|\phi_m^i\rangle}{\langle\phi_m^i|\hat{H}|\phi_m^i\rangle - \langle\varphi'^i_m|\hat{H}|\varphi'^i_m\rangle} \tag{3.475}$$

如果采用严格的第一性原理计算，那么 $\theta_{\min}$ 虽然仍有解析形式，但是需要考虑实空间内交换关联能及 Hartree 项的积分。

另外一种方法则需要算出 $\theta=0$ 时的函数值及一阶导数值，以及取另一个 θ 值（通常取 $\pi/300$）时的函数值，具体的步骤如下。

首先将能量 E 写为关于 θ 的三角级数：

$$E(\theta) = E_0 + \sum_n [A_n\cos(2n\theta) + B_n\sin(2n\theta)] \tag{3.476}$$

Payne 和 Joannopoulods 指出，这个级数中 $n>1$ 的项均可以省略。因此式(3.476) 简化为 $E(\theta) = E_0 + A_1\cos2\theta + B_1\sin2\theta$。因此，如果要确定 $\theta_{\min}$，我们需要先求出 E_0、A_1 及 B_1 三个参数的值。可以通过下述三个方程求解：

$$E_0 = \frac{E\left(\dfrac{\pi}{300}\right) - \dfrac{1}{2}\dfrac{\partial E}{\partial\theta}\Big|_{\theta=0} - E(0)\cos\dfrac{2\pi}{300}}{1-\cos\dfrac{2\pi}{300}}$$

$$A_1 = \frac{E(0) - E\left(\dfrac{\pi}{300}\right) + \dfrac{1}{2}\dfrac{\partial E}{\partial\theta}\Big|_{\theta=0}}{1-\cos\dfrac{2\pi}{300}}$$

$$B_1 = \frac{1}{2}\frac{\partial E}{\partial\theta}\Big|_{\theta=0}$$

式中

$$\frac{\partial E}{\partial\theta}\Big|_{\theta=0} = \langle\varphi'^i_m|\hat{H}|\phi_m^i\rangle + \langle\phi_m^i|\hat{H}|\varphi'^i_m\rangle \tag{3.477}$$

则极值点 $\theta_s = \dfrac{1}{2}\arctan\left(\dfrac{B_1}{A_1}\right)$，在区间 $\left[0,\dfrac{\pi}{2}\right]$ 中的 θ_s 即为所求的 θ_0。

以上所介绍的这两种方法的计算量相差无几。

综上所述，利用共轭梯度法求解 Kohn-Sham 方程的本征值具体步骤如下：

(1) 预设收敛判据 τ 及 λ，初始化 N 个本征矢 $|\phi\rangle$（如利用随机数作为系数），设 $j=0$，$|\phi^j\rangle=|\phi\rangle$，以原子电荷分布的叠加作为初始电荷密度 ρ_j^{in}；

(2) 选择最低的能带 m，设 $i=0$，根据式(3.467)求出在上述 ρ_j^{in} 下的期待值 ε_m^i，并由式(3.466)计算残余矢量 $|R(\phi_m^i)\rangle$；

(3) 依次按照式(3.468)至式(3.472)对 $|R(\phi_m^i)\rangle$ 进行操作，并通过式(3.473)和式(3.474)构造归一化的共轭梯度方向 $|\varphi'^i_m\rangle$；

(4) 进行一维搜索，利用方程(3.475)或者上述两种方法计算优化的本征矢 $|\phi_m^{i+1}\rangle$，计算出 ε_m^{i+1} 和 $\||R(\phi_m^{i+1})\rangle\|$，若 $\||R(\phi_m^{i+1})\rangle\|\leqslant\tau$，优化结束，设 $m=m+1$，移到下一条能带，否则设 $i=i+1$，回到步骤(2)；

(5) 重复上述过程，直至算法收敛或者 $m\geqslant N$，计算总能 E 和能量变化值 ΔE^j，若 $\Delta E^j\leqslant\lambda$，全部计算结束，转到步骤(6)，否则设 $j=j+1$，利用 ϕ^j 更新哈密顿矩阵以及电荷密度 ρ_j^{in}，回到步骤(1)；

(6) 计算并保存电荷密度、本征矢、总能等各种信息。

对最速下降方向以及共轭方向进行约束的方法不只上面一种。如果正交化操作不仅仅是对这些能带进行，而是将 n 的取值遍历所有能带指标，则利用类似的算法可以得到同样的本征能级，但是不能保证所得的本征矢是正确的。实际上，这些本征矢是 Kohn-Sham 本征矢的线性叠加。因此，对金属而言，需要在共轭梯度法求解过程结束之后再进行子空间转动(subspace rotation)这一步骤，即以占据数不为零的所有能带对应的本征矢张开子空间，计算哈密顿矩阵 $\boldsymbol{H}$ 以及交叠矩阵 $\boldsymbol{S}$，再进行矩阵的直接对角化。用所得的本征矢 $\{|B\rangle\}$ 乘以此前得到的本征矢 $\{|\phi^j\rangle\}$，即可得到最后的结果。

值得注意的是，在优化全部 N 个本征矢的过程中，电荷密度 ρ_j^{in} 是保持不变的，只有在所有 N 个本征矢优化结束之后才更新 ρ_j^{in}。因此，上述方法是迭代算法。另一种可能的方法是直接使用共轭梯度法对体系进行求解，这个过程与上述算法大体一致。该方法与上述算法主要的区别在于，对第 m 条能带优化结束之后，需要先更新 ρ^{in}，然后移至下一条能带。然而，在实际计算中，特别是在使用平面波基方法的情况下，最初的几轮优化更新 ρ^{in} 可能会导致系统严重偏离基态（这是因为本征矢的初始化使用了随机数），因此这种方法在实践中存在可行性问题。一种解决办法是，在所有能带的优化过程中保持初始的 ρ^{in} 不变，从第二步开始随时更新 ρ^{in}。为了提高效率，所设置的共轭梯度法的收敛判据 τ 和 λ 的值会随着优化的进行而逐渐减小，而不是固定的。

3.4.6 迭代对角化方法

哈密顿矩阵 $\boldsymbol{H}$（或者重叠矩阵 $\boldsymbol{S}$）的维数通常很大。直接对角化之后，总共有 N 个本征值和本征矢，而被电子占据的能带只占其中一小部分。因此，为了避免对高维矩阵的直接对角化，我们可以专注于最低的 n 个能带的精度。一种合理的方法是针对给定的能带，首先给出近似的本征值和本征矢，将其代入本征值方程（或广义本征值方程），以得到改进的结果。使上述过程迭代进行，直至结果的精度达到要求。这就是迭代对角化方法的基本思想。常见的迭代对角化方法包括 Lanczos 方法、Davidson 方法和残差矢量最小化方法(RMM-DIIS)等。在本节中，我们将首先介绍迭代对角化方法的基本理论，然后详细讨论 RMM-DIIS 方法，最后探讨实际应用中可以提高计算效率的因素。迭代对角化方法的核心思想是逐步改进对目标能带的本征值和本征矢的近似，以在有限的迭代步骤内获得所需精度。这些方法通常利用初始近似解和目标矩阵的一些性质来构建一个较小的子空间，在这个子空间中进行对角化，然后通过更新近似解和子空间来进行迭代。

总之，迭代对角化方法为求解大规模矩阵本征问题提供了一种高效的解决方案。通过选择合适的方法和技巧，可以在有限的迭代步骤内获得满足精度要求的结果，从而提高计算效率和可靠性。

3.4.6.1 基本理论

绝大多数的迭代对角化方法都会定义或者构建三组 N 维矢量。第一组 $\{|\varphi_i\rangle\}$ 有 N 个元素，是希尔伯特空间的基函数(或称坐标轴)，如平面波基等，哈密顿矩阵 $\boldsymbol{H}$ 和重叠矩阵 $\boldsymbol{S}$ 都可以由此得出；第二组 $\{|x_i\rangle\}$ 也有 N 个元素，是一组完备基，可以张开整个希尔伯特空间中的任意矢量；第三组 $\{|b_i\rangle\}$ 只有 $N_0(N_0 \ll N)$ 个元素，是 N_0 维子空间基函数，因为只要求 $\{|b_i\rangle\}$ 张开可以包含 n 条最低能带的 N_0 维子空间，所以每个 $|b_i\rangle$ 中只需要前 N_0 个元素准确。启动迭代对角化方法时，首先选定一个 N_0 阶哈密顿矩阵 $\boldsymbol{H}_0$($\boldsymbol{H}$ 的一部分)，然后利用直接对角化方法如 Cholesky 分解法等求解 $\boldsymbol{H}_0$ 的本征值和本征矢，若精度不够，则利用所得结果更新 $\{|b_i\rangle\}$，并在 $\{|b_i\rangle\}$ 张开的子空间中重新求解下列方程：

$$\Xi|c\rangle=\varepsilon\Omega|c\rangle \tag{3.478}$$

有

$$\begin{cases}\Xi_{ij}=\langle b_i|\hat{H}|b_i\rangle\\ \Omega_{ij}=\langle b_i|\hat{S}|b_j\rangle\end{cases} \tag{3.479}$$

ε_k 为当前哈密顿矩阵 $\boldsymbol{H}$ 的第 k 个本征值的近似值，相应的本征矢 $|a_k\rangle$ 为

$$|a_k\rangle=\sum_i\langle b_i|c_k\rangle|b_i\rangle \tag{3.480}$$

由计算结果构建 $|x_i\rangle$ 以及 $|b_i\rangle$ 的方法不同，导致了迭代对角化方法的不同。但是这些方法均遵循一个原则，即更新后的本征矢应当尽量靠近体系的精确解。为了完成这个任务，首先定义残余矢量为

$$|R(A^c,E^c)\rangle=(\hat{H}-\hat{S}A^c)|A^c\rangle \tag{3.481}$$

式中：A^c 和 E^c 分别为当前本征矢和本征值的近似估算值。$|R\rangle$ 的模 $(\langle R|R\rangle/\langle A^c|\hat{S}|A^c\rangle)^{1/2}$ 反映了当前结果至精确值的“距离”。而 E^c 的计算非常直接：

$$E^c=\frac{\langle A^c|\hat{H}|A^c\rangle}{\langle A^c|\hat{S}|A^c\rangle} \tag{3.482}$$

下一轮迭代，相当于在当前的本征矢近似值 $|A^c\rangle$ 上叠加一个 $|\delta A\rangle$。最理想的结果是更新后的矢量 $|A^c\rangle+|\delta A\rangle$ 就是精确的本征矢，此时残余矢量为零，且

$$|R(|A^c+\delta A\rangle,E^c)\rangle=|R(|A^c\rangle,E^c)\rangle+(\hat{H}-E^c\hat{S}|\delta A\rangle)=0 \tag{3.483}$$

由此可得最理想的 $|\delta A\rangle$ 应为

$$|\delta A\rangle=-(\hat{H}-E^c\hat{S})^{-1}|R(|A^c\rangle,E^c)\rangle \tag{3.484}$$

但是因为需要对一个 N 阶矩阵求逆，所以通过式(3.484)计算 $|\delta A\rangle$ 并不现实。若利用完备基组 $|x_j\rangle$ 将 $|\delta A\rangle$ 展开，代入式(3.483)，并与 $\langle x_i|$ 做内积，则有

$$\langle x_i|R\rangle+\sum_j\langle x_i|(\hat{H}-E^c\hat{S})|x_j\rangle\langle x_j|\delta A\rangle=0 \tag{3.485}$$

式(3.485)并无法减小直接计算 $|\delta A\rangle$ 所需的计算量。为了解决这个问题,一般采用所谓对角近似,即只保留式(3.485)中 $i=j$ 的项,因此有

$$|\delta A\rangle = -\sum_i{}' \frac{\langle x_i | R\rangle | x_i\rangle}{\langle x_i | \hat{H} - E^c \hat{S} | x_i\rangle} \tag{3.486}$$

其中求和符号上的"′"表示剔除任何分母小于某个阈值 δ 的项。这个定义确保了当第 k 个本征矢的残余矢量 $|R_k\rangle$ 为 **0** 时,相应的 $|\delta A_k\rangle$ 也为 **0**。

利用式(3.486)更新本征矢的近似值 $|A\rangle$ 后,再将其代入式(3.482)求得更新后的本征值近似值 E^{new}。若相应的 R^{new} 仍然比较大,则重复上述过程。这就构成了大多数迭代对角化方法的基本算法。此外,应当注意,到目前为止,算法对本征值的优化是串行的,即每次只优化一个本征值,结束之后再优化下一个。

3.4.6.2 RMM-DIIS 方法

RMM-DIIS 方法是一种在量子化学和凝聚态物理计算中广泛应用的迭代对角化方法。其核心思想是在每一轮迭代过程中,找出一个最佳线性组合以便最小化残差矢量的范数。RMM-DIIS 方法的优势在于,其能够加快收敛速度,尤其对于那些难以收敛的问题,同时它保持了较低的计算成本。在实际应用中,可以通过采取适当的预处理技术、控制子空间的尺寸,以及采用选择性的收敛标准等方式,提升 RMM-DIIS 方法的计算效率。

这个方法是由 Wood 和 Zunger 在 1984 年正式提出的[104]。在此之前,Pulay 为了提高自洽场计算中电荷更新的精确度,提出过一个与 RMM-DIIS 方法非常类似的算法,这类算法称为迭代子空间直接求逆(direct inversion in the iterative subspace,DIIS)法,或者 Pulay 电荷更新法[105],在 9.8 节中将简要介绍该方法。在本节中,我们主要介绍 RMM-DIIS 方法。

对于第 j 个本征矢和本征值,选取 $\{|x_i\rangle\}$ 和 $\{|b_i\rangle\}$ 分别为

$$\{|x_i\rangle\} = \{|a_j^0\rangle, j=1,2,\cdots,N_0\} + \{|e_j\rangle, j=N_0+1,\cdots,N\} \tag{3.487}$$

$$\{|b_i\rangle\}[p=0/1/2/\cdots] = [|\delta A_j^{(0)}\rangle / |\delta A_j^{(1)}\rangle / |\delta A_j^{(2)}\rangle / \cdots] \tag{3.488}$$

式中:$|a_j^0\rangle$ 表示哈密顿矩阵 $\boldsymbol{H}_0$ 的一套本征矢;$|\delta A_j^{(0)}\rangle$ 是一个 N 维矢量,前 N_0 个元素由 $|a_j^0\rangle$ 给出,之后的 $N-N_0$ 个元素为 0;p 代表迭代的次数,"/"表示每一轮会增加的子空间基函数 $|b_i\rangle$。例如,首次迭代,$|b_i\rangle = |\delta A_j^{(0)}\rangle$,而下一次迭代,$\{|b_i\rangle\}$ 有两个矢量——$|\delta A_j^{(0)}\rangle$ 和 $|\delta A_j^{(1)}\rangle$,依次类推。可见,RMM-DIIS 方法包含了全部迭代信息。其中用来优化本征值和本征矢的子空间由迭代产生的 $|\delta A_j^{(p)}\rangle$ 张开,又称为迭代子空间。将式(3.487)代入式(3.486),可得 δA 的各个分量:

$$\langle e_k | \delta A\rangle = -\sum_{i\in(1,N_0)}{}' \frac{\langle a_j^0 | R(E^{\text{old}})\rangle \langle e_k | a_i^0\rangle}{(\lambda_i^0 - E^{\text{old}})\langle a_i^0 | \hat{S} | a_i^0\rangle} - \sum_{i\in(N_0+1,N)}{}' \frac{\langle e_k | R(E^{\text{old}})\rangle \delta_{ik}}{(H_{ii} - E^{\text{old}} S_{ii})} \tag{3.489}$$

式中:λ_i^0 是矩阵 $\boldsymbol{H}_0$ 的第 i 个本征值。设现在开始进行第 m 次迭代,已经有了 m 个迭代子空间的基函数 $\{\delta A^{(0)}, \delta A^{(1)}, \cdots, \delta A^{(m-1)}\}$,同时有 $E^{\text{old}} = E^{(m-1)}$,则根据式(3.489)得到 $|\delta A^{(m)}\rangle$。根据这些信息构建第 m 轮中本征矢 $|A^{\text{new}}\rangle$ 的最佳估计值,将其在迭代子空间中展开,有

$$|A^{\text{new}}\rangle = \sum_{i=0}^{m} \alpha_i |\delta A^{(i)}\rangle \tag{3.490}$$

$|A^{\text{new}}\rangle$ 最佳意味着相应的残余矢量 $|R(A^{\text{new}}, E^{\text{old}})\rangle$ 的模方 ρ^2 最小。因此 ρ^2 对于任意系数 α_i 的偏导都应为 0,即

$$\frac{\partial \rho^2}{\partial \alpha_k^*} = \frac{\partial}{\partial \alpha_k^*} \frac{\sum_{r,s=0}^{m} \alpha_r^* \alpha_s \langle \delta A^{(r)} \mid \hat{H} - E^{\text{old}} \hat{S} \mid (\hat{H} - E^{\text{old}} \hat{S}) \delta A^{(s)} \rangle}{\sum_{r,s=0}^{m} \alpha_r^* \alpha_s \langle \delta A^{(r)} \mid \hat{S} \mid \delta A^{(s)} \rangle} = 0 \tag{3.491}$$

k 从 0 遍历到 m，则形如式(3.491)的 $m+1$ 个方程联立，求解 ρ^2 的极小值等价于求解下列广义本征值方程：

$$\boldsymbol{P} \mid \alpha \rangle = \rho^2 \boldsymbol{Q} \mid \alpha \rangle \tag{3.492}$$

矩阵 $\boldsymbol{P}$ 和 $\boldsymbol{Q}$ 的矩阵元如下：

$$\begin{cases} P_{rs} = \langle \delta A^{(r)} (\hat{H} - E^{\text{old}} \hat{S}) \mid (\hat{H} - E^{\text{old}} \hat{S}) \delta A^{(s)} \rangle \\ Q_{rs} = \langle \delta A^{(r)} \mid \hat{S} \mid \delta A^{(s)} \rangle \end{cases} \tag{3.493}$$

因为 $\boldsymbol{P}$ 与 $\boldsymbol{Q}$ 均为 $m+1$ 阶方阵，所以可以利用直接对角化求得最小的本征值，将相应的本征矢 $\mid \alpha \rangle$ 代入式(3.490)，就得到最优的 $\mid A^{\text{new}} \rangle$。

得到 $\mid A^{\text{new}} \rangle$ 之后可以更新对本征值的近似

$$E^{\text{new}} = \frac{\langle A^{\text{new}} \mid \hat{H} \mid A^{\text{new}} \rangle}{\langle A^{\text{new}} \mid \hat{S} \mid A^{\text{new}} \rangle} \tag{3.494}$$

以及残余矢量

$$\mid R^{\text{new}} \rangle = \frac{(\hat{H} - E^{\text{new}} \hat{S}) \mid A^{\text{new}} \rangle}{\langle A^{\text{new}} \mid \hat{S} \mid A^{\text{new}} \rangle} \tag{3.495}$$

若 $\| \mid R^{\text{new}} \rangle \|^2$ 大于收敛判据，则再重复上述过程，直至收敛为止。

Wood-Zunger 提出的上述算法在处理大型矩阵时会遇到收敛困难的问题，而且计算效率也比较低，所以当前流行的 RMM-DIIS 方法更接近于 Pulay 的方法[106,107]。二者的主要区别在于在 RMM-DIIS 方法中，首次迭代时，子空间基函数 $\mid b_j \rangle = \mid \delta A_j^{(0)} \rangle$ 不再要求预先求解 $\boldsymbol{H}_0$ 以得到一个初始的本征矢，而是利用共轭梯度或者最速下降法非自洽地求解整个哈密顿矩阵 $\boldsymbol{H}$，以得到的第 j 个本征矢 $\mid A_j^0 \rangle$ 作为 $\mid b_j \rangle$，相应的本征值记为 E^{old}。并且在首次迭代中，不再用方程(3.489)构建当前步的叠加矢量 $\mid \delta A \rangle$，而是利用 $\mid A_j^0 \rangle$ 对应的残余矢量 $\mid R(\mid A_j^0 \rangle, E^{\text{old}}) \rangle$ 构建新的基函数，记为 $\mid A_j^1 \rangle$，即

$$\mid A_j^1 \rangle = \mid A_j^0 \rangle + \lambda \boldsymbol{K} \mid R(\mid A_j^0 \rangle, E^{\text{old}}) \rangle \tag{3.496}$$

式中：$\boldsymbol{K}$ 是预处理矩阵，矩阵元由方程(3.471)给出；λ 是步长，通常取值范围为[0.3,1]。由式(3.481)得到 $\mid A_j^1 \rangle$ 相应的残余矢量 $\mid R_j^1 \rangle = \mid R_j^1(\mid A_j^1, E^{\text{old}}) \rangle$。再根据式(3.490)写出本次迭代中本征矢的最佳估计值：

$$\mid A_j^{M,\text{new}} \rangle = \sum_{i=0}^{M} \alpha_i \mid A_j^i \rangle, \quad M = 1 \tag{3.497}$$

设残余矢量是一个线性算符，则有

$$\mid R_j^{M,\text{new}} \rangle = \sum_{i=0}^{M} \alpha_i \mid R_j^i \rangle \tag{3.498}$$

对式(3.498)求 $\| \mid R_j^{\text{new}} \rangle \|^2$ 的极小值，同样可以得到关于 $\{\alpha_i\}$ 的广义本征值方程(3.492)，其中

$$\begin{cases} P_{rs} = \langle R_j^r \mid R_j^s \rangle \\ Q_{rs} = \langle A_j^r \mid \hat{S} \mid A_j^s \rangle \end{cases} \tag{3.499}$$

将求得的 $\{\alpha_i\}$ 代入式(3.497)，得到本次迭代下本征矢最优近似解 $\mid A_j^{M,\text{new}} \rangle$，再由式

(3.494) 和式(3.495) 得到 E_j^{new} 和 $|R_j^{M,\mathrm{new}}\rangle$,如果算法未收敛,则设 $E_j^{\mathrm{old}}=E_j^{\mathrm{new}}$,$M=M+1$,并且增加一个新的迭代子空间基函数

$$|A_j^{M+1}\rangle=|A_j^{M,\mathrm{new}}\rangle+\lambda\boldsymbol{K}|R_j^{M,\mathrm{new}}\rangle \tag{3.500}$$

再重复上述过程,直至算法收敛为止。

3.4.6.3 计算效率优化

从前面的讨论可以看到,迭代对角化方法需要计算 $\boldsymbol{H}\psi$(N 维列向量)。因此,采用迭代对角化方法可以大大地降低计算时对内存空间的要求。而且,快速傅里叶变换允许在实空间和倒空间之间相互切换,对于 $\boldsymbol{H}\psi$ 每一项都选取最高效的方法进行计算。哈密顿算符 $\hat{H}$ 已经在 3.4.3.1 节中由式(3.380) 给出。为讨论方便,这里将赝势分解为局域赝势与 KB 非局域赝势两部分,然后重新写出 $\hat{H}$:

$$\hat{H}=-\frac{\boldsymbol{\nabla}^2}{2}+\hat{V}_{\mathrm{H}}+\hat{V}_{\mathrm{ps}}^{\mathrm{loc}}+\hat{\mu}_{\mathrm{xc}}+\hat{V}_{\mathrm{ps}}^{\mathrm{nl}} \tag{3.501}$$

利用平面波将 $\hat{H}$ 和 ψ 分别展开为矩阵 $\boldsymbol{H}$ 和矢量 $\boldsymbol{c}_{n,\boldsymbol{k}_i,\boldsymbol{G}}$ 之后,可以看到哈密顿矩阵的各个组成部分可以分别和矢量相乘。动能项 $\hat{T}_{\mathrm{e}}$ 非常简单,因为在倒空间中只有对角项。而势能算符中,$\hat{V}_{\mathrm{H}}$、$\hat{V}_{\mathrm{ps}}^{\mathrm{loc}}$ 和 $\hat{V}_{\mathrm{ps},l}^{\mathrm{nl}}$ 分别由式(3.384)、式(3.393) 和式(3.397) 直接在倒空间里给出。而 $\hat{\mu}_{\mathrm{xc}}$ 可以在实空间的格点上计算,再经由快速傅里叶变换得到在倒空间中的表达式。具体写出各项 $\boldsymbol{G}$ 分量的矩阵表达式如下:

$$\boldsymbol{T}_{\mathrm{e}}\boldsymbol{c}_{n,\boldsymbol{k}_i}(\boldsymbol{G})=\frac{1}{2}|\boldsymbol{k}_i+\boldsymbol{G}|^2 \tag{3.502}$$

$$\boldsymbol{V}_{\mathrm{H}}\boldsymbol{c}_{n,\boldsymbol{k}_i}(\boldsymbol{G})=\sum_{\boldsymbol{G}'}V_{\mathrm{H}}(\boldsymbol{G}-\boldsymbol{G}')\boldsymbol{c}_{n,\boldsymbol{k}_i+\boldsymbol{G}'} \tag{3.503}$$

$$\boldsymbol{V}_{\mathrm{ps}}^{\mathrm{loc}}\boldsymbol{c}_{n,\boldsymbol{k}_i}(\boldsymbol{G})=\sum_{\boldsymbol{G}'}V_{\mathrm{ps}}^{\mathrm{loc}}(\boldsymbol{G}-\boldsymbol{G}')\boldsymbol{c}_{n,\boldsymbol{k}_i+\boldsymbol{G}'} \tag{3.504}$$

$$\hat{\mu}_{\mathrm{xc}}\boldsymbol{c}_{n,\boldsymbol{k}_i}(\boldsymbol{G})=\sum_{\boldsymbol{G}'}\mu_{\mathrm{xc}}(\boldsymbol{G}-\boldsymbol{G}')\boldsymbol{c}_{n,\boldsymbol{k}_i+\boldsymbol{G}'} \tag{3.505}$$

$$\boldsymbol{V}_{\mathrm{ps}}^{\mathrm{nl}}\boldsymbol{c}_{n,\boldsymbol{k}_i}(\boldsymbol{G})=\sum_{l=0}^{l_{\max}}\sum_{m=-l}^{l}\sum_{s=1}^{P_s}\sum_{I=1}^{N_s}\beta_{lm}^{s}\,\mathrm{e}^{-\mathrm{i}\boldsymbol{G}\cdot\boldsymbol{R}_{I,s}}f_{lm}^{s,*}(\boldsymbol{k}_i+\boldsymbol{G})F_{I,n}^{lm,s}(\boldsymbol{k}_i+\boldsymbol{G}) \tag{3.506}$$

其中式(3.506) 用到了式(3.397) 至式(3.399) 及式(3.462)。至此,我们已经得到了 $\boldsymbol{H}\psi$ 各元素的计算公式。仔细考察式(3.503) 至式(3.505),可知当 $\boldsymbol{G}=\boldsymbol{G}'$ 时需要考虑限制条件 $V_{\mathrm{H}}(0)=V_{\mathrm{ps}}^{\mathrm{loc}}(0)=0$。这在一定程度上增加了计算的复杂性,而且对 $\boldsymbol{G}'$ 的求和也显得比较繁杂。有一些软件包,如 CPMD① 等,就采用了另一种办法计算这三个方程,即首先在实空间内计算 $\hat{V}\psi_{n,\boldsymbol{k}_i}$,然后利用快速傅里叶变换直接得到相应的 $\boldsymbol{G}$ 分量[53]。为了避免 $V_{\mathrm{H}}(0)$ 与 $V_{\mathrm{ps}}^{\mathrm{loc}}(0)$ 的发散,该方法利用了 3.4.3.3 节中引入的附加电荷分布 $\rho_{\mathrm{aux}}(\boldsymbol{r})$,并定义 $V_{\mathrm{es}}^{\mathrm{loc}}$:

$$V_{\mathrm{es}}^{\mathrm{loc}}(\boldsymbol{G})=\frac{4\pi}{|\boldsymbol{G}|^2}[\rho(\boldsymbol{G})+\rho_{\mathrm{aux}}(\boldsymbol{G})]+\sum_{s}^{P_s}S^s(\boldsymbol{G})\left[V_{\mathrm{ps}}^{\mathrm{loc},s}(\boldsymbol{G})+\frac{4\pi Z^s}{|\boldsymbol{G}|^2\Omega_{\mathrm{cell}}}\mathrm{e}^{-|\boldsymbol{G}|^2\sigma^2/4}\right] \tag{3.507}$$

不难证明,$V_{\mathrm{es}}^{\mathrm{loc}}(0)=0$,所以不需考虑发散项。利用快速傅里叶逆变换将 $V_{\mathrm{es}}^{\mathrm{loc}}(\boldsymbol{G})$ 与实空间格点上的势函数值 $V_{\mathrm{es}}^{\mathrm{loc}}(\boldsymbol{r})$ 相关联,则有

---

① 参见 www.github.com/CPMD-code.

$$\hat{V}^{\text{loc}}\boldsymbol{c}_{n,\boldsymbol{k}_i}(\boldsymbol{G}) = \frac{1}{\Omega_{\text{cell}}}\int_{\Omega_{\text{cell}}}[V_{\text{es}}^{\text{loc}}(\boldsymbol{r}) + \mu_{\text{xc}}(\boldsymbol{r})]\psi_{n,\boldsymbol{k}_i}(\boldsymbol{r})\text{e}^{-\text{i}\boldsymbol{G}\cdot\boldsymbol{r}}\,\text{d}\boldsymbol{r} \tag{3.508}$$

图 3.12 展示了迭代对角化方法中 $\boldsymbol{H}\psi$ 的构建过程。可以看到，计算过程同时用到了实空间和倒空间中的积分。两个空间之间通过快速傅里叶变换及其逆变换联系了起来。

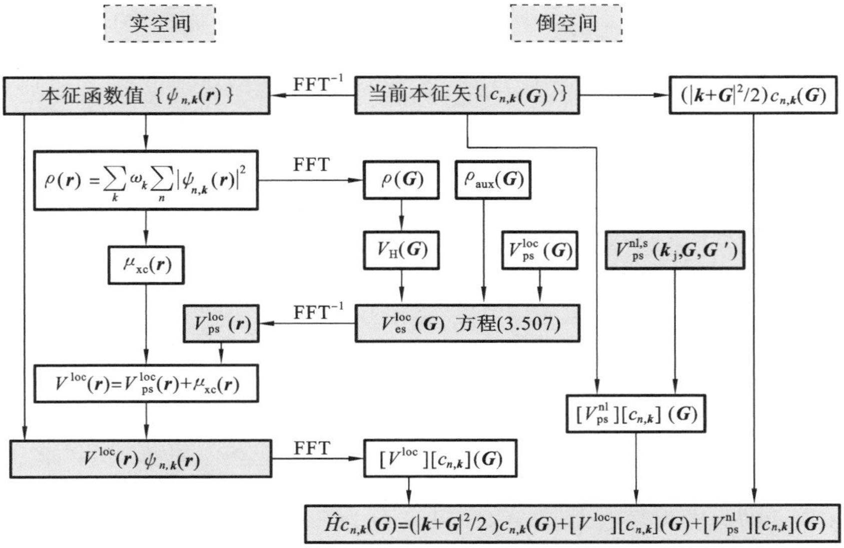

图 3.12　迭代对角化方法中 $\boldsymbol{H}\psi$ 的构建过程

实际上，通过对 $\boldsymbol{H}\psi$ 的不同解读可以给出另一种对求解 Kohn-Sham 方程方法的不同理解。例如，将其视为波函数在由基函数张开的希尔伯特空间中受到的广义力，则可以利用 Car-Parrinello 动力学方法(CPMD) 求解本征态；将其视为线性空间内对矢量的形变操作，则可利用 RMM-DIIS 方法求解；而将其视为二次函数的梯度，则可利用最优化方法(如共轭梯度法等) 进行求解。

3.4.7　Hellmann-Feynman 力

第 α 个原子受力 $\boldsymbol{F}_\alpha$ 的普遍表达式是

$$\boldsymbol{F}_\alpha = -\frac{\partial E_{\text{tot}}}{\partial \boldsymbol{R}_\alpha} \tag{3.509}$$

式中：$\boldsymbol{R}_\alpha$ 为原子 i 的坐标。从原则上讲，可以用有限差分的方法近似求解式(3.509)，但是这种方法的效率和精度都比较差，因此在实际工作中都是采用解析表达式求解 $\boldsymbol{F}_\alpha$，而其理论基础最早由 Hellmann 与 Feynman 提出[108,109]。他们指出，在基组完备以及本征波函数严格正确的条件下，$\boldsymbol{F}_\alpha^{\text{HF}}$ 即为该原子在体系中受到的静电力。证明过程如下：

$$\boldsymbol{F}_\alpha^{\text{HF}} = -\frac{\partial E_{\text{tot}}}{\partial \boldsymbol{R}_\alpha} = -\frac{\sum_i n_i\langle\psi_i \mid \hat{H} \mid \psi_i\rangle}{\partial \boldsymbol{R}_\alpha} + \frac{\partial E_{\text{II}}}{\partial \boldsymbol{R}_\alpha} = \boldsymbol{F}_\alpha^{\text{el}} + \boldsymbol{F}_\alpha^{\text{ion}} \tag{3.510}$$

式中：$\{|\psi_i\rangle\}$ 是体系的精确本征波函数组成的完备集；n_i 是各态的占据数。因此原子受力可分为两部分：第一部分来源于周围电子所形成的势场，第二部分是原子核间相互作用，也可称之为马德隆项。考虑第一项，根据求导法则可以写出

$$\begin{aligned}\boldsymbol{F}_\alpha^{\mathrm{el}} &= -\sum_i n_i \left[\langle \frac{\partial \psi_i}{\partial \boldsymbol{R}_\alpha} \mid \hat{H} \mid \psi_i \rangle + \langle \psi_i \mid \frac{\partial \hat{H}}{\partial \boldsymbol{R}_\alpha} \mid \psi_i \rangle + \langle \psi_i \mid \hat{H} \mid \frac{\partial \psi_i}{\partial \boldsymbol{R}_\alpha} \rangle \right] \\ &= -\sum_i n_i \langle \psi_i \mid \frac{\partial \hat{H}}{\partial \boldsymbol{R}_\alpha} \mid \psi_i \rangle + \sum_i n_i \varepsilon_i \left[\langle \frac{\partial \psi_i}{\partial \boldsymbol{R}_\alpha} \mid \psi_i \rangle + \langle \psi_i \mid \frac{\partial \psi_i}{\partial \boldsymbol{R}_\alpha} \rangle \right] \\ &= -\sum_i n_i \langle \psi_i \mid \frac{\partial \hat{H}}{\partial \boldsymbol{R}_\alpha} \mid \psi_i \rangle + \frac{\partial \bar{E}_{\mathrm{bs}}}{\partial \boldsymbol{R}_\alpha} = -\sum_i n_i \langle \psi_i \mid \frac{\partial \hat{H}}{\partial \boldsymbol{R}_\alpha} \mid \psi_i \rangle \end{aligned} \tag{3.511}$$

式中：$\bar{E}_{\mathrm{bs}} = \sum_i n_i \varepsilon_i$ 是常数，因此对 $\boldsymbol{R}_i$ 的偏导为零。根据上面的讨论，单电子近似下哈密顿算符为

$$\hat{H} = -\frac{1}{2}\nabla^2 + V_{\mathrm{ee}} + V_{\mathrm{ext}} + V_{\mathrm{xc}}$$

其中只有 V_{ext} 显含原子坐标。所以方程(3.511) 变为

$$\boldsymbol{F}_\alpha^{\mathrm{el}} = -\sum_i n_i \langle \psi_i \mid \frac{\partial V_{\mathrm{ext}}}{\partial \boldsymbol{R}_\alpha} \mid \psi_i \rangle = \int \rho(\boldsymbol{r}) \left[\sum_\beta \frac{\mathrm{d}v_\beta(\boldsymbol{r} - \boldsymbol{R}_\beta)}{\mathrm{d}\boldsymbol{R}_\alpha} \right] \mathrm{d}\boldsymbol{r} = \int \rho(\boldsymbol{r}) \frac{\mathrm{d}v_\alpha}{\mathrm{d}\boldsymbol{r}'} \bigg|_{\boldsymbol{r}' = \boldsymbol{r} - \boldsymbol{R}_\alpha} \mathrm{d}\boldsymbol{r} \tag{3.512}$$

而 $\boldsymbol{F}_\alpha^{\mathrm{ion}}$ 的计算比较简单，下面直接给出 $\boldsymbol{F}_\alpha$ 的公式：

$$\boldsymbol{F}_\alpha^{\mathrm{HF}} = \int \rho(\boldsymbol{r}) \frac{\mathrm{d}v_\alpha}{\mathrm{d}\boldsymbol{r}'} \bigg|_{\boldsymbol{r}' = \boldsymbol{r} - \boldsymbol{R}_\alpha} \mathrm{d}\boldsymbol{r} + \sum_{\beta, \beta \neq \alpha} \frac{Z_\alpha Z_\beta (\boldsymbol{R}_\alpha - \boldsymbol{R}_\beta)}{|\boldsymbol{R}_\alpha - \boldsymbol{R}_\beta|^3} \tag{3.513}$$

因此，原子 α 所受的力即为静电力。方程(3.513) 称为 Hellmann-Feynman 表达式，它是第一性原理动力学以及体系弛豫的理论基础。然而，在实际应用中，以上述 Hellmann-Feynman 表达式的形式直接获取精确值通常是不可行的，这主要出于两个原因。首先，我们无法采用严格意义上的完备基组来构建哈密顿矩阵，因为完备基组由无穷多个基函数组成，而在计算过程中我们需要通过截断方法选取有限数量的基函数。其次，我们无法达到“完全自洽”的条件，即对角化哈密顿矩阵后得到完全精确的本征波函数。这两方面原因造成的误差均会影响原子受力的结果，因此需要分别对这两方面的因素进行修正。

再次写出体系的总能表达式

$$E_{\mathrm{tot}} = T[\rho] + E_{\mathrm{ee}}[\rho] + E_{\mathrm{xc}}[\rho] + E_{\mathrm{Ie}}[\rho] + E_{\mathrm{II}} \tag{3.514}$$

其中对动能泛函 T_0 需要做特别考虑。根据 Kohn-Sham 方程，有 $\left(-\frac{1}{2}\nabla^2 + V_{\mathrm{eff}}(\boldsymbol{r})\right)\psi_i = \varepsilon_i \psi_i$，而 $T = \sum_i \langle \psi_i | -\frac{1}{2}\nabla^2 \mid \psi_i \rangle$。因此由这两个方程可得

$$T[\rho] = \sum_i n_i \varepsilon_i - \sum_i \langle \psi_i \mid V_{\mathrm{eff}}(\boldsymbol{r}) \mid \psi_i \rangle \tag{3.515}$$

不难看出，原子坐标 $\boldsymbol{R}_\alpha$ 对 E_{tot} 的影响并不仅限于 E_{II} 和 E_{Ie}，它的变化也会影响本征函数 ψ_i，从而导致电子密度 $\rho(\boldsymbol{r})$ 乃至本征能级 ε_i 的变化。因此，为求得原子受力的普遍表达式，对方程(3.514) 求关于 $\boldsymbol{R}_\alpha$ 的全微分[110,111]：

$$\begin{aligned}\boldsymbol{F}_\alpha = \frac{\mathrm{d}E_{\mathrm{tot}}}{\mathrm{d}\boldsymbol{R}_\alpha} &= -\left[\frac{\mathrm{d}T_0[\rho]}{\mathrm{d}\boldsymbol{R}_\alpha} + \frac{\mathrm{d}E_{\mathrm{ee}}[\rho]}{\mathrm{d}\boldsymbol{R}_\alpha} + \frac{\mathrm{d}E_{\mathrm{xc}}[\rho]}{\mathrm{d}\boldsymbol{R}_\alpha} + \frac{\mathrm{d}E_{\mathrm{Ie}}[\rho]}{\mathrm{d}\boldsymbol{R}_\alpha} + \frac{\mathrm{d}E_{\mathrm{II}}}{\mathrm{d}\boldsymbol{R}_\alpha} \right] \\ &= -\left[\sum_i n_i \frac{\mathrm{d}\varepsilon_i}{\mathrm{d}\boldsymbol{R}_\alpha} - \sum_i n_i \frac{\mathrm{d}\langle \psi_i \mid V_{\mathrm{eff}} \mid \psi_i \rangle}{\mathrm{d}\boldsymbol{R}_\alpha} + \frac{\mathrm{d}\int (V_{\mathrm{ee}} + V_{\mathrm{xc}} + V_{\mathrm{ext}})\rho(\boldsymbol{r})\mathrm{d}(\boldsymbol{r})}{\mathrm{d}\boldsymbol{R}_\alpha} + \frac{\mathrm{d}E_{\mathrm{II}}}{\mathrm{d}\boldsymbol{R}_\alpha} \right] \end{aligned} \tag{3.516}$$

式(3.516)右端的最后一项$\frac{\mathrm{d}E_{\mathrm{II}}}{\mathrm{d}\boldsymbol{R}_\alpha}$即为$\boldsymbol{F}_\alpha^{\mathrm{ion}}$。下面对前三项分别加以讨论。

设$\hat{H}^0=-\frac{1}{2}\nabla^2+V_{\mathrm{eff}}(\boldsymbol{r})$，且$\psi_i$是严格满足$\hat{H}^0\psi_i=\varepsilon_i\psi_i$的本征函数，而$\hat{H}^0$的表达式中仅$V_{\mathrm{eff}}$与$\boldsymbol{R}_\alpha$有关。由本征方程可得

$$\begin{aligned}\sum_i n_i\frac{\mathrm{d}\varepsilon_i}{\mathrm{d}\boldsymbol{R}_\alpha}&=\sum_i n_i\langle\psi_i\mid\frac{\mathrm{d}\hat{H}^0}{\mathrm{d}\boldsymbol{R}_\alpha}\mid\psi_i\rangle+\sum_i n_i\langle\frac{\mathrm{d}\psi_i}{\mathrm{d}\boldsymbol{R}_\alpha}\mid\hat{H}^0-\varepsilon_i\mid\psi_i\rangle+\sum_i n_i\langle\psi_i\mid\hat{H}^0-\varepsilon_i\mid\frac{\mathrm{d}\psi_i}{\mathrm{d}\boldsymbol{R}_\alpha}\rangle\\&=\sum_i n_i\langle\psi_i\mid\frac{\mathrm{d}V_{\mathrm{eff}}}{\mathrm{d}\boldsymbol{R}_\alpha}\mid\psi_i\rangle+2\sum_i n_i\mathrm{Re}\langle\frac{\mathrm{d}\psi_i}{\mathrm{d}\boldsymbol{R}_\alpha}\mid\hat{H}^0-\varepsilon_i\mid\psi_i\rangle\end{aligned}\tag{3.517}$$

第二项的计算比较直接：

$$\sum_i n_i\frac{\mathrm{d}\langle\psi_i\mid V_{\mathrm{eff}}\mid\psi_i\rangle}{\mathrm{d}\boldsymbol{R}_\alpha}=\sum_i n_i\langle\psi_i\mid\frac{\mathrm{d}V_{\mathrm{eff}}}{\mathrm{d}\boldsymbol{R}_\alpha}\mid\psi_i\rangle+n_i\int V_{\mathrm{eff}}\frac{\mathrm{d}\rho(\boldsymbol{r})}{\mathrm{d}\boldsymbol{R}_\alpha}\mathrm{d}\boldsymbol{r}\tag{3.518}$$

第三项括号中的V_{ee}及V_{xc}均与$\boldsymbol{R}_\alpha$无关，因此可得

$$\begin{aligned}\frac{\mathrm{d}\int(V_{\mathrm{ee}}+V_{\mathrm{xc}}+V_{\mathrm{ext}})\rho(\boldsymbol{r})\mathrm{d}\boldsymbol{r}}{\mathrm{d}\boldsymbol{R}_\alpha}&=\int\frac{V_{\mathrm{ext}}}{\mathrm{d}\boldsymbol{R}_\alpha}\rho(\boldsymbol{r})\mathrm{d}(\boldsymbol{r})+\int(V_{\mathrm{ee}}+V_{\mathrm{xc}}+V_{\mathrm{ext}})\frac{\mathrm{d}\rho(\boldsymbol{r})}{\mathrm{d}\boldsymbol{R}_\alpha}\mathrm{d}\boldsymbol{r}\\&=\boldsymbol{F}_\alpha^{\mathrm{el}}+\int V_{\mathrm{KS}}\frac{\mathrm{d}\rho(\boldsymbol{r})}{\mathrm{d}\boldsymbol{R}_\alpha}\mathrm{d}\boldsymbol{r}\end{aligned}\tag{3.519}$$

式中

$$V_{\mathrm{KS}}=V_{\mathrm{ee}}+V_{\mathrm{xc}}+V_{\mathrm{ext}}$$

将式(3.517)至式(3.519)代入式(3.516)，并设ψ_i由基函数$\{\chi_j\}$展开$\left(\psi_i=\sum_j a_{ij}\chi_j\right)$，则有

$$\begin{aligned}\boldsymbol{F}_\alpha&=-2\sum_i n_i\mathrm{Re}\sum_j a_{ij}\langle\frac{\mathrm{d}\chi_j}{\mathrm{d}\boldsymbol{R}_\alpha}\mid\hat{H}^0-\varepsilon_i\mid\psi_i\rangle-\int(V_{\mathrm{KS}}-V_{\mathrm{eff}})\frac{\mathrm{d}\rho(\boldsymbol{r})}{\mathrm{d}\boldsymbol{R}_\alpha}\mathrm{d}\boldsymbol{r}+\boldsymbol{F}_\alpha^{\mathrm{el}}+\boldsymbol{F}_\alpha^{\mathrm{ion}}\\&=\boldsymbol{F}_\alpha^{\mathrm{IBS}}+\boldsymbol{F}_\alpha^{\mathrm{NSF}}+\boldsymbol{F}_\alpha^{\mathrm{HF}}\end{aligned}\tag{3.520}$$

式(3.520)右端第一项是对非完备基的修正，也被称为Pulay力[112]；第二项是对非自洽场计算的修正。可以看到：若迭代精度无限高，即V_{eff}严格等于V_{KS}，则第二项$\boldsymbol{F}_\alpha^{\mathrm{NSF}}$为零；若本征函数严格满足Hellmann-Feynman条件，则第一项$\boldsymbol{F}_\alpha^{\mathrm{IBS}}$为零。此外，若基函数$\chi_j$是平面波，$\boldsymbol{F}_\alpha^{\mathrm{IBS}}$也为零，因为$\chi_j$不依赖于原子坐标，所以$\mathrm{d}\chi_j/\mathrm{d}\boldsymbol{R}_\alpha=0$。方程(3.520)只是普遍表达式，对于具体的计算方法，需要依照具体情况提出最适合的表达式，例如文献[113]给出了LMTO方法中原子受力的表达式，在这里给出平面波-赝势框架下的Hellmann-Feynman力表达式[99]：

$$\begin{aligned}\boldsymbol{F}_k=&\sum_{j,j\neq k}\frac{Z_jZ_k(\boldsymbol{R}_k-\boldsymbol{R}_j)}{\mid\boldsymbol{R}_k-\boldsymbol{R}_j\mid^3}-\mathrm{i}\Omega_{\mathrm{cell}}\sum_{i,l,\boldsymbol{G},\boldsymbol{G}'}(\boldsymbol{G}'-\boldsymbol{G})\mathrm{e}^{\mathrm{i}(\boldsymbol{G}'-\boldsymbol{G})\cdot\boldsymbol{R}_k}\\&\times\psi^*(\boldsymbol{k}_i+\boldsymbol{G})\psi(\boldsymbol{k}_i+\boldsymbol{G}')V_{\mathrm{ps},l,\boldsymbol{k}_i+\boldsymbol{G},\boldsymbol{k}_i+\boldsymbol{G}'}\end{aligned}\tag{3.521}$$

3.5　缀加平面波方法及其线性化

Slater于1937年提出，可以将体系分成两部分，即以原子核为球心的球形邻域（Ⅰ区）和各个球形领域之间的空隙区（Ⅱ区）[114]。Ⅰ区受离子势影响强烈，因此电子波函数变化比较剧烈，近似于原子轨道，而Ⅱ区受离子势影响较小，电子波函数相应变化比较平缓。基于这

种考虑,Slater 提出,可以将体系的本征波函数在 Ⅰ 区中用局域化轨道波函数展开,在 Ⅱ 区中则用平面波展开,然后通过在边界处函数值连续的条件将这两部分结合起来。这种用混合基函数展开本征波函数的方法称为缀加平面波(augmented plane wave,APW)方法。

3.5.1 APW 方法的理论基础及公式推导

本节讨论 APW 方法的矩阵元构成,其数学推导比较繁难。在下面的讨论中,我们采取了 Hartree 原子单位制,以避免 $\hbar$、m_e 等常数频繁出现。为了进一步简化模型,Ⅰ 区中的势函数取球对称形式,Ⅱ 区中的势场取常函数,即

$$V(u)=\begin{cases}V(u)=-Z/u, & u\leqslant r_s\\ V_0, & u>r_s\end{cases} \tag{3.522}$$

式中:r_s 为单胞内位于 τ_s 处的第 s 个原子的 Ⅰ 区半径。方程(3.522)所描述的势函数被称为松糕势(muffin-tin potential,MT)。图 3.13 给出了由两种原子组成的二维带心正方格子的 MT 势示意图,其中 $Z_1=7.0q$,$Z_2=5.6q$,q 为单位正电荷。Ⅰ 区半径分别为 r_1、r_2。两种原子相对于晶胞原点的坐标分别为 $\tau_1=0$ 和 τ_2。相应地,在 Ⅰ 区内的基函数 χ_{I} 表示为类氢波函数的线性组合:

$$\chi_{\mathrm{I}}(\boldsymbol{r})=\sum_{s}\sum_{l=0}\sum_{m=-l}^{l}A_{lm}^{s}R_l(u)\mathrm{Y}_l^m(\theta,\phi) \tag{3.523}$$

角向部分为球谐函数,而径向部分满足

$$\left\{-\frac{1}{2}\frac{\mathrm{d}^2}{\mathrm{d}u^2}+\frac{l(l+1)}{2u^2}+V(u)\right\}uR_l(u)=E'R_l(u) \tag{3.524}$$

式中:E' 为任意参数。我们选择用 $\boldsymbol{u}$ 来描述径向部分,因为对于给定的原点,空间中 $\boldsymbol{r}$ 终点处的点相对于不同的原子核有不同的距离和方位。显然 $\boldsymbol{r}$ 和 $\boldsymbol{u}$ 之间有如下关系:

$$\boldsymbol{r}=\boldsymbol{u}+\boldsymbol{\tau}_s \tag{3.525}$$

Ⅱ 区中因为势函数恒等于 V_0,所以基函数 χ_{II} 可用平面波展开:

$$\chi_{\mathrm{II}}=\frac{1}{\sqrt{\Omega}}\mathrm{e}^{\mathrm{i}\boldsymbol{k}\cdot\boldsymbol{r}}=\frac{1}{\sqrt{\Omega}}\mathrm{e}^{\mathrm{i}\boldsymbol{k}\cdot\boldsymbol{\tau}_s}\mathrm{e}^{\mathrm{i}\boldsymbol{k}\cdot\boldsymbol{u}}=\frac{4\pi}{\sqrt{\Omega}}\mathrm{e}^{\mathrm{i}\boldsymbol{k}\cdot\boldsymbol{\tau}_s}\sum_{l=0}\sum_{m=-l}^{l}\mathrm{i}^l\mathrm{j}_l(ku)\mathrm{Y}_l^{m*}(\hat{\boldsymbol{k}})\mathrm{Y}_l^m(\hat{\boldsymbol{u}}) \tag{3.526}$$

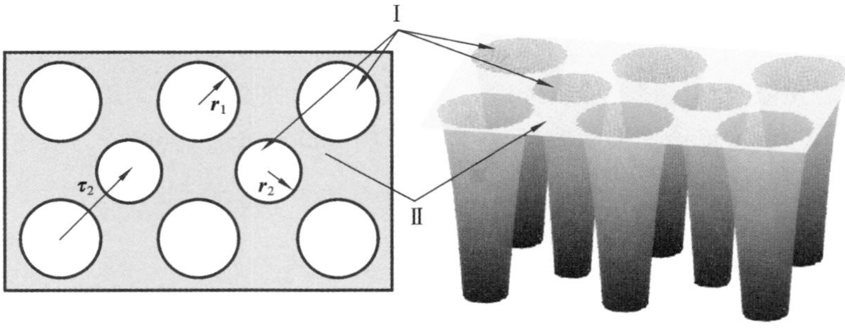

图 3.13 由两种原子组成的二维带心正方格子的 MT 势

在周期性体系之内,体系的本征波函数 $\psi_k(\boldsymbol{r})$ 为 Blöch 波函数,也即 $\psi_k(\boldsymbol{r})$ 可展开为

$$\psi_k(\boldsymbol{r})=\sum_{i=1}^{M}c_{i,\boldsymbol{k}}\chi(\boldsymbol{r},\boldsymbol{k}+\mathrm{i}\boldsymbol{G}) \tag{3.527}$$

式中：$\boldsymbol{G}$ 是倒格矢。在球面处要求 χ_{I} 与 χ_{II} 函数值连续。因此由式(3.523)和式(3.526)可知，系数 A_{lm} 满足

$$A_{lm}^{s,\boldsymbol{K}_i} = \frac{4\pi}{\sqrt{\Omega}} \mathrm{e}^{\mathrm{i}\boldsymbol{K}_i \cdot \boldsymbol{\tau}_s} i^l \mathrm{Y}_l^{m*}(\hat{\boldsymbol{K}}_i) \frac{\mathrm{j}_l(K_i r_s)}{R_l(r_s)} \tag{3.528}$$

为了简化公式，设 $\boldsymbol{K}_i = \boldsymbol{k} + \mathrm{i}\boldsymbol{G}$。至此，可以写出 APW 方法中的基函数 $\chi(\boldsymbol{K}_i, \boldsymbol{r})$：

$$\chi(\boldsymbol{K}_i, \boldsymbol{r}) = \begin{cases} \sum\limits_s \dfrac{4\pi}{\sqrt{\Omega}} \mathrm{e}^{\mathrm{i}\boldsymbol{K}_i \cdot \boldsymbol{\tau}_s} \sum\limits^{l=0} \sum\limits_{m=-l}^{l} i^l \mathrm{Y}_l^{m*}(\hat{\boldsymbol{K}}_i) \mathrm{Y}_l^m(\hat{\boldsymbol{u}}) \mathrm{j}_l(K_i r_s) \dfrac{R_l(u)}{R_l(r_s)}, & u \leqslant r_s \\ \dfrac{1}{\sqrt{\Omega}} \mathrm{e}^{\mathrm{i}\boldsymbol{K}_i \cdot \boldsymbol{r}}, & u > r_s \end{cases} \tag{3.529}$$

图 3.14 给出了 $\chi(\boldsymbol{r})$ 的一个例子。图中竖直虚线表示 Ⅰ 区与 Ⅱ 区的边界，大、小实心原点分别表示两种原子，其电荷电量分别为 $7.0q$ 和 $5.6q$。可以看到，在 Ⅰ 区与 Ⅱ 区边界处，$V(\boldsymbol{r})$ 和 $\chi(\boldsymbol{r})$ 虽然连续，但是并不平滑。

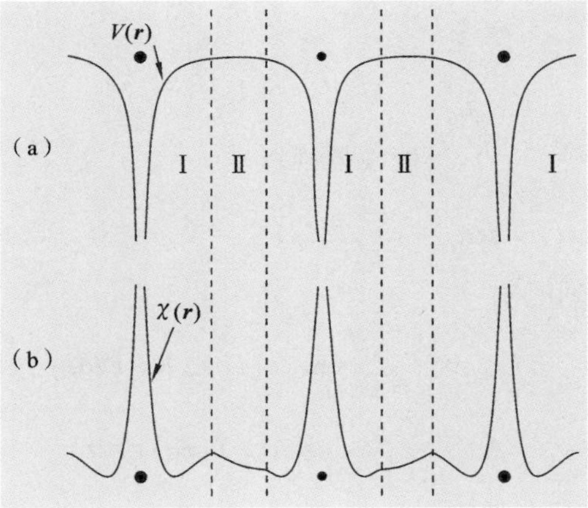

图 3.14　沿图 3.13 中[110]方向(沿图中 τ_2 方向)的 MT 势函数 $V(\boldsymbol{r})$ 及基函数 $\chi(\boldsymbol{r})$

(a) MT 势函数 $V(\boldsymbol{r})$；(b) 基函数 $\chi(\boldsymbol{r})$

方程(3.529)保证了基函数在全空间内的连续性，但是并不能保证在边界处的平滑性，即在各个 Ⅰ 区与 Ⅱ 区的边界处，$\chi(\boldsymbol{K}_i, \boldsymbol{u})$ 的左导数不等于右导数。这种导函数的不连续性使得动量算符在每一个边界处均对体系总能 E 产生一项额外的贡献 T_S，第 s 个边界处的 T_S^s 在哈密顿矩阵中的矩阵元为

$$T_{S,ij}^s = \mathrm{e}^{\mathrm{i}\boldsymbol{G}_{ij} \cdot \boldsymbol{\tau}_s} \int_{\Omega_\varepsilon} \chi(\boldsymbol{K}_i, \boldsymbol{u}) \left(-\frac{\boldsymbol{\nabla}^2}{2}\right) \chi(\boldsymbol{K}_j, \boldsymbol{u}) \mathrm{d}\boldsymbol{u} \tag{3.530}$$

式中：$\boldsymbol{G}_{ij} = \boldsymbol{K}_j - \boldsymbol{K}_i$；积分域 Ω_ε 是指与球形边界 s 同心，且内、外径分别为 $r_s - \varepsilon$ 和 $r_s + \varepsilon$ 的球壳，$\varepsilon \to 0$。式(3.530)可以计算如下：

$$\begin{aligned} T_{S,ij}^s &= -\frac{\mathrm{e}^{\mathrm{i}\boldsymbol{G}_{ij} \cdot \boldsymbol{\tau}_s}}{2} \int_{\Omega_\varepsilon} \boldsymbol{\nabla} \cdot [\chi^*(\boldsymbol{K}_i, \boldsymbol{u}) \boldsymbol{\nabla}\chi(\boldsymbol{K}_j, \boldsymbol{u})] \mathrm{d}\boldsymbol{u} - \frac{\mathrm{e}^{\mathrm{i}\boldsymbol{G}_{ij} \cdot \boldsymbol{\tau}_s}}{2} \int_{\Omega_\varepsilon} \boldsymbol{\nabla}\chi^*(\boldsymbol{K}_i, \boldsymbol{u}) \cdot \boldsymbol{\nabla}\chi(\boldsymbol{K}_j, \boldsymbol{u}) \mathrm{d}\boldsymbol{u} \\ &= -\frac{\mathrm{e}^{\mathrm{i}\boldsymbol{G}_{ij} \cdot \boldsymbol{\tau}_s}}{2} \int_s \chi^*(\boldsymbol{K}_i, \boldsymbol{u}) \left[\frac{\partial}{\partial u} \chi_{\mathrm{II}}(\boldsymbol{K}_j, \boldsymbol{u}) - \frac{\partial}{\partial u} \chi_{\mathrm{I}}(\boldsymbol{K}_j, \boldsymbol{u})\right] \mathrm{d}S \end{aligned} \tag{3.531}$$

在式(3.531)里，第一项利用格林公式变成了沿边界的面积分，并且考虑到 Ω_ε 内、外表

面的法线方向彼此相反,而第二项在 $\varepsilon\to 0$ 的情况下可忽略不计。

计入 T_S 之后,可以写出体系的总能 E 的表达式:

$$E=\frac{1}{\int_\Omega\psi^*(\boldsymbol{r})\psi(\boldsymbol{r})\mathrm{d}\boldsymbol{r}}\left[\int_\Omega\psi^*(\boldsymbol{r})\hat{H}\psi(\boldsymbol{r})\mathrm{d}\boldsymbol{r}+\sum_s T^s_{S,ij}\right] \tag{3.532}$$

式中:$\hat{H}=-\nabla^2/2+V(\boldsymbol{r})$。将式(3.527)及式(3.531)代入式(3.532),并适当移项,得

$$\begin{aligned}
&E\sum_{i,j}^{M}c_i^*c_j\int_\Omega\chi^*(\boldsymbol{K}_i,\boldsymbol{r})\chi(\boldsymbol{K}_j,\boldsymbol{r})\mathrm{d}\boldsymbol{r}\\
&=\sum_{i,j}^{M}c_i^*c_j\int_\Omega\chi^*(\boldsymbol{K}_i,\boldsymbol{r})\hat{H}\chi(\boldsymbol{K}_j,\boldsymbol{r})\mathrm{d}\boldsymbol{r}\\
&\quad-\frac{1}{2}\sum_s \mathrm{e}^{\mathrm{i}\boldsymbol{G}_{ij}\cdot\boldsymbol{\tau}_s}\sum_{i,j}^{M}c_i^*c_j\int_s\chi^*(\boldsymbol{K}_i,\boldsymbol{u})\left[\frac{\partial}{\partial u}\chi_{\mathrm{II}}(\boldsymbol{K}_j,\boldsymbol{u})-\frac{\partial}{\partial u}\chi_{\mathrm{I}}(\boldsymbol{K}_j,\boldsymbol{u})\right]\mathrm{d}S
\end{aligned} \tag{3.533}$$

可以证明,式(3.533)确实是总能的变分表达式,即 E 的极值可在式(3.533)对 ψ 求变分极值时得到。证明的过程比较烦琐,具体请参看文献[115]、[116]。因此,为了求得本征函数,需要满足

$$\frac{\partial E}{\partial c_i^*}=0,\quad i=1,2,\cdots,M \tag{3.534}$$

将式(3.533)代入式(3.534),得线性方程组

$$\sum_j^M\left(H_{ij}-E\Delta_{ij}+\sum_s T^s_{S,ij}\right)c_j=0,\quad i=1,2,\cdots,M \tag{3.535}$$

式中:$T^s_{S,ij}$ 由式(3.531)给出,且

$$H_{ij}=\int_\Omega\chi^*(\boldsymbol{K}_i,\boldsymbol{r})\hat{H}\chi(\boldsymbol{K}_j,\boldsymbol{r})\mathrm{d}\boldsymbol{r} \tag{3.536}$$

$$\Delta_{ij}=\int_\Omega\chi^*(\boldsymbol{K}_i,\boldsymbol{r})\chi(\boldsymbol{K}_j,\boldsymbol{r})\mathrm{d}\boldsymbol{r} \tag{3.537}$$

因此,APW 方法归结为求解久期方程

$$\det\left|H_{ij}-E\Delta_{ij}+\sum^s T^s_{S,ij}\right|=0 \tag{3.538}$$

因为体系分为 Ⅰ 区和 Ⅱ 区,χ 在两个区域中各不相同。所以 $H_{ij}-E\Delta_{ij}$ 也可分别写为两个区域的贡献:$H^{\mathrm{I}}_{ij}-E\Delta^{\mathrm{I}}_{ij}$ 和 $H^{\mathrm{II}}_{ij}-E\Delta^{\mathrm{II}}_{ij}$。从原则上讲,至此可以计算哈密顿矩阵的矩阵元。但是考虑以下两个因素可以极大地简化计算过程。

首先,根据式(3.524),可得

$$H^{\mathrm{I}}_{ij}-E\Delta^{\mathrm{I}}_{ij}=(E'-E)\Delta^{\mathrm{I}}_{ij} \tag{3.539}$$

因此,若取 $E'=E$,则 $H_{ij}-E\Delta_{ij}$ 在 Ⅰ 区内的贡献为零,这无疑可以极大地简化矩阵元的计算,但是会导致 χ 成为体系能量 E 的隐函数,因此无法通过常规的矩阵对角化求解本征值和本征函数。另一方面,这种 $E'=E$ 的强制选择将使得 APW 方法在求解过程中内秉地调节试探波函数,直至对于给定的势函数找到最优解为止,一般认为,这一特点正是 APW 方法取得普遍成功的原因。

其次,Ⅱ 区内的 $H_{ij}-E\Delta_{ij}$ 计算比较困难,但是因为 χ_{II} 是平面波,所以在全空间内的积分满足正交条件。因此,将 $H^{\mathrm{II}}_{ij}-E\Delta^{\mathrm{II}}_{ij}$ 写为如下形式:

$$H_{ij}^{\mathrm{II}} - E\Delta_{ij}^{\mathrm{II}} = (H_{ij}^{\mathrm{II}} - E\Delta_{ij}^{\mathrm{II}})_{\Omega} - \sum_s (H_{ij}^{\mathrm{II}} - E\Delta_{ij}^{\mathrm{II}})_{\text{sphere-}s} \tag{3.540}$$

也即首先计算平面波在全空间的积分(意味着 Ⅰ 区为空区,即势函数 $V \equiv 0$),然后减去 Ⅰ 区中的贡献。式(3.540) 右端第一项很容易求出:

$$(H_{ij}^{\mathrm{II}} - E\Delta_{ij}^{\mathrm{II}})_{\Omega} = \frac{1}{\Omega}\int_{\Omega} \mathrm{e}^{-\mathrm{i}\boldsymbol{K}_i\cdot\boldsymbol{r}}\left(-\frac{\boldsymbol{\nabla}^2}{2} - E\right)\mathrm{e}^{\mathrm{i}\boldsymbol{K}_j\cdot\boldsymbol{r}}\mathrm{d}\boldsymbol{r} = \left(\frac{|\boldsymbol{K}_j|^2}{2} - E\right)\delta_{ij} \tag{3.541}$$

而第 s 个球内的贡献可计算如下:

$$\begin{aligned}
&(H_{ij}^{\mathrm{II}} - E\Delta_{ij}^{\mathrm{II}})_{\text{sphere-}s} \\
&= \left(\frac{|\boldsymbol{K}_j|^2}{2} - E\right)\frac{1}{\Omega}\int_{\text{sphere-}s} \mathrm{e}^{\mathrm{i}\boldsymbol{G}_{ij}\cdot\boldsymbol{r}}\mathrm{d}\boldsymbol{r} \\
&= \left(\frac{|\boldsymbol{K}_j|^2}{2} - E\right)\frac{\mathrm{e}^{\mathrm{i}\boldsymbol{G}_{ij}\cdot\boldsymbol{\tau}_s}}{\Omega}\int_{\text{sphere-}s} \mathrm{d}\boldsymbol{u}\,\mathrm{e}^{\mathrm{i}\boldsymbol{G}_{ij}\cdot\boldsymbol{u}} \\
&= \left(\frac{|\boldsymbol{K}_j|^2}{2} - E\right)\frac{\mathrm{e}^{\mathrm{i}\boldsymbol{G}_{ij}\cdot\boldsymbol{\tau}_s}}{\Omega}\sum_l\int_0^{r_s} u^2\mathrm{d}u(2l+1)i^l\mathrm{j}_l(kr) \times \int_0^{\pi}\mathrm{P}_0(\cos\theta)\mathrm{P}_l(\cos\theta)\sin\theta\mathrm{d}\theta\int_0^{2\pi}\mathrm{d}\varphi \\
&= \left(\frac{|\boldsymbol{K}_j|^2}{2} - E\right)\frac{4\pi\mathrm{e}^{\mathrm{i}\boldsymbol{G}_{ij}\cdot\boldsymbol{\tau}_s}}{\Omega}\int_0^{r_s} u^2\mathrm{j}_0(|\boldsymbol{G}_{ij}|u)\mathrm{d}u \\
&= \left(\frac{|\boldsymbol{K}_j|^2}{2} - E\right)\frac{4\pi r_s^2\mathrm{e}^{\mathrm{i}\boldsymbol{G}_{ij}\cdot\boldsymbol{\tau}_s}}{\Omega r_s^2|\boldsymbol{G}_{ij}|^3} \times [\sin(r_s|\boldsymbol{G}_{ij}|) - (r_s|\boldsymbol{G}_{ij}|)\cos(r_s|\boldsymbol{G}_{ij}|)] \\
&= \left(\frac{|\boldsymbol{K}_j|^2}{2} - E\right)\frac{4\pi r_s^2\mathrm{e}^{\mathrm{i}\boldsymbol{G}_{ij}\cdot\boldsymbol{\tau}_s}}{\Omega|\boldsymbol{G}_{ij}|}\mathrm{j}_l(r_s|\boldsymbol{G}_{ij}|)
\end{aligned} \tag{3.542}$$

因此,由式(3.539) 至式(3.542) 可得

$$H_{ij} - E\Delta_{ij} = \left(\frac{|\boldsymbol{K}_j|^2}{2} - E\right)\left[\delta_{ij} - \frac{4\pi}{\Omega}\sum_s r_s^2\mathrm{e}^{\mathrm{i}\boldsymbol{G}_{ij}\cdot\boldsymbol{\tau}_s}\frac{\mathrm{j}_l(r_s|\boldsymbol{G}_{ij}|)}{|\boldsymbol{G}_{ij}|}\right] \tag{3.543}$$

矩阵元中面积分的贡献 $T_{S,ij}^{s}$ 分为内表面积分和外表面积分两项,这两项也是体系总能 E 的隐函数。两项积分的求解过程类似,所以这里将它们放在一起讨论。因为在表面上χ 连续,所以方程(3.531) 中的$\chi^*(\boldsymbol{K}_i,\boldsymbol{u})$ 为

$$\chi^*(\boldsymbol{K}_i,\boldsymbol{u})|_{\text{sphere-}s} = \frac{4\pi\mathrm{e}^{-\mathrm{i}\boldsymbol{K}_i\cdot\boldsymbol{\tau}_s}}{\sqrt{\Omega}}\sum_l\sum_{m=-l}^{l}(-i)^l\mathrm{j}_l(r_s|\boldsymbol{K}_i|)\mathrm{Y}_l^m(\hat{\boldsymbol{K}}_i)\mathrm{Y}_l^{m*}(\hat{\boldsymbol{u}}) \tag{3.544}$$

而

$$\begin{aligned}
\frac{\partial}{\partial u}[\chi_{\mathrm{II}}(\boldsymbol{K}_j,\boldsymbol{u}) - \chi_{\mathrm{I}}(\boldsymbol{K}_j,\boldsymbol{u})] &= \frac{4\pi\mathrm{e}^{\mathrm{i}\boldsymbol{K}_j\cdot\boldsymbol{\tau}_s}}{\sqrt{\Omega}}\sum_l\sum_{m=-1}^{l}i^l\mathrm{j}_l(r_s|\boldsymbol{K}_j|)\mathrm{Y}_l^{m*}(\hat{\boldsymbol{K}}_j)\mathrm{Y}_l^m(\hat{\boldsymbol{u}}) \\
&\quad\times\left[\frac{|\boldsymbol{K}_j|\mathrm{j}_l'(|\boldsymbol{K}_j|u)}{\mathrm{j}_l(|\boldsymbol{K}_j|r_s)} - \frac{R_l'(u)}{R_l(r_s)}\right]
\end{aligned} \tag{3.545}$$

其中 $\mathrm{j}_l'(x) = \mathrm{dj}_l(x)/\mathrm{d}x$,而 $x = |\boldsymbol{K}_j|u$。面积分的积分元

$$\mathrm{d}S = r_s^2\sin\theta\mathrm{d}\theta\mathrm{d}\phi = r_s^2\mathrm{d}\hat{\boldsymbol{u}} \tag{3.546}$$

此外还有球谐函数的正交关系

$$\int\mathrm{Y}_l^{m*}(\hat{\boldsymbol{u}})\mathrm{Y}_{l'}^{m'}(\hat{\boldsymbol{u}})\mathrm{d}\hat{\boldsymbol{u}} = \delta_{ll'}\delta_{mm'} \tag{3.547}$$

$$\sum_{m=-1}^{l}\mathrm{Y}_l^{m*}(\hat{\boldsymbol{K}}_i)\mathrm{Y}_l^m(\hat{\boldsymbol{K}}_j) = \frac{2l+1}{4\pi}\mathrm{P}_l(\theta_{\boldsymbol{K}_i\boldsymbol{K}_j}) \tag{3.548}$$

式中:$\theta_{\boldsymbol{K}_i\boldsymbol{K}_j}$ 表示 $\boldsymbol{K}_i$ 和 $\boldsymbol{K}_j$ 间的夹角。

将式(3.544)至式(3.547)代入 $T^s_{S,ij}$ 的表达式(3.531),可得

$$T^s_{S,ij} = -\frac{1}{2}\frac{4\pi r_s^2}{\Omega}e^{i\boldsymbol{K}_j\cdot\tau_s}\sum_{l=0}(2l+1)P_l(\theta_{\boldsymbol{K}_i\boldsymbol{K}_j})j_l(|\boldsymbol{K}_i|r_s)j_l(|\boldsymbol{K}_j|r_s) \times\left[\frac{|\boldsymbol{K}_j|j'_l(|\boldsymbol{K}_j|r_s)}{j_l(|\boldsymbol{K}_j|r_s)}-\frac{R'_l(r_s)}{R_l(r_s)}\right] \tag{3.549}$$

至此,我们得出了 APW 方法久期方程的矩阵元 M_{ij}:

$$\begin{aligned} M_{ij} &= H_{ij} - E\Delta_{ij} + \sum_s T^s_{S,ij} \\ &= \left(\frac{|\boldsymbol{K}_j|^2}{2}-E\right)\left[\delta_{ij}-\frac{4\pi}{\Omega}\sum_s r_s^2 e^{i\boldsymbol{G}_{ij}\cdot\tau_s}\frac{j_l(r_s|\boldsymbol{G}_{ij}|)}{|\boldsymbol{G}_{ij}|}\right] \\ &\quad -\frac{1}{2}\frac{4\pi}{\Omega}\sum_s r_s^2 e^{i\boldsymbol{K}_j\cdot\tau_s}\sum_{l=0}(2l+1)P_l(\theta_{\boldsymbol{K}_i\boldsymbol{K}_j})j_l(|\boldsymbol{K}_i|r_s)j_l(|\boldsymbol{K}_j|r_s) \\ &\quad \times\left[\frac{|\boldsymbol{K}_j|j'_l(|\boldsymbol{K}_j|r_s)}{j_l(|\boldsymbol{K}_j|r_s)}-\frac{R'_l(r_s)}{R_l(r_s)}\right] \end{aligned} \tag{3.550}$$

式(3.550)有一个缺点,即无法直观地表达出对称关系 $M_{ij}=M_{ji}$。因此,常常利用恒等式[31]

$$(\boldsymbol{K}_j-\boldsymbol{K}_i\cdot\boldsymbol{K}_j)\frac{j_l(|\boldsymbol{G}_{ij}|r_s)}{|\boldsymbol{G}_{ij}||\boldsymbol{K}_j|}\equiv\sum_{l=0}(2l+1)P_l(\theta_{\boldsymbol{K}_i\boldsymbol{K}_j})j_l(|\boldsymbol{K}_i|r_s)j'_l(|\boldsymbol{K}_i|r_s) \tag{3.551}$$

将 M_{ij} 表示为更适于计算的厄米形式[114,115],即

$$\begin{aligned} M_{ij} &= \left(\frac{|\boldsymbol{K}_j|^2}{2}-E\right)\delta_{ij}-\frac{4\pi}{\Omega}\sum_s r_s^2 e^{i\boldsymbol{G}_{ij}\cdot\tau_s}\cdot\left[\left(\frac{\boldsymbol{K}_i\cdot\boldsymbol{K}_j}{2}-E\right)\frac{j_l(r_s|\boldsymbol{G}_{ij}|)}{|\boldsymbol{G}_{ij}|}\right. \\ &\quad \left.-\frac{1}{2}\sum_{l=0}(2l+1)P_l(\theta_{\boldsymbol{K}_i\boldsymbol{K}_j})j_l(|\boldsymbol{K}_i|r_s)j_l(|\boldsymbol{K}_j|r_s)\frac{R'_l(r_s)}{R_l(r_s)}\right] \end{aligned} \tag{3.552}$$

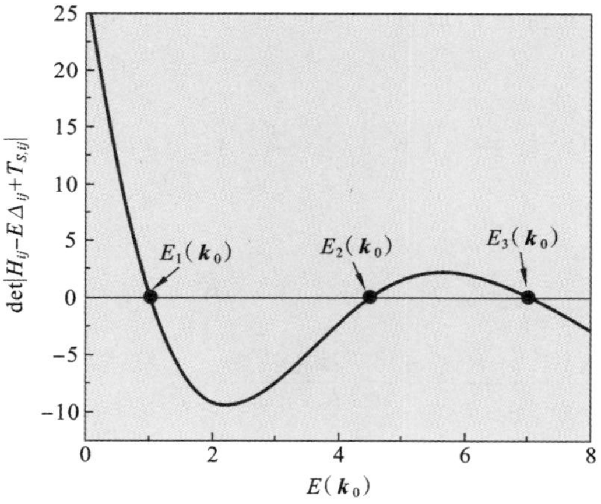

图 3.15　用 APW 方法求解本征值示意图

前面的讨论已经指出,因为 M_{ij} 是待求的 E 的隐函数,所以求解方程(3.538)的通常做法是给定倒空间中的一点 $\boldsymbol{k}$,然后改变 E,对于每一个 E 的取值,通过式(3.524)、式(3.550)求得每一个 M_{ij},直到找到 $\det|M_{ij}|=0$ 的 E_n,此即体系第 n 条能带的本征值,继而可得相应的本征波函数 $\psi_{n,\boldsymbol{k}}(\boldsymbol{r})$。按上述方法找到的 N 个解即构成 $\boldsymbol{k}$ 处的一套本征能级。当 $\boldsymbol{k}$ 遍历第一布里渊区时,也可由 APW 方法得出体系完整的能带结构,图 3.15 为用 APW 方法求解本征值示意图。可见,APW 方法每次只能更新一条能带,且对于倒空间内的所有 $\boldsymbol{k}$ 点都需重复进行上述步骤,因此其效率是很低的。在对其进行线性化处理之后,APW 方法的计算效率有很大提升。

3.5.2　APW 方法的线性化处理

APW 方法在计算上的主要困难是由面积分 T_S 中的 $R'_l(r_s)/R(r_s)$ 项造成的,这一项一

般写为对数导数 $\partial \ln R_l(u)/\partial u\,|_{u=r_s}$。对数项的存在使得 APW 方法的基函数成为关于能量的非线性函数，这意味着基函数依赖于待求能量 E，从而导致了求解上的困难以及大计算量。为了解决这个困难，Anderson 在 1975 年提出对 APW 方法中 Ⅰ 区基函数的线性化处理方法——线性缀加平面波(linearized APW，LAPW) 方法[117]。

LAPW 方法中，径向函数改由下式确定：

$$R_l(u,E) = R_l(u,E_\nu) + (E-E_\nu)\dot{R}_l(u,E_\nu) + \cdots \tag{3.553}$$

式中：$\dot{R}_l(u,E_\nu) = \partial R_l(u,E_\nu)/\partial E$。将 $\dot{R}_l(u)$ 的归一化条件表示为

$$\int u^2 R_l^2(u)\mathrm{d}u = 1 \tag{3.554}$$

因此对式(3.554) 关于 E 求导，即

$$\int u^2 R_l(u)\dot{R}_l(u)\mathrm{d}u = 0 \tag{3.555}$$

即 $R_l(u)$ 和 $\dot{R}_l(u)$ 彼此正交。这个性质表明，可以将相对于给定 E_ν 所求得的$R_l(u;E_\nu)$ 以及 $\dot{R}_l(u;E_\nu)$ 同时作为一组基函数，用来展开波函数。这样，LAPW 方法的基函数表示为[118]

$$\chi(\boldsymbol{K}_i,\boldsymbol{r}) = \begin{cases} \sum\limits_{l=0}\sum\limits_{m=-l}^{l}\left(A_{lm}^{s,\boldsymbol{K}_i}R_l^s(u) + B_{lm}^{s,\boldsymbol{K}_i}\dot{R}_l^s(u)\right)\mathrm{Y}_l^m(\hat{\boldsymbol{u}}), & u \leqslant r_s \\ \dfrac{1}{\Omega}\mathrm{e}^{\mathrm{i}\boldsymbol{K}_i\cdot\boldsymbol{r}}, & u > r_s \end{cases} \tag{3.556}$$

至此，基函数不再依赖于 E。这里需要强调，虽然 LAPW 方法多用了一组 $\dot{R}_l(u)$，但是这并不意味着基组的数目增大了一倍，因为函数空间由χ 张开，所以哈密顿矩阵的维数由χ 的数目决定。容易证明，$\dot{R}_l(u,E_\nu)$ 和 $R_l(u,E_\nu)$ 满足如下关系：

$$(\hat{H}-E)\dot{R}_l(u) = R_l(u) \tag{3.557}$$

这个关系在后面的计算中将起到重要的作用。

与原始的 APW 方法相同，将 Ⅱ 区中的$\chi(\boldsymbol{K}_i,\boldsymbol{r})$ 按照式(3.526) 展开，同时在 Ⅰ 区与 Ⅱ 区边界处要求函数值连续以及一阶导数值连续，以此来确定 Ⅰ 区中的基函数 χ_{I}。Anderson 所得到的公式形式上比较复杂，所以在这里我们介绍 Koelling 和 Arbman 同样在 1975 年独立得出的结果[119]。求解根据两个边界连续性条件得到的关于 A、B 的二元一次方程组，可得

$$\begin{aligned} A_{lm}^{s,\boldsymbol{K}_i} &= \frac{4\pi i^l \mathrm{e}^{\mathrm{i}\boldsymbol{K}_i\cdot\boldsymbol{\tau}_s}}{\sqrt{\Omega}} \frac{\left.\dfrac{\partial \mathrm{j}_l(K_i u)}{\partial u}\right|_{u=r_s}\dot{R}_l(r_s;E_\nu) - \mathrm{j}_l(K_i r_s)\left.\dfrac{\partial \dot{R}_l(u;E_\nu)}{\partial u}\right|_{u=r_s}}{\left.\dfrac{\partial R_l(u;E_\nu)}{\partial u}\right|_{u=r_s}\dot{R}_l(r_s;E_\nu) - R_l(r_s;E_\nu)\left.\dfrac{\partial \dot{R}_l(u;E_\nu)}{\partial u}\right|_{u=r_s}}\mathrm{Y}_l^{m*}(\hat{\boldsymbol{K}}_i) \\ &= \frac{4\pi i^l \mathrm{e}^{\mathrm{i}\boldsymbol{K}_i\cdot\boldsymbol{\tau}_s}}{\sqrt{\Omega}} \frac{\mathrm{j}_l'(K_i r_s)\dot{R}_l(r_s;E_\nu) - \mathrm{j}_l(K_l r_s)\dot{R}_l'(r_s;E_\nu)}{R_l'(r_s)\dot{R}_l(r_s) - R_l(r_s)\dot{R}_l'(r_s)}\mathrm{Y}_l^{m*}(\hat{\boldsymbol{K}}_i) \end{aligned} \tag{3.558}$$

$$\begin{aligned} B_{lm}^{s,\boldsymbol{K}_i} &= \frac{4\pi i^l \mathrm{e}^{\mathrm{i}\boldsymbol{K}_i\cdot\boldsymbol{\tau}_s}}{\sqrt{\Omega}} \frac{\mathrm{j}_l(K_i r_s)\left.\dfrac{\partial R_l(u;E_\nu)}{\partial u}\right|_{u=r_s} - \left.\dfrac{\partial \mathrm{j}_l(K_i u)}{\partial u}\right|_{u=r_s}R_l(r_s;E_\nu)}{\left.\dfrac{\partial R_l(u;E_\nu)}{\partial u}\right|_{u=r_s}\dot{R}_l(r_s;E_\nu) - R_l(r_s;E_\nu)\left.\dfrac{\partial \dot{R}_l(u;E_\nu)}{\partial u}\right|_{u=r_s}}\mathrm{Y}_l^{m*}(\hat{\boldsymbol{K}}_i) \\ &= \frac{4\pi i^l \mathrm{e}^{\mathrm{i}\boldsymbol{K}_i\cdot\boldsymbol{\tau}_s}}{\sqrt{\Omega}} \frac{\mathrm{j}_l(K_i r_s)R_l'(r_s;E_\nu) - \mathrm{j}_l'(K_i r_s)R_l(r_s;E_\nu)}{R_l'(r_s)\dot{R}_l(r_s) - R_l(r_s)\dot{R}_l'(r_s)}\mathrm{Y}_l^{m*}(\hat{\boldsymbol{K}}_i) \end{aligned} \tag{3.559}$$

利用关系式

$$r_s^2[R'_l(r_s)\dot{R}_l(r_s)-R_l(r_s)\dot{R}'_l(r_s)]=1 \tag{3.560}$$

可以进一步简化 $A_{lm}^{s,\boldsymbol{K}_i}$ 和 $B_{lm}^{s,\boldsymbol{K}_i}$。这样，最后得到 LAPW 的基函数

$$\chi(\boldsymbol{K}_i,\boldsymbol{r})=\begin{cases}\sum_s \dfrac{4\pi r_s^2}{\sqrt{\Omega}}\mathrm{e}^{\mathrm{i}\boldsymbol{K}_i\cdot\boldsymbol{\tau}_s}\sum_{l=0}\sum_{m=-l}^{l} i^l \mathrm{Y}_l^{m*}(\hat{\boldsymbol{K}}_i)\mathrm{Y}_l^m(\hat{\boldsymbol{u}})[a_l^{s,\boldsymbol{K}_i}R_l^s(u)+b_l^{s,\boldsymbol{K}_i}\dot{R}_l^s(u)], & u\leqslant r_s\\ \dfrac{1}{\sqrt{\Omega}}\mathrm{e}^{\mathrm{i}\boldsymbol{K}_i\cdot\boldsymbol{r}}, & u>r_s\end{cases} \tag{3.561}$$

式中

$$a_l^{s,\boldsymbol{K}_i}=\mathrm{j}'_l(K_ir_s)\dot{R}_l(r_s;E_\nu)-\mathrm{j}_l(K_ir_s)\dot{R}'_l(r_s;E_\nu) \tag{3.562}$$

$$b_l^{s,\boldsymbol{K}_i}=\mathrm{j}_l(K_ir_s)R'_l(r_s;E_\nu)-\mathrm{j}'_l(K_ir_s)R_l(r_s;E_\nu) \tag{3.563}$$

与原始的 APW 方法计算过程相似，分别计算 Ⅰ 区和 Ⅱ 区的贡献，则得 LAPW 方法的哈密顿矩阵元 H_{ij} 为

$$\begin{aligned}H_{ij}&=\langle\chi(\boldsymbol{K}_i,\boldsymbol{r})\mid\hat{H}\mid\chi(\boldsymbol{K}_j,\boldsymbol{r})\rangle\\&=\frac{|\boldsymbol{K}|_j^2}{2}\delta_{ij}-\frac{|\boldsymbol{K}|_j^2}{2}\sum_s\frac{4\pi\mathrm{e}^{\mathrm{i}\boldsymbol{G}_{ij}\cdot\boldsymbol{\tau}_s}}{\Omega}\frac{\mathrm{j}_l(|\boldsymbol{G}_{ij}|r_s)}{|\boldsymbol{G}_{ij}|}+\frac{4\pi}{\Omega}\sum_s r_s^4\mathrm{e}^{\mathrm{i}\boldsymbol{G}_{ij}\cdot\boldsymbol{\tau}_s}\\&\quad\cdot\sum_l(2l+1)\mathrm{P}_l(\theta_{\boldsymbol{K}_i\boldsymbol{K}_j})\{E_\nu[a_l^{s,\boldsymbol{K}_i}a_l^{s,\boldsymbol{K}_j}+b_l^{s,\boldsymbol{K}_i}b_l^{s,\boldsymbol{K}_j}\langle\dot{R}_l\mid\dot{R}_l\rangle]+a_l^{s,\boldsymbol{K}_i}b_l^{s,\boldsymbol{K}_j}\}\end{aligned} \tag{3.564}$$

重叠矩阵元 Δ_{ij} 为

$$\begin{aligned}\Delta_{ij}&=\langle\chi(\boldsymbol{K}_i,\boldsymbol{r})\mid(\boldsymbol{K}_j,\boldsymbol{r})\rangle\\&=\delta_{ij}-\sum_s\frac{4\pi\mathrm{e}^{\mathrm{i}\boldsymbol{G}_{ij}\cdot\boldsymbol{\tau}_s}}{\Omega}\frac{\mathrm{j}_l(|\boldsymbol{G}_{ij}|r_s)}{|\boldsymbol{G}_{ij}|}+\frac{4\pi}{\Omega}\sum_s r_s^4\mathrm{e}^{\mathrm{i}\boldsymbol{G}_{ij}\cdot\boldsymbol{\tau}_s}\\&\quad\cdot\sum_l(2l+1)\mathrm{P}_l(\theta_{\boldsymbol{K}_i\boldsymbol{K}_j})[a_l^{s,\boldsymbol{K}_i}a_l^{s,\boldsymbol{K}_j}+b_l^{s,\boldsymbol{K}_i}b_l^{s,\boldsymbol{K}_j}\langle\dot{R}_l\mid\dot{R}_l\rangle]\end{aligned} \tag{3.565}$$

式中的 $\dot{R}_l(u)$ 并不满足归一化条件。实际上，有

$$\langle\dot{R}_l\mid\dot{R}_l\rangle=-\frac{1}{3}\frac{\ddot{R}_l(r_s)}{R_l(r_s)} \tag{3.566}$$

为了计算方便，通常将方程(3.564)改写成厄米形式的方程，即

$$\begin{aligned}H_{ij}=&\frac{\boldsymbol{K}_i\cdot\boldsymbol{K}_j}{2}\left[\delta_{ij}-\sum_s\frac{4\pi r_s^2\mathrm{e}^{\mathrm{i}\boldsymbol{G}_{ij}\cdot\boldsymbol{\tau}_s}}{\Omega}\frac{\mathrm{j}_l(|\boldsymbol{G}_{ij}|r_s)}{|\boldsymbol{G}_{ij}|}\right]+\frac{4\pi}{\Omega}\sum_s r_s^2\mathrm{e}^{\mathrm{i}\boldsymbol{G}_{ij}\cdot\boldsymbol{\tau}_s}\sum_l(2l+1)\mathrm{P}_l(\theta_{\boldsymbol{K}_i\boldsymbol{K}_j})\\&\cdot\{E_\nu[a_l^{s,\boldsymbol{K}_i}a_l^{s,\boldsymbol{K}_j}+b_l^{s,\boldsymbol{K}_i}b_l^{s,\boldsymbol{K}_j}\langle\dot{R}_l\mid\dot{R}_l\rangle]+\gamma_l^s\}\end{aligned} \tag{3.567}$$

式中

$$\begin{aligned}\gamma_l^s=&\dot{R}_l(r_s)R'_l(r_s)[\mathrm{j}'_l(K_ir_s)\mathrm{j}_l(K_jr_s)+\mathrm{j}_l(K_ir_s)\mathrm{j}'_l(K_jr_s)]\\&-[\dot{R}'_l(r_s)R'_l(r_s)\mathrm{j}_l(K_ir_s)\mathrm{j}_l(K_jr_s)+\dot{R}_l(r_s)R_l(r_s)\mathrm{j}'_l(K_ir_s)\mathrm{j}'_l(K_jr_s)]\end{aligned} \tag{3.568}$$

这样，LAPW 方法的久期方程即为标准的广义本征值问题：

$$\det|H_{ij}-E\Delta_{ij}|=0 \tag{3.569}$$

与原始 APW 方法的久期方程(式(3.538))相比，LAPW 方法的久期方程中表面积分不见了，而在 H_{ij} 中多了 $\dot{R}_l(u;E_\nu)$ 的贡献。

此外，我们在这里不加证明地给出 Anderson 得到的 Ⅰ 区中的基函数：

$$\chi_{\mathrm{I}}(\boldsymbol{K}_i,\boldsymbol{r})=\sum_s\frac{4\pi r_s^2}{\sqrt{\Omega}}\mathrm{e}^{\mathrm{i}\boldsymbol{K}_i\cdot\boldsymbol{\tau}_s}\sum_{l=0}\sum_{m=-l}^{l}i^l\mathrm{j}_l(K_ir_s)\mathrm{Y}_l^{m*}(\hat{\boldsymbol{K}}_i)\mathrm{Y}_l^m(\hat{\boldsymbol{u}})\frac{\Phi_l^\nu(\widetilde{D}_{\boldsymbol{K}_i},u)}{\Phi_l^\nu(\widetilde{D}_{l,\boldsymbol{K}_i},r_s)} \tag{3.570}$$

式中

$$\Phi_l^\nu(\widetilde{D}_{\boldsymbol{K}_i},u)=R_l(u;E_\nu)+\omega(\widetilde{D}_{l,\boldsymbol{K}_i})\dot{R}_l(u;E_\nu) \tag{3.571}$$

而 $D=\dfrac{x\partial\ln\varphi(x)}{\partial(x)}$。式(3.571)中出现的变量具体如下：

$$\widetilde{D}_{l,\boldsymbol{K}_i}=\frac{K_ir_s}{\mathrm{j}_l(K_ir_s)}\frac{\partial\mathrm{j}_l(x)}{\partial x}\bigg|_{x=K_ir_s} \tag{3.572}$$

$$\omega(\widetilde{D}_{l,\boldsymbol{K}_i})=-\frac{R_l(r_s;E_\nu)}{\dot{R}_l(r_s;E_\nu)}\frac{\widetilde{D}_{\boldsymbol{K}_i}-D_l^\nu}{\widetilde{D}_{l,\boldsymbol{K}_i}-D_l^{\dot{\nu}}}$$

$$D_l^\nu=r_sR'_l(r_s)/R_l(r_s),\quad D_l^{\dot{\nu}}=r_s\dot{R}'_l(r_s;E_\nu)/\dot{R}_l(r_s;E_\nu)$$

不难证明，Koelling 和 Arbman 得到的Ⅰ区基函数与 Anderson 的结果等价。

3.5.3 关于势函数的讨论

从3.5.1节的讨论可知，MT势的合适选取(或称构建)决定了APW方法的计算结果。需要指出，Ⅰ区中的MT势不能简单理解为离子势，它是包含离子-电子相互作用、电子-电子库仑相互作用以及电子-电子多体作用的等效势函数。因此，由正确的 $V(\boldsymbol{r})$ 得到的结果与由第3章中介绍的 Hartree-Fock 方法及密度泛函理论得到的结果相同，或至少非常接近。早期的工作中通常先利用 Hartree-Fock 方法对各原子特定的电子组态进行自洽场计算，得到孤立的原子轨道以及原子电荷分布。例如第 s 个原子的电荷为

$$\rho_0^s(r)=\sum_{\text{occ}}|\phi_{lm}^s(\boldsymbol{r})|^2 \tag{3.573}$$

其中求和遍历该原子所有占据轨道，且 $\rho(r)$ 满足球对称条件。然后利用泊松方程

$$\nabla^2V_{\mathrm{H}}^s(r)=-4\pi\rho_0^s(r) \tag{3.574}$$

求出电子-电子库仑势，从而得到第 s 个原子的库仑势

$$V_{\text{Coul}}^s=-\frac{Z_s}{r}+V_{\mathrm{H}}^s(r) \tag{3.575}$$

孤立原子组成体系时，需要额外考虑能级的对齐，这反映在邻近原子对 V_{Coul}^s 的修正上。Ern 与 Switendick、Scop 均指出，该修正可以由 Madelung 常数 α 确定[120,121]，即

$$V_{\mathrm{M}}=-4\alpha/a_0 \tag{3.576}$$

然后从阳离子的 V_{Coul} 中扣除 V_{M}，而在阴离子的 V_{Coul} 中加入 V_{M}。

此外，还应该考虑电子-电子的交换势：

$$V_{\mathrm{x}}^s(r)=-6[3\rho^s(r)/(8\pi)]^{1/3} \tag{3.577}$$

式中：$\rho^s(r)=\rho_0^s(r)+\sum_j\rho_0^j(r_{sj})$，即计入了邻近原子电荷密度的贡献。

因此，实际计算中，MT势应为

$$V(\boldsymbol{u})=\begin{cases}V_{\text{Coul}}^s(u)\pm V_{\mathrm{M}}(u)+V_{\mathrm{x}}^s(u)-V_0, & u\leqslant r_s\\ 0, & u>r_s\end{cases} \tag{3.578}$$

式中：V_0 是一个可调参数，目的是将Ⅱ区变为 $V(\boldsymbol{r})\equiv0$ 的自由空间，可以根据实验值确定，也可通过对Ⅱ区的 $V(\boldsymbol{r})$ 求平均值 $\bar{V}_{\mathrm{II}}$ 求得。关于MT势的确定还有其他一些处理办法，这里不再详述，请参看文献[115]。

密度泛函理论提出之后，可以严格地通过电荷的空间分布确定体系的多体作用势，这使

得我们可以通过自洽场计算,不断地更新电荷密度而对体系进行求解。更为精确的计算可以通过取消对 MT 势的形状假设,即通过 Ⅰ 区内球对称势以及 Ⅱ 区内严格的常数势来完全真实地构建体系的相互作用。这种计算方法称为全势线性缀加平面波(full-potential LAPW, FLAPW) 方法,它是到目前为止密度泛函理论框架下精度最高的方法。

3.6 过渡态

3.6.1 拖曳法与 NEB 方法

体系由一个状态跃迁至另一个状态的过程中,需要克服某种形式的能量势垒。设一个体系的自由度为 N,则体系的位置由一个 N 维矢量描述,也即体系处在一个 N 维空间中。相邻的两个稳态体系的坐标分别为 $\boldsymbol{R}_1^N$ 与 $\boldsymbol{R}_2^N$,连接这两个稳态的路径有无限多条。因此,跃迁路径特指最小能量路径(minimum energy path, MEP)。沿着这条路径前进,体系只需要越过最低的势垒就可以完成跃迁。而 MEP 的最高点是体系的一个一阶鞍点。在该点处,能量沿着最小能量路径方向达到极大值,而沿其他任何方向均是极小值。这意味着此处的声子谱只包含一个虚频的振动模式。该模式中原子沿着最小能量路径振动。相应地,过渡态(transition state,TS) 特指最小能量路径上的这个一阶鞍点。图 3.16 为典型的一阶鞍点与最小能量路径示意图,图中圆点代表微动弹性带(nudged elastic band, NEB) 方法中的映像。

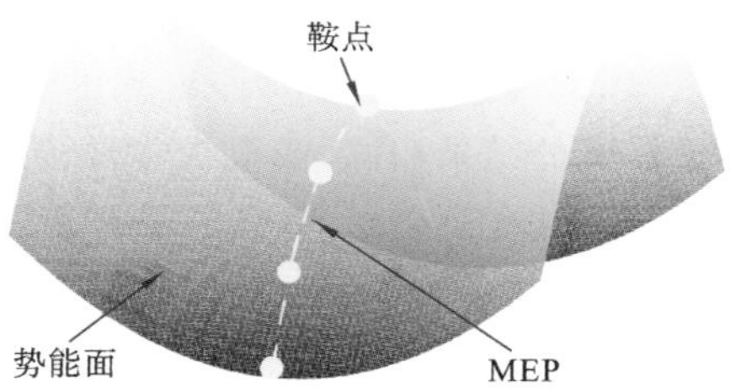

图 3.16　一阶鞍点与最小能量路径示意图

过渡态是材料老化、变化以及化学反应过程中非常重要的一个概念,它直接反映了原子尺度上微观过程发生的路径与难易程度。第 8 章将要介绍的动态蒙特卡罗等方法也需要以过渡态(TS) 相对于初态(IS) 或者末态(FS) 的能量变化作为参数进行大尺度的模拟。在前面的讨论中我们已经给出了原子受力的表达式,这使得直接对跃迁 / 反应路径进行原子模拟成为可能。但是,因为跃迁 / 反应的初态及末态均为稳态,也即在体系能量极小值处,即使将体系人为进行偏移,经过弛豫后体系也必然会自动回复到稳态。因此,必须加入额外的限制条件才能完成对跃迁 / 反应路径的模拟。

最为简单和直观的做法是拖曳法(drag method)。顾名思义,就是将体系由初态拖曳 m 步至末态,产生 m 个复制体系。之后,对每一个复制体系,固定沿着拖曳路径的自由度,而弛豫其他 $N-1$ 个自由度,寻找最小值。最后,取其中能量最高的一个复制体系所处的位置作为过渡态,将其能量作为势垒。拖曳法中每个复制体系均是独立弛豫的,因此对于某些原子数目较多的体系所需要的计算资源并不是太多。对于特定的反应路径,例如间隙原子在表面或块体内的迁移,拖曳法也往往能给出比较合理的结果。但是,这种方法最大的缺点就是可信度较低,而且失败率比较高,对很多路径都无法给出正确的反应路径。设体系初态为 $\boldsymbol{R}_{\text{Ini}}^N$,末态为 $\boldsymbol{R}_{\text{Fin}}^N$,则一般情况下拖曳法给出的初始路径是连接两者的直线 $\boldsymbol{V}^N=\boldsymbol{R}_{\text{Ini}}^N-\boldsymbol{R}_{\text{Fin}}^N$。因为 m 个复制体系彼此独立,所以拖曳法实质上找到的是 m 个彼此平行且垂直于 $\boldsymbol{V}^N$ 的超平面中的能量最小值。这无法保证找到的极大值在真正的一阶鞍点附近。实际上,如果鞍点处虚频对应的振动方向与拖曳路径夹角较大，拖曳法将无法给出正确的最小能量路径[122]。下面将要介绍的 NEB 方法可以很好地弥补拖曳法的这些缺陷。

Mills、Jónsson 等人提出的 NEB 方法可以给出含有多个鞍点的最小能量路径[123-125]。设体系在初态和末态之间移动，每个位置称为一个映像，现在假设这些映像同时出现在反应路径上，彼此之间由刚度系数为 k 的弹簧连接。处于两个端点的初态和末态固定不动，其他位于中间的映像可以放开所有的自由度进行弛豫。与拖曳法不同，NEB 方法中的映像彼此之间通过弹簧耦合，而且参与弛豫的映像由于受到弹簧的阻力不会滑落回端点。在这种情况下，映像 i 的受力相当于是

$$\boldsymbol{F}_i = -\nabla E(\boldsymbol{R}_i^N) + k(\boldsymbol{R}_{i+1}^N - \boldsymbol{R}_i^N) - k(\boldsymbol{R}_i^N - \boldsymbol{R}_{i-1}^N) \tag{3.579}$$

但是实践表明，应用上述方程时经常会出现两个问题。首先，充分弛豫后，能量较高的鞍点附近映像分布非常稀疏，而靠近端点的能量较低处映像分布比较集中，从而导致更有物理意义的鞍点附近的最小能量路径分辨率比较低。这种现象称为映像滑落(down-sliding)，其原因是各个映像上的真实受力(例如 Hellmann-Feynman 力)沿弹簧方向的分量倾向于将各映像推向能量极小的端点处。其次，当 MEP 曲率较大时，因为弹簧将在垂直于相邻映像连线的方向上提供额外的力，所以该区域的映像会偏离实际的最小能量路径，而按照较为平直的路径分布。这种现象称为截弯(corner-cutting)。

为了解决上述两个问题，需要对映像上的受力进行投影。每个映像的受力按照径向和法向分为两部分：在每个映像上都可以定义一个单位超正切矢量 $\hat{\boldsymbol{\tau}}_i$ 作为径向，这个方向上的受力由连接两者的弹簧决定；垂直于该连线的方向为法向，沿法向的受力由该映像所处的势能面在该方向上的梯度决定。因此，在 NEB 方法中，映像 i 的受力为

$$\boldsymbol{F}_i = \boldsymbol{F}_i^{\perp} + \boldsymbol{F}_i^{s,\parallel} \tag{3.580}$$

其中

$$\boldsymbol{F}_i^{\perp} = -\nabla E(\boldsymbol{R}_i^N) + \nabla E(\boldsymbol{R}_i^N) \cdot \hat{\boldsymbol{\tau}}_i \hat{\boldsymbol{\tau}}_i \tag{3.581}$$

$$\boldsymbol{F}_i^{s,\parallel} = k(|\boldsymbol{R}_{i+1}^N - \boldsymbol{R}_i^N| - |\boldsymbol{R}_i^N - \boldsymbol{R}_{i-1}^N|)\hat{\boldsymbol{\tau}}_i \tag{3.582}$$

显然，定义映像上的径向矢量 $\hat{\boldsymbol{\tau}}_i$ 对最后的结果会有很大的影响。通常情况下可以通过与第 i 个映像相连的 $i-1$ 和 $i+1$ 两个映像确定 $\hat{\boldsymbol{\tau}}_i$：

$$\hat{\boldsymbol{\tau}}_i = \frac{\boldsymbol{R}_i^N - \boldsymbol{R}_{i-1}^N}{|\boldsymbol{R}_i^N - \boldsymbol{R}_{i-1}^N|} + \frac{\boldsymbol{R}_{i+1}^N - \boldsymbol{R}_i^N}{|\boldsymbol{R}_{i+1}^N - \boldsymbol{R}_i^N|}, \quad \hat{\boldsymbol{\tau}}_i = \frac{\boldsymbol{\tau}_i}{|\hat{\boldsymbol{\tau}}_i|}$$

但是对于部分原子成键方向性较强的体系(如 Si 晶体或者 Ir(111)-CH_4-体系等)，这样给出的 $\hat{\boldsymbol{\tau}}_i$ 往往会导致 NEB 模拟不收敛[126]。Henkelman 和 Jónsson 为解决这个困难提出了改进的径向矢量[126]：

$$\boldsymbol{\tau}_i = \begin{cases} \boldsymbol{R}_{i+1}^N - \boldsymbol{R}_i^N, & E_{i+1} > E+i > E_{i-1} \\ \boldsymbol{R}_i^N - \boldsymbol{R}_{i+1}^N, & E_{i+1} \leqslant E+i \leqslant E_{i-1} \end{cases} \tag{3.583}$$

如果映像 i 处于能量极值处，则

$$\boldsymbol{\tau}_i = \begin{cases} (\boldsymbol{R}_{i+1}^N - \boldsymbol{R}_i^N)\Delta E_i^{\max} + (\boldsymbol{R}_i^N - \boldsymbol{R}_{i+1}^N)\Delta E_i^{\min}, & E_{i+1} > E_{i-1} \\ (\boldsymbol{R}_{i+1}^N - \boldsymbol{R}_i^N)\Delta E_i^{\min} + (\boldsymbol{R}_i^N - \boldsymbol{R}_{i+1}^N)\Delta E_i^{\max}, & E_{i+1} \leqslant E_{i-1} \end{cases} \tag{3.584}$$

式中

$$\Delta E_i^{\max} = \max(|E_{i+1} - E_i|, |E_{i-1} - E_i|) \tag{3.585}$$

$$\Delta E_i^{\min} = \min(|E_{i+1} - E_i|, |E_{i-1} - E_i|) \tag{3.586}$$

最后再将 $\boldsymbol{\tau}_i$ 归一化:$\hat{\boldsymbol{\tau}}_i=\boldsymbol{\tau}_i/|\boldsymbol{\tau}_i|$。利用这种改进的径向矢量定义,在包含足够映像数目的条件下,NEB 方法可以在大多数情况下收敛。

式(3.580) 表明,在 NEB 方法中,体系受力并不等于能量对位置的导数的负值。这一事实使得 NEB 方法中所采用的优化算法不同于 1.3 节中所介绍的方法。在附录 A.7 节中,我们将简要介绍两种 NEB 常用的优化方法。除此之外,也可以采用最速下降法、共轭梯度法或者拟牛顿法。与 1.3 节中给出的算法不同,在进行一维搜索时,NEB 中采用的优化方法不寻找能量最低值,而是利用牛顿方向找到受力为零的点:沿优化方向取两点 1 和 2,各自计算映像 i 的受力 $\boldsymbol{F}_{i,1}^{N}$ 和 $\boldsymbol{F}_{i,2}^{N}$,然后利用有限差分计算 $\boldsymbol{F}_i^{N}$ 的导数。关于这部分内容更详细的讨论可参阅文献[127]。

近年来,基于 NEB 的其他寻找过渡态的方法,如 CI-NEB 方法、DNEB 方法等最近有了新的发展。我们在这里不详细介绍,有兴趣的读者可参阅文献[128]、[129]。

3.6.2 Dimer 方法

拖曳法和 NEB 方法要求预先知道初态和末态。如果采用通常的线性插值方法来寻找过渡态的初始路径,在一定意义上相当于预设一种跃迁机制,然后利用 NEB 方法确定这种跃迁机制的势垒。但是,这种寻找方法并不能保证找到的势垒是最低的。例如,W 原子在 W(001) 表面上跃迁,势垒最低的路径对应于吸附的 W 原子陷入表面,形成表面间隙原子,然后沿[100] 或者[010] 方向移动,若干步之后再转变为吸附 W 原子。这种跃迁机制称为表面挤列(crowdion) 机制,如图 3.17(b) 所示。而此前认为的跳跃(hopping) 机制是吸附 W 原子"跃过"表面原子到达下一个吸附位(所对应的势垒要高 0.7 eV[130]),如图 3.17 所示。对于在 Al(001) 表面上的自扩散也有类似的发现[131]。更为严谨的方法是只从已知的初态出发,通过一定的算法自动地寻找所有可能的跃迁路径。这种方法就是 Henkelman 等人提出的 Dimer 方法[132]。

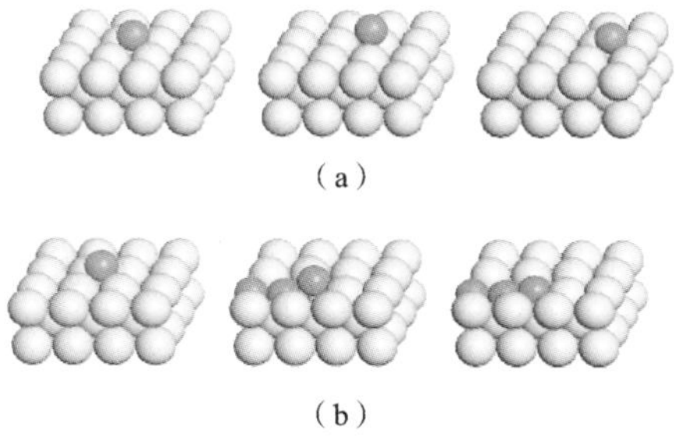

图 3.17 W 原子在 W(001) 表面上跃迁的两条典型路径

(a) 跳跃机制;(b) 表面挤列机制

在 Dimer 方法中仍然需要两个映像,但是只有其中一个映像要求是稳态(作为初态),另一个映像可以通过给初态的原子坐标加上一个方向随机的微扰而生成,或者由初态出发,在有限温度下按照分子动力学原理(将在第 6 章中详细讨论) 生成一条轨迹,由其中某一时刻的即时构型给出。这两个映像组成一个偶矩(dimer),这个偶极矩在高维势能面中通过转动以及平动等运动方式经过鞍点,到达另一个势阱处(末态)。因为所加的微扰不同,偶极矩也会通过不同的途径到达多个终态。在尝试次数足够多的情况下,Dimer 方法可以找到连接给定初态的所有跃迁途径(更准确地说是势垒最低的跃迁路径方向上几个 k_BT 范围内的鞍点)。这无疑是 Dimer 方法非常有吸引力的一个优点。

图 3.18(a) 为偶极矩示意图。两个映像的位置、能量和受力分别为 $\boldsymbol{R}_1$、E_1、$\boldsymbol{F}_1$ 和 $\boldsymbol{R}_2$、E_2、$\boldsymbol{F}_2$。单位矢量 $\hat{\boldsymbol{N}}$ 由 $\boldsymbol{R}_2$ 指向 $\boldsymbol{R}_1$。该偶极矩的中点为 $\boldsymbol{R}$。因此有

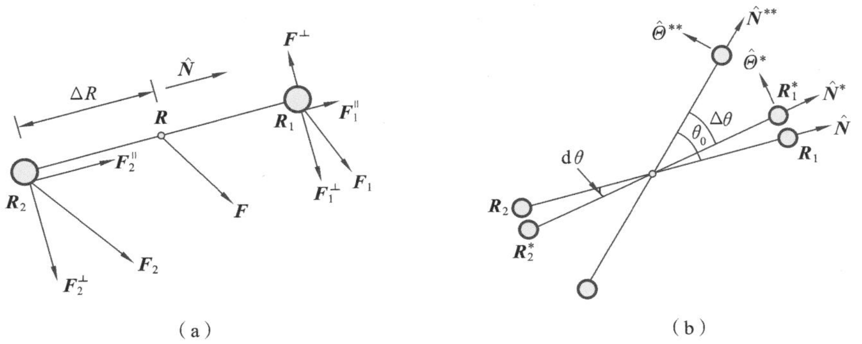

图 3.18　Dimer 方法的应用

(a) 偶极矩示意图以及受力的投影；(b) 偶极矩的转动步骤

$$\boldsymbol{R}_1 = \boldsymbol{R} + \Delta R\hat{\boldsymbol{N}},\quad \boldsymbol{R}_2 = \boldsymbol{R} - \Delta R\hat{\boldsymbol{N}},\quad \Delta R = \frac{1}{2}(\boldsymbol{R}_1 - \boldsymbol{R}_2)\cdot\hat{\boldsymbol{N}}$$

注意：实际上偶极矩是在一个 $3N$ 维的空间里定义的，而非图 3.18 所示的仅由三维空间中的两个点确定。体系总能量 $E = E_1 + E_2$。偶极矩中心的能量为 E_0，受力为 $\boldsymbol{F}_{\mathrm{R}}$，定义 $\boldsymbol{F}_{\mathrm{R}} = (\boldsymbol{F}_1 + \boldsymbol{F}_2)/2$。由此可以通过有限差分以及定义计算此处势能面的曲率：

$$C = \frac{(\boldsymbol{F}_2 - \boldsymbol{F}_1)\cdot\hat{\boldsymbol{N}}}{2\Delta R} = \frac{E - 2E_0}{(\Delta R)^2} \tag{3.587}$$

在 Dimer 方法中，每一步分为两个部分，即先转动偶极矩，使得其平行于势垒最低的跃迁路径，之后平移偶极矩，使其沿跃迁路径到达鞍点。这两部分均需采用优化算法。下面分别进行讨论。

1. 转动

由式(3.587) 可知，偶极矩的总能量 E 和势能面曲率 C 呈线性关系。因此在限定偶极矩仅做转动的条件下，E 有最小值意味着偶极矩平行于势能增加最缓慢的方向，即势垒最低的跃迁路径。首先定义垂直于偶极矩方向的受力(转动力)$\boldsymbol{F}^{\perp}$：

$$\boldsymbol{F}^{\perp} = \boldsymbol{F}_1^{\perp} - \boldsymbol{F}_2^{\perp} \tag{3.588}$$

式中

$$\boldsymbol{F}_i^{\perp} = \boldsymbol{F}_i - (\boldsymbol{F}_i\cdot\hat{\boldsymbol{N}})\hat{\boldsymbol{N}},\quad i = 1,2$$

设 $\boldsymbol{F}^{\perp}$ 作用在 $\boldsymbol{R}_1$ 上，且定义一个与 $\boldsymbol{F}^{\perp}$ 平行的单位矢量 $\hat{\boldsymbol{\Theta}}$。$\hat{\boldsymbol{\Theta}}$ 和 $\hat{\boldsymbol{N}}$ 组成了展开偶极矩转动平面 S 上的一组正交基矢。如图 3.18(b) 所示，将偶极矩转动一个小角度 $\mathrm{d}\theta$，则

$$\begin{cases}\boldsymbol{R}_1^* = \boldsymbol{R} + (\hat{\boldsymbol{N}}\cos(\mathrm{d}\theta) + \hat{\boldsymbol{\Theta}}\sin(\mathrm{d}\theta))\Delta R\\ \boldsymbol{R}_2^* = \boldsymbol{R} - (\hat{\boldsymbol{N}}\cos(\mathrm{d}\theta) + \hat{\boldsymbol{\Theta}}\sin(\mathrm{d}\theta))\Delta R\end{cases} \tag{3.589}$$

重新计算偶极矩中两个映像的受力 $\boldsymbol{F}_1^*$ 和 $\boldsymbol{F}_2^*$。偶极矩中心受力为 $\boldsymbol{F}^* = \boldsymbol{F}_1^* - \boldsymbol{F}_2^*$。此时，转动步骤的任务是利用上面已得到的信息，在 $\hat{\boldsymbol{\Theta}}$ 和 $\hat{\boldsymbol{N}}$ 展开的平面 S 内寻找转角 $\Delta\theta$，使得 $|\boldsymbol{F}^{\perp}| = 0$。将势能面在平面 S 内展开为二次函数 U，有

$$U = E_0 - (F_x x + F_y y) + \frac{1}{2}(c_x x^2 + c_y y^2) \tag{3.590}$$

式中：F_x 和 F_y 分别为 $-\partial U/\partial x$ 和 $-\partial U/\partial y$；c_x 和 c_y 为沿两个不同方向的曲率。由此可将偶极矩的能量 E 表示为转角 θ 的函数：

$$E(\theta) = 2E_0 + \Delta R^2[c_x\cos^2(\theta - \theta_0) + c_y\sin^2(\theta - \theta_0)]$$

$$= 2E_0 + \frac{\Delta R^2}{2}\{(c_x - c_y)\cos[2(\theta - \theta_0)] + (c_x + c_y)\} \tag{3.591}$$

式中一次项因为映像1、2关于中点 $\boldsymbol{R}$ 对称而相互抵消;θ_0 是一个常数。引入标量转动力 F:

$$F = \frac{\boldsymbol{F}^{\perp} \cdot \hat{\boldsymbol{\Theta}}}{\Delta R} \tag{3.592}$$

可以证明下述关系式[132,133]成立:

$$F = -\frac{1}{\Delta R^2}\frac{\partial E}{\partial \theta} = A\sin[2(\theta - \theta_0)] \tag{3.593}$$

式中:A 为未知常数,但是实际应用中并不需要知道 A 的具体值。式(3.593)表明,θ_0 正是在平面 S 内使得 $F = 0$ 所需转动的角度。为了得出 θ_0 的具体计算公式,进一步计算

$$F' = \frac{\mathrm{d}F}{\mathrm{d}\theta} = 2A\cos[2(\theta - \theta_0)] \tag{3.594}$$

由此可得,如果在 $\theta = 0$ 处的 F 和 F' 均已知(分别标注为 F_0 和 F'_0),则使得偶极矩在平面 S 内平行于曲率最小的方向所需的角度 $\Delta\theta$ 为

$$\Delta\theta = \theta_0 = -\frac{1}{2}\arctan\left(\frac{2F_0}{F'_0}\right) \tag{3.595}$$

如前所述,我们已经有了 $\theta = 0$ 处的 $\boldsymbol{F}_i$、$\hat{\boldsymbol{\Theta}}$ 和 $\theta = \mathrm{d}\theta$ 处的 $\boldsymbol{F}_i^*$、$\hat{\boldsymbol{\Theta}}^*$,因此可以求得 $\theta = \mathrm{d}\theta/2$ 处的 F 和 F'[133]:

$$F_{\mathrm{d}\theta/2} = \frac{\boldsymbol{F}^* \cdot \hat{\boldsymbol{\Theta}}^* + \boldsymbol{F} \cdot \hat{\boldsymbol{\Theta}}}{2} \tag{3.596}$$

$$F'_{\mathrm{d}\theta/2} = \frac{\boldsymbol{F}^* \cdot \hat{\boldsymbol{\Theta}}^* - \boldsymbol{F} \cdot \hat{\boldsymbol{\Theta}}}{\mathrm{d}\theta} \tag{3.597}$$

因此从偶极矩 $\boldsymbol{R}^*$ 出发,所需转动的角度为

$$\Delta\theta = -\frac{1}{2}\arctan\left(\frac{2F_{\mathrm{d}\theta/2}}{F'_{\mathrm{d}\theta/2}}\right) - \frac{\mathrm{d}\theta}{2} \tag{3.598}$$

其与式(3.595)略有不同。最后的结果如图3.18(b)所示。

对上述转动步骤还可以做进一步的改进。当Dimer方法完成一次迭代后,下一次的转动平面由新得到的 $\hat{\mathbf{N}}^{**}$ 及 $\hat{\boldsymbol{\Theta}}^{**}$ 展开,如图3.18(b)所示。因为每一步的 $\hat{\boldsymbol{\Theta}}$ 均与当前偶极矩受力在法向上的投影 $\boldsymbol{F}^{\perp}$ 平行,所以相当于按照最速下降法来更新转动平面,并以此来寻找势能面上曲率最小的方向。按照1.3.2节中的讨论,利用共轭梯度法构建新的搜索方向会得到更高的效率。在Dimer方法中,也可以按照共轭梯度法来构建新的转动平面。但是因为转动步骤中采用的是偶极矩受力在法向上的投影,所以不能简单地采用式(1.86)构造共轭方向。Henkelman等人指出,可以按下式构造新的共轭方向[132]:

$$\boldsymbol{d}_i^{\perp} = \boldsymbol{F}_i^{\perp} + \beta \mid \boldsymbol{d}_{i-1}^{\perp} \mid \hat{\boldsymbol{\Theta}}_{i-1}^{**} \tag{3.599}$$

式中

$$\beta = \frac{\boldsymbol{F}_i^{\perp} \cdot \boldsymbol{F}_i^{\perp}}{\boldsymbol{F}_{i-1}^{\perp} \cdot \boldsymbol{F}_{i-1}^{\perp}}$$

2. 平移

转动步骤完毕后,需要进行一次平移,即将偶极矩按照当前的取向平移,直至其到达鞍点处。与转动时步骤相同,在平移时也需要对偶极矩受力进行投影等操作,以阻止其沿势能面滑落至极小值处。因此,在平移中,使用如下力来平移偶极矩:

$$\boldsymbol{F}^{\dagger}=\begin{cases}-(\boldsymbol{F}_R\cdot\hat{\boldsymbol{N}})\hat{\boldsymbol{N}}, & C>0\\ \boldsymbol{F}_R-2(\boldsymbol{F}_R\cdot\hat{\boldsymbol{N}})\hat{\boldsymbol{N}}, & C\leqslant 0\end{cases}\tag{3.600}$$

式中：C 是势能面在当前处的曲率。如果 $C>0$，则偶极矩仍处于势阱（稳态）附近，将偶极矩沿连线的受力反向，使得偶极矩加速从势阱中逸出；如果 $C\leqslant 0$，则偶极矩在鞍点附近，$\boldsymbol{F}^{\dagger}$ 指向鞍点，将驱使偶极矩平移至所求的鞍点处。偶极矩所移动的距离 Δx 由式(1.88) 给出。因此，平移时要求进行两次力的计算，分别在 $\Delta x=0$ 以及 $\Delta x=\delta x$ 处。利用有限差分，可以计算 $\delta x/2$ 处的力以及曲率，因此，平移过程中偶极矩沿 $\boldsymbol{F}^{\dagger}$ 方向移动的距离 Δx 为

$$\Delta x=-\frac{F^{\dagger}}{C^{\dagger}}=-\frac{(\boldsymbol{F}^{\dagger}\mid_{\Delta x=\delta x}+\boldsymbol{F}^{\dagger}\mid_{\Delta x=0})/2}{(\boldsymbol{F}^{\dagger}\mid_{\Delta x=\delta x}-\boldsymbol{F}^{\dagger}\mid_{\Delta x=0})/\delta x}+\frac{\delta x}{2}\tag{3.601}$$

为了控制算法的稳定性，平移时一般会设定一个上限 $\Delta x_{\max}$，若由方程(3.601) 计算出的 $\Delta x>\Delta x_{\max}$，则强迫偶极矩沿 $\boldsymbol{F}^{\dagger}$ 方向仅移动 $\Delta x_{\max}$。

为了改进 Dimer 方法的收敛性，近年来对转动和平移的步骤和计算式有一些改进，具体请参考文献[133]、[134]。

3.7　电子激发谱与准粒子近似

3.7.1　激发态与多体理论

基于 Kohn-Sham 方程的局域密度近似和广义梯度近似的交换关联泛函在材料模拟领域内的应用获得了巨大的成功。然而，与此同时，它们也存在很大局限性，最受诟病的就是无法给出准确的电子激发能，即严重低估了半导体和绝缘体材料的能隙。考虑一个单电子激发的过程，例如能带 i 中的一个电子受能量为 $\hbar\omega$ 的光子激发成为自由电子，或一个入射的自由电子被能带 j 捕获，同时释放能量为 $\hbar\omega$ 的光子，由于体系受到扰动（电子数发生变化），所以体系必然会做出响应：当受激电子在体系中运动时，周围电荷密度会因为响应而发生变化。此时的受激电子相当于携带着一部分正电荷在体系中运动，因此电子-电子相互作用是动态变化的，与时间相关。这种动态效果无法用 LDA 和 GGA 泛函正确地描述。为了获得一个简明的物理图像，一般视这个携带着响应的受激电子为一个准粒子，而利用多体理论进行求解。

3.7.2　格林函数理论与 Dyson 方程

格林函数在凝聚态理论领域有着非常重要的位置。原则上，知道一个体系的格林函数，就可以得到大多数我们感兴趣的性质，如态密度、电荷密度分布、本征能级等。在零温下单粒子格林函数定义为

$$\begin{aligned}G(\boldsymbol{r}t,\boldsymbol{r}'t')&=-\mathrm{i}'\langle N|T[\psi(\boldsymbol{r}t)\psi^{\dagger}(\boldsymbol{r}'t')]|N\rangle\\&=\begin{cases}-\mathrm{i}\langle N|\psi(\boldsymbol{r}t)\psi^{\dagger}(\boldsymbol{r}'t')|N\rangle, & t>t'\\ \mathrm{i}\langle N|\psi(\boldsymbol{r}'t')\psi^{\dagger}(\boldsymbol{r}t)|N\rangle, & t'\geqslant t\end{cases}\end{aligned}\tag{3.602}$$

式中：$|N\rangle$ 是 N 电子体系的基态；变量 $\boldsymbol{r}$ 同时指代电子的位置 $\boldsymbol{r}$ 和自旋态 σ；$\psi(\boldsymbol{r}t)$ 是海森堡绘景下的场算符，例如，$\psi^{\dagger}(\boldsymbol{r}t)|N\rangle$ 表示在时刻 t 将一个自旋为 σ 的电子加在 $\boldsymbol{r}$ 的终点处，使得体系含有 $N+1$ 个电子；T 是时序算符，它保证更新的时刻总在左侧。若 $t>t'$，式(3.602)

给出的是在 t' 时刻将一个电子加入体系 r' 之后，t 时刻在 $\boldsymbol{r}$ 的终点处观测到的一个电子的概率振幅；若 $t'\geqslant t$，则式(3.602)给出的是在 t 时刻将一个电子于 $\boldsymbol{r}$ 的终点处取走后，t' 时刻在 $\boldsymbol{r}'$ 的终点处观测到的一个空位的概率振幅。显然，准粒子格林函数描述的正是我们在 3.7.1 节中介绍的单电子激发过程。

由式(3.602)，我们还可以得到格林函数 G 的谱表示。在海森堡绘景下场算符 $\psi(\boldsymbol{r}t)$ 可表示为

$$\psi(\boldsymbol{r}t) = e^{iHt}\psi(\boldsymbol{r})e^{-iHt} \tag{3.603}$$

式中：$\hat{H}$ 为多体哈密顿算符。可以将一组 $N+1$ 或 $N-1$ 电子体系完备基 $|N\pm1\rangle$ 根据 t 与 t' 的时序关系插入式(3.602)。举例来说，当 $t>t'$ 时，有

$$\begin{aligned}
G(\boldsymbol{r}t,\boldsymbol{r}'t') &= -i\langle N|\psi(\boldsymbol{r}t)\psi^\dagger(\boldsymbol{r}'t')|N\rangle = -i\langle N|e^{iHt}\psi(\boldsymbol{r})e^{-iHt}e^{iHt}\psi^\dagger(\boldsymbol{r}')e^{-iHt}|N\rangle \\
&= -i\langle N|\psi(\boldsymbol{r})e^{i(H-E_N)(t-t')}\psi^\dagger(\boldsymbol{r}')|N\rangle \\
&= -i\sum_s\langle N|\psi(\boldsymbol{r})|N+1,s\rangle\langle N+1,s|e^{-i(H-E_N)(t-t')}\psi^\dagger(\boldsymbol{r}')|N\rangle \\
&= -i\sum_s\langle N|\psi(\boldsymbol{r})|N+1,s\rangle e^{-i(E_{N+1,s}-E_N)(t-t')}\langle N+1,s|\psi^\dagger(r')|N\rangle
\end{aligned} \tag{3.604}$$

对于 $t'>t$ 时的空穴运动，可类似地得到

$$G(\boldsymbol{r}t,\boldsymbol{r}'t') = -i\sum_s\langle N|\psi^\dagger(\boldsymbol{r})|N-1,s\rangle e^{-i(E_N-E_{N-1,s})(t-t')}\langle N-1,s|\psi(\boldsymbol{r}')|N\rangle \tag{3.605}$$

再对其做傅里叶变换，得[135]

$$G(\boldsymbol{r},\boldsymbol{r}',\omega) = \sum_s\frac{f_s(\boldsymbol{r})f_s^*(\boldsymbol{r}')}{\omega-\varepsilon_s+i\eta\,\mathrm{sgn}(\varepsilon_s-\mu)} \tag{3.606}$$

式中：η 为无限小的整数；μ 为化学势；$\mathrm{sgn}(\varepsilon_s-\mu)$ 代表 $\varepsilon_s-\mu$ 的符号，当 $\varepsilon_s>\mu$ 时，$\varepsilon_s=E_{N+1,s}-E_N$，当 $\varepsilon_s<\mu$ 时，$\varepsilon_s=E_N-E_{N-1,s}$；$\omega$ 是具有能量的量纲；另有

$$f_s(\boldsymbol{r}) = \begin{cases}\langle N|\psi(\boldsymbol{r})|N+1,s\rangle, & \varepsilon_s>\mu \\ \langle N-1,s|\psi(\boldsymbol{r})|N\rangle, & \varepsilon_s\leqslant\mu\end{cases} \tag{3.607}$$

式(3.606)和式(3.607)就是所求的谱表示。还可以据此得到谱函数 $A(\boldsymbol{r},\boldsymbol{r}',\omega)$，即

$$A(\boldsymbol{r},\boldsymbol{r}',\omega) = \frac{1}{\pi}|\mathrm{Im}G(\boldsymbol{r},\boldsymbol{r}',\omega)| = \sum_s f_s(\boldsymbol{r})f_s^*(\boldsymbol{r}')\delta(\omega-\varepsilon_s) \tag{3.608}$$

现在需要进一步推导 G 所遵循的运动方程。体系的多体哈密顿量在粒子数空间中表示为

$$\hat{H} = \int d\boldsymbol{r}\psi^\dagger(\boldsymbol{r}t)\hat{H}_0(\boldsymbol{r}t)\psi(\boldsymbol{r}t) + \frac{1}{2}\int d\boldsymbol{r}d\boldsymbol{r}'\psi^\dagger(\boldsymbol{r}t)\psi^\dagger(\boldsymbol{r}'t')V(\boldsymbol{r},\boldsymbol{r}')\psi(\boldsymbol{r}'t')\psi(\boldsymbol{r}t) \tag{3.609}$$

式中：$\hat{H}_0$ 为单体算符，$\hat{H}_0=\nabla^2/2+V_{\mathrm{ext}}$。场算符依据海森堡方程进行演化，即

$$i\frac{\partial\psi(\boldsymbol{r},t)}{\partial t} = [\psi(\boldsymbol{r},t),\hat{H}] \tag{3.610}$$

将式(3.609)代入式(3.610)，可得

$$\begin{aligned}
&\left(i\frac{\partial}{\partial t}-\hat{H}_0(r)\right)G(\boldsymbol{r}t,\boldsymbol{r}'t') + i\int d\boldsymbol{r}''V(\boldsymbol{r}',\boldsymbol{r}'')\langle N|T[\psi^\dagger(\boldsymbol{r}''t)\psi(\boldsymbol{r}''t)\psi(\boldsymbol{r}t)\psi^\dagger(\boldsymbol{r}'t')]|N\rangle \\
&= \delta(\boldsymbol{r}-\boldsymbol{r}')\delta(t-t')
\end{aligned} \tag{3.611}$$

$i^2\langle N|T[\psi^\dagger(\boldsymbol{r}''t)\psi(\boldsymbol{r}''t)\psi(\boldsymbol{r}t)\psi^\dagger(\boldsymbol{r}'t')]|N\rangle$ 正是二体格林函数 $G_2(1,3,2,3^\dagger)$ 的定义。由方程(3.611)可以看到，想求得 G，需要先知道 G_2，而求解 G_2 又必须知道 G_3，依此类推。这就是所谓的 BBGKY 级列(BBGKY hierarchy)。为了避免这个困难，用自能算符 Σ 代替二体格

林函数，则有[136]

$$\left(\mathrm{i}\frac{\partial}{\partial t}-\hat{H}_0(\boldsymbol{r})-V_{\mathrm{H}}(\boldsymbol{r})\right)G(\boldsymbol{r},\boldsymbol{r}',t,t')-\iint \mathrm{d}t''\mathrm{d}\boldsymbol{r}''\Sigma(\boldsymbol{r}t,\boldsymbol{r}''t'')G(\boldsymbol{r}'t')=\delta(\boldsymbol{r}-\boldsymbol{r}')\delta(t-t') \tag{3.612}$$

这就是所求的 Dyson 方程。需要注意，与式(3.611) 左端第二项相比，方程(3.612) 中的自能项已经抛除了 Hartree项的贡献。对式(3.612) 做傅里叶变换，即可得到Dyson方程在频率空间下的形式

$$(\omega-\hat{H}_0-V_{\mathrm{H}})G(\boldsymbol{r},\boldsymbol{r}',\omega)-\int \mathrm{d}\boldsymbol{r}''\Sigma(\boldsymbol{r},\boldsymbol{r}'',\omega)G(\boldsymbol{r}'',\boldsymbol{r}',\omega)=\delta(\boldsymbol{r}'-\boldsymbol{r}') \tag{3.613}$$

如果设 G_0 为 $\Sigma=0$ 时对应的格林函数，则可以将式(3.613) 重新写为

$$G(12)=G_0(12)+\int G_0(13)\Sigma(34)G(42)\mathrm{d}(34) \tag{3.614}$$

其中，数字“1”代表位置、时间和自旋态$\{\boldsymbol{r}_1,t_1,\sigma_1\}$。显然，$G_0(12)$ 取决于不同的参考体系。在实践中参考体系往往选取利用标准 Kohn-Sham 方程求得的基态，因此一般取

$$\hat{H}_0=\boldsymbol{\nabla}^2/2+V_{\mathrm{ext}}+V_{\mathrm{xc}} \tag{3.615}$$

此时 $G_0(12)$ 相对应的自能算符为 $\Delta\Sigma=\Sigma-V_{\mathrm{xc}}$。

3.7.3 *GW* 方法

3.7.3.1 Hedin 方程

目前自能项的计算都基于 Hedin 于 1965 年提出的方程组[137]：

$$\begin{cases}\Sigma(12)=\mathrm{i}\int G(1,3)\Gamma(234)W(41)\mathrm{d}(34)\\ G(12)=G_0(12)+\int G_0(13)\Sigma(34)G(42)\mathrm{d}(34)\\ P(12)=-\mathrm{i}\int G(13)G(41)\Gamma(342)\mathrm{d}(34)\\ W(12)=v(12)-\int v(13)P(34)W(42)\mathrm{d}(34)\\ \Gamma(123)=\delta(12)\delta(13)+\int\dfrac{\partial\Sigma(12)}{\partial G(45)}G(46)G(75)\Gamma(673)\mathrm{d}(3456)\end{cases} \tag{3.616}$$

该方程组的计算就是常常遇到的所谓 Hedin 五边形(见图 3.19) 问题，其中 Γ 称为顶点函数(vertex function)。方程组(3.616) 中的五个方程原则上可以迭代求解，但是实际操作中无法求得 G 的精确值，而且计算量很大，步骤也比较繁难，所以目前该方程组求解的实现都是基于无规相近似(RPA) 所得到的简化模型。

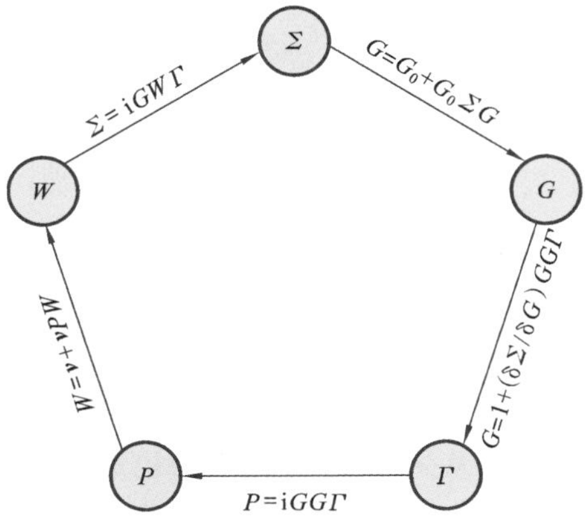

图 3.19　Hedin 五边形

3.7.3.2 *GW* 近似

利用 RPA 方法可以极大地简化 Hedin 五边形。RPA 相当于忽略顶点修正，即

$$\Gamma(123)\approx\delta(12)\delta(13) \tag{3.617}$$

于是有

$$\begin{cases}\Sigma(12) = \mathrm{i}G(1,2)W(1,2) \\ G(12) = G_0(12) + \int G_0(13)\Sigma(34)G(42)\mathrm{d}(34) \\ P(12) = -\mathrm{i}G(1,2)G(2,1^+) \\ W(12) = v(12) - \int v(13)P(34)W(42)\mathrm{d}(34)\end{cases} \tag{3.618}$$

即在 RPA 下，可以将自能项近似地表示为准粒子格林函数 G 及屏蔽库仑势 W 的卷积。而且忽略顶点修正之后，剩下的四个方程组成了一个封闭的方程组，可大大简化 G 的求解过程。方程组(3.618) 最后一个关于 W 的计算式比较复杂，这里给出另一种表示方法：

$$\begin{cases}W(12) = \int \mathrm{d}(3)\varepsilon^{-1}(13)v(32) \\ \varepsilon(13) = \delta(13) - \int \mathrm{d}(4)v(1,4)P(4,2)\end{cases} \tag{3.619}$$

设自能算符 Σ 已知，则将格林函数的谱表示代入方程(3.613)，可得

$$(H_0 + V_{\mathrm{H}})\psi_s(\boldsymbol{r}) + \int \Sigma(\boldsymbol{r},\boldsymbol{r}',\omega)\psi_s(\boldsymbol{r})\mathrm{d}\boldsymbol{r}' = \varepsilon_s\psi_s \tag{3.620}$$

可以看到，该方程与常用的 Kohn-Sham 方程极为类似，二者唯一的区别在于这里用自能算符 Σ 代替了 Kohn-Sham 方程中的交换关联势 V_{xc}。因为 V_{xc} 并没有包含动态介电函数 ε，所以是一个静态的作用，意味着第 i 个态上电子的激发不会引起其他电子状态的改变，即没有计入体系对外势场的响应。而 GW 近似中的自能项 Σ 则通过 ε 考虑了这种响应。因此，准粒子近似(QPA) 可以改进 LDA 或 GGA 泛函的事实也可以理解为，QPA 的自洽场方程中所用的自能项 Σ 可以比 V_{xc} 更好地描述单粒子激发的能量变化。虽然已经做了上述简化，但是到目前为止仍然不知道初始的格林函数 G 应该如何选取。事实上，上述方程的解对初始值比较敏感，所以必须选取一套比较合理的迭代初始值。Hybertsen 和 Louie 开创性地提出，将用标准 Kohn-Sham 方法得到的一套本征波函数 $\{\psi_s^{\mathrm{KS}}\}$ 作为 G 谱表示方程(3.606) 中的 $f_s(\boldsymbol{r})$[138]。

对方程组(3.618) 中的第一个方程做傅里叶变换，可得

$$\Sigma(\boldsymbol{r},\boldsymbol{r}',\omega) = \frac{\mathrm{i}}{2\pi}\int_{-\infty}^{\infty}\mathrm{d}\omega \mathrm{e}^{\mathrm{i}\omega'\delta}G(\boldsymbol{r},\boldsymbol{r}',\omega+\omega')W(\boldsymbol{r},\boldsymbol{r}',\omega') \tag{3.621}$$

式中

$$G(\boldsymbol{r},\boldsymbol{r}',\omega+\omega') = \sum_s \frac{\psi_s^{\mathrm{KS}}(\boldsymbol{r})\psi_s^{*\mathrm{KS}}(\boldsymbol{r}')}{\omega+\omega'-\varepsilon_s+\mathrm{i}\eta\mathrm{sgn}(\varepsilon_s-\mu)} \tag{3.622}$$

$$W(\boldsymbol{r},\boldsymbol{r}',\omega') = \int \mathrm{d}\boldsymbol{r}''v(\boldsymbol{r},\boldsymbol{r}'')\varepsilon^{-1}(\boldsymbol{r}'',\boldsymbol{r}',\omega) \tag{3.623}$$

需要注意的是，严格来说，由于参考态中已经包含了多体项 V_{xc} 的贡献，所以此时的自能项应为 3.7.2 节最后给出的 $\Delta\Sigma$。在不引起误解的前提下，为了使形式简洁，在此后的讨论中，我们仍然用 Σ 表示自能项。式(3.622) 给出的仅仅是 $G(\boldsymbol{r},\boldsymbol{r}',\omega)$ 的一个初始猜测。严格的 GW 近似要求从式(3.622) 出发迭代地求解 G 和 W。为了简化计算，减少计算时间，也可以在整个计算过程中不更新这两个量，这样的简化称为 G_0W_0 近似。将式(3.615) 和式(3.621) 代入方程(3.620)，可得 G_0W_0 近似下的准粒子能量 $\varepsilon_s^{\mathrm{QP}}$，且

$$\varepsilon_s^{QP} = \varepsilon_s^{KS} + \langle \psi_s^{KS} \mid \Sigma(\varepsilon_s^{QP}) - V_{xc} \mid \psi_s^{KS} \rangle \tag{3.624}$$

因为 Σ 是待求本征能量 ε_s^{QP} 的函数，所以必须用迭代办法求解上述方程。一般情况下采取线性化手段避免迭代过程。这里给出最后的结果，即

$$\varepsilon_s^{QP} = \varepsilon_s^{KS} + Z_s \langle \psi_s^{KS} \mid \Sigma(\psi_s^{KS}) - V_{xc} \mid \psi_s^{KS} \rangle \tag{3.625}$$

式中

$$Z_s = \left[1 - \mathrm{Re}\langle \psi_s^{KS} \mid \frac{\partial \Sigma(\omega)}{\partial \omega} \mid \varepsilon_s^{KS} \mid \psi_s^{KS} \rangle\right]^{-1} \tag{3.626}$$

3.7.3.3 平面波基框架下 GW 计算的实现

在前面的讨论中已经知道了 GW 近似(或至少是 G_0W_0 近似)的基本公式。因为一般选择 Kohn-Sham 方程所得到的本征谱作为参考态，所以在 GW 近似具体的算法实现中，仍然需要选择最方便的基函数。使用平面波基可以得到比较简单、直接的计算公式，同时辅以成熟的快速傅里叶变换技术，在程序实现上有着极大的便利。首先给出几个关键物理量的表达式[139]：

$$W_{\boldsymbol{q}}(\boldsymbol{G},\boldsymbol{G}',\omega) = 4\pi e^2 \frac{1}{|\boldsymbol{q}+\boldsymbol{G}|}\varepsilon_{\boldsymbol{q}}^{-1}(\boldsymbol{G},\boldsymbol{G}',\omega)\frac{1}{|\boldsymbol{q}+\boldsymbol{G}'|} \tag{3.627}$$

$$\varepsilon_{\boldsymbol{q}}(\boldsymbol{G},\boldsymbol{G}',\omega) = \delta_{GG'} - \frac{4\pi e^2}{|\boldsymbol{q}+\boldsymbol{G}||\boldsymbol{q}+\boldsymbol{G}'|}\chi_{\boldsymbol{q}}^0(\boldsymbol{G},\boldsymbol{G}',\omega) \tag{3.628}$$

$$\chi_{\boldsymbol{q}}^0(\boldsymbol{G},\boldsymbol{G}',\omega) = \frac{1}{\Omega_{\text{cell}}}\sum_{nn'\boldsymbol{k}} 2w_{\boldsymbol{k}}(f_{n'\boldsymbol{k}-\boldsymbol{q}} - f_{n\boldsymbol{k}}) \times \frac{\langle \psi_{n'\boldsymbol{k}-\boldsymbol{q}} \mid e^{-i(\boldsymbol{q}+\boldsymbol{G})\boldsymbol{r}} \mid \psi_{n\boldsymbol{k}}\rangle\langle \psi_{n\boldsymbol{k}} \mid e^{i(\boldsymbol{q}+\boldsymbol{G}')\boldsymbol{r}'} \mid \psi_{n'\boldsymbol{k}-\boldsymbol{q}}\rangle}{\omega + \varepsilon_{n'\boldsymbol{k}-\boldsymbol{q}} - \varepsilon_{n\boldsymbol{k}} + i\eta\,\mathrm{sgn}(\varepsilon_{n'\boldsymbol{k}-\boldsymbol{q}} - \varepsilon_{n\boldsymbol{k}})} \tag{3.629}$$

式中：$w_{\boldsymbol{k}}$ 是第一布里渊区内 $\boldsymbol{k}$ 点的权重；$\langle \psi_{n'\boldsymbol{k}-\boldsymbol{q}} \mid e^{-i(\boldsymbol{q}+\boldsymbol{G})\boldsymbol{r}} \mid \psi_{n\boldsymbol{k}}\rangle$ 称为交换电荷密度。

在具体实现中，为了使函数有良好的行为，一般对式(3.627)扣除库仑势 $V_{\boldsymbol{q}}$，有

$$\overline{W}_{\boldsymbol{q}}(\boldsymbol{G},\boldsymbol{G}',\omega) = 4\pi e^2 \frac{1}{|\boldsymbol{q}+\boldsymbol{G}|}[\varepsilon_{\boldsymbol{q}}^{-1}(\boldsymbol{G},\boldsymbol{G}',\omega) - \delta_{GG'}]\frac{1}{|\boldsymbol{q}+\boldsymbol{G}'|} \tag{3.630}$$

而相应的自能项 $\overline{\Sigma}$ 为[139]

$$\begin{aligned}\overline{\Sigma}(\omega)_{n\boldsymbol{k},n\boldsymbol{k}} = {} & \frac{1}{\Omega_{\text{cell}}}\sum_{\boldsymbol{q}\boldsymbol{G},\boldsymbol{G}'}\sum_{n'}\frac{i}{2\pi}\int_0^\infty d\omega'\overline{W}_{\boldsymbol{q}}(\boldsymbol{G},\boldsymbol{G}',\omega) \times \langle \psi_{n'\boldsymbol{k}-\boldsymbol{q}} \mid e^{i(\boldsymbol{q}+\boldsymbol{G})\boldsymbol{r}} \mid \psi_{n\boldsymbol{k}}\rangle\langle \psi_{n\boldsymbol{k}} \mid e^{-i(\boldsymbol{q}+\boldsymbol{G}')\boldsymbol{r}'} \mid \psi_{n'\boldsymbol{k}-\boldsymbol{q}}\rangle \\ & \times \left(\frac{1}{\omega + \omega' - \varepsilon_{n'\boldsymbol{k}-\boldsymbol{q}} + i\eta\,\mathrm{sgn}(\varepsilon_{n'\boldsymbol{k}-\boldsymbol{q}} - \mu)} + \frac{1}{\omega - \omega' - \varepsilon_{n'\boldsymbol{k}-\boldsymbol{q}} + i\eta\,\mathrm{sgn}(\varepsilon_{n'\boldsymbol{k}-\boldsymbol{q}} - \mu)}\right)\end{aligned} \tag{3.631}$$

最后，在计算能量的时候需要加入交换项的贡献，即

$$\varepsilon_s^{QP} = \varepsilon_s^{KS} + Z_s \langle \psi_s^{KS} \mid \overline{\Sigma}(\varepsilon_s^{KS}) - V_{xc} + V_x \mid \psi_s^{KS} \rangle \tag{3.632}$$

从原则上讲，通过式(3.628)至式(3.632)，已经可以实现平面波基框架下的 GW 计算。但是在具体实现中仍然需要注意下面两个问题。

1. 交换电荷

交换电荷密度矩阵并不是在所有的 GW 实现中都需要特别注意。但是平面波基组总是与赝势方法联系在一起，所以实际上参与构建格林函数 G 以及自能项 Σ 的均为相应的赝波函数，而且没有芯区的电子轨道信息。但是方程(3.631)要求参与计算的是精确的波函数，因此只有采用 PAW 方法才可以满足这个条件。对 PAW 方法的详细分析已经超出了本书的范围。这里我们只给出几个重要的公式，更详细的讨论可参阅文献[139]、[140]。PAW 方法将准确的单电子波函数表示为

$$|\psi_{nk}\rangle = |\tilde{\psi}_{nk}\rangle + \sum_i (|\phi_i\rangle - |\tilde{\phi}_i\rangle)\langle\tilde{p}_i|\tilde{\psi}_{nk}\rangle \tag{3.633}$$

式中:$|\tilde{\psi}_{nk}\rangle$ 为赝波函数;$|\phi_i\rangle$ 为给定原点 $\boldsymbol{R}_i$、角动量 l_i 以及非自旋极化参考能 ε_i 的径向薛定谔方程的全电子径向解;$|\tilde{\phi}_i\rangle$ 为相应的径向解;$|\tilde{p}_i\rangle$ 为投影算符,且满足

$$\langle\tilde{p}_i|\tilde{\phi}_j\rangle = \delta_{ij} \tag{3.634}$$

赝波函数 $|\tilde{\psi}_{nk}\rangle$ 和投影算符 $|\tilde{p}_i\rangle$ 可以表示成 Blöch 波的形式,即

$$|\tilde{\psi}_{nk}\rangle = e^{i\boldsymbol{k}\cdot\boldsymbol{r}}|\tilde{u}_{nk}\rangle, \quad |\tilde{p}_{nk}\rangle = e^{-i\boldsymbol{k}(\boldsymbol{r}-\boldsymbol{R}_i)}|\tilde{p}_i\rangle$$

因为有 $|\psi_{nk}\rangle$、$|\tilde{p}_i\rangle$ 等项的存在,PAW 方法中电荷密度矩阵元 $\rho_{nn'}$ 有比较复杂的形式。为简单起见,暂不考虑对 $\boldsymbol{k}$ 的求和,即第一布里渊区内只有 Γ 点,则 $\rho_{nn'}$ 可表示为[141]

$$\begin{aligned}\rho_{nn'}(\boldsymbol{r}) &= \tilde{\rho}_{nn'}(\boldsymbol{r}) - \tilde{\rho}^1_{nn'}(\boldsymbol{r}) + \rho^1_{nn'}(\boldsymbol{r}) \\ &= \langle\tilde{\psi}_n|\boldsymbol{r}\rangle\langle\boldsymbol{r}|\tilde{\psi}_{n'}\rangle - \sum_{ij}\langle\tilde{\phi}_i|\boldsymbol{r}\rangle\langle\boldsymbol{r}|\tilde{\phi}_j\rangle\langle\tilde{\psi}_n|\tilde{p}_i\rangle\langle\tilde{p}_j|\tilde{\psi}_{n'}\rangle \\ &\quad + \sum_{ij}\langle\phi_i|\boldsymbol{r}\rangle\langle\boldsymbol{r}|\phi_j\rangle\langle\tilde{\psi}_n|\tilde{p}_i\rangle\langle\tilde{p}_j|\tilde{\psi}_{n'}\rangle\end{aligned} \tag{3.635}$$

式中:$\tilde{\rho}_{nn'}(\boldsymbol{r})$ 为赝波函数的贡献;$\tilde{\rho}^1_{nn'}(\boldsymbol{r})$ 和 $\rho^1_{nn'}(\boldsymbol{r})$ 分别为芯区全电子补偿项以及赝势补偿项(上标"1"代表单中心局域量),这两种补偿类似于超软赝势(USPP)中为修正芯区电子总数不足而做的补偿。显然,由于补偿项的存在,方程(3.629)和方程(3.631)中的交换电荷密度矩阵也有比较复杂的形式[139]:

$$\begin{aligned}\langle\psi_{n'\boldsymbol{k}-\boldsymbol{q}}|e^{-i(\boldsymbol{q}+\boldsymbol{G})\boldsymbol{r}}|\psi_{n\boldsymbol{k}}\rangle &\approx \langle\tilde{u}_{n'\boldsymbol{k}-\boldsymbol{q}}|e^{-i\boldsymbol{G}\boldsymbol{r}}|\tilde{u}_{n\boldsymbol{k}}\rangle + \sum_{ij,\mathrm{LM}}\langle\tilde{u}_{n'\boldsymbol{k}-\boldsymbol{q}}|\tilde{p}_{i\boldsymbol{k}-\boldsymbol{q}}\rangle\langle\tilde{p}_{j\boldsymbol{k}}|\tilde{u}_{n\boldsymbol{k}}\rangle \\ &\quad \times \int e^{-i\boldsymbol{q}(\boldsymbol{r}-\boldsymbol{R}_i)}\hat{Q}^{\mathrm{LM}}_{ij}(\boldsymbol{r}-\boldsymbol{R}_i)e^{-i\boldsymbol{G}\boldsymbol{r}}\mathrm{d}\boldsymbol{r}\end{aligned} \tag{3.636}$$

式中:$\hat{Q}^{\mathrm{LM}}_{ij}$ 为单中心补偿电荷的多级展开。实际上,我们不仅需要计算交换电荷密度矩阵,为了通过方程(3.632)计算 GW 近似下的本征能级,还需要计算全电子波函数的交换能 E_{xx}。在 PAW 框架下 E_{xx} 的计算式也比较复杂。关于 $\hat{Q}^{\mathrm{LM}}_{ij}$ 和 E_{xx} 的具体讨论已超出本书的范围,请参考文献[83]、[140]、[141]。

2. 等离激元-极点近似

求解自能项 Σ 最困难之处在于确定屏蔽库仑势 W。这是因为 W 的计算要求我们知道微观介电函数矩阵的所有元素。当然,可以用方程(3.628)和方程(3.629)在每个 ω 下逐个求解矩阵元 $\varepsilon_{\boldsymbol{q}}^{-1}(\boldsymbol{G},\boldsymbol{G}',\omega)$,但是更为常用的方法是利用所谓等离激元-极点近似(plasmon-pole approximation),将 $\varepsilon_{\boldsymbol{q}}^{-1}(\boldsymbol{G},\boldsymbol{G}',\omega)$ 写为含参的解析表达式,再通过若干已知条件求解参数,从而得到整个微观介电函数的逆矩阵。该方法最初由 Hybertsen 和 Louie 实现[138]。他们通过静态介电函数以及 f 求和法则来确定参数。将 $\varepsilon_{\boldsymbol{q}}^{-1}(\boldsymbol{G},\boldsymbol{G}',\omega)$ 的实部和虚部分别写为

$$\mathrm{Re}\,\varepsilon_{\boldsymbol{q}}^{-1}(\boldsymbol{G},\boldsymbol{G}',\omega) = \delta_{\boldsymbol{G}\boldsymbol{G}'} + \frac{\Omega^2_{\boldsymbol{q}}(\boldsymbol{G},\boldsymbol{G}')}{\omega^2 - \tilde{\omega}^2_{\boldsymbol{q}}(\boldsymbol{G},\boldsymbol{G}')} \tag{3.637}$$

$$\mathrm{Im}\,\varepsilon_{\boldsymbol{q}}^{-1}(\boldsymbol{G},\boldsymbol{G}',\omega) = A_{\boldsymbol{q}}(\boldsymbol{G},\boldsymbol{G}')\{\delta[\omega - \tilde{\omega}_{\boldsymbol{q}}(\boldsymbol{G},\boldsymbol{G}')] - \delta[\omega + \tilde{\omega}_{\boldsymbol{q}}(\boldsymbol{G},\boldsymbol{G}')]\} \tag{3.638}$$

式中:$\Omega_{\boldsymbol{q}}(\boldsymbol{G},\boldsymbol{G}')$ 称为等效裸等离激元频率(effective bare plasmon frequency),有

$$\Omega^2_{\boldsymbol{q}}(\boldsymbol{G},\boldsymbol{G}') = \omega_p^2 \frac{(\boldsymbol{q}+\boldsymbol{G})\cdot(\boldsymbol{q}+\boldsymbol{G}')}{|\boldsymbol{q}+\boldsymbol{G}'|^2}\frac{\rho(\boldsymbol{G}-\boldsymbol{G}')}{\rho(0)} \tag{3.639}$$

其中

$$\omega_p = 4\pi\rho(0)$$

由 $\Omega_q(\boldsymbol{G},\boldsymbol{G}')$ 以及静态($\omega = 0$)介电函数矩阵，对于每一组$\{\boldsymbol{q},\boldsymbol{G},\boldsymbol{G}'\}$，可得待定参数 $\tilde{\omega}$ 及 A：

$$\tilde{\omega}_q^2(\boldsymbol{G},\boldsymbol{G}') = \frac{\Omega_q^2(\boldsymbol{G},\boldsymbol{G}')}{\delta_{GG'} - \varepsilon_q^{-1}(\boldsymbol{G},\boldsymbol{G},\omega = 0)} \tag{3.640}$$

$$A_q(\boldsymbol{G},\boldsymbol{G}') = -\frac{\pi}{2}\frac{\Omega_q(\boldsymbol{G},\boldsymbol{G}')}{\tilde{\omega}_q(\boldsymbol{G},\boldsymbol{G}')} \tag{3.641}$$

当前比较流行的软件包，如 Abinit 以及 GPAW 等则用了两个频率下 ε^{-1} 的结果求解 $\tilde{\omega}$ 和 A。这里给出最后结果：

$$\tilde{\omega}_q^2(\boldsymbol{G},\boldsymbol{G}') = \frac{E_0\varepsilon_q^{-1}(\boldsymbol{G},\boldsymbol{G}',\omega = \mathrm{i}E_0)}{\varepsilon_q^{-1}(\boldsymbol{G},\boldsymbol{G}',\omega = 0) - \varepsilon_q^{-1}(\boldsymbol{G},\boldsymbol{G}',\omega = \mathrm{i}E_0)} \tag{3.642}$$

$$A_q(\boldsymbol{G},\boldsymbol{G}') = -\frac{\tilde{\omega}_q(\boldsymbol{G},\boldsymbol{G}')}{2}\varepsilon_q^{-1}(\boldsymbol{G},\boldsymbol{G}',\omega = 0) \tag{3.643}$$

其中所选频率分别为 0 和 $\mathrm{i}E_0$。E_0 的取值需要仔细选择，一般取 1 Hartree。

3.7.4 Bethe-Salpeter 方程

Bethe-Salpeter 方程(Bethe-Salpeter equation, BSE)是描述两体相互作用系统的一种方法。它源自量子场论，是量子电动力学(QED)中的一个重要工具，用于描述粒子间的相互作用。在凝聚态物理和材料科学中，BSE 被用来求体系的激发态性质，例如光吸收谱，包括直接和间接带隙材料的激发态。

BSE 通过考虑电子-空穴相互作用，去除了 DFT 和 GW 近似中的一些限制。在这些方法中，电子被视为独立粒子，在外加势场下运动。然而，电子并不是独立的，而是相互作用的。这种相互作用在许多情况下对物理性质，例如激发态性质、超导性和磁性等有着决定性的影响。因此，为了得到更准确的结果，我们需要一种能够考虑电子相互作用的方法。BSE 就是这样一种方法。

BSE 建立在 GW 近似的基础之上。在 GW 近似中，电子的自能被写成了一个有效势的形式，这个有效势是所有电子的库仑相互作用的平均。这意味着 GW 近似中的电子被看成是在其他电子产生的平均场中运动的。这是一个合理的近似，但是忽略了电子之间的动态屏蔽效应。BSE 则修正了这一点，它包含电子-空穴相互作用，可得到更准确的激发态。BSE 可以看作描述激子的一个方程，其中激子是电子-空穴对。电子从价带被激发到导带，留下了一个空穴，电子和空穴之间由于库仑相互作用而形成了一个激子。BSE 通过精确地计算电子-空穴相互作用，给出了准确的激子能量和波函数。通过解 BSE，我们可以得到准确的激子谱，从而计算出精确的光吸收谱。

BSE 的数值解可以通过迭代的方法得到。一般的步骤是，首先使用 DFT 得到基态波函数和能量，然后用 GW 近似修正单粒子能级，最后通过解 BSE 得到激子能级。这个过程通常需要大量的计算资源，但是随着算法和计算资源的发展，BSE 已经在越来越多的系统上得到了应用。

BSE 的具体形式为

$$L(1234) = G(13)G(24) + \int \mathrm{d}(5678)G(15)G(25)K(5678)L(7834) \tag{3.644}$$

式中:核 K 包含准粒子相互作用,分为电子-空穴交换作用 v 与电子-空穴吸引作用 W,具体可表示为

$$K(5678)=v(57)\delta(56)\delta(78)-W(56)\delta(57)\delta(68) \tag{3.645}$$

图 3.20 为 BSE 相应的费曼图。将 $L(1234)$ 变换到频率空间,则有

$$L(1234,\omega)=\frac{1}{H^{2p}-\omega} \tag{3.646}$$

式中:H^{2p} 是有效两体哈密顿量,且有

$$H_{n_1n_2}^{n_3n_4,2p}=(\varepsilon_{n_2}-\varepsilon_{n_1})\delta_{n_1n_3}\delta_{n_2n_4}+(f_{n_1}-f_{n_2})(V_{n_1n_2}^{n_3n_4}-W_{n_1n_2}^{n_3n_4}(\omega)) \tag{3.647}$$

其中

$$V_{n_1n_2}^{n_3n_4}=\iint \mathrm{d}\boldsymbol{r}\mathrm{d}\boldsymbol{r}'\psi_{n_1}(\boldsymbol{r})\psi_{n_2}^{*}(\boldsymbol{r})\frac{1}{|\boldsymbol{r}-\boldsymbol{r}'|}\psi_{n_3}^{*}(\boldsymbol{r}')\psi_{n_4}(\boldsymbol{r}') \tag{3.648}$$

$$W_{n_1n_2}^{n_3n_4}(\omega)=\iint \mathrm{d}\boldsymbol{r}\mathrm{d}\boldsymbol{r}'\psi_{n_1}(\boldsymbol{r})\psi_{n_2}^{*}(\boldsymbol{r})\frac{\varepsilon^{-1}(\boldsymbol{r},\boldsymbol{r}',\omega)}{|\boldsymbol{r}-\boldsymbol{r}'|}\psi_{n_3}^{*}(\boldsymbol{r}')\psi_{n_4}(\boldsymbol{r}') \tag{3.649}$$

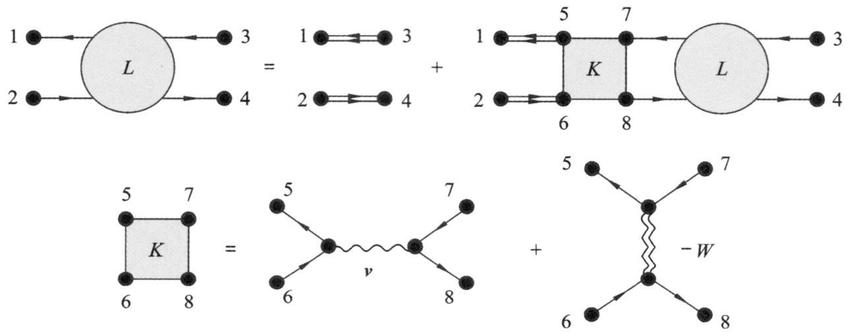

图 3.20 BSE 相应的费曼图

做简化时,一般将方程(3.649)中的介电函数用静态介电函数 $\varepsilon^{-1}(\boldsymbol{r},\boldsymbol{r}',\omega=0)$ 近似。在平面波基组中,可以将 H^{2p} 的各个 $\boldsymbol{q}$ 分量表示如下(忽略上标 $2p$)[135,142,143]:

$$H_{n_1n_2\boldsymbol{k}_1}^{n_3n_4\boldsymbol{k}_3}(\boldsymbol{q})=(\varepsilon_{n_2\boldsymbol{k}_1+\boldsymbol{q}}-\varepsilon_{n_1\boldsymbol{k}_1})\delta_{n_1n_3}\delta_{n_2n_4}\delta_{\boldsymbol{k}_1\boldsymbol{k}_3}+(f_{n_1\boldsymbol{k}_1+\boldsymbol{q}}-f_{n_2\boldsymbol{k}_1})[V_{n_1n_2\boldsymbol{k}_1}^{n_3n_4\boldsymbol{k}_3}(\boldsymbol{q})-W_{n_1n_2\boldsymbol{k}_1}^{n_3n_4\boldsymbol{k}_3}(\boldsymbol{q})] \tag{3.650}$$

$$V_{n_1n_2\boldsymbol{k}_1}^{n_3n_4\boldsymbol{k}_3}(\boldsymbol{q})=\frac{4\pi}{\Omega_{\text{cell}}}\sum_{\boldsymbol{G}}\langle n_2\boldsymbol{k}_1+\boldsymbol{q}\mid \mathrm{e}^{\mathrm{i}(\boldsymbol{q}+\boldsymbol{G})\boldsymbol{r}}\mid n_1\boldsymbol{k}_1\rangle\times\frac{1}{|\boldsymbol{q}+\boldsymbol{G}|^2}\langle n_3\boldsymbol{k}_3\mid \mathrm{e}^{-\mathrm{i}(\boldsymbol{q}+\boldsymbol{G})\boldsymbol{r}}\mid n_4\boldsymbol{k}_3+\boldsymbol{q}\rangle \tag{3.651}$$

$$W_{n_1n_2\boldsymbol{k}_1}^{n_3n_4\boldsymbol{k}_3}(\boldsymbol{q})=\frac{4\pi}{\Omega_{\text{cell}}}\sum_{\boldsymbol{G}\boldsymbol{G}'}\langle n_3\boldsymbol{k}_3\mid \mathrm{e}^{\mathrm{i}(\boldsymbol{q}+\boldsymbol{G})\boldsymbol{r}}\mid n_1\boldsymbol{k}_1\rangle\times\frac{\varepsilon_{\boldsymbol{q}}^{-1}(\boldsymbol{G},\boldsymbol{G}',\omega=0)}{|\boldsymbol{q}+\boldsymbol{G}|^2}\langle n_1\boldsymbol{k}_1+\boldsymbol{q}\mid \mathrm{e}^{-\mathrm{i}(\boldsymbol{q}+\boldsymbol{G}')\boldsymbol{r}}\mid n_3\boldsymbol{k}_3+\boldsymbol{q}\rangle \tag{3.652}$$

为了得到 BSE,必须利用 GW 近似所得到的本征能级以及由 Kohn-Sham 方程所得到的本征波函数。因此,Rubio 等人将 Kohn-Sham 方法、GW 方法及 BSE 方法三种方法形象地称为计算体系激发谱的三级助推火箭。与 3.7.3 节的讨论类似,可以通过谱表示构造 $L(1234,\omega)$,其中谱函数 A 由下面的本征值方程给出:

$$H_{n_1n_2}^{n_3n_4,2p}A_{\lambda}^{n_3n_4}=E_{\lambda}A_{\lambda}^{n_1n_2} \tag{3.653}$$

需要注意,由式(3.650)给出的两体哈密顿矩阵不具备厄米特性,因此严格来说 E_{λ} 是一个复数,虚部表示了电子-空穴对的寿命。为了简化计算,只考虑 H^{2p} 的共振部分,即由被占

据的价带 v 向非占据的导带 c 的跃迁。由此可以得到 BSE 近似下的宏观介电函数：

$$\varepsilon_M(\omega) = 1 - \lim_{q\to 0}\frac{4\pi}{|\boldsymbol{q}|^2}\sum_{\lambda}\frac{\left|\sum_{vc}\langle v \mid e^{-i\boldsymbol{qr}} \mid c\rangle A_\lambda^{vc}\right|^2}{\omega - E_\lambda + i\eta} \tag{3.654}$$

$\varepsilon_M(\omega)$ 的虚部给出了体系的光吸收谱。更为详细的讨论可参阅文献[135]、[140]。

3.8　第一性原理计算方法的应用实例

与其他方法相比，第一性原理计算方法最大的优势在于：① 可以给出准确的电子结构；② 对于成分复杂的体系，不需要拟合多参数的原子间相互作用势就可以得到可靠的能量。随着第一性原理计算方法在应用学科以及工程技术学科的广泛应用，其第二个优势在实践中显得尤为重要。但是，通常情况下，第一性原理计算方法在体系的空间尺度上有着较大限制，因此在能量计算上经常需要通过特殊的处理来阐述体系的稳定性以及其他性质。本节主要介绍四种常见的能量讨论或者处理方法。

3.8.1　缺陷形成能

在超单胞体系中，考虑带电量为 q 的结构缺陷 D，其形成能 $\Delta H^{\mathrm{f}}_{D,q}(E_{\mathrm{F}},\mu)$ 定义为[144]

$$\Delta H^{\mathrm{f}}_{D,q}(E_{\mathrm{F}},\mu) = E_{D,q} - E_{\mathrm{ref}} + q(E_{\mathrm{V}} + E_{\mathrm{F}}) + \sum_i n_i\mu_i \tag{3.655}$$

式中：$E_{D,q}$ 与 E_{ref} 分别为包含缺陷 D 且带电量为 q 的体系与完美体系的总能；E_{V} 为含缺陷体系价带顶能量。式(3.655)清楚地表明 $\Delta H^{\mathrm{f}}_{D,q}(E_{\mathrm{F}},\mu)$ 取决于缺陷的价态(q)、载流子类型及密度(费米能级 E_{F} 的位置)、材料合成环境(化学势 μ_i)这三个条件。据此可以画出 ΔH^{f} 随各条件变化的关系曲线图，进而可以展开非常细致和详尽的讨论[144,145]。

因为计算量的限制，一般而言超单胞不可能取得太大。目前比较常见的超单胞包含约 150 个原子。在这种尺寸下的单胞内即使只引入一个缺陷，缺陷浓度也将达到或接近 1%，这个值比实际浓度高好几个数量级。因此，为了使计算结果符合实验观测结果，必须计入某些修正项。

第一个修正与 E_{V} 有关。缺陷的存在可以严重地改变其附近的能带结构，而我们希望使用的则是远离该缺陷处的 E_{V}[3]。一种可行的解决方法是用参考体系的价带顶能量 $E_{\mathrm{V}}^{\mathrm{ref}}$ 代替 E_{V}。这种方法需要额外考虑如何使二者对齐。周期性边界条件(PBC)使得带电缺陷与其映像产生静电相互作用，由此而产生的额外的能量项使得整个实空间中的位势产生变化，从而导致缺陷体系的能级相对于参考体系有一个平移。这个平移量无法直接得出。因此 Van de Walle 和 Laks 等人提出了对齐两能级的方法[145,146]：设超单胞沿 x 方向边长最大，分别计算带缺陷超单胞和完美超单胞的静电势分布，然后对Oyz 平面进行平均，得到 $V(x)$。取所有平面中距离缺陷最远的那个平面 $\boldsymbol{x}_0$，定义位势校正项 ΔV 如下：

$$\Delta V = V_D(\boldsymbol{x}_0) - V_{\mathrm{ref}}(\boldsymbol{x}_0) \tag{3.656}$$

因此，$\Delta H^{\mathrm{f}}_{D,q}$ 可重新写为

$$\Delta H^{\mathrm{f}}_{D,q} = E_{D,q} - E_{\mathrm{ref}} + \sum_i n_i\mu_i + q(E_{\mathrm{V}} + E_{\mathrm{F}} + \Delta V) \tag{3.657}$$

第二个修正也与周期性边界条件的使用有关。在带电缺陷及其映像的相互作用下，会产

生专属于缺陷轨道/悬挂键交叠的能带 E_D。这与孤立带电缺陷的情况有偏差。因为在孤立带电缺陷的情况下，因缺陷而产生的应该是位于 Γ 点处的平坦的孤立能级。因此 Wei 建议加入色散修正[147]：

$$E_{\text{dis}} = q(E_D(\Gamma) - E_D(\boldsymbol{k})) \tag{3.658}$$

式中括号内第一项是单 Γ 点的计算结果，第二项是标准的 Monkhorst-Pack 多 $\boldsymbol{k}$ 点的计算结果。最后将 E_{dis} 加入式(3.657)中。

第三个常用的修正就是 Makov-Payne 修正，即电偶极矩修正[148]：

$$E_{\text{MP}} = q^2 \times \alpha \times (1/\varepsilon L) \tag{3.659}$$

式中：α 为 Madelung 常数；ε 为介电常数；L 为超单胞的边长。Makov 和 Payne 指出，这个修正可以有效地提高能量计算相对于超单胞大小的收敛速度。这一个修正项隐性地包含在方程(3.657)的 $E_{D,q}$ 中。

上述三个修正都与有限大小的超单胞以及周期性边界条件有关。也就是说，如果体系足够大，这几个修正都可以不要。Castleton、Höglund 和 Mirbt 针对这种论点做了非常细致的研究[149]。现行计算能力下不可能采用足够大的体系，因此他们利用多项式拟合计算无限大体系下的缺陷形成能 ΔH_0^{f}：

$$\Delta H^{\text{f}}(L) = \Delta H_0^{\text{f}} + \frac{a}{L} + \frac{b}{L^3} \tag{3.660}$$

$\Delta H^{\text{f}}(L)$ 是采用不同大小的超单胞得出的形成能。而所有这些超单胞必须保证形状完全相同(也即三个方向重复次数相同)。通过研究 InP 中十一种不同缺陷不同价态，他们得出结论：① 用多项式拟合式(3.660)是最为可靠和准确的方法，当然计算量也极大；② 对于单个超单胞计算，位势校正(见式(3.656))在大多数情况下可以给出合理的答案；③ 色散修正作用在受主态上的效果要优于其在施主态上的效果，但是总的来说，E_{dis} 并不可靠，有时候甚至会修正到相反的方向；④ Makov-Payne 修正在很多情况下无法给出比未修正的结果更好的结果，最能发挥效用的情况是原子弛豫较小的体系。

最后来讨论一下原子的化学势问题。对化合物而言，化学势是一个重要的环境变量，描述了体系所处的外部环境，例如各组分的贫富程度。因此 μ_i 可以在一个范围内变化，上限一般取为该元素单质处于稳定状态时单个原子的能量，超出这个限值，该元素的原子将会形成单质沉积下来，而不会形成化合物。以 Fe_2O_3 为例，$\mu_{\text{Fe}}^{\max} = \mu_{\text{Fe[bulk]}}$，即单质晶体中每个 Fe 原子的平均能量(极端富铁环境)。而 $\mu_{\text{O}}^{\max} = E_{\text{O}_2}/2$，即 O_2 分子中每个 O 原子的平均能量(极端富氧环境)。特别需要注意的是，这里讨论的化学势，包括极值，本质上都是自由能，因此其大小取决于环境的温度及压强，很多情况下不可以将 $\mu_i^{\max}$ 简化为 0 K 下单质体系的内能，虽然很多情况下这种简化是合理的。为了将各组分的化学势联系在一起，还需要假设各组分永远与它们的化合物处于相平衡状态。同样以 Fe_2O_3 为例，则有

$$2\mu_{\text{Fe}} + 3\mu_{\text{O}} = E_{\text{Fe}_2\text{O}_3\text{[bulk]}}$$

由此可以确定各元素化学势的下限：

$$\mu_{\text{Fe}}^{\min} = \frac{1}{2}\left(E_{\text{Fe}_2\text{O}_3\text{[bulk]}} - \frac{3}{2}E_{\text{O}_2}\right) \tag{3.661}$$

$$\mu_{\text{O}}^{\min} = \frac{1}{3}(E_{\text{Fe}_2\text{O}_3\text{[bulk]}} - 2\mu_{\text{Fe[bulk]}}) \tag{3.662}$$

化学势还可以用来确定杂质在材料中的溶解度。对于杂质 C，化学势 μ_{C} 的下限为负无穷

大，此时杂质在环境中的浓度为0；上限则取为该元素单质的平均原子能量。但是通常情况下还必须考虑更严格的限制条件。这是因为杂质可能与材料中的某种元素结合成稳定的化合物而作为沉积物析出。Van de Walle 等人举了 Mg 掺杂于 GaN 中的例子[145]：Mg 可以占据 Ga 位而与 N 形成 Mg_3N_2，因此有条件

$$3\mu_{\mathrm{Mg}} + 2\mu_{\mathrm{N}} = E_{\mathrm{Mg_3N_2}} \tag{3.663}$$

这相当于规定了 μ_{Mg} 的新上限，且将其与 μ_{N} 联系了起来。同时考虑电中性 Mg 在 Ga 位的形成能 $\Delta H^{\mathrm{f}}_{\mathrm{MgGa},0}$，且

$$\Delta H^{\mathrm{f}}_{\mathrm{MgGa},0} = E_{\mathrm{MgGa},0} - E_{\mathrm{ref}} - \mu_{\mathrm{Mg}} + \mu_{\mathrm{Ga}} \tag{3.664}$$

将方程(3.663)和方程(3.664)联立起来，可以求得不同条件下 Mg 在 Ga 位上的最大溶解度，即最低形成能。Van de Walle 等人发现，在极端富氮条件下，Mg 在 Ga 位上的溶解度将达到最大[145]。

3.8.2 表面能

对于单质，表面能的计算公式比较简单：

$$E_{\mathrm{surf}} = \frac{1}{2S}(E_{\mathrm{slab}}(N) - N \cdot E_{\mathrm{coh}}) \tag{3.665}$$

式中：S 为表面积；N 为拥有两个表面的体系(slab)所包含的原子数；E_{coh} 为该物质的聚合能。

化合物的情况要更复杂一些，因为其表面能与晶体在选定方向上的原子层堆垛情况有关。在大多数情况下，从任意位置分离晶体时，分离面两侧的两个表面不一致。以钙钛矿结构的 $LaCoO_3$ 为例，沿[001]方向，其原子层的堆垛顺序为 LaO-CoO_2-LaO。因此，每一个(001)截面(不考虑重构)必然包含一个 LaO 面和一个 CoO_2 面。在这种情况下表面能实际上应该由这两种面所共享。一般来说，对于沿某一方向呈 $ABAB$ 形式堆垛的情况，需要考虑两个体系，其中体系1的两端面均为 A，而体系2的两端面均为 B。将这两个体系彼此首尾相接，可以构造出一个符合化学式的周期性单胞，记为体系3。因此，体系1与体系2的总能之和与体系3的能量差实际上源于这四个表面。由此可以定义平均表面能为[150]

$$\bar{E}_{\mathrm{surf}} = \frac{1}{4S}(E_{\mathrm{sys1}} + E_{\mathrm{sys2}} - E_{\mathrm{sys3}}) \tag{3.666}$$

式中：E_{sys1} 和 E_{sys2} 均为弛豫后的体系能量。

Eglitis 与 Vanderbilt 改写了方程(3.666)，将每个表面的表面能分为刚性断裂项与弛豫项[151,152]，有

$$E_{\mathrm{surf}}(A) = E^{\mathrm{unr}} + E^{\mathrm{ref}}(A) = \frac{1}{4S}(E^{\mathrm{unr}}_{\mathrm{sys1}} + E^{\mathrm{unr}}_{\mathrm{sys2}} - E_{\mathrm{sys3}}) + \frac{1}{2S}(E_{\mathrm{sys1}} - E^{\mathrm{unr}}_{\mathrm{sys1}}) \tag{3.667}$$

式中：E^{unr} 代表不经弛豫、原子均处于完美晶体的格点位置时的体系能量。这个公式强调了两种端面弛豫的差异。

3.8.3 表面巨势

表面巨势 Ω(有时也称表面自由能)经常与表面能同时使用，有时甚至比表面能更为重要。因为它可以描述不同生长条件下体系不同晶面的热力学稳定性，从而确定晶体生长的形状。不考虑熵的贡献，单位面积的 Ω 定义为[153,154]

$$\Omega = \frac{1}{2S}(E_{\text{tot}} - \sum_i N_i \mu_i) \tag{3.668}$$

式中:S为所模拟体系的表面积,有系数2是因为厚板模型(slab model)在周期性边界条件下有两个相同的表面;E_{tot}是体系的总能;N_i和μ_i分别代表第i种原子的个数和化学势,一般而言,化学势μ_i是温度和压强的函数。体系处于稳态时Ω最小,因此由Ω可以预测给定条件下体系的表面组分、形态、吸附构型,以及颗粒形状等。详细的讨论可参阅文献[154]~[156]。本节中,我们按照文献[155]中的思路,讨论钙钛矿结构的$LaCoO_3$的最稳定表面。钙钛矿结构的低指数面比较复杂。为简单起见,这里仅考虑非重构的六个低指数表面:LaO-(001)、CoO_2-(001)、O_2-(110)、LaCoO-(110)、Co-(111)及LaO_3-(111)。设体系恒与体相$LaCoO_3$热平衡,则有

$$\mu_{\text{La}} + \mu_{\text{Co}} + 3\mu_{\text{O}} = E_{\text{LaCoO}_3} \tag{3.669}$$

式中:E_{LaCoO_3}为每个$LaCoO_3$立方单胞的能量。为了保证La、Co不在表面上以单质形式析出且O元素不以分子态逃逸,要求

$$\begin{cases} \mu_{\text{La}} \leqslant \mu_{\text{La}}^0 \\ \mu_{\text{Co}} \leqslant \mu_{\text{Co}}^0 \\ \mu_{\text{O}} \leqslant \mu_{\text{O}}^0 \end{cases} \tag{3.670}$$

如果进一步要求表面上不允许存在二元的金属氧化物,如La_2O_3及CoO等,则应引入不等式

$$\begin{cases} 2\mu_{\text{La}} + 3\mu_{\text{O}} \leqslant \mu_{\text{La}_2\text{O}_3} = E_{\text{La}_2\text{O}_3} \\ \mu_{\text{Co}} + \mu_{\text{O}} \leqslant \mu_{\text{CoO}} = E_{\text{CoO}} \end{cases} \tag{3.671}$$

平衡条件式(3.669)可以用来消除变量μ_{Co}。所以不等式组(3.670)和不等式组(3.671)可以约化为

$$\begin{cases} \mu_{\text{La}} \leqslant \mu_{\text{La}}^0 \\ \mu_{\text{La}} + 3\mu_{\text{O}} \geqslant E_{\text{LaCoO}_3} - \mu_{\text{Co}}^0 \\ \mu_{\text{O}} \leqslant \mu_{\text{O}}^0 \\ \mu_{\text{La}} + \mu_{\text{O}} \leqslant E_{\text{La}_2\text{O}_3} + E_{\text{CoO}} - E_{\text{LaCoO}_3} \end{cases} \tag{3.672}$$

用μ_{La}和μ_{O}分别定义参考点μ_{La}^0和μ_{O}^0,其中μ_{La}^0为单质La理想晶体的聚合能,而$\mu_{\text{O}}^0 = E_{\text{O}_2}/2$,即$O_2$分子能量的均分值。这样,可以定义

$$\begin{cases} \Delta\mu_{\text{La}} = \mu_{\text{La}} - \mu_{\text{La}}^0 \\ \Delta\mu_{\text{O}} = \mu_{\text{O}} - \mu_{\text{O}}^0 \end{cases} \tag{3.673}$$

类似地,可以定义μ_{Co}^0为单质Co理想晶体的聚合能。将式(3.668)、式(3.669)和式(3.673)联立,可得

$$\begin{aligned} \Omega = {} & \frac{1}{2S}[E_{\text{slab}} - N_{\text{Co}} E_{\text{LaCoO}_3} - \mu_{\text{O}}^0 (N_{\text{O}} - 3N_{\text{Co}}) - \mu_{\text{La}}^0 (N_{\text{La}} - N_{\text{Co}})] \\ & - \frac{1}{2S}[\Delta\mu_{\text{O}} (N_{\text{O}} - 3N_{\text{Co}}) + \Delta\mu_{\text{La}} (N_{\text{La}} - N_{\text{Co}})] \end{aligned} \tag{3.674}$$

限制条件式(3.674)可写成

$$\Omega(A) = \frac{1}{2S}[E_{\text{slab}}^A - N_{\text{Co}} E_{\text{LaCoO}_3} - \mu_{\text{O}}^0 (N_{\text{O}} - 3N_{\text{Co}}) - \mu_{\text{La}}^0 (N_{\text{La}} - N_{\text{Co}})]$$

$$-\frac{1}{2S}[\Delta\mu_{O}(N_{O}-3N_{Co})+\Delta\mu_{La}(N_{La}-N_{Co})] \qquad (3.675)$$

基于上述讨论，可以将方程(3.674)作为二元一次函数，在 $\Delta\mu_{La}$ 和 $\Delta\mu_{O}$ 所展开的平面上计算各个面的表面巨势，在取值许可的范围内最低的 Ω 即为该条件下 $LaCoO_3$ 最稳定的表面。将式(3.668)至式(3.675)中出现的所有参量都利用 DFT 方法(如采用 VASP)求出，可知 Ω 的取值范围由下列三个边界条件确定：

$$\Delta\mu_{La}\leqslant 0\ \text{eV},\quad \Delta\mu_{O}\leqslant 0\ \text{eV}$$

$$\Delta\mu_{La}+3\Delta\mu_{O}\geqslant -11.23\ \text{eV}$$

图 3.21 给出了 $LaCoO_3$ 最稳定表面的相图。可见，在大多数情况下，LaO-(001)都是最稳定的面。但是在富氧、贫镧条件下，LaO-(111)面将转变为基态表面。

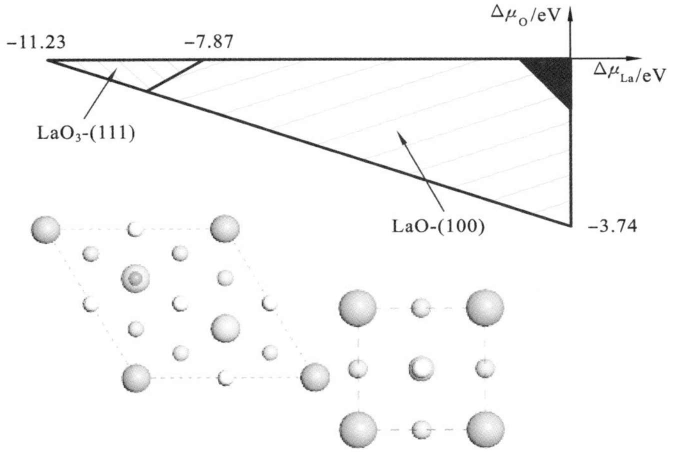

图 3.21　$LaCoO_3$ **最稳定表面的相图**

注：左上角代表富氧 - 贫镧环境，右下角代表富镧 - 贫氧环境。黑色区域中，二元金属氧化物将在表面析出。

我们可以进一步研究不同环境下 $LaCoO_3$ 小颗粒的构型。对于三维体系，最稳定的构型由表面自由能 F 极小值确定。F 可以表示为表面巨势 Ω 对体系表面的面积分，即

$$F=\oiint_{A(V)}\Omega(\hat{\boldsymbol{n}})\mathrm{d}A \qquad (3.676)$$

式中：$\hat{\boldsymbol{n}}$ 代表表面 A 的法向。对晶体的微观模型而言，$\hat{\boldsymbol{n}}$ 基本不可能连续变化，因此小颗粒的构型一般为由若干个低指数面包围的多面体。具体确定这个多面体的形状则要用到 Wulff 构建法。这里不做理论上的讨论，仅仅给出实际操作步骤：设第 i 个表面的法向为 $\hat{\boldsymbol{n}}_i$，计算表面巨势 Ω_i，则该表面过点 $\Omega_i\hat{\boldsymbol{n}}_i$。所有这些面所包围的最小的闭合多面体即为给定条件下 $LaCoO_3$ 小颗粒最稳定的构型。图 3.22 给出了富氧、富镧条件下的 $LaCoO_3$ 表面稳定性相图及小颗粒的构型。当 $\Delta\mu_O=0$ 且 $\Delta\mu_{La}=-7.6$ eV 时，$\Omega_{(001)}$(LaO)和 $\Omega_{(111)}$(LaO_3)比较接近，所以此时 $LaCoO_3$ 小颗粒是由六个{001}面和八个{111}面组成的十四面体。而当 $\Delta\mu_{La}=0$ 且 $\Delta\mu_O=-8.0$ eV 时，$\Omega_{(001)}$(LaO)明显小于其他各面的巨势，这时 $LaCoO_3$ 小颗粒是由六个{001}面组成的正六面体。

Ω 还可以用于研究暴露于气体氛围中的金属 / 化合物表面形貌。Reuter 和 Scheffler 发展了

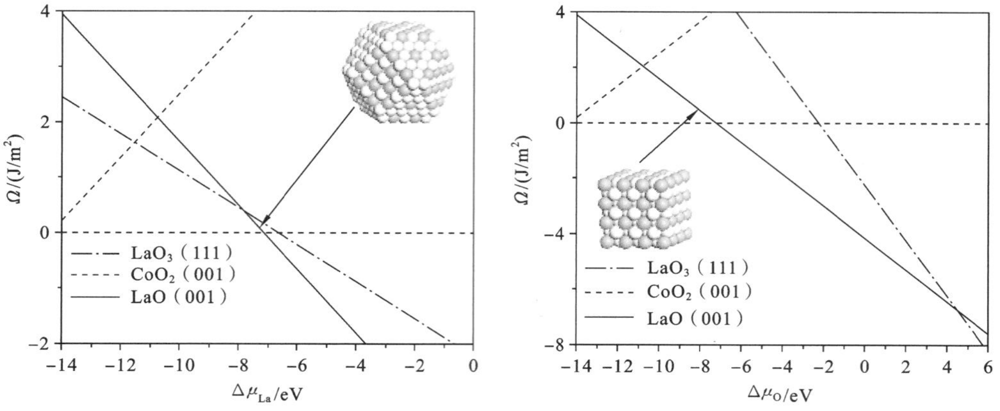

(a) (b)

图 3.22 $LaCoO_3$ **表面稳定性相图及小颗粒的构型**

(a) 富氧($\Delta\mu_O=0$)环境下 $LaCoO_3$ 表面稳定性相图及小颗粒的构型;

(b) 富镧($\Delta\mu_{La}=0$)环境下 $LaCoO_3$ 表面稳定性相图及小颗粒的构型

一套普遍的方法来讨论这个问题。该方法称为受限热力学平衡(constrained thermodynamic equilibrium)方法,可参阅文献[157]~[159]。

3.8.4 团簇展开与二元合金相图

团簇展开(cluster expansion, CE)是一种在统计力学中被广泛使用的重整化方法。近年来,这种方法已经发展成为描述二元体系相互作用以及吸附分子间相互作用的一种极其有效的工具[160-162]。

团簇展开是一种基于晶格理论的方法,旨在通过简化相互作用力,实现对体系中的相互作用能量的有效描述。这种方法的基础在于将相互作用能量作为体系中原子配置的函数,然后用一个展开式来表示,其中每一项对应于不同的相互作用团簇(例如单个原子、原子对、原子三元组等)。对于二元体系,可以利用团簇展开方法构建一个有效的哈密顿量,用来描述不同相互作用的能量影响。此外,这种方法也可以应用于更复杂的体系,例如描述吸附分子间的相互作用。

在团簇展开理论中,体系的总能 E 可以表示为组成该体系的原子组态 $\boldsymbol{\sigma}$ 的函数:

$$E(\boldsymbol{\sigma}) = E_0 + \sum_i V_i\sigma_i + \frac{1}{2!}\sum_{i,j,i\neq j} V_{ij}\sigma_i\sigma_j + \frac{1}{3!}\sum_{i,j,k,i\neq j\neq k} V_{ijk}\sigma_i\sigma_j\sigma_k + \cdots \tag{3.677}$$

式中格点的组态 $\boldsymbol{\sigma}$ 可以利用 Ising 模型或 Lattice Gas 模型(见第 8 章)表示,而 E_0、V_i、V_{ij} 分别为空项、格点项、二体项。更高阶的 V_{ij} 称为 N 体项。这些项均为待定系数,统称为等效团簇相互作用(effective cluster interaction, ECI)。因此,设有一个由两种元素共 N 个原子组成的体系,总可以给定一个包含 m 项(例如包含格点项、第一近邻二体项、第二近邻二体项、共线的三体项、非共线且所围面积最小的三体项、非共线且所围面积最小的四体项等等)的划分,并用方程(3.677)表达其总能。对于二元体系,容易看到可能的组态总数是 2^N,每一种组态对应一个能量。假设已有随机选取的 l 个组态的能量,则可以由此构建一个 $l\times m$ 的系数矩阵 $\boldsymbol{C}$,并满足线性方程组

$$\boldsymbol{C}\boldsymbol{V}=\boldsymbol{E} \tag{3.678}$$

式中:$\boldsymbol{V}$ 是所有的 ECI 组成的 m 维列矢量;$\boldsymbol{E}=[E_1,E_2,\cdots,E_l]^{\mathrm{T}}$。用最小二乘法拟合式(3.678),即可得到方程(3.677)所需的所有 ECI,进而用这些参量遍历所有 2^N 个组态,找出二元体系在给定成分下的能量最低态,由此即可确定二元合金的相图[163,164]。

习　题

1. 请简要概述第一性原理计算的基本原理,并用自己的话解释什么是密度泛函理论。

2. 考虑一个简单的一维无限深势阱中的粒子,请使用第一性原理计算方法计算其能量本征值和波函数。这个问题的解析解是什么?将计算结果与解析解进行比较。

3. 对于一个简单的二维平面正方形晶格,使用第一性原理计算方法计算其能带结构并描述计算过程。请解释布里渊区域的概念及这个晶格中电子的行为。

4. 请简要描述赝势的概念,以及它在第一性原理计算中的作用。请比较赝势方法与全电子计算方法的优缺点。

5. 由方程(3.390)推导 Perdew-Wang 以及 Vosko-Wilk-Nusair 形式的关联势 $V_c(r_s)$。

6. 推导式(3.564)。

7. 证明式(3.561)与式(3.570)等价。

8. 由赝波函数的正交性及 $\Psi_{\mathrm{ps}}^{lm}(\boldsymbol{r})$是哈密顿量$-\nabla^2/2+V_{\mathrm{ps}}^{\mathrm{loc}}+\delta V_l$ 的本征函数证明方程(3.271)。

9. 证明式(3.284)。

第4章 VASP计算模拟实例

4.1 VASP程序介绍

VASP全称Vienna Ab-initio Simulation Package，是一个基于赝势理论与平面波基组的高级量子力学计算软件包[165]，其图标如图4.1所示。它不仅支持经典的密度泛函理论(DFT)计算，而且可以运用一系列高阶后修正算法，例如混合泛函混合DFT方法和Hartree-Fock交换(例如HSE[166]、PBE0[167]或B3LYP[168])。最近，VASP引入了一种新的功能，即将分子量子化学方法(如MP2)扩展至周期性系统。

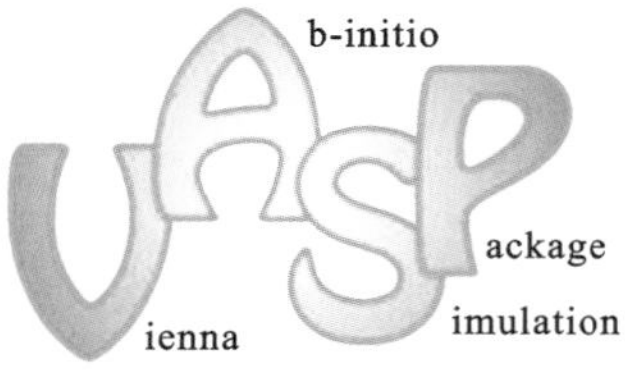

图4.1 VASP软件图标

VASP的初始代码由Mike Payne所编写。随后，Jürgen Hafner带领团队在奥地利维也纳大学对VASP的初始代码进行了进一步的优化与扩展。而当前使用的VASP主程序由Jürgen Furthmüller和Georg Kresse负责编写。VASP目前被全球1400多个学术和工业研究团队使用，成为最常用的第一性原理计算软件之一。对于VASP程序的安装，本教材网站①提供了视频教程供参考。

以下是对VASP代码的一些功能与特点的简要介绍。

(1) VASP使用PAW方法或超软赝势进行总能计算。因此，对于过渡金属和C、O等元素，也可以保持比较小的基组数量。正常情况下每个原子所使用的平面波个数为几百个。在大多数情况下，甚至采用50个左右的平面波就可以对原子性质进行可靠的描述。

(2) 平面波程序的算法复杂度约等于N^3，其中N是系统中的价电子数。VASP采用了高效的并行算法，这使得其可以用于具有高达数千个价电子的系统。

(3) VASP使用高效、稳健、快速的方法来实现自洽循环，以计算电子基态，进而计算Kohn-Sham方程的自洽解。已实现的迭代矩阵对角化方案(RMM-DIIS和blocked Davidson)是目前的最快方案之一。

(4) VASP内置了一个功能齐全的对称性分析代码，可自动确定任意晶体构型的对称性，并且利用对称性降低计算量。该对称性分析代码用于设置Monkhorst-Pack特殊点；用四面体方法实现对布里渊区的能带结构能量的积分，并使用Blöch修正来消除线性四面体方法的二次误差，从而获得较快的收敛速度。

(5) VASP软件支持适用于处理长程作用的范德华密度泛函，包括vdW-DF、vdW-DF2、optB86b-vdW等。

(6) VASP 6.0以后的版本加入了基于机器学习力场的分子动力学功能。

---

① 地址为www.materialssimulatw.com/book。

(7) VASP 的并行算力使得该软件在超标量处理器、向量计算机和并行计算机上都能很好地运行。

4.2　辅助建模软件 ATOMSK

ATOMSK 是一款专为计算材料科学中的原子级模拟设计的强大开源命令行工具，该软件的图标如图 4.2 所示。这款工具主要用于创建、操作和转换数据文件。其功能强大，能够应对各种复杂的原子模拟任务。ATOMSK 是命令行工具，因此它也具有非常高的灵活性和定制性，用户可以根据自己的需求，编写脚本来执行复杂的模拟任务，这无疑增强了 ATOMSK 的实用性。作为一个开源工具，其源代码对所有人开放，使得任何有兴趣的人都可以对其进行修改或优化。

图 4.2　Atomsk 的软件图标

Atomsk 的一大突出优点在于其广泛的兼容性，即该工具支持多种在科学研究和工业领域广泛使用的模拟软件的文件格式，这些软件包括以下几类：

(1) 可视化分析软件，如 AtomEye、Dplot、OVITO、VESTA、XCrySDen。

(2) 从头算计算软件，如 ABINIT、Quantum Espresso、VASP、SIESTA。

(3) 经典力场仿真软件，如 DL_POLY、GULP、IMD、LAMMPS、XMD。

(4) TEM 图像模拟软件，如 Dr Probe、JEMS、QSTEM。

Atomsk 提供了应用基本变换的选项：复制、旋转、变形、插入位错、合并多个体系、创建双晶和多晶等。这些基本工具可以组合起来构建和塑造各种原子系统。它为研究者提供了一种直观、高效的方式来处理计算材料科学中的原子模拟数据。它的命令行界面简洁易用，无论是对初学者还是有经验的研究者而言都是一个强大的工具。

4.3　后处理程序 VASPKIT

VASP 是一款功能强大的量子力学计算软件，但是它没有自带的界面，因此，模型构建、可视化和数据分析都需要依赖第三方工具，如 P4VASP、ASE、Pymatgen、VESTA 等。VESTA 和 P4VASP 主要用于模型构建、实现可视化和部分数据分析。ASE 和 Pymatgen 更擅长数据处理，但需要用户具备一定的编程能力。由于 VASP 用户的学科分布广泛，因此，一种易于使用且功能强大的预处理和后处理软件——VASPKIT 应运而生。

VASPKIT 的最新版本是王伟教授等科研工作者共同努力的成果。它极少依赖其他库，无须安装即可使用。此外，它在 EXAMPLES 目录下提供了主要功能的测试案例，方便用户学习和使用。VASPKIT 的主要功能包括：

(1) 自动生成 VASP 计算所需的必备文件，包括 INCAR、POTCAR、POSCAR 等，并对其进行格式检查；

(2) 结构对称性查找；

(3) 提供催化方面的工具，根据层数或者高度区间固定原子、NEB 路径组合、生成可视化的 PDB 文件、虚频校正等；

(4) 生成晶体的能带路径(包括杂化泛函),并处理能带数据;

(5) 处理态密度(DOS)和投影态密度(PDOS);

(6) 处理电荷密度、静电势,绘制空间波函数;

(7) 其他功能,比如热力学量校正(吸附质分子和气相分子),以及光学、分子动力学、导电率和半导体方面的功能。

4.4 小分子气体能量计算

在真空环境中,孤立原子或分子的基态能量计算是 VASP 中的一个基本示例[169]。本节将以两种典型的小分子——H_2 分子和 O_2 分子——为例,深入解析其基态能量的计算过程。这样的例子可以帮助读者理解 VASP 的核心计算流程,掌握体系基态能量最小化的基本算法,并熟悉输入和输出文件的基本内容。

4.4.1 关键参数与输入脚本

在使用 VASP 进行计算时,所有的操作都需要在指定的文件夹目录下进行。例如,针对本节的算例,我们可以创建两个名为“H2－molecule”和“O2－molecule”的目录。

要成功运行 VASP,需要准备四个必要的输入文件,所有文件均为文本文件,并且文件名必须是 INCAR、POSCAR、KPOINTS 和 POTCAR,且必须全部大写(在 Linux 环境下,文件名是区分大小写的)。以下我们将详细介绍在本节算例中如何准备这些输入文件。

1. INCAR 文件

INCAR 文件是 VASP 的核心控制文件,它指定了 VASP 需要完成的任务和所采用的方法等关键信息。INCAR 文件中的指令主要采用“tag＝value”的形式,其中 tag 是 VASP 规定的关键词,value 是用户输入的符合 VASP 规定的值。在 INCAR 文件中,不同的 tag 之间没有先后顺序,但如果同一个 tag 在 INCAR 中出现多次,VASP 只会识别第一次出现的值。代码 4.1 提供了一个小分子能量计算的 INCAR 文件示例。

代码 4.1 小分子能量计算 INCAR 文件

```
ISMEAR=0          #Gaussian smearing
SIGMA=0.05        #Broadening of Fermi level
ISYM=0            #Symmetry off
```

在本节涉及的气体分子的计算中,只需要设置少数几个参数,大部分参数可以使用 VASP 推荐的默认值。在本例中需要设置的参数如下:

(1) ISMEAR 和 SIGMA:这两个参数决定了在做布里渊区积分时如何计算分布函数。其默认值分别为 1 和 0.2。ISMEAR 常用的值有 0、1、2 和－5。ISMEAR 值为 0 表示使用 Gaussian 展宽,一般用于半导体或绝缘体,同时设置展宽大小 SIGMA 为一个较小的值,如 0.05 eV(除非特别说明,VASP 中默认的能量单位是 eV,长度单位是 Å);ISMEAR 值为 1 或 2 表示采用一阶或者二阶的 Methfessel-Paxton 方法,一般用于金属体系(避免用于半导体和绝缘体),同时可设置较大的 SIGMA 值,如 0.2 eV,以保证 VASP 计算的熵值小于 1.0 meV/atom;值为－5 表示四面体积分方法,一般适用于高精度的总能量和态密度计算,且不需设置 SIGMA 值。但四面体积分法对 $\boldsymbol{k}$ 点非常少(如只有 1 或 2 个)的情况以及一维体系不适用。综上分析,采用默认值并非计算小分子的优选策略,推荐使用 ISMEAR=0、SIGMA=0.05。

(2) ISYM:该参数决定是否打开体系的对称性开关。当其值为 1、2 和 3 时,表示打开体系的对称性开关,同时可以设置 SYMPREC 参数以指定寻找对称性的精度。在 VASP-PAW 计算中默认打开对称性开关(ISYM=2)。本节计算不考虑体系的点群对称性,因此设定 ISYM=0。

2. POSCAR 文件

POSCAR 文件用于描述待计算对象的结构信息,包括模拟盒子(原胞或超胞)的尺寸和形状,以及原子的坐标。在进行分子动力学计算时,POSCAR 文件还可能包含初始速度等信息。

值得注意的是,VASP 要求所有的计算对象必须为周期性体系。因此,对于本节的小分子气体体系,我们可以将这些小分子置于一个较大(例如,尺寸为 10 Å×10 Å×10 Å)的超胞中,以确保镜像原子间的相互作用可以忽略不计。

代码 4.2 展示了一个氢(H_2)分子的 POSCAR 文件示例。该文件的每一行都有特定的含义。

代码 4.2 H_2 分子的 POSCAR 文件

```
POSCAR for H2 molecule
1.000
10.000 0.000 0.000
0.000 10.000 0.000
0.000 0.000 10.000
H
2
Cartesian
0.000 0.000 0.000
0.000 0.000 0.742
```

代码 4.2 中:第一行为注释行,可写一些与体系相关的提示。第二行为元胞大小的缩放因子,通常设置为 1。第三至五行为元胞的三个基矢,它们乘第二行的缩放因子得到元胞真正的大小。第六行和第七行分别为元胞中元素类型和对应的原子个数,若含有多种元素,不同元素及其对应原子数间需用空格分开。第八行为原子坐标的类型,可选择"Direct"或"Cartesian"。VASP 其实只识别该行的第一个字母,若为"D"或"d"即是分数坐标,为"C"或"c"则是直角坐标。从第九行开始,每一行对应一个原子的坐标,其元素类型的顺序需要和第六行元素类型顺序一致。

这里选择直角坐标,其中第一个 H 原子位于原点,另一个 H 原子位于 z 轴,最后一行的最后一个数字即为 H—H 键的键长。其键长可参考 CRC 手册[①],约为 0.742 Å,同理也可查找 O_2 分子中 O—O 键长(约为 1.208 Å)。将第六行的 H 替换为 O,最后一个数字替换为

① 参见 hbcp.chemnetbase.com。

O—O 键长,即可得到 O_2 分子的 POSCAR 文件。可将这两个 POSCAR 文件导入OVITO 软件实现可视化,如图 4.3 所示。

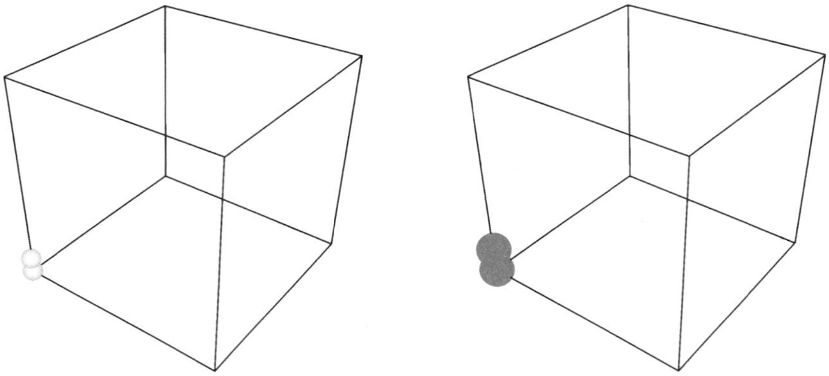

(a)　　　　(b)

图 4.3 POSCAR **文件的可视化展示**

(a) H_2 分子;(b) O_2 分子

3. KPOINTS **文件**

KPOINTS 文件用于描述在倒易空间布里渊区 $\boldsymbol{k}$ 点的分布。在 VASP 中 $\boldsymbol{k}$ 点有三种生成模式,分别为自动产生 $\boldsymbol{k}$ 点、手动输入所有 $\boldsymbol{k}$ 点坐标和线性模式。对于本节的小分子算例,无须考虑 Blöch 定理的影响,只需自动产生一个 $\boldsymbol{k}$ 点,即 γ 点,相应的 KPOINTS 文件如下。

代码 4.3　小分子计算 KPOINTS **文件**

```
k-points for molecule            #Title
0                                #Automatic K-point mesh generation
Gamma                            #Gamma-point centered
1  1  1                          #Only a single K-point is needed
0  0  0                          #Shift
```

代码 4.3 中:第一行为注释;第二行在自动产生模式下必须为 0;第三行为产生 $\boldsymbol{k}$ 点的方式,有 Gamma 和 Monkhorst-Pack 两种选择,其中 Gamma 方式确保 $\boldsymbol{k}$ 点一定包含倒空间原点(0,0,0),而选择 Monkhorst-Pack 方式则 $\boldsymbol{k}$ 点不一定包含原点;第四行为由空格分开的三个整数,表示沿三个倒易基矢方向的 $\boldsymbol{k}$ 点的数目;第五行表示对所有 $\boldsymbol{k}$ 点进行平移,取 0 即表示不平移。

4. POTCAR **文件**

POTCAR 文件包含了投影缀加波势函数或超软赝势信息。VASP 为元素周期表中的几乎所有元素提供了相应的势函数文件。当计算的体系中含有多种元素时,我们需要根据元素在 POSCAR 文件中出现的顺序,将各元素的势函数文件按顺序拼接起来,从而生成对应的 POTCAR 文件。在本节的例子中,考虑到精度和效率的综合因素,我们选择使用 PAW_PBE 势文件。

4.4.2 输出文件与结果分析

正常结束的 VASP 计算，会产生一系列输出文件，如 OUTCAR、CONTCAR、OSZICAR、CHGCAR、WAVECAR、DOSCAR 和 EIGENVALUE 等。首先介绍 OSZICAR 输出文件及其分析。

OSZICAR 文件和标准屏幕输出文件(stdout)主要包含 VASP 迭代循环过程中的能量变化等信息，stdout 文件与 OSZICAR 文件所不同的是，其最后一行会输出“writing wavefunctions”，表明 VASP 计算正常结束。代码 4.4 给出了 H_2 分子能量计算的 OSZICAR 文件。

代码 4.4　H_2 分子能量计算的 OSZICAR 文件

```
       N       E                dE             d eps        ncg      rms              rms(c)
DAV:   1   -0.554886E+01   -0.55489E+01   -0.22834E+02   10     0.970E+01
DAV:   2   -0.734786E+01   -0.17990E+01   -0.17990E+01   20     0.283E+01
DAV:   3   -0.734987E+01   -0.20097E-02   -0.20097E-02   20     0.947E-01
DAV:   4   -0.734987E+01   -0.71170E-07   -0.71169E-07   10     0.639E-03
DAV:   5   -0.734987E+01   -0.69915E-09   -0.70020E-09   15     0.617E-04        0.453E+00
DAV:   6   -0.692184E+01    0.42804E+00   -0.21297E-01   10     0.211E+00        0.251E+00
DAV:   7   -0.669025E+01    0.23159E+00   -0.52926E-01   10     0.336E+00        0.324E-01
DAV:   8   -0.669327E+01   -0.30219E-02   -0.78673E-03   10     0.363E-01        0.255E-01
DAV:   9   -0.668993E+01    0.33428E-02   -0.41651E-03   10     0.283E-01        0.571E-02
DAV:  10   -0.669250E+01   -0.25741E-02   -0.18974E-03   10     0.175E-01        0.415E-02
DAV:  11   -0.669278E+01   -0.27644E-03   -0.10145E-05   15     0.269E-02        0.246E-02
DAV:  12   -0.669466E+01   -0.18800E-02   -0.51065E-04   10     0.105E-01        0.123E-02
DAV:  13   -0.669489E+01   -0.23616E-03   -0.32302E-05   10     0.241E-02        0.705E-03
DAV:  14   -0.669500E+01   -0.10216E-03   -0.70643E-06   10     0.122E-02        0.225E-03
DAV:  15   -0.669503E+01   -0.35913E-04   -0.21768E-06   10     0.616E-03
  1   F= -.6695037E+01     E0= -.66950372E+01               d E= -.270095E-13
```

代码 4.4 第一列表示计算中采用 Davison 迭代收敛方法，第二列为迭代的次数，本算例迭代了 15 次，达到 VASP 默认的收敛条件($\Delta E < 1.0\times10^{-4}$ eV)。最后一行列出的 E_0 值(−6.695 eV)，即为在当前参数设置下 H_2 分子在真空中的能量。同理可从 O_2 分子能量计算输出的 OSZICAR 文件中读取 O_2 分子的 E_0 的值为−8.717eV。需要注意的是，此处的 E_0 并非 H_2 分子的绝对能量，而是其相对于 PAW 势的能量。

OUTCAR 文件是最重要的输出文件，记录了 VASP 最详尽的计算过程，且包含所有输入文件的既有信息，其大致的文件构成如下：

(1) VASP 版本和基本计算环境、资源；

(2) 读入的 INCAR(包含 VASP 的所有 tag)、POTCAR、POSCAR 文件；

(3) 最近邻原子与对称性分析；

(4) 晶格正空间和 $\boldsymbol{k}$ 空间信息与原子坐标；

(5) 截断能和平面波数等;

(6) 每一离子步和其中每一次电子自洽的时间和能量等;

(7) 自洽完成后的费米能和能量本征值等;

(8) 应力、力、电荷数和磁矩等;

(9) 程序运行时间。

这里截取 O_2 分子能量计算输出的 OUTCAR 文件中有关能量本征值的结果部分,见代码4.5,其中第一列为能带编号,第二列为对应的能量值,第三列为电子占据数。

代码 4.5 OUTCAR 文件中的本征值部分

```
band No.  band energies    occupation
1          -32.5645         2.00000
2          -19.6366         2.00000
3          -13.0573         2.00000
4          -12.6807         2.00000
5          -12.6806         2.00000
6          -5.7298          1.00158
7          -5.7296          0.99842
8          -0.2884          0.00000
9           0.9743          0.00000
10          1.1479          0.00000
```

不难发现,代码 4.5 所列结果与结构化学中 O_2 分子的电子结构并不一致。这是由于 O_2 分子的基态为三重态,O 原子含有两个未成对电子,具有磁性,因此需要考虑自旋极化,即在 INCAR文件中加设一个参数 ISPIN,值为 2。重新提交 VASP 文件,可以发现计算量相对于非自旋极化的情况加倍,这是由于计算了两种自旋(spin-up/spin-down)下的电荷密度。同理,读取 OSZICAR 文件中的 O_2 分子的能量为 −9.822 eV,显然较未加自旋时的能量低。OUTCAR 文件中对应的能量本征值信息也根据自旋方向分为两个部分,见代码 4.6。

代码 4.6 考虑自旋极化后的 OUTCAR 本征值

```
spin component 1
band No.  band energies  occupation
1          -33.0185       1.00000
2          -20.3785       1.00000
3          -13.4396       1.00000
4          -13.4396       1.00000
5          -13.4199       1.00000
6          -6.6838        1.00000
7          -6.6838        1.00000
8          -0.3576        0.00000
9           0.8907        0.00000
10          1.0884        0.00000
11          1.0886        0.00000
spin component 2
band No.  band energies  occupation
```

```
1         -31.8116        1.00000
2         -18.5853        1.00000
3         -12.4748        1.00000
4         -11.5987        1.00000
5         -11.5987        1.00000
6          -4.4062        0.00000
7          -4.4062        0.00000
8          -0.2415        0.00000
9           1.1271        0.00000
10          1.1473        0.00000
11          1.2238        0.00000
```

此外，设置了“ISPIN＝2”后，输出的 OSZICAR 文件的最后一行多了一项“mag＝2.0000”，即磁矩 mag＝2.0000 μB(玻尔磁子)，符合化学认知。但 H_2 分子的能量在添加“ISPIN＝2”后仍为－6.695 eV，即设置自旋极化后并未对能量计算结果产生影响，且 OSZICAR 中的 mag 值为 0，也符合认知。因此，对 H_2 分子体系的计算并不需要考虑自旋极化。一般而言，对于单原子，基态为三重态(O_2 分子)，含自由基、铁、钴、镍等具有磁性的体系，需要考虑自旋极化，或通过对比能量变化判断是否需要考虑自旋。

本节以小分子气体的能量计算为例，介绍了 VASP 运算的典型流程、简单输入文件的准备和基本输出文件，重点讨论了体系能量的读取方法和自旋极化对计算结果、时间的影响等。值得注意的是，在这个例子中，即使考虑了 O_2 的自旋极化，其第 3～5 个能带的顺序与实际分子轨道占据情况仍然不完全一致。这主要是因为在这个示例中，我们仅计算了给定 O—O 键长下的 O_2 分子能量。然而，在所设定的计算参数下，该键长未必是最合适的。因此，若要获得与实验相当的结果，更合理的做法是在进行电子结构计算之前，首先对结构进行优化。

4.5 C_2H_5OH 的振动模式与频率计算

通过密度泛函理论对分子和固体进行结构优化，我们可以得到能量最低的结构。然而，实际上，在有限的温度下，原子都会经历不断的振动。在 0 K 的温度下，原子在平衡位置附近的振动以零点能的形式表现，从而对材料的总能量产生贡献。除此之外，材料中原子的振动也会对材料的热力学性质产生影响。热力学修正基本上是基于振动频率，计算在不同温度下的能量修正结果。在实验中，我们可以通过红外光谱学测量原子振动的频率，从而分析材料中可能存在的成键模式和类型。因此，对材料中原子振动的分析在材料科学研究中起着至关重要的作用。

所谓的振动，实质上就是原子在微小的受力下体系中原子坐标的变化。定义一个 N 原子体系，将其笛卡儿坐标写作含有 $3N$ 个元素的矢量 $\boldsymbol{r}=[r_1, r_2, \cdots, r_{3N}]$，假设能量处于最低点时，新的坐标 $x=r-r_0$。为了探究体系原子在微小受力下的运动，需要求解体系的运动方程 $F=m\mathrm{d}^2x/\mathrm{d}t^2$，最终得到 $X(t)$。由于原子的受力与体系的能量有关，满足 $F_i=-\partial E/\partial x_i$，其中 E 为体系能量，因此根据能量的表达式就可以求得原子的运动方程的解 $X(t)$。能量在

$\boldsymbol{r}_0$终点处的泰勒二阶展开式为(由于$\boldsymbol{r}_0$的终点为原子的平衡位置,所以一阶导数为0)

$$E = E_0 + \frac{1}{2}\sum_{i=1}^{3N}\sum_{j=1}^{3N}\left(\frac{\partial^2 E}{\partial x_i \partial x_j}\right)_{x=0} x_i x_j = E_0 + \frac{1}{2}\boldsymbol{X}^{\mathrm{T}}\boldsymbol{H}\boldsymbol{X} \tag{4.1}$$

式中:$\boldsymbol{H}$为Hessian矩阵,$H_{ij} = \left(\frac{\partial^2 E}{\partial x_i \partial x_j}\right)_{x=0}$,利用该表达式可以求得$-\partial E/\partial x_i = H_i x$。可以列出粒子的运动方程:

$$\mathrm{d}^2 x_i/\mathrm{d}t^2 = -\frac{1}{m_i}\partial E/\partial x_i = -A_{ij}X \tag{4.2}$$

式中:A_{ij}为矩阵$\boldsymbol{A}$的元素,$A_{ij} = H_{ij}/m_i$。这个矩阵为质量加权的Hessian矩阵。利用DFT可以计算出Hessian矩阵中的所有元素,其中二阶导数可以用有限差分来进行数值计算:

$$H_{ij} = \left(\frac{\partial^2 E}{\partial x_i \partial x_j}\right)_{x=0} \approx \frac{E(\delta x_i, \delta x_j) - 2E_0 + E(-\delta x_i, -\delta x_j)}{\delta x_i \delta x_j} \tag{4.3}$$

根据矩阵$\boldsymbol{A}$求解其本征值λ与本征矢量$\boldsymbol{e}$,最终原子运动方程的通解可以写为

$$X(t) = \sum_{i=1}^{3N}[a_i\cos(\omega t) + b_i\sin(\omega t)]\boldsymbol{e}_i \tag{4.4}$$

式中:a_i和b_i为由各个原子的初始位置和速度所唯一确定的常数;$\omega=\sqrt{\lambda}$。

本节将介绍利用VASP计算乙醇分子的振动频率,并且对乙醇的振动模式进行分析。

4.5.1 关键参数与输入脚本

1. 关键模拟参数

- DFT程序版本:VASP.6.3.0。
- 材料体系:乙醇分子。
- 模拟超胞尺寸:x、y、z方向上都为8 Å。
- 原子赝势版本:PAW_PBE O 08Apr2002,PAW_PBE C 08Apr2002,PAW_PBE H 15Jun2001。

2. 输入脚本

利用分子建模软件或者一些化学结构库网站可以得到乙醇分子的结构信息,转化为如下POSCAR文件。

代码4.7 乙醇分子的POSCAR文件

```
echanol
1.0000000000000000
8.0000000000000000  0.0000000000000000  0.000000000000
0.0000000000000000  8.0000000000000000  0.000000000000
0.0000000000000000  0.0000000000000000  8.000000000000
O  C  H
1  2  6
Direct
0.7123117787418696  0.3565341212505697  0.5445443366211857
0.5326515442357678  0.3553632268015039  0.5445443366211857
0.4709566671092394  0.5344653292098537  0.5445443366211857
0.4851863795423634  0.2893288412620643  0.6563284580464284
0.4851863795423634  0.2893288412620643  0.4327602151959455
0.3335671027120316  0.5356671990345669  0.5445443366211857
```

```
0.5144682862553865   0.6019731274502902   0.4329627959189279
0.5144682862553865   0.6019731274502902   0.6561258773234460
0.7512148828405159   0.2413987633861669   0.5445443366211857
```

因为计算的是孤立气体分子，所以代码 4.8 中的 *k* 点撒点采用单一的 Gamma 点(0,0,0)。代码 4.8 为乙醇分子的 KPOINTS 文件。

代码 4.8　乙醇分子的 KPOINTS 文件

```
Auto Generate
0
G
1  1  1
0  0  0
```

频率计算的第一步是对分子体系进行结构优化，控制文件(INCAR 文件)见代码 4.9。

代码 4.9　乙醇分子结构优化的 INCAR 文件

```
SYSTEM=ethanol
PREC=Normal
ISMEAR=0! Gaussian smearing
SIGMA=0.01
NELM=100
NSW=100! 100 ionic steps
IBRION=2! use the conjugate gradient algorithm
EDIFFG=-0.01
EDIFF=1E-5
```

结构优化完成后，优化后的结构保存在输出文件 CONTCAR 里。需要将其复制为 POSCAR 文件，作为初始构型，并使用代码 4.10 所示的 INCAR 文件进行分子振动频率的计算。

代码 4.10　振动频率计算的 INCAR 文件

```
SYSTEM=ethanol
PREC=Normal
ISMEAR=0! Gaussian smearing
SIGMA=0.01
NSW=1
NFREE=2
IBRION=5
POTIM=0.02
EDIFF=1E-6
```

关键脚本注解：

- NFREE＝2

NFREE 参数决定了每一个原子在不同方向上的位移次数。当 NFREE＝2 时，每一个

原子在 x、y、z 方向上产生一个正位移和负位移，即每一个原子做六次位移：$\pm$POTIM$\times\hat{x}$，$\pm$POTIM$\times\hat{y}$，$\pm$POTIM$\times\hat{z}$。

- IBRION＝5

用于计算 Hessian 矩阵（能量对原子位置的二阶导数的矩阵），使所有的原子在三个笛卡儿方向上都产生一定的位移，得到能量的变化，进而计算 Hessian 矩阵。而 IBRION＝6 虽然与 IBRION＝5 一样都用于计算 Hessian 矩阵，但是设定 IBRION＝6 是因为在产生位移时考虑了体系的对称性，从而减小了高对称性的体系计算量。

- POTIM＝0.02

当 IBRION＝5 时，POTIM 决定一次位移的大小，默认为 0.015 Å。

4.5.2 振动频率的提取和模式分析

计算完成后，输入命令“grep cm-1 OUTCAR”即可查看计算的频率信息，如图 4.4 所示，其中每一个“f＝”行都表示一种振动模式。由于乙醇分子共有九个原子，每一个原子在每一个方向上有一个自由度，且乙醇分子没有对称性，因此总共有二十七个自由度。要从振动模式的数量中减去整个分子在空间中刚性移动的三个自由度，所以一共产生了二十四（9×3－3＝24）种振动模式。“f/i＝”行则表示虚频。沿着虚频所对应的振动模方向，体系的能量会降低，这通常表示当前的结构不是最稳定的构型，但是，有许多其他因素也会导致虚频的产生，其中就有很多与频率计算和软件的数值积分有关的因素。每行“＝”后为振动频率

```
 1 f  =  112.103025 THz  704.364080 2PiTHz 3739.354296 cm-1  463.621011 meV
 2 f  =   91.769428 THz  576.604324 2PiTHz 3061.098541 cm-1  379.527985 meV
 3 f  =   91.591880 THz  575.488752 2PiTHz 3055.176149 cm-1  378.793702 meV
 4 f  =   89.353689 THz  561.425783 2PiTHz 2980.518136 cm-1  369.537285 meV
 5 f  =   88.199598 THz  554.174417 2PiTHz 2942.021815 cm-1  364.764347 meV
 6 f  =   87.404136 THz  549.176383 2PiTHz 2915.488067 cm-1  361.474581 meV
 7 f  =   44.103374 THz  277.109668 2PiTHz 1471.130143 cm-1  182.396957 meV
 8 f  =   43.464563 THz  273.095902 2PiTHz 1449.821709 cm-1  179.755047 meV
 9 f  =   42.937600 THz  269.784896 2PiTHz 1432.244117 cm-1  177.575702 meV
10 f  =   41.841547 THz  262.898192 2PiTHz 1395.683726 cm-1  173.042790 meV
11 f  =   40.463046 THz  254.236817 2PiTHz 1349.701898 cm-1  167.341768 meV
12 f  =   37.585707 THz  236.157963 2PiTHz 1253.724200 cm-1  155.442046 meV
13 f  =   36.832127 THz  231.423081 2PiTHz 1228.587483 cm-1  152.325489 meV
14 f  =   34.011660 THz  213.701560 2PiTHz 1134.506814 cm-1  140.660968 meV
15 f  =   32.159358 THz  202.063208 2PiTHz 1072.720693 cm-1  133.000463 meV
16 f  =   30.212625 THz  189.831525 2PiTHz 1007.784678 cm-1  124.949420 meV
17 f  =   26.256150 THz  164.972256 2PiTHz  875.810868 cm-1  108.586747 meV
18 f  =   23.862030 THz  149.929555 2PiTHz  795.951615 cm-1   98.685458 meV
19 f  =   12.088421 THz   75.953790 2PiTHz  403.226313 cm-1   49.993709 meV
20 f  =    7.921051 THz   49.769428 2PiTHz  264.217797 cm-1   32.758844 meV
21 f  =    6.484742 THz   40.744833 2PiTHz  216.307690 cm-1   26.818745 meV
22 f  =    0.735108 THz    4.618822 2PiTHz   24.520572 cm-1    3.040165 meV
23 f  =    0.100077 THz    0.628803 2PiTHz    3.338212 cm-1    0.413886 meV
24 f  =    0.049715 THz    0.312367 2PiTHz    1.658305 cm-1    0.205604 meV
25 f/i=    1.055964 THz    6.634815 2PiTHz   35.223156 cm-1    4.367116 meV
26 f/i=    1.548599 THz    9.730132 2PiTHz   51.655690 cm-1    6.404492 meV
27 f/i=    2.160248 THz   13.573238 2PiTHz   72.058114 cm-1    8.934071 meV
```

图 4.4 利用 grep 命令提取的频率信息

的具体大小；THz 与 2PiTHz 为频率单位，cm^{-1} 为波数单位，meV 为能量单位。频率与波数的关系为 $\nu=c\tilde{\nu}$，其中 ν 为频率，c 为光速，$\tilde{\nu}$ 为波数。频率与能量的转换关系为 $E=h\nu$，E 为能量，h 为普朗克常量。

我们可以通过 Jmol 软件打开 OUTCAR 文件，观察分子的振动模式。首先点击 Jmol 工具菜单中的“原子库选择器”，然后在“Frequencies”一栏中选择对应的振动频率，便可以查看相应的振动模式。

图 4.5 所示为乙醇分子的六种振动频率最高的模式。第一种模式的振动频率为 3739 cm^{-1}，是乙醇分子中振动频率最大的模式。在该模式中，振动主要在羟基中的 O 原子和 H 原子之间的连线方向上进行。从振动模式图中我们可以看到，在该模式下 H 原子的移动幅度最大，而 O 原子的变化幅度较小。

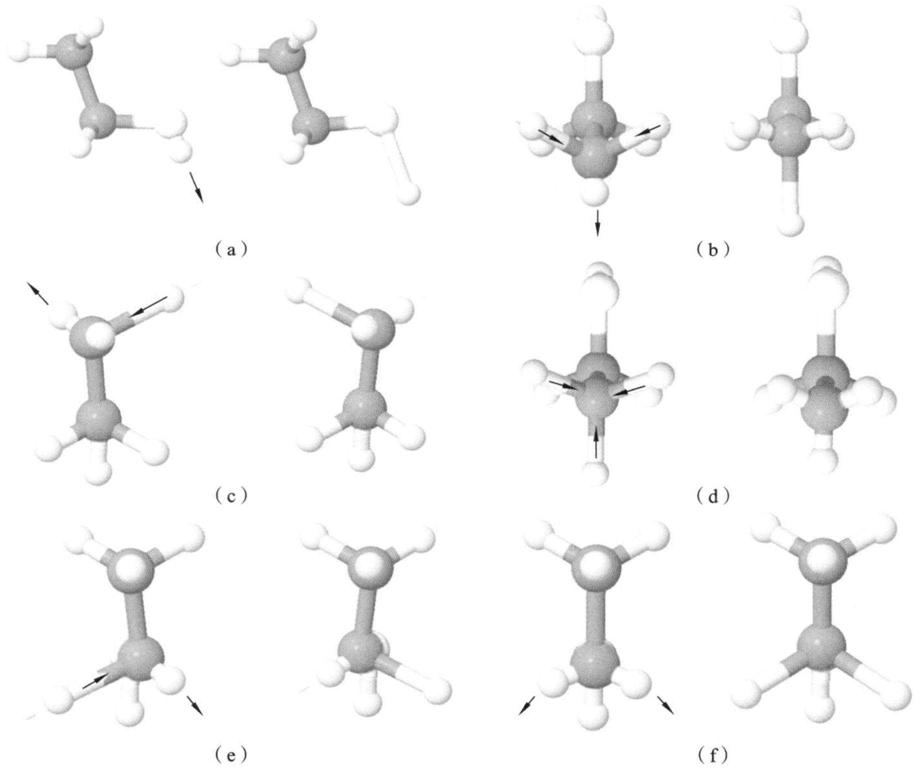

图 4.5　六种频率最高的振动模式

(a) 第一种；(b) 第二种；(c) 第三种；(d) 第四种；(e) 第五种；(f) 第六种

第二至第四种振动模式主要体现在乙醇分子的第二个 C 原子(C2)和其相连的 H 原子上。第二种振动模式下的振动频率为 3061 cm^{-1}，振动主要在甲基中的碳氢键(C—H)方向上进行。当其中一个 C—H 键压缩时，另外两个 C—H 键相对拉长。第三种振动模式下的振动频率为 3055 cm^{-1}，在这种模式下，C2 原子上的一个 C—H 键长度保持不变，另外两个 C—H 键交替伸缩，同时 C2 原子在垂直于 C—C 键的方向上进行小幅度的旋转。第四种振动模式下的振动频率为 2980 cm^{-1}，在这种模式下，三个 C—H 键共同进行伸缩和拉长，同时 C2 原子在 C—C 键方向上进行小幅度的振动。

第五种和第六种振动模式主要体现在乙醇分子的第一个 C 原子(C1)和其相连的 H 原子上。第五种振动模式的振动频率为 2943 cm^{-1},在这种模式下,C1 上的两个 C—H 键交替伸缩,同时 C1 原子在垂直于 C—C 键的方向上进行小幅度的旋转。第六种振动模式的振动频率为 2915 cm^{-1},在这种模式下,C1 上的 C—H 键保持同频率的伸缩,同时 C1 原子在 C—C 键方向上进行小幅度的振动。

4.6 材料平衡晶格常数计算

晶格常数是用于描述晶体结构的基本参数,它决定了晶体内部原子的排列方式。在三维空间中,晶格通常由三个晶格常数 a、b 和 c 以及三个夹角 α、β 和 γ 来描述。在特定的晶体结构中,某些晶格常数可能相等,因此可以简化表示。例如,在立方晶体结构中,所有的晶格常数都相等,通常用 a 来表示。同样,在六方晶系结构中,a 和 b 相等,因此只需要 a 和 c 来表示晶格常数。晶格常数具有长度的物理量纲,其大小通常为几埃(即十分之一纳米)。晶格常数可以通过各种实验手段确定,例如借助于 X 射线衍射或原子力显微镜等。

在材料科学中,晶格常数是衡量不同材料之间结构兼容性的重要参数。在异质界面的外延生长中,晶格常数的匹配度对于在基底材料上生长薄层材料至关重要。当两种材料的晶格常数差异较大时,可能会引入显著的晶格应变,进而阻碍无缺陷外延层的生长。根据晶格常数的定义,对应最低结合能的晶格常数被称为平衡晶格常数 a_0。因此,为了确定某种材料的平衡晶格常数,我们需要绘制结合能 $E(a)$ 随晶格常数 a 变化的曲线,并找出该曲线的最低点。本节以镍(Ni)为例,介绍如何计算晶体材料的平衡晶格常数。

4.6.1 关键参数与输入脚本

1. 关键模拟参数

- DFT 程序版本:VASP. 6. 3. 0。
- 材料体系:FCC-Ni。
- 模拟超胞尺寸:从 3.0 Å 变化到 4.0 Å。
- 原子赝势版本:PAW_PBE Ni 02Aug2007。

2. 输入脚本

计算输入文件即 INCAR、POTCAR、POSCAR、KPOINTS 文件,其中 POSCAR 文件将由 Linux 脚本 lattice_constant. sh 自动生成。

代码 4. 11 为平衡晶格常数计算的 INCAR 文件,代码 4. 12 为平衡晶格常数计算的 KPOINTS 文件。

代码 4. 11 平衡晶格常数计算的 INCAR 文件

```
ISTART=1
ICHARG=1
ENCUT=400
ISMEAR=1
SIGMA=0.2
ISPIN=2
MAGMOM=2.0  2.0  2.0  2.0
```

代码 4.12　平衡晶格常数计算的 KPOINTS 文件

```
Automatic mesh
0
M
7  7  7
0  0  0
```

POTCAR 文件可在 VASP 的赝势文件夹下复制得到，并通过脚本 lattice_constant.sh (代码 4.13)构建对应不同晶格常数的 POSCAR 文件，同时使用 VASP 进行单点能计算并提取晶格常数-能量数据。

代码 4.13　自动计算晶格常数的 lattice_constant.sh 脚本

```
astart=3.00
astep=0.02
n=50

BIN=vasp
echo "lat, ene">Ni_fcc_energy.csv
for ((b=1;b<=$n;b++))
do
i=`echo "$astart+$astep*$b" |bc`
 cat>POSCAR<<!
 #Fcc Ni oriented X=[100] Y=[010] Z=[001].
 $i
 1.0  0.0  0.0
 0.0  1.0  0.0
 0.0  0.0  1.0
 Ni
 4
 Direct
 0.00000000  0.00000000  0.00000000
 0.50000000  0.50000000  0.00000000
 0.00000000  0.50000000  0.50000000
 0.50000000  0.00000000  0.50000000
 !
 $BIN
 E=`tail-1 OSZICAR | awk '{ print $5}'`
 echo "$i,$E">>Ni_fcc_energy.csv
 done
```

运行 lattice_constant.sh 脚本，得到 Ni_fcc_energy.csv 文件，其中部分内容见代码4.14(第一列为晶格常数取值，第二列为相应的体系能量)。

代码 4.14 Ni_fcc_energy. csv **文件部分内容**

```
lat , ene
3 .02 , -.13204450E+02
3 .04 , -.14113068E+02
3 .06 , -.14952705E+02
3 .08 , -.15726654E+02
...
```

关键脚本注解:

- ISMEAR=1

对于 Ni 这类金属体系,使用一阶的 Methfessel-Paxton 方法进行布里渊区内的离散积分。

- ISPIN=2

因为 Ni 是磁性体系,所以我们需要指定打开体系的自旋自由度。

- MAGMOM=2.0 2.0 2.0 2.0

指定体系中四个 Ni 原子的初始磁矩赋值。通常推荐初始赋值较大的局部磁矩,因为在某些情况下,默认值可能不够大。安全的默认值通常是实验磁矩乘以 1.2 或 1.5。

4.6.2 Birch-Murnaghan 方程拟合

很多实际的应用,如测定相变、膨胀系数、弹性、热电效应、组分变化、应力等,都要求精确地测定晶格常数。理论计算平衡晶格常数多采用固体的状态方程(equation of state, EOS)[170],该方程表示晶体体系的总能量 E 随体系体积 V 的变化,即具有 $E(V)$形式。晶体的状态方程对于基础科学和应用科学具有重要的意义,比如平衡体积(V_0)、体弹性模量(B_0)以及它的一阶导数(B'_0),这些可测的物理量与晶体的状态方程直接相关。在高压下状态方程可用好几种不同的函数形式来描述,比如 Murnaghan 方程、Birch-Murnaghan(BM)方程和普适方程等。

其中,三阶 Birch-Murnaghan 固体状态方程是 1947 年由哈佛大学的 Francis Birch 把 Gibbs 自由能按 Eulerian 应变进行展开而得到的[171],其表达式为

$$E(V)=E_0+\frac{9V_0B_0}{16}\left\{\left[\left(\frac{V_0}{V}\right)^{\frac{2}{3}}-1\right]^3B'_0+\left[\left(\frac{V_0}{V}\right)^{\frac{2}{3}}-1\right]^2\left[6-4\left(\frac{V_0}{V}\right)^{\frac{2}{3}}\right]\right\} \tag{4.5}$$

由该方程可看出,当 $V=V_0$ 时,$E=E_0$。即可以通过 Birch-Murnaghan 状态方程,在平衡晶格常数 a_0 附近选取若干 E-V 数据点,经曲线拟合得到体系最低能量对应的晶格常数,此即平衡晶格常数。根据计算得到的 E-V 数据点按式(4.5)采用最小平方差拟合可得到 E_0、B_0、B'_0 和 V_0。编写 Python 脚本 Birch_fitting. py,对 Ni_fcc_energy. csv 文件中的晶格常数-能量数据进行拟合,见代码 4.15。

代码 4.15 Birch_fitting. py **脚本**

```
import numpy as np
import pandas as pd
from matplotlib import pyplot as plt
from scipy. optimize import leastsq
```

```
5
6    #给定 Birch-Murnaghan 固体状态方程
7    def Birch_Murnaghan(p,x):
8        E0 ,V0 ,B0 ,B1=p
9        return E0+(9*V0*B0/16)*((((V0/(x**3))**(2/3)-1)**3)*B1+\
10       (((V0/(x**3))**(2/3)-1)**2)*(6-4*(V0/(x**3))**(2/3)))
11
12   #定义误差
13   def error(p,x,y):
14       return Birch_Murnaghan(p,x)-y
15
16   def main():
17       #读取数据(之前存储的 csv 文件 ):
18       filename=" Ni_fcc_energy. csv"
19       DataFrame=pd. read_csv(filename)
20       x=np. array(DataFrame['lat'])
21       y=np. array(DataFrame['ene'])
22       #通过最小二乘法拟合曲线
23       p0=[ min (y), min (x)**3 ,100 ,1]
24       para=leastsq(error ,p0 , args= (x,y))
25       y_fitted=Birch_Murnaghan( para[0],x)
26
27       print (" Emin=",para[0][0]," opt_lat=",para[0][1]**(1/3))
28       print ("B0=",para[0][2],"B1=",para[0][3])
29       #数据可视化
30       plt. figure(figsize=(8,6))
31       plt. scatter(x,y,20 , color='r',label='VASP computed data')
32       plt. plot(x, y_fitted ,'-b',label='Birch-Murnaghan Fitting')
33       plt. xlabel('Lattice constant',fontsize=20)
34       plt. ylabel('Energy(eV)',fontsize=20)
35       plt. legend(fontsize)
36       plt. show()
37       print (para[0])
38
39   if_ _name_ _=='_ _main_ _':
40       main()
```

　　拟合结果如图 4.6 所示,由该图可得平衡晶格常数为 3.517 Å,与实验值 3.52 Å 非常接近。此时的体系总能为 −21.86 eV(包含四个 Ni 原子)。通过对 Birch-Murnaghan 方程的拟合,我们还可以得到 Ni 的 FCC 结构的体模量 $B_0=1.20$ eV/Å^3,根据 1.0 eV/Å$^3=160.2$ GPa,转化后为 192 GPa(实验值约为 180 GPa,误差在 7% 左右)。

　　在本节中,我们通过 VASP 计算得到了 FCC 结构 Ni 的晶格常数与能量数据。通过使用 Birch-Murnaghan 方程对数据进行拟合(拟合结果见图 4.6),我们得到了 Ni 的平衡晶格常数为 3.517 Å,这与实验值(3.52 Å)非常接近,证实了 Birch-Murnaghan 方法的可靠性。确定平衡晶格常数对于一个体系后续的计算具有重要意义,因为它决定了该体系在最优结构下的原子间距。

在计算过程中,需要按照一定的步长扫描一定范围内的晶格常数取值。为了获得更精确的结果,我们需要综合考虑晶格常数的取值范围和步长,并遵循以下几个基本原则:

(1) 晶格常数的取值不宜过大,因为这可能导致非谐效应过强,从而使数据超出式(4.5)的适用范围;

(2) 晶格常数的取值范围不宜过小,否则会导致数值误差占据过大的比重;

(3) 在计算能力允许的范围内,适当减小扫描步长。

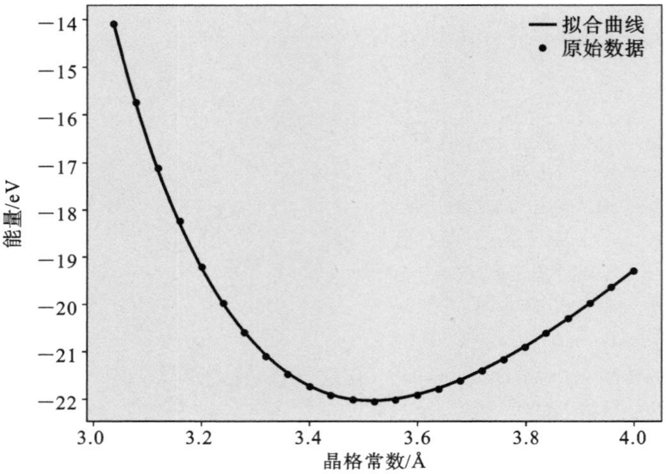

图 4.6 Ni 的 Birch-Murnaghan 状态方程拟合结果

4.7 堆垛层错能的计算

镍是一种具有良好可塑性,优异耐腐蚀性、硬度与延展性,并具有铁磁性的金属元素。它还能够呈现高度的抛光度。镍基合金则因其较高的强度和一定的抗氧化腐蚀能力成为一类非常重要的高温合金,在工业生产中发挥着关键作用。

在晶体学领域,堆垛层错是晶体材料中可能出现的平面缺陷,堆垛层错能等于形成完整堆垛层错的完美晶格晶体的能量变化。堆垛层错通常处于较高能量状态,可能在晶体生长过程中产生或由塑性变形引起。低层错能材料中的位错也可能解离成扩展位错,这是一种以部分位错为界的层错。

堆垛层错最常出现在紧密堆积的晶体结构中。FCC 结构和 HCP 结构都属于密堆结构,它们之间的区别仅在于堆叠顺序。对于 FCC 晶体,堆垛层错能等于沿[111]方向的 ABCABC 原子堆垛顺序通过原子层滑移转变成 ABAB 原子堆垛顺序时双层 HCP 原子的能量变化。在计算过程中,我们通常只关注有一到两层或三层原子堆垛中断的情况。堆垛层错能量变化在很大程度上反映了一种材料的强度,这是研究金属力学性能的一个非常重要的指标。我们将继续以 FCC-Ni 体系为研究对象来介绍堆垛层错能的第一性原理计算。

堆垛层错能的定义式为

$$\upsilon_{(u)} = \frac{1}{A}(E_u - E_0) \tag{4.6}$$

式中：E_u 表示超胞发生剪切形变后的总能；E_0 为完美晶格超胞的总能；A 表示滑移面的面积。图 4.7 是堆垛层错形成过程示意图（其中蓝色的是 Ni 原子）。

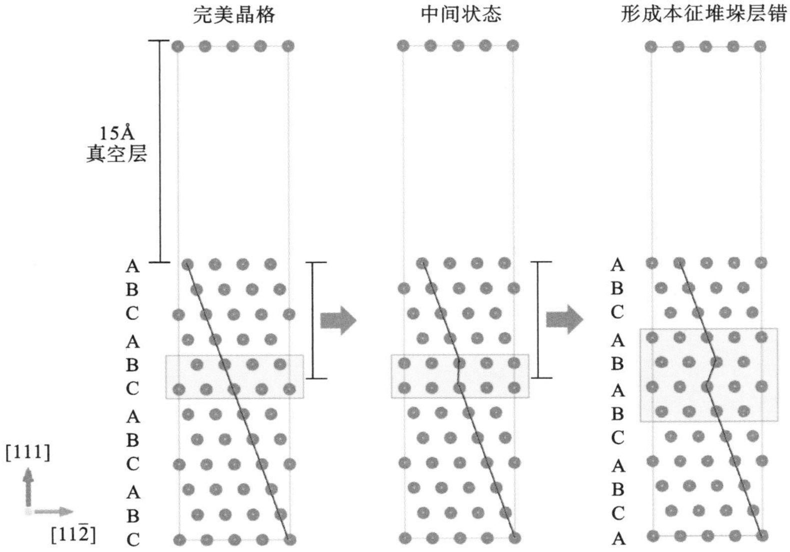

图 4.7　FCC 结构完美晶格产生本征堆垛层错的示意图

4.7.1　关键参数与输入脚本

1. 关键模拟参数

- DFT 程序版本：VASP. 6. 3. 0。
- 材料体系：FCC-Ni。
- 模拟超胞尺寸：2.49 Å×8.64 Å×39.46 Å。
- 原子赝势版本：PAW_PBE Ni 02Aug2007。

2. 输入脚本

紧密堆积的(111)平面是 FCC 晶体结构中易发生位错移动的区域，因此我们通过 Atomsk 软件构建由十二个原子层组成的初始结构模型，其堆垛序列为 ABCABC。堆垛层错能曲线是通过模型中原子层的刚性移位操作创建的。通过沿[112]方向移动模型的上半部，生成本征堆垛层错（intrinsic stacking fault，ISF）（Burgers 矢量大小为 $1.0a_0\sqrt{6}$），并在 FCC 晶格中产生 ABAB 堆垛序列的双 HCP 原子层。同时为了避免原子和周期性结构之间的相互作用，沿[111]方向添加长约 15 Å 的区域作为真空区域。为了获得堆垛层错形成过程中的能量变化曲线，还需要在初始结构与本征堆垛层错结构之间进行原子坐标插值，构建若干个中间结构，分别计算原子层移动过程中的能量变化。在这里考虑到计算效率和精度的平衡，我们选择构建 20 个中间结构。

代码 4.16　Atomsk 构建模型的流程

```
# 构建十二个原子层的完美 FCC-Ni 晶格，同时定义晶格取向
atomsk--create fcc 3.53 Ni orient[1-10][11-2][111] \
-duplicate 1 2 4 Ni_initial.cif
```

```
# 移动上半部原子层构建包含本征堆垛层错的 FCC-Ni 晶格,
其中 1.44111 约等于 a0/sqrt(6)
atomsk Ni_initial-shift above 0.5* box \
  Z 0.0 1.44111 0.0 Ni_isf.cif
# 最后在 cif 文件内部将模拟盒子在 z 方向上的尺寸扩大 15 Å 以构建真空层
```

我们从 Atomsk 创建的二十个 POSCAR 文件中,选取其中的一个为例进行展示,如代码 4.17 所示。

代码 4.17 Ni 堆垛层错的 POSCAR 文件

```
      # Ni48
      1.000000
   2.49610000  0.00000000    0.00000000
   0.00000000  8.64670000    0.00000000
   0.00000000  0.00000000    39.45660000
Ni
      48
      Cartesian
      0.000000 0.000000 0.000000
      2.496100 2.882230 4.076108
      2.496100 1.441120 2.038042
      1.248050 3.602795 2.038042
      1.248050 0.720555 4.076108
      1.248050 2.161675 0.000000
      2.496100 4.323350 0.000000
      0.000000 7.205580 4.076108
      2.496100 5.764470 2.038042
      1.248050 7.926145 2.038042
      1.248050 5.043905 4.076108
      1.248050 6.485025 0.000000
      0.000000 0.000000 6.114150
      0.000000 2.882230 10.190258
      2.496100 1.441120 8.152192
      1.248050 3.602795 8.152192
      1.248050 0.720555 10.190258
      1.248050 2.161675 6.114150
      0.000000 4.323350 6.114150
      0.000000 7.205580 10.190258
      2.496100 5.764470 8.152192
      1.248050 7.926145 8.152192
      1.248050 5.043905 10.190258
      1.248050 6.485025 6.114150
      0.000000 0.720558 12.228300
      0.000000 3.602789 16.304408
      0.000000 2.161678 14.266342
```

```
1.248050 4.323353 14.266342
1.248050 1.441114 16.304408
1.248050 2.882233 12.228300
0.000000 5.043908 12.228300
0.000000 7.926139 16.304408
2.496100 6.485028 14.266342
1.248050 8.646703 14.266342
1.248050 5.764464 16.304408
1.248050 7.205583 12.228300
0.000000 0.720558 18.342450
0.000000 3.602789 22.418558
0.000000 2.161678 20.380492
1.248050 4.323353 20.380492
1.248050 1.441114 22.418558
1.248050 2.882233 18.342450
0.000000 5.043908 18.342450
0.000000 7.926139 22.418558
0.000000 6.485028 20.380492
1.248050 8.646703 20.380492
1.248050 5.764464 22.418558
1.248050 7.205583 18.342450
```

POTCAR 文件在 VASP 的赝势文件夹下复制得到，本节使用 PAW_PBE 赝势。INCAR 文件相对简单，只需进行静态能量计算即可，见代码 4.18。

代码 4.18　Ni **堆垛层错的** INCAR **文件**

```
START=1
ICHARG=1
ENCUT=400
ISMEAR=1
SIGMA=0.2
```

以下为相应的 KPOINTS 文件。

代码 4.19　Ni **堆垛层错的** KPOINTS **文件**

```
Automatic mesh
0
G
13   3   1
0.0  0.0  0.0
```

4.7.2　广义堆垛层错能曲线

FCC-Ni 体系的广义堆垛层错能(generalized stacking fault energy curves，GSFE)结果如图 4.8 所示。从图中可以明显看出，在 FCC-Ni 材料中，本征堆垛层错形成时，堆垛层错能为正值。这说明在 FCC-Ni 体系中,需要一定的外力或能量才能使体系产生堆垛层错。此外,在塑性阶段,堆垛层错的含量较低,这一结果与 D. J. Siegel[172] 的研究结果一致。

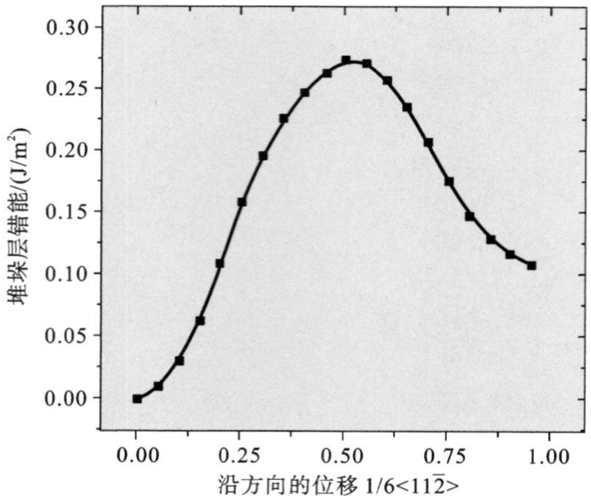

图 4.8 FCC-Ni **的广义堆垛层错能曲线**

由于堆垛层错能在很大程度上关联着材料的强度,因此它是研究金属力学性能的一个关键指标。通过研究广义堆垛层错能曲线,我们可以更好地了解材料在受到外部应力时的变形行为,以及材料的强度和塑性等力学性能,这对于合金设计、新材料开发以及工程应用中材料性能的优化具有重要意义。

4.8 多元合金的弹性性能指标计算

弹性性能是合金的基本性质之一,不仅反映了合金的稳定性,还在一定程度上表征了其力学性能。许多多元合金和高熵合金因具有出色的力学性能,已在航空航天等领域得到广泛应用。本节以四元 NbTiZrHf 合金为例,详细介绍多元合金各种弹性性能指标的计算方法,内容涉及弹性常数、Born 稳定性准则、弹性模量、泊松比、Pugh 比和弹性各向异性指数等。

4.8.1 各类弹性常数计算方法

弹性常数 C_{ij} 是最基本的弹性特性描述量,可用于推导体模量、剪切模量、泊松比等其他多种弹性特性描述量,可以利用第一性原理计算得到的。考虑到计算中使用相对较小晶胞中的原子分布可能导致各向异性的化学环境,所以采用平均方案[173] 近似最终的弹性常数:

$$\bar{C}_{11}=\frac{C_{11}+C_{22}+C_{33}}{3} \tag{4.7}$$

$$\bar{C}_{12}=\frac{C_{12}+C_{23}+C_{13}}{3} \tag{4.8}$$

$$\bar{C}_{44}=\frac{C_{44}+C_{55}+C_{66}}{3} \tag{4.9}$$

式中:$C_{ij}\,(i,j=1,2,\cdots,6)$是单晶弹性常数。

根据弹性常数,可以相应地计算出用于测量晶格机械稳定性的 Born 稳定性参数[174],包

括 C_{44}、$C_{11}-C_{12}$、$C_{11}+2C_{12}$。立方晶格若要稳定，则其必须满足以下不等式：$C_{44}>0$，$C_{11}-C_{12}>0$，$C_{11}+2C_{12}>0$。此即 Born 稳定性准则。一般来说，满足以上条件的金属晶格可以被认为是结构稳定的。

弹性模量是衡量物体或物质在施加应力时抵抗弹性变形的能力的量。三个主要弹性模量是杨氏模量（E）、剪切模量（G）和体积模量（B）。基于获得的弹性常数，弹性模量可以通过 Voigt-Reuss-Hill 方法[175]计算。一般情况下，体积模量和剪切模量取由 Voigt 算法和 Reuss 算法得到的结果的平均值：

$$B=\frac{B_V+B_R}{2} \tag{4.10}$$

$$G=\frac{G_V+G_R}{2} \tag{4.11}$$

式中：B_V和G_V分别是使用 Voigt 模型计算得到的体积模量和剪切模量；而B_R、G_R分别是使用 Reuss 模型计算得到的体积模量和剪切模量。它们可以分别使用以下公式获得：

$$B_V=\frac{C_{11}+2C_{12}}{3} \tag{4.12}$$

$$G_V=\frac{C_{11}-C_{12}+3C_{44}}{5} \tag{4.13}$$

$$B_R=\frac{1}{(S_{11}+S_{22}+S_{33})+2(S_{12}+S_{13}+S_{23})} \tag{4.14}$$

$$G_R=\frac{15}{4(S_{11}+S_{22}+S_{33})-4(S_{12}+S_{13}+S_{23})+3(S_{44}+S_{55}+S_{66})} \tag{4.15}$$

式中：S_{ij}是弹性柔量。由S_{ij}组成的矩阵是由 C_{ij} 组成的弹性矩阵的逆矩阵。杨氏模量 E 由式(4.16)给出：

$$E=\frac{9BG}{3B+G} \tag{4.16}$$

为了估算材料的延展性或脆性，Pugh 引入了 B/G 比（有时使用 G/B 比，二者统称为 Pugh 比）[176]。一般来说，B/G 比越大（或 G/B 越小），材料的延展性越好。如果 $B/G>1.75$ 或 $G/B<0.57$，则材料具有延展性，否则材料表现出脆性。此外，泊松比（ν）[176]也可用于测量材料的延展性或脆性，其值由式(4.17)给出：

$$\nu=\frac{3B-2G}{2(3B+G)} \tag{4.17}$$

根据经验，泊松比大于 0.31 的材料具有延展性，泊松比越大，材料的延展性越好。事实上，泊松比和 Pugh 比之间存在着内在的相关性，这从它们各自的公式可以清楚地看出。除了这两个参数之外，柯西压力（$C_{12}-C_{44}$）[176]也可用于评估材料的延展性。对于具有良好延展性的材料，通常可以观察到正柯西压力，而负柯西压力通常用于表示脆性。

合金的弹性各向异性也很重要，因为它可能在材料中诱发微裂纹。有两个不同的弹性各向异性指数：Zener 各向异性指数 A_Z和 Chung-Buessem 各向异性指数A_{VR}。它们用于评估金属晶格的弹性各向异性[177, 178]，对于各向同性材料，A_Z的值接近 1，A_{VR}的值接近 0，它们分别可以使用以下公式计算：

$$A_Z=\frac{2C_{44}}{C_{11}-C_{12}} \tag{4.18}$$

$$A_{VR}=\frac{G_V-G_R}{G_V+G_R} \tag{4.19}$$

4.8.2 关键参数与输入脚本

1. 关键模拟参数

- DFT 程序版本:VASP. 6.3.0。
- 材料体系:NbTiZrHf 固溶体多元合金。
- 模拟超胞尺寸:x、y、z 方向上分别为 4、2、2 个 BCC 单元。
- 原子赝势版本:PAW_PBE Nb_sv 17Jan2003,PAW_PBE Ti_sv 07Sep2000,PAW_PBE Zr_sv 07Sep2000,PAW_PBE Hf 20Jan2003。

2. 输入脚本

在计算过程中,合理的晶体模型对于最终结果的可靠性至关重要。在此节中,选择基于簇扩展形式的准随机结构(quasi-random stiucture,SQS)方法[179]来构建 NbTiZrHf 合金的晶体结构。根据经验参数方法[180, 181]的预测结果,如果 NbTiZrHf 合金能够形成单相固溶体,则倾向于 BCC 结构。因此,在构建 NbTiZrHf 合金的晶体结构时使用 BCC 结构。此外,为 NbTiZrHf 合金构建超胞。该超胞是一个具有 32 个原子,沿着 x、y、z 方向分别平移 4 次、2 次、2 次。此外,NbTiZrHf 合金的晶格常数是根据维加德定律[182]设定的,可以表示为

$$a_{NbTiZrHf}=a_{Nb}+a_{Ti}+a_{Zr}+a_{Hf} \tag{4.20}$$

式中:a_i 表示 BCC 结构下不同元素 Nb、Ti、Zr 和 Hf 的平衡晶格常数。

代码 4.20 为 NbTiZrHf 多元合金的弹性性能计算的 POSCAR 文件。

代码 4.20　NbTiZrHf 多元合金的弹性性能计算的 POSCAR 文件

```
Nb-Ti-Zr-Hf
1.0
13.6520004272      0.0000000000      0.0000000000
0.0000000000       6.8260002136      0.0000000000
0.0000000000       0.0000000000      6.8260002136
Nb  Ti  Zr  Hf
8   8   8   8
Direct
0.250000000        0.500000000       0.500000000
0.375000000        0.750000000       0.750000000
0.250000000       - 0.000000000      0.500000000
0.500000000        0.500000000       0.500000000
0.625000000        0.750000000       0.250000000
0.875000000        0.750000000       0.750000000
0.750000000       - 0.000000000      0.500000000
0.750000000        0.000000000       0.000000000
- 0.000000000      0.500000000       0.500000000
0.250000000        0.000000000       0.000000000
```

```
    0.375000000     0.250000000     0.250000000
    0.500000000   - 0.000000000     0.500000000
    0.625000000     0.250000000     0.750000000
    0.500000000     0.000000000     0.000000000
    0.750000000     0.500000000     0.500000000
    0.875000000     0.250000000     0.250000000
    0.125000000     0.250000000     0.750000000
  - 0.000000000     0.500000000     0.000000000
    0.125000000     0.750000000     0.250000000
    0.250000000     0.500000000     0.000000000
    0.375000000     0.750000000     0.250000000
    0.625000000     0.750000000     0.750000000
    0.500000000     0.500000000     0.000000000
    0.875000000     0.750000000     0.250000000
    0.125000000     0.750000000     0.750000000
  - 0.000000000   - 0.000000000     0.500000000
    0.000000000     0.000000000     0.000000000
    0.125000000     0.250000000     0.250000000
    0.375000000     0.250000000     0.750000000
    0.625000000     0.250000000     0.250000000
    0.875000000     0.250000000     0.750000000
    0.750000000     0.500000000     0.000000000
```

布里渊区采样是使用 Monkhorst-Pack 方案[183]和 2×4×4 的 $\boldsymbol{k}$ 点网格进行的，见代码 4.21。

代码 4.21 NbTiZrHf **多元合金的弹性性能计算的** KPOINTS **文件**

```
Auto
0
Monkhorst
2 4 4
0.0 0.0 0.0
```

在 VASP 的赝势文件下分别获取 Nb、Ti、Zr、Hf 元素对应的 POTCAR 文件，然后通过 cat 命令将这些 POTCAR 文件拼接为一个整体的 NbTiZrHf 势函数文件。本节使用 PAW_PBE 赝势。

NbTiZrHf 多元合金弹性性能计算的 INCAR 文件见代码 4.22。

代码 4.22 NbTiZrHf **多元合金弹性性能计算** INCAR **文件**

```
#Global Parameters
ISTART=1
LREAL=Auto
PREC=Low
```

```
LWAVE=.FALSE.
LCHARG=.FALSE.
ADDGRID=.TRUE.

#Elastic constants Calculation
IBRION=6
NFREE=2
POTIM=0.015
ISIF=3
NSW=1
PREC=Low
```

关键脚本注解:

- IBRION=6

指示 VASP 使用有限差分法计算总能量相对于离子位置的二阶导数,构建动态矩阵并对其进行对角化,同时在 OUTCAR 文件中报告系统的声子模式和频率。如果 IBRION=6 且 ISIF≥3,则还将计算弹性和内部应变张量。

- NFREE=2

表示对每一个原子在 x、y、z 每一个方向上产生一个正位移和负位移,即每一个原子做六次位移:±POTIM×$\hat{x}$,±POTIM×$\hat{y}$,±POTIM×$\hat{z}$。

- ISIF=3

允许弛豫体系的晶胞大小和形状。

- NSW=1

表示仅允许离子弛豫一步。在实际计算中可以增大弛豫步数,使结构更加趋近于平衡。

4.8.3 弹性常数矩阵分析讨论

通过在 OUTCAR 文件中搜索关键字"SYMMETRIZED ELASTIC MODULI",得到对称化的弹性常数矩阵,如图 4.9 所示。矩阵中不同位置的元素对应不同的 C_{ij}。

```
 SYMMETRIZED ELASTIC MODULI (kBar)
Direction    XX          YY          ZZ          XY          YZ          ZX
--------------------------------------------------------------------------------
XX      1274.4604   1085.2004   1096.0928    -27.3473     12.2113     22.7566
YY      1085.2004   1309.3869   1026.6650    -27.1204     -9.6154    -31.0930
ZZ      1096.0928   1026.6650   1324.4490     28.8253     -9.9549     23.6141
XY       -27.3473    -27.1204     28.8253    366.3800      0.3560      8.4387
YZ        12.2113     -9.6154     -9.9549      0.3560    293.1602     -8.6574
ZX        22.7566    -31.0930     23.6141      8.4387     -8.6574    420.5224
```

图 4.9 NbTiZrHf **的弹性常数矩阵计算结果**

根据弹性常数矩阵,通过式(4.7)至式(4.9)得到 NbTiZrHf 多元合金的相关弹性性能计算结果,见表 4.1。

表 4.1 NbTiZrHf 的弹性性能计算结果

弹性性能	计算结果	NbTiZrW[184]
C_{11}	130.277	203.387
C_{12}	106.932	124.954
C_{44}	36.002	27.360
$C_{11}-C_{12}$	23.344	78.433
$C_{11}+2C_{12}$	344.140	453.294
G/GPa	22.952	31.613
B	114.713	151.078
E/GPa	64.550	88.656
B/G	4.998	4.779
G/B	0.200	0.209
ν	0.406	0.402
$C_{12}-C_{44}$	70.930	97.594
A_Z	3.084	0.698
A_{VR}	0.145	0.015

文献[184]给出了 NbTiZr 和 NbTiZrX(X=Al、Cr、Mo、Ta、V、W)力学性能的第一性原理计算结果。将 NbTizrHf 的弹性性能计算结果与文献[184]中的计算结果进行比较可以得出如下结论:根据 Born 稳定性准则,NbTiZrHf 合金是机械稳定的。然而,虽然 NbTiZrHf 合金的 $C_{11}-C_{12}$值大于 0,但与其他合金相比更接近于 0,说明这种合金的机械稳定性不如其他合金好。造成这一结果的主要原因是 Hf(HCP)的晶体结构与相应的 NbTiZr 基合金(BCC)不同,使得合金的结构更扭曲、更不稳定。从柯西压力的角度来看,NbTiZrHf 合金的计算结果为正值,说明合金是韧性的。观察泊松比和 Pugh 比的计算值可知,NbTiZrHf 具有较好的延展性,但是弹性模量的计算结果显示 NbTiZrHf 的强度一般。可以看出,材料的强度和延展性在很多情况下无法兼容,提高其中一个性能则不得不牺牲另一个性能。从 NbTiZrHf 的各向异性指标 A_Z 和A_{VR}可以清楚地看出,NbTiZrHf 合金具有一定程度的各向异性。与如上讨论一致,合金的各向异性也与所添加元素的晶体结构密切相关。如果所添加元素的晶体结构与最终合金的晶体结构一致,则合金的各向异性就较弱,反之亦然。

本节以 NbTiZrHf 四元合金作为例子,详细介绍了从建模方法到脚本编写,再到结果提取和分析的过程,全面阐述了多元合金的力学性能的第一性原理计算。同时,根据计算结果我们发现 NbTiZrHf 合金具有较好的延展性,但这是以牺牲强度为代价而实现的。同时,由于 Hf 元素和 Nb、Ti、Zr 元素的晶格类型存在差异,体系的稳定性和各向同性一般。

材料的弹性性能指标,包括弹性常数、Born 稳定性、弹性模量、泊松比、Pugh 比、弹性各向异性指数等在评估体系的强度、延展性、稳定性方面具有重要的作用,是研究金属力学性能非常重要的一组指标。通过对这些指标的深入分析,我们可以更好地了解材料的性能,从而为新材料的设计和应用提供理论支持。

4.9 空位形成能与间隙能计算

金属及其金属间化合物中的缺陷(如间隙、空位、堆垛层错等)对材料的动力学和热力学性质具有重要影响。这些缺陷可以表现为原子键能、熔点、电阻率、弹性模量、德拜温度、扩散活化能、吉布斯自由能、界面能、热容和微观结构等的变化。单空位形成能是理解合金在机械变形或热处理过程中形成空位的原理的关键概念。至于间隙,金属体系通常包含四面体间隙和八面体间隙两种。我们将单个元素原子占据某个间隙的能量定义为间隙能。

在本节中,我们以 W-Cr 体系为例,介绍空位形成能和间隙能的第一性原理计算。金属钨(W)因其高熔点、高热导率等优异性能而被认为是聚变堆托卡马克装置中最具潜力的面向等离子体材料(plasma-facing material, PFM)。然而,纯钨容易发生辐照脆化,而将 Cr 元素引入纯钨中有助于抑制这一现象。作为 PFM 的钨及其合金在等离子体辐照的工作环境下容易发生级联碰撞。级联碰撞过程结束后可能产生过饱和的空位和间隙原子点缺陷,从而降低材料的使用性能。引入合金元素将改变这一过程,因此有必要研究合金元素对空位形成及迁移行为的影响。

4.9.1 空位形成能的定义

单个空位的形成能定义为

$$E_{\mathrm{f}}^{\mathrm{vac}}=[E_{\mathrm{f}}(n-1,V')+E_{\mathrm{c}}]-E_{i}(n,V)=E_{\mathrm{f}}(n-1,V')-\frac{n-1}{n}E_{i}(n,V) \tag{4.21}$$

式中:n 为计算所用的完整原胞中的格点位置总数;E_{f} 和 E_i 分别为含一个空位和不含空位的原胞总能量;V 为不含空位的完整晶体(即 n 个原子)的原胞体积;V' 为含空位的原胞(即 $n-1$ 个原子和一个空位)的平衡体积(平衡体积是指当原胞中的原子以及原胞本身大小都弛豫到能量极小点时的体积);E_{c} 表示一个单独的基质原子在完美晶格中的结合能,易知 $E_i(n,V)=n\cdot E_{\mathrm{c}}$。当只含一个 W 空位时,$E_{\mathrm{c}}$ 就表示单个独立 W 原子的结合能。

单个间隙原子的形成能定义为

$$E_{\mathrm{f}}^{\mathrm{inter}}=E_{\mathrm{f}}(n+1,V')-[E_{i}(n,V)+E_{\mathrm{c}}]=E_{\mathrm{f}}(n+1,V')-\frac{n+1}{n}E_{i}(n,V) \tag{4.22}$$

式中:n 为计算所用的完整原胞中的格点位置总数;E_{f} 和 E_i 分别为一个间隙位置被占据的原子的原胞和不含间隙原子的原胞总能量;V 为不含间隙原子的完整晶体(即 n 个原子)的原胞体积;V' 为含间隙原子的原胞(包含 $n+1$ 个原子,n 个基体原子和 1 个间隙原子)的平衡体积;E_{c} 表示一个单独的间隙原子的能量。

4.9.2 关键参数与输入脚本

1. 关键模拟参数

- DFT 程序版本:VASP. 6.3.0。
- 材料体系:W 晶体及 W-Cr 合金。

- 模拟超胞尺寸：x、y、z 方向上为 3×3×3 个 BCC 单元。
- 原子赝势版本：PAW_PBE W 08Apr2002，PAW_PBE Cr 06Sep2000。

2. 输入脚本

计算完美晶体、含有空位的体系、含有间隙原子的体系的能量时首先需要进行结构优化，因为空位和间隙原子的产生可能会导致局部的晶格畸变，从而使体系的晶格常数以及体积发生一定的变化。

我们需要分别构建完美晶格的 BCC-W、含有一个空位的 BCC-W、一个四面体间隙被 Cr 原子占据的 BCC-W、一个八面体间隙被 Cr 原子占据的 BCC-W 以及单个 W 原子和单个 Cr 原子的 POSCAR 文件。在初始结构中，完美晶体共有 54 个原子，为了构造一个空位，我们移除了位于原点(0.0，0.0，0.0)处的 W 原子。带缺陷和间隙原子的结构如图 4.10 所示，其中浅蓝色表示 W 原子，深蓝色表示 Cr 原子。

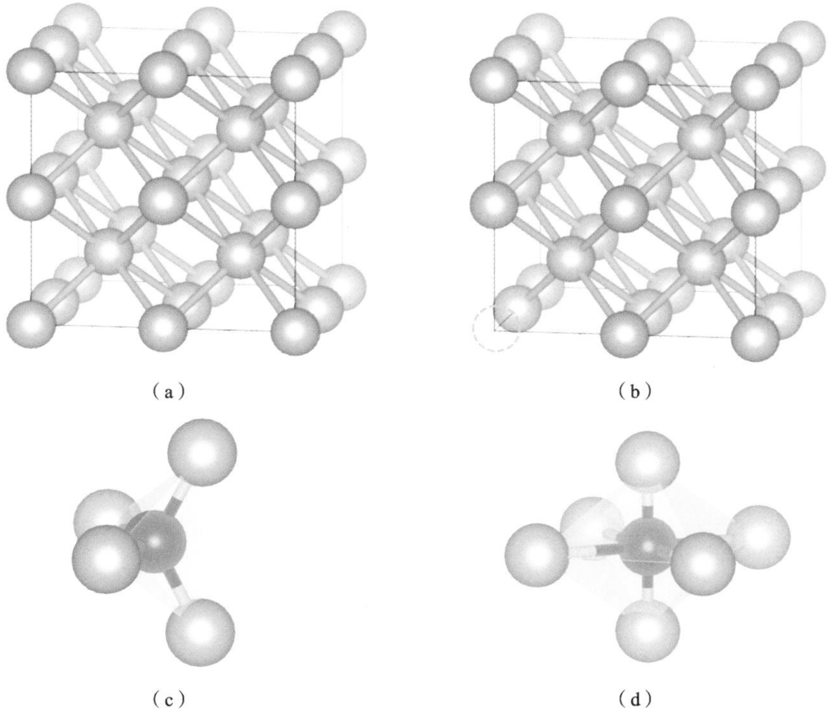

图 4.10　空位形成能计算的构型

(a) 完美晶格的 BCC-W；(b) 含有一个空位的 BCC-W；(c) 含有一个四面体间隙 Cr 原子的 BCC-W 构型；(d) 含有一个八面体间隙 Cr 原子的 BCC-W 构型

注：模拟盒子的四个角上分别缺失一个 W 原子，由于体系的周期性特点，这四个空位位点实际上对应单个空位的形成。

代码 4.23 为计算含一个空位的 BCC-W 体系的原胞总能量($E_f(n-1,V')$)的 POSCAR 文件。

代码 4.23　计算 $E_f(n-1,V')$ 的 POSCAR 文件

```
 # Bcc W oriented X= [100] Y= [010] Z= [001].
1.000000
     9.51000000    0.00000000    0.00000000
     0.00000000    9.51000000    0.00000000
     0.00000000    0.00000000    9.51000000
   W
   53
Cartesian
     1.58500000    1.58500000    1.58500000
     3.17000000    0.00000000    0.00000000
     4.75500000    1.58500000    1.58500000
     6.34000000    0.00000000    0.00000000
     7.92500000    1.58500000    1.58500000
     0.00000000    3.17000000    0.00000000
     1.58500000    4.75500000    1.58500000
     3.17000000    3.17000000    0.00000000
     4.75500000    4.75500000    1.58500000
     6.34000000    3.17000000    0.00000000
     7.92500000    4.75500000    1.58500000
     0.00000000    6.34000000    0.00000000
     1.58500000    7.92500000    1.58500000
     3.17000000    6.34000000    0.00000000
     4.75500000    7.92500000    1.58500000
     6.34000000    6.34000000    0.00000000
     7.92500000    7.92500000    1.58500000
     0.00000000    0.00000000    3.17000000
     1.58500000    1.58500000    4.75500000
     3.17000000    0.00000000    3.17000000
     4.75500000    1.58500000    4.75500000
     6.34000000    0.00000000    3.17000000
     7.92500000    1.58500000    4.75500000
     0.00000000    3.17000000    3.17000000
     1.58500000    4.75500000    4.75500000
     3.17000000    3.17000000    3.17000000
     4.75500000    4.75500000    4.75500000
     6.34000000    3.17000000    3.17000000
     7.92500000    4.75500000    4.75500000
     0.00000000    6.34000000    3.17000000
     1.58500000    7.92500000    4.75500000
     3.17000000    6.34000000    3.17000000
     4.75500000    7.92500000    4.75500000
     6.34000000    6.34000000    3.17000000
     7.92500000    7.92500000    4.75500000
```

```
        0.00000000    0.00000000    6.34000000
        1.58500000    1.58500000    7.92500000
        3.17000000    0.00000000    6.34000000
        4.75500000    1.58500000    7.92500000
        6.34000000    0.00000000    6.34000000
        7.92500000    1.58500000    7.92500000
        0.00000000    3.17000000    6.34000000
        1.58500000    4.75500000    7.92500000
        3.17000000    3.17000000    6.34000000
        4.75500000    4.75500000    7.92500000
        6.34000000    3.17000000    6.34000000
        7.92500000    4.75500000    7.92500000
        0.00000000    6.34000000    6.34000000
        1.58500000    7.92500000    7.92500000
        3.17000000    6.34000000    6.34000000
        4.75500000    7.92500000    7.92500000
        6.34000000    6.34000000    6.34000000
        7.92500000    7.92500000    7.92500000
```

我们使用以 Gamma 为中心生成的 $\boldsymbol{k}$ 点网格。计算空位形成能的 KPOINTS 文件见代码 4.24。

代码 4.24 计算空位形成能的 KPOINTS 文件

```
Automatic mesh
0
G
3  3  3
0.0  0.0  0.0
```

计算空位形成能的 POTCAR 文件通过在 VASP 的赝势文件夹下复制并且合并代码得到。本节使用 PAW_PBE 赝势。

计算 $E_{\mathrm{f}}(n-1,V')$的 INCAR 文件见代码 4.25。

代码 4.25 计算 $E_{\mathrm{f}}(n-1,V')$的 INCAR 文件

```
ISTART=1
ISMEAR=1
SIGMA=0.2
NELM=60
NSW=300
IBRION=2
ISIF=3
LWAVE=.FALSE
LCHARG=.FALSE
```

计算单个原子的能量只需要进行单点能静态计算即可，见代码 4.26。

代码 4.26　计算 E_c 的 INCAR 文件

```
START=1
ICHARG=1
ENCUT=400
ISMEAR=1
SIGMA=0.2
```

关键脚本注解：

- NELM=60

用于设置电子步优化的最大步数(默认为 60)。

- NSW=300

用于设置原子弛豫的最大步数，在每一步内，进行电子自洽场计算。

- IBRION=2

表示采用共轭梯度算法优化原子位置。

- ISIF=3

表示结构优化过程中允许改变原胞的体积和形状。

4.9.3　空位形成能和间隙能的计算结果分析与讨论

BCC-W 的空位形成能、四面体间隙能、八面体间隙能(间隙被单个 Cr 原子占据)计算结果如表 4.2 所示。

表 4.2　BCC-W 的空位形成能、四面体间隙能和八面体间隙能计算结果　　(单位：eV)

空位形成能	四面体间隙能	八面体间隙能
3.25	8.20	8.68

从表 4.2 中可以看出，当 BCC-W 晶格中形成点缺陷时，三种能量均升高，导致体系的不稳定性增强。空位形成能为 3.25 eV，该结果与实验研究的结果较为接近。而四面体间隙能和八面体间隙能都是较大的正值，这实际上与钨中 Cr 原子的占位以及原子半径有关。Cr 原子半径(r_{Cr}=0.128 nm)与 W 原子半径(r_W=0.139 nm)相当接近，因而占据间隙位置将会引起较大的局部应力，使得体系能量升高。

CONTCAR 文件记录了结构优化完成之后的原子坐标信息，通过 CONTCAR 文件我们发现，当 Cr 原子位于间隙位置时，由于 Cr 原子半径远大于间隙半径(r_{inter}≈0.040 nm)，Cr 原子会挤压周围 W 原子，使 W 晶格发生局部畸变，进而使超胞优化后的晶胞参数变大，如表 4.3 所示。

表 4.3　BCC-W 晶格在间隙原子掺杂前后的模拟盒子尺寸　　(单位：Å)

体系	x	y	z
BCC-W 完美晶格	9.51	9.51	9.51
Cr 占据 BCC-W 四面体间隙占据	9.60	9.50	9.60
Cr 占据 BCC-W 八面体间隙	9.64	9.54	9.54

注：x、y、z 表示三个维度。

本节通过第一性原理计算得到了 BCC-W 的空位形成能以及 Cr 原子占据四面体间隙和

八面体间隙的间隙形成能。空位形成能的结果与实验研究结果相当接近，证实了该方法的可靠性。因为 Cr 原子半径与 W 原子半径接近，所以 Cr 原子在占据 W 原子间隙位置时会导致一定程度的晶格畸变。这种畸变体现在间隙能上，表现为能量上升，进而增强了体系的不稳定性。在评估材料需要满足特定辐照和力学性能要求的情况下，空位形成能和间隙能成为非常重要的指标，它们对材料的动力学和热力学性质具有显著影响，对材料科学研究和应用具有重要意义。

4.10 晶体硅的能带结构计算

硅是一种重要的半导体材料，其在微电子和光电子学领域有广泛的应用。硅晶体的能带结构是其电子性质的重要决定因素，其中最关键的是其禁带宽度，这是使硅成为一种半导体的主要因素。硅晶体的晶格结构是金刚石结构，这是一种具有高对称性的立方晶格结构。在该结构中，每个硅原子都与四个其他硅原子共享电子，形成共价键。在布里渊区中，能带结构通常沿着高对称线进行绘制，这些线连接了布里渊区的高对称点。SeeKpath 网站①是一个强大的在线工具，它可以自动确定任何给定晶体结构的布里渊区及其高对称点和线。图 4.11 展示了

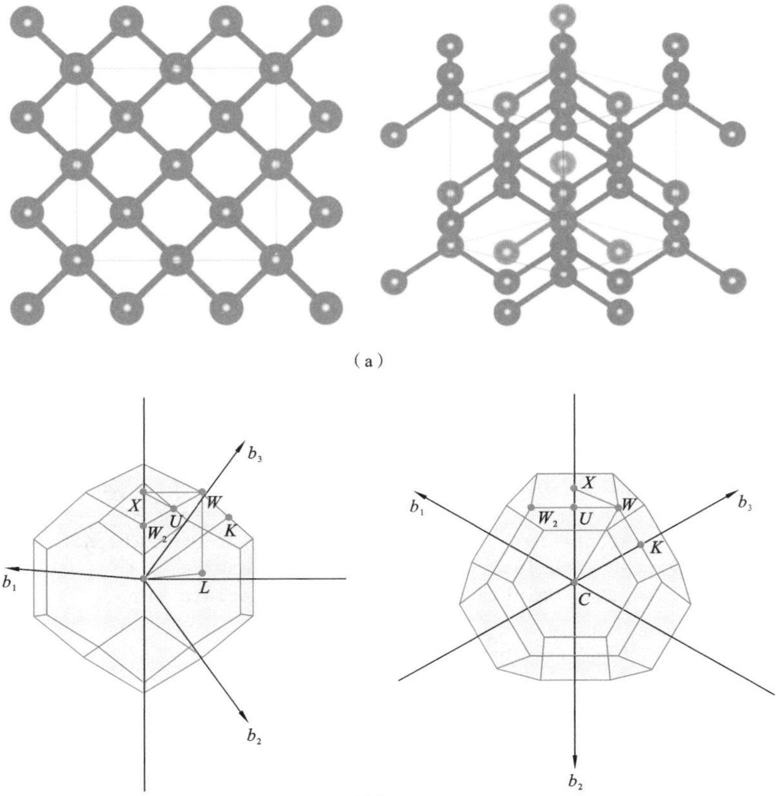

图 4.11 晶体硅的结构、布里渊区及高对称点

(a) 晶体硅的结构；(b) 晶体硅的布里渊区和高对称点

① 地址为 www.materialscloud.org/work/tools/seekpath。

硅的布里渊区和高对称点。对于硅,高对称点包括 GAMMA(布里渊区的中心)点、点 W_2 和 W(布里渊区的顶点)、点 C 和 X(布里渊区面的中心)、点 K 和 U(布里渊区棱的中心)。

对这些高对称点的能带结构进行计算和分析,可以帮助我们更深入地理解硅的电子性质,例如通过计算得到的能带结构,我们可以确定硅的禁带宽度,以及导带和价带的形状和对称性,这些都是决定硅电子性质的关键因素。

能带计算所使用的 KPOINTS 文件和普通计算的 KPOINTS 文件有所区别,通常需要由第一布里渊区内的一条或几条高对称点路径来计算能带性质。传统的做法是通过 SeeK-Path 网站或者 Material Studio 软件获得晶体倒易空间第一布里渊区内的高对称点,再通过脚本插值生成高对称点路径上的 $\boldsymbol{k}$ 点。因为 VASPKIT 软件集成了与 SeeKPath 网站一致的算法,可用于分析晶体的高对称点,所以我们可以直接使用 VASPKIT 软件生成能带计算所需的 KPOINTS 文件(见图 4.12 选项“21)DFT Band-Structure”)。

```
               \\\///
              / _  _ \        Hey, you must know what you are doing.
            (| (o)(o) |)      Otherwise you might get wrong results!
+-----.oOOo--()--oOOo.------------------------------------------+
|              VASPKIT Version: 1.2.4 (01 Dec. 2020)             |
|          Core Developer: Vei WANG (wangvei@icloud.com)         |
|      Main Contributors: Nan XU, Jin-Cheng LIU & Gang TANG      |
|   Online Tutorials Available on Website: https://vaspkit.com   |
+-----.oooO-----------------------------------------------------+
        (   )   Oooo.
         \ (    (   )
          \_)    ) /
                (_/
===================== Structural Options ========================
1)  VASP Input Files                  2)  Elastic Properties
3)  K-Path for Band-Structure         4)  Structure Editor
5)  Catalysis-ElectroChem Kit         6)  Symmetry Search
8)  Advanced Structure Models
===================== Electronic Options ========================
11) Density-of-States                 21) DFT Band-Structure
23) 3D Band-Structure                 25) Hybrid-DFT Band-Structure
26) Fermi-Surface                     28) Band-Structure Unfolding
31) Charge & Spin Density             42) Potential Analysis
51) Wave-Function Analysis            62) Magnetic Properties
====================== Misc Utilities ===========================
71) Optical-Properties                72) Molecular-Dynamics Kit
73) VASP2other Interface              74) User interface
91) Semiconductor Calculator          92) 2D-Materials Kit
0)  Quit
------------>>
```

图 4.12 VASPKIT 软件的主界面

4.10.1 关键参数与输入脚本

1. 关键模拟参数

- DFT 程序版本:VASP. 6. 3. 0。
- 材料体系:硅晶体。
- 模拟超胞尺寸:硅晶体的原胞大小。

- 原子赝势版本：PAW_PBE Si 05Jan2001。

2. 输入脚本

计算材料的能带结构通常需要以下几个步骤：① 使用相对稀疏的 ***k*** 点网格进行结构优化；② 利用更密集的 ***k*** 点网格进行高精度的自洽迭代，以获取收敛的电荷密度（保存在 CHGCAR 文件中）；③ 沿着预定的能带路径，选取特殊的 ***k*** 点进行非自洽场计算。

根据这个流程，我们首先需要准备用于优化硅晶体结构的 POSCAR、INCAR、POTCAR 和 KPOINTS 文件。这些文件的准备与常规的结构优化的相应文件夹准备过程相同，因此在此不做详细说明。在本例中，我们使用了 5×5×5 的 ***k*** 点网格进行结构优化。结构优化完成后，我们将优化后的构型（存储在 CONTCAR 文件中）作为高精度自洽计算的起始结构（POSCAR），并提高 ***k*** 点网格的密度，以重新进行静态计算并得到更高精度的 CHGCAR 文件。在本例中，我们采用了 9×9×9 的 ***k*** 点网格。注意，在这一步中，必须保存得到的 CHGCAR 文件，以便在下一步中使用。最后，我们基于得到的 CHGCAR 文件进行非自洽场能带结构计算。

代码 4.27　晶体能带结构计算的 POSCAR 文件

```
Si
1
5.463 0 0
0 5.463 0
0 0 5.463
Si
8
D
0 0 0
0.5 0.5 0
0.5 0 0.5
0 0.5 0.5
0.25 0.25 0.25
0.75 0.75 0.25
0.75 0.25 0.75
0.25 0.75 0.75
```

对应的 INCAR 文件如代码 4.28 所示。

代码 4.28　晶体能带结构计算的 INCAR 文件

```
ENCUT=500
ISMEAR=0
SIGMA=0.05
PREC=Accurate
ISTART=1
ICHARG=11
NELM=99
NPAR=2
LWAVE=.TRUE.
LCHARG=.TRUE.
LPLANE=.TRUE.
```

利用 VASPKIT 的 303 功能(进入“3)K-Path for Band-Structure”菜单)可以自动判断倒易空间中的高对称点,并生成含 **k** 点路径的 KPATH.in 文件,并保存成 KPOINTS 文件,见代码 4.29。其中第二行的“20”指的是在两个高对称点之间插入 20 个 **k** 点。Line-Mode 指的是线性插值。可以看到生成的 **k** 点路径有两条:第一条是 GAMMA→X→U,第二条路径是 K→GAMMA→L→W→X。

代码 4.29　晶体能带结构计算 KPOINTS 文件

```
K-Path Generated by VASPKIT.
20
Line-Mode
Reciprocal
0.0000000000  0.0000000000  0.0000000000  GAMMA
0.5000000000  0.0000000000  0.5000000000  X

0.5000000000  0.0000000000  0.5000000000  X
0.6250000000  0.2500000000  0.6250000000  U

0.3750000000  0.3750000000  0.7500000000  K
0.0000000000  0.0000000000  0.0000000000  GAMMA

0.0000000000  0.0000000000  0.0000000000  GAMMA
0.5000000000  0.5000000000  0.5000000000  L
0.5000000000  0.5000000000  0.5000000000  L
0.5000000000  0.2500000000  0.7500000000  W
0.5000000000  0.2500000000  0.7500000000  W
0.5000000000  0.0000000000  0.5000000000  X
```

将文件准备好后即可进行非自洽场计算。计算完成后,利用 VASPKIT 的 211 功能(进入“21)DFT Band-Structure”菜单)即可得到 BAND.dat 文件,见代码 4.30。其中第二行的两个数字表示 **k** 点的数目(6×20)和能带的数量(22)。对 BAND.dat 文件进行数据处理即可得到能带结构图。

代码 4.30　晶体能带结构计算的 BAND.dat 文件

```
#K-Path(1/A) Energy-Level(eV)
#NKPTS & NBANDS: 120 22
#Band-Index   1
0.00000  -12.082009
0.04280  -12.076034
0.08561  -12.058128
0.12841  -12.028308
...
#Band-Index   2
4.03120  -10.071698
```

```
    4.00980  -10.118391
    3.98840  -10.163143
    3.96700  -10.205830
    ...
    ...
    #Band-Index  22
    4.03120  4.511730
    4.00980  4.526752
    3.98840  4.344242
    3.96700  4.154973
    ...
```

关键脚本注解：

- ICHARG＝11

表示从自洽场计算产生的 CHGCAR 文件中读取电荷信息。随后运行 VASP，进行能带非自洽场计算。

4.10.2　能带图的绘制

从能带结构图 4.13 中可以看出，通过 DFT 计算得到的硅晶胞的导带顶和价带底都位于 GAMMA 点处。因此，晶体硅是一种直接带隙半导体，带隙宽度为 0.7 eV，比实际值 1.17 eV 要小很多。造成这种差异的主要原因在于，PBE 泛函对相互作用较强的轨道电子的描述不够准确。为了获得更精确的带隙计算结果，我们需要使用杂化泛函。然而，使用杂化泛函进行计算的成本会显著提高(约为原来的 100 倍)。

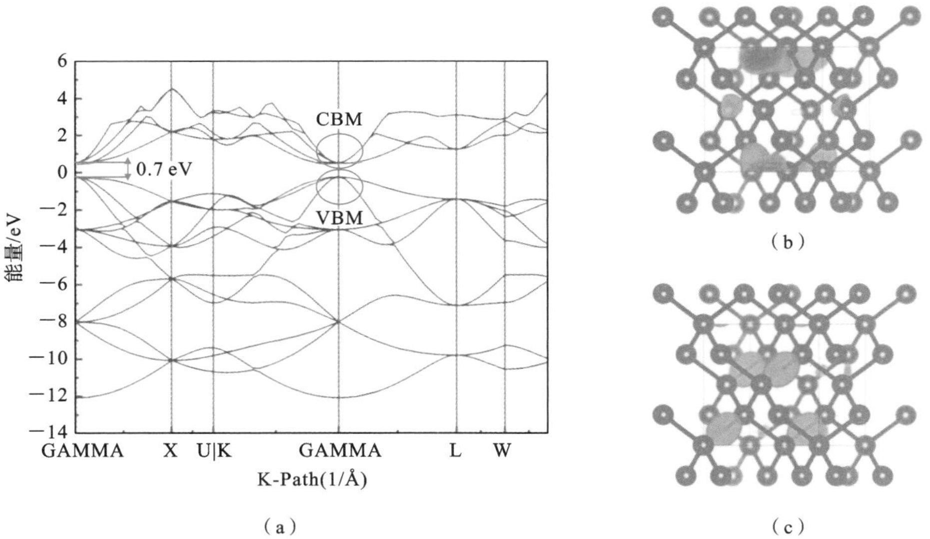

图 4.13　晶体硅的能带结构和价带顶、导带底轨道分布

(a) 能带结构；(b) 导带顶的轨道分布；(c) 价带底的轨道分布

尽管 DFT 计算所得到的带隙宽度与实际值有一定差距，但它仍然为我们提供了有关晶体硅能带结构的宝贵信息。这些信息对于理解和预测材料的电子性质以及开发新型半导体材料具有重要意义。采用更精确的计算方法,如杂化泛函方法,可以为材料科学研究提供更为可靠的数据,从而指导实际应用中的材料设计和性能优化。

4.11 基于 HSE06 的态密度与能带计算

基于 HSE06 计算能带同样分为两步。

第一步,使用 PBE 泛函产生波函数和电子密度。启动 VASPKIT,输入"1"选择 VASP Input Files Generator;再输入"101"选择 Customize INCAR File 功能;输入"ST",生成静态自洽的 INCAR 文件,如果是金属体系,可以选择 ISMEAR=1。然后调用 VASP 计算程序,方法和 PBE 泛函计算一致。

随后执行第二步 HSE06 计算。为了得到 HSE06 能带计算所需要的 k 点,首先需要像之前利用 PBE 泛函计算能带结构一样利用 VASPKIT 生成 KPATH. in 文件,再启动 VASPKIT。输入"25"选择 Hybrid-DFT Band-Structure 功能;在下一个界面输入"251"选择 Generate KPOINTS File for Hybrid Band-Structure Calculation 功能,根据 KPATH. in 文件中的高对称点生成用于 HSE06 泛函能带计算所需要的 KPOINTS 文件;输入"1"选择 Monkhorst-Pack Scheme 功能,用 MP(Monkhorst-Pock)方法生成自洽用的 k 点网格,并根据建议输入"0. 04"选择较密的 k 点密度(权重不为 0 的 k 点用于自洽场计算)。接下来还需手动指定能带路径上 k 点的密度,用于能带计算。再次输入"0. 04",即可生成 HSE06 杂化泛函所需的 KPOINTS 文件。之后重启 VASPKIT,输入"101"选择 Customize INCAR File 功能;输入"STH6",生成 HSE06 计算所需要的 INCAR 文件。然后调用 VASP 程序计算,完成 HSE06 的自洽场计算。接下来使用 VASPKIT 提取能带数据,并输出高对称点在能带图中的坐标信息。输入"25"选择 Hybrid-DFT Band-Structure 功能;在下一个界面输入"252"选择 Read Band-Structure for Hybrid-DFT Calculation 功能,处理能带数据。查看 BAND_GAP 文件,可以得到硅的带隙为 1. 19 eV,这与实际值 1. 17 eV 接近。HSE06 计算 INCAR 文件见代码 4. 31。

代码 4. 31 HSE06 **计算** INCAR **文件**

```
# Global Parameters
ISTART=1
LREAL= .FALSE.
PREC=Normal
LWAVE= .TRUE.
LCHARG= .TRUE.
ADDGRID= .TRUE.

#  Static Calculation
ISMEAR=1
SIGMA=0.05
LORBIT=11
NEDOS=2001
NELM=60
```

```
EDIFF=1E-06

# HSE06 Calculation
LHFCALC=.TRUE.
AEXX=0.25
HFSCREEN= 0.2
ALGO=ALL
TIME=0.4
PRECFOCK= N
! NKRED=2
```

4.11.1 能带图的绘制

1. 能带图的特征

（1）当费米能级上、下两侧的价带和导带重叠时，材料为导体；二者有一定能隙时，材料为半导体；二者有较大能隙时，材料为绝缘体。

（2）能带线条越紧凑，体系的原子轨道电子间相互作用越强，体系的键合强度越高。

（3）能带越平缓的位置，单位能量范围内态（单位能量范围内所允许的电子数）越多，对应的态密度也就越大。

2. 能带图绘制方法

（1）使用 P4VASP 软件绘制：将能带计算得到的 vasprun.xml 文件输入 P4VASP 中作图。

（2）使用 VASPKIT 绘制：输入“21”（DFT Band-Structure）→输入“211”（Band-Structure）|“213”（Projected Band-Structure for Each Element），得到 DAT 格式的数据文件，使用 Origin 打开该数据文件，自动生成图象。

（3）使用 pymatgen（Python 包），编写 Python 脚本，得到 PNG 格式的能带图，如图4.14所示。

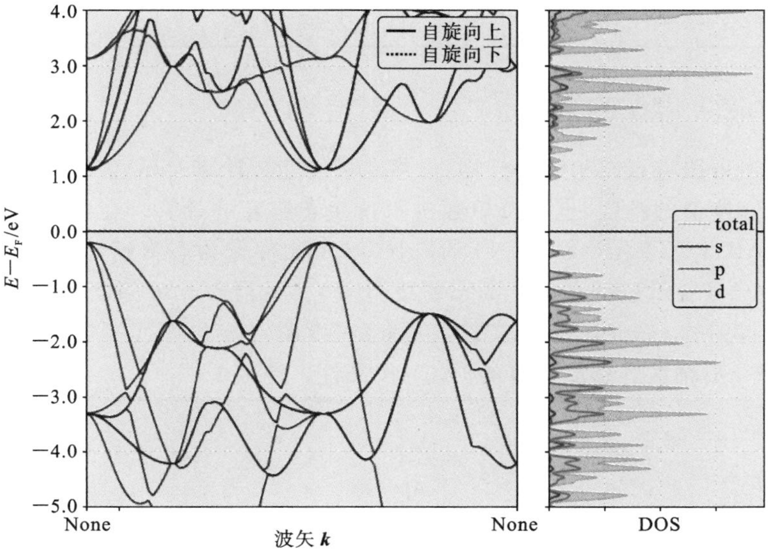

图 4.14 使用 pymatgen 绘制的硅的能带图与态密度图

pymatgen 绘制能带图的 Python 脚本见代码 4.32。

代码 4.32　pymatgen 绘制能带图的 Python 脚本

```
import matplotlib.pyplot as plt
from pymatgen.io.vasp.outputs import Vasprun
from pymatgen.electronic_structure.plotter import \
BSDOSPlotter ,BSPlotter ,BSPlotterProjected ,DosPlotter

# read vasprun.xml, get band and dos information
bs_vasprun=Vasprun("./vasprun.xml",parse_projected_eigen=True)
bs_data=bs_vasprun.get_band_structure(line_mode=True)

dos_vasprun=Vasprun("./vasprun.xml")
dos_data=dos_vasprun.complete_dos

# set figure parameters , draw figure
banddos_fig=BSDOSPlotter(bs_projection='elements', \
dos_projection='orbitals', vb_energy_range=5, fixed_cb_energy =5)
# 将 dos_projection 设置为 orbitals 能够获取每个轨道的 dos 信息,
# 设置为 elements 获取每个元素的 dos 信息
# 设置为 none 获取整体的 dos 信息
banddos_fig.get_plot(bs=bs_data, dos=dos_data)
plt.savefig('banddos_fig.png', img_format='png')

pband_fig=BSPlotterProjected(bs=bs_data)
pband_fig=pband_fig.get_projected_plots_dots \
({'Si':['d','s','p']})
# 设置需要的元素及其特定轨道的 band 信息
plt.savefig('pband_orbital_fig.png',img_format='png')
```

4.11.2　态密度图的绘制

最后我们还可以进行态密度的计算:虽然在进行能带计算时已经完成了态密度的计算,但为了提高态密度值的精度,也可以单独进行一次态密度的计算。在这里我们将进行能带计算的 POSCAR、POTCAR、KPOINTS、CHGCAR 文件作为态密度计算的输入文件,并设置 ISMEAR=−5(表示进行高精度的态密度计算)。运行 VASP 进行态密度计算之后,同样地提取计算得到的 vasprun.xml 文件,绘制态密度图。

代码 4.33　高精度态密度计算的 INCAR 文件

```
# Global Parameters
ISTART=1
LREAL=.FALSE.
PREC=Normal
LWAVE=.TRUE.
```

```
LCHARG=.TRUE.
ADDGRID=.TRUE.

# Static Calculation
ISMEAR=-5
SIGMA=0.05
LORBIT=11
NEDOS=2001
NELM=60
EDIFF=1E-08
ICHARG=11
```

1. 态密度图的特征

(1) 当两个体系的总态密度分布趋势没有显著差异时,表明两个体系相结构基本一致。

(2) 在费米能级两侧分别有两个尖峰,而两个尖峰之间的态密度并不为零。赝能隙直接反映了该体系成键的共价性的强弱:赝能隙越宽,共价性越强。如果分析的是局域态密度(LDOS),那么赝能隙反映的则是相邻两个原子成键的强弱:赝能隙越宽,两个原子成键越强。

(3) 强峰更加尖锐,更接近费米能级,或高能区的导电键变得更平坦、更致密,则表明轨道电子的强烈相互作用使键结合得更加充分。

(4) 一个体系的态密度越大,金属特性越强。

2. 态密度图绘制方法

(1) 使用 P4VASP 软件绘制:将能带计算得到的 vasprun.xml 文件输入 P4VASP 作图。

(2) 使用 VASPKIT 绘制:输入"11"(Density-of-States)→"111"(Total Density-of-States),得到 DAT 格式的数据文件,使用 Origin 打开该数据文件,自动生成图象。

(3) 使用 pymatgen(Python 包),编写 Python 脚本,得到 PNG 格式的态密度图,如图 4.14 所示。

pymatgen 绘制态密度图的 Python 脚本见代码 4.34。

代码 4.34　pymatgen 绘制态密度图的 Python 脚本

```
import matplotlib.pyplot as plt
from pymatgen.io.vasp.outputs import Vasprun
from pymatgen.electronic_structure.plotter import \
BSDOSPlotter,BSPlotter,BSPlotterProjected,DosPlotter

dos_vasprun=Vasprun("./vasprun.xml")
dos_data=dos_vasprun.complete_dos

spd_dos=dos_data.get_spd_dos() # spd
plotter=DosPlotter()
plotter.add_dos_dict(spd_dos)
element_dos=dos_data.get_element_dos() # element
plotter.add_dos_dict(element_dos)
plotter.save_plot('dos_fig.png', img_format='png',xlim=[-5,5])
```

4.12 表面能的计算

表面能是一种度量表面形成时分子间化学键断裂强度的参数。在固态理论中,表面原子处于比物质内部原子能量更高的状态。根据能量最低原理,原子会自发地倾向于聚集在物质内部而非表面。表面能的另一种等价定义是材料表面相对于材料内部所具有的额外能量。通过研究表面能,我们可以预测纳米晶体的形态和可能暴露的表面,以进一步预测相关的晶体性质,探究晶体生长机理,并指导新型晶体材料的设计。

此外,表面能的确定在催化领域具有重要意义,可以用于辅助确认催化剂中的反应活性面,从而使我们能加深对催化机理的理解。总之,表面能在纳米材料、晶体生长和催化研究中具有重要作用。

4.12.1 构建表面基本流程

表面模型可以通过沿某个晶格平面切割超胞模型而产生。图 4.15 所示为 FCC 晶体中存在的三个表面。

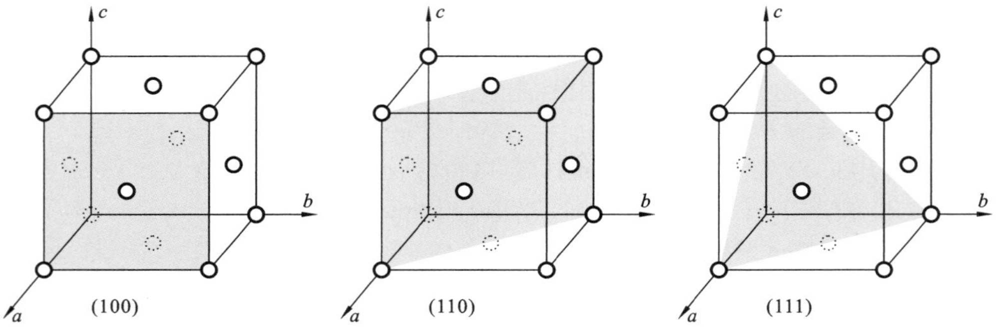

图 4.15 FCC 晶体中的晶面示意图

用 Materials Studio 软件构建表面的具体流程如下(以 Pt 为例,其为 FCC 结构):

第一步:在软件的数据文件库中获取 Pt 晶体的结构。

第二步:通过指定晶面指数和真空层厚度构建表面,如图 4.16 所示为获取 Pt 的(100)面的设置。

4.12.2 表面能计算

表面模型分为两种——对称模型和非对称模型,如图 4.17 所示。其中对称模型包含更多的原子和更大的真空空间,在表面能计算中需要消耗更多的计算资源。而非对称模型具有较低的对称性,在一些情况下会产生偶极矩,导致收敛困难。可以在 VASP 中通过添加 LDIPOL 和 IDIPOL 标签来实现偶极矩校正。下面分别介绍基于两种模型的表面能计算方法。

1. 对称模型

首先在 POSCAR 文件中添加 Selective Dynamics 关键字,表明对不同的层施加不同的

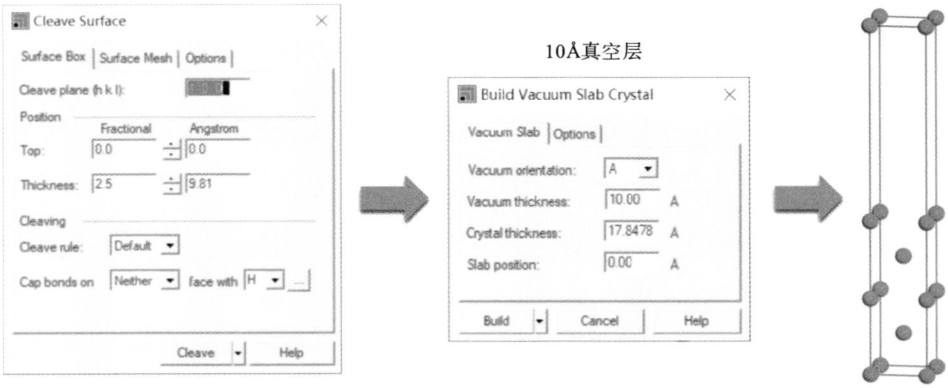

图 4.16　Materials Studio 中构建表面的示意图

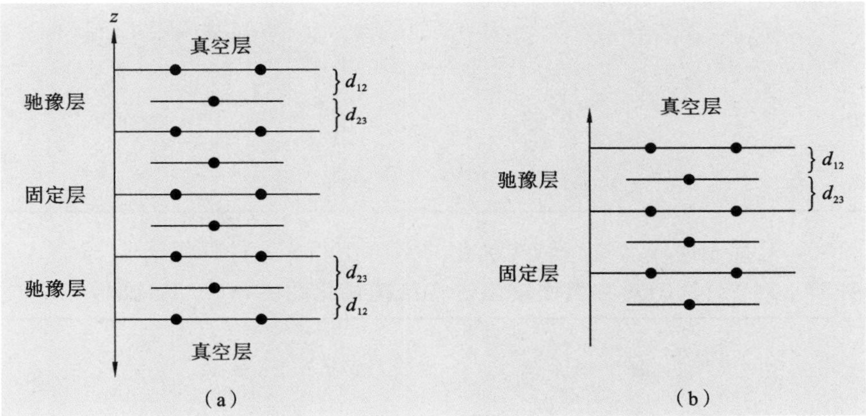

图 4.17　表面的对称模型与非对称模型示意图

(a) 对称表面模型；(b) 非对称表面模型

作用，其中在固定层原子的后面添加“F F F”，在弛豫层的后面添加“T T T”。我们将中间的五层原子固定，以模拟体相的原子，而上、下表面的两层原子允许弛豫，如代码 4.35 所示。

代码 4.35　Pt(100)对称表面模型的 POSCAR 文件

```
nine-layer-thick Pt(100) slab
3.98
   0.50000    0.50000    0.00000
  -0.50000    0.50000    0.00000
   0.00000    0.00000    9.00000
  9
Selective Dynamics
Cartesian
  0.00000    0.00000    0.00000    T T T
```

```
0.00000    0.50000    0.50000    T T T
0.00000    0.00000    1.00000    F F F
0.00000    0.50000    1.50000    F F F
0.00000    0.00000    2.00000    F F F
0.00000    0.50000    2.50000    F F F
0.00000    0.00000    3.00000    F F F
0.00000    0.50000    3.50000    T T T
0.00000    0.00000    4.00000    T T T
```

Pt(100)对称表面模型结构优化的 INCAR 文件见代码 4.36。

代码 4.36　Pt(100)对称表面模型结构优化的 INCAR 文件

```
SYSTEM=Pt-100
ISTART=0
ICHARG=2
ENCUT=400
ISMEAR=1
SIGMA=0.2
NSW=99
IBRION=2
LWAVE=.FALSE.
LCHARG=.FALSE.
```

对 Pt(100) 对称表面模型进行结构优化的 KPOINTS 文件见代码 4.37。

代码 4.37　对 Pt(100)对称表面模型进行结构优化的 KPOINTS 文件

```
K-point
0
G
9 9 1
0 0 0
```

运行的结果如图 4.17 所示。CONTCAR 文件包含了对表面模型进行结构优化之后的原子坐标,通过将 CONTCAR 文件与初始的 POSCAR 文件进行对比,可以发现在结构优化之后固定层原子和弛豫层原子之间的间距由于表面张力的影响产生了一定的变化。通过晶体结构可知,垂直于 Pt(100) 表面的原子层间距为 1.99 Å。表面的原子经过弛豫后,$d_{12}=1.93$ Å,$d_{23}=1.97$ Å。可见,表面原子经弛豫后,层间距有减小的倾向。

OSZICAR 文件记录了结构优化之后的 slab 的能量:$E_{\mathrm{slab}}=-0.52744167\times10^{2}$ eV。根据表面能的计算公式:

$$\gamma=\frac{E_{\mathrm{slab}}-nE_{\mathrm{bulk}}}{2A} \tag{4.23}$$

式中:E_{slab}为表面模型的能量;E_{bulk}为单个原子的能量;n 为表面模型中的原子数目;A 为表面的面积。在这里 $E_{\mathrm{bulk}}=6.0845$ eV,$A=7.920$ Å^2,$n=9$,计算得到的表面能结果为 0.127 eV/Å^2 或 2.0 J/m^2。需要注意的是,在计算表面能时,我们需要考虑表面模型中真空层厚度的影响。当真空层厚度较小时,上表面原子和下表面原子之间可能会存在一定的相互作用，因此我们有必要进行测试，观察表面模型能量随真空厚度的变化，确保真空层的厚度收敛。

2. 非对称模型

不同于对称模型，非对称模型由于上、下两端原子层不对称（见图 4.17(b)），对称模型中的表面能计算公式不再适用，因为不能直接简单地将能量除以 2。非对称模型的表面能计算公式如下：

$$\gamma=\gamma_{\text{cleavage}}+\gamma_{\text{relaxation}}=\frac{E_{\text{slab}}^{\text{unrelax}}-nE_{\text{bulk}}}{2A}+\frac{E_{\text{slab}}^{\text{relax}}-E_{\text{slab}}^{\text{unrelax}}}{A} \tag{4.24}$$

式中：$E_{\text{slab}}^{\text{unrelax}}$ 为未弛豫表面模型的单点能；$E_{\text{slab}}^{\text{relax}}$ 为结构优化之后的体系能量。

我们用五层原子模型来计算 Pt(100)的表面能。未弛豫非对称 Pt(100)表面模型单点能计算的 POSCAR 文件见代码 4.38。

代码 4.38　非对称 Pt(100)表面模型单点能计算的 POSCAR 文件

```
 Pt(100)-5layers-P(1x1)
 3.98000
 0.50000 0.50000 0.00000
-0.50000 0.50000 0.00000
 0.00000 0.00000 5.00000
 Pt
 5
Cartesian
0.00000 0.00000 0.00000
0.00000 0.50000 0.50000
0.00000 0.00000 1.00000
0.00000 0.50000 1.50000
0.00000 0.00000 2.00000
```

非对称 Pt(100)表面模型单点能计算的 INCAR 文件见代码 4.39。

代码 4.39　非对称 Pt(100)表面模型单点能计算的 INCAR 文件

```
SYSTEM=Pt-100
ISTART=0
ENCUT=400
ISMEAR=1
SIGMA=0.2
NSW=0
```

代码 4.39 中，NSW＝0 表示进行静态单点能计算。计算得到的结果为 $E_{\text{slab}}^{\text{unrelax}}=-28.476\ \text{eV}$。

接下来需要对非对称表面模型进行结构弛豫计算，以求得 $\gamma_{\text{relaxation}}$。相应的 POSCAR 文件（见代码 4.40）用到了 Selective Dynamics 关键字，用于固定底部三层原子，允许表面两层原子弛豫。

代码 4.40 非对称 Pt(100) 表面模型弛豫能计算的 POSCAR 文件

```
Pt(100) - 5layers - P(1x1)
3.98000
0.50000 0.50000 0.00000
-0.50000 0.50000 0.00000
0.00000 0.00000 5.00000
Pt
5
Selective Dynamics
Cartesian
0.00000 0.00000 0.00000 F F F
0.00000 0.50000 0.50000 F F F
0.00000 0.00000 1.00000 F F F
0.00000 0.50000 1.50000 T T T
0.00000 0.00000 2.00000 T T T
```

非对称 Pt(100) 表面模型结构优化的 INCAR 文件见代码 4.41。

代码 4.41 非对称 Pt(100) 表面模型结构优化的 INCAR 文件

```
SYSTEM=Pt-100
ISTART=0
ENCUT=400
ISMEAR=1
SIGMA=0.2
NSW=60
IBRION=2
LWAVE=.FALSE.
LCHARG=.FALSE.
LDIPOL=.TRUE.
IDIPOL=3
```

查看 CONTCAR 文件可知结构优化前后的表面模型原子坐标变化,其中表面原子的弛豫可以通过原子层之间的间距 d_{ij} 的变化来进行量化:$d_{12}=1.95$ Å,$d_{23}=1.99$ Å。

在 OSZICAR 文件中获取结构优化后的表面能量值,通过公式得到非对称表面模型的计算结果为 0.122 eV/Å^2 或 1.948 J/m^2,与通过九层原子对称模型算得的值相仿。由于沿 x 和 y 方向的弛豫(在 0.001 Å 内)可以忽略不计,查看沿 z 方向的弛豫可以看出最外层原子的弛豫很大。类似的结果可以在许多金属表面中看到。此外,对于表面,顶层原子向内弛豫。通过比较表面弛豫,我们可以看到最外层的弛豫较大,而内层的弛豫相对外层较小。这是因为外表面不太稳定,因此弛豫更强,以进一步最小化表面能。

4.12.3 伍尔夫结构定律

伍尔夫结构定律(Wulff construction rule)是一项确定纳米晶体平衡形状的理论,而纳米晶体是指在 1～100 nm 尺寸内具有典型形状的晶体。理想的纳米晶体通常呈现出规则的几何多面体形态，为了使表面能尽可能地小，它们通常倾向于暴露具有较低表面能的晶面，或者调整整体形状至接近于球形以降低表面积。这两种作用共同决定了纳米晶体的形状。基于晶体的表面能，我们可以预测纳米晶体的形态和形状，进而探索其生长机制，为新晶体材料的设计提供指导。

纳米颗粒在生长过程中总是倾向于使不同晶面的表面能与晶面到原点的距离的比值趋向于一个常量，此即伍尔夫结构定律，用公式可表示为

$$\frac{\sigma_1}{d_1}=\frac{\sigma_2}{d_2}=\cdots=\frac{\sigma_i}{d_i}=\text{常量} \tag{4.25}$$

式中：σ_i 为 i 面的表面能；d 为晶面到原点的距离。

我们可以通过 VESTA 软件绘制 Pt 纳米颗粒的伍尔夫结构，得到的结果如图 4.18 所示。

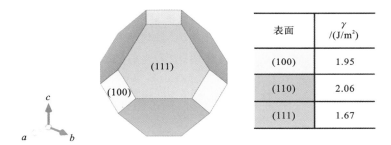

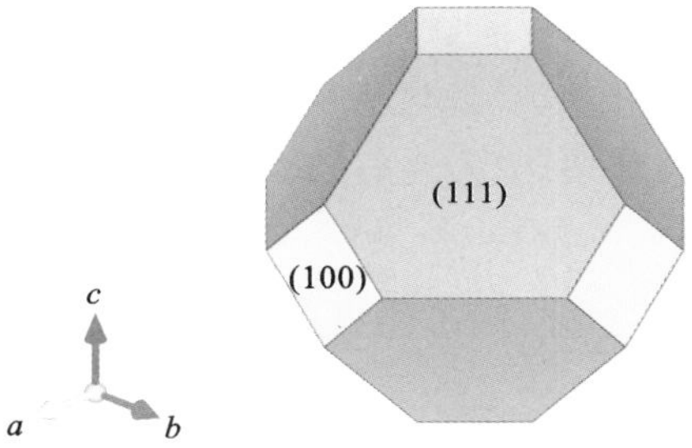

表面	γ /(J/m²)
(100)	1.95
(110)	2.06
(111)	1.67

图 4.18　Pt 纳米颗粒的伍尔夫结构示意图

4.12.4　关于表面能的讨论

在宏观材料中，我们通常基于体积（内部）测量属性。典型的例子包括密度为 10^{23} 个原子每立方厘米的固体。在这种情况下，大多数原子都位于材料内部。但是，当我们进入纳米科学领域时，表面的作用变得更加重要，因为更多的原子是表面原子，而这些表面原子对材料性质有着关键性的影响。表面能是一种描述表面原子如何相互作用的重要概念。表面能可以定义为单位表面积上系统总能量的增加量。表面能对于研究纳米颗粒材料的性质至关重要。熟练掌握表面能的原理和计算方法对于研究纳米颗粒材料的性质具有重要意义。

在实际应用中，表面能可以通过实验方法或计算方法来测定。实验方法包括测量表面张力和接触角等。然而，由于实验方法的限制，计算方法已成为计算表面能的常用方法。由前文可知，在计算表面能时，表面模型主要有对称表面模型和非对称表面模型两种，其对应的表面能计算公式不同。在构建表面模型时，我们可以使用材料模拟软件，例如 Materials Studio。使用这些软件，我们可以构建表面模型并在 POSCAR 文件中进行弛豫层和固定层的设置。另外，我们还可以使用 VESTA 等软件来构建伍尔夫结构，以更好地理解表面能的计算原理和表面化学反应的机理。

4.13 缺陷石墨烯的STM图像计算模拟

石墨烯是一种由碳原子以sp2杂化轨道组成六角形蜂巢晶格的平面薄膜,其厚度仅为一个碳原子[185]。这种材料具有多种优异的物理性质,例如高硬度[186]、高导热系数[187]、高光吸收率[188]等,因此在传感、光伏[189]、半导体[190]等领域具有广泛的应用前景。

由于石墨烯的二维材料特性,扫描隧道显微镜(STM)被广泛应用于石墨烯的表征。STM可以探测到石墨烯表面的重要局部物理和电子信息。利用第一性原理计算对各种石墨烯缺陷的STM图像进行模拟,有助于在实验中判断石墨烯表面状态。

因此,石墨烯的表征技术和理论计算在石墨烯相关研究中具有重要意义。对石墨烯表面缺陷的STM图像进行模拟和分析,可以使石墨烯的应用和理论研究更加深入。

量子隧穿效应是STM的基础。量子隧穿是指电子等微观粒子能够穿入或穿越位势垒(尽管位势垒的高度大于粒子的总能量)的量子行为,如图4.19所示。微观粒子穿越一个位势垒,粒子的能量在穿越前与穿越后维持不变,但波函数的量子幅会降低。考虑一个向右传播的入射波 Ae^{ikx},遇到处于 $x=0$ 与 $x=a$ 之间的位势垒(其位势为 $V(x)$),入射波的一部分会反射回去,成为反射波 Ae^{-ikx};另一部分则会穿透位势垒,成为透射波 Ce^{ikx}。那么,在位势垒的左边与右边,波函数分别是 $\psi_A(x) = Ae^{ikx} + Ae^{-ikx}$ 和 $\psi_C(x) = Ce^{ikx}$。在位势垒内部,波函数大约为 $\psi_B(x) \approx \frac{B}{\sqrt{|p|}} e^{-\int_0^x |p(x')| dx'/\hbar} + \frac{B}{\sqrt{|p|}} e^{\int_0^x |p(x')| dx'/\hbar}$。假若位势垒又宽又高,那么,指数递增项必定很小,可以忽略。所以波函数在势垒内部近似为指数衰减函数:$\psi_B(x) \approx \frac{B}{\sqrt{|p|}} e^{-\int_0^x |p(x')| dx'/\hbar}$。

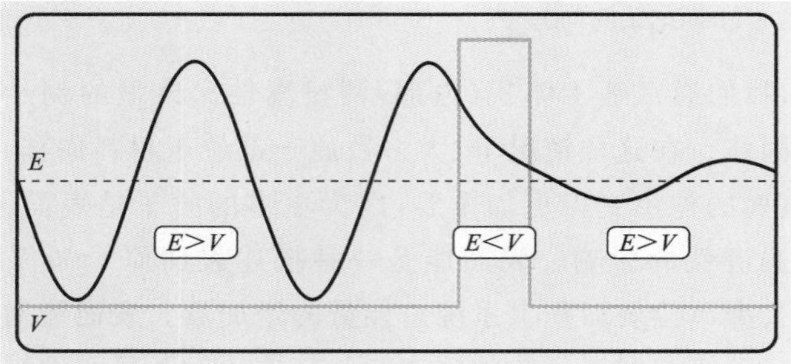

图4.19 量子隧穿示意图

4.13.1 关键参数与输入脚本

导入Materials Studio软件自带的graphite.msi文件,该文件可以通过路径“MS目录/share/Structures/ ceramics/”找到。该文件表示了石墨的结构,通过删除一层碳原子即可得到单层的石墨烯结构。利用Materials Studio软件删除或者修改原子即可得到氮掺杂的石墨烯、硼掺杂的石墨烯、含空位缺陷的石墨烯,等等。各种石墨烯的结构如图4.20所示。

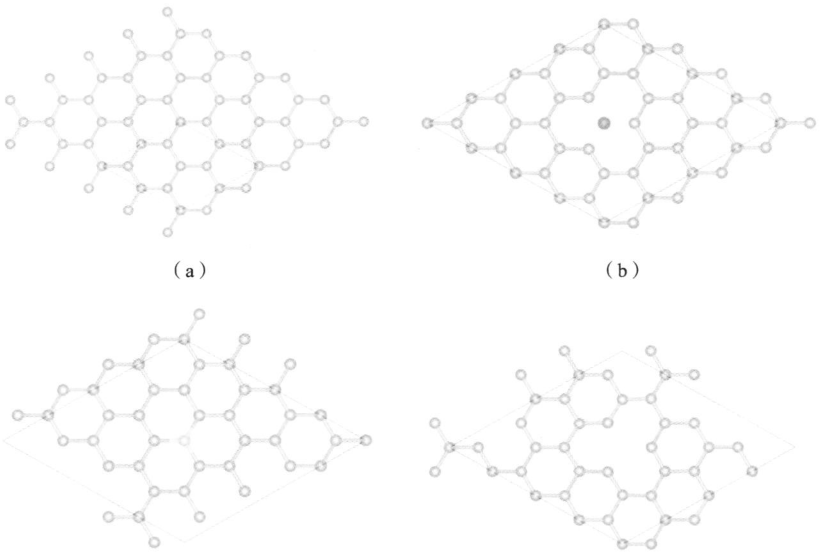

(a)　(b)　(c)　(d)

图 4.20　不同石墨烯的结构图

(a) 理想石墨烯；(b) 硼掺杂的石墨烯；(c) 氮掺杂的石墨烯；(d) 含空位缺陷的石墨烯

对石墨烯结构进行优化得到的理想石墨烯结构如图 4.20(a)所示。石墨烯结构优化的 POSCAR 文件见代码 4.42，石墨烯结构优化的 INCAR 文件见代码 4.43。

代码 4.42　石墨烯结构优化的 POSCAR 文件

```
graphite
  1.00000000000000
     4.9199999999999999   0.0000000000000000   0.0000000000000000
    -2.4600000000000000   4.2608449869999996   0.0000000000000000
     0.0000000000000000   0.0000000000000000   6.7999999999999998
  C
    8
Selective dynamics
Direct
0.0000000000000000  0.0000000000000000  0.2500000000000000  T T T
0.1666700000000034  0.3333299999999966  0.2500000000000000  T T T
0.5000000000000000  0.0000000000000000  0.2500000000000000  T T T
0.6666700000000034  0.3333299999999966  0.2500000000000000  T T T
0.0000000000000000  0.5000000000000000  0.2500000000000000  T T T
0.1666700000000034  0.8333299999999966  0.2500000000000000  T T T
0.5000000000000000  0.5000000000000000  0.2500000000000000  T T T
0.6666700000000034  0.8333299999999966  0.2500000000000000  T T T

0.00000000E+00  0.00000000E+00  0.00000000E+00
0.00000000E+00  0.00000000E+00  0.00000000E+00
0.00000000E+00  0.00000000E+00  0.00000000E+00
```

```
0.00000000E+00  0.00000000E+00  0.00000000E+00
0.00000000E+00  0.00000000E+00  0.00000000E+00
0.00000000E+00  0.00000000E+00  0.00000000E+00
0.00000000E+00  0.00000000E+00  0.00000000E+00
0.00000000E+00  0.00000000E+00  0.00000000E+00
```

代码 4.43　石墨烯结构优化的 INCAR 文件

```
SYSTEM=Graphene
ENCUT=400
ISMEAR=0
ISIF=2
ALGO=FAST
NSW=200
NELM=99
IBRION=2
NPAR= 1
LWAVE= .TRUE.
LCHARG=.TRUE.
LPLANE=.TRUE.
EDIFFG=-0.05
```

将优化好后的 CONTCAR 文件拷贝为 POSCAR 文件，利用 5×5×1 的 ***k*** 点进行静态计算（NSW 设为 0）。利用以下 INCAR 文件（见代码 4.44）计算费米能级[−0.6，0.6]eV 范围内的电荷密度，可以得到 PARCHG 文件，该文件与 CHGCAR 文件格式相同，可以用 VESTA 打开。

代码 4.44　电荷密度计算的 INCAR 文件

```
SYSTEM=Graphene
ENCUT=400
ISMEAR=0
ISTART=1
ISIF=2
ALGO=FAST
NSW=200
NELM=99
IBRION=2
NPAR=1
LWAVE=.TRUE.
LCHARG=.TRUE.
LPLANE=.TRUE.
EDIFFG=-0.05
LPARD=.TRUE.
NBMOD= -3
EINT=-0.6 0.6
```

关键脚本注解：

- LPARD=. TRUE.

表示计算部分(能带 $\boldsymbol{k}$ 点)分解的电荷密度。

- NBMOD=－3

表示计算相对于费米能级在一定范围内的部分电荷密度，如果 NBMOD=－2，则表示计算绝对能量在一定范围内的部分电荷密度。

- EINT=－0.6　0.6

表示定义计算部分电荷密度的能量范围。EINT 有两个值，一个为能量的最小值 A，另一个为能量的最大值 B。如果只定义了一个值 A，则表示能量范围为$[A,E_{\mathrm{fermi}}]$。

4.13.2 STM 图像的获取和绘制

利用 P4VASP 软件可以对由 VASP 计算得到的部分电荷密度文件(PARCHG)进行 STM 分析，该软件是一种用于研究材料表面电子结构的强大工具。STM 可以通过探针与样品之间的电子隧穿效应来获取样品表面的原子分辨图像，同时也可以提供有关样品表面电子结构的信息。如图 4.21 所示，STM 分析流程包括将 PARCHG 文件导入 P4VASP、设置显示参数、选择表面等。

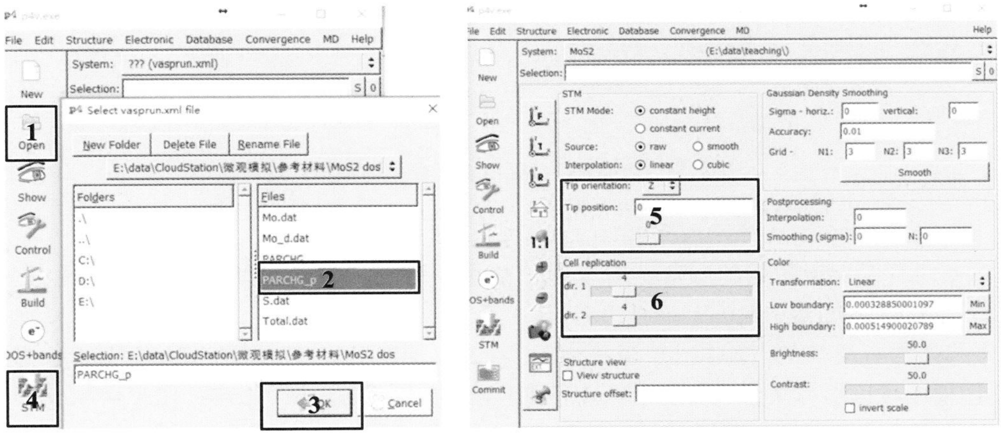

(a)　　　　　　　　(b)

图 4.21　利用 P4VASP 软件进行 STM 分析的流程

图 4.22(a)～(d)所示分别为理想石墨烯、硼掺杂的石墨烯、氮掺杂的石墨烯和含空位缺陷的石墨烯的 STM 图(上)和轴线上的电荷密度截面图(下)。理想石墨烯的 STM 图像的亮点对应于石墨烯的各个碳原子，可见碳原子分布均匀，这说明石墨烯中各个碳原子上的电荷密度相等，各个碳原子是等价的。从电荷密度的截面图可以看到，费米能级附近的电子在碳原子周围呈纺锤形分布，这是由于石墨烯是 sp^2 杂化的，外层的另一个电子在 sp 弱 π 键轨道上，该轨道垂直于 C 平面，且比 sp^2 杂化轨道上的三个 σ 键能量高，更接近费米能级。

石墨烯掺入硼元素后，STM 图像中硼原子处变亮，且与硼原子对位和近邻的碳原子的探测信号相对较次近邻碳原子强。从电荷密度的截面图也可以看到这个现象，这说明硼掺

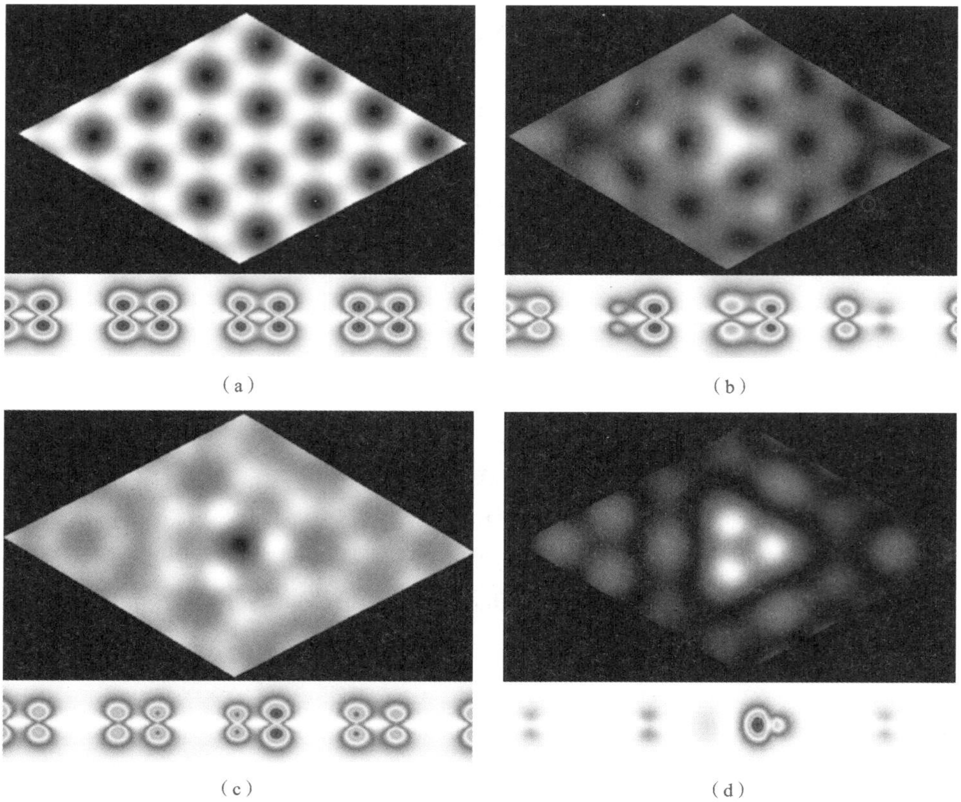

图 4.22　不同石墨烯的 STM 图和轴线上的电荷密度截面图

(a) 理想石墨烯；(b) 硼掺杂的石墨烯；(c) 氮掺杂的石墨烯；(d) 含空位缺陷的石墨烯

杂的石墨烯费米能级附近的能带主要集中于硼原子附近。与硼掺杂的石墨烯不同，氮掺杂的石墨烯的 STM 图像中氮原子信号很弱(基本无信号)。含空位缺陷的石墨烯的 STM 图像与硼元素掺杂的石墨烯的 STM 图像很相似，二者的不同之处在于，在含空位缺陷的石墨烯的 STM 图像中可以很容易分辨出三个碳原子，而在硼掺杂的石墨烯的 STM 图像中三个碳原子与硼原子连成了一片。

4.14　Pt 表面简单物种的吸附能计算

催化是化学领域最活跃的分支学科之一，它在现代工业文明中占据着极为重要的地位。在能源、环境和化学品生产中，约 90%的生产过程伴随着催化反应。因此，研究催化过程和催化剂的性质对于推动工业进步和解决环境问题具有重要的意义[191]。

在工业催化过程中，固体催化剂是最常用的。催化反应通常由连续的物理和化学过程构成，如图 4.23 所示。反应物分子从气相主流中扩散到催化剂表面并被吸附，被吸附的反应物分子在表面发生催化反应，生成的反应产物从表面脱附并回到气相主流中。因此，表面吸附和反应是整个催化过程中最重要的两个环节(脱附可以看作吸附的逆过程)[192]。本节将以应用最广泛的 Pt 催化剂为例，模拟简单物种在其表面的吸附行为。

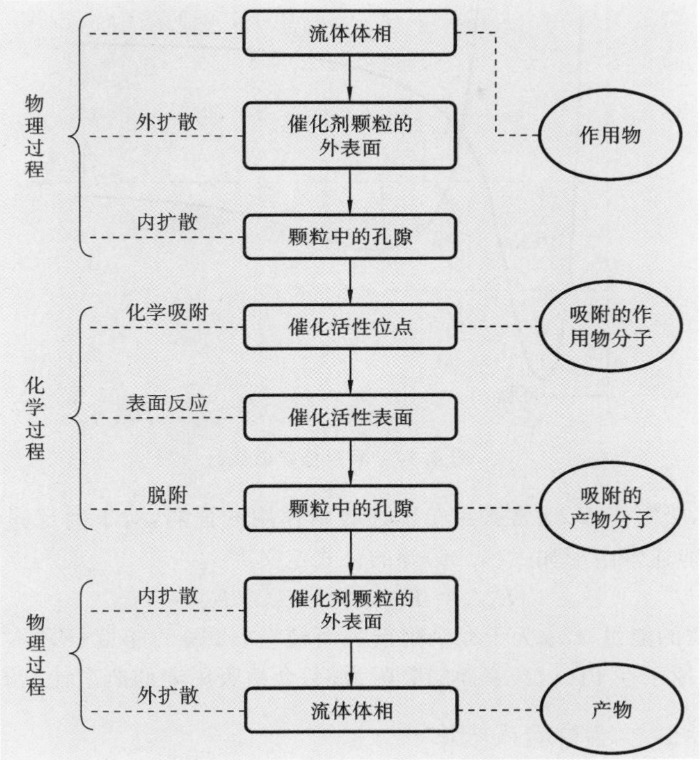

图 4.23 催化反应过程

4.14.1 Pt(111)表面简单物种的吸附行为

在催化反应中,有效的吸附是发生高效催化反应的必要条件。当气体与固体表面接触时,表面上气体浓度高于气相主体浓度的现象即为吸附现象。固体表面上气体浓度随时间增加而增大,则所发生的为吸附过程,反之则为脱附过程。吸附气体的固体物质为吸附剂,被吸附的气体为吸附质,吸附质在吸附剂表面吸附后的状态为吸附态[192]。

根据吸附分子在固体表面吸附时的结合力不同,可将吸附分为物理吸附和化学吸附,其吸附势能曲线如图 4.24 所示。其中:曲线 1 代表物理吸附,物理吸附依靠较弱的分子间作用力,通常对吸附分子结构的影响不大。气体分子逐渐接近固体表面时,因范德瓦尔斯相互作用而产生引力,导致一个能量极小值——吸附热 ΔH_{ads} 出现,曲线 2 代表化学吸附,化学吸附能够改变吸附分子的键合状态,使吸附中心和吸附质之间发生电子的重新分配,一般包含电子共享或转移,而非简单的微扰或弱极化作用。以双原子分子为例,化学吸附过程可能涉及两个原子间键的断裂(解离吸附),距离表面较远时,断键所需能量为该分子的解离能。显然,相较于物理吸附,化学吸附过程中的能量极小值更低,吸附作用更强[193]。

吸附是催化反应中最为重要的环节之一。在实际应用中,固体催化剂的使用是最为常见的,其中应用最广泛的是 Pt 催化剂。采用 Pt 催化剂时,简单物种在其表面的吸附行为和反应路径对催化效率具有重要影响。

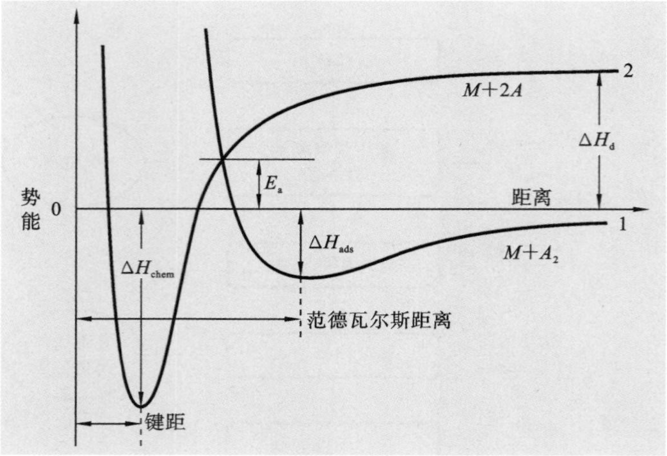

图 4.24 吸附势能曲线

量化计算中,吸附能 $E_{ad(X)}$ 常被用于描述吸附作用的强弱,对于确定固体表面反应机理至关重要。吸附能通常由形如式(4.26)等的公式定义[194]:

$$E_{ad(X)} = E_{slab+X} - (E_{slab} + E_X) \tag{4.26}$$

式中:E_X为吸附质的能量;E_{slab}为干净吸附剂表面模型(slab)的能量;E_{slab+X}为吸附体系的总能量。下面以 O 原子在 Pt(111)表面的吸附为例,介绍吸附能的典型计算流程。

4.14.2 关键参数与输入脚本

1. 关键模拟参数

- DFT 程序版本:VASP.6.3.0。
- 赝势版本:PAW_PBE Pt 04Fbe2005,PAW_PBE O 08Apr2002,PAW_PBE H 15Jun2001。
- 材料体系:Pt(111) p(2×2)(包含五层 Pt 原子并添加厚度为 12 Å 的真空层,其中底部两层原子在结构优化和 NEB 计算时位置固定)。

2. 输入脚本

为了得到吸附能,需要分别计算洁净表面、气体分子,以及吸附体系的总能。使用 Materials Studio 等软件对 Pt 的体相结构进行切面,建立 Pt(111)平板模型并保留五层原子,且在模型中添加厚度为 12 Å 的真空层。接着,对干净的 Pt(111)平板模型进行结构优化,得到稳定的 Pt(111)表面结构及其对应的能量(E_{slab} = −116.755 eV),并且添加吸附分子,进一步计算总能。

O 原子吸附在 Pt 表面的 INCAR 文件见代码 4.45,KPOINTS 文件见代码 4.46;O 原子吸附在 Pt 表面顶位的 POSCAR 文件见代码 4.47。

代码 4.45 O 原子吸附在 Pt 表面的 INCAR 文件

```
ISMAER=1
SIGMA=0.2
ENCUT=400
IBRION=2
NSW=60
ISIF=2
```

代码 4.46　O 原子吸附在 Pt 表面的 KPOINTS 文件

```
K-points for Pt(111) p(2×2) with five layers
0
Gamma
5 5 1
0 0 0
```

代码 4.47　O 原子吸附在 Pt 表面顶位的 POSCAR 文件

```
Pt(111)-O_top
1.0000000000000000
5.6157819599999996   0.0000000000000000   0.0000000000000000
-2.8078909799999998  4.8634098400000001   0.0000000000000000
0.0000000000000000   0.0000000000000000   21.1705335499999983
Pt O
20 1
Selective dynamics
Direct
0.0000000000000000  0.0000000000000000  0.2027649999999994  F  F  F
0.0000000000000000  0.0000000000000000  0.5264391848591435  T  T  T
0.3333335000000019  0.1666664999999981  0.0944709999999986  F  F  F
0.3333335000000019  0.1666664999999981  0.4171382079255743  T  T  T
0.1666664999999981  0.3333335000000019  0.3099620564455093  T  T  T
0.5000000000000000  0.0000000000000000  0.2027649999999994  F  F  F
0.5000000000000000  0.0000000000000000  0.5264391848591435  T  T  T
0.8333335000000019  0.1666664999999981  0.0944709999999986  F  F  F
0.8333335000000019  0.1666664999999981  0.4171382079255743  T  T  T
0.6666664999999981  0.3333335000000019  0.3099620564455093  T  T  T
0.0000000000000000  0.5000000000000000  0.2027649999999994  F  F  F
0.0000000000000000  0.5000000000000000  0.5264391848591435  T  T  T
0.3333335000000019  0.6666664999999981  0.0944709999999986  F  F  F
0.3333335000000019  0.6666664999999981  0.4171382079255743  T  T  T
0.1666664999999981  0.8333335000000019  0.3099620564455093  T  T  T
0.5000000000000000  0.5000000000000000  0.2027649999999994  F  F  F
0.5000000000000000  0.5000000000000000  0.5264391848591435  T  T  T
0.8333335000000019  0.6666664999999981  0.0944709999999986  F  F  F
0.8333335000000019  0.6666664999999981  0.4171382079255743  T  T  T
0.6666664999999981  0.8333335000000019  0.3099620564455093  T  T  T
0.6656666666666667  0.3343333333333333  0.5750000000000000  T  T  T
0.5  0.5  0.62  T T T # An O atom placed directly above Pt atom
```

4.14.3　吸附构型分析与吸附能提取

在完成结构优化的基础上，如图 4.25(a)所示，Pt(111)表面有四种可能的吸附位点：顶位(Top)、桥位(Bri)和两种间隙位(FCC 和 HCP)位点，我们需要测试在这些可能的位点上的吸附的能量以确定哪种吸附位点最稳定。在建立吸附模型时，需要注意吸附质原子或分子与表面原子之间应该保持适当的距离（可以参考相关键长），否则，在结构优化过程中可能会出现吸附质远离表面等未能有效吸附的情况。

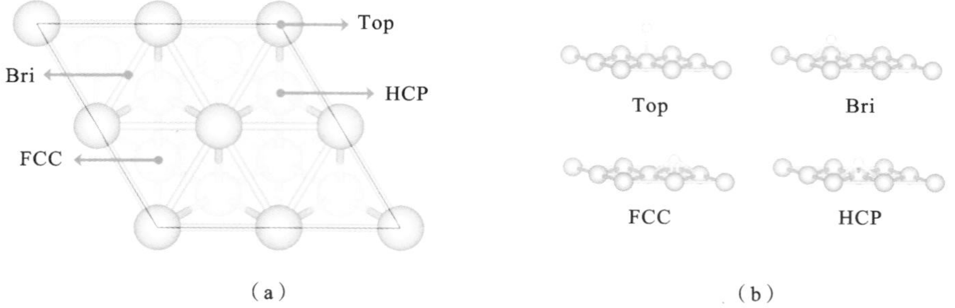

图 4.25　O 原子在 Pt(111)表面的吸附位点与构型

(a) Pt(111)表面的四种吸附位点示意图；(b) O 原子在 Pt(111)表面的四种吸附位点的初始吸附构型

我们对图 4.25(b)所示的 O 原子在 Pt(111)表面的四种位点进行了结构优化。以 O 原子顶位吸附计算为例，相关输入文件见代码 4.45 至代码 4.47。其他的吸附位点可以通过更改 POSCAR 文件中最后一行 O 原子的坐标实现。通过对比优化前后的构型，我们发现在 Top、FCC 和 HCP 位点吸附的 O 原子只在 z 方向上发生了位置移动，这说明这些位点都是稳定的吸附位点，而在 Bri 位点上吸附的 O 原子则转移到了邻近的 FCC 位点，说明 Bri 位点的结合不稳定。

我们计算了各位点的稳定吸附构型的能量，分别得到 $E_{\text{slab+O}}^{\text{Top}}=-121.446\ \text{eV}$，$E_{\text{slab+O}}^{\text{FCC}}=-122.842\ \text{eV}$，$E_{\text{slab+O}}^{\text{HCP}}=-122.412\ \text{eV}$。通过对比发现，吸附于 FCC 位点的构型能量最低，因此 O 原子更倾向于优先占据 FCC 吸附位。对于吸附质 O 原子的能量，由于它通常来自自由的气态 O_2 分子，我们采用 O_2 分子能量的一半来作为其能量，即 $E_{\text{O}}=\frac{1}{2}E_{\text{O}_2}=\frac{-9.865}{2}\ \text{eV}=-4.93\ \text{eV}$。最后代入式(4.26)计算得到 O 原子在 Pt(111)表面的最稳定吸附能为 $E_{\text{ads(O)}}=-1.15\ \text{eV}$。

4.14.4　吸附能的零点能校正

经典力学认为只有在温度为绝对零度时，材料中的原子才会静止于平衡位置，温度升高将促使原子在平衡位置周围振动。而量子力学观点认为，即使在温度为绝对零度（DFT 计算默认的温度）时，原子在平衡态附近的振动也会以零点能的形式对材料的能量有所贡献，其最低能量为

$$E=E_0+\frac{h\nu}{2} \tag{4.27}$$

式中：h 为普朗克常量；ν 为谐振子的振动频率。该最低能量 E 和经典力学最小能量 E_0 之间的差值为零点能（zero-point energy，ZPE）E_{ZPE}。若原子集合与其对应的正态振型可分别独立地决定每个振型的零点能，则该原子集合的最小能量可表示为

$$E=E_0+\sum_i\frac{h\nu_i}{2}=E_{\text{DFT}}+E_{\text{ZPE}} \tag{4.28}$$

式中：E_0 为 DFT 计算得到的能量，即 E_{DFT}；ν_i 为正态振型的频率。

本节将以 O 原子在 Pt(111)表面的吸附为例，介绍零点能的计算过程及其对能量的贡献。根据零点能的计算公式(4.28)，我们需要进行的 DFT 计算主要包括结构优化和频率分析。前文已表明单个 O 原子在 Pt(111)表面倾向于占据 FCC 位点。我们针对该最稳定构型进行频率计算，结果如表 4.4 所示。三个振型的频率均为实数，表明通过结构优化已找到稳定构型。第一个频率值最大的振型为 O 原子沿 z 轴的平移振动，可以认为位于 FCC 位点的 O 原子受到邻近的三个 Pt 原子在竖直方向的作用力。同理，第二和第三个振型分别为 O 原子沿 x 和 y 轴的平移振动。将每个实频振型的频率值代入式(4.28)，即可得到 O 原子在 Pt(111)表面的零点能修正值：

$$E_{ZPE}^{Oads}=\sum_i \frac{h\nu_i}{2}=\frac{452.345+371.989+371.175}{2}\ cm^{-1}=0.074\ eV \tag{4.29}$$

表 4.4 吸附态 O 原子的正态振型

频率/cm^{-1}	本征位移矢量/Å			振动类型
	x	y	z	
452.345	0.000	0.000	1.000	平移
371.989	0.994	−0.109	0.000	平移
371.175	0.109	0.994	0.000	平移

为对 O 原子的吸附能进行零点能校正，还需计算 O_2 分子的零点能修正值。同样对 O_2 分子进行结构优化和频率分析，整理计算结果如表 4.5 所示。第一个振型为两个原子向相反的方向振动，可视为 O_2 分子的拉伸；第二和三个振型的本征位移矢量表示在 x-z 和 y-z 平面内的旋转；第四至六个振型的本征位移矢量分别表示沿 z、x 和 y 方向的平移。在理论上，三个平移振型和两个旋转振型的 Hessian 本征值均应为零，实际计算得到的结果比较小但不严格为零，这是因为用 DFT 方法计算 Hessian 矩阵时使用了有限差分近似。我们可以看到平移与旋转频率大小相对拉伸时的结果基本可忽略不计，因此并不会对 ZPE 的修正计算产生根本性影响。

表 4.5 气态 O_2 分子的正态振型(O_2 分子沿 z 轴摆放)

频率/cm^{-1}	原子	本征位移矢量/Å			振动类型
		x	y	z	
1552.057	O1	0.000	0.000	0.708	拉伸
	O2	0.000	0.000	−0.707	
77.256	O1	0.000	−0.738	0.000	旋转
	O2	0.000	0.675	0.000	
77.252	O1	−0.738	0.000	0.000	旋转
	O2	0.675	0.000	0.000	
1.160i	O1	0.000	0.000	−0.707	平移
	O2	0.000	0.000	−0.708	

续表

频率 /cm^{-1}	原子	本征位移矢量/Å			振动类型
		x	y	z	
3.401i	O1	−0.675	0.000	0.000	平移
	O2	−0.738	0.000	0.000	
3.401i	O1	0.000	−0.675	0.000	平移
	O2	0.000	−0.738	0.000	

由此,我们可以得到孤立 O_2 分子的零点能修正值:$E_{ZPE}^{O_2}=0.192$ eV。结合吸附能和零点能的定义,我们得到以下经零点能修正的吸附能计算公式。

$$E_{ads-ZPE}^{O}=(E_{O/Pt}+E_{ZPE}^{Oads})-\frac{1}{2}(E_{O_2}+E_{ZPE}^{O_2})-E_{Pt}=E_{ads}^{O}+\Delta E_{ZPE}=-1.12\ \text{eV} \quad (4.30)$$

将上述计算结果代入,得到 $\Delta E_{ZPE}=E_{ZPE}^{Oads}-\frac{1}{2}E_{ZPE}^{O_2}=-0.022$ eV。

4.15 Pt(111)表面羟基解离的过渡态搜索

4.15.1 过渡态方法简介

Arrhenius 方程指出,基元反应速率与温度和反应活化能相关。高效催化剂正是通过降低反应活化能来实现净反应速率的极大提升的[195]。在体系由一个稳定态跃迁至另一个稳定态的动力学变化过程中,存在一条最小能量路径(MEP)。MEP 的最大值为沿此路径越过的最低能量势垒,即反应活化能。该能量值对应于体系的一个一阶鞍点,沿 MEP 方向是极大值,而沿其他任何方向均为极小值。该一阶鞍点是沿 MEP 方向的一个过渡态(transition state, TS),其声子谱只有一个虚频的振动模式[196]。

对于材料的老化、演变和化学反应等微观过程,过渡态及其对应的反应势垒的描述非常重要。在平面波基组 DFT 计算中,寻找过渡态的一种常用方法是 NEB 方法[197]。该方法的主要思路如图 4.26(a)所示,其中用序号 0~7 标注的位置表示体系不同状态坐标(也称为图像)的集合。图像 0 和 7 位于极小值点上,由一条黑色曲线(MEP)相连,该曲线与两条黑色等高线的交点即为过渡态。NEB 方法期望在 0 和 7 之间插入一系列图像(1~6),并通过整体优化调整这组图像,使它们沿着 MEP 方向移动,以在势能面上寻找连接两个相邻极小值的 MEP[128]。具体细节不在此处展开论述。

不难理解,NEB 方法需要插入足够多的中间图像来描述 MEP,因此计算成本非常高。此外,NEB 方法易低估势垒,这在图 4.26(b)中得到了证实。因此,在实际计算中更倾向于使用基于 NEB 方法发展的攀爬图像微动弹性带(climbing image nudged elastic band, CINEB)方法[126]。CINEB 方法考虑了攀爬机制对过渡态定位的影响,通过调整能量最高点的受力,使能量最高点不会因相邻点的弹簧力影响而远离过渡态,同时通过反转该点平行于路径的势能力分量方向,促使能量最高点攀爬至过渡态并且能量升高。由于这些调整,CINEB 方法通常只需插入适当数量的中间图像即可精确地完成过渡态定位。

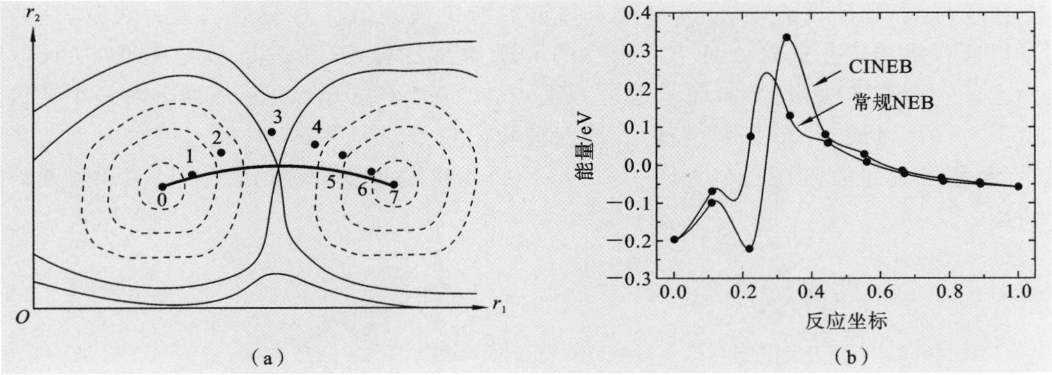

图 4.26 过渡态的势能面示意图

(a) 两个极小值点被过渡态所分隔开的二维能量示意图[197]；

(b) NEB 方法和 CINEB 方法计算 CH_4 在 Ir(111)表面上解离吸附的 MEP[126]

VASP 默认采用 NEB 方法，使用 CINEB 方法需下载 Henkelman 课题组开发的 VTST 程序，解压至 VASP 源码目录下并进行编译。在结构优化的 INCAR 文件的基础上，需添加代码“LCLIMB＝TRUE”以激活 CINEB 计算，根据实际插入中间图像的数目设置 IMAGES 参数值，弹簧力参数 SPRING 通常取−5。关于优化方法，可采用 VASP 内置的 DIIS 方法，即设置 IBRION＝1。若选用 VTST 中的优化方法，需先设置 POTIM＝0，IBRION＝3，关闭 VASP 内置优化算法，再设置 IOPT 参数值(通常粗略收敛时取 7，精细收敛时取 1 或 2)。另需注意，计算核数需能够被插入的图像数整除，例如参数 IMAGES 的值为 4 时，核数应为 4 的正整数倍，如 4、8、12、16 等。

下面以 Pt(111) 表面 OH 基团的解离为例，介绍 CINEB 方法搜索过渡态的流程。

4.15.2 Pt(111)表面 OH 基团的解离势垒计算

代码 4.48 OH 基团解离势垒计算的 INCAR 文件

```
ENCUT=400
ISMEAR=1
SIGMA=0.2
EDIFF=1E-5
EDIFFG=-0.05
ISIF=2
IBRION=1
POTIM=0.2
NSW=60
# NEB part
SPRING=-5
LCLIMB=True
ICHAIN=0
IMAGES=3
```

在进行 NEB 计算前,需要确定两个邻近的能量极小值所对应的构型。通常,这些构型可以通过结构优化获得。对于本例中的 OH 解离过程,其初态是 OH 基团在 Pt(111) 表面上的一个稳定吸附构型,而末态是 H 原子和 O 原子在 Pt(111) 表面上的一个共吸附构型。对 OH 基团在 Pt(111) 表面上的四种吸附位点进行测试,发现它更倾向于结合在两个 Pt 原子之间的 Bri 位点(见图 4.27(a)),因此我们将 Bri 位点作为 OH 基团解离的初态构型。

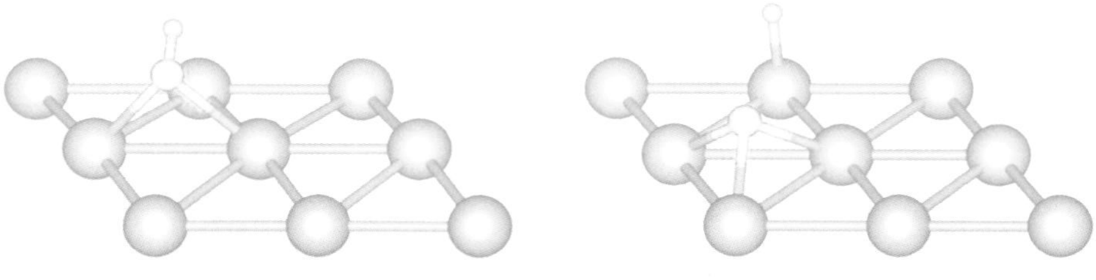

(a)　　　　　　　　　　(b)

图 4.27　Pt(111) 表面 OH 基团解离的构型

(a) 初态(对应解离前);(b) 末态(对应解离后)

Pt(111)位点的不同对 H 原子吸附能的影响相对较小。因此,在构建本例末态时,可以假定 O 原子始终占据 FCC 位点,H 原子占据近邻的顶位(见图 4.27(b)),这样的构型可以作为 OH 基团解离的末态。为便于 NEB 计算的前处理、后处理以及计算过程的实时分析等,VTST 网站①提供了一些辅助脚本,如用于判断插入中间图像数量的 dist.pl、用于生成中间图像的 nebmake.pl、用于实时查看收敛情况的 nebef.pl 和汇总计算结果的 nebresults.pl 等文件。

首先我们利用 dist.pl 确定大略需要的镜像个数。生成中间图像是 NEB 计算的第一步。dist.pl 能够计算初、末态构型的距离,VTST 推荐将采用“距离值/0.8”取整作为插入图像的数目。本例中,在 NEB 计算目录下,运行命令“dist.pl CONTCAR-is CONTCAR-fs”,返回值为 1.92,因此按“距离值/0.8”估算选择插入三个中间镜像。

接下来需要进行镜像的生成,主要有两种常用方法。一种是运行 VTST 网站提供的线性插值方法,运行“nebmake.pl CONTCAR-is CONTCAR－fs 3”将生成 00、01、02、03 和 04 五个文件夹,其中 00 和 04 文件夹中的 POSCAR 文件分别对应初态和末态构型,其余的对应插入的中间图像的构型。其优点是简单易用,但是这种线性插值方法可能会导致生成的中间图像与 MEP 相距较远,甚至出现原子重叠等不合理现象。为了解决这个问题,科研工作者们发展了非线性插值方法,其中最具有代表性的是 Smidstrup 提出的 IDPP(image dependent pair potential,图像相关对势)方法[198],其基于三角剖分和点内径向基函数,能够生成较接近 MEP 的中间图像构型。该方法已集成在 pymatgen 程序包中。运行代码 4.49(命令为 python3 idpp.py CONTCAR-is CONTCAR-fs 3)即可得到 00～04 五个包含 POSCAR 文件的文件夹。

① 地址为 theory.cm.utexas.edu/vtsttools/。

代码 4.49　镜像非线性插值脚本 idpp. py

```
from pymatgen. core import Structure
from pymatgen_diffusion. neb. pathfinder import IDPPSolver
import numpy as np
import os
import sys

sys. stdout=open (os. devnull, 'w')
if len (sys. argv)<4:
raise SystemError('Sytax Error! ')

init_struct=Structure. from_file(sys. argv[1], False)
final_struct=Structure. from_file( sys. argv[2], False)
obj=IDPPSolver. from_endpoints(endpoints=\
          [init_struct, final_struct], nimages=int (sys. argv[3]),
sort_tol=1.0)
new_path=obj. run( maxiter=5000, tol=1e-5, gtol=1e-3,\
               step_size=0.05, max_disp=0.05, spring_const=5.0)

for i in range (len (new_path)):
image_file='{0:02 d}'. format (i)
if not os. path. exists( image_file):
os. makedirs(image_file)
POSCAR_file=image_file+'/ POSCAR'
new_path[i]. to( fmt=" poscar", filename=POSCAR_file)

sys. stdout=sys.__stdout__
print (" NEB initial guess of IDPP has been generated.")
```

运行过程中，在 NEB 计算目录下执行 VTST 提供的 nebef. pl 脚本，可实时获取收敛情况。代码 4.50 给出了运行 nebef. pl 脚本的返回结果，其第一列为图像编号，第二列为原子受力，第三列为体系能量，第四列为相对于 0 号的能量变化(00 和 04 文件夹中分别存放了初态和末态结构优化收敛的 OUTCAR 文件)。本例中第二列的所有值均小于设定的力收敛标准 0.05 eV/Å，即该 NEB 计算成功收敛。第四列中第三行的值最大，即反应势垒为 1.02 eV，过渡态构型如图 4.28(a)所示，对应于 02 文件夹中的 CONTCAR 文件。第四列最后一行的值代表该反应的反应热。运行 nebresults. pl 脚本可得到一系列计算结果的总结文件，其中生成的以“movie”开头的系列文件包含了收敛后的每个图像的坐标。图 4.28(b)描述了反应坐标与能量的关系，即 MEP。

代码 4.50　运行 nebef. pl 脚本的返回结果

```
0  0.039783  -102.420700  0.000000
1  0.035705  -102.315900  0.104800
2  0.027769  -101.400800  1.019900
3  0.041585  -102.045900  0.374800
4  0.034054  -102.326400  0.094300
```

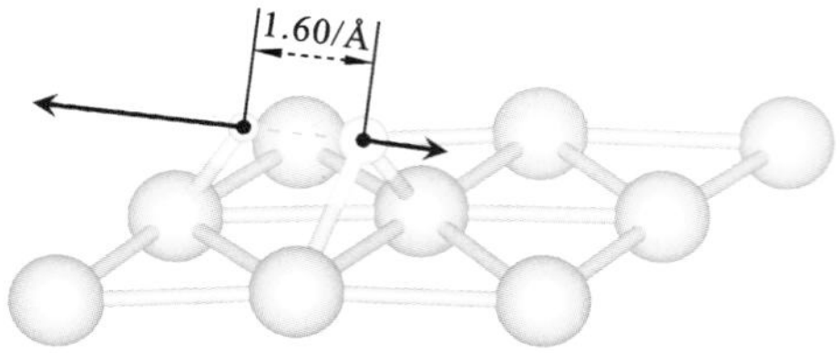

(a)

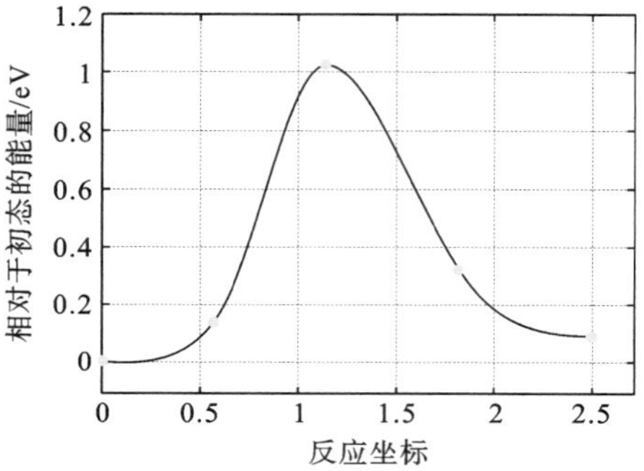

(b)

图 4.28 Pt(111)表面 OH 基团解离的路径

(a) 过渡态及其虚频对应的振动模式；(b) 运行 nebresults.pl 脚本得到 MEP

最后，根据过渡态有且只有一个虚频振动的特点，计算过渡态(02/CONTCAR)中 H 原子和 O 原子的振动频率。频率计算结束后，运行"grep cm OUTCAR"命令，发现只有一个 776.4875 cm^{-1}的虚频，见代码 4.51。再借助 Jmol 软件查看其振动模式，如图 4.28(a)所示，发现其振动矢量的方向正是由初态指向末态，表明成功搜到了 OH 基团在 Pt(111)表面解离的过渡态。

代码 4.51 运行"grep cm OUTCAR"的返回结果

```
f   =46.7120 THz 293.5001 2 PiTHz 1558.1443 cm-1 193.1853 meV
f   =18.6701 THz 117.3077 2 PiTH 622.7673 cm-1 77.2133 meV
f   =14.8907 THz 93.5612 2 PiTH 496.7014 cm-1 61.5831 meV
f   =10.2789 THz 64.5841 2 PiTHz 342.8666 cm-1 42.5101 meV
f   =7.5824 THz 47.6419 2 PiTHz 252.9230 cm-1 31.3585 meV
f/i   =23.2785 THz 146.2632 2 PiTHz 776.4875 cm-1 96.2722 meV
```

总结一下：在过渡态的计算中首先需要确定初态和末态的稳定吸附构型，然后在此基础上构建反应路径。最常见的反应路径的搜索方法包括 NEB 方法和 Dimer 方法[199]。我们还可以将两种方法有机结合，先用 CINEB 方法粗略找到过渡态构型，然后将其作为初猜构型进行 Dimer 计算。VTST 提供了 neb2dim.pl 脚本以便于实现这一操作。对于过渡态的计算，需要考虑超胞大小、slab 模型层数、真空层厚度以及覆盖度效应[194]等因素，这些因素都反映势垒的影响。总的来说，搜索反应过渡态需要一定的技巧和经验，并需要考虑多种因素并选择合适的方法。

4.16 Pt 表面的 ORR 催化路径

电解水制氢和氢氧燃料电池等氢能利用技术已成为解决未来能源问题的重要途径，相应地，氢析出反应(HER)、氢氧化反应(HOR)、氧析出反应(OER)和氧还原反应(ORR)等电化学反应也成为研究的热点[200]。而质子交换膜燃料电池(PEMFC)由于零污染、高效能和易轻量化等独特优势，被视为一种具有极大潜力的动力来源[201]。发展低贵金属含量、高催化活性和稳定性的 ORR 催化剂则是 PEMFC 技术成为一门规模化实用技术的关键所在[202]。迄今为止，Pt 及其合金仍被认为是最具实用价值的 ORR 催化剂[203]。

本节就以 Pt 电极为例，介绍如何通过 DFT 计算研究 Pt 表面的 ORR 催化路径。

4.16.1 计算氢电极(CHE)模型

电催化反应是一种非常复杂的系统过程，包含众多的影响因素，如溶剂化效应、电极表面结构和固液界面的电荷分布等[204]。这些因素的相互作用，使得完全考虑所有影响因素是十分困难的。为了解决这个问题，近年来理论电化学家们在该领域进行了大量研究[205,206]。其中，Nørskov 等人于 2004 年提出了一种基于吸附能的密度泛函理论模型，用于模拟电催化反应过程[207]，并于 2010 年将其命名为计算氢电极(computational hydrogen electrode, CHE)模型[208]。该模型基于密度泛函理论，结合吸附能的概念，能够模拟电催化反应的基本过程，如吸附、解离和反应等。CHE 模型不仅可以真实地反映电极表面催化活性，还可以为电极材料的设计提供指导。因为它提供了一种定量和预测性的方法，可以帮助我们深入了解原子层面上催化剂的行为。它的应用已经带来了在能量储存、燃料电池和可再生能源等各种领域中开发出新型和改进型催化剂的许多突破。以下对其进行简要介绍。

对于一个标准氢电极(standard hydrogen electrode, SHE)，氧化还原半反应式可写为：

$$\frac{1}{2}H_2(g) \rightleftharpoons H^+ + e^-$$

当氢电极处于 pH=0、氢气压力为 1 bar、温度为 298.15 K 的环境中且外加电压 $U=0$ V 时，氢电极氧化还原半反应的自由能变化为 $\Delta G=0$ eV。因此，质子电子对的自由能可写为

$$G(H^+ + e^-) = \frac{1}{2}G(H_2(g)) \tag{4.31}$$

若有外加电压，则式(4.31)需加上电压修正项 $-eU$，其中 e 为基本电荷，U 为外加电压。此外，在电催化过程中经常通过调整 pH 值来促进反应的进行，因此也需对 pH 值进行修正。pH 的修正项可以表示为

$$\Delta G(pH) = -k_B T\ln[H^+] = k_B T\ln(10) \times pH \tag{4.32}$$

式中：k_B为玻尔兹曼常数。若以 eV 为单位代入各项值，则 $G(pH)=0.0592$ pH。pH 值可视为质子活性。综上所述，在外加电场和 pH 值均不为 0 的情况下，质子电子对的自由能可写为

$$G(H^+ + e^-) = \frac{1}{2}G(H_2(g)) - eU - 0.0592pH \tag{4.33}$$

进一步，对于一个还原的吸热反应，有

$$A^* + (H^+ + e^-) \longrightarrow AH^*$$

吸附物种 $A(A^*)$经还原产生对应的氢化物(AH^*)，该反应的自由能变化为

$$\begin{aligned}\Delta G &= G(AH^*) - (G(A^*) + G(H^+ + e^-)) \\ &= G(AH^*) - (G(A^*) + \frac{1}{2}G(H_2(g)) - eU - 0.0592\ pH)\end{aligned} \tag{4.34}$$

当 pH=0 且有外加电压时，为使反应达到平衡状态，所需外加电压为

$$U = -\frac{G(AH^*) - G(A^*) - \frac{1}{2}G(H_2(g))}{e} \tag{4.35}$$

这个电压值即为平衡电位(equilibrium potential)。至于各反应物种的自由能,则可通过DFT计算获得:

$$G = E_{\mathrm{DFT}} + G_{\mathrm{cor}} = E_{\mathrm{DFT}} + \left(E_{\mathrm{ZPE}} + \sum_{\nu} \frac{h\nu}{e^{h\nu/k_{\mathrm{B}}T} - 1} - TS_{\mathrm{vib}}\right) \tag{4.36}$$

Nørskov通过这样一个相对简单的模型将表面科学框架与复杂的电化学环境成功联系起来,为电催化的反应机理研究和催化剂的理性设计等提供了巧妙、实用的方案。

4.16.2 基于CHE模型的氧还原反应

如图4.29所示,氧还原反应是一种复杂的多电子、多步骤反应,涉及多种反应中间体,并伴随着质子迁移过程。氢燃料电池的整体反应式为:

$$2H_2(g) + O_2(g) \longrightarrow 2H_2O(l) + \text{反应热} \tag{4.37}$$

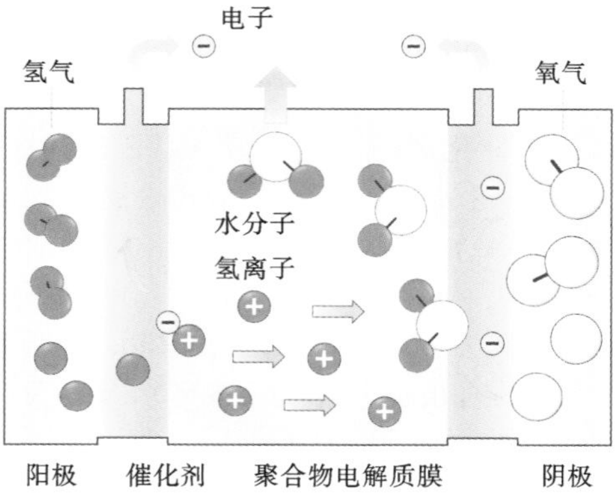

图4.29 PEMFC中的氧还原反应示意图[209]

这个反应式表明,在氢燃料电池中,氢气和氧气在催化剂的作用下将发生氧化还原反应,生成水和热能。反应热则是在298.15 K、1 atm的条件下反应释放的能量,等于4.92 eV。该反应通常在酸性电解液中进行,在SHE电极发生的半反应为

$$2H_2(g) \longrightarrow 4H^+ + 4e^- \tag{4.38}$$

而在酸性电解液中,ORR电极上的氧还原通常存在两种反应路径[207]:

(1) 直接四电子转移路径,即发生四个电子和四个质子的转移:

$$O_2(g) + 4H^+ + 4e^- \longrightarrow 2H_2O(l) \tag{4.39}$$

(2) 连续两电子转移路径,即发生电子的连续转移:

$$\begin{aligned} &O_2(g) + 2H^+ + 2e^- \longrightarrow H_2O_2 \\ &H_2O_2 + 2H^+ + 2e^- \longrightarrow 2H_2O(l) \end{aligned} \tag{4.40}$$

以广受认可的四电子转移路径为例,ORR反应过程可进一步根据电子转移拆解为四个放热反应步骤:

$$\begin{aligned} &* + O_2(g) + (H^+ + e^-) \longrightarrow OOH^* \\ &OOH^* + (H^+ + e^-) \longrightarrow O^* + H_2O(l) \\ &O^* + (H^+ + e^-) \longrightarrow OH^* \\ &OH^* + (H^+ + e^-) \longrightarrow * + H_2O(l) \end{aligned} \tag{4.41}$$

其中 * 表示洁净表面。

根据 CHE 模型，pH=0 且无外加电压时，每一步的自由能变化为

$$\Delta G(1)=G(\mathrm{OOH}^*)-\frac{1}{2}G(\mathrm{H_2})-G(*)-G(\mathrm{O_2}) \tag{4.42a}$$

$$\Delta G(2)=G(\mathrm{O}^*)-\frac{1}{2}G(\mathrm{H_2})-G(\mathrm{OOH}^*)+G(\mathrm{H_2O}) \tag{4.42b}$$

$$\Delta G(3)=G(\mathrm{OH}^*)-\frac{1}{2}G(\mathrm{H_2})-G(\mathrm{O}^*) \tag{4.42c}$$

$$\Delta G(4)=G(*)-\frac{1}{2}G(\mathrm{H_2})-G(\mathrm{OH}^*)+G(\mathrm{H_2O}) \tag{4.42d}$$

其中，$H_2(g)$、$H_2O(l)$ 和 $O_2(g)$ 分子的自由能可通过 VASP 计算结合热力学修正得到。表 4.6 列出了标准氢电极条件下的计算结果。

表 4.6　标准氢电极条件下 H_2、O_2 和 H_2O 分子的自由能

反应物	压强/atm	温度/K	E_{DFT}/eV	G_{cor}/eV	G/eV
$H_2(g)$	1.000	298.15	−6.762	−0.045	−6.807
$H_2O(l)$	0.035	298.15	−14.233	−0.001	−14.234
$O_2(g)$	1.000	298.15			−9.934

注：$G(O_2)=2G(H_2O)-2G(H_2)+4.920$。

进一步，针对不同的 ORR 催化剂，计算催化剂纯净表面（*）以及分别吸附三种中间物种（OH^*、O^* 和 OOH^*）时的自由能，代入式(4.42)即可得到每一步的自由能变化值，最后通过式(4.43)计算起始电位 η_{onset}：

$$\eta_{onset}=-\min(\Delta G(1),\Delta G(2),\Delta G(3),\Delta G(4)) \tag{4.43}$$

如图 4.30 所示，理想情况下，将总反应的自由能变化平均分配到四个电子反应步骤中，即每一步放热 1.23 eV。若平衡电位与起始电位均为 1.23 V，则过电位为 0.00 V。

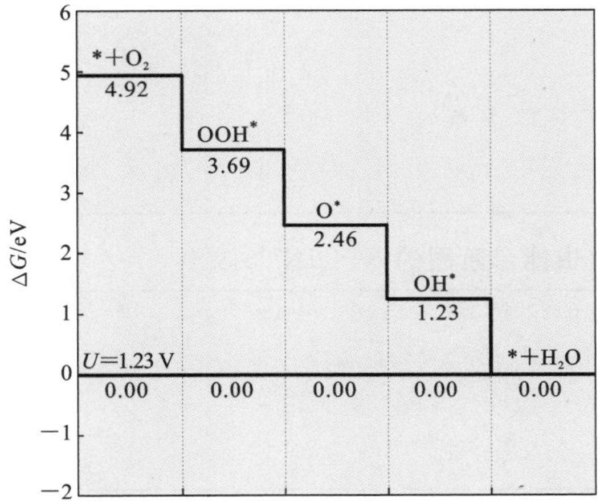

图 4.30　理想 ORR 催化剂的自由能台阶图[210]

下面以 Pt(111) 体系为例，介绍其 ORR 四电子转移路径的自由能台阶图绘制方法。

4.16.3 关键参数与输入脚本

基于前面的分析,只需通过结构优化计算 Pt(111) 的洁净 slab 模型及其分别吸附了 OH、O 和 OOH 物种的体系总能,并通过计算吸附物种的频率做进一步的热力学校正,最后将所得结果代入式(4.42),得到每一步的自由能。

1. 关键模拟参数

- DFT 程序版本:VASP. 6.3.0。
- 赝势版本:PAW_PBE Pt 04Fbe2005,PAW_PBE O 08Apr2002,PAW_PBE H 15Jun2001。
- 材料体系:Pt(111) p(2×2)(包含五层 Pt 原子并添加厚度为 12 Å 的真空层,其中底部两层原子在结构优化时位置固定)。

2. 输入脚本

计算所采用的输入脚本见代码 4.52 至代码 4.55。

代码 4.52 ORR 自由能台阶图能量计算的 INCAR 文件

```
ISMAER=1
SIGMA=0.2
ENCUT=400
IBRION=2
NSW=200
ISIF=2
```

代码 4.53 ORR 自由能台阶图自由能校正的 INCAR 文件

```
SYSTEM=Pt-sur_ads-fq
ISMEAR=1
SIGMA=0.2
ENCUT=400
ISIF=2
# freq setting
NSW=1
POTIM=0.02
IBRION=5
NFREE=2
```

代码 4.54 ORR 自由能台阶图的 KPOINTS 文件

```
K-points for Pt(111) p(2×2) with five layers
0
Gamma
5  5  1
0  0  0
```

代码 4.55 ORR 自由能台阶图的 POSCAR 文件

```
Pt(111)-OH
1.00000000000000
```

```
  5.6157819599999996  0.0000000000000000  0.0000000000000000
 -2.8078909799999998  4.8634098400000001  0.0000000000000000
  0.0000000000000000  0.0000000000000000  21.1705335499999983
  Pt  O  H
  20  1  1
  Selective dynamics
  Direct
  0.0000000000000000  0.0000000000000000  0.2027649999999994  F F F
  0.0000000000000000  0.0000000000000000  0.5264391848591435  T T T
  0.3333335000000019  0.1666664999999981  0.0944709999999986  F F F
  0.3333335000000019  0.1666664999999981  0.4171382079255743  T T T
  0.1666664999999981  0.3333335000000019  0.3099620564455093  T T T
  0.5000000000000000  0.0000000000000000  0.2027649999999994  F F F
  0.5000000000000000  0.0000000000000000  0.5264391848591435  T T T
  0.8333335000000019  0.1666664999999981  0.0944709999999986  F F F
  0.8333335000000019  0.1666664999999981  0.4171382079255743  T T T
  0.6666664999999981  0.3333335000000019  0.3099620564455093  T T T
  0.0000000000000000  0.5000000000000000  0.2027649999999994  F F F
  0.0000000000000000  0.5000000000000000  0.5264391848591435  T T T
  0.3333335000000019  0.6666664999999981  0.0944709999999986  F F F
  0.3333335000000019  0.6666664999999981  0.4171382079255743  T T T
  0.1666664999999981  0.8333335000000019  0.3099620564455093  T T T
  0.5000000000000000  0.5000000000000000  0.2027649999999994  F F F
  0.5000000000000000  0.5000000000000000  0.5264391848591435  T T T
  0.8333335000000019  0.6666664999999981  0.0944709999999986  F F F
  0.8333335000000019  0.6666664999999981  0.4171382079255743  T T T
  0.6666664999999981  0.8333335000000019  0.3099620564455093  T T T
  0.6656666666666667  0.3343333333333333  0.5750000000000000  T T T
  0.6676666666666667  0.3323333333333333  0.6213000000000000  T T T
```

4.16.4 结果与分析

不同物种在 Pt(111) 表面不同位点的吸附强度不同，因此，有必要测试三个中间物种在所有可能位点的吸附能，从而判断出其各自最稳定的吸附构型，用于自由能的计算。物种 X 的吸附能的计算公式见式(4.26)，相应的计算结果总结于表 4.7。不难看出，O^* 倾向于吸附在 Pt(111)的 FCC 位点，而 OH^* 和 OOH^* 吸附在 Top 位点更稳定。

表 4.7　O^*、OH^* 和 OOH^* 在 Pt(111)表面上不同位点的吸附能　(单位:eV)

物种	吸附位点			
	Top	Bri	HCP	FCC
O^*	0.24	—	−0.73	−1.15
OH^*	−2.23	−2.21	−1.67	−1.91
OOH^*	−1.11	−0.84	−0.54	−0.72

进而针对每种最稳定的吸附构型（见图 4.31），计算相应中间物种的频率，代入式(4.36)计算相应的自由能，整理后的结果如表 4.8 所示。最后，结合式(4.42)和表 4.8 计算出每一步的自由能变化，并绘制出在外加电压为 0.00 V 和 1.23 V 时 Pt(111)表面的 ORR 自由能台阶图（与文献[204] 中的计算结果一致），如图 4.32 所示。可以看到，Pt(111) 表面对 OOH^* 物种的较弱吸附作用和对 O^*、OH^* 物种的较强吸附作用，导致每一步的自由能变化分配不均匀。其中，向 OH^* 物种转变的这一步在 $U=0.00$ V 时放热最少，在 $U=1.23$ V 时自由能台阶上升幅度最大，这是最难的一步，也是整个 ORR 过程的决速步骤。由此可计算得到起始电位 $\eta_{\text{onset}}=\Delta G(3)=-(1.20-1.42)$ V$=0.22$ V。

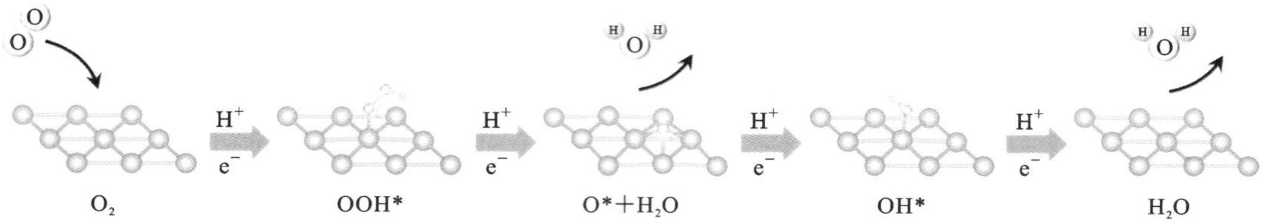

图 4.31　基于最稳定吸附构型的 Pt(111)表面的 ORR 四电子转移路径

表 4.8　标准氢电极条件下 Pt(111)表面上 ORR 中每一步的自由能　（单位：eV）

物种	E_{DFT}	G_{cor}	分子与电子质子对	G_{tot}	$G_{\text{step}}^{U=0.00\text{ V}}$	$G_{\text{step}}^{U=1.23\text{ V}}$
slab	−116.755	0.000	$O_2+4(H^++e^-)$	−140.303	4.29	0.00
slab+OOH^*	−131.136	0.428	$3(H^++e^-)$	−140.198	4.31	0.61
slab+O^*	−122.842	0.074	$H_2O+2(H^++e^-)$	−143.809	1.42	−1.05
slab+OH^*	−126.713	0.329	$H_2O+(H^++e^-)$	−144.021	1.20	−0.03
slab	−116.755	0.000	$2H_2O$	−145.223	0.00	0.00

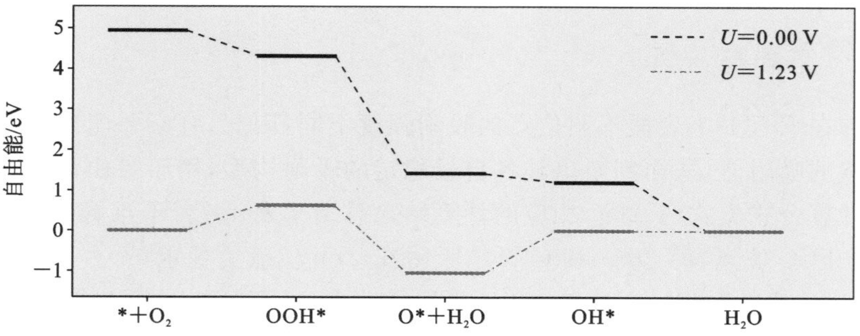

图 4.32　外加电压为 0.00 V 和 1.23 V 时 Pt(111)表面的 ORR 自由能台阶图

本节中，我们介绍了 CHE 模型，用于研究 Pt(111) 表面的 ORR 催化路径和自由能计算方法。这种方法简单且计算量较小，可以在比较不同催化剂 ORR 性能时发挥重要作用。然而，CHE 模型的一个主要缺点是，它从本质上来说是将催化体系置于真空环境中进行计算的，忽略了溶剂环境等其他因素的影响。因此，在计算 ORR 起始电位时，CHE 模型的计算结果与实验值(约 0.9 eV)之间可能存在较大的差距[204]。

近年来,“双电层”理论和溶剂化模型研究逐步深入(如 VASPsol 等程序的开发),为描述溶剂化效应与提高起始电位和过电位的计算精度提供了有效途径[211-213]。此外,还有一些因素,如范德瓦尔斯校正、偶极校正、赝势的选择、超胞的大小、slab 模型的层数以及覆盖度效应等,可能对结果产生微弱的影响。因此,在计算 ORR 催化剂性能时,需要综合考虑各种因素的影响,并选择合适的计算方法和程序,以提高计算精度。通过这样的努力,我们可以更好地理解 ORR 催化机理,为开发更有效的 ORR 催化剂提供指导和启示[214]。

习 题

1. 使用 VASP 计算金刚石结构的碳原子的晶格常数和形成能。比较计算结果与实验值之间的差异,并讨论造成这一差异的可能原因。

2. 计算金属铜的能带结构和态密度。根据结果,解释铜的导电性。

3. 计算一维 Si 纳米线的能带结构,探讨纳米线的宽度对其导电性和带隙的影响。

4. 使用 VASP 计算一个简单的氧化物(如 MgO)的电子结构和形成能。分析其能带结构以及离子键形成的原因。

5. 计算一个二维材料(如石墨烯)的电子结构和力学性质,讨论其导电性,并说明其具有高强度的原因。

6. 使用 VASP 计算半导体材料 GaAs 的带隙,与实验值进行比较,并探讨采用不同的交换-相关泛函对带隙计算的影响。

7. 计算一个过渡金属氧化物(如 Fe_2O_3)的磁性性质,讨论其磁性起源和磁性相互作用。

8. 使用 VASP 模拟固态材料中的点缺陷(如空位、替位杂质等),计算点缺陷的形成能,并分析点缺陷对材料性能的影响。

9. 计算金属表面吸附物(如 Pt 表面的 CO 分子)的吸附能和结构,讨论吸附物与金属表面之间的相互作用。

10. 使用 VASP 对一个简单的钙钛矿结构材料(如 $CH_3NH_3PbI_3$)进行几何优化和能带计算,讨论其在太阳能电池领域的应用潜力。

第 5 章　紧束缚方法

紧束缚(TB)方法是一种常用的半经验性方法。此方法通过利用原子轨道构建系统的哈密顿矩阵,从而获得包含电子结构信息的结果。然而,与第一性原理计算方法不同,在该方法中哈密顿矩阵元并非直接计算得到,而是通过经验参数给出的,这样就避免了耗时较长的自洽场计算。因此,如果拥有一套高质量的参数,TB 方法能够精确处理较大的体系(约 10^3 个原子)。此外,TB 方法的功能扩展相对简单,掌握基本原理后,可以轻松编写相应的模块。TB 方法的另一个优点是其具有模型化特性,这使得采用该方法获得的结果具有鲜明的物理意义。

但是,TB 方法过于依赖参数的质量,并且参数的可移植性也限制了其广泛应用。TB 方法通常作为辅助手段,用于研究中以讨论问题的物理图像。本章将深入探讨 TB 方法的原理、哈密顿矩阵元的构造方法以及关于此方法的一些发展。

5.1　建立哈密顿矩阵

5.1.1　双原子分子

考虑一个最简单的模型,即一个仅含一个电子的同性双原子分子(例如 H_2^+ 分子),每个原子仅有一个轨道 $\phi_i(\boldsymbol{r}-\boldsymbol{R}_i)$,其体系的哈密顿算符为

$$\hat{H}=\frac{p^2}{2m}-\frac{Ze^2}{|\boldsymbol{r}-\boldsymbol{R}_1|}-\frac{Ze^2}{|\boldsymbol{r}-\boldsymbol{R}_2|}+\frac{Z^2e^2}{|\boldsymbol{R}_1-\boldsymbol{R}_2|} \tag{5.1}$$

由于式(5.1)右端最后一项仅取决于原子核的构型,因此在研究静态构型的时候可忽略该项,并利用上述两个原子轨道构造基函数,将体系的哈密顿量展开为一个二阶方阵,形如

$$\begin{bmatrix}\langle\phi_1|\hat{H}|\phi_1\rangle & \langle\phi_1|\hat{H}|\phi_2\rangle\\ \langle\phi_2|\hat{H}|\phi_1\rangle & \langle\phi_2|\hat{H}|\phi_2\rangle\end{bmatrix}=\begin{bmatrix}\varepsilon & t\\ t & \varepsilon\end{bmatrix} \tag{5.2}$$

式中:ε 为格位积分(on-site term);t 为跃迁积分(hopping term)。将式(5.1)代入式(5.2),可得

$$\varepsilon=\left\langle\phi_1\left|\frac{p^2}{2m}-\frac{Ze^2}{|\boldsymbol{r}-\boldsymbol{R}_1|}-\frac{Ze^2}{|\boldsymbol{r}-\boldsymbol{R}_2|}\right|\phi_1\right\rangle=\varepsilon^0-\left\langle\phi_1\left|\frac{Ze^2}{|\boldsymbol{r}-\boldsymbol{R}_2|}\right|\phi_1\right\rangle \tag{5.3}$$

$$t=\left\langle\phi_1\left|\frac{p^2}{2m}-\frac{Ze^2}{|\boldsymbol{r}-\boldsymbol{R}_1|}-\frac{Ze^2}{|\boldsymbol{r}-\boldsymbol{R}_2|}\right|\phi_2\right\rangle=\varepsilon^0S_{12}-\left\langle\phi_1\left|\frac{Ze^2}{|\boldsymbol{r}-\boldsymbol{R}_1|}\right|\phi_2\right\rangle \tag{5.4}$$

式(5.3)与式(5.4)中的 ε^0 代表孤立原子中 ϕ_1 和 ϕ_2 的本征能量。式(5.4)中的 $S_{12}=\langle\phi_1\phi_2\rangle$,称为交叠矩阵元。一级近似下,可以认为交叠矩阵元 S_{12} 恒为零,即不同原子上的电子轨道彼此正交,因此可以很容易将式(5.2)对角化,求得本征值和本征波函数:

$$\begin{cases}E_+=\varepsilon-t, & \psi_+=\dfrac{1}{\sqrt{2}}(|\phi_1\rangle+|\phi_2\rangle)\\ E_-=\varepsilon+t, & \psi_-=\dfrac{1}{\sqrt{2}}(|\phi_1\rangle-|\phi_2\rangle)\end{cases} \tag{5.5}$$

可见，相对于孤立原子能级，两个原子互相靠近时，因为跃迁积分的影响，简并的两条原子轨道形成一条成键轨道和一条反键轨道，轨道能量相差 $2t$。

对于异性双原子分子，仍然可以利用两个原子轨道展开哈密顿矩阵，但是因为每个原子的核势不同，所以哈密顿矩阵的对角元素需要分别表示为 ε_1 和 ε_2，即

$$\begin{bmatrix} \varepsilon_1 & t \\ t & \varepsilon_2 \end{bmatrix}$$

由此得到体系的本征能级为

$$E_{\pm} = \bar{E} \pm \sqrt{\Delta E + |t|^2} \tag{5.6}$$

式中 $\bar{E} = (\varepsilon_1^0 + \varepsilon_2^0)/2$，$\Delta E = (\varepsilon_1^0 - \varepsilon_2^0)/2$。相应的本征波函数同式(5.5)。

5.1.2 原子轨道线性组合方法

5.1.1 节中的两个例子说明，多体体系的能量本征波函数（亦称分子轨道）可以表示为原子轨道的线性组合，即

$$\psi(\boldsymbol{r}) = \sum_{i\alpha} c_{i,\alpha} \phi_\alpha (\boldsymbol{r} - \boldsymbol{R}_i) \tag{5.7}$$

则体系能量可表示为

$$E = \frac{\langle \psi \mid \hat{H} \mid \psi \rangle}{\langle \psi \mid \psi \rangle} = \frac{\sum_{i\alpha, j\beta} c_{j\beta}^* c_{i\alpha} \langle \phi_{j\beta} \mid \hat{H} \mid \phi_{i\alpha} \rangle}{\sum_{i\alpha, j\beta} c_{j\beta}^* c_{i\alpha} \langle \phi_{j\beta} \mid \phi_{i\alpha} \rangle} \tag{5.8}$$

将式(5.7) 代入，并对 $c_{j\beta}^*$ 求变分，可得

$$\begin{aligned} \frac{\delta E}{\delta c_{j,\beta}^*} &= \frac{\sum_{i,\alpha} c_{i,\alpha} \langle \phi_{j,\beta} \mid \hat{H} \mid \phi_{i\alpha} \rangle}{\sum_{i\alpha, j\beta} c_{j\beta}^* c_{i\alpha} \langle \phi_{j\beta} \mid \phi_{i\alpha} \rangle} - \frac{\left(\sum_{i\alpha, j\beta} c_{j\beta}^* c_{i\alpha} \langle \phi_{j\beta} \mid \hat{H} \mid \phi_{i\alpha} \rangle \right) \left(\sum_{i\alpha} c_{i\alpha} \langle \phi_{j\beta} \mid \phi_{i\alpha} \rangle \right)}{\left(\sum_{i\alpha, j\beta} c_{j\beta}^* c_{i\alpha} \langle \phi_{j\beta} \mid \phi_{i\alpha} \rangle \right)^2} \\ &= \frac{1}{\sum_{i\alpha, j\beta} c_{j\beta}^* c_{i\alpha} \langle \phi_{j\beta} \mid \phi_{i\alpha} \rangle} \left(\sum_{i\alpha} c_{i\alpha} \langle \phi_{j\beta} \mid \hat{H} \mid \phi_{i\alpha} \rangle - \hat{E} \sum_{i\alpha} c_{i\alpha} \langle \phi_{j\beta} \mid \phi_{i\alpha} \rangle \right) \end{aligned} \tag{5.9}$$

对应于体系能量最低的情况，任取 j 及 β，式(5.9)均应等于零，因此得出体系的本征波函数中各项系数所需满足的方程：

$$\det(H_{i\alpha, j\beta} - ES_{i\alpha, j\beta}) = 0 \tag{5.10}$$

式中：$H_{i\alpha, j\beta}$ 和 $S_{i\alpha, j\beta}$ 分别是以 $\{\phi_{i\alpha}\}$ 为基函数展开的哈密顿矩阵元与交叠矩阵元。如果忽略交叠矩阵或者通过正交化方法消除交叠矩阵，则式(5.10)简化为

$$\det(H_{i\alpha, j\beta} - E\delta_{i\alpha, j\beta}) = 0 \tag{5.11}$$

这种在局域轨道基所张开的函数空间内利用变分原理求解体系本征波函数的方法称为原子轨道线性组合(linear combination of atomic orbitals，LCAO)方法。

线性空间变换理论表明，我们不必局限于使用原子局域轨道作为基函数，还可以采用它们的线性组合。通过根据体系的对称性选择相应的对称轨道，哈密顿矩阵将呈现分块对角的形式，从而可以有效地降低矩阵的阶数并提高计算效率。例如，在金刚石结构中常用 sp^3 杂化轨道；而在石墨结构中则常用 sp^2 杂化轨道。

采用适当的对称轨道可以简化计算过程并提高计算效率。这些对称轨道可以根据体系的特点和需求来选择。例如，对于具有高对称性的晶体结构，可以使用空间群对称性来简化

基组。对于具有强化学键的分子系统,可以使用化学键轨道来构建基组。这种方法不仅有助于减少计算量,而且能够提供更直观的化学和物理解释。

5.1.3 Slater-Koster 双中心近似

如果考虑真实的固体体系,其单电子的哈密顿量可以表示为动量算符和有效势能算符之和,即

$$\hat{H}=\hat{T}+\hat{V}^{\text{eff}} \tag{5.12}$$

如果用原子基组展开,则动能项和势能项的矩阵元分别有如下表达式:

$$T_{i\alpha,j\beta}=\int\phi_{\alpha}^{*}(\boldsymbol{r}-\boldsymbol{R}_{i})\hat{T}\phi_{\beta}(\boldsymbol{r}-\boldsymbol{R}_{j})\mathrm{d}\boldsymbol{r}=\int\phi_{\alpha}^{*}(\boldsymbol{r}-\boldsymbol{R}_{i})\left(-\frac{\hbar^{2}}{2m}\nabla^{2}\right)\phi_{\beta}(\boldsymbol{r}-\boldsymbol{R}_{j})\mathrm{d}\boldsymbol{r} \tag{5.13}$$

$$V_{i\alpha,j\beta}^{\text{eff}}=\int\phi_{\alpha}^{*}(\boldsymbol{r}-\boldsymbol{R}_{i})\hat{V}^{\text{eff}}\phi_{\beta}(\boldsymbol{r}-\boldsymbol{R}_{j})\mathrm{d}\boldsymbol{r} \tag{5.14}$$

单电子哈密顿算符 $\hat{H}$ 是一个关于电子坐标 $\boldsymbol{r}$ 以及所有离子坐标 $\boldsymbol{R}_1,\boldsymbol{R}_2,\cdots$ 的函数 $H(\boldsymbol{r},\{\boldsymbol{R}_i^n\})$(例如式(5.1))。其中动能项的积分比较简单,积分值仅仅取决于原子间距 $\boldsymbol{R}_{ij}$ 和原子轨道种类 α、β,而与原子所处的环境(周围其他原子的影响)无关。这样的积分通常称为双中心积分。当 $i=j$ 时,这种特殊的双中心积分又称为单中心积分或者格位积分。

有效势能项的积分则更为复杂。在一般的情况下,由于有效势还包含复杂的交换相关作用,无法分解为简单的积分项。为了进一步简化计算,需要引入进一步的近似,即将有效势近似地表达为以各个原子坐标为中心的球对称势场的叠加,也就是

$$V^{\text{eff}}=\sum_{k}V_{i}^{(k)}(\boldsymbol{r}-\boldsymbol{R}_{k}) \tag{5.15}$$

引入该近似后,可以将方程(5.14)分解成为单中心积分、双中心积分以及三中心积分等贡献。所谓多中心积分,就是按照局域的波函数坐标中心的不同,将积分分类,由于在同一中心的波函数有较多的重叠,因此大部分情况下,单中心积分的值大于双中心积分、三中心积分及更多中心积分的值。在实际计算过程中,三中心积分及多中心积分有时候被省略。下面是几个不同种积分的例子。

(1) 单中心积分:

$$T_{i\alpha,i\beta}=\int\phi_{\alpha}^{*}(\boldsymbol{r}-\boldsymbol{R}_{i})\left(-\frac{\hbar^{2}}{2m}\nabla^{2}\right)\phi_{\beta}(\boldsymbol{r}-\boldsymbol{R}_{i})\mathrm{d}\boldsymbol{r} \tag{5.16}$$

$$V_{i\alpha,i\beta}=\int\phi_{\alpha}^{*}(\boldsymbol{r}-\boldsymbol{R}_{i})\frac{Z_{i}}{|\boldsymbol{r}-\boldsymbol{R}_{i}|}\phi_{\beta}(\boldsymbol{r}-\boldsymbol{R}_{i})\mathrm{d}\boldsymbol{r} \tag{5.17}$$

(2) 双中心积分:

$$V_{i\alpha,j\beta}^{(i)}=\int\phi_{\alpha}^{*}(\boldsymbol{r}-\boldsymbol{R}_{i})\frac{Z_{i}}{|\boldsymbol{r}-\boldsymbol{R}_{i}|}\phi_{\beta}(\boldsymbol{r}-\boldsymbol{R}_{j})\mathrm{d}\boldsymbol{r} \tag{5.18}$$

(3) 三中心积分:

$$V_{i\alpha,j\beta}^{(k)}=\int\phi_{\alpha}^{*}(\boldsymbol{r}-\boldsymbol{R}_{i})\frac{Z_{k}}{|\boldsymbol{r}-\boldsymbol{R}_{k}|}\phi_{\beta}(\boldsymbol{r}-\boldsymbol{R}_{j})\mathrm{d}\boldsymbol{r} \tag{5.19}$$

1954 年,Slater 和 Koster 利用双中心近似给出了 s、p、d 轨道所能展开的所有哈密顿矩阵元[215],从而奠定了 TB 方法的应用基础。对具有周期性边界条件的固体体系而言,利用 Blöch 定理以及 LCAO 方法,我们可以只关注第一个单胞,也即用第一个单胞中的原子波函数及倒空间的矢量 $\boldsymbol{k}$ 来构建哈密顿量的基函数。不同于 5.1.2 节中的原子轨道 $\phi_{\alpha}(\boldsymbol{r}-\boldsymbol{R}_{i})$,这

里的基函数是 $\phi_\alpha(\boldsymbol{r}-\boldsymbol{R}_i)$ 的 Blöch 波函数和 φ_α 函数，有

$$\varphi_\alpha(\boldsymbol{k},\boldsymbol{r}-\boldsymbol{R}_i)=\frac{1}{\sqrt{N}}\sum_{n=1}^{N}\exp(\mathrm{i}\boldsymbol{k}\cdot\boldsymbol{R}_i^n)\phi_n(\boldsymbol{r}-\boldsymbol{R}_i^n) \tag{5.20}$$

式中：N 代表单胞的重复次数。而哈密顿矩阵元 $H_{i\alpha,j\beta}(\boldsymbol{k})$ 可写为

$$H_{i\alpha,j\beta}(\boldsymbol{k})=\langle\varphi_\alpha\mid\hat{H}\mid\varphi_\beta\rangle=N^{-1}\sum_{n,m=1}^{N}\exp[\mathrm{i}\boldsymbol{k}\cdot(\boldsymbol{R}_i^n-\boldsymbol{R}_j^m)]\times\int\mathrm{d}\boldsymbol{r}\,\phi_\alpha^*(\boldsymbol{r}-\boldsymbol{R}_i^n)\hat{H}\phi_\beta(\boldsymbol{r}-\boldsymbol{R}_j^m) \tag{5.21}$$

为了简化计算，Slater 和 Koster 指出，可以忽略三中心积分，从而大大地减少 $H_{i\alpha,j\beta}(\boldsymbol{k})$ 中所包含的项数，余下的仅有 $\hat{H}$ 中位于 $\boldsymbol{R}_i^n$ 或者 $\boldsymbol{R}_j^m$ 上的势能项。这个近似就是 TB 方法中著名的双中心近似[215]，其意义在于将包含 N 个原子的体系归约为若干个双原子分子的子体系，而最后的哈密顿矩阵即为这些子体系对应的哈密顿矩阵的和。值得一提的是，φ_α 与 φ_β 处于 $\boldsymbol{R}_i$ 而 H 处于 $\boldsymbol{R}_j$ 上的一类积分（如式(5.3)右端第二项）是一类特殊的双中心积分，其物理意义是多原子体系中，原子间相互作用使得给定原子能级相对于其在孤立原子情况下的偏离。

考虑到球谐函数的扩展方向，可以很方便地通过几何投影计算 s、p 轨道间的相互作用。这里以 $\langle s|\hat{H}|s\rangle$、$\langle p_y|\hat{H}|p_y\rangle$ 和 $\langle p_x|\hat{H}|p_z\rangle$ 相互作用为例说明具体的计算过程。设两原子间的连线 $\boldsymbol{R}_{ij}$ 在坐标系 $Oxyz$ 中的方向余弦为 l、m、n。

(1) $|s\rangle$ 轨道呈球形，因此各个方向上情况相同，与两原子间连线的取向无关，所以 $\langle s|\hat{H}|s\rangle\equiv(ss\sigma)$，如图 5.1(a)所示。

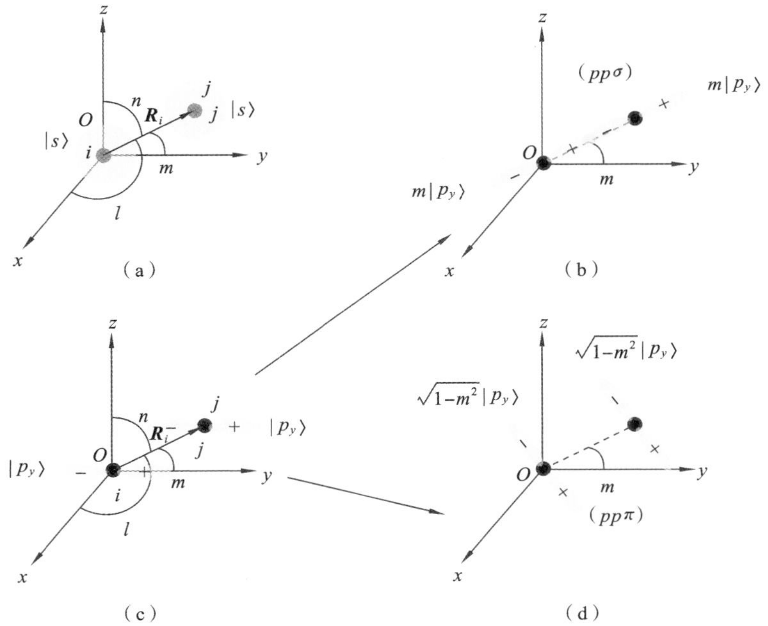

图 5.1　紧束缚法中的双中心近似示意图

(a) $\langle s|\hat{H}|s\rangle$ 的双中心近似；(b)、(c)、(d) $\langle p_i|\hat{H}|p_j\rangle$ 的双中心近似（$|p_i\rangle$ 与 $|p_j\rangle$ 平行）

(2) $|p_y\rangle$ 轨道沿 y 方向扩展。如图 5.1(c)(d)所示，可以将 p_y-p_y 相互作用分解为两项：

沿 $\boldsymbol{R}_{ij}$ 的分量，称为 $(pp\sigma)$；垂直于 $\boldsymbol{R}_{ij}$ 的分量，称为 $(pp\pi)$。两个 $|p_y\rangle$ 沿 $\boldsymbol{R}_{ij}$ 的分量均为 $m|p_y\rangle$ 且方向一致，所以对哈密顿矩阵元的贡献为 $m^2(pp\sigma)$。因为两个 p_y 轨道平行且共面，所以其垂直于 $\boldsymbol{R}_{ij}$ 的分量 $(1-m^2)^{1/2}|p_x\rangle$ 也相互平行，且方向一致，对哈密顿矩阵元的贡献为 $(1-m^2)(pp\pi)$。因此 $\langle p_y|\hat{H}|p_y\rangle=m^2(pp\sigma)+(1-m^2)(pp\pi)$。

(3) $|p_x\rangle$ 及 $|p_z\rangle$ 轨道分别沿 x 和 z 方向扩展，如图 5.2(a)所示。首先将 $\boldsymbol{R}_{ij}$ 连同格点 j 上的 $|p_x\rangle$ 及格点 i 上的 $|p_z\rangle$ 分别投影到 x-z 和 y-z 平面上。其中二者在 y-z 平面上的分量彼此正交，所以贡献为零，如图 5.2(c)所示。而在 Oxz 平面上的分量分别为 $\cos\theta_1|p_x\rangle$ 以及 $\cos\theta_1|p_z\rangle$（见图 5.2(b)），将 $\langle\cos\theta_1 p_x|\hat{H}|\cos\theta_1 p_z\rangle$ 分解为沿 $\boldsymbol{r}$ 以及垂直于 $\boldsymbol{r}$ 的分量，分别如图 5.2(d)与图 5.2(e)所示，可得

$$\langle p_x|\hat{H}|p_z\rangle=\cos\theta_1\sin\theta_2\cos\theta_1\cos\theta_2(pp\sigma)-\cos\theta_1\cos\theta_2\cos\theta_1\sin\theta_2(pp\pi)$$

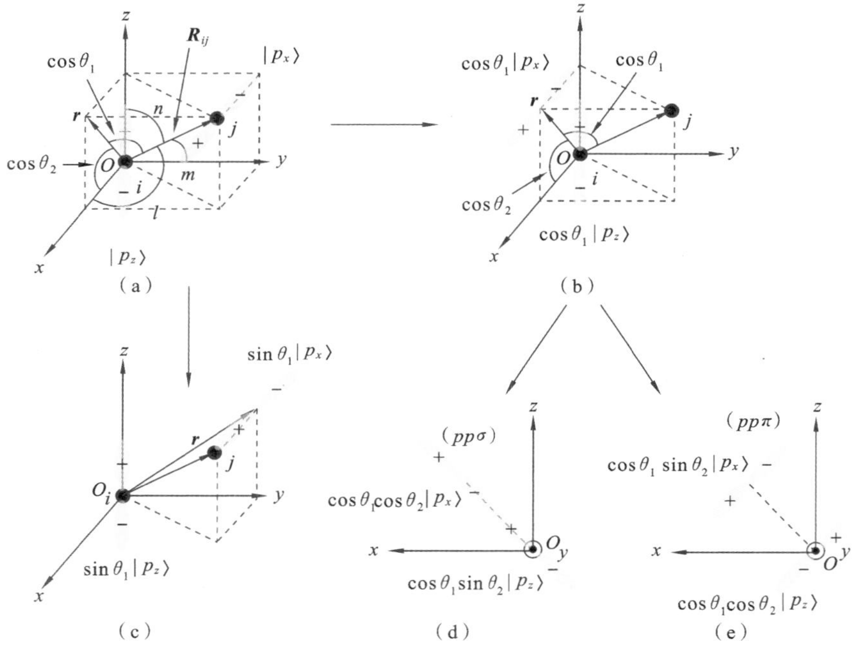

图 5.2 $\langle p_i|\hat{H}|p_j\rangle$ 的双中心近似（$|p_i\rangle$ 与 $|p_j\rangle$ 垂直）

(a) $\langle p_x|\hat{H}|p_z\rangle$；(b) $|p_x\rangle$ 和 $|p_z\rangle$ 在 x-z 平面上的投影 $\langle\cos\theta_1 p_x|\hat{H}|\cos\theta_1 p_z\rangle$；

(c) $|p_x\rangle$ 和 $|p_z\rangle$ 在 y-z 平面上的投影；

(d) $\langle\cos\theta_1 p_x|\hat{H}|\cos\theta_1 p_z\rangle$ 沿 $\boldsymbol{r}$ 的投影；(e) $\langle\cos\theta_1 p_x|\hat{H}|\cos\theta_1 p_z\rangle$ 垂直于 $\boldsymbol{r}$ 的投影

因为 $\cos\theta_1\cos\theta_2=l$ 且 $\cos\theta_1\sin\theta_2=n$，可得

$$\langle p_x|\hat{H}|p_z\rangle=nl(pp\sigma)-nl(pp\pi)$$

该式右端第二项前为负号，是由于 $|p_z\rangle$ 与 $\cos\theta_1|p_x\rangle$ 垂直于 $\boldsymbol{r}$ 的分量方向相反。

(4) $|s\rangle$ 轨道呈球形，而 $|p_x\rangle$ 轨道沿 x 方向扩展，如图 5.3 所示。$|p_x\rangle$ 平行于 $\boldsymbol{R}_{ij}$ 的分量 $l|p_x\rangle$ 与原点处的 $|s\rangle$ 轨道贡献 $l(sp\sigma)$，而垂直于 $\boldsymbol{R}_{ij}$ 的分量 $\sqrt{1-l^2}|p_x\rangle$ 与 $|s\rangle$ 轨道正交，贡献为零。由此可得 $\langle s|\hat{H}|p_x\rangle=l(sp\sigma)$。

Slater 和 Koster 在文献中给出了 s、p、d 轨道所有可能的相互作用的表达式，列于表 5.1。

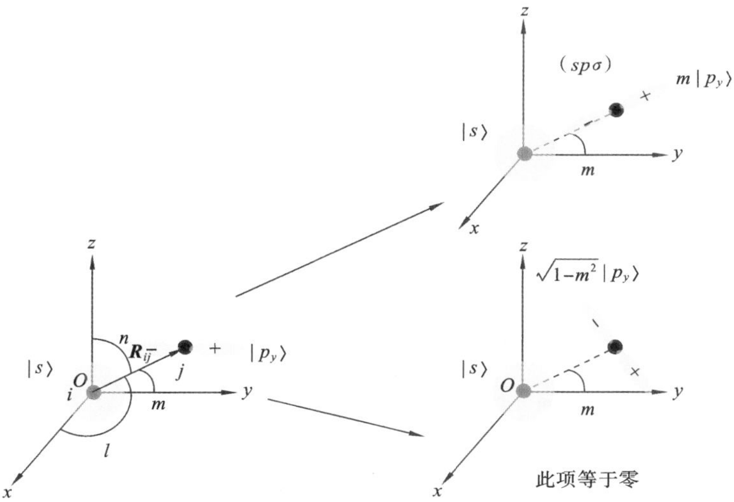

图 5.3　$\langle s|\hat{H}|p_i\rangle$ 的双中心近似(以 $\langle s|\hat{H}|p_y\rangle$ 为例)

可以看出,交换 E 的下标,能量积分需要乘以 $(-1)^{l_1+l_2}$。因此,若两个轨道的总宇称为奇宇称,则能量积分变号,若为偶宇称,则能量积分保持不变。大多数元素的 SK 双中心参数均可在文献[216]中找到。此外,对于涉及 d 轨道的能量积分,无法用上述三个例子中介绍的几何投影的方法进行计算,而必须采用角动量理论加以处理。

表 5.1　s、p、d 轨道相互作用的能量积分 E_{φ_1,φ_2}[215]

能量积分项	数学表达式
$E_{s,s}$	$(ss\sigma)$
$E_{s,x}=-E_{x,s}$	$l(sp\sigma)$
$E_{x,x}$	$l^2(pp\sigma)+(1-l^2)(pp\pi)$
$E_{x,y}$	$lm(pp\sigma)-lm(pp\pi)$
$E_{x,z}$	$ln(pp\sigma)-ln(pp\pi)$
$E_{y,z}$	$mn(pp\sigma)-mn(pp\pi)$
$E_{s,xy}$	$\sqrt{3}lm(sd\sigma)$
$E_{s,xz}$	$\sqrt{3}ln(sd\sigma)$
$E_{s,yz}$	$\sqrt{3}mn(sd\sigma)$
E_{s,x^2-y^2}	$\sqrt{3}/2(l^2-m^2)(sd\sigma)$
$E_{s,3z^2-r^2}$	$[n^2-(l^2+m^2)/2](sd\sigma)$
$E_{x,xy}=-E_{xy,x}$	$\sqrt{3}l^2m(pd\sigma)+m(1-2l^2)(pd\pi)$
$E_{x,xz}=-E_{xz,x}$	$\sqrt{3}l^2n(pd\sigma)+n(1-2l^2)(pd\pi)$
$E_{x,yz}=-E_{yz,x}$	$\sqrt{3}lmn(pd\sigma)-2lmn(pd\pi)$
$E_{x,x^2-y^2}=-E_{x^2-y^2,x}$	$\sqrt{3}/2l(l^2-m^2)(pd\sigma)+l(1-l^2+m^2)(pd\pi)$
$E_{y,x^2-y^2}=-E_{x^2-y^2,y}$	$\sqrt{3}/2m(l^2-m^2)(pd\sigma)-m(1+l^2-m^2)(pd\pi)$
$E_{z,x^2-y^2}=-E_{x^2-y^2,z}$	$\sqrt{3}/2n(l^2-m^2)(pd\sigma)-n(l^2-m^2)(pd\pi)$

续表

能量积分项	数学表达式
$E_{x,3z^2-r^2}=-E_{3z^2-r^2,x}$	$l[n^2-(l^2+m^2)/2](pd\sigma)-\sqrt{3}ln^2(pd\pi)$
$E_{y,3z^2-r^2}=-E_{3z^2-r^2,y}$	$m[n^2-(l^2+m^2)/2](pd\sigma)-\sqrt{3}mn^2(pd\pi)$
$E_{z,3z^2-r^2}=-E_{3z^2-r^2,z}$	$n[n^2-(l^2+m^2)/2](pd\sigma)+\sqrt{3}n(l^2+m^2)(pd\pi)$
$E_{xy,xy}$	$3l^2m^2(dd\sigma)+(l^2+m^2-4l^2m^2)(dd\pi)+(n^2+l^2m^2)(dd\delta)$
$E_{xy,xz}$	$3l^2mn(dd\sigma)+mn(1-4l^2)(dd\pi)+mn(l^2-1)(dd\delta)$
$E_{xy,yz}$	$3lm^2n(dd\sigma)+ln(1-4m^2)(dd\pi)+ln(m^2-1)(dd\delta)$
E_{xy,x^2-y^2}	$3/2lm(l^2-m^2)(dd\sigma)+2lm(m^2-l^2)(dd\pi)+lm(l^2-m^2)/2(dd\delta)$
E_{xz,x^2-y^2}	$3/2ln(l^2-m^2)(dd\sigma)+nl[1-2(l^2-m^2)](dd\pi)-ln[1-(l^2-m^2)/2](dd\delta)$
E_{yz,x^2-y^2}	$3/2mn(l^2-m^2)(dd\sigma)-mn[1+2(l^2-m^2)](dd\pi)+mn[1+(l^2-m^2)/2](dd\delta)$
$E_{xy,3z^2-r^2}$	$\sqrt{3}lm[n^2-(l^2+m^2)/2](dd\sigma)-2\sqrt{3}lmn^2(dd\pi)+\sqrt{3}/2lm(1+n^2)(dd\delta)$
$E_{xz,3z^2-r^2}$	$\sqrt{3}ln[n^2-(l^2+m^2)/2](dd\sigma)+\sqrt{3}ln(l^2+m^2-n^2)(dd\pi)-\sqrt{3}/2ln(l^2+m^2)(dd\delta)$
$E_{yz,3z^2-r^2}$	$\sqrt{3}mn[n^2-(l^2+m^2)/2](dd\sigma)-\sqrt{3}mn(l^2+m^2-n^2)(dd\pi)+\sqrt{3}/2mn(l^2+m^2)(dd\delta)$
$E_{x^2-y^2,x^2-y^2}$	$3/4(l^2-m^2)^2(dd\sigma)+[l^2+m^2-(l^2-m^2)^2](dd\pi)+[n^2+1/4(l^2-m^2)^2](dd\delta)$
$E_{x^2-y^2,3z^2-r^2}$	$\sqrt{3}/2(l^2-m^2)[n^2-(l^2+m^2)/2](dd\sigma)+\sqrt{3}n^2(m^2-l^2)(dd\pi)+\sqrt{3}/4(1+n^2)(l^2-m^2)(dd\delta)$
$E_{3z^2-r^2,3z^2-r^2}$	$[n^2-(l^2+m^2)/2]^2(dd\sigma)+3n^2(l^2+m^2)(dd\pi)+3/4(l^2+m^2)^2(dd\delta)$

5.1.4 哈密顿矩阵元的普遍表达式

如5.1.3节所述,对于 d 轨道及更高阶的 f、g 等轨道,简单的几何投影已不能满足计算要求,而应该依据更普适和严格的理论来计算哈密顿矩阵元。但是 Slater 和 Koster 并没有给出具体的计算过程,这在实际应用中构成了一个明显的局限。Sharma 从严格的角动量理论以及转动算符的群表示出发,经过严格的推导,得出了 LCAO 基函数下体系哈密顿矩阵元的普遍表达式[217]。下面对其进行详细的介绍。

考虑矩阵元 $H_{i\alpha,j\beta}=\langle\phi_{i\alpha}|\hat{H}|\phi_{j\beta}\rangle$。为了计算方便,定义

$$\phi_{i\alpha}=|j_1m_1\rangle=u(\boldsymbol{r}-\boldsymbol{R}_i)Y_{j_1}^{m_1}(\theta_1,\varphi_1)$$

$$\phi_{j\beta}=|j_2m_2\rangle=v(\boldsymbol{r}-\boldsymbol{R}_j)Y_{j_2}^{m_2}(\theta_2,\varphi_2)$$

式中:$Y_j^m(\theta,\varphi)$ 是球谐函数;$u(\boldsymbol{r})$ 是径向函数;$|j_1m_1\rangle$ 与 $|j_2m_2\rangle$ 分别定义在原点为 $\boldsymbol{R}_i$ 和 $\boldsymbol{R}_j$ 终点的相互平行的两个 $Oxyz$ 坐标系内。这时哈密顿矩阵元可表示为 $\langle j_1m_1|\hat{H}|j_2m_2\rangle$。现在定义一个以原子 i、j 的连线 $\boldsymbol{R}_j-\boldsymbol{R}_i$ 为 z' 轴的新坐标系 $O'x'y'z'$,则根据转动的群表示理论,$|j_1m_1\rangle$ 和 $|j_2m_2\rangle$ 可以分别用新坐标系内的球谐函数 $|j_1m'_1\rangle'$ 和 $|j_2m'_2\rangle'$ 表示为

$$|j_1m_1\rangle=\sum_{m'_1}D^{j_1}_{m'_1,m_1}(\alpha,\beta,\gamma)\,|j_1m'_1\rangle' \tag{5.22}$$

$$|j_2m_2\rangle=\sum_{m'_2}D^{j_2}_{m'_2,m_2}(\alpha,\beta,\gamma)\,|j_2m'_2\rangle' \tag{5.23}$$

式中:α、β、γ 是将旧坐标系 $Oxyz$ 变换为新坐标系 $O'x'y'z'$ 的欧拉角。将式(5.22)、式(5.23)

代入矩阵元$\langle j_1m_1 \mid \hat{H} \mid j_2m_2\rangle$，可得

$$W_{j_1m_1,j_2m_2}(\boldsymbol{R}_i,\boldsymbol{R}_j) = \langle j_1m_1 \mid \hat{H} \mid j_2m_2\rangle = \sum_{m'_1,m'_2} D^{j_1 *}_{m'_1,m_1}(\alpha,\beta,\gamma) D^{j_2}_{m'_2,m_2}(\alpha,\beta,\gamma)'\langle j_1m'_1 \mid \hat{H} \mid j_2m'_2\rangle' \tag{5.24}$$

对应于双中心积分，方程(5.24)中的$'\langle j_1m'_1 \mid \hat{H} \mid j_2m'_2\rangle'$可简化为

$$'\langle j_1m'_1 \mid \hat{H} \mid j_2m'_2\rangle' = '\langle j_1m'_1 \mid \hat{H} \mid j_2m'_1\rangle'\delta_{m'_1m'_2} \tag{5.25}$$

由此，式(5.24)可重新写为

$$\begin{aligned} W_{j_1m_1,j_2m_2}(\boldsymbol{R}_i,\boldsymbol{R}_j) &= \langle j_1m_1 \mid \hat{H} \mid j_2m_2\rangle = \sum_{m'_1} D^{j_1 *}_{m'_1,m_1}(\alpha,\beta,\gamma) D^{j_2}_{m'_1,m_2}(\alpha,\beta,\gamma)'\langle j_1m'_1 \mid \hat{H} \mid j_2m'_1\rangle' \\ &= \sum_{m'} J(j_1,m_1,j_2,m_2,m'_1)'\langle j_1m'_1 \mid \hat{H} \mid j_2m'_1\rangle' \end{aligned} \tag{5.26}$$

式中$'\langle j_1m'_1 \mid H \mid j_2m'_1\rangle'$包含了径向部分的积分，对应于双中心积分项$(ss\sigma)$、$(pp\pi)$等等，后文中用$(j_1j_2m'_1)$表示。此外，有关系式(见附录 A.3)

$$D^{j_1 *}_{m',m}(\alpha\beta\gamma) = (-1)^{m'-m} D^{j}_{-m',-m}(\alpha\beta\gamma) \tag{5.27}$$

$$D^{j_1}_{m'_1,m_1}(\alpha\beta\gamma) D^{j_2}_{m'_2,m_2}(\alpha\beta\gamma) = \sum_{j,m',m}(2j+1)\begin{bmatrix} j_1 & j_2 & j \\ m'_1 & m'_2 & m' \end{bmatrix} D^{j *}_{m',m}(\alpha\beta\gamma)\begin{bmatrix} j_1 & j_2 & j \\ m_1 & m_2 & m \end{bmatrix} \tag{5.28}$$

式中：$\begin{bmatrix} j_1 & j_2 & j \\ m_1 & m_2 & m \end{bmatrix}$为 $3j$ 系数，因此只有当 $m_1+m_2+m=0$ 时才不为零。将上述关系式代入式(5.26)，其中的 $J(j_1,m_1,j_2,m_2,m'_1)$ 可写为

$$J(j_1,m_1,j_2,m_2,m'_1) = (-1)^{m'_1-m_1}\sum_j (2j+1)\begin{bmatrix} j_1 & j_2 & j \\ -m_1 & m_2 & m_1-m_2 \end{bmatrix} D^{j *}_{0,m_1-m_2}(\alpha\beta\gamma) \times \begin{bmatrix} j_1 & j_2 & j \\ -m'_1 & m'_1 & 0 \end{bmatrix} \tag{5.29}$$

另外，根据恒等式

$$D^{j}_{0,m_1-m_2}(\alpha\beta\gamma) = [4\pi/(2j+1)]^{1/2}\,\mathrm{Y}_j^{m_1-m_2}(\beta,\alpha) \tag{5.30}$$

方程(5.29)可简化为

$$J(j_1,m_1,j_2,m_2,m'_1) = (-1)^{m'_1-m_2}\sum_j (4\pi)^{1/2}(2j+1)^{1/2} \times \begin{bmatrix} j_1 & j_2 & j \\ -m'_1 & m'_1 & 0 \end{bmatrix}\begin{bmatrix} j_1 & j_2 & j \\ -m_1 & m_2 & m_1-m_2 \end{bmatrix}\mathrm{Y}_j^{m_2-m_1}(\beta,\alpha) \tag{5.31}$$

进一步，由附录 A 可知，球谐函数 Y_j^m 可写为

$$\mathrm{Y}_j^m(\beta,\alpha) = (-1)^m\left[\frac{(2j+1)(j-|m|!)}{4\pi(j-|m|)!}\right]^{1/2} \times \mathrm{P}_j^m(\cos\beta)\mathrm{e}^{\mathrm{i}m\alpha} \tag{5.32}$$

式中：$\mathrm{P}_j^m(\cos\beta)\mathrm{e}^{\mathrm{i}m\alpha}$ 是缔合勒让德多项式，有

$$\begin{aligned} \mathrm{P}_j^m(Z) &= (-1)^{(|m|-m)/2}\frac{(j-Z^2)^{|m|/2}}{2^j j!}\frac{\mathrm{d}^{j+|m|}}{\mathrm{d}Z^{j+|m|}}(Z^2-1)^j \\ &= (-1)^{(|m|-m)/2}\frac{(j-Z^2)^{|m|/2}}{2^j j!} \times \sum_{k=[(l+|m|)/2]}\binom{j}{k}(-1)^{j-k}\frac{(2k)!Z^{2k-j-|m|}}{(2k-j-|m|)!} \end{aligned} \tag{5.33}$$

此外，$\boldsymbol{R}_{ij}=\boldsymbol{R}_j-\boldsymbol{R}_i$ 的方向余弦可表示为

$$\begin{cases} l = \sin\beta\cos\alpha \\ m = \sin\beta\sin\alpha \\ n = \cos\beta \end{cases} \tag{5.34}$$

则方程(5.31)可表示为

$$J(j_1, m_1, j_2, m_2, m'_1) = (-1)^{m_1 - m'_1 + [|m_2 - m_1| - (m_2 - m_1)]/2} \sum_j (2j+1) \begin{bmatrix} j_1 & j_2 & j \\ -m'_1 & m'_1 & 0 \end{bmatrix}$$
$$\times \begin{bmatrix} j_1 & j_2 & j \\ -m_1 & m_2 & m_1 - m_2 \end{bmatrix} \left[\frac{(j - |m_1 - m_2|)!}{(j + |m_1 - m_2|)!}\right]^{1/2}$$
$$\times \frac{(l + \mathrm{i}m)^{m_2 - m_1}}{2^j j!} \sum_k \binom{j}{k} (-1)^{j-k} \frac{(2k)! n^{2k-j-|m_1-m_2|}}{(2k - j - |m_1 - m_2|)!} \tag{5.35}$$

需要注意的是,式(5.35)中的因子$(l+\mathrm{i}m)^{m_2-m_1}$在$m_2 \geqslant m_1$时才成立,如果$m_2 < m_1$,则改用$(l-\mathrm{i}m)^{m_1-m_2}$。

利用恒等式

$$\begin{bmatrix} j_1 & j_2 & j \\ -m'_1 & m'_1 & 0 \end{bmatrix} \equiv (-1)^{j_1+j_2+j} \begin{bmatrix} j_1 & j_2 & j \\ m'_1 & -m'_1 & 0 \end{bmatrix} \tag{5.36}$$

可以进一步简化方程(5.26)。在式(5.35)中对于j的求和,仅取使得j_1+j_2+j为偶数的项,则方程(5.26)可简化为

$$W_{j_1 m_1, j_2 m_2}(\boldsymbol{R}_i, \boldsymbol{R}_j) = \sum_{m'_1 \geqslant 0}^{\min(j_1, j_2)} (2 - \delta_{m'_1 0}) J(j_1, m_1, j_2, m_2, m'_1)(j_1 j_2 m'_1) \tag{5.37}$$

式(5.35)和式(5.37)构成了哈密顿矩阵元的普遍表达式。

在实际工作中,很多情况下球谐函数的复数形式并不方便,因此可以采用其实数形式:

$$\mathrm{Y}_j^0 \quad (z\text{ 型})$$
$$(-1)^m(\mathrm{Y}_j^m + \mathrm{Y}_j^{m*})/\sqrt{2} \quad (x\text{ 型})$$
$$(-1)^m(\mathrm{Y}_j^m - \mathrm{Y}_j^{m*})/\sqrt{2}\mathrm{i} \quad (y\text{ 型})$$

其中m恒取正值。相应地,需要调整普遍公式(5.37)的形式。以$E^{x,x}_{j_1 m_1 j_2 m_2}$为例,

$$E^{x,x}_{j_1 m_1 j_2 m_2}(\boldsymbol{R}_i, \boldsymbol{R}_j) = \frac{1}{2}(-1)^{m_1+m_2} \langle u(\boldsymbol{r}_1)(\mathrm{Y}_{j_1}^{m_1} + (-1)^{m_1}\mathrm{Y}_{j_1}^{-m_1}) \mid H \mid v(\boldsymbol{r}_2)$$
$$\times (\mathrm{Y}_{j_2}^{m_2} + (-1)^{m_2}\mathrm{Y}_{j_2}^{-m_2})\rangle$$
$$= \frac{1}{2}(-1)^{m_1+m_2}[W_{j_1 m_1, j_2 m_2} + (-1)^{m_1+m_2} W_{j_1(-m_1), j_2(-m_2)}]$$
$$+ \frac{1}{2}(-1)^{m_2}[W_{j_1(-m_1), j_2 m_2} + (-1)^{m_1+m_2} W_{j_1 m_1, j_2(-m_2)}] \tag{5.38}$$

由式(5.26),因为W对m'_1求和且m'_1取值范围关于0对称,所以可将$W_{j_1(-m_1), j_2(-m_2)}$写为

$$W_{j_1(-m_1), j_2(-m_2)} = \sum_{-m'_1} J(j_1, (-m_1), j_2, (-m_2), (-m'_1))(j_1 j_2 m'_1) \tag{5.39}$$

将式(5.35)代入式(5.39),并利用式(5.36)可得

$$(-1)^{m_1+m_2} W_{j_1(-m_1), j_2(-m_2)} = W^*_{j_1(-m_1), j_2(-m_2)}$$

同理,有

$$(-1)^{m_1+m_2} W_{j_1 m_1, j_2(-m_2)} = W^*_{j_1(-m_1), j_2 m_2}$$

因此可得

$$E^{x,x}_{j_1 m_1 j_2 m_2}(\boldsymbol{R}_i,\boldsymbol{R}_j)=(-1)^{m_1+m_2}\mathrm{Re}W_{j_1 m_1 j_2 m_2}+(-1)^{m_2}\mathrm{Re}W_{j_1(-m_1)j_2 m_2} \tag{5.40}$$

将式(5.40)代入式(5.35)，将$(l+\mathrm{i}m)^{m_2-m_1}$做二项式展开，并做变量代换(令$k'=2k-j-|m_1-m_2|$)，则可得最终结果为

$$\begin{aligned}E^{x,x}_{j_1 m_1 j_2 m_2}=&(-1)^{m_1+m_2}\sum_{m_1'=0}^{\min(j_1,j_2)}(2-\delta_{m_1'0})(j_1 j_2 m_1')\sum_{k'=0}^{k'_{\max}}n^{k'}\\&\times\sum_{t=0,2,4}^{t_{\max}}{}''m^t(-1)^{t/2}\left[l^{|m_1-m_2|-t}\mathrm{h}(j_1 m_1 j_2 m_2 m_1' k' t)\right.\\&\left.+(-1)^{m_1}l^{|m_1+m_2|-t}\mathrm{h}(j_1(-m_1)j_2 m_2 m_1' k' t)\right]\end{aligned} \tag{5.41}$$

式中

$$k'_{\max}=\max(j_1+j_2-|m_1-m_2|,j_1+j_2-|m_1+m_2|) \tag{5.42}$$

$$t_{\max}=\max(|m_1-m_2|,|m_1+m_2|) \tag{5.43}$$

h 函数为

$$\begin{aligned}\mathrm{h}(j_1 m_1 j_2 m_2 m_1' k' t)=&(-1)^{m_1'-m_1+[|m_2-m_1|-(m_2-m_1)]/2}\begin{bmatrix}|m_1-m_2|\\|m_1-m_2|-t\end{bmatrix}\\&\times[\mathrm{sgn}(m_2-m_1)]^t\sum_{j=|j_1-j_2|}^{j_1+j_2}{}''\frac{(2j+1)}{2^j j!}\left[\frac{(j-|m_1-m_2|)!}{(j+|m_1-m_2|)!}\right]^{1/2}\\&\times\begin{bmatrix}j_1&j_2&j\\-m_1&m_2&m_1-m_2\end{bmatrix}\begin{bmatrix}j_1&j_2&j\\-m_1'&m_1'&0\end{bmatrix}C_{j,|m_1-m_2|,k'}\end{aligned} \tag{5.44}$$

式中

$$C_{j,m,k}=\begin{cases}(-1)^{j-m-k}\begin{bmatrix}j\\\dfrac{k+j+m}{2}\end{bmatrix}\dfrac{(k+j+m)!}{k!},&(j+m)-\left[\dfrac{j+m}{2}\right]\leqslant k\leqslant(j-m)\\0,&\text{其他,或 }k+j+m\text{ 为奇数}\end{cases} \tag{5.45}$$

其余的八种情况与$E^{x,x}_{j_1 m_1 j_2 m_2}$类似，具体过程从略，这里仅给出结果：

$$\begin{aligned}E^{y,y}_{j_1 m_1 j_2 m_2}=&(-1)^{m_1+m_2}\sum_{m_1'=0}^{\min(j_1,j_2)}(2-\delta_{m_1'0})(j_1 j_2 m_1')\sum_{k'=0}^{k'_{\max}}n^{k'}\\&\times\sum_{t=0,2,4}^{t_{\max}}{}''m^t(-1)^{t/2}\left[l^{|m_1-m_2|-t}\mathrm{h}(j_1 m_1 j_2 m_2 m_1' k' t)\right.\\&\left.-(-1)^{m_1}l^{|m_1+m_2|-t}\mathrm{h}(j_1(-m_1)j_2 m_2 m_1' k' t)\right]\end{aligned} \tag{5.46}$$

$$\begin{aligned}E^{x,y}_{j_1 m_1 j_2 m_2}=&(-1)^{m_1+m_2}\sum_{m_1'=0}^{\min(j_1,j_2)}(2-\delta_{m_1'0})(j_1 j_2 m_1')\sum_{k'=0}^{k'_{\max}}n^{k'}\\&\times\sum_{t=1,3,5}^{t_{\max}}{}''m^t(-1)^{(t-1)/2}\left[l^{|m_1-m_2|-t}\mathrm{h}(j_1 m_1 j_2 m_2 m_1' k' t)\right.\\&\left.+(-1)^{m_1}l^{|m_1+m_2|-t}\mathrm{h}(j_1(-m_1)j_2 m_2 m_1' k' t)\right]\end{aligned} \tag{5.47}$$

$$E^{y,x}_{j_1 m_1 j_2 m_2}=(-1)^{m_1+m_2}\sum_{m_1'=0}^{\min(j_1,j_2)}(2-\delta_{m_1'0})(j_1 j_2 m_1')\sum_{k'=0}^{k'_{\max}}n^{k'}$$

$$\times \sum_{t=1,3,5}^{t_{\max}} {}''m^t(-1)^{(t-1)/2}[-l^{|m_1-m_2|-t}\mathrm{h}(j_1m_1j_2m_2m'_1k't) + (-1)^{m_1}l^{|m_1+m_2|-t}\mathrm{h}(j_1(-m_1)j_2m_2m'_1k't)] \tag{5.48}$$

$$E^{x,z}_{j_1m_1j_20} = \sqrt{2}(-1)^{m_1}\sum_{m'_1=0}^{\min(j_1,j_2)}(2-\delta_{m'_10})(j_1j_2m'_1)\sum_{k'=0}^{j_1+j_2-|m_1|}n^{k'} \times \sum_{t=0,2,4}^{|m_1|}{}''m^tl^{|m_1|-t}(-1)^{t/2}\mathrm{h}(j_1m_1j_20m'_1k't) \tag{5.49}$$

$$E^{y,z}_{j_1m_1j_20} = -\sqrt{2}(-1)^{m_1}\sum_{m'_1=0}^{\min(j_1,j_2)}(2-\delta_{m'_10})(j_1j_2m'_1)\sum_{k'=0}^{j_1+j_2-|m_1|}n^{k'} \times \sum_{t=1,3,5}^{|m_1|}{}''m^tl^{|m_1|-t}(-1)^{(t-1)/2}\mathrm{h}(j_1m_1j_20m'_1k't) \tag{5.50}$$

$$E^{z,x}_{j_10j_2m_2} = \sqrt{2}(-1)^{m_2}\sum_{m'_1=0}^{\min(j_1,j_2)}(2-\delta_{m'_10})(j_1j_2m'_1)\sum_{k'=0}^{j_1+j_2-|m_2|}n^{k'} \times \sum_{t=0,2,4}^{|m_2|}{}''m^tl^{|m_2|-t}(-1)^{t/2}\mathrm{h}(j_10j_2m_2m'_1k't) \tag{5.51}$$

$$E^{z,y}_{j_10j_2m_2} = \sqrt{2}(-1)^{m_2}\sum_{m'_1=0}^{\min(j_1,j_2)}(2-\delta_{m'_10})(j_1j_2m'_1)\sum_{k'=0}^{j_1+j_2-|m_2|}n^{k'} \times \sum_{t=1,3,5}^{|m_2|}{}''m^tl^{|m_2|-t}(-1)^{(t-1)/2}\mathrm{h}(j_10j_2m_2m'_1k't) \tag{5.52}$$

$$E^{z,z}_{j_10j_20} = \sum_{m'_1}^{\min(j_1,j_2)}(2-\delta_{m'_10})(j_1j_2m'_1)\sum_{k'=0}^{j_1+j_2}n^{k'}\mathrm{h}(j_10j_20m'_1k'0) \tag{5.53}$$

Sharma 在其后的工作中利用球谐函数新的表达式提出了一个类似于上述九个方程，但稍微简便、计算量较小的新的普适公式。具体可参阅文献[218]。

2004 年，Podolskiy 和 Vogl 提出了一种更新的，也更为简单的 TB 能量积分的普适表达式[219]。在这里忽略具体推导过程，而只给出最后结果。注意 Podolskiy 和 Vogl 给出的是实球谐函数形式下的能量积分。与 Sharma 的标识有所不同，他们设定量子数 $m_i > 0$ 对应于 x 类波函数，$m_i < 0$ 对应于 y 类波函数，而 $m_i = 0$ 对应于 z 类波函数。设位于原点的波函数为 $|j_1,m_1,\mathbf{0}\rangle$，位于 $\boldsymbol{R}_j$ 的波函数为 $|j_2,m_2,\boldsymbol{R}_j\rangle$，$\boldsymbol{R}_j$ 的方向余弦为 l、m、n，如果 $n^2 \neq 1$，则

$$\langle j_1,m_1,\mathbf{0}\,|\,\hat{H}\,|\,j_2,m_2,\boldsymbol{R}_j\rangle = (-1)^{(j_1-j_2+|j_1-j_2|)/2}\left\{\sum_{m'=1}^{\min(j_1,j_2)}[S^{j_1}_{m_1,|m'|}S^{j_2}_{m_2,|m'|}+T^{j_1}_{m_1,|m'|}T^{j_2}_{m_2,|m'|}](j_1j_2\,|\,m'\,|) + 2A_{m_1}A_{m_2}d^{j_1}_{|m_1|,0}d^{j_2}_{|m_2|,0}(j_1j_20)\right\} \tag{5.54}$$

式中：$(j_1j_2\,|\,m'\,|)$、(j_1j_20) 对应于$(ss\sigma)$、$(pp\pi)$ 等双中心积分；函数 d 为

$$d^j_{m_i,m'} = \left(\frac{1+n}{2}\right)^j\left(\frac{1-n}{1+n}\right)^{m_i/2-m'/2}[(j+m')!(j-m')!(j+m_i)!(j-m_i)!]^{1/2} \times \sum_{t=0}^{2j+1}{}'\frac{(-1)^t}{(j+m'-t)!(j-m_i-t)!t!(t+m_i-m')!}\times\left(\frac{1-n}{1+n}\right)^t \tag{5.55}$$

其中 $\sum'$ 代表 t 仅取使得方程中只出现非负数阶乘的值。函数 S、T 分别为

$$S^{j}_{m_i,|m'|}=A_{m_i}[(-1)^{|m'|}d^{j}_{|m_i|,|m'|}+d^{j}_{|m_i|,-|m'|}] \tag{5.56}$$

$$T^{j}_{m_i,|m'|}=(1-\delta_{m_i0})B_{m_i}[(-1)^{|m'|}d^{j}_{|m_i|,|m'|}-d^{j}_{|m_i|,-|m'|}] \tag{5.57}$$

其中系数 A_{m_i}、B_{m_i} 和 A_0 分别为

$$A_{m_i}=(-1)^{|m_i|}[\tau(m_i)\cos(|m_i|\theta)-\tau(-m_i)\sin(|m_i|\theta)] \tag{5.58}$$

$$B_{m_i}=(-1)^{|m_i|}[\tau(m_i)\sin(|m_i|\theta)+\tau(-m_i)\cos(|m_i|\theta)] \tag{5.59}$$

$$A_0=1/\sqrt{2}$$

而 $\tau(m_i)$、$\cos\theta$ 和 $\sin\theta$ 分别为

$$\tau(m_i)=\begin{cases}1, & m_i\geqslant 0\\0, & m_i<0\end{cases} \tag{5.60}$$

$$\sin\theta=\frac{m}{\sqrt{1-n^2}},\quad \cos\theta=-\frac{l}{\sqrt{1-n^2}}$$

如果 $n^2=1$，则

$$\langle j_1,m_1,\mathbf{0}\mid\hat{H}\mid j_2,m_2,\boldsymbol{R}_j\rangle=(-1)^{(j_1-j_2+|l_1-l_2|)/2}(j_1j_2\mid m_1\mid)\delta_{m_1m_2} \tag{5.61}$$

至此，我们给出了双中心近似下的哈密顿矩阵元的普遍表达式，在编写程序的时候可以按照各自的喜好进行选择。但是由于各方程的复杂性，在没有特别必要的情况下，如考虑 f、g 等轨道，采用表 5.1 是最方便的。此外，可以利用表 5.1 中的任意一项，采用不同的普遍公式互相进行验证。有兴趣的读者可以自行完成。

5.1.5 对自旋极化的处理

对于磁性体系，利用 TB 方法进行计算常常面临诸多挑战。Shi 和 Papaconstantopoulos 提出了一种思路，即将磁性体系的总能量视为自旋向上和自旋向下的两个子系统能量之和。针对这两个子系统，可以通过拟合各自的能带结构，得到两套 TB 参数[220]。然而，由于需要分别求解自旋向上和自旋向下的能级，这种处理方法实际上忽略了电子的关联作用，因此其有一定的局限性。此外，Podolskiy 和 Vogl 还提出可以通过在格位项（即哈密顿矩阵的对角元）上引入自旋-轨道耦合修正来改进模型的性能[219]。

设自旋-轨道耦合哈密顿算符为 $\hat{H}_{\mathrm{SO}}=S(r)\boldsymbol{l}\cdot\boldsymbol{s}$，其中 $S(r)$ 表示该轨道的径向部分，而 $\boldsymbol{l}$ 与 $\boldsymbol{s}$ 分别代表轨道角动量与自旋角动量。据此写出自旋-轨道耦合的哈密顿矩阵元为

$$\langle l,m_1,\mathbf{0}\mid\hat{H}_{\mathrm{SO}}\mid l,m_2,\mathbf{0}\rangle=\langle\mathbf{0}\mid\hbar^2S(r)\mid\mathbf{0}\rangle\langle l,m_1,\sigma_1\mid h_{\mathrm{SO}}\mid l,m_2,\sigma_2\rangle \tag{5.62}$$

式中：$h_{\mathrm{SO}}=\hbar^{-2}\boldsymbol{l}\cdot\boldsymbol{s}$；$\sigma=\pm(\cdot)$，括号内为波函数的自旋部分。$\langle\mathbf{0}\mid\hbar^2S(r)\mid\mathbf{0}\rangle$ 利用参数给出，类似于双中心积分。文献[219]给出

$$\langle l,m_1,\pm\mid h_{\mathrm{SO}}\mid l,m_2,\pm\rangle=\pm\frac{\mathrm{i}}{2}\delta_{m_1(-m_2)} \tag{5.63}$$

$$\begin{aligned}\langle l,m_1,\pm\mid h_{\mathrm{SO}}\mid l,m_2,\mp\rangle=&\ \mu[\delta_{|m_1|(|m_2|\pm1)}-(-1)^{\tau(m_1)+\tau(m_2)}\delta_{|m_1|(|m_2|\mp1)}]\\&\times\frac{1}{2}[(l+m_1^2-|m_1m_2|)(l+m_2^2-|m_1m_2|)]^{1/2}\end{aligned} \tag{5.64}$$

其中函数 μ 的表达式为：

$$\mu=\Theta^*(m_1)\Theta(m_2)[1+\tau(-|m_1m_2|)] \tag{5.65}$$

$\tau(m)$ 的表达式见式(5.60)，而 $\Theta(m)$ 为

$$\Theta(m)=(1-\delta_{m0})\frac{1}{\sqrt{2}}[\tau(m)+\mathrm{i}\tau(-m)]+\frac{1}{2}\delta_{m0} \tag{5.66}$$

虽然有若干种尝试,但是目前为止,TB 框架下还没有可以比较精确地处理自旋极化体系的方法。

5.1.6 光吸收谱

2.4.5 节给出了长波近似下($\boldsymbol{q} \to \boldsymbol{0}$)计算体系光吸收谱的普遍公式(2.234)。根据该公式,求解体系的动量算符矩阵元需要求解基函数的梯度,或者至少需要知道波函数的形式。在 TB 模型中,基函数并不显式地给出,因此直接利用方程(2.234)有较大的难度。为了解决这个问题,Lew Yan Voon 与 Rom-Mohan 采用了一套做法,使得整个计算只需要利用 TB 方法中的矩阵元参数,而不需要知道基函数的信息[221]。

由 LCAO 方法可知,可将体系的本征波函数 $|n\boldsymbol{k}\rangle$ 表示为原子轨道的线性组合

$$|n\boldsymbol{k}\rangle = \sum_{\alpha,i} c_{n,\alpha,i}(\boldsymbol{k}) \, |\varphi_\alpha(\boldsymbol{k})\rangle \tag{5.67}$$

式中:$|\varphi_\alpha\rangle$ 由方程(5.20)给出。根据式(2.233)可得动量矩阵元 $\boldsymbol{p}$ 为

$$\begin{aligned}\boldsymbol{p}_{nm}(\boldsymbol{k}) &= \frac{m}{\mathrm{i}\hbar}\langle n\boldsymbol{k} \,|\, [\boldsymbol{r}, H] \,|\, m\boldsymbol{k}\rangle = \frac{m}{\hbar}\langle n\boldsymbol{k} \,|\, [\nabla_{\boldsymbol{k}} H(\boldsymbol{k}) \,|\, m\boldsymbol{k}\rangle \\ &= \frac{m}{\hbar}\sum_{\alpha,\beta,i,j} c^*_{n,\alpha,i}(\boldsymbol{k}) c_{m,\beta,j}(\boldsymbol{k}) \nabla_{\boldsymbol{k}} H_{i\alpha,i\beta}(\boldsymbol{k})\end{aligned} \tag{5.68}$$

根据方程(5.21),不难得出

$$\nabla_{\boldsymbol{k}} H_{i\alpha,i\beta}(\boldsymbol{k}) = \sum_{l=1}^{N} [\mathrm{i}(\tau_i - \tau_j - \boldsymbol{R})] \mathrm{e}^{\mathrm{i}\boldsymbol{k}\cdot(\tau_i - \tau_j - l\boldsymbol{R})} E_{i\alpha,i\beta}(\tau_i - \tau_j - l\boldsymbol{R})) \tag{5.69}$$

则由式(5.68)和式(5.69),可得 TB 方法中动量矩阵元的表达式

$$\boldsymbol{p}_{nm}(\boldsymbol{k}) = \frac{\mathrm{i}m}{\hbar}\sum_{\alpha,\beta,i,j} c^*_{n,\alpha,i}(\boldsymbol{k}) c_{m,\beta,j}(\boldsymbol{k}) \sum_{l=1}^{N} [\mathrm{i}(\tau_i - \tau_j - \boldsymbol{R})] \mathrm{e}^{\mathrm{i}\boldsymbol{k}\cdot(\tau_i - \tau_j - l\boldsymbol{R})} E_{i\alpha,j\beta}(\tau_i - \tau_j - l\boldsymbol{R}) \tag{5.70}$$

式中:$E_{i\alpha,j\beta}$ 即为 Slater-Koster 双中心积分,其普遍表达式在 5.1.4 节中已经给出。Lew Yan Voon 与 Rom-Mohan 同时指出,如果考虑了自旋 - 轨道耦合,则方程(5.70)并不是严格成立,需要附加一项修正值。具体请参考文献[221]。

5.2 体系总能与原子受力计算

首先给出 DFT 方法下体系的总能计算式:

$$E_{\mathrm{tot}} = 2\sum_\lambda \varepsilon_\lambda f(\varepsilon_\lambda) - \frac{1}{2}\iint \mathrm{d}\boldsymbol{r}\mathrm{d}\boldsymbol{r}' \frac{\rho(\boldsymbol{r})\rho(\boldsymbol{r}')}{|\boldsymbol{r}-\boldsymbol{r}'|} + E_{\mathrm{xc}}[\rho] - \int \mathrm{d}\boldsymbol{r} V_{\mathrm{xc}}(\boldsymbol{r})\rho(\boldsymbol{r}) + \sum_{i,j}\frac{Z_i Z_j e^2}{|\boldsymbol{R}_i - \boldsymbol{R}_j|} \tag{5.71}$$

可以看到,将 5.1.4 节中构建起来的哈密顿矩阵对角化得到本征能级,再乘以能级占据数 2(非自旋极化)并求和,只是方程(5.71)右端第一项 $2\sum_\lambda \varepsilon_\lambda f(\varepsilon_\lambda)$,因为未考虑到离子间相互作用及与电荷密度 $\rho(r)$ 有关的贡献,所以该项严重低估了总能。一般而言需要加上一项经验性的排斥项。因此 TB 方法中的总能 E_{tot} 表示为

$$E_{\mathrm{tot}} = \sum_\lambda n_\lambda \varepsilon_\lambda = 2\sum_\lambda \varepsilon_\lambda f(\varepsilon_\lambda) + E_{\mathrm{repul}}(\{\boldsymbol{R}_i\}) \tag{5.72}$$

式中：2 为自旋简并度；$f(\varepsilon_\lambda)$ 为费米分布函数。式(5.72) 右端第一项称为带结构能 E_{band}，而第二项称为排斥项 E_{repul}，一般表示成对势求和

$$E_{\mathrm{repul}} = \frac{1}{2}\sum_{i,j}\phi(R_{ij}) \tag{5.73}$$

式中：$\phi(R_{ij})$ 可以写为

$$\phi(R_{ij}) = A\exp(-R_{ij}/R_0) \tag{5.74}$$

其中 A 与 R_0 为待定参数。

Papaconstantopoulos 和 Mehl 发展的 NRL-TB 方法与上述方法稍有不同。按照普遍的方案，利用第一性原理计算的能带结构拟合 TB 参数，可以根据 $E_{\mathrm{repul}} = E_{\mathrm{tot}}^{\mathrm{FP}} - E_{\mathrm{band}}$ 得到排斥能。前面说过，E_{repul} 代表的是与 $\rho(\boldsymbol{r})$ 有关的部分，因此可以定义能级刚性平移量 V_0：

$$V_0 = \frac{E_{\mathrm{repul}}}{N_{\mathrm{e}}} \tag{5.75}$$

式中：N_{e} 为体系的价电子数。然后平移第一性原理的本征能级 $\{\varepsilon_\lambda(\boldsymbol{k})\}$：

$$\varepsilon'_\lambda(\boldsymbol{k}) = \varepsilon_\lambda(\boldsymbol{k}) + V_0,\quad \lambda = 1,2,\cdots,N_{\mathrm{band}} \tag{5.76}$$

这样总能 E_{tot} 可以表示为

$$E_{\mathrm{tot}} = \sum_\lambda n_\lambda \varepsilon'_\lambda \tag{5.77}$$

即排斥项可以被完全吸收在 TB 拟合参数里。

与第 3 章相同，根据 Hellmann-Feynman 定理，可以计算 TB 框架下原子的受力。在非正交基组下，体系的本征能级与本征波函数由广义本征方程(5.10) 给出。这里重新写出：

$$\sum_j H_{ij}c_j^\lambda = \varepsilon_\lambda \sum_j S_{ij}c_j^\lambda \tag{5.78}$$

如果 $\{c_i^\lambda\}$ 确实是体系的本征系数，则根据本征波函数的正交性 $\sum_{ij} c_i^{\lambda *} S_{ij} c_j^{\lambda'} = \delta_{\lambda\lambda'}$ 可得

$$\varepsilon_\lambda = \sum_{ij} c_i^{\lambda *} H_{ij} c_j^{\lambda'} \tag{5.79}$$

则其对 R 的导数为

$$\frac{\mathrm{d}\varepsilon_\lambda}{\mathrm{d}R} = \sum_{ij} c_i^{\lambda *}\left(\frac{\mathrm{d}H_{ij}}{\mathrm{d}R} - \varepsilon_\lambda \frac{\mathrm{d}S_{ij}}{\mathrm{d}R}\right)c_j^\lambda \tag{5.80}$$

由式(5.80) 可以计算作用在第 i 个原子上的力 $\boldsymbol{F}_i$ 的 l 分量为[222,223]

$$F_i^l = -\frac{\partial E_{\mathrm{TB}}}{\partial R_i^l} = -2\sum_{\lambda,i,j} f(\varepsilon_\lambda)c_{i\alpha}^{\lambda *}\left(\frac{\mathrm{d}H_{i\alpha,j\beta}}{\mathrm{d}R_i^l} - \varepsilon_\lambda \frac{\mathrm{d}S_{i\alpha,j\beta}}{\mathrm{d}R_i^l}\right)c_{j\beta}^\lambda + \sum_{j,j\neq i}\frac{A}{R_0}\exp\left(-\frac{R_{ij}}{R_0}\right)\frac{R_{ij}^l}{R_{ij}} \tag{5.81}$$

式中：$\mathrm{d}H_{i\alpha,j\beta}/\mathrm{d}R_i^l$ 及 $\mathrm{d}S_{i\alpha,j\beta}/\mathrm{d}R_i^l$ 可由式(5.41) 至式(5.53) 或者式(5.54) 至式(5.60) 给出。可以看到，因为计算方程极为复杂，因此对于一般情况，可以直接利用表 5.1 的结果进行计算。

5.3　自洽紧束缚方法

对于带电体系或者具有较强离子键的体系(如氧化物等)，电荷转移或重新分布的效应是非常显著的。然而，在常规的 TB 方法中，这种效应很难得到体现，因此需要进行特殊处理。自洽紧束缚(self-consistent tight binding，SCTB)方法被认为是一种可靠的改进方法。

自洽紧束缚方法引入了电荷密度与能量之间的自洽关系，以更好地描述电荷转移和重新分布的效应。在这种方法中，哈密顿矩阵的元素会随着电荷密度的变化而更新，从而反映

电荷在体系中的重新分布。这意味着在求解过程中,需要不断地更新哈密顿矩阵和电荷密度,直至符合一定的收敛准则。

自洽紧束缚方法在处理带电体系和离子键较强的体系方面具有更高的准确性和可靠性,相对于传统的 TB 方法,能够更好地描述电荷转移和重新分布的现象。然而,这种方法的计算成本相对较高,因为需要进行多次迭代以达到自洽条件。尽管如此,自洽紧束缚方法仍然具有较高的应用价值,特别是在研究那些涉及显著电荷转移和重新分布的复杂体系时。

5.3.1 Harris-Foulkes 非自洽泛函

Harris 与 Foulkes 各自独立地提出了著名的 Harris-Foulkes(HF)非自洽泛函[224,225],其形式为

$$\begin{aligned}E_{\mathrm{HF}}[\rho_{\mathrm{in}}] = &\sum_{\lambda}^{\mathrm{occ}}\langle \Psi_\lambda \mid -\frac{\nabla^2}{2}+V_{\mathrm{ext}}+\int\frac{\rho_{\mathrm{in}}(\boldsymbol{r}')}{|\boldsymbol{r}-\boldsymbol{r}'|}\mathrm{d}\boldsymbol{r}'+V_{\mathrm{xc}}[\rho_{\mathrm{in}}(\boldsymbol{r})] \mid \Psi_\lambda\rangle \\ &-\frac{1}{2}\iint\frac{\rho_{\mathrm{in}}(\boldsymbol{r}')\rho_{\mathrm{in}}(\boldsymbol{r})}{|\boldsymbol{r}-\boldsymbol{r}'|}\mathrm{d}\boldsymbol{r}\mathrm{d}\boldsymbol{r}'-\int V_{\mathrm{xc}}[\rho_{\mathrm{in}}(\boldsymbol{r})]\rho_{\mathrm{in}}(\boldsymbol{r})\mathrm{d}\boldsymbol{r}+E_{\mathrm{xc}}[\rho_{\mathrm{in}}]+E_{\mathrm{II}}\end{aligned} \tag{5.82}$$

式(5.82)中,能量泛函仅与初始(或称输入)电荷有关,不涉及电荷以及哈密顿量的更新(因此也不存在波函数的更新),所以是非自洽的。这显然与第 3 章中自洽的 Kohn-Sham 能量泛函 E_{KS} 不一致。因为后者虽然利用初始电荷构造了哈密顿算符,但是波函数与泛函中的电荷分布却是通过求解 Kohn-Sham 方程而求得的更新值 ρ_{out}。为了表述得更清楚,重新写出 E_{KS}:

$$\begin{aligned}E_{\mathrm{KS}}[\rho_{\mathrm{out}}] = &\sum_{\lambda}^{\mathrm{occ}}\langle \Psi_\lambda \left| -\frac{\nabla^2}{2}+V_{\mathrm{ext}}+\int\frac{\rho_{\mathrm{out}}(\boldsymbol{r}')}{|\boldsymbol{r}-\boldsymbol{r}'|}\mathrm{d}\boldsymbol{r}'+V_{\mathrm{xc}}[\rho_{\mathrm{in}}(\boldsymbol{r})] \right| \Psi_\lambda\rangle \\ &-\frac{1}{2}\iint\frac{\rho_{\mathrm{out}}(\boldsymbol{r}')\rho_{\mathrm{out}}(\boldsymbol{r})}{|\boldsymbol{r}-\boldsymbol{r}'|}\mathrm{d}\boldsymbol{r}\mathrm{d}\boldsymbol{r}'-\int V_{\mathrm{xc}}[\rho_{\mathrm{in}}(\boldsymbol{r})]\rho_{\mathrm{out}}(\boldsymbol{r})\mathrm{d}\boldsymbol{r}+E_{\mathrm{xc}}[\rho_{\mathrm{out}}]+E_{\mathrm{II}}\end{aligned} \tag{5.83}$$

可以记 $\delta\rho=\rho_{\mathrm{out}}-\rho_{\mathrm{in}}$。当 $\delta\rho$ 不大时,可以将 $E_{\mathrm{xc}}[\rho_{\mathrm{out}}]$ 关于 $\delta\rho$ 展开至二阶,即

$$E_{\mathrm{xc}}[\rho_{\mathrm{out}}]=E_{\mathrm{xc}}[\rho_{\mathrm{in}}]+\int V_{\mathrm{xc}}[\rho_{\mathrm{in}}(\boldsymbol{r})]\delta\rho(\boldsymbol{r})\mathrm{d}\boldsymbol{r}+\frac{1}{2}\iint\left.\frac{\delta^2E_{\mathrm{xc}}[\rho]}{\delta\rho(\boldsymbol{r})\delta\rho(\boldsymbol{r}')}\right|_{\rho_{\mathrm{in}}}\delta\rho(\boldsymbol{r})\delta\rho(\boldsymbol{r}')\mathrm{d}\boldsymbol{r}\mathrm{d}\boldsymbol{r}' \tag{5.84}$$

并将 $\rho_{\mathrm{out}}=\rho_{\mathrm{in}}+\delta\rho$ 代入式(5.83),有

$$\begin{aligned}E_{\mathrm{KS}}[\rho_{\mathrm{out}}] = &\sum_{i}^{\mathrm{occ}}\langle \Psi_i \left| -\frac{\nabla^2}{2}+V_{\mathrm{ext}}+\int\frac{\rho_{\mathrm{in}}(\boldsymbol{r}')}{|\boldsymbol{r}-\boldsymbol{r}'|}\mathrm{d}\boldsymbol{r}'+V_{\mathrm{xc}}[\rho_{\mathrm{in}}(\boldsymbol{r})] \right| \Psi_i\rangle \\ &-\frac{1}{2}\iint\frac{\rho_{\mathrm{in}}(\boldsymbol{r}')\rho_{\mathrm{in}}(\boldsymbol{r})}{|\boldsymbol{r}-\boldsymbol{r}'|}\mathrm{d}\boldsymbol{r}\mathrm{d}\boldsymbol{r}'-\int V_{\mathrm{xc}}[\rho_{\mathrm{in}}(\boldsymbol{r})]\rho_{\mathrm{in}}(\boldsymbol{r})\mathrm{d}\boldsymbol{r}+E_{\mathrm{xc}}[\rho_{\mathrm{in}}]+E_{\mathrm{II}} \\ &+\frac{1}{2}\iint\frac{\delta\rho(\boldsymbol{r}')\delta\rho(\boldsymbol{r})}{|\boldsymbol{r}-\boldsymbol{r}'|}\mathrm{d}\boldsymbol{r}\mathrm{d}\boldsymbol{r}'+\frac{1}{2}\iint\left.\frac{\delta^2E_{\mathrm{xc}}[\rho]}{\delta\rho(\boldsymbol{r})\delta\rho(\boldsymbol{r}')}\right|_{\rho_{\mathrm{in}}}\delta\rho(\boldsymbol{r})\delta\rho(\boldsymbol{r}')\mathrm{d}\boldsymbol{r}\mathrm{d}\boldsymbol{r}' \\ &+\left[\iint\frac{\rho(\boldsymbol{r}')\delta\rho(\boldsymbol{r})}{|\boldsymbol{r}-\boldsymbol{r}'|}\mathrm{d}\boldsymbol{r}\mathrm{d}\boldsymbol{r}'-\iint\frac{\delta\rho(\boldsymbol{r}')\rho(\boldsymbol{r})}{|\boldsymbol{r}-\boldsymbol{r}'|}\mathrm{d}\boldsymbol{r}\mathrm{d}\boldsymbol{r}'-\int V_{\mathrm{xc}}[\rho_{\mathrm{in}}(\boldsymbol{r})]\delta\rho(\boldsymbol{r})\mathrm{d}\boldsymbol{r}\right. \\ &\left.+\int V_{\mathrm{xc}}[\rho_{\mathrm{in}}(\boldsymbol{r})]\delta\rho(\boldsymbol{r})\mathrm{d}\boldsymbol{r}\right]\end{aligned} \tag{5.85}$$

式中前两行即为 Harris-Foulkes 泛函,最后两行关于 $\delta\rho$ 的各项彼此相消,故有

$$E_{\mathrm{SCF}}[\rho_{\mathrm{out}}]=E_{\mathrm{HF}}[\rho_{\mathrm{in}}]+\frac{1}{2}\iint\left[\frac{1}{|\boldsymbol{r}-\boldsymbol{r}'|}+\left.\frac{\delta^2E_{\mathrm{xc}}[\rho]}{\delta\rho(\boldsymbol{r})\delta\rho(\boldsymbol{r}')}\right|_{\rho_{\mathrm{in}}}\right]\delta\rho(\boldsymbol{r})\delta\rho(\boldsymbol{r}')\mathrm{d}\boldsymbol{r}\mathrm{d}\boldsymbol{r}' \tag{5.86}$$

式(5.86)表明电荷更新对于体系能量泛函存在二阶修正。Harris-Foulkes 泛函拥有若

干重要的性质。最重要的一点是当体系的电子密度分布精确地等于体系真正的基态电子密度分布 ρ_0 时，$E_{\mathrm{HF}}=E_{\mathrm{KS}}$，且为体系的真正基态能量 E_0。这表明，基态能量同时是 Harris-Foulkes 泛函以及 Kohn-Sham 泛函的不动点。必须指出，Harris-Foulkes 泛函并不具备变分性质，因为仅从方程(5.86)出发无法保证基态能量 E_0 是 E_{HF} 的极小值。实际上，Harris、Foulkes 与 Haydock 均在各自的讨论中指出，当电荷分布通过自洽场计算逐渐逼近 ρ_0 时，E_{HF} 往往从下方逼近 E_0[224,226]。但是当 ρ_{in} 比较接近 ρ_0 时，利用 E_{HF} 估算基态能量往往比利用 E_{KS} 估算更为准确。

5.3.2 电荷自洽紧束缚方法

以方程(5.86)为基础，Elsnter、Frauenheim 和 Seifert 等人提出了电荷自洽紧束缚方法——SCC-DFTB(self-consistent charge density functional tight-binding)方法[227,228]。下面对此进行简要的介绍。

如果忽略方程(5.86)中的二阶修正，只考虑非自洽部分 E_{HF}，将式(5.82)中的冗余项以及 E_{ii} 用 5.2 节中介绍过的参数化排斥项 E_{repul} 代替，则按照 5.1.2 节中介绍的 LCAO 方法很容易得到广义本征值方程(5.10)。其中哈密顿矩阵元 $H_{i\alpha,j\beta}$ 及重叠矩阵元 $S_{i\alpha,j\beta}$ 均与 5.1.3 节中给出的相同。显然，普通的非自洽 TB 参数是 Kohn-Sham 泛函的零阶近似。如果将任意一个原子的电荷分布视为以其原子核为中心的高斯分布，而将体系的电荷分布 ρ_{in} 视为各原子电荷分布的简单叠加，再利用 ρ_{in} 将 E_{repul} 具体构建出来，这种处理方法称为非自洽从头计算紧束缚方法[53]。

考虑到二阶修正，将方程(5.86)中的 $\delta\rho(\boldsymbol{r})$ 分解为各个原子的贡献，从而可将二阶修正项 $E^{(2)}$ 重新写为

$$E^{(2)}=\frac{1}{2}\sum_{ij}\iint\left[\frac{1}{|\boldsymbol{r}-\boldsymbol{r}'|}+\left.\frac{\delta^2E_{\mathrm{xc}}[\rho]}{\delta\rho(\boldsymbol{r})\delta\rho(\boldsymbol{r}')}\right|_{\rho_{\mathrm{in}}}\right]\delta\rho_i(\boldsymbol{r})\delta\rho_j(\boldsymbol{r}')\mathrm{d}\boldsymbol{r}\mathrm{d}\boldsymbol{r}' \tag{5.87}$$

Elstner 等将 $\delta\rho(\boldsymbol{r})$ 表示为类氢轨道的线性组合：

$$\delta\rho_i(\boldsymbol{r})=\sum_{lm}K^i_{lm}R^i_{lm}(|\boldsymbol{r}-\boldsymbol{R}_i|)\mathrm{Y}_{lm}(\theta,\phi)\approx\Delta q_iR^i_{00}(|\boldsymbol{r}-\boldsymbol{R}_i|)Y_{00} \tag{5.88}$$

式中：$R^i_{lm}(|\boldsymbol{r}-\boldsymbol{R}_i|)$ 是以原子 i 为中心的隶属于 $\{l,m\}$ 分波轨道的归一化电荷径向分布函数；K^i_{lm} 为展开系数。为了不致引入过于烦琐的计算，式(5.88)中仅保留了球对称的类 s 轨道一项，且取 $K^i_{00}=\Delta q_j$。将式(5.88)代入方程(5.87)，可得

$$E^{(2)}=\frac{1}{2}\sum_{ij}\gamma_{ij}\Delta q_i\Delta q_j \tag{5.89}$$

式中

$$\gamma_{ij}=\iint\Gamma(\boldsymbol{r},\boldsymbol{r}',\rho)\frac{R^i_{00}(\boldsymbol{r}-\boldsymbol{R}_i)R^j_{00}(\boldsymbol{r}'-\boldsymbol{R}_j)}{4\pi}\mathrm{d}\boldsymbol{r}\mathrm{d}\boldsymbol{r}' \tag{5.90}$$

式中：$\Gamma(\boldsymbol{r},\boldsymbol{r}',\rho)$ 代表方程(5.87)中方括号内的函数。考虑两种极端的情况：① i 与 j 间距极大，在 LDA 的图像下此时 E_{xc} 的二阶变分为零，因此 $E^{(2)}$ 可以看作 Δq_i 和 Δq_j 之间的纯库仑相互作用；② $i=j$，此时 $\rho(\boldsymbol{r})$ 和 $\rho(\boldsymbol{r}')$ 在同一个原子上，这相当于自能修正。精确地计算此时的 γ_{ii} 虽然原则上可行，但是具体实现比较困难[222]，为此，SCC-DFTB 方法将 γ_{ii} 近似为该原子的 Hubbard 参量 U_i：

$$\gamma_{ii} \approx U_i = \frac{\partial^2 E}{\partial q_i^2} = \frac{\partial \varepsilon_{\mathrm{HOMO}}}{\partial n_{\mathrm{HOMO}}} \tag{5.91}$$

式(5.91)表明,U_i 即为原子 i 的能量关于原子电荷数的二阶偏导,也即最高占据能级 $\varepsilon_{\mathrm{HOMO}}$ 关于该能级占据数的偏导。由式(5.91)可得,$E^{(2)}$ 中必包含典型的 Hubbard 罚函数,形如 $\sum_i U_i \Delta q_i^2$。

实际上,U_i 也与原子的化学刚度矩阵 $\boldsymbol{\eta}$ 有关。我们在这里不做讨论,有兴趣的读者可参阅文献[222]、[229]、[230]。

对于有限距离的情况,Elstner 等首先假定各原子的电荷分布

$$q_i = \frac{\tau_i}{8\pi} \mathrm{e}^{-\tau_i(\boldsymbol{r}-\boldsymbol{R}_i)} \tag{5.92}$$

然后暂时忽略与 E_{xc} 有关的部分,直接积分求解 γ_{ij} 得

$$\gamma_{ij} = \frac{1}{R} + S(\tau_i, \tau_j, R) \tag{5.93}$$

式中:$R = |\boldsymbol{R}_\alpha - \boldsymbol{R}_\beta|$;$S$ 是一个短程函数,有

$$S(\tau_i, \tau_j, R) = \mathrm{e}^{-\tau_i R}\left[\frac{\tau_j^4 \tau_i}{2(\tau_i^2 - \tau_j^2)^2} - \frac{\tau_j^6 - 3\tau_j^4 \tau_i^2}{(\tau_i^2 - \tau_j^2)^3 R}\right] + \mathrm{e}^{-\tau_j R}\left[\frac{\tau_i^4 \tau_j}{2(\tau_j^2 - \tau_i^2)^2} - \frac{\tau_i^6 - 3\tau_i^4 \tau_j^2}{(\tau_j^2 - \tau_i^2)^3 R}\right] \tag{5.94}$$

式(5.94)在 $R \to 0$ 的情况下应该返回式(5.91)。因此,将 S 按 R 展开,可得

$$S(\tau_i, \tau_j, R) \xrightarrow{R \to 0} \frac{1}{R} + \frac{5}{16}\tau_i \tag{5.95}$$

将式(5.95)代入式(5.93)并与式(5.91)相比较,可得

$$\tau_i = \frac{16}{5} U_i \tag{5.96}$$

因此,τ_i 并不是一个独立的参数,而是由 U_i 确定的。

依据上述讨论,γ_{ij} 仅与原子间距及 U_i、U_j 有关。为了确定 U_i 的数值,我们可以逐渐改变原子 i 的电荷,利用 DFT 方法计算此时原子 i 的总能,再利用展开式求出 U_i。这样 U_i 已经包含了与 E_{xc} 有关的信息,所以式(5.93)是一个准确的表达式。这样,在 SCC-DFTB 框架中,体系的总能量为

$$E = 2\sum_{\lambda}^{\mathrm{occ}} f(\varepsilon_\lambda) \langle \Psi_i \mid H^0 \mid \Psi_i \rangle + \frac{1}{2}\sum_{ij}^{N} \gamma_{ij} \Delta q_i \Delta q_j + E_{\mathrm{repul}} \tag{5.97}$$

设 $\Delta q_i = q_i - q_i^0$,其中 q_i^0 为该原子的价电荷数,而对 q_i 则采用 LCAO 方法,将其表示为

$$q_i = \frac{1}{2}\sum_{\lambda}^{\mathrm{occ}} 2f(\varepsilon_\lambda) \sum_{\alpha\in i} \sum_{j}^{N} \sum_{\beta\in j} (c_{i\alpha}^{\lambda *} c_{j\beta}^{\lambda} S_{i\alpha,j\beta} + c_{i\alpha}^{\lambda} c_{j\beta}^{\lambda *} S_{j\beta,i\alpha}) \tag{5.98}$$

将式(5.98)代入式(5.97),对 $c_{i\alpha}^{\lambda *}$ 求变分,与 5.1.2 节中的过程相似,最后也可得到久期方程(式(5.10))。但是这时哈密顿矩阵元为

$$H_{i\alpha,j\beta} = \langle \phi_{i\alpha} \mid \hat{H} \mid \phi_{j\beta} \rangle + \frac{1}{2} S_{i\alpha,j\beta} \sum_{k}^{N} (\gamma_{ik} + \gamma_{jk}) \Delta q_k = H_{i\alpha,j\beta}^0 + H_{i\alpha,j\beta}^1 \tag{5.99}$$

如果只考虑 H^0,即 U_i 极大时,久期方程退化为非自洽的 TB 方程。但是因为 H^1 的存在,久期方程(式(5.10))必须自洽地求解。每一次得到本征波函数以后,需要将其代入式(5.99)中重新构建哈密顿矩阵,再进行新一轮的对角化,而所需要添加的参数仅有原子的 Hubbard

参量 U。

与 5.2 节中的推导类似，我们可以给出 SCC-DFTB 方法中原子受力的计算公式：

$$
\begin{aligned}
F_i^l &= -\frac{\partial E_{\mathrm{TB}}}{\partial R_i^l} \\
&= -2\sum_{\lambda,i,j} f(\varepsilon_\lambda) c_{i\alpha}^{\lambda *}\left[\frac{\mathrm{d}H_{i\alpha,j\beta}}{\mathrm{d}R_i^l} - \left(\varepsilon_\lambda - \frac{H_{i\alpha,j\beta}^1}{S_{i\alpha,j\beta}}\right)\frac{\mathrm{d}S_{i\alpha,j\beta}}{\mathrm{d}R_i^l}\right] c_{j\beta}^\lambda - \Delta q_i \sum_k^N \frac{\mathrm{d}\gamma_{ij}}{\mathrm{d}R_i^l}\Delta q_k \\
&\quad + \sum_{j,j\neq i}\frac{A}{R_0}\exp\left(-\frac{R_{ij}}{R_0}\right)\frac{R_{ij}^l}{R_{ij}}
\end{aligned} \tag{5.100}
$$

如果进一步考虑电荷转移引发的电子云形变及相应的多极矩，可以写出更为复杂的表达式。Finnis 等人按此思路进行了尝试，并成功地应用在氧化锆体系上[231,232]。在这里不详细讨论，读者可参阅相关文献。关于 TB 自洽化的不同尝试也表明，TB 方法具有很强的适用性，可以承担一些传统意义上较为复杂的体系的模拟任务。

5.4 应用实例

TB 方法是一种用于微观和介观尺度下的模拟的重要方法。在获得可靠参数的前提下，TB 方法能够模拟包含 $10^3 \sim 10^4$ 个原子的体系。这意味着它可以处理具有复杂构型、含有大量功能性基团的体系，以及那些因结构缺陷其对称性被严重破坏的体系等等。这种方法的灵活性和广泛适用性使其在纳米材料研究中具有很高的价值。

与第一原理方法类似，TB 方法的结果包含体系的电子结构信息，这意味着大部分常用的电子结构表征量，如能带结构、态密度、电荷密度分布等，都可以通过 TB 方法的标准输出数据进行构建。因此，TB 方法非常适合用于研究特定的纳米功能材料，这类材料往往具有人为引入的结构复杂性，同时其电子结构信息也是研究人员关注的焦点。

TB 方法不仅可以处理大型复杂体系，还能提供丰富的电子结构信息，这使得其成为理解和设计纳米功能材料的重要工具。通过 TB 方法，研究人员可以系统地研究纳米尺度材料的物理性质、化学行为以及结构稳定性，从而为纳米科学与技术的进一步发展提供理论支持和指导。

5.4.1 闪锌矿的能带结构

闪锌矿的原子结构已在第 2 章中给出。选取该结构作为 TB 方法的例子是因为它有足够复杂的晶体结构，包含异种元素，同时又拥有足够高的对称性，这使得哈密顿矩阵的构造比较简单。

闪锌矿结构每个原胞中包含两个相异的原子，即

A：
$$\boldsymbol{d}_A = 0\hat{\boldsymbol{x}} + 0\hat{\boldsymbol{y}} + 0\hat{\boldsymbol{z}}$$

B：
$$\boldsymbol{d}_B = \frac{a}{4}\hat{\boldsymbol{x}} + \frac{a}{4}\hat{\boldsymbol{y}} + \frac{a}{4}\hat{\boldsymbol{z}}$$

每个原子均包含四个原子轨道：s、p_x、p_y、p_z。因此相应的哈密顿矩阵为一个八阶方阵。考虑到哈密顿矩阵的厄米特性及同一原子的轨道相互正交，实际需要计算的矩阵元仅有二十四个。处于原点处的原子有四个最近邻的原子，有

$$\boldsymbol{d}_1 = \frac{a}{4}[1 \quad 1 \quad 1], \quad \boldsymbol{d}_2 = \frac{a}{4}[1 \quad -1 \quad -1]$$

$$\boldsymbol{d}_3 = \frac{a}{4}[-1 \quad 1 \quad -1], \quad \boldsymbol{d}_4 = \frac{a}{4}[-1 \quad -1 \quad 1]$$

将它们代入方程(5.21)，并利用表 5.1，很容易写出这个八阶方阵[233]：

$$\begin{bmatrix}
\varepsilon_s^A & 0 & 0 & 0 & E_{ss}\boldsymbol{g}_1(\boldsymbol{k}) & E_{sp}\boldsymbol{g}_2(\boldsymbol{k}) & E_{sp}\boldsymbol{g}_3(\boldsymbol{k}) & E_{sp}\boldsymbol{g}_4(\boldsymbol{k}) \\
0 & \varepsilon_p^A & 0 & 0 & -\hat{E}_{sp}\boldsymbol{g}_2(\boldsymbol{k}) & E_{xx}\boldsymbol{g}_1(\boldsymbol{k}) & E_{xy}\boldsymbol{g}_4(\boldsymbol{k}) & E_{xy}\boldsymbol{g}_3(\boldsymbol{k}) \\
0 & 0 & \varepsilon_p^A & 0 & -\hat{E}_{sp}\boldsymbol{g}_3(\boldsymbol{k}) & E_{xy}\boldsymbol{g}_4(\boldsymbol{k}) & E_{xx}\boldsymbol{g}_1(\boldsymbol{k}) & E_{xy}\boldsymbol{g}_2(\boldsymbol{k}) \\
0 & 0 & 0 & \varepsilon_p^A & -\hat{E}_{sp}\boldsymbol{g}_4(\boldsymbol{k}) & E_{xy}\boldsymbol{g}_3(\boldsymbol{k}) & E_{xy}\boldsymbol{g}_2(\boldsymbol{k}) & E_{xx}\boldsymbol{g}_1(\boldsymbol{k}) \\
E_{ss}\boldsymbol{g}_1^*(\boldsymbol{k}) & -\hat{E}_{sp}\boldsymbol{g}_2^*(\boldsymbol{k}) & -\hat{E}_{sp}\boldsymbol{g}_3^*(\boldsymbol{k}) & -\hat{E}_{sp}\boldsymbol{g}_4^*(\boldsymbol{k}) & \varepsilon_s^B & 0 & 0 & 0 \\
E_{sp}\boldsymbol{g}_2^*(\boldsymbol{k}) & E_{xx}\boldsymbol{g}_1^*(\boldsymbol{k}) & E_{xy}\boldsymbol{g}_4^*(\boldsymbol{k}) & E_{xy}\boldsymbol{g}_3^*(\boldsymbol{k}) & 0 & \varepsilon_p^B & 0 & 0 \\
E_{sp}\boldsymbol{g}_3^*(\boldsymbol{k}) & E_{xy}\boldsymbol{g}_4^*(\boldsymbol{k}) & E_{xx}\boldsymbol{g}_1^*(\boldsymbol{k}) & E_{xy}\boldsymbol{g}_2^*(\boldsymbol{k}) & 0 & 0 & \varepsilon_p^B & 0 \\
E_{sp}\boldsymbol{g}_4^*(\boldsymbol{k}) & E_{xy}\boldsymbol{g}_3^*(\boldsymbol{k}) & E_{xy}\boldsymbol{g}_2^*(\boldsymbol{k}) & E_{xx}\boldsymbol{g}_1^*(\boldsymbol{k}) & 0 & 0 & 0 & \varepsilon_p^B
\end{bmatrix}$$

其中 $\boldsymbol{g}_i(\boldsymbol{k})$ 是归一化的相位因子，有

$$\boldsymbol{g}_1(\boldsymbol{k}) = \frac{1}{4}[\mathrm{e}^{\mathrm{i}\boldsymbol{k}\cdot\boldsymbol{d}_1} + \mathrm{e}^{\mathrm{i}\boldsymbol{k}\cdot\boldsymbol{d}_2} + \mathrm{e}^{\mathrm{i}\boldsymbol{k}\cdot\boldsymbol{d}_3} + \mathrm{e}^{\mathrm{i}\boldsymbol{k}\cdot\boldsymbol{d}_4}] \tag{5.101}$$

$$\boldsymbol{g}_2(\boldsymbol{k}) = \frac{1}{4}[\mathrm{e}^{\mathrm{i}\boldsymbol{k}\cdot\boldsymbol{d}_1} + \mathrm{e}^{\mathrm{i}\boldsymbol{k}\cdot\boldsymbol{d}_2} - \mathrm{e}^{\mathrm{i}\boldsymbol{k}\cdot\boldsymbol{d}_3} - \mathrm{e}^{\mathrm{i}\boldsymbol{k}\cdot\boldsymbol{d}_4}] \tag{5.102}$$

$$\boldsymbol{g}_3(\boldsymbol{k}) = \frac{1}{4}[\mathrm{e}^{\mathrm{i}\boldsymbol{k}\cdot\boldsymbol{d}_1} - \mathrm{e}^{\mathrm{i}\boldsymbol{k}\cdot\boldsymbol{d}_2} + \mathrm{e}^{\mathrm{i}\boldsymbol{k}\cdot\boldsymbol{d}_3} - \mathrm{e}^{\mathrm{i}\boldsymbol{k}\cdot\boldsymbol{d}_4}] \tag{5.103}$$

$$\boldsymbol{g}_4(\boldsymbol{k}) = \frac{1}{4}[\mathrm{e}^{\mathrm{i}\boldsymbol{k}\cdot\boldsymbol{d}_1} - \mathrm{e}^{\mathrm{i}\boldsymbol{k}\cdot\boldsymbol{d}_2} - \mathrm{e}^{\mathrm{i}\boldsymbol{k}\cdot\boldsymbol{d}_3} + \mathrm{e}^{\mathrm{i}\boldsymbol{k}\cdot\boldsymbol{d}_4}] \tag{5.104}$$

而哈密顿矩阵中的各项 E_{ss}、E_{sp}、E_{xx}、E_{xy} 等等也均由 SK 双中心积分项表示：

$$E_{ss} = 4V_{ss} \tag{5.105}$$

$$E_{sp} = 4V_{sp}/\sqrt{3} \tag{5.106}$$

$$\hat{E}_{sp} = -4\hat{V}_{sp}/\sqrt{3} \tag{5.107}$$

$$E_{xx} = 4(V_{pp\sigma} + 2V_{pp\pi})/3 \tag{5.108}$$

$$E_{xy} = 4(V_{pp\sigma} - V_{pp\pi})/3 \tag{5.109}$$

式中：V_{sp} 为 A 元素 s 轨道与 B 元素 p 轨道的 SK 参数；$\hat{V}_{sp}$ 为 B 元素 s 轨道与 A 元素 p 轨道的 SK 参数。式(5.105)至式(5.109)中方向余弦的符号归结到相位因子 $\boldsymbol{g}_i$ 中。对于给定方向的 $\boldsymbol{k}$，按照式(5.101)至式(5.104)构造哈密顿矩阵，并将其对角化，就可以得到闪锌矿结构的能带结构。

5.4.2 石墨烯和碳纳米管的能带结构

近年来，石墨烯因其卓越的电导率、高强度和高透明度等特性，在电子器件、能源、生物等领域受到了极大关注。TB 方法对于这类材料的研究具有显著作用。本节将以石墨烯和单壁碳纳米管的能带结构为例，介绍最简单的 π 轨道 TB 模型的应用，以便更好地理解石墨烯零带隙半导体的独特性质[234]。

图 5.4(a) 所示为石墨烯的蜂窝状结构。石墨烯的原胞基矢为 $\boldsymbol{a}_1$ 和 $\boldsymbol{a}_2$，有

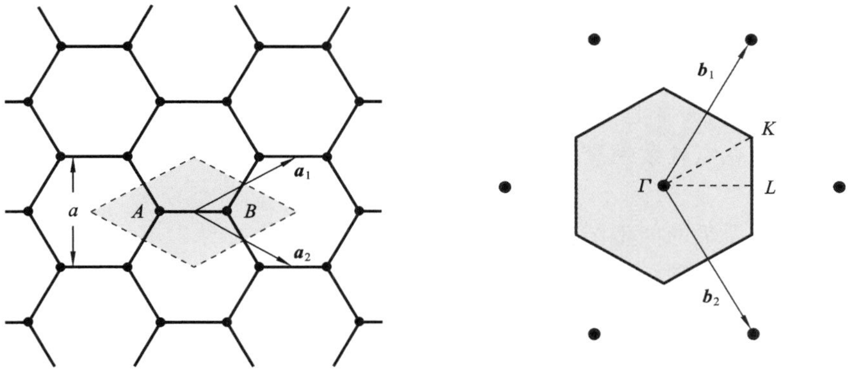

(a) (b)

图 5.4 石墨烯的结构和倒空间格矢

(a) 石墨烯结构；(b) 石墨烯的倒空间格矢

$$\boldsymbol{a}_1 = \frac{\sqrt{3}}{2}a\hat{\boldsymbol{x}} + \frac{1}{2}a\hat{\boldsymbol{y}} \tag{5.110}$$

$$\boldsymbol{a}_2 = \frac{\sqrt{3}}{2}a\hat{\boldsymbol{x}} - \frac{1}{2}a\hat{\boldsymbol{y}} \tag{5.111}$$

而相应的倒空间格矢(见图 5.4(b),图中阴影表示第一布里渊区) 为

$$\boldsymbol{b}_1 = \frac{4\pi}{\sqrt{3}a}\left(\frac{1}{2}a\hat{\boldsymbol{x}} + \frac{\sqrt{3}}{2}a\hat{\boldsymbol{y}}\right) \tag{5.112}$$

$$\boldsymbol{b}_2 = \frac{4\pi}{\sqrt{3}a}\left(\frac{1}{2}a\hat{\boldsymbol{x}} - \frac{\sqrt{3}}{2}a\hat{\boldsymbol{y}}\right) \tag{5.113}$$

如果仅考虑碳原子的 p_z 轨道,由于每个原胞里有两个不等价原子 A 和 B,因此需要构造一个二阶哈密顿矩阵。利用式(5.20) 构造分别位于 A 位和 B 位的 Blöch 波函数：

$$\phi_A(\boldsymbol{r}) = \frac{1}{\sqrt{N}}\sum_{\boldsymbol{R}} \mathrm{e}^{\mathrm{i}\boldsymbol{kR}}\, \chi_{p_z}\left(\boldsymbol{r} - \boldsymbol{R} + \frac{a}{2\sqrt{3}}\hat{\boldsymbol{x}}\right)$$

$$\phi_B(\boldsymbol{r}) = \frac{1}{\sqrt{N}}\sum_{\boldsymbol{R}} \mathrm{e}^{\mathrm{i}\boldsymbol{kR}}\, \chi_{p_z}\left(\boldsymbol{r} - \boldsymbol{R} - \frac{a}{2\sqrt{3}}\hat{\boldsymbol{x}}\right)$$

可以得到以 $\phi_A(\boldsymbol{r})$ 和 $\phi_B(\boldsymbol{r})$ 为基组的哈密顿量的对角元和非对角元：

$$\begin{aligned}\langle \phi_A(\boldsymbol{r}) \mid \hat{H} \mid \phi_A(\boldsymbol{r}) \mid\rangle &= \sum_{\boldsymbol{R}} \mathrm{e}^{\mathrm{i}\boldsymbol{kR}} \langle \chi_{p_z}\left(\boldsymbol{r} + \frac{a}{2\sqrt{3}}\hat{\boldsymbol{x}}\right) \mid \hat{H} \mid \chi_{p_z}\left(\boldsymbol{r} + \boldsymbol{R} + \frac{a}{2\sqrt{3}}\hat{\boldsymbol{x}}\right)\rangle \\ &= \langle \chi_{p_z}\left(\boldsymbol{r} + \frac{a}{2\sqrt{3}}\hat{\boldsymbol{x}}\right) \mid \hat{H} \mid \chi_{p_z}\left(\boldsymbol{r} + \frac{a}{2\sqrt{3}}\hat{\boldsymbol{x}}\right)\rangle = \varepsilon_{p_z}\end{aligned} \tag{5.114}$$

$$\begin{aligned}\langle \phi_A(\boldsymbol{r}) \mid \hat{H} \mid \phi_B(\boldsymbol{r})\rangle &= \sum_{\boldsymbol{R}} \mathrm{e}^{\mathrm{i}\boldsymbol{kR}} \langle \chi_{p_z}\left(\boldsymbol{r} + \frac{a}{2\sqrt{3}}\hat{\boldsymbol{x}}\right) \mid \hat{H} \mid \chi_{p_z}\left(\boldsymbol{r} + \boldsymbol{R} - \frac{a}{2\sqrt{3}}\hat{\boldsymbol{x}}\right)\rangle \\ &= (1 + \mathrm{e}^{\mathrm{i}\boldsymbol{ka}_1} + \mathrm{e}^{\mathrm{i}\boldsymbol{ka}_2})\langle \chi_{p_z}\left(\boldsymbol{r} + \frac{a}{2\sqrt{3}}\hat{\boldsymbol{x}}\right) \mid \hat{H} \mid \chi_{p_z}\left(\boldsymbol{r} - \frac{a}{2\sqrt{3}}\hat{\boldsymbol{x}}\right)\rangle \\ &= (1 + \mathrm{e}^{\mathrm{i}\boldsymbol{ka}_1} + \mathrm{e}^{\mathrm{i}\boldsymbol{ka}_2})t\end{aligned} \tag{5.115}$$

因此,在第一布里渊区内的能带结构(格矢 $\boldsymbol{k}$ 所对应的本征能级) 应该满足如下方程：

$$\begin{bmatrix} \varepsilon_{p_z} - E_k & (1 + e^{ika_1} + e^{ika_2})t \\ (1 + e^{-ika_1} + e^{-ika_2})t & \varepsilon_{p_z} - E_k \end{bmatrix} = \mathbf{0}$$

求解方程后,得到如图 5.5 所示的石墨烯的能带结构。值得注意的是,在费米面附近,价带和导带在狄拉克点处线性交汇。如果利用有效质量的定义,则在费米面附近的载流子的有效质量为零。

一旦得到了石墨烯的能带结构,我们就可以相对容易地推导出不同旋度的碳纳米管的带隙。如果我们忽略由碳纳米管卷曲的表面引起的轨道杂化,仍然以 p_z 轨道来近似描述碳-碳之间的作用(这对于大直径的碳纳米管显然是成立的),那么,本质上,碳纳米管的形成相当于要求格矢沿横截面方向满足周期性边界条件。

因此,我们可以得出,存在于碳纳米管中的电子态对应石墨烯布里渊区中的一系列分立直线。如图 5.6 所示,如果这条直线恰好经过狄拉克点 K,那么碳纳米管就是金属型的,否则就是半导体型的。进一步地,我们可以得出,使得直线经过狄拉克点的条件是碳纳米管的旋度指数(m,n)之差正好是 3 的倍数。因此,旋度指数为(m,m)的臂椅型碳纳米管总是金属型的,而旋度指数为$(m,0)$的锯齿型碳纳米管则有 1/3 是金属型的,另外 2/3 是半导体型的。需要指出的是,上述结论是在碳纳米管费米面附近的能带结构可以用石墨烯的 p_z 轨道近似的前提下得到的。然而,在碳纳米管的直径非常小,因此碳纳米管壁的曲率效应显著时,由于 σ 轨道和 π 轨道之间的杂化,小管径的碳纳米管大多数都为金属型的[235]。

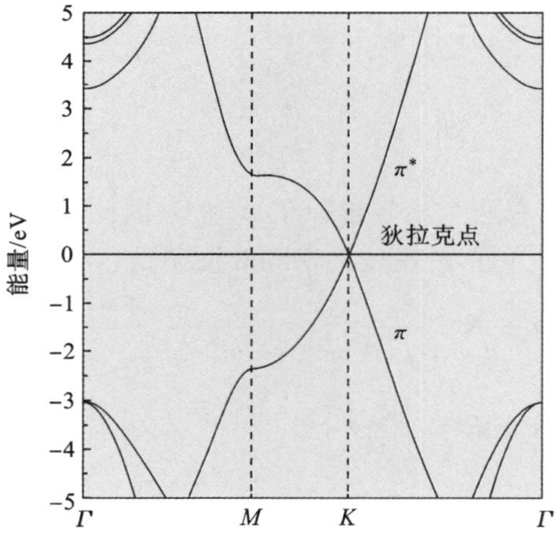

图 5.5 石墨烯费米面附近的能带结构图

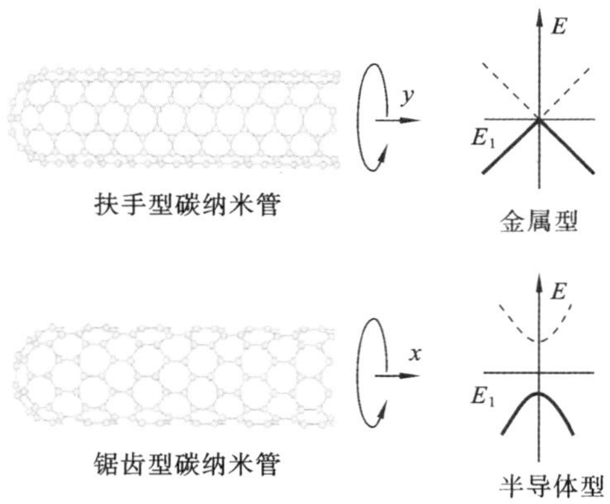

图 5.6 碳纳米管的能带结构示意图

习 题

1. 利用文献[220]中给出的参数,构建 BCC 结构钼的哈密顿矩阵,并计算 $\Gamma \rightarrow X$ 方向的能带结构。

2. 对于一维单原子链,原子间距为 a,给定原子的能量为 ε_0,相邻原子间的跃迁积分为 t。请写出该体系的哈密顿量矩阵。

3. 在一个一维单原子链中,原子间距为 a,给定原子的能量为 ε_0,相邻原子间的跃迁积分为 t。现在在链中引入一个杂质原子,其能量为 ε_i。请写出该体系的哈密顿量矩阵,并讨论杂质原子对能带结构的影响。

4. 在一个一维单原子链中，原子间距为 a，给定原子的能量为 ε_0，相邻原子间的跃迁积分为 t。现在在链中加入一个沿链方向的均匀电场 E，请写出该体系的哈密顿量矩阵，并讨论电场对能带结构的影响。

5. 考虑一个一维双原子链，每个原胞包含两种原子 A 和 B。原子间距为 a，给定原子 A 的能量为 ε_A，原子 B 的能量为 ε_B，相邻原子间的跃迁积分为 t。请写出该体系的哈密顿量矩阵，并求解能带结构 $E(k)$。

6. 考虑一个二维六角晶格，原子间距为 a，给定原子的能量为 ε_A，相邻原子间的跃迁积分为 t。请写出该体系的哈密顿量矩阵，并求解能带结构 $E(k)$。

第 6 章　分子动力学方法

6.1　分子动力学方法原理

分子动力学(MD)方法是一种计算模拟方法，在该方法中，原子被视为经典粒子，其运动遵循牛顿运动方程。与第一性原理方法和紧束缚方法不同，分子动力学方法不需要进行自洽场计算或对角化哈密顿矩阵，多体相互作用由包含经验参数的解析函数直接给出。因此，分子动力学方法计算量非常小，可以模拟较大的体系(原子数约 10^6)，且可以描述体系在复杂条件(如加载应力、温度变化、外加势场等)下的响应过程。模拟的时间尺度一般为 $10^{-12}\sim10^{-9}$ s，如果利用特殊的算法，则可以达到 10^{-6} s 的时间尺度。因此，分子动力学方法可以对给定系综中的某一系统进行时间平均。近年来，将分子动力学方法与第一性原理或紧束缚方法相结合的理论和算法取得了长足的进步，这使得分子动力学方法可以摆脱传统的经验势场准确性的限制。这些进展意味着分子动力学方法在材料模拟中将发挥越来越重要的作用。

从理论上来说，当研究对象为原子或分子时，应当考虑其量子效应，用薛定谔方程来正确描述其演化规律。然而，对于大多数原子和分子体系的研究，采用经典牛顿理论的分子动力学仍然是适用的。这主要是由体系的尺寸与其德布罗意波长的比值所决定的。根据德布罗意波长公式 $\lambda=\dfrac{h}{p}=\dfrac{h}{\sqrt{2\pi m k_{\mathrm{B}} T}}$，在 300 K 的温度下，H 原子的德布罗意波长约为 1 Å，Si 原子的德布罗意波长更短，为 0.19 Å，Au 原子的德布罗意波长则仅为 0.07 Å。可以看到，在大多数温度足够高的情况下，除了 H、He、Ne 等轻原子外，原子间距(通常为几个 Å)远大于其德布罗意波长，因此可以将原子核近似为质点，用经典的牛顿方程来描述其运动，而量子效应可以被忽略。

然而，在低温、高密度、极小尺度和高能量等条件下，量子效应将变得显著，因此需要使用量子力学方法来描述体系的行为。此外，在分子动力学方法中，经验势场的选择也会影响结果的准确性。因此，在选择分子动力学方法进行原子、分子体系的研究时，需要根据具体情况评估其适用性和准确性，并谨慎地选择适当的经验势场。

6.1.1　分子动力学方法的基本步骤

分子动力学方法的求解过程通常分为以下四个步骤。

1. 模型的选取

分子动力学模型的选取包括多个方面，其中最重要的是势场的确定。对于不同的分子系统，可以选择不同的势函数来描述分子间的相互作用。比如：对于惰性气体分子，可以选取 Lennard-Jones 势(简称 LJ 势)来描述分子间的相互作用；对于离子晶体，可以采取壳核模型等基于库仑相互作用的有效势；对于共价体系和金属体系，常用的多体势包括嵌入原子势(EAM)、修正嵌入原子势(MEAM)、Tersoff等。此外,还需要根据实际问题的需求选择系综,如 NVE、NVT、NPT 系综等。最后,还要根据模拟体系的特性,选择采用孤立边界条件还是周期边界条件等。

2. 初始条件的设定

在分子动力学中,我们需要设定初始条件才能按照要求进行求解。在数学上,分子动力学求解过程等价于求解微分方程。由于我们无法精确得知微观体系中每个粒子的初始位置和速度,因此初始条件的选取并不唯一且具有一定的随机性。为此,人们常常采用玻尔兹曼分布、高斯分布等随机分布形式来设定初始速度的分布。值得注意的是,尽管初始条件的选取具有一定的随机性,但体系经过足够长时间的动力学演化后,所需要求解的物理量并不依赖于初始条件,这是分子动力学的统计学特性所决定的。

3. 动力学演化

在分子动力学方程的求解过程中,我们通过演化体系的状态来了解分子的运动和相互作用。然而,由于所设定的初始条件往往并不满足宏观量,比如能量、温度等的要求,因此在模拟的过程中需要采用平衡步。平衡步通常也被称为弛豫过程,其主要目的是通过对粒子的能量、动量等进行调整,让整个体系趋于平衡态。需要注意的是,在进行统计计算时应该摒弃这些平衡步,仅统计体系达到平衡态后的状态量,因为在弛豫过程中采取的是人为调整的方式,并未遵循真实的物理规律。因此,我们只有在足够长的时间内演化体系,等待其达到平衡态后,才能够得到准确的统计结果。

4. 物理量的统计计算

在分子动力学计算中,我们通常更关注整个体系的物理性质,而不是单一粒子的运动轨迹。我们需要从数以百万计的原子运动轨迹的集合中提取出感兴趣的物理量,这可以通过应用统计力学的方法来实现。例如,通过对原子平均动能的统计得到体系的宏观温度,通过对速度关联函数的统计得到原子的扩散系数等。统计力学在分子动力学中具有至关重要的作用,它使我们能够从原子尺度推断出体系的宏观特性。通过对大量原子轨迹数据的处理和分析,我们可以获得有关体系的重要信息。这种方法使得分子动力学成为一种非常有用的工具,用于模拟和预测材料性质和行为,以及研究各种生物和化学系统的行为。

6.1.2 系综平均与时间平均

分子动力学研究是一个典型的"以小见大"的过程,即通过对满足宏观条件的不同微观态进行统计平均,来估算我们所关心的物理量在相应条件下的平均值。假设我们感兴趣的物理量为 $A(R_i, v_i)$,它是依赖于微观态中每个粒子位置和速度的函数。

吉布斯从统计力学的角度出发,认为物理量 A 的平均值 $\langle A\rangle$ 应该等同于在给定的某个时刻,独立、随机地从满足宏观条件的微观态中抽取 N_s 个所对应的统计平均。而其中每一个微观态都可以看作该宏观条件的不同实现。由于 A 的取值依赖于微观态中的 R_i,v_i,所以这 N_s 个微观态所对应的 A 值在平均值附近上下浮动:

$$\langle A\rangle_{\text{ensemble}} = \frac{1}{N_s}\sum_{n=1}^{N_s} A_n \tag{6.1}$$

根据统计力学中的独立样本假设,当 N_s 取值足够大时,式(6.1)给出的 $\langle A\rangle_{\text{ensemble}}$ 应该趋近于真实的 $\langle A\rangle$ 值。因此,我们可以使用分子动力学模拟生成的大量微观态样本,来计算物

理量 A 的平均值和方差等统计量，并进一步研究体系的性质和行为。

吉布斯定义的统计平均称为系综平均。

在分子动力学中，采样实际上追踪分子体系随时间的演化，并通过对此分子体系遍历的状态求时间平均来得到我们希望研究的物理量。这种平均方法由玻尔兹曼首先提出，他认为当体系演化的时间足够长时，其对 A 的时间平均也将逼近其真实的平均值，即

$$\langle A\rangle_{\text{time}}=\lim_{T\to\infty}\frac{1}{T}\int_0^T A(t)\,\mathrm{d}t \tag{6.2}$$

在分子动力学模拟中，系统的演化是通过对离散的时间步进行数值积分来实现的。因此，方程(6.2)也可以通过数值近似表示为

$$\langle A\rangle_{\text{time}}\approx\frac{1}{T_\infty}\sum_{n=1}^{N_s}A_n\Delta t=\frac{1}{N_s}\sum_{n=1}^{N_s}A_n \tag{6.3}$$

在分子动力学模拟中，记录每个时间步 $t=n\Delta t$ 时刻的 A_n 值可能会占用大量内存。为了避免这种情况，我们可以记录截止到第 n 步的 A 的平均值 $\langle A\rangle_n$，并使用式(6.4)更新 A 的平均值：

$$\langle A\rangle_{n+1}=\frac{n}{n+1}\langle A\rangle_n+\frac{1}{n+1}A_{n+1} \tag{6.4}$$

式中：A_{n+1} 是第 $n+1$ 步的 A 值。这个公式通过将第 n 步的平均值和第 $n+1$ 步的 A 值加权平均来计算新的平均值，权重系数分别为 $\frac{n}{n+1}$ 和 $\frac{1}{n+1}$。这个公式的时间复杂度为 $O(1)$，因此在实际计算中非常高效。

需要注意的是，这个更新公式仅适用于平衡态系统。对于非平衡态系统，例如流体动力学行为，这个公式可能不适用，需要采用其他方法来计算平均值。

分子动力学的一个基本假设是各态历经假设(ergodic hypothesis)。各态历经假设的基本思想是分子体系经过足够长的时间后会遍历相空间中的每一个点，即时间平均等于系综平均：

$$\langle A\rangle_{\text{time}}=\langle A\rangle_{\text{ensemble}} \tag{6.5}$$

这个假设从未被严格证明，我们对它的信心主要基于分子动力学模拟和实验相吻合的结果。

需要注意的是，在实际计算中，由于计算资源的限制，分子体系只能遍历相空间中的有限部分，因此分析分子动力学模拟结果时要小心，确保轨迹包括满足约束条件的大部分相空间。这一点尤其重要，因为如果遗漏了相空间的某些部分，就可能导致对物理现象的描述不准确。因此，在模拟结果的分析过程中需要进行认真的验证和确认，以确保模拟结果的准确性和可靠性。

6.1.3 周期性边界条件

由于在大部分的分子动力学模拟中，都需要进行材料体相性质的模拟，因此往往需要用到周期性边界条件。其核心思想是假设周期性超胞单元在空间中像晶格一样进行平移填充，从而只需要有限的原子数就可以填充整个空间，这样就可有效地消除表面效应。每个超胞单元都是计算超胞的精确复制品，其中所有的原子均遵循与计算超胞中完全等同的运动规律。所以，我们只需要正确描述其中一个超胞内的原子运动规律即可，例如图 6.1 中浅灰色原子所在的中心单元。同时，因为周期性边界条件的使用，当计算超胞内的原子由于运动

而越过边界时，需要对原子坐标进行特殊的处理。

这通常涉及将越过边界的原子移回超胞内部，并相应地修改其速度和加速度。这个过程在分子动力学模拟中被称为重定位或 PBC 修正。需要注意的是，在使用周期性边界条件进行分子动力学模拟时，超胞必须足够大，以确保模拟体系中的相互作用能够准确地反映材料体相的性质。同时，也需要仔细考虑超胞之间的相互作用，以确保其不会对模拟结果产生影响从而造成误差。

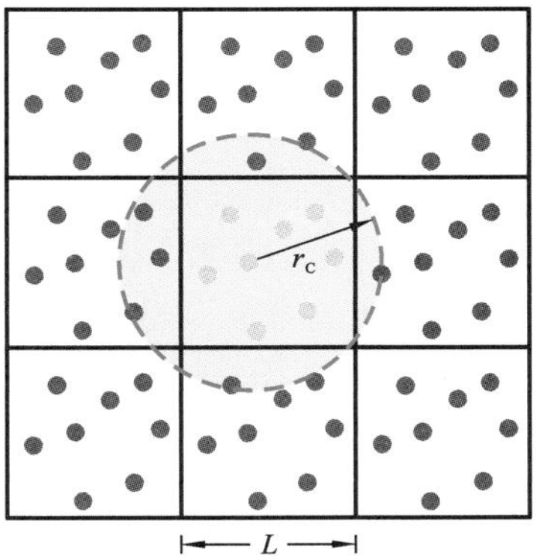

图 6.1　周期性边界条件示意图

在分子动力学中，通常要求体系满足“最小镜像约定”，这意味着超胞的最小边长必须大于两倍的原子间相互作用的截断距离。在这种情况下，我们可以通过一次循环就计算出所有原子之间的距离。在满足最小镜像约定的体系中，任意一个原子只与最近的原子（或其镜像）发生相互作用，这样就可以大大简化能量和力的计算。如果不满足这个条件，则一个原子可能会与超胞及其镜像中的多个原子同时发生相互作用，从而增加计算的复杂度和成本。

6.1.4　近邻列表算法

在计算原子间相互作用时，通常会对势场进行有限距离的截断处理。尽管原则上原子间存在着一定的超距作用，但是对于一些势场，例如 Morse 势和 LJ 势场，原子间相互作用随着其间距快速衰减。因此，可以设定一个合理的原子截断半径 r_c，在截断半径范围内的原子之间有正常的相互作用，截断半径外的原子交互作用直接设为零，不计算任何能量或受力。

图 6.1 中的虚线圆圈（代表一个三维的球体）表示与中心原子距离小于 r_c 的空间范围。显然，r_c 的选取需要有一定科学依据。当 r_c 较小时，计算量会显著减小，但是太小的截断半径将可能给能量或力的计算带来过大的误差。而 r_c 增大将直接增加计算量，因此，应在计算资源允许的情况下选取对体系模拟影响较小的截断半径。由于原子间的最近邻距离存在下限，因此截断半径为 r_c 的圆球里可容纳的原子数量是有限的，记作 M。

对于拥有 N 个（上百万个）原子的分子动力学模拟，通过势场的截断，将整个体系的计算复杂度从 $O(N^2)$ 降低到 $O(MN)$，带来的计算成本的降低是非常可观的。

在实际的分子动力学模拟中，体系中的每一个原子都处在动态的运动中。因此，我们不能每一步都通过计算原子间的距离来判断两个原子之间的距离是否小于截断半径，因为这种判断本身的计算复杂度就是 $O(N^2)$。为了提高计算效率，我们通常会通过程序维护一个近邻列表（近邻原子即图 6.1 中虚线内所有的原子）。我们假定在分子动力学运动过程中，只有当时间步间隔达到一定的数值时，近邻列表才会发生变化。因此，只有在这些时间步中，我们才需要重新构建原子的近邻列表。分子动力学中常见的近邻列表构建和维持的方法包括 Verlet List 方法和 Linked List 方法。

6.2　原子间相互作用势

牛顿运动方程是描述物体运动状态的基本方程，对于任意粒子 i，其牛顿运动方程可以

表示为

$$m\ddot{\boldsymbol{r}}_i = \boldsymbol{F} = -\frac{\partial E_{\text{pot}}}{\partial \boldsymbol{r}_i} \tag{6.6}$$

这个方程的物理意义是,粒子 i 的加速度等于作用在粒子 i 上的力除以粒子 i 的质量。在分子动力学中,势能是粒子之间相互作用的结果,因此粒子受力仅与粒子位型有关。通过求解这个方程,我们可以得到粒子的运动轨迹和速度变化。

经验势场在分子动力学中起着非常重要的作用,它是描述分子之间相互作用的数学模型,包含体系的所有相互作用信息。一般来说,经验势场是通过拟合体系的若干物性(比如晶格常数、空位形成能、弹性常数、状态方程、原子受力,等等)来确定势函数中的参数或者离散点处的数值的。经验势场的准确性和通用性取决于拟合所使用的实验或计算数据的质量和数量。

常用的经验势包括对势(pair potential)和嵌入原子势。对势仅考虑二体相互作用,常用于描述气体分子。嵌入原子势则考虑了电荷密度分布,常用于描述金属体系。这些经验势都隐含了量子力学原理,并且依赖于给定体系已知的物理量,如原子的质量、电荷、位置等。在本节中我们将对这些常用的经验势的势函数分别加以介绍。

6.2.1 对势

在分子动力学模拟中,势场起着至关重要的作用。势场必须足够精确,以准确描述原子分子间的相互作用,同时也需要相对简单,以便进行有效的数值求解。对势是最简单的一类经验势,早期被广泛应用于材料模拟。从原理上讲,一个给定构型的原子体系的总能量可以展开为单体势、二体势、三体势乃至更高阶势的求和。

具体而言,总能量 E_{tot} 可以表示为:

$$E_{\text{tot}} = \sum_i V_1(r_i) + \frac{1}{2}\sum_{i,j} V_2(r_{ij}) + \frac{1}{3!}\sum_{i,j,k} V_3(r_{ijk}) + \cdots \tag{6.7}$$

式(6.7)右端第一项与原子间的相互作用无关,可以认为它是一个常数项;第二项仅包含二体相互作用,即仅与两原子之间的距离有关,所以对势可以表示为 $V(r_{ij})$;第三项和后面的项分别为三体项和更高阶项。在分子动力学模拟早期,人们主要采用对势作为经验势。随着计算机技术的发展和人们对模拟体系的精度要求的提高,人们开始考虑三体势的作用,但是仅限于一些特定的体系。目前还没有非常完整的三体势的势库。而四体势目前仅出现在有机分子的模拟中。至于更高阶的势,由于涉及的自由参数过多,在实际计算模拟中非常少见。

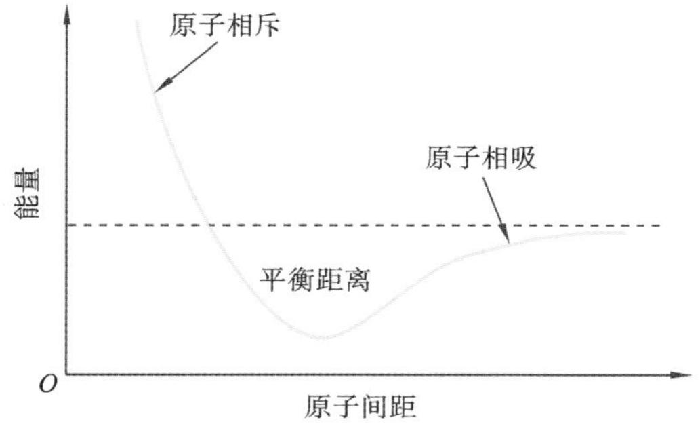

图 6.2　原子间对势的示意图

对势在分子动力学模拟中发挥着重要的作用,因为它能够用于描述原子之间的相互作用,从而为材料的性质和行为提供关键信息。对势的参数拟合、受力计算和编程实现都相对比较简单,这使得对势成为最常用的经验势之一。对势的大致趋势如图 6.2 所示:当两个原子相距较远时,它们之间没有相互作用;当两个原子逐渐靠近时,由于空间波函数的交叠，形成部分成键态，导致能量降低，它们会相互吸引直至达到平衡位置。然而，当两个原子的空间距离小于平衡距离时，如果再继续接近，电子与电子、核与核之间的斥力将导致能量迅速上升，形成排斥势。

6.2.1.1 Morse 对势

双原子分子的相互作用可以用谐振子势场进行描述，这种势场下两个原子做简谐振动。然而，谐振子势场有一个重大缺陷，即利用它来描述的分子永远不会分解。为了解决这个问题，Morse 在 1929 年提出了一个更加接近真实的、可导致分子分解的双体相互作用，即 Morse 势。Morse 势的数学形式为

$$V(r)=D[1-e^{-\alpha(r-r_0)/r_0}]^2-D \tag{6.8}$$

式中：参量 D 代表作用的强度；α 决定着两个原子间有效作用的距离，当 α 较小时，两个原子之间的作用范围较大，当 α 较大时，若两个原子之间距离超过平衡距离 r_0，二者的相互作用将快速衰减至零。另外，可以注意到，Morse 势平衡位置两边不对称，因此要将两个原子压缩至一定距离需要的能量要大于将两个原子分开相同的距离所需要的能量。

6.2.1.2 LJ 势

LJ 势函数是用于描述两个原子或分子间相互作用的经典势函数，由英国数学家 John Lennard-Jones 于 1924 年提出。其数学形式为

$$V(r)=4\varepsilon\left[\left(\frac{\sigma}{r}\right)^{12}-\left(\frac{\sigma}{r}\right)^{6}\right]\Theta(r_c-r) \tag{6.9}$$

式中：$\Theta(r_c-r)$ 是 Heaviside 阶跃函数；r_c 是截断半径；ε、σ 是待定参数，分别具有能量和长度量纲；$1/r^{12}$ 的幂次方项代表两个原子靠近时由电子云交叠引起的泡利相斥作用，而 $1/r^6$ 幂次方项则代表原子间范德瓦尔斯弱吸引作用。

就 LJ 势而言，可分别将距离 r、能量 E 和质量 m 的单位设为 σ、ε 和 m，相应的时间 t 的单位取为 $\sqrt{m\sigma^2/\varepsilon}$，即[236]

$$r/\sigma \rightarrow r \tag{6.10}$$

$$E/\varepsilon \rightarrow E \tag{6.11}$$

$$t/\sqrt{m\sigma^2/\varepsilon} \rightarrow t \tag{6.12}$$

则可得到 LJ 势的无量纲形式（也称为约化 LJ 势）：

$$v(r)=4\left(\frac{1}{r^{12}}-\frac{1}{r^6}\right)\Theta(r_c-r) \tag{6.13}$$

式中：$v(r)=V(r)/\varepsilon$ 表示无量纲势能；r 表示无量纲距离；t 用 $\tau=\sqrt{m\sigma^2/\varepsilon}$表示，其中 m 是原子质量。

这样，所有的物理量就都可以表示为无量纲的形式。比如

$$\ddot{\boldsymbol{r}}_i = 48\sum_{j\neq i}(r_{ij}^{-14}-\frac{1}{2}r_{ij}^{-8})\hat{\boldsymbol{r}}_{ij} \tag{6.14}$$

$$E_T = \frac{1}{2}\sum_{i=1}^{N_{\text{atom}}}\boldsymbol{v}^2 \tag{6.15}$$

$$E_U = 4\sum_{1\leqslant i\leqslant j\leqslant N_{\text{atom}}}(r_{ij}^{-12}-r_{ij}^{-6}) \tag{6.16}$$

以氦的 LJ 势为例，我们可以依照上述讨论进行单位变换。

(1) 距离单位变为 $\sigma=2.556$ Å。

(2) 能量单位变为 $\varepsilon=10.22\ \mathrm{K}\times k_B=10.22\times1.3806\times10^{-23}$ J。

(3) 质量单位变为 $m=4\times1.674\times10^{-27}$ kg。

(4) 时间单位变为 1.76×10^{-12} s,因此模拟中的时间步长 Δt 应为 0.0057,相当于 10^{-14} s。

(5) 不难看出,速度单位变为 1.452 Å/ps。

表 6.1 给出了典型的惰性气体及氮气的 LJ 势的相关参数。LJ 势在描述惰性气体分子间的相互作用时最为精确,也可以用来近似地描述中性原子或者分子在距离较近或者较远时候的相互作用。在成键距离附近,许多实际的物理体系中都不可避免地存在着电荷转移、方向性成键等现象,因此用 LJ 势描述会带来较大误差。

表 6.1　惰性气体及氮气的 LJ 势参数

参　　数	Ne	Ar	Kr	Xe	N
σ/nm	0.275	0.341	0.360	0.410	0.370
$\varepsilon/(\mathrm{K}\times k_B)$	36	120	171	221	95

6.2.2　晶格反演势

在双原子分子中,势函数的物理意义是描述体系能量随原子间距的变化趋势。然而,在实际材料体系中,由于存在晶体结构,每个原子不仅与其近邻原子发生相互作用,而且还会与更多的原子发生相互作用,这样形成的结合能曲线是所有相互作用的综合反映。例如在 FCC 晶体中,晶格中的任意一个原子均与十二个第一近邻原子发生相互作用,同时还与六个第二近邻原子发生相互作用,与二十四个第三近邻原子发生相互作用……晶体的结合能曲线是所有这些作用的综合反映。那么,是否存在一种原子间的对势函数,能够完全复制精确的结合能曲线?如果存在,又如何得到它?

上述问题从本质上来说是根据对势函数求总能的逆问题。陈难先于 1990 年最早将数论中的 Mobius 反演公式扩展到物理中的实际问题,比如黑体辐射、比热容、费米系统的反演问题等。之后更进一步发现晶体结构中其实隐含着半群的算术结构,于是系统地建立了一系列的晶格反演方法,称为 Chen-Mobius 晶格反演。通过反演结合能曲线得到的对势,称为晶格反演势,它已经被广泛地应用于模拟稀土过渡金属间化合物、离子晶体、金属陶瓷化合物、化合物半导体、过渡金属碳化物及过渡金属氮化物等体系。

我们以 FCC 晶格为例,简要阐述 Chen-Mobius 晶格反演的思想和具体实现过程。首先,我们注意到在对势近似下,晶体的结合能 $E(x)$ 可以表达成相互原子之间对势 $\phi(\boldsymbol{R}_{ij})$ 的总和:

$$E(x)=\frac{1}{2}\sum_{\boldsymbol{R}_{ij}\neq\boldsymbol{0}}\phi(\boldsymbol{R}_{ij})\tag{6.17}$$

式中:x 表示晶体中的最近邻原子距离;$\boldsymbol{R}_{ij}$ 为晶格矢量。适当改写式(6.17),将 $\boldsymbol{R}_{ij}$ 的模表示成 $b_0(n)x$ 的形式,这里 $b_0(n)$ 是一个单调递增的序列,代表在参考结构中第 n 阶晶格点的集合与最近的原子距离的相对比值;$r_0(n)$ 是 n 阶晶格点的数目。则有

$$E(x)=\frac{1}{2}r_0(n)\sum_{n=1}^{\infty}\phi(b_0(n)x)\tag{6.18}$$

晶格反演的关键在于从结合能曲线 $E(x)$ 直接导出原子之间的对势函数 $\phi(x)$。这里使用的技巧是将 $b_0(n)$ 扩展到 $b(n)$ 来获得乘法半群，从而使得对于任何 m 和 n，均存在 k，使

$$b(k)=b(n)b(m)$$

因此，结合能的求和公式可以等价地表示为

$$E(x)=\frac{1}{2}r(n)\sum_{n=1}^{\infty}\phi(b(n)x) \tag{6.19}$$

式中：

$$r(n)=\begin{cases} r_0(b_0^{-1}[b(n)]), & b(n)\in\{b_0(n)\}\\ 0, & b(n)\notin\{b_0(n)\}\end{cases} \tag{6.20}$$

将 $b_0(n)$ 扩展到 $b(n)$ 的乘法半群后，可以通过反演公式，直接得到原子间的对势：

$$\phi(\boldsymbol{R})=2\sum_{n=1}^{\infty}I(n)E(b(n)x) \tag{6.21}$$

$I(n)$ 与 $r(n)$ 互为修正的 Dirichlet 反演关系，可用以下的递推关系求解：

$$\sum_{b(n)\mid b(k)}I(n)r\left(b^{-1}\left(\frac{b(k)}{b(n)}\right)\right)=\delta_{k1} \tag{6.22}$$

表 6.2 中给出了 FCC 结构前几项的反演系数。BCC 结构的 Fe 的结合能曲线和反演对势曲线如图 6.3 所示。其他晶体，如 HCP 结构、金刚石结构的晶体等的反演系数均可以用式(6.21)得到。Chen-Mobius 反演方法是一种理论严谨、公式简洁的反演方法，其在原子仿真计算中的应用研究正在不断得到拓展。

表 6.2　FCC 结构反演系数

n	$b(n)\cdot b(n)$	$r(n)$	$I(n)$
1	1	12	0.083333
2	2	6	−0.041667
3	3	24	−0.166667
4	4	12	−0.062500
5	5	24	−0.166667
6	6	8	0.111111
7	7	48	−0.333333
8	8	6	0.031250
9	9	36	0.0833333
10	10	24	0
11	11	24	−0.166667
12	12	24	0.097222
13	13	72	−0.500000
14	14	0	0.333333
15	15	48	0.333333
16	16	12	−0.015625

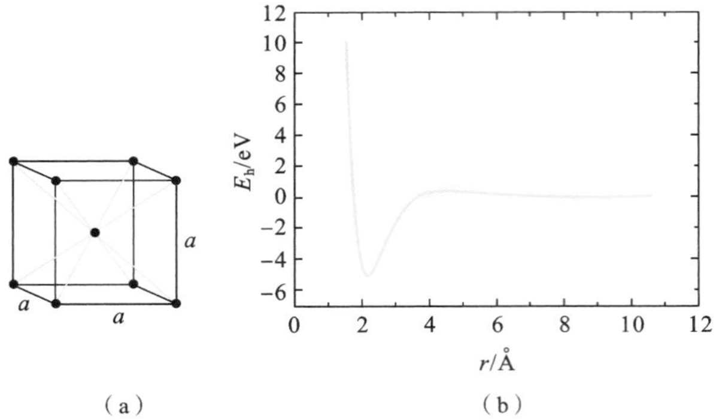

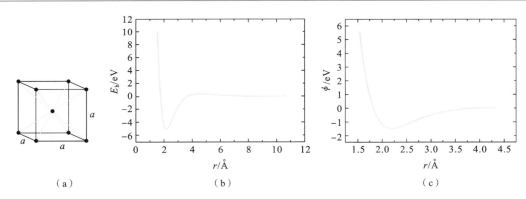

图 6.3 BCC 结构的 Fe 的结合能曲线和通过 Chen-Mobius 反演得到的对势曲线

(a) Fe 晶胞晶格;(b) 结合能曲线;(c) 反演对势曲线

6.2.3 嵌入原子势

虽然原子间对势在材料的微观模拟中得到了广泛的应用,但是由于其没有考虑原子间的实际成键状态,因此暴露出一些难以克服的严重缺点。例如,对于电子云分布呈非对称状态的体系(共价键晶体或者过渡金属等),对势不能很好地描述体系中原子的相互作用。其中,几个最为突出的问题如下:

(1) 根据纯对势的模型,材料的弹性常数存在所谓的柯西关系,也就是 $C_{12}=C_{44}$。而真实金属体系中,C_{12} 与 C_{44} 的差别相当大,如 $C_{12}:C_{44}$ 的值对于镍为 1.2,对于钯等于 2.5,对于铂等于 3.3,对于金等于 3.7[237]。

(2) 材料的空位形成能恒等于原子的结合能,而在实际金属体系中,通常空位形成能仅为结合能的 20% ~ 50%。

(3) 在对势模型中,体系的结合能与最近邻原子数成正比,而实际材料中,结合能一般与近邻原子数的二次方根更加接近成正比。

以上的几个困难是由对势近似本身造成的,而与对势函数的具体形式无关。其根源是忽略了原子间复杂的多体相互作用,主要是键能对于局域环境的依赖效应。为了克服二体势的缺点,尤其是其在金属体系中的应用,Daw 与 Baskes 于 1984 年提出了引入嵌入项的嵌入原子势方法(embedded-atom method,EAM)[238]。他们将组成体系的原子看成一个个嵌入由其他所有原子构成的有效介质中的客体原子的集合,从而将系统的总能量表示为嵌入能和相互作用的对势能之和,如图 6.4 所示。原子嵌入项的引入在很大程度上改进了对势对材料性质的预测结果。在本节中,我们具体讨论 EAM 的原理与势能函数构建方法[237]。

嵌入原子势的思想来源于对第一性原理理论中的 DFT 方法的近似。在 DFT 方法中,体系的总能通常可以表示为电子密度的泛函,即

$$E_{\mathrm{coh}}=G[\rho]+\frac{1}{2}\sum_{i\neq j}\frac{Z_iZ_j}{|\boldsymbol{R}_{ij}|}-\sum_i\int\frac{Z_i\rho(\boldsymbol{r})}{|\boldsymbol{r}-\boldsymbol{R}_i|}+\frac{1}{2}\iint\frac{\rho(\boldsymbol{r}_1)\rho(\boldsymbol{r}_2)}{\boldsymbol{r}_{12}}\mathrm{d}\boldsymbol{r}_1\mathrm{d}\boldsymbol{r}_2-E_{\mathrm{atom}} \tag{6.23}$$

根据 DFT 理论,$G[\rho]$ 包含动能泛函和交换关联能的贡献,$\frac{Z_iZ_j}{|\boldsymbol{R}_{ij}|}$ 代表原子核之间的库

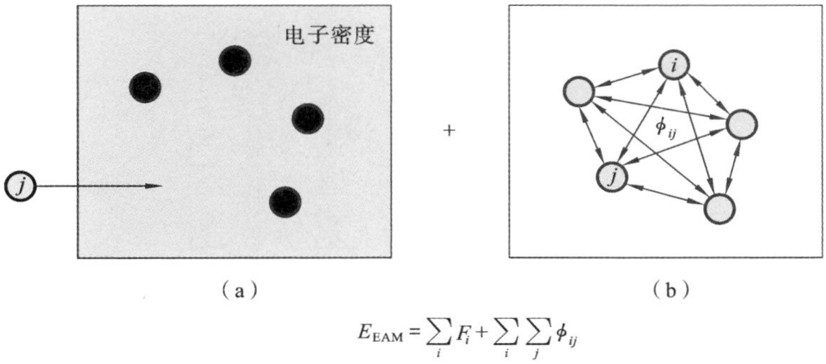

图 6.4　原子嵌入势

(a) 原子嵌入一定密度的电子气的能量;(b) 原子核之间利用对势描述的相互作用

仑斥能,$\dfrac{Z_i\rho(\boldsymbol{r})}{|\boldsymbol{r}-\boldsymbol{R}_i|}$ 是电子在外势场中的势能,最后两项分别是电子之间的库仑斥能和原子的参考能量。

$G[\rho]$ 泛函可以近似展开为

$$G[\rho]=\int g(\rho(\boldsymbol{r}),\nabla\rho(\boldsymbol{r}),\nabla^2\rho(\boldsymbol{r}),\cdots)\mathrm{d}\boldsymbol{r}$$

同时,体系中的电子密度可以近似为各个原子电子密度的线性叠加,也就是

$$\rho(\boldsymbol{r})=\sum_i\rho_i^{\mathrm{a}}(\boldsymbol{r}-\boldsymbol{R}_i)$$

则式(6.23)可以简化为

$$E_{\mathrm{coh}}=G\left[\sum_i\rho_i^{\mathrm{a}}(\boldsymbol{r}-\boldsymbol{R}_i)\right]-\sum_i G[\rho_i^{\mathrm{a}}]+\frac{1}{2}\sum_i\sum_j\int\mathrm{d}\boldsymbol{r}_1\int\mathrm{d}\boldsymbol{r}_2\frac{n_i^{\mathrm{a}}(\boldsymbol{r}_1)n_j^{\mathrm{a}}(\boldsymbol{r}_2)}{r_{12}}\tag{6.24}$$

式中

$$n_i^{\mathrm{a}}(\boldsymbol{r})=\rho_i^{\mathrm{a}}(\boldsymbol{r}-\boldsymbol{R}_i)-Z_i\delta(\boldsymbol{r}-\boldsymbol{R}_i)\tag{6.25}$$

经推导[239],嵌入原子势的总能表达式为

$$E_{\mathrm{EAM}}=\sum_{i=1}^{N}F_i(\rho_i)+\frac{1}{2}\sum_{i=1}^{N}\sum_{j=1}^{N}\phi(|\boldsymbol{r}_i-\boldsymbol{r}_j|)\tag{6.26}$$

式(6.26)右端第一项为嵌入项,第二项为对势项。

在 EAM 理论发展初期,Baskes 和 Daw 将对势写成两个原子核间的库仑斥力的形式:

$$\phi(r_{ij})=\frac{Z_iZ_j}{r_{ij}}\tag{6.27}$$

因此通常取正值,式中 Z_i、Z_j 分别为元素 i 和 j 的核电荷。但是与真正长程作用的库仑势不同,两个原子之间的对势项通常会乘以一个截断函数,保证其在一定距离后衰减为零,从而提高计算效率。

然而,后续的理论证明,嵌入原子势的总能表达式具有变换不变性,因此在函数形式上也给了嵌入项和对势项更大的自由度。更具体地说,嵌入原子势的总能在式(6.28)所示的变换中保持不变:

$$\begin{cases}G(\rho)=F(\rho)+k\rho\\ \psi(r)=\phi(r)-2kf(r)\end{cases}\tag{6.28}$$

证明如下：

$$\begin{aligned} E_{\mathrm{EAM}} &= \sum_i F(\rho_i) + \frac{1}{2}\sum_{i,j}{}'\phi(r_{ij}) \\ &= \sum_i G(\rho_i) - k\sum_i \rho_i + \frac{1}{2}\sum_{i,j}{}'\psi(r_{ij}) + k\sum_{i,j}{}'f(r_{ij}) \\ &= \sum_i G(\rho_i) + \frac{1}{2}\sum_{i,j}\psi(r_{ij}) - k\sum_i\left(\rho_i - \sum_j{}'f(r_{ij})\right) \\ &= \sum_i G(\rho_i) + \frac{1}{2}\sum_{i,j}{}'\psi(r_{ij}) \end{aligned} \tag{6.29}$$

引入变换不变性的概念以后，出现了几种嵌入原子势的不同泛函形式，包括 Cai-Ye EAM 泛函、Zhou EAM 泛函、XEAM 泛函等。由于嵌入原子势中的电荷分布是呈球对称形式的，因此对方向性较小的简单金属键的描述较为精确，而过渡族中的金属则由于有较强的 d 电子间的方向性成键，用各向同性的嵌入原子势描述有一定的困难。

6.2.3.1 Cai-Ye EAM

Cai-Ye EAM 的函数形式较为简单，$f(r)$、$F(\rho_i)$、$\phi(|\boldsymbol{r}_i-\boldsymbol{r}_j|)$ 等参量采用了解析的表达式，因此在程序上较易实现。其函数形式具体如下[240]：

$$f_j(r) = f_{\mathrm{e}}^{(j)}\exp[-\chi^{(j)}(r - r_{\mathrm{e}}^{(j)})] \tag{6.30}$$

$$\rho_i = \sum_{j\neq i} f_j(|\boldsymbol{r}_i - \boldsymbol{r}_j|) \tag{6.31}$$

$$F(\rho) = -F_0\left[1 - \ln\left(\frac{\rho}{\rho_{\mathrm{e}}}\right)^n\right]\left(\frac{\rho}{\rho_{\mathrm{e}}}\right)^n + F_1\left(\frac{\rho}{\rho_{\mathrm{e}}}\right) \tag{6.32}$$

$$\phi(r) = -\alpha[1 + \beta(r/r_{\mathrm{a}} - 1)]\exp[-\beta(r/r_{\mathrm{a}} - 1)] \tag{6.33}$$

$$E_{\mathrm{EAM}} = \sum_{i=1}^{N} F_i(\rho_i) + \frac{1}{2}\sum_{i=1}^{N}\sum_{j=1}^{N}\phi(|\boldsymbol{r}_i - \boldsymbol{r}_j|) \tag{6.34}$$

图 6.5 给出了采用 Cai-Ye EAM 泛函时几种有代表性元素的嵌入能曲线和对势性曲线。其主要适用于模拟 FCC 结构为基态的材料。

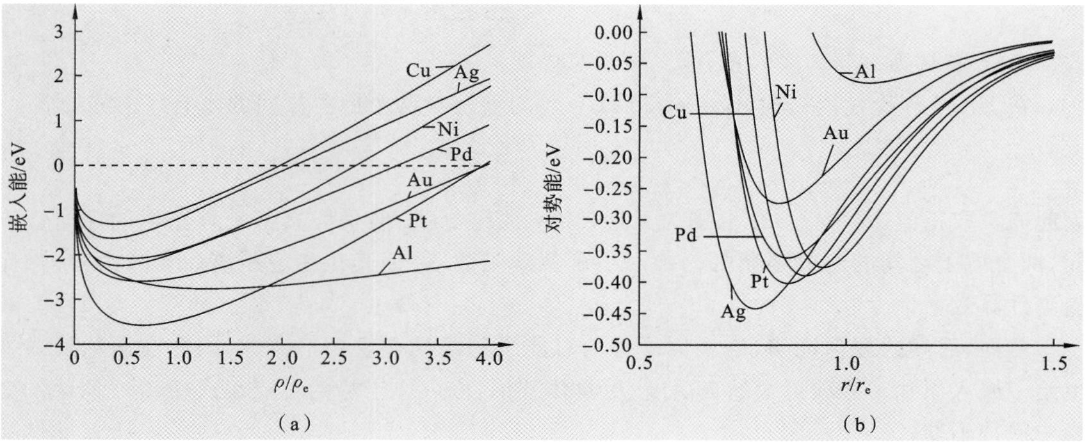

图 6.5　采用 Cai-Ye EAM 泛函时各元素的嵌入能曲线与对势能曲线

(a) 嵌入能曲线；(b) 对势能曲线

表 6.3 所示为 Cai-Ye EAM 泛函的参数表。

表 6.3　Cai-Ye EAM 泛函的参数表[240]

元素	a_0/Å	r_e/Å	α/eV	β	r_a/Å	F_0/eV	F_1/eV	n	χ/(1/Å)	f_e
Al	4.05	2.86	0.0834	7.5995	3.017	2.61	−0.1392	0.5	2.5	0.0716
Ag	4.09	2.89	0.4420	4.9312	2.269	1.75	0.7684	0.5	3.5	0.1424
Au	4.08	2.88	0.2774	5.7177	2.4336	3.00	0.4728	0.5	4.0	0.1983
Cu	3.615	2.55	0.3902	6.0641	2.3051	2.21	1.0241	0.5	3.0	0.3796
Ni	3.52	2.49	0.3768	6.5840	2.3600	2.82	0.8784	0.5	3.10	0.4882
Pd	3.89	2.75	0.3610	5.3770	2.3661	2.48	0.6185	0.5	4.30	0.2636
Pt	3.92	2.77	0.4033	5.6379	2.384	4.27	0.6815	0.5	4.3	0.3798

6.2.3.2　Zhou EAM

Zhou 及其合作者发展了另外一种函数形式的嵌入原子势，主要用于模拟过渡金属和过渡金属氧化物的行为。其函数具体形式为

$$F(\rho)=\begin{cases}\sum_{i=0}^{3}F_{ni}\left(\frac{\rho}{\rho_n}-1\right)^i, & \rho<\rho_n,\ \rho_n=0.85\rho_e\\ \sum_{i=0}^{3}F_i\left(\frac{\rho}{\rho_e}-1\right)^i, & \rho_n\leqslant\rho<\rho_0,\ \rho_0=1.15\rho_e\\ F_e\left[1-\ln\left(\frac{\rho}{\rho_s}\right)^\eta\right]\left(\frac{\rho}{\rho_s}\right)^\eta, & \rho>\rho_0\end{cases}\tag{6.35}$$

$$\phi(r)=\frac{A\exp[-\alpha(r/r_e-1)]}{1+(r/r_e-\kappa)^{20}}-\frac{B\exp[-\beta(r/r_e-1)]}{1+(r/r_e-\lambda)^{20}}\tag{6.36}$$

$$f_j(r)=\frac{f_e\exp[-\beta(r/r_e-1)]}{1+(r/r_e-\lambda)^{20}}\tag{6.37}$$

表 6.4 给出了 Zhou EAM 泛函中各种常见金属元素的参数。从本质上讲，Zhou EAM 是利用三次样条函数通过拟合来确定相应参数的。由于三次样条函数具备一定的灵活性，对函数形式和函数曲线形状的限制较少，因此往往能够得出较为精确的结果。其计算机实现也非常简单，因此除了模拟纯相材料体系的性质之外，还被推广到合金体系的计算中。单斌及其合作者进一步推广了 Zhou EAM 的形式，通过在低电子密度区域引入新的分段三次样条，有效地改进了 EAM 模型对于纳米颗粒能量预测的精度[241]。尤其是将其用于在工业上有重要应用的钯金合金颗粒的热力学稳定性的预测，很好地反映了合金颗粒在不同温度下表面原子分布与组分的不同，对于催化剂的研发有重要的意义。

图 6.6 所示为单斌与合作者提出来的用于模拟 PdAu 合金的 EAM 势，非常好地描述了钯金纳米颗粒在不同构型下的相对能量稳定性[241]。

表 6.4 Zhou EAM 泛函中各种常见金属元素的参数[242]

参数	Cu	Ag	Au	Ni	Pd	Pt	Al	Pb
r_e	2.556162	2.891814	2.885034	2.488746	2.750897	2.771916	2.863924	3.499723
f_e	1.554485	1.106232	1.529021	2.007018	1.595417	2.336509	1.403115	0.647872
ρ_e	21.175871	14.604100	19.991632	27.562015	21.335246	33.367564	20.418205	8.450154
ρ_s	21.175395	14.604144	19.991509	27.930410	21.940073	35.205357	23.195740	8.450063
α	8.127620	9.132010	9.516052	8.383453	8.697397	7.105782	6.613165	9.121799
β	4.334731	4.870405	5.075228	4.471175	4.638612	3.789750	3.527021	5.212457
A	0.396620	0.277758	0.229762	0.429046	0.406763	0.556398	0.314873	0.161219
B	0.548085	0.419611	0.356666	0.633531	0.598880	0.696037	0.365551	0.236884
κ	0.308782	0.339710	0.356570	0.443599	0.397263	0.385255	0.379846	0.250805
λ	0.756515	0.750758	0.748798	0.820658	0.754799	0.770510	0.759692	0.764955
F_{n0}	−2.170269	−1.729364	−2.937772	−2.693513	−2.321006	−4.094094	−2.807602	−1.422370
F_{n1}	−0.263788	−0.255882	−0.500288	−0.076445	−0.473983	−0.906547	−0.301435	−0.210107
F_{n2}	1.088878	0.912050	1.601954	0.241442	1.615343	0.528491	1.258562	0.682886
F_{n3}	−0.817603	−0.561432	−0.835530	−2.375626	−0.231681	1.222875	−1.247604	−0.529378
F_0	−2.19	−1.75	−2.98	−2.70	−2.36	−4.17	−2.83	−1.44
F_1	0	0	0	0	0	0	0	0
F_2	0.561830	0.744561	1.706587	0.265390	1.481742	3.010561	0.622245	0.702726
F_3	−2.100595	−1.150650	−1.134778	−0.152856	1.675615	−2.420128	−2.488244	−0.538766
η	0.310490	0.783924	1.021095	0.469000	1.130000	1.450000	0.785902	0.935380
F_e	−2.186568	−1.748423	−2.978815	−2.699486	−2.352753	−4.145597	−2.824528	−1.439436

续表

参数	Fe	Mo	Ta	W	Mg	Co	Ti	Zr
r_e	2.481987	2.728100	2.860082	2.740840	3.196291	2.505979	2.933872	3.199978
f_e	1.885957	2.723710	3.086341	3.487340	0.544323	1.975299	1.863200	2.230909
ρ_e	20.041463	29.354065	33.787168	37.234847	7.132600	27.206789	25.565138	30.879991
ρ_s	20.041463	29.354065	33.787168	37.234847	7.132600	27.206789	25.565138	30.879991
α	9.818270	8.393531	8.489528	8.900114	10.228708	8.679625	8.775431	8.559190
β	5.236411	4.476550	4.527748	4.746728	5.455311	4.629134	4.680230	4.564902
A	0.392811	0.708787	0.611679	0.882435	0.137518	0.421378	0.373601	0.424667
B	0.646243	1.120373	1.032101	1.394592	0.225930	0.640107	0.570968	0.640054
κ	0.170306	0.137640	0.176977	0.139209	0.5	0.5	0.5	0.5
λ	0.340613	0.275280	0.353954	0.278417	1.0	1.0	1.0	1.0
F_{n0}	−2.534992	−3.692913	−5.103845	−4.946281	−0.896473	−2.541799	−3.203773	−4.485793
F_{n1}	−0.059605	−0.178812	−0.405524	−0.148818	−0.044291	−0.219415	−0.198262	−0.293129
F_{n2}	0.193065	0.380450	1.112997	0.365057	0.162232	0.733381	0.683779	0.990148
F_{n3}	−2.282322	−3.133650	−3.585325	−4.432406	−0.689950	−1.589003	−2.321732	−3.202516
F_0	−2.54	−3.71	−5.14	−4.96	−0.90	−2.56	−3.22	−4.51
F_1	0	0	0	0	0	0	0	0
F_2	0.200269	0.875874	1.640098	0.661935	0.122838	0.705845	0.608587	0.928602
F_3	−0.148770	0.776222	0.221375	0.348147	−0.226010	−0.687140	−0.750710	−0.981870
η	0.391750	0.790879	0.848843	−0.582714	0.431425	0.694608	0.558572	0.597133
F_e	−2.539945	−3.712093	−5.141526	−4.961306	−0.899702	−2.559307	−3.219176	−4.509025

注：① Al 元素中的 A 参数在原文献的基础上进行了勘误；

② 更新了 Pt 元素中的 F_e 值，保证 $F(\rho)$ 函数在 ρ_n 处的连续性；

③ 对 Pt 元素中的 F_{n0} 和 F_{n1} 参数也进行了更改，原文献中的 Pt 参数的值基于非 $0.85\rho_e$ 处的连续性方程，而作者又未明确说明该值；

④ $f_e = E_c/\Omega^{1/3}$。

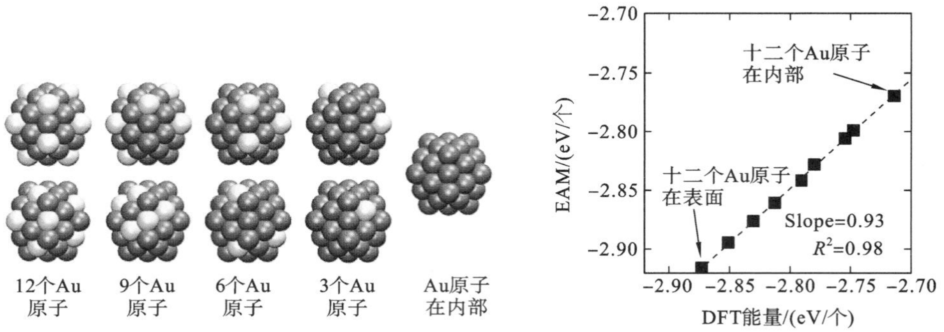

（a）　（b）

图 6.6　用于模拟 PdAu 合金的嵌入原子势

6.2.4　改良的嵌入原子势方法

嵌入原子势在金属材料的模拟中取得了显著的成功，然而，由于 EAM 中电荷分布是呈球对称状的，因此，如果所涉及材料体系中具有方向性的共价键，则模拟效果不理想。为了克服这方面的困难，人们在嵌入原子势的基础上引入了非球对称性的电荷分布。其中最直接最成功的EAM扩展当属改良的原子嵌入势方法（modified embedded-atom method，MEAM）。

相对于 EAM，MEAM 的主要特征在于电荷分布的表达式不再采取球对称的函数形式，而是借鉴了原子轨道分为 s、p、d 等轨道的思想，将电荷分布同样划分为各个分量：

$$\bar{\rho}_i^{(0)} = \sum_{j\neq i} \rho_{j\to i}^{a(0)}(r_{ij}) \tag{6.38}$$

$$(\bar{\rho}_i^{(1)})^2 = \sum_{\alpha}\Big[\sum_{j\neq i} \chi_{ij}^{\alpha}\rho_{j\to i}^{a(1)}(r_{ij})\Big]^2 \tag{6.39}$$

$$(\bar{\rho}_i^{(2)})^2 = \sum_{\alpha,\beta}\Big[\sum_{j\neq i} \chi_{ij}^{\alpha}\chi_{ij}^{\beta}\rho_{j\to i}^{a(2)}(r_{ij})\Big]^2 - \frac{1}{3}\Big[\sum_{j\neq i}\rho_{j\to i}^{a(2)}(r_{ij})\Big]^2 \tag{6.40}$$

$$(\bar{\rho}_i^{(3)})^2 = \sum_{\alpha,\beta,\gamma}\Big[\sum_{j\neq i} \chi_{ij}^{\alpha}\chi_{ij}^{\beta}\chi_{ij}^{\gamma}\rho_{j\to i}^{a(3)}(r_{ij})\Big]^2 - \frac{3}{5}\sum_{\alpha}\Big[\sum_{j\neq i}\chi_{ij}^{\alpha}\rho_{j\to i}^{a(3)}(r_{ij})\Big]^2 \tag{6.41}$$

式中：$\chi_{ij}^{\alpha} = r_{ij\alpha}/r_{ij}$ 是原子 i 与原子 j 之间距离矢量的 α（α、β、γ 分别代表 x、y、z）分量；$\rho_{j\to i}^{a(0)}(r_{ij})$ 代表原子 j 在距离原子 i 为 $r_{ij} = |\boldsymbol{r}_j - \boldsymbol{r}_i|$ 时的贡献。通常 $\rho_{j\to i}^{a(l)}$ 取指数衰减的函数形式：

$$\rho_{j\to i}^{a(l)}(r_{ij}) = f_0 \mathrm{e}^{-\beta^{(l)}(r_{ij}/r_e - 1)} \tag{6.42}$$

在得到各个电荷分量后，需要用合适的函数形式将其组合成一个总电荷密度代入嵌入能项。为了保持理论简洁以及避免引入过多的拟合参数，Baskes 和 Johnson 保留了基态电子密度为各原子电子密度线性叠加的假设，补充考虑了原子电子分布密度对角度的依赖性。在将 s、p、d、f 各个分量的原子电荷组合成总电荷时，需要为每个电荷分量定义一个权重 t_i，有

$$(\bar{\rho}_i)^2 = \sum_{l=0}^{3} t_i^{(l)}(\rho_i^{(l)})^2 \tag{6.43}$$

在 MEAM 中，通常用 Γ 参数来总括电荷密度的非球对称因素：

$$\Gamma_i = \sum_{l=1}^{3} t_i^{(l)}\left(\frac{\rho_i^{(l)}}{\rho^{(0)}}\right)^2 \tag{6.44}$$

引入参数 Γ 后，总电荷密度可以简洁地表示为

$$\bar{\rho}_i=\rho_i^{(0)}\sqrt{1+\Gamma_i} \tag{6.45}$$

在有些情况下，会出现 $\Gamma<-1$ 的情况，因此有时人们也采用以下的两个表达式：

$$\bar{\rho}_i=\rho_i^{(0)}\mathrm{e}^{\Gamma_i/2} \tag{6.46}$$

$$\bar{\rho}_i=\rho_i^{(0)}\frac{2}{1+\mathrm{e}^{-\Gamma_i}} \tag{6.47}$$

最初的 MEAM 的理论由 Baskes 和 Johnson 提出，该理论基于第一近邻原子的相互作用，利用屏蔽函数来考虑多体效应，并且使第一近邻外的原子间相互作用衰减为零。基于第一近邻的 MEAM 在描述过渡金属性质方面相对 EAM 有大的改进，但是由于只考虑第一近邻的作用，而 BCC 结构中二近邻的原子距离仅比一近邻大 15%左右，因此在对一些 BCC 结构的分子动力学模拟中，有可能出现比 BCC 更加稳定的相，低指数面的表面能顺序也与实验结果相反[243]。为了克服这些困难，Lee 和 Baskes 提出了一种考虑第二近邻作用的 MEAM 势[244]，并且成功应用到了 α-Fe 等 BCC 结构金属的物性计算中。

6.2.5 机器学习势

近年来，随着机器学习和大数据技术的飞速发展，机器学习势越来越受到研究者们的关注。与传统的势场相比，机器学习势场不依赖于人们的物理直觉，而是通过对大量训练数据的学习和拟合得到。因此，这种势场具有更好的普适性和泛化能力。机器学习势可以使用各种算法，例如神经网络算法、支持向量机、随机森林算法等进行构建。这些算法可以从大量的实验数据中学习原子之间的相互作用规律，并生成一个高度精确的数学模型，以描述原子之间的相互作用和物理性质。

由于构建机器学习势不需要事先对物理过程进行假设或者建模，因此应用机器学习势可以更好地描述一些复杂的现象，比如化学反应、表面吸附和相变等。此外，机器学习势还可以在材料设计和发现中发挥重要作用，帮助研究者预测一些新材料的性质，并加速材料的研发过程。

6.2.5.1 高维神经网络势

早在 1995 年，Blank 和他的同事就发布了第一个经过电子结构数据训练的神经网络势，使模拟成本大大降低[245]。2007 年，Behler 和 Parrinello 提出了一种基于神经网络的高维势能方案，即高维神经网络势（HDNNP），用于处理具有任意数量原子的高维系统。HDNNP 方法利用经第一性原理计算获得的数据，能以高精度再现势能面。

在 HDNNP 方法中，能量 E_{total} 是与环境相关的原子能量 E_i 贡献的总和：

$$E_{\text{total}}=\sum_{i=1}^{N_{\text{atoms}}}E_i \tag{6.48}$$

每个原子能量都对应于为单个原子神经网络的输出，即

$$E_i=f_{NN}(G_i(\{\boldsymbol{R}_{ij}\})) \tag{6.49}$$

式中：f_{NN} 是原子神经网络模型。为了确保神经网络的等变性，所有原子神经网络的结构和权重参数对于相同元素的原子都被约束为相同的，且以每个原子的环境作为原子神经网络的输入（见图 6.7）。整个原子神经网络的输出是总能量 E_{total}，它是单个原子能贡献 E_i 的总和。单个原子能是原子前馈高维神经网络的输出，单个原子高维神经网络的输入是描述原子 i 的局部化学环境的对称函数值 G_i 的矢量化学环境 $\boldsymbol{G}_i$，其存在不同的表示形式。

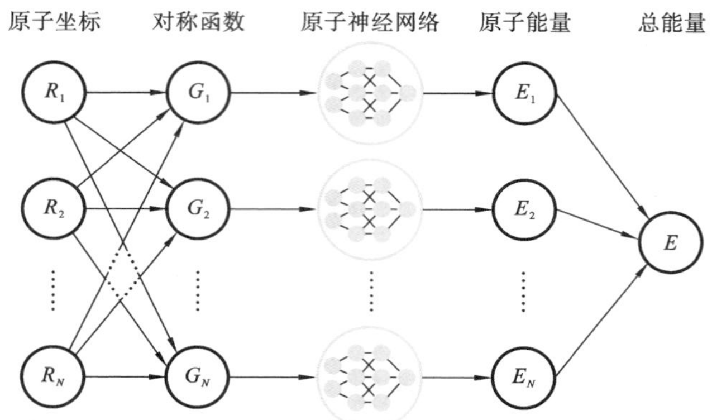

图 6.7 *N* 原子系统的高维神经网络势的结构[246]

Behler 等人认为,关于化学环境的描述符需要满足系统的势能的平移不变性和旋转不变性,并遵循化学等价原子(即相同化学元素的所有原子)之间的交换不变性。为此,他们提出了原子中心对称函数(ACSF)[247],这是现代机器学习势成功的关键一步。HDNNP 通过 ACSF 转换原子坐标得到化学环境描述符,该描述符的取值取决于局部化学环境中所有原子的笛卡儿位置矢量 $\boldsymbol{R}_{ij}$。化学环境区域由截断函数定义:

$$f_c(R_{ij})=\begin{cases}0.5\left[\cos\left(\dfrac{\pi R_{ij}}{r_c}\right)+1\right], & R_{ij}<r_c\\ 0, & R_{ij}>r_c\end{cases} \tag{6.50}$$

截断函数的空间扩展由截止半径 r_c 给出。在截断函数定义的球体内部,相邻原子的位置由一组对称函数描述:

$$G_i^2 = \sum_{j\neq i} \mathrm{e}^{-\eta(R_c-R_s)^2} f_c(R_{ij}) \tag{6.51}$$

$$G_i^4 = 2^{1-\xi}\sum_{j,k\neq i}(1+\lambda\cos\theta_{ijk})^{\xi}\mathrm{e}^{-\eta(R_{ij}^2+R_{jk}^2+R_{ik}^2)} \times f_c(R_{ij})f(R_{ik})f_c(R_{jk}) \tag{6.52}$$

式中:η 为高斯参数,它定义了径向衰减速率;θ_{ijk} 是以原子 i 为中心的近邻原子 j 和 k 形成的角度,$\theta_{ijk}=\arccos\left(\dfrac{\boldsymbol{R}_{ij}\boldsymbol{R}_{ik}}{R_{ij}R_{ik}}\right)$;参数 λ 的值可以是 1 或 −1,用于确定余弦函数的最大值是处于 $\theta_{ijk}=0°$ 还是 $\theta_{ijk}=180°$ 时,参数 ξ 用于控制角分辨率。

Behler 等人提出了第三代神经网络势[248]和第四代势能[249],进一步考虑了长程相互作用(如基于库仑定律的静电相互作用)来克服局部近似的不足,以及考虑系统的全局结构和电荷分布,以捕捉非局部电荷转移等现象。

6.2.5.2 邻域分析势

Bartók 等人的研究表明,最低阶的线性双谱系数模型,即邻域谱分析势(SNAP),它可以精确地复现密度泛函理论的能量和力以及各种材料性质(如螺旋位错的弹性常数和迁移势垒)[250]。

与其他机器学习势类似,SNAP 的核心组件是描述符,它与以一个原子为中心的球对称空间中近邻的密度有关,在距离中心原子 i 为 r 的相邻原子的密度可以被认为是位于三维空间中的 δ 函数的总和:

$$\rho_i(\boldsymbol{r}) = \delta(\boldsymbol{r}) + \sum_{r_{ii'}<r_c} f_c(\boldsymbol{r}_{ii'})w_{i'}\delta(\boldsymbol{r}-\boldsymbol{r}_{ii'}) \tag{6.53}$$

式中：$\boldsymbol{r}_{ii'}$是由中心原子 i 指向相邻原子的矢量；系数 $w_{i'}$ 是无量纲的权重函数，用来区分不同类型的原子，而中心原子被任意分配一个单位权重；f_c 是截断函数，用于确保每个相邻原子的贡献在 r_c 处平滑地变为零。这个密度函数可以在四维超球谐函数 $U^j_{m,ml}(\theta,\phi,\theta_0)$ 中展开为广义傅里叶级数函数：

$$\rho_i(\boldsymbol{r}) = \sum_{j=0,\frac{1}{2},\cdots}^{\infty} \sum_{m=-j}^{j} \sum_{m'=-j}^{j} u^j_{m,m'} U^j_{m,m'}(\theta,\phi,\theta) \tag{6.54}$$

系数 $u^j_{m,m'}$ 是由内积 $\langle U^j_{m,m'} | \rho \rangle$ 给出的。双谱系数给出如下：

$$B_{j_1,j_2,j} = \sum_{m_1,m'_1=-j_1}^{j_1} \sum_{m_2,m'_2=-j_2}^{j_2} \sum_{m,m'=-j}^{j} (u^j_{m,m'})^* H\begin{matrix} jmm' \\ j_1 m_1 m'_1 \\ j_2 m_2 m'_2 \end{matrix} u^{j_1}_{m_1,m'_1} u^{j_2}_{m_2,m'_2} \tag{6.55}$$

其中常量 $H\begin{matrix} jmm' \\ j_1 m_1 m'_1 \\ j_2 m_2 m'_2 \end{matrix}$ 是耦合系数。SNAP 模型的原始公式中[250]，能量和力均表示为双谱系数的线性函数，如下：

$$E_{\text{SNAP}} = \sum_{\alpha} \left(\beta_{\alpha,0} N_\alpha + \sum_{k=\{j_1,j_2,j\}} \beta_{\alpha,k} \sum_{i=1}^{N_\alpha} B_{k,i} \right) \tag{6.56}$$

$$\boldsymbol{F}_{j,\text{SNAP}} = -\sum_{\alpha} \sum_{k=\{j_1,j_2,j\}} \beta_{\alpha,k} \sum_{i=1}^{N_\alpha} \frac{\partial B_{k,i}}{\partial \boldsymbol{r}_j} \tag{6.57}$$

式中：α 是原子类型；N_α 是系统中 α 原子的总数；$\beta_{\alpha,k}$ 是 α 原子的线性 SNAP 模型中的系数。最后使用最小二乘公式求解 SNAP 系数的矢量 $\boldsymbol{\beta}$ 即可。

作者将 SNAP 方法推广到 BCC 结构的 Mo、FCC 结构的 Ni 和 Cu，以及二元 FCC 结构的 Ni 与 BCC 结构的 Mo 的合金体系[251]，结果表明该方法在许多性质都优于传统的 EAM 和 MEAM。

6.2.5.3 DeePMD

DeePMD(deep potential molecular dynamics，深度势能分子动力学)是由张林峰等人提出的基于深度神经网络（DNN）的分子动力学（MD）模拟方案[252]。在 DeePMD 中，体系的势能 E 被分解为原子能量 E_i 贡献的总和(见图 6.8)，即

$$E = \sum_i E_{s(i)} = \sum_i \mathcal{N}_{s(i)}(\boldsymbol{D}_i) \tag{6.58}$$

式中：i 是原子的索引号，每个原子的能量完全由第 i 个原子及其近邻的位置决定；$s(i)$ 是原子 i 的化学种类；$\boldsymbol{D}_i$ 是局域环境描述符(构造过程见图 6.9)。原子 i 在截断半径内笛卡儿坐标下的局部环境描述如下：

$$\boldsymbol{D}_i = \boldsymbol{D}_i(\boldsymbol{R}_i, \{\boldsymbol{R}_j | j \in N_{r_c}(i)\}) \tag{6.59}$$

式中：$\boldsymbol{R} = [\boldsymbol{r}^{\mathrm{T}}_{1i}, \boldsymbol{r}^{\mathrm{T}}_{2i}, \cdots, \boldsymbol{r}^{\mathrm{T}}_{ji}, \cdots, \boldsymbol{r}^{\mathrm{T}}_{N_i,i}]^{\mathrm{T}}$，$r_{ji} = (x_{ji}, y_{ji}, z_{ji})$。

为了满足平移对称性，定义了对应的环境矩阵 $\widetilde{\boldsymbol{R}}_i$：

$$\widetilde{\boldsymbol{R}}_i = \begin{bmatrix} s(r_{1i}) & s(r_{1i})x_{1i}/r_{1i} & s(r_{1i})y_{1i}/r_{1i} & s(r_{1i})z_{1i}/r_{1i} \\ s(r_{2i}) & s(r_{2i})x_{2i}/r_{2i} & s(r_{2i})y_{2i}/r_{2i} & s(r_{2i})z_{2i}/r_{2i} \\ \vdots & \vdots & \vdots & \vdots \\ s(r_{N_i,i}) & s(r_{N_i,i})x_{N_i,i}/r_{N_i,i} & s(r_{N_i,i})y_{N_i,i}/r_{N_i,i} & s(r_{N_i,i})z_{N_i,i}/r_{N_i,i} \end{bmatrix} \tag{6.60}$$

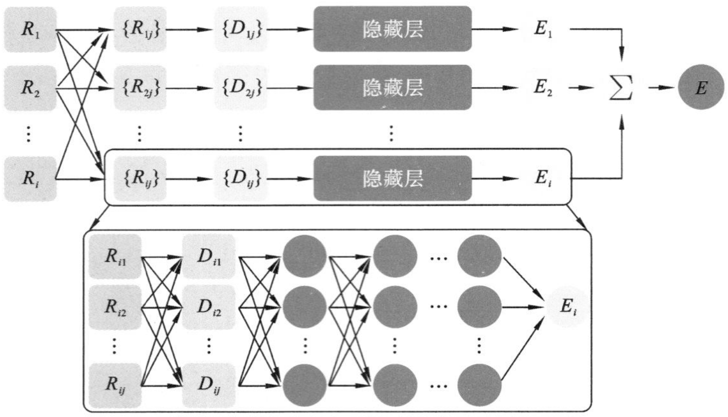

图 6.8 DeePMD 模型的示意图[252]

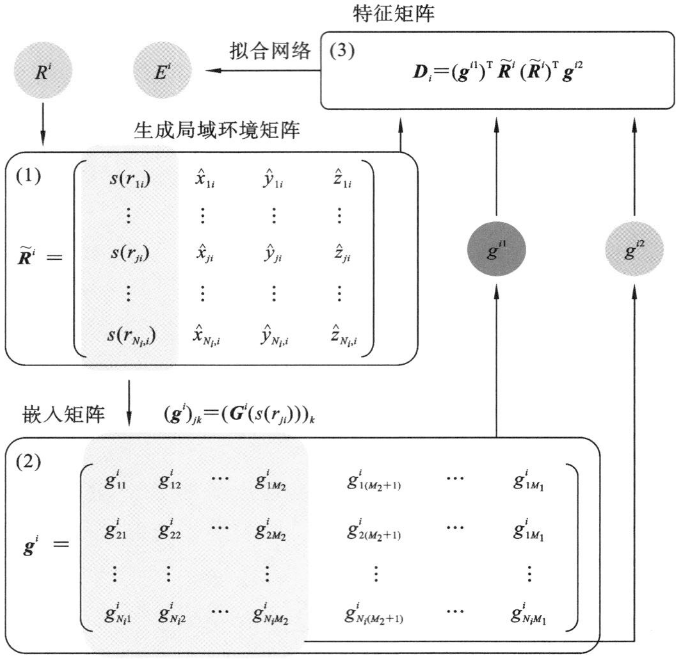

图 6.9 DeePMD 描述符 D_i 构造过程

注:图中 $\hat{x}_{ji}=s(r_{ji})x_{ji}/r_{ji}$,$\hat{y}_{ji}=s(r_{ji})y_{ji}/r_{ji}$,$\hat{z}_{ji}=s(r_{ji})z_{ji}/r_{ji}$。

式中:$s(r_{ji})$为平滑函数,起截断和平滑作用,其定义式如下:

$$s(r_{ji})=\begin{cases}\dfrac{1}{r_{ji}}, & r_{ji}<r_{cs}\\ \dfrac{1}{r_{ji}}\left\{\dfrac{1}{2}\cos\left[\dfrac{\pi(r_{ji}-r_{cs})}{r_c-r_{cs}}\right]+\dfrac{1}{2}\right\}, & r_{cs}<r_{ji}<r_c\\ 0, & r_{ji}>r_c\end{cases} \tag{6.61}$$

进一步,通过神经网络 G 训练得到嵌入矩阵 g^i:

$$\boldsymbol{g}^i = \begin{bmatrix} G_1(s(r_{1i})) & G_2(s(r_{1i})) & G_3(s(r_{1i})) & \cdots \\ G_1(s(r_{2i})) & G_2(s(r_{2i})) & G_3(s(r_{2i})) & \cdots \\ G_1(s(r_{3i})) & G_2(s(r_{3i})) & G_3(s(r_{3i})) & \cdots \\ \vdots & \vdots & \vdots & \end{bmatrix} \tag{6.62}$$

其中平滑权重函数 $s(r_{ji})$ 为网络的输入，输出为嵌入矩阵 $\boldsymbol{g}^i$。嵌入矩阵 $\boldsymbol{g}^i$ 是 $N_i \times M_1$ 的矩阵，取前 M_2（其中 M_2 远小于 M_1）列得到矩阵 $\boldsymbol{g}^{i2}$。描述符 $\boldsymbol{D}_i$ 可以由以下公式得到：

$$\boldsymbol{D}_i = (\boldsymbol{g}^{i1})^{\mathrm{T}} \widetilde{\boldsymbol{R}}^i (\widetilde{\boldsymbol{R}}^i)^{\mathrm{T}} \boldsymbol{g}^{i2} \tag{6.63}$$

对描述符 $\boldsymbol{D}_i$ 的平移、旋转、置换对称性，作者进行了严格的证明[253]。

最后，最小化损失函数来达到优化神经网络模型的目的，这里给出其函数表示：

$$L(p_\varepsilon, p_\mathrm{f}, p_\xi) = \frac{p_\varepsilon}{N} \Delta\varepsilon^2 + \frac{p_\mathrm{f}}{3N} \sum_i \mid \Delta \boldsymbol{F}_i \mid^2 + \frac{p_\xi}{9N} \parallel \Delta\xi \parallel^2 \tag{6.64}$$

式中：Δ 表示 DeePMD 预测与训练数据之间的差异；N 是原子数；ε 是每个原子的能量；$\boldsymbol{F}_i$ 是原子 i 上的力；ξ 是维里张量；p_ε、p_f、p_ξ 是可调的前置因子，当数据中缺少维里信息时，设置 $p_\xi = 0$。

DeePMD 的优点在于，其描述符中没有任何仅依赖于原子位置的可调超参数，有效克服了对对称函数或库仑矩阵等辅助量相关的限制，从而降低了势能的复杂性。其缺点是描述符的简单函数形式不包含明确的多体信息，因此需要构建原子神经网络。目前，DeePMD 已经被广泛应用于各种体系——从分子到周期性体系，从金属体系到化学键合体系。同时，张林峰团队还开发了 DeePMD-kit 软件[254]，这大大降低了构建基于深度学习的原子间势能和力场模型，以及执行分子动力学所需的工作量。相关的软件包可以通过 GitHub（https://github.com/deepmodeling/deepmd-kit）下载。

6.3 微正则系综中的分子动力学

在分子动力学模拟中，体系根据牛顿定律进行演化，形成一个微正则系综（NVE 系综）分布。这种系综被认为与环境完全隔绝，不与外界交换粒子或能量。因此，体系的总能量 E、粒子数 N 以及体积 V 在演化过程中始终保持不变。微正则系综为分子动力学的基础，其应用相对简单。

微正则系综反映了封闭体系的热力学性质。在这个系综中，各个可能的微观状态被认为具有相同的出现概率，反映了经典统计力学中的等概率原理。因此，微正则系综对应的是体系在各种可能微观状态之间随机转换的过程。这就是微正则系综在描述体系演化中的重要作用，它提供了一种用于描述封闭体系的统计力学模型。

虽然实际物理过程中的体系通常并非严格封闭的，但通过适当的近似，微正则系综仍然可以为我们提供有关体系行为的有用信息。更重要的是，微正则系综为我们理解其他类型的系综（例如正则系综和巨正则系综）提供了基础。

6.3.1 前向欧拉算法

对于微正则系综的分子动力学模拟，一种自然而然的选择就是前向欧拉（forward Euler）算法，这是一种简单而直观的数值积分方法。它基于泰勒级数的第一个项来逼近解析解,将微分方程的解析解转化为一系列离散的步骤。它的基本思想是利用微分的定义,将微分方程转化为差分方程,从而进行数值求解。给定一个初值问题,如$\frac{\mathrm{d}y}{\mathrm{d}t}=f(t,\ y)$,并设定初始条件 $y(t_0)=y_0$,前向欧拉算法将这个问题的解近似为离散步骤,有 $y_{n+1}=y_n+hf(t_n,y_n)$,其中 h 是步长,$t_{n+1}=t_n+h$。

这里我们以一维谐振子方程的离散化求解为例,来探讨不同的积分算法对分子动力学稳定性的影响。一维谐振子的经典哈密顿量可以表示为坐标 r 和动量 p 的函数:

$$E=\frac{\boldsymbol{p}^2}{2m}+\frac{1}{2}k\boldsymbol{r}^2 \tag{6.65}$$

容易得到相应的哈密顿方程(对时间的一阶微分方程):

$$\frac{\mathrm{d}\boldsymbol{r}}{\mathrm{d}t}=\frac{\partial E}{\partial p}=\frac{\boldsymbol{p}}{\boldsymbol{m}} \tag{6.66}$$

$$\frac{\mathrm{d}\boldsymbol{p}}{\mathrm{d}t}=\frac{\partial E}{\partial r}=-kr \tag{6.67}$$

假设我们已知粒子运动的初始条件为 $\boldsymbol{r}(t=0)=\boldsymbol{r}_0$,$\boldsymbol{v}(t=0)=\boldsymbol{v}_0$,分子动力学方法要求高效的数值积分算法,能够帮我们在相空间中准确求得粒子的运动轨迹$(\boldsymbol{r}(t),\boldsymbol{p}(t))$。前向欧拉算法是一种有限差分的数值求解方法,采用有限差分法中的一阶微分向前差商形式,对哈密顿方程直接进行关于 Δt 的一阶泰勒展开,从而得到空间坐标和动量随时间的演化关系,并且在计算机上进行数值求解。具体如下。

将一阶微分方程改写成差分形式:

$$\frac{\mathrm{d}\boldsymbol{r}}{\mathrm{d}t}=\frac{\boldsymbol{r}(t+\Delta t)-\boldsymbol{r}(t)}{\Delta t}=\frac{\boldsymbol{p}}{m}$$

$$\frac{\mathrm{d}\boldsymbol{p}}{\mathrm{d}t}=\frac{\boldsymbol{p}(t+\Delta t)-\boldsymbol{p}(t)}{\Delta t}=-k\boldsymbol{r}(t)$$

整理这两个公式,我们就得到运动微分方程的前向欧拉算法形式:

$$\boldsymbol{r}(t+\Delta t)=\boldsymbol{r}(t)+\boldsymbol{v}(t)\Delta t+\mathcal{O}(\Delta t^2) \tag{6.68}$$

$$\boldsymbol{v}(t+\Delta t)=\boldsymbol{v}(t)+\frac{\boldsymbol{F}(t)}{m}\Delta t+\mathcal{O}(\Delta t^2) \tag{6.69}$$

前向欧拉法的主要优点是其简单、直观、易于实现,这使得它在科学计算中得到了广泛应用。前向欧拉算法的一个主要缺点是其误差是关于步长的线性函数,即它的局部误差为 $O(h^2)$,全局误差为 $O(h)$。这意味着,为了减小误差,可能需要采用非常小的步长,这在处理复杂或需要的模拟时间长的系统时可能导致计算效率降低。更致命的是,前向欧拉算法是不稳定的,最终会导致数值解的发散。

我们可以使用 Python 代码 6.1 来简单地实现一维谐振子的前向欧拉算法。通过观察图 6.10(a)中的 t-$r(t)$ 曲线,我们发现其与解析的正弦振荡形式并不一致,其振幅呈现随时间不断增大的趋势。同时,如果计算位移和速度的平方之和,也很容易从图 6.10(b)中看到其在相空间中的演化并没有形成封闭的曲线,而是沿螺旋线呈发散的趋势。这证明前向欧拉算法中的离散化误差会累积,导致体系能量越来越高,偏离粒子真实运动的轨迹。为了使前向欧拉算法保持稳定,时间步长 Δt 必须非常小,这会使得运动轨迹的积分效率非常低。如果增大 Δt,则得到的结果将显著偏离真实值,甚至连能量都不守恒,导致发生严重的漂移,无法恢复。因此,虽然前向欧拉算法在某些场合有其应用,但在分子动力学模拟等对稳定性和精度要求较高的应用中，常常需要考虑其他更精确、更稳定的积分算法。

代码 6.1 前向欧拉算法示例 forwardEuler. py

```
import numpy as np
import matplotlib.pyplot as plt

#ForwardEuler algorithm
def forward_euler(dt, totstep,r0,v0,m=1,k=1):
    r, v=[],[]
    r.append(r0)
    v.append(v0)
    F=-k*r[0]
    for i in range (1, totstep):
        r.append(r[i-1]+v[i-1]*dt)
        v.append(v[i-1]+F*dt/m)
        F=-k*r[i]
    return r,v

def plot_r_v(r,v):
    #r vs t plot
    t=np.arange(0, totstep*dt,dt)
    fig=plt.figure(figsize=[22,10])
    ax1=fig.add_subplot(121)
    ax1.plot(t, r, 'r-',linewidth=4, markersize=5, label="dt=0.10 ")
    ax1.grid(True, linestyle='-.')
    ax1.set_ylim([-10,10])
    ax1.tick_params(axis='both', labelsize=20)
    ax1.set_ylabel("r(t)",fontsize=30)
    ax1.set_xlabel("$t$ ",fontsize=30)
    plt.legend(loc=" lower left",prop={" size":25})
    ax1.text(0, 7.5, '(a)', fontsize=48)
    #v vs r plot
    ax2=fig.add_subplot(122)
    ax2.grid(True, linestyle='-.')
    ax2.plot(r,v,'g-',linewidth=3, markersize=5, label="dt=0.10 ")
    ax2.tick_params(axis='both', labelsize=20)
    ax2.set_ylabel("v(t)",fontsize=30)
    ax2.set_xlabel("r(t)",fontsize=30)
    plt.legend(loc=" best",prop={" size":25})
    ax2.text(-8, 7.5, '(b)', fontsize=48)

#setup initial conditions
dt, totstep=0.1, 400
r0, v0=1, 1
#run forward Euler algorithm to get particle trajectory
r, v=forward_euler(dt, totstep,r0,v0)
plot_r_v(r,v)
```

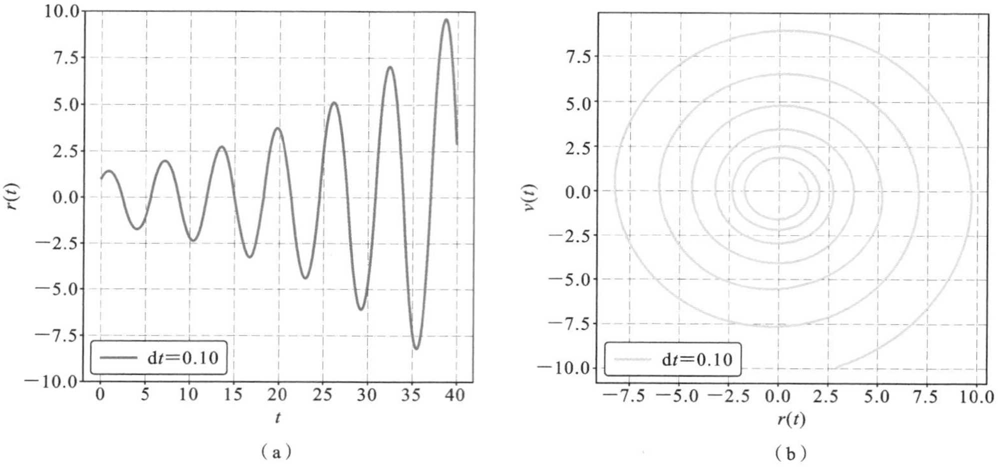

图 6.10　一维谐振子的前向欧拉算法求解结果

6.3.2　Verlet 算法

Verlet 算法是用于求解分子动力学轨迹的最常见方法之一，其广泛的应用源自它的多种优点：形式简洁，易于编程实现，以及在长时间跨度模拟中能保持系统能量的稳定性。最后这一点对于微正则系综(其中粒子数、体积和总能量保持恒定)下的模拟具有重要意义。它不仅仅是一个工具，还是理解物理系统，特别是微正则系综分子动力学的重要框架。

Verlet 算法最早由物理学家 Loup Verlet 在 1967 年提出，用于求解经典粒子在给定势场中的运动问题。这个算法的核心是进行两次泰勒展开，并通过适当的方式组合这两次展开，得到粒子位置的递推公式，而不需要显式地计算速度。

Verlet 算法的主要优点是其长期的能量守恒性。在实际的分子动力学模拟中，尽管单步的能量误差可能不是最小的，但长时间积累后的能量波动却很小。这是因为 Verlet 算法在数值上近似满足时间反演对称性和空间平移对称性，这两种对称性是哈密顿系统的基本性质。此外，由 Verlet 算法可以衍生出其他一些算法，比如著名的速度 Verlet(velocity velet)算法和蛙跳算法(leapfrog algorithm)，它们对于包含随机力或者阻尼力的系统，以及需要精确计算粒子速度的系统有着特别的优势。因此，尽管 Verlet 算法形式简单，但其蕴含着丰富的物理和数学原理，值得进行深入的探讨。

设在时刻 t，体系的位置 $\boldsymbol{r}(t)$、速度 $\boldsymbol{v}(t)$ 以及受力 $\boldsymbol{F}(t)$ 均已知，则下一时刻 $t+\Delta t$ 的位置 $\boldsymbol{r}(t+\Delta t)$ 在 Δt 足够小的情况下可以通过泰勒展开得到：

$$\boldsymbol{r}(t+\Delta t)=\boldsymbol{r}(t)+\boldsymbol{v}(t)\Delta t+\frac{\boldsymbol{F}(t)}{2m}\Delta t^2+\frac{\Delta t^3}{6}\dddot{\boldsymbol{r}}+\mathcal{O}(\Delta t^4) \tag{6.70}$$

式中：m 是体系中原子的质量(假设体系是单质)。类似地，前一时刻 $t-\Delta t$ 的位置为

$$\boldsymbol{r}(t-\Delta t)=\boldsymbol{r}(t)-\boldsymbol{v}(t)\Delta t+\frac{\boldsymbol{F}(t)}{2m}\Delta t^2-\frac{\Delta t^3}{6}\dddot{\boldsymbol{r}}+\mathcal{O}(\Delta t^4) \tag{6.71}$$

将式(6.70)与式(6.71)相加，可得

$$\boldsymbol{r}(t+\Delta t)=2\boldsymbol{r}(t)-\boldsymbol{r}(t-\Delta t)+\frac{\boldsymbol{F}(t)}{m}\Delta t^2+2\mathcal{O}(\Delta t^4) \tag{6.72}$$

Verlet 算法严格来讲是一种非自启动的算法，给定的初始条件应包括最初两步的位置。图 6.11 给出了 Verlet 算法中位置和力的依次更新顺序：首先根据时刻 t 的坐标$\boldsymbol{r}(t)$，利用分子间相互作用势求出该时间步下的各个原子受力 $\boldsymbol{F}(t)$；然后结合时刻 t 的坐标$\boldsymbol{r}(t)$和 $t+\Delta t$ 时刻的坐标 $\boldsymbol{r}(t-\Delta t)$，利用式(6.72)将时间步推进到 $t+\Delta t$。可以看到，粒子的坐标体系演化实际上并不依赖于速度项的求解。实际的分子动力学模拟中往往需要用到速度项 $\boldsymbol{v}(t)$，则可以通过式 (6.73) 计算得到：

$$\boldsymbol{v}(t)=\frac{\boldsymbol{r}(t+\Delta t)-\boldsymbol{r}(t-\Delta t)}{2\Delta t}+\mathcal{O}(\Delta t^3) \tag{6.73}$$

方程 (6.72) 与方程 (6.73) 构成了 Verlet 算法，对于位置的精度为 $\mathcal{O}(\Delta t^4)$，对于速度的精度为 $\mathcal{O}(\Delta t^3)$。实际应用中往往是给定 $\boldsymbol{r}(0)$以及初始速度 $\boldsymbol{v}(0)$，由此计算出 $\boldsymbol{r}(\Delta t)$，再利用方程 (6.72) 与方程 (6.73) 更新体系的位置，得到相空间的运动轨迹。因为同一时刻的速度和位置均可求得，所以我们可以计算每一时刻体系的总能。

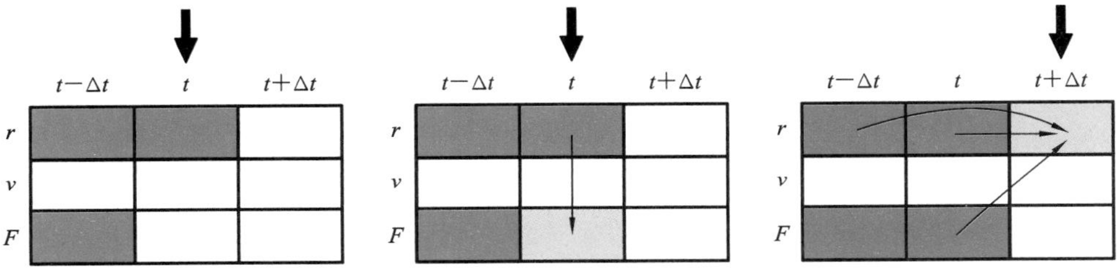

图 6.11 Verlet 算法示意图

由上述推导过程可知，$\boldsymbol{r}(t+\Delta t)$与 $\boldsymbol{r}(t-\Delta t)$在方程中的地位对等，因此 Verlet 算法拥有时间反演性，将方程 (6.72) 中的 Δt 替换为$-\Delta t$，方程的形式不变。因此在某一时刻 t，突然将每个原子上的速度反向，则经过时间 t，该体系将按照相同的轨迹回到初始点。这一性质也保证了在没有能量输入的情况下体系的能量不随时间变化。也即设体系在 $t=0$ 的时刻总能 E_0已知，且相空间中满足 $E=E_0$ 的所有轨迹均包含在体积为 Ω 的区域内，则从这个区域中的任意一点出发，利用 Verlet 算法生成的轨迹仍然在该区域中。下面我们会看到，Verlet 算法的这个特点并不是偶然，而是保守力系中刘维尔(Liouville)公式的一个必然结果[255]。代码 6.2 给出了一维谐振子运动 Verlet 算法的 Python 实现。

代码 6.2 Verlet 算法示例文件 verlet_algo. py

```
import numpy as np
import matplotlib. pyplot as plt

#verlet algorithm
def verlet(dt, totstep,r0,v0,m=1,k=1):
  ''' Verlet integration algorithm
  Parameters:
  dt-integration time step
  totstep-number of total steps
   r0-initial position
```

```
    v0-initial velocity
    m-mass
    k-spring constant ( used to calculate force)
    Returns:
    (r,F)-trajectory, force profile
    '''
    r=[]
    r. append(r0)
    F=-k* r[0]
    r. append(r[0]+v0* dt+0.5* dt* dt* F/m)
    F=-k* r[1]
    for i in range (2, totstep+1):
        r. append(2* r[i-1]-r[i-2]+dt* dt* F/m)
        F=-k* r[i]
    return r

def calc_v(r,v0,dt):
    ''' calculates v(t) from r(t)
    Parameters:
    r-position as function of t
    v0-initial velocity, which is v[0]
    dt- integration time step
    '''
    v=[v0]
    for i in range (2, len (r)):
        v. append(0.5* ( r[i]-r[i-2])/dt)
    return v

def plot_r_v(r,v):
            #与前向欧拉算法 forwardEuler. py 中类似,故省略

#setup initial conditions
dt, totstep=0.1, 400
r0, v0= 1, 1

#run verlet integration algorithm to get particle trajectory
r=verlet(dt, totstep,r0,v0)     #为了计算 v(n), 多算了一步 r(n+1)
v=calc_v(r,v0,dt)
r=r[:-1]        #去掉 r(n+1), 保持与 v 维度一致
plot_r_v(r,v)
```

图 6.12 展示了一维谐振子的位置和速度随时间变化的图象,当积分步长为 $\Delta t=0.1$ 时,Verlet 算法表现出了很好的稳定性。通过 $r(t)$的振幅图可以看出,Verlet 算法能够很好地维持正弦或余弦函数的振荡模式,并且振幅随时间保持恒定。同时,$r(t)$-$v(t)$关系图形成

了一个封闭的圆环，这与理论上一维谐振子的相空间区域完全吻合，说明 Verlet 算法能够很好地保持系统的动力学守恒性。

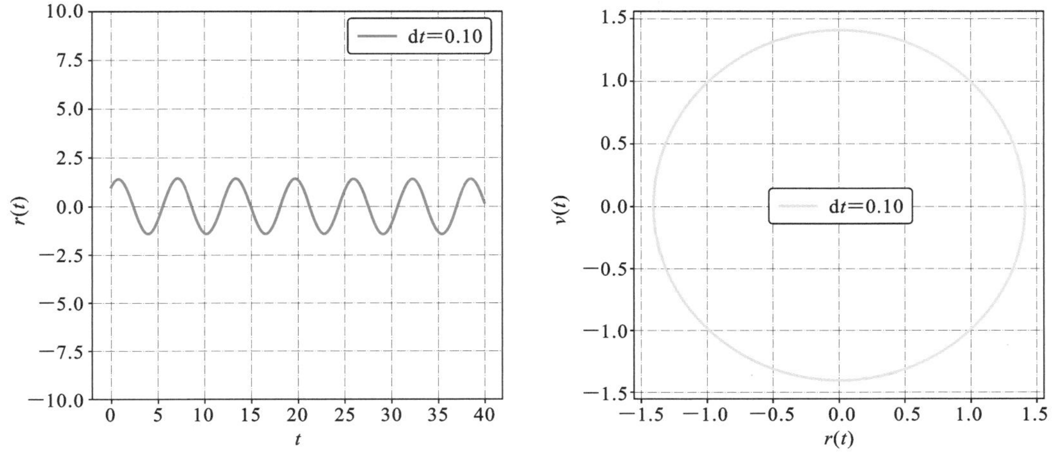

(a) (b)

图 6.12 Verlet **算法求解一维谐振子的解**

(a) 位移随时间的函数；(b) 相空间中的轨迹

设 $\boldsymbol{f}$ 是动量 $\boldsymbol{p}$ 和位置 $\boldsymbol{x}$ 的函数，则其对时间的导数为

$$\dot{\boldsymbol{f}}=\dot{\boldsymbol{r}}\frac{\partial \boldsymbol{f}}{\partial \boldsymbol{r}}+\dot{\boldsymbol{p}}\frac{\partial \boldsymbol{f}}{\partial \boldsymbol{p}} \tag{6.74}$$

设刘维尔算符 $\hat{L}_{rp}=\dot{\boldsymbol{r}}\dfrac{\partial}{\partial \boldsymbol{r}}+\dot{\boldsymbol{p}}\dfrac{\partial}{\partial \boldsymbol{p}}$，则方程(6.74)可以形式地求解为

$$\boldsymbol{f}(t)=\mathrm{e}^{\mathrm{i}\hat{L}_{rp}t}\boldsymbol{f}_0 \tag{6.75}$$

现在人为地将 $\hat{L}_{rp}$ 分为坐标算符 $\hat{L}_r=\dot{\boldsymbol{r}}(0)\partial/\partial\boldsymbol{r}$ 与动量算符 $\hat{L}_p=\dot{\boldsymbol{p}}(0)\partial/\partial\boldsymbol{p}$ 的和，即

$$\mathrm{i}\hat{L}_{rp}=\mathrm{i}\hat{L}_r+\mathrm{i}\hat{L}_p \tag{6.76}$$

则前者只作用于坐标，而后者只作用于动量(速度)，但是因为 $\boldsymbol{r}$ 和 $\boldsymbol{p}$ 不对易，所以不能将方程(6.75)表示为 $\mathrm{e}^{\hat{L}_r}\times\mathrm{e}^{\hat{L}_p}\boldsymbol{f}(0)$。根据 Trotter 恒等式，有

$$\mathrm{e}^{A+B}=\lim_{N\to\infty}(\mathrm{e}^{A/2N}\mathrm{e}^{B/N}\mathrm{e}^{A/2N})^N \tag{6.77}$$

因此可以将方程(6.75)表示为

$$\boldsymbol{f}=(\mathrm{e}^{\mathrm{i}\hat{L}_p\Delta t/2}\mathrm{e}^{\mathrm{i}\hat{L}_r\Delta t}\mathrm{e}^{\mathrm{i}\hat{L}_p\Delta t/2})^N\boldsymbol{f}(\boldsymbol{r}(0),\boldsymbol{p}(0))+\mathcal{O}(\Delta t^{2n}) \tag{6.78}$$

式中：$\Delta t=t/N$；$\hat{L}_r$ 与 $\hat{L}_p$ 中的前置项 $\dot{\boldsymbol{r}}(0)$ 和 $\dot{\boldsymbol{p}}(0)$ 中包含的时间零点需要理解为前一个算符作用完毕之后的时刻 t。至此，我们已经完成了对方程(6.75)的离散化。式(6.78)中存在高阶误差的原因在于 Δt^{2n} 是有限大的，其中 n 是运动轨迹算法的阶数。考虑第一个 Δt，由式(6.78)可知

$$\begin{aligned}\mathrm{e}^{\mathrm{i}\hat{L}_p\Delta t/2}\mathrm{e}^{\mathrm{i}\hat{L}_r\Delta t}\mathrm{e}^{\mathrm{i}\hat{L}_p\Delta t/2}\boldsymbol{f}(\boldsymbol{r}(0),\boldsymbol{p}(0))&=\mathrm{e}^{\mathrm{i}\hat{L}_p\Delta t/2}\mathrm{e}^{\mathrm{i}\hat{L}_r\Delta t}\boldsymbol{f}\left(\boldsymbol{p}(0)+\frac{\Delta t}{2}\dot{\boldsymbol{p}}(0),\boldsymbol{r}(0)\right)\\&=\mathrm{e}^{\mathrm{i}\hat{L}_p\Delta t/2}\boldsymbol{f}\left(\boldsymbol{p}(0)+\frac{\Delta t}{2}\dot{\boldsymbol{p}}(0),\boldsymbol{r}(0)+\Delta t\,\dot{\boldsymbol{r}}(\Delta t/2)\right)\\&=\boldsymbol{f}\left(\boldsymbol{p}(0)+\frac{\Delta t}{2}\dot{\boldsymbol{p}}(0)+\frac{\Delta t}{2}\dot{\boldsymbol{p}}(\Delta t),\boldsymbol{r}(0)+\Delta t\,\dot{\boldsymbol{r}}(\Delta t/2)\right)\end{aligned}$$

即运动轨迹为

$$p(\Delta t)=p(0)+\frac{\Delta t}{2}(F(0)+F(\Delta t))$$

$$r(\Delta t)=r(0)+\Delta t\,\dot{r}(0)+\frac{\Delta t^2}{2m}F(0)$$

这是 Verlet 算法的递推形式。至此,我们证明了 Verlet 算法必然满足相空间守恒的条件。如果 Δt 取得足够小,则利用 Verlet 算法描述体系演化,在长时间范围内可以使体系保持较小的总能偏移。同时,因为每一步更新时速度只精确到 Δt^2,因此短时间范围内体系总能涨落较大。

需要注意的是,由 Verlet 算法求得的体系的轨迹并不是该体系在相同的初始条件下按照牛顿运动方程演化得到的轨迹。因为体系的势能面至少有一个正的特征值,因此由李雅普诺夫(Lyapunov)稳定性分析可知,势能面的微小差异(算法的离散化导致等效势能面是真实势能面的内接或外接的折面)都会导致这两条轨迹的偏差随时间按指数量级增大。但是这种偏差并不会影响 Verlet 算法的有效性。事实上,由伪轨跟踪引理(shadowing lemma)可知,相似的势能面总存在相似的轨迹。因此通过 Verlet 算法生成的轨迹总与一条真实的轨迹相近[256,257]。与这条 Verlet 轨迹相对应,有一个赝哈密顿量。即由该赝哈密顿量决定的体系的一条轨迹可以由Verlet算法给出,同时由其所决定的赝总能可以在 Verlet 算法下守恒。特殊情况下(如体系的相互作用可用谐振子势描述)可以构建出这个赝哈密顿量的具体形式[258]。

6.3.3 速度 Verlet 算法

速度 Verlet 算法也被称为 Störmer-Verlet 算法,是原始 Verlet 算法的一个变种。与原始的 Verlet 算法相比,速度 Verlet 算法在计算粒子的位置和速度时可提供更高的精确性,因为它在每个时间步长中显式地计算和使用粒子的速度。这使得该算法特别适合用于需要精确计算粒子速度的系统。

速度 Verlet 算法的基本思想是将粒子位置的更新和速度的更新分解成两个步骤。首先,算法使用当前的位置、速度和加速度来估算新的位置,并计算在新位置处的力和加速度。然后,算法使用旧的和新的加速度来更新粒子的速度。速度 Verlet 算法的优点包括其时间可逆性和相位空间的保守性,这是因为速度 Verlet 算法的设计满足了哈密顿原则。此外,它保持了原始 Verlet 算法的另一个优点,即对于长时间的模拟,系统的总能量的漂移非常小。

这些特性使得速度 Verlet 算法在分子动力学模拟,尤其是微正则系综模拟中得到了广泛的应用。例如,对于有温度和压力控制的模拟,或需要求动力学性质(如速度自相关函数)时,速度 Verlet 算法通常是首选的数值积分方法。

由方程(6.70)可知,可以将同一时刻的位置 $\boldsymbol{r}$ 和速度 $\boldsymbol{v}$ 写为

$$r(t+\Delta t)=r(t)+v(t)\Delta t+\frac{F(t)}{2m}\Delta t^2 \tag{6.79}$$

$$v(t+\Delta t)=v(t)+\frac{F(t)}{m}\Delta t \tag{6.80}$$

数值计算表明,利用以上两式描述体系演化会产生非常大的能量偏移。因此利用线性函数积分的中值定理将式(6.80)重新写为

$$v(t+\Delta t)=v(t)+\frac{F(t)+F(t+\Delta t)}{2m}\Delta t \tag{6.81}$$

方程 (6.79) 与方程 (6.81) 构成了速度 Verlet 算法。注意,更新速度时首先要确定该时刻的位置。可以证明,速度 Verlet 算法与原始的 Verlet 算法是等价的。由于速度 Verlet 算法中同时用到了 $\boldsymbol{F}(t)$ 和 $\boldsymbol{F}(t+\Delta t)$,因此需要保留两个力矢量。为了节省存储空间,往往将速度的更新分解成两部分,首先根据 $\boldsymbol{F}(t)$ 更新速度:

$$v'=v+\frac{\boldsymbol{F}(t)}{2m}\Delta t$$

利用式 (6.79) 得到体系构型 $\boldsymbol{r}(t+\Delta t)$ 之后,再计算 $\boldsymbol{F}(t+\Delta t)$,然后完成速度的更新,即

$$v(t+\Delta t)=v'+\frac{\boldsymbol{F}(t+\Delta t)}{2m}\Delta t$$

这样,在速度 Verlet 算法中也只需储存一个力矢量即可。

代码 6.3　速度 Verlet 算法示例文件 velocityverlet.py

```
1   import numpy as np
2   import matplotlib. pyplot as plt
3
4   #VelocityVerlet algorithm
5   def velocity_verlet(dt, totstep,r0,v0,m=1,k=1):
6       r, v=[],[]
7       r. append(r0)
8       v. append(v0)
9       F=-k* r[0]
10      for i in range (1, totstep):
11          r. append(r[i-1]+v[i-1]* dt+0.5* F* dt* dt)
12          v_half=v[i-1]+0.5* dt* F/m
13          F=-k* r[i]
14          v. append( v_half+0.5* dt* F/m)
15      return r,v
16
17  def plot_r_v(r,v):
18          #与前向欧拉算法 forwardEuler. py 中类似,故省略
19
20  #setup initial conditions
21  dt, totstep=0.1, 400
22  r0, v0=1, 1
23
24  #run velocity verlet algorithm to get particle trajectory
25  r,v=velocity_verlet(dt, totstep,r0,v0)
26  plot_r_v(r,v)
```

如果加大数据的存储量,可以进一步提高 Verlet 算法对于 v 的计算精度,这时的 Verlet 算法就成为所谓的速度校正 Verlet 算法。算法的过程如图 6.13 所示。这种算法需要将 $\boldsymbol{r}(t+2\Delta t)$、$\boldsymbol{r}(t+\Delta t)$、$\boldsymbol{r}(t-\Delta t)$ 和 $\boldsymbol{r}(t-2\Delta t)$ 进行泰勒展开至 Δt^3,然后联立消去 Δt^2 以及 Δt^3 项,即可得

$$\boldsymbol{v}(t)=\frac{8[\boldsymbol{r}(t+\Delta t)-\boldsymbol{r}(t-\Delta t)]-[\boldsymbol{r}(t+2\Delta t)-\boldsymbol{r}(t-2\Delta t)]}{12\Delta t}+\mathcal{O}(\Delta t^4) \tag{6.82}$$

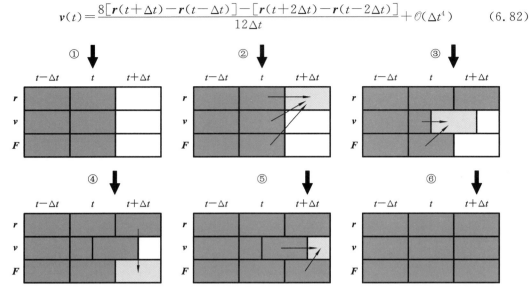

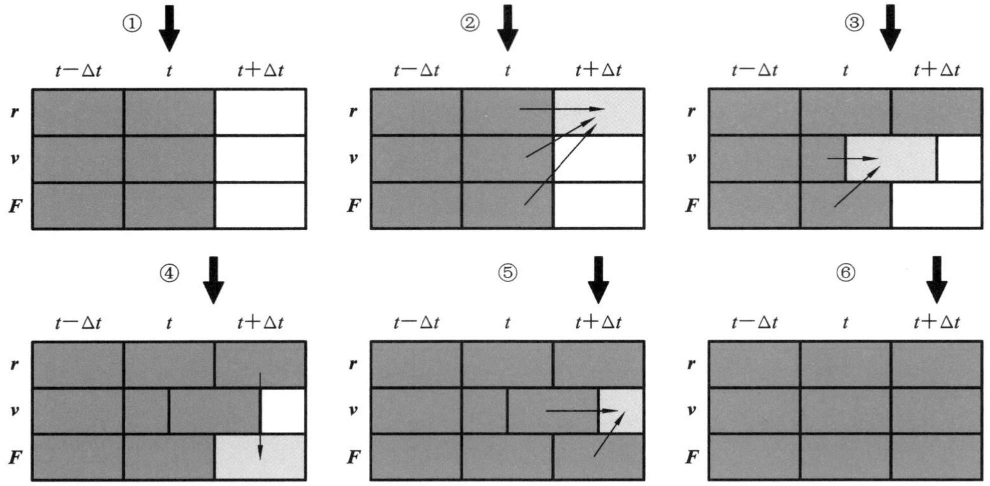

图 6.13　速度 Verlet 算法的过程示意图

可以看出,由方程(6.82)计算的 $\boldsymbol{v}$ 精确到 Δt^4。利用式(6.82)计算速度的一个缺点是时间跨度太大,编写程序时易于混淆,所以利用半整数时间步长处的速度(见6.3.4 节)对式(6.82)进行改写,最终结果为

$$\boldsymbol{v}(t)=\frac{\boldsymbol{v}(t+\Delta t/2)+\boldsymbol{v}(t-\Delta t/2)}{2}+\frac{\Delta t}{12m}[\boldsymbol{F}(t-\Delta t)-\boldsymbol{F}(t+\Delta t)]+\mathcal{O}(\Delta t^4) \tag{6.83}$$

6.3.4　蛙跳算法

蛙跳算法是一种用在分子动力学模拟中,以求解牛顿运动方程的常用方法。这种方法得名于其特殊的更新顺序,其中速度和位置的更新类似于蛙跳游戏中的跳跃动作,即一次更新位置,一次更新速度,两次更新在时间上交错进行。蛙跳算法与 Verlet 算法的主要区别在于蛙跳算法中的速度在半整数时间步长处估算,因此速度更新与位置更新不同步。

蛙跳算法的一个主要优点是其具有时间可逆性,这是由于在每个时间步长内,速度和位置更新的顺序是互换的。这个特性使得蛙跳算法在处理系统能量守恒的物理问题时尤为有用,例如在分子动力学模拟中。此外,由于其较高的计算效率和稳定性,在处理大规模系统时,蛙跳算法也是非常受欢迎的。蛙跳算法的总体思路如下。

半更新速度:
$$\boldsymbol{v}\left(t+\frac{1}{2}\Delta t\right)=\boldsymbol{v}(t)+\frac{\boldsymbol{F}(t)}{2m}\Delta t$$

更新位置:
$$\boldsymbol{r}(t+\Delta t)=\boldsymbol{r}(t)+\boldsymbol{v}\left(t+\frac{1}{2}\Delta t\right)\Delta t$$

计算力矢量:
$$\boldsymbol{F}(t+\Delta t)=-\frac{\partial V}{\partial r(t+\Delta t)}$$

更新速度:
$$\boldsymbol{v}(t+\Delta t)=\boldsymbol{v}\left(t+\frac{1}{2}\Delta t\right)+\frac{\boldsymbol{F}(t+\Delta t)}{2m}\Delta t$$

蛙跳算法的递推公式可由方程(6.73)及方程(6.81)导出。设重新选取时间步长为 $\Delta t/2$,

则由方程(6.73)可定义半整数时间步长处的速度：

$$\boldsymbol{v}(t+\Delta t/2)=\frac{\boldsymbol{r}(t+\Delta t)-\boldsymbol{r}(t)}{\Delta t} \tag{6.84}$$

$$\boldsymbol{v}(t-\Delta t/2)=\frac{\boldsymbol{r}(t)-\boldsymbol{r}(t-\Delta t)}{\Delta t} \tag{6.85}$$

可以得到下一个整数时间步长处的位置，即

$$\boldsymbol{r}(t+\Delta t)=\boldsymbol{r}(t)+\boldsymbol{v}(t+\Delta t/2)\Delta t \tag{6.86}$$

再根据方程(6.81)，有

$$\boldsymbol{v}(t+\Delta t/2)=\boldsymbol{v}(t-\Delta t/2)+\frac{\boldsymbol{F}(t)}{m}\Delta t \tag{6.87}$$

式(6.86)与式(6.87)即为蛙跳算法的递推公式。给定初始条件 $\boldsymbol{r}(0)$ 以及 $\boldsymbol{v}(-\Delta t/2)$ 即可生成相空间内的一条轨迹。实际上，因为蛙跳算法可以由 Verlet 算法导出，因此两种方法生成的轨迹一致。但是因为蛙跳算法中速度与位置的更新时刻不一致，所以不能直接计算总能。代码 6.4 为用 Python 实现蛙跳算法的示例。

代码 6.4　蛙跳算法示例文件 leapfrog.py

```
import numpy as np
import matplotlib.pyplot as plt

#LeapFrog algorithm
def leap_frog(dt, totstep,r0,v0,m=1,k=1):
    r, v, v_half=[],[],[]
    r.append(r0)
    v.append(v0)
    F=-k*r[0]
    v_half.append(v[0]-0.5*F*dt/m)

    for i in range (1, totstep):
        v_half.append(v_half[i-1]+F*dt/m)
        r.append(r[i-1]+(v_half[i-1]+F*dt/m)*dt)
        F=-k*r[i]

    return r, v_half

#setup initial conditions
dt, totstep=0.1, 400
r0, v0=1, 1

#run leap frog algorithm to get particle trajectory
r,v=leap_frog(dt, totstep,r0,v0)
```

图 6.14 为蛙跳算法的过程示意图。

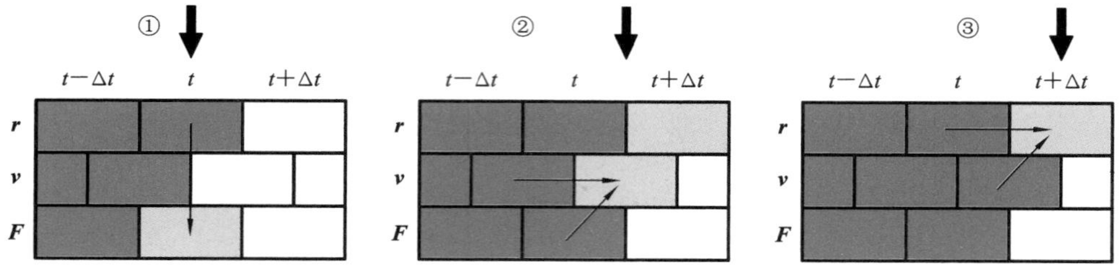

图 6.14　蛙跳算法的过程示意图

6.3.5　预测-校正算法

预测-校正算法是一种用于求解常微分方程(如分子动力学中的牛顿运动方程)的数值方法。该方法主要通过迭代过程来改进对物体位置和速度的估计,从而得到更为精确和稳定的数值解。预测-校正算法的基本思想是使用已知的信息(如当前和过去的位置、速度和加速度)进行预测,然后使用这个预测结果来计算新的力和加速度,并据此对预测结果进行校正。这个过程可以迭代多次,直到结果满足一定的精度要求。因此,预测-校正算法也被看作一种自适应步长的方法,它可以根据解的精度要求和局部行为自动调整步长。

严格地说,求解运动轨迹等同于求解关于时间 t 的二阶常微分方程

$$\ddot{\boldsymbol{r}}=f(t,\boldsymbol{r},\boldsymbol{v})\quad(\boldsymbol{r}(0)=r_0,\boldsymbol{v}(0)=\boldsymbol{v}_0)\tag{6.88}$$

例如方程(6.81)即为梯形欧拉公式。因此可以利用预测-校正(prediction-correction,PC)算法更为精确地求解体系的运动轨迹,即在相同时间步长内获得更精确的位置与速度,或在相同精度要求下允许更大的时间步长。关于预测-校正算法的详细讨论已超出了本书的范围,这里只给出常用的 Adams-Bashforth-Moulton 算法基本的公式推导。这种方法可以达到任意高的精度,但是需要存储和处理更多的过去信息,因此对计算资源的需求也更高。

在分子动力学中,PC 算法的基本思想是:将新时刻 $n+1$ 的位置和速度分别表示成前 k 个时刻$(n-k+1),(n-k+2),\cdots,n$ 的原子速度和受力的线性叠加,其中叠加系数使得 $n+1$ 时刻的位置、速度表达式与其泰勒展开式中的系数相同至 Δt^k(k 称为 PC 算法的阶数),该线性叠加方程称为预测步或者 Adams-Bashforth 显式形式。将体系移至预测的位置,计算该时刻原子的速度及受力,结果一般与预测值不同。利用预测值以及前几步的信息(包括位置、速度、受力)对预测值进行校正,称为校正步或者 Adams-Moulton 隐式形式。每一个校正步可以包含 m 次迭代校正。为简单起见,下面以一阶常微分方程为例,推导 PC 算法中的各项系数。

设有方程

$$\dot{\boldsymbol{r}}=f(t,\boldsymbol{r}),\quad \boldsymbol{r}(0)=\boldsymbol{r}_0$$

首先考虑预测步。将第 $n+1$ 步的 $\boldsymbol{r}_{n+1}$ 表示为第 n 步的 $\boldsymbol{r}_n$ 以及前 k 个时刻 $\dot{\boldsymbol{r}}_i$ 的线性叠加,即

$$\boldsymbol{r}_{n+1}=\boldsymbol{r}_n+\Delta t\sum_{i=1}^{k}\alpha_i\dot{\boldsymbol{r}}_{n+1-i}\tag{6.89}$$

然后将 $\dot{\boldsymbol{r}}_{n+1-i}$ 在 n 处做泰勒展开，有

$$\dot{\boldsymbol{r}}_{n+1-i}=\dot{\boldsymbol{r}}_n+[(1-i)\Delta t]\ddot{\boldsymbol{r}}_n+\frac{1}{2}[(1-i)\Delta t]^2\dddot{\boldsymbol{r}}_n+\cdots+\mathcal{O}(\Delta t^{k+1}) \tag{6.90}$$

将式(6.90)代入式(6.89)并合并同类项，得

$$\boldsymbol{r}_{n+1}=\boldsymbol{r}_n+\sum_{q=0}^{p}\Delta t^q\boldsymbol{r}_n^{q+1}\frac{1}{q!}\sum_{i=1}^{k}(1-i)^q\alpha_i+\mathcal{O}(\Delta t^{p+1}) \tag{6.91}$$

同时将 $\boldsymbol{r}_{n+1}$ 在 n 处做泰勒展开，有

$$\boldsymbol{r}_{n+1}=\boldsymbol{r}_n+\sum_{q=0}^{p}\frac{1}{(q+1)!}\Delta t^q\boldsymbol{r}_n^{(q+1)}+\mathcal{O}(\Delta t^{p+1}) \tag{6.92}$$

比较方程(6.91)和方程(6.92)，为了使 Δt^q 的系数相同，相当于求解线性方程组

$$\sum_{i=1}^{k}(1-i)^q\alpha_i=\frac{1}{q+1},\quad q=0,1,\cdots,k-1 \tag{6.93}$$

由此确定叠加系数$\{\alpha_i\}$，再通过方程(6.89)得到估计值 $\boldsymbol{r}_{n+1}^0$。

再考虑校正步。上述做法相当于根据 k 个数据点进行外推来预测第 $n+1$ 步的 $\boldsymbol{r}$，因此不可能完全准确。为了减小误差，可以将预测得到的 $\dot{\boldsymbol{r}}_{n+1}^0$ 作为新的数据点，连同前面的 k 个数据再进行一次内插，从而得到对于 $\boldsymbol{r}_{n+1}$ 的一个更好的估计值 $\boldsymbol{r}_{n+1}^1$，即对其进行校正：

$$\boldsymbol{r}_{n+1}^1=\boldsymbol{r}_n+\Delta t\sum_{i=1}^{k}\alpha'_i\dot{\boldsymbol{r}}_{n+2-i} \tag{6.94}$$

与方程(6.89)至方程(6.93)推导过程类似，可以得到校正步系数 α'_i 所要求的线性方程组：

$$\sum_{i=1}^{k}(2-i)^q\alpha'_i=\frac{1}{q+1},\quad q=0,1,\cdots,k-1 \tag{6.95}$$

如果对结果仍不满意，可以再以 $\dot{\boldsymbol{r}}_{n+1}^1$ 代入式(6.95)，直至求得满意的校正结果为止。在一般的分子动力学算法中，每一步只进行一次校正。表 6.5 给出了一阶常微分方程 Adams-Bashforth-Moulton 算法中的系数 $\alpha_i(\alpha'_i)$。

表 6.5　一阶常微分方程 Adams-Bashforth-Moulton 算法中的系数 $\alpha_i(\alpha'_i)$

$k=3$	系　　数	$i=1$	$i=2$	$i=3$	
预测步 P	$\alpha_i/12$	23	−16	5	
校正步 C	$\alpha'_i/12$	5	8	−1	
$k=4$	系　　数	$i=1$	$i=2$	$i=3$	$i=4$
预测步 P	$\alpha_i/24$	55	−59	37	−9
校正步 C	$\alpha'_i/24$	9	19	−5	1

分子动力学中所需求解的 $\ddot{\boldsymbol{r}}=f(t,\boldsymbol{r},\boldsymbol{v})(\boldsymbol{r}(0)=\boldsymbol{r}_0,\boldsymbol{v}(0)=\boldsymbol{v}_0)$ 可以转化为关于 $\boldsymbol{r}$ 与 $\boldsymbol{v}$ 的一阶常微分方程组，再通过上述讨论求解系数 α_i 与 β_i。在这里不再详细推导，只给出如下待解的线性方程组。

预测步：

$$\sum_{i=1}^{k-1}(1-i)^q\alpha_i=\frac{1}{(q+2)(q+1)},\quad q=0,1,\cdots,k-2 \tag{6.96}$$

$$\sum_{i=1}^{k-1}(1-i)^q\beta_i=\frac{1}{q+2},\quad q=0,1,\cdots,k-2 \tag{6.97}$$

校正步:

$$\sum_{i=1}^{k-1}(2-i)^q\alpha'_i=\frac{1}{(q+2)(q+1)},\quad q=0,1,\cdots,k-2 \tag{6.98}$$

$$\sum_{i=1}^{k-1}(2-i)^q\beta'_i=\frac{1}{q+2},\quad q=0,1,\cdots,k-2 \tag{6.99}$$

同时在表 6.6 中列出二阶常微分方程 Adams-Bashforth-Moulton 算法中的系数 $\alpha_i(\alpha'_i)$ 与 $\beta_i(\beta'_i)$。

表 6.6 二阶常微分方程 Adams-Bashforth-Moulton 算法中的系数 $\alpha_i(\alpha'_i)$ 与 $\beta_i(\beta'_i)$

$k=4$	系　　数	$i=1$	$i=2$	$i=3$	
预测步 P	$\alpha_i/24$	19	−10	3	
	$\beta_i/24$	27	−22	7	
校正步 C	$\alpha'_i/24$	3	10	−1	
	$\beta'_i/24$	7	6	−1	
$k=5$	系　　数	$i=1$	$i=2$	$i=3$	$i=4$
预测步 P	$\alpha_i/360$	323	−264	159	−38
	$\beta_i/360$	502	−621	396	−97
校正步 C	$\alpha'_i/360$	38	171	−36	7
	$\beta'_i/360$	97	114	−39	8

与 Verlet 算法类似,PC 算法也是非自启动的,需要给出最初 k 步的位置与速度信息。与 Verlet 算法及其衍生算法不同,在 PC 算法中,$n+1$ 步与 $n-1$ 步的信息在递推式中不对称,因此不具备时间反演性。所以,在没有外界干预的情况下 PC 算法给出的轨迹无法保持能量守恒。对于微正则系综的模拟这是一个很大的缺点,但是对于正则系综等的模拟,这一点却不是十分重要,因为在这类模拟中我们会利用热浴或速度重标度技术对速度进行干预,使体系的温度保持恒定。

6.4 正则系综

上面的讨论都是在严格按照牛顿定律演化的微正则系综的框架下展开的。但是在实际工作中,正则系综(canonical ensemble,又称 NVT 系综)和等温等压系综(isothermal-Isobaric ensemble,又称 NPT 系综)更为常见,因为这些系综更好地模拟了实际的物理环境。正则系综保持粒子数(N)、体积(V)和温度(T)恒定,而等温等压系综则保持粒子数(N)、压力(P)和温度(T)恒定。

正则系综是描述一个封闭系统与周围环境能量交换但粒子数和体积保持恒定的统计集合。在正则系综中,体系的总能量并不是固定的,而是会在一定范围内波动。因此,正则系综中的微观状态分布不仅仅是由体系本身的状态决定的,还受到周围环境的影响。对于温度为

T 的正则系综，其微观状态遵循玻尔兹曼分布。常用的正则系综模拟方法包括 Metropolis 采样和分子动力学模拟。

在模拟这类系综时，需要对能量和体积进行特殊处理，以便在模拟中获得需要的系综平均值。在这些系综中，不仅需要考虑粒子的运动轨迹，而且还需要控制体系的温度和压力（对于等温等压系综），这就需要引入与环境交换能量和粒子的特殊机制，如热浴（thermostat）和压力控制（barostat）等。通过这些机制，可以有效地模拟实际体系在给定的实验条件下的行为，并获得更准确和真实的模拟结果。

6.4.1　热浴和正则系综

对于正则系综，在分子动力学模拟过程中需要引入特定的技术手段，以对体系的温度进行有效控制。这主要由热浴方法实现。然而，我们必须理解，一个宏观上的等温过程在微观层面上可能仍会有统计波动（波动的幅度可以通过模拟手段来控制）。因此，并不能认为一个严格保持动能恒等于 $32k_B T_{eq}$ 的体系在严格意义上达到了温度等于 T_{eq} 的正则系综状态。在真正的正则系综中，体系的动能有自然涨落的过程，而在这个涨落过程中，各个微观态的出现概率由 $\exp(-\mathscr{H}/2mk_B T_{eq})$ 决定，其中 $\mathscr{H}$ 表示哈密顿量。

热浴的引入将分子动力学模拟的应用范围从微正则系综扩展到正则系综、等温等压系综等，这极大地增强了分子动力学模拟的适用性。根据实现方式的不同，热浴方法大致可以分为以下几种：

（1）速度标度热浴：例如 Berendsen 热浴，该方法通过对粒子速度进行重新标度，将体系温度调整到目标温度。Berendsen 热浴方法简单易用，但对于长时间模拟，可能导致体系偏离正则系综。

（2）引入随机耗散力的热浴：如 Anderson 热浴和 Langevin 热浴等，这些方法通过引入随机耗散力，模拟体系分子与热浴的碰撞过程，以控制体系温度。这些方法能更好地模拟体系与周围环境的能量交换，但可能需要更复杂的计算。

（3）增广拉格朗日量的热浴：如 Nosé-Hoover 热浴。这种方法通过增广系统的哈密顿量，引入额外的自由度（如虚拟粒子），以控制体系的热力学性质。Nosé-Hoover 热浴方法能更准确地模拟正则系综，但实现起来可能更复杂。

这些热浴方法各有优势和适用场景，需要根据实际的模拟需求进行选择和应用。

6.4.1.1　Anderson 热浴

Anderson 热浴是一种常用的热浴方法，其核心思想是在模拟过程中随机选择部分原子，然后根据指定的温度 T 对它们的动量进行重新设置，使其符合麦克斯韦-玻尔兹曼分布。这种方法的物理原理是模拟原子与热源分子的碰撞过程，以达到热平衡。然而，Anderson 热浴的一个明显特性是，这些随机碰撞过程会改变体系内粒子的运动轨迹。因此，可以认为体系在 Anderson 热浴作用下的演化是一个随机的过程。具体来说，这意味着体系在相空间内的运动轨迹是非连续的，并且不存在时间反演对称性。这种运动轨迹与严格遵循牛顿定律的微正则系综下体系的运动轨迹形成了鲜明对比。

总的来说，Anderson 热浴提供了一种有效的方式来控制分子动力学模拟中的体系温度，它能够在较短的时间内使体系达到热平衡。然而，它也存在一些局限性，例如，由于其随机性，它可能对系统的动力学性质产生影响，特别是在研究涉及动力学的问题（比如扩散问题或者关联函数等)时。尽管该方法可能对体系的动力学产生一定影响,但在许多应用中,这种影响可以接受,或者可以通过适当的调整被最小化。

利用 Anderson 热浴模拟正则系综,首先需要确定体系与热浴间的耦合强度:将其等同于随机碰撞的频率 ν,即在 Δt 时间间隔内,每个原子被选中重置速度的概率为 $\nu\Delta t$。利用 6.3.3 节中介绍的速度 Verlet 公式,可以给出下列模拟正则系综的算法:

算法 6.1

(1) 设 $t=0$,给定初始状态:原子 i 的位置 $\boldsymbol{r}_i(t)$,速度 $\boldsymbol{v}_i(t)$,$i=1,2,\cdots,N$。设定碰撞频率 ν 以及目标温度 T_{eq}。

(2) 调用子程序 FORCE 计算原子受力 $\boldsymbol{F}_i(t)$,$i=1,2,\cdots,N$。

(3) 利用方程(6.79)更新位置 $\boldsymbol{r}_i(t+\Delta t)=\boldsymbol{r}_i(t)+\boldsymbol{v}_i(t)\Delta t+\dfrac{\boldsymbol{F}_i(t)}{2m}\Delta t^2$;部分更新速度 $\boldsymbol{v}'_i=\boldsymbol{v}_i(t)+\dfrac{\boldsymbol{F}_i(t)}{2m}\Delta t$。

(4) 调用子程序 FORCE 计算受力 $\boldsymbol{F}(t+\Delta t)$。

(5) 更新速度 $\boldsymbol{v}_i(t+\Delta t)=\boldsymbol{v}'_i+\dfrac{\boldsymbol{F}_i(t+\Delta t)}{2m}\Delta t$。对于每一个原子 i,生成[0,1]之间平均分布的一个随机数 r,若 $r\leqslant\nu\Delta t$,则将该原子的速度重置为与 T_{eq} 相应的麦克斯韦-玻尔兹曼分布——$\boldsymbol{v}_{i,\alpha}(t+\Delta t)=\lambda$,其中 λ 是一个正态分布的随机数,该正态分布平均值为 0,标准偏差为 $\sigma=\sqrt{k_{\mathrm{B}}T_{\mathrm{eq}}/m_i}$。

(6) 设 $t=t+\Delta t$,重复步骤(2)。

6.4.1.2 Langevin 热浴

Langevin 热浴方法也常被称为 Langevin 动力学方法,它利用随机力和耗散力来模拟原子与热浴的相互作用,从而使体系达到指定的温度。这一方法的灵感源于描述带有随机扰动的粒子在流体中运动的 Langevin 方程。

在 Langevin 热浴中,体系的每一个粒子都会受到三种力的影响:粒子之间的相互作用力,来自热浴的随机力,以及一个与粒子速度成比例的阻力。其中,随机力对应热浴原子的随机碰撞效应,这是一种热噪声,其影响体系粒子的运动,并引入了必要的能量交换。阻尼力则对应耗散效应,表现为粒子速度的阻尼,使得能量从体系流向热浴。不同于 Anderson 热浴中瞬时的随机碰撞,Langevin 热浴中的随机力是连续的,这使得粒子的运动轨迹在相空间内是连续且平滑的,不过仍然不存在时间反演对称性。这种方法由于同时考虑了耗散和随机扰动,因此在模拟液体或溶液中的粒子运动,以及高摩擦环境下的体系动力学时尤其有效。

Langevin 热浴提供了一种有效的方法来模拟分子动力学中的体系与热浴的能量交换,尤其适合模拟液体和高摩擦环境中的动态过程。然而,该方法中引入的随机性可能会影响到系统的动力学性质,因此在使用时需要谨慎考虑这些因素。

设模拟体系浸泡在温度为 T_{eq} 的热浴中,则有 Langevin 运动方程

$$\dot{\boldsymbol{r}}_i=\frac{\boldsymbol{p}_i}{m_i} \tag{6.100}$$

$$\dot{\boldsymbol{p}}_i=-\frac{\partial\phi(\{\boldsymbol{r}_i\})}{\partial\boldsymbol{r}_i}-\gamma\boldsymbol{p}_i+\sigma\zeta_i \tag{6.101}$$

式(6.101)中:γ 是阻尼系数,因此右端第二项为耗散项;第三项是因溶液原子碰撞而随机产生的作用力,代表了布朗运动的贡献;ζ_i 服从正态分布,平均值为 0,标准偏差为 σ,有

$$\sigma^2 = 2\gamma m_i k_B T_{eq} \tag{6.102}$$

利用 Langevin 热浴进行正则系综分子动力学模拟的算法如下[259]。

算法 6.2

(1) 设 $t=0$,给定初始状态:原子 i 的位置 $\boldsymbol{r}_i(t)$,速度 $\boldsymbol{v}_i(t)$,$i=1,2,\cdots,N$。设定阻尼系数 γ 以及目标温度 T_{eq}。

(2) 调用子程序 FORCE 计算原子受力 $\boldsymbol{F}_i(t)$,$i=1,2,\cdots,N$。

(3) 利用方程(6.101)更新位置,$\boldsymbol{r}_i(t+\Delta t)=\boldsymbol{r}_i(t)+\boldsymbol{v}_i(t)\Delta t+\dfrac{\boldsymbol{F}_i(t)}{2m}\Delta t^2$。

(4) 调用子程序 FORCE 计算受力 $\boldsymbol{F}(t+\Delta t)$。

(5) 对于每一个原子 i,生成一个正态分布的随机数 ζ,该正态分布平均值为 0,标准偏差为 $\sigma=\sqrt{2\gamma m_i k_B T_{eq}}$,由此更新速度

$$\boldsymbol{v}_i(t+\Delta t)=\boldsymbol{v}_i(t)+\left(\frac{\boldsymbol{F}_i(t)}{m}-\gamma\boldsymbol{v}_i(t)+\zeta\right)\Delta t$$

(6) 设 $t=t+\Delta t$,重复步骤(2)。

6.4.1.3　Nosé-Hoover 热浴

Nosé-Hoover 热浴是广泛使用的一种热浴方法,其基本思想是通过人为增加一个热浴自由度并改变这个自由度来调整系统中的粒子速度和平均动能,从而实现对系统温度的控制。

Nosé 首先引入了该方法,他通过增加一个可伸缩的时间尺度或者说一个"虚拟时间"来改变所有粒子的运动速度。然后,这个虚拟时间自身也有其对应的演化方程,通过调节该演化方程,Nosé 实现了对整个系统温度的控制。后来,Hoover 对 Nosé 的方法进行了改进,他引入了一个额外的热浴自由度,这个自由度有其自身的动量和坐标,通过它的演化,可以实现对系统温度的精细控制。这个自由度的动力学行为由一个洛仑兹型方程描述,而系统中粒子的速度则受到一个与这个自由度有关的摩擦力的影响。

Nosé-Hoover 热浴的一大优点在于,它可以在不引入随机力的情况下,使得系统在微观层面上遵循正则系综,这是因为它是通过精细控制每个粒子的速度来实现能量交换的,而不是通过引入随机扰动。这样,通过 Nosé-Hoover 热浴可以生成一个统计上准确的正则系综,并且在时间演化的过程中,该系统的能量是准确守恒的。因此,Nosé-Hoover 热浴方法在理论上和实际应用中都得到了广泛的接受和使用。

Nosé-Hoover 热浴要通过改变时间步长来调整系统中的粒子速度和平均动能。因此,在 Nosé-Hoover 方法中,引入了新的变量 s 以重新调整时间单位。Nosé-Hoover 热浴将一个按照微观正则系综演化的虚拟系统映射到一个按照正则系综演化的实际物理系统[260]。Nosé 已证明,虚拟系统中的微观正则分布等同于真实系统中的(p', r')变量的正则分布。在真实系统中,相应的量被加上撇号,以区别于未加撇号的虚拟系统。真实系统与虚拟系统之间的关系用以下方程表示:

$$r'=r \tag{6.103}$$

$$p'=p/s \tag{6.104}$$

$$p'_s=p_s/s \tag{6.105}$$

$$s'=s \tag{6.106}$$

$$\Delta t' = \Delta t / s \tag{6.107}$$

这个虚拟体系的拉格朗日量可以写成

$$\mathscr{L} = \sum_{i=1}^{3N} \frac{m_i}{2} s^2 \dot{\boldsymbol{r}}_i^2 - \phi(\boldsymbol{r}_1, \boldsymbol{r}_2, \cdots, \boldsymbol{r}_{3N}) + \frac{Q}{2} \dot{s}^2 - g k_{\mathrm{B}} T_{\mathrm{eq}} \ln s \tag{6.108}$$

式中:g 与体系自由度的概念非常相似,但是在后面可以看到,它的取值取决于如何保证体系的观测量符合正则分布。如果 $s = 1$,则虚拟体系的拉格朗日量和真实体系完全相同。其中 Q 可以看作与 s 变量相关的有效质量,其单位为 $\mathrm{J \cdot s^2 \cdot mol^{-1}}$。首先研究虚拟体系在拉格朗日量作用下的演化。运用拉格朗日方程:

$$\frac{\mathrm{d}}{\mathrm{d}t}\left(\frac{\mathscr{L}}{\partial \boldsymbol{r}_i}\right) = \frac{\partial \mathscr{L}}{\partial \boldsymbol{r}_i}, \quad \frac{\mathrm{d}}{\mathrm{d}t}\left(\frac{\mathscr{L}}{\partial s}\right) = \frac{\partial \mathscr{L}}{\partial s}$$

可以得到关于 $\boldsymbol{r}_i$ 和 s 的运动方程:

$$\ddot{\boldsymbol{r}}_i = -\frac{1}{m_i s^2} \frac{\partial \phi}{\partial \boldsymbol{r}_i} - \frac{2\dot{s}}{s} \dot{\boldsymbol{r}}_i \tag{6.109}$$

$$Q\ddot{s} = \sum_{i=1}^{N} m_i s \dot{\boldsymbol{r}}_i^2 - \frac{g}{s} k_{\mathrm{B}} T_{\mathrm{eq}} \tag{6.110}$$

广义坐标 $\boldsymbol{r}_i$ 和 s 所对应的广义动量分别为

$$\boldsymbol{p}_i = -\frac{\partial \mathscr{L}}{\partial \dot{\boldsymbol{r}}_i} = m_i s^2 \dot{\boldsymbol{r}}_i, \quad p_s = \frac{\partial \mathscr{L}}{\partial \dot{s}} = Q\dot{s} \tag{6.111}$$

用广义动量,可以构筑含 N 个粒子体系和额外自由度 s 的哈密顿量(一共 $6N+2$ 个自由度):

$$\mathscr{H} = \sum_{i=1}^{N} \frac{\boldsymbol{p}_i^2}{2m_i s^2} + \phi(\boldsymbol{r}_1, \boldsymbol{r}_2, \cdots, \boldsymbol{r}_N) + \frac{p_s^2}{2Q} + g k_{\mathrm{B}} T_{\mathrm{eq}} \ln s \tag{6.112}$$

下面证明按微正则系综演化的虚拟体系对应于实际体系在正则系综中的演化。在微正则系综中,如果取 $g = 3N + 1$,则配分函数的表达式为

$$\begin{aligned}
Z &= \frac{1}{N!}\iiiint \mathrm{d}p_s \mathrm{d}s \mathrm{d}\boldsymbol{p}^N \mathrm{d}\boldsymbol{r}^N \delta(E - \mathscr{H}) \\
&= \frac{1}{N!}\iiiint \mathrm{d}p_s \mathrm{d}s \mathrm{d}\boldsymbol{p}^N \mathrm{d}\boldsymbol{r}^N \delta\left(\sum_{i=1}^{N} \frac{\boldsymbol{p}_i^2}{2m_i s^2} + \phi(\boldsymbol{r}_1, \boldsymbol{r}_2, \cdots, \boldsymbol{r}_N) + \frac{p_s^2}{2Q} + g k_{\mathrm{B}} T_{\mathrm{ep}} \ln s - E\right) \\
&= \frac{1}{N!}\iiiint \mathrm{d}p_s \mathrm{d}s \mathrm{d}\boldsymbol{p}'^N \mathrm{d}\boldsymbol{r}^N s^{3N} \delta\left(\sum_{i=1}^{N} \frac{\boldsymbol{p}'^2_i}{2m_i} + \phi(\boldsymbol{r}_1, \boldsymbol{r}_2, \cdots, \boldsymbol{r}_N) + \frac{p_s^2}{2Q} + g k_{\mathrm{B}} T_{\mathrm{eq}} \ln s - E\right) \\
&= \frac{1}{N!}\iiiint \mathrm{d}p_s \mathrm{d}s \mathrm{d}\boldsymbol{p}'^N \mathrm{d}\boldsymbol{r}^N s^{3N} \delta\left(\mathscr{H}(\boldsymbol{p}', \boldsymbol{r}) + \frac{p_s^2}{2Q} + g k_{\mathrm{B}} T_{\mathrm{eq}} \ln s - E\right) \\
&= \frac{1}{N!}\iiiint \mathrm{d}p_s \mathrm{d}s \mathrm{d}\boldsymbol{p}'^N \mathrm{d}\boldsymbol{r}^N \frac{s^{3N+1}}{g k_{\mathrm{B}} T_{\mathrm{eq}}} \delta\left(s - \exp\left[-\frac{1}{g k_{\mathrm{B}} T_{\mathrm{eq}}}\left(\mathscr{H}(\boldsymbol{p}', \boldsymbol{r}) + \frac{p_s^2}{2Q} - E\right)\right]\right) \\
&= \frac{1}{N!} \frac{1}{g k_{\mathrm{B}} T_{\mathrm{eq}}} \exp\left[\frac{E(3N+1)}{g k_{\mathrm{B}} T_{\mathrm{eq}}}\right] \int \mathrm{d}p_s \exp\left[-\frac{1}{k_{\mathrm{B}} T_{\mathrm{eq}}} \frac{(3N+1) p_s^2}{2gQ}\right] \\
&\quad \cdot \iint \mathrm{d}\boldsymbol{p}'^N \mathrm{d}\boldsymbol{r}^N \exp\left[-\frac{\mathscr{H}(\boldsymbol{p}', \boldsymbol{r})(3N+1)}{g k_{\mathrm{B}} T_{\mathrm{eq}}}\right] \\
&= \underbrace{\frac{1}{g}\left[\frac{2g\pi Q}{(3N+1) k_{\mathrm{B}} T_{\mathrm{eq}}}\right]^{1/2} \exp\left[\frac{E(3N+1)/g}{k_{\mathrm{B}} T_{\mathrm{eq}}}\right]}_{\text{常数项}} \cdot \underbrace{\frac{1}{N!}\iint \mathrm{d}\boldsymbol{p}'^N \mathrm{d}\boldsymbol{r}^N \exp\left[-\frac{\mathscr{H}(\boldsymbol{p}', \boldsymbol{r})(3N+1)/g}{k_{\mathrm{B}} T_{\mathrm{eq}}}\right]}_{\text{正则系综配分函数}} \\
&= \mathrm{C} \cdot Z_{\mathrm{c}}
\end{aligned} \tag{6.113}$$

上面的推导中用到了

$$\boldsymbol{p}' = \boldsymbol{p}/s$$

$$\mathscr{H}(\boldsymbol{p}',\boldsymbol{r}) = \sum_{i=1}^{N}\frac{\boldsymbol{p}'^2_i}{2m_i} + \phi(\boldsymbol{r}_1,\boldsymbol{r}_2,\cdots,\boldsymbol{r}_N)$$

$$\delta(h(s)) = \frac{\delta(s-s_0)}{h'(s)},\quad h(s_0)=0$$

现在假设我们在虚拟体系中用牛顿力学进行微正则系综演化，则一个以($\boldsymbol{p}',\boldsymbol{r}$)为变量的可观测量 M 的系综平均遵循的是正则系综，而不是微正则系综。有

$$\langle M(\boldsymbol{p}',\boldsymbol{r})\rangle_{\text{ensemble}} = \lim_{T\to\infty}\frac{1}{T}\int_0^T M(\boldsymbol{p}(t)/s(t),\boldsymbol{r}(t))\mathrm{d}t = \frac{\iint \mathrm{d}\boldsymbol{p}'^N\mathrm{d}\boldsymbol{r}^N M(\boldsymbol{p}',\boldsymbol{r})\exp\left[-\frac{\mathscr{H}(\boldsymbol{p}',\boldsymbol{r})}{k_{\mathrm{B}}T_{\mathrm{eq}}}\right]}{\iint \mathrm{d}\boldsymbol{p}'^N\mathrm{d}\boldsymbol{r}^N\exp\left[-\frac{\mathscr{H}(\boldsymbol{p}',\boldsymbol{r})}{k_{\mathrm{B}}T_{\mathrm{eq}}}\right]} \tag{6.114}$$

有了上述的关系以后，剩下的问题就是虚拟动力学系统在微正则系综中如何演化。由于加入了额外的 s 及其共轭动量项，体系的动力学方程和仅包含原子间相互作用的情况略有不同，但是仍然可以通过哈密顿方程得到。决定广义坐标(r^N,s)和广义动量(p_i,p_s)演化的哈密顿方程分别为

$$\frac{\mathrm{d}r_i}{\mathrm{d}t} = \frac{\partial\mathscr{H}}{\partial p_i} = \frac{p_i}{m_i s^2} \tag{6.115}$$

$$\frac{\mathrm{d}s}{\mathrm{d}t} = \frac{\partial\mathscr{H}}{\partial p_s} = \frac{p_s}{\boldsymbol{Q}} \tag{6.116}$$

$$\frac{\mathrm{d}p_i}{\mathrm{d}t} = -\frac{\partial\mathscr{H}}{\partial r_i} = -\frac{\partial\phi(r_1,r_2,\cdots,r_N)}{\partial r_i} \tag{6.117}$$

$$\frac{\mathrm{d}p_s}{\mathrm{d}t} = -\frac{\partial\mathscr{H}}{\partial s} = \sum_{i=1}^{N}\frac{p_i^2}{m_i s^3} - \frac{(3N+1)k_{\mathrm{B}}T_{\mathrm{eq}}}{s} \tag{6.118}$$

理论上，至此已经得到了计算满足正则分布的可观测量 $M(\boldsymbol{p}',\boldsymbol{r})$ 的方法。在实际操作中，由于在虚拟体系中的演化通常采用固定步长 Δt，而实际体系中相对应的为可变步长 $\Delta t'(\Delta t' = \Delta t/s(t))$，这给求平均操作带来了一定的麻烦。因此，我们通过一个变换，将实际体系中对时间的平均改写成虚拟体系中对时间的平均(虚拟体系演化等步长)：

$$\langle M(\boldsymbol{p}',\boldsymbol{r}')\rangle = \lim_{T'\to\infty}\frac{1}{T'}\int_0^{T'}M(\boldsymbol{p}',\boldsymbol{r}')\mathrm{d}t' = \lim_{T'\to\infty}\frac{T}{T'}\frac{1}{T}\int_0^{T'}\frac{M(\boldsymbol{p}',\boldsymbol{r}')}{s(t)}\mathrm{d}t$$
$$= \frac{\lim\limits_{T'\to\infty}\frac{1}{T}\int_0^{T'}\frac{M(\boldsymbol{p}',\boldsymbol{r}')}{s(t)}\mathrm{d}t}{\lim\limits_{T'\to\infty}\frac{1}{T'}\int_0^{T'}\frac{1}{s(t)}\mathrm{d}t} = \frac{\langle M(\boldsymbol{p}',\boldsymbol{r}')/s\rangle}{\langle 1/s\rangle} \tag{6.119}$$

同样考虑配分函数(6.113)，则由式(6.119)可得

$$\frac{\langle M(\boldsymbol{p}',\boldsymbol{r}')/s\rangle}{\langle 1/s\rangle} = \frac{\dfrac{\iint\mathrm{d}\boldsymbol{p}'^N\mathrm{d}\boldsymbol{r}'^N[M(\boldsymbol{p}',\boldsymbol{r}')/s]\exp\left[-\frac{1}{k_{\mathrm{B}}T_{\mathrm{eq}}}\mathscr{H}(\boldsymbol{p}',\boldsymbol{r}')(3N+1)/g\right]}{\iint\mathrm{d}\boldsymbol{p}'^N\mathrm{d}\boldsymbol{r}'^N\exp\left[-\frac{1}{k_{\mathrm{B}}T_{\mathrm{eq}}}\mathscr{H}(\boldsymbol{p}',\boldsymbol{r}')(3N+1)/g\right]}}{\dfrac{\iint\mathrm{d}\boldsymbol{p}'^N\mathrm{d}\boldsymbol{r}'^N(1/s)\exp\left[-\frac{1}{k_{\mathrm{B}}T_{\mathrm{eq}}}\mathscr{H}(\boldsymbol{p}',\boldsymbol{r}')(3N+1)/g\right]}{\iint\mathrm{d}\boldsymbol{p}'^N\mathrm{d}\boldsymbol{r}'^N\exp\left[-\frac{1}{k_{\mathrm{B}}T_{\mathrm{eq}}}\mathscr{H}(\boldsymbol{p}',\boldsymbol{r}')(3N+1)/g\right]}}$$

$$=\frac{\iint \mathrm{d}\boldsymbol{p}'^N\mathrm{d}\boldsymbol{r}'^N M(\boldsymbol{p}',\boldsymbol{r}')\exp\left[-\frac{1}{k_\mathrm{B}T_\mathrm{eq}}\mathscr{H}(\boldsymbol{p}',\boldsymbol{r}')3N/g\right]}{\iint \mathrm{d}\boldsymbol{p}'^N\mathrm{d}\boldsymbol{r}'^N \exp\left[-\frac{1}{k_\mathrm{B}T_\mathrm{eq}}\mathscr{H}(\boldsymbol{p}',\boldsymbol{r}')3N/g\right]}\times\frac{\exp\left[\frac{1}{k_\mathrm{B}T_\mathrm{eq}}\left(\frac{p_s^2}{2Q}-E\right)\right]}{\exp\left[\frac{1}{k_\mathrm{B}T_\mathrm{eq}}\left(\frac{p_s^2}{2Q}-E\right)\right]}$$

$$=\frac{\iint \mathrm{d}\boldsymbol{p}'^N\mathrm{d}\boldsymbol{r}'^N M(\boldsymbol{p}',\boldsymbol{r}')\exp\left[-\frac{1}{k_\mathrm{B}T_\mathrm{eq}}\mathscr{H}(\boldsymbol{p}',\boldsymbol{r}')3N/g\right]}{\iint \mathrm{d}\boldsymbol{p}'^N\mathrm{d}\boldsymbol{r}'^N \exp\left[-\frac{1}{k_\mathrm{B}T_\mathrm{eq}}\mathscr{H}(\boldsymbol{p}',\boldsymbol{r}')3N/g\right]} \tag{6.120}$$

式中用到了 $s=\exp\left[\left(\mathscr{H}(\boldsymbol{p}',\boldsymbol{r}')+\frac{p_s^2}{2Q}-E\right)\Big/(gk_\mathrm{B}T_\mathrm{eq})\right]$。如果取 $g=3N$,则式(6.119)即为

$$\frac{\langle M(\boldsymbol{p}',\boldsymbol{r}')/s\rangle}{\langle 1/s\rangle}=\langle M(\boldsymbol{p}',\boldsymbol{r}')\rangle_{NVT} \tag{6.121}$$

式(6.121)表明,可以取等步长的实际时间求得正则系综的热力学平均值。但是参数 g 为 $3N$,不同于式(6.113)中的 $3N+1$。虽然看起来差别很小,但是这意味着体系的演化轨迹和方程完全不同。

也可以通过实际坐标和虚拟坐标的变换关系,将体系的运动方程用实际体系的广义坐标和广义动量来表示[260,261]:

$$\frac{\mathrm{d}\boldsymbol{r}'_i}{\mathrm{d}t'}=\frac{\boldsymbol{p}'_i}{m_i} \tag{6.122}$$

$$\frac{\mathrm{d}\boldsymbol{p}'_i}{\mathrm{d}t'}=-\frac{\partial\phi(\boldsymbol{r}'_1,\boldsymbol{r}'_2,\cdots,\boldsymbol{r}'_N)}{\partial\boldsymbol{r}'_i}-\frac{p'_s s'}{Q}p'_i \tag{6.123}$$

$$\frac{1}{s}\frac{\mathrm{d}s'}{\mathrm{d}t'}=\frac{p'_s s'}{Q} \tag{6.124}$$

$$\frac{s'\mathrm{d}\boldsymbol{p}'_s}{Q\mathrm{d}t'}=\frac{1}{Q}\left[\sum_{i=1}^{N}\frac{\boldsymbol{p}'^2_i}{m_i}-(3N+1)k_\mathrm{B}T_\mathrm{eq}\right] \tag{6.125}$$

Hoover 通过引入变量 $\zeta=s'p'_s/Q$ 简化了上面的方程组[262]。引入新变量后,新的体系运动方程组变为

$$\begin{cases}\dfrac{\mathrm{d}\boldsymbol{r}'_i}{\mathrm{d}t'}=\dfrac{\boldsymbol{p}'_i}{m_i}\\[2ex]\dfrac{\mathrm{d}\boldsymbol{p}'_i}{\mathrm{d}t'}=-\dfrac{\partial\phi(\boldsymbol{r}'_1,\boldsymbol{r}'_2,\cdots,\boldsymbol{r}'_N)}{\partial\boldsymbol{r}'_i}-\zeta\boldsymbol{p}'_i\\[2ex]\dfrac{\mathrm{d}s'}{\mathrm{d}t'}=s\zeta\\[2ex]\dfrac{\mathrm{d}\zeta}{\mathrm{d}t'}=\dfrac{1}{Q}\left(\displaystyle\sum_{i=1}^{N}\dfrac{\boldsymbol{p}'^2_i}{m_i}-3Nk_\mathrm{B}T_\mathrm{eq}\right)\end{cases} \tag{6.126}$$

式(6.126)称为 Nosé-Hoover 方程,通常被用来描述体系的动力学演化。其中第三个方程是冗余的,在后面的讨论中不会再出现。Nosé-Hoover 方程的物理意义非常明确。其中动量的导数项除了真实受力外,另外多了一个阻尼项。此阻尼项的大小和正负与 ζ 的取值有关。而最后一个方程则非常明确地给出了 ζ 的取值趋向,其本质上是一个温度的负反馈。方程中 $\sum_{i=1}^{n}\frac{\boldsymbol{p}'^2_i}{m_i}$ 是体系的实际温度,而 $3Nk_\mathrm{B}T_\mathrm{eq}$ 则是设定的目标温度。因此当体系的实际温度高于设定温度时,通过一个正的 ζ 值来降低整个体系的动能。而 Q 则决定了温度控制负反馈的速度。

当 Q 值比较大时，负反馈比较慢。Q 值越小，则实际温度和设定温度的偏差就越小。在具体应用中，应注意对 Q 值的选择。Q 值过大，体系与热浴耦合过弱，会导致 Nosé-Hoover 相空间采样效率过于低下。反之，若 Q 选取过小，体系的温度振荡频率过高，将导致体系偏离正则分布。因此，一般而言，Q 的选取应使得体系的温度振荡频率接近于其声子的频率。例如，可依据下式估算 Q：

$$Q=\frac{3Nk_{\mathrm{B}}T_{\mathrm{eq}}}{\bar{\omega}^2}=\frac{3Nk_{\mathrm{B}}T_{\mathrm{eq}}}{\dfrac{1}{3N}\sum\limits_{i=1}^{3N}\omega_i^2} \tag{6.127}$$

再通过计算温度振荡频率的结果优化 Q 的取值。

Hoover 给出了严格的证明，指出式(6.126) 是唯一可以正确描述正则系综相空间轨迹演化的运动方程[262]。为了证明这点，首先写出实变量下 Nosé-Hoover 热浴下的守恒量：

$$\mathscr{H}_{\mathrm{Nos\acute{e}}}=\sum_{i=1}^{N}\frac{\boldsymbol{p}_i'^2}{2m_i}+\phi(\boldsymbol{r}_1',\boldsymbol{r}_2',\cdots,\boldsymbol{r}_N')+\frac{\zeta^2Q}{2}+3Nk_{\mathrm{B}}T_{\mathrm{eq}}\ln s' \tag{6.128}$$

式中：$k_{\mathrm{B}}T_{\mathrm{eq}}\ln s'$ 使得 $\mathscr{H}_{\mathrm{Nos\acute{e}}}$ 并不是严格的哈密顿量，因为无法由其推出体系的运动方程(6.126)。但是在相空间中对于该增广体系仍然可以写出关于概率密度流 f 的守恒式：

$$\frac{\mathrm{d}f(\boldsymbol{r}',\boldsymbol{p}',\zeta)}{\mathrm{d}t'}=\frac{\partial f}{\partial t'}+\sum_{i=1}^{3N}\left\{\dot{\boldsymbol{r}}_i'\frac{\partial f}{\partial\boldsymbol{r}_i'}+\dot{\boldsymbol{p}}_i'\frac{\partial f}{\partial\boldsymbol{p}_i'}\right\}+\dot{\zeta}\frac{\partial f}{\partial\zeta}=0 \tag{6.129}$$

即体系的运动轨迹在相空间内占据的体积随时间守恒。考虑如下情形：概率密度流 f 正比于正则分布函数 $f(\boldsymbol{r}',\boldsymbol{p}',\zeta)$，即

$$f(\boldsymbol{r}',\boldsymbol{p}',\zeta)\propto\exp\left[-\left(\sum_{i=1}^{N}\frac{\boldsymbol{p}_i'^2}{2m_i}+\phi(\boldsymbol{r}_1',\boldsymbol{r}_2',\cdots,\boldsymbol{r}_N')+\frac{\zeta^2Q}{2}\right)\Big/(k_{\mathrm{B}}T_{\mathrm{eq}})\right] \tag{6.130}$$

将式(6.130) 代入式(6.129)，可得所有的非零项：

$$\begin{cases}\sum\limits_{i=1}^{3N}\dot{\boldsymbol{r}}_i'\dfrac{\partial f}{\partial\boldsymbol{r}_i'}=\dfrac{f}{k_{\mathrm{B}}T_{\mathrm{eq}}}\sum\limits_{i=1}^{3N}\dfrac{F_i'\boldsymbol{p}_i'}{m_i}\\ \sum\limits_{i=1}^{3N}\dot{\boldsymbol{p}}_i'\dfrac{\partial f}{\partial\boldsymbol{p}_i'}=\dfrac{f}{k_{\mathrm{B}}T_{\mathrm{eq}}}\sum\limits_{i=1}^{3N}\dfrac{(-F_i'+\zeta\boldsymbol{p}_i')\boldsymbol{p}_i'}{m_i}\\ \dot{\zeta}\dfrac{\partial f}{\partial\zeta}=\dfrac{f}{k_{\mathrm{B}}T_{\mathrm{eq}}}\sum\limits_{i=1}^{3N}\dfrac{\boldsymbol{p}_i'^2\zeta}{m_i}+3Nk_{\mathrm{B}}T_{\mathrm{eq}}\zeta\\ \sum\limits_{i=1}^{3N}\dfrac{\partial\dot{\boldsymbol{p}}_i'}{\partial\boldsymbol{p}_i}=\dfrac{f}{k_{\mathrm{B}}T_{\mathrm{eq}}}(-3Nk_{\mathrm{B}}T_{\mathrm{eq}}\zeta)\end{cases} \tag{6.131}$$

其中第三个方程用到了 Hoover 方程组(6.126) 中的第四个方程。可以看出，以上方程组中的所有项的和为零。因此正则分布函数式(6.130) 是相空间中概率密度流的一个稳态平衡解。特别是，当且仅当 ζ 遵循方程(6.126) 时，正则分布函数式(6.130) 才满足方程(6.129)。因此，Nosé-Hoover 热浴是唯一可以正确描述正则系综相空间轨迹演化的方法。

为了导出采用 Nosé-Hoover 热浴的正则系综的位置与速度的递推公式，我们重新写出 Nosé-Hoover 方程组(6.126)。为了与大部分文献一致，对 Nosé-Hoover 方程组做少许修改。首先将表示实参量的上标“′”去掉，其次引入一个新的变量 ξ，满足关系式

$$\zeta=\frac{\mathrm{d}\xi}{\mathrm{d}t}=\frac{p_\xi}{Q}$$

这样，Nosé-Hoover 方程组的新形式为

$$\begin{cases}\dfrac{\mathrm{d}\boldsymbol{r}_i}{\mathrm{d}t}=\dfrac{\boldsymbol{p}_i}{m_i}\\[2mm]\dfrac{\mathrm{d}\boldsymbol{p}_i}{\mathrm{d}t}=-\dfrac{\partial\phi(\boldsymbol{r}_1,\boldsymbol{r}_2,\cdots,\boldsymbol{r}_N)}{\partial\boldsymbol{r}_i}-\dfrac{p_\xi}{Q}\boldsymbol{p}_i\\[2mm]\dfrac{\mathrm{d}\xi}{\mathrm{d}t}=\dfrac{p_\xi}{Q}\\[2mm]\dfrac{\mathrm{d}\boldsymbol{p}_\xi}{\mathrm{d}t}=\displaystyle\sum_{i=1}^{N}\dfrac{\boldsymbol{p}_i^2}{m_i}-3Nk_\mathrm{B}T_\mathrm{eq}\end{cases} \tag{6.132}$$

根据运动方程(6.126)以及速度Verlet算法，可以写出要求的正则系综的递推公式[263]，即

$$\begin{cases}\boldsymbol{r}_i(t+\Delta t)=\boldsymbol{r}_i(t)+\boldsymbol{v}_i(t)\Delta t+\dfrac{\Delta t^2}{2}\left(\dfrac{\boldsymbol{F}_i(t)}{m_i}-v_\xi(t)\boldsymbol{v}_i(t)\right)\\[2mm]\boldsymbol{v}_i(t+\Delta t)=\boldsymbol{v}_i(t)+\dfrac{\Delta t}{2}\left(\dfrac{\boldsymbol{F}_i(t+\Delta t)}{m_i}-\xi(t+\Delta t)\boldsymbol{v}_i(t+\Delta t)+\dfrac{\boldsymbol{F}_i(t)}{m_i}-v_\xi(t)\boldsymbol{v}_i(t)\right)\\[2mm]\xi(t+\Delta t)=\xi(t)+v_\xi(t)+G_\xi(t)\dfrac{\Delta t^2}{2}\\[2mm]v_\xi(t+\Delta t)=v_\xi(t)+[G_\xi(t+\Delta t)+G_\xi(t)]\dfrac{\Delta t}{2}\end{cases} \tag{6.133}$$

式中

$$\boldsymbol{F}_i=-\partial\phi/\partial\boldsymbol{r}_i$$

$$G_\xi(t)=\frac{1}{Q}\left[\sum_{i=1}^{N}m_i\boldsymbol{v}_i^2-3Nk_\mathrm{B}T_\mathrm{eq}\right] \tag{6.134}$$

在求解方程组(6.133)时会遇到困难，即新时刻的速度 $\boldsymbol{v}'_i(t+\Delta t)$ 同时出现在方程的左、右两端。因此不能直接选用 6.3.3 节中介绍的速度 Verlet 算法更新体系轨迹。一般而言，需要迭代求解 $\boldsymbol{v}_i(t+\Delta t)$：

$$\boldsymbol{v}_i^k(t+\Delta t)=\frac{\boldsymbol{v}_i(t)+\left[\dfrac{\boldsymbol{F}_i(t)}{m_i}-\boldsymbol{v}_i(t)v_\xi(t)+\dfrac{\boldsymbol{F}_i(t+\Delta t)}{m_i}\right]\dfrac{\Delta t}{2}}{[1+(\Delta t/2)v_\xi^{k-1}(t+\Delta t)]} \tag{6.135}$$

$$v_\xi^k(t+\Delta t)=v_\xi(t)+[G_\xi(t)+G_\xi^k(t+\Delta t)]\frac{\Delta t}{2} \tag{6.136}$$

式中：上标 k 代表迭代次数。初始值设为

$$v_\xi^0(t+\Delta t)=v_\xi(t-\Delta t)+2G_\xi(t)\Delta t$$

由此开始迭代，直至 $\boldsymbol{v}_i$ 和 v_ξ 收敛。

值得注意的是，Nosé-Hoover 方法并不能保证在所有情况下都能有效地控制温度，特别是在系统中存在大的能量障碍或者快速振荡的情况下，Nosé-Hoover 方法可能会遇到困难。因此，使用 Nosé-Hoover 方法时需要根据具体的系统和模拟条件来进行选择和调整。

6.4.1.4 Nosé-Hoover 链

在模拟固体的时候，Nosé-Hoover 热浴有可能会遇到困难。比如在模拟简谐振子的时候，Nosé-Hoover 热浴无法遍历体系的各个微观态。为了解决这个困难，Martyna 引入了 Nosé-Hoover 链(Nosé-Hoover chain，NHC) 方法[263]。

顾名思义，NHC 方法中，体系与一个热浴耦合，该热浴再与第二个热浴耦合，依此类推，直至体系在相空间中的轨迹符合正则分布为止。设一共有 M 个热浴依次耦合，则类似于方程

(6.133)，有

$$
\begin{cases}
\dfrac{\mathrm{d}\boldsymbol{r}_i}{\mathrm{d}t}=\dfrac{\boldsymbol{p}_i}{m_i}\\
\dfrac{\mathrm{d}\boldsymbol{p}_i}{\mathrm{d}t}=-\dfrac{\partial\phi(\boldsymbol{r}_1,\boldsymbol{r}_2,\cdots,\boldsymbol{r}_N)}{\partial\boldsymbol{r}_i}-\dfrac{p_{\xi_1}}{Q_1}\boldsymbol{p}_i\\
\dfrac{\mathrm{d}\xi_k}{\mathrm{d}t}=\dfrac{p_{\xi_k}}{Q_k},\quad k=1,2,\cdots,M\\
\dfrac{\mathrm{d}p_{\xi_1}}{\mathrm{d}t}=\sum_{i=1}^{N_{\mathrm{atom}}}\dfrac{\boldsymbol{p}_i^2}{m_i}-3Nk_{\mathrm{B}}T_{\mathrm{eq}}-\xi_2 p_{\xi_1}\\
\dfrac{\mathrm{d}p_{\xi_j}}{\mathrm{d}t}=\left(\dfrac{p_{\xi_{j-1}}^2}{Q_{j-1}}-k_{\mathrm{B}}T_{\mathrm{eq}}\right)-\xi_{j+1}p_{\xi_j},\quad j=2,3,\cdots,M-1\\
\dfrac{\mathrm{d}p_{\xi_M}}{\mathrm{d}t}=\dfrac{p_{\xi_{M-1}}^2}{Q_{M-1}}-k_{\mathrm{B}}T_{\mathrm{eq}}
\end{cases}
\tag{6.137}
$$

显然，NHC 的递推算法也可以由上面介绍的迭代算法实现。但是这种算法会破坏 NHC 的时间反演性。因此，Martyna 等人利用 6.3.2 节中介绍的刘维尔算符发展了一套显式可逆运动方程积分算法，用来求解上述 NHC 方程组[264]。体系的演化方程可以写为

$$\eta(t)=\mathrm{e}^{\mathrm{i}\hat{L}t}\eta(0) \tag{6.138}$$

该式等价于方程(6.77)。该式中刘维尔算符定义为

$$\mathrm{i}\hat{L}=\dot{\eta}\,\boldsymbol{\nabla}_\eta \tag{6.139}$$

其中：$\eta=\{\boldsymbol{r}',\boldsymbol{p}',\xi_k,p_{\xi_k}\}$，而 $\dot{\eta}$ 表示各变量对实时间 t' 的求导。由方程组(6.137)，不难得到 NHC 对应的刘维尔算符 $\mathrm{i}\hat{L}_{\mathrm{NHC}}$：

$$
\begin{aligned}
\mathrm{i}\hat{L}_{\mathrm{NHC}}=&\sum_{i=1}^{N}\boldsymbol{v}'_i\cdot\boldsymbol{\nabla}_{\boldsymbol{r}'_i}+\sum_{i=1}^{N}\left(\frac{\boldsymbol{F}'_i}{m_i}\right)\cdot\boldsymbol{\nabla}_{\boldsymbol{v}'_i}-\sum_{i=1}^{N}v_{\xi_1}\boldsymbol{v}'_i\cdot\boldsymbol{\nabla}_{\boldsymbol{v}'_i}+\sum_{k=1}^{M}v_{\xi_k}\frac{\partial}{\partial\xi_k}\\
&+\sum_{k=1}^{M-1}(G_k-v_{\xi_k}v_{\xi_{k+1}})\frac{\partial}{\partial v_{\xi_k}}+G_M\frac{\partial}{\partial v_{\xi_M}}
\end{aligned}
\tag{6.140}
$$

式中

$$G_1=\frac{1}{Q_1}\Big(\sum_{i=1}^{N}m_i\boldsymbol{v}'^2_i-3Nk_{\mathrm{B}}T_{\mathrm{eq}}\Big) \tag{6.141}$$

$$G_k=\frac{1}{Q_k}(Q_{k-1}v_{\xi_{k-1}}^2-k_{\mathrm{B}}T_{\mathrm{eq}}),\quad k=2,3,\cdots,M \tag{6.142}$$

与 6.3.2 节中的讨论类似，将 $\mathrm{i}\hat{L}_{\mathrm{NHC}}$ 分解为位型相关部分 $\mathrm{i}\hat{L}_r$(式(6.140) 右端第一项)、速度相关部分 $\mathrm{i}\hat{L}_v$(式(6.140) 右端第二项) 以及与耦合热浴相关的部分$\mathrm{i}\hat{L}_t$(式(6.140) 右端其余部分)，则有

$$\mathrm{i}\hat{L}_{\mathrm{NHC}}=\mathrm{i}\hat{L}_r+\mathrm{i}\hat{L}_v+\mathrm{i}\hat{L}_t$$

根据 Trotter 恒等式(6.77)，演化算符可以写为

$$\exp(\mathrm{i}\hat{L}_{\mathrm{NHC}}\Delta t)=\exp(\mathrm{i}\hat{L}_t\Delta t/2)\exp(\mathrm{i}\hat{L}_v\Delta t/2)\exp(\mathrm{i}\hat{L}_r\Delta t)\exp(\mathrm{i}\hat{L}_v\Delta t/2)\exp(\mathrm{i}\hat{L}_t\Delta t/2)+\mathcal{O}(\Delta t^3) \tag{6.143}$$

式中：$\exp(\mathrm{i}\hat{L}_t\Delta t/2)$ 可以进一步分解到更小的时间步长上：

$$\exp(\mathrm{i}\hat{L}_t\Delta t/2)=\prod_{j=1}^{n_c}\exp\left(\frac{\mathrm{i}\hat{L}_t\Delta t}{2n_c}\right) \tag{6.144}$$

一般情况下可取 n_c 为1。但是在 Q 比较大的情况下 n_c 必须取更大的值，以保证体系演化轨迹的精确度。写出 $\Delta t/2n_c$ 上的作用量，并避免更新 v_{ξ_k} 时出现含奇点的双曲正弦函数[264]，有

$$\begin{aligned}\exp\left(\frac{\mathrm{i}\hat{L}_t\Delta t}{2n_c}\right)=&\exp\left(\frac{\Delta t}{4n_c}G_M\frac{\partial}{\partial v_{\xi_M}}\right)\exp\left(-\frac{\Delta t}{8n_c}v_{\xi_M}v_{\xi_{M-1}}\frac{\partial}{\partial v_{\xi_{M-1}}}\right)\exp\left(\frac{\Delta t}{4n_c}G_{M-1}\frac{\partial}{\partial v_{\xi_{M-1}}}\right)\\&\times\exp\left(-\frac{\Delta t}{8n_c}v_{\xi_M}v_{\xi_{M-1}}\frac{\partial}{\partial v_{\xi_{M-1}}}\right)\times\cdots\times\exp\left(-\frac{\Delta t}{8n_c}v_{\xi_2}v_{\xi_1}\frac{\partial}{\partial v_{\xi_1}}\right)\\&\times\exp\left(\frac{\Delta t}{4n_c}G_1\frac{\partial}{\partial v_{\xi_1}}\right)\exp\left(-\frac{\Delta t}{8n_c}v_{\xi_2}v_{\xi_1}\frac{\partial}{\partial v_{\xi_1}}\right)\exp\left(-\frac{\Delta t}{2n_c}\sum_{i=1}^{N_{\text{atom}}}v_{\xi_1}\boldsymbol{v}'_i\boldsymbol{\nabla}_{\boldsymbol{v}'_i}\right)\\&\times\exp\left(\frac{\Delta t}{2n_c}\sum_{k=1}^{M}v_{\xi_k}\frac{\partial}{\partial\xi_k}\right)\exp\left(-\frac{\Delta t}{8n_c}v_{\xi_2}v_{\xi_1}\frac{\partial}{\partial v_{\xi_1}}\right)\exp\left(\frac{\Delta t}{4n_c}G_1\frac{\partial}{\partial v_{\xi_1}}\right)\\&\times\exp\left(-\frac{\Delta t}{8n_c}v_{\xi_2}v_{\xi_1}\frac{\partial}{\partial v_{\xi_1}}\right)\times\cdots\times\exp\left(\frac{\Delta t}{4n_c}G_M\frac{\partial}{\partial v_{\xi_M}}\right)\end{aligned}\tag{6.145}$$

方程(6.143)至方程(6.145)构成了满足时间反演的NHC递推算法。虽然方程(6.145)比较繁杂，但是将其转换为各变量的更新步骤后就显得非常简单和直接。以该方程中的一项为例：

$$\begin{aligned}&\exp\left(\frac{\Delta t}{4n_c}G_M\frac{\partial}{\partial v_{\xi_M}}\right)\boldsymbol{f}(\{\boldsymbol{r}'_i\},\{\boldsymbol{p}'_i\},\{\xi_k\},\{v_{\xi_k}\})\\&=\sum_{n=0}^{\infty}\frac{[G_M\Delta t/(4n_c)]^n}{n!}\frac{\partial^n}{\partial v_{\xi_M}^n}\boldsymbol{f}(\{\boldsymbol{r}'_i\},\{\boldsymbol{p}'_i\},\{\xi_k\},\{v_{\xi_k}\})\end{aligned}$$

很显然，这正是 $\boldsymbol{f}(\{\boldsymbol{r}'_i\},\{\boldsymbol{p}'_i\},\{\xi_k\},\{v_{\xi_k}\},v_{\xi_M}+G_M\Delta t/4n_c)$ 的泰勒展开式。因此

$$\exp\left(\frac{\Delta t}{4n_c}G_k\frac{\partial}{\partial v_{\xi_k}}\right):v_{\xi_k}\rightarrow v_{\xi_k}+\frac{G_k\Delta t}{4n_c}\tag{6.146}$$

类似地有

$$\exp\left(\frac{\Delta t v_{\xi_k}}{2n_c}\frac{\partial}{\partial\xi_k}\right):\xi_k\rightarrow\xi_k+\frac{v_{\xi_k}\Delta t}{2n_c}\tag{6.147}$$

$$\exp(\mathrm{i}\hat{L}_r\Delta t):\boldsymbol{r}'_i\rightarrow\boldsymbol{r}'_i+\boldsymbol{v}'_i\Delta t\tag{6.148}$$

$$\exp(\mathrm{i}\hat{L}_v\Delta t/2):\boldsymbol{v}'_i\rightarrow\boldsymbol{v}'_i+\frac{\boldsymbol{F}'_i}{m_i}\frac{\Delta t}{2}\tag{6.149}$$

此外，式(6.144)中还有一类形如 $\exp\left(ax\frac{\partial}{\partial x}\right)$ 的算符。利用复合函数的泰勒展开式，有恒等式[255]

$$\begin{aligned}\exp\left(ax\frac{\partial}{\partial x}\right)f(x)&=\exp\left(a\frac{\partial}{\partial\ln x}\right)f(\exp(\ln x))\\&=f(\exp(\ln x+a))=f(x\exp a)\end{aligned}$$

因此可得

$$\exp\left(-\frac{\Delta t}{8n_c}v_{\xi_{k+1}}v_{\xi_k}\frac{\partial}{\partial v_{\xi_k}}\right):v_{\xi_k}\rightarrow v_{\xi_k}\exp\left(-v_{\xi_{k+1}}\frac{\Delta t}{8n_c}\right)\tag{6.150}$$

$$\exp\left(-\frac{\Delta t}{2n_c}v_{\xi_1}\boldsymbol{v}'_i\boldsymbol{\nabla}_{\boldsymbol{v}'_i}\right):\boldsymbol{v}'_i\rightarrow\boldsymbol{v}'_i\exp\left(-v_{\xi_1}\frac{\Delta t}{2n_c}\right)\tag{6.151}$$

方程(6.146)至方程(6.151)明确给出了NHC中更新轨迹的方法。由此可得相应的分子动力学算法如下。

算法 6.3

(1) 设 $t=0$,给定初始状态:原子 i 的位置 $\boldsymbol{r}_i(t)$、速度 $\boldsymbol{v}'_i(t)$,$i=1,2,\cdots,N$。设定各热浴的相关参数 Q_k、ξ_k、v_{ξ_k} $(k=1,2,\cdots,M)$ 以及目标温度 T_{eq}。

(2) 调用子程序 FORCE 计算原子受力 $\boldsymbol{F}'_i(t)$ $(i=1,2,\cdots,N)$ 以及体系动能 EKIN。

(3) 调用子程序 INTEGER。

(4) 利用方程(6.79)更新位置 $\boldsymbol{r}_i(t+\Delta t)=\boldsymbol{r}_i(t)+\boldsymbol{v}_i(t)\Delta t+\dfrac{\boldsymbol{F}_i(t)}{2m}\Delta t^2$;部分更新速度 $\boldsymbol{v}''_i=\boldsymbol{v}_i(t)+\dfrac{\boldsymbol{F}_i(t)}{2m_i}\Delta t$。

(5) 调用子程序 FORCE 计算受力 $\boldsymbol{F}'_i(t+\Delta t)$,$i=1,2,\cdots,N$。

(6) 更新速度 $\boldsymbol{v}'_i(t+\Delta t)=\boldsymbol{v}''_i+\dfrac{\boldsymbol{F}'_i(t+\Delta t)}{2m_i}\Delta t$。

(7) 调用子程序 INTEGER。

(8) 设 $t=t+\Delta t$,重复步骤(2)。

其中子程序 INTEGER 的具体内容如下。

算法 6.4

SCALE $=1$;$\Delta t_{\mathrm{c}}=\Delta t/n_{\mathrm{c}}$

DO $l=1,n_{\mathrm{c}}$

$G_M=(Q_{M-1}v_{\xi_{M-1}}^2-k_{\mathrm{B}}T_{\mathrm{eq}})/Q_M$

$v_{\xi_M}=v_{\xi_M}+(\Delta t_{\mathrm{c}}/4)G_M$

$v_{\xi_{M-1}}=v_{\xi_{M-1}}\exp(-\Delta t_{\mathrm{c}}v_{\xi_M}/8)$

$G_{M-1}=(Q_{M-2}v_{\xi_{M-2}}^2-k_{\mathrm{B}}T_{\mathrm{eq}})/Q_{M-1}$

$v_{\xi_{M-1}}=v_{\xi_{M-1}}+(\Delta t_{\mathrm{c}}/4)G_{M-1}$

$v_{\xi_{M-1}}=v_{\xi_{M-1}}\exp(-\Delta t_{\mathrm{c}}v_{\xi_M}/8)$

$\vdots$

$v_{\xi_1}=v_{\xi_2}\exp(-\Delta t_{\mathrm{c}}v_{\xi_2}/8)$

$G_1=(\mathrm{EKIN}-3Nk_{\mathrm{B}}T_{\mathrm{eq}})/Q_1$

$v_{\xi_1}=v_{\xi_1}+(\Delta t_{\mathrm{c}}/4)G_1$

$v_{\xi_1}=v_{\xi_1}\exp(-\Delta t_{\mathrm{c}}v_{\xi_2}/8)$

SCALE $=$ SCALE $\times\exp(-\Delta t_{\mathrm{c}}v_{\xi_1}/2)$

EKIN $=$ EKIN $\times\exp(-\Delta t_{\mathrm{c}}v_{\xi_1})$

DO $k=1,2,\cdots,M$

$\xi_k=\xi_k+\Delta t_{\mathrm{c}}v_{\xi_k}/2$

ENDDO

$v_{\xi_1}=v_{\xi_2}\exp(-\Delta t_{\mathrm{c}}v_{\xi_2}/8)$

$G_1=(\mathrm{EKIN}-3N_{\mathrm{atom}}k_{\mathrm{B}}T_{\mathrm{eq}})/Q_1$

$v_{\xi_1}=v_{\xi_1}+(\Delta t_{\mathrm{c}}/4)G_1$

$v_{\xi_1}=v_{\xi_1}\exp(-\Delta t_{\mathrm{c}}v_{\xi_2}/8)$

$\vdots$

$$
\begin{aligned}
&v_{\xi_{M-1}} = v_{\xi_{M-1}} \exp(-\Delta t_c v_{\xi_M}/8) \\
&G_{M-1} = (Q_{M-2} v_{\xi_{M-2}}^2 - k_B T_{eq})/Q_{M-1} \\
&v_{\xi_{M-1}} = v_{\xi_{M-1}} + (\Delta t_c/4) G_{M-1} \\
&v_{\xi_{M-1}} = v_{\xi_{M-1}} \exp(-\Delta t_c v_{\xi_M}/8) \\
&G_M = (Q_{M-1} v_{\xi_{M-1}}^2 - k_B T_{eq})/Q_M \\
&v_{\xi_M} = v_{\xi_M} + (\Delta t_c/4) G_M
\end{aligned}
$$

ENDDO

DO $i = 1, 2, \cdots, N$

$\boldsymbol{v}'_i = \boldsymbol{v}'_i \times \mathrm{SCALE}$

ENDDO

6.4.2 等温等压系综

等温等压系综又称 NPT 系综，是一种在分子动力学和统计物理中常用的理论模型，用于描述一个既能与外界交换能量，又能与外界交换体积的物理系统。在等温等压系综中，体系的粒子数 N、压强 P 和温度 T 都保持不变。等温等压模拟在许多领域都有广泛的应用，例如在物质的相变研究中，通过在等温等压条件下进行模拟，可以准确地描述物质在不同相之间的转变过程。此外，等温等压模拟也常用于研究生物大分子，如蛋白质和核酸分子，因为这些体系通常在生物体内的生理条件(即恒定的体温和压强)下发挥作用。

等温等压系综的一个显著特点是：由于能与外界交换体积，体系的体积在模拟过程中是可变的。这种特性使得等温等压系综特别适合用于描述那些需要考虑压强或体积变化的物理过程，例如固体的压缩、膨胀等。在等温等压系综中，体系的热力学势为 Helmholtz 自由能，该自由能既与体系的能量有关，也与体系的体积有关。因此，体系的平衡状态不仅由最小化能量决定，也受到体积的影响。

等温等压条件在实验中相对容易控制。为了简化问题，我们在此仅考虑静水压情况，即体系的体积可以变化，但形状保持不变。与正则系综相似，为了获得等温等压系综下物理量的平均值，我们同样需要构建合适的增广拉格朗日量。

设体系与一个恒压器接触，而该恒压器又仅与一个热浴接触，则此等温等压系综的运动方程为

$$
\begin{cases}
\dfrac{\mathrm{d}\boldsymbol{r}_i}{\mathrm{d}t} = \dfrac{\boldsymbol{p}_i}{m_i} + \dfrac{p_\varepsilon}{W}\boldsymbol{r}_i \\
\dfrac{\mathrm{d}\boldsymbol{p}_i}{\mathrm{d}t} = -\dfrac{\partial \phi(\boldsymbol{r}_1, \boldsymbol{r}_2, \cdots, \boldsymbol{r}_N)}{\partial \boldsymbol{r}_i} - \left(1 + \dfrac{\kappa}{3N}\right)\dfrac{p_\varepsilon}{W}\boldsymbol{p}_i - \dfrac{p_\xi}{Q}\boldsymbol{p}_i \\
\dfrac{\mathrm{d}V}{\mathrm{d}t} = \dfrac{\mathrm{d}V p_\varepsilon}{W} \\
\dfrac{\mathrm{d}p_\varepsilon}{\mathrm{d}t} = \mathrm{d}V(P_{\mathrm{int}} - P_{\mathrm{ext}}) + \dfrac{\kappa}{3N}\sum_{i=1}^{N}\dfrac{\boldsymbol{p}_i^2}{m_i} - \dfrac{p_\xi}{Q}p_\varepsilon \\
\dfrac{\mathrm{d}\xi}{\mathrm{d}t} = \dfrac{p_\xi}{Q} \\
\dfrac{\mathrm{d}p_\xi}{\mathrm{d}t} = \sum_{i=1}^{N_{\mathrm{atom}}}\dfrac{\boldsymbol{p}_i^2}{m_i} + \dfrac{p_\varepsilon^2}{W} - (3N+1)k_B T_{\mathrm{eq}}
\end{cases}
\tag{6.152}
$$

式中：$3N$ 代表体系中粒子的自由度，若有约束条件则数值会相应地改变。为了避免与微分符号混淆，这里以 κ 代表体系的维数。恒压器在式(6.152)中通过三个变量加以表现，即 p_ε、W、ε，其中 p_ε 为恒压器的动量，W 表现为 ε 的"质量"，而

$$\varepsilon = \ln (V/V_0) \tag{6.153}$$

其中 V_0 是初始时刻的系统体积。P_{ext} 为指定压强，且有

$$P_{\text{int}} = \frac{1}{\mathrm{d}V}\left[\sum_{i=1}^{N}\frac{\boldsymbol{p}_i^2}{m_i} + \sum_{i=1}^{N}\boldsymbol{r}_i \cdot \boldsymbol{F}_i - \mathrm{d}V\frac{\partial\phi(\boldsymbol{r},V)}{\partial V}\right] \tag{6.154}$$

而相应的守恒量为

$$H = \sum_{i=1}^{N}\frac{\boldsymbol{p}_i^2}{2m_i} + \phi(\boldsymbol{r}_1,\boldsymbol{r}_2,\cdots,\boldsymbol{r}_N) + \frac{p_\varepsilon^2}{2W} + \frac{p_\xi^2}{2Q} + (3N+1)k_{\text{B}}\xi + P_{\text{ext}}V \tag{6.155}$$

Martyna 在文献[263]中给出了等温等压系综在静水压条件下演化轨迹的递推公式：

$$\begin{cases}
\boldsymbol{r}_i(t+\Delta t) = \mathrm{e}^{[\varepsilon(t+\Delta t)-\varepsilon(t)]}\left\{\boldsymbol{r}_i(t) + \boldsymbol{v}_i(t)\Delta t + \left[\dfrac{\boldsymbol{F}_i(t)}{m_i} - \boldsymbol{v}_i(t)v_\xi(t)\right.\right. \\
\qquad\qquad \left.\left. - \left(2+\dfrac{\kappa}{3N}\right)\boldsymbol{v}_i(t)v_\varepsilon(t)\right]\dfrac{\Delta t^2}{2}\right\} \\
\xi(t+\Delta t) = \xi(t) + v_\xi(t)\Delta t + G_\xi\dfrac{\Delta t^2}{2} \\
\varepsilon(t+\Delta t) = \varepsilon(t) + v_\varepsilon(t)\Delta t + \left(\dfrac{F_\varepsilon(t)}{W} - v_\xi(t)v_\kappa(t)\right)\dfrac{\Delta t^2}{2} \\
\boldsymbol{v}_i(t+\Delta t) = \mathrm{e}^{[\varepsilon(t+\Delta t)-\varepsilon(t)]}\left\{\boldsymbol{v}_i(t) + \left[\dfrac{\boldsymbol{F}_i(t)}{m_i} - \boldsymbol{v}_i(t)v_\xi(t) - \left(2+\dfrac{\kappa}{3N}\right)\boldsymbol{v}_i(t)v_\varepsilon(t)\right]\dfrac{\Delta t}{2}\right\} \\
\qquad\qquad + \left[\dfrac{\boldsymbol{F}_i(t+\Delta t)}{m_i} - \boldsymbol{v}_i(t+\Delta t)v_\xi(t+\Delta t) - \left(2+\dfrac{\kappa}{3N}\right)\boldsymbol{v}_i(t+\Delta t)v_\varepsilon(t+\Delta t)\right]\dfrac{\Delta t}{2} \\
v_\xi(t+\Delta t) = v_\xi(t) + [G_\xi(t+\Delta t) + G_\xi(t)]\dfrac{\Delta t}{2} \\
v_\kappa(t+\Delta t) = v_\kappa(t) + \left(\dfrac{F_\varepsilon(t)}{W} - v_\varepsilon(t)v_\xi(t)\right)\dfrac{\Delta t}{2} + \left(\dfrac{F_\varepsilon(t+\Delta t)}{W} - v_\varepsilon(t+\Delta t)v_\xi(t+\Delta t)\right)\dfrac{\Delta t}{2}
\end{cases} \tag{6.156}$$

式中

$$\begin{cases}
G_\xi(t) = \dfrac{1}{Q}\left[\sum_i m\boldsymbol{v}_i(t) + Wv_\varepsilon(t)^2 - (3N+1)k_{\text{B}}T_{\text{eq}}\right] \\
F_\varepsilon(t) = \mathrm{d}V(P_{\text{int}} - P_{\text{ext}}) + \dfrac{\kappa}{3N}\sum_i m_i\boldsymbol{v}_i^2(t)
\end{cases} \tag{6.157}$$

与关于正则系综以及等压等焓系综（NHC 系综）的讨论相同，方程组(6.156)表示的递推关系也可以通过迭代方法，或者显式可逆运动方程积分方法求解。具体的步骤过于烦琐，请参看文献[264]。

6.5　第一性原理分子动力学

6.5.1　玻恩-奥本海默分子动力学

将原子视为经典低速粒子，则其遵循的运动方程即为式(6.6)。其中原子 I 的受力即为

3.4.7 节中介绍的 Hellmann-Feynman 力(见式(3.518))。在玻恩-奥本海默近似成立的情况下，因为原子与电子的运动完全分离，所以可以利用 Verlet 算法方程(6.72) 求解原子 I 的运动轨迹：

$$\boldsymbol{R}_I(t+\Delta t)=2\boldsymbol{R}_I(t)+\boldsymbol{R}_I(t-\delta t)+\frac{(\Delta t)^2\boldsymbol{F}_I(t)}{M_I} \tag{6.158}$$

式(6.158)称为玻恩-奥本海默分子动力学(Born-Oppenheimer molecular dynamics，BOMD)方程。显然，BOMD 方法与本章前几节介绍的完全相同，唯一的区别在于原子受力不是通过经验势求得的，而是通过求解 t 时刻下体系的 Hartree-Fock 方程或者 Kohn-Sham 方程得到电子本征态，再将其代入方程(3.516)而获得的。因为整个过程不借助拟合参数，所以精度无疑提高了很多。但是在具体应用时往往需要进行$10^4\sim10^6$ 步位置以及速度的更新，BOMD 方法的每一步都需要自洽求解电子本征态，显然效率比较低。

6.5.2 Car-Parrinello 分子动力学

1985 年，Car 和 Parrinello 提出了一种开创性的算法，称为 Car-Parrinello 分子动力学(Car-Parrinello molecular dynamics，CPMD)方法[265]。经过二十多年的发展，该方法现在已成为第一性原理分子动力学中最重要的一种方法。CPMD 方法通过构造包含原子构型$\{\boldsymbol{R}_I\}$与电子组态$\{\psi_i\}$的增广拉格朗日量 $\mathscr{L}$，实现了原子运动以及电子弛豫的统一的运动方程。此外，CPMD 将电子轨道的变化理解为粒子在基函数张开的希尔伯特空间中的运动(也即位置的变化)，因此提出了一种求解体系本征方程的新思路，其效率远高于最传统的直接对角化哈密顿矩阵的算法。

6.5.2.1 CPMD 基本公式及算法

给出体系的拉格朗日量[265]

$$\mathscr{L}=\sum_i^{N_e}\frac{\mu}{2}\int|\dot{\psi}_i(\boldsymbol{r})|^2\mathrm{d}\boldsymbol{r}+\sum_I^{N_{\mathrm{atom}}}\frac{M_I}{2}\dot{\boldsymbol{R}}_I^2-E[\{\psi_i(\boldsymbol{r})\},\{\boldsymbol{R}_I\}]+\sum_{ij}\Lambda_{ij}\left[\int\psi_i^*(\boldsymbol{r})\psi_j(\boldsymbol{r})\mathrm{d}\boldsymbol{r}-\delta_{ij}\right] \tag{6.159}$$

式(6.159)右端前两项分别为电子态的“动能”和原子的动能，而 μ 代表电子态的伪质量，也即电子态改变的难易程度(惯性)；第三项为“势能”项，即给定原子坐标$\{\boldsymbol{R}_I\}$时体系的总能(参见方程(3.174))；最后一项代表约束条件——电子的本征态彼此正交，即

$$\langle\psi_i|\psi_j\rangle=\int\psi_i^*(\boldsymbol{r})\psi_j(\boldsymbol{r})\mathrm{d}\boldsymbol{r}=\delta_{ij} \tag{6.160}$$

而 Λ_{ij} 为拉格朗日乘子。可以看到，在方程(6.159) 中原子坐标$\{\boldsymbol{R}_I\}$ 以及电子态$\{\psi_i(\boldsymbol{r})\}$ 被看作独立的变量而受到了等同处理。

从上述拉格朗日量出发，可以得到体系的运动方程

$$\mu\ddot{\psi}_i(\boldsymbol{r},t)=-\frac{\delta E[\{\psi_i\},\{\boldsymbol{R}_I\}]}{\delta\psi^*(\boldsymbol{r})}+\sum_j\Lambda_{ij}\psi_j(\boldsymbol{r},t)=-H\psi_i(\boldsymbol{r},t)+\sum_j\Lambda_{ij}\psi_j(\boldsymbol{r},t) \tag{6.161}$$

$$M_I\ddot{\boldsymbol{R}}_I=-\frac{\partial E[\{\psi_i\},\{\boldsymbol{R}_I\}]}{\partial\boldsymbol{R}_I} \tag{6.162}$$

式(6.161) 的第二步利用了方程(3.178)，而式(6.162) 与 6.5.1 节介绍的 BOMD 方法中的原子受力一样，即为 Hellmann-Feynman 力。类似于方程(6.158)，同样可以利用 Verlet

算法，将式(6.161)与式(6.162)写为差分形式，有

$$\psi_i(\boldsymbol{r},t+\Delta t)=2\psi_i(\boldsymbol{r},t)-\psi_i(\boldsymbol{r},t-\Delta t)-\frac{(\Delta t)^2}{\mu}\left(H\psi_i(\boldsymbol{r},t)-\sum_j\Lambda_{ij}\psi_j(\boldsymbol{r},t)\right)\tag{6.163}$$

$$\boldsymbol{R}_I(t+\Delta t)=2\boldsymbol{R}_I(t)-\boldsymbol{R}_I(t-\delta t)+\frac{(\Delta t)^2\boldsymbol{F}_I(t)}{M_I}\tag{6.164}$$

原子核的运动与 BOMD 运动一致，故本节不再对其进行讨论。在这里重点讨论电子波函数的更新过程。除了 Λ_{ij} 外，体系的差分运动方程中的其他量均为已知。引入 Λ_{ij} 是为了保证每一步更新后电子波函数 $\psi_i(\boldsymbol{r},t+\Delta t)$ 保持正交性不变，而 Verlet 算法给出的并不是粒子精确的运动轨迹，所以在每一步更新完成之后，必须额外进行一个步骤，即对所有电子波函数的正交化处理。第 1 章中介绍的施密特正交化方法在这里并不适用，因为该方法不能保证体系的总能量守恒，因此在实际应用中经常采用的是 Car 与 Parrinello 基于 SHAKE 算法[266]发展出的一种衍生方法[267]，下面将介绍该方法。

首先在不考虑 Λ_{ij} 的情况下更新电子波函数：

$$\varphi_i(\boldsymbol{r},t+\Delta t)=2\psi_i(\boldsymbol{r},t)-\psi_i(\boldsymbol{r},t-\Delta t)-\frac{(\Delta t)^2}{\mu}H\psi(\boldsymbol{r},t)\tag{6.165}$$

然后设 $\lambda_{ij}^*=[\Lambda_{ij}(\Delta t)^2]/\mu$，则由式(6.163)可知，$t+\Delta t$ 时刻 $\psi_i(\boldsymbol{r},t+\Delta t)$ 应为

$$\psi_i(\boldsymbol{r},t+\Delta t)=\varphi_i(\boldsymbol{r},t+\Delta t)+\sum_j\lambda_{ij}\psi_j(\boldsymbol{r},t)\tag{6.166}$$

根据式(6.166)以及正交条件(见方程(6.160))，可得

$$\begin{aligned}&\langle\varphi_i(\boldsymbol{r},t+\Delta t)+\sum_j\lambda_{ij}\psi_i(\boldsymbol{r},t)\mid\varphi_k(\boldsymbol{r},t+\Delta t)+\sum_j\lambda_{kl}^*\psi_l(\boldsymbol{r},t)\rangle\\&=\langle\varphi_i(\boldsymbol{r},t+\Delta t)\mid\varphi_k(\boldsymbol{r},t+\Delta t)\rangle+\sum_j\lambda_{ij}\langle\psi_j(\boldsymbol{r},t)\mid\varphi_k(\boldsymbol{r},t+\Delta t)\rangle\\&\quad+\sum_l\lambda_{kl}^*\langle\varphi_l(\boldsymbol{r},t+\Delta t)\mid\psi_l(\boldsymbol{r},t)\rangle+\sum_j\sum_l\lambda_{ij}\lambda_{kl}^*\delta_{jl}\\&=\delta_{ik}\end{aligned}\tag{6.167}$$

式(6.167)即为正交化系数所需满足的非线性方程。将其写为矩阵形式，有

$$\boldsymbol{I}-\boldsymbol{A}=\boldsymbol{\lambda B}+\boldsymbol{B}^{\dagger}\boldsymbol{\lambda}^{\dagger}+\boldsymbol{\lambda\lambda}^{\dagger}\tag{6.168}$$

式中：$\boldsymbol{I}$ 是单位矩阵，而

$$A_{ij}=\langle\varphi_i(\boldsymbol{r},t+\Delta t)\mid\varphi_j(\boldsymbol{r},t+\Delta t)\rangle\tag{6.169}$$

$$B_{ij}=\langle\psi_i(\boldsymbol{r},t)\mid\varphi_j(\boldsymbol{r},t+\Delta t)\rangle\tag{6.170}$$

求解方程(6.168)一般采用迭代方法：给定初始值

$$\boldsymbol{\lambda}_0=\frac{1}{2}(\boldsymbol{I}-\boldsymbol{A})\tag{6.171}$$

然后利用迭代公式

$$\boldsymbol{\lambda}_{n+1}=\frac{1}{2}[(\boldsymbol{I}-\boldsymbol{A})+\boldsymbol{\lambda}_n(\boldsymbol{I}-\boldsymbol{B})+(\boldsymbol{I}-\boldsymbol{B}^{\dagger})\boldsymbol{\lambda}_n^{\dagger}-\boldsymbol{\lambda}_n\boldsymbol{\lambda}_n^{\dagger}]\tag{6.172}$$

更新 $\boldsymbol{\lambda}$，直到收敛。因为 $\boldsymbol{\lambda}$ 是对称矩阵，所以迭代收敛比较快，一般可以在 5 ～ 10 步内完成。

6.5.2.2　定态解

如果方程(6.161)左端的 $\ddot{\psi}_i$ 为零，则明显有

$$\boldsymbol{H}\psi_i(\boldsymbol{r})=\sum_j\Lambda_{ij}\psi_j(\boldsymbol{r})\tag{6.173}$$

式(6.173)中去掉了时间变量,因为 ψ_i 不再随时间变化。因为 $\boldsymbol{\Lambda}$ 是对称矩阵,所以可以找到一个使 $\boldsymbol{\Lambda}$ 对角化的幺正矩阵 $\boldsymbol{U}$,有

$$\boldsymbol{U\Lambda U}^{-1}=\boldsymbol{\varepsilon},\quad \boldsymbol{U\psi}=\boldsymbol{\varphi}$$

式中:$\boldsymbol{\varepsilon}$ 是对角矩阵,$\varepsilon_{ij}=\varepsilon_i\delta_{ij}$。则式(6.173)可重新写为

$$\boldsymbol{UHU}^{-1}\boldsymbol{U\psi}=\widetilde{\boldsymbol{H}}\boldsymbol{\varphi}=\boldsymbol{\varepsilon\varphi}=\boldsymbol{U\Lambda U}^{-1}\boldsymbol{U\psi} \tag{6.174}$$

式(6.174)即正则 Hartree-Fock 方程或者正则 Kohn-Sham 方程。式(6.174)表明,电子波函数在其为体系的真正基态波函数时有定态解,此时体系严格地处于绝热势能面上。

6.5.2.3 CPMD 物理图像的讨论

虽然 CPMD 将体系的运动方程统一地表示在拉格朗日量(式(6.159))中,但是其前提条件仍然是玻恩-奥本海默近似可以成立,否则无法写出分离的动能项和$E[\{\psi_i\},\{\boldsymbol{R}_I\}]$(这里称之为 BO 能量)。因此,如果 CPMD 可正确地反映体系的演化轨迹,则其电子态的“速度”应远大于原子核的速度。电子态的运动方程(式(6.161))可视为一个谐振子,而原子核的运动也符合谐振子运动方程(声子),所以容易想到可以利用电子以及原子核的振动频率来反映二者的运动特性。在理想状况下,电子态的振荡频率应明显高于体系最高的声子谱频率。这就要求电子态的伪质量 μ 远小于原子核的质量 M_I。因为在方程(6.159)中 $\psi_i(\boldsymbol{r})$ 也作为运动量出现,所以电子态与原子核的运动会产生能量交换。但是,当 μ 和 M_I 差距过大时,电子与原子核的运动将不再耦合,因此电子波函数的伪动能 T_e 不会随时间产生整体性的平移,而是在平均值附近快速振荡。

此外,CPMD 的拉格朗日量表明,体系的运动守恒量 E_{con} 为

$$E_{con}=E_{phys}+T_e=\left(\sum_{I=1}^{N_{atom}}\frac{1}{2}M_I\dot{\boldsymbol{R}}_I^2+E[\{\psi_i\},\{\boldsymbol{R}_I\}]\right)+T_e \tag{6.175}$$

式中:E_{phys}为动力学系统真正的总能,包括原子核的动能 T_I 与体系的势能。式(6.175)表明,E_{phys}也以 T_e 的频率振荡,但是它的振荡幅度非常小,而且该体系的约束是完整约束(与 $\dot{\psi}_i(\boldsymbol{r})$无关),所以 E_{phys}在典型的分子动力学能量尺度与时间跨度下仍然被视为守恒量。如前所述,原子核的动能以声子的形式随时间振荡,而 E_{phys}守恒,因此系统的势能 $E_{pot}=E[\{\psi_i\},\{\boldsymbol{R}_I\}]$也是个随时间振荡的函数,只是相位与 T_I 恰好相反。E_{pot}正是体系的玻恩-奥本海默势能面(BO 面),如果将 E_{pot}沿$\{\boldsymbol{R}_I\}$以及$\{\psi_i(\boldsymbol{r})\}$的坐标轴表示为一个超曲面,则由 CPMD 所描述的体系在 BO 面附近振荡,如图6.15 所示($E_{pot}(\{\boldsymbol{R}_I\},\{\psi_i\})$的最低值代表严格的绝热面)。在这个意义上,$T_e$ 可以视为体系对 BO 面偏离的一个测度。

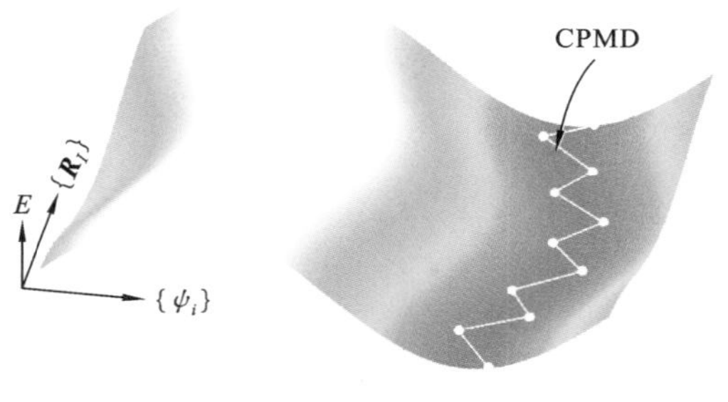

图 6.15 CPMD 运动轨迹示意图

6.5.2.4 求解 Kohn-Sham 方程

从 6.5.2.1~6.5.2.3 节的讨论中可以看出,当体系偏离绝热势能面时,电子波函数会受到一个“力”,将其拽回到绝热面上。同时,当我们求得电子波函数定态解时,也就找到了体系能量的变分最小值。在 DFT 框架下,此时的电子波函数即为 Kohn-Sham 方程的本征态。因此,可以利用 CPMD 在不考虑原子核运动的情况下求解 Kohn-Sham 方程。这个方

法称为模拟退火，首先由 Car 和 Parrinello 提出[265]，此后不同研究组也独立地对其做了更进一步的研究[268-271]。有关这个问题的全面讨论，我们推荐 Payne 等人的综述文章（见参考文献[272]）。

通常，体系的本征函数会被表示为基函数的线性组合。如果将每个基函数都视为希尔伯特空间的一个坐标轴，则各个系数就代表波函数 ψ_i 在该希尔伯特空间中的位置。显然，式(6.161)中 ψ_i 的加速度即为各个系数对时间的二阶导数。6.5.2.1节中的讨论明显可以用于求解 Kohn-Sham 方程。与 3.4.5 节中介绍的共轭梯度法相似，利用 CPMD 求解 Kohn-Sham 方程也属于迭代对角化方法的一种，因为出现在运动方程中的是 $|\boldsymbol{H}\psi\rangle$。此外，在运动方程中必须加入波函数正交的约束条件，否则，经过时间足够长的动力学过程之后，只有能量最低的本征轨道才可以存在。在前面的讨论中我们已经看到，依照方程(6.163)求解电子波函数的运动轨迹时，最困难的部分在于确定拉格朗日乘子 Λ_{ij} 以及每步更新结束后波函数的正交化。离散求解轨迹使得额外的正交化成为必然。方程(6.165)至方程(6.172)正体现了这个额外的正交化过程。

很多时候为了保证波函数加速收敛到 Kohn-Sham 方程的本征态，需要加入阻尼作用。可以在式(6.161)的右端加入阻尼项 $-\gamma\dot{\psi}_i$ $(\gamma>0)$，相应地，离散运动方程也需要加以改变[53]：

$$\psi_i(\boldsymbol{r},t+\Delta t)=-\psi_i(\boldsymbol{r},t-\Delta t)+\frac{2}{1+\tilde{\gamma}}\left[\psi_i(\boldsymbol{r},t)+\psi_i(\boldsymbol{r},t-\Delta t)-\frac{(\Delta t)^2}{2\mu}H^{\mathrm{KS}}\psi_i(\boldsymbol{r},t)\right]+\sum_j\Lambda_{ij}\psi_j(\boldsymbol{r},t)\frac{1}{1+\tilde{\gamma}}\frac{(\Delta t)^2}{2\mu} \tag{6.176}$$

式中 $\tilde{\gamma}=[\gamma(\Delta t)]/(2\mu)$。

为了使下面的讨论更加具体，将 ψ_i 展开为平面波的线性组合：

$$\psi_{i,\boldsymbol{k}}(\boldsymbol{r})=\sum_{\boldsymbol{G}}c_{i,\boldsymbol{k}+\boldsymbol{G}}\exp[\mathrm{i}(\boldsymbol{k}+\boldsymbol{G})\cdot\boldsymbol{r}] \tag{6.177}$$

因此，不考虑阻尼作用时，可以写出运动方程为

$$\begin{aligned}\mu\ddot{c}_{i,\boldsymbol{k}}(\boldsymbol{G})=&-\frac{1}{2}|\boldsymbol{k}+\boldsymbol{G}|^2c_{i,\boldsymbol{k}}(\boldsymbol{G})-\sum_{\boldsymbol{G}'}V_H(\boldsymbol{G}-\boldsymbol{G}')c_{i,\boldsymbol{k}}(\boldsymbol{G}')-\sum_{\boldsymbol{G}'}\mu_{\mathrm{xc}}(\boldsymbol{G}-\boldsymbol{G}')c_{i,\boldsymbol{k}}(\boldsymbol{G}')\\&-\sum_{\boldsymbol{G}'}\sum_{s=1}^{P_s}V_{\mathrm{ps}}^{\mathrm{loc},s}(\boldsymbol{G}-\boldsymbol{G}')c_{i,\boldsymbol{k}}(\boldsymbol{G}')-\sum_{\boldsymbol{G}'}\sum_{s=1}^{P_s}\delta V_{\mathrm{ps}}^{\mathrm{nl},s}(\boldsymbol{k}+\boldsymbol{G},\boldsymbol{k}+\boldsymbol{G}')c_{i,\boldsymbol{k}}(\boldsymbol{G}')\\&+\sum_j\lambda_{ij}c_{j,\boldsymbol{k}}(\boldsymbol{G})\end{aligned} \tag{6.178}$$

式中右端各项均已在 3.4.6.3 节中给出。按 6.5.2.1 节中的推导过程以及方程(6.176)，可以给出计入阻尼项的离散运动方程(式(6.176))在平面波基下的表现形式[269]：

$$\begin{aligned}c_{i,\boldsymbol{k}}(\boldsymbol{G})(t+\Delta t)=&\frac{1}{1+\tilde{\gamma}}[2c_{i,\boldsymbol{k}}(\boldsymbol{G})(t)-(1-\tilde{\gamma})c_{i,\boldsymbol{k}}(\boldsymbol{G})(t-\Delta t)]-\frac{1}{1+\tilde{\gamma}}\frac{(\Delta t)^2}{\mu}\frac{|\boldsymbol{k}+\boldsymbol{G}|^2}{2}\\&\times c_{i,\boldsymbol{k}}(\boldsymbol{G})(t)-\frac{1}{1+\tilde{\gamma}}\frac{(\Delta t)^2}{\mu}\left[\sum_{\boldsymbol{G}'}V_{\mathrm{es}}^{\mathrm{loc}}(\boldsymbol{G}-\boldsymbol{G}')c_{i,\boldsymbol{k}}(\boldsymbol{G}')(t)\right]\\&-\frac{1}{1+\tilde{\gamma}}\frac{(\Delta t)^2}{\mu}\left[\sum_{\boldsymbol{G}'}\delta V_{\mathrm{ps}}^{\mathrm{nl}}(\boldsymbol{k}+\boldsymbol{G},\boldsymbol{k}+\boldsymbol{G}')c_{i,\boldsymbol{k}}(\boldsymbol{G}')(t)\right]\\&+\sum_j\frac{1}{1+\tilde{\gamma}}\lambda_{ij}c_{j,\boldsymbol{k}}(\boldsymbol{G})(t)\end{aligned} \tag{6.179}$$

式中

$$V_{\mathrm{es}}^{\mathrm{loc}}(\boldsymbol{G}-\boldsymbol{G}')=V_{\mathrm{H}}(\boldsymbol{G}-\boldsymbol{G}')+\mu_{\mathrm{xc}}(\boldsymbol{G}-\boldsymbol{G}')+\sum_{s=1}^{P_s}S^s(\boldsymbol{G}-\boldsymbol{G}')V_{\mathrm{ps}}^{\mathrm{loc},s}(\boldsymbol{G}-\boldsymbol{G}') \tag{6.180}$$

$$\delta V_{\mathrm{ps}}^{\mathrm{nl}}(\boldsymbol{k}+\boldsymbol{G},\boldsymbol{k}+\boldsymbol{G}')=\sum_{s=1}^{P_s}\sum_{l=0}^{l_{\max}}\delta V_{\mathrm{ps},l}^{\mathrm{nl},s}(\boldsymbol{k}+\boldsymbol{G},\boldsymbol{k}+\boldsymbol{G}') \tag{6.181}$$

运动方程(6.179)的求解效率可以通过预处理得到进一步的提高。对于 CPMD 这类动力学方法,提高计算效率最重要的方式就是增加时间步长 Δt,同时可以保持体系演化的稳定。对 Kohn-Sham 方程的稳定性分析表明,稳定演化所允许的最大时间步长 $\Delta t_{\max}$ 为[269,272]

$$\Delta t_{\max}^2\approx\frac{4\mu}{\varepsilon_{\max}-\varepsilon_0} \tag{6.182}$$

若基组取为平面波,则 $\varepsilon_{\max}\propto|\boldsymbol{G}|_{\mathrm{cut}}^2$,也即动能项占主要地位。由式(6.182)可知,当截断能 E_{cut} 取值增加时,$\Delta t_{\max}$ 会相应减小。如果对于高频分量取赝质量 $\mu\propto|\boldsymbol{G}|^2$,则可以使 $\Delta t_{\max}$ 在高频端趋于某个常数,从而提高计算效率。因此,取

$$\mu(\boldsymbol{G})=\begin{cases}\mu_0, & |\boldsymbol{G}|<|\boldsymbol{G}_{\mathrm{p}}|\\ \mu_0\left(\dfrac{|\boldsymbol{G}|^2}{|\boldsymbol{G}_{\mathrm{p}}|^2}\right), & |\boldsymbol{G}|\geqslant|\boldsymbol{G}_{\mathrm{p}}|\end{cases} \tag{6.183}$$

式中:$\boldsymbol{G}_{\mathrm{p}}$ 是一个预定参数。一般而言,取值使得相应的动能 $|\boldsymbol{G}_{\mathrm{p}}|^2/2$ 为 $0.1E_{\mathrm{cut}}$ 就可以取得比较好的实际效果。显然,预处理使得赝质量由一个常数变为一个对角张量。与之相应,方程(6.179)中对于每一项 $c_{n,\boldsymbol{k}}(\boldsymbol{G})$,需要分别使用正确的 $\mu(\boldsymbol{G})$ 以及 $\tilde{\gamma}$。预处理也会影响到体系的正交化过程,需要对 6.5.2.1 节中介绍的方法略加修改。具体的讨论请参看文献[269]。

最后指出一点:CPMD 是第一个利用迭代对角化来求解 Kohn-Sham 方程的方法。虽然从理论体系上讲 3.4.5 节中讨论的共轭梯度法以及 3.4.6 节中介绍的 RMM-DIIS 方法是彼此独立的,但是它们都基于对广义力 $\boldsymbol{H}\psi$ 的重新认识。而第一个注意到 $\boldsymbol{H}\psi$ 的重要性的正是 CPMD 方法。从这一意义上说,CPMD 是目前所有迭代对角化方法的开端。

6.6 分子动力学的应用

分子动力学模拟是联系体系微观状态、演变及宏观表现的桥梁,也是物理、材料、工程力学、生物等学科在交叉领域内经常采用的重要研究方法。下面给出一个利用分子动力学进行实际工作的例子。

本例中,我们研究在 α-Fe 中细小的 Cu 沉积块对〈111〉/2 螺位错运动的影响[273]。由于 Cu 原子在 α-Fe 中的溶解度非常低,小于 0.01%,因此 Cu 在 α-Fe 中容易形成沉积块。这通常被视为 α-Fe 用作核反应堆容器材料时经历辐照脆化的主要原因之一。传统解释基于 Russell-Brown 理论[274],该理论认为,由于 Cu 沉积块的弹性模量低于 α-Fe,因此,当螺位错从 Cu 沉积块中移出时,会有额外的阻力阻碍其运动,从而导致脆化。然而,最近的分子动力学模拟表明,当 Cu 沉积块的直径 d 小于 4 nm 时,其晶体结构与基底相同,都是 BCC 结构。在这种情况下,Cu 沉积块的弹性模量反而更高[275,276],这与 Russell-Brown 理论的条件不符。这说明我们需要对 BCC 结构的 Cu 沉积块与螺位错的相互作用机制做更深入的研究。

图 6.16(a)给出了分子动力学模拟的体系示意图。体系的尺寸为 12.2 nm(x)×28.0 nm(y)×19.9 nm(z),共 576000 个原子。沿 x 以及 y 方向采用固定边界条件,而沿 z 方向采用周期性边界条件。选取了直径 d=1.0 nm 和 d=2.3 nm 的两种 Cu 沉积块进行模拟。模拟开始时,位错距离 Cu 沉积块中心 7 nm,σ_{xz}的方向如图 6.16(a)所示。应变速率设定为 $4\times10^7\ s^{-1}$,系统温度利用 Nosé-Hoover 热浴法保持在 5 K。

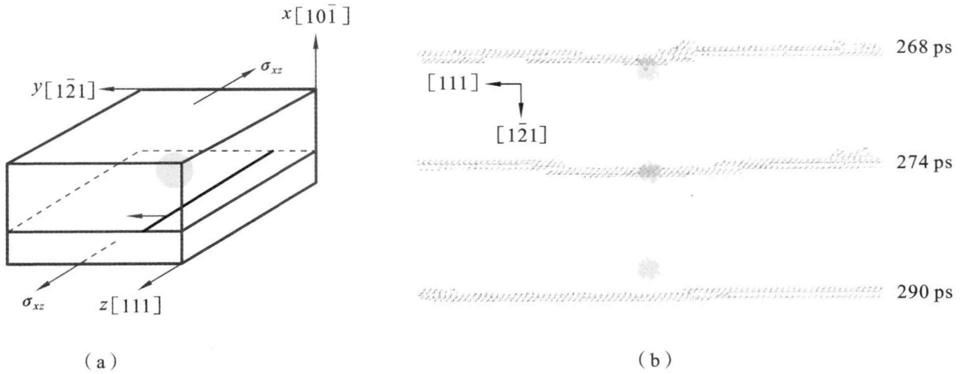

图 6.16　α-Fe 中细小的 Cu 沉积块对〈111〉/2 螺位错运动的影响(一)

(a) 分子动力学模拟的体系示意图;(b) Cu 沉积块的直径 d=1.0 nm,〈111〉/2 螺位错扫过时的原子图像

当 d=1.0 nm 时,〈111〉/2 螺位错扫过 Cu 沉积块的过程如图 6.16(b)所示。整个过程中没有发现 Cu 沉积块对〈111〉/2 螺位错有钉扎作用。而螺位错的移动遵循典型的模式:在位错线上产生扭折,该扭折迅速沿位错线移动,使得位错线到达滑移方向上的下一个平衡位置。这说明,过于细小的 Cu 沉积块不会引起基体的脆化。

当 d=2.3 nm 时,位错穿过 Cu 沉积块的过程如图 6.17(a)所示。在 700 MPa 的切应力作用下,螺位错进入 Cu 沉积块内部,而并未在界面处留下如位错环之类的残留物。在沉积物中,螺位错以前述方式移动,且位错线保持直线形状,但滑移速度从 120 m/s 降低至 80 m/s。更进一步地,当螺位错从 Cu 沉积块内移出时,会在界面处被钉扎。随着 σ_{xz}的逐渐增加,位错线弯曲的程度也逐渐增大,当 σ_{xz}=1000 MPa 时,弯曲角 θ 达到临界值 144°。随后,螺位错瞬间与 Cu 沉积块分离,重新进入 α-Fe 中,位错线也恢复为直线。这个弯曲角的临界值与 Nogiwa 等人近期利用透射电子显微镜观察到的值 150°非常接近[277,278]。虽然上述过程与 Russell-Brown 理论有一定的相似性,但是前提条件并不符合,因此需要探讨这种钉扎过程的微观机理。

图 6.17(b)~(e)展示了〈111〉/2 螺位错在穿越和离开 Cu 沉积块全过程中芯区结构的变化。通过比较图 6.17(b)和图 6.17(e),我们发现:在 Cu 沉积块中螺位错芯呈极性状态,即原子的位移场分布在三个{112}半平面上;而在 α-Fe 中,螺位错芯呈非极性状态,位移场均匀分布在六个{112}半平面上。当钉扎开始时,芯区结构如图 6.17(c)所示。此时位错芯呈现一种分裂形态,左上方有一个类极性芯,右下方也出现了一个接近于非极性芯的位移场分布。当 σ_{xz}逐渐增大时,上述分裂形态中的类极性芯逐渐消失,而非极性芯逐渐清晰。在接近临界点时,如图 6.17(d)所示,螺位错在接近界面的位置形成了非极性的芯区结构。而随着 σ_{xz}进一步增大,螺位错得以越过界面,重新进入 α-Fe。从上述讨论可以看出,钉扎过程也是螺位错芯区由极性态转为非极性态的相变过程。由于在 Cu 中极性

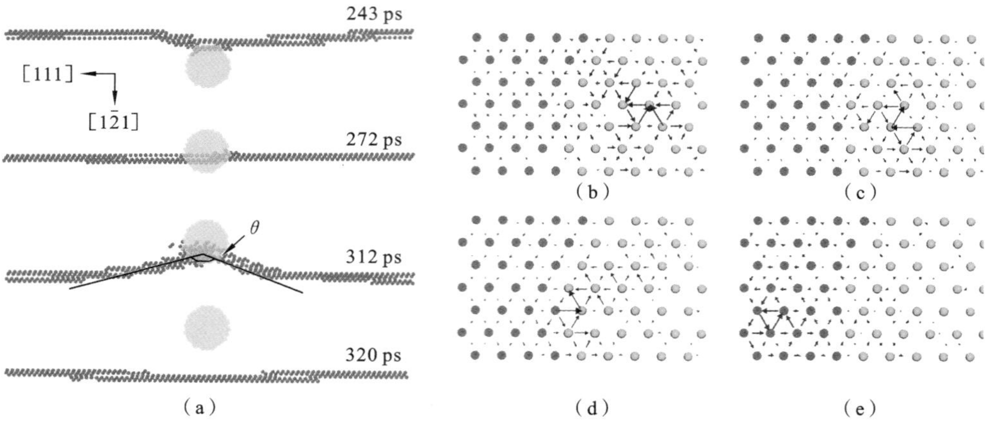

图 6.17　α-Fe 中细小的 Cu 沉积块对〈111〉/2 螺位错运动的影响(二)

(a) Cu 沉积块的直径 $d=2.3$ nm 时，〈111〉/2 螺位错扫过时的原子图像；

(b)～(e) 被 Cu-Fe 界面钉扎时螺位错芯区结构的变化过程

芯区具有更低的能量，因此位错芯的相变需要额外的能量输入，这部分能量来自于因位错线的弯曲而增加的弹性能。因此，我们借助分子动力学模拟，提出了第二相强化理论的一种新的可能机制，即在两相间存在不同的位错芯区稳态结构，在位错穿越界面的过程中，需要额外的能量引发位错芯的相变，从而阻碍位错的运动。

习　　题

1. 证明速度 Verlet 算法与 Verlet 算法等价，即由方程(6.79)、方程(6.81)可以推出方程(6.72)。

2. 证明 Verlet 算法满足最小作用量原理。(提示：参考 R. E. Gillilan 和 K. R. Wilson 1992 年发表于 J. Chem. Phys. 第 3 期上的文章 *Shadowing, rare events, and rubber bands. A variational Verlet algorithm for molecular dynamics*)

3. 证明方程(6.82)。

4. 证明当 $\tilde{\gamma}=1$ 时，方程(6.176)相当于最速下降法方程。

5. 利用分子动力学模拟，得到钨中〈111〉/2 螺位错以及刃位错运动的临界应力值，并在低温(10 K)下研究该种螺位错的运动方式。

6. 研究李雅普诺夫稳定性：选择两个原子种类、构型完全相同的体系，利用同样的势函数描述原子间相互作用。利用正态分布的随机数发生器生成符合 Maxwell 动量分布的各原子速度，作为体系Ⅰ的初始速度$\{\boldsymbol{v}_i\}$，并在每个 $\boldsymbol{v}_i$ 上加入一个微扰 $\delta\boldsymbol{v}_i$，要求$|\delta\boldsymbol{v}_i|<0.01|\boldsymbol{v}_i|$，作为体系Ⅱ的初始速度。对二者进行微正则模拟，画出二者的均方位移随时间的变化。

第 7 章　LAMMPS 分子动力学实例

7.1　LAMMPS 程序介绍

LAMMPS(large-scale atomic/molecular massively parallel simulation，大规模原子分子模拟器)由美国 Sandia 国家实验室开发，以 GPL license 发布，是一个经典的分子动力学代码[279]。它可以模拟液体、固体和气体的系综，同时采用不同的力场和边界条件来模拟原子、聚合物、生物、金属、粒状和粗粒化体系。典型的 LAMMPS 使用场景如图 7.1 所示，它可以计算的体系规模小至几个粒子，大到上百万甚至上亿个粒子。

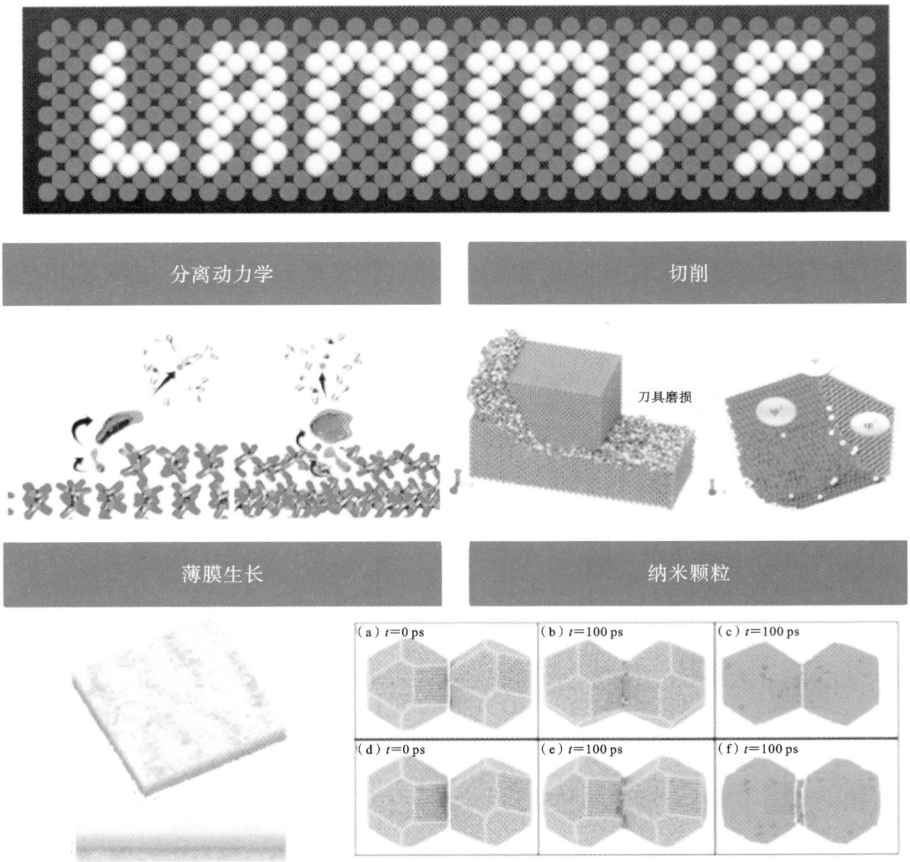

图 7.1　LAMMPS 的应用

近年来，越来越多的研究者开始使用 LAMMPS 来进行分子动力学模拟研究。例如，2019 年，da Silva 等人[280]基于 LAMMPS 开展了银纳米颗粒的烧结过程的研究。2020

年,John Karnes 和劳伦斯利弗莫尔国家实验室的合作者[281]使用 LAMMPS 中的 fix bond/react 命令研究了各种模型光聚合物的反应动力学(交联)及其产生的网络结构。同时,Mary Alice Cusentino 等人[282]使用 LAMMPS 和 FitSnap.py 以及 DAKOTA 优化工具包进行了邻域谱分析势(SNAP)描述符的扩展,以开发用于化学成分复杂体系(ChemSNAP)的改进 SNAP 原子间势。随着计算机技术的发展和并行计算效率的提高,LAMMPS 逐渐成为大多数分子动力学研究人员的选择。具体的 LAMMPS 安装过程可以参考本教材网站的视频指导。

LAMMPS 的主要功能与特点如下:

(1) 可以串行或并行计算,并且使用高移植性 C++语言编写。由于 C++ 语言实现了面向对象程序设计,在高级语言中,处理运行速度是最快的,因此 LAMMPS 具有巨大的计算优势,能够在各种系综下模拟上百万甚至上亿的原子体系。

(2) LAMMPS 本身没有图形界面,所有的模拟计算过程均在 Linux 系统下进行,用户需要编写一个输入文件,用以包含模拟的信息,在某些情况下还需要准备 data 文件作为初始结构文件。

(3) LAMMPS 是一个开源免费软件,用户可以根据个人的意愿对其进行修改和扩展,并增加新功能。

(4) 只需要一个输入脚本就可以同时实现一个或多个模拟任务。LAMMPS 在输入脚本中具有定义和使用变量和方程的完备的语法规则。

(5) 可以针对的粒子和模型类型非常丰富,包含粗粒化粒子、有机分子、金属原子等。

(6) 在模拟的过程中针对不同的体系,有大量的力场可供用户选择,比如:对于金属体系的模拟计算,可以使用 EAM 或 MEAM 势;对于粗粒化模型,可以使用 Gay-Berne 势;如果想要着重描述双原子的分子间关系,可以使用 Morse 势等。由于其具有高适用性,在分子动力学模拟的相关研究工作中,LAMMPS 的使用率很高。

(7) 具有高效的原子创建命令,能够在一个或多个晶格中创建原子,可以通过几何或逻辑关系删除满足条件的原子,且可以对已存在的原子进行复制和替换。对于较为复杂的体系,还可以通过外部建模软件,如 Materials studio、Atomsk 等构建 LAMMPS 模型文件并通过命令 read_data 进行读取。

(8) 可以设置不同的周期性条件以模拟体相结构或纳米晶结构等,并可以将体系设置为 *NVE*、*NVT*、*NPT*、*NPH* 等系综以满足模拟所需的条件。

(9) LAMMPS 提供了一系列的前处理和后处理工具,另外,使用独立发行的工具组 pizza.py,可以进行 LAMMPS 模拟的设置,并进行分析、作图和可视化工作。

7.2 可视化程序 OVITO

OVITO(the open Visualization tool,开放虚拟化工具)由德国 OVITO GmbH 公司开发,它是专门为分子动力学模拟结果的科学可视化和分析而设计的。OVITO Basic 是一个开源的免费软件,可在所有主要平台上使用。作为分析、理解和说明仿真结果的有力工具,它已经被广泛应用于各种计算仿真研究领域。

OVITO 可以对分子动力学模拟结果进行微观分析,帮助研究人员理解内在的物理机制。其强大的接口与分子动力学软件 LAMMPS 相结合，可帮助研究人员更好地了解分子动力学过程中的物理过程。此外，OVITO 还可以快速操作结构，支持多种文件格式(如 LAMMPS data、POSCAR 等)，其内置的分析工具(如 rdf、FFT 等)可对原子模型进行高质量的渲染和场景操作。

OVITO 的设计思想为"修正通道"，即通过对导入的数据进行一系列的修正，最终实现对用户所需性质的可视化。OVITO 最重要的功能是显示和分析"单粒子属性"，如单个粒子的位置、速度、应力等，并且可以通过表达式的定义来选择满足特定条件的原子，进行统一的性质计算和颜色编码等。除此之外，OVITO 还提供了一些高级功能，如分子分组、拟合、可视化分析、网格化等，可以满足更高级别分析需求。

总之，OVITO 是一款功能强大、易于使用的科学可视化分析软件，对分子动力学模拟研究领域的研究人员来说，是一个不可或缺的工具。

图 7.2 所示为 OVITO 中的数据流通过程。

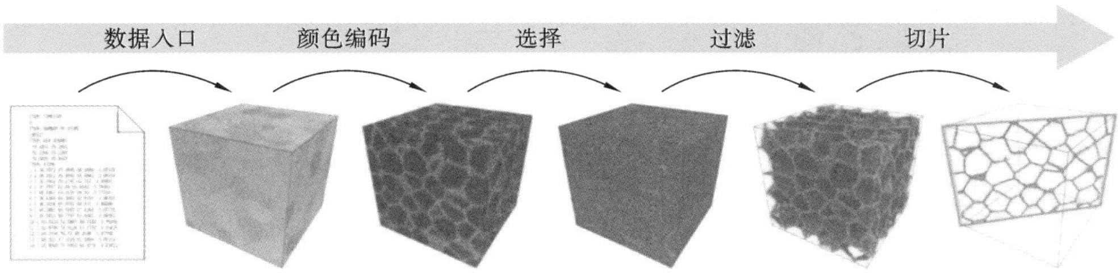

图 7.2　OVITO 中的数据流通过程

7.3　惰性气体的扩散运动与平衡速率分布

气体扩散是指气体原子因为热运动而发生迁移的现象，通常是浓度差异所导致的，有时也受到温度差等其他因素的影响[283,284]。在扩散过程中，气体原子通过无规则的运动来实现迁移，而这种运动的强度会受到多种因素的影响，例如温度、浓度等，导致体系的无序程度逐渐增加[285,286]。

本节以惰性气体氩气为例，通过分子动力学模拟研究其在一定温度和初速度下的扩散行为。作为一种接近理想气体的物质，氩(Ar)的行为符合简单的理想气体定律 $PV=nRT$。在模拟过程中，每个 Ar 原子受到微弱的 LJ 相互作用和范德瓦尔斯力作用，且进行随机移动，没有其他相互作用。在这种情况下，理想气体的行为可以通过 Maxwell-Boltzmann 分布和原子速度(s)的概率很好地描述：

$$f(s)=\sqrt{\frac{2}{\pi}\left(\frac{m}{k_{\mathrm{B}}T}\right)^{3}}s^{2}\exp\left(-\frac{ms^{2}}{2k_{\mathrm{B}}T}\right)=C_{1}s^{2}\exp(-C_{2}s^{2}) \tag{7.1}$$

式中 $s=(v_x^2+v_y^2+v_z^2)^{\frac{1}{2}}$。该速率分布表达式为气体动力学理论提供了坚实的基础，解释了扩散等许多基本气体性质[287]。基于此，进一步模拟氩气在不同温度下的平衡速率分布，并与 Boltzmann 理论分布曲线对比。

7.3.1　关键参数与输入脚本

对于惰性气体扩散运动的模拟，考虑将二维模拟盒子一分为二，左边一半放入 Ar 原子,右边一半为空。原子初始速度分布随机,但保持体系总动量为零,将体系演化一定时间步。在这里我们特别介绍一下 LJ 约化单位,这是一种无量纲化的单位制度,广泛应用于分子动力学模拟。它以 LJ 势作为基础,将分子间作用的参数规约化,从而使得计算结果更具通用性。LJ 单位简化了分子间相互作用的表达,且便于从计算结果中提取有关物质性质的信息。

在 LAMMPS 中,通过设置 units lj 来使用 LJ 约化单位。以下是 LJ 约化单位下的一些主要参数及其物理意义:

(1) 能量:以 LJ 势的能量参数 ε 为单位。

(2) 距离:以 LJ 势的距离参数 σ 为单位。

(3) 时间:以 $(\sigma^2/\varepsilon)^{1/2}/(m^{1/2})$ 为单位,其中 m 是分子质量。

(4) 温度:以 ε/k_B 为单位,其中 k_B 是玻尔兹曼常数。

(5) 力:以 ε/σ 为单位。

以 Ar 原子为例,我们需要知道其 LJ 参数和质量,以便将 LJ 约化单位转换为实际单位。Ar 原子的相关参数如下。

- 能量参数:$\varepsilon=1.67\times10^{-21}$ J。
- 距离参数:$\sigma=3.40\times10^{-10}$ m。
- 原子质量:$m=6.63\times10^{-26}$ kg。

根据以上参数,我们可以计算出采用约化单位时的时间单位为

$$\tau=\sigma\sqrt{\frac{m}{\varepsilon}}\approx2.16\times10^{-12}\ \text{s}$$

现在,我们可以将 LJ 约化单位转换为实际单位。通常在分析和解释模拟结果时,需要将 LJ 约化单位转换为实际单位,以获得真实的物理量。

(1) 能量:将 LJ 能量单位乘以 ε,即 $E_{\text{real}}=E_{\text{LJ}}\times\varepsilon$。

(2) 距离:将 LJ 距离单位乘以 σ,即 $L_{\text{real}}=L_{\text{LJ}}\times\sigma$。

(3) 时间:将 LJ 时间单位乘以 t,即 $t_{\text{real}}=t_{\text{LJ}}\times\tau$。

(4) 温度:将 LJ 温度单位乘以$\frac{\varepsilon}{k_B}$,即 $T_{\text{real}}=T_{\text{LJ}}\times\frac{\varepsilon}{k_B}$。

(5) 力:将 LJ 力单位乘以$\frac{\varepsilon}{\sigma}$,即 $F_{\text{real}}=F_{\text{LJ}}\times\frac{\varepsilon}{\sigma}$。

1. 关键模拟参数

- 分子动力学程序:lammps-23Jun22。
- 材料体系:210 个 Ar 原子。
- 构型:二维六方密堆。
- 模拟超胞尺寸:沿 x 轴方向约为 2.15 nm,沿 y 轴方向约为 1.86 nm。
- 原子间势场:lj/cut 2.5,LJ 势参数为 1.0、1.0、2.5。
- 温度:$0.5\left(\frac{\varepsilon}{k_B}\right)_{\text{Ar}}\approx60$ K。

2. 输入脚本

1) Ar 原子扩散输入脚本

代码 7.1 为 Ar 原子扩散输入脚本。

代码 7.1 Ar 原子扩散输入脚本 in. diffusion

```
#----------Initialize Simulation----------------
units lj
dimension 2
boundary p p p
atom_style atomic
#----------Create Atoms Initial Conditions------
lattice hex 1.0
region mybox block 0 20 0 10 -0.1 0.1
create_box 1 mybox
region 2 block 0 10 0 10 -0.1 0.1
create_atoms 1 region 2
mass 1 1.0
velocity all create 0.5 87287
#----------Define Simulation Parameters---------
pair_style lj/ cut 2.5
pair_coeff 1 1 1.0 1.0 2.5
neighbor 0.3 bin
neigh_modify every 20 delay 0 check no
fix 1 all nvt temp 0.5 0.5 0.01
fix 2 all enforce2d
#----------Run MD Simulation-------------------
dump 1 all custom 100 toEquil. lammpstrj id type x y z vx vy vz
thermo 500
run 10000
```

关键脚本注解：

- units lj

定义模拟过程中使用的单位类型为 LJ，该单位制中物理量无量纲，将基本量 m、σ、ε 设为 1，实际单位的质量、距离、能量相应为约化量的倍数，可根据约化量与普通量的换算关系将物理量转换为其他单位。

- dimension 2

在建立模拟盒子前定义模拟的维度为 2（LAMMPS 默认采用 3D 模拟方式）。

- boundary p p p

设置模拟盒子沿各个方向均采用周期性边界条件。

- lattice hex 1.0

产生等效密度为 1.0 的 hex 晶格。

- region mybox block 0 20 0 10 -0.1 0.1

定义空间三个方向的 block 类型几何区域。

- velocity all create 0.5 87287

设置所有原子在 0.5 LJ 温度下的初速度。

- pair_style lj/cut 2.5

为原子设置相互作用势为 12/6 的 LJ 势。

- neigh_modify every 20 delay 0 check no

每 20 步重新构建近邻列表,且在上次构建列表后至少 0 步后再重新构建。

- fix 1 all nvt temp 0.5 0.5 0.01

盒子体积不变,使原子在 $0.5\left(\frac{\varepsilon}{k_B}\right)$ 的 NVT 系综下扩散。

2) 氩气平衡速率分布输入脚本

对于氩气的平衡速率分布模拟,考虑对生成的 8000 个 Ar 原子在不同温度(100 K、300 K、500 K 和 700 K)下进行热平衡,并统计其速率分布。其中,约化的 LJ 单位速率约为 157.90 m/s。输入脚本见代码 7.2。

代码 7.2　输入脚本 in. speed

```
#----------Initialize Simulation-------------
# LAMMPS input script for simulating argon atoms at multiple temperatures

#----Initialization----
units lj
atom_style atomic
boundary p p p

#----Atom definition and lattice setup----
 lattice fcc 0.8442
 region simbox block 0 10 0 10 0 10
 create_box 1 simbox
 create_atoms 1 box

 #----Interatomic potential and mass definition----
 pair_style lj/cut 3.0
 pair_coeff 1 1 1.0 1.0 3.0
 mass 1 1.0 #  Mass set to 1 in Lennard-Jones units

 #----Simulation settings----
 timestep 0.005
 thermo 100
 thermo_style custom step temp ke pe etotal press

 #----Loop for velocity initialization and simulation at different temperatures----
 variable seed equal 12345
 variable tempK index 100 300 500 700
 variable inv equal 1/119.8
 variable tempLJ equal ${tempK}*${inv}

 label temperature_loop
 velocity all create ${tempLJ}${seed} dist gaussian
 run 1000
 write_dump all custom argon_${tempK}K.dump id type x y z vx vy vz
```

```

next tempK
variable tempLJ equal ${tempK}*${inv}
jump SELF temperature_loop
```

关键脚本注解：

- variable inv equal 1/119.8

定义变量 inv，并赋值为 1/119.8，用于将 Kelvin 温度转换为 LJ 温度。

- variable tempLJ equal ${tempK} * ${inv}

定义变量 tempLJ，值为 ${tempK} ${inv}，用于表示 LJ 温度。

- velocity all create ${tempLJ} ${seed} dist gaussian

在温度循环中，使用 velocity 命令初始化速度，使用关键字 create 和随机数种子 seed 设置初始速度分布为高斯分布。

7.3.2　关于气体扩散与平衡的讨论

对于惰性气体扩散运动的模拟，将 toEquil. lammpstrj 文件导入 OVITO 软件，模拟结果如图 7.3 所示。规则排列于二维盒子一侧的 Ar 原子随着时间步的增加逐渐向另一侧扩散，扩散初期原子之间大致保持着初始结构的相对位置，在两侧原子相遇后，原子开始做无规则的布朗运动，直到弥散在整个模拟盒子里(见图 7.4)。

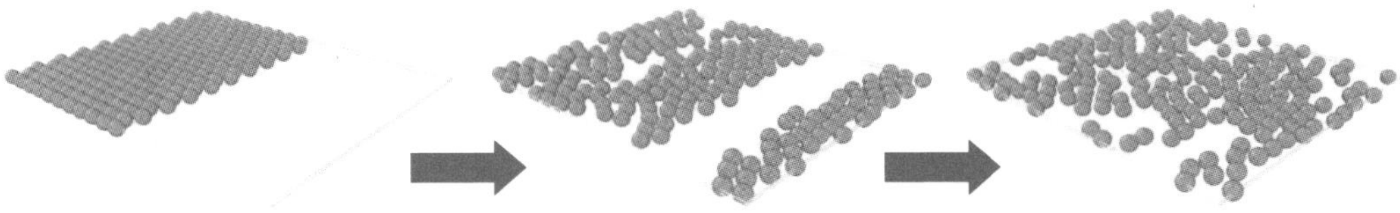

(a)　　　　(b)　　　　(c)

图 7.3　Ar 原子的扩散运动

(a) 初始结构；(b) 扩散初期；(c) 弥散至整个盒子

对于平衡速率分布的模拟，使用 Python 脚本 plot-ArDistribution. py(见代码 7.3)进行后处理分析，并绘制各个温度下速率分布的理论与模拟对比图。首先，通过 read_dump_file 函数，从 LAMMPS 运行后得到的 argon_ * K. dump 文件中读取粒子速率数据，并返回一个 NumPy 数组，每行包含的三个分量表示粒子在三个坐标轴方向上的速度。随后，通过 analyze_velocity_distribution 函数计算平均速率和速率标准差，并通过 plot-ArDistribution 函数绘制不同温度下的粒子速度分布散点图。最后，通过 plot_theory 函数，根据式(7.1)绘制不同温度下的玻尔兹曼理论速率分布曲线。需要注意的是，纵轴单位为 s/m，因此曲线任意部分(表示速度在该范

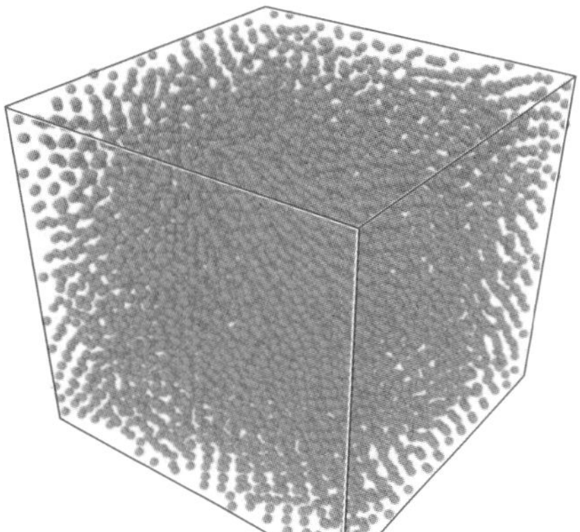

图 7.4　Ar 原子在热力学平衡下运动和碰撞的体系快照

围内的概率)下的面积是无量纲的。从图 7.5 展示的速率分布图中可以观察到,模拟点基本上沿着理论曲线分布,与理论计算文献的结果吻合得较好[287]。

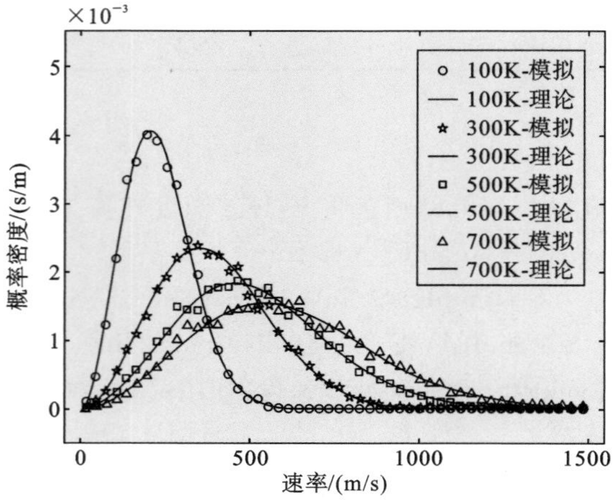

图 7.5　Ar 原子在热平衡下的速率模拟结果和 Maxwell-Boltzmann 气体理论结果在不同温度下的对比

以下为后处理脚本 plot-ArDistribution. py。

代码 7.3　后处理脚本 plot-ArDistribution. py

```
import os
import numpy as np
import glob
import matplotlib.pyplot as plt

ljv =156.7

def read_dump_file(filename):
    with open(filename, 'r') as file:
        for line in file:
            if line.startswith("ITEM: ATOMS"):
                break
        velocities=[tuple(map(float, line.strip().split ()[5:8])) for line in file]
    return np.array(velocities)

    def analyze_velocity_distribution(velocities):
    mean_velocity =np.mean(velocities, axis=0)
    std_velocity=np.std(velocities, axis=0)
    return mean_velocity, std_velocity

def plot_velocity_distribution(temperatures, velocity_data):
    for temp, velocities in zip(temperatures, velocity_data):
```

```
        velocities=velocities*ljv
        vel_magnitudes =np.linalg.norm(velocities, axis=1)
        hist, bin_edges=np.histogram(vel_magnitudes, bins=30, density=True)
        bin_centers=(bin_edges[:-1]+bin_edges[1:]) / 2

        plt.scatter(bin_centers, hist, label=f"{temp}K-模拟")

def plot_theory(temperatures):
    m=6.6362126*(10**-26)
    kb=8.314/(6.02*(10**23))
    start=30; interval =30; cut_off=1800
    s=np.arange((start-interval),cut_off+1,interval /10)

    f=[]

    for t in temperatures:
        er=[]

        for p, a in enumerate(np.arange((start-interval),cut_off+1,interval /10)):
            kk=m/(kb*t)
            er.append(np.sqrt((kk**3)*2/np.pi)*(s[p]**2)*np.exp(-0.5*kk*(s[p]**2)))
        f.append(er)

    for i in range(len(f)):
        plt.plot(s, f[i], label=f'{temperatures[i]}K-理论')

def main():
    temperatures=[100, 300, 500, 700]
    dump_files=sorted(glob.glob("argon_*K.dump"))
    velocity_data=[]

    for temp, dump_file in zip(temperatures, dump_files):
        velocities=read_dump_file(dump_file)
        mean_velocity, std_velocity=analyze_velocity_distribution(velocities)

        print(f"Temperature: {temp}K")
        print(f"Mean Velocity: {mean_velocity}")
        print(f"Standard Deviation of Velocity: {std_velocity}")
        print()

        velocity_data.append(velocities)

    plt.rcParams['font.family']='Times New Roman+SimSun'
    plt.rcParams['font.size']=14
```

```
    plt.figure(figsize=(8,4.5), dpi=300)
    plt.gca().tick_params(direction='in')

    plot_theory(temperatures)
    plot_velocity_distribution(temperatures, velocity_dat)

    plt.legend()
    plt.xlabel('速率 (m/s)')
    plt.ylabel('概率密度 (s/m)')
    plt.savefig("./fig-Ar_Distribution.png")
    plt.show()

if __name__=="__main__":
    main()
```

在本节中,我们使用了 LAMMPS 分子动力学模拟软件,以惰性气体 Ar 原子为例,构建了规整结构。接着,在 LJ 势场下,对其在 0.5 K 温度下施加了一定的初始速度,并在 *NVT* 系综下进行了分子动力学模拟。通过这一过程,我们研究了惰性气体的原子扩散行为,并实现了不同初始位置原子在扩散过程中的位置迁移现象的可视化。此外,我们还模拟了 Ar 原子在不同温度下的热平衡,并对其速率分布进行了统计,以研究惰性气体的平衡速率分布规律。模拟结果与 Maxwell-Boltzmann 分布能够较好地吻合。

总之,研究气体扩散(例如对现实生活中大气中污染物扩散的研究等)具有重要意义。气体的扩散运动规律受到多种因素的影响,如粒子大小、浓度和温度等。因此,在后续的气体扩散研究中,需要考虑不同粒子浓度和不同扩散温度等因素,以便更好地理解气体扩散的机制。

7.4 气体分子的布朗运动

布朗运动是指悬浮在液体或气体中的粒子进行的无规则运动。由于外部环境的温度或压强因素,以及粒子周围各个方向上微粒的相互作用,粒子之间发生频繁的碰撞作用,最终导致原子之间发生随机的位置交换,并伴随着各种物理量连续不断的微小的、随机的波动[288, 289]。这种现象是 1872 年由植物学家 R. 布朗首先发现的。

布朗运动在现实生活中随处可见,比如悬浮在水中的藤黄粉、花粉微粒,或在无风情况下空气中的烟粒、尘埃等都会呈现这种运动。布朗运动受到多种因素的影响,如粒子的尺寸、浓度、外部的温度等。本节通过研究惰性气体在不同温度下的原子运动行为,探讨了布朗运动的特征,并进一步探究了温度对气体原子运动速度、运动路径的影响。

7.4.1 关键参数与输入脚本

我们首先选择氩气并建立初始的六方密堆结构。分子间的相互作用通常使用 LJ 势来描述,并设置初始的温度和体积条件,以及分子的初始速度。然后,通过分子动力学模拟(时间足够长)捕捉粒子间的碰撞和扩散过程。最后,分析模拟得到的轨迹文件,计算气体分子的运动学和动力学性质。常用的分析方法包括计算平均位移、扩散系数、速度自关联函数、均方位移等。这些量化指标可以用于研究气体分子的布朗运动特征。

1. 关键模拟参数

- 分子动力学程序:lammps-23Jun22。
- 材料体系:400 个惰性气体原子。
- 构型:二维六方密堆。
- 模拟超胞尺寸:沿 x 轴方向约为 2.5 nm,沿 y 轴方向约为 21.5 nm。
- 原子间势场: lj/cut 2.5,LJ 势参数为 1.0、1.0、2.5。
- 温度:2.5σ、10.0σ(σ 是 LJ 长度单位)。

2. 输入脚本

输入脚本(见代码 7.4)由四部分组成:通过循环设置不同温度的代码,用于二维六方初始结构 LJ 气体原子生成的代码,速度初始化的代码和 *NVE* 系综下模拟气体原子的布朗运动的代码。

代码 7.4 输入脚本 in. gas_brownian

```
# set up Temperature loop
variable T index 2.5 10.0

# Initialize Simulation
units lj
dimension 2
boundary p p p
atom_style atomic

 # Create Atoms
 lattice hex 0.75
 region simbox block 0 20 0 10 -0.1 0.1
 create_box 1 simbox
 create_atoms 1 box
 mass 1 1.0
 velocity all create ${T} 87287

 # Interatomic Potential
 pair_style lj/ cut 2.5
 pair_coeff 1 1 1.0 1.0 2.5

 # Run MD
 neighbor 0.3 bin
 neigh_modify every 20 delay 0 check no
 fix 1 all nve
 dump 1 all custom 10 dump. lammpstrj_${T} id type x y z vx vy vz
 thermo 100
```

```
run 5000

clear
next T
jump in.gas_brownian
```

关键脚本注解:

- variable T index 2.5 10.0

```
...
clear
next T
jump in.gas_brownian
```

通过循环设置不同温度。

- velocity all create ${T} 87287

进行特定温度下的速度初始化设置。

- fix 1 all nve

在 *NVE* 系综(T=0.5 K)下使气体原子发生布朗运动。

7.4.2 布朗运动与温度关系的讨论

气体原子的布朗运动如图 7.6 所示。初始情况下气体原子呈六方紧密排列,对体系进行不同温度下的速度初始化并施加 *NVE* 系综,原子开始脱离完美位点,并逐渐弥散在整个模拟盒子中,且原子之间的相对位置没有规律性。由于 LAMMPS 在 units lj 条件下的默认时间步长为 0.005τ,所以 5000 步模拟所对应的总时长为 25τ。

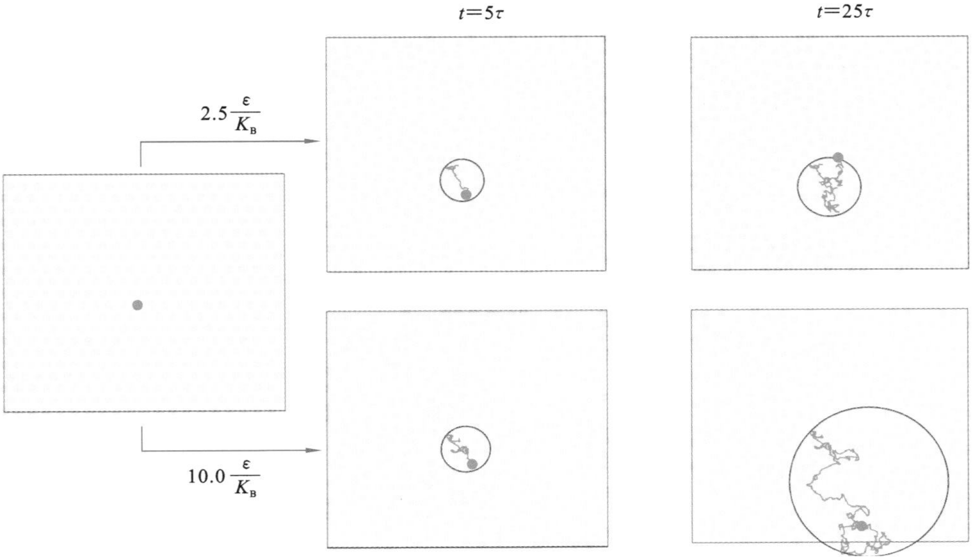

图 7.6 不同温度下气体原子的布朗运动示意图

温度对气体原子运动速度具有显著的影响。这种温度效应在图 7.7 中可以得到体现。

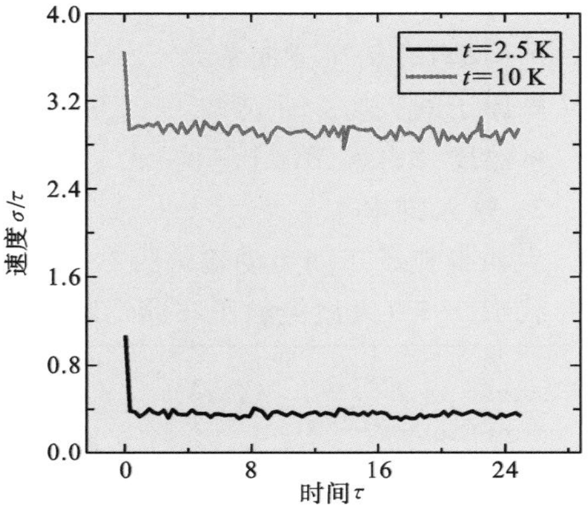

图 7.7　体系在不同温度下的平均原子运动速度

在不同温度下，气体原子的平均运动速度有所不同。当系统中的原子通过 velocity create 命令获得初始速度时，这个初始速度与温度有关。具体来说，温度越高，气体原子在布朗运动过程中的运动速度越高。在原子开始从完美位点脱离并移动的过程中，相邻原子之间会发生碰撞。原子的运动受到周围其他原子位置的影响，因此速度减小。然后，在速度降低之后，原子的运动速度趋向于保持一个相对恒定的值。在高温下，气体原子的布朗运动速度会相应增加，而在低温下则会降低。温度对气体原子扩散距离的影响表现为：在不同温度下，原子运动的最远距离有所差异。选定系统中心的一个代表性原子，并对其在不同温度下的运动轨迹进行分析，如图 7.7 所示。可以观察到，在 10 K 温度下，原子由于具有较大的动能，相对于 2.5 K 时的运动距离更远。值得注意的是，在 10 K 下，原子轨迹在一段时间内出现在模拟盒子之外，这是因为体系为周期性体系，所以这种情况是合理的。原子的运动路径没有明显的规律性，从轨迹线的形状可以判断，原子在运动过程中会与其他原子发生剧烈的碰撞。这些碰撞导致原子扩散距离改变，从而影响气体原子的布朗运动特征。这一点在分子动力学模拟中得到了很好的体现。

布朗运动是一个熵增的过程，这表明所有原子都有从有序向无序混乱状态演变的趋势。在本节中我们研究了惰性气体在不同温度下的布朗运动特性，得出的结论是：随着温度的增加，原子开始从完美位点脱离并逐渐分散在整个模拟盒子中；温度越高，原子具有的速度/动能越大，高温下的原子具有更远的运动距离，且运动路径呈现无规律性。深入研究布朗运动对于加深研究人员对粒子运动的理解具有重要意义。

7.5　大质量粒子的二维布朗运动

粒子的布朗运动是无规律、永不停息的，且与温度和颗粒大小有关[288, 289]。布朗运动的发现、实验研究和理论分析间接地证实了分子的无规则热运动，对于气体动理论的建立以及确认物质结构的原子性具有重要意义，并且推动了统计物理学特别是涨落理论的发展。由于布朗运动代表一种随机涨落现象，布朗运动理论在仪表测量精度限制的研究以及高倍放大电信电路中背景噪声的研究等领域具有广泛应用。

7.5.1　关键参数与输入脚本

本节将基于分子动力学模拟温度对大质量粒子布朗运动的影响。我们预期随着温度的增加，由于周围粒子热运动变得更加剧烈，其与中间大质量粒子发生碰撞的概率将随之增加，从而使中间大质量粒子在一定时间内移动的距离更远。

1. 关键模拟参数

- 分子动力学程序：lammps-23Jun22。

- 材料体系:由 3201 个原子组成。
- 构型:沿 x、y 方向各 80 个 LJ 长度单位的正方形。
- 原子间势场: LJ 势。
- 温度:2、4、6、8(LJ 单位)。

2. 输入脚本

大质量粒子布朗运动输入脚本见代码 7.5。

代码 7.5　大质量粒子布朗运动输入脚本 in. bigmass Brownian

```
units               lj
dimension           2
atom_style          atomic
boundary            p p p

neighbor 6 bin
neigh_modify every 1 delay 0 check yes
region simbox block -40 40 -40 40 -0.1 0.1
create_box 2 simbox
fix 2d all enforce2d

# create atoms
variable npart equal 3200 # number of atoms
create_atoms 1 random ${npart} 324523 simbox
create_atoms 2 single 0 0 0
mass 1 1
mass 2 200

# specify interatomic potential
pair_style soft 1.0
pair_coeff 1 1 10.0 1.0
pair_coeff 1 2 10.0 5.0
pair_coeff 2 2 10.0 5.0

# loop from very beginning
variable T index 0.25 0.5 0.75 1
velocity all create ${T} 34234123 dist gaussian
minimize 1e-4 1e-4 1000 1000
reset_timestep 0

dump 1 all custom 1000 dump.lammpstrj_${T} id type x y z

fix 1 all nvt temp ${T} ${T} 1
thermo_style custom step temp ke pe
thermo 1000
run 500000

next T
clear
jump in.bigMassBrownian
```

关键脚本注解：

● fix 2d all enforce2d

由于模拟的是二维平面，所以此处 fix 的作用是使体系在 z 方向上不受力，也就在 z 方向上没有位移。“2d”是 fix 命令的名称，此处 fix 命令起作用的组是“all”。

● create_atoms 1 random $npart 324523 simbox

赋予第 4 组内原子初速度。以赋予速度的方式赋予体系初始温度，并且单原子的温度分布服从高斯分布。注意：LAMMPS 默认以均匀方式赋予原子初速度。

● fix 1 all nvt temp ${T} ${T} 1

整个体系加载 *NVT* 系综，即体系的原子数（*N*）、体积（*V*）、温度（*T*）不变，以更新原子位置。

● next T
  clear
  jump in. bigMass Brownian

一种在 LAMMPS 中实现循环的方式。进入下一个变量 *T*，跳入 in. bigMass Brownian 文件。

7.5.2　大质量粒子的运动特性讨论

如图 7.8 所示，中间大质量粒子在 2.0（LJ 温度单位）的温度下进行了 2500τ（LJ 时间单位）的布朗运动，终末位置较初始位置已发生了很大变化，并且由图 7.9 也可以观察到粒子的运动并无规则性。通过升高温度，研究温度对粒子布朗运动的影响，使粒子在 4、6、8（LJ 温度）下做相同时间（2500 τ）的布朗运动，观察各温度下粒子的轨迹图（见图 7.9），随着温度

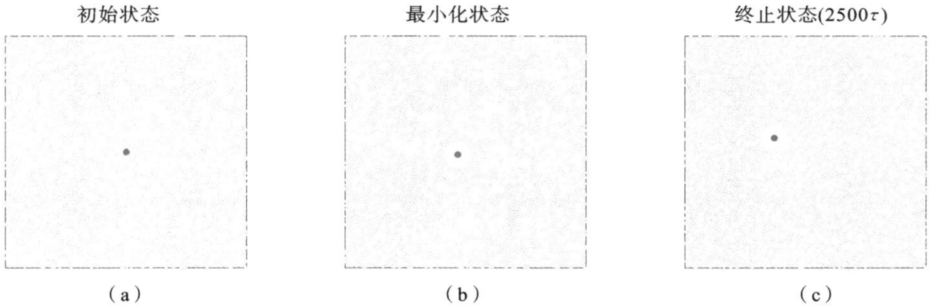

图 7.8　不同时间步的体系快照

(a) 初始结构；(b) 最小化后的结构；(c) 2500τ 后的结构

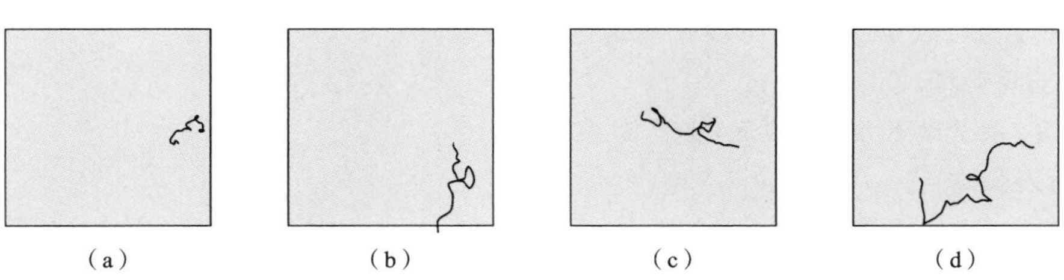

图 7.9　中间高质量粒子的运动轨迹图

(a) LJ 温度为 2.0；(b) LJ 温度为 4.0；(c) LJ 温度为 6.0；(d) LJ 温度为 8.0

的升高，粒子运动的范围和距离也越来越大。这是因为温度升高时，中间高质量粒子的热运动加剧，与周围粒子碰撞时交换的能量也更高，受到的力更大，所以运动的距离也更远。

7.6 材料的热膨胀系数计算

热膨胀通常是指在恒定外部压力下，大部分物质随着温度升高体积增大，随着温度降低体积缩小的现象[290,291]。这种现象在自然界中普遍存在。在工业和制造领域，尤其是精密机械、精密仪器和测试技术中，温度变化引起的热变形对加工精度和测量精度的影响已经越来越受到重视[292]。

热膨胀系数(coefficient of thermal expansion, CTE)是衡量物体热变形的主要参数，也是材料(特别是金属材料)的重要物理性质之一。热膨胀系数是评价材料热稳定性好坏的关键指标[293]。例如，要求尺寸恒定的精密计时器和宇宙航行雷达天线等通常采用具有极低膨胀系数的合金材料。在电真空技术中，为实现与玻璃、陶瓷、云母和人造宝石等的气密封接，需要采用具有一定热膨胀系数的合金材料。用于制造热敏感元件的双金属材料则要求具有较高的热膨胀系数。

因此，深入研究金属材料在温度变化过程中的热膨胀特性，并获取不同温度下的热膨胀系数，对在线控制系统的应用，以及提高成品的尺寸精度和合格率等具有重要意义。

7.6.1 关键参数与输入脚本

热膨胀系数指温度变化 1 ℃时物体单位长度(体积)的变化量，故也称线(体)膨胀系数，一般以$℃^{-1}$或 K^{-1} 为单位。通常将线膨胀系数 α 和体膨胀系数 β 分别定义为

$$\alpha=\Delta L/(L\cdot\Delta T) \tag{7.2a}$$

$$\beta=\Delta V/(V\cdot\Delta T) \tag{7.2b}$$

式中：ΔL、ΔV、ΔT 分别为试样长度、试样体积和温度的变化量。

在大多数情况下，试验测得的都是线膨胀系数。对于具有各向同性的立方晶体，可以证明体膨胀系数 β 是线膨胀系数 α 的三倍[294]。本次分子动力学模拟以金属铜为例，直接计算其体膨胀系数。

1. 关键模拟参数

- 分子动力学程序：lammps-23Jun22。
- 材料体系：面心立方的铜晶胞。
- 模拟超胞：沿 x、y、z 方向各 8 个晶胞(晶胞边长为 8×3.62 Å)。
- 原子间势场：Cu_u3. eam[295]。
- 温度：从 200 K 到 1200 K，步长为 100 K。

2. 输入脚本

关于输入脚本，模拟思路为计算不同温度下物质的体积或长度，那么体积或长度随着温度变化的曲线的斜率即为 $\Delta L/\Delta T$，因此模拟过程中，体积是变化的，需用 NPT 系综。在使用 NPT 系综之前和之后，使用 NVT 系综进行一定步数的平衡。

本次模拟所需的输入脚本见代码 7.6。

代码 7.6 输入脚本 in. expansion

```
# calculate thermal expansion of copper

variable T index 300 400 500 600 700 800 900 1000

label T_loop
units               metal
boundary            p p p
atom_style               atomic

 # 创建晶胞
 lattice                      fcc 3.62
 region                       box block 0 8 0 8 0 8
 create_box                   1 box
 create_atoms      1 box

 # 设置力场势参数
 pair_style        eam
 pair_coeff        1 1 Cu_u3.eam


 # 平衡
 reset_timestep 0
 velocity all create ${T} 87287 dist gaussian
 fix 1 all npt temp ${T} ${T} $(100*dt) iso 0 0 1
 thermo_style custom step temp epair press lx ly lz
 thermo 1000

 compute actual_T all temp
 variable Lx equal lx
 variable V equal vol

 fix 2 all ave/time 100 10 10000 c_actual_T v_Lx v_V file data.${T}
 run 10000
 unfix 1

 clear
 next T
 jump SELF T_loop
```

关键脚本注解:

- fix 1 all npt temp ${T} ${T} $(100 * dt) iso 0 0 1

在温度 T 下,在 NPT 系综中做弛豫,通过 iso 设置外部压力为 0。

- fix 2 all ave/time 100 10 10000 c_actual_T v_Lx v_V file data. ${T}

取 10000 时间步中的最后 1000 步做统计平均,输出温度、模拟盒子边长、体积。

7.6.2 线性膨胀系数计算

首先,为了计算线性膨胀系数,我们可以从日志文件中读取不同温度下的体积数据,并将其转换为晶格常数。然后,绘制晶格常数随温度变化的曲线(见图 7.10),进行线性拟合并计算斜率,即 $\Delta L/\Delta T$。最后,根据公式计算铜的线性膨胀系数:

$$\alpha=\frac{\Delta L}{L\cdot\Delta T}=19.0\times10^{-6}\ \mathrm{K}^{-1} \tag{7.3}$$

与实验值 $17.5\times10^{-6}\ \mathrm{K}^{-1}$[296]较符合。

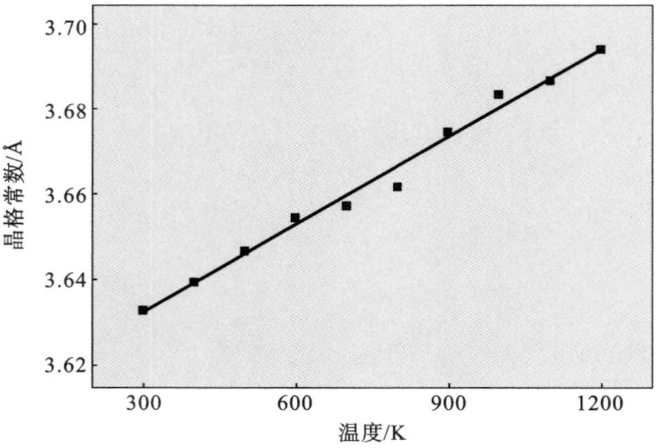

图 7.10 晶格常数随温度变化的曲线

综上所述,我们利用分子动力学方法计算得到的单晶铜热膨胀系数为 $19.0\times10^{-6}\ \mathrm{K}^{-1}$,该值对金属材料而言较高,接近塑料的膨胀系数。因此,在塑料电镀中,化学镀铜层常被用作导电镀层[297]。理论模拟值与实验值接近,说明铜的热膨胀系数大小主要由晶体结构决定。通常认为理论模拟值与实验值之间存在差别是由晶体中的杂质、缺陷等其他因素造成的,具体的影响机制尚需进一步研究[298]。

7.7 体积热容的计算

热容(heat capacity)也称热量容量,是指单位质量或体积的物质在温度升高或降低1 K 时吸收或释放的热量。热容不仅依赖于物质的特性,而且与系统的质量成正比,因此它是一个广延量。为了考虑物质本身的热力学性质,我们通常会研究单位质量物质在某一过程中的热容量,称为比热容(specific heat capacity)。如果考虑单位体积物质的热容量,则称为体积热容(volumetric heat capacity)[299]。

比热容与系统的温度和压强有关,通常会在相变(如熔化或蒸发)过程中发生急剧变化。不同的热力学过程会导致热容的变化。在等压过程中,外界对系统做功和系统势能的变化都对热量有贡献,此时的热容称为压力热容,用 C_p 表示。而在定容过程中,外界没有对系统做功,因此只有热力学能的变化对热量的变化有贡献,这时的热容称为体积热容,用 C_V 表示。在理想气体中,C_p/C_V 是一个与分子自由度有关的定值。

7.7.1 关键参数与输入脚本

对于固体，外界压强的微小变化对比热容的影响通常较小。根据上述定义，可以得出体积热容的计算公式：

$$C_V = \frac{\Delta E}{\Delta T \cdot V} \tag{7.4}$$

式中：V 是物质的体积；ΔT 是升高或降低的温度；ΔE 是吸收或放出的热量。本次分子动力学模拟仍以金属铜为例，在定容过程中研究其体积热容的变化规律。

1. 关键模拟参数

- 分子动力学程序：lammps-23Jun22。
- 材料体系：面心立方的铜晶胞。
- 模拟超胞：沿 x、y、z 方向各 8 个晶胞（晶胞边长为 8×3.62 Å）。
- 原子间势场文件：Cu_u3.eam[295]。
- 温度：从 100 K 缓慢升高至 1000 K。

2. 输入脚本

关于输入脚本，我们需要考虑的是单位体积的物质，因此在模拟过程中，体积应保持不变，即该热力学过程为定容过程。进一步考虑到求解过程中需要用到体系能量随温度变化的关系，因此选择 NVT 系综。

具体来说，在保持体系体积 V 不变的前提下，我们需要计算不同温度 T 下对应的体系总能 E，以获得 E-T 曲线的斜率（对应于式(7.4)中的 $\Delta E/\Delta T$ 项）。最后，将结果除以体积 V，我们就可以得到体积热容。

代码 7.7 为体积热容计算脚本。

代码 7.7 体积热容计算脚本 in. Cv

```
# Set up units, boundary conditions, and atom style
units metal
boundary p p p
atom_style atomic

# Define the fcc lattice for copper with a lattice constant of 3.62 Angstroms
lattice fcc 3.62
region box block 0 8 0 8 0 8
create_box 1 box
create_atoms 1 box

# Use EAM potential for copper
pair_style eam
pair_coeff 1 1 Cu_u3.eam

# Assign initial velocities with a Gaussian distribution centered around 100 K
velocity all create 100 12345 dist gaussian

```

```
# Perform energy minimization using NVE ensemble
fix 1 all nve
minimize 1.0e-6 1.0e-6 100 1000
unfix 1

# Scale velocities to 100 K
velocity all scale 100

# Equilibrate the system using NVT ensemble at 100 K for 10000 steps
fix 2 all nvt temp 100 100 0.1
timestep 0.001
thermo 100
run 10000
unfix 2

# Set up variables to store simulation step, total energy, and temperature
variable tstart equal 100
variable tstop equal 1000
variable N equal step
variable Etotal equal etotal
variable T equal temp

# Print variables to a file named "Cv.dat" every 100 steps
fix extra all print 100 "${N} ${T} ${Etotal}" file Cv.dat

# Increase timestep to 0.002 ps
timestep 0.002
thermo 1000

# Set temperature range for the simulation from 100 K to 1000 K
fix 3 all nvt temp ${tstart} ${tstop} 0.2

# Run the simulation in the NVT ensemble for 12000 steps
run 12000
```

关键脚本注解：

- pair_coeff 1 1 Cu_u3. eam

用 EAM 势进行 Cu 原子体系的模拟。

- fix 3 all nvt temp ${tstart} ${tstop} 0.2

对所有原子施加一个编号为 3 的修正操作，采用恒定数目、体积和温度的系综，设定初值为 tstart 的温度，最终使其达到 tstop，并设置温度耦合时间为 0.2 ps。

7.7.2 热容的线性拟合确定

首先，我们从 Cv. dat 文件中提取关于温度和体系总能量的数据，将其导入 Origin 文件并进行线性拟合以计算斜率，如图 7.11 所示。这样将得到式(7.4)中的 $\Delta E/\Delta V$ 值。接着，将该斜率除以 FCC-Cu 在初始状态下晶格的体积(8×3.62 Å)，计算出 Cu 的体积热容值为3.48 J/(cm³ · K)，该值与实验值 3.45 J/(cm³ · K)[300]基本吻合。

$$C_V=\frac{\Delta E}{\Delta T\cdot V}=\frac{0.538\ \mathrm{eV}\cdot \mathrm{K}^{-1}}{(8\times 3.62\ \text{Å})^3}=3.48\ \mathrm{J/(cm^3\cdot K)} \tag{7.5}$$

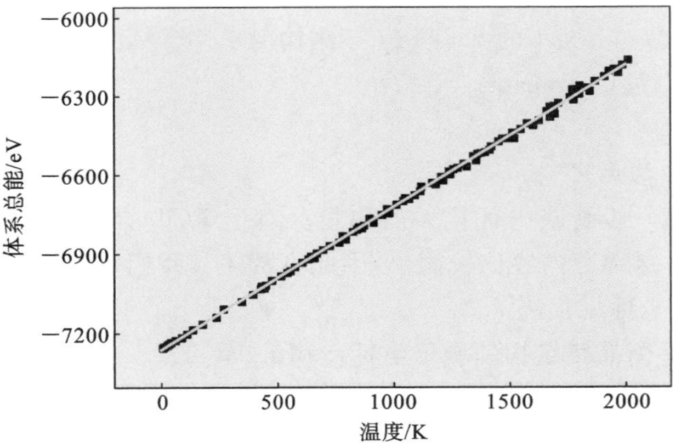

图 7.11　体系总能量随温度变化曲线的拟合

在本研究中，我们采用了线性拟合的方法来拟合 100 K 至 1000 K 范围内的热容，因此在这个温度范围内，热容被视为恒定值。然而，实际热容会受到温度的影响，使用这种方法无法获得特定温度下的热容。

如果需要进一步探究热容受温度影响的情况，我们需要在较小的温差内进行较长时间的弛豫，以计算得到当前温度下的热容。具体方法是先在(p,T) 状态点进行模拟，然后分别在$(p,T+\varepsilon)$和$(p,T-\varepsilon)$状态点进行模拟，最后利用公式(7.6)计算特定温度下的压力热容值：

$$C_p=\frac{H(p,\ T+\varepsilon)-H(p,\ T-\varepsilon)}{2\varepsilon} \tag{7.6}$$

7.8　Cu 晶体的声子谱计算

晶体的振动是原子的一种状态的体现，具体表现为声子色散谱。只有具有晶体结构的原子才有声子谱。声子谱是计算晶体热力学参数的重要基础数据。声子研究是凝聚态物理研究的重要组成部分，对于理解凝聚态物质系统的许多物理特性(例如导热、导电、热膨胀性能等)具有关键作用。此外，声子谱对于中子散射、红外光谱以及其他光谱的理论分析和建模也具有重要意义。

7.8.1　关键参数与输入脚本

在本例中，我们以 Cu 晶体为例，计算其声子谱并分析其特点。Cu 具有 FCC 晶体结构，这意味着在晶格中，每个 Cu 原子都与 12 个最近邻原子紧密排列。Cu 晶体的声子谱可以通过计算动力学矩阵和求解其本征值问题来获得。动力学矩阵包含了原子间相互作用的信息,反映了晶体中原子振动的耦合程度。

1. 关键模拟参数

- 分子动力学程序:lammps-23Jun22。
- 辅助程序:Phonopy、PhonoLAMMPS、Vaspkit。
- 材料体系:Cu。
- 构型:建立 1×1×1 大小的 Cu 的 FCC 结构的单胞。
- 原子间势场文件:Cu. meam。

2. 输入脚本

1) LAMMPS 结构优化

声子谱计算的第一步是获得优化后的构型。对于 FCC 的 Cu,构型优化主要涉及的就是晶格常数的优化。这部分内容比较简单,因此不赘述。我们发现 Cu 的平衡晶格常数大约为 3.62,相应的原子坐标见代码 7.8。

代码 7.8 Cu **平衡晶格结构的原子坐标** coord. dat

```
LAMMPS data file

4 atoms
1 atom types

0 3.62 xlo xhi
0 3.62 ylo yhi
0 3.62 zlo zhi

Masses
1 63.54

Atoms # atomic

1 1 0 0 0 0 0 0
2 1 1.81 1.81 0 0 0 0
3 1 1.81 0 1.81 0 0 0
4 1 0 1.81 1.81 0 0 0
```

2) 利用 PhonoLAMMPS 计算力常数矩阵

PhonoLAMMPS 调用 PyLAMMPS 计算力常数矩阵,然后通过计算其特征值和特征矢量来确定晶体的声子谱。我们首先需要编译安装 PyLAMMPS,这是一个 Python 接口,用于与经典分子动力学模拟软件 LAMMPS 进行交互。PyLAMMPS 主要是提供了一种简便的方式,让用户能够在 Python 环境中进行 LAMMPS 模拟控制和操作,具体的安装请参见 LAMMPS 官方网站关于 PyLAMMPS 的部分。PhonoLAMMPS 输入脚本 in. phonon 见代码 7.9。

代码 7.9 PhonoLAMMPS **输入脚本** in. phonon

```
units              metal
boundary           p p p
atom_style         atomic
read_data          coord.dat
pair_style         meam
pair_coeff         * * library.meam Cu Cu.meam Cu
neighbor           0.3 bin
```

需要将 LAMMPS/potential 目录下的 library. meam 和 Cu. meam 文件拷贝到当前文件下，并且确保 PhonoLAMMPS 已经安装（可以用 conda install phonolammps-c conda-forge 命令进行安装）后执行命令：

phonolammps in. phonon--dim 2 2 2-pa 0. 0 0. 5 0. 5 0. 5 0. 0 0. 5 0. 5 0. 5 0. 0-c POSCAR

在 PhonoLAMMPS 中：in. phonon 是一个包含晶胞信息的 LAMMPS 输入文件；-dim 用于定义超晶胞尺寸；-pa 用于指定以行矩阵形式表示的原始轴，其格式与 Phonopy 软件中相同。此外，还可以使用-c FILENAME（可选）参数将晶胞信息（使用 LAMMPS 输入）以 VASP 格式写入磁盘，用于声学计算。

该脚本的输出包括一个名为 FORCE_CONSTANTS 的文件，其中包含原子间的二阶力常数。同时，还会生成一个名为 POSCAR 的文件，其中包含 VASP 格式的原子坐标信息。

3）绘制声子谱

类似于能带图绘制，我们需要提供特殊 ***k*** 点路径文件 band. conf，如代码 7. 10 所示。该文件可以手动编写，也可以使用 VASPKIT 等程序自动生成。band. conf 里面的 dim 大小和脚本 in. phonon 计算力常数时的 dim 大小必须保持一致。

代码 7.10 Phonopy **输入脚本** band. conf

```
NPOINTS= 501
DIM= 2 2 2
BAND = 0.000000 0.000000 0.000000 0.500000 0.000000 0.500000 0.625000 0.250000
     0.625000, 0.375000 0.375000 0.750000 0.000000 0.000000 0.000000 0.500000
     0.500000 0.500000 0.500000 0.250000 0.750000 0.500000 0.000000 0.500000
BAND_LABELS= $\Gamma$ X U K $\Gamma$ L W X

MP= 30 30 30
TETRAHEDRON= .TRUE.
BAND_CONNECTION= .TRUE.
FORCE_CONSTANTS= READ
```

使用 conda install-c conda-forge phonopy 命令安装好 Phonopy 后，执行如下命令绘制声子谱：

phonopy --dim= "2 2 2" --pa"0. 0 0. 5 0. 5 0. 5 0. 0 0. 5 0. 5 0. 5 0. 0" -c POSCAR band. conf -p -s

其中-s 保存为 PDF 文件，同时会生成 band. yaml 文件，声子谱信息就包含在里面，如

图 7.12 所示。

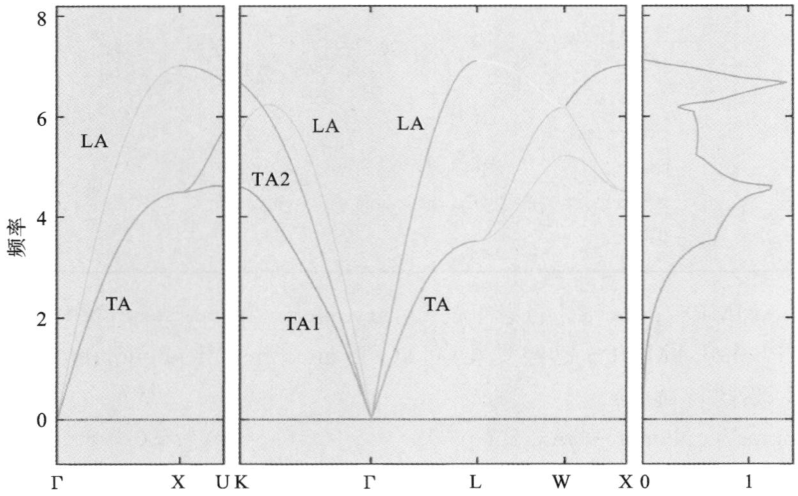

图 7.12 Cu 的声子谱

为了方便用 Origin 画图，可以把声子谱数据提取出来，运行命令 phonopy-bandplot-gnuplot band. yaml>band. txt ，数据就在生成的 band. txt 文件里面(第一列是波矢，第二列就是声子频率(THz))，然后就可以用 Origin 画图了。

7.8.2 声子谱特性讨论

计算得到的 Cu 晶体声子谱具有以下特点：

(1) Cu 晶体的声子谱可以分为三个主要分支:纵波声子(LA)和两个横波声子(TA1 和 TA2)。

这些分支分别对应于晶体中不同的振动模式。

(2) 在布里渊区域边界附近,声子谱的频率较低,这表明 Cu 晶体中存在波长较大的振动模式。这些低频振动模式对热导率和电导率的影响尤为显著。

(3) 在布里渊区域中心,即高对称点附近,声子谱的频率较高。这些高频振动模式对于热容等热力学性质具有重要影响。

(4) 由于 Cu 晶体具有各向同性,其声子谱在不同方向上具有相似的特征。这一特点有助于我们更好地理解 Cu 晶体的各种热力学性质。

通过对 Cu 晶体声子谱的计算和分析,我们可以更好地了解其热力学性质,从而为新材料的设计和性能优化提供理论指导。同时,这种方法也可推广应用于其他具有晶体结构的物质,以揭示不同物质的声子谱特性及其与热力学性质之间的关系。

7.9 Ni 裂纹扩展计算

目前金属材料已经广泛应用于机械及结构件中。疲劳是金属的一种常见的损伤形式。在循环载荷作用下,金属结构的应力集中区域会产生裂纹,随后裂纹扩展,最终导致金属失效。疲劳裂纹会严重影响金属材料的使用寿命,因此研究金属材料的裂纹扩展机制具有重要意义。

众多研究人员已经通过实验和理论研究探索了金属材料的裂纹扩展机理。马磊等人通过分子动力学方法揭示了温度和晶向对裂纹扩展的影响[301]。也有学者利用分子动力学研究了晶界、晶界角和界面状态对裂纹扩展的影响[302-305]。Igwemezie 等人[306]利用扫描电子显微镜研究了材料相形态、环境和加载条件对铁氧体-珠光体钢中疲劳裂纹生长的影响。Chen 等人[307]发现形状记忆合金 NiTi 的晶粒尺寸减小可以降低疲劳裂纹生长速率。此外，也有关于中熵和高熵合金的裂纹研究的报道[308-310]。

7.9.1　关键参数与输入脚本

由于裂纹扩展速率极快，数值模拟作为实验研究的辅助手段，在揭示金属裂纹扩展机理方面具有巨大优势。裂纹扩展的机制与晶向密切相关。本次分子动力学研究的目的是探讨 Ni 金属在(001)[100]晶向上的裂纹扩展机制。

我们将通过脚本计算 von_press、strain、stress 三个变量，它们分别表示单原子的残余应力、体系的应变、应力。原子的维里应力(Virial stress)和原子自由体积分别用 compute s 和 compute vol 来计算。进一步根据公式(7.7)计算残余应力[311,312](即变量 von_press)：

$$\sigma_{vm}=\sqrt{3(\sigma_{xy}^2+\sigma_{yz}^2+\sigma_{zx}^2)+\frac{1}{2}[(\sigma_{xx}-\sigma_{yy})^2+(\sigma_{xx}-\sigma_{zz})^2+(\sigma_{zz}-\sigma_{yy})^2]} \tag{7.7}$$

式中：σ_{ij} 分别表示原子不同方向的维里应力。

1. 关键模拟参数

- 分子动力学程序：lammps-23Jun22。
- 材料体系：由 122610 个 Ni 原子组成的单晶结构。
- 构型：建立 $\boldsymbol{a}$=[100]、$\boldsymbol{b}$=[010]、$\boldsymbol{c}$=[001]方向的单晶结构，沿(001)[010]方向拉伸样品，裂纹沿 [100]方向扩展。
- 模拟超胞尺寸：100 Å×30 Å×10 Å。
- 原子间势场文件：Ni_u3. eam[313]。
- 温度：1 K。
- 加载速度：沿(001)[010]方向以 0.1 Å/ps的速度拉伸。

裂纹扩展前 Ni 晶体的初始结构如图 7.13 所示。不同颜色代表不同原子类型的 Ni 原子，原子类型 1～5 对应的颜色依次是红色、蓝色、黄色、粉色、绿色。其中红色 Ni 原子是基体原子，设置蓝色和黄色的 Ni 原子之间无相互作用力，设置粉色和绿色的 Ni 原子在 y 和 z 方向上的受力为零。

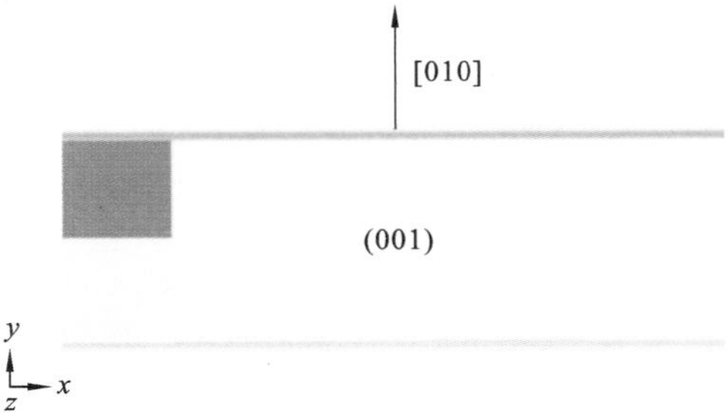

图 7.13　裂纹扩展前 Ni 的初始结构

2. 输入脚本

本次模拟所需的输入脚本见代码 7.11。

代码 7.11　输入脚本 in. Ni_crack

```
#crack simulation
dimension 3
units metal
```

```
boundary s s p
atom_style atomic

#create geometry
lattice fcc 3.52
region box block 0 100 0 30 -5 5
create_box   5 box
create_atoms   1 box

#set mass for atom types
mass 1 58.69
mass 2 58.69
mass 3 58.69
mass 4 58.69
mass 5 58.69

#EAM potentials
pair_style eam
pair_coeff * * Ni_u3. eam

#define groups
region 1 block INF INF INF 1.25 INF INF
group lower region 1
region 2 block INF INF 28.75 INF INF INF
group upper region 2
group boundary union lower upper
group mobile subtract all boundary

region leftupper block INF 20 15 INF INF INF
region leftlower block INF 20 INF 15 INF INF
group leftupper region leftupper
group leftlower region leftlower

#set atom types
set group leftupper type 2
set group leftlower type 3
set group lower type 4
set group upper type 5

#compute stress and voronoi volume
compute s all stress/atom NULL
compute vol all voronoi/atom
variable von_press atom sqrt (0.5* ((c_s[1]-c_s [2])^2+ ( c_s[1]-c_s[3])^2 &
      + (c_s[2]-c_s [3])^2+6* ( c_s[4]^2+c_s[5]^2+c_s [6]^2)))/10000/ c_vol[1]
```

```
48
49   #Variables for strain and stress
50   variable l equal ly
51   variable len equal ${l}
52   variable strain equal (ly-v_len)/v_len
53   variable stress equal -pyy/10000
54
55   #initial velocities
56   compute new mobile temp
57   velocity mobile create 1 887723 temp new
58   velocity upper set 0.0 0.1 0.0
59   velocity mobile ramp vy 0.0 0.1 y 1.25 28.75 sum yes
60
61   #Fixes
62   fix 1 all nve
63   fix 2 boundary setforce NULL 0.0 0.0
64
65   #Run simulation
66   timestep 0.001
67   thermo 1000
68   thermo_modify temp new
69   neigh_modify exclude type 2 3
70
71   #output
72   dump 1 all custom 1000 dump. crack id type x y z v_von_press
73   fix 3 all ave/ time 5 40 1000 v_strain v_stress file ori. crack
74   run 100000
```

关键参数注解:

赋予不同区域不同的原子类型,对不同类型原子后续有不同的操作。

● group mobile subtract all boundary

除上边缘和下边缘处以外的原子(见图 7.13)。

● region 2 block INF INF 28.75 INF INF INF

　group upper region 2

蓝色区域后续设置为类型 2(见图 7.13)。

● group leftlower region leftlower

左侧浅蓝色方块后续设置为类型 3(见图 7.13)。

● velocity mobile ramp vy 0.0 0.1 y 1.25 28.75 sum yes

赋予 group mobile 沿 y 方向的线性速度。起始速度为零,终止速度为 0.1 Å/ps,起始位置为 $y=1.25$ Å,终止位置为 $y=28.75$ Å,sum yes 表示新速度将会叠加到现有速度上(sum no 表示新速度将会替换现有速度)。

● neigh_modify exclude type 2 3

进行拉伸和裂纹扩展,在 group mobile 中发生,设置类型 2 和类型 3 的原子之间无作用力,以产生裂纹。

7.9.2 应力应变与微结构演化

1) 应力-应变曲线

由图 7.14 可知:在裂纹萌生的阶段即 *OB* 段,随着载荷的继续增加,应变不断增大,而应力也随应变增大而增大;*BD* 段为裂纹稳态扩展的阶段,此时随着应变的增加,应力不会随之改变,裂纹扩展的速度较为平缓;*DF* 段为屈服阶段,在裂纹稳态扩展后,阻力使裂纹尖端处应力集中,能量足以破坏原始晶格结构,造成尖端原子非晶化,一旦应力集中达到一定程度,阻力即被克服,裂纹尖端钝化;在 *F* 点之后,裂纹尖端已钝化,并且裂纹尖端的集中应力重新分布。

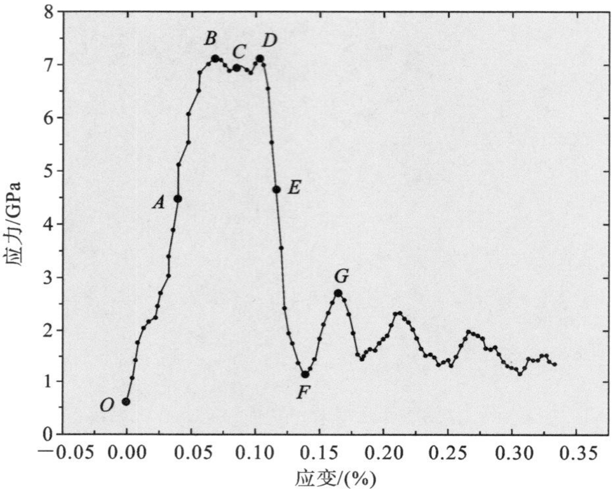

图 7.14 裂纹扩展过程中的应力-应变曲线

2) 微观结构演变

图 7.15 所示为裂纹扩展中的微观结构演化情况,图 7.16 所示为裂纹扩展过程中的残余应力分布情况。

如图 7.15 和图 7.16 所示:初始状态下类型 2 和类型 3 的原子之间没有相互作用力,以产生裂纹。当对样品施加载荷时(对应 *A* 点),裂纹开始萌生。随着加载的继续,裂纹萌生完成(对应 *B* 点)。在 *BD* 段,裂纹持续扩展,应力逐渐在裂纹尖端处集中,形成剪刀型应力分布。到达 *D* 点后,裂纹需要克服更大的阻力才能继续扩展。此时,应力在裂纹尖端处高度集中,导致尖端原子晶格破坏,形成非晶原子。当应力集中达到一定程度时,裂纹得以继续扩展。此时,裂纹前端区域屈服,产生堆垛层错以释放集中应力。应力重新分布后到达 *F* 点。在 *F* 点之后,裂纹继续钝化,集中应力降低。继续加载,钝化的裂纹继续扩展,直至最终导致材料破裂。

本节采用分子动力学方法探讨了单晶 Ni 的裂纹扩展机制。裂纹萌生后,在继续扩展中将受到阻碍,导致应力在裂纹尖端处集中。当应力集中达到一定程度时,高能量将破坏尖端裂纹附近的晶格结构,导致非晶原子的形成。巨大的应力使裂纹得以继续扩展,且速度迅速。扩展到一定程度后,需要克服更大的阻力,此时裂纹尖端钝化。裂纹尖端钝化后,裂纹

$\varepsilon=0$，对应点 O $\varepsilon=0.038$，对应点 A

$\varepsilon=0.071$，对应点 B $\varepsilon=0.087$，对应点 C

$\varepsilon=0.106$，对应点 D $\varepsilon=0.116$，对应点 E

$\varepsilon=0.1375$，对应点 F $\varepsilon=0.162$，对应点 G

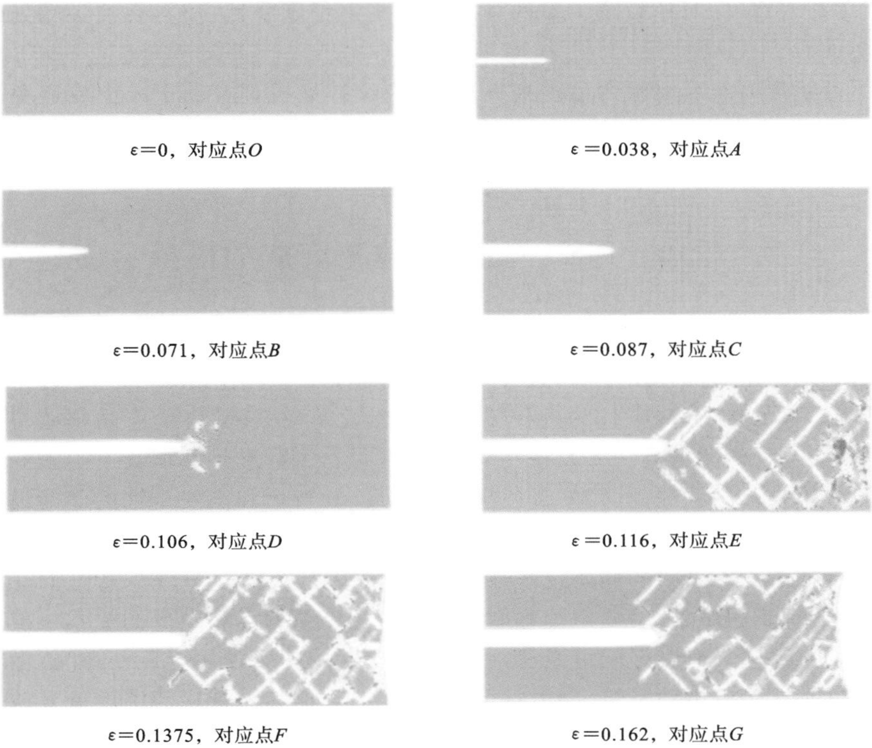

图 7.15　裂纹扩展过程中的微观结构演化情况

$\varepsilon=0$，对应点 O $\varepsilon=0.038$，对应点 A

$\varepsilon=0.071$，对应点 B $\varepsilon=0.087$，对应点 C

$\varepsilon=0.106$，对应点 D $\varepsilon=0.116$，对应点 E

$\varepsilon=0.1375$，对应点 F $\varepsilon=0.162$，对应点 G

20 GPa

0 GPa

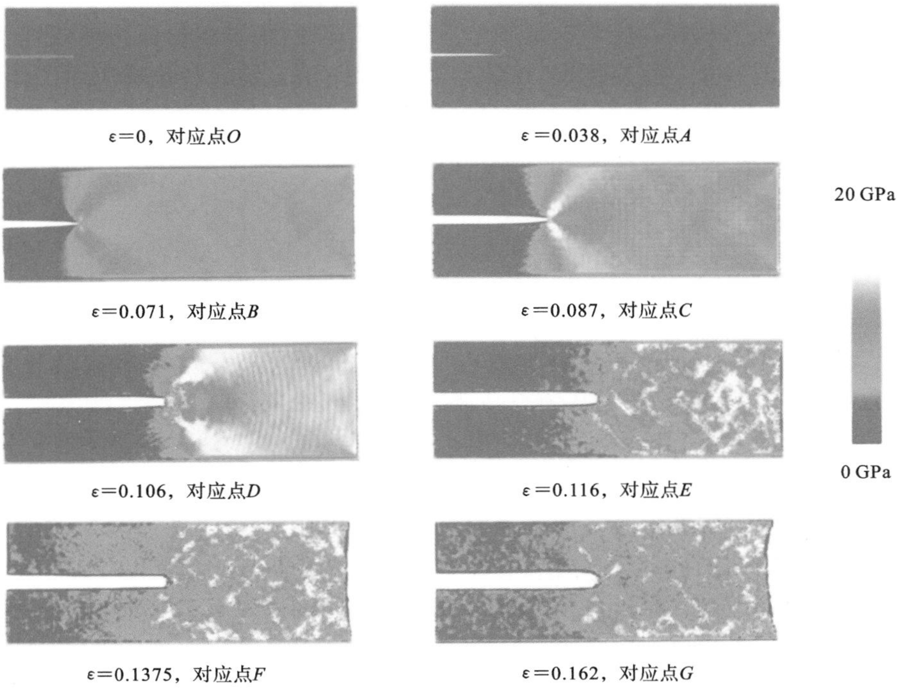

图 7.16　裂纹扩展过程中的残余应力分布情况

张开，裂纹逐渐变宽，同时使裂纹尖端的局部应力集中程度降低，使得裂纹尖端处的应力分布重新调整。

疲劳裂纹扩展对金属材料的危害极大，研究裂纹扩展机理有助于减少或避免裂纹扩展对材料性能的影响。尽管目前对金属疲劳裂纹扩展的研究已取得一定成果，但仍需进一步深入探讨疲劳裂纹扩展过程，为提高金属材料的抗疲劳性能提供理论支持。

7.10 LiS 锂硫电池体积膨胀的模拟

随着电气化在现代社会的快速发展，智能家居、无人机等新型电子设备在我们的日常生活中发挥着越来越重要的作用。因此，新储能技术的研究与应用变得尤为关键[314]。在过去的几十年里，锂离子电池(LIB)作为一种关键的储能设备，在移动电子产品领域得到了广泛应用。然而，在电动汽车等高功率设备出现后，高能量密度需求日益增长[315]，锂离子电池显然已无法满足这种需求。因此，开发具备高能量密度、长寿命和高安全性的储能设备变得非常重要[316-318]。

锂硫电池作为一种新兴的储能技术，因其高能量密度、低成本和环保特性而受到广泛关注[319]。相较于锂离子电池，锂硫电池拥有更高的理论能量密度和更低的成本。硫作为正极材料，其充、放电反应具有良好的可逆性，可实现长周期的循环使用。此外，锂硫电池具备优越的环保性能和较轻的电池重量，能满足全球对绿色、环保和轻量化能源设备日益提升的需求，因此更适合商业化应用[320]。

为了将锂硫电池推向商业化应用，我们需要进行大量的基础研究和技术创新。当前，关于锂硫电池的材料设计、电解质系统、电极反应机制以及电池循环寿命等的研究正处于活跃状态。锂硫电池的正极材料主要为硫单质(S_8)或多硫化锂，而负极材料为锂或锂合金。与锂离子电池的嵌入式电化学反应不同，锂硫电池是基于 S_8 分子的转化反应而工作的，如图7.17(a)所示。通常情况下，在醚类电解质中，每 1 mol 的硫参与反应，转移 2 mol 的电子[321]。这种独特的反应过程为锂硫电池提供了较高的能量密度。相应的电化学反应式如下：

总：$$S_8 + 16Li \rightarrow 8Li_2S$$

负：$$Li \leftrightarrow Li^+ + e^-,\quad Li_2S_n + Li \rightarrow Li_2S_m\ (3 \leqslant m < n \leqslant 8) + e^-$$

正：$$S_8 + Li^+ + e^- \leftrightarrow Li_2S_n\ (n = 3 \sim 8),\quad Li_2S_m + Li^+ + e^- \leftrightarrow Li_2S_2/Li_2S$$

图7.17(b)展示了典型锂硫电池充放电原理。在这一过程中，S_8 首先转化为 Li_2S_n，然后再转化为 Li_2S_2/Li_2S，伴随着从固态到液态再到固态的转变，硫链逐渐缩短。S_8 分子最初迅速还原为 S_8^{2-}，然后还原为 S_6^{2-}，此时电压通常稳定在 2.3 V 附近(放电平台一)。随着 S_6^{2-} 还原为 S_4^{2-}，电压降低至 2.1 V。在这个过程中，每 1 mol 的硫参与转化，转移0.5 mol 的电子，产生 418 mAh/g 的容量。接下来，S_4^{2-} 继续还原为不溶于电解质的 Li_2S_2 和 Li_2S，此过程中电压保持在 2.1 V(放电平台二)，每 1 mol 的硫参与转化，转移 0.5 mol 的电子，产生 1254 mAh/g 的容量。在充电过程中，Li_2S 转化为 S_8，与放电过程形成一个循环[323]。

在理想情况下充放电循环可逆，但实际上通常无法达到锂硫电池的理论比容量，即充放电过程不可逆。这主要与活性物质硫和锂的低利用率有关。其中，一个重要原因是放电过

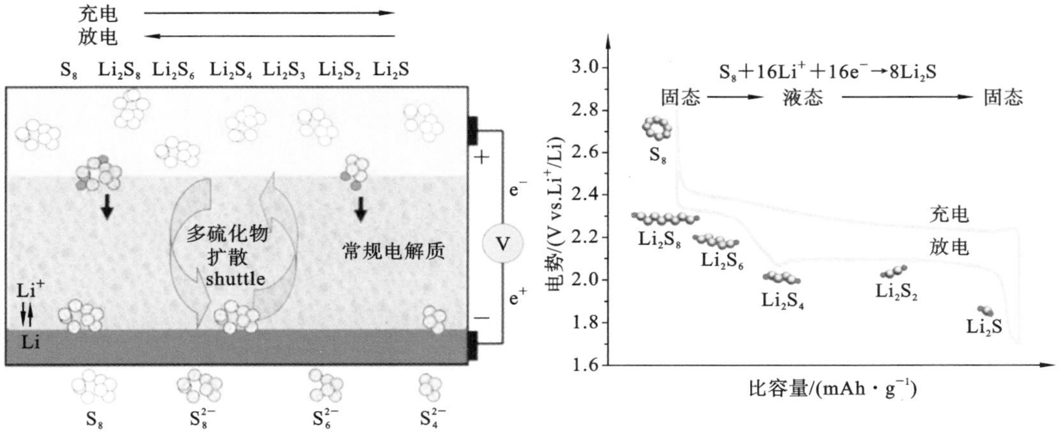

(a)　　　　　(b)

图 7.17　锂硫电池体积膨胀模拟

(a) 锂硫电池反应机理[322]；(b) 锂硫电池理论充放电曲线[323]

程中硫到 Li_2S 的转化导致了严重的体积膨胀。具体来说，α 相硫和 Li_2S 的密度分别为 2.07 g/cm³ 和 1.66 g/cm³，摩尔质量分别为 32 g/mol 和 46 g/mol。根据这些数据，我们可以粗略计算出放电过程中会发生较大的体积膨胀。因此，在电极中，活性硫在反复的体积变化过程中逐渐粉化，与基体分离后失去电接触能力，导致失活，从而造成不可逆的容量衰减[324]。另外，当电极中存在微小缺陷时，电池膨胀将使缺陷更加明显，甚至可能引发燃烧或爆炸。

7.10.1　关键参数与输入脚本

本次分子动力学模拟旨在研究随着 Li 的嵌入锂硫电池模型体积的膨胀变化。输入文件主要分为 Li_xS 的结构文件和 LAMMPS 输入脚本。关于 Li_xS 的构型，考虑基于 α-S 体相结构[325]（128 个 S 原子），借助 Python 程序随机插入不同数目（$128x$）的 Li 原子，共 $128\times(1+x)$ 个原子。下面给出以 Li_2S 为例的模板。

1. 关键模拟参数

- 分子动力学程序：lammps-23Jun22。
- 材料体系：Li_xS。
- 模拟超胞尺寸（初始）：25.47 Å×12.32 Å×14.77 Å（初始 α-S 体相结构）。
- 原子间势场文件：ffield.reax.LiS[326]。
- 温度变化曲线：升温＋快速退火。

ffield.reax.LiS 势函数文件包含库仑项 E_{Coulomb}：

$$E_{\text{system}}=E_{\text{bond}}+E_{\text{over}}+E_{\text{under}}+E_{\text{lp}}+E_{\text{val}}+E_{\text{tor}}+E_{\text{vdWaals}}+E_{\text{Coulomb}}$$

因此需在结构文件中指定电荷信息（第三列）；粗略模拟中我们忽略电荷，可将所有原子电荷设置为 0。

2. 输入脚本

代码 7.12 为 Li 原子坐标文件。

代码 7.12　坐标文件 Li256S128.dat

```
384 atoms
2atom types
0.000000   25.4694900513   xlo xhi
0.000000   12.3249082565   ylo yhi
0.000000   14.7730722427   zlo zhi
0.000000000   0.000000000   0.000000000   xy xz yz
Masses
1  32.065
2  6.941
Atoms
1  1  0  10.691130638  0.200227380  1.010932446
2  1  0  10.691130638  12.124681473  13.762139320
3  1  0  14.778359413  12.124681473  1.010932446
4  1  0  14.778359413  0.200227380  13.762139320
…
```

Li_xS 膨胀输入脚本见代码 7.13,其用于实现以下过程:Li 嵌入后 S 变成无定形相,考虑升温使 Li_xS 融化并快速退火以构建无定形结构,然后在 *NPT* 系综和大气压下计算室温下的无定形相体积,与 Li 嵌入前的体积对比。

代码 7.13　Li_xS **膨胀输入脚本** in. LiS

```
# Set simulation units and atom style
units metal
atom_style charge
boundary p p p

# Read data file containing the initial structure
read_data Li256S128.dat

# Define the pair style and coefficients for the reactive force field
pair_style reax/c NULL checkqeq no
pair_coeff * * ffield.reax.LiS S Li
neighbor 3.0 bin

# Perform conjugate gradient minimization
min_style cg
minimize 1e-15 1e-15 10000 10000

# Initialize velocities
velocity all create 300 96588

# Define thermodynamic property variables
variable N equal step
```

```
variable T equal temp
variable Natom equal count(all)
variable V equal vol/v_Natom

# Output atomic coordinates to a LAMMPS trajectory file
dump 1 all custom 1000 dump.lammpstrj id type x y z

# Stabilize at room temperature using NVT ensemble
fix 1 all nvt temp 300 300 10
thermo 1000
thermo_style custom step temp press density vol
run 3000
unfix 1

# Heat system slowly using NPT ensemble
fix 2 all npt temp 300.0 1800.0 100 iso 1.0 1.0 1000 drag 1.0
thermo 1000
run 10000
unfix 2

# Maintain system at melting temperature using NPT ensemble
fix 3 all npt temp 1800.0 1800.0 100 iso 1.0 1.0 1000 drag 1.0
thermo 1000
run 2000
unfix 3

# Rapidly quench the system using NPT ensemble
fix 4 all npt temp 1800.0 300.0 1 iso 1.0 1.0 1000 drag 0.1
thermo 10
run 100
unfix 4

#  Stabilize the amorphous LixS at room temperature using NPT ensemble
fix 5 all npt temp 300 300 100 iso 1.0 1.0 1000 drag 1.0

# Output atomic coordinates of the amorphous structure
dump 2 all custom 1000 dump_amorphous.lammpstrj id type x y z

# Output thermodynamic properties
thermo 1000
run 50000
```

关键脚本注解：

- atom_style charge

因为所用的 reax/c 势场要求有原子坐标以及电荷的信息，所以需要指定 atom_style 为

charge。

- fix 4 all npt temp 1800.0 300.0 1 iso 1.0 1.0 1000 drag 0.1
  thermo 10
  run 100

为了实现快速退火,温度从 1800 K 降到 300 K 仅用了 100 个时间步。

7.10.2 关于 Li 嵌入与体积膨胀的讨论

首先,可以在输出的 logfile 文件中找到 "Step Temp Press Density Volume"后的输出信息,其中第二列为温度,最后一列为对应的体积,反映了模拟过程中体积的变化。以 Li_2S 为例,其相关输出结果见代码 7.14。同时,如图 7.18 所示,可借助 OVITO 软件将 Li 原子嵌入 α-S 单质后的变化过程可视化。不难看出,初始随机嵌入的 Li 原子的位置不尽合理,通过 LAMMPS 模拟 Li_xS 的升温融化以及快速退火过程,Li_xS 原子弛豫并发生显著的体积膨胀。

代码 7.14 输出文件 logfile

```
Step Temp Press Density Volume
16000   437.80739   -3470.8951   1.1645484   8386.0729
17000   315.46505   -6038.4837   1.3034949   7492.1566
18000   290.01856   -6478.4075   1.3167985   7416.4635
19000   291.05785   -1389.2587   1.3433852   7269.6855
20000   297.93403   -2433.3006   1.3597109   7182.4005
20170   297.80263   938.99847   1.3663549   7147.4756
Loop time of 749.102 on 1 procs for 5000 steps with 384 atoms
```

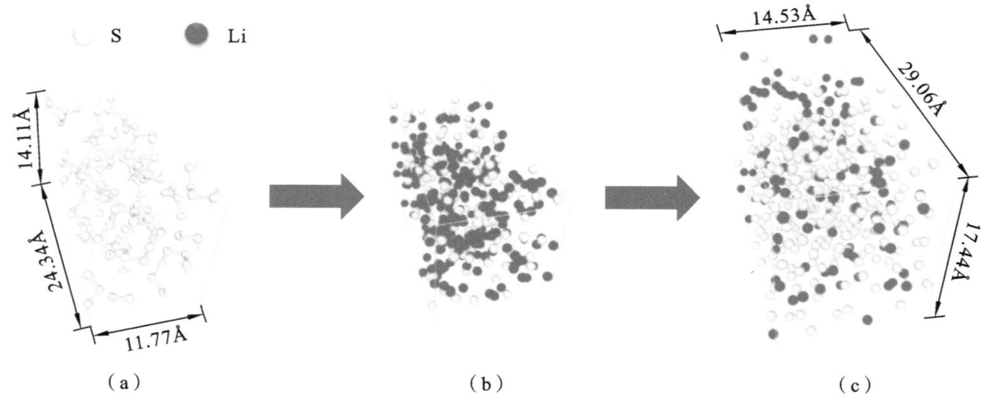

图 7.18 体积膨胀的模拟结果

(a) 结构优化后包含 128 个 S 原子的 α-S 晶胞;(b) 随机嵌入 256 个 Li 原子的 Li_2S;(c) 退火后稳定的 Li_2S 结构

接下来,以相同方法分别模拟出 x=0.00、0.25、0.50、1.00 时 Li_xS 的体积,与原始 α-S 体相体积相比,绘制 Li 原子嵌入后 Li_xS 的体积膨胀曲线(见图 7.19)。我们发现,模拟出的 Li_2S 的体积膨胀了 76%,这与已经报道的实验数据[327](膨胀约 80%)较为吻合。

综上所述,本节基于分子动力学方法,通过升温融化和快速退火构建了 Li 原子嵌入 S

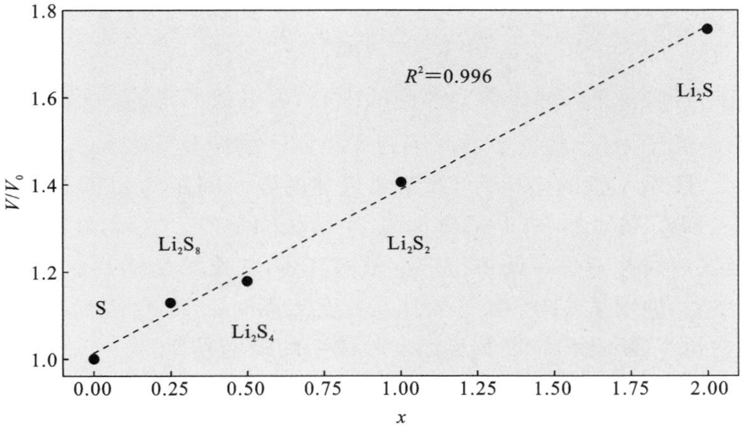

图 7.19 Li 原子嵌入后 Li_xS 的体积变化(相对于 $x=0$ 时的纯相 S)

的无定形结构,模拟了锂硫电池在 Li 原子嵌入过程中体积膨胀的变化。从纯相 α-S 到 Li_2S,体积最终膨胀约 76%,与理论计算结果(参见文献[326])和实验数据相符。

7.11 体相 Pt 的熔点与径向分布函数计算

铂(Platinum)是一种化学元素,化学符号为 Pt,属于贵金属,其单质通常称为白金,原子序数为 78。铂较为柔软,有良好的延展性、热导性和电导性。本节将讨论铂的熔化过程和熔化过程中微观局域原子排列的变化。

熔化是晶体从固态转变为液态的过程,对应的温度称为熔点。因此,只要能够通过某种指标来标识这种固液相变过程,实际上就能够计算出固体的熔点。有许多指标可以用来标识这种转变,较为简单的方法是直接根据体积变化进行判断。固体升温时体积会发生膨胀,在转换为液态时,体积会有较大的增加。通过观察体积随温度的变化关系,可以大致确定熔点。此外,还有与原子有序度相关的指标,如均方位移(MSD)和林德曼指数(Lindemann index)等可用于判断晶体熔点。MSD 表示原子偏离其平衡位置的程度,其定义式如下

$$\mathrm{MSD}=\langle |\boldsymbol{r}(t)-\boldsymbol{r}(0)|^2\rangle \tag{7.8}$$

式中:⟨⟩表示对组内的所有原子进行平均。MSD 的量与体相材料的状态存在对应关系:当体系是固态时,即体系温度处于熔点之下时,均方根位移存在上限值;当体系处于液态时,均方根位移随着温度的升高呈线性。

径向分布函数(RDF)表示在一定的原子间距 dr 内,原子出现的概率或者个数。对于径向分布函数 $g(r)$,r 表示某一原子到中心原子的距离,$g(r)$则表示在某个距离上出现原子的概率,有:

$$g(r)=\frac{\mathrm{d}n_r}{4\pi^2\mathrm{d}r} \tag{7.9}$$

式中:$\mathrm{d}n_r$ 为厚度为 dr 的壳层内粒子的数量。

配位数(coordinate number)表示在距离中心原子 r' 的范围内的粒子数目,是径向分布

函数的球积分，其表达式为

$$n(r') = 4\pi\int_0^{r'} r^2\,\mathrm{d}r \tag{7.10}$$

以完美 FCC 晶体为例，将某一原子作为晶胞的中心，可以把原来的晶胞转变为如图 7.20 所示的晶胞。从一个原子出发，最近邻的原子到这个原子的距离为$\sqrt{2}/2a$，a 为晶格常数，且这样的原子有 12 个，所以 y 轴的坐标为 12；第二近邻的原子间距为 a，且原子数为 6 个，所以 y 轴的坐标为 6。BBC 晶体和 HCP 晶体都与 FCC 晶体类似。然而，在许多情况下，我们看到的径向分布函数曲线并不是一条平行于 y 轴的直线，其原因是体系并不是完美的 FCC 结构，会存在半峰展宽，如图 7.21 所示。当引入温度因素时，原子会因为热运动而振动，脱离完美的 FCC 晶格位点，因此半峰展宽可以反映体系的畸变程度。

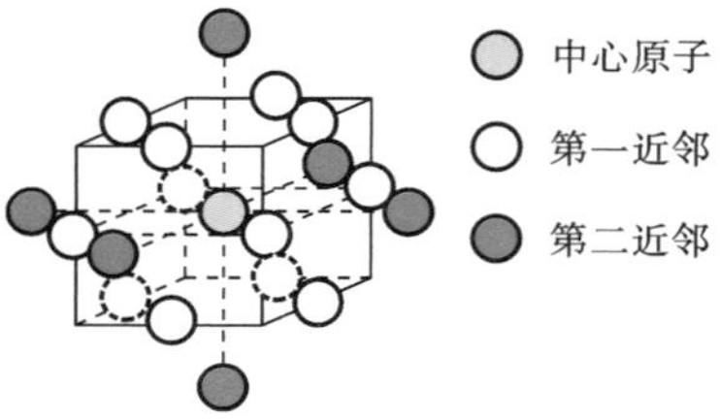

图 7.20　以某一原子作为晶胞中心时的 FCC 结构示意图

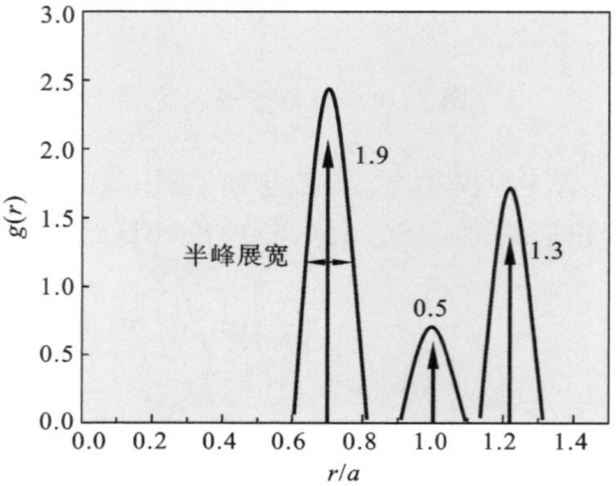

图 7.21　FCC 晶胞径向分布函数与约化距离(r/a)的关系

注：箭头表示 δ 函数。

径向分布函数反映的是在给定的距离内原子出现的概率或原子数。溶液的径向分布函数体现出短程有序、长程无序的特征，引入温度因素后，原子会在晶格位点振动，导致半峰展宽的出现。随着温度的增加，原子能量增加，导致原子在晶格位点的振动幅度增加，反映在径向分布函数曲线中为半峰展宽的增加。此外，温度增加使溶液体系的无序度增加，使溶液在更短的距离内就呈现短程无序的现象，表现为径向分布函数曲线在第一近邻后的波动幅度更小，更快接近一个常数。

7.11.1　关键参数与输入脚本

1. 关键模拟参数

- 分子动力学程序：使用 *NPT* 系综进行晶格弛豫。
- 材料体系：晶格常数为 3.92 Å、FCC 结构的 Pt 晶体。
- 模拟超胞尺寸：5 Å×5 Å×5 Å。
- 原子间势场：Pt_u3.eam。
- 温度：1000～2200 K。

2. 输入脚本

本次模拟所需的输入脚本见代码 7.15。

代码 7.15　输入脚本 in. Ptmelt

```
# Initialization
units metal
boundary p p p
atom_style atomic
timestep 0.001

# Get Pt nanoparticle
variable A0 equal 3.9239
lattice fcc $ {A0}
region mybox block 0 5 0 5 0 5
create_box 1 mybox

# Using eam potential
pair_style eam
pair_coeff 1 1 Pt_u3.eam

# Create atoms in the simulation box
create_atoms 1 box

# Set output frequency for thermodynamic properties
thermo 1000

# Define variables for thermodynamic properties
variable N equal step
variable pote equal pe
variable Etotal equal etotal
variable T equal temp
variable Press equal press
variable V equal vol

# Compute potential energy, kinetic energy, and coordination number per atom
compute 3 all pe/atom
compute 4 all ke/atom
compute 5 all coord/atom cutoff 3.0
comm_modify cutoff 12

# Generate initial velocities with a Gaussian distribution
velocity all create 2.5 82577 dist gaussian

# Compute and output radial distribution function (RDF)
compute myRDF all rdf 200 cutoff 10
fix myRDF all ave/time 100 5 1000 c_myRDF[*] file tmp.rdf mode vector

```

```
44   # Relax the system at 2.5K using NVT ensemble
45   fix 1 all nvt temp 2.5 2.5 0.2
46   run 100000
47   unfix 1
48
49   # Relax the system at 1000K using NVT ensemble
50   variable x equal 1000
51   velocity all create $x 82577 dist gaussian
52   fix 1 all nvt temp $x $x 0.2
53   run 100000
54   unfix 1
55
56   # Output thermodynamic properties
57   fix extra all print 100 "${N} ${T} ${V} ${pote} ${Etotal} ${Press}" file data
58
59   # Output atomic coordinates and trajectory in different formats
60   dump 1 all atom 1000 melt_Pt.atom
61   dump 2 all dcd 1000 melt.dcd
62
63   # Compute mean square displacement (MSD) and output the results
64   compute myMSD all msd
65   fix msd all ave/time 10 100 1000 c_myMSD[1] c_myMSD[2]&
66                    c_myMSD[3] c_myMSD[4] file msd.data
67   dump_modify 2 unwrap yes
68
69   # Heat the system from 1000K to 2200K using NPT ensemble
70   fix 1 all npt temp $x 2200 0.2 iso 0 0 10
71   run 1200000
```

关键脚本注解:

● comm_modify cutoff 12

设置 ghost atom 的截断半径为 12 Å。在进行并行计算时每个处理器只需要计算自己被分配到的原子,但是势函数计算需要知道靠近这些原子的近邻原子信息,这一些近邻原子的坐标等信息也被用于处理器的处理,被称为虚原子。本例中设置了径向分布函数计算用的截断半径为 10 Å,因此径向分布函数计算时需要知道距离中心原子截断半径内所有原子的位置信息,所以 comm_modify cutoff 的设置值需要大于径向分布函数计算用的截断半径。

● compute myRDF all rdf 200 cutoff 10

在距离中心原子 0~10 Å 内得到径向分布函数上的 200 个点。

● fix myRDF all ave/time 100 5 1000 c_myRDF[*] file tmp. rdf mode vector

指定每 100 步计算一次径向分布函数,每 1000 步用最近的五次径向分布计算值计算一次平均值,用于输出径向分布信息。本例中径向分布函数每一次的输出信息为一个二维数组,其中行数为 Nbins,列数为 4,第一列是每个 bin 的序号,第二列是距离 r,第三列是距离 r + Δr 内原子的数量 $g(r)$,第四列是距离 r 内所有原子的数量 $coord(r)$,即 $g(r)$ 的积分。

● compute myMSD all msd

计算所有原子的 MSD,msd 为计算径向分布函数的关键词。

7.11.2 MSD 与熔点关系的讨论

图 7.22 展示了 Pt 晶体体积和 MSD 随温度变化的情况。从图中可以观察到,无论是熔化还是未熔化的 Pt 晶体,其体积都随着温度升高而线性增加。然而,在熔化温度附近存在一个突变点,在该点处晶体体积显著增加。与此同时,MSD 在未熔化状态下变化不大,但当 Pt 晶体处于熔化状态时,MSD 随着温度的升高也显著增加。这两种方法得到的熔点均在 1920 K 左右,与实验熔点 2045 K 的差距约为 6%。

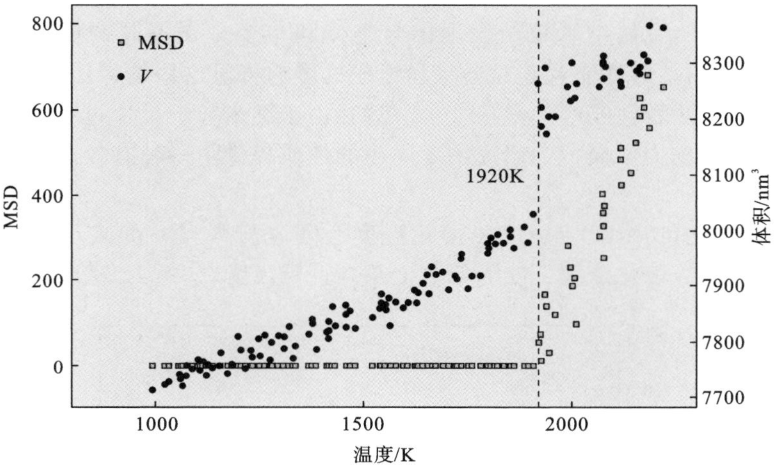

图 7.22 随着温度升高 Pt 晶体体积和 MSD 的变化

图 7.23 展示了 Pt 在 2.5 K、1000 K、1500 K 和 2200 K 下的径向分布函数。可以看到,随着温度的升高,Pt 的径向分布函数曲线峰高降低,半峰展宽增大,并且在更近的原子距离处即可体现出长程无序的结构特征。这是因为随着温度的升高,原子受到的热运动影响变

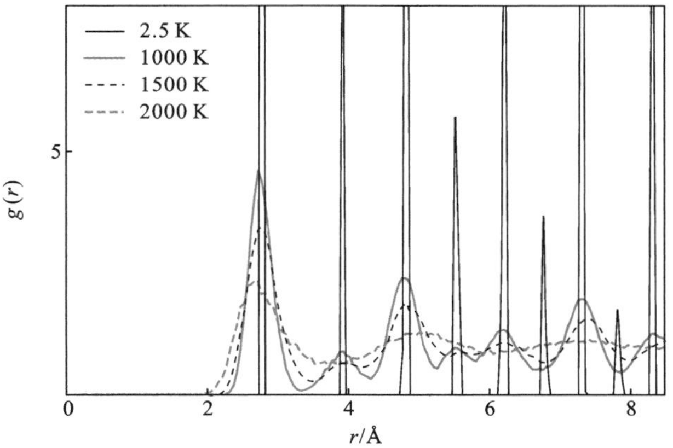

图 7.23 Pt 在 2.5 K、1000 K、1500 K 和 2200 K 下的径向分布函数

得更为显著,原子振动的幅度也随着能量增加而变大,从而导致第一近邻的径向分布函数值降低。此外,由于原子具有更高的能量,因此更容易克服原子间的作用力,从而增加了体系的无序程度。这一特征在图 7.21 中表现为第一近邻之后的径向分布函数曲线波动幅度减小。同时,随着温度的升高,径向分布函数在第一近邻后的波动幅度更小,更快地趋近于一个常数,体现了液体的短程有序、长程无序的性质。

7.12 Pt 纳米颗粒的熔点与表面熔化

铂因其稳定性和良好的催化反应性能而成为工业催化材料的首选。设计和合成具有可控尺寸和表面结构的活性铂纳米粒子、提高铂催化活性是一项具有挑战性的任务[328]。由于表面原子的大量存在,金属纳米粒子表现出与整体和单个分子不同的物理、化学和电子性质。金属纳米团簇的熔融性能及其对形状和组成的影响将对这些纳米团簇在各个应用领域的合成方法、加工方法和性能产生影响[329]。然而,由于纳米粒子尺寸过小,无法进行宏观热力学分析[330]。分子动力学模拟为研究纳米团簇的性质提供了一种有效的工具,有助于实验工作的开展[331]。

与块状材料相比,纳米尺寸金属的熔化温度会随着材料尺寸的减小而发生显著变化。对于纳米尺寸的金属,熔化温度可能降低数十至数百摄氏度,如图 7.24 所示。

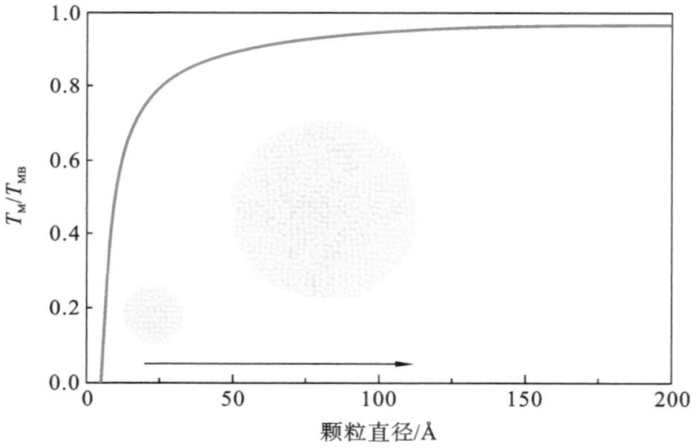

图 7.24 纳米颗粒的归一化熔化曲线

注:T_{MB}为颗粒的熔化温度,T_M 为体相结构的熔化温度。

7.12.1 关键参数与输入脚本

计算林德曼(Lindemann)指数和绘制单位原子能量随温度变化的曲线,根据函数的突变点即可得到金属的熔点。Lindemann 指数被广泛地用于表征纳米粒子的熔融转变[332]。在非周期系统中,Lindemann 指数比扩散系数更方便使用,这是因为在计算原子间的相对偏移量时,无须首先从单个原子的动态行为中排除纳米粒子的质心移动和旋转。Lindemann 指数是键长波动的相对均方根 δ,定义为

$$\delta = \frac{2}{N(N-1)} \sum_{i} \sum_{i<j} \frac{\sqrt{\langle r_{ij}^2 \rangle_t - \langle r_{ij} \rangle_t^2}}{\langle r_{ij} \rangle_t} \tag{7.11}$$

式中：r_{ij} 是原子 i 和原子 j 之间的距离；N 是原子的数目；t 表示时间平均。随着熔融温度的增大，Lindemann 指数会产生突然的跳跃。

1. 关键模拟参数

- 分子动力学程序：lammps-23Jun22。
- 材料体系：晶格常数为 3.92 Å、FCC 结构的 Pt 纳米颗粒。
- 构型：一个半径为 2.4～7.2 nm 的球形 Pt 纳米颗粒。
- 模拟超胞尺寸：40 Å×40 Å×40 Å。
- 原子间势场文件：Pt_u3.eam。
- 温度：500～2000 K，每隔 100 K 取一个点。

2. 输入脚本

输入脚本主要包含两个部分：Pt 纳米颗粒的生成和计算过程。首先，在生成部分，通过循环方法，依次生成直径在 4.2～12.6 nm 范围内的 Pt 纳米颗粒。然后，在计算部分，对每个 Pt 纳米颗粒在 500～2000 K 温度范围内，每隔 100 K 进行计算，分别得到单原子的平均能量和纳米颗粒的构型。这种输入脚本设计使得我们能够系统地研究不同尺寸和温度条件下的 Pt 纳米颗粒性能。

代码 7.16 为输入脚本 Ptmelt.in。

代码 7.16　输入脚本 Ptmelt.in

```
# Initialization
units metal
boundary p p p
atom_style atomic
timestep 0.001

# Get Pt nanoparticle
variable A0 equal 3.9239
lattice fcc ${A0}
region mybox block 0 40 0 40 0 40
create_box 1 mybox

# Using eam potential
pair_style eam
pair_coeff 1 1 Pt_u3.eam

# Create a spherical Pt nanoparticle at the center of the box
region pt_nano sphere 20 20 20 4
create_atoms 1 region pt_nano

# Thermal equilibrium steps
thermo 1000
variable j loop 0 20
```

```
label loopb
variable temperature equal 1100+10*$j

# Calculate temperature and average energy per atom
variable T equal temp
variable Eatom equal etotal/atoms

# Run NVT ensemble for thermal equilibrium
fix 1 all nvt temp ${temperature} ${temperature} 0.1
run 10000
unfix 1

# Statistical steps
# Output temperature and average energy per atom every 1000 steps
fix extra all print 1000 "${T} ${Eatom}" file data_${temperature}.txt

# Calculate and output time - averaged temperature and energy per atom
fix 2 all ave/time 100 5 1000 v_T v_Eatom file data_ave${temperature}.txt

# Output atomic coordinates every 1000 steps
dump 1 all atom 1000 melt_${temperature}.atom

# Run NVT ensemble for statistical steps
fix 1 all nvt temp ${temperature} ${temperature} 0.1
run 10000
unfix 1
undump 1

# Proceed to the next temperature
next j
jump SELF loopb
```

关键脚本注解:

通过 lattice 命令构建 Pt 的 FCC 晶格结构,通过 region sphere 命令构建球形区域后再利用 create_atoms 命令生成 Pt 纳米颗粒。

● region Pt_nano sphere 20 20 20 4

定义球心坐标为(20,20,30)、半径为 4 的球形 Pt_nano 区域。

● fix 2 all ave/time 100 5 1000 v_T v_Eatom file data_ave${temperature}. txt

计算变量 *T* 和变量 Eatom 的 1000 步的平均值并存至文件 file data_ave${temperature}. txt 中。

代码 7.17 为后处理脚本,其利用 lindemann(filename) 来得到第 n_start 到 n_end 个构型的 Lindemann 指数。

代码 7.17　后处理脚本 postdeal.py

```
from plotparam import plot_1, plot_2, plot_3
from ase import io
import numpy as np

# 林德曼指数计算
def lindemann(filename,n_start,n_end=None):
  '''
  return averaged Lindemann index for Config n_start to n_end in filename
  '''
   if n_end==None:
     atoms=io.read(filename,'% d:'% (n_start),'lammps-dump-text')
   else:
       atoms=io.read(filename,'% d:% d'% (n_start,n_end),'lammps-dump-text')
   N=atoms [0]. positions.shape[0]
   N_t=len(atoms)
   r=np.zeros((N_t,N,N))
   r_ave=np.zeros((N,N))
   r2_ave=np.zeros((N,N))
   for t in range(N_t):
       G=np.dot(atoms[t].positions,atoms[t].positions.T)
       H=np.tile(np.diag(G),(N,1))
       r[t,:,:]=H+H.T-G*2  # 用于存储 t 时刻的 rij

   np.mean(np.sqrt(r),axis=0)
   r2_ave=np.mean(np.power(r,2),axis=0)
   value=np.sqrt(r2_ave-np.power(r_ave,2))/ r_ave
   all_value=0
   for j in range(N):
       for i in range(j):
           all_value=all_value+value[i,j]

   return all_value*2/(N*(N-1))

 # 熔点判断
 def MeltingPoint(Eatom,temperature):
   delta=[]
   for i in range(1,len(Eatom)):
       delta.append(Eatom[i]-Eatom[i-1])
   delta=np.array(delta)
   i=np.argmax(delta)
   return temperature[i-1]
```

7.12.2 熔点与尺寸的定量讨论

高比表面积材料的熔点降低与纳米颗粒原子表面的内聚能降低有直接关系。内聚能是把原子从固体中释放出来所需要的热能。根据 Lindemann 准则,材料的熔化温度与材料的内聚能成正比[333]。靠近表面的原子键合数量少,原子内聚能低,导致高比表面积的纳米颗粒熔点下降。通过经典热力学分析,可以计算出材料的熔点随尺寸变化的理论值:

$$T_{\mathrm{M}}(d)=T_{\mathrm{MB}}\left(1-\frac{4\sigma_{\mathrm{sl}}}{H_{\mathrm{f}}\rho_{\mathrm{s}}d}\right) \tag{7.12}$$

式中:T_{MB}是体相的熔点;σ_{sl}是固-液界面能;H_{f}是体积融化热;ρ_{s} 是固体密度;d 为颗粒直径。式(7.12)称为 Gibbs-Thomson 方程[334]。

通过绘制 Lindemann 指数随温度变化的曲线和单位原子能量随温度变化的曲线,均可根据函数的突变点确定金属的熔点。这两种方法各有优势。如图 7.25(a)所示,Lindemann 指数在金属熔化过程中发生了显著变化,从熔化前的 0.07 变为了 0.14,相对变化了 100%,而单位原子能量随温度的变化则相对较小,仅从原来的 −5.14 eV 变为了 −5.02 eV,因此 Lindemann 指数更能反映纳米颗粒的熔点。但是计算 Lindemann 指数需要很大的成本,计算时间随着半径的增加呈三次方规律上升,因此不适用于大体系。所以在后续计算熔点时普遍采用单位原子能量随温度的变化曲线判断,将能量跳变后的温度定义为纳米颗粒的熔点。

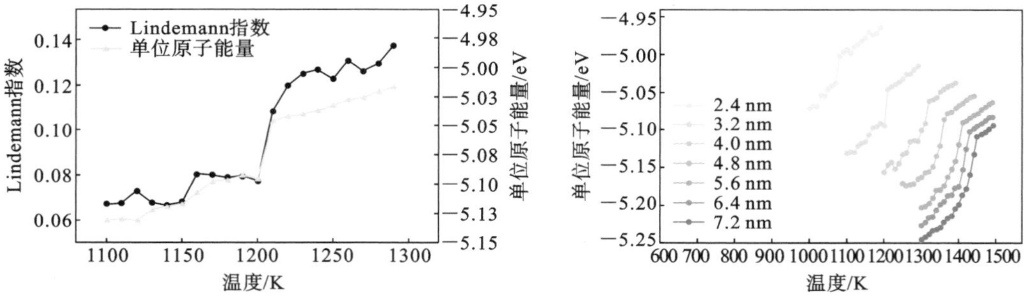

(a)　　　　(b)

图 7.25　Pt 纳米颗粒的熔化现象与熔点计算

(a) 直径为 3.2 nm 的 Pt 纳米颗粒的 Lindemann 指数和单位原子能量随温度的变化曲线;
(b) 不同大小的 Pt 纳米颗粒单位原子能量随温度变化的曲线

如图 7.26 所示,熔点与纳米颗粒尺寸倒数之间的关系可以通过线性拟合来表示。拟合结果线性度较好,意味着纳米颗粒尺寸的倒数与其熔点之间存在较为明显的关联。将拟合得到的直线延伸至与 y 轴相交,得到的截距值为 1615 K,这个值与体相铂的实际熔点(2045 K)相差较远,这说明简单通过有限纳米颗粒熔点的外推来得到体相的熔点并不合适。

寻找 Lindemnn 指数或原子能量突变点的研究方法为研究纳米颗粒熔点提供了一种有效途径,有助于我们深入了解纳米尺度下物质的熔化行为。同时,这种方法还可以用于指导实验和工程应用中纳米材料的熔点预测,为相关领域的发展提供理论支持。

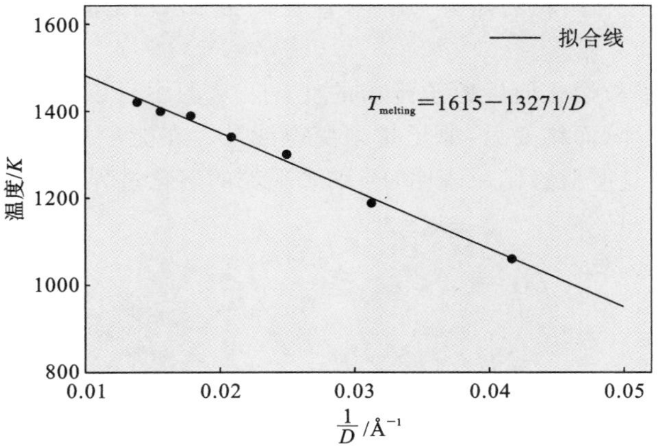

图 7.26　熔点随着纳米颗粒直径倒数变化曲线

7.12.3　表面熔化现象

纳米颗粒的具体熔化过程目前尚未被完全揭示。科学界目前认可以下几种纳米粒子熔化模型：

(1) 均匀熔化模型(HGM)　假设整个纳米粒子在单一温度下从固体转变为液体[333]，纳米颗粒的熔点 T_{NP}与纳米颗粒直径倒数 $1/D$ 成线性关系(见图 7.27(a))：

$$\frac{T_{NP}}{T_{bulk}}=1-\frac{\beta_{HGM}}{D} \tag{7.13}$$

式中：T_{bulk}表示体相熔点；β_{HGM}为拟合参数。

(2) 液相壳模型(LSM)　预测原子的表层先于主体熔化。根据液相壳模型，纳米颗粒的熔化温度是其曲率半径的函数，表达式为

$$\frac{T_{NP}}{T_{bulk}}=1-\frac{\beta_{LSM}}{D-2\delta} \tag{7.14}$$

式中：β_{LSM}综合了表面张力、原子间作用力等因素，用于量化表面属性对熔点的影响；δ 是表面层厚度参数，该层物性与颗粒内部物性不同。由于曲率半径较大，大的纳米颗粒的熔化温

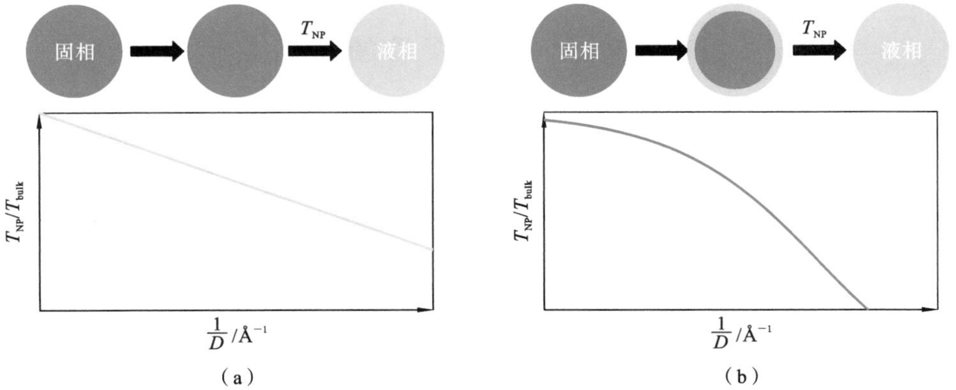

图 7.27　纳米颗粒的熔化模型

(a) 均匀熔化模型；(b) 液相壳模型

度更高[335]。该模型纳米颗粒的熔点 T_{NP} 与直径倒数 $1/D$ 成非线性关系,如图 7.27(b)所示。

图 7.28 展示了颗粒熔化前后原子排布的变化。从图中可以观察到,在能量跳变前,大部分原子排列较为规律,而跳变后,原子排列变得混乱。在能量跳变前,表层的四五个原子层就已经变得紊乱。这些观察结果表明,Pt 纳米颗粒的熔化过程符合液相壳层熔化机理。

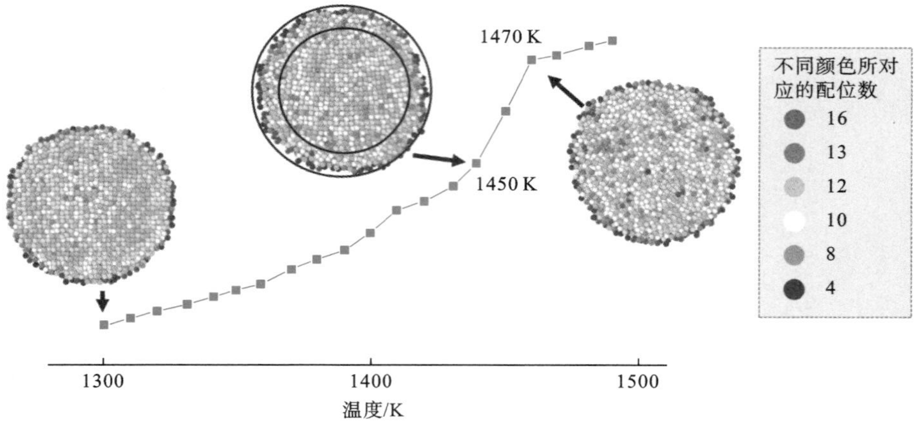

图 7.28　直径为 72 Å 的纳米颗粒在 1300 K、1450 K、1470 K 的温度下原子构型剖面图

综上所述,在本节中,我们研究了 Pt 纳米颗粒熔点的尺寸效应。首先对比了 Lindemann 指数和平均原子能量的突变用于熔点判断的优缺点。Lindemann 指数在纳米颗粒熔化前后有显著变化,而平均原子能量的变化较小,但是 Lindemann 指数的计算成本较高,不适用于较大体系。接下来,我们研究了直径在 2.4~7.2 nm 范围内的纳米颗粒熔点的变化。结果表明,随着尺寸的减小,熔点也随之降低,并且与尺寸倒数成线性关系。最后,通过对比熔化前后纳米颗粒切面图,我们发现表面壳层在温度达到熔点前就已经开始熔化。

这些研究结果有助于我们理解 Pt 纳米颗粒的尺寸效应,并为纳米材料的熔点预测和相变研究提供了理论依据。同时,这些发现也有助于指导纳米材料在实验和工程应用中的性能和稳定性评估。

7.13　Pt 纳米颗粒的烧结

Pt 纳米颗粒因其卓越的催化性能在尾气净化、燃料电池、光催化和生物质分析等领域得到了广泛应用[336-339]。高效的 Pt 催化剂要求具有大的比表面积和较高的工作温度[340]。通常通过减小 Pt 纳米颗粒的尺寸来提高其比表面积,但是较高的工作温度和大的比表面积会加速 Pt 纳米颗粒的烧结作用,从而导致 Pt 纳米颗粒失活速度加快[341,342]。对于许多负载型金属催化剂,当温度超过 500 ℃时,烧结作用就会开始显著影响其性能[343]。因此,深入了解纳米颗粒的烧结作用及其影响因素至关重要。

目前人们通过研究发现,表面扩散、晶界扩散、晶格扩散、机械旋转、塑性变形和蒸发凝结等多种机制导致纳米颗粒比普通尺寸颗粒更易发生烧结作用[344]。在本节中我们将探讨不同尺寸纳米颗粒对烧结作用的影响。

7.13.1 关键参数与输入脚本

纳米颗粒的分子动力学模拟烧结过程可分为三个阶段[345]，如图 7.29 所示。首先是两个纳米颗粒之间形成烧结颈；第二阶段是烧结颈半径逐渐增大，但仍可分辨出两个颗粒的结构；第三阶段是结构致密化，两个纳米颗粒融合为一个较大的颗粒。这些阶段对于理解纳米颗粒烧结过程及其影响因素具有重要意义。输入脚本由两部分组成，分别是纳米颗粒的生成，以及其在 50～1000 K 时的弛豫。

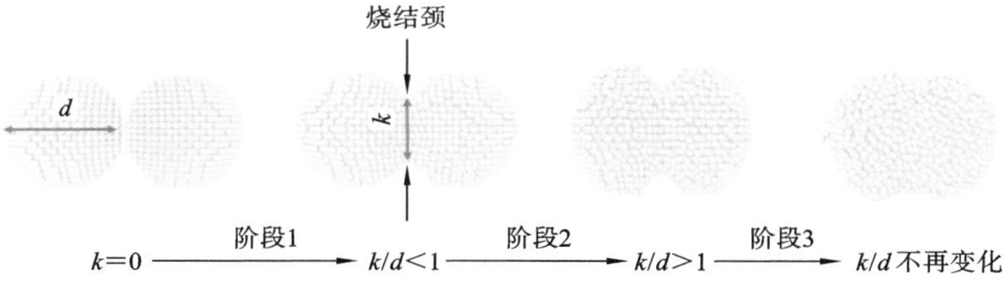

图 7.29 Pt 纳米颗粒烧结的三个阶段

1. 关键模拟参数

- 分子动力学程序：使用 NPT 系综进行晶格弛豫。
- 材料体系：晶格常数为 3.92 Å、FCC 结构的 Pt 纳米颗粒。
- 构型：三个半径为 1.2～4 nm 的球形 Pt 纳米颗粒，且纳米颗粒之间相互接触。
- 模拟超胞尺寸：196 Å×196 Å×196 Å。
- 原子间势场文件：Pt_u3.eam。
- 温度：500 K、100 K、300 K、500 K、700 K、1000 K。

2. 输入脚本

代码 7.18 为纳米颗粒的分子动力学模拟输入脚本。

代码 7.18 纳米颗粒的分子动力学模拟输入脚本 in.Ptsinter

```
# Loop over different sizes of nanoparticles
variable i loop 2 5
label loopa

# Initialization
units metal
boundary p p p
atom_style atomic
timestep 0.001

 # Get three Pt nanoparticles with varying sizes and positions
 variable A0 equal 3.9239
 lattice fcc ${A0}
 variable x equal ${i}+0.25
 variable y equal ${i}*1.73+0.43
 region mybox block -25 25 -25 25 -25 25
```

```
region sphere_pt1 sphere -$x 0 0 $i
region sphere_pt2 sphere $x 0 0 $i
region sphere_pt3 sphere 0 $y 0 $i
create_box 1 mybox
create_atoms 1 region sphere_pt1
create_atoms 1 region sphere_pt2
create_atoms 1 region sphere_pt3

# Using eam potential
pair_style eam
pair_coeff 1 1 Pt_u3.eam

# Output initial structure
dump 1 all cfg 1 coord_$i.*.cfg mass type xs ys zs
run 0
undump 1

# Define triple_neck region between the three nanoparticles
region triple_neck block -$x $x 0 $y -$i $i
group 1 dynamic all region triple_neck every 100

# Output number of atoms in triple neck region
variable N equal step
variable T equal temp
variable Natom equal count(all)
variable V equal vol/v_Natom
variable sinter_atom equal count(1)
thermo 1000

# Run in different temperatures for each nanoparticle size
variable temperature index 50 100 300 500 700 1000
label loopb
fix 1 all nvt temp ${temperature} ${temperature} 0.1
run 30000
dump 1 all atom 1000 melt_$i_${temperature}.atom
fix extra all ave/time 100 5 1000 v_N v_T v_sinter_atom &
          file data_$i_${temperature}.txt
run 20000
unfix extra
undump 1
unfix 1
next temperature
jump SELF loopb

clear
```

```

# Proceed to next nanoparticle size
next i
jump SELF loopa
```

关键脚本注解：

通过 lattice 命令构建 Pt 的 FCC 晶格结构；通过 region sphere 命令构建三个球形区域，再利用 create_atoms 命令生成三个纳米颗粒。

region sphere_pt1 sphere －$x 0 0 $i

region sphere_pt2 sphere $x 0 0 $i

region sphere_pt3 sphere 0 $y 0 $i

创建球形区域，用于确定处于烧结颈区域的原子数目，球心分别为 $(-x,0,0)$、$(x,0,0)$、$(0,y,0)$，半径为 i。

- region triple_neck block －$x $x 0 $y －$i $i

triple_neck 代表烧结颈区域原子集合。本命令定义沿 x、y、z 方向，$[-x,x]$、$[0,y]$、$[i,i]$ 区域为烧结颈区。

- group 1 dynamic all region triple_neck every 100

利用 group dynamic 命令和 count 变量得到烧结颈区域的原子数量，用于反映烧结程度。本命令的含义为每过 100 步，动态地将所有 triple-neck 区域中的原子划分到组 1 中。

注意：希望得到区域内的原子数不能用 group 命令，因为使用 group 命令一旦定义了原子的 group_ID，则在运行过程中即使之前定义的原子不在对应区域内也不再发生变化。group dynamic 命令则定义 group 中的原子随着步数会动态变化。

- variable temperature index 50 100 300 500 700 1000

得到包含 50 K、100 K、300 K、500 K、700 K、1000 K 的 temperature 数组，结合 label loopb、next temperature 以及 jump SELF loopb 遍历 temperature 数组中的温度。

7.13.2 烧结过程可视化与分析

通过 OVITO 可视化，我们可以观察到不同温度下、不同颗粒半径的 Pt 纳米颗粒的几何构型，如图 7.30 所示。随着温度的升高，纳米颗粒烧结作用逐渐增强。尺寸小于 2.8 nm 的纳米颗粒，当烧结温度达到 1000 K 时已基本团聚成一体，形成一个更大的颗粒。随着纳米颗粒尺寸的增加，温度对纳米颗粒烧结作用逐渐减弱。例如，在纳米颗粒直径为 1.2 nm 时，仅 300 K 的温度就足以使纳米颗粒烧结成一个整体。而当纳米颗粒直径达到 3.6 nm 时，在 1000 K 的温度下，纳米颗粒的烧结仍处于第二阶段。

我们可以采用两种方法来分析纳米颗粒的烧结程度。第一种方法是通过计算烧结颈区域中原子数量来衡量烧结程度。如图 7.31(a)所示，随着温度升高，烧结颈区域（见图 7.31(b)）中的原子数量逐渐增加，这表明烧结作用不断加强。通过这种方式，我们可以更好地了解纳米颗粒在不同温度和尺寸条件下的烧结特性。

尽管烧结颈区域的原子数量可以定性地反映纳米颗粒的烧结程度，但由于烧结颈区域的划分具有一定的主观性，因此难以据此进行不同尺寸纳米颗粒之间的横向比较。为了解

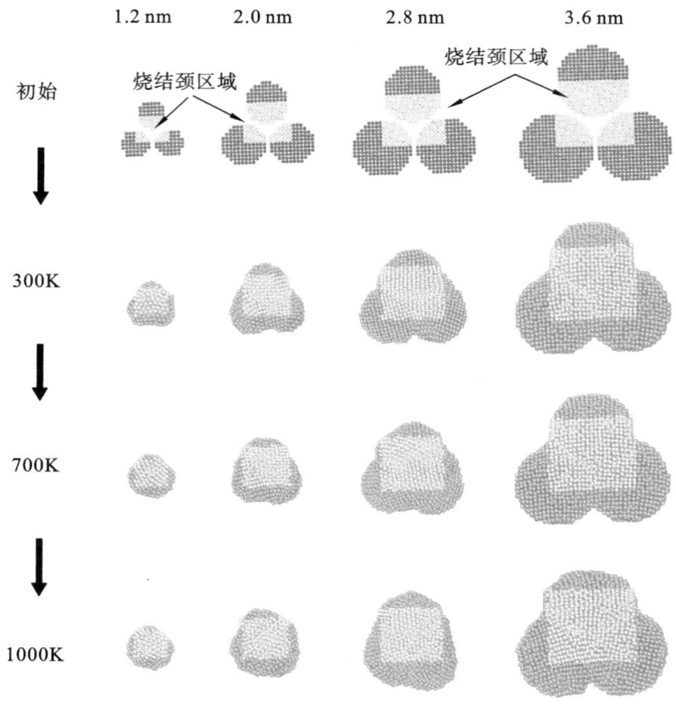

图 7.30　不同温度下不同半径的 Pt 纳米颗粒的几何结构

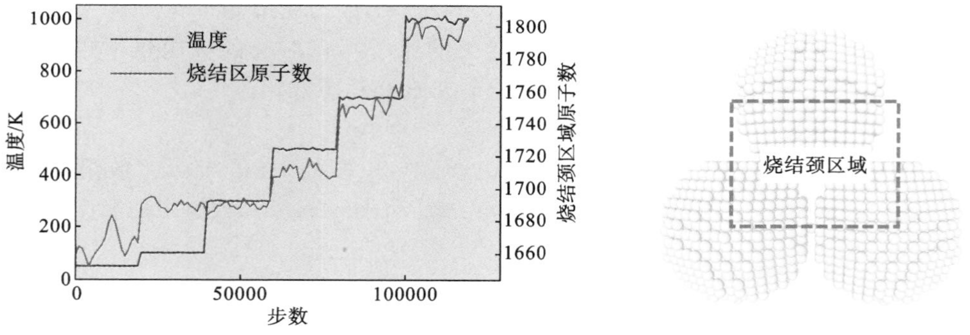

(a)　　　　(b)

图 7.31　Pt 纳米颗粒的烧结模拟

(a) 直径为 2.8 nm 的颗粒烧结颈区域原子数与温度随模拟步数的变化;(b) 三个纳米颗粒的烧结颈区域

决这个问题,我们使用 k/d 值的大小来定量分析烧结程度。如图 7.32(a)所示,随着烧结温度的升高,k/d 值从小于 1 逐渐增大,最终趋向于一个大于 1 的稳定值,如果三个球的体积一样的话,这个值为$\sqrt[3]{3}$,即 1.44。

通过分析图 7.32(b)中的结果可知,纳米颗粒越小,k/d 的值越大,烧结作用越明显。当颗粒直径小于 2.0 nm 时,k/d 最开始就达到了非常高的值(1.20～1.30),这意味着较小直径的纳米颗粒在非常低的温度下就已经处于第二阶段的末期。特别是当颗粒直径仅有 1.2 nm 时,温度上升到 1000 K 时 k/d 的值接近最大值 1.44,即已经烧结成一个球。当纳米颗粒的直径为 2.8 nm 时,抗烧结能力明显增强,在 400 K 以前 k/d 的值略大于 1,纳米颗粒处

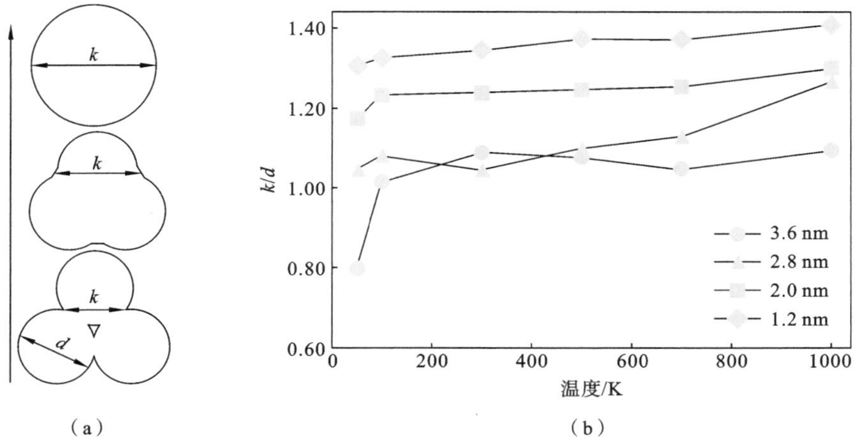

图 7.32　纳米颗粒不同烧结阶段示意图

(a) k 和 d 变化的示意图;(b) 不同半径纳米颗粒的 k/d 值随温度的变化

于烧结的第二阶段的初始。当温度达到 1000 K 时,k/d 值上升到了 1.2,烧结作用明显。而纳米颗粒的直径为 3.6 nm 时,即使到 1000 K,k/d 依然没有明显的上升,且略大于 1,这意味着 3.6 nm 的纳米颗粒有一定的抗烧结能力。这一分析表明,纳米颗粒尺寸对烧结作用具有显著影响,需要在实际应用中充分考虑。

在本节中,我们采用基于 EAM 势的分子动力学模拟方法,探讨了三个 Pt 纳米颗粒(直径范围为 1～4 nm)的烧结行为。结果表明,烧结作用随着纳米颗粒尺寸的增大而减弱。例如,直径为 1.2 nm 的纳米颗粒在 300 K 时已经达到烧结的第三阶段,而 2.0 nm 和 2.8 nm 的纳米颗粒在达到 1000 K 时才进入烧结的第三阶段,另外,3.6 nm 直径的纳米颗粒在 1000 K 时仍处于烧结的第二阶段。然而,仅仅通过改变纳米颗粒尺寸来降低烧结作用并不能从根本上增强纳米颗粒的催化活性。当前研究发现,将催化剂与其他材料(尤其是稀土金属)合金化可以在一定程度上降低金属催化剂的烧结作用。因此,研究不同 Pt 稀土金属合金在烧结过程中的表现成为一个重要的研究方向。同时,由于影响纳米颗粒烧结的因素众多,包括表面扩散、晶界扩散、晶格扩散、机械旋转、塑性变形和蒸发冷凝等,运用分子动力学和第一性原理等方法深入研究 Pt 纳米颗粒的烧结主要机理,将有助于为后续 Pt 纳米颗粒的改性提供理论指导。

7.14　H 原子在 BCC-铁中的扩散

H 原子可极大地影响结构金属和合金的力学性能,从而导致材料失效[346,347]。虽然人们已经提出了各种机制来解释钢的氢致脆化现象[348],但由于该现象的复杂性,氢致脆化问题仍然未得到解决。在脆化过程中原子的行为模式对于理解和模拟环境诱导断裂至关重要,最终可能有助于提出工程解决方案。在生产、加工和/或服务过程中,铁或钢可能会吸收氢。在许多加工过程中,一定压强下,氢气能够分解为 H 原子并吸附在铁表面上,进而优先于氢气进入基体并以间隙原子形式溶解入金属。由于 H 原子质量较小,其在铁中的扩散能垒也相对较低,因此 H 原子在铁中的扩散速度非常快。

7.14.1 关键参数与输入脚本

在研究中我们将在不同温度下对 H 原子在 BCC-Fe 中的扩散进行分子动力学模拟,通过计算 H 原子的均方位移来获取 H 原子的扩散系数,从而得到不同温度下的氢扩散激活能和扩散前因子,以及温度对氢扩散的影响。

1. 关键模拟参数

- 分子动力学程序:lammps-23Jun22。
- 材料体系:由 16000 个 Fe 原子组成的 BCC 结构,H 原子数量为 160 个,浓度为 1%。
- 构型:建立 $\boldsymbol{a}$=[100]、$\boldsymbol{b}$=[010]、$\boldsymbol{c}$=[001]方向的 BCC 单晶结构,160 个 H 原子随机放置在模拟盒子中,如图 7.33 所示。
- 模拟超胞尺寸:57.26 Å×57.26 Å×57.26 Å。
- 原子间势场文件:FeH.meam[349]。
- 温度:300 K、400 K、500 K、600 K、700 K、800 K、900 K、1000 K。

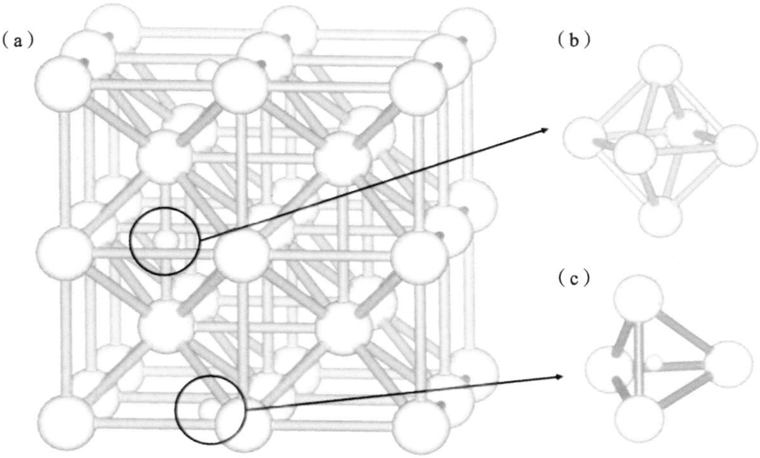

图 7.33 体系模型局部示意图

(a) 间隙原子示意图;(b) H 原子位于 BCC-Fe 的八面体间隙;(c) H 原子位于 BCC-Fe 的四面体间隙

注:大圆球表示 Fe 原子,小圆球表示 H 原子。

2. 输入脚本

本次模拟所需的输入脚本见代码 7.19。

代码 7.19 氢扩散输入脚本 in.diffusion_HFe

```
# Loop from 3 to 10 with increment 1
variable i loop 3 10
label loopa

# Set variable t equal to i*100
variable t equal ${i}*100

# Simulation settings
```

```
units metal
dimension 3
boundary p p p
atom_style atomic

# Create lattice and regions
lattice bcc 2.863
region box block 0 20 0 20 0 20
create_box 2 box
create_atoms 1 box
create_atoms 2 random 160 66666 NULL

# Set pair style and coefficients
pair_style meam
pair_coeff * * library.meam Fe H FeH.meam Fe H

# Set masses for the two atom types
mass 1 55.85
mass 2 1

# Set thermo output frequency and timestep
thermo 1000
timestep 0.0005

# Define a group for hydrogen atoms
group hydrogen type 2

# Perform energy minimization
min_style cg
minimize 1e-8 1e-8 10000 10000

# Assign initial velocities with Gaussian distribution
velocity all create $t 666 dist gaussian

# Equilibrate the system using NPT ensemble
fix 1 all npt temp $t $t 0.1 iso 0 0 0.1
run 10000
unfix 1

# Run NVT ensemble with drag
fix 2 all nvt temp $t $t 0.1 drag 1

```



```
51   # Calculate mean square displacement (MSD) of hydrogen atoms
52   compute 1 hydrogen msd
53   variable msd equal c_1[4]
54   variable step1 equal (step-10000)*0.0005
55
56   # Output MSD and step values to a file
57   fix log hydrogen print 1000 "${step1} ${msd}" file result_msd_${t}
58
59   # Dump atom positions during simulation
60   dump 1 all custom 5000 dump_msd_${t} id type x y z
61
62   # Run simulation for 300000 steps
63   run 300000
64
65   # Clean up
66   unfix 2
67   undump 1
68
69   # Move to the next loop iteration
70   next i
71   clear
72   jump in.diff loopa
```

关键脚本注解:

- create_atoms 2 random 160 66666 NULL
在模拟盒子中随机填充氢原子。

- fix 1 all npt temp $t $t 0.1 iso 0 0 0.1
  run 10000
  unfix 1
  fix 2 all nvt temp $t $t 0.1 drag 1

先用 NPT 系综对模拟盒子弛豫进行弛豫,保持系统温度不变、外压为零,以释放热应力,同时将随机填充的 H 原子弛豫到 BCC-Fe 中的间隙位置。然后改用 NVT 系综进行动力学模拟并统计均方位移结果。

- group hydrogen type 2
  ......
  compute 1 hydrogen msd
  variable msd equal c_1[4]
  variable step1 equal (step−10000)∗0.0005

将 H 原子设置为一个单独的组,并计算其均方位移。

7.14.2 均方位移与扩散系数的计算

1) 均方位移与时间的线性关系

图 7.34 所示为不同温度下 H 原子均方位移(MSD)和时间的关系，可知二者成线性关系。根据随机行走爱因斯坦方程，扩散系数和均方位移之间满足如下关系：

$$D=\frac{1}{6}\lim_{x\to\infty}\frac{\mathrm{d}}{\mathrm{d}t}(\mathrm{MSD}) \qquad (7.15)$$

通过对均方位移和时间进行线性拟合并利用式(7.15)就可以得到不同温度下的 H 原子的扩散系数，如表 7.1 所示。随着温度的升高，H 原子的扩散系数变大，即 H 原子的运动速度加快，扩散能力提高。

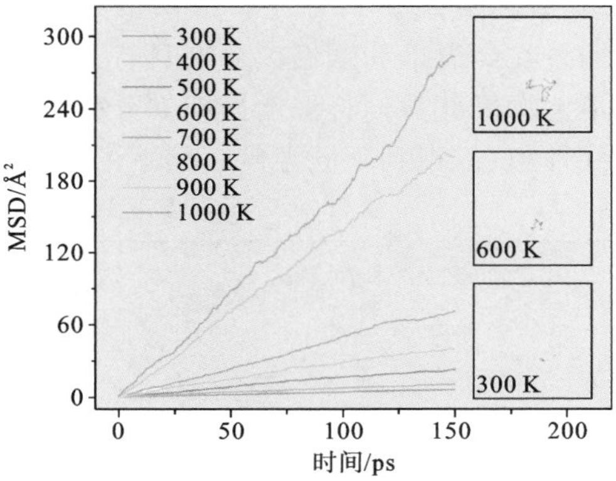

图 7.34 不同温度下 H 原子的均方位移与时间的线性关系

表 7.1 不同温度下 H 原子在 BCC-Fe 间隙中的扩散系数

温度/K	扩散系数/(10^{-8} m²/s)
300	0.0068
400	0.0117
500	0.0252
600	0.0448
700	0.0822
800	0.1278
900	0.2330
1000	0.3098

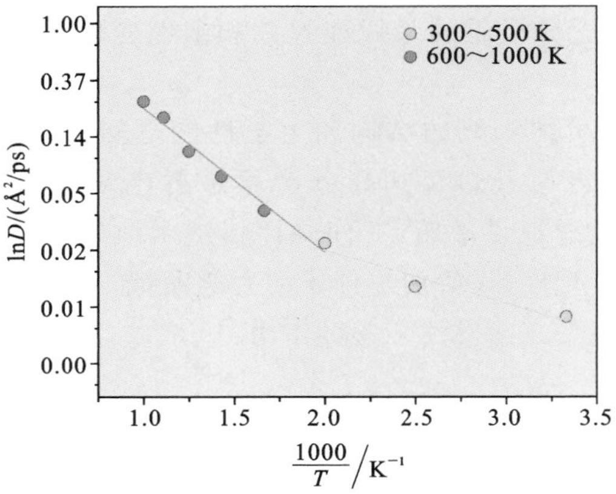

图 7.35 BCC-Fe 晶格中 H 原子扩散系数的对数与温度倒数的关系

2) H 原子的扩散前因子与扩散激活能

扩散系数满足 Arrhenius 关系：

$$D=D_0\exp\left(\frac{-E_a}{k_B T}\right) \qquad (7.16)$$

式中：D_0 为扩散前因子；E_a 为扩散激活能；k_B 为玻尔兹曼常数；T 为温度。对式(7.16)两边同时取对数，得

$$\ln D=\ln D_0-\frac{E_a}{k_B}\frac{1}{T} \qquad (7.17)$$

由式(7.17)中可以看出，扩散系数的对数与温度的倒数成线性关系。通过对在不同温度下得到的扩散系数的对数与温度的倒数进行线性拟合，可以得到 H 原子的扩散指前因子和扩散激活能。如图 7.35 所

示,我们得到了H原子扩散系数的对数与温度倒数的关系,可以发现,随着温度的变化,曲线在高温区和低温区分别具有不同的表现形式,即具有不同的扩散指前因子和扩散激活能。因此我们将温度区间划分为300~500 K、500~1000 K,分别使用最小二乘法进行线性拟合,得到不同温度区间下的扩散指前因子和扩散激活能,如表7.2所示。

表7.2 不同温度下H原子在BCC-Fe间隙中的扩散指前因子与激活能

温度区间/K	扩散指前因子/(m^2/s)	扩散激活能/eV
300~500	1.477	0.081
500~1000	0.215	0.253

在本小节中,我们基于分子动力学方法研究了不同温度下H原子的迁移能力,通过计算H原子的均方位移,并将其与时间进行线性拟合,得到了H原子在不同温度下的扩散系数。结果表明,随着温度的提高,H原子的运动能力增强,扩散系数提高。同时,根据氢扩散系数的对数与温度倒数的关系,得到了H原子在不同温度区间下的扩散指前因子与扩散激活能,并发现H原子在高温区具有相对于低温区更高的扩散激活能,而在低温区和高温区,氢扩散系数的对数与温度倒数之间的关系具有不同的表现形式。这主要是H原子的量子效应所造成的。

在实际加工过程中,H原子溶解入铁是一种非常常见的现象,并且由于氢可以极大地改变金属的力学性能(例如氢脆现象),因此研究H原子在铁中的扩散行为对工业生产具有非常重要的指导意义。本小节的研究结果为深入理解氢在金属中的扩散行为提供了有益的启示,并有助于在实际应用中采取相应的措施以防止或减轻氢脆等现象。

7.15 Ni纳米线的屈服机制

在过去十年里,金属纳米线(NW)一直是研究的热点,这主要归因于它们在机械、电学、催化和热性能方面表现出的非凡特性[350-353]。这些特性源于纳米线有限的尺寸和高的比表面积,这些特性使得纳米线在许多不同领域具有广泛的应用,如用在电路的有源组件、传感器和纳米机电系统(NEMS)的谐振器中。因此,充分了解纳米线在弹性和塑性变形中的力学性能至关重要。

人们已经通过大量的实验和理论研究揭示了纳米线的结构和力学性能之间的关系。实验技术的发展和改进,如机械可控断裂连接(MCBJ)[354]、高分辨率透射电子显微镜(HRTEM)[355]、原子力显微镜(AFM)[356]和扫描隧道显微镜[357]使得评估纳米线的特性成为可能。同时,作为实验研究的重要辅助手段,计算模拟,特别是分子动力学模拟,在评估纳米线特性和探究纳米线拉伸过程中的微观结构演变方面发挥了关键作用。

7.15.1 关键参数与输入脚本

在拉伸实验中,金属纳米线表现出高度不同的塑性变形和断裂模式,这在很大程度上依赖于晶体取向[351,358]。本节的分子动力学模拟旨在确定⟨110⟩/{111}Ni纳米线在拉伸变形过程中的屈服机制,特别关注孪晶与滑移面的形成,以及侧表面从{111}向{100}的重新排列。

1. 关键模拟参数

- 分子动力学程序:lammps-23Jun22。
- 材料体系:由 8000 个 Ni 原子组成的 FCC 单晶结构。
- 构型:纳米线轴线沿着[110]方向进行拉伸,侧表面为四个{111}晶面,上表面为菱形的{110}晶面(见图 7.36)。

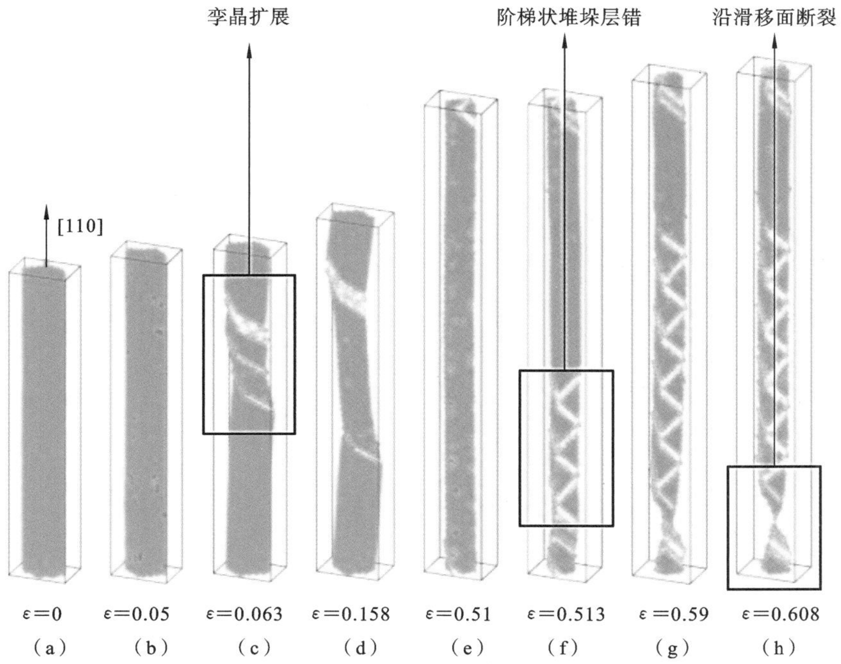

图 7.36 Ni 纳米线在拉伸过程中的微观结构演化

- 模拟超胞尺寸:菱形横截面边长为 2.2 nm,沿拉伸方向高度为 20 nm。
- 原子间势场文件: Ni_u3. eam[313]。
- 温度:300 K。
- 施加应力:沿着 z 方向施加增加率为 0.0001 ps^{-1}的应力。

2. 输入脚本

输入脚本(见代码 7.20)由三部分组成:Ni 纳米线的结构生成,其在 300 K 时的热平衡设置,以及施加拉伸载荷。

代码 7.20 输入脚本 in. Ni_yield

```
# Simulation settings
units metal
boundary m m p
atom_style atomic
dimension 3

# Set temperature variable
variable t equal 300
```

```

# Create Ni nanowire structure
lattice fcc 3.52 origin 0 0 0 orient z 1 1 0 orient x 0 0 -1 &
             orient y -1 1 0
region box block 0 10 0 5 0 40 units lattice side in
create_box 1 box
create_atoms 1 box

# Set mass of Ni atoms
mass 1 58.69

# Define regions for deleting atoms
region 1 prism 5.1 10.0 0 5 -1 1000 10 0 0
region 2 prism -1.0 4.9 0 5 -1 1000 -10 0 0
region 3 prism 14.9 20.0 0 5 -1 1000 -10 0 0
region 4 prism -20.0 -4.5 0 5 -1 1000 10 0 0

#  Define groups and delete atoms to create nanowire
group del1 region 1
group del2 region 2
group del3 region 3
group del4 region 4
delete_atoms group del1
delete_atoms group del2
delete_atoms group del3
delete_atoms group del4

# Set pair style and coefficients
pair_style eam
pair_coeff 1 1 Ni_u3.eam

# Assign initial velocities and minimize energy
velocity all create 300 6666 dist gaussian
velocity all zero linear
velocity all zero angular
min_style sd
minimize 1.0e-8 1.0e-8 1000 1000

# Set timestep and thermo output frequency
timestep 0.005
thermo 1000

#  Equilibrate the system at 300K using NPT ensemble
fix 1 all npt temp $t $t 0.5 z 0 0 5 drag 1
run 10000

# Define variables for length and strain calculation
variable l equal lz
```

```
variable len equal ${l}

# Clean up
unfix 1
thermo_style custom step pzz lz

# Apply tensile load
fix 2 all nvt temp $t $t 0.5
fix 3 all deform 1 z erate 0.0001 units box

# Calculate strain and stress
variable strain equal (lz-v_len)/v_len
variable stress equal -pzz/10000

# Output strain, stress, and atom positions
fix 4 all print 2500 "${strain} ${stress}" &
                    file origin.Ni_nanowires
dump 5 all custom 5000 dump.Ni_nanowires id type x y z

# Run simulation for 2,000,000 steps
run 2000000
```

关键参数注解:

通过 lattice 命令构建 x 晶向为[00$\bar{1}$]、y 晶向为 [$\bar{1}$10]、z 晶向为[110]的单晶 FCC Ni 纳米线,并通过删除部分原子构建{111}侧表面,如图 7.37 所示。

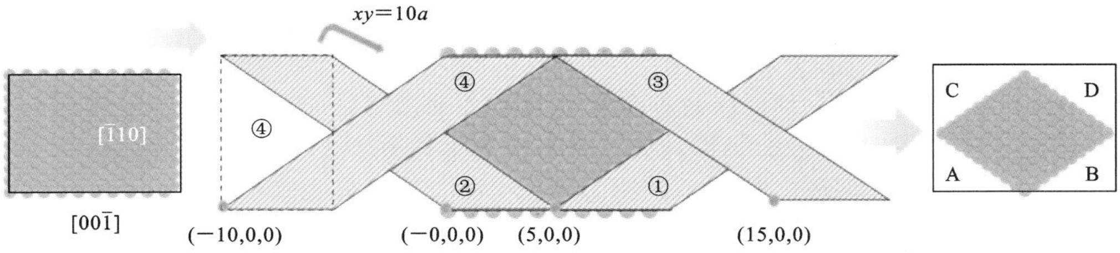

图 7.37　体系结构构建示意图

四个平行四边形区域通过 region prism 命令构建。

- region 1 prism 5.1 10.0 0 5 -1 1000 10 0 0
  region 2 prism -1.0 4.9 0 5 -1 1000 -10 0 0
  region 3 prism 14.9 20.0 0 5 -1 1000 -10 0 0
  region 4 prism -20.0 -4.5 0 5 -1 1000 10 0 0

将四个侧面均设置成{111}面。这样做的原因是:

(1) 去除 [00$\bar{1}$]面和 [$\bar{1}$10]面之间的交界能;

(2) FCC 结构表面能的大小关系为 $\gamma(111)<\gamma(110)<\gamma(100)$,{111}面的结构稳定性最强,将四个侧面均设置成{111}面可避免弛豫过程中过大的体积收缩导致体系结构的崩塌。

- velocity all zero linear

将线动量设置为 0。

- velocity all zero angular

将角动量设置为 0。

- fix 3 all deform 1 z erate 0.0001 units box

在 *NVT* 系综下,以 0.0001ps^{-1}的应变率对体系在 *z* 轴方向上进行拉伸。

7.15.2 应力应变曲线与微观结构演变

1) 应力-应变曲线

根据应力应变曲线图 7.38,我们可以观察到,在拉伸的初始阶段,应力线性增长,直至达到 *A* 点。此后,应力迅速降低,在 *BC* 段保持在大约 1.5 GPa 的水平。接着,在 *CD* 段,应力逐渐上升。在到达 *D* 点之后,应力再次迅速释放,并在经历一系列应力波动后到达 *I* 点。此时,应力降为零,纳米线断裂,拉伸模拟结束。

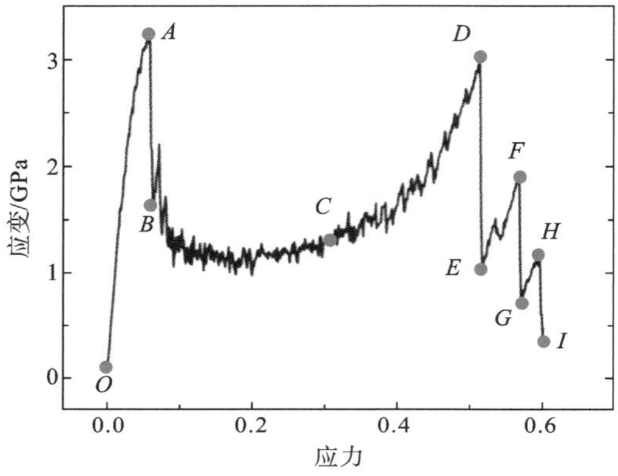

图 7.38 〈110〉/{111}Ni 纳米线的应力-应变曲线

纳米线拉伸模拟过程主要包括三个阶段:

- *OA* 段:弹性变形阶段。
- *AB* 段:屈服阶段。
- *BI* 段:塑性变形阶段。

根据曲线规律的不同,可以推断纳米线在 *BD* 段和 *DI* 段的塑性变形具有不同的机制。

2) 微观结构演变分析

图 7.36 展示了模拟过程中的八个快照,它们揭示了〈110〉/{111}Ni 纳米线在特定条件下的变形行为。在 OVITO 中对体系进行可视化预处理时,通过中心对称参数(center-symmetric parameter,CSP)分析判断表面原子的 CSP 值在 10 以上。为了区分表面原子与塑性变形过程中产生的非晶原子,以及便于观察纳米线内部微观结构演变,我们删除了 CSP 值大于 10 的表面原子。图 7.36 显示的是去除表面非晶原子后的微观形貌。

当拉伸应变达到约 0.063 时,纳米线开始屈服,并经历一系列微观结构变化:

(1) 〈110〉/111 纳米线中堆垛层错的形核及孪晶的形成导致体系的屈服,如图 7.36(c)所示。

(2) 孪晶开始在纳米线中沿着 *z* 轴方向扩展,侧表面的晶格从{111}重定向为{100},由于孪晶区域与未形变区域的晶格不匹配,纳米线发生扭曲,如图 7.38(d)所示。

(3) 孪晶完全扩展至整个体系,纳米线从〈110〉/{111}转变成〈100〉/{100},纳米线的长度增加到初始状态时的约 1.5 倍,如图 7.36(e)所示。

(4) 纳米线横截面从最初的菱形变为最终的正方形,横截面面积显著减小,且晶格从{110}重定向为{100},如图 7.39 所示。

孪晶的扩展是 Ni 纳米线表现出超塑性的重要原因,这种纳米线结构所具有的独特的性质在实验中已经被证实[359]。

当拉伸应变持续增大至 0.513 时,纳米线完全转变为〈100〉/{111},在随后的持续加载过程中,纳米线呈现与之前不同的塑性形变过程:

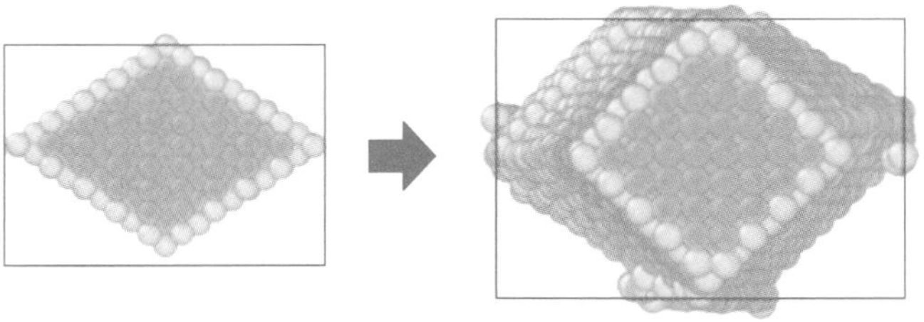

图 7.39　Ni 纳米线横截面演化示意图

(1) 〈100〉/{111}纳米线中的堆垛层错呈阶梯状产生，导致纳米线发生二次屈服，如图 7.36(f)所示。

(2) 屈服过程中，堆垛层错沿着滑移面移动至自由表面，并在滑移面与自由表面交界处发生应力集中(图 7.38 中 *EF* 和 *GH* 段对应应力的积累过程)，此时体系中堆垛层错较为稳定，没有新的堆垛层错产生，如图 7.40 所示。

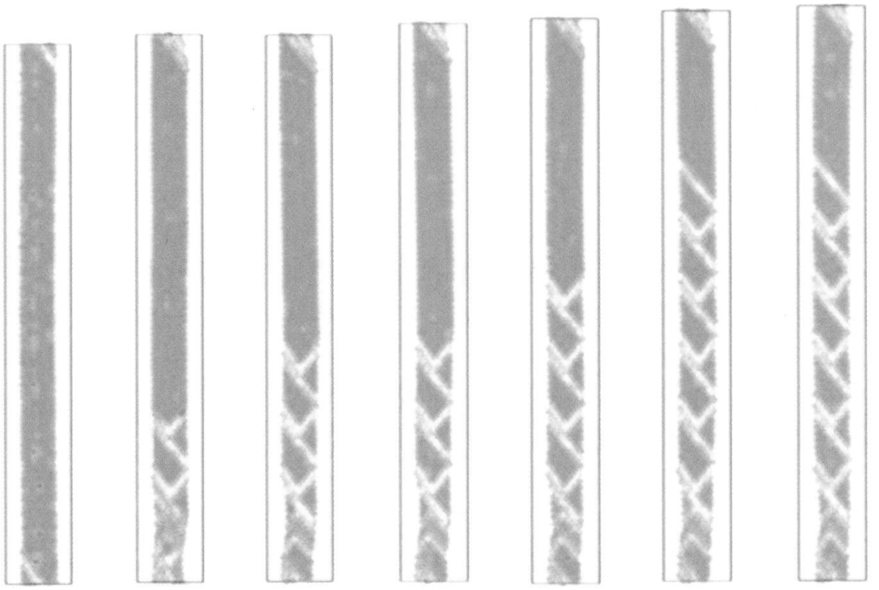

图 7.40　Ni 纳米线在拉伸过程中的纵向视图

(3) 当堆垛层错与自由表面交界处的应力积累达到一定值时，第二阶段堆垛层错即产生。

堆垛层错呈阶梯状增殖的原因在于重定向后的〈100〉/{100}纳米线具有极小的横截面面积，堆垛层错在蔓延的过程中不会遇到其他滑移系堆垛层错的阻碍。

在拉伸应变达到 0.59 之后，纳米线体系开始经历断裂过程，并表现出以下的微观特征：

(1) 当堆垛层错无法继续蔓延时，体系在堆垛层错的交汇处发生应力集中现象，并伴随着颈缩现象的出现，如图 7.36(g)所示，同时应力大量释放。

(2) 在颈缩处上下两侧的原子沿着滑移面进行相反的运动，并伴随着非晶原子的大量产生，直到最终断裂，如图 7.41 所示。

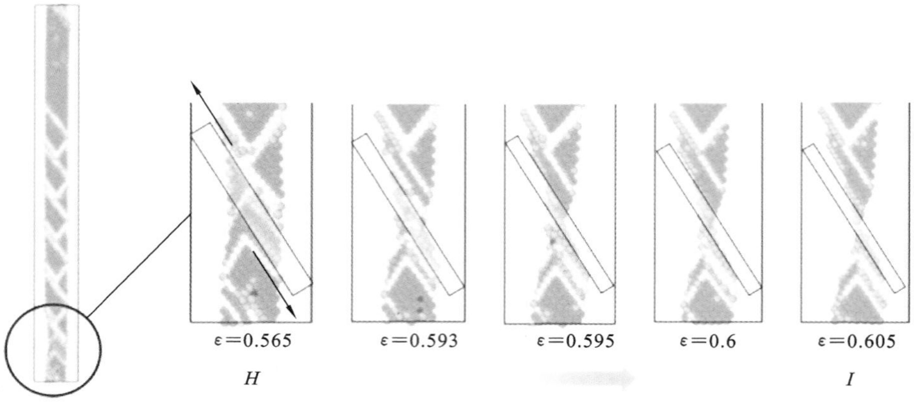

图 7.41 Ni 纳米线的断裂过程

在本节中我们研究了单晶 FCC 〈110〉/{111}Ni 纳米线在〈110〉方向上的单轴拉伸过程，并对 Ni 纳米线表现出的超塑性进行了分析。研究发现，Ni 纳米线的塑性变形过程分为两个阶段：孪晶扩展和阶梯状堆垛层错的蔓延。其中，孪晶扩展导致纳米线从〈110〉/{111}到〈100〉/{100}的晶格重定向，并伴随着横截面形状从菱形变化为正方形且半径减小的过程。孪晶扩展是 Ni 纳米线具有超塑性的关键原因。孪晶扩展过程结束后，体系中开始发生阶梯状堆垛层错的逐渐蔓延，直至纳米线断裂。

研究结果显示纳米线在力学性能方面具有显著优势。与块体材料相比，纳米线的独特之处在于其具有较大的高径比和较高的比表面积，这意味着表面张力对纳米线力学性能有重要贡献。基于纳米线卓越的力学性能，它在未来社会生产中具有巨大的应用潜力。然而，目前关于纳米线的研究尚不充分，需要进一步开展实验研究并结合计算机模拟，共同探讨纳米线的潜在机理。

7.16 SiGe 纳米线的热导率计算

热传导是热量从固体材料高温部分向低温部分转移，或从高温物体向低温物体转移的过程。在自然条件下，热量只能从高温处向低温处传递，而不能由低温处向高温处传递，这个过程是自发且不可逆的。热导率(coefficient of thermal conductivity)也称为导热系数，是物质导热能力的量度。利用热导率建立热流量与温度梯度之间的关系式如下：

$$\frac{\mathrm{d}Q}{\mathrm{d}t}=kA\,\frac{\Delta T}{l} \tag{7.18}$$

式中：$\frac{\mathrm{d}Q}{\mathrm{d}t}$是热流量；$k$ 为热导率；A 是物体横截面面积；$\frac{\Delta T}{l}$是温度梯度。若物体的横截面面积为 1 m^2，相距 1 m 的两个平面的温度差为 1 K，则单位时间内内流过横截面的热量就为该物质的热导率，其单位为 W/(m · K)。因此，计算出单位横截面面积内的热流量和温度梯度，就可以求得材料热导率。

SiGe 材料是由 Si 与 Ge 按一定比例混合而形成的合金，通常用作异质结双极晶体管的集成电路中的半导体材料，或者作为 CMOS 晶体管的应变诱导层。同时，它通常还用作高温（700 K）热电材料，并用来构造 SiGe 纳米线，以降低材料的热导率[360]。此外，SiGe 纳米线在量子计算领域也具有潜在应用价值[361]。本节将介绍 SiGe 纳米线的建模，并在此基础上求得 SiGe 纳米线的热导率。

7.16.1 SiGe 纳米线的建模

在建立 SiGe 纳米线的模型之前，首先要确定 SiGe 的晶体构型。由于 SiGe 中的原子排布尚不确定，因此采用随机替换的方式将单晶硅中 Si 位点的 Si 替换为 Ge。SiGe 的空间点群为 0h-Fd3m，晶格常数是 5.537 Å[362]。首先导入 Material Studio 中的 Si 的结构文件，并将其晶格常数修改为 5.53 Å。按 Ctrl＋a 键全选原子，在 Material Studio 软件主界面左下方的“properties”栏中双击“Composites”，进入“Mixture Atom”面板。如图7.42(b)所示，修改材料组成(Composite)为 50％Si 和 50％Ge。之后利用 Perl 脚本(见代码 7.21)进行后处理，可以得到 std 格式的表格(见图 7.42(e))，其中第一列为四种可能的结构(虽然一个 Si 晶胞有 8 个原子，从中选 4 个原子替换为 Ge 有 72 种可能性，但是由于对称性，最终只有四种不同的结构)。第二列为每种结构占的比重。我们选择比重最大的 2 号结构作为最终 SiGe 的晶胞结构，在主菜单中单击 Build→Build Nanostructure→Nanocluster，在打开的对话框中进行参数设置，如图7.42(f)所示。最终得到的 SiGe 纳米线如图 7.42(g)所示。

SiGe 纳米线建模脚本见代码 7.21。

代码 7.21 SiGe **纳米线建模脚本** disorder_SiGe.pl

```
#!perl
use strict;
use Getopt::Long;
use MaterialsScript qw(:all);
my $disorderedStructure=$Documents{"SiGe.xsd"};
my $results=Tools->Disorder->StatisticalDisorder
  ->GenerateSuperCells
($disorderedStructure,1,1,1);
my $table= $results→StudyTable;
```

7.16.2 关键参数与输入脚本

1. 关键模拟参数

- 分子动力学程序：lammps-23Jun22。
- 材料体系：由 1626 个原子组成的 SiGe 纳米线。
- 构型：纳米线轴线沿着[001]方向，是一个长度为 100 Å，半径为 10 Å 的圆柱体。
- 模拟超胞尺寸：40 Å×40 Å×100 Å。
- 原子间势场文件：SiCGe.tersoff[363]。
- 温度：100 K。

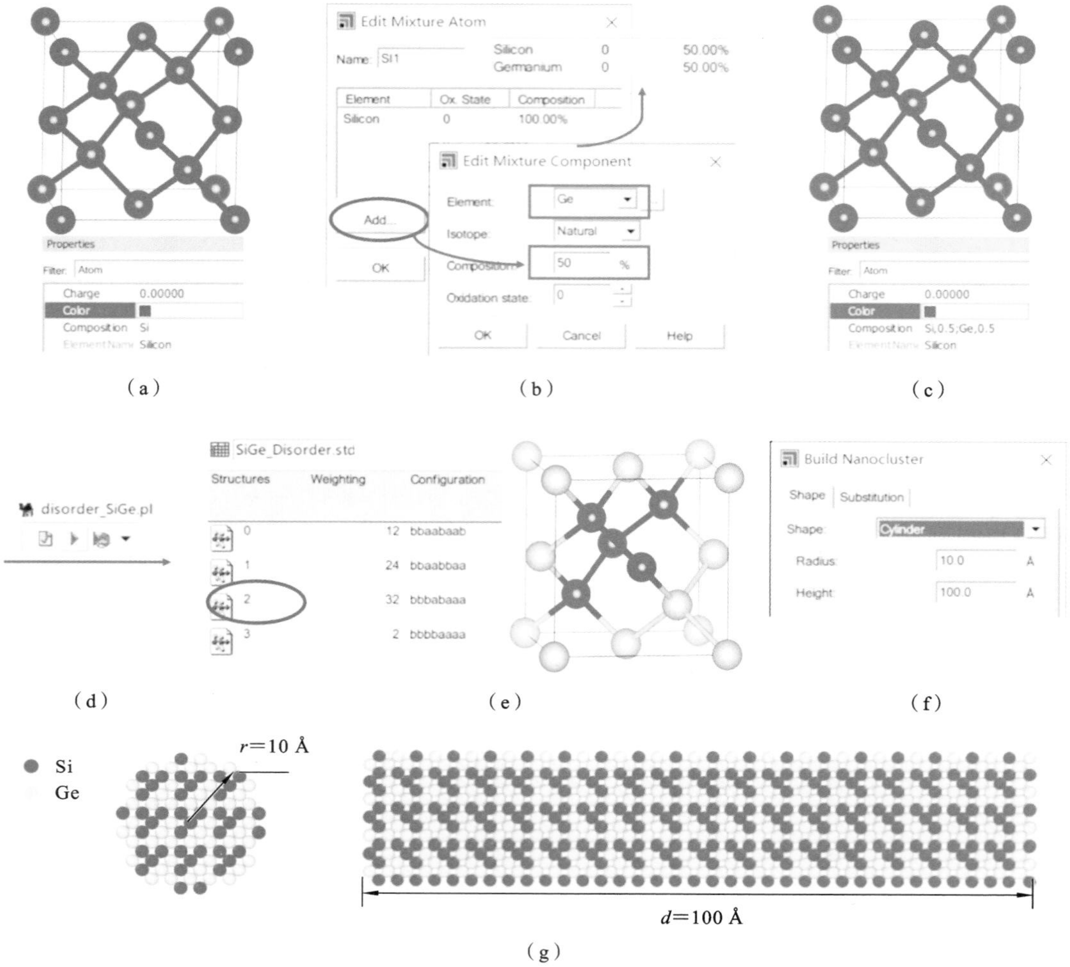

图 7.42　SiGe 纳米线建模过程

(a) 导入单晶 Si 结构文件;(b) 更改组成的操作;(c) 操作后的结构与属性变化;(d) 运行 Perl 脚本;(e) 运行后的表格文件和对应文件中的 SiGe 结构;(f) 构造纳米线;(g) 纳米线的结构

2. 输入脚本

本次模拟所需的输入脚本见代码 7.22。

代码 7.22　输入脚本 in. thermal_conductivity

```
#Initialization
units metal
atom_style atomic
read_data SiGe_NWs.data
pair_style tersoff
pair_coeff * * SiCGe.tersoff Si(D) Ge
mass 1 14
mass 2 32
minimize 1e-4 1e-6 100 1000
```

```
10
11    #Equilibrate at 100K
12    dump 1 all atom 100 dump.atom
13    fix 1 all nvt temp 100 100 0.5
14    run 19975
15    unfix 1
16
17    # Use MP method to create a temperature gradient
18    compute ke all ke/atom
19    variable KB equal 8.625e-5
20    variable temp atom c_ke/1.5 /$ {KB} # Convert single atom kinetic energy to temperature
21    fix 1 all nve
22    compute layers all chunk/atom bin/1d z lower 0.05 units reduced
23    fix 2 all ave/chunk 10 100 1000 layers v_temp file profile.tmp
24    fix 3 all thermal/conductivity 50 z 20
25    variable tdiff equal f_2[11][3]- f_2[1][3]
26    thermo_style custom step temp epair etotal f_3 v_tdiff
27    thermo 1000
28    run 100000
29
30    #Calculate thermal conductivity
31    fix 3 all thermal/conductivity 50 z 20
32    fix ave all ave/time 1 1 1000 v_tdiff ave running
33    variable dQdt equal f_3
34    variable DeltaTemp equal f_ave
35    fix extra all print 1000 "${dQdt} ${DeltaTemp}" &
36            file thermal_conductivity.dat screen no
37    thermo_style custom step temp epair etotal f_3 v_tdiff f_ave
38    run 100000
```

关键参数注解

● compute layers all chunk/atom bin/1d z lower 0.05 units reduced

bin/1d z 表示沿着 z 轴方向划分,units reduced 表示划分为 $1/0.05$ 块。

● fix 2 all ave/chunk 10 100 1000 layers v_tdiff file profile.tmp

每隔 1000 步对每个块的 N-100,N-200,$\cdots$,N-1000 十个点的 tdiff 值(N 为当前步数)取一次平均值,并将所得值保存至文件 profile.tmp 中。

● variable tdiff equal f_2[11][3]-f_2[1][3]

f_2[11][3]为第 11 个块中的平均 temp 值,f_2[1][3]值为第 1 个块中的 temp 值,因此 tdiff 就为第 11 个块与第 1 个块的温度差。

● fix 3 all thermal/conductivity 50 z 20

沿 z 方向分 20 层,每隔 50 步,第 1 组速度最大的两个原子与第 11 组速度最小的两个原子交换一次速度。此方法称为 Muller-Plathe 法。采用 Muller-Plathe 法的目的是使中间温度逐渐升高,两端温度降低,如图 7.43 所示。若干步后,能量交换速率与传导速率相等,此时整个体系温度分布达到平衡,即可统计温度梯度。

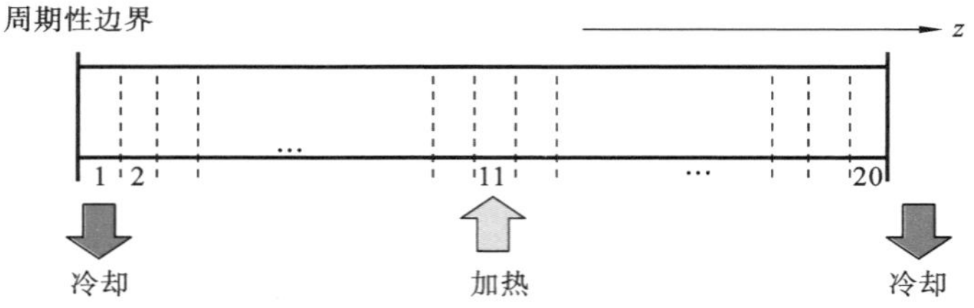

图 7.43　用 Muller-Plathe 法获得热导率

7.16.3　导热率计算与讨论

log.lammps 文件中的热力学参量部分共有 7 列,分别表示步数、当前温度、对势能、总能量、总热流量,以及每隔 100 步的 1000 步平均温度梯度和 1000 步总平均温度梯度。输出结果如图 7.44(a)所示。

213000	101.64455	-6071.7119	-6050.3617	59.829133	73.575741	70.191082
214000	90.261609	-6069.3207	-6050.3614	60.41398	73.900014	70.230123
215000	104.07876	-6072.223	-6050.3615	61.002074	68.819082	70.215425
216000	94.626135	-6070.2367	-6050.3607	61.664635	64.089235	70.152268
217000	98.416549	-6071.0337	-6050.3615	62.223693	81.458463	70.267638
218000	97.669399	-6070.8775	-6050.3623	62.837885	85.6959	70.423479
219000	102.04349	-6071.7954	-6050.3614	63.411238	78.854595	70.50779
220000	93.428872	-6069.9845	-6050.3599	64.027309	63.172993	70.435168

(a)

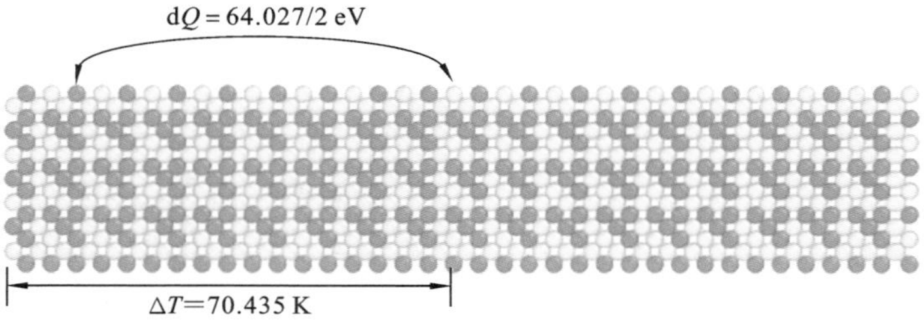

(b)

图 7.44　SiGe 热导率计算结果

(a) Muller-Plathe 法输出的结果;(b) 温差与热量传递示意图

计算结束后,我们观察第 5 列最后一行得到总热流量 dQ 约为 64.027 eV,由于在 z 轴上是周期结构,能量通量在两个方向传递,所以单方向的热流量为 32.013 eV。时间间隔 dt 为 100000 时间步,每个时间步为 1 fs, 即 0.1 ns。同时观察第 7 列最后一行可知平均温度梯度 ΔT 约为 70.435 K,而纳米线中点(热源)到端面的长度 l 为 50 Å,横截面面积 A 为 $\pi r^2 = 314$ Å^2。将这些值代入式(7.18),经单位换算后,我们得到 SiGe 纳米线的热导率 κ 为 1.17 W/(m·K)。这个值远小于纯 Si 的热导率 149 W/(m·K),这与实际情况是相符的。这个结果表明,通过构建 SiGe 纳米线结构,我们可以有效地降低材料的热导率。因此,SiGe 纳米线在热电材料领域具有很大的应用潜力。

在本次研究中我们通过建模和模拟的方法成功地求得了 SiGe 纳米线的热导率，为进一步研究 SiGe 纳米线在各种领域的应用潜力提供了重要依据。未来的研究可以通过改变 SiGe 纳米线的结构、尺寸和组成，进一步优化其热电性能并拓展其适用范围。

7.17 多晶四元合金的切削分子动力学模拟

自 2004 年叶均蔚教授首次提出多主元素合金（MPEA）（又称高熵合金，HEA）以来[364]，其独特的性能就吸引了大量学者的关注。与传统合金相比，MPEA 的综合性能明显更高，其具有良好的抗辐射性能[365]、高硬度[366]、高温稳定性[367]、优秀的抗拉强度和断裂韧性[368]、抗疲劳性[369]、耐磨性[370]以及催化性能[371]。因此，MPEA 在航天航空、核材料、结构材料和催化等领域具有极为广阔的应用前景。

尽管 MPEA 具有出色的力学性能，但深入了解其磨损行为对于其实际应用仍具有重要意义。目前已有文献研究了腐蚀[372]、表面氮化[373]、温度[374]和掺杂元素[375]对 MPEA 耐磨性能的影响，然而，我们对 MPEA 的摩擦学性能的认识仍然有限，特别是，其磨损行为随磨损条件的变化尚不十分明确，这影响了 MPEA 的有效应用和优化。此外，关于 MPEA 对纳米磨损和纳米/微加工响应的研究较少，这制约了 MPEA 在纳米技术领域（例如纳米/微器件和微纳制造领域）的应用。

为了充分发挥 MPEA 的潜力并扩展其应用范围，未来应继续深入探讨 MPEA 在不同磨损条件下的摩擦学性能，并在纳米技术领域寻求更多的应用机会。这将有助于优化 MPEA 的性能，从而使其在各种领域发挥更大的作用。

7.17.1 关键参数与输入脚本

在本节中我们将通过分子动力学模拟研究多晶 CoCrFeNi 四元合金的切削过程，以深入探讨晶界的存在以及切削深度差异对局部温度和切削力的影响，同时分析刀具在切削过程中造成的材料体系的潜在损伤情况。这有助于我们更好地了解多晶 CoCrFeNi 四元合金在切削加工过程中的性能表现，从而为实际生产中的加工优化提供理论依据。

1. 关键模拟参数

● 分子动力学程序：lammps-23Jun22。

● 材料体系：工件由 1440068 个原子组成，其中 Fe、Cr、Ni、Co 四种元素的原子各 360017 个且随机均匀分布，通过软件 Atomsk[376]随机设置 7 个晶粒；刀具由 31669 个 C 原子组成，形状为球形。

● 构型：多晶体系由不同晶向的晶粒组成，七个晶粒的种子坐标分别为

(215.62916214,94.06375245,179.57749887)；

(52.95467003,65.47425585,90.92618915)；

(138.34866221,64.42270095,174.90854842)；

(156.02427540,197.21911443,177.75054022)；

(4.63358538,54.71993116,208.36685464)；

(264.76990512,171.98156239,9.54137489)；

(115.24636127,166.95328125,48.24786221)。

- 模拟超胞尺寸:待切削工件尺寸为 100 Å×60 Å×60 Å;刀具半径为 35 Å。
- 原子间势函数:工件四种元素 Fe、Cr、Ni、Co 的势函数使用 FeNiCrCoAl[377],刀具与工件元素的势函数采用 morse 势函数[378]。
- 温度:初始温度 300 K。
- 切削速度:100 m/s。
- 切削深度:15 Å、25 Å、35 Å。

2. 输入脚本

代码 7.23 为利用 Atomsk 创建的多晶体系的种子文件。

代码 7.23 创建多晶体系的 Atomsk 输入文件 poly.txt

```
box 359 215.4 215.4
random 7
```

首先执行 Atomsk 命令 atomsk --create fcc 3.59 Fe fe.cif,创建 Fe 的 FCC 原胞;然后执行 atomsk--polycrystal fe.cif poly.txt -wrap poly.xyz,生成 Fe 的多晶构型,如图 7.45 所示。

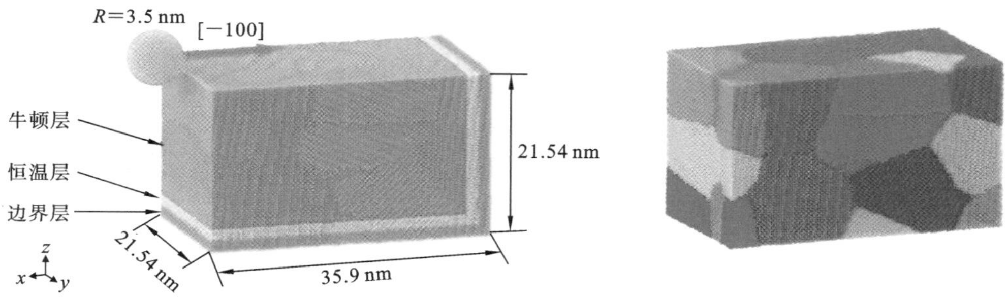

(a) (b)

图 7.45 多晶切削初始模型

(a) 模型分区图;(b) 晶体取向不同的晶粒

代码 7.24 为利用 LAMMPS 等比例随机替换多晶中原子及弛豫的 in.substitution 文件。

代码 7.24 原子替换与弛豫输入文件 in.substitution

```
units              metal
boundary           p p p
atom_style         atomic

read_data              poly.xyz extra/atom/types 3

variable               seed1 equal 0.2501684
variable               seed2 equal 0.3333283
variable               seed3 equal 0.50054


 set               type 1 type/fraction 2 ${seed1} 666
```

```
set            type 1 type/fraction 3 ${seed2} 888
set            type 1 type/fraction 4 ${seed3} 555

#势函数
pair_style     eam/alloy
pair_coeff     * * FeNiCrCoAl Co Ni Cr Fe

mass           1 58.933 # Co
mass           2 58.69 # Ni
mass           3 51.96 # Cr
mass           4 55.847 # Fe

min_style          sd
minimize           1.0e-8 1.0e-8 10000 10000

velocity           all create 300 666666
fix                3 all nvt temp 300 300 0.1
run            30000
unfix              3

fix            1 all npt temp 300 300 0.1 aniso 0 0 1
run            100000
unfix          1
write_data     mod_HEA
```

执行完以后，我们得到工件模型坐标文件 mod_HEA。

代码 7.25 为用于创建刀具模型的输入脚本文件。这里将刀头近似为球形，用户也可以根据自己的需求创建其他形状的刀头。

代码 7.25　创建刀具输入脚本 in. write_tool

```
units            metal
boundary             p p p
atom_style           atomic


region           box block -80 150 -36 36 -45 100 units box
region           tool sphere 90 0 41 15 units box
create_box           1 box

lattice          diamond 3.567
create_atoms         1 region tool units box

mass             1 12
write_data           mod_tool
```

代码 7.26 为用于模拟切削过程的输入脚本。

代码 7.26　模拟切削过程的输入脚本 in. cutting

```
units                 metal
boundary              s p s
#v=-100,s=15A
atom_style            atomic

read_data  mod_HEA extra/atom/types 1
region     box_work block - 178.2 280 INF INF -106.9 106.9 units box
read_data      mod_tool add append group tool_work offset 4 0 0 0 0


 #势函数
 pair_style             hybrid eam/alloy morse 6
 pair_coeff             * * eam/alloy FeNiCrCoAl Co Ni Cr Fe NULL
 pair_coeff             1 5 morse 1.6396 3.8902 1.5888
 pair_coeff             2 5 morse 1.1417 3.1889 1.8065
 pair_coeff             3 5 morse 1.1698 3.262 1.8090
 pair_coeff             4 5 morse 1.1375 3.1702 1.8264
 pair_coeff             5 5 none

 mass                   1 58.933          # Co
 mass                   2 58.69 # Ni
 mass                   3 51.96            # Cr
 mass                   4 55.847 # Fe
 mass                   5 12

 #模型分为三层
 group work_chiyu region box_work
 region ceng_region block -168.2 178.2 INF INF -96.9 106.9 units box
 region newton_region block -158.2 178.2 INF INF -86.9 106.9 units box

 group work region newton_region
 group ceng region ceng_region
 group boundary subtract work_chiyu ceng
 group heng_temp subtract ceng work

 #输出需要的信息
 compute           1 work temp

 variable        fxx equal f_3[1]
 variable        fyy equal f_3[2]
 variable        fzz equal f_3[3]

```

```
variable        temp_work equal c_1
variable        fxxx equal v_fxx *1.6022 #unit conversion from eV/A to nN
variable        fyyy equal v_fyy *1.6022
variable        fzzz equal v_fzz *1.6022

compute         2 tool_work temp
compute         3 heng_temp temp
compute         4 boundary temp
variable        tool_temp equal c_2
variable        heng_temp1 equal c_3
variable        boundary_temp equal c_4
variable        step1 equal step
variable        dis equal -1.28+0.1*v_step1 /1000

# 切削
fix                 2 all nve
fix                 3 tool_work setforce 0 0 0
fix                 4 boundary setforce 0 0 0
velocity        boundary set 0 0 0 units box
velocity        tool_work set -1 0 0 units box


# 计算输入 dump 文件的原子属性
compute         p work_chiyu property/atom x y z
variable        high atom z-106.9
compute         k work_chiyu ke/atom
variable        t atom (2*c_k*1.6*(10^-19))/(3*(1.3806504*10^-23))

compute d work_chiyu displace/atom
variable dis_atom atom c_d[4]

compute potential work_chiyu pe/atom
variable poten_atom atom c_potential

compute s work_chiyu stress/atom NULL
compute vol all voronoi/atom
variable hyd_press atom (c_s[1]+c_s[2]+c_s[3])/30000/c_vol[1]
variable von_press atom sqrt(1/2*((c_s[1]-c_s[2])^2+(c_s[1]- c_s[3])^2&
                +(c_s[2]-c_s[3])^2+6*(c_s[4]^2+c_s[5]^2+c_s[6]^2)))/10000/c_vol[1]

# 保持恒温
fix         5 heng_temp temp/rescale 10 300 300 10 1

# 输出
```

```
dump 2 all custom 2000 dump.cutting_100four.high id type x y z &
          v_high v_t v_poten_atom v_hyd_press v_von_press v_dis_atom
fix 6 all ave/time 20 50 2000 v_dis v_fxxx v_fyyy v_fzzz &
          file ori.cutting_force
fix 7 all print 2000 "$ {dis}$ {temp_work}" &
          file ori.cutting_temperature
timestep          0.001
run               240000
```

关键参数注解

- group work_chiyu region box_work
  region ceng_region block -168.2 178.2 INF INF -96.9 106.9 units box
  ……
  group heng_temp subtract ceng work

将工件分为三层。boundary 组为边界层,用于固定工件;hent_temp 为恒温层,用于模拟真实切削中的散热过程;work 组为牛顿层,是刀具切削工件的主要区域。

- velocity tool_work set -1 0 0 units box

赋予刀具以 100m/s 的速度,使其沿 x 轴负方向运动,切削工件。

- fix 5 heng_temp temp/rescale 10 300 300 10 1

使用温度放缩的方式强制控制恒温层的温度为 300 K,实际上实现的是整个工件使用 *NVE* 系综,恒温层使用 *NVT* 系综。

7.17.2 切削与多晶损伤讨论

1. 切削过程中温度和切削力的增加

在切削过程中,当刀具切削至晶界时,如图 7.46 中的黑线所示,刀具前端造成的位错会受到晶界的阻碍,导致位错难以继续运动和应力难以释放。因此,当刀具切到晶界时,需要更大的力使其继续运动,这表现为切削力的增加。刀具切过晶界后,晶界被破坏,应力迅速释放,切削力下降。从图 7.47 中可以观察到,在刀具前端附近的区域温度较高且应力集中。刀具在切削过程中会不断破坏晶格结构,导致体系能量升高。此外,刀具与晶格之间的摩擦也是导致刀具附近温度升高和应力集中的重要原因。这些因素共同导致了切削过程中的温度和切削力增加。

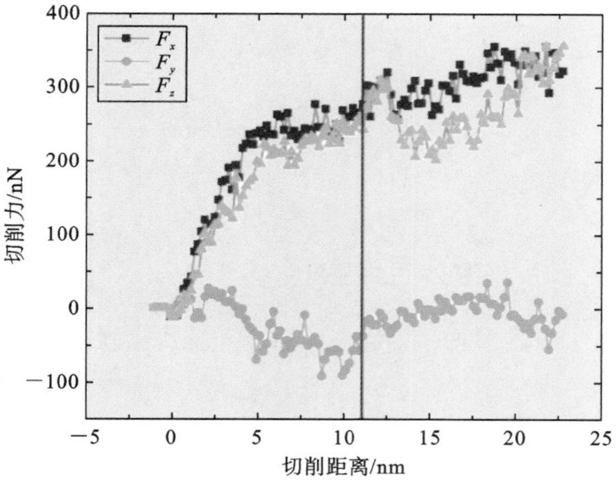

图 7.46 在切削速度为 100 m/s、切削深度为 1.5 nm 时的切削力

2. 多晶的次表层损伤

如图 7.48 所示,当刀具在一个晶粒内做切削运动时,内部晶粒原子的运动几乎不影响其他晶粒内的原子。然而,一旦

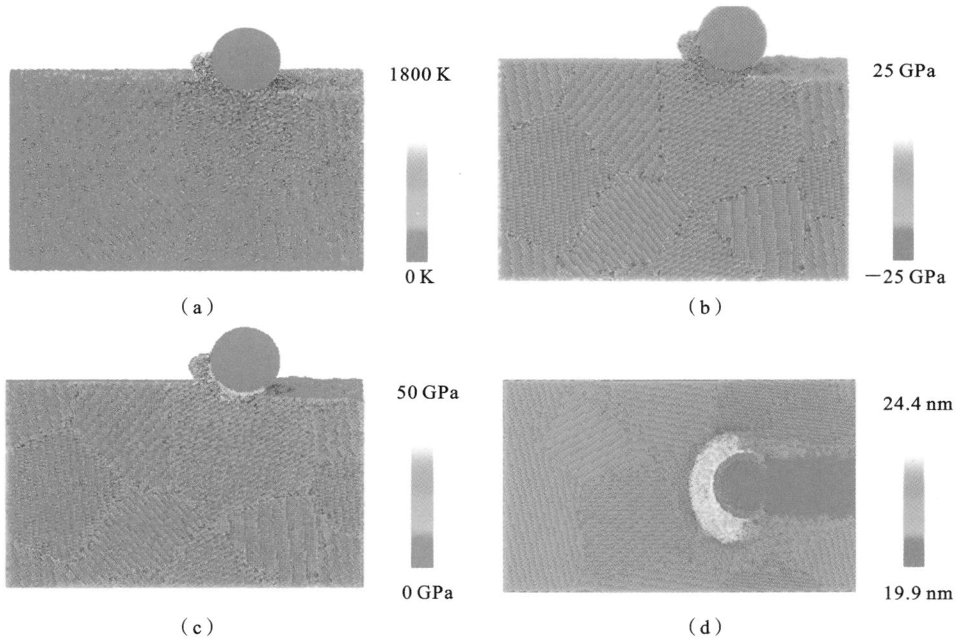

图 7.47 在切削速度为 100 m/s、切削深度为 1.5 nm 时晶粒的微观结构

(a) 温度分布云图;(b) 静应力分布;(c) von_mises 应力分布;(d) 切削高度

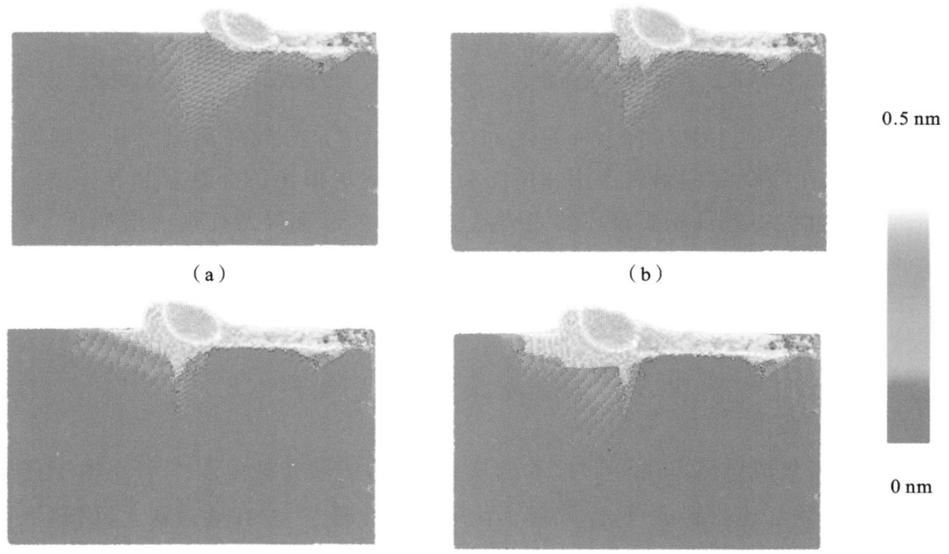

图 7.48 切削过程中的原子位移分布

(a) 切削距离为 16 nm;(b) 切削距离为 18.8 nm;(c) 切削距离为 20.8 nm;(d) 切削距离为 24 nm

刀具破坏了晶界并进入下一个晶粒,就会使晶粒内原子的位移迅速增加。此外,在上一个晶粒中,刀具挤压引起的原子位移会恢复到原状,因为刀具挤压导致的形变是弹性形变,没有破坏晶格。刀具完全进入下一个晶粒内部后,晶界原子的位移无法恢复原状。这是因为晶界原子为非晶态原子,没有特定的晶格结构,不存在弹性形变,所以不能恢复。此外,由于晶界的存在,刀具切削后的地下损伤会沿晶界向更深处扩展,表现为晶界原子位移更大且更深。这些观察结果说明多晶材料在切削过程中的地下损伤会受到晶界的影响。

3. 切削深度对温度和切削力的影响

如图 7.49 所示,随着切削深度的增加,工件温度也相应上升,同时沿 x 方向所需的切削力也逐渐增加。这是因为切削深度增加导致刀具与工件接触面积扩大,刀具原子与工件晶格间的摩擦作用增强,同时切削过程中破坏的晶格数量也随之增多,最终表现为温度和切削力的升高。

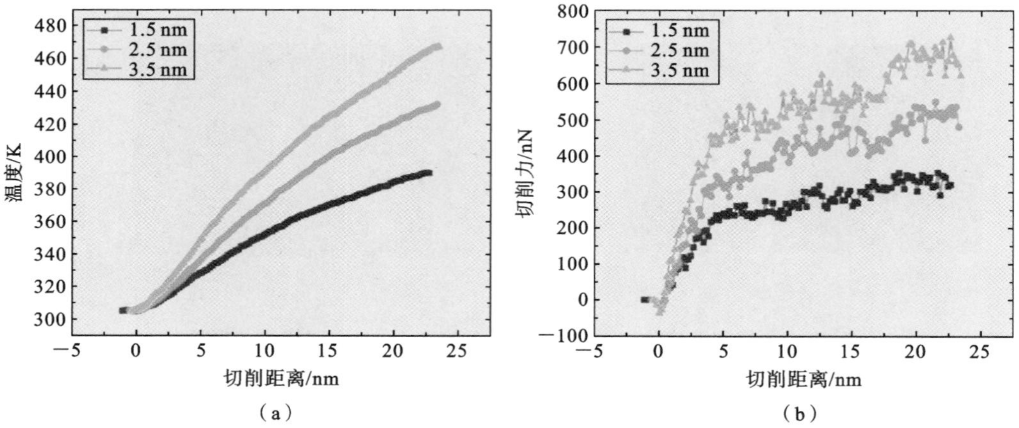

图 7.49 工件温度、切削力与切削深度的关系

(a) 切削深度为 1.5 nm、2.5 nm、3.5 nm 时的工件温度;(b) 切削深度为 1.5 nm、2.5 nm、3.5 nm 时沿 x 方向的切削力

以上研究结果表明,刀具与合金体系之间的摩擦作用是导致局部温度和切削力升高的主要原因。同时,由于晶界的阻碍作用和位向关系,次表层损伤还会沿着晶界扩展。晶界越多、越复杂,切削过程中刀具需要破坏的完美晶粒就越多,从而导致切削力增加。

本次研究揭示了多晶 CoCrFeNi 四元合金在切削过程中的力学表现,这将有助于挖掘该合金在未来社会生产中的广泛应用潜力。

7.18 Si 表面的薄膜沉积

随着超大规模集成电路(ULSIC)技术的快速发展,铜因其低电阻率和高电子迁移率等优越性能,逐渐成为互连材料的首选,取代了传统的铝材料[379]。在硅衬底上沉积 Cu 原子的方法有多种,包括分子束外延法、电子束蒸发法、磁控溅射法等。这些不同的沉积方法会导致薄膜具有不同的生长模式。

恩斯特·鲍尔在 1958 年系统地归纳了薄膜生长的三种基本模式[379,380]:岛状生长模式(即 Volmer-Weber 模式)、层状生长模式(即 Frank-van der Merwe 模式)和岛状/层状生长模式(即 Stranski-Krastanov 模式),如图 7.50 所示。

(1) 岛状生长模式:在这种生长模式下,沉积物质之间的键合能大于与衬底的键合能,导致沉积物质聚集成岛状结构。在这个阶段,薄膜的形成速度相对较慢,但随着岛的生长,

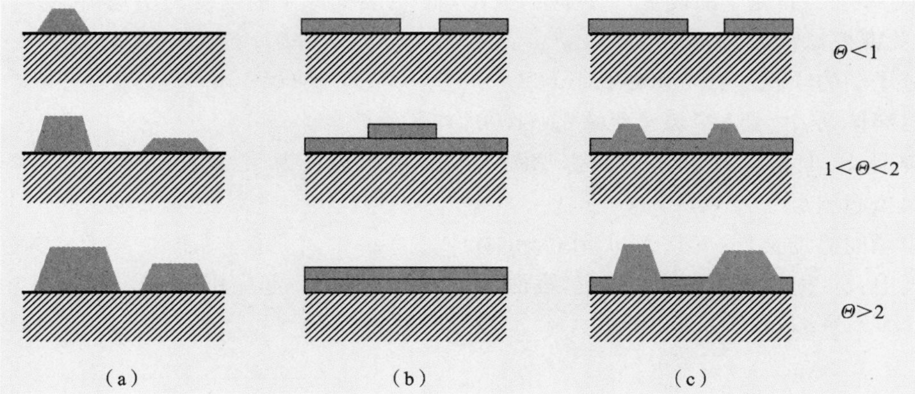

图 7.50　薄膜生长的三种类型

(a) 岛状生长模式;(b) 层状生长模式;(c) 岛状/层状生长模式

它们会逐渐汇聚并形成完整的薄膜。

(2) 层状生长模式:在这种生长模式下,沉积物质与衬底之间的键合能大于沉积物质之间的键合能。因此,沉积物质首先在衬底上形成一层完整的单原子层,然后再继续在上一层原子上沉积。以这种生长方式形成的薄膜具有较好的结晶质量和平整表面。

(3) 岛状/层状生长模式:这种生长模式是介于前两种生长模式之间的一种模式。在这种模式下,沉积物质与衬底的键合能和沉积物质之间的键合能相当。因此,在生长过程中,沉积物质会先形成一层完整的单原子层,然后在这一层上生长出岛状结构。在这一生长模式下,薄膜的形成过程可能包括多个阶段,如岛状结构的形成、岛状结构的合并以及层状结构的形成。这种生长方式可以导致不同程度的表面粗糙度和结晶质量。

在实际应用中,薄膜的生长模式对其性能和功能有着重要影响。例如,具有较高结晶质量和平整表面的薄膜通常具有更好的导电性能,而具有较高表面粗糙度的薄膜可能具有更大的摩擦系数和更好的生物相容性。因此,可以通过选择适当的沉积方法和优化沉积条件,实现对薄膜生长模式的调控,从而实现特定应用场景下的性能优化。

值得注意的是,薄膜生长过程中的许多影响因素(例如沉积速率、衬底温度和衬底材料)可能会造成生长模式的改变。因此,在实际生产和应用中,了解这些影响因素以及它们对薄膜生长模式的影响对于优化薄膜性能和实现其在超大规模集成电路制造等领域的广泛应用具有重要意义。

7.18.1　关键参数与输入脚本

在本节中,我们将模拟 Cu 在 Si(001) 表面的沉积过程,分析 Cu 在 Si 表面的生长模式以及薄膜表面粗糙度随其厚度的变化。

对于薄膜沉积,薄膜表面粗糙度是重要的评价指标。可以使用式(7.19)计算薄膜表面的粗糙度:

$$R_s = \sqrt{\frac{\sum_{i=1}^{n}(z_i - \bar{z})^2}{n}} \tag{7.19}$$

式中:z_i为每个表面原子的高度(z方向的大小);$\bar{z}$为表面原子的高度的平均值。

1. 关键模拟参数

- 分子动力学程序:lammps-23Jun22。
- 材料体系:由451个原子组成的Si(001)表面。
- 构型:Si的晶胞为金刚石结构(见图7.51),晶胞边长为5.43 Å。
- 模拟超胞尺寸:5 Å×5 Å×5 Å。
- 原子间势场文件: AlSiMgCuFe. meam[381]。
- 其他:Si表面最底下一层固定,表面原子与Cu原子一起应用NVE系综,Si中间层原子应用NVT系综,如图7.52所示。

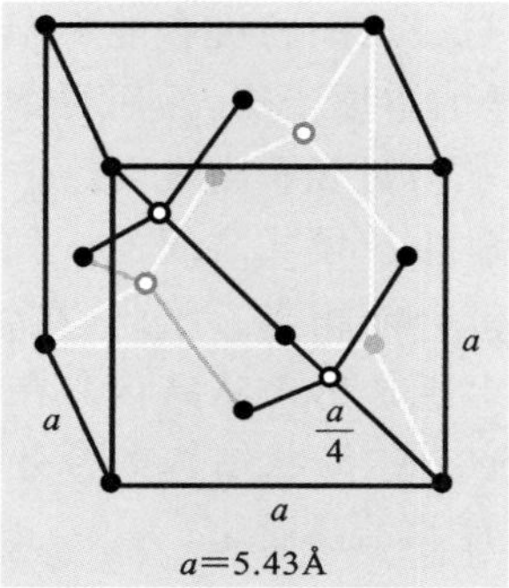

图7.51 Si的晶胞结构

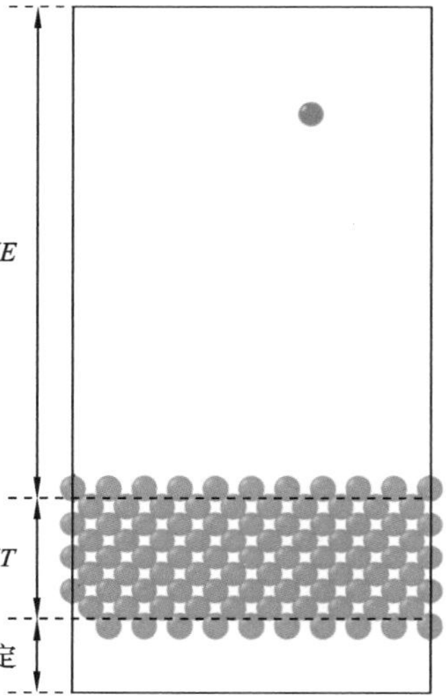

图7.52 Si的表面模型与系综选择

- 温度:300 K。

2. 输入脚本

本次模拟所需的输入脚本见代码7.27。

代码7.27 **输入脚本** in. Cu_deposition

```
# Initialization
timestep 0.01
units metal
atom_style atomic
boundary p p f
lattice diamond 5.43
region box block 0 5 0 5 0 10
create_box 2 box

#Set pair style and coefficients
pair_style meam
```

```
pair_coeff * * library.meam AlS SiS MgS CuS FeS &
AlSiMgCuFe.meam SiS CuS

# Define three regions: substrate, fixed region, and mobile region
region substrate block INF INF INF INF 1 3
region fixsubstrate block INF INF INF INF INF 1
region mobilestrate block INF INF INF INF 3 INF
create_atoms 1 region substrate

# Minimize energy
minimize 1.0e-4 1.0e-6 100 1000

# Create groups
group addatoms type 2
group fixsubstrate region fixsubstrate
group mobile region mobilestrate
group substrate region substrate

# Ensemble settings
fix fixsub fixsubstrate setforce 0 0 0
fix 1 substrate nvt temp 300 300 1
fix 2 addatoms nve
fix 3 mobile nve

# Define deposition region
region slab block 0 5 0 5 8 9
fix 4 addatoms deposit 1000 2 400 12345 region slab near 1.0 &
    vz -5.5 -5.5

# Output settings
thermo_style custom step atoms temp epair etotal press
thermo 100
dump 1 all atom 100 dump.deposit.atom

# Run simulation
run 300000
```

关键脚本注解：

- pair_coeff * * library.meam AlS SiS MgS CuS FeS AlSiMgCuFe.meam SiS CuS

pair_coeff * * filename1 elems1 filename2 elems2 用于设置 MEAM 势函数的参数，filename1 为 MEAM 势函数的库文件，具有针对各种元素的通用 MEAM 设置项。

elems1 是从库文件中提取的元素列表，这个列表顺序需要与参数文件(filename2)中对应元素的名称和顺序一致，而与需要模拟的体系中的元素种类无关。elems2 则对应于模拟体系的元素。根据 AlSiMgCuFe. meam 文件中第三行的信息“use with AlS SiS MgS CuS FeS from library. meam”可知需要从 MEAM 库中匹配 AlS、SiS、MgS、CuS、FeS 的信息,因此 elems1 为“AlS SiS MgS CuS FeS”,同时由于模拟体系中元素 1 是 Si,元素 2 是 Cu,因此 elems2 为“SiS CuS”。

- fix 4 addatoms deposit 750 2 400 12345 region slab near 1.0 vz −5.5 −5.5

该指令用于沉积原子,表示从 slab 区域中,每隔 400 步释放一个 Cu 原子,速率为 5.5 Å/ps(能量约为 100 eV),方向为 z 轴负方向,总计需要释放 750 个 Cu 原子。

“750”为沉积原子的总数,“2”为原子类型,“400”为相邻两个沉积原子之间的间隔步数,“12345 region”为释放原子的区域,“near 1.0”表示相邻两个沉积原子之间的距离要大于 1 Å,“vz”表示方向为 z 方向,前后两个“−5.5”分别表示沉积原子速率的最小值和最大值。

7.18.2 沉积形貌与表面粗糙度讨论

如图 7.53 所示,随着时间的推移,沉积表面形貌发生了变化。从图中可以看出,在 Cu 薄膜形成之初,Cu 原子已经相对均匀地分布在 Si 表面,这表明 Cu 薄膜在 Si(001)表面采用层状生长模式进行生长。接下来,我们分析了 Si 原子与 Cu 原子在 z 方向上的分布以及表面粗糙度,如图 7.54 和图 7.55 所示。

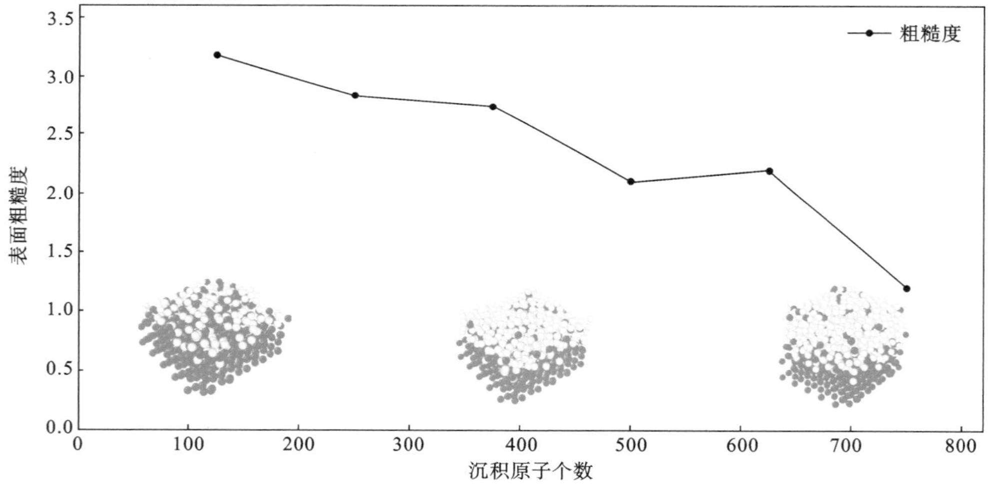

图 7.53 表面粗糙度与 Cu 薄膜表面形貌随时间的变化

从 Si 原子与 Cu 原子在 z 方向上的分布图中,我们可以观察到 Cu 与 Si 之间发生了相互扩散,形成了固溶体。在原始 Si 表面(z=17.5 Å)的 Si 含量减少到了原来的 1/3,而原来表面的 Si 原子扩散到了 Cu 薄膜中。Cu 原子最多扩散到了距离表面 13 Å 的位置。Cu 原子分布曲线的周期性峰值表明,Cu 薄膜部分形成了周期性排列。

图 7.55 显示了在 3000 ps 后,Cu 薄膜表面的最高厚度与最低厚度之差约为 7.3 Å,相当于两层原子的大小,这表明 Cu 原子在 Si 表面沉积形成的薄膜表面粗糙度较低,薄膜较为平整。由图 7.53 可知,薄膜表面粗糙度随着薄膜厚度的增加而降低,这表明沉积时间越长,沉积的薄膜越厚,所沉积的薄膜的表面粗糙度就越低。

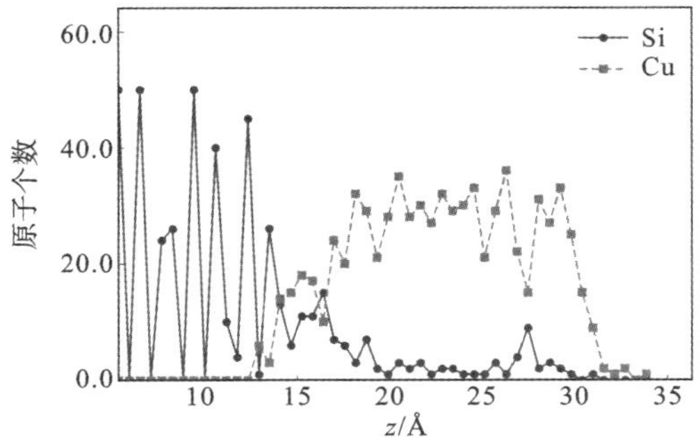

图 7.54 Si 原子与 Cu 原子 z 方向分布图

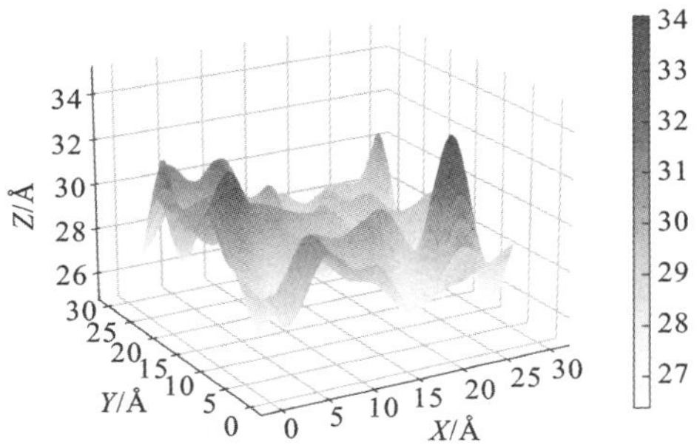

图 7.55 沉积 3000 ps 后表面区域最高厚度

在本节中，我们采用了 5 Å×5 Å×5 Å 的 Si 作为基底，模拟了 Cu 原子在 Si 表面的沉积过程。研究发现，Cu 在 Si 表面的生长模式是以层状生长为主。在沉积过程中，Cu 和 Si 原子会发生相互扩散，且 Cu 的扩散深度在 3000 ps 时达到了 5 Å。此外，随着沉积的进行，Cu 薄膜厚度的逐渐增加，Cu 薄膜的表面粗糙度也逐步降低。在未来的研究中，可以考虑薄膜生长过程中温度和沉积粒子入射角度的影响，进一步探讨影响薄膜生长模式的因素。同时，在模拟细节上，有必要增大基底的面积，以便更好地模拟随机沉积过程，并消除 x 和 y 方向上周期性带来的干扰。

7.19 利用 Hybrid 势模拟石墨烯对金属纳米线的卷绕过程

金属纳米线(NW)尺寸小、比表面积高、维度低，因此具有高反应性等优异性能，广泛应用于纳米传感器、高密度电子和光电子器件等领域[382]。表 7.3 给出了常见金属纳米线的原子半径、阈值半径，金属纳米线原子的平均距离和相互作用能，以及所形成的复合金属纳米线快照。

表 7.3 常见金属纳米线的性能参数及复合金属纳米线快照

纳米线材料	原子半径/Å	阈值半径/Å	平均距离/Å	相互作用能	复合金属纳米线快照
Pt	1.83	5	3.355	−6.399	
Au	1.79	5	3.091	−5.864	
Ag	1.75	6	3.191	−4.752	
Al	1.82	7	3.592	−4.241	
Pd	1.79	5	3.244	−1.448	
Ni	1.62	5	3.368	−3.444	
Cu	1.57	6	3.342	−3.333	

直径较小(<70 nm)的金属纳米线往往易发生氧化和形变碎裂[383]。作为一种准一维纳米结构的材料,石墨烯(GN)纳米带在价带和导带之间存在微小的重叠,展现出独特的电学、热力学和光学特性,因此在固态传感器和纳米电子学等领域具有极广阔的应用前景[384]。研究表明,具有强层间范德瓦尔斯结合的石墨烯单层能够自发组装成纳米卷和各种三维结构[385]。因此,我们考虑在金属纳米线上自发卷绕石墨烯纳米带,以保护金属纳米线,使其免于氧化和碎裂。本节将利用分子动力学模拟方法,通过改变石墨烯纳米带的宽度、长度以及纳米线的半径,分析不同金属纳米线与石墨烯之间的相互作用能以及尺寸效应,并研究石墨烯对金属纳米线的卷绕过程,以期为实际应用提供理论依据。

7.19.1 关键参数与输入脚本

1. 关键模拟参数

- 分子动力学程序:lammps-23Jun2022。
- 材料体系:金属(Al、Cu、Au)纳米线和矩形石墨烯纳米带。
- 原子间势函数:金属原子采用 EAM/FS 势函数,碳原子采用 AIREBO 势函数,金属原子和碳原子作用采用 LJ 势函数。

石墨烯纳米带在不同纳米线上自滚动的过程取决于纳米线的半径。当纳米线的半径小于一个阈值时,在模拟过程中,纳米线可能无法保持其结构稳定性和完整性,在模拟时有必要确保纳米线的半径大于阈值(5~7 Å)[386]。

首先,我们采用 Andersen 热浴方法来控制热力学温度,从而得到正确的统计系综。通过设置热浴,系统可以交换能量以保持恒定的热力学温度,即 300 K 下的 *NVT* 系综。根据模型的构成特点,我们需要使用 Hybrid 势进行模拟。最后,计算金属纳米线与石墨烯纳米带之间的相互作用能,并输出相应的结果文件。

2. 输入脚本

in.gp_al 文件中给出了金属为 Al 时的示例代码。类似地,我们可以研究石墨烯纳米带对其他金属(如 Au 和 Cu 等)纳米线的卷绕过程。通过改变“region graphene block”行中的石墨烯纳米带构型参数,我们可以研究石墨烯纳米带的尺寸(长度和宽度)效应。同时,通过改变“region cu cylinder”行中的纳米线构型参数,我们可以研究纳米线的尺寸效应(半径)。

代码 7.28 输入脚本 in.gp_al

```
#Basic setup of the model
units                    metal
atom_style               atomic
dimension                3
boundary                 s s s
neighbor                 0.3 bin
neigh_modify             delay 0
timestep                 0.001
#Create box
region                   box block 0 250 0 250 0 55 units box
create_box               2 box
#Create metal model
```

```
lattice                     fcc 4.05
region                      al cylinder y 15 15 10 0 60 units box
create_atoms                1 region al
#Create graphene model
lattice custom 2.4768 a1 1.0 0.0 0.0 a2 0.0 1.732 0.0 a3 0.0 0.0 1.3727 &
basis 0.0 0.33333 0.0 &
basis 0.0 0.66667 0.0 &
basis 0.5 0.16667 0.0 &
basis 0.5 0.83333 0.0
region                      graphene block 5 127.806 5 38.393 -1 3 units box
create_atoms                2 region graphene
#set atom mass
mass                        1 27
mass                        2 12
#  set arom group
group                       al region al
group                       graphene region graphene

#set the potential
pair_style hybrid eam/fs airebo 3.0 lj/cut 10
pair_coeff * * eam/fs Al.eam.fs Al NULL
pair_coeff * * airebo CH.airebo NULL C
pair_coeff 1 2 lj/cut 0.023 2.984
#compute and output the interaction energies
compute E al group/group graphene
thermo_style custom step temp etotal c_E
#output trace file
thermo 100
dump 1 all atom 100 GN_scroll.xyz
#set initial velocity
velocity all create 300 898788
#fixed metal atom and running in nvt
fix 1 graphene nvt temp 300.0 300.0 0.1
fix 2 al setforce 0 0 0
run 100000
```

7.19.2 卷绕的尺寸效应讨论

利用 OVITO 软件的可视化命令 dump 输出的 GN-scroll. xyz 文件如图 7.56 所示，从图中可以清楚观察到石墨烯纳米带受金属纳米线活化并自发地卷绕纳米线的过程。进一步，通过改变石墨烯纳米带的长度和宽度、金属纳米线的半径以及纳米线的金属类型，分析石墨烯纳米带和金属纳米线的尺寸效应以及金属类型对卷绕过程的影响。

如图 7.57(a)所示，三种金属纳米线具有相似的变化规律。当石墨烯纳米带的长度从 38.7 Å增至 76.6 Å 时，相互作用能显著增加，但纳米带长度继续增加时，对能量的影响逐渐

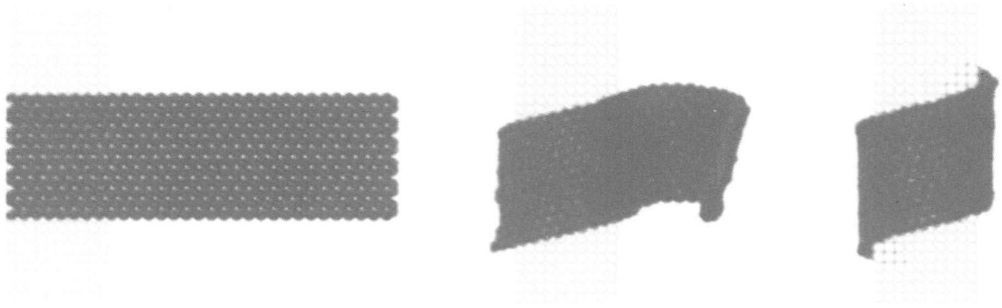

(a)　　　　(b)　　　　(c)

图 7.56　石墨烯纳米带对 Au 纳米线的卷绕过程

(a) 初始的平铺状态;(b) 逐步向纳米线卷绕;(c) 完全卷绕

减弱。如图 7.58 所示,当纳米带的长度达到 76.6 Å 时,石墨烯纳米带差不多刚好能够完成对金属纳米线一圈的卷绕。长度小于该值时,每次增加的石墨烯部分都会与石墨烯原子直接作用,因此对相互作用能影响显著。而当长度增加到大于 76.5 Å 时,石墨烯纳米带开始卷绕金属纳米线的第二圈甚至更多圈,与中心金属纳米线的相互作用强度随之减弱。

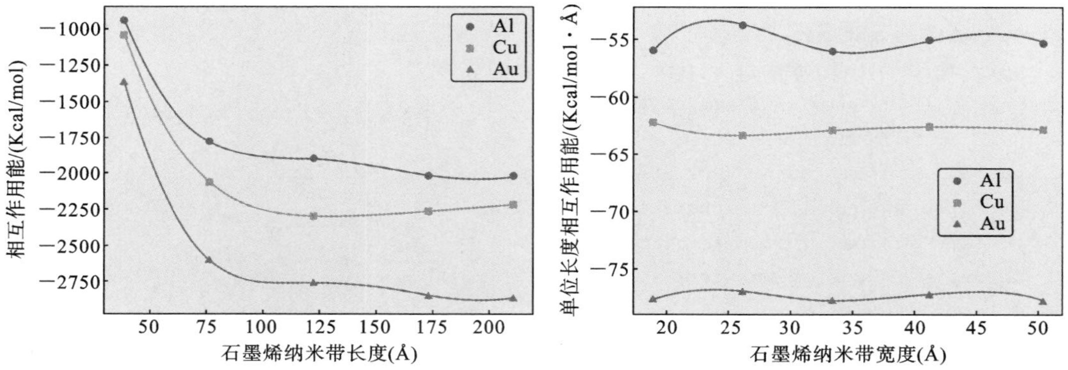

(a)　　　　(b)

图 7.57　金属纳米线与石墨烯纳米带相互作用能随石墨烯纳米带的长度和宽度变化的曲线

(a) 相互作用能随石墨烯纳米带长度的变化曲线;(b) 相互作用能随石墨烯纳米带宽度变化的曲线

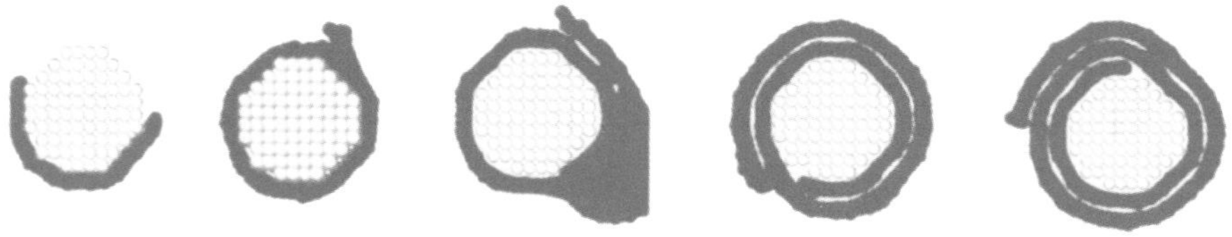

38.746Å　　76.572Å　　122.806Å　　173.242Å　　211.070Å

图 7.58　以 Al 纳米线为例,不同长度的石墨烯纳米带对其卷绕的模拟终态

同理,在分析石墨烯宽度变化时,我们认为金属纳米线足够长,因此需要使用单位长度进行约化。图 7.57(b)展示了单位长度相互作用能随石墨烯宽度变化的曲线。三种金属类型的曲线基本接近水平,表明石墨烯宽度的变化对单位相互作用强度几乎没有影响。对于金属纳米线的尺寸效应,如图 7.59 所示,当纳米线半径增大时,所有金属纳米线与石墨烯的相互作用能几乎均呈线性增加，这可以归因于分子量的增加。此外，三条变化曲线一致表明了不同金属纳米线与石墨烯纳米带的作用强度顺序：Au>Cu>Al。上述模拟结果与相关文献的计算结果能较好地吻合[386]。

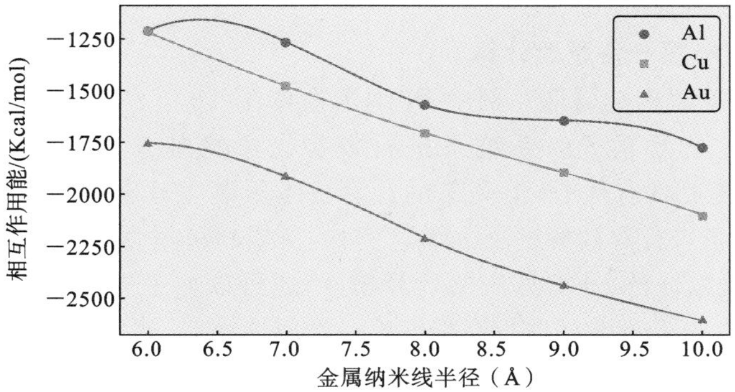

图 7.59　金属纳米线与石墨烯纳米带相互作用能随金属纳米线半径变化的曲线

在本节中，我们通过分子动力学模拟研究了石墨烯纳米带在不同金属纳米线上的自发卷绕过程，并分析了石墨烯纳米带和金属纳米线的尺寸效应以及金属类型对卷绕过程的影响。基于这些因素的组合将产生多种多样的纳米线/石墨烯结构，形成丰富的异质核壳纳米结构，带来独特的力学、光学和电学特性。由于这些特性，纳米结构材料在腐蚀场、光电设备和集成电路等领域具备广阔的应用前景。通过深入研究和优化这些结构的组合和特性，我们有望进一步加强纳米结构材料在各种应用领域的潜力。

7.20　机器学习势模拟 Pt 纳米颗粒在 TiO_2 表面上的烧结

负载型 Pt 催化剂是广泛应用在工业催化、环境保护和清洁能源等领域的重要材料。这类催化剂通过将 Pt 纳米颗粒负载在 Al_2O_3、CeO_2、TiO_2 等高比表面积载体表面，能有效提高贵金属利用率，并显著增强催化剂的活性和选择性。在石油化工领域，负载型 Pt 催化剂可用于加氢反应；在环境保护领域，负载型 Pt 催化剂可用于废气净化；而在清洁能源领域，这些催化剂也发挥着重要作用，如用作燃料电池的电极材料。然而，负载型 Pt 催化剂在高温环境下容易发生聚集和烧结现象，这会导致催化剂活性降低，影响其使用性能和寿命。

在负载型催化剂中，贵金属纳米颗粒(如 Pt 纳米颗粒)在载体表面的烧结是一种常见现象，其主要机制包括奥斯特瓦尔德熟化(Ostwald ripening，OR)和颗粒迁移团聚(particle migration coalescence，PMC)。OR 是指在高温下，较小颗粒的表面原子扩散到较大颗粒上，导致较小颗粒逐渐消失而较大颗粒逐渐增大的现象。PMC 是指在高温下颗粒发生迁移并相互融合，从而形成更大的颗粒的现象。

在这种背景下，分子动力学模拟成为研究贵金属烧结机制的有力工具。通过分子动力学模拟方法，研究人员可以模拟贵金属纳米颗粒在载体表面的运动和相互作用过程，揭示烧结的动力学行为和影响因素。例如，通过模拟 Pt 纳米颗粒在 TiO_2 表面的运动轨迹和相互作用，可以深入了解影响 OR 和 PMC 过程的关键因素，如温度、颗粒大小和载体表面结构等。这些模拟结果为设计稳定性更好的负载型催化剂提供了重要参考，有助于优化催化剂结构和性能，提高其使用寿命和催化活性。

7.20.1 关键参数与输入脚本

1. 数据集构建与第一性原理计算

为准确模拟负载型贵金属催化剂中 Pt 纳米颗粒在 TiO_2 表面上的烧结过程，往往需要构建包含数千或者上万原子的系统来进行模拟。虽然基于 DFT，从头算分子动力学(AIMD)方法在精度上具有优势，但高昂的计算成本限制了其在类似研究中的应用。机器学习势场成为一种新兴且有效的解决方案。例如，VASP 机器学习势场(VASP 6.3 及以上版本才支持)不仅可以保持 DFT 方法的计算精度，还可以显著提升计算效率。其工作原理是：首先使用 VASP 由少量数据进行高精度第一性原理计算，然后使用这些数据训练一个机器学习模型，该模型可以预测原子间的力和能量。一旦模型被训练好，就可以用于更大规模的基于 VASP 的分子动力学计算。DeePMD 机器学习势场则提供了很好的软件兼容性，既可以使用 VASP 的计算数据作为训练集，也可以作为 LAMMPS 模块进行大规模体系的模拟，同时展现深度学习方法的强大能力和满足分子动力学模拟的需求。

考虑到我们的研究重点是 Pt 纳米颗粒在 TiO_2 表面上的烧结行为，需要综合考虑不同种类的数据集，包括体相结构、Pt 团簇结构以及 Pt 纳米颗粒在 TiO_2 表面的界面结构数据，其部分特征结构如图 7.60 所示。因此，将数据集分为上述三个部分，每个部分都涵盖了特定的结构特征，以全面捕捉 Pt 纳米颗粒在 TiO_2 载体上的典型行为特征。

(1) 体相结构：我们对 Pt 纳米颗粒和 TiO_2 的体相基态结构进行了多种形式和不同程

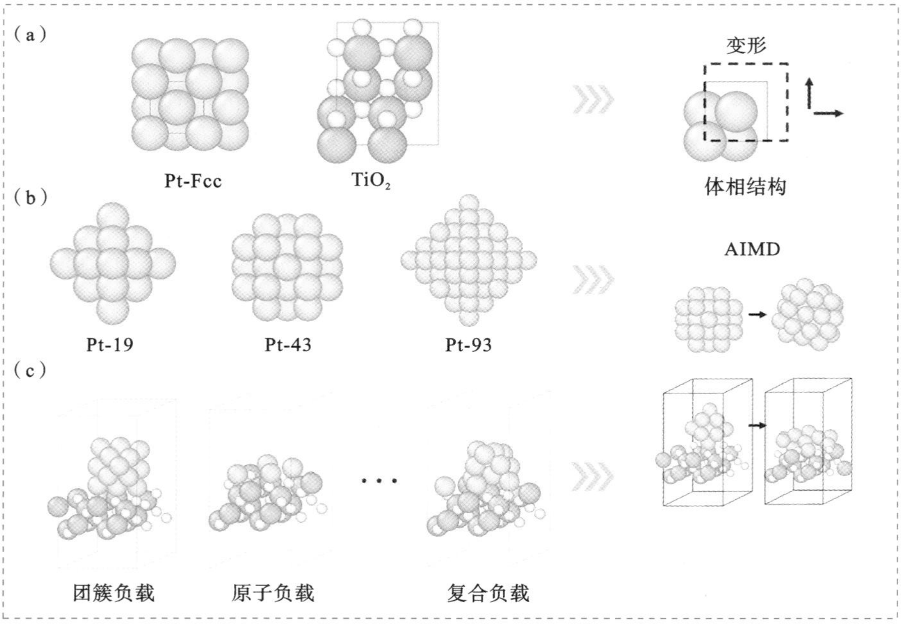

图 7.60 包含不同 Pt/TiO_2 构型的第一性原理数据集

(a) 体相结构；(b) 纳米颗粒；(c) 纳米负载结构

度的形变研究，其中考虑到了不同晶格参数、晶面取向等，以涵盖各种可能的结构变化。这些变形结构的数据被纳入数据集，确保了研究样本的多样性和全面性。

(2) 团簇结构：我们通过针对升温过程的基于 VASP 的 AIMD 模拟对多个 Pt 团簇结构进行了模拟，并从模拟轨迹中提取了一系列结构。这些结构代表了 Pt 团簇在不同温度下的构型变化，为我们提供了在动力学条件下 Pt 结构的丰富数据集。

(3) 界面结构：考虑到 Pt 纳米颗粒在 TiO_2 表面上的烧结行为是我们研究的重点，我们构建了 TiO_2 的 110 表面，并使其上分别负载不同粒径的 Pt 纳米颗粒以及独立的 Pt 原子。通过 AIMD 模拟，我们了解了吸附结构在不同温度下的动态演化过程，从而全面探索了 Pt 纳米颗粒在 TiO_2 表面上的吸附行为的规律。

基于 VASP 的 AIMD 模拟的具体流程(以界面结构为例)为：首先，将四层表面原子的底部两层原子固定住，放开表层两层原子；然后，对构建的结构进行结构优化。在 INCAR 文件中，我们指定了能量收敛标准(EDIFF)、计算精度(PREC)、离子步长(IBRION)等进行结构优化所需参数的值，对应的 INCAR 文件如代码 7.29 所示。

代码 7.29　VASP 结构优化 INCAR 文件

```
#System=Pt_TiO2
ISTART=0
ICHARG=1
ENCUT=400
EDIFF=1E-3
ISIF=2
ISMEAR=0
SIGMA=0.2
PREC=Normal
ALGO=FAST
NWRITE=0
LWAVE=.FALSE.
LCHARG=.FALSE.
IBRION=2
POTIM=0.2
EDIFFG=-0.02
NSW=100
```

在完成结构优化后，得到的 CONTCAR 文件即为进行 AIMD 模拟的初始构型文件 POSCAR。进一步，我们需要准备进行 AIMD 模拟的 INCAR 文件。在数据集创建过程中，也可以选择采用 VASP 内建的机器学习势场辅助计算，以加速数据集的生成。通过采用 VASP 机器学习势场的方法，我们不仅可以在保持 DFT 方法计算精度的同时显著提升计算效率，还能以一定的频次从模拟轨迹中提取出结构。这些提取的结构能够最大限度地覆盖整个模拟过程中的特征结构，同时避免相似结构的重复。详细的 INCAR 文件如代码 7.30 所示。

代码 7.30 VASP 第一性原理分子动力学 INCAR 文件

```
#Basic parameters
ISMEAR=0
SIGMA=0.2
ENCUT=400
LREAL=Auto
ISYM=-1
NELM=100
EDIFF=1E-4
LWAVE=.FALSE.
LCHARG=.FALSE.
#MD
IBRION=0
MDALGO=2
ISIF=2
SMASS=1.0
TEBEG=1200
NSW=2000
POTIM=5.0
RANDOM_SEED=88951986     0     0
#Machine learning paramters
ML_MODE=train
ML_AB=100000
ML_LMLFF=.TRUE.
ML_ISTART=0
```

关键脚本注解:

- TEBEG=1200

设定分子动力学模拟的初始温度为 1200K。

- NSW=2000

设定分子动力学模拟的步数为 2000 步。

- ML_MODE=train

参数 ML_MODE 决定了机器学习力场的使用方式。当设置 ML_MODE=train 时,表示在分子动力学模拟中使用机器学习力场进行预测。如果在任何时间步的误差估计表明预测的力的误差超过阈值,系统将进行从头计算,使用新的数据点来改善机器学习力场。

- ML_AB=100000

参数 ML_AB 定义了为机器学习相关任务分配的内存大小。合理的内存分配对于实现机器学习模型的有效训练和运行非常重要。

- ML_LMLFF=. TRUE.

设置 ML_LMLFF=. TRUE. ,表示在 VASP 计算中启用机器学习势。

- ML_ISTART=0

参数 ML_ISTART 用于控制机器学习力场的初始化。设置 ML_ISTART=0 意味着从头开始构建机器学习模型,启用即时学习模式。

2. DeePMD 机器学习势的训练与验证

DeePMD 方法是一种基于深度学习的分子动力学方法,旨在模拟大规模原子体系的动力学行为。该方法利用神经网络来学习原子间的相互作用势能,将复杂的势能函数映射为简洁的参数化形式,从而实现对分子系统的高效建模和模拟。通过 DeePMD,可以有效地克服传统方法计算成本高、计算效率低的问题,同时保持较高的计算精度。在研究 Pt/TiO_2 的烧结行为的过程中,我们将采用 DeePMD 方法来训练机器学习势场,以模拟 Pt 纳米颗粒在 TiO_2 表面的烧结过程。这种方法不仅能够提高计算效率,还可以提供对系统动力学行为的准确描述,为研究 Pt/TiO_2 催化剂的性能和稳定性提供重要的理论支持。

首先需要在构建好数据集后,通过对第一性原理计算数据进行格式转换,得到训练数据。经格式转化后的脚本 readData_VASP.py 见代码 7.31,其主要作用是将 OUTCAR 文件中的结构数据分为训练集和测试集。

代码 7.31 格式转换脚本 readData_VASP.py

```
importdpdata
importnumpy as np

#load data of cp2k/aimd_output format
data=dpdata.LabeledSystem('OUTCAR', fmt='vasp/outcar')
print('#the data contains %d frames' %len(data))

#random choose 10%  index for validation_data
size=int(len(data)*0.1)
index_validation=np.random.choice(len(data),size,replace=False)
# other indexes are training_data
index_training=list(set(range(len(data)))-set(index_validation))
data_training=data.sub_system(index_training)
data_validation=data.sub_system(index_validation)
#all training data put into directory:"training_data"
data_training.to_deepmd_npy('training_data')
#all validation data put into directory:"validation_data"
data_validation.to_deepmd_npy('validation_data')

print('#the training data contains %d frames' %len(data_training))
print('#the validation data contains %d frames' %len(data_validation))
```

随后准备好训练输入脚本,利用 DeePMD-kit 软件进行训练和验证深度学习势。训练输入脚本 input.json 见代码 7.32。

代码 7.32 训练输入脚本 input.json

```
#The pre embedded neural network consists of a three-layer network structure, with
the number of neurons in each layer set to 25, 50, and 100 respectively. The sub ma-
trix dimension of the embedding matrix is 16, and the cutoff radius for neighborhood
search is set to 8.0 Å.
```

```
{
    "_comment": " model parameters",
    "model": {
    "type_map": ["Ti", "O", "Pt"],
    "descriptor" :{
        "type":      "se_e2_a",
        "sel":       "auto",
        "rcut_smth":     0.50,
        "rcut":      8.00,
        "neuron":    [25, 50, 100],
        "resnet_dt":     false,
        "axis_neuron":  16,
        "seed":     1,
        "_comment":      " that's all"
    },
    "fitting_net" : {
        "neuron":    [240, 240, 240],
        "resnet_dt":     true,
        "seed":     1,
        "_comment":      " that's all"
    },
    "_comment": " that's all"
    },

    "learning_rate" :{
    "type":      "exp",
    "decay_steps":  5000,
    "start_lr": 0.001,
    "stop_lr":   3.51e-8,
    "_comment": "that's all"
    },
#Set the starting and ending weights for energy and force
    "loss" :{
    "type":      "ener",
    "start_pref_e": 0.02,
    "limit_pref_e": 1,
    "start_pref_f": 1000,
    "limit_pref_f": 1,
    "start_pref_v": 0,
    "limit_pref_v": 0,
    "_comment": " that's all"
    },
#Set training dataset path
#We set the weight of the body phase structure to 0.6 and the weight of other struc-
tures to 0.4 for the training and testing sets.
```

```
"training" : {
"training_data": {
    "systems":    ["../00.data/adh-2A/training_data",
                   "../00.data/adh-4A/training_data",
                   "../00.data/adh-4/training_data",
                   "../00.data/adh-8/training_data",
                   "../00.data/adh-3A/training_data",
                   "../00.data/adh-2-4A/training_data",
                   "../00.data/adh-double/training_data",
                   "../00.data/Pt-cluster19/training_data",
                   "../00.data/Pt-cluster43/training_data",
                   "../00.data/Pt-cluster93/training_data",
                   "../00.data/Pt-19cluster/training_data",
                   "../00.data/Pt-43cluster/training_data",
                   "../00.data/Pt-93cluster/training_data",
                   "../00.data/Pt-fcca/training_data",
                   "../00.data/Pt-fccs/training_data",
                   "../00.data/Pt-fccx/training_data",
                   "../00.data/TiO2-bulk/training_data"],
  "auto_prob":  "prob_sys_size; 0:10:0.4; 10:17:0.6",
    "batch_size":   "auto",
    "_comment":     "that's all"
},
"validation_data":{
    "systems":    ["../00.data/adh-2A/validation_data",
                   "../00.data/adh-4A/validation_data",
                   "../00.data/adh-4/validation_data",
                   "../00.data/adh-8/validation_data",
                   "../00.data/adh-3A/validation_data",
                   "../00.data/adh-2-4A/validation_data",
                   "../00.data/adh-double/validation_data",
                   "../00.data/Pt-cluster19/validation_data",
                   "../00.data/Pt-cluster43/validation_data",
                   "../00.data/Pt-cluster93/validation_data",
                   "../00.data/Pt-19cluster/validation_data",
                   "../00.data/Pt-43cluster/validation_data",
                   "../00.data/Pt-93cluster/validation_data",
                   "../00.data/Pt-fcca/validation_data",
                   "../00.data/Pt-fccs/validation_data",
                   "../00.data/Pt-fccx/validation_data",
                   "../00.data/TiO2-bulk/validation_data"],
    "batch_size":   "auto",
    "numb_btch":   1,
    "_comment":     "that's all"
```

```
},
# The overall number of training iterations is 1000000 steps.
    "numb_steps":   1000000,
    "seed":     10,
    "disp_file":    "lcurve.out",
    "disp_freq":    200,
    "save_freq":    1000,
    "_comment": "that's all"
    },
    "_comment":     "that's all"
}
```

关键参数注解:

● "rcut":8.00

模型的截断半径设置为 8。

● "neuron":[25,50,100]

前置神经嵌入网络包括三层网络结构,每层的神经元数量分别设置为 25、50、100。

● "axis_neuron":16

嵌入矩阵的子矩阵维度设置为 16。

● "neuron":[240,240,240]

拟合网络的神经元数量设置为 240、240、240。

● "start_pref_e":0.02

"limit_pref_e":1

能量的起始权重和结束权重分别设置为 0.02 和 1。

● "start_pref_f":1000

"limit_pref_f":1

力的起始权重和结束权重分别设置为 1000 和 1。

● "auto_prob":"prob_sys_size; 0:10:0.4; 10:17:0.6"

设置数据集的权重,0～10 组(纳米颗粒和吸附结构)的权重设置为 0.4,10～17 组(体相结构和稳态结构)的权重设置为 0.6。

● "numb_steps":1000000

整体的训练迭代步数设定为 1000000 步。

准备好训练输入脚本后,使用"dp train input.json"命令即可开始训练。训练结束后,使用"dp freeze -o graph.pb"命令将模型冻结为 graph.pb 文件。随后,通过"dp compress -l graph.pb -o graph-compress.pb"命令对模型进行压缩,这样可以将计算速度提升近十倍。接下来对获取的深度学习势进行检测,使用命令"dp test-m graph-compress.pb-s [测试数据集]"。我们选取数据集中半径为 2Å 的最小的 Pt 团簇结构进行测试,结果显示能量和力的均方根误差(RMSE)均很小(见图 7.61),达到了计算精度要求。

3. Pt 纳米颗粒在 TiO_2 表面上的烧结行为模拟

在本节中,我们以两个粒径为 16 Å 的 Pt 纳米颗粒为例,详细介绍 Pt 纳米颗粒在 TiO_2 表面上的烧结行为模拟的全过程。首先需要构建 Pt 纳米颗粒在 TiO_2 表面上吸附的结构。

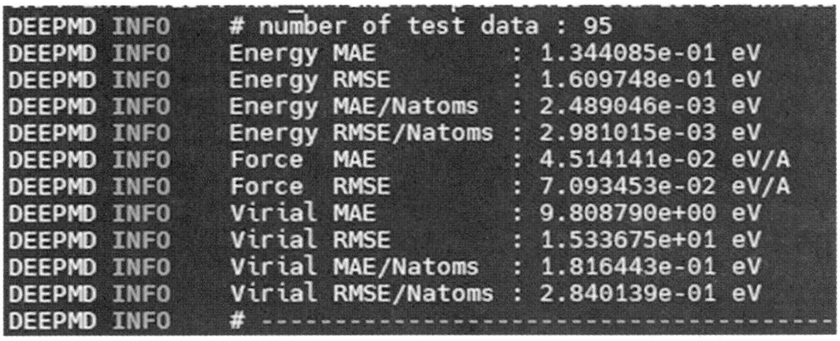

```
DEEPMD INFO    # number of test data : 95
DEEPMD INFO    Energy MAE         : 1.344085e-01 eV
DEEPMD INFO    Energy RMSE        : 1.609748e-01 eV
DEEPMD INFO    Energy MAE/Natoms  : 2.489046e-03 eV
DEEPMD INFO    Energy RMSE/Natoms : 2.981015e-03 eV
DEEPMD INFO    Force  MAE         : 4.514141e-02 eV/A
DEEPMD INFO    Force  RMSE        : 7.093453e-02 eV/A
DEEPMD INFO    Virial MAE         : 9.808790e+00 eV
DEEPMD INFO    Virial RMSE        : 1.533675e+01 eV
DEEPMD INFO    Virial MAE/Natoms  : 1.816443e-01 eV
DEEPMD INFO    Virial RMSE/Natoms : 2.840139e-01 eV
DEEPMD INFO    # -----------------------------------
```

图 7.61 能量和力的均方根误差

在 Material Studio 中导入 TiO_2_anatase 和 Pt 结构。选择 TiO_2_anatase 结构，在主菜单中点击 Build → Surfaces → Cleave Surface，在打开的对话框中进行参数设置：选择(110)表面作为 Cleave plane（切割表面），Thickness（厚度）设置为 4，Surface vectors（表面矢量）中设置 U=[1 −1 0]、V=[0.5 −0.5 −0]。这里的矢量 U 和 V 用于定义晶体表面方向，具体来说，U=[1 −1 0]定义了平面内的第一个方向，而 V=[0.5 −0.5 0]定义了平面内的第二个方向。矢量 U 和 V 成一定角度，二者共同确定表面的方位。然后在主菜单中点击 Build → Symmetry → Supercell，在打开的对话框中的 Supercell range 模块中设置 U=16、V=12（U=16 和 V=12 分别指定了晶胞在 U 和 V 方向上的平移重复次数，以确保模拟过程中表面超胞足够大），即可完成 TiO_2-(110)表面的构建。接着选择 Pt 结构，在主菜单中点击 Build → Build Nanostructure → Nanocluster，在打开的对话框中设置 Shape 项为“Sphere”，设置 Radius 为 8.0，然后点击“build”（创建）。按住 Ctrl+a 键选择 Pt 纳米颗粒，将其复制到 TiO_2 的表面结构上，随后使用 Movement 功能调整颗粒与表面的距离，并确保两个颗粒之间最近的原子距离为 5 Å。

进一步，我们将模型文件转换为 LAMMPS 系统可以识别和读取的数据文件，并且准备好 LAMMPS 脚本，如代码 7.32 所示。材料体系是由 4890 个原子组成的 Pt-TiO_2 吸附结构，原子间势场文件为 graph-compress.pb。

代码 7.32 Pt-TiO_2 **烧结模拟 LAMMPS 脚本** in.Pt_TiO_2

```
dimension         3
units             metal
atom_style        atomic
boundary          p p p
read_data         Pt_TiO2.data #  The model structure is a Pt_TiO2.data file
neighbor          2.5 bin
neigh_modify      delay 10 every 2 check yes page 100000

#Fix the TiO2 plane by selecting Ti and O atoms and setting their velocity and
stress to 0
group        botom1 type 1
group        botom2 type 2
velocity      botom1 set 0 0 0
```

```
velocity      botom2 set 0 0 0
fix      01 botom1 setforce 0 0 0
fix      02 botom2 setforce 0 0 0

#Group the nanoparticles on both sides using the group command based on their positions
region        left block 20.0 61.0 INF INF INF INF units box
group left region left
region        right block 61.0 88.0 INF INF INF INF units box
group         right region right
group         Pt type 3
group         Pt1 intersect left Pt
group         Pt2 intersect right Pt

mass           1 47.867
mass           2 15.999
mass           3 195.084

#Set the deepmd potential function
pair_style        deepmd graph-compress.pb
pair_coeff        * *

compute           1 botom1 temp
compute           2 botom2 temp
compute           3 Pt temp
compute           4 Pt1 temp
compute           5 Pt2 temp


timestep        0.001
variable          T equal 1200
thermo          1000
thermo_style      custom step temp pe etotal press vol c_1 c_2 c_3 c_4 c_5

#Minimize the energy of the structure
min_style         cg
minimize          1e-15 1e-15 10000 10000
run               0

#Temperature initialization
velocity               Pt1 create 300 89898 dist gaussian
velocity               Pt2 create 300 89898 dist gaussian

#Using the fix command, first relax at 300K for 20ps
fix                    1 Pt1 nvt temp 300 300 0.01
```

```
fix              2 Pt2 nvt temp 300 300 0.01
run             20000
thermo_modify    lost ignore
unfix             1
unfix             2

#Set the system temperature to 1200K and maintain a constant temperature of 200ps
dump            1 all atom 1000 dump.xyz
fix              1 Pt1 nvt temp ${T} ${T} 0.1
fix              2 Pt2 nvt temp ${T} ${T} 0.1
thermo_modify     lost ignore
run              200000
```

关键参数注解：

- group botom1 type 1

选择 type 1 的原子，定义为 group bottom1。

- velocity botom1 set 0 0 0

将 bottom1 的原子在 x、y、z 方向上的速度均设置为 0。

- fix 01 botom1 set force 0 0 0

将 bottom1 的原子在 x、y、z 方向上的受力设置为 0。

- compute 1 botom1 temp

计算 botom1 的温度。

- thermo_style custom step temp pe etotal press vol c_1 c_2 c_3 c_4 c_5

将所需要的热力学参数输出并保存在 log. lammps 文件中，c_1 对应 computer 命令定义的参数，其余同理。

- velocity Pt1 create 300 89898 dist gaussian

对于 Pt1 中的原子，在 300 K 的温度下进行速度初始化。采用高斯方法来防止对不同颗粒进行控温时，各颗粒的温度相差过大。

- fix 1 Pt1 nvt temp 300 300 0.01

采用 *NVT* 系综（恒数、恒体积、恒温系综）对 Pt1 进行恒温处理。

- dump 1 all atom 1000 dump. xyz

每隔 1000 步输出所有的原子信息并保存到 dump. xyz 文件中。此文件后续可以利用 OVITO 软件进行可视化后处理。

7.20.2 烧结模拟结果讨论

计算结束后，我们可以通过 log. lammps 文件检查模拟过程中的热力学参数，如图 7.62(a)所示。热力学参数共有 11 列内容，分别表示步数、当前体系总体温度、势能、总能量、应力、体积，以及 group Ti、O、Pt、Pt1 和 Pt2 的温度。值得指出的是，由于 TiO_2 表面温度被设定为 0 K，整个系统的总温度通常非常低，不超过 100 K。这一现象主要是由 TiO_2 表面的低温设置所引起的。在 Pt 的控温过程中，可能会出现颗粒间温差过大的问题。为了辅助确认控温效果,我们分别统计了 Pt、Pt1 和 Pt2 的温度。特别是,如果我们想要准确掌握模拟过程中 Pt 纳米颗粒的温度,需要密切关注 c_4 和 c_5 的数值。

Step	Temp	PotEng	TotEng	Press	Volume	c_1	c_2	c_3	c_4	c_5
20766	17.431074	-41651.177	-41640.162	5358.5459	194821.66	0	0	303.27587	298.73819	309.9798
21000	28.083125	-41642.836	-41625.089	5374.3744	194821.66	0	0	488.6064	498.21605	482.48681
22000	76.351343	-41604.569	-41556.319	5469.821	194821.66	0	0	1328.4047	1283.468	1382.8299
23000	75.600671	-41606.13	-41558.354	5256.8571	194821.66	0	0	1315.3441	1319.0476	1321.0359
24000	71.744306	-41602.582	-41557.243	4952.7517	194821.66	0	0	1248.2488	1220.3553	1285.0584
25000	71.511965	-41605.951	-41560.759	4795.1115	194821.66	0	0	1244.2064	1225.3802	1271.9198
26000	78.966917	-41608.988	-41559.085	5270.3019	194821.66	0	0	1373.9119	1430.5557	1327.0819
27000	65.306226	-41613.893	-41572.622	5559.9822	194821.66	0	0	1136.2354	1131.267	1149.3197
28000	61.42443	-41618.243	-41579.426	5300.6844	194821.66	0	0	1068.6976	984.06951	1160.9593
29000	72.440571	-41619.446	-41573.667	5274.0861	194821.66	0	0	1260.3628	1255.7687	1273.9595
30000	65.057313	-41619.256	-41578.143	4771.6695	194821.66	0	0	1131.9046	1138.7187	1133.1756

图 7.62 模拟过程中的热力学参数

计算结束后,我们将 dump. xyz 文件加载到 OVITO 软件中即可进行可视化处理。1200 K 温度下 Pt 纳米颗粒在 0 ps、38 ps、200 ps 时的结构快照如图 7.63 所示。

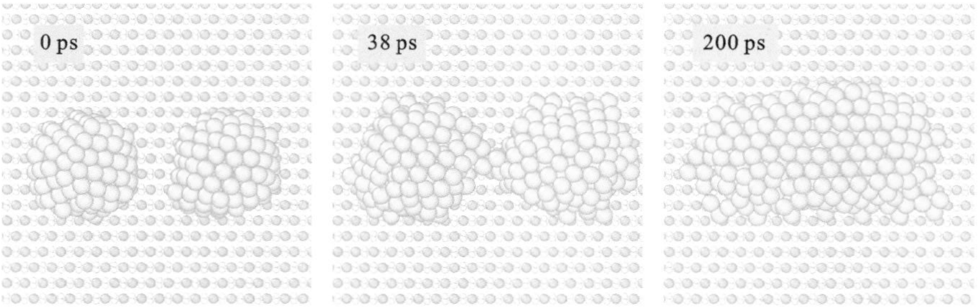

图 7.63 Pt 纳米颗粒在 TiO_2 表面上的烧结过程

在 1200 K 的恒温下,我们观察到在第 38 ps 时,两个纳米颗粒发生了接触,随后快速发生烧结。到 200 ps 时,它们已完全烧结在一起。

本次研究成功展示了 Pt 颗粒在 TiO_2 表面上基于 PMC 机制的烧结过程,为深入理解金属纳米颗粒的烧结行为提供了新的视角和理论方法。

习　　题

1. 利用 LAMMPS 模拟一个简单的单原子固体(如铜),要求设置合适的势函数、晶格常数、单胞类型以及温度。请给出具体的输入文件参数设置和相关命令。

2. 描述一个 LAMMPS 输入文件的基本结构,并解释每个部分的作用。请以简单的 LJ 势液体模拟作为示例。

3. 使用 LAMMPS 模拟一个二元混合体系(如铜-镍合金),要求在给定的体积和温度下,求出最稳定的相结构。请给出具体的输入文件参数设置和相关命令。

4. 使用 LAMMPS 模拟液体的熔融和凝固过程。请根据给定的物质(如铁)和温度范围,给出详细的模拟过程和步骤。

5. 通过 LAMMPS 计算一个纳米颗粒在不同温度下的自扩散系数。请给出具体的输入文件参数设置和相关命令。

6. 利用 LAMMPS 模拟高分子链在溶液中的行为。请根据给定的高分子链长度、溶液浓度和温度，给出详细的模拟过程和步骤。

7. 用 LAMMPS 模拟石墨烯纳米带在外加应力下的力学性能。请给出具体的输入文件参数设置和相关命令。

8. 使用 LAMMPS 模拟金属-非金属界面的力学性能。请根据给定的界面结构（如铝-氧化铝界面），给出详细的模拟过程和步骤。

9. 利用 LAMMPS 计算疏水性表面上的水分子的吸附行为。请给出具体的输入文件参数设置和相关命令。

10. 使用 LAMMPS 模拟一个液滴在固体表面上的扩散行为。请根据给定的液滴成分（如水）、固体表面材料（如银）和温度，给出详细的模拟过程和步骤。

第 8 章　蒙特卡罗方法

与前面几章所介绍的方法不同，蒙特卡罗(MC)方法是一种基于随机抽样和统计规律的方法。它将所研究的体系视为大量相同体系(即系综)中的一个，并按照一定规律依次检测所有这些体系所处的状态，再对系综进行平均以得到体系的物理性质。MC 方法因此成为了一种重要的统计力学工具。

传统的 MC 方法主要用于研究体系的热平衡状态，例如在固体物理、化学和生物科学等领域中的相变、吸附和溶剂效应等现象。然而，传统 MC 方法无法直接给出体系的时间演化轨迹，这一点与第 6 章中介绍的分子动力学方法形成了鲜明的对比。为了弥补这一不足，动力学 MC 方法应运而生。通过引入时间尺度和动力学规律，动力学 MC 方法可以描述体系的"粗粒化"演化过程，从而拓展了 MC 方法在材料模拟中的应用范围。

本章将详细介绍 MC 方法的基本原理、重要模型以及动力学扩展。首先，我们将阐述 MC 方法的基本思想和随机抽样策略，包括 Metropolis 算法、Gibbs 抽样和重要性抽样等。接下来，我们将介绍一些在 MC 方法中广泛应用的模型，如 Ising 模型、Potts 模型和模型之间的联系。最后，我们将讨论动力学 MC 方法，包括基本原理、算法设计和应用实例。

通过学习本章内容，读者将了解到 MC 方法在材料模拟中的重要作用，以及如何根据具体问题选择合适的模型和抽样策略，这将有助于读者在研究材料的热力学性质和动力学行为时，充分利用 MC 方法的优势。

8.1　蒙特卡罗方法的基本原理

8.1.1　投点法计算图形面积

首先举两个例子。

例 8.1　计算单位圆面积 π。

如图 8.1(a)所示，首先产生 N 对在区间$[0,1]$上均匀分布的随机数(x_i, y_i)，然后从中找出符合条件 $x_i^2+y_i^2\leqslant 1$ 的(x_i, y_i)的对数 m，则单位圆面积为 $4m/N$。在 $N\to\infty$时，$4m/N$ 逼近 π。具体参见代码 8.1。

代码 8.1　计算 π 的程序 piMC.py

```
import random

def estimate_pi(num_samples):
    inside_circle=0
    total_samples=0

    for _ in range(num_samples):
```

```
        x=random.random()
        y=random.random()
        distance=x**2+y**2

        if distance <=1:
            inside_circle +=1
        total_samples +=1

    return 4 * (inside_circle / total_samples)

# Let's estimate pi with 1 million samples
num_samples=10**6
estimated_pi=estimate_pi(num_samples)

print(f'Estimated value of Pi after {num_samples} iterations is: {estimated_pi}')
```

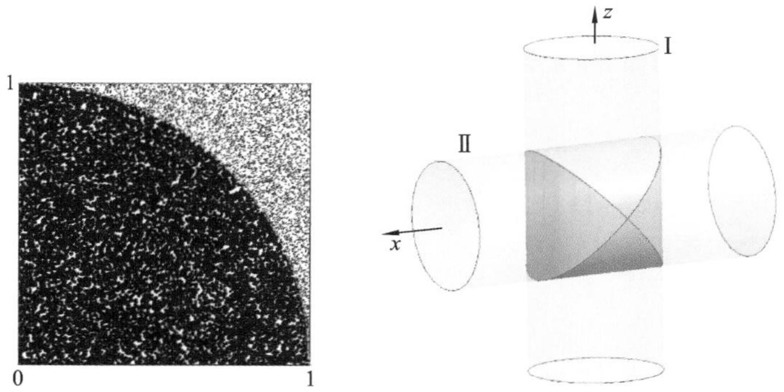

(a)　　　　(b)

图 8.1　单位圆面积及牟合方盖体积计算示意图

(a) 用 MC 方法计算单位圆面积;(b) 牟合方盖

注:图(a)中单位正方形内均匀分布的随机数以及落在 1/4 单位圆内的随机数均用圆点表示。灰色虚线表明 1/4 单位圆的边界。

例 8.2　计算牟合方盖的体积。

如图 8.1(b)所示,牟合方盖是两个直径相同且彼此垂直的圆柱体相交的部分。为简单起见,设两个圆柱体的半径均为 1。圆柱体Ⅰ的轴线沿 z 方向,而圆柱体Ⅱ的轴线沿 x 方向。与上例类似,首先产生 N 组在区间[0,1]上均匀分布的随机数(x_i, y_i, z_i),然后从中找出同时符合条件 $x_i^2+y_i^2\leqslant 1$ 以及 $y_i^2+z_i^2\leqslant 1$ 的(x_i, y_i, z_i)组数 m,则该牟合方盖的体积为 $8m/N$。

表 8.1 中列出了以上两个例子用不同撒点数 N 所得出的结果,可以看到,当 N 比较大时,结果逐渐逼近精确值。设在 n 维空间内有一条闭合曲线(用函数 $g(\boldsymbol{x})$ 表示,其中 $\boldsymbol{x}$ 为 n 维矢量),采用随机撒点的策略,可以计算以 $g(\boldsymbol{x})$ 为边界的图形的面积。用这种随机方法可以获得比较直观的几何图像。这里需要指出,求面积相当于计算函数 $f(x)$ 的积分,且

$$f(x)=\begin{cases}1, & f(x)\leqslant g(x)\\0, & \text{其他}\end{cases} \tag{8.1}$$

式中：$g(x)$为边界函数。

表 8.1　MC 方法所得积分结果与撒点数 N 的关系

N	单位圆 MC 计算值 I_{MC}	$\|I-I_{MC}\|/I$	牟合方盖 MC 计算值 I_{MC}	$\|I-I_{MC}\|/I$
1000	3.1200	7×10^{-3}	5.400	1.25×10^{-2}
10000	3.1448	1×10^{-3}	5.348	2.75×10^{-3}
100000	3.1394	7×10^{-4}	5.326	1.33×10^{-3}

计算牟合方盖的程序见代码 8.2。

代码 8.2　计算牟合方盖的程序 Steinmetz.py

```
import numpy as np

# Set the number of random points
num_points=10**6

# Set the radius of the cylinders
radius=1

# Generate random points within the cube[-1, 1] x[-1, 1] x[-1, 1]
points=np.random.uniform(-radius, radius, size=(num_points, 3))

# Count the points that are within both cylinders
# A point (x, y, z) is within a cylinder of radius r if x^2+y^2<r^2,
# considering the cylinder is aligned with the z-axis
count=np.sum((points[:, 0]**2+points[:, 1]**2<=radius **2)&
                        (points[:, 0]**2+points[:, 2]**2<=radius**2))

# The volume of the cube is (2r)^3=8r^3
# The proportion of points within the solid gives an estimate of the volume
volume_estimate=8*radius**3*count / num_points

print('Estimated volume:', volume_estimate)
```

8.2　计算函数积分与采样策略

MC 方法的提出，主要是为了解决两个问题。

(1) 给定一个权重分布函数 $P(\boldsymbol{x})$，如何得到一组随机数$\{\boldsymbol{x}_i\}$，且这组随机数的分布符合$P(\boldsymbol{x})$；

(2) 如何求得函数 $f(\boldsymbol{x})$遵循权重函数 $P(\boldsymbol{x})$的加权平均值 I，且

$$I = \frac{\int P(\boldsymbol{x}) f(\boldsymbol{x}) \mathrm{d}\boldsymbol{x}}{\int P(\boldsymbol{x}) \mathrm{d}\boldsymbol{x}} \tag{8.2}$$

若问题(1)已经解决,假设得到遵循 $P(\boldsymbol{x})$分布的 N 个随机数$\{\boldsymbol{x}_i\}$,则

$$I = \frac{1}{NZ_P} \sum_{i=1}^{N} f(\boldsymbol{x}_i) \tag{8.3}$$

式中:Z_P 为权重函数 $P(\boldsymbol{x})$的归一化常数,$Z_P = \int \mathrm{d}\boldsymbol{x} P(\boldsymbol{x})$。因此,问题(1) 如何解决具有非常重要的意义。但是在 1.5.5 节中可以看到,随机点均匀分布也能解决问题,那么为什么要强调随机数的分布呢?下面详细地讨论这个问题。

8.2.1 简单采样

简单采样(simple sampling)方法是一种基于假设随机数在积分限所包含的空间中均匀分布的采样方法。这种采样策略在某些情况下是有效的。从原则上讲,只要撒点数 N 足够大,利用 MC 方法就总是可以得出答案。然而,在实际应用中,采用简单采样方法时的计算效率可能会受到影响。

为了进一步讨论这个问题,我们再次回顾计算圆面积的例子。设该圆的半径为 0.05,继续沿用 8.1 节的做法,在[0,1]区间中均匀撒点。表 8.2 列出了计算结果随撒点数 N 的变化情况。很明显,在 N 一定的情况下,对这个小圆面积的估算精度相对较差。这主要是因为撒点分布的范围远远大于我们感兴趣的区域(即小圆),导致 N 个随机点落入小圆中的概率很小。因此,这种情况下,MC 方法的效率较低。

表 8.2 用简单采样法计算半径 $r=0.05$ 的圆面积结果与撒点数 N 的关系

N	MC 计算值 I_{MC}	$\lvert I-I_{\mathrm{MC}}\rvert/I$
1000	0.0040	0.49
10000	0.0100	0.27
100000	0.0314	0.11

为了提高计算效率,我们需要寻找更加合适的采样策略。例如,可以考虑将撒点的范围缩小到包含小圆的矩形区域,或者使用重要性抽样(importance sampling)方法来引导随机点,使之更有可能落入我们感兴趣的区域。这样,可以在较小的 N 下获得更高的计算精度,从而提高 MC 方法的计算效率。

总之,在实际应用中,根据问题的具体特点选择合适的采样策略是提高 MC 方法计算效率的关键。通过对比不同方法的优缺点,我们可以找到最适合解决特定问题的采样方法,从而在有限的计算资源下获得更精确的结果。

8.2.2 重要性采样

重复 8.2.1 节的例子,但是这次采取非均匀撒点方法,即 N 个点的坐标(x,y)的分布符合二元正态分布函数 $P(x,y)$。因为随机数的分布不再均匀,因此不能直接统计落入小圆中的点,而是需要乘以 $1/P(x,y)$,求和之后再除以 N。普遍来说,这种做法相当于如下数学处

理(以一维函数为例):

$$I=\int_a^b f(x)\mathrm{d}x=\int_a^b P(x)\frac{f(x)}{P(x)}\mathrm{d}x \tag{8.4}$$

当随机数分布符合 $P(x)$时,根据方程(8.3)即可得到结果。考虑到 $P(x)$的归一性,在最后的求和结果中应乘以 $1/Z_P$。

在使用 MC 方法时,为了提高效率,应该确保随机数的分布尽量接近被积函数的权重分布,这意味着随机数不再均匀分布于积分区域。与 8.2.1 小节相对应,这种依据被积函数权重分布的随机数采样方法被称为重要性采样。在详细讨论重要性采样方法之前,我们首先考察一下 MC 方法的应用范围。

实际上,MC 方法主要用于求高维空间内权重变化剧烈的函数的积分。显然,热力学体系非常适合进行 MC 模拟。一个包含 N 个经典粒子的热力学体系,需要用 $3N$ 个空间坐标 $\boldsymbol{x}$ 以及 $3N$ 个动量坐标 $\boldsymbol{p}$ 所组成的 $6N$ 维相空间加以描述。与第 6 章中的讨论类似,该体系的动能部分的积分可以解析地给出,我们在这里只关注位型变化引起的势能差异。各态出现的概率(也即权重函数)P 符合玻尔兹曼分布 $\exp[(E-E_0)/(k_BT)]$,其中 E_0 为参考常量。为方便起见,通常取基态能量 $E_0=E_{grd}$。虽然在高温下各态的分布趋于平均,但绝大部分研究集中在低温或中温区,这种情况下权重函数对能量的变化非常敏感。下面我们通过一个例子进行说明。

如图 8.2(a)所示,取一个包含 750 个 Cu 原子的块体,用一个(111)面将该块体分为两部分,然后保持平面以下部分不动,而将平面上半部分沿$[11\bar{2}]$方向平移 u,计算平均面积上相应的能量变化 $\gamma(u)$,即广义堆垛层错能,结果如图 8.2(b)所示。设环境温度为 300 K,按照截面面积为 286 Å^2 计算上半部分平移 u 时各态相对于完美晶格出现的概率 $P(u)/P(0)$,如图 8.2(b)所示。很明显,热力学体系的分布函数在相空间中表现为离散分布的若干个尖锐的峰,每个峰对应于该体系的一个稳定态。这些稳定态只占据相空间中非常小的一部分。因此,对热力学体系而言,对物理量期待值有实际贡献的只是相空间中非常小的一部分。如前所述,必须采用重要性采样,否则 MC 方法的效率将会非常低。

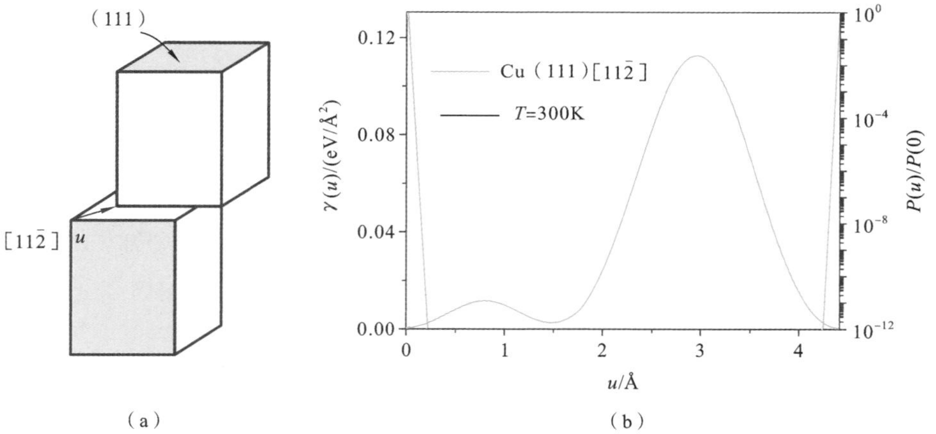

图 8.2 广义堆垛层错能及层错带来的变化

(a) 广义堆垛层错能 $\gamma(u)$示意图;

(b) 能量变化和在 300 K 下各态相对于完美晶格出现的概率 $P(u)/P(0)$

常用的重要性采样方法分为相似采样法、拒绝采样法、Metropolis 采样法等。Metropolis 采样法在实际材料模拟中应用广泛，而且与前两种方法有所不同，因此在8.2.3节中将对其单独做介绍。在本节中，我们详细讨论近似采样法以及拒绝采样法(rejection sampling method)。

8.2.2.1　近似采样法

考虑一维情况，假设按照权重函数 $P(x)$ 分布的随机数生成比较困难，但是有另一个比较简单的权重函数 $Q(x)$，其曲线形状与 $P(x)$ 相似，可以用 $Q(x)$ 生成一组随机数 $\{x_i\}$ 来求解积分 I。与式(8.4)的推导类似，由普遍积分式(8.2)可得

$$I = \frac{\int P(x) f(x) \mathrm{d}x}{\int P(x) \mathrm{d}x} = \frac{\int [f(x) \cdot P(x)/Q(x)] Q(x) \mathrm{d}x}{\int [P(x)/Q(x)] Q(x) \mathrm{d}x} = \frac{\left(\sum_i \omega_i f(x_i)\right) \Big/ Z_Q}{\left(\sum_i \omega_i\right) \Big/ Z_Q} = \frac{\sum_i \omega_i f(x_i)}{\sum_i \omega_i} \tag{8.5}$$

式中

$$\omega_i = \frac{P(x_i)}{Q(x_i)} \tag{8.6}$$

方程(8.6)所表示的方法称为近似采样法。这个方法在实践上有一个根本性的问题，即没有一个关于“近似”的明确定义。

8.2.2.2　拒绝采样法

设被积函数的权重分布为 $P(x)$，其形式比较复杂。为了产生按照 $P(x)$ 分布的随机数，可以另外找一个相对比较简单的分布函数 $Q(x)$，按 $Q(x)$ 分布的随机数可以很容易地生成。假定有一个常数 c 满足 $cQ(x) > P(x)$，且在积分域内恒成立，则可以通过下列方法得到 $P(x)$ 分布的随机数序列。

算法 8.1

(1) 选定分布函数 $Q(x)$，在积分域内满足 $cQ(x) > P(x)$，首先生成按 $Q(x)$ 分布的一个随机数 x_i；

(2) 再生成一个在 $[0, cQ(x_i)]$ 区间内均匀分布的随机数 y_i，若 $y_i > P(x_i)$，则将该 x_i 抛弃，反之，将 x_i 存于随机数序列中；

(3) 重复步骤(1)，在尝试次数 N 足够大的情况下保存下来的随机数序列 $\{x_i\}$ 满足分布 $P(x)$。

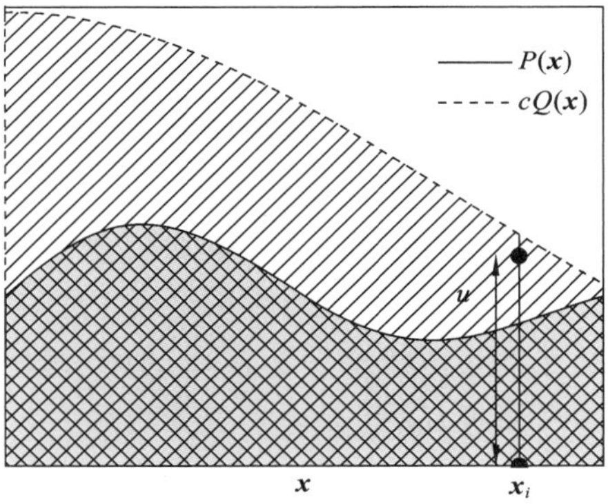

图 8.3　拒绝采样法的几何意义

拒绝采样法的几何意义如图 8.3 所示。不难看出，用简单采样法在 1.5.5 节中计算定积分以及在 8.1.1 节中计算图形面积时，实际上都是生成按被积函数或者边界函数分布的随机数序列。

拒绝采样法是非常普适的一种方法。但是其缺点也很明显，对于任意的一个分布 $P(x)$，很难保证可以找到满足条件的函数 $Q(x)$ 以及预先知道 c 的值。即使有一个或几个通用的 $Q(x)$ 存在，也无法保证该算法的效率。实际上，在8.2.1节的讨论中，我们已经清楚地

看到,由于拒绝的概率太大,生成随机数的效率是很低的。以 8.1.1 节的例子做简单估算,1/4 小圆的面积与单位正方形的面积比为 $6.25\times10^{-4}\pi$,且每两个随机数(x_i,y_i)中只有 x_i 保留,因此若 $P(x)=\sqrt{0.025-x^2}(0\leqslant x\leqslant0.05)$或 $0(0.05<x\leqslant1)$,选取 $Q(x)\equiv1(0\leqslant x\leqslant1)$以及 $c=1$,则采样效率为 $3.125\times10^{-4}\pi$。

此外,考虑到 MC 方法的适用范围,需要特别注意在高维情况下拒绝采样法的效率。对于高维积分,Mackay 给出了一个非常著名的例子:设一个归一化的目标分布函数 $P(\boldsymbol{x})$为 N 维空间中的正态分布,即

$$P(\boldsymbol{x})=\frac{1}{(2\pi\sigma_P^2)^{N/2}}\prod_{i=1}^{N}\exp\frac{x_i^2}{2\sigma_P^2}$$

利用一个与其相似的归一化函数

$$Q(\boldsymbol{x})=\frac{1}{(2\pi\sigma_Q^2)^{N/2}}\prod_{i=1}^{N}\exp\frac{x_i^2}{2\sigma_Q^2}$$

为保证存在满足条件的常数 c,$Q(\boldsymbol{x})$ 的展宽 σ_Q 要比 $P(\boldsymbol{x})$ 的展宽 σ_P 略大,不妨设 $\sigma_Q=1.01\sigma_P$。

如图 8.4 所示,目标函数 $P(\boldsymbol{x})$ 为一个高斯分布,$Q(\boldsymbol{x})$ 为展宽较 $P(\boldsymbol{x})$ 略大的另一个高斯分布。因此可以计算 c 的下限

$$c_{\min}=\frac{(2\pi\sigma_Q^2)^{N/2}}{(2\pi\sigma_P^2)^{N/2}}\tag{8.7}$$

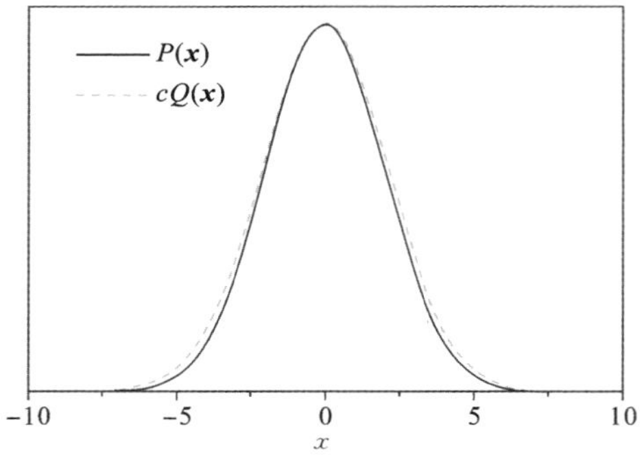

图 8.4　函数 $P(x)$ 与 $Q(x)$

假设某个体系的自由度 $N=1000$,则该体系仅相当于大约 334 个原子的体系,则 $c\approx2\times10^4$。依据算法 8.1,这种情况下撒点的接受率仅有 5×10^{-5}。因此,在高维情况下,拒绝采样法也没有应用价值。

8.2.3　Metropolis 采样

上面的例子表明,在高维情况下很难找到一种高效可行的算法用以产生按照给定函数 $P(\boldsymbol{x})$ 分布的随机数,但是这并不表明 8.2 节提出的问题(2) 无法解决。实际上,问题(1) 的解决是问题(2) 解决的充分非必要条件,因此完全有可能直接求解高维空间内被积函数的加权积分值。设大量等同的体系组成系综,且该系综处于动态平衡状态,即单位时间内,从某个态 $\boldsymbol{x}_0$ 跃迁到其他任意一个态 $\boldsymbol{x}_n$ 的体系数目恰好等于从 $\boldsymbol{x}_n$ 跃迁回 $\boldsymbol{x}_0$ 的体系数目,即系综满足细致平衡原理,故有

$$N_e(\boldsymbol{x}_0)K(\boldsymbol{x}_0\rightarrow\boldsymbol{x}_n)=N_e(\boldsymbol{x}_n)K(\boldsymbol{x}_n\rightarrow\boldsymbol{x}_0)\tag{8.8}$$

式中:$N_e(\boldsymbol{x})$ 代表 $\boldsymbol{x}$ 附近的状态密度,下标 e 强调该系综处于平衡状态;$K(\boldsymbol{x}_0\rightarrow\boldsymbol{x}_n)$ 代表体系从 $\boldsymbol{x}_0$ 跃迁到 $\boldsymbol{x}_n$ 的概率。将方程(8.8) 写为比例形式:

$$\frac{N_e(\boldsymbol{x}_0)}{N_e(\boldsymbol{x}_n)}=\frac{K(\boldsymbol{x}_n\rightarrow\boldsymbol{x}_0)}{K(\boldsymbol{x}_0\rightarrow\boldsymbol{x}_n)}\tag{8.9}$$

进一步考察跃迁概率 $K(\boldsymbol{x}_0\rightarrow\boldsymbol{x}_n)$,该概率可以表示为两项的乘积:第一项是体系始态为 $\boldsymbol{x}_0$ 而终态为 $\boldsymbol{x}_n$ 的概率 $T(\boldsymbol{x}_0\rightarrow\boldsymbol{x}_n)$,第二项为该跃迁过程被接受的概率 $A(\boldsymbol{x}_0\rightarrow\boldsymbol{x}_n)$。此外,$T(\boldsymbol{x}_0\rightarrow\boldsymbol{x}_n)$ 只取决于 $\boldsymbol{x}_0$ 和 $\boldsymbol{x}_n$ 在相空间中的距离,所以拥有对称性,即

$$T(\boldsymbol{x}_0 \to \boldsymbol{x}_n) = T(\boldsymbol{x}_n \to \boldsymbol{x}_0) \tag{8.10}$$

将式(8.10)代入方程(8.9),可得

$$\frac{N_e(\boldsymbol{x}_0)}{N_e(\boldsymbol{x}_n)} = \frac{T(\boldsymbol{x}_n \to \boldsymbol{x}_0)A(\boldsymbol{x}_n \to \boldsymbol{x}_0)}{T(\boldsymbol{x}_0 \to \boldsymbol{x}_n)A(\boldsymbol{x}_0 \to \boldsymbol{x}_n)} = \frac{A(\boldsymbol{x}_n \to \boldsymbol{x}_0)}{A(\boldsymbol{x}_0 \to \boldsymbol{x}_n)} \tag{8.11}$$

因此,求解平衡条件下 x 附近各态的密度比转化为寻找两个态之间跃迁过程被接受的概率 A。A 的取法并不唯一,但是实践表明,Metropolis 提出的关于 A 的计算公式易于实现。

设有 n 个态 $\boldsymbol{x}_1,\boldsymbol{x}_2,\cdots,\boldsymbol{x}_n$,为了寻找第 $n+1$ 个态,设 $\boldsymbol{x}_{\text{trial}} = \boldsymbol{x}_n + \delta$,计算这两个态对应的分布函数 $P(\boldsymbol{x}_n)$ 以及 $P(\boldsymbol{x}_{\text{trial}})$。若

$$\begin{cases} \dfrac{P(\boldsymbol{x}_{\text{trial}})}{P(\boldsymbol{x}_n)} \geqslant 1 \\ A(\boldsymbol{x}_n \to \boldsymbol{x}_{\text{trial}}) = 1 \end{cases} \tag{8.12}$$

则 $\boldsymbol{x}_{\text{trial}}$ 被接受为 $\boldsymbol{x}_{n+1}$ 的概率为 1。若

$$\begin{cases} \dfrac{P(\boldsymbol{x}_{\text{trial}})}{P(\boldsymbol{x}_n)} = r < 1 \\ A(\boldsymbol{x}_n \to \boldsymbol{x}_{\text{trial}}) = r \end{cases} \tag{8.13}$$

则 $\boldsymbol{x}_{\text{trial}}$ 被接受为 $\boldsymbol{x}_{n+1}$ 的概率为 r。在具体操作时,生成一个在区间[0,1]上平均分布的随机数 x。如果 $x \leqslant r$,则 $\boldsymbol{x}_{\text{trial}}$ 被接受为 $\boldsymbol{x}_{n+1}$;如果 $x > r$,则 $\boldsymbol{x}_{\text{trial}}$ 被拒绝。请注意这里的"拒绝"仅表示第 $n+1$ 个态不是 $\boldsymbol{x}_{\text{trial}}$,而仍然是 $\boldsymbol{x}_n$,也即 $\boldsymbol{x}_n$ 在保存的随机数序列中多出现一次。这一点与 8.2.2.2 节中介绍的拒绝采样法有很大区别。

按照式(8.12)、式(8.13)构造的 $A(\boldsymbol{x}_0 \to \boldsymbol{x}_n)$ 可以保证求得的随机数序列满足平衡状态下体系在各态上出现的相对概率,即

$$\frac{N_e(\boldsymbol{x}_0)}{N_e(\boldsymbol{x}_n)} = \frac{P(\boldsymbol{x}_0)}{P(\boldsymbol{x}_n)} \tag{8.14}$$

将式(8.12)、式(8.13)代入式(8.11)中很容易验证这一点。

从前面的讨论中可以看到,与重要性采样方法不同,Metropolis 方法每一步采样均与前一步相关,即 N 次采样并不是完全无关的。所以,Metropolis 采样法是马尔可夫 MC 方法的一种。应用 Metropolis 采样法需要特别注意 N 次采样间的相关性,如果 $\boldsymbol{x}_0$ 选取得不好,则在后续 n 步中生成的随机数序列又可能只有很少一部分符合 $P(\boldsymbol{x})$ 的分布。通常的做法是忽略从 $\boldsymbol{x}_0$ 开始的 m 步,而将从 $\boldsymbol{x}_{m+1}$ 开始的部分保存在随机数序列中。开始的 m 步采样被称为热弛豫。或者在按照 Metropolis 算法生成的数列中每隔 l 步抽取一个 $\boldsymbol{x}_i$ 保存在随机数序列中。因此,在一般情况下,只有当采样数目 N 在 10^6 以上时,利用 Metropolis 算法才能得到比较好的结果。

8.3　几种重要的算法与模型

8.3.1　*NVT* 系综的 MC 方法

一般情况下,在实验中所研究的体系都与外界有接触,很少有孤立体系。因此,在 MC 模拟中很少采用 *NVE* 系综。本节考察 *NVT* 系综的 MC 方法。对于 *NVT* 系综,体系与一个大热

源相接触,所以有能量交换,热平衡时温度 T 恒定。此外,体系的体积 V 不变,且不与热源交换粒子,所以粒子数 N 也保持不变。可以提出 NVT 系综的 MC 方法如下。

设体系 1 包含于一个大热源,记体系 1 与热源整体的能量为 E_0,则根据玻尔兹曼关系,使得体系 1 能量为 E 的热源的方式总数目 $\widetilde{W}$ 为

$$\widetilde{W} = \exp(\widetilde{S}/k_B) \tag{8.15}$$

式中:$\widetilde{S}$ 是热源的熵。因为热源的能量为 $E_0 - E$,且 $E_0 - E \gg E$,所以可将 $\widetilde{S}$ 展开:

$$\widetilde{S}(\widetilde{N}, E_0 - E) = \widetilde{S}(\widetilde{N}, E_0) - \left(\frac{\partial \widetilde{S}}{\partial E}\right)\bigg|_{N,V} E \tag{8.16}$$

$\widetilde{N}$ 是热源中的粒子数。根据熵的定义,有

$$\left(\frac{\partial \widetilde{S}}{\partial E}\right)\bigg|_{N,V} = \frac{1}{T} \tag{8.17}$$

将式(8.17)代入式(8.16),再将所得结果代入方程(8.15)中,可得

$$\widetilde{W} = C\exp\left(-\frac{E}{k_B T}\right) \tag{8.18}$$

C 是常数。因为式(8.18)中 E 是所有粒子位置 $\boldsymbol{r}_i$ 和动量 $\boldsymbol{p}_i$ 的函数,配分函数 Z 是所有可能态数目的求和,即在 $6N$ 维相空间内的积分,由此可写出 NVT 系综的配分函数为

$$Z_{NVT} = \frac{1}{N!h^{3N}}\iint \mathrm{d}\boldsymbol{r}^N \mathrm{d}\boldsymbol{p}^N \exp\left\{-\beta\left[\sum_{i=1}^{3N}\frac{\boldsymbol{p}_i^2}{2m} + \mathcal{U}(\boldsymbol{r}^N)\right]\right\} \tag{8.19}$$

将 $\beta = 1/k_B T$ 对动量积分,有

$$Z_{NVT} = \frac{1}{N!\Lambda^{3N}}\int \mathrm{d}\boldsymbol{r}^N \exp[-\beta\mathcal{U}(\boldsymbol{r}^N)] \tag{8.20}$$

式中:Λ 为德布罗意波长,$\Lambda = h/\sqrt{2\pi m k_B T}$。由此可得某个粒子位移前后体系各态出现的概率之比为

$$\frac{P_{\text{new}}}{P_{\text{old}}} = \frac{\exp[-\beta\mathcal{U}(\boldsymbol{r}_{\text{new}}^N)]}{\exp[-\beta\mathcal{U}(\boldsymbol{r}_{\text{old}}^N)]} \tag{8.21}$$

将式(8.21)代入式(8.12)和式(8.13),可得相内移动粒子的接受率为

$$A_{\text{Move}} = \min\{1, \exp(-\beta\Delta\mathcal{U})\} \tag{8.22}$$

式中

$$\Delta\mathcal{U} = \mathcal{U}(\boldsymbol{r}_{\text{new}}^N) - \mathcal{U}(\boldsymbol{r}_{\text{old}}^N)$$

具体算法如下。

算法 8.2

(1) 给定初始状态 $\boldsymbol{r}_0$、温度 T、体积 V 以及 MC 采样数 N_{MC},设 $k = 0$,$\boldsymbol{r}_{\text{old}} = \boldsymbol{r}_0$。

(2) $k = k + 1$,生成在区间[0,1]中随机分布的随机数 r,计算 $T = \text{INT}(r \times (N_{\text{Part}} + 1))$,选择粒子 Q 进行位移,$\boldsymbol{r}_{\text{trial}}^Q = \boldsymbol{r}_{\text{old}}^Q + \Delta\boldsymbol{r}$,其中

$$\Delta\boldsymbol{r} = R^{\max} r_1 \sin r_2 \cos r_3 \hat{\boldsymbol{i}} + R^{\max} r_1 \sin r_2 \sin r_3 \hat{\boldsymbol{j}} + R^{\max} r_1 \cos r_2 \hat{\boldsymbol{k}} \tag{8.23}$$

式中:r_1、r_2 与 r_3 分别是[0,1]、[0,π]、[0,2π]间均匀分布的随机数;$R^{\max}$ 是参数,使得粒子位移的平均接受率在 50% 左右。计算 $\Delta\mathcal{U}$;根据方程(8.22)判断当次位移是否成功,若是,$\boldsymbol{r}_{\text{new}} = \boldsymbol{r}_{\text{trial}}$,否则 $\boldsymbol{r}_{\text{new}} = \boldsymbol{r}_{\text{old}}$。

(3) 存储 $\boldsymbol{r}_k = \boldsymbol{r}_{\text{new}}$,并更新 $\boldsymbol{r}_{\text{old}} = \boldsymbol{r}_{\text{new}}$。

(4) 若 $k \leqslant N_{\text{MC}}$,重复步骤(2);若 $k > N_{\text{MC}}$,则利用生成的 N_{MC} 个态计算各热力学函数

的平均值。

步骤(2) 中构造新状态可以通过改变体系中各原子的位置,也可以通过改变格点上的状态,例如使自旋反向或者使占据该格点的原子种类发生变化等等,需要依具体模型而定。

8.3.2 *NPT* 系综的 MC 方法

很多时候,对 *NPT* 系综进行的模拟与实验条件更相符。因为体系的体积 V 此时可以变化,所以体系的平均粒子密度 N/V 成为温度 T 和压强 P 的函数。可以看出,这一特点使得正则系综非常适合用于研究体系在一阶相变点附近的行为。因此正则系综在 MC 模拟中得到了广泛的应用。1972 年,McDonald 提出了 *NPT* 系综的 MC 方法(*NPT*-MC 方法)[387]。到目前为止,*NPT*-MC 方法还没有发生过特别大的变化。下面对其进行详细的讨论。

设有体系 1 包含于一个大的压强恒定的热源,且有一个接触面为理想轻质活塞面。因此热平衡时,体系 1 的温度 T、压强 P 以及粒子数 N 都保持不变。记体系 1 与热源整体的能量为 E_0,体积为 V_0,则根据玻尔兹曼关系,使得体系 1 能量为 E、体积为 V 的热源方式的总数目 $\widetilde{W}$ 为

$$\widetilde{W} = \exp(\widetilde{S}/k_B) \tag{8.24}$$

式中:$\widetilde{S}$ 是热源的熵。因为热源的能量和体积分别为 $E_0 - E$ 和 $V_0 - V$,且

$$V_0 - V \gg V, \quad E_0 - E \gg E$$

所以可以将 $\widetilde{S}$ 展开,即

$$\widetilde{S}(\widetilde{N}, E_0 - E, V_0 - V) = \widetilde{S}(\widetilde{N}, E_0, V_0) - \left(\frac{\partial \widetilde{S}}{\partial V}\right)\bigg|_{N,E} V - \left(\frac{\partial \widetilde{S}}{\partial E}\right)\bigg|_{N,V} E \tag{8.25}$$

$\widetilde{N}$ 是热源中的粒子数。又根据麦克斯韦关系以及熵的定义,有

$$\left(\frac{\partial \widetilde{S}}{\partial E}\right)\bigg|_{N,V} = \frac{1}{T} \tag{8.26}$$

$$\left(\frac{\partial \widetilde{S}}{\partial V}\right)\bigg|_{E} = \frac{P}{T} \tag{8.27}$$

将式(8.26)、式(8.27) 代入式(8.25),再将所得结果代入方程(8.24),可得

$$\widetilde{W} = C\exp\left[-\frac{E + PV}{k_B T}\right] \tag{8.28}$$

式中:C 是常数。类似于对 *NVT* 系综的讨论,可写出 *NPT* 系综的配分函数,即

$$Z_{NPT} = \frac{1}{N!h^{3N}}\int_0^{\infty} dV \iint d\boldsymbol{r}^N d\boldsymbol{p}^N \exp\left\{-\beta\left[\sum_{i=1}^{3N} \frac{\boldsymbol{p}_i^2}{2m} + \mathscr{U}(\boldsymbol{r}^N) + PV\right]\right\} \tag{8.29}$$

需要注意的是,式(8.29) 中,体系 1 的体积 V 同样是一个积分变量。对动量部分积分,同时将粒子的坐标约化为分数坐标(约定体系 1 恒为立方体):

$$\boldsymbol{s}_i = \boldsymbol{r}_i / L, \quad L = V^{1/3}$$

则可将式(8.29) 改写为

$$Z_{NPT} = \frac{1}{N!\Lambda^{3N}}\int dV V^N \exp(-\beta PV) \int d\boldsymbol{s}^N \exp[-\beta \mathscr{U}(\boldsymbol{s}^N; V)] \tag{8.30}$$

由此可得,体系 1 中粒子位型为 $\boldsymbol{s}^N$、体积为 V 的概率 $N(\boldsymbol{s}^N; V)$ (为防止与压强 P 混淆,概率以 N 代替) 满足

$$N(\boldsymbol{s}^N; V) \propto V^N \exp(-\beta PV) \exp[-\beta \mathscr{U}(\boldsymbol{s}^N; V)] \tag{8.31}$$

因此，当体系1的体积由 V 变为 V'，而粒子位型 $\boldsymbol{s}^N$ 保持不变时，体积变化前后的概率之比为

$$\frac{N_{\text{new}}}{N_{\text{old}}} = \left(\frac{V'}{V}\right)^N \frac{\exp[-\beta(\mathscr{U}(\boldsymbol{s}^N;V') + PV')]}{\exp[-\beta(\mathscr{U}(\boldsymbol{s}^N;V) + PV)]} \tag{8.32}$$

记

$$\Delta\mathscr{U} = \mathscr{U}(\boldsymbol{s}^N;V') - \mathscr{U}(\boldsymbol{s}^N;V), \quad \Delta V = V' - V$$

由此可得出体积变化的接受率为

$$A_{\text{Vol}} = \min\left\{1, \left(1 + \frac{\Delta V}{V}\right)^N \exp[-\beta(\Delta\mathscr{U} + P\Delta V)]\right\} \tag{8.33}$$

根据上面的讨论，可以给出 NPT-MC 方法的具体算法。实际上只需要对算法8.2略加修改即可。

算法 8.3

(1) 给定初始状态 $\boldsymbol{s}_0^{N_{\text{Part}}}$、体积 V、MC 采样数 N_{MC}、压强 P 和温度 T，设 $k=0$，$\boldsymbol{s}_{\text{old}} = \boldsymbol{s}_0$，$\boldsymbol{V}_{\text{old}} = \boldsymbol{V}_0$。

(2) $k=k+1$，生成在[0,1]区间内随机分布的随机数 r，计算 $T = \text{INT}(r\times(N_{\text{Part}}+1))+1$，若 $T \leqslant N_{\text{Part}}$，转步骤(3)，否则转步骤(4)。

(3) 选择粒子 Q 进行位移：$\boldsymbol{s}_{\text{trial}}^Q = \boldsymbol{s}_{\text{old}}^Q + \Delta\boldsymbol{s}$，其中 $\Delta\boldsymbol{s}$ 由方程(8.23)确定。计算 $\Delta\mathscr{U}$，根据方程(8.22)判断当次位移是否成功，若是，$\boldsymbol{s}_{\text{new}} = \boldsymbol{s}_{\text{trial}}$，否则 $\boldsymbol{s}_{\text{new}} = \boldsymbol{s}_{\text{old}}$，转步骤(5)。

(4) 改变体积 V，$V_{\text{trial}} = V_{\text{old}} + \Delta V^{\max}(2r-1)$，$V^{\max}$ 是参数，使得体积变化的平均接受率在50%左右。计算 $\Delta\mathscr{U} + P\Delta V$；根据方程(8.33)与随机数 r 判断当次体积变化是否成功，若是，$V_{\text{new}} = V_{\text{trial}}$，否则 $V_{\text{new}} = V_{\text{old}}$，转步骤(5)。

(5) 存储 $\boldsymbol{s}_k = \boldsymbol{s}_{\text{new}}$，$V_k = V_{\text{new}}$，并更新 $\boldsymbol{s}_{\text{old}} = \boldsymbol{s}_{\text{new}}$，$V_{\text{old}} = V_{\text{new}}$。

(6) 若 $k \leqslant N_{\text{MC}}$，重复步骤(2)；若 $k > N_{\text{MC}}$，则利用生成的 N_{MC} 个态计算各热力学函数的平均值。

Frenkel 和 Eppenga 提出，可以使 $\ln V$ 均匀变化。这种情况下体积变化的接受率稍有不同：

$$A_{\text{Vol}} = \min\left\{1, \left(1 + \frac{\Delta V}{V}\right)^{N+1} \exp[-\beta(\Delta\mathscr{U} + P\Delta V)]\right\} \tag{8.34}$$

此时算法8.3仍然有效，只是在步骤(4)中，体积变化公式需要修改为 $\ln V_{\text{trial}} = \ln V_{\text{old}} + (2r-1)\Delta V^{\max}$[255,388]，相应地，$\Delta V^{\max}$ 的取值也应该与算法8.3中有所区别。

NPT-MC 方法的一个缺点是每次体积变化之后都需要重新计算能量，因此要求 ΔV 有合适的值，使得体积变化有较高的接受率。但该值并不容易找到。Schultz 与 Kofke 提出，在结晶态的固体中可以使用一种改进的算法来有效地解决这个问题。详细的讨论可参阅文献[389]。

8.3.3 巨正则系综的 MC 方法

8.3.1节与8.3.2节中所讨论的体系的粒子数 N 保持不变，但是对于特定的研究对象，这个条件并不现实。比如对于贵金属表面的氧分子吸附、衬底上进行的化学气相沉积、溶液中的晶体生长等这类研究对象，体系与一个提供粒子的大热源联系在一起，两者之间允许交换粒子，所以研究体系中的粒子数不断地在发生变化。这类对象正是巨正则系综(grand canonical ensemble)所适用的情况。因此，针对巨正则系综的蒙特卡罗(GCMC)模拟具有非

常广泛的应用范围[390,391]。因为允许体系与热源交换粒子，所以整个复合体系热平衡时温度 T 以及粒子的化学势 μ 应当相等。事实上体系和热源的压强也应该相等。但是并不存在 μPT 系综，因为这三者都是强度量，而系综的独立参量中最少需要有一个广延量[255]。所以巨正则系综里第三个参量为体系的体积 V，故巨正则系统又称为 μVT 系综。

与前面的讨论一样，我们首先得到巨正则系综的配分函数 Ξ。记体系和热源分别为 1 和 2，各自的体积和粒子数分别为(V_1,N_2)和(V_2,N_2)，温度为 T，且总体积 V 和总粒子数 N 保持不变：

$$V=V_1+V_2,\quad N=N_1+N_2$$

忽略体系和热源间的相互作用，可以将复合体系总能量表示为

$$\begin{aligned}E(N,V,T)&=E_1(N_1,V_1,T)+E_2(N_2,V_2,T)\\&=\sum_{i=1}^{N_1}\frac{\boldsymbol{p}_{1,i}^2}{2m}+\mathscr{U}_1(\boldsymbol{r}^{N_1})+\sum_{i=1}^{N_2}\frac{\boldsymbol{p}_{2,i}^2}{2m}+\mathscr{U}_2(\boldsymbol{r}^{N_2})\end{aligned}$$

可以进一步假设体系和热源所含的粒子相同。如果体系 1 和热源 2 之间不允许交换粒子，则复合体系的总配分函数为

$$\begin{aligned}Z(N,V,T)&=\frac{1}{N!h^{3N}}\iint\mathrm{d}\boldsymbol{r}^N\mathrm{d}\boldsymbol{p}^N\exp[-\beta E(N,V,T)]\\&=\frac{N_1!N_2!}{N!}\frac{1}{N_1!h^{3N_1}}\iint\mathrm{d}\boldsymbol{r}^{N_1}\mathrm{d}\boldsymbol{p}^{N_1}\exp[-\beta E_1(N_1,V_1,T)]\\&\quad\times\frac{1}{N_2!h^{3N_2}}\iint\mathrm{d}\boldsymbol{r}^{N_2}\mathrm{d}\boldsymbol{p}^{N_2}\exp[-\beta E_2(N_2,V_2,T)]\\&=\frac{N_1!N_2!}{N!}Z_1(N_1,V_1,T)Z_2(N_2,V_2,T)\end{aligned}\tag{8.35}$$

在允许交换粒子的情况下，总配分函数 $Z(N,V,T)$ 应为式(8.35)对所有允许的 N_1 的求和，有

$$\begin{aligned}Z(N,V,T)&=\sum_{N_1=0}^{N}\mathrm{C}_N^{N_1}\frac{N_1!N_2!}{N!}Z_1(N_1,V_1,T)Z_2(N_2,V_2,T)\\&=\sum_{N_1=0}^{N}Z_1(N_1,V_1,T)Z_2(N_2,V_2,T)\end{aligned}\tag{8.36}$$

式中：二项式系数 $\mathrm{C}_N^{N_1}$ 来自于粒子的全同性。

根据方程(8.36)可以得到复合体系处于$(\boldsymbol{r}^N,\boldsymbol{p}^N,T)$的概率为

$$P(\boldsymbol{r}^N,\boldsymbol{p}^N,T)=\frac{1}{N!h^{3N}}\frac{\exp[-\beta E(N,V,T)]}{Z(N,V,T)}\tag{8.37}$$

其中的前置因子使得 $P(\boldsymbol{r}^N,\boldsymbol{p}^N,T)$ 满足归一化条件：

$$\int\mathrm{d}\boldsymbol{r}^N\mathrm{d}\boldsymbol{p}^NP(\boldsymbol{r}^N,\boldsymbol{p}^N,T)=1\tag{8.38}$$

考虑到热源非常大，$N_2\approx N$，将 $P(\boldsymbol{r}^N,\boldsymbol{p}^N,T)$ 对热源占据的相空间积分，可以得到体系 1 处于$(\boldsymbol{r}^{N_1},\boldsymbol{p}^{N_1},T)$状态的概率为

$$\begin{aligned}P(\boldsymbol{r}^{N_1},\boldsymbol{p}^{N_1},T)&=\frac{1}{N_1!h^{3N_1}}\exp[-\beta E_1(N_1,V_1,T)]\\&\quad\times\frac{1}{N_2!h^{3N_2}}\iint\mathrm{d}\boldsymbol{r}^{N_2}\mathrm{d}\boldsymbol{p}^{N_2}\exp[-\beta E_2(N_2,V_2,T)]\times\frac{1}{Z(N,V,T)}\end{aligned}$$

$$= \frac{1}{N_1 ! h^{3N_1}} \frac{Z_2(N_2, V_2, T)}{Z(N, V, T)} \exp[-\beta E_1(N_1, V_1, T)] \tag{8.39}$$

与式(8.37)类似,前置因子同样使 $P(\boldsymbol{r}^{N_1}, \boldsymbol{p}^{N_1}, T)$ 满足归一化条件:

$$\sum_{N_1=0}^{N} \iint \mathrm{d}\boldsymbol{r}^{N_1} \mathrm{d}\boldsymbol{p}^{N_1} P(\boldsymbol{r}^{N_1}, \boldsymbol{p}^{N_1}, T) = 1 \tag{8.40}$$

与 8.3.2 节的讨论相似,由于 $N \gg N_1$,$V \gg V_1$,所以可以在 N、V 附近将 E_2 做泰勒展开,有

$$\begin{aligned} E_2(N - N_1, V - V_1, T) &= E(N, V, T) - \left.\frac{\partial E}{\partial N}\right|_{V_1, T} N_1 - \left.\frac{\partial E}{\partial V}\right|_{N_1, T} V_1 \\ &= E(N, V, T) - \mu N_1 + PV_1 \end{aligned} \tag{8.41}$$

将式(8.41)代入方程(8.39),可得

$$P(\boldsymbol{r}^{N_1}, \boldsymbol{p}^{N_1}, T) = \frac{\exp(-\beta P V_1)}{N_1 ! h^{3N_1}} \exp[-\beta(E_1(N_1, V_1, T) - \mu N_1)] \tag{8.42}$$

将式(8.42)和 $E_1(N_1, V_1, T) = \sum_{i=1}^{N_1} \frac{\boldsymbol{p}_{1,i}^2}{2m} + \mathscr{U}_1(\boldsymbol{r}^{N_1})$ 代入方程(8.40),有

$$\exp(-\beta PV) \left\{ \sum_{N=0}^{\infty} \frac{1}{N! h^{3N}} \iint \mathrm{d}\boldsymbol{r}^N \mathrm{d}\boldsymbol{p}^N \exp\left[-\beta\left(\sum_{i=1}^{N} \frac{\boldsymbol{p}_i^2}{2m} + \mathscr{U}(\boldsymbol{r}^N, V) - \mu N\right)\right]\right\} = 1 \tag{8.43}$$

注意,在式(8.43)中去掉了下标“1”,并且将求和上限推至 ∞。由此可以定义巨配分函数 Ξ 为

$$\Xi(\mu, V, T) = \sum_{N=0}^{\infty} \frac{1}{N! h^{3N}} \iint \mathrm{d}\boldsymbol{r}^N \mathrm{d}\boldsymbol{p}^N \exp\left[-\beta\left(\sum_{i=1}^{N} \frac{\boldsymbol{p}_i^2}{2m} + \mathscr{U}(\boldsymbol{r}^N) - \mu N\right)\right] \tag{8.44}$$

进一步,对动量部分积分,同时将粒子的坐标约化为分数坐标,可得 GCMC 中常见的配分函数形式

$$\Xi(\mu, V, T) = \sum_{N=0}^{\infty} \frac{V^N}{N! \Lambda^{3N}} \int \mathrm{d}\boldsymbol{s}^N \exp[-\beta(\mathscr{U}(\boldsymbol{s}^N) - \mu N)] \tag{8.45}$$

下面将会看到,将粒子位型化为分数坐标,从量纲的角度能很方便地处理粒子数的变化。向体系中插入一个粒子并保持其他粒子位置不变,则粒子插入前后体系概率之比为

$$\frac{P_{\text{new}}(N+1)}{P_{\text{old}}(N)} = \frac{V}{(N+1)\Lambda^3} \exp(\beta\mu - \beta\Delta\mathscr{U}_{\text{in}}) \tag{8.46}$$

式中

$$\Delta\mathscr{U}_{\text{in}} = \mathscr{U}(\boldsymbol{s}^N; \boldsymbol{s}_{\text{in}}) - \mathscr{U}(\boldsymbol{s}^N)$$

所以插入一个粒子的接受率为

$$A_{\text{in}} = \min\left\{1, \frac{V}{(N+1)\Lambda^3} \exp(\beta\mu - \beta\Delta\mathscr{U}_{\text{in}})\right\} \tag{8.47}$$

通过相似的讨论可知,从体系中移除一个粒子并保持其他粒子位置不变,则粒子移除前后体系概率之比为

$$\frac{P_{\text{new}}(N-1)}{P_{\text{old}}(N)} = \frac{N\Lambda^3}{V} \exp(-\beta\mu - \beta\Delta\mathscr{U}_{\text{out}}) \tag{8.48}$$

式中

$$\Delta \mathscr{U}_{\text{out}} = \mathscr{U}(\boldsymbol{s}^{N-1}) - \mathscr{U}(\boldsymbol{s}^{N})$$

相应地,移除一个粒子的接受率为

$$A_{\text{out}} = \min\left\{1, \frac{N\Lambda^3}{V}\exp(-\beta\mu - \beta\Delta\mathscr{U}_{\text{out}})\right\} \tag{8.49}$$

方程(8.47)与方程(8.49)构成了 GCMC 方法的基础。只需对 8.3.2 小节中的算法 8.3 略加修改,即可得到 GCMC 方法的具体算法。

算法 8.4

(1) 给定初始状态:粒子数 N、位置 $\boldsymbol{s}_0^{N_{\text{Part}}}$、体积 V、化学势 μ、温度 T 和 MC 采样数 N_{MC},设 $k=0$,$\boldsymbol{s}_{\text{old}}=\boldsymbol{s}_0$,$N_{\text{old}}=N_0$。

(2) $k=k+1$,生成在[0,1]区间内随机分布的随机数 r,计算 $T=\text{INT}(r\times(N_{\text{Part}}+1))+1$,若 $T\leqslant N_{\text{Part}}$,转步骤(3),否则转步骤(4)。

(3) 选择粒子 Q 进行位移:$\boldsymbol{s}_{\text{trial}}^{Q}=\boldsymbol{s}_{\text{old}}^{Q}+\Delta\boldsymbol{s}$,其中 $\Delta\boldsymbol{s}$ 由方程(8.23)确定。计算 $\Delta\mathscr{U}$;根据方程(8.22)判断当次位移是否成功,若是,$\boldsymbol{s}_{\text{new}}=\boldsymbol{s}_{\text{trial}}$,否则 $\boldsymbol{s}_{\text{new}}=\boldsymbol{s}_{\text{old}}$。转步骤(7)。

(4) 变化粒子数 N:若 $r\geqslant 0.5$,转步骤(5),否则转步骤(6)。

(5) 插入粒子:按照方程(8.33)确定新粒子插入位置,计算 $\Delta\mathscr{U}_{\text{in}}$;根据方程(8.47)与随机数 r 判断当次粒子插入是否成功,若是,$N_{\text{new}}=N_{\text{old}}+1$,否则 $N_{\text{new}}=N_{\text{old}}$。转步骤(7)。

(6) 移除粒子:计算 $O=\text{INT}(r(N_{\text{Part}}+1))$,移除粒子 O,并计算 $\Delta\mathscr{U}_{\text{out}}$;根据方程(8.49)与随机数 r 判断当次粒子移除是否成功,若是,$N_{\text{new}}=N_{\text{old}}-1$,否则 $N_{\text{new}}=N_{\text{old}}$。转步骤(7)。

(7) 存储 $\boldsymbol{s}_k=\boldsymbol{s}_{\text{new}}$,$N_k=N_{\text{new}}$,并更新 $\boldsymbol{s}_{\text{old}}=\boldsymbol{s}_{\text{new}}$,$N_{\text{old}}=N_{\text{new}}$。

(8) 若 $k\leqslant N_{\text{MC}}$,重复步骤(2);若 $k>N_{\text{MC}}$,则利用生成的 N_{MC} 个态计算各热力学函数的平均值。

8.3.4 Ising 模型

Ising 模型是一种理论物理模型,用于描述铁磁性体系,同时也广泛应用于物理、化学、生物学以及经济学等多个领域。它最早由物理学家 Ernst Ising 在 1920 年代提出,目的是为了研究铁磁体的磁化现象。Ising 模型的基本思想是将复杂的多体问题简化为一种格点型模型,其中每个格点代表一个微观磁矩(也可以理解为自旋),只与其最近邻的格点有相互作用。

Ising 模型的哈密顿量表示为:

$$\mathscr{H} = -J\sum_{\langle i,j\rangle,i<j}\sigma_i\sigma_j - B\sum_i \sigma_i \tag{8.50}$$

式中:B 代表外势场强度;每个格点的“状态”σ_i 可以取 1 和 −1 两个值。因此 Ising 模型适合于描述体系的自旋组态或者二元合金体系[392]。

此模型的关键假设是:① 每个自旋只与它最近邻的自旋相互作用(忽略了长距离的相互作用);② 所有的自旋-自旋相互作用都是相等的。

当 $J>0$ 时,模型描述的是铁磁性体系,相邻自旋趋向于对齐以降低体系能量。当 $J<0$ 时,模型描述的是反铁磁性体系,相邻自旋趋向于反对齐以降低体系能量。

Ising 模型的一个主要用途是描述相变,特别是二维 Ising 模型。通过改变温度或者外磁场,可以观察到磁化强度的突变,这是一种二级相变现象。虽然其在一维情况下可通过解析方法求解,但在二维及以上情况下只能通过数值模拟或者重整化群等方法近似求解。

8.3.5 格子气模型

格子气(lattice gas)模型与 Ising 模型比较相似,只考虑最近邻格点间的相互作用且每个格点的"状态"仅取两个值,通常用于描述固体中的气体分子或液体分子的行为。不同的是这两个值分别是 0 和 1,通常用 c_i 来表示,用以区别于 Ising 模型。不难看到,$c_i=(\sigma_i+1)/2$。因此将这个关系式代入方程(8.50),即可得格子气模型的哈密顿量为

$$\mathscr{H}=-4J\sum_{\langle i,j\rangle,i<j}c_ic_j-2(H-zJ)\sum_i c_i+E_0=-\phi\sum_{\langle i,j\rangle,i<j}c_ic_j-\mu\sum_i c_i+E_0 \quad (8.51)$$

式中:z 是格点的最近邻数;E_0 是常数项。这种模型比较适合于描述表面上吸附分子的组态。

和 Ising 模型一样,格子气模型也常被用来研究相变现象。当温度、压力或化学势发生变化时,系统可能从一个相态跳跃到另一个相态,这种突然的变化就是相变。此外,格子气模型也常被用于研究扩散过程,例如,通过模拟可以研究分子从高浓度区域向低浓度区域的扩散速率。需要注意的是,格子气模型是一个非常简化的模型,它忽略了许多复杂的物理过程,例如分子间的长距离相互作用、分子的大小和形状,以及分子的量子效应等。因此,虽然这个模型有助于我们做直观的理解和定性的预测,但如果要进行精确的定量预测,就需要使用更复杂的模型。

8.3.6 Potts 模型

Potts 模型是 Ising 模型的一种扩展,也常用于描述统计力学系统中的各种现象,如磁性和相变。这个模型由物理学家 R. B. Potts 在 1952 年首次提出,以研究固体的磁性状态。该模型同样只考虑最近邻格点间的相互作用。每个格点的状态不再仅取 ± 1 两个值,而是可以取从 1 到 q 的任意一个值,而且当且仅当最近邻的两个格点处于相同的态时,彼此间才有相互作用。由此写出 Potts 模型的哈密顿量为

$$\mathscr{H}=-J\sum_{\langle i,j\rangle,i<j}\delta_{\sigma_i\sigma_j}+B\sum_i\delta_{\sigma_i 0} \quad (8.52)$$

当 $q=2$ 时,Potts 模型等价于 Ising 模型(形式上与 Lattice Gas 模型更为接近);当 $q=3$ 时,Potts 模型成功地描述了某些稀土元素氧化物的一阶相变。关于 Potts 模型的详细讨论,可进一步参阅文献[393]。

8.3.7 *XY* 模型

XY 模型也被称为平面旋转模型或 O(2) 模型,是一个经典的统计力学模型,主要用于描述二维磁性系统和超流体现象。在该模型中,每一个格点的状态由一个在二维平面内连续旋转的矢量表示,通常被认为是一个旋转磁矩或旋转自旋。在 *XY* 模型中,每一个格点 i 的状态由一个取向 $\boldsymbol{S}_i$ 定义,此取向定义了一个在 x-y 平面内旋转的矢量。每个矢量与其最近邻的矢量之间存在相互作用,这个相互作用倾向于使相邻的矢量指向相同的方向。

XY 模型的哈密顿量为

$$\mathscr{H}=-J\sum_{\langle i,j\rangle,i<j}(S_i^xS_j^x+S_i^yS_j^y)-B\sum_i S_i^x \quad (8.53)$$

当 $\boldsymbol{S}_j$ 取分立值,即 $\boldsymbol{S}_i$ 有 q 个取向时,每两个取向之间的夹角为

$$\theta_n=2\pi n/q,\quad n=0,1,\cdots,q-1 \quad (8.54)$$

则此时的 XY 模型也被称为平面 Potts 模型[393]。

8.4 Gibbs 系综

在前面几节所介绍的 MC 模拟中，体系中的所有原子都处于同一种相(例如固相、液相等)。在这种情况下，原子模拟与实验过程相对类似。然而，在研究两相共存或一级相变(如蒸发)时，尽管在实验中可以轻松观察到两相以及它们之间的界面，但原子模拟却经常会遇到很大的困难。这主要是由原子模拟中体系尺度的局限性造成的[255]。

直至目前，原子模拟中所采用的体系仍未达到宏观尺度。因此，在这种体系中如果存在两相共存，处于相界处的原子数量所占的比例会远远大于实际情况。这种对实际状况的严重偏离会导致模拟结果不可靠。因此，对于多相共存的非均匀体系，为了获得合理的模拟结果，必须使用宏观尺度的超元胞，但这又将导致模拟所需时间过长，难以在实际工作中完成。

为了解决以上问题，自 20 世纪 80 年代中期以来，许多新的 MC 方法相继被提出，使得利用有限体系模拟多相共存成为可能。这方面的开创性工作由 Panagiotopoulos 完成。他在一系列文章中指出，可以将两相各自置于一个有限的盒子中，然后允许这两个相互换粒子，同时在每个相中进行粒子弛豫，最终体系达到热平衡状态[394,395]。这种方法通常被称为 Gibbs 系综蒙特卡罗(Gibbs ensemble Monte Carlo, GEMC)方法。

GEMC 方法的关键在于通过粒子交换实现两相之间的平衡，并使得模拟过程更接近实际多相共存的情况。这种方法在处理液-气相变和液-液相变等问题时具有很好的效果。在过去的几十年里，GEMC 方法已经成为研究多相共存问题的重要工具，为理解和预测许多实际材料系统的行为提供了有力的支持。

8.4.1 随机事件及其接受率

当两个或多个热力学相处于热平衡状态时，系统要求各相间压强相同、温度相同、粒子化学势也必须相同，且每个相自身也处于热平衡状态。为简单起见，在本节中只讨论两相共存的情况。在 MC 模拟中，温度是预先给定的参数，因此 GEMC 包含三种随机事件，以处理三个平衡条件：① 在每个相中移动粒子(达到相内热平衡)；② 改变每个盒子的体积(达到相间压强平衡)；③ 在不同相中交换粒子(达到相间化学势平衡)。为了得到正确的统计分布，必须确定每一种随机事件的接受率。设体系温度恒为 T，总体积 V 不变、总粒子数 N 不变。处于两相中的粒子分别处在盒子Ⅰ和盒子Ⅱ中，粒子数分别为 N_{I} 和 N_{II}，体积分别为 V_{I} 和 V_{II}，且 $V_{\mathrm{I}}+V_{\mathrm{II}}=V$。这个 NVT 系综的配分函数为

$$Z_{NVT}^{\mathrm{G}}=\frac{1}{\Lambda^{3N}N!}\sum_{N_{\mathrm{I}}=0}^{N}\frac{N!}{N_{\mathrm{I}}!(N-N_{\mathrm{I}})!}\int_0^V \mathrm{d}V_{\mathrm{I}}\,V_{\mathrm{I}}^{N_{\mathrm{I}}}V_{\mathrm{II}}^{N_{\mathrm{II}}}\int \mathrm{d}\boldsymbol{s}_{\mathrm{I}}^{N_{\mathrm{I}}}\exp[-\beta\mathcal{U}_{\mathrm{I}}(\boldsymbol{s}_{\mathrm{I}}^{N_{\mathrm{I}}};V_{\mathrm{I}})]$$
$$\times\int \mathrm{d}\boldsymbol{s}_{\mathrm{II}}^{N_{\mathrm{II}}}\exp[-\beta\mathcal{U}_{\mathrm{II}}(\boldsymbol{s}_{\mathrm{II}}^{N_{\mathrm{II}}};V_{\mathrm{II}})] \tag{8.55}$$

式中：Λ 是体系的德布罗意波长；$\beta=(k_{\mathrm{B}}T)^{-1}$；$\boldsymbol{s}_{\mathrm{I}}^{N_{\mathrm{I}}}$ 表示盒子Ⅰ中的粒子位型，即粒子在盒子Ⅰ中的分数坐标；$\mathcal{U}_{\mathrm{I}}$、$\mathcal{U}_{\mathrm{II}}$ 表示给定相中体系的内能。注意：在 GEMC 中允许各相的体积变化，因此 $\mathcal{U}_{\mathrm{I}}$、$\mathcal{U}_{\mathrm{II}}$ 由体积 V 和粒子位型 $\boldsymbol{s}^N$ 共同确定。这表明，若两相体积分别增加、减少 ΔV，即使体系的粒子位型保持不变，由于粒子间物理距离发生变化，$\mathcal{U}_{\mathrm{I}}$ 及 $\mathcal{U}_{\mathrm{II}}$ 仍然需要重新计算。

由式(8.55),可以得出体系处于状态($N_{\mathrm{I}}, V_{\mathrm{I}}, \boldsymbol{s}_{\mathrm{I}}^{N_{\mathrm{I}}}, \boldsymbol{s}_{\mathrm{II}}^{N_{\mathrm{II}}}, N, V, T$)的概率为

$$P(N_{\mathrm{I}}, V_{\mathrm{I}}, \boldsymbol{s}_{\mathrm{I}}^{N_{\mathrm{I}}}, \boldsymbol{s}_{\mathrm{II}}^{N_{\mathrm{II}}}, N, V, T) \propto \frac{N!}{N_{\mathrm{I}}!\ N_{\mathrm{II}}!} V_{\mathrm{I}}^{N_{\mathrm{I}}} V_{\mathrm{II}}^{N_{\mathrm{II}}} \exp\{-\beta[\mathcal{U}_{\mathrm{I}}(\boldsymbol{s}_{\mathrm{I}}^{N_{\mathrm{I}}}; V_{\mathrm{I}}) + \mathcal{U}_{\mathrm{II}}(\boldsymbol{s}_{\mathrm{II}}^{N_{\mathrm{II}}}; V_{\mathrm{II}})]\} \tag{8.56}$$

与 8.2.3 节中 Metropolis 采样法的推导相同,可根据三种随机事件发生前后 P 的变化得出随机事件的接受率。

1. 相内移动粒子

在这种随机事件中,不同的相是彼此独立的。这里以盒子Ⅰ为例。假设随机选中盒子Ⅰ中的一个粒子,改变它的位置,盒子Ⅰ中的粒子位型由 $\boldsymbol{s}_{\mathrm{I}}^{N_{\mathrm{I}}}{}_{,\mathrm{o}}$ 变为 $\boldsymbol{s}_{\mathrm{I}}^{N_{\mathrm{I}}}{}_{,\mathrm{n}}$,而 N_{I} 和 V_{I} 保持不变,则由式(8.56)可知:

$$\frac{P_{\mathrm{new}}}{P_{\mathrm{old}}} = \frac{\exp[-\beta\mathcal{U}_{\mathrm{I}}(\boldsymbol{s}_{\mathrm{I}}^{N_{\mathrm{I}}}{}_{,\mathrm{n}}; V_{\mathrm{I}})]}{\exp[-\beta\mathcal{U}_{\mathrm{I}}(\boldsymbol{s}_{\mathrm{I}}^{N_{\mathrm{I}}}{}_{,\mathrm{o}}; V_{\mathrm{I}})]} \tag{8.57}$$

将式(8.57)代入方程(8.12)和方程(8.13),可得相内移动粒子的接受率为

$$A_{\mathrm{Move}} = \min\{1, \exp[-\beta(\mathcal{U}_{\mathrm{I}}(\boldsymbol{s}_{\mathrm{I}}^{N_{\mathrm{I}}}{}_{,\mathrm{n}}; V_{\mathrm{I}}) - \mathcal{U}_{\mathrm{I}}(\boldsymbol{s}_{\mathrm{I}}^{N_{\mathrm{I}}}{}_{,\mathrm{o}}; V_{\mathrm{I}}))]\} \tag{8.58}$$

与 NVT 系综 MC 方法相同。

2. 改变盒子体积

因为体系的总体积 V 保持不变,所以两个盒子体积的变化彼此关联。盒子Ⅰ的体积增大 ΔV,盒子Ⅱ的体积则相应地减小 ΔV,反之亦然。如前所述,盒子体积的变化同样会改变各相的内能。注意:体系平衡时,两相的压强应该相等,而各相中的粒子数 N_{I} 和 N_{II} 保持不变。直接利用式(8.56)和式(8.57)可得

$$\frac{P_{\mathrm{new}}}{P_{\mathrm{old}}} = \frac{(V_{\mathrm{I}} + \Delta V)^{N_{\mathrm{I}}}(V_{\mathrm{II}} - \Delta V)^{N_{\mathrm{II}}}}{(V_{\mathrm{I}})^{N_{\mathrm{I}}}(V_{\mathrm{II}})^{N_{\mathrm{II}}}} \frac{\exp[-\beta\mathcal{U}_{\mathrm{I}}(\boldsymbol{s}_{\mathrm{I}}^{N_{\mathrm{I}}}; V_{\mathrm{I}} + \Delta V)]}{\exp[-\beta\mathcal{U}_{\mathrm{I}}(\boldsymbol{s}_{\mathrm{I}}^{N_{\mathrm{I}}}; V_{\mathrm{I}})]} \cdot \frac{\exp[-\beta\mathcal{U}_{\mathrm{II}}(\boldsymbol{s}_{\mathrm{II}}^{N_{\mathrm{II}}}; V_{\mathrm{II}} - \Delta V)]}{\exp[-\beta\mathcal{U}_{\mathrm{II}}(\boldsymbol{s}_{\mathrm{II}}^{N_{\mathrm{II}}}; V_{\mathrm{II}})]} \tag{8.59}$$

为了简化表达式,记

$$\begin{cases} \Delta\mathcal{U}_{\mathrm{I}} = \mathcal{U}_{\mathrm{I}}(\boldsymbol{s}_{\mathrm{I}}^{N_{\mathrm{I}}}; V_{\mathrm{I}} + \Delta V) - \mathcal{U}_{\mathrm{I}}(\boldsymbol{s}_{\mathrm{I}}^{N_{\mathrm{I}}}; V_{\mathrm{I}}) \\ \Delta\mathcal{U}_{\mathrm{II}} = \mathcal{U}_{\mathrm{II}}(\boldsymbol{s}_{\mathrm{II}}^{N_{\mathrm{II}}}; V_{\mathrm{II}} - \Delta V) - \mathcal{U}_{\mathrm{II}}(\boldsymbol{s}_{\mathrm{II}}^{N_{\mathrm{II}}}; V_{\mathrm{II}}) \end{cases} \tag{8.60}$$

改变盒子体积的接受率为

$$A_{\mathrm{Vol}} = \min\left\{1, \frac{(V_{\mathrm{I}} + \Delta V)^{N_{\mathrm{I}}}(V_{\mathrm{II}} - \Delta V)^{N_{\mathrm{II}}}}{V_{\mathrm{I}}^{N_{\mathrm{I}}} V_{\mathrm{II}}^{N_{\mathrm{II}}}} \exp[-\beta(\Delta\mathcal{U}_{\mathrm{I}} + \Delta\mathcal{U}_{\mathrm{II}})]\right\} \tag{8.61}$$

3. 不同相间交换粒子

因为体系包含的总粒子数 N 不变,所以盒子Ⅰ中增加(减少)的一个粒子必然转移自(转移到)盒子Ⅱ。体系平衡时,两相的粒子化学势应该相等,而各相的体积 V_{I} 和 V_{II} 保持不变。设一个粒子由盒子Ⅰ转移至盒子Ⅱ中,且除这个粒子之外,体系中所有其他的粒子位置保持不变,则由式(8.56)可得

$$\frac{P_{\mathrm{new}}}{P_{\mathrm{old}}} = \frac{N_{\mathrm{I}} N_{\mathrm{II}}}{(N_{\mathrm{II}} + 1)V_{\mathrm{I}}} \frac{\exp[-\beta\mathcal{U}_{\mathrm{I}}(\boldsymbol{s}_{\mathrm{I}}^{N_{\mathrm{I}}-1}; V_{\mathrm{I}})]}{\exp[-\beta\mathcal{U}_{\mathrm{I}}(\boldsymbol{s}_{\mathrm{I}}^{N_{\mathrm{I}}}; V_{\mathrm{I}})]} \frac{\exp[-\beta\mathcal{U}_{\mathrm{II}}(\boldsymbol{s}_{\mathrm{I}}^{N_{\mathrm{II}}+1}; V_{\mathrm{II}})]}{\exp[-\beta\mathcal{U}_{\mathrm{II}}(\boldsymbol{s}_{\mathrm{II}}^{N_{\mathrm{II}}}; V_{\mathrm{II}})]} \tag{8.62}$$

同样将粒子转移前、后各相内能的变化用 $\Delta\mathcal{U}$ 表示:

$$\begin{cases} \Delta\mathcal{U}_{\mathrm{I}} = \mathcal{U}_{\mathrm{I}}(\boldsymbol{s}_{\mathrm{I}}^{N_{\mathrm{I}}-1}; V_{\mathrm{I}}) - \mathcal{U}_{\mathrm{I}}(\boldsymbol{s}_{\mathrm{I}}^{N_{\mathrm{I}}}; V_{\mathrm{I}}) \\ \Delta\mathcal{U}_{\mathrm{II}} = \mathcal{U}_{\mathrm{II}}(\boldsymbol{s}_{\mathrm{II}}^{N_{\mathrm{II}}+1}; V_{\mathrm{II}}) - \mathcal{U}_{\mathrm{II}}(\boldsymbol{s}_{\mathrm{II}}^{N_{\mathrm{II}}}; V_{\mathrm{II}}) \end{cases} \tag{8.63}$$

不同相间交换粒子的接受率为

$$A_{\text{Trans}}=\min\left\{1,\frac{N_{\text{I}}N_{\text{II}}}{(N_{\text{II}}+1)V_{\text{I}}}\exp[-\beta(\Delta\mathscr{U}_{\text{I}}+\Delta\mathscr{U}_{\text{II}})]\right\} \tag{8.64}$$

上面的讨论只针对粒子是单一组分且体系总体积不变的情况。Panagiotopoulos 将讨论扩展到多组分以及体系压强恒定的情况[395]。对于多组分体系，唯一需要修改的地方是，式(8.64)中的 N_{I} 和 N_{II} 分别由第 i 种组分在两相中的粒子数 $N_{\text{I},i}$ 和 $N_{\text{II},i}$ 替代。而在压强恒定的情况下，仅需要修改接受率表达式(8.61)。因为这时体系总体积 V 不再恒定，所以各相体积的变化 ΔV_{I} 和 ΔV_{II} 是相互独立的。因此，在 NVT 系综情况下，改变盒子体积的接受率为

$$A_{\text{Vol}}=\min\left\{1,\frac{(V_{\text{I}}+\Delta V_{\text{I}})^{N_{\text{I}}}(V_{\text{II}}+\Delta V_{\text{II}})^{N_{\text{II}}}}{V_{\text{I}}^{N_{\text{I}}}V_{\text{II}}^{N_{\text{II}}}}\exp[-\beta(\Delta\mathscr{U}_{\text{I}}+\Delta\mathscr{U}_{\text{II}}+P(\Delta V_{\text{I}}+\Delta V_{\text{II}}))]\right\} \tag{8.65}$$

虽然原则上可以同时改变两个盒子的体积，但是实际应用中，一次只改变一个盒子的体积可以更快地收敛。Panagiotopoulos 进一步将讨论扩展到多组分体系中只有一种组分的化学势需要平衡的情况。此外，Lopes 和 Tildesley 讨论了多相共存的 GEMC。在这里不再详细讨论，可参阅文献[395]、[396]。

从上面的讨论也可以看出，GEMC 只适用于低粒子密度的多相共存问题，例如液气相。原因在于 GEMC 允许粒子在不同相中交换。但是对于高密度的相，如固体，空穴的密度很低，因此在该相中插入一个粒子成功的概率非常小。这使得 GEMC 的效率非常低，体系达到相平衡所需时间超出实用范围。因此，对于固液相之类的高密度相，模拟时经常采用的是 Gibbs-Duhem 积分方法(Gibbs-Duhem integration method)。详细讨论可参阅文献[255]、[397]。

8.4.2 GEMC 的方法实现

根据 8.4.1 小节中的讨论，可以给出 NVT 系综情况下单一组分的 GEMC 方法实现过程。体系由两个盒子组成。每个盒子沿各方向都采用周期性边界条件。整个模拟由 N_{GEMC} 步 Gibbs 循环组成。在每个 Gibbs 循环中按顺序进行 N_{Par} 次相内粒子位移、一次体积变化以及 N_{Ex} 次相间交换粒子。对于相内粒子位移，可以按照 8.3.1 节算法 8.2 中的办法实现。这里重新给出：产生一个在[0,1]区间内均匀分布的随机数 r_1，计算 $i=\text{INT}(N_{\text{Par}}\times r_1)+1$，作为被选中粒子的序号，之后再生成在[0,π]区间内均匀分布的随机数 r_2 以及在[0,2π]区间内均匀分布的随机数 r_3，由此给出该粒子的位移：

$$\Delta\boldsymbol{r}_i=R_I^{\max}r_1\sin r_2\cos r_3\hat{\boldsymbol{i}}+R_I^{\max}r_1\sin r_2\sin r_3\hat{\boldsymbol{j}}+R_I^{\max}r_1\cos r_2\hat{\boldsymbol{k}} \tag{8.66}$$

式中：$R_I^{\max}$ 是粒子位移的最大移动距离，需要在每个相中分别确定，原则是使粒子位移的成功率大约为 50%。移动粒子之后，计算相应盒子中的内能变化，并利用式(8.58)和随机数 r_1 确定本次位移是否成功，若成功，则保持新的粒子位型，否则将粒子 i 退回位移前的位置。在 N_{Par} 次相内粒子位移之后改变一次盒子体积。生成一个在[0,1]区间内均匀分布的随机数 r_1，计算盒子体积变化：

$$\Delta V=(r_1-0.5)V_{\max} \tag{8.67}$$

式中：$V_{\max}$ 是盒子体积变化的最大值，确定的原则也是使体积变化的成功率保持在 50% 左右。更新两个盒子的体积：

$$\begin{cases} V_{\mathrm{I}}^{\mathrm{new}} = V_{\mathrm{I}}^{\mathrm{old}} + \Delta V \\ V_{\mathrm{II}}^{\mathrm{new}} = V_{\mathrm{II}}^{\mathrm{old}} - \Delta V \end{cases} \tag{8.68}$$

然后按比例改变体系中每个粒子的空间位置:

$$\alpha_{\mathrm{I}} = \frac{V_{\mathrm{I}}^{\mathrm{new}}}{V_{\mathrm{I}}^{\mathrm{old}}}, \quad \boldsymbol{r}_{\mathrm{I},i}^{\mathrm{new}} = \boldsymbol{r}_{\mathrm{I},i}^{\mathrm{old}} \times \alpha_{\mathrm{I}}$$

$$\alpha_{\mathrm{II}} = \frac{V_{\mathrm{II}}^{\mathrm{new}}}{V_{\mathrm{II}}^{\mathrm{old}}}, \quad \boldsymbol{r}_{\mathrm{II},i}^{\mathrm{new}} = \boldsymbol{r}_{\mathrm{II},i}^{\mathrm{old}} \times \alpha_{\mathrm{II}}$$

之后计算各个盒子中的内能变化,然后利用式(8.61)和随机数 r_1 确定本次体积变化的尝试是否成功,若成功,则每个盒子均保持新的体积,否则将每个盒子的体积以及每个粒子的位置都退回尝试之前的值。最后进行 N_{Ex} 次相间交换粒子的尝试。N_{Ex} 没有特定的要求,它不会影响最后的结果,但是会影响收敛的速率。一般而言可以取 10 左右。对于每一次交换粒子的尝试,产生三个在[0,1]区间内均匀分布的随机数 r_1、r_2 与 r_3,然后利用 r_1 确定粒子从其迁出的盒子Ⅰ,再确定转移的粒子 $i=\mathrm{INT}(N_{\mathrm{I}} \times r_1)+1$,之后在粒子迁入的盒子Ⅱ中随机确定一个位置,有

$$|\boldsymbol{r}_{\mathrm{II},i}^{\mathrm{trial}}| = L_{\mathrm{II},i} |\boldsymbol{r}_i|, \quad i=1,2,3 \tag{8.69}$$

式中:$L_{\mathrm{II},i}$ 是盒子Ⅱ在各方向上的长度。在盒子Ⅰ中取消粒子 i,而在盒子Ⅱ中 $\boldsymbol{r}_{\mathrm{II},i}^{\mathrm{trial}}$ 的终点处放置一个粒子,分别计算各个盒子中的内能变化,之后利用式(8.64)和随机数 r_1 确定本次交换粒子的尝试是否成功,若成功,将该粒子保持在新的位置,否则将其重置于交换前的位置。在 GEMC 模拟过程中,一般设定开始的 N_{therm} 步 Gibbs 循环为热平衡步,所得结果不计入最后的系综统计结果。

8.5 统计力学中的应用

8.5.1 随机行走

在 8.4 节中我们强调了重要性采样对提高 MC 模拟效率的重要性。但是,在某些情况下,简单采样仍然可以发挥重要的作用。随机行走即是最常见的一个例子。随机行走常常被用来描述有机分子在良好溶液中的聚合,或者粒子在胶质环境中由粒子源开始的扩散。最简单的随机行走模型不考虑外势场和粒子间相互作用,并且粒子只可能等概率地跳跃到其当前位置的最近邻格点上。

在二维四方格子中,用简单采样方法确定包含 N 个无相互作用的粒子的空间分布,为此生成在[0,1]区间内均匀分布的随机数 r。[0,1]区间分为四个等大的区域,即[0,1/4)、[1/4,1/2)、[1/2,3/4)和[3/4,1],r 落在这四个区域中,分别代表向左、向右、向下、向上的跳跃。设粒子数 $N=6000$,每个粒子经历了 2000 步随机行走,采用 MC 方法得到的结果如图 8.5 所示。很明显,该系统服从二维正态分布。

利用第 6 章中介绍的 Einstein 方程,可以计算该体系的扩散系数。从模拟结果可以看出,简单采样方法在这种情况下是非常有效的。尽管在许多复杂场景中,重要性采样可能更为适用,但在类似随机行走这样的简单场景中,简单采样方法仍具有重要意义,并可以提供有价值的信息。

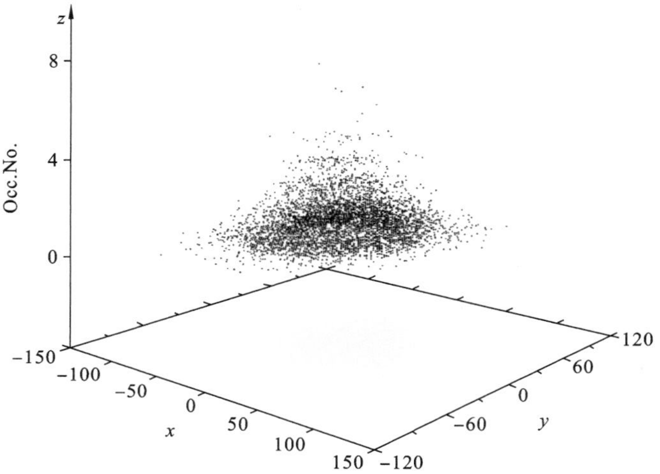

图 8.5 二维随机行走的 MC 模拟结果

注：粒子数为 6000，每个粒子在 x-y 平面上进行 2000 步最近邻随机跃迁；z 轴表示每个格点上的粒子密度；粒子密度在 x-y 平面上的分布在图中用浅蓝色标出

实际的情况当然要更为复杂，比如需要计入粒子间相互作用，即使考虑最粗糙的硬球模型，也需要对哈密顿量及算法实现进行比较大的、实质性的调整。

8.5.2 利用 Ising 模型观察铁磁-顺磁相变

8.3.4 节中已经给出了 Ising 模型的哈密顿量。这个模型虽然简单，但是却可以成功地用于观察铁磁-顺磁相变。本节不涉及关于相变的严格讨论，只给出零外势场下二维四方格子的 Ising 模型解。采用方程(8.50)，仅考虑第一近邻相互作用，则将格点(i,j)上的自旋$\sigma_{i,j}$翻转之后，体系的能量变化 ΔE 可以表示为

$$\Delta E=2J\sigma_{i,j}^{\text{old}}(\sigma_{i+1,j}+\sigma_{i-1,j}+\sigma_{i,j+1}+\sigma_{i,j-1})=-2J\sigma_{i,j}^{\text{trial}}(\sigma_{i+1,j}+\sigma_{i-1,j}+\sigma_{i,j+1}+\sigma_{i,j-1}) \tag{8.70}$$

式中：$\sigma_{i,j}^{\text{old}}$为翻转之前格点$(i,j)$上的自旋态；$\sigma_{i,j}^{\text{trial}}$为翻转之后$(i,j)$上的试探自旋态。利用 ΔE 的表达式可以显著提高计算效率，因为如果该次自旋翻转不成功，则不需更新体系能量 E，如果成功，则只需按式(8.70)计算 ΔE 再叠加到 E 上。这样就避免了每次体系更新后，为了利用方程(8.50)，更新能量都需要遍历所有格点。

对于一个 $N\times N$ 的周期性体系，我们采用 NVT 系综的 MC 模拟(8.3.1 小节中的算法 8.2)研究其总能 E、总磁矩 M、热容 c_V、磁化率 χ 随温度 T 的变化。其能量和磁矩的系综平均值为

$$\langle E\rangle=\frac{1}{N_{\text{ens}}}\sum_k\Big\{-J\sum_{\langle i,j\rangle,i<j}\sigma_i^k\sigma_j^k\Big\},\quad \langle M\rangle=\frac{1}{N_{\text{ens}}}\sum_k\Big\{\sum_i\sigma_i^k\Big\}$$

$$c_V=\frac{1}{k_{\text{B}}T^2}(\langle E^2\rangle-\langle E\rangle^2),\quad \chi=\frac{1}{k_{\text{B}}T}(\langle M^2\rangle-\langle M\rangle^2)$$

其中前两个方程中求和下标 k 代表第 k 个体系。

在 8.2.3 节中我们已经指出，采用 Metropolis 算法需要注意避免初始值的影响以及采样之间的相关性。因此在模拟中对随机给定的初始组态先进行 N_{therm} 步热弛豫，从第 N_{therm}

+1 步开始将采样计入系综平均值。每一步采样都需要随机选取体系中某个格点,将该格点上的自旋翻转,然后根据方程(8.12)和方程(8.13)确定该次翻转是否被接受。因此,每一步采样都会生成系综中的一个体系。此外,为了计算热容 c_V 以及磁化率 χ 随温度的变化,还需要得到 E^2 和 M^2 的系综平均值。为简单起见,此处设 $k_B=J=1$,利用算法 8.2,得到 Ising 模型的模拟结果,如图 8.6 所示。体系为 20×20 正方格子,每个温度下进行 8×10^5 步随机的自旋翻转。其中前 100000 次翻转作为热平衡步,不计入统计次数。注意图 8.6(b)中所示为 M 的绝对值。可以看到,当 $T=2.4$ 时,c_V 和 χ 均出现了奇点。这表明,体系在该温度下将发生铁磁到顺磁的相变。此外,因为 $\langle E\rangle$、$\langle|M|\rangle$ 与 T 的关系曲线均光滑连续,因此,该相变是二级相变。

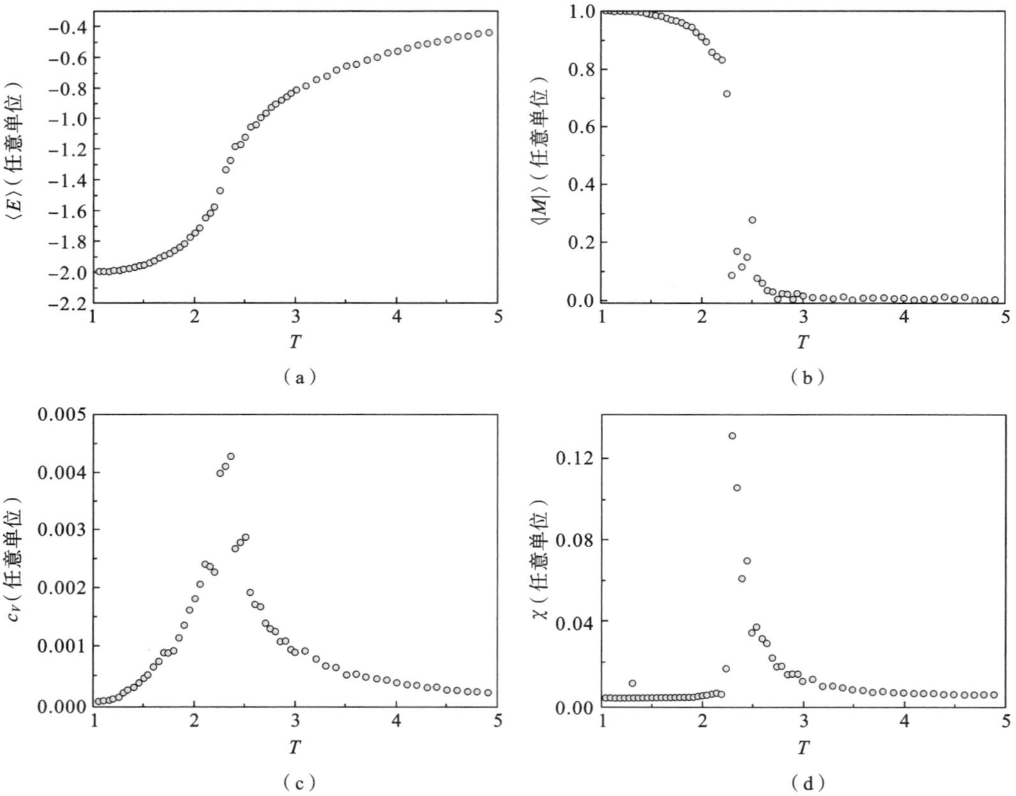

图 8.6　二维 Ising 模型的 MC 模拟结果

(a) 能量 E 随温度 T 的变化;(b) 磁矩 M 随温度 T 的变化;

(c) 热容 c_V 随温度 T 的变化;(d) 磁化率 χ 随温度 T 的变化

8.5.3　逾渗问题

将逾渗(percolation)问题仅作为一小节列出显然与其应有的地位以及重要性不符[398]。这里将其特别列出是因为逾渗是随机性方法的一个重要组成部分,可以用来说明随机性方法广泛的应用范围。

考虑一个二维 $N\times N$ 的正方格子,其上、下边界分别与正、负电极相连。每个格子都有

P 的概率会被导体占据。如果认为每个格子只与上、下、左、右四个格子连通,我们可以提出问题:导体的占据概率 P 为多大时,该体系才会导电?这就是一个典型的逾渗问题。当 P 比较小时,"导通"的格子不可能连成足够大的、贯穿体系上下边界的集团。P 越大,符合要求的集团就越有可能出现,体系也就越可能导电。当这种集团第一次形成时,体系就经历绝缘-导电的相变,即导电集团成功地"逾渗"整个体系,而此时的 P 即逾渗的临界阈值。图 8.7 展示了 P 逐渐增大时一个 40×40 二维正方格子的变化。当 $P=0.2$ 时,仅有少数格点被导体占据,这些导体彼此形成一些较小的孤立集团。当 P 逐渐增大时,这些集团经由新占据的导体彼此连通,生长为若干个大集团。如图 8.7 所示:当 $P=0.55$ 时仍然没有由上至下连通的导体集团;当 P 进一步增大至 0.8 时,导体占据的格子连通成了一个大集团,此时逾渗成功,体系由绝缘态转为导电态。

(a)　　(b)　　(c)

图 8.7　40×40 的二维正方格子的逾渗过程

(a) $P=0.2$;(b) $P=0.55$;(c) $P=0.8$

上述简单例子表明逾渗研究的是多元无序体系中某种成分连通程度与浓度的关系以及所引发的效应。该成分的长程连通会在某一浓度上突然实现,而其引发的效应会相应产生剧烈的变化。除了上述导体-绝缘体相变之外,逾渗理论可以用于研究诸如材料断裂、磁畴生长乃至疾病传播模式等涉及多个学科的问题。在逾渗模拟中,一个非常重要的问题是如何设计有效的算法以确定选定成分的连接状况,即如何确定是哪些"导通"了的格点连接在一起组成了集团。这里介绍 Hoshen 和 Kopelman 提出的集团复标度(cluster multiple labeling,CML)算法[399]。这种算法适用范围广、效率比较高,因此目前应用比较广泛。CMLT 可以在随机撒点组成二元无序体系的同时加以实施,这样当体系形成的同时就可以得到成分组团的结果。但是为了叙述方便,本节中我们考虑一个预先生成的二元无序晶体。该晶体包含 A、B 两种成分,其中 A 是研究者的兴趣所在。

以图 8.7(导体的占据概率 P 分别为 0.2、0.55 和 0.8,白色、蓝色方块分别代表导体和绝缘体)为例,被 A 占据的格点会组成若干个独立的集团。每个集团都应该有一个标签,而属于同一个集团的所有格点都应该由同一个标签所表示。比如,第一个出现的集团的标签为 1,第二个集团的标签为 2,等等。被 B 占据的格点统一标注为 0。因为标注是按照一定的顺序遍历(行优先或者列优先)所有格点,所以当考察一个新的格点时,不外乎有三种情况:标注一个新集团、一个已标注集团延伸或者几个原本独立的集团联合为一个更大的集团。例如,对于图 8.7 所示 40×40 的正方格子,按照由左至右行优先的方式逐点考察 A 的占据情况。位于 (i,j) 处的格点被 A 占据,而此前已经有 k 个独立的集团出现,每个集团包含 A 的个数为 $N(r)$,$r=1,2,\cdots,k$。现检查其左侧 $(i-1,j)$ 以及上方 $(i,j-1)$ 处的格子。若这两个近邻格子都被标注为 0,表明 (i,j) 是一个新出现的独立集团,则该格点应被标注为 $k+1$,

同时设$N(k+1)=1$；若一个近邻格子为0，另一个属于集团q，或者两个格点均属于集团q，则(i,j)处的集团也应被标注为q，$N(q)=N(q)+1$，以表示其为已知集团q的延伸；若一个近邻格子标注为s，另一个近邻格子标注为t，且$s<t$，则(i,j)格点上的A使得集团s和集团t合并成一个更大的集团，或者说集团s吸收集团t，因此应将(i,j)标注为s，同时更新集团s的大小，即$N(s)=N(s)+N(t)+1$，而集团t不复存在。

到目前为止，标注过程中没有任何非常规的处理。但是因为每考察一个新格点都有可能出现第三种情况，所以可以预料到对每个格点的标注可能会重复多次，当A的覆盖率P较大时更是如此。无疑这种办法效率是比较低下的，处理大型体系比较困难。集团复标度算法则另辟蹊径，在每次发生集团合并的情况时，并不更新属于被吸收集团t的格点标注，而是将表示该集团大小的变量$N(t)$改为负数，其绝对值为将其吸收的集团的标注，即

$$N(t)=-s \tag{8.71}$$

这种处理方法意味着$N(t)$失去物理意义而成为一个指针，指向并入的集团s。当集团合并多次发生时，$N(t)$可能会成为高阶指针。例如当集团s被集团r吞并后，相应地$N(s)=-r$。如果考察标注为t的格点，可知$N(t)$是负数，所以需要将其视为标注为$s=-N(t)$的集团的一员。但是相应地$N(s)$仍然是负数，所以需要继续寻找标注为$r=-N(s)$的集团，直至$N(r)>0$为止。而所有标注为t和s的格点都属于集团r。图8.8为集团复标度算法的流程图。

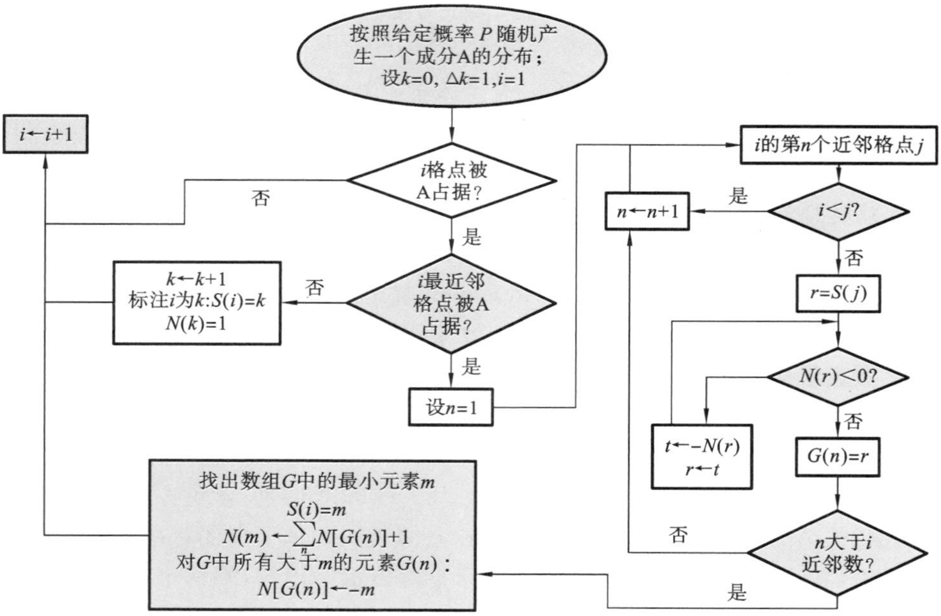

图8.8 集团复标度算法流程图

集团复标度算法提供了一种比较直接的判断逾渗成功与否的标准。用一个一维数组记录第一行中A所占据的格点所属的集团。再逐点考察最后一行中的格点标注，如果至少有一个标注与该一位数组中的某个元素相同（0除外，因为0代表格点被B占据），则逾渗成功，否则表明逾渗尚未达成。此外，集团复标度算法扩展到三维立方格子或者二维三角格子也比较直接，这里不再展开讨论。

在同一篇文章中，Hoshen 和 Kopelman 还提出了一种定量确定逾渗发生的算法[399]。定义约化平均集团尺寸(reduced averaged cluster size)为

$$I'_{\mathrm{av}}=\left(\sum_{n=1}^{n_{\max}} i_n n^2\right)\Big/G-n_{\max}^2/G \tag{8.72}$$

式中：G 为该体系中 A 的总数；n 为某个集团所包含的 A 的个数；i_n 为尺寸为 n 的集团的个数。逾渗发生前，I'_{av} 随 A 的浓度增大逐渐增加，当到达临界浓度 C_{C} 时，I'_{av} 出现一个尖锐的峰值，浓度再增大，I'_{av} 急剧下降[400]。

8.6　动力学蒙特卡罗方法

动态模拟在目前的计算科学中占据着非常重要的位置。随着计算能力和第一性原理算法的发展，复杂的动态参数(扩散势垒、缺陷相互作用能等)均可利用第一性原理计算得出。因此，许多复杂的体系动态变化，如表面形貌演化或辐射损伤中缺陷集团的聚合-分解演变等，已可以较为精确地予以研究。

动力学蒙特卡罗(kinetic Monte Carlo, KMC)方法的原理简单，并具有强大的适应性，在诸如表面生长[401,402]、自组织[403,404]、固态燃料电池[405,406]等不同领域都得到了广泛的应用。例如，在表面生长领域，研究人员通过 KMC 方法成功地揭示了不同生长条件下的晶体生长机制和动力学行为。在自组织领域，KMC 方法被用于研究纳米尺度材料结构的自发形成过程，从而为制备新型纳米器件提供了理论工具。在固态燃料电池领域，KMC 方法被广泛应用于研究离子迁移和反应动力学过程，有助于优化燃料电池的性能。

同时，针对复杂体系或复杂过程的 KMC 方法发展也非常活跃。在这一节中，我们将介绍 KMC 方法的基本理论及其在不同领域的应用。KMC 方法基于统计物理原理，通过随机抽样来模拟系统的时间演化过程。它能够处理各种复杂的动态过程，如粒子在固体表面的扩散、缺陷迁移、相变和化学反应等。与传统的分子动力学方法相比，KMC 方法的一个显著优势是其时间尺度。KMC 方法可以处理更长的时间尺度，从而使得研究大尺度和长时间演化过程成为可能。

总之，KMC 方法已经成为计算物理和材料科学中的重要工具。它在各种领域的应用和发展不仅展示了其强大的适应性和潜力，还为解决实际问题提供了有力支持。

8.6.1　KMC 方法的基本原理

在原子模拟领域内，分子动力学具有突出的优势，它可以非常精确地描述体系演化的轨迹。一般情况下分子动力学的时间步长在飞秒($1\mathrm{fs}=10^{-15}$ s)数量级，因此足以追踪原子振动的具体变化。但是这一优势同时限制了分子动力学在大时间尺度模拟上的应用。现有的计算条件足以支持分子动力学的时间步长到 10 ns，运用特殊的算法可以达到 10 μs 的尺度。即便如此，也仍有很多动态过程，如表面生长和材料老化等(时间跨度均在秒数量级以上)，大大超出了分子动力学的应用范围。有什么方法可以克服这种局限呢？

当体系处于稳定状态时，我们可以将其描述为处于 $3N$ 维势能函数面的一个局域极小值(势阱底)处。有限温度下，虽然体系内的原子不停地进行热运动，但是绝大部分时间内原子都是在势阱底附近振动。偶然情况下体系会越过不同势阱间的势垒而完成一次“演化”，

这类小概率事件才是决定体系演化的重点。因此,如果我们将关注点从原子升格到体系,同时将原子运动轨迹粗粒化为体系组态跃迁,那么模拟的时间跨度就将从原子振动的尺度提高到组态跃迁的尺度。这是因为这种处理方法摈弃了与体系穿越势垒无关的微小振动,而只着眼于体系的组态变化。图 8.9 描述了这种粗粒化过程(忽略所有不会引发跃迁的振动轨迹,而将跃迁视为拥有一定概率的"直线"跳跃)。因此,虽然不能描绘原子的运动轨迹,但是作为体系演化,其组态轨迹仍然是正确的。此外,因为组态变化的时间间隔很长,体系完成的连续两次演化是独立的、无记忆的,所以这个过程是一种典型的马尔可夫过程(Markov process),即体系从组态 i 到组态 j($i\to j$)这一过程只与其跃迁速率 k_{ij} 有关。如果精确地知道 k_{ij},便可以构造一个随机过程,使得体系按照正确的轨迹演化。这里"正确"的意思是指某条给定演化轨迹出现的概率与分子动力学模拟结果完全一致(假设我们进行了大量的分子动力学模拟,每次模拟中每个原子的初始动量随机给定)。这种通过构造随机过程研究体系演化的方法即为 KMC 方法[407]。

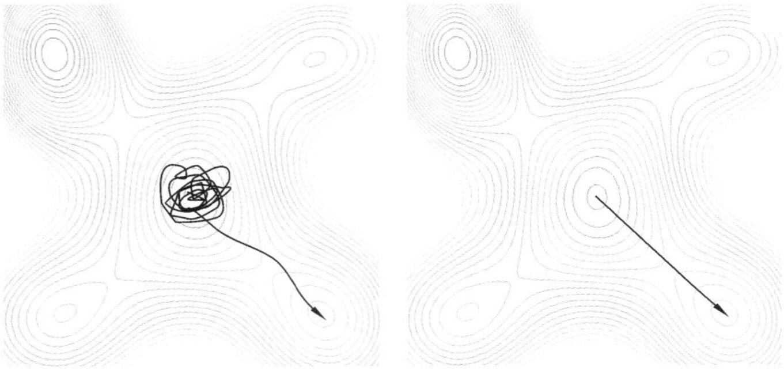

(a) (b)

图 8.9 KMC 粗粒化过程

(a) 真实的原子轨迹;(b) KMC 对体系跃迁的描述

8.6.2 指数分布与 KMC 方法的时间步长

在 KMC 模拟中,构造呈指数分布的随机数是一个相当重要的步骤。在这一节中我们对此进行讨论。

因为体系在势能面上是做无记忆地随机行走,所以在任意单位时间内,它找到跃迁途径的概率不变,设为 k_{tot}。因此在区间$[t,t+\Delta t)$上,体系不发生跃迁的概率为

$$P_{\text{stay}}(\Delta t)=1-k_{\text{tot}}\Delta t+\mathcal{O}(\Delta t)^2$$

类似地,在区间$[t,t+2\Delta t)$上,体系不发生跃迁的概率为

$$P_{\text{stay}}(2\Delta t)=(1-k_{\text{tot}}\Delta t+\mathcal{O}(\Delta t)^2)^2=1-2k_{\text{tot}}\Delta t+\mathcal{O}(\Delta t)^2$$

依此类推,当 $\tau=K\Delta t$ 时,在区间$[t,t+\tau)$上,体系不发生跃迁的概率为

$$P_{\text{stay}}(\tau)=\left(1-k_{\text{tot}}\frac{\tau}{K}+\mathcal{O}(K^{-2})\right)^K$$

因此,当 τ 趋于∞时,体系不发生跃迁的概率为

$$P_{\text{stay}}(\tau)=\lim_{\tau\to\infty}\left(1-k_{\text{tot}}\frac{\tau}{K}+\mathcal{O}(K^{-2})\right)^K=\exp(-k_{\text{tot}}\tau) \tag{8.73}$$

这一行为类似于原子核的衰变方程。从方程(8.73)可以得到单位时间内体系跃迁概率

$P(t)$。由方程(8.73)的推导过程可以看出，体系的跃迁概率是一个随时间积累的物理量，因此 $P(t)$ 对时间积分到某一时刻 t' 必然等于 $1-P_{\text{stay}}(t')$，也即 $P(t)=\partial(1-P_{\text{stay}}(t'))/\partial t$。因此可以得到[407]

$$P(t)=k_{\text{tot}}\exp(-k_{\text{tot}}t) \tag{8.74}$$

式中：k_{tot} 是体系处于组态 i 时所有可能的跃迁途径的速率 k_{ij} 之和，即

$$k_{\text{tot}}=\sum_j k_{ij} \tag{8.75}$$

对于每个具体的跃迁途径 k_{ij}，上述讨论均成立。因此，可以定义单位时间内体系进行 $i\to j$ 跃迁的概率为

$$P_{ij}(t)=k_{ij}\exp(-k_{ij}t) \tag{8.76}$$

单位时间内体系的跃迁概率呈指数分布这一事实说明 KMC 方法的时间步长 δt 也应呈指数分布，因此需要产生一个按指数分布的随机数序列，这一点可以非常容易做到：通过一个在区间(0,1]上平均分布的随机数序列 r 转化得

$$r=1-P_{\text{stay}}(k_{\text{tot}}\delta t)$$

因为 $1-r$ 和 r 的分布相同，从而

$$\delta t=-\frac{1}{k_{\text{tot}}}\ln(1-r)=-\frac{1}{k_{\text{tot}}}\ln(r) \tag{8.77}$$

δt 也可以通过上述步骤由方程(8.76)得到。

8.6.3　计算跃迁速率

8.6.3.1　过渡态理论

k_{ij} 决定了 KMC 模拟的精度甚至准确性。为避开通过原子轨迹来确定 k_{ij} 的做法（这样又回到了分子动力学的情况），一般情况下采用过渡态理论（transition state theory，TST）进行计算[408]。在过渡态理论中，体系的跃迁速率取决于体系在鞍点处的行为，而平衡态（势阱）处的状态对其影响可以忽略不计。如果大量相同的体系组成 NVT 系综，则在平衡状态下体系在单位时间内越过某个垂直于 $i\leftrightarrow j$ 跃迁途径的纵截面的流量即为 k_{ij}。为简单起见，假设有大量相同的一维双组态（势阱）体系，平衡状态下鞍点所在的假想面（对应于流量最小的纵截面）为 $x=q$，则过渡态理论给出该体系从组态 A 迁出到 B 的速率为[409,410]

$$k_{\text{A}\to\text{B}}=\frac{1}{2}\langle\delta(x-q)\,|\dot{x}|\,\rangle_{\text{A}} \tag{8.78}$$

式中：$\langle\cdots\rangle_{\text{A}}$ 表示在组态 A 所属态空间里对 NVT 系综的平均。$\frac{1}{2}$ 表示只考虑体系从组态 A 迁出而不考虑迁入 A 的情况（后一种情况体系也对通过纵截面的流量有贡献）。根据普遍公式

$$\langle\hat{O}\rangle=\frac{\iint\hat{O}\exp\left(-\frac{H}{k_{\text{B}}T}\right)\mathrm{d}x\mathrm{d}p}{\iint\exp\left(-\frac{H}{k_{\text{B}}T}\right)\mathrm{d}x\mathrm{d}p}$$

设体系的哈密顿量 $H=p^2/2m+V(x)$，即可分解为动能和势能两部分，同时设粒子坐标 $x\leqslant q$ 时体系处于组态 A，则方程(8.78) 可写为

$$k_{A\to B}=\frac{\frac{1}{2}\int_{-\infty}^{\infty}\mathrm{d}p\int_{-\infty}^{q+\varepsilon}\mathrm{d}x\left[\delta(x-q)\mid\dot{x}\mid\exp\frac{p^2/2m+V(x)}{k_BT}\right]}{\int_{-\infty}^{\infty}\mathrm{d}p\int_{-\infty}^{q+\varepsilon}\mathrm{d}x\exp\frac{p^2/2m+V(x)}{k_BT}}$$

$$=\frac{1}{2}\left[\frac{\int_{-\infty}^{\infty}\mid\dot{x}\mid\exp\left(-\frac{p^2/2m}{k_BT}\right)\mathrm{d}p}{\int_{-\infty}^{\infty}\exp\left(-\frac{p^2/2m}{k_BT}\right)\mathrm{d}p}\right]\frac{\int_{-\infty}^{q+\varepsilon}\delta(x-q)\exp\left(-\frac{V(x)}{k_BT}\right)\mathrm{d}x}{\int_{-\infty}^{q+\varepsilon}\exp\left(-\frac{V(x)}{k_BT}\right)\mathrm{d}x}$$

$$=\frac{1}{2}\langle\mid\dot{x}\mid\rangle\langle\delta(x-q)\rangle_A=\frac{1}{2}\left(\frac{2k_BT}{\pi m}\right)^{1/2}\langle\delta(x-q)\rangle_A \tag{8.79}$$

式中考虑无限小量 ε 是为了将 δ 函数全部包含进去。最后一项对 δ 函数的系综平均可以直接通过 Metropolis MC 方法计算出来：计算粒子落在$[q-\omega,q+\omega]$范围内的次数与 Metropolis 行走总次数之比 f_B。方程(8.79)最后可写成

$$k_{A\to B}=\frac{1}{2}\left(\frac{2k_BT}{\pi m}\right)^{1/2}\left(\frac{f_B}{\omega}\right) \tag{8.80}$$

上述讨论可以直接扩展到三维情况，这里只给出结果：

$$k_{A\to B}=\frac{1}{2}\left(\frac{2k_BT}{\pi m}\right)^{1/2}\langle\delta[f(\boldsymbol{R})]\mid\nabla f\mid\rangle_A \tag{8.81}$$

式中：$f(\boldsymbol{R})$ 是纵截面方程；$\mid\nabla f\mid$ 代表三维情况中粒子流动方向与截面 f 法向不平行对计数的影响。

详细讨论请参阅文献[409]。

8.6.3.2 简谐近似下的过渡态理论

虽然 8.6.3.1 节已经给出了过渡态理论中计算跃迁速率的方法，但是在具体工作中，k_{ij} 更多地是利用简谐近似下的过渡态理论(harmonic TST，hTST)通过解析表达式给出。根据过渡态理论，跃迁速率为[408]

$$k_{ij}=\frac{k_BT}{h}\exp\left(\frac{-\Delta F_{ij}}{k_BT}\right) \tag{8.82}$$

式中：ΔF_{ij} 为在跃迁 $i\to j$ 中体系在鞍点和态 i 处的自由能之差，

$$\Delta F_{ij}=E_{ij}^{\mathrm{sad}}-TS_{ij}^{\mathrm{vib}}-(E_i-TS_i)=\Delta E_{ij}-T\Delta S_{ij}^{\mathrm{vib}} \tag{8.83}$$

将式(8.83)代入方程(8.82)，可以得到

$$k_{ij}=\frac{k_BT}{h}\exp\left(\frac{-\Delta E_{ij}}{k_BT}\right)\exp\frac{\Delta S_{ij}^{\mathrm{vib}}}{k_B} \tag{8.84}$$

简谐近似下的过渡态理论认为体系在稳态附近的振动可以用谐振子表示，因此可将该体系视为经典谐振子体系。据此分别写出体系在态 i 和鞍点处的配分函数 Z^0 和 Z^{sad}[411]：

$$Z^0=\left(\frac{k_BT}{h}\right)^{3N}\prod_{i=1}^{3N}\frac{1}{\nu_{ij}^0}$$

$$Z^{\mathrm{sad}}=\left(\frac{k_BT}{h}\right)^{3N-1}\prod_{i=1}^{3N-1}\frac{1}{\nu_{ij}^{\mathrm{sad}}}$$

根据玻尔兹曼公式

$$S=k_B\ln Z \tag{8.85}$$

并将配分函数代入，则由方程(8.84)得

$$k_{ij}=\frac{\prod_{i=1}^{3N}\nu_{ij}^{0}}{\prod_{i=1}^{3N-1}\nu_{ij}^{\text{sad}}}\exp\left(-\frac{\Delta E_{ij}}{k_{\mathrm{B}}T}\right) \tag{8.86}$$

方程(8.86)常见于文献中。声子谱可通过Hessian矩阵对角化方法或密度泛函微扰理论(DFPT)方法求出，而ΔE_{ij}就是$i\rightarrow j$的势垒，可以通过NEB或者Dimer方法求出。因此，方程(8.86)保证了可以通过原子模拟(分子动力学方法或者DFT方法)解析地求出k_{ij}。事实上对这个方程有两点需要注意。首先，虽然方程(8.82)中出现了普朗克常量h，但是在最终结果中h被抵消了。这是因为过渡态理论本质上是一种经典理论，所以充分考虑了统计效应后h不会出现[411]。其次，方程(8.86)表明，对于每一个跃迁过程，鞍点处的声子谱应该单独计算。这样会大大增加计算量，因此在绝大部分计算中均设前置因子为常数，不随跃迁过程而变化。前置因子的具体数值取决于体系，对金属而言，一般取约10^{12} Hz。

8.6.4　KMC几种不同的实现算法

8.6.4.1　点阵映射

到目前为止，进行KMC模拟的所有理论基础均已具备。但是前面所进行的讨论并没有联系到具体的模型。KMC在应用于固体物理领域时，往往利用点阵映射将原子与格点联系起来，从而将跃迁(事件)具象化为原子↔格点关系的变化，比如空位(团)/吸附原子(岛)迁移等。虽然与实际情况并不完全一致，但这样做在很多情况下可以简化建模的工作量，而且这样近似是非常合理的。很多情况下体系中的原子虽然对理想格点均有一定的偏离，但是并不太大(约$0.01a_0$)，因此这种原子↔点阵映射是有效的。这种做法的另一个好处是可以对跃迁进行局域化处理。每条跃迁途径只与其近邻的体系环境有关，这样可以极大地减少跃迁途径的数目，从而简化计算[411]。需要指出的是，这种映射对于KMC模拟并不是必需的。比如化学分子反应炉或者生物分子的生长等，这些情况下根本不存在点阵。

8.6.4.2　无拒绝方法

KMC的实现方法有很多种，这些方法大致可以分为拒绝(rejection)方法和无拒绝(rejection-free)方法两种。每种范畴之下还有不同的实现方式。在这里我们只选择几种最为常用的方法加以介绍。

1. Bortz-Kalos-Lebowitz 算法

Bortz-Kalos-Lebowitz(BKL)算法是当前最常用的一种KMC方法，其优点是图像清晰，易于实现，而且效率非常高[412]。在计算过程中，每一步只需要产生两个在区间(0,1]上平均分布的随机数r_1和r_2，其中r_1用于选定跃迁途径，r_2用于确定模拟的前进时间。设体系处于态i，将每条跃迁途径j想象成长度与跃迁速率k_{ij}成正比的线段。将这些线段首尾相连。如果r_1k_{tot}落在线段j_k中，这个线段所代表的跃迁途径j_k就被选中，体系移动到态j_k，同时体系时间根据方程(8.77)前进。总结其算法如下：

(1) 根据方程(8.84)计算体系处于组态i时的各条路径跃迁速率k_{ij}，以及总跃迁速率$k_{\text{tot}}=\sum_j k_{ij}$；

(2) 选择随机数r_1；

(3) 寻找途径 j_k,满足 $\sum_{j=1}^{j_k-1} k_{ij} \leqslant r_1 k_{\text{tot}} < \sum_{j=1}^{j_k} k_{ij}$;

(4) 体系移动到态 j_k,同时模拟时间前进 $\delta t = -\frac{1}{k_{\text{tot}}}\ln r_2$;

(5) 重复上述过程。

图 8.10 为 BKL 算法的流程图。需要指出的是,虽然一般步骤(4)中的 δt 是根据方程(8.77)生成的,但是如果将其换为 $\delta t = \frac{1}{k_{\text{tot}}}$ 并不会影响模拟结果。在文献[409]、[410]中均采用这种方式。

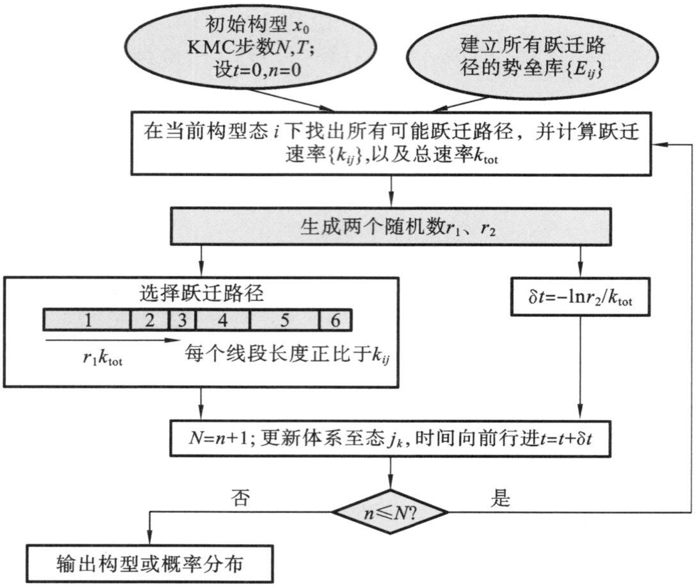

图 8.10 BKL **算法流程**

2. 第一反应法

第一反应法(first reaction method,FRM)在思路上比 BKL 算法更为自然。前面说过,对处于稳态 i 的体系而言,它可以有不同的跃迁途径 j 可以选择。每条途径均可以根据方程(8.76)给出一个指数分布的"发生时间"δt_{ij},也即从当前算起 $i \to j$ 第一次发生的时间。然后从$\{\delta t_{ij}\}$中选出最小值(最先发生的"第一反应"),体系跃迁到相应的组态 $j_{\min}$,模拟时间相应地前进 $\delta t_{ij_{\min}}$。总结其算法如下:

(1) 设共有 M 条反应途径,生成 M 个随机数 $r_1, r_2, \cdots, r_M$;

(2) 根据公式 $\delta t_{ij} = -\frac{1}{k_{ij}}\ln r_j$,给出每条路径的预计发生时间;

(3) 找出$\{\delta t_{ij}\}$的最小值 $\delta t_{ij_{\min}}$;

(4) 体系移动到态 $j_{\min}$,同时模拟时间前进 $\delta t_{ij_{\min}}$;

(5) 重复上述过程。

可以看出,这种算法的效率比 BKL 算法低,因为每一步 KMC 模拟需要生成 M 个随机数。通常情况下 KMC 模拟需要 10^7 步来达到较好的统计性质,如果每一步都需要生成 M 个随机数，则利用这种方法需要一个高质量的伪随机数发生器，这一点在 M 比较大时尤为重要。

3. 次级反应法

次级反应法(next reaction method，NRM)是由第一反应法发展出来的一种衍生方法，其核心思想是假设体系的一次跃迁并不会导致处于新态的体系对于其他跃迁途径的取舍(比如充满可以发生 M 种化学反应的分子，第一种反应发生并不会造成别的反应物的变化)，这样体系还可以选择 $\{\delta t_{ij}\}$ 中的次小值 $\delta t_{ij_{2nd}}$，从而跃迁到态 j_{2nd}，模拟时间前进 $\delta t_{ij_{2nd}}-\delta t_{ij_{min}}$。如果这次跃迁还可以满足上述假设条件，再重复上述过程。理想情况下，平均每一步 KMC 模拟只需要生成一个随机数，这无疑会大大提高效率以及加大时间跨度。但是实际上次级反应法的假设条件很难在体系每次跃迁之后都得到满足，在固体物理的模拟中尤其如此，因此其应用范围集中于研究复杂化学环境下的反应过程。

8.6.4.3　试探-接受/拒绝方法

这一大类算法虽然在效率上不如无拒绝方法，但是它们所采用的试探-接受/拒绝方法在形式上更接近 MC 方法，而且可以很方便地引入恒定步长，即 δt 固定，因此有必要进行详细的介绍。

1. 选择路径法

选择路径法在决定体系是否跃迁方面与 MC 方法在形式上非常相像，均是通过产生随机数并与预定的阈值比较，来决定事件是否被采纳。具体算法如下：

(1) 设共有 M 条反应途径，选择反应速率最大值 k^{max}，设为 $\hat{k}$，生成在 $[0,M)$ 区间内均匀分布的随机数 r；

(2) 设 $j=\mathrm{INT}(r)+1$；

(3) 如果 $j-r<k_{ij}/\hat{k}$，则体系跃迁至新态 j，否则保持在组态 i；

(4) 模拟时间前进 $\delta t=-\dfrac{1}{k_{tot}}\ln r$；

(5) 重复上述过程。

这种方法的长处在于每一步只需要生成一个随机数。但是缺点也很明显，对反应速率相差太大，尤其是只有一个低势垒途径(与其他途径相比 k_{ij} 过大)的体系来讲，这种方法的效率会非常低下。某些情况下，这种低效率问题可以通过如下方法改进：将全部途径按照 k_{ij} 的大小分为几个亚组，每个亚组选定一个上限 $\hat{k}^n$。但是这一步骤在整个 KMC 模拟过程中可能需要重复很多次，因此并不能完全解决问题。事实上低势垒在 KMC 中是一个普遍的问题。这一点在后面还会简要提及。

2. 恒定步长法

与前面介绍的直接法、第一反应法、次级反应法和选择直接法四种方法不同，恒定步长法(constant time step method，CTSM)中体系的前进时间是个给定的参数[413]。在理想情况下，恒定步长法与 BKL 法效率相同，每一步只需产生两个随机数。具体算法如下：

(1) 给定恒定时间步长 δt；

(2) 将所有途径 j(共有 M 个)设为长度恒为 $1/M$ 的线段，生成在区间 $[0,1]$ 上均匀分布的随机数 r_1，选择途径 $j=\mathrm{INT}(r_1\times M)+1$；

(3) 生成在区间 $[0,1]$ 上均匀分布的随机数 r_2，如果 $r_2<k_{ij}\delta t$，则体系跃迁至新态 j，否

则保持在态 i;

(4) 模拟时间前进 δt;

(5) 重复上述过程。

实际模拟中,δt 需要满足:① 小于 $\delta t_{ij_{\min}}$(同第一反应法);② 对于 k_{ij} 最大的途径,接受率大致为 50%。其中第一个条件保证了所有的迁移途径发生概率都小于 1,第二个条件则保证体系演化的效率不会过于低下。恒定步长法是非常行之有效的一类 KMC 方法,但是选择 δt 时需要特别注意以保证效率。δt 取决于具体体系以及模拟温度。这在一定程度上增加了 CTSM 法的实现及使用难度。

8.6.5 低势垒问题与小概率事件

前面已经指出,对低势垒的途径需要特别注意。如果体系在演化过程中一直存在着势垒较其他途径低很多的一个或几个途径,会对模拟过程产生不利的影响。这个问题称为低势垒问题。低势垒途径对 KMC 模拟最直接的影响就是大大缩短了模拟过程所涵盖的时间跨度。这一点可以从方程(8.77)中看出。更为深刻的影响在于,这些由低势垒的途径联系起来的组态会组成一个近似于封闭的族。体系会频繁地访问这些态,而其他的对体系演化更为重要的高势垒途径被选择的概率非常低,这显然会降低 KMC 的模拟效率。例如,吸附原子在高指数金属表面扩散,其沿台阶的迁移所对应的势垒要远低于与台阶分离的移动。这样,KMC 模拟的绝大部分时间内吸附原子都在台阶处来回往复,而不会选择离开台阶在平台上扩散。这显然不是我们希望看到的情形。一种解决办法是人为地将这些低势垒加高以降低体系访问这些组态的概率,但是无法预测这种干扰是否会造成体系对真实情况的严重偏离。另一种解决办法是利用 8.6.4 节中介绍的次级反应法或者恒定步长法进行模拟,但是其效果如何尚待检测。

如果考察体系的势能面,这类低势垒的途径一般处在一个“超势阱”之中。体系在这个超势阱中可以很快达到热平衡,所需时间要短于从其中逸出的时间。如果可以明确地知道超势阱所包含的组态以及从超势阱逸出的所有途径,我们就可以按照玻尔兹曼分布合理地选择其中一条途径,使得体系向前演化。但是如何确定包含在超势阱之中的组态以及体系是否已在其中达到热平衡本身就是两个难题。对于前一个问题,Mason 提出可以利用 Zobrist 密钥法标定访问过于频繁的组态[414];Novotny 则提出通过建立及对角化一个描述体系在这些组态间演化的传递矩阵来解决后一个问题[415]。对这个问题的详细讨论已超出了本书的讨论范围,可参阅文献[414]~[416]。

相应地,势垒非常高的跃迁途径同样会导致 KMC 模拟失败。从高势垒的途径跃迁被称为小概率事件,但是并不意味着这些事件不重要。事实上,往往正是模拟过程中的小概率事件推动了整个体系实质性的演化。例如:在研究等离子轰击下 W(钨)表面形貌演化过程时,W(110)表面上的 W 原子沿台阶向上跃迁的势垒高达 2.2 eV,而沿台阶跃迁势垒仅有 1.03 eV,$T=300$ K 时,W 原子沿台阶向上跃迁的发生概率仅约为沿台阶跃迁的 2×10^{-20},但是离子轰击下钨晶须的形成主要依赖 W 原子沿台阶向上的跃迁。在低温甚至中温条件下,小概率事件很难被选中,因此 KMC 的模拟结果很难收敛。为了解决这个问题,Voter 提出了所谓“超动力学”方法(hyper-dynamics)[417]。虽然该方法针对的是分子动力学模拟，但是对于 KMC 模拟同样有效。简单来讲，超动力学方法在原本的势能面(potential energy surface，PES)上加入了一个偏置势 V_{bia}。V_{bia} 在鞍点处为零，而在势能面极小值处为非负值，相当于人为降低了某些途径的势垒，使得这些高势垒的途径被选中的概率与其他途径相当。但是当体系向前演化时，相应的时间并不是预设的或名义上的 δt，而变为 $\delta t\exp(\beta\Delta V)$，其中 ΔV 为加入 V_{bia} 前后势垒变化的绝对值。图 8.11 给出了超动力学算法示意图，图中 $\delta t'$ 代表实际演化时间，δt 代表预设演化时间。更具体的讨论请参阅文献[417]、[418]。

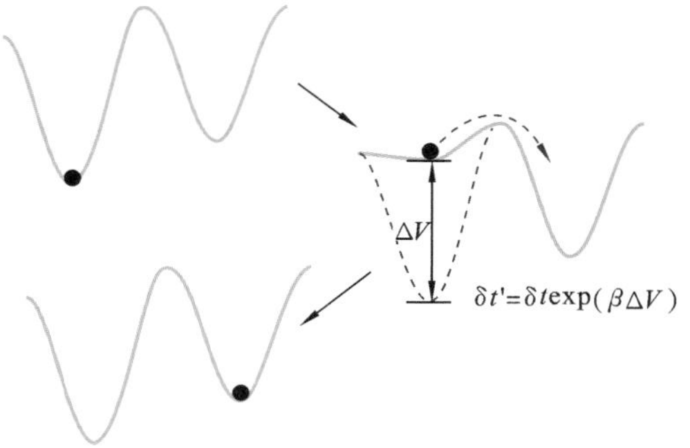

图 8.11 超动力学算法示意图

8.6.6 实体动力学蒙特卡罗方法

上述的 KMC 方法都假设任何时候原子均处于其理想点阵格子上。但是，在很多情况下这种点阵映射是无效的，比如间隙原子或者位错。这类结构缺陷的运动在材料的辐射损伤和老化过程中起着非常重要的作用。而且与单个原子或者空位的运动相比，这类缺陷的运动时间跨度更长，也更为复杂，比如间隙原子团和空穴的湮没，间隙原子团的解构/融合，或者位错的攀移/交滑移等。传统的 KMC 方法很难有效地处理这类问题，一方面是因为时间跨度太大，另一方面是因为这类缺陷各自均可视为独立的实体(object)，其运动更近似于系统激发，因此单个或几个原子运动的积累效果很多情况下并不能有效地反映这些实体的整体运动。实体动力学蒙特卡罗(object kinetic Monte Carlo，OKMC)方法就是为了处理这类问题而被提出的。OKMC 方法在算法上与普通的 KMC 方法完全一样。需要注意的地方是在 OKMC 方法中并不存在原子点阵。所有的实体在一个真空的箱子中按照其物理实质离散化运动，比如：位错环的最小移动距离是其 Burgers 矢量大小，方向则为 Burgers 矢量方向；空位的移动距离为第一近邻或第二近邻的原子间距；等等。模拟过程中需要追踪该实体的形心，从而决定其位置、移动距离等。此外，OKMC 中对跃迁速率 k 的确定也和普通的 KMC 方法有所区别。前文已经指出，k_{ij} 可以表示为 $k_{ij}=\nu_0\exp[-\Delta E_{ij}/(k_B T)]$ 的形式。普通的 KMC 方法假定 ν_0 为常数，不同途径的 k_{ij} 由 ΔE_{ij} 确定。但是在 OKMC 模拟中，ΔE_{ij} 的直接确定非常困难，因此一般的策略是对于特定的事件(包括实体自身的运动以及不同实体间的反应等)，跃迁势垒 ΔE_{ij} 保持恒定，而将前置因子 ν_0 视为实体规模(所包含的原子/空位数目)的函数。通过分子动力学模拟得出，该函数一般可以表示为形如 $\nu_0(m)=\nu_0(q^{-1})^{m-s}$ 的表达式，其中 q 和 s 是拟合参量，m 是实体规模。最后需要注意的是，在 OKMC 方法的模型中实体有空间范围，因此需要一个额外的参数 R_{entity} 来表征其空间半径（假设为球形分布，否则 R_{entity} 的数目多于一个）。在模拟不同实体间的反应时，需要特别考虑其形心的间距，如果小于反应距离，即 R_1+R_2，反应一定进行，否则认为两个实体互相独立。

Fu、Domain 等分别利用 OKMC 方法研究了 Fe-Cu 合金的辐射损伤[419,420]，在模拟中考虑了间隙原子（空位）的聚合、间隙原子（空位）团的发射、间隙原子-空位湮没、空位团对杂质的捕获、表面对空位（团）的捕获，甚至辐射轰击引起的间隙原子（空位）萌生、增殖等事件。从中可以看出，对于 OKMC 方法，一个棘手的问题是需要预先考虑到所有的事件。此外，OKMC 方法所需要的所有参量基本上不可能通过原子模拟直接获得，人为设定参数不可避免。这些参数会在多大程度上决定 OKMC 方法的准确程度无法预先得知，需要根据现有的实验数据进行修改、调试。这些困难都限制了 OKMC 方法的普及。但是如前所述，采用这种方法可以有效地进行大尺度的时间（天）和空间模拟（微米级以上），而且该方法对缺陷的描述更为直接和直观，因此在材料研究中同样占有重要的地位。

8.6.7 KMC 方法的若干进展

8.6.7.1 等时蛙跳算法

引入这类算法前，先简要介绍两个常用的离散分布：泊松分布（Poisson distribution，PD）和二项式分布（binomial distribution，BD）。

泊松随机数 $\mathscr{P}(k_{ij},\tau)$ 定义为给定事件发生率 k_{ij} 以及观测时间 τ 下事件发生的数目。如果用 n 代表给定的发生数目，则 $\mathscr{P}(k_{ij},t)$ 恰好等于 n 的概率是一个泊松分布：

$$P(n;k_{ij},\tau)=\Pr\{\mathscr{P}(k_{ij},\tau)=n\}=\frac{[\exp(-k_{ij}\tau)](k_{ij}\tau)^n}{n!} \tag{8.87}$$

即如果产生一个泊松随机数序列 $\{\mathscr{P}(k_{ij},\tau)\}$，则这个序列符合泊松分布。需要指出，$\mathscr{P}(k_{ij},\tau)$ 是无界的，范围是任意非负整数。

与泊松随机数类似，二项式随机数 $\mathscr{B}(N,p)$ 定义为重复 N 次独立的成功率均为 p 的伯努利实验的成功数。如果给定成功数 n，则 $\mathscr{B}(N,p)$ 恰好等于 n 的概率是一个二项式分布：

$$B(n;N,p)=\Pr\{\mathscr{B}(N,p)=n\}=\frac{N!}{n!\ (N-n)!}p^n(1-p)^{N-n},\quad n=0,1,\cdots,N \tag{8.88}$$

为了和本文中的标号一致，我们将跃迁 $i\rightarrow j$ 的成功率 p 表示为 $k_{ij}\tau/N$，将方程(8.88)重新写为

$$B(n;N,k_{ij},\tau)=\frac{N!}{n!\ (N-n)!}\left(\frac{k_{ij}\tau}{N}\right)^N\left(1-\frac{k_{ij}\tau}{N}\right)^{N-n} \tag{8.89}$$

与泊松分布不同，二项式分布中的 n 是有界的，为 $0\sim N$ 之间的任意整数。

可以看出，如果将这两种随机数理解为给定跃迁（发生率为 k_{ij}）在一定的时间步长（τ）内发生的次数，则可以将其应用在粒子数空间 $\mathbf{N}$ 内的 KMC 模型中，其时间范围可以得到大幅度的拓宽，这就是等时蛙跳算法（τ-leap KMC 算法）[421,422]。τ-leap KMC 算法最早由 Gillespie 提出，通过泊松分布（见方程(8.87)），在给定时间步长 τ 下确定每个跃迁 j 发生的次数 n_j，然后将体系迁移到这些跃迁累计发生后产生的新态上。因为每一步模拟体系不止

发生一次跃迁，所以模拟的速度可以大大加快。我们以多种反应物在化学反应炉中的演化为例加以详细说明。

设在炉内共有 L 种分子 $\{S_1, S_2, \cdots, S_L\}$，在 t 时刻各自的个数为 $X_l(t)$，那么在粒子数空间 $\boldsymbol{N}$ 中 $[X_1(t), X_2(t), \cdots, X_L(t)]^{\mathrm{T}}$ 构成一个矢量 $\boldsymbol{X}(t)$，或称为一个组态 i。总共有 M 条反应途径。对于给定的反应途径 $R_j(j=1,2,\cdots,M)$，反应速率 $k_j[\boldsymbol{X}(t)]$ 是占据态 $\boldsymbol{X}(t)$ 的函数。此外，我们单独定义一个矢量 $\boldsymbol{v}_j=\boldsymbol{X}^1-\boldsymbol{X}^0$，其中 $\boldsymbol{X}^1$ 由 $\boldsymbol{X}^0$ 通过反应 R_j 而得到，即 $\boldsymbol{X}^0 \xrightarrow{R_j} \boldsymbol{X}^1$。因此 $\boldsymbol{v}_j$ 的元素 ν_{lj} 代表反应 R_j 所引起的 S_l 种分子的数目变化。由此建立如下两种算法[421]。

1）PD-τ-leap KMC **算法**

（1）给定恒定时间步长 τ。

（2）对于每条反应途径，按照方程(8.87)生成泊松随机数序列 $\{\mathscr{P}^j(k_j[\boldsymbol{X}(t)], \tau)\}$，按照模拟步数从序列中找出每种反应发生的次数 n_j。

（3）按照 $\boldsymbol{X}(t+\tau)=\boldsymbol{X}(t)+\sum_{j=1}^{M}\boldsymbol{v}_j n_j$ 更新体系。

（4）模拟时间前进 τ。

（5）重复上述过程。

Gillespie 仔细考虑了 τ 的选择条件，称之为蛙跳条件(leap condition)：

$$\tau=\min_{j\in[1,M]}\left\{\frac{\varepsilon k_{\mathrm{tot}}(\boldsymbol{X})}{\mu_j(\boldsymbol{X})}, \frac{\varepsilon^2 k_{\mathrm{tot}}^2(\boldsymbol{X})}{\sigma_j^2(\boldsymbol{X})}\right\} \tag{8.90}$$

式中

$$\mu_j(\boldsymbol{X})=\sum_{m=1}^{M} f_{jm}(\boldsymbol{X}) k_m(\boldsymbol{X}), \quad j=1,2,\cdots,M$$

$$\sigma_j^2(\boldsymbol{X})=\sum_{m=1}^{M} f_{jm}^2(\boldsymbol{X}) k_m(\boldsymbol{X}), \quad j=1,2,\cdots,M$$

其中

$$f_{jm}(\boldsymbol{X})=\sum_{l=1}^{L}\frac{\partial k_j(\boldsymbol{X})}{\partial X_l}\nu_{lm}, \quad j,m=1,2,\cdots,M$$

如前所述，$\mathscr{P}(k_{ij}, \tau)$ 没有上限，因此即使 τ 满足方程(8.90)，在模拟过程中也可能会出现某种分子总数为负数的情况，这显然不符合实际，也是 PD-τ-leap KMC 方法的一个弱点。Tian 和 Burrage 提出可以用二项式分布取代泊松分布，因为 $\mathscr{B}(N, p)$ 有上限，所以可以有效地解决这个问题。此外，他们对某种分子参与多种反应的情况也予以考虑，从而提高了 τ-leap KMC 算法的稳定性和普适性。

2）BD-τ-leap KMC **算法**

（1）给定恒定时间步长 τ，满足 $0 \leqslant \frac{k_j(\boldsymbol{X})\tau}{N_j} \leqslant 1$。

（2）对于每条反应途径，按照方程(8.89)生成二项式随机数序列 $\{\mathscr{B}^j(N_j; k_j[\boldsymbol{X}(t)], \tau)\}$，按照模拟步数从序列中找出每种反应发生的次数 n_j；如果有某种分子 S_l 同时参与了 R_j 和 R_m，则首先生成 $\mathscr{B}\left[n_{jm}; \frac{k_j(\boldsymbol{X})}{k_j(\boldsymbol{X})+k_m(\boldsymbol{X})}\right]$，然后通过 $n_m=n_{jm}-n_j$ 确定 R_m 的发生次数。

（3）按照 $\boldsymbol{X}(t+\tau)=\boldsymbol{X}(t)+\sum_{j=1}^{M}\boldsymbol{v}_j n_j$ 更新体系。

(4) 模拟时间前进 τ。

(5) 重复上述过程。

步骤(1)、(2) 中出现的 N_j 是参与反应 R_j 的各类分子的个数的最小值,即

$$N_j = \min_{m \in R_j}\{\{X_m\}\}$$

此外 Gillespie、Tian 和 Burrage 还考虑用预测 $\tau/2$ 时刻体系状态的方法来进一步提高精度。具体请参阅文献[421]、[422]。如果将 τ-leap 算法和 OKMC 方法结合起来,可以进一步加大模拟的时间尺度,但是目前还没有关于这方面工作的介绍。

8.6.7.2 实时动态分析 KMC 方法

到目前为止,所有的 KMC 方法都是在模拟之前建立好所有可能的跃迁途径。但是实际上"所有"是很难达到的目标。因为很多途径偏离我们通常的直觉预期,而且在演化过程中体系有可能寻找到新的途径。因此,跃迁途径应该随着体系的演化而不断更新,是动态的过程。Henkelman 和 Jónsson 将途径搜索和 KMC 方法结合起来,提出了实时动态分析 KMC 方法(on-the-fly KMC)[423]:在每一个稳态(势阱)处,选定一个激活原子(一般是近邻不饱和的原子),在以其为中心的局部区域内引入呈高斯分布的随机位移,即加入扰动,然后利用 Dimer 方法[199]寻找所有可能的跃迁途径。建立起即时的途径库之后再通过普通 KMC 方法进行模拟。显然,这种方法的计算量非常大,而且需要一个有效的标识方法来识别所有已经遇到过的途径(例如最近邻原子环境) 以避免重复计算。以 Cu(111)表面吸附原子团的迁移为例,Trushin 提出可以利用激活原子第三壳层以内(包括第三壳层)的所有格点(顺时针排列)的占据与否(分别标记为 1 和 0)来构建二进制数,从而根据始态和末态的标号来唯一地标识某条途径[424]。例如,激活原子标为"1",其第一壳层的原子标记为 2,3,…,N_1,依此类推,然后将原子的标号"i"作为二进制的数位 2^i,这样,每一个稳态都有唯一的一个二进制数与之对应。这种方法虽然仍不完善,但是具有非常清晰的逻辑结构,同时具有良好的扩展性。近期的研究成果表明,实时动态分析 KMC 方法可以依据研究对象和体系而采取不同的激活-弛豫策略,从而达到满意的效果[425,426]。

8.6.7.3 $\mathcal{O}(\log_2 N)$和 $\mathcal{O}(1)$KMC 方法

一般情况下 KMC 方法的大部分时间都花费在选择途径上。如果采用普通的方法,即循环叠加 k_{ij} 直至 $r_1 k_{\text{tot}} < \sum_{j=1}^{j_k} k_{ij}$,从而选择 j_k,则计算用时与途径数目 M 将呈线性增长。此即 $\mathcal{O}(N)$ 算法。按照二叉树安排不同数目的 k_{ij} 之和可以改进到 $\mathcal{O}(\log_2 N)$[427]:将所有 k_{ij} 作为树叶(不足 2 的整数次幂的叶子由 0 填补),每两片叶子之和作为父节点,依此类推,直至树根 k_{tot}。一株二叉树构建完毕后,生成一个随机数 r_1,由树根开始寻找 $s = r_1 k_{\text{tot}}$,若 s 不大于左子节点 k_{left},沿左分支向下寻找;否则设 $s = s - k_{\text{left}}$,沿右分支向下寻找,直至树叶 j,体系按途径 j 演化。

Slepoy 和 Thompson 等人进一步提出了组合-拒绝(composition-rejection,CR)算法,以实现搜索用时与途径总数无关的 $\mathcal{O}(1)$算法[428]。该算法要点如下:

(1) 找出 $k_{\min}$ 和 $k_{\max}$,之后按照($k_{\min}$,$2k_{\min}$,$4k_{\min}$,…,$k_{\max}$)将 M 条途径分为 G 个组,$G = \log_2\left(\frac{k_{\max}}{k_{\min}}\right)$;

(2) 生成随机数 r_1,按照上述二叉树寻找 $s=r_1k_{\text{tot}}$ 所落入的组别 G_j;

(3) 生成两个随机数 r_2 和 r_3,设 $l=\text{INT}(r_2/N_{G_j})$,其中 N_{G_j} 为该组中包含的途径数,$t=r_3k_{\max}$,如果 $t\leqslant k_l$,则选择途径 l,否则重复步骤(3),直至有一条途径被选中为止。

可以看出,CR 算法虽然搜索速度很快,但是每一步 KMC 模拟需要产生至少四个随机数(r_4 用于确定前进时间),因此需要高质量的随机数发生器。不过对跃迁途径复杂的体系演化而言,CR 算法的 $\mathcal{O}(1)$ 效率无疑是很有吸引力的。

8.7 KMC 方法的应用

8.7.1 表面迁移

作为 KMC 方法应用的第一个例子,我们模拟 Cu 原子在含 Sn 的 Cu(111)面的迁移情况[429]。为简单起见,只考虑单吸附原子在表面的跃迁。为建立 KMC 模型,首先进行若干 NEB 计算,用于确定吸附原子的跃迁特性以及势能面。第一性原理计算表明:① 因原子体积较大,Sn 原子强烈地趋向在 Cu(111)表面偏聚;② 表面偏聚的 Sn 原子相互排斥,在超单胞计算中,两个 Sn 原子为第四近邻的情况为体系的最稳态,取该状态为研究对象。单个 Cu 原子在该表面上迁移的势能面如图 8.12 所示。可以看到,Cu 原子在 Cu(111)面可以有两种稳定吸附位置,分别是 FCC 位和 HCP 位。在 Sn 原子附近,势能面发生了畸变。最明显的变化是 Sn 原子取消了它附近的六个吸附位,即这些位置上的势能面由局部极小值变化为有限坡度的非稳定态。换言之,每个 Sn 原子引入了一个"禁区",Cu 原子无法在禁区内稳定吸附作用。此外,图 8.12 也表明,Sn 原子抬高了其附近吸附位的势阱,由此弱化了 Cu 原子在这些位置上的吸附作用。因为 Sn 原子的存在,(111)面不再均匀。更定量的分析显示,Sn 原子对势能面只影响到第四近邻的吸附位,该范围之外势能面与洁净 Cu(111)表面相同。为了确定不等价的跃迁个数(即 Sn 原子的存在所导致的不同的跃迁势垒值的个数),我们计

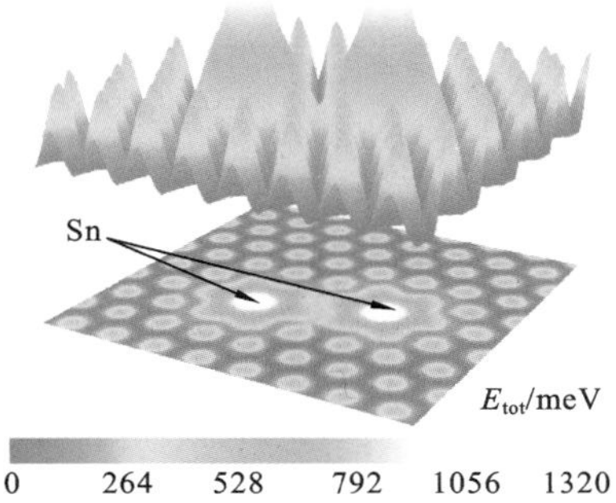

(a)

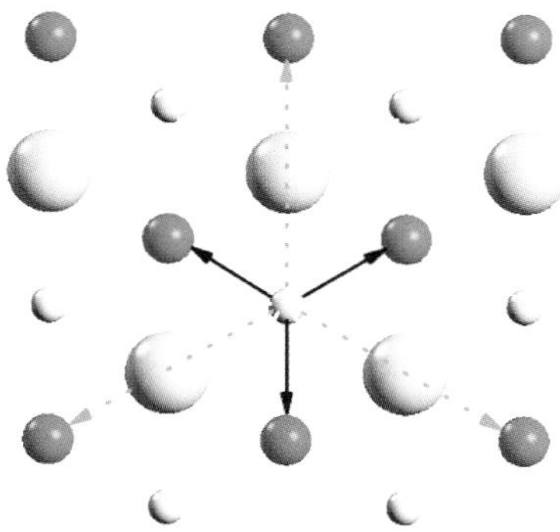

(b)

图 8.12 Cu 原子在含 Sn 的 Cu(111)表面迁移的情况(一)

(a) Cu 原子在含 Sn 的 Cu(111)表面跃迁的势能面;

(b)KMC 模拟中 Cu 原子在 Cu(111)表面跃迁的可能途径

算了单 Sn 原子掺杂和相距为第四近邻的双 Sn 原子掺杂两种体系下具有代表性的两条跃迁途径,结果如图 8.13所示。该结果表明,当 Cu 吸附原子向 Sn 逐渐靠近时,会感受到逐渐增高的迁移势垒以及逐渐减弱的吸附能。因此,该吸附原子相当于在爬坡。这个特点在 Cu 吸附原子穿越两个 Sn 原子之间的空隙时表现得更为明显。如图 8.13(c)所示,穿越两 Sn 原子之间的空隙时的势垒 E_{m} 为清洁 Cu(111) 面上的两倍。这进一步证实了 Sn 对 Cu 原子迁移起着阻碍作用。为了解释 Sn 原子附近弱吸附位置反而拥有高势垒的原因,图 8.13(b)给出了双 Sn 掺杂的 Cu(111)面上费米能级处的电子密度分布 $\rho(\boldsymbol{r}|E_{\mathrm{F}})$。可以看到,因为 Sn 原子有不饱和的 p 轨道,所以 $\rho(\boldsymbol{r}|E_{\mathrm{F}})$的峰值出现在两个 Sn 原子处。而其相邻的 Cu 原子由于 sp 杂化,拥有比清洁面更高的 $\rho(\boldsymbol{r}|E_{\mathrm{F}})$,这一点对于两个 Sn 原子的情况表现得更为明显。对照图 8.13(a)、(b)可知,$\rho(\boldsymbol{r}|E_{\mathrm{F}})$与迁移势垒的变化保持一致。这表明高密度的表面电子对原子吸附起到了限制作用。相同的讨论也见于相关文献[430]。

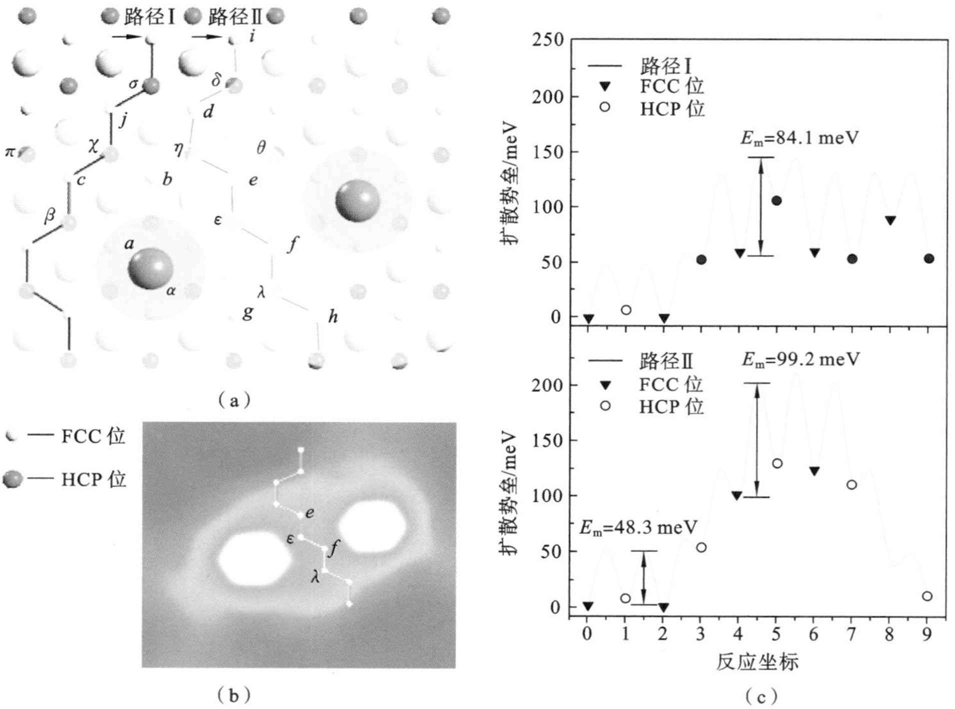

图 8.13 Cu 原子在含 Sn 的 Cu(111)表面迁移的情况(二)

(a) Cu 原子在含 Sn 的 Cu(111)表面迁移的两条典型途径;

(b) Cu(111)表面费米能级处的态密度分布 $\rho(\boldsymbol{r}|E_{\mathrm{F}})$;(c) 相应的迁移势垒

表 8.3 中详细列出了图 8.13 未给出的其余有别于洁净表面的迁移势垒,路径标号如图 8.13(a)所示。表 8.3 中"atop"与"ex"分别代表吸附原子越过表面原子和与表面原子交换两种情况。有了上述参数,我们可以构造 KMC 模型,对该体系进行模拟。当前的模型只考虑到第三近邻的跃迁,共十二条路径(图 8.12(b)中只给出了几条有代表性的路径)。这个模型是合理的。因为前期的 NEB 计算表明,对于第二近邻的 FCC-FCC 或者

HCP-HCP 跃迁，其跃迁途径会自动分解为两次连续的最近邻间的 FCC-HCP 跃迁（见图 8.12(b)）。因此，更远处的跃迁途径也可分解为若干步最近邻的跃迁之积。对于第三近邻间的跃迁，模型中考虑了跨越（atop）和交换（exchange）两种情况，其中前者代表吸附原子由表面原子正上方跨越至最终位置，而后者代表吸附原子占据表面原子位置，并将该表面原子挤到跃迁途径的终点。根据前面介绍的简谐近似下的过渡态理论以及第一性原理声子频率计算，可求得 $f_0=1.6\times10^{12}$ Hz。

表 8.3　Sn 掺杂情况下 Cu(111)面上若干跃迁路径的势垒值

跃迁路径	$E_m^{FCC\to HCP}$/meV	$E_m^{HCP\to FCC}$/meV
FCC⟷HCP（纯铜）	48.3	41.7
$a\longleftrightarrow\beta$	∞	∞
$b\longleftrightarrow\chi$	42.1	78.9
$c\longleftrightarrow\pi$	7.0	36.5
$e\longleftrightarrow\theta$	29.7	37.4
$g\longleftrightarrow\lambda$	51.4	27.4
$b\overset{\text{atop}}{\longleftrightarrow}\sigma$	427.7	421.1
$b\overset{\text{ex}}{\longleftrightarrow}\sigma$	1289.1	1282.5

由此，我们利用 8.6.4.2 节中介绍的 BKL 算法模拟了不同温度下 Cu 原子在稀释合金面 Cu(111)-2Sn(Sn 浓度为 0.5%)及双相面 Cu(111)-Cu_3Sn 上占据概率$P(\boldsymbol{r})$的分布图，结果如图 8.14 所示。为了获得最佳的对比度，图中所示概率分布为 $\ln(1+P)$。KMC 模拟的结果表明 Sn 原子会阻碍 Cu 原子在表面上的跃迁。而当温度升高时，由于热运动足以克服高势垒，Sn 的阻碍作用将在很大程度上被削弱。因为 Sn 原子会引入吸附禁区，所以合金面上 Sn 的浓度和组态是决定其阻碍效果的重要因素。如图8.14(d)～(f)所示，因为在 Cu_3Sn 相中 Sn 的禁区交叠，所以 Cu 只能经由第三近邻间的途径在表面跃迁。由于其势垒明显高于其他情况，所以即便在 600 K 时，Cu_3Sn 相对于 Cu 原子仍然处于半关闭的状态，而此温度

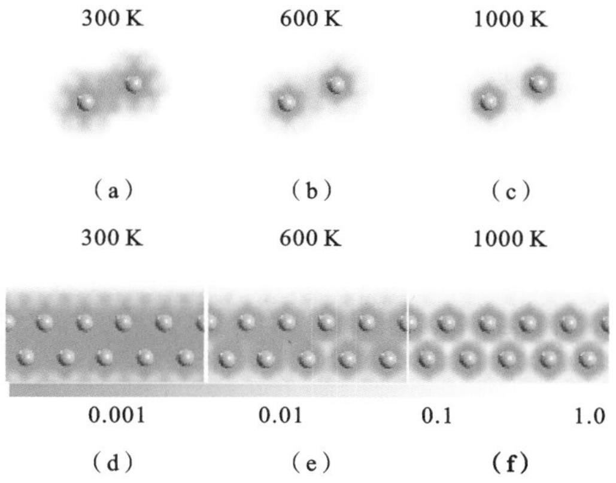

图 8.14　取对数后 Cu 原子在含 Sn 的 Cu(111)表面各点出现的概率分布图

(a)、(b)、(c)稀释合金面 Cu(111)-2Sn 上的结果；(d)、(e)、(f)双相面 Cu(111)-Cu_3Sn 上的结果

下稀释合金面Cu(111)-2Sn 的通道已经开启。

该工作表明,由于合金元素的原子组态足以决定吸附原子的跃迁速率,所以可控的表面跃迁是可以实现的。图 8.15 显示了一个可以用温度控制状态的原子跃迁开关。该开关分为两个 Cu_3Sn 部分,中间的间隙处放置一个距离两边均为第四近邻的 Sn 原子。当温度低于 120 K 时,穿越该 Sn 原子的概率太低,因此开关处于关闭状态,Cu 吸附原子无法进入表面的下半部分。而当系统处于 300 K 时,互为第四近邻的 Sn 原子之间的通道已经开启,因此虽然吸附原子仍然无法进入 Cu_3Sn 相,但是整个开关却处于开启状态。功能更为复杂的机构也可类似地建立。

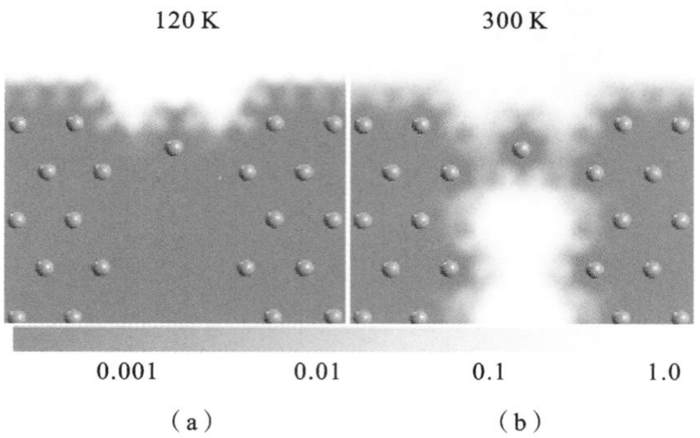

图 8.15　根据 KMC 模拟的结果设计的利用温度控制开启/关闭的表面原子跃迁开关

(a) 温度为 120 K 时;(b) 温度为 300 K 时

8.7.2　晶体生长

利用 KMC 模拟液体环境中晶体的生长过程的研究工作已经取得了非常引人注目的成果[431,432]。进行该类模拟最困难的地方在于环境(如最近邻原子数、台阶等)对跃迁势垒、吸附势垒等重要参数的影响。这种影响常常是非线性的,即使利用第一性原理方法,也很难精确地、完备地得到所有的数值。因此需要对模型进行必要的简化。这里我们介绍最为著名的 Gilmer-Bennema 模型[433]。尽管提出已有 40 多年,但是该模型一直是同类研究的基础。

Gilmer-Bennema 模型首先假定体系为正方格子,且已有一个单元(可以是分子或者原子)厚度的固态层。固态的单元只与最近邻的四个格点有相互作用。此外,模型做了严格堆垛假定(即 solid-on-solid 假定,简称 SOS 假定),即固态的单元只能生长于其他固态单元的正上方且与其有接触面,不允许有桥梁式跨越或者吊臂式悬挂的单元出现。这种设定有效地简化了晶体生长的模拟。Gilmer-Bennema 模型考虑了三种重要的"事件",即单元吸附于表面(creation)、单元由表面脱附(annihilation)及单元在表面上的跃迁(hopping)。不同环境下的跃迁势垒通过唯象模型给出。

8.7.2.1　吸附速率与脱附速率

首先讨论吸附速率 k^+ 和脱附速率 k^-。固态-液态界面处有两类格子:一类已被固态单元占据,记为 S;另一类在界面处的正上方可能的吸附位,记为 F。因为是正方格子且仅考虑最近邻相互作用,所以 S 和 F 各有五种环境,即被固态单元占领的最近邻格点数为 0～4。

相应地，这些 S 和 F 分别记为 S_i 和 F_i($i=0,1,2,3,4$)，吸附于 F_i 格点上的速率为 k_i^+，由 S_i 格点脱附的速率为 k_i^-。显然，晶体的生长速率取决于 k_i^+ 与 k_i^- 的不同，也即发生单元吸附、脱附时体系的能量变化。考虑图 8.16 所示 B 与 C 的相互转换过程，平衡状态下，由细致平衡原理可知

$$N_B k_4^- = N_C k_4^+ \tag{8.91}$$

式中：N_B 与 N_C 分别为系综内处于 B 和 C 组态的系统数。但仅凭式(8.91)无法求出 k_i^+/k_i^- 的关系。为此，Gilmer-Bennema 模型额外考虑了 A 与 C 的转换。如图8.16所示，这是一个微观可逆的过程。平衡时有

$$N_A k_2^- = N_C k_2^+$$

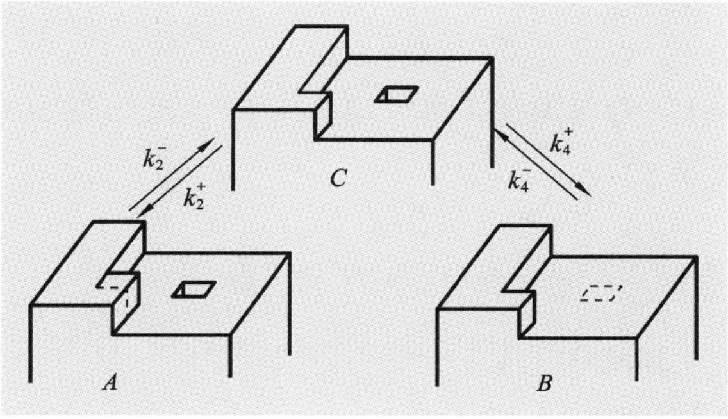

图 8.16　Gilmer-Bennema **模型中固态单元转换示意**

因为平衡时扭折的产生、湮没速率相同，即 $k_2^- = k_2^+$，因此 $N_A = N_C$。以此为基准点，可以由式(8.91)及玻尔兹曼分布得到

$$\frac{k_4^-}{k_4^+} = \frac{N_A}{N_B} = \exp\frac{E_B - E_A}{k_B T} \tag{8.92}$$

由图 8.16 可知，A、B 之间的转换涉及固态-固态、固态-液态、液态-液态相互作用的重新计数，分别以 $-\phi_{ss}$、$-\phi_{sf}$、$-\phi_{ff}$ 代表上述三种相互作用(涉及液态的 $-\phi_{sf}$ 与 $-\phi_{ff}$ 表示平均每个单元对的相互作用)，可得

$$E_B - E_A = 4\phi_{sf} - 2\phi_{ss} - 2\phi_{ff} \tag{8.93}$$

因此

$$k_4^- / k_4^+ = \exp[(4\phi_{sf} - 2\phi_{ss} - 2\phi_{ff})/(k_B T)]$$

通过类似的分析，可以得出对于不同 i 的普遍表达式

$$k_i^- / k_i^+ = \exp[(-2\phi_{sf} + \phi_{ss} + \phi_{ff})(2-i)/(k_B T)] = \exp[(\gamma/2)(2-i)] \tag{8.94}$$

实际上，晶体生长过程中单元数不断发生变化，因此需要由巨正则系综来描述。这意味着对 $k_i^{\pm}$ 有贡献的还有一个因素，即单元在固相、液相中化学势的差别 $\Delta\mu$，有

$$\Delta\mu = \mu^f - \mu^s$$

这使得构成晶体的单元在结晶时会受到一个额外的推动力。考虑到这个因素，将式(8.94)调整为

$$k_i^- / k_i^+ = \exp[(\gamma/2)(2-i) - \Delta\mu/(k_B T)] \tag{8.95}$$

式(8.95)仍然仅给出了吸附、脱附速率之间的比值，而非各自的表达式。Bennema 等给出了一个形式上比较对称的算式[434]：

$$k_i^+ = f_0 \exp[-(\gamma/4)(2-i) + \Delta\mu/(2k_B T)]$$
$$k_i^- = f_0 \exp[(\gamma/4)(2-i) - \Delta\mu/(2k_B T)] \tag{8.96}$$

8.7.2.2 表面迁移速率

表面迁移是决定晶体生长形貌的另一个重要因素。按照 Gilmer-Bennema 模型,表面跃迁只可能由当前占据位置迁移至最近邻格点处。因为 SOS 假定,跃迁过程可以视为连续发生的一次脱附和一次吸附。因此记 k_{ij} 为固态单元由 S_i 到 F_j 的迁移速率,则有

$$k_{ij} = bk_i^- k_j^+ \tag{8.97}$$

式中:b 为一个带时间单位的比例常数。Gilmer 和 Bennema 在原始文献中利用扩散的爱因斯坦模型来合理地确定 b。最简单的情形是表面上仅有一个孤立的固态单元跃迁,此时仅有 k_{00} 一种情况。相应的扩散系数为

$$D = k_{00} a^2 \tag{8.98}$$

而一个固态单元在表面上的存活时间 τ 可以记为 $1/k_0^-$。因此,在该时间段内,此固态单元在表面上迁移的距离为

$$X_s = \sqrt{D\tau} = \sqrt{a^2 k_{00}/k_0^-} \tag{8.99}$$

将方程(8.96)、方程(8.97)和方程(8.99)联立可得

$$k_{ij} = f_0 \left(\frac{X_s}{a}\right)^2 \frac{k_i^- k_j^+}{k_0^+} = f_0 \left(\frac{X_s}{a}\right)^2 \exp[-(\gamma/4)(2+j-i) + \Delta\mu/(2k_B T)] \tag{8.100}$$

8.7.2.3 模拟的若干细节

由 8.7.2.1 节和 8.7.2.2 节的讨论可知,晶体生长的环境与条件可以用 γ、β 和 X_s 三个参数来调节,分别描述表面形貌、溶液饱和度(或称固-液相偏置)以及表面迁移的影响。在现有条件下,这三个参数均可用 DFT 或者分子动力学模拟的结果直接或者通过拟合得出。在原始文献中,Gilmer 和 Bennema 给出的算法类似于 8.6.4.3 节中介绍的恒定步长法。考虑到体系比较大,所以他们采用了两个均匀分布的随机数选取“事件”:第一步利用随机数 IX 确定格点 A 及其格点类型 S_i 或 F_i,第二步利用随机数 IY 确定吸附、脱附或者跃迁。这之后比较 IY 与触发阈值 $L_{i,A}$,其中

$$L_{i,A} = \frac{k_i}{(k_i^+)_{\max} + (k_{ij})_{\max} + (k_i^-)_{\max}} \tag{8.101}$$

若 IY$\leqslant L_{i,A}$,则“事件”发生,否则体系不变。对于某些高势垒的体系,这种方法可能会出现效率低下的情况。Rak 等人在他们的工作中采用了 8.6.4.2 节中讨论的 BKL 算法进行了模拟[435]。两种方法都取得了比较好的效果。

8.7.3 模拟程序升温脱附过程

程序升温脱附(temperature programmed desorption,TPD)方法在研究表面催化机理中是很重要的分析方法。在受控条件下逐步加热处于真空中的样品,则表面吸附的分子会逐步获得足够的动能而脱离样品表面,逃逸到真空中。通过测量具有特定质量的成分分压可以得到该成分随温度升高的脱附情况。通常情况下程序升温脱附的结果会有若干峰值,每个峰值均对应一个特定的吸附能。因此,利用程序升温脱附,可以获得表面吸附强度、活化位置及吸附分子间相互作用等方面的相关信息。对程序升温脱附的模拟工作在最近二十年间也取得了很大的进展。早期的工作所用模型往往只包含两三个参数[436-437]。随着计算条

件的改善和成熟，最近的工作和 DFT 计算及3.8.4节中介绍的集团展开方法相结合，可以比较精确地描述吸附原子/分子间的相互作用[438,439]。本节中以 Meng 和 Weinberg 的模型为例，介绍利用 KMC 方法是如何模拟程序升温脱附的。

考虑一个 $N\times N$ 的二维正方格子，边长为 1，吸附于其上的单原子分子只与四个最近邻位置上的吸附分子有相互作用，设为 E_{nn}。因此与 8.7.2 节中的讨论类似，所有的吸附位可以按最近邻的分子占据数分为五种。每个格点的吸附能 $E_{\mathrm{d},i}$ 利用线性模型表示为

$$E_{\mathrm{d},i}=E_{\mathrm{d}}(0)-N_{\mathrm{nn}}(i)E_{\mathrm{nn}} \tag{8.102}$$

式中：$N_{\mathrm{nn}}(i)$ 表示第 i 个位置的最近邻上的吸附分子个数；$E_{\mathrm{d}}(0)$ 代表孤立吸附位置上的吸附能，也即分子脱附的势垒。

由此可以写出程序升温脱附的主方程

$$-\frac{\mathrm{d}N}{\mathrm{d}t}=\sum_i N_i r_{\mathrm{d},i}=\sum_i N_i f_{\mathrm{d}}\exp\left(-\frac{E_{\mathrm{d},i}}{k_{\mathrm{B}}T}\right) \tag{8.103}$$

式中：f_{d} 是前置因子，设为常数；N 为当前吸附分子总数；N_i 代表当前处于第 i 类吸附位的分子个数。

除了脱附外，吸附分子也会在表面上跃迁。孤立分子的跃迁势垒为 E_{h}^0，位于最近邻格点连线的中点。从吸附位到跃迁势垒的能量变化为距离的二次函数，即

$$E_0(x)=E_{\mathrm{d}}(0)+4E_{\mathrm{h}}^0x^2 \tag{8.104}$$

此外，设吸附分子间的相互作用不会改变上述二次函数的形状，只是将该函数刚性地上下平移。Meng 和 Weinberg 指出，分子从 i 跃迁到 j，跃迁势垒 $E_{\mathrm{h}}(i,j)$ 由两个位置上的能量二次函数的交点决定。由方程(8.104)不难得到

$$E_{\mathrm{h}}(i,j)=E_{\mathrm{h}}^0-\frac{E_{\mathrm{d},j}-E_{\mathrm{d},i}}{2}+\frac{(E_{\mathrm{d},j}-E_{\mathrm{d},i})^2}{16E_{\mathrm{h}}^0} \tag{8.105}$$

由此可得分子跃迁速率

$$r_{\mathrm{h}}(i,j)=f_{\mathrm{h}}\exp\left(-\frac{E_{\mathrm{h}}(i,j)}{k_{\mathrm{B}}T}\right) \tag{8.106}$$

为简单起见，设 f_{h} 也是常数，且 $f_{\mathrm{h}}=f_{\mathrm{d}}$。

至此，已经可以利用8.6.4.3节中介绍的 BKL 算法模拟程序升温脱附。首先按照给定的覆盖率 θ 计算 $t=0$ 时的吸附分子数 $N=\theta L^2$，并将其随机地分布在 $L\times L$ 的正方格子上，设温度 $T=0$ K。按照当前的分子组态，利用方程(8.102)、方程(8.103)和方程(8.106)计算各分子的脱附速率 $r_{\mathrm{d},i}$ 以及跃迁速率 $r_{\mathrm{h},i}$。考虑到二者的大小关系，可能有以下三种情况：

(1) 若 $r_{\mathrm{d},i}\ll r_{\mathrm{h},i}$，表明某个分子脱附后，表面上剩余的吸附分子仍保持不动。因此，按照概率 $r_{\mathrm{d},i}\Big/\sum_i r_{\mathrm{d},i}$ 选择分子 i 脱附，且不弛豫剩余分子构型。

(2) 若 $r_{\mathrm{d},i}\gg r_{\mathrm{h},i}$，表明每次发生分子脱附后，表面上剩余的吸附分子迅速弛豫到新的平衡位置，因此程序升温脱附总是处于准平衡态。按照概率 $r_{\mathrm{d},i}\Big/\sum_i r_{\mathrm{d},i}$ 选择分子 i 脱附，之后进行 $m\times\min[N,L^2-N]$ 步 NVT 系综 MC 模拟，使得余下的分子达到当前温度下的热平衡。其中 m 是个参数，一般取 500 左右。需要注意的是这里所说的热平衡并不是指得到能量最低的分子构型，而是指连续几步 MC 更新之后，体系能量在平均值上下浮动。

(3) 若 $r_{\mathrm{d},i}$ 和 $r_{\mathrm{h},i}$ 相互可以比拟，则分子的脱附或者跃迁均为可选择的事件，记为 k，按照

$r_k \Big/ \sum_i (r_{\mathrm{d},i} + r_{\mathrm{h},i})$ 进行选择。

选择其中一种情况,如果一个分子脱附,则时间 t 前进

$$\delta t(N) = \frac{1}{\sum_i r_{\mathrm{d},i}} \tag{8.107}$$

同时更新吸附分子数 N,以及温度 $T = T + \beta\delta t(N)$,其中 β 为加热速率。重复上述过程直到所有分子都脱离表面。根据每一步所储存的信息,可以画出覆盖率 θ 随温度 T 变化的曲线。将 θ-T 曲线对时间 t 求导,就可以得到程序升温脱附的谱线。

习　　题

1. 使用 MC 方法计算圆周率 π 的近似值。

2. 使用 MC 方法计算定积分 $\int_0^1 \exp(-x^2)\mathrm{d}x$,并根据不同的采样次数,评估计算结果的准确性。

3. 实现一个二维随机行走模拟。在每一步,行走者可以向上、下、左或右移动一个单位长度。请模拟 N 步随机行走后行走者与原点的距离,并探讨该距离与 N 的关系。

4. 模拟一个二维扩散过程。在初始时刻,粒子位于原点。在每个时间步长,粒子可以向上、下、左或右移动一个单位长度。请模拟扩散过程,并计算粒子与原点距离的平均值及其方差。

5. 实现一个二维 Ising 模型的蒙特卡罗模拟。给定晶格尺寸、温度和交换参数,请计算该体系的磁化率和能量。

6. 使用 MC 方法计算一个半径为 R 的球体的体积。

7. 利用 MC 方法解决 Buffon 投针问题。给定针的长度和平行线间的距离,请计算针与平行线相交的概率,并由此估算圆周率。

8. 使用 MC 方法求解线性方程组 $Ax=b$。请详细描述算法,并给出一个具体的例子。

9. 使用模拟退火算法解决旅行商问题。给定一组城市的坐标,请找到一条总距离最短的旅行路线。

附录 A　相关数学推导

A.1　角动量算符在球坐标中的表达式

经典角动量算符在量子力学中的表达式为 $\hat{L}=r\times\hat{p}$，在直角坐标中写成分量形式为

$$\hat{L}_x=-\mathrm{i}\hbar\left(y\frac{\partial}{\partial z}-z\frac{\partial}{\partial y}\right)$$

$$\hat{L}_y=-\mathrm{i}\hbar\left(z\frac{\partial}{\partial x}-x\frac{\partial}{\partial z}\right)$$

$$\hat{L}_z=-\mathrm{i}\hbar\left(x\frac{\partial}{\partial y}-y\frac{\partial}{\partial x}\right)$$

$$\hat{L}^2=\hat{L}_x^2+\hat{L}_y^2+\hat{L}_z^2=-\hbar^2\left[\left(y\frac{\partial}{\partial z}-z\frac{\partial}{\partial y}\right)^2+\left(z\frac{\partial}{\partial x}-x\frac{\partial}{\partial z}\right)^2+\left(x\frac{\partial}{\partial y}-y\frac{\partial}{\partial x}\right)^2\right]$$

直角坐标中的变量 x、y、z 和球坐标中的变量 r、θ、ϕ（见图 A.1）满足如下的变换关系：

$$\begin{cases}x=r\sin\theta\cos\phi\\ y=r\sin\theta\sin\phi\\ z=r\cos\theta\end{cases}$$

其逆变换为

$$\begin{cases}r^2=x^2+y^2+z^2\\ \cos\theta=\dfrac{z}{\sqrt{x^2+y^2+z^2}}\\ \tan\phi=y/x\end{cases}$$

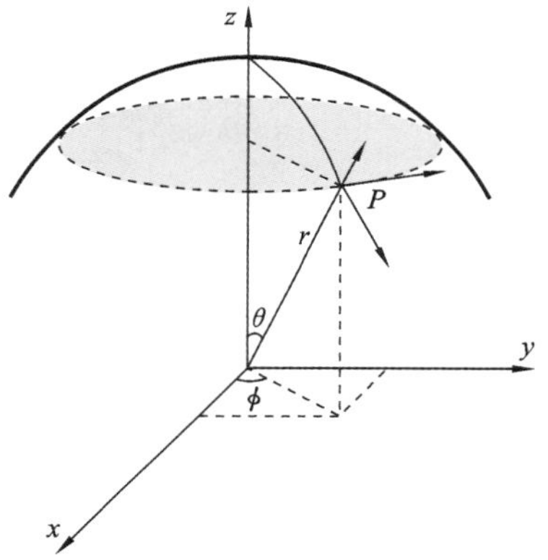

图 A.1　球坐标与直角坐标

由此变换关系，可以得到

$$\begin{cases}\dfrac{\partial r}{\partial x}=\sin\theta\cos\phi\\ \dfrac{\partial r}{\partial y}=\sin\theta\sin\phi\\ \dfrac{\partial r}{\partial z}=\cos\theta\end{cases}\tag{A.1}$$

$$\begin{cases}\dfrac{\partial \theta}{\partial x}=\dfrac{\cos\theta\cos\phi}{r}\\ \dfrac{\partial \theta}{\partial y}=\dfrac{\sin\phi\cos\theta}{r}\\ \dfrac{\partial \theta}{\partial z}=-\dfrac{\sin\theta}{r}\end{cases}\tag{A.2}$$

$$\begin{cases}\dfrac{\partial\phi}{\partial x}=-\dfrac{\sin\phi}{r\sin\theta}\\[2mm]\dfrac{\partial\phi}{\partial y}=\dfrac{\cos\phi}{r\sin\theta}\\[2mm]\dfrac{\partial\phi}{\partial z}=0\end{cases}\tag{A.3}$$

将式(A.1)至式(A.3)代入链式求导法则,则表达式$\frac{\partial}{\partial y}=\frac{\partial r}{\partial y}\frac{\partial}{\partial r}+\frac{\partial\theta}{\partial y}\frac{\partial}{\partial\theta}+\frac{\partial\phi}{\partial y}\frac{\partial}{\partial\phi}$中,有

$$\begin{aligned}\hat{L}_z&=-\mathrm{i}\hbar\left(x\frac{\partial}{\partial y}-y\frac{\partial}{\partial x}\right)\\&=-\mathrm{i}\hbar\left[r\sin\theta\cos\phi\left(\frac{\partial r}{\partial y}\frac{\partial}{\partial r}+\frac{\partial\theta}{\partial y}\frac{\partial}{\partial\theta}+\frac{\partial\phi}{\partial y}\frac{\partial}{\partial\phi}\right)-r\sin\theta\sin\phi\left(\frac{\partial r}{\partial x}\frac{\partial}{\partial r}+\frac{\partial\theta}{\partial x}\frac{\partial}{\partial\theta}+\frac{\partial\phi}{\partial x}\frac{\partial}{\partial\phi}\right)\right]\\&=-\mathrm{i}\hbar\left[r\sin\theta\cos\phi\left(\sin\theta\sin\phi\frac{\partial}{\partial r}+\frac{\sin\phi\cos\theta}{r}\frac{\partial}{\partial\theta}+\frac{\cos\phi}{r\sin\theta}\frac{\partial}{\partial\phi}\right)\right.\\&\quad\left.-r\sin\theta\sin\phi\left(\sin\theta\cos\phi\frac{\partial}{\partial r}+\frac{\cos\theta\cos\phi}{r}\frac{\partial}{\partial\theta}-\frac{\sin\phi}{r\sin\theta}\frac{\partial}{\partial\phi}\right)\right]\\&=-\mathrm{i}\hbar(\cos^2\phi+\sin^2\phi)\frac{\partial}{\partial\phi}=-\mathrm{i}\hbar\frac{\partial}{\partial\phi}\end{aligned}$$

$$\begin{aligned}\hat{L}_x&=-\mathrm{i}\hbar\left(y\frac{\partial}{\partial z}-z\frac{\partial}{\partial y}\right)\\&=-\mathrm{i}\hbar\left[r\sin\theta\cos\phi\left(\frac{\partial r}{\partial z}\frac{\partial}{\partial r}+\frac{\partial\theta}{\partial z}\frac{\partial}{\partial\theta}+\frac{\partial\phi}{\partial z}\frac{\partial}{\partial\phi}\right)-r\cos\theta\left(\frac{\partial r}{\partial y}\frac{\partial}{\partial r}+\frac{\partial\theta}{\partial y}\frac{\partial}{\partial\theta}+\frac{\partial\phi}{\partial y}\frac{\partial}{\partial\phi}\right)\right]\\&=-\mathrm{i}\hbar\left[r\sin\theta\sin\phi\left(\cos\theta\frac{\partial}{\partial r}-\frac{\sin\theta}{r}\frac{\partial}{\partial\theta}\right)\right.\\&\quad\left.-r\cos\theta\left(\sin\theta\sin\phi\frac{\partial}{\partial r}+\frac{\sin\phi\cos\theta}{r}\frac{\partial}{\partial\theta}+\frac{\cos\phi}{r\sin\theta}\frac{\partial}{\partial\phi}\right)\right]\\&=-\mathrm{i}\hbar\left(\sin\phi\frac{\partial}{\partial\theta}+\cot\theta\cos\phi\frac{\partial}{\partial\phi}\right)\end{aligned}$$

$$\begin{aligned}\hat{L}_y&=-\mathrm{i}\hbar\left(z\frac{\partial}{\partial x}-x\frac{\partial}{\partial z}\right)\\&=-\mathrm{i}\hbar\left[r\cos\theta\left(\frac{\partial r}{\partial x}\frac{\partial}{\partial r}+\frac{\partial\theta}{\partial x}\frac{\partial}{\partial\theta}+\frac{\partial\phi}{\partial x}\frac{\partial}{\partial\phi}\right)-r\sin\theta\cos\phi\left(\frac{\partial r}{\partial z}\frac{\partial}{\partial r}+\frac{\partial\theta}{\partial z}\frac{\partial}{\partial\theta}+\frac{\partial\phi}{\partial z}\frac{\partial}{\partial\phi}\right)\right]\\&=-\mathrm{i}\hbar\left[r\cos\theta\left(\sin\theta\cos\phi\frac{\partial}{\partial r}+\frac{\cos\theta\cos\phi}{r}\frac{\partial}{\partial\theta}-\frac{\sin\phi}{r\sin\theta}\frac{\partial}{\partial\phi}\right)-r\sin\theta\cos\phi\left(\cos\theta\frac{\partial}{\partial r}-\frac{\sin\theta}{r}\frac{\partial}{\partial\theta}\right)\right]\\&=-\mathrm{i}\hbar\left(\cos\phi\frac{\partial}{\partial\theta}-\cot\theta\sin\phi\frac{\partial}{\partial\phi}\right)\end{aligned}$$

最后,得到总角动量二次方在球坐标下的表达式为

$$\begin{aligned}\hat{L}^2&=\hat{L}_x^2+\hat{L}_y^2+\hat{L}_z^2\\&=-\hbar^2\left[\left(\sin^2\phi\frac{\partial}{\partial\theta^2}-\csc^2\theta\sin\phi\cos\phi\frac{\partial}{\partial\phi}+\cot\theta\sin\phi\cos\phi\frac{\partial^2}{\partial\theta\partial\phi}+\cot\theta\cos^2\phi\frac{\partial}{\partial\theta}\right.\right.\\&\quad\left.+\cot\theta\sin\phi\cos\phi\frac{\partial^2}{\partial\theta\partial\phi}-\cot^2\theta\sin\phi\cos\phi\frac{\partial}{\partial\phi}+\cot^2\theta\cos^2\phi\frac{\partial^2}{\partial\phi^2}\right)\\&\quad+\left(\cos^2\phi\frac{\partial^2}{\partial\theta^2}+\csc^2\theta\sin\phi\cos\phi\frac{\partial}{\partial\phi}-\cot\theta\sin\phi\cos\phi\frac{\partial^2}{\partial\theta\partial\phi}+\cot\theta\sin^2\phi\frac{\partial}{\partial\theta}\right.\end{aligned}$$

$$-\cot\theta\sin\phi\cos\phi\frac{\partial^2}{\partial\phi\partial\theta}+\cot^2\theta\sin\phi\cos\phi\frac{\partial}{\partial\phi}+\cot^2\theta\sin^2\phi\frac{\partial^2}{\partial\phi^2}\Big)+\Big(\frac{\partial^2}{\partial\phi^2}\Big)\Big]$$

$$=-\hbar^2\left[\frac{\partial^2}{\partial\theta^2}+\cot\theta\frac{\partial}{\partial\theta}+(1+\cot^2\theta)\frac{\partial^2}{\partial\phi^2}\right]$$

$$=-\hbar^2\left[\frac{1}{\sin\theta}\frac{\partial}{\partial\theta}\left(\sin\theta\frac{\partial}{\partial\theta}\right)+\frac{1}{\sin^2\theta}\frac{\partial^2}{\partial\phi^2}\right]$$

有了角动量算符的表达式，就可以求解其在球坐标下所对应的本征函数。由于总角动量二次方和角动量各个分量相对易，因此，用分离变量的方法求解本征函数。假设本征函数可以写为

$$Y_{lm}(\theta,\phi)=\Theta(\theta)\Phi(\phi)$$

并将其代入角动量二次方算符的本征方程

$$\hat{L}^2Y_{lm}(\theta,\phi)=-l(l+1)\hbar^2Y_{lm}(\theta,\phi)$$

可以得到

$$\frac{\Phi(\phi)}{\sin\theta}\frac{\partial}{\partial}\left(\sin\theta\frac{\partial}{\partial\theta}\right)\Theta(\theta)+\frac{\Phi(\phi)}{\sin^2\theta}\frac{\partial^2\Phi(\phi)}{\partial\phi^2}=-l(l+1)\Theta(\theta)\Phi(\phi)$$

故有

$$\frac{1}{\Phi(\phi)}\frac{\partial^2\Phi(\phi)}{\partial\phi^2}=-l(l+1)\sin^2\theta-\frac{\sin\theta}{\Theta(\theta)}\frac{\partial}{\partial\theta}\left(\sin\theta\frac{\partial}{\partial\theta}\right)\Theta(\theta)$$

根据分离变量的原理，由于等号两边自变量和函数不同却保持恒等，只可能两边的表达式都为常数，不妨暂且将该常数记为$-m^2$。$\Phi(\phi)$的表达式可以通过方程

$$\frac{d^2\Phi(\phi)}{d\phi^2}=-m^2\Phi(\phi)$$

求得，其本征值为$\exp(im\phi)$。

而关于空间角的方程可以表示为

$$\frac{1}{\sin\theta}\frac{d}{d\theta}\left(\sin\theta\frac{d}{d\theta}\right)\Theta(\theta)-l(l+1)\Theta(\theta)-\frac{m^2}{\sin^2\theta}\Theta(\theta)=0 \tag{A.4}$$

式(A.4)在数学上称为缔合勒让德方程，其特殊函数解为缔合勒让德多项式：

$$\Theta(\theta)=P_l^m(\cos\theta)$$

其中m满足条件$|m|\leqslant l$。

A.2 拉普拉斯算符在球坐标中的表达式

在求解氢原子基态波函数的过程中，我们用到了拉普拉斯算符∇^2在球坐标中的表达式。其具体推导如下。

拉普拉斯算符在直角坐标系中等于沿着x、y、z三个方向的二阶微分之和：

$$\nabla^2=\frac{\partial^2}{\partial x^2}+\frac{\partial^2}{\partial y^2}+\frac{\partial^2}{\partial z^2}$$

因此，先来求解$\frac{\partial^2}{\partial x^2}$在球坐标系中的表达式。其中一阶微分在球坐标中的表达式在A.1节中已经得出，故有

$$\frac{\partial}{\partial x}=\frac{\partial r}{\partial x}\frac{\partial}{\partial r}+\frac{\partial\theta}{\partial x}\frac{\partial}{\partial\theta}+\frac{\partial\phi}{\partial x}\frac{\partial}{\partial\phi}=\sin\theta\sin\phi\frac{\partial}{\partial r}+\frac{\cos\theta\cos\phi}{r}\frac{\partial}{\partial\theta}-\frac{\sin\phi}{r\sin\theta}\frac{\partial}{\partial\phi}$$

$$\frac{\partial}{\partial y}=\frac{\partial r}{\partial y}\frac{\partial}{\partial r}+\frac{\partial \theta}{\partial y}\frac{\partial}{\partial \theta}+\frac{\partial \phi}{\partial y}\frac{\partial}{\partial \phi}=\sin\theta\sin\phi\frac{\partial}{\partial r}+\frac{\sin\phi\cos\theta}{r}\frac{\partial}{\partial \theta}+\frac{\cos\phi}{r\sin\theta}\frac{\partial}{\partial \phi}$$

$$\frac{\partial}{\partial z}=\frac{\partial r}{\partial z}\frac{\partial}{\partial r}+\frac{\partial \theta}{\partial z}\frac{\partial}{\partial \theta}+\frac{\partial \phi}{\partial z}\frac{\partial}{\partial \phi}=\cos\theta\frac{\partial}{\partial r}-\frac{\sin\theta}{r}\frac{\partial}{\partial \theta}$$

二阶微分的计算更为复杂:

$$\begin{aligned}
\frac{\partial^2}{\partial x^2}=&\left(\frac{\partial r}{\partial x}\frac{\partial}{\partial r}+\frac{\partial \theta}{\partial x}\frac{\partial}{\partial \theta}+\frac{\partial \phi}{\partial x}\frac{\partial}{\partial \phi}\right)\left(\frac{\partial r}{\partial x}\frac{\partial}{\partial r}+\frac{\partial \theta}{\partial x}\frac{\partial}{\partial \theta}+\frac{\partial \phi}{\partial x}\frac{\partial}{\partial \phi}\right)\\
=&\left(\sin\theta\cos\phi\frac{\partial}{\partial r}+\frac{\cos\theta\cos\phi}{r}\frac{\partial}{\partial \theta}-\frac{\sin\phi}{r\sin\theta}\frac{\partial}{\partial \phi}\right)\left(\sin\theta\cos\phi\frac{\partial}{\partial r}+\frac{\cos\theta\cos\phi}{r}\frac{\partial}{\partial \theta}-\frac{\sin\phi}{r\sin\theta}\frac{\partial}{\partial \phi}\right)\\
=&\left(\sin^2\theta\cos^2\phi\frac{\partial^2}{\partial r^2}-\frac{\sin\theta\cos^2\phi\cos\theta}{r^2}\frac{\partial}{\partial \theta}+\frac{\sin\theta\cos^2\phi\cos\theta}{r}\frac{\partial^2}{\partial r\partial \theta}+\frac{\cos\phi\sin\phi}{r^2}\frac{\partial}{\partial \phi}\right.\\
&\left.-\frac{\cos\phi\sin\phi}{r}\frac{\partial^2}{\partial r\partial \phi}\right)+\left(\frac{\cos^2\theta\cos^2\phi}{r}\frac{\partial}{\partial r}+\frac{\cos\theta\sin\theta\cos^2\phi}{r}\frac{\partial^2}{\partial \theta\partial r}-\frac{\cos\theta\sin\theta\cos^2\phi}{r^2}\frac{\partial}{\partial \theta}\right.\\
&\left.+\frac{\cos^2\theta\cos^2\phi}{r^2}\frac{\partial^2}{\partial \theta^2}+\frac{\cos\phi\sin\phi\cos^2\theta}{r^2\sin^2\theta}\frac{\partial}{\partial \phi}-\frac{\cos\theta\cos\phi\sin\phi}{r^2\sin\theta}\frac{\partial^2}{\partial \theta\partial \phi}\right)\\
&+\left(\frac{\sin^2\phi}{r}\frac{\partial}{\partial r}-\frac{\sin\phi\cos\phi}{r}\frac{\partial^2}{\partial \phi\partial r}+\frac{\sin^2\phi\cos\theta}{r^2\sin\theta}\frac{\partial}{\partial \theta}-\frac{\sin\phi\cos\theta\cos\phi}{r^2\sin\theta}\frac{\partial^2}{\partial \phi\partial \theta}\right.\\
&\left.+\frac{\sin\phi\cos\phi}{r^2\sin^2\theta}\frac{\partial}{\partial \phi}+\frac{\sin^2\phi}{r^2\sin^2\theta}\frac{\partial^2}{\partial \phi^2}\right)
\end{aligned}$$

$$\begin{aligned}
\frac{\partial^2}{\partial y^2}=&\left(\frac{\partial r}{\partial y}\frac{\partial}{\partial r}+\frac{\partial \theta}{\partial y}\frac{\partial}{\partial \theta}+\frac{\partial \phi}{\partial y}\frac{\partial}{\partial \phi}\right)\left(\frac{\partial r}{\partial y}\frac{\partial}{\partial r}+\frac{\partial \theta}{\partial y}\frac{\partial}{\partial \theta}+\frac{\partial \phi}{\partial y}\frac{\partial}{\partial \phi}\right)\\
=&\left(\sin\theta\sin\phi\frac{\partial}{\partial r}+\frac{\sin\phi\cos\theta}{r}\frac{\partial}{\partial \theta}+\frac{\cos\phi}{r\sin\theta}\frac{\partial}{\partial \phi}\right)\left(\sin\theta\sin\phi\frac{\partial}{\partial r}+\frac{\sin\phi\cos\theta}{r}\frac{\partial}{\partial \theta}+\frac{\cos\phi}{r\sin\theta}\frac{\partial}{\partial \phi}\right)\\
=&\left(\sin^2\theta\sin^2\phi\frac{\partial^2}{\partial r^2}-\frac{\sin\theta\sin^2\phi\cos\theta}{r^2}\frac{\partial}{\partial \theta}+\frac{\sin^2\phi\sin\theta\cos\theta}{r}\frac{\partial^2}{\partial r\partial \theta}-\frac{\sin\phi\cos\phi}{r^2}\frac{\partial}{\partial \phi}\right.\\
&\left.+\frac{\sin\phi\cos\phi}{r}\frac{\partial^2}{\partial r\partial \phi}\right)+\left(\frac{\cos^2\theta\sin^2\phi}{r}\frac{\partial}{\partial r}+\frac{\sin\theta\cos\theta\sin^2\phi}{r}\frac{\partial^2}{\partial \theta\partial r}-\frac{\sin\theta\cos\theta\sin^2\phi}{r^2}\frac{\partial}{\partial \theta}\right.\\
&\left.+\frac{\cos^2\theta\sin^2\phi}{r^2}\frac{\partial^2}{\partial \theta^2}-\frac{\cos^2\theta\sin\phi\cos\phi}{r^2\sin^2\theta}\frac{\partial}{\partial \phi}+\frac{\cos\theta\sin\phi\cos\phi}{r^2\sin\theta}\frac{\partial^2}{\partial \theta\partial \phi}\right)+\left(\frac{\cos^2\phi}{r}\frac{\partial}{\partial r}\right.\\
&+\frac{\sin\phi\cos\phi}{r}\frac{\partial^2}{\partial \phi\partial r}+\frac{\cos\theta\cos^2\phi}{r^2\sin\theta}\frac{\partial}{\partial \theta}+\frac{\cos\theta\sin\phi\cos\phi}{r^2\sin\theta}\frac{\partial^2}{\partial \phi\partial \theta}-\frac{\sin\phi\cos\phi}{r^2\sin^2\theta}\frac{\partial}{\partial \phi}\\
&\left.+\frac{\cos^2\phi}{r^2\sin^2\theta}\frac{\partial^2}{\partial \phi^2}\right)
\end{aligned}$$

$$\begin{aligned}
\frac{\partial^2}{\partial z^2}=&\left(\frac{\partial r}{\partial z}\frac{\partial}{\partial r}+\frac{\partial \theta}{\partial z}\frac{\partial}{\partial \theta}+\frac{\partial \phi}{\partial z}\frac{\partial}{\partial \phi}\right)\left(\frac{\partial r}{\partial z}\frac{\partial}{\partial r}+\frac{\partial \theta}{\partial z}\frac{\partial}{\partial \theta}+\frac{\partial \phi}{\partial z}\frac{\partial}{\partial \phi}\right)\\
=&\left(\cos\theta\frac{\partial}{\partial r}-\frac{\sin\theta}{r}\frac{\partial}{\partial \theta}\right)\left(\cos\theta\frac{\partial}{\partial r}-\frac{\sin\theta}{r}\frac{\partial}{\partial \theta}\right)\\
=&\cos^2\theta\frac{\partial^2}{\partial r^2}+\frac{\cos\theta\sin\theta}{r^2}\frac{\partial}{\partial \theta}-\frac{\cos\theta\sin\theta}{r}\frac{\partial^2}{\partial r\partial \theta}+\frac{\sin^2\theta}{r}\frac{\partial}{\partial r}\\
&-\frac{\sin\theta\cos\theta}{r}\frac{\partial^2}{\partial \theta\partial r}+\frac{\sin\theta\cos\theta}{r^2}\frac{\partial}{\partial \theta}+\frac{\sin^2\theta}{r^2}\frac{\partial^2}{\partial \theta^2}
\end{aligned}$$

将上述的表达式并项,并且参照角动量 $\hat{L}^2$ 的表达式,可以看到,拉普拉斯算符 ∇^2 在球坐标下可以分解为径向部分和角动量算符之和:

$$\nabla^2 = \frac{\partial^2}{\partial x^2} + \frac{\partial^2}{\partial y^2} + \frac{\partial}{\partial z^2} = \frac{\partial^2}{\partial r^2} + \frac{2}{r}\frac{\partial}{\partial r} + \frac{1}{r^2}\frac{\partial^2}{\partial \theta^2} + \frac{\cos\theta}{r^2\sin\theta}\frac{\partial}{\partial\theta} + \frac{1}{r^2\sin^2\theta}\frac{\partial^2}{\partial\phi^2}$$
$$= \frac{1}{r^2}\frac{\partial}{\partial r}\left(r^2\frac{\partial}{\partial r}\right) + \frac{1}{r^2\sin\theta}\frac{\partial}{\partial\theta}\left(\sin\theta\frac{\partial}{\partial\theta}\right) + \frac{1}{r^2\sin^2\theta}\frac{\partial}{\partial\phi^2} = \frac{1}{r^2}\frac{\partial}{\partial r}\left(r^2\frac{\partial}{\partial r}\right) - \frac{\hat{L}^2}{\hbar^2 r^2}$$

A.3　勒让德多项式、球谐函数与角动量耦合

定态薛定谔方程的径向部分已在第 2 章中讨论。现在考虑角向部分 $\mathrm{Y}(\theta,\phi)$，满足球函数方程

$$\frac{1}{\sin\theta}\frac{\partial}{\partial\theta}\left(\sin\theta\frac{\partial \mathrm{Y}}{\partial\theta}\right) + \frac{1}{\sin^2\theta}\frac{\partial^2 \mathrm{Y}}{\partial\phi^2} + l(l+1)\mathrm{Y} = 0 \tag{A.5}$$

将 $\mathrm{Y}(\theta,\phi)$ 进一步分离变量：

$$\mathrm{Y}(\theta,\phi) = \mathrm{P}(\theta)\Phi(\phi) \tag{A.6}$$

将式(A.5)代入式(A.6)中，用 $\sin^2\theta/\mathrm{P}(\theta)\Phi(\phi)$ 遍乘各项并适当移项，有

$$\frac{\sin\theta}{\mathrm{P}(\theta)}\frac{\mathrm{d}}{\mathrm{d}\theta}\left(\sin\theta\frac{\mathrm{dP}(\theta)}{\mathrm{d}\theta}\right) + l(l+1)\sin^2\theta = -\frac{1}{\Phi(\phi)}\frac{\mathrm{d}^2\Phi(\phi)}{\mathrm{d}\phi^2} \tag{A.7}$$

式(A.7)两端若相等，则两个表达式均等于同一个常数，记为 m^2，则

$$\frac{\mathrm{d}^2\Phi(\phi)}{\mathrm{d}\phi^2} + m^2\Phi(\phi) = 0 \tag{A.8}$$

$$\frac{1}{\sin\theta}\frac{\mathrm{d}}{\mathrm{d}\theta}\left(\sin\theta\frac{\mathrm{dP}(\theta)}{\mathrm{d}\theta}\right) + \left[l(l+1) - \frac{m^2}{\sin^2\theta}\right]\mathrm{P}(\theta) = 0 \tag{A.9}$$

方程(A.8)有周期性边界条件 $\Phi(\phi+2\pi)=\Phi(\phi)$，则其通解为

$$\Phi(\phi) = A\mathrm{e}^{\mathrm{i}m\phi} + B\mathrm{e}^{-\mathrm{i}m\phi}, \quad m = 0,1,2,\cdots$$

而对于方程(A.9)，由 $\eta=\cos\theta$，做变量代换可得

$$(1-\eta^2)\frac{\mathrm{d}^2\mathrm{P}(\eta)}{\mathrm{d}\eta^2} - 2\eta\frac{\mathrm{dP}(\eta)}{\mathrm{d}\eta} + \left[l(l+1) - \frac{m^2}{1-\eta^2}\right]\mathrm{P}(\eta) = 0 \tag{A.10}$$

同时有自然边界条件：在 $\eta=\pm1$ 处 $\mathrm{P}(\eta)$ 有界。直接求解上述方程比较困难。首先考虑 $m=0$ 的简单情形。此时 $\Phi(\phi)\equiv1$，所以球函数与 ϕ 无关。而方程(A.10)化为

$$(1-\eta^2)\frac{\mathrm{d}^2\mathrm{P}(\eta)}{\mathrm{d}\eta^2} - 2\eta\frac{\mathrm{dP}(\eta)}{\mathrm{d}\eta} + l(l+1)\mathrm{P}(\eta) = 0 \tag{A.11}$$

方程(A.11)称为 l 阶勒让德方程，可以通过 $\eta=0$ 邻域上的级数解法求解[440]。自然边界条件下 $\mathrm{P}(\eta)$ 为一个 l 次多项式，称为 l 阶勒让德多项式，用 $\mathrm{P}_l(\eta)$ 表示，有

$$\mathrm{P}_l(\eta) = \frac{1}{2^l l!}\frac{\mathrm{d}^l}{\mathrm{d}\theta^l}(\eta^2-1)^l \tag{A.12}$$

式(A.12)即为 $\mathrm{P}_l(\eta)$ 的罗德里格(Rodrigues)公式。

回到 $\mathrm{P}(\eta)$ 的普遍方程式(A.10)，为了利用已求得的勒让德多项式，可做变换

$$Q(\eta) = \frac{\mathrm{P}(\eta)}{(1-\eta^2)^{m/2}} \tag{A.13}$$

将其代入式(A.10)，可得

$$(1-\eta^2)\frac{\mathrm{d}^2Q(\eta)}{\mathrm{d}\eta^2} - 2(m+1)\eta\frac{\mathrm{d}Q(\eta)}{\mathrm{d}\eta} + [l(l+1) - m(m+1)]Q(\eta) = 0 \tag{A.14}$$

式(A.14)正是对(A.11)求导 m 次所得的结果。因此有

$$\mathrm{P}_l^m(\eta)=(1-\eta^2)^{m/2}Q(\eta)=(1-\eta^2)^{m/2}\mathrm{P}_l^{[m]}(\eta) \tag{A.15}$$

式中:$\mathrm{P}_l^m(\eta)$ 称为缔合勒让德多项式,而 $\mathrm{P}_l^{[m]}(\eta)=\mathrm{d}^m\mathrm{P}_l(\eta)/\mathrm{d}\eta^2$。显然,若 $m>l$,则因为 $\mathrm{P}_l(\eta)$ 的最高次为 l,$\mathrm{P}_l^m(\eta)=0$,所以 m 的取值范围为$[0,1,2,\cdots,l]$。由式(A.15)立即可以得到缔合勒让德多项式的罗德里格公式:

$$\mathrm{P}_l^m(\eta)=\frac{(1-\eta^2)^{m/2}}{2^l l!}\frac{\mathrm{d}^{l+m}}{\mathrm{d}\eta^{l+m}}(\eta^2-1)^l \tag{A.16}$$

实际上 m 也可以取负整数,$\mathrm{P}_l^{-m}(\eta)$与 $\mathrm{P}_l^m(\eta)$的关系为

$$\mathrm{P}_l^{-m}(\eta)=(-1)^{-m}\frac{(l-m)!}{(l+m)!}\mathrm{P}_l^m(\eta) \tag{A.17}$$

下面根据方程(A.16)写出前几个缔合勒让德多项式:

$$\mathrm{P}_0^0(\eta)=1$$

$$\mathrm{P}_1^{-1}(\eta)=-\frac{1}{2}(1-\eta^2)^{1/2},\quad \mathrm{P}_1^0(\eta)=\eta,\quad \mathrm{P}_1^1(\eta)=(1-\eta^2)^{1/2}$$

$$\mathrm{P}_2^{-2}(\eta)=\frac{1}{8}(1-\eta^2),\quad \mathrm{P}_2^{-1}(\eta)=-\frac{1}{2}(1-\eta^2)^{1/2}\eta,\quad \mathrm{P}_2^0(\eta)=\frac{1}{2}(3\eta^2-1)$$

$$\mathrm{P}_2^1(\eta)=3(1-\eta^2)^{1/2}\eta,\quad \mathrm{P}_2^2(\eta)=3(1-\eta^2)$$

至此,可以得到关于一般球函数方程(A.5)的解 $\mathrm{Y}_l^m(\theta,\phi)$:

$$\mathrm{Y}_l^m(\theta,\phi)=(-1)^m\mathrm{P}_l^m(\theta)\mathrm{e}^{\mathrm{i}m\phi},\quad m=-l,-l+1,\cdots,l-1,l \tag{A.18}$$

$\mathrm{Y}_l^m(\theta,\phi)$称为球谐函数。如前所述,式(A.18)中加入了 Condon-Shortley 相位因子$(-1)^m$。考虑归一化,可得

$$\mathrm{Y}_l^m(\theta,\phi)=(-1)^m\sqrt{\frac{2l+1}{4\pi}\frac{(l-m)!}{(l+m)!}}\mathrm{P}_l^m(\theta)\mathrm{e}^{\mathrm{i}m\phi} \tag{A.19}$$

需要说明,Condon-Shortley 相位因子可以包括在 P_l^m 的罗德里格公式(A.16)中,而不显示在球谐函数的定义式(A.18)里。以上两种定义方法都是允许的,但是必须保证二者在使用时的一致性。

根据式(A.18)定义的球谐函数满足正交性关系

$$\int_0^{\pi}\int_0^{2\pi}\sin\theta\mathrm{Y}_l^{m*}(\theta,\phi)\mathrm{Y}_{l'}^{m'}(\theta,\phi)=\delta_{ll'}\delta_{mm'} \tag{A.20}$$

由方程(A.17)可得

$$\mathrm{Y}_l^{m*}(\theta,\phi)=(-1)^m\mathrm{Y}_l^{-m}(\theta,\phi) \tag{A.21}$$

由于式(A.19)与式(A.21)包含复数,所以应用中经常采用球谐函数的实数形式,即 Y_l^m 与 Y_l^{-m} 的线性组合:

$$\mathrm{Y}_l^m=\begin{cases}\dfrac{1}{\sqrt{2}}[\mathrm{Y}_l^m+(-1)^m\mathrm{Y}_l^{-m}], & m>0\\ \mathrm{Y}_l^0, & m=0\\ \dfrac{1}{\mathrm{i}\sqrt{2}}[\mathrm{Y}_l^{-m}-(-1)^m\mathrm{Y}_l^m], & m<0\end{cases} \tag{A.22}$$

下面给出几个低阶的球谐函数:

$$\mathrm{Y}_0^0(\theta,\phi)=\sqrt{\frac{1}{4\pi}},\quad \mathrm{Y}_1^{-1}(\theta,\phi)=\sqrt{\frac{3}{8\pi}}\sin\theta\mathrm{e}^{-\mathrm{i}\phi}$$

$$\mathrm{Y}_1^0(\theta,\phi)=\sqrt{\frac{3}{4\pi}}\cos\theta,\quad \mathrm{Y}_1^1(\theta,\phi)=-\sqrt{\frac{3}{8\pi}}\sin\theta\mathrm{e}^{\mathrm{i}\phi}$$

$$Y_2^{-2}(\theta,\phi)=\sqrt{\frac{15}{32\pi}}\sin^2\theta e^{-i2\phi},\quad Y_2^{-1}(\theta,\phi)=\sqrt{\frac{15}{8\pi}}\cos\theta\sin\theta e^{-i\phi}$$

$$Y_2^{0}(\theta,\phi)=\sqrt{\frac{5}{16\pi}}(3\cos^2\theta-1),\quad Y_2^{1}(\theta,\phi)=-\sqrt{\frac{15}{8\pi}}\cos\theta\sin\theta e^{i\phi}$$

$$Y_2^{2}(\theta,\phi)=\sqrt{\frac{15}{32\pi}}\sin^2\theta e^{i2\phi}$$

第 5 章中建立紧束缚哈密顿矩阵元普遍公式的时候用到了 Wigner-3j 系数。这个系数由角动量理论中非常重要的 Clebsch-Gordan (CG) 系数定义。CG 系数是联系耦合表象与非耦合表象的转换矩阵。设有两个子空间，各自由 $|j_1m_1\rangle$ 与 $|j_2m_2\rangle$ 张开，则这两个子空间的直积空间的基矢可以表示为 $|j_1m_1\rangle\otimes|j_2m_2\rangle$。也可将这两个子系统看作一个大系统，其总角动量 $\boldsymbol{j}^2=(\boldsymbol{j}_1+\boldsymbol{j}_2)^2$，$j_z=j_{1z}+j_{2z}$，因此其基矢为 $|j_1j_2jm\rangle$。不难看出，$|j_1m_1\rangle\otimes|j_2m_2\rangle$ 和 $|j_1j_2jm\rangle$ 张开的是同一个函数空间，前者称为非耦合表象，后者称为耦合表象。这两组基矢可以通过一个幺正矩阵互相转换：

$$\begin{aligned}|j_1j_2jm\rangle&=\sum_{m_1}\sum_{m_2}|j_1m_1\rangle|j_2m_2\rangle\langle j_1j_2m_1m_2|j_1j_2jm\rangle\\&=\sum_{m_1}\sum_{m_2}|j_1m_1\rangle|j_2m_2\rangle C^{jm}_{j_1m_1,j_2m_2}\end{aligned}\tag{A.23}$$

$C^{jm}_{j_1m_1,j_2m_2}$ 即为 CG 系数，具体的计算公式为[441]

$$\begin{aligned}C^{jm}_{j_1m_1,j_2m_2}&=\delta_{(m_1+m_2)m}\sqrt{(2j+1)\frac{(j+j_1-j_2)!(j-j_1+j_2)!(j_1+j_2-j)!(j+m)!(j-m)!}{(j+j_1+j_2+1)!(j_1+m_1)!(j_1-m_1)!(j_2+m_2)!(j_2-m_2)!}}\\&\quad\cdot\sum_k(-1)^{j_2+m_2+k}\frac{(j+j_2+m_1-k)!(j_1-m_1+k)!}{k!(j-j_1+j_2-k)!(j+m-k)!(j_1-j_2-m+k)!}\end{aligned}\tag{A.24}$$

其中 k 为所有使得上式中的阶乘不为零的整数。

据此定义 Wigner-3j 系数：

$$\begin{pmatrix}j_1&j_2&j\\m_1&m_2&m\end{pmatrix}=\frac{(-1)^{j_1-j_2-m}}{\sqrt{2j+1}}C^{j_1j_2}_{m_1m_2,jm}\tag{A.25}$$

因为球谐函数 $|jm\rangle$ 同时是正旋转群 $SO(3)$ 的基矢，所以 CG 系数与转动矩阵 $\boldsymbol{D}^j_{m',m}(\alpha,\beta,\gamma)$ 有密切联系。这里沿用文献[441]中的推导过程。对方程(A.23)两端同时施加一个转动 $\hat{R}(\alpha,\beta,\gamma)$，并利用普遍公式

$$\hat{R}(\alpha,\beta,\gamma)|jm\rangle=\sum_{m'}|jm'\rangle D^j_{m'm}(\alpha,\beta,\gamma)\tag{A.26}$$

可得

$$\begin{aligned}\hat{R}(\alpha,\beta,\gamma)|j_1j_2jm\rangle&=\sum_{m_1,m_2}\hat{R}_1(\alpha,\beta,\gamma)|j_1m_1\rangle\hat{R}_2(\alpha,\beta,\gamma)|j_2m_2\rangle C^{j_1j_2}_{m_1m_2,jm}\\&=\sum_{m_1,m_2}\sum_{m_1',m_2'}|j_1m_1'\rangle|j_2m_2'\rangle(D_1^{j_1}\otimes D_2^{j_2})_{m_1'm_2',m_1m_2}C^{j_1j_2}_{m_1m_2,jm}\\&=\sum_{m_1,m_2}\sum_{m_1',m_2'}\sum_{j',m'}|j_1j_2j'm'\rangle[C^{j_1j_2}_{m_1'm_2',j'm'}]^{-1}(D_1^{j_1}\otimes D_2^{j_2})_{m_1'm_2',m_1m_2}C^{j_1j_2}_{m_1m_2,jm}\\&=\sum_{j'm'}|j_1j_2j'm'\rangle[C^{-1}(D_1^{j_1}\otimes D_2^{j_2})C]_{j'm',jm}\end{aligned}\tag{A.27}$$

同时有

$$\hat{R}(\alpha,\beta,\gamma)|j_1j_2jm\rangle=\sum_{m'}|j_1j_2jm'\rangle D^j_{m'm}(\alpha,\beta,\gamma)\tag{A.28}$$

比较式(A.26)与式(A.28)，可得

$$[C^{-1}(D^{j_1}_1\otimes D^{j_2}_2)C]_{j'm',jm}=\delta_{j'j}D^{j}_{m'm}(\alpha,\beta,\gamma) \tag{A.29}$$

这正是我们要求的CG系数与转动矩阵的关系式。方程(A.29)也可改写为

$$\sum_j (CD^j(\alpha,\beta,\gamma)C^{-1})_{m_1'm_2',m_1m_2}=(D^{j_1}(\alpha,\beta,\gamma)\otimes D^{j_2}(\alpha,\beta,\gamma))_{m_1'm_2',m_1m_2} \tag{A.30}$$

不难验证，该方程等同于方程(5.28)。

A.4 三次样条

通常重要的描述粒子间相互作用的函数，如分子动力学的原子嵌入势函数或者第一性原理中的电子交换关联势函数等，都是将给定网格上的数值存储在相应文件中，而非直接调用连续的解析函数。因此，利用这些数值点构建行为良好的、与原函数近似相等的插值函数对最终的结果具有重要的意义。实践表明，三次样条函数可以方便地满足上述要求，因此在实际工作中得到了广泛的应用。三次样条函数要求在各个节点(插值点)处函数值、一阶导数值、二阶导数值连续。这个要求同时具有明显的几何与力学意义。从几何角度而言，最高到二阶导数连续的函数在各节点上光滑且对称地连续，即在节点处左右微小范围内该样条函数是一段圆弧，曲率半径相等。因为细梁(样条函数)的弯矩与曲率成正比，因此在力学意义上，三次样条函数等价于将弹性杆压在各节点处自然弯曲所得到的结果[442]。

三次样条函数可通过如下方法构建：设有n组数据$(x_i,y_i=f(x_i))$，$i=1,2,\cdots,n$，因为样条函数$S(x)$在每个区间$[x_i,x_{i+1}]$$(1\leqslant i\leqslant n-1)$上是次数不大于3的多项式，则可设其形式为

$$S(x)=s_i(x)=a_i(x-x_i)^3+b_i(x-x_i)^2+c_i(x-x_i)+d_i \tag{A.31}$$

对式(A.31)求一阶及二阶导数，可得

$$S'(x)=s_i'(x)=3a_i(x-x_i)^2+2b_i(x-x_i)+c_i \tag{A.32}$$

$$S''(x)=s_i''(x)=6a_i(x-x_i)+2b_i \tag{A.33}$$

根据三次样条函数的性质，即各节点处到二阶导数连续，可写出下列关于系数$\{a_i,b_i,c_i,d_i\}$的各个方程：

$$d_i=a_{i-1}h_{i-1}^3+b_{i-1}h_{i-1}^2+c_{i-1}h_{i-1}+d_{i-1},\quad i=2,3,\cdots,n-1 \tag{A.34}$$

$$c_i=3a_{i-1}h_{i-1}^2+2b_{i-1}h_{i-1}+c_{i-1},\quad i=2,3,\cdots,n-1 \tag{A.35}$$

$$b_{i+1}=3a_ih_i+b_i,\quad i=1,2,\cdots,n-2 \tag{A.36}$$

式中$h_i=x_{i+1}-x_i$。设$S''(x_i)=M_i$，并注意到有两个明显的等式：

$$d_i=y_i$$

$$2b_i=M_i$$

于是容易通过求解上述方程组得到系数的表达式：

$$\begin{cases} a_i=\dfrac{M_{i+1}-M_i}{6h_i} \\ b_i=\dfrac{M_i}{2} \\ c_i=\dfrac{y_{i+1}-y_i}{h_i}-\left(\dfrac{M_{i+1}+2M_i}{6}\right)h_i \\ d_i=y_i \end{cases} \tag{A.37}$$

将式(A.37)代入方程(A.35),可得

$$\omega_i M_i + 2M_{i+1} + (1-\omega_i) M_{i+2} = \mu_i,\quad i=1,2,\cdots,n-2 \tag{A.38}$$

式中

$$\omega_i = \frac{h_i}{h_i + h_{i+1}},\quad \mu_i = \frac{6}{h_i + h_{i+1}}\left(\frac{y_{i+2}-y_{i+1}}{h_{i+1}} - \frac{y_{i+1}-y_i}{h_i}\right)$$

可见,构建三次样条函数归结为求解关于 M_i 的线性方程组,其中未知数 M_i 有 n 个,而方程只有 $n-2$ 个,因此需要额外补充两个边界条件从而唯一地确定该样条函数。常用的有三种边界条件。

1. 固支边界条件

给定两端 x_1 与 x_n 处的函数导数值 f'_1 和 f'_n。相应地,在方程(A.38)中添加两个方程

$$2M_1 + M_2 = \frac{6}{h_1}\left(\frac{y_2 - y_1}{h_1} - f'_1\right) \tag{A.39}$$

$$M_{n-1} + 2M_n = \frac{6}{h_{n-1}}\left(f'_n - \frac{y_n - y_{n-1}}{h_{n-1}}\right) \tag{A.40}$$

2. 二级约束条件

给定两端 x_1 与 x_n 处的函数二阶导数值分别为 f''_1、f''_n,即

$$M_1 = f''_1,\quad M_n = f''_n$$

这大类条件下有两类特殊情况值得单独指出。首先是自然边界条件,即 $M_1 = M_n = 0$,相当于样条函数在端点处以直线方程(即自由)延伸。其次是抛物线边界条件,即 $M_1 = M_2$ 且 $M_n = M_{n-1}$,相当于样条函数以抛物线逼近端点且向外延伸,适合于处理指数函数的插值。

3. 周期性边界条件

给定两端 x_1 与 x_n 处的函数值

$$f_n = f_1,\quad f'_n = f'_1,\quad f''_n = f''_1$$

相应添加的两个方程为

$$M_1 = M_n \tag{A.41}$$

$$(1-\omega_n) M_1 + \omega_n M_{n-1} + 2M_n = \mu_n \tag{A.42}$$

式中

$$\omega_n = \frac{h_{n-1}}{h_1 + h_{n-1}},\quad \mu_n = \frac{6}{h_1 + h_{n-1}}\left(\frac{f_2 - f_1}{h_1} - \frac{f_n - f_{n-1}}{h_{n-1}}\right)$$

至此,根据实际问题选择合适的边界条件,可以建立起唯一确定的关于 M_i 的线性方程组,其系数矩阵是三对角矩阵或拟三对角矩阵。可以通过 ***LU*** 分解或比较简单的追赶法进行求解。这里总结构建三次样条函数 $S(x)$ 的算法如下。

算法 A.1

(1) 读取 n 组数据($x_i, y_i = f(x_i)$),$i=1,2,\cdots,n$,对 $i=1,2,\cdots,n-2$ 计算 ω_i 以及 μ_i;

(2) 选择特定边界条件,形成待解线性方程组 $\boldsymbol{M}$;

(3) 用追赶法求解 $\boldsymbol{M}$,得到 $M_1, M_2, \cdots, M_n$;

(4) 依照方程组(A.37)求得样条函数的所有系数。

下面简要介绍追赶法的主要步骤。设三对角矩阵为 $\boldsymbol{M}$,以其为系数矩阵的线性方程组为 $\boldsymbol{Mx}=\boldsymbol{\mu}$,则得到算法如下。

算法 A.2

(1) $u_1 = b_1$;

(2) 对于 $i=2,3,\cdots,n$,有 $l_i = a_i/u_{i-1}, u_i = b_i - l_i c_{i-1}$;

(3) $y_1 = \mu_1$;

(4) 对于 $i=2,3,\cdots,n$,有 $y_i = \mu_i - l_i y_{i-1}$;

(5) $x_n = y_n/u_n$;

(6) 对于 $i=n-1,n-2,\cdots,1$,有 $x_i = (y_i - c_i x_{i+1})/u_i$。

更详细的讨论可参阅文献[442]。

A.5 傅里叶变换

A.5.1 基本概念

为简单起见,本节中只讨论一维情况。周期函数一般表示为

$$f(x) = f(x+2L) \tag{A.43}$$

式中:$2L$ 为该函数的周期。利用三角函数,可以将周期函数做如下展开:

$$f(x) = \frac{1}{2}a_0 + \sum_{m=1}^{\infty}\left[a_m \cos\left(\frac{m\pi x}{L}\right) + b_m \sin\left(\frac{m\pi x}{L}\right)\right] \tag{A.44}$$

式中:展开系数 a_m 和 b_m 分别为

$$a_m = \frac{1}{2L}\int_{-L}^{L} f(x)\cos\left(\frac{m\pi x}{L}\right)\mathrm{d}x \tag{A.45}$$

$$b_m = \frac{1}{2L}\int_{-L}^{L} f(x)\sin\left(\frac{m\pi x}{L}\right)\mathrm{d}x \tag{A.46}$$

更多情况下,我们利用欧拉公式将式(A.45)和式(A.46)中的两个级数合并成一个,即

$$f(x) = \sum_{l=-\infty}^{\infty} g_l \mathrm{e}^{\mathrm{i}\frac{l\pi}{L}x} \tag{A.47}$$

式中

$$g_l = \frac{1}{2L}\int_{-L}^{L} f(x)\mathrm{e}^{\mathrm{i}\frac{l\pi}{L}x}\,\mathrm{d}x \tag{A.48}$$

当 $L \to \infty$ 时,方程(A.44)以及式(A.47)中的求和指标变为连续变化的参量。因此,求和式变为积分式。将 $l\pi/L$ 记为 ω,并取对称形式,则方程(A.47)可写为

$$f(x) = \frac{1}{\sqrt{2L}}\int_{-\infty}^{\infty} g(\omega)\mathrm{e}^{\mathrm{i}\omega x}\,\mathrm{d}\omega \tag{A.49}$$

而 $g(\omega)$ 为

$$g(\omega) = \frac{1}{\sqrt{2L}}\int_{-\infty}^{\infty} f(x)\mathrm{e}^{-\mathrm{i}\omega x}\,\mathrm{d}\omega \tag{A.50}$$

可以看到,两个方程是对称的,只有 e 的指数符号相反。将式(A.50)称为傅里叶变换式,表示将一个周期函数分解为不同频率谐波时各成分的系数,而将式(A.49)称为傅里叶逆变换式,表示根据谐波的权重叠加组合成的任意 x 处的周期函数值。此外,不难看到,方程(A.47)中的指数函数正是 3.4 节中的平面波基函数。这也说明了傅里叶变换在现代量

子力学中得到广泛应用的原因。

推广到三维的情况，可以定义如下的傅里叶变换和逆变换：

$$g(\boldsymbol{k}) = \frac{1}{(\sqrt{2\pi})^3}\int_{-\infty}^{\infty} f(\boldsymbol{r})\mathrm{e}^{-\mathrm{i}\boldsymbol{k}\cdot\boldsymbol{r}}\mathrm{d}\boldsymbol{r}$$

$$f(\boldsymbol{r}) = \frac{1}{(\sqrt{2\pi})^3}\int_{-\infty}^{\infty} g(\boldsymbol{k})\mathrm{e}^{\mathrm{i}\boldsymbol{k}\cdot\boldsymbol{r}}\mathrm{d}\boldsymbol{k}$$

表 A.1 给出了几种计算物理学中常用的傅里叶变换。

表 A.1 几种常见函数的傅里叶变换

$f(\boldsymbol{r})$	$g(\boldsymbol{k})$
$\frac{1}{r}$	$\frac{2}{\sqrt{2\pi}}\frac{1}{k^2}$
$\mathrm{e}^{-\alpha r^2}$	$\frac{1}{(\sqrt{2\alpha})^3}\mathrm{e}^{-k^2/(4\alpha)}$
$\delta(r)$	$\frac{1}{(\sqrt{2\pi})^3}$

A.5.2 离散傅里叶变换

离散傅里叶变换并不要求知道函数 $f(x)$的解析表达式。设在一个周期内，等距地分布着 $N+1$ 个采样点 $x_0, x_k, \cdots, x_N$，则有

$$f(x_k) = f(x_{k+N+1})$$

则各点相距

$$h = \frac{2L}{N+1}$$

这样，有 $x_k = kh$。所以按照方程(A.47)，有

$$f_i = f(x_k) = \sum_{l=-\infty}^{\infty} g_l \mathrm{e}^{\mathrm{i}\frac{l\pi}{L}kh} = \sum_{l=-\infty}^{\infty} g_l \alpha^{lk} \tag{A.51}$$

式中 $\alpha = \mathrm{e}^{ih\pi/L}$。因此，离散傅里叶变换可以表示为如下方程组：

$$\begin{cases} g_0 + g_1 + g_2 + \cdots + g_N = f_0 \\ g_0 + \alpha g_1 + \alpha^2 g_2 + \cdots + \alpha^N g_N = f_1 \\ g_0 + \alpha^2 g_1 + \alpha^4 g_2 + \cdots + \alpha^{2N} g_N = f_2 \\ \qquad\qquad\qquad\qquad\qquad\qquad \vdots \\ g_0 + \alpha^N g_1 + \alpha^{2N} g_2 + \cdots + \alpha^{NN} g_N = f_N \end{cases} \tag{A.52}$$

将以上方程组写为矩阵形式，即

$$\boldsymbol{A}\boldsymbol{g} = \boldsymbol{f} \tag{A.53}$$

式中

$$\boldsymbol{A} = \begin{bmatrix} 1 & 1 & 1 & \cdots & 1 \\ 1 & \alpha & \alpha^2 & \cdots & \alpha^N \\ 1 & \alpha^2 & \alpha^4 & \cdots & \alpha^{2N} \\ \vdots & \vdots & \vdots & & \vdots \\ 1 & \alpha^N & \alpha^{2N} & \cdots & \alpha^{NN} \end{bmatrix}, \quad \boldsymbol{g} = \begin{bmatrix} g_0 \\ g_1 \\ g_2 \\ \vdots \\ g_N \end{bmatrix}, \quad \boldsymbol{f} = \begin{bmatrix} f_0 \\ f_1 \\ f_2 \\ \vdots \\ f_N \end{bmatrix}$$

对于线性方程(A.53),只需要求出系数矩阵 $\boldsymbol{A}$ 的逆矩阵即可。可以看出,矩阵 $\boldsymbol{A}$ 中的任意矩阵元 A_{ij} 可写为

$$A_{ij}=\alpha^{ij},\quad i,j=0,1,2,\cdots,N \tag{A.54}$$

此外,$\boldsymbol{A}$ 显然是一个对称矩阵,而且每一行(列)均为一个等比数列,且有 $\alpha^{N+1}=1$。$\boldsymbol{A}$ 的这些特点使得它的逆矩阵有非常简单的形式,故

$$A_{ij}^{-1}=\frac{1}{N+1}\alpha^{-ij} \tag{A.55}$$

因此,离散傅里叶变换可以通过如下方程组完成:

$$\begin{cases}(N+1)g_0=f_0+f_1+f_2+\cdots+f_N\\(N+1)g_1=f_0+\alpha^{-1}f_1+\alpha^{-2}f_2+\cdots+\alpha^{-N}f_N\\(N+1)g_2=f_0+\alpha^{-2}f_1+\alpha^{-4}f_2+\cdots+\alpha^{-2N}f_N\\\quad\vdots\\(N+1)g_N=f_0+\alpha^{-N}f_1+\alpha^{-2N}f_2+\cdots+\alpha^{-NN}f_N\end{cases} \tag{A.56}$$

虽然应用式(A.56)已经可以完成所要求的计算任务。但是仔细考察计算过程,可知,为了得到 $N+1$ 个 g_l,需要进行 $(N+1)^2$ 次基本操作。但是对于常见的任务,$N+1$ 一般在 10^6 数量级以上。因此,按照上述过程进行傅里叶变换或逆变换的效率会非常低下。为了解决这个问题,从 20 世纪 60 年代开始,快速傅里叶变换算法被提出并逐步发展起来。

A.5.3 快速傅里叶变换

快速傅里叶变换的提出是为了避免大型任务中傅里叶变换所需操作数过多的弱点。它充分利用了式(A.56)中矩阵元素排列的特点,将变换过程归约为若干次关于某对元素的基本操作,从而可极大地节省计算时间。本节中我们首先介绍普遍的快速傅里叶变换算法,之后通过一个具体的例子进行实践操作。

由 A.5.2 节可知,傅里叶变换及其逆变换具有对称的形式,可以分别表示为

$$\boldsymbol{f}=\boldsymbol{A}\boldsymbol{g} \tag{A.57}$$

$$\boldsymbol{g}=\boldsymbol{A}^{-1}\boldsymbol{f} \tag{A.58}$$

因此在快速傅里叶变换中,过程也可统一表达。写出方程(A.57)的统一表达式:

$$\psi_{\eta,l}=\sum_{s=0}^{\infty}\beta^{ls}\phi_s \tag{A.59}$$

在做傅里叶变换时,$\psi_{\eta,l}=(N+1)g_l,\phi_s=f_s,\beta=\mathrm{e}^{-\mathrm{i}2\pi/(N+1)}$;在做快速傅里叶变换时,$\psi_{\eta,l}=f_l,\phi_s=g_s,\beta=\mathrm{e}^{\mathrm{i}2\pi/(N+1)}$。其中 $\psi_{\eta,l}$ 的下标 η 代表第 η 次归约操作。为了讨论方便,设 $N+1=2^n$,且 $\eta=0$。则(A.59)可以写为

$$\psi_{0,l}=\sum_{s=0}^{[N/2]}\beta^{l(2s)}\phi_{2s}+\sum_{s=0}^{[N/2]}\beta^{l(2s+1)}\phi_{2s+1} \tag{A.60}$$

式中 $[N/2]$ 代表对 $N/2$ 取整。对于快速傅里叶算法,式中的下标 l 应该限制在区间 $[0,(N+1)/2]$ 上,而将该范围之外的分量表示为 $l+(N+1)/2$,则有

$$\begin{aligned}\psi_{0,l+(N+1)/2}&=\sum_{s=0}^{[N/2]}\beta^{l(2s)}\beta^{(N+1)s}\phi_{2s}+\sum_{s=0}^{[N/2]}\beta^{[l+(N+1)/2](2s+1)}\phi_{2s+1}\\&=\beta^{(N+1)s}\sum_{s=0}^{[N/2]}\beta^{l(2s)}\phi_{2s}+\beta^{(N+1)s}\beta^{l}\beta^{(N+1)/2}\sum_{s=0}^{[N/2]}\beta^{l(2s)}\phi_{2s+1}\end{aligned}$$

$$= \sum_{s=0}^{[N/2]} \beta^{l(2s)} \phi_{2s} - \beta^l \sum_{s=0}^{[N/2]} \beta^{l(2s)} \phi_{2s+1} \tag{A.61}$$

其中最后一步用到了关系式

$$\beta^{N+1}=1, \quad \beta^{(N+1)/2}=-1$$

比较方程(A.60)和方程(A.61),可以看到两者有非常高的相似性,区别仅在于求和的第二项的前置符号。因此,可以将式(A.59)写为

$$\begin{cases} \psi_{0,l}=\psi_{1,l}+\mathrm{P}_1^l \psi_{1,l+\frac{N+1}{2}} \\ \psi_{0,l+\frac{N+1}{2}}=\psi_{1,l}-\mathrm{P}_1^l \psi_{1,l+\frac{N+1}{2}} \end{cases} \tag{A.62}$$

式中

$$\psi_{1,l} = \sum_{s=0}^{[N/2]} \beta^{l(2s)} \phi_{2s}, \quad \psi_{1,l+\frac{N+1}{2}} = \sum_{s=0}^{[N/2]} \beta^{l(2s)} \phi_{2s+1}, \quad \mathrm{P}_1^l = \beta^l$$

显然,形如式(A.62)中对求和的划分可以持续下去:

$$\begin{aligned} \psi_{1,l} &= \sum_{s=0}^{[N/2]} \beta^{2ls} \phi_{2s} = \sum_{s=0}^{[N/4]} \beta^{2l\cdot 2s} \phi_{2(2s)} + \sum_{s=0}^{[N/4]} \beta^{2l(2s+1)} \phi_{2(2s+1)} \\ &= \sum_{s=0}^{[N/4]} \beta^{4ls} \phi_{4s} + \beta^{2l} \sum_{s=0}^{[N/4]} \beta^{4ls} \phi_{4s+2} = \psi_{2,l} + \mathrm{P}_2^l \psi_{2,l+\frac{N+1}{4}} \end{aligned} \tag{A.63}$$

$$\begin{aligned} \psi_{1,l+\frac{N+1}{4}} &= \sum_{s=0}^{[N/2]} \beta^{(l+\frac{N+1}{4})2s} \phi_{2s} = \sum_{s=0}^{[N/4]} \beta^{4s\frac{N+1}{4}} \beta^{2l2s} \phi_{2(2s)} + \sum_{s=0}^{[N/4]} \beta^{(4s+2)\frac{N+1}{4}} \beta^{2l(2s+1)} \phi_{2(2s+1)} \\ &= \sum_{s=0}^{[N/4]} \beta^{4ls} \phi_{4s} - \beta^{2l} \sum_{s=0}^{[N/4]} \beta^{4ls} \phi_{4s+2} = \psi_{2,l} - \mathrm{P}_2^l \psi_{2,l+\frac{N+1}{4}} \end{aligned} \tag{A.64}$$

$$\begin{aligned} \psi_{1,l+\frac{N+1}{2}} &= \sum_{s=0}^{[N/2]} \beta^{2ls} \phi_{2s+1} = \sum_{s=0}^{[N/4]} \beta^{2l2s} \phi_{2(2s)+1} + \sum_{s=0}^{[N/4]} \beta^{2l(2s+1)} \phi_{2(2s+1)+1} \\ &= \sum_{s=0}^{[N/4]} \beta^{4ls} \phi_{4s+1} + \beta^{2l} \sum_{s=0}^{[N/4]} \beta^{4ls} \phi_{4s+3} = \psi_{2,l+\frac{N+1}{2}} + \mathrm{P}_2^l \psi_{2,l+\frac{3(N+1)}{4}} \end{aligned} \tag{A.65}$$

$$\begin{aligned} \psi_{1,l+\frac{3(N+1)}{4}} &= \sum_{s=0}^{[N/2]} \beta^{(l+\frac{N+1}{4})(2s)} \phi_{2s} = \sum_{s=0}^{[N/4]} \beta^{2l2s} \phi_{2(2s)} + \sum_{s=0}^{[N/4]} \beta^{2l(2s+1)} \phi_{2(2s+1)} \\ &= \sum_{s=0}^{[N/4]} \beta^{4ls} \phi_{4s+1} + \beta^{2l} \sum_{s=0}^{[N/4]} \beta^{4ls} \phi_{4s+3} = \psi_{2,l+\frac{N+1}{2}} - \mathrm{P}_2^l \psi_{2,l+\frac{3(N+1)}{4}} \end{aligned} \tag{A.66}$$

其中 $\mathrm{P}_2^l=\beta^{2l}$,而 $l\in[0,N/4]$。

从上述过程可以看出,第 η 次归约操作将求和分为 2^η 个组,每个组包含 ϕ_s 值的个数为 $(N+1)/2^\eta$。在第 $n-1$ 次操作之后,每个组里包含两个 ϕ_s,而由方程(A.60)至方程(A.66)可知,每组只需要进行两个 ϕ_s 的加法及减法(考虑相位因子 P_η^l)。因此,快速傅里叶变换所需的操作数为 $(N+1)\log_2(N+1)$。显然,当离散点数目为 2^n 时,快速傅里叶变换拥有最理想的效率。这种算法也称为 Cooley-Tukey 算法[443]。

虽然上述讨论给出了快速傅里叶变换的理论基础,但是从算法的角度来考虑,还需要进一步讨论若干技术细节以保证快速傅里叶变换的高效率。最重要的一个问题是如何排列 $\{\phi_s\}$ 从而使得分组和加减操作变得简单易行。在 Cooley-Tukey 算法中,这一点是通过二进制逆序(bit-reversal order)表示而得以实现的。这种表示根据的是序数 s 的"偶数性"强弱。很显然,0 是偶数性最强的序数,因为它可以被 2 整除无限多次。其次是 2^{n-1},再其次是 $2^{n-2}, 2^{n-2}+2^{n-1}, 2^{n-3}$,依此类推。当 s 为奇数时,其偶数性指的是 $s-1$ 的偶数性。因此,1

是偶数性最强的奇数，其次是 $2^{n-1}+1$、$2^{n-2}+1$ 等等。而更为清楚的讨论基于这些数字的二进制逆序表示。对于 2^n 个数，将其分为 2^{n-1}个组，每个组包含序号为 s 及 $s+2^{n-1}$ 的两个数据点。每个序号的二进制表示和二进制逆序表示均列在表 A.2 中。

表 A.2 快速傅里叶变换中序号的二进制表示和二进制逆序表示

序号 s		二进制表示		二进制逆序表示	
0	2^{n-1}	000 ⋯000	100⋯000	000 ⋯000	000 ⋯001
2^{n-2}	$2^{n-2}+2^{n-1}$	010 ⋯000	110⋯000	000 ⋯010	000 ⋯011
2^{n-3}	$2^{n-3}+2^{n-1}$	001 ⋯000	101⋯000	000 ⋯ 100	000 ⋯ 101
$2^{n-3}+2^{n-2}$	$2^{n-3}+2^{n-2}+2^{n-1}$	011 ⋯000	111⋯000	000 ⋯ 110	000 ⋯ 111
⋮	⋮	⋮	⋮	⋮	⋮
2^{n-r}	$2^{n-r}+2^{n-1}$	000⋯10⋯00⋯000	100⋯10⋯00⋯000	000⋯00⋯01⋯000	000⋯00⋯01⋯001
$2^{n-r}+2^{n-2}$	$2^{n-r}+2^{n-2}+2^{n-1}$	010⋯10⋯00⋯000	110⋯10⋯00⋯000	000⋯00⋯01⋯010	000⋯00⋯01⋯011
⋮	⋮	⋮	⋮	⋮	⋮
$2^{n-r}+2^{n-r+1}+\cdots+2^{n-2}$	$2^{n-r}+2^{n-r+1}+\cdots+2^{n-2}+2^{n-1}$	011⋯10⋯00⋯000	111⋯10⋯00⋯000	000⋯00⋯01⋯110	000⋯00⋯01⋯111
⋮	⋮	⋮	⋮	⋮	⋮
$2^{n-1}-1$	2^n-1	011 ⋯ 111	111⋯ 111	111⋯ 110	111⋯ 111

表 A.2 说明，一个数的偶数性越强，其二进制逆序表示所组成的值 l 越小。因此，当我们将一组输入数据按照其序数的二进制逆序表示值 l 升序排列时，即可获得“偶数性”单调递减的一个新数列。例如，有八个输入值 $\phi_0,\phi_1,\cdots,\phi_7$，按照上述原则，可将其排列为

$$\{\phi_0,\phi_4,\phi_2,\phi_6,\phi_1,\phi_5,\phi_3,\phi_7\}$$

依次填入一个数组 G_0，作为进行快速傅里叶变换的初始设定。将含有 2^n 个数据的数组 G 按照其序号的二进制逆序表示值 l 升序排列的算法如下[14]。

算法 A.3

(1) 输入 n，设 $s=0$，$M_v=2^n$，循环次数 $k=1$，产生操作次数 $l=0$；

(2) $M_v=M_v/2$，将其加在所有已经产生的数字上，每运行一次加法，均设 $l=l+1$；

(3) 设第 l 次产生的数字为 s，若 $l<s$，则对调 $G[l]$和 $G[s]$，否则不变；

(4) $k=k+1$，若 $k\leqslant n$，则重复步骤(3)，否则输出最终结果。

按照上述算法排列而成的数组 G_0 在进行快速傅里叶变换运算时具有很高的效率、简便的算法以及最小的所需内存空间。这一点可由第 $n-1$ 次归约操作（或称第一步变换）清楚地看出。根据方程（A.60）至方程（A.66）的讨论，此时所划分的$(N+1)/2$个组中，每组包含的两个数必然为 ϕ_s 和 $\phi_{s+2^{n-1}}$，其中 $s\in[0,N/2]$。例如，序号偶数性最强的 ϕ_0 与 $\phi_{2^{n-1}}$ 组成第一组，次强的 $\phi_{2^{n-2}}$ 与 $\phi_{2^{n-2}+2^{n-1}}$ 组成第二组。显然，这正是表A.2中的排列顺序相符。而且此时相位因子 $\mathrm{P}_{n-1}^{l}=\pm1$，因此，快速傅里叶变换的第一步变换可以取数组 G_0 中相邻的两个数据进行加减运算：

$$\begin{cases}\psi_{n-1,0} = \sum_{s=0}^{l} \beta^{2^{n-1}\times 0 s}\phi_{2^{n-1}s} = \phi_0 + \phi_{2n-1} \\ \psi_{n-1,1} = \sum_{s=0}^{l} \beta^{2^{n-1}\times 1 s}\phi_{2^{n-1}s} = \phi_0 - \phi_{2^{n-1}} \\ \psi_{n-1,2} = \sum_{s=0}^{l} \beta^{2^{n-1}\times (2-2) s}\phi_{2^{n-2}+2^{n-1}s} = \phi_{2^{n-2}} + \phi_{2^{n-2}+2^{n-1}} \\ \psi_{n-1,3} = \sum_{s=0}^{l} \beta^{2^{n-1}\times (3-2) s}\phi_{2^{n-2}+2^{n-1}s} = \phi_{2^{n-2}} - \phi_{2^{n-2}+2^{n-1}} \\ \vdots \end{cases} \tag{A. 67}$$

这种排列方式以及快速傅里叶变换的递归性实际上带来了在存储方面的额外优势。因为第 r 步变换所产生的 $\psi_{n-r,l}$ 仅与前一次的结果 $\psi_{n-r+1,l}$ 有关，所以可以把每一步变换的输出重新填入数组中相应的位置，而“洗掉”之前的元素值。举例而言，第一步变换完成之后，数组 G_0 中依次保存的是 $\psi_{n-1,0}$，$\psi_{n-1,1}$，$\psi_{n-1,2}$，…，$\psi_{n-1,N}$。这意味着我们只需要分配一个 $N+1$ 的一维数组就可以进行快速傅里叶变换计算。对大型计算而言，这无疑具有重要的价值。

上述做法虽然能极大地节省内存，但是也带来了一些需要特别注意的地方。仍旧以方程组(A. 67)为例，进行快速傅里叶变换的第 $n-2$ 次归约操作(或第二步变换)时，有

$$\begin{aligned}\psi_{n-2,0} &= \psi_{n-1,0} + \psi_{n-1,2} \\ \psi_{n-2,1} &= \psi_{n-1,1} - \mathrm{i}\psi_{n-1,3} \\ \psi_{n-2,2} &= \psi_{n-1,0} - \psi_{n-1,2} \\ \psi_{n-2,3} &= \psi_{n-1,1} + \mathrm{i}\psi_{n-1,3} \\ &\vdots\end{aligned}$$

即参与每组运算的两个输入数据在 G_0 中不再毗邻，而是相隔一个位置。依据进一步推导可知，进行第 $n-3$ 次归约操作(或第三步变换)时，参与计算的数据相隔三个位置，依此类推。进行第 $n-r$ 次归约操作(或第 r 步变换)时，参与计算的数据相隔 $2^{r-1}-1$ 个位置。这种规律性的变化，虽然从人工角度看起来非常繁复，但是对程序编写而言并不困难。根据上述讨论，给出快速傅里叶变换算法[14]。

算法 A. 4

(1) 读取所有输入值 ϕ_0，ϕ_1，…，ϕ_N。

(2) 按照算法 A. 3 得到输入值序号的二进制逆序表示值 l，并将所有 ϕ_s 按照各自的 l 升序排列，存于数组 G 中。

(3) 设定初始化条件：组数 $N_g=N+1$，每组中的元素数 $m_g=1$，变换步数 $\eta=0$，基础相位因子 $\beta=\alpha^{-1}=\mathrm{e}^{-\mathrm{i}2\pi/(N+1)}$(傅里叶变换)，$\beta=\alpha=\mathrm{e}^{\mathrm{i}2\pi/(N+1)}$(傅里叶逆变换)，$\alpha$ 的连乘次数 $n_b=N+1$。

(4) 设 $\eta=\eta+1$，$N_g=N_g/2$，$m_g=m_g\times 2$，$n_b=n_b/2$。

计算参与计算的两元素之间位置间隔 $t=2^{\eta-1}-1$，计算相位因子 $P=\alpha^{nb}$。对于第 i 个组：选取元素 $G[(i-1)m_g+l]$以及 $G[(i-1)m_g+l+t]$，$l\in[0,m_g/2]$；计算$G[(i-1)m_g+l]+P^lG[(i-1)m_g+l+t]$，存储于 $G[(i-1)m_g+l]$中；计算 $G[(i-1)m_g+l]-2P^lG[(i-1)m_g+l+t]$，存储于 $G[(i-1)m_g+l+t]$中。

(5) 若 $\eta\leqslant\log_2(N+1)$，则重复步骤(4)，否则输出最后结果。

至此已完成了一维快速傅里叶变换的全部讨论。对于三维情况,可以将其分解为若干次一维快速傅里叶变换,每次进行一个方向上的快速傅里叶变换。对于一般数目的快速傅里叶变换,上述讨论仍然有效,但是在分组时需要考虑每个组包含的输入数据个数有所不同。这些更为专门的算法和讨论可参阅更专门的著述[444]。

在本节的最后,我们以含有八个数据点的一维快速傅里叶变换作为例子来帮助读者理解上面的讨论和算法。

设数组 $G=\{\phi_0,\phi_1,\phi_2,\phi_3,\phi_4,\phi_5,\phi_6,\phi_7\}$,首先考察算法 A.3,其排序过程如下:

$$0\to 0,4\to 0,4,2,6\to 0,4,2,6,1,5,3,7$$

而相应的数组存储变化为

$$\{\phi_0,\phi_1,\phi_2,\phi_3,\phi_4,\phi_5,\phi_6,\phi_7\}\to\{\phi_0,\phi_4,\phi_2,\phi_3,\phi_1,\phi_5,\phi_6,\phi_7\}\to\{\phi_0,\phi_4,\phi_2,\phi_6,\phi_1,\phi_5,\phi_3,\phi_7\}$$

计算
$$\beta=\alpha^{-1},\quad \beta^2=-\mathrm{i},\quad \beta^4=-1$$

则根据算法 A.4 进行的变换过程见表 A.3。该结果可以通过直接计算来验证。根据 A.5.2 节中的讨论,容易写出

表 A.3 含有八个数据点的一维傅里叶变换计算过程

l	$\psi_{0,l}$	$\psi_{1,l}$	$\psi_{2,l}$	$\psi_{3,l}=8gl$
0	ϕ_0	$\phi_0+\phi_4$	$(\phi_0+\phi_4)+(\phi_2+\phi_6)$	$[(\phi_0+\phi_4)+(\phi_2+\phi_6)]+[(\phi_1+\phi_5)+(\phi_3+\phi_7)]$
1	ϕ_4	$\phi_0-\phi_4$	$(\phi_0-\phi_4)-\mathrm{i}(\phi_2-\phi_6)$	$[(\phi_0-\phi_4)-\mathrm{i}(\phi_2-\phi_6)]-\mathrm{i}\alpha[(\phi_1-\phi_5)-\mathrm{i}(\phi_3-\phi_7)]$
2	ϕ_2	$\phi_2+\phi_6$	$(\phi_0+\phi_4)-(\phi_2+\phi_6)$	$[(\phi_0+\phi_4)-(\phi_2+\phi_6)]-\mathrm{i}[(\phi_1+\phi_5)-(\phi_3+\phi_7)]$
3	ϕ_6	$\phi_2-\phi_6$	$(\phi_0-\phi_4)+\mathrm{i}(\phi_2-\phi_6)$	$[(\phi_0-\phi_4)+\mathrm{i}(\phi_2-\phi_6)]-\alpha[(\phi_1-\phi_5)+\mathrm{i}(\phi_3-\phi_7)]$
4	ϕ_1	$\phi_1+\phi_5$	$(\phi_1+\phi_5)+(\phi_3+\phi_7)$	$[(\phi_0+\phi_4)+(\phi_2+\phi_6)]-[(\phi_1+\phi_5)+(\phi_3+\phi_7)]$
5	ϕ_5	$\phi_1-\phi_5$	$(\phi_1-\phi_5)-\mathrm{i}(\phi_3-\phi_7)$	$[(\phi_0-\phi_4)-\mathrm{i}(\phi_2-\phi_6)]+\mathrm{i}\alpha[(\phi_1-\phi_5)-\mathrm{i}(\phi_3-\phi_7)]$
6	ϕ_3	$\phi_3+\phi_7$	$(\phi_1+\phi_5)-(\phi_3+\phi_7)$	$[(\phi_0+\phi_4)-(\phi_2+\phi_6)]+\mathrm{i}[(\phi_1+\phi_5)-(\phi_3+\phi_7)]$
7	ϕ_7	$\phi_3-\phi_7$	$(\phi_1-\phi_5)+\mathrm{i}(\phi_3-\phi_7)$	$[(\phi_0-\phi_4)+\mathrm{i}(\phi_2-\phi_6)]+\alpha[(\phi_1-\phi_5)+\mathrm{i}(\phi_3-\phi_7)]$

$$\mathbf{A}=\begin{bmatrix}1&1&1&1&1&1&1&1\\1&\alpha&\mathrm{i}&\mathrm{i}\alpha&-1&-\alpha&-\mathrm{i}&-\mathrm{i}\alpha\\1&\mathrm{i}&-1&-\mathrm{i}&1&\mathrm{i}&-1&-\mathrm{i}\\1&\mathrm{i}\alpha&-\mathrm{i}&\alpha&-1&-\mathrm{i}\alpha&\mathrm{i}&-\alpha\\1&-1&1&-1&1&-1&1&-1\\1&-\alpha&\mathrm{i}&-\mathrm{i}\alpha&-1&\alpha&-\mathrm{i}&\mathrm{i}\alpha\\1&-\mathrm{i}&-1&\mathrm{i}&1&-\mathrm{i}&-1&\mathrm{i}\\1&-\mathrm{i}\alpha&-\mathrm{i}&-\alpha&-1&\mathrm{i}\alpha&\mathrm{i}&\alpha\end{bmatrix}\tag{A.68}$$

其逆矩阵为

$$\mathbf{A}^{-1}=\frac{1}{8}\begin{bmatrix}1&1&1&1&1&1&1&1\\1&-\mathrm{i}\alpha&-\mathrm{i}&-\alpha&-1&\mathrm{i}\alpha&\mathrm{i}&\alpha\\1&-\mathrm{i}&-1&\mathrm{i}&1&-\mathrm{i}&-1&\mathrm{i}\\1&-\alpha&\mathrm{i}&-\mathrm{i}\alpha&-1&\alpha&-\mathrm{i}&\mathrm{i}\alpha\\1&-1&1&-1&1&-1&1&-1\\1&\mathrm{i}\alpha&-\mathrm{i}&\alpha&-1&-\mathrm{i}\alpha&\mathrm{i}&-\alpha\\1&\mathrm{i}&-1&-\mathrm{i}&1&\mathrm{i}&-1&-\mathrm{i}\\1&\alpha&\mathrm{i}&\mathrm{i}\alpha&-1&-\alpha&-\mathrm{i}&-\mathrm{i}\alpha\end{bmatrix}\tag{A.69}$$

由方程(A.53)可得

$$\begin{cases}8g_0=\phi_0+\phi_1+\phi_2+\phi_3+\phi_4+\phi_5+\phi_6+\phi_7\\8g_1=\phi_0-\mathrm{i}\alpha\phi_1-\mathrm{i}\phi_2-\alpha\phi_3-\phi_4+\mathrm{i}\alpha\phi_5+\mathrm{i}\phi_6+\alpha\phi_7\\8g_2=\phi_0-\mathrm{i}\phi_1-\phi_2+\mathrm{i}\phi_3+\phi_4-\mathrm{i}\phi_5-\phi_6+\mathrm{i}\phi_7\\8g_3=\phi_0-\alpha\phi_1+\mathrm{i}\phi_2-\mathrm{i}\alpha\phi_3-\phi_4+\alpha\phi_5-\mathrm{i}\phi_6+\mathrm{i}\alpha\phi_7\\8g_4=\phi_0-\phi_1+\phi_2-\phi_3+\phi_4-\phi_5+\phi_6-\phi_7\\8g_5=\phi_0+\mathrm{i}\alpha\phi_1-\mathrm{i}\phi_2+\alpha\phi_3-\phi_4-\mathrm{i}\alpha\phi_5+\mathrm{i}\phi_6-\alpha\phi_7\\8g_6=\phi_0+\mathrm{i}\phi_1-\phi_2-\mathrm{i}\phi_3+\phi_4+\mathrm{i}\phi_5-\phi_6-\mathrm{i}\phi_7\\8g_7=\phi_0+\alpha\phi_1+\mathrm{i}\phi_2+\mathrm{i}\alpha\phi_3-\phi_4-\alpha\phi_5-\mathrm{i}\phi_6-\mathrm{i}\alpha\phi_7\end{cases}\tag{A.70}$$

方程组(A.70)正对应表 A.3 的最后一行。仔细考察快速傅里叶变换的运算过程表 A.3 以及矩阵 $\mathbf{A}^{-1}$(方程(A.69)),可以看到快速傅里叶变换的高效在于充分利用了系数矩阵的对称性和排列特点。

A.6　结构分析

结构分析在原子模拟中有着非常重要的作用。一般的分子动力学模拟都包含 $10^5\sim10^7$ 个原子。如果不借助结构分析,要在原子数如此庞大的体系中找出我们感兴趣的区域,如缺陷或某类性质变化比较剧烈的部分是非常困难的。因此,本节中我们介绍几种实践中比较常用的结构分析方法。

A.6.1　辨别 BCC、FCC 以及 HCP 结构

对于金属体系的结构分析,往往需要确定某部分区域的相,也即该区域的晶体结构。一般而言,常见的金属主要以 BCC、FCC 或者 HCP 三种结构出现。因此确定、辨别原子处于哪种结构中有很强的应用价值。这里主要介绍两种比较常用和有效的识别算法,分别由 Cleveland 和 Ackland 提出。

A.6.1.1　共配位分析

Cleveland 指出,对于金属结构可以通过分析给定最近邻原子,区分所共享的最近邻原子构型的晶体结构,即所谓共配位分析(common neighbor analysis,CNA)[445]。在共配位分析中,首先给定最近邻判据 r_{NN},之后针对给定原子确定满足最近邻判据的最近邻原子,给定原子与其每个最近邻原子所处环境可以用三个数字表示。遍历所有最近邻原子对之后,将所得结果与标准结构库相对应,从而确定该原子处于何种结构的环境当中。第一个数字表示当前原子与给定的某最近邻原子所共有的处于 r_{NN} 所确定的范围之内的原子数(共配位数),第二个数字表示这些共配位原子所组成的最近邻原子对的数目,而第三个数字则表示相连的上述最近邻原子对的个数的最大值。对于 FCC 和 HCP 结构,r_{NN} 取理想晶格第一近邻和第二近邻间距之间的某个数值;对于 BCC 结构,则取其为理想晶格第二近邻和第三近邻间距之间的某个数值。下面以 BCC 结构为例,对共配位分析方法进行说明。

如图 A.2 所示,设 $r_{\mathrm{NN}}=1.1a_0$(a_0 为立方单胞的晶格常数)。则对于原子 i 可以找到两类近邻原子:第一近邻(左)以及第二近邻(右)。首先讨论第一近邻的情况。选定原子 i 与某第一近邻原子组成的原子对(图中蓝色圆点),可以找到六个原子(标记为 1～6)同时

满足距离这两个选定原子小于 r_{NN} 的条件;这六个原子当中有六对满足最近邻条件(参见图中六条细实线),这六对最近邻原子的连接线有六条并首尾相连。在这种情况下共配位分析的标号为 666。原子 i 的八个第一近邻原子情况相同,因此可以写为 666(8)。类似地可以得到第二近邻的共配位分析的标识为 444(6)。上述两组数就是 BCC 结构的特征数。同样地,可以得到 FCC 以及 HCP 结构的特征数,和上面讨论的 BCC 结构一起列于表 A.4。

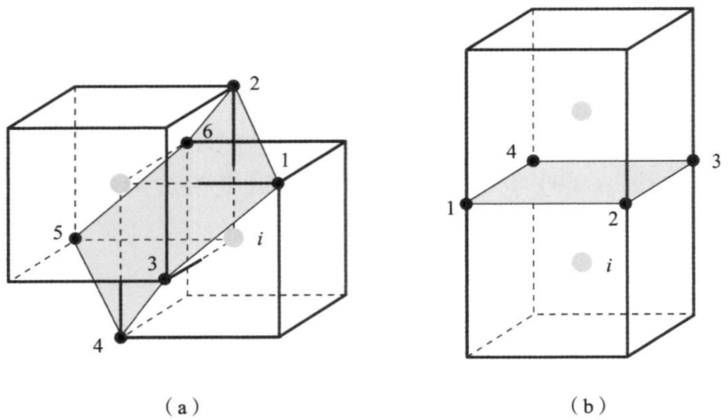

图 A.2 BCC 结构中给定最近邻原子对的共配位原子及这些共配位原子间的最近邻关系

表 A.4 BCC、FCC 及 HCP 结构的共配位分析特征数

晶格结构	最近邻原子数	CNA1	CNA2
BCC	14	666(8)	444(6)
FCC	12	421(12)	—
HCP	12	421(6)	422(6)

注:括号中数值为符合 CNA 的最近邻原子数。

从上述分析可以看出,共配位分析的条件是很严格的。在存在空位的情况下由于最近邻原子数的变化,辨别效果会大打折扣。Cleveland 也意识到这个问题,强调"这种方法的结果是很保守的,很多情况下必须进行人为的干预"。

A.6.1.2 余弦分布分析

采用径向分布函数或角分布函数进行结构分析是比较直观和自然的选择,在早期的工作中也确实有这样做。如拟合给定原子的径向分布或角分布函数,然后和标准结构的数值相比较,选出一个最接近的结构标定为该原子所处环境,但是这样做效果并不是很好。Ackland 提出,利用角分布分析结构本身没有错,但是判据应该更灵活,而不应拘泥于与标准结构值进行匹配[446]。Ackland 从理想结构出发,通过对每个原子引入随机的偏移量,以该偏移量最大值构造出若干个体系,据此找出原子 i 的近邻原子。然后统计以原子 i 为顶点的夹角 θ_{jik} 余弦在区间[$-1,1$]上出现的频率。根据不同体系频率的峰位分布不同,Ackland 将整个区间分为八个亚区间,通过每个亚区间的频率以及某几个亚区间频率的比值、总和等指标来判断原子所处的环境。区间的划分、出现次数 χ_m($m=0,1,\cdots,7$)和几个参考点见表 A.5。

表 A.5 θ_{jik} 余弦的分布范围、理想结构中 θ_{jik} 在各范围中的出现次数 χ_m 及参考点

参数	下限 $\cos\theta_{jik}$	上限 $\cos\theta_{jik}$	BCC	理想体系 FCC	HCP
χ_0	-1.0	-0.945	7	6	3
χ_1	-0.945	-0.915	0	0	0
χ_2	-0.915	-0.755	0	0	6
χ_3	-0.755	-0.195	36	24	21
χ_4	-0.195	0.195	12	12	12
χ_5	0.195	0.245	0	0	0
χ_6	0.245	0.795	36	24	24
χ_7	0.795	1.0	0	0	0
δ_{BCC}	$0.35\chi_4/(\chi_5+\chi_6+\chi_7-\chi_4)$				
δ_{CP}	$0.61\lvert 1-\chi_6/24\rvert$				
δ_{FCC}	$0.61(\lvert\chi_0+\chi_1-6\rvert+\chi_2)/6$				
δ_{HCP}	$(\lvert\chi_0-3\rvert+\lvert\chi_0+\chi_1+\chi_2+\chi_3-9\rvert)/12$				

注：$\cos\theta_{jik}$ 是 $\boldsymbol{r}_{ij}$ 与 $\boldsymbol{r}_{ik}$ 的夹角；最近邻判据是 $r_{ij}, r_{ik} < 1.204r_0$，其中 r_0 是最小原子间距。

表 A.5 中几个参考点 δ 的几何意义是对理想结构的偏离。在畸变较大的情况下 δ 可以强化不同结构，特别是 FCC 结构与 HCP 结构的区别。基于对大量位移体系的分析和优化，Ackland 提出辨别结构的算法如下。

算法 A.5

(1) 确定第 i 个原子的六个与其间距最小的原子，并计算平均最小原子间距 $r_0^2 = \sum_{j=1}^{0} r_{ij}^2/6$。

(2) 找出满足条件 $r_{ij_0}^2 < 1.45r_0^2$ 的最近邻原子 j_0，总数为 N_0；找出满足条件 $r_{ij_1}^2 < 1.55r_0^2$ 的最近邻原子 j_1，总数为 N_1。

(3) 计算所有 $N_0(N_0-1)/2$ 个以原子 i 为顶点的夹角余弦值，并依据表 A.5 的上、下限确定 χ_m。

(4) 若 $\chi_7>0$ 或 $N_0<11$，则将原子 i 标记为“结构未知”。

(5) 若 $\chi_0=7$，则原子 i 结构为 BCC；若 $\chi_0=6$，则原子 i 结构为 FCC；若 $\chi_0=3$，则原子 i 结构为 HCP。

(6) 依照表 A.5 计算 δ_{BCC}、δ_{CP}、δ_{FCC} 和 δ_{HCP}。

(7) 若所有 $\delta>0.1$，则将原子 i 标记为“结构未知”。

(8) 若 $\delta_{BCC}<\delta_{CP}$ 且 $10<N_1<13$，则原子 i 结构为 BCC。

(9) 若不满足(8)且 $N_0<12$，则将原子 i 标记为“结构未知”，否则比较 δ_{FCC} 及 δ_{HCP}，将原子 i 标记为 δ 较小的结构。

余弦分布分析的一个优势在于它对理想结构的依赖性有所降低，因此在畸变较大或者空位/间隙原子浓度较高的情况(如高温或强辐照)下仍可保证辨别效率。而且对于 HCP

结构,原则上可以确定其晶体取向(即 c 轴取向)。此外,通过调整亚区间的上、下限,这种方法可以很好地扩展到识别具有四面体群对称性的晶体结构(如金刚石结构、闪锌矿结构等等)上。但是这种方法的参数完全由经验得来。因此适用范围和可移植性仍需检验。到目前为止,还不存在一种可以完全脱离人工干预的高效识别晶体结构的算法。

A.6.2 中心对称参数

利用分子动力学进行模拟的体系,一般而言,原子数均在 $10^6 \sim 10^7$ 范围内。这种情况下如何确定材料缺陷(如位错、孪晶、晶界等)的位置是一个重要和实际的问题。由于原子数众多,不可能直接利用体系可视化软件进行分析。为了解决这个问题,Plimpton 提出了一个辨别缺陷芯区原子与远离缺陷处原子的方法——利用中心对称参数 p_i,即对于给定原子 i,找出理想晶格内该原子与其最近邻原子的零和矢量。在靠近结构缺陷的地方,由于晶格畸变严重,该矢量会产生明显的变化,因此可通过甄别不同的 p_i 值而达到确定缺陷位置的目的。显而易见,p_i 的具体定义取决于体系的晶体结构。以 FCC 结构和 BCC 结构为例,可以给出 p_i 的计算公式。

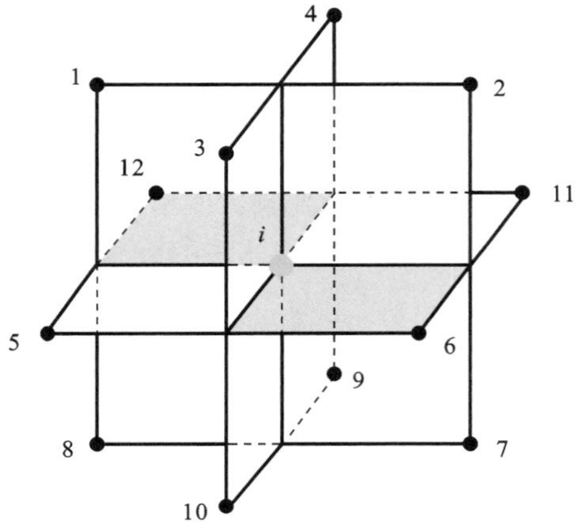

图 A.3 FCC 结构中第 i 个原子(大圆点)的最近邻原子(小圆点)分布

对于 FCC 结构,有

$$p_i = \sum_{j=1}^{6} |\boldsymbol{R}_{i,j} + \boldsymbol{R}_{i,j+6}| \tag{A.71}$$

对于 BCC 结构,有

$$p_i = \sum_{j=1}^{4} |\boldsymbol{R}_{i,j} + \boldsymbol{R}_{i,j+4}| \tag{A.72}$$

如图 A.3 所示,在 FCC 结构中,原子 i 有十二个最近邻原子,可以找到六对关于原子 i 对称的最近邻原子对 $(j, j+6)$,其相对位置的矢量和 $\boldsymbol{R}_{i,j} + \boldsymbol{R}_{i,j+6} = \boldsymbol{0}$。但在缺陷附近,这种对称性被破坏,因此由式(A.71)计算出的 p_i 明显大于零。类似地,在 BCC 结构中,原子 i 有八个最近邻原子,关于其对称的最近邻原子对 $(j, j+4)$ 有四对,因此 p_i 由方程(A.72)给出。

在实际工作中,预先确定对称原子对比较困难,而在某些缺陷附近,如自由表面或空位团边缘处,一部分原子根本不存在对称原子。因此上述定义式并不能直接使用,需要按照下式计算 p_i(以 FCC 结构为例):

$$p_i = \min\left\{ \sum_{l=1}^{6} \Delta_i^{(j,k)} \right\}, \quad \Delta_i^{(j,k)} = |\boldsymbol{R}_{i,j} + \boldsymbol{R}_{i,k}| \ \ \forall j,k \in \langle i \rangle \tag{A.73}$$

式中:$\langle i \rangle$ 代表第 i 个原子的最近邻。也即,在原子 i 的最近邻集合中任意选两个原子 j 和 k,计算 $\Delta_i^{(j,k)}$,然后找出其中数值最小的六个求和。同样,对于 BCC 结构有

$$p_i = \min\left\{ \sum_{l=1}^{4} \Delta_i^{(j,k)} \right\} \tag{A.74}$$

需要说明的是,方程(A.73)和方程(A.74)并不是计算中心对称参数唯一的公式。实际上,在一些开放视图软件如 ATOMEYE 中,p_i 由如下方法计算(以 FCC 结构为例):

(1) 确定第 i 个原子的十二个最近邻原子。

(2) 任取两个原子,计算 $\Delta_i^{(j,k)}$;遍历所有可能的 (j,k) 组合,找出最小值 $\Delta_i^{(j_0,k_0)}$。

(3) 将 j_0 和 k_0 从最近邻集合中移除,重复步骤(2),找出当前的最小值 $\Delta_i^{(j_l,k_l)}$,直到最近邻集合为空;

(4) 对所有六个 $\Delta_i^{(j_l,k_l)}$ 求和,得到 p_i。

利用这种计算方式得到的 p_i 一般而言会更大一些。

在给定 p_i 阈值进行结构分析时要注意选择。因为数值精度以及有限温度下热运动的影响,即使在完整晶格中 p_i 也不可能严格为零。此外,尽管缺陷类型和 p_i 的数值有一定的关系,但是并不能简单地将二者一一对应。一般来讲,孤立原子的 p_i 数值>自由表面的 p_i 数值>晶界的 p_i 数值>位错的 p_i 数值,但是在实际工作中需要具体地加以区分。

常见的材料还有 HCP 结构及金刚石/闪锌矿结构的材料,在这两种材料中没有简单的关于目标原子成中心对称的最近邻原子对。因此 p_i 分析很少见诸于这两类材料的结构分析。当然,对于后者,可以类似地定义

$$p_i = \left| \sum_{l=1}^{4} (\boldsymbol{R}_{i,j} + \boldsymbol{R}_{i,j+l}) \right| \tag{A.75}$$

对于理想金刚石/闪锌矿结构,$p_i=0$,但是在缺陷附近会有较大的偏差。而 HCP 结构的分析用 p_i 并不优于 A.6.1 节中介绍的方法,因此这里不再讨论。

A.6.3 Voronoi 算法构造多晶体系

多晶材料,特别是纳米晶粒材料现在受到了越来越多的关注,利用分子动力学模拟多晶体系也逐渐普遍起来,因此需要有一种算法可以方便地创建含有多个晶粒体系的原子坐标。Voronoi 算法因其几何意义明确、实现简单而成为目前很多研究人员的首选。

利用 Voronoi 算法构造多晶体系时,首先要确定整个体系的大小。为简单起见,设其为立方体,体积为 V。然后根据预设的晶粒平均体积 V_{gr} 确定晶粒的个数 N_{gr},每个晶粒用它的中心点代表,再将这些点尽量均匀地撒在整个体系中。比较直观的办法是将这些点设想为同种气态原子,彼此间相互作用可以用 Morse 势函数或者 LJ 势函数等对势函数描述,这时只需保证该对势的平衡距离为 $(0.8\sim1.1)V_{gr}^{1/3}$ 即可,其他的描述相互作用强弱的参数可设为 1。除此之外还需要考虑体系的边界条件。如果在各个方向上均采用周期性边界条件,则可直接利用第 1 章中的共轭梯度法或牛顿法弛豫这些点的位置,得到最佳的初始位置。如果在某一方向上采用自由边界条件,则需要利用约束条件下的最优化方法(如拉格朗日乘子法等)来求解。例如在这个方向的边界处设置一个惩罚势:

$$V(x_\alpha)=V_0\frac{1}{\exp(x_\alpha - x_\alpha^0)}[1-\Theta(x_\alpha - x_\alpha^0)], \quad \alpha=1,2,3 \tag{A.76}$$

其中假设边界的位置为 $x_\alpha=0$,$\Theta(x)$ 是 Heaviside 阶跃函数,V_0 和 x_α^0 是人为给定的确定该惩罚势强度和作用范围的参数。由此将体系转化为无约束条件的优化问题,再进行弛豫。

确定各晶粒的中心位置之后,需要给定各个晶粒内晶体的取向,然后据此由中心点向四周添加原子。每次添加原子之后需要计算该原子与它的中心点以及与其他中心点的距离,如果与其他中心点距离更小则说明在这个方向上该晶粒已经逾渗至其他晶粒中,应停止添加原子。在实际过程中为了防止边角处(如三晶粒分界点等)出现空洞,常常设置一

个容许范围,若该原子到第 i 个中心的距离 d_i 与它到自身晶粒中心的距离 d_0 的比值 $d_i/d_0>1-\delta$,仍然允许将其添加到体系中。

最后,在边界逾渗范围[$-\delta,\delta$]内有可能出现两个原子距离过近的情况。在这种情况下,按照 0.5 的概率随机删除这两个原子中的一个。如果距离过近的原子数 N 大于 2,则按照 $1/N$ 的概率每次随机删除一个原子,过程重复 $N-1$ 次即可。至此,可以成功建立多晶体系以供研究。

对于 Voronoi 算法的更详细介绍可参阅文献[447]。图 A.4 给出了利用 Voronoi 算法建立的多晶 α-Fe 以及多晶 FCC-Cu 体系。

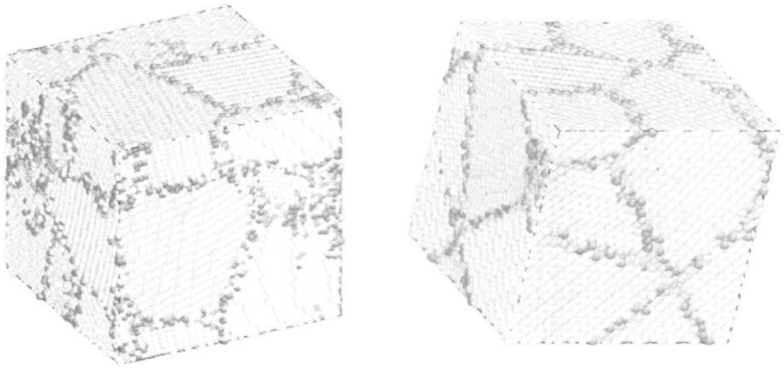

(a)　　　　　　(b)

图 A.4　利用 Voronoi 算法建立的多晶 α-Fe 和多晶 FCC-Cu 体系

(a) 多晶 α-Fe;(b) 多晶 FCC-Cu

A.7　NEB 常用的优化算法

A.7.1　Quick-Min 算法

Quick-Min(QM)算法是一种阻尼动力学算法,被诸如 XMD 或者 VASP 等原子模拟软件所采用。QM 算法通过逐步将动能移除而使体系达到稳态。QM 算法与其他常用优化方法,如共轭梯度法、拟牛顿法等的最大区别在于前者不涉及能量计算。文献[127]里,Sheppard 等人将 QM 算法和欧拉法结合在一起,用于 NEB 计算。QM 算法如下。

(1) 给出初始构型 $\boldsymbol{R}$,计算力 $\boldsymbol{F}$,并给定初始速度 $\boldsymbol{v}_0$ 以及时间步长 Δt。

(2) 将各原子的速度在其受力方向上投影:

$$\boldsymbol{v}_i=(\boldsymbol{v}_i\cdot\hat{\boldsymbol{F}}_i)\hat{\boldsymbol{F}}_i \tag{A.77}$$

(3) 若 $\boldsymbol{v}_i\cdot\hat{\boldsymbol{F}}_i<0$,则 $\boldsymbol{v}_i=0$。

(4) 利用欧拉方法更新体系构型 $\boldsymbol{R}$ 和速度 $\boldsymbol{v}$:

$$\boldsymbol{R}_i\leftarrow\boldsymbol{R}_i+\boldsymbol{v}_i\Delta t$$

$$\boldsymbol{v}_i\leftarrow\boldsymbol{v}_i+\boldsymbol{F}_i\Delta t$$

计算力 $\boldsymbol{F}$,重复步骤(2)。

这种方法最大的问题在于对时间步长 Δt 没有普遍的选择标准。如果 Δt 取得太大,体系振荡过于严重,算法有可能不收敛;取得太小,则优化的效率太低。因此,在实际工作中需要做几次测试以得到最优的时间步长。

A.7.2 FIRE 算法

快速惯性弛豫引擎(fast inertial relaxation engine,FIRE)算法,是 Bitzek 等人在 2006 年提出的一种与 A.7.1 节介绍的 QM 算法类似的优化算法[448]。其基本思想同样是根据与能量梯度的相互关系随时调整体系的速度矢量,从而使体系尽快地达到能量最低点。与阻尼动力学方法不同的是,FIRE 算法除了在爬坡(即速度与负能量梯度成钝角)情况下将速度重新归零以外,对于下坡情况也有对速度相应的操作。Bitzek 提出,最优的策略是在体系沿负能量梯度前进时根据下式调整体系速度:

$$\dot{\boldsymbol{v}}=\boldsymbol{F}(t)/m-\gamma(t)|\boldsymbol{v}(t)|[\hat{\boldsymbol{v}}(t)-\hat{\boldsymbol{F}}(t)] \tag{A.78}$$

除了通常的加速度以外,还有一项附加的阻尼作用,其效果相当于让系统转换(或尽量转换)到能量变化更"陡"的方向上来。显然,速度的变化也依赖于体系原先的运动状态,即惯性,这也是 FIRE 名称的由来。对于方程(A.78),还需要注意参数 $\gamma(t)$不能太大,否则体系在两步之间会丢失过多的信息,从而使得优化的效率降低。在离散化的情况下,我们可以写出体系速度的递推形式:

$$\boldsymbol{v}(t+\Delta t)=(1-\gamma(t)\Delta t)\boldsymbol{v}(t)+\gamma(t)\Delta t\hat{\boldsymbol{F}}(t)|\boldsymbol{v}(t)|+\boldsymbol{F}(t)\Delta t/m \tag{A.79}$$

即

$$\boldsymbol{v}(t+\Delta t)=(1-\alpha)\boldsymbol{v}(t)+\alpha\hat{\boldsymbol{F}}(t)|\boldsymbol{v}(t)|+\boldsymbol{F}(t)\Delta t/m \tag{A.80}$$

式中 $\alpha=\gamma\Delta t$。利用标准的分子动力学蛙跳算法可更新方程(A.79)的最后一项。因此 FIRE 算法需要额外添加的对速度的操作实际上可表示为

$$\boldsymbol{v}(t+\Delta t)=(1-\alpha)\boldsymbol{v}(t)+\alpha\hat{\boldsymbol{F}}(t)|\boldsymbol{v}(t)| \tag{A.81}$$

基于上述讨论,可以构建 FIRE 算法如下:

(1) 给出初始构型 $\boldsymbol{x}$,计算力 $\boldsymbol{F}$,并给定初始参数 α_{start},Δt,$\boldsymbol{v}=\boldsymbol{0}$;

(2) 利用标准分子动力学程序,更新 $\boldsymbol{v}(\boldsymbol{v}=\boldsymbol{v}+\boldsymbol{F}\Delta t/m)$,更新体系构型 $\boldsymbol{x}$,计算力 $\boldsymbol{F}$;

(3) 计算 $P=\boldsymbol{F}\cdot\boldsymbol{v}$;

(4) 更新速度 $\boldsymbol{v}\rightarrow(1-\alpha)\boldsymbol{v}+\alpha\hat{\boldsymbol{F}}|\boldsymbol{v}|$;

(5) 如果 $P>0$,且 $P>0$ 的次数连续达到了 $N_{\min}$ 以上,则增加时间步长 $\Delta t\rightarrow\min\Delta t f_{\text{inc}}$,$\Delta t_{\max}$,同时减小阻尼系数 $\alpha\rightarrow\alpha f_{\alpha}$;

(6) 如果 $P\leqslant 0$,则减小时间步长 $\Delta t\rightarrow\Delta t f_{\text{dec}}$,将体系速度 $\boldsymbol{v}$ 重新置零,重设 α 为初始值 α_{start};

(7) 重复步骤(2)。

对上述算法需要注意,在进行步骤(2)时应首先更新 $\boldsymbol{v}$,否则方程(A.79)中速度和力的同时性会被破坏。此外,体系连续沿能量下降方向前进表明该体系找到了"正确"的前进方向,因此可以减小阻尼而使得体系趋向于沿受力方向加速前进。而在体系开始沿着能量上升方向前进时,为避免振荡而将体系速度重置。这一做法与共轭梯度法中的重置相似。FIRE 算法并没有严格的数学证明来保证它的全局收敛性。而上述算法中所涉及的参数都是经验值。Bitzek 等人在多次实践的基础上给出下列优化值:

$$N_{\min}=5,\quad f_{\text{inc}}=1.1,\quad f_{\text{dec}}=0.5,\quad \alpha_{\text{start}}=0.1,\quad f_{\alpha}=0.99,\quad \Delta t_{\max}=10\Delta t$$

其中 Δt 可取为典型的分子动力学步长,如 1 fs。对于一般的函数,Δt 是一个无量纲的数。在很多单纯优化甚至过渡态寻找的情况下,FIRE 算法具有非常高的效率(是共轭梯度法的两倍左右),而且每一步所需的存储单元要远小于拟牛顿法算法[127,448]。因此,FIRE 算法获

得了越来越多的关注。FIRE 算法的成功也表明阻尼动力学在系统优化方面的应用有很大的潜力。这方面的工作有待进一步发展。

A.8 Pulay 电荷更新

定义优化的残余矢量$|R_n\rangle$为

$$|R_n\rangle=\rho_n^{\text{out}}-\rho_n^{\text{in}} \tag{A.82}$$

下标 n 表示第 n 步优化。将第 $n+1$ 步的残余矢量$|R_{n+1}\rangle$表示为前 p 个$|R\rangle$的线性叠加,有

$$|R_{n+1}\rangle=\sum_{i=n-p+1}^{n}\alpha_i\,|R_i\rangle \tag{A.83}$$

式中:α_i 满足约束条件$\sum_i\alpha_i=1$。如果希望达到最好的估值,则$\langle R_{n+1}|R_{n+1}\rangle$应该最小。显然,这是一个带约束条件的优化问题。按照 1.3.7 节中介绍的拉格朗日乘子法,可定义

$$F=\langle R_{n+1}\mid R_{n+1}\rangle-\lambda\Big(1-\sum_i\alpha_i\Big)=\sum_{i,j}\alpha_i\alpha_j\langle R_i\mid R_j\rangle-\lambda\Big(1-\sum_i\alpha_i\Big) \tag{A.84}$$

根据方程(1.139)求出∇F,并设$\nabla F=0$,可得下列方程组:

$$\begin{bmatrix}\langle R_{n-p+1}|R_{n-p+1}\rangle & \langle R_{n-p+1}|R_{n-p+2}\rangle & \cdots & \langle R_{n-p+1}|R_n\rangle & 1\\ R_{n-p+2}|R_{n-p+1}\rangle & \langle R_{n-p+2}|R_{n-p+2}\rangle & \cdots & \langle R_{n-p+2}|R_n\rangle & 1\\ \vdots & \vdots & & \vdots & \vdots\\ \langle R_n|R_{n-p+1}\rangle & \langle R_n|R_{n-p+2}\rangle & \cdots & \langle R_n|R_n\rangle & 1\\ 1 & 1 & \cdots & 1 & 0\end{bmatrix}\begin{bmatrix}\alpha_{n-p+1}\\ \alpha_{n-p+2}\\ \vdots\\ \alpha_n\\ \dfrac{\lambda}{2}\end{bmatrix}=\begin{bmatrix}0\\0\\ \vdots\\0\\1\end{bmatrix} \tag{A.85}$$

将由此解得的$\{\alpha_i\}$代回式(A.83)即得第 $n+1$ 步电荷分布的最优估计值 ρ_{n+1}^{in}。

A.9 最近邻原子的确定

一般而言,分子动力学处理的体系原子数目都比较大,在 $10^5\sim10^7$ 之间,特殊情况下可以达到或接近 10^9。计算各个原子的受力、对总能的贡献以及结构分析时,需要耗费大量的时间。本节中我们介绍几个常用的改进效率的方法。

如果不考虑截断距离,原则上讲每一步都需要进行 $N(N-1)/2$ 次计算来获得体系的能量和每个原子的受力。这显然是效率非常低下的做法。更为合理的做法是为每个原子建立一个最近邻原子列表,称为 Verlet 列表。建立 Verlet 列表时需要给定一个截断距离 r_{Ver},一般而言,其取值应略大于作用势的截断距离 r_c。采用 Verlet 列表,每一步原子受力计算所需的操作数正比于 $N\times M_{\text{Ver}}$,其中 $M_{\text{Ver}}=(3\pi/4)r_{\text{Ver}}^3/V_{\text{atom}}$。对于 N 比较大的体系,$M_{\text{Ver}}\ll N$,因此利用 Verlet 列表可以极大地提高计算效率。此外,可以利用 $r_{\text{Ver}}-r_c$来控制更新列表的频率:每一步更新位置之后,统计原子的最大移动距离 Δr_i,如果 $\Delta r_i>r_{\text{Ver}}-r_c$,则需要更新列表,否则维持已有的列表不变。

显然,增大 r_{Ver},可以在更长时间内不需更新列表。因为每次构建 Verlet 列表的操作数正比于 N^2,所以降低更新频率有利于节省计算时间。但是与此同时,每个原子的 Verlet 列

表将会包含更多的近邻原子，计算受力时计算量会相应增大。因此，对于 r_{Ver} 的取值需要综合考虑，一般取 $r_{\mathrm{Ver}} \approx 1.1r_c$。

进一步考虑 Verlet 列表的构建过程，可以发现没有必要遍历体系中的每一对原子。如果将体系依据 r_c 划分成若干个区域，对于给定的一个原子只在其所在区域及最近邻的 27 个区域内寻找近邻原子，则一方面效率会有很大的提高，操作数可以由正比于 N^2 下降到正比于 N，另一方面可以将这种分区方法便捷地与并行计算结合起来，从而进一步提高计算速度。

考虑用分数坐标 $\boldsymbol{r}_i$ 表示原子 i 的位置，可以给出分区构建列表的算法如下。

(1) 利用 r_c 计算沿各基矢排列的分区数目 $N_\alpha = \mathrm{INT}(|a_\alpha|/r_c)$，$\alpha=1,2,3$。

(2) 计算分区的边长 $r_\alpha^{\mathrm{cell}} = |a_\alpha|/N_\alpha$，并用 (n_1, n_2, n_3) 标记每个分区，$n_\alpha = 1,2,\cdots,N_\alpha$。

(3) 初始化各原子已确定的最近邻原子数 ($l_i = 0$) 以及 Verlet 列表 ($V(i,:) = \mathbf{0}$)，其中 $i = 1,2,\cdots,N$。

(4) 建立分区与原子的映射关系：对于原子 i，$n_\alpha = \mathrm{int}(x_\alpha^i / r_{\mathrm{cell}}) + 1$，将原子 i 置入相应的分区。

(5) 设 $i=1$，遍历原子 i 所在及其最近邻的二十七个分区 ($\{n_\alpha - 1, n_\alpha, n_\alpha + 1\}$) 内的所有原子 j，确定 i 原子的 Verlet 列表：若 $j > i$ 且 $r_{ij}^{\min} \leqslant r_c$，则 $l_i = l_i + 1$，$V(i, l_i) = j$，$l_j = l_j + 1$，$V(j, l_j) = i$。

(6) 设 $i = i + 1$，重复上述过程。

对于采用周期性边界条件的体系，在步骤(5)中需要注意边界上的分区近邻，若 $n_\alpha - 1 = 0$，则遍历 N_α 分区中的原子。类似地，若 $n_\alpha + 1 > N_\alpha$，则遍历 $n_\alpha = 1$ 分区中的原子。此外，还应在 Verlet 列表中标明近邻原子 j 的实际位置。

附录B 术语索引

参 考 文 献

[1] BEURDEN P V. On the surface reconstruction of Pt-group metals[D]. Eindhoven:Technische Universiteit Eindhoven,2003.

[2] 居余马,胡金德,林翠琴,等.线性代数[M].2 版.北京:清华大学出版社,2002.

[3] WATKINS D S. The matrix eigenvalue problem[M]. Philadelphia:Society for Industrial and Applied Mathematics,2007.

[4] GOLUB G H,VAN LOAN C F. Matrix computations[M]. 3rd ed. Baltimore:The Johns Hopkins University Press,1996.

[5] 徐婉棠,喀兴林.群论及其在固体物理中的应用[M].北京:高等教育出版社,1999.

[6] 陈宝林.最优化理论与算法[M].2 版.北京:清华大学出版社,2005.

[7] NOCEDAL J,WRIGHT S. Numerical optimization[M]. New York:Springer-Verlag,1999.

[8] NOCEDAL J. Updating Quasi-Newton matrices with limited storage[J]. Math. Comput.,1980,35(151):773-782.

[9] LI D H,FUKUSHIMA M. A modified BFGS method and its global convergence in nonconvex minimization[J]. J. Comput. Appl. Math.,2001,129(1-2):15-35.

[10] XIAO Y,WEI Z X,WANG Z. A limited memory BFGS-type method for large-scale unconstrained optimization[J]. Comput. Math. Appl.,2008,56(4):1001-1009.

[11] SUN W,YUAN Y X. Optimization theory and methods[M]. Berlin:Springer-Verlag,2006.

[12] NELDER J A,MEAD R. A simplex method for function minimization[J]. Computer Journal,1965,7(4):308-313.

[13] KELLEY C T. Detection and remediation of stagnation in the Nelder-Mead algorithm using a sufficient decrease condition[J]. SIAM Journal on Optimization,1999,10(1):43-55.

[14] WONG S S M. Computational methods in physics and engineering[M]. 2nd ed. Singapore:World Scientific,1997.

[15] 曾谨言.量子力学导论[M].2 版.北京:北京大学出版社,2004.

[16] 齐兴义.晶体学 14 种空间点阵形式的对称性分析与导出[J].大学化学,2008,24:59-65.

[17] 俞文海.晶体结构的对称群:平移群、点群、空间群和色群[M].合肥:中国科学技术大学出版社,1991.

[18] HAHN T. International tables for crystallography,volume A:Space-group symmetry[M]. 5th ed. Berlin:Springer-Verlag,2002.

[19] BRANDON D,RALPH B,RANGANATHAN S,et al. A field ion microscope study of atomic configuration at grain boundaries[J]. Acta Met.,1964,13(64):813-821.

[20] BOLLMANN W. Crystal defects and crystalline interfaces[M]. Berlin:Springer-Verlag,1970.

[21] BOLLMANN W. Crystal lattices,interfaces,matrices:An extension of crystallography[M]. Gevena:Bollmann,1982.

[22] LU L,SHEN Y F,CHEN X H,et al. Ultrahigh strength and high electrical conductivity in copper[J]. Science,2004,304(16):422-426.

[23] LU L,CHEN X H,HUANG X,et al. Revealing the maximum strength in nanotwinned copper[J].

Science,2009,323(5914):607-610.
[24] LU K. The future of metals[J]. Science,2010,328(4):319-320.
[25] MURNAGHAN F D. The compressibility of media under extreme pressures[J]. Proceedings of the National Academy of Sciences of the United States of America,1944,30(9):244-247.
[26] YU R,ZHU J,YE H Q. Calculations of single-crystal elastic constants made simple[J]. Comput. Phys. Commun. ,2010,181(3):671-675.
[27] 李正中.固体理论[M].2版.北京:高等教育出版社,2002.
[28] MADELUNG O. Introduction to solid-state theory[M]. 3rd ed. Berlin:Springer-Verlag,1996.
[29] 黄昆.固体物理学[M].北京:高等教育出版社,1998.
[30] SLATER J C. A soluble problem in energy bands[J]. Phys. Rev. ,1952,87:807-835.
[31] GROSSO G,PARRAVICINI G P. Solid state physics[M]. San Diego:Academic Press,2000.
[32] EHRENREICH H,COHEN M. Self-consistent field approach to the many-electron problem[J]. Phys. Rev. ,1959,115(4):786-790.
[33] WISER N. Dielectric constant with local field effects included[J]. Phys. Rev. ,1963,129(1):62-69.
[34] HYBERTSEN M,LOUIE S G. Ab initio static dielectric matrices from the density-functional approach,I. Formulation and application to semiconductors and insulators[J]. Phys. Rev. B,1987,35(11):5585-5601.
[35] FRANK W,ELSASSER C,FAHNLE M. Ab initio force-constant method for phonon dispersions in alkali metals[J]. Phys. Rev. Lett. ,1995,74(10):1791-1794.
[36] KOOPMANS T. Ordering of wave functions and eigenenergies to the individual electrons of an atom[J]. Physica,1933,1:104-113.
[37] MARTIN R M. Electronic structure basic theory and practical methods[M]. Cambridge:Cambridge University Press,2004.
[38] GELLMANN M,BRUECKNER K A. Correlation energy of an electron gas at high density[J]. Phys. Rev. ,1957,106(2):364-368.
[39] MAHAN G D. Many-Particle Physics[M]. New York:Plenum Press,1981.
[40] MACKE W. Über die wechselwirkungen im Fermi-gas. Polarisationserscheinangen,correlationsenergie,elektronenkondensation[J]. Z. Naturforsch,1950,5a:192.
[41] PINE D. A Collective description of electron interactions:IV. Electron interaction in metals[J]. Phys. Rev. ,1953,92(3):626-636.
[42] ONSAGER L,MITTAG L,STEPHEN M J. Integrals in the theory of electron correlations[J]. Ann. Phys. (Leipzig),1966,473(1-2):71-77.
[43] WIGNER E P. On the interaction of electrons in metals[J]. Phys. Rev. ,1934,46(11):1002-1011.
[44] HOHENBERG P,KOHN W. Inhomogeneous electron gas[J]. Phys. Rev. ,1964,136(313):864-871.
[45] KOHN W,SHAM L. Self-consistent equations including exchange and correlation effects[J]. Phys. Rev. ,1965,140(4A):1133-1138.
[46] GORI-GIORGI P,SACCHETTI F,BACHELET G B. Analytic structure factors and pair correlation functions for the unpolarized electron gas[J]. Phys. Rev. B,1999,61(11):7353-7363.
[47] CEPERLEY D M,ALDER B J. Ground state of the electron gas by a stochastic method[J]. Phys. Rev. Lett. ,1980,45(7):566-569.
[48] PERDEW J P,ZUNGER A. Self-interaction correction to density-functional approximations for many-electron systems[J]. Phys. Rev. B,1981,23(10):5048-5079.
[49] VOSKO S,WILK L. Influence of an improved local-spin-density correlation-energy functional on the

cohesive energy of alkali metals[J]. Phys. Rev. B, 1980, 22(8): 3812-3815.
[50] VOSKO S, WILK L, NUSAIR M. Accurate spin-dependent electron liquid correlation energies for local spin density calculations: a critical analysis[J]. Can. J. Phys., 1980, 58(8): 1200-1211.
[51] PERDEW J P, WANG Y. Accurate and simple analytic representation of the electron-gas correlation energy[J]. Phys. Rev. B, 1992, 45(23): 13244-13249.
[52] BARTH U V, HEDIN L V. A local exchange-correlation potential for the spin polarized case. I[J]. J. Phys. C, 1972, 5(13): 1629.
[53] KOHANOFF J. Electronic structure calculations for solids and molecules[M]. New York: Cambridge University Press, 2006.
[54] OLIVER G L, PERDEW J P. Spin-density gradient expansion for the kinetic energy[J]. Phys. Rev. A, 1979, 20(2): 397-403.
[55] SHANG-KENG M A, BRUECKNER K A. Correlation energy of an electron gas with a slowly varing high density[J]. Phys. Rev., 1968, 165(1): 18-31.
[56] KLEINMAN L, LEE S. Gradient expansion of the exchange-energy density functional: effect of taking limits in the wrong order[J]. Phys. Rev. B, 1988, 37(9): 4634-4636.
[57] PERDEW J P, BURKE K. Comparison shopping for a gradient-corrected density functional[J]. Int. J. Quant. Chem., 1996, 57(3): 309-319.
[58] SVENDSEN P S, VON BARTH U. Gradient expansion of the exchange energy from second-order density response theory[J]. Phys. Rev. B, 1996, 54(24): 17402-17413.
[59] BECKE A D. Density-functional exchange-energy approximation with correct asymptotic behavior[J]. Phys. Rev. A, 1988, 38(6): 3098-3100.
[60] LEE C, YANG W T, PARR R G. Development of the Colle-Salvetti correlation-energy formula into a functional of the electron density[J]. Phys. Rev. B, 1988, 37(2): 785-789.
[61] PERDEW J P, CHEVARY J A, VOSKO S H, et al. Atoms, molecules, solids, and surfaces: applications of the generalized gradient approximation for exchange and correlation[J]. Phys. Rev. B, 1992, 46(11): 6671-6687.
[62] RASOLT M, GELDART D J W. Exchange and correlation energy in a nonuniform fermion fluid[J]. Phys. Rev. B, 1986, 34(2): 1325-1328.
[63] PERDEW J P, BURKE K, ERNZERHOF M. Generalized gradient approximation made simple[J]. Phys. Rev. Lett., 1996, 77(18): 3865-3868.
[64] HAMMER B, HANSEN L B, NØRSKOV J K. Improved adsorption energetics within density-functional theory using revised Perdew-Burke-Ernzerhof[J]. Phys. Rev. B, 1999, 59(11): 7413-7421.
[65] HEYD J, SCUSERIA G E, ERNZERHOF M. Hybrid functionals based on a screened Coulomb potential[J]. J. Chem. Phys., 2003, 118(18): 8207-8215.
[66] HEYD J, SCUSERIA G E, ERNZERHOF M. Erratum: "Hybrid functionals based on a screened Coulomb potential"[J]. J. Chem. Phys., 2006, 124(21): 219906.
[67] ANISIMOV V I, ARYASETIAWAN F, LICHTENSTEIN A I. First-principles calculations of the electronic structure and spectra of strongly correlated systems: the LDA+U method[J]. J. Phys.: Condens. Matter, 1997, 9(4): 767-808.
[68] LICHTENSTEIN A I, ANISIMOV V I, ZAANEN J. Density-functional theory and strong interactions: orbital ordering in Mott-Hubbard insulators[J]. Phys. Rev. B, 1995, 52(8): R5467-R5470.
[69] JUDD B P. Operator Techniques in atomic spectroscopy[M]. New York: McGraw-Hill, 1963.
[70] de GROOT F, FUGGLE J C, THOLE B T, et al. 2p x-ray absorption of 3d transition-metal com-

pounds:an atomic multiplet description including the crystal field[J]. Phys. Rev. B,1992,42(9):5459-5408.

[71] PHILLIPS J C,KLEINMAN L. New method for calculating wave functions in crystals and molecules [J]. Phys. Rev. ,1959,116(2):287-294.

[72] HAMANN D R,SCHLUTER M,CHIANG C. Norm-conserving pseudopotentials[J]. Phys. Rev. Lett. ,1979,43(20):1494-1497.

[73] SHIRLEY E L,ALLAN D C,MARTIN R M,et al. Extended norm-conserving pseudopotentials[J]. Phys. Rev. B,1989,40(6):3652-3660.

[74] TROULLIER N,MARTINS J L. Efficient pseudopotentials for plane-wave calculations[J]. Phys. Rev. B,1991,43(3):1993-2006.

[75] KERKER G P. Nonsingular atomic pseudopotentials for solid state applications[J]. J. Phys. C,1980, 13(9):396.

[76] GIANNOZZI P. Notes on pseudopotentials generation[DB/OL]. (2004-2-27). http://www. nest. sns. it/~giann022.

[77] BACHELET G B,HAMANN D R,SCHLUTER M. Pseudopotentials that work:from H to Pu[J]. Phys. Rev. B,1982,26(8):4199-4228.

[78] KLEINMAN L,BYLANDER D M. Efficacious form for model pseudopotentials[J]. Phys. Rev. Lett. , 1982,48(20):1425-1428.

[79] BLOCH P E. Generalized separable potentials for electronic-structure calculations[J]. Phys. Rev. B, 1990,41(8):5414-5416.

[80] VANDERBILT D. Soft self-consistent pseudopotentials in a generalized eigenvalue formalism[J]. Phys. Rev. B,1990,41(11):7892-7895.

[81] HAMANN D R. Generalized norm-conserving pseudopotentials[J]. Phys. Rev. B, 1989, 40(5): 2980-2987.

[82] BLOCH P E. Projector augmented-wave method[J]. Phys. Rev. B,1994,50(24):17953-17979.

[83] KRESSE G,JOUBERT D. From ultrasoft pseudopotentials to the projector augmented-wave method [J]. Phys. Rev. B,1999,59(3):1758-1775.

[84] CHADI D J,COHEN M L. Special points in the brillouin zone[J]. Phys. Rev. B, 1973, 8(12): 5747-5753.

[85] MONKHORST H J,PACK J D. Special points for Brillouin-zone integrations[J]. Phys. Rev. B,1976, 13(12):5188-5192.

[86] 顾秉林,王喜坤. 固体物理学[M]. 北京:清华大学出版社,1989:15.

[87] CHADI D J. Special points for Brillouin-zone integrations[J]. Phys. Rev. B,1977,16(4):1746-1747.

[88] PACK J D,MONKHORST H J. "Special points for Brillouin-zone integrations"— a reply[J]. Phys. Rev. B,1977,16(12):5188-5192.

[89] CUNNINGHAM S L. Special points in the two-dimensional Brillouin zone[J]. Phys. Rev. B,1974,10 (12):4988-4994.

[90] CHADI D J,COHEN M L. Electronic structure of $Hg_{1-x}Cd_x$ Te alloys and charge-density calculations using representative k points[J]. Phys. Rev. B,1973,7:692.

[91] MOLENAAR J,COLERIDGE P T,LODDER A. An extended tetrahedron method for determining Fourier components of Green functions in solids[J]. J. Phys. C:Solid State Phys. ,2000,15(34):6955-6969.

[92] ZAHARIOUDAKIS D. Tetrahedron methods for Brillouin zone integration[J]. Comput. Phys. Com-

mun. ,2004,157(1):17-31.

[93] LEHMANN G,TAUT M. On the numerical calculation of the density of states and related properties [J]. Phys. Status Solidi B,1972,54(2):469-477.

[94] JEPSEN O,ANDERSEN O K. The electronic structure of h. c. p. Ytterbium[J]. Solid State Commun. ,1971,88(20):1763-1767.

[95] BLOCH P E,JEPSEN O,ANDERSEN O K. Improved tetrahedron method for Brillouin-zone integrations[J]. Phys. Rev. B,1994,49(23):16223-16233.

[96] KLEINMAN L. Error in the tetrahedron integration scheme [J]. Phys. Rev. B, 1983, 28 (2): 1139-1141.

[97] JEPSEN O,ANDERSEN O K. No error in the tetrahedron integration scheme[J]. Phys. Rev. B,1984, 29(10):5965.

[98] ABRAMOWITZ M,STEGUN I A. Handbook of mathematical functions[M]. New York:Dover Publications,1972.

[99] IHM J,ZUNGER A,COHEN M L. Momentum space formalism for the total energy of solids[J]. J. Phys. C,1979,12(21):4409-4422.

[100] MARX D,HUTTER J. Ab initio molecular dynamics-basic theory and advanced methods[M]. New York:Cambridge University Press,2009.

[101] EWALD P. Die berechnung optischer und elektrostatischer gitterpotentiale[J]. Ann. Der Phys. , 1921,369(3):253-287.

[102] GAO G H. Large scale molecular simulations with applications to polymers and nano-scale materials [M]. California Institute of Technology:PhD thesis,1998.

[103] LEE H,CAI W. Ewlad summation for coulomb interactions in a periodic supercell[DB/OL]. (2009-1-10). http://micro. stanford. edu/mediawiki/images/4146/Ewald_notes. pdf? orgin=publication_detail.

[104] WOOD D M,ZUNGER A. A new method for diagonalising large matrices[J]. J. Phys. A:Math. Gen. ,1985,18(9):1343-3159.

[105] PULAY P. Convergence acceleration of iterative sequences:the case of SCF iteration[J]. Chem. Phys. Lett. ,1980,73(2):393-398.

[106] KRESSE G,FURTHMULLER J. Efficiency of ab-initio total energy calculations for metals and semiconductors using a plane-wave basis set[J]. Comput. Mat. Sci. ,1996,6(1):15-50.

[107] KRESSE G,FURTHMULLER J. Efficient iterative schemes for ab initio totalenergy calculations using a plane-wave basis set[J]. Phys. Rev. B,1996,54(16):11169-11186.

[108] HELLMANN H. Einjühncng in die quantenchemie[M]. Leipzig:Franz Deuticke,1937.

[109] FEYNMAN R. Forces in molecules[J]. Phys. Rev. ,1939,56(4):340-343.

[110] BENDT P,ZUNGER A. Simultaneous relaxation of nuclear geometries and electric charge densities in electronic structure theories[J]. Phys. Rev. B,1983,50(21):1684-1688.

[111] SRIVASTAVA G P,WEAIRE D. The theory of the cohesive energies of solids[J]. Adv. Phys. , 1987,36(4):463-517.

[112] PULAY P. Ab initio calculation of force constants and equilibrium geometries in polyatomic molecules[J]. Molec. Phys. ,1969,17(2):197-204.

[113] SAVRASOV S Y,SAVRASOV D Y. Full-potential linear-muffin-tin-orbital method for calculating total energies and forces[J]. Phys. Rev. B,1992,46(19):12181-12195.

[114] SLATER J C. Wave functions in a periodic potential[J]. Phys. Rev. ,1937,51(10):846-851.

[115] LOUCKS T L. Augmented plane wave method[M]. New York:Benjamin,1967.

[116] SCHLOSSER H,MARCUS P M. Composite wave variational method for solution of the energy band problem in solids[J]. Phys. Rev. ,1963,131(6):2529-2546.

[117] ANDERSON O K. Linear methods in band theory[J]. Phys. Rev. B,1975,12(8):3060-3083.

[118] MARCUS P M. Variational methods in the computation of energy bands[J]. Int. J. Quantum Chem. Suppl. ,1967,1:567-588.

[119] KOELLING D D,ARBMAN G O. Use of energy derivative of the radial solution in an augmented plane wave method:application to copper[J]. J. Phys. F:Metal Phys. ,1975,5(11):2041-2054.

[120] ERN V,SWITENDICK A C. Electronic band structure of TiC,TiN and TiO[J]. Phys. Rev,1965,137(6A):1927-1936.

[121] SCOP P M. Band structure of silver chloride and silver bromide[J]. Phys. Rev,1965,139(3A):934-940.

[122] SCHWARTZ S D. Theoretical methods in condensed phase chemistry[M]. Dordrecht:Kluwer Academic Publishers,2000.

[123] MILLS G,JONSSON H. Quantum and thermal effects in H_2 dissociative adsorption:evaluation of free energy barriers in multidimensional quantum systems[J]. Phys. Rev. Lett. ,1994,72(7):1124-1127.

[124] MILLS G,JONSSON H,SCHENTER G K. Reversible work transition state theory:application to dissociative adsorption of hydrogen[J]. Surf. Sci. ,1995,324(2):305-337.

[125] BERNE J B,COKER D,CICOTTI G. Classical and quantum dynamics in condensed phase simulations[M]. Singapore:World Scientific,1998.

[126] HENKELMAN G,JONSSON H. Improved tangent estimate in the nudged elastic band method for finding minimum energy paths and saddle points[J]. J. Chem. Phys. ,2000,113(22):9978-9985.

[127] SHEPPARD D,TERRELL R,HENKELMAN G. Optimization methods for finding minimum energy paths[J]. J. Chem. Phys. ,2008,128(13):134106.

[128] HENKELMAN G,UBERUAGA B P,JONSSON H. A climbing image nudged elastic band method for finding saddle points and minimum energy paths[J]. J. Chem. Phys. ,2000,113(22):9901-9904.

[129] TRYGUBENKO S A,WALES D J. A doubly nudged elastic band method for finding transition states[J]. J. Chem. Phys. ,2004,120(5):2082-2094.

[130] CHEN Z Z,GHONIEM N. Biaxial strain effects on adatom surface diffusion on tungsten from first principles[J]. Phys. Rev. B,2013,88(3):3605-3611.

[131] FEIBELMAN P J. Diffusion path for an Al adatom on Al(001)[J]. Phys. Rev. Lett. ,1990,65(6):729-732.

[132] HENKELMAN G,JONSSON H. A dimer method for finding saddle points on high dimensional potential surfaces using only first derivatives[J]. J. Chem. Phys. ,1999,111(15):7010-7022.

[133] HEYDEN A,BELL A T,KEIL F J. Efficient methods for finding transition states in chemical reactions:comparison of improved dimer method and partitioned rational function optimization method[J]. J. Chem. Phys. ,2005,123(22):224101.

[134] KASTNER J,SHERWOOD P. The electronic structure of h. c. p. yteerbiumsuper-linearly converging dimer method for transition state search[J]. J. Chem. Phys. ,2008,128(1):014106.

[135] ONIDA G, REINING L, RUBIO A. Electronic excitations: density-funtional versus many-body Green's-function approaches[J]. Rev. Mod. Phys. ,2002,74(2):601-659.

[136] ARYASETIAWAN F,GUNNARSSON O. The GW method[J]. Rep. Prog. Phys. ,1998,61(3):237-

312.

[137] HEDIN L. New method for calculating the one-particle Green's funtion with application to the electron-gas problem[J]. Phys. Rev. ,1965,139(3A):796-823.

[138] HYBERTSEN M S,LOUIE S G. Electron correlation in semiconuctors and insulators:band gaps and quasiparticle energies[J]. Phys. Rev. B,1986,34(8):5390-5413.

[139] SHISHKIN M,KRESSE G. Implementation and performance of the frequency-dependent GW method within the PAW framework[J]. Phys. Rev. B,2006,74(3):5101.

[140] GAJDOS M,HUMMER K,KRESSE G,et al. Linear optical properties in the projector-augmented wave methodology[J]. Phys. Rev. B,2006,20(4):5112.

[141] PAIER J,HIRSCHL R,MARSMAN M,et al. The Perdew-Burke-Ernzerhof exchange-correlation functional applied to the G2-1 test set using a plane-wave basis set[J]. J. Chem. Phys. ,2005,122(23):460-470.

[142] BENEDICT L X,SHIRLEY E,BOHN R. Optical absorption of insulators and the electron-hole interaction:an ab initio calculation[J]. Phys. Rev. Lett. ,1998,80(20):4514-4517.

[143] ROHLFING M,LOUIE S G. Electron-hole excitations in semiconductors and insulators[J]. Phys. Rev. Lett. ,1998,81(11):2312-2315.

[144] LANY S,ZUNGER A. Assessment of correction methods for the band-gap problem and for finitesize effects in supercell defect calculations:Case studies for ZnO and GaAs[J]. Phys. Rev. B,2008,78(23):1879-1882.

[145] van de WALLE C G,NEUGEBAUER J. First-principles calculations for defects and impurities:applications to III-nitrides[J]. J. Appl. Phys. ,2004,95(8):3851-3879.

[146] LAKS D B,van de WALLE C G,NEUMARK G F,et al. Native defects and self-compensation in ZnSe[J]. Phys. Rev. B,1992,45(19):10965-10978.

[147] WEI S H. Overcoming the doping bottleneck in semiconductors[J]. Comput. Mater. Sci. ,2004,30(53-4):337-348.

[148] MAKOV G,PAYNE M C. Periodic boundary conditions in ab initio calculations[J]. Phys. Rev. B,1995,51(7):4014-4022.

[149] CASTLETON C W M,HÖGLUND A,MIRBT S. Managing the supercell approximation for charged defects in semiconductors:finite-size scaling,charge correction factors,the band-gap problem,and the ab initio dielectric constant[J]. Phys. Rev. B,2006,73(3):035215.

[150] LEE Y,KLEIS J,ROSSMEISL J,et al. Ab initio energetics of $LaBO_3$(001) (B=Mn,Fe,Co,and Ni) for solid oxide fuel cell cathodes[J]. Phys. Rev. B,2009,80(22):308-310.

[151] EGLITIS R I,VANDERBILT D. Ab initio calculations of $BaTiO_3$ and $PbTiO_3$ (001) and (011) surface structures[J]. Phys. Rev. B,2007,76(15):155439.

[152] EGLITIS R I, VANDERBILT D. Ab initio calculations of the atomic and electronic structure of $CaTiO_3$ (001) and (011) surfaces[J]. Phys. Rev. B,2008,78(15):155420.

[153] PICCININ S,STAMPFL C,SCHEFFLER M. First-principles investigation of Ag-Cu alloy surfaces in an oxidizing environment[J]. Phys. Rev. B,2008,77(7):075426.

[154] PICCININ S,ZAFEIRATOS S,STAMPFL C,et al. Alloy catalyst in a reactive environment:the example of Ag-Cu particles for ethylene epoxidation[J]. Phys. Rev. Lett. ,2010,104(3):338-346.

[155] BOTTIN F,FINOCCHI F,NOGUERA C. Stability and electronic structure of the (1×1) $SrTiO_3$ (110) polar surfaces by first-principles calculations[J]. Phys. Rev. B,2003,68(3):035418.

[156] REUTER K,SCHEFFLER M. Oxide formation at the surface of late 4d transition metals:insights

from first-principles atomistic thermodynamics[J]. Appl. Phys. A,2004,78(6):793-798.

[157] REUTER K,SCHEFFLER M. Composition,structure,and stability of RuO_2(110) as a function of oxygen pressure[J]. Phys. Rev. B,2002,65(3):321-325.

[158] REUTER K,SCHEFFLER M. First-principles atomistic thermodynamics for oxidation catalysis: surface phase diagrams and catalytically interesting regions[J]. Phys. Rev. Lett.,2003,90(4): 47-102.

[159] REUTER K,SCHEFFLER M. Composition and structure of the RuO_2(110) surface in a O_2 and CO environment:implications for the catalytic formation of CO_2[J]. Phys. Rev. B,2003,68:045407.

[160] VAN DE WALLE A,ASTA M,CEDER G. The alloy theoretic automated toolkit:a user guide[J]. CALPHAD Journal,2002,26(02):539-553.

[161] VAN DE WALLE A,CEDER G. Automating first-principles phase diagram calculations[J]. J. Phase Equilib.,2002,23(4):348-359.

[162] VAN DE WALLE A,ASTA M. Self-driven lattice-model Monte Carlo simulations of alloy thermodynamic properties and phase diagrams[J]. Modelling Simul. Mater. Sci. Eng.,2002,10(5):521-538.

[163] ZARKEVICH N A,JOHNSON D D. Reliable first-principles alloy thermodynamics via truncated cluster expansions[J]. Phys. Rev. B,2004,92(25):107-110.

[164] DRAUTZ R,DÍAZ-ORTIZ A,FAHNLE M,et al. Ordering and magnetism in Fe-Co:dense sequence of ground-state structures[J]. Phys. Rev. B,2004,93(6):067202.

[165] KRESSE G,HAFNERJ. Ab initio molecular dynamics for liquid metals[J]. Phys. Rev. B,1993,47(1):558.

[166] HEYD J, SCUSERIA G E, ERNZERHOF M. Hybrid functionals based on a screened coulomb potential[J]. J. Chem. Phys., 2003,118(18):8207-8215.

[167] ADAMO C, BARONE V. Toward reliable adiabatic connection models free from adjustable parameters[J]. Chemical Physics Letters, 1997,274(1-3):242-250.

[168] ZOIDIS E, YARWOOD J, DANTEN Y, et al. Spectroscopic studies of vibrational relaxation and chemical exchange broadening in hydrogen-bonded systems. III. Equilibrium processes in the pyridine/water system[J]. Molecular Physics, 1995,85(2):373-383.

[169] LEE J G. Computational materials science: an introduction[M]. Boca Raton:CRC Press, 2017.

[170] MARTIN J J, HOU Y C. Development of an equation of state for gases[J]. AIChE Journal, 1955, 1(2):142-151.

[171] BIRCH F. Finite elastic strain of cubic crystals[J]. Phy. Rev., 1947. 71(11):809-824.

[172] SIEGEL D J. Generalized stacking fault energies, ductilities, and twinnabilities of Ni and selected Ni alloys[J]. Applied Physics Letters, 2005, 87(12):121901.

[173] GAO M C,ZHANG B, YANG S, et al. Senary refractory high-entropy alloy HfNbTaTiVZr[J]. Metallurgical and Materials Transactions A, 2016, 47(7):3333-3345.

[174] NYE J F. Physical properties of crystals[M]. Oxford:Oxford University Press,1985.

[175] QIU S, MIAO N, ZHOU J, et al. Strengthening mechanism of aluminum on elastic properties of nbvtizr high-entropy alloys[J]. Intermetallics,2018, 92:7-14.

[176] LABARRERE C A, WOODS J R, HARDIN J W,et al. Early prediction of cardiac allograft vasculopathy and heart transplant failure[J]. American Journal of Transplantation, 2011, 11(3): 528-535.

[177] TVERGAARD V, HUTCHINSON J W. Microcracking in ceramics induced by thermal expansion or elastic anisotropy[J]. Journal of the American Ceramic Society, 1988, 71(3):157-166.

[178] CHUNG D H,BUESSEM W R. The elastic anisotropy of crystals[J]. Journal of Applied Physics, 1967, 38(5):2010-2012.

[179] SANCHEZ J M. Cluster expansion and the configurational theory of alloys[J]. Physical Review B, 2010, 81(22):224202.1-224202.12.

[180] RAJAMALLU K, NIRANJAN M K, AMEYAMA K, et al. Phase stability and elastic properties of β Ti-Nb-*X* (*X*= Zr, Sn) alloys: An ab initio density functional study[J]. Modelling and Simulation in Materials Science and Engineering, 2017, 25(8):085013.

[181] BAO N Y, ZUO J,DU Z Y, et al. Computational characterization of the structural and mechanical properties of $Al_XCoCrFeNiTi_{1-X}$ high entropy alloys[J]. Materials Research Express, 2019, 6(9): 096519.

[182] SHANG S L, SAENGDEEJING A, MEI Z G, et al. First-principles calculations of pure elements: Equations of state and elastic stiffness constants[J]. Computational Materials Science, 2010, 48 (4):813-826.

[183] MONKHORST H J, PACK J D. Special points for brillouin-zone integrations[J]. Phy. Rev. B, 1976,13(12):5188.

[184] DUAN X B, ZHANG Z P, HE H Z, et al. A systematic investigation on quaternary NbTiZr-based refractory high entropy alloys using empirical parameters and first principles calculations[J]. Modelling and Simulation in Materials Science and Engineering, 2021,29(7):075002.

[185] GEIM A K, NOVOSELOV K S. The rise of graphene[J]. Nature Materials, 2007, 6:181-191.

[186] LEE C G, WEI X D, KYSAR J W, et al. Measurement of the elastic properties and intrinsic strength of monolayer graphene[J]. Science, 2008, 321(5887):385-388.

[187] BALANDIN A A, GHOSH S, BAO W Z, et al. Superior thermal conductivity of single-layer graphene[J]. Nano Letters, 2008, 8(3):902-907.

[188] NAIR R R, BLAKE PETER, GRIGORENKO A N, et al. Fine structure constant defines visual transparency of graphene[J]. Science, 2008, 320(5881):1308.

[189] De ARCO L G, ZHANG YI, SCHLENKER C W, et al. Continuous, highly flexible, and transparent graphene films by chemical apor deposition for organic photovoltaics[J]. ACS Nano, 2010,4 (5):2865-2873.

[190] THOMAS S. Cmos-compatible graphene[J]. Nature Electronics, 2018, 1(12):612.

[191] 朱利安 R. H. 罗斯. 多相催化:基本原理与应用[M]. 田野,张立红,赵宜成,等译. 北京:化学工业出版社, 2016.

[192] 王桂茹. 催化剂与催化作用[M]. 4 版. 大连:大连理工大学出版社, 2015.

[193] 辛勤,罗孟飞,徐杰. 现代催化方法新编(上、下册)[M]. 北京:科学出版社, 2018.

[194] SHAN BIN, ZHAO Y J, HYUN J, et al. Coverage-dependent co adsorption energy from first-principles calculations[J]. The Journal of Physical Chemistry C, 2009, 113(15):6088-6092.

[195] 陈诵英,陈平,李永旺,等. 催化反应动力学[M]. 北京:化学工业出版社, 2007.

[196] 单斌,陈征征,陈蓉. 材料学的纳米尺度计算模拟:从基本原理到算法实现[M]. 武汉:华中科技大学出版社, 2015.

[197] SHOLL D S,SHOLl J A. 密度泛函理论[M]. 李健,周勇,译. 北京:国防工业出版社, 2014.

[198] SMIDSTRUP S, PEDERSEN A, STOKBRO K,et al. Improved initial guess for minimum energy path calculations[J]. J. Chem. Phys. , 2014, 140(21):214106.

[199] HENKELMAN G, JÓNSSON H. A dimer method for finding saddle points on high dimensional potential surfaces using only first derivatives[J]. The Journal of Chemical Physics, 1999, 111(15):

7010-7022.

[200] SEH Z W, KIBSGAARD J, DICKENS C F. Combining theory and experiment in electrocatalysis: Insights into materials design[J]. Science, 2017, 355(6321):aad4998.

[201] JIAO K, XUAN J, DU Q, et al. Designing the next generation of proton-exchange embrane fuel cells[J]. Nature, 2021, 595(7867):361-369.

[202] MEHTA V, COOPER J S. Review and analysis of pem fuel cell design and manufacturing[J]. Journal of Power Sources, 2003, 114(1):32-53.

[203] STAMENKOVIC V R, MUN B S, ARENZ M, et al. Trends in electrocatalysis on extended and nanoscale pt-bimetallic alloy surfaces[J]. Nature Materials, 2007, 6(3):241-247.

[204] ZHANG Q, ASTHAGIRI A. Solvation effects on DFT predictions of ORR activity on metal surfaces[J]. Catalysis Today, 2019, 323:35-43.

[205] JINNOUCHI R, ANDERSON A B. Aqueous and surface redox potentials from self-consistently determined gibbs energies[J]. The Journal of Physical Chemistry C, 2008, 112(24):8747-8750.

[206] ROUDGAR A, GROβ A. Water bilayer on the Pd/Au(111) overlayer system: Coadsorption and electric field effects[J]. Chemical Physics Letters, 409(4-6):157-162, 2005.

[207] NØRSKOV J K, ROSSMEISL J, LOGADOTTIR A, et al. Origin of the overpotential for oxygen reduction at a fuel-cell cathode[J]. The Journal of Physical Chemistry B, 2004, 108(46): 17886-17892.

[208] TRIPKOVIĆ V, SKÚLASON E, SIAHROSTAMI S, et al. The oxygen reduction reaction mechanism on Pt(111) from density functional theory calculations[J]. Electrochimica Acta, 2010, 55(27):7975-7981.

[209] SCHLAPBACH L. Hydrogen-fuelled vehicles[J]. Nature, 2009, 460(7257):809-811.

[210] CHENG M J,KUO T C, TANG Y T. How to apply quantum mechanical simulation to study electrochemical catalysis[J]. Chemistry, 2019, 78(2):95-108.

[211] ROSSMEISL J, SKÚLASON E, BJÖRKETUN M E, et al. Modeling the electrified solid-liquid interface[J]. Chemical Physics Letters, 2008, 466(1-3):68-71.

[212] CHAN K R, NORSKOV J K. Electrochemical barriers made simple[J]. Journal of Physical Chemistry Letters, 2015, 6(14):2663-2668.

[213] MATHEW K, SUNDARARAMAN R, LETCHWORTH-WEAVER K, et al. Implicit solvation model for density-functional study of nanocrystal surfaces and reaction pathways[J]. J. Chem. Phys., 2014, 140(8):084106.

[214] OGUZ I C,VASSETTI D, LABAT F. Assessing the performances of different continuum solvation models for the calculation of hydration energies of molecules, polymers and surfaces: a comparison between the smd, vaspsol and fdpb models[J]. Theoretical Chemistry Accounts, 2021, 140(8):99.

[215] SLATER J C,KOSTER G F. Simplified LCAO method for the periodic potential problem[J]. Phys. Rev. ,1954,94(6):1498-1524.

[216] HARRISON W A. Elementary electronic structure[M]. Singapore:World Scientific,1999.

[217] SHARMA R R. General expressions for reducing the Slater-Koster linear combination of atomic orbitals integrals to the two-center approximation[J]. Phys. Rev. B,1979,19(6):2813-2823.

[218] SHARMA R R. Improved general expressions for the Slater-Koster integrals in the two-center approximation[J]. Phys. Rev. B,1980,21(6):2647-2649.

[219] PODOLSKIY A V,VOGL P. Compact expressions for the angular dependence of tight-binding Ham-

iltonian matrix elements[J]. Phys. Rev. B,2004,69(23):1681-1685.

[220] SHI L,PAPACONSTANTOPOULOS P. Modifications and extensions to Harrison's tight-binding theory[J]. Phys. Rev. B,2004,70(20):205101.

[221] LEW YAN VOON L C,ROM-MOHAN L R. Tight-binding representation of the optical matrix elements:theory and applications[J]. Phys. Rev. B,1993,47(23):15500-15508.

[222] OHNO K,ESFARJANI K,KAWAZOE Y. Computational materials science[M]. Berlin:Springer-Verlag,1999.

[223] BERNSTEIN N. Linear scaling nonorthogonal tight-binding molecular dynamics for nonperiodic systems[J]. Euro. Phys. Lett. ,2001,55(1):52-58.

[224] HARRIS J. Simplified method for calculating the energy of weakly interacting fragments[J]. Phys. Rev. B,1985,31(4):1770-1779.

[225] FOULKES W M C. Interatomic forces in solids[D]. Cambridge:University of Cambridge,1987.

[226] FOULKES W M C,HAYDOCK R. Tight-binding models and density-functional theory[J]. Phys. Rev. B,1989,39(17):12520-12536.

[227] ELSNTER M,POREZAG D,JUNGNICKEL G,et al. Self-consistent-charge density-functional tight-binding method for simulations of complex materials properties[J]. Phys. Rev. B,1998,58(11):7260-7268.

[228] FRAUENHEIM T,SEIFERT G,ELSNTER M,et al. A self-consistent charge density-functional based tight-binding method for predictive materials simulations in physics,chemistry and biology[J]. Phys. Stat. Sol. (b),2000,217(1):41-62.

[229] PARR R G,PEARSON R G. Absolute hardness:companion parameter to absolute electronegativity [J]. J. Am. Chem. Soc. ,1983,105:7512-7516.

[230] LIU F. Self-consistent tight-binding method[J]. Phys. Rev. B,1995,52(15):10677-10680.

[231] FINNIS M W,PAXTON A T,METHFESSEL M,et al. Crystal structures of zirconia from first principles and self-consistent tight binding[J]. Phys. Rev. Lett. ,1998,81(23):5149-5152.

[232] FABRIS S,PAXTON A T,FINNIS M W. Free energy and molecular dynamics calculations for the cubic-tetragonal phase transition in zirconia[J]. Phys. Rev. B,2001,63(9):385-392.

[233] CHADI D J,COHEN M L. Tight-binding calculations of the valence band of diamond and zincblende [J]. Phys. Stat. Sol. B,1975,68(1):405-419.

[234] SHAN B,LAKATOS G W,PENG S,et al. First-principles study of band-gap change in deformed nanotubes[J]. Appl. Phys. Lett. ,2005,87(17):173109.

[235] SHAN B,CHO K. First principles study of work functions of single wall carbon nanotubes[J/OL]. Phys. Rev. Lett. ,2005,94(23):236602.

[236] RAPAPORT D C. The art of molecular dynamics simulation[M]. Cambridge:Cambridge University Press,2004.

[237] DAW M S,FOILES S M,BASKES M I. The embedded-atom method—a review of theory and applications[J]. Materials Science Reports,1993,9(7-8):251-310.

[238] DAW M S,BASKES M I. Embedded-atom method:derivation and application to impurities,surfaces, and other defects in metals[J]. Phys. Rev. B,1984,29(12):6443-6453.

[239] DAW M S. Model of metallic cohesion:The embedded-atom method [J]. Phys. Rev. B,1989,39(1): 7441-7452.

[240] CAI J,YE Y Y. Simple analytical embedded-atom-potential model including a long-range force for fcc metals and their alloys. [J]. Phys. Rev. B,1996,54(12):8398-8410.

[241] SHAN B, WANG L, YANG S, et al. First-principles-based embedded atom method for PdAu nanoparticles[J]. Phys. Rev. B, 2009, 80(3): 1132-1136.

[242] ZHOU X W, WADLEY H N G, FILHOL J S, et al. Modified charge transfer -embedded atom method potential for metal/metal oxide systems[J]. Phys. Rev. B, 2004, 69(3): 1129-1133.

[243] SUNDQUIST B. A direct determination of the anisotropy of the surface free energy of solid gold, silver, copper, nickel, and alpha and gamma iron[J]. Acta Metallurgica, 1964, 12(1): 67-86.

[244] LEE B-J, BASKES M I. Second nearest-neighbor modified embedded-atom-method potential[J]. Phys. Rev. B, 2000, 62(13): 8564-8567.

[245] BLANK T B, BROWN S D, CALHOUN A W, et al. Neural network models of potential energy surfaces[J]. J. Chem. Phys., 1995, 103(10): 4129-4137.

[246] ARTRITH N, BEHLER J. High-dimensional neural network potentials for metal surfaces: A prototype study for copper[J]. Phy. Rev. B, 2012, 85(4): 045439.

[247] BEHLER J. Atom-centered symmetry functions for constructing high-dimensional neural network potentials[J]. J. Chem. Phys., 2011, 134(7): 074106.

[248] ARTRITH N, MORAWIETZ T, BEHLER J. High-dimensional neural network potentials for multicomponent systems: Applications to zinc oxide[J]. Phy. Rev. B, 2011, 3(15): 153101.

[249] BEHLER J. Four generations of high-dimensional neural network potentials[J]. Chemical Reviews, 2021, 121(16): 10037-10072.

[250] THOMPSON A P, SWILER L P, TROTT C R, et al. Spectral neighbor analysis method for automated generation of quantum-accurate in teratomic potentials[J]. Journal of Computational Physics, 2015, 285: 316-330.

[251] LI X G, HU C Z, CHEN C, et al. Quantum-accurate spectral neighbor analysis potential models for Ni-Mo binary alloys and fcc metals[J]. Phys. Rev. B, 2018, 98(9): 094104.

[252] ZHANG L F, HAN J Q, WANG H, et al. Deep potential molecular dynamics: A scalable model with the accuracy of quantum mechanics[J]. Phys. Rev. Lett., 2018, 20(14): 143001. 1-143001. 6.

[253] ZHANG LIN F, HAN J Q, WANG H, et al. End-to-end symmetry preserving inter-atomic potential energy model for finite and extended systems[DB/OL]. [2023-04-25]. https://arxiv.org/pdf/1805.09003.pdf.

[254] WANG H, ZHANG L F, HAN J Q, et al. DeePMD-kit: A deep learning package for many-body potential energy representation and molecular dynamics[J]. Computer Physics Communications, 2018, 228: 178-184.

[255] FRENKEL D, SMIT B. Understanding molecular simulation from algorithms to applications[M]. San Diego: Academic Press, 2002.

[256] GILLILAN R E, WILSON K R. Shadowing, rare events, and rubber bands. A variational Verlet algorithm for molecular dynamics[J]. J. Chem. Phys., 1992, 97(3): 1757-1772.

[257] ANOSOV D. Geodesic flows on closed Riemannian manifolds with negative curvature[J]. Proc. Steklov Inst. Math., 1967, 90: 1-235.

[258] TOXVAERD S. Hamiltonians for discrete dynamics[J]. Phys. Rev. E, 1994, 50(3): 2271-2274.

[259] SCHNEIDER T, STOLL E. Molecular-dynamics study of a three-dimensional one-component model for distortive phase transitions[J]. Phys. Rev. B, 1978, 17(3): 1302-1322.

[260] NOSE S. A unified formulation of the constant temperature molecular dynamics methods[J]. J. Chem. Phys., 1984, 81(1): 511-519.

[261] HUNENBERGER P. Thermostat algorithms for molecular dynamics simulations[J]. Adv. Polymer.

Sci. ,2005,173:104-149.

[262] HOOVER W G. Canonical dynamics:Equilibrium phase-space distributions[J]. Phys. Rev. A,1985,31(3):1695-1697.

[263] MARTYNA G J,TOBIAS D J,KLEIN M L. Constant-pressure molecular-dynamics algorithms[J]. J. Chem. Phys. ,1994,101(5):4177-4189.

[264] MARTYNA G J,TUCKERMAN M E,TOBIAS D J,et al. Explicit reversible integrators for extended systems dynamics[J]. Mol. Phys. ,1996,87(5):1117-1157.

[265] CAR R,PARRINELLO M. Unified approach for molecular dynamics and density functional theory [J]. Phys. Rev. Lett. ,1985,55(22):2471-2474.

[266] RYCKAERT J P,CICCOTTI G,BERENDSEN H J C. Numerical integration of the cartesian equations of motion of a system with constrains:molecular dynamics of n-alkanes[J]. J. Comput. Phys. ,1977,23(3):327-341.

[267] CAR R,PARRINELLO M. Simple molecular systems at very high density[M]. New York:Plenum Press,1989.

[268] BLOCH P,PARRINELLO M. Adiabaticity in first-principles molecular dynamics[J]. Phys. Rev. B,1992,45(5):9413-9416.

[269] TASSONE F,MAURI F,CAR R. Acceleration schemes for ab initio molecular-dynamics simulations and electronic-structure calculations[J]. Phys. Rev. B,1994,50(15):10561-10573.

[270] UEHARA K,TSE J S. The implementation of the iterative diagonalization scheme and ab initio molecular dynamics simulation with the LAPW method[J]. Mol. Simul. ,2000,23(6):343-361.

[271] BLAHA B,HOFSTATTER H,KOCH O,et al. Iterative diagonalization in augmented plane wave based methods in electronic structure calculations[J]. J. Comput. Phys. ,2010,229(2):453-460.

[272] PAYNE M C,TETER M P,ALLAN D C,et al. Interative minimization techniques for ab initio total-energy calculations:molecular dynamics and conjugate gradients[J]. Rev. Mod. Phys. ,1992,64(4):1045-1097.

[273] CHEN Z Z,KIOUSSIS N,GHONIEM N. Influence of nanoscale Cu precipitates in α-Fe on dislocation core structure and strengthening[J]. Phys. Rev. B,2009,80(18):184104.

[274] RUSSELL K C,BROWN L M. A dispersion strengthening model based on differing elastic moduli applied to the iron-copper system[J]. Acta Metall. ,1972,20(7):969-974.

[275] HARRY T,BACON D. Computer simulation of the core structure of the ⟨111⟩ screw dislocation in α-iron containing copper precipitates:I. structure in the matrix and a precipitate[J]. Acta Mater. ,2002,50(1):209-222.

[276] SHIM J,CHO Y,KWON S,et al. Screw dislocation assisted martensitic transformation of a bcc Cu precipitate in bcc Fe[J]. Appl. Phys. Lett. ,2007,90(2):021906.

[277] NOGIWA K,YAMAMOTO T,FUKUMOTO K,et al. In situ TEM observation of dislocation movement through the ultrafine obstacles in an Fe alloy[J]. J. Nucl. Mater. ,2002,S307-311(3):946-950.

[278] NOGIWA K,NITA N,MATSUI H. Quantitative analysis of the dependence of hardening on copper precipitate diameter and density in Fe-Cu alloys[J]. J. Nucl. Mater. ,2007,367(26):392-398.

[279] PLIMPTON S. Fast parallel algorithms for short-range molecular dynamics[J]. J. Comput. Phys. ,1995,117(1):1-19.

[280] da SILVA E Z, FACCIN G M, MACHADO T R, et al. Connecting theory with experiment to understand the sintering processes of Ag nanoparticles[J]. J. Phys. Chem. C, 2019, 123(17):11310-11318.

[281] KARNES J J, WEISGRABER T H, OAKDALE J S, et al. On the network topology of cross-linked acrylate photopolymers: a molecular dynamics case study[J]. J. Phys. Chem. B, 2020, 124 (41):9204-9215.

[282] CUSENTINO M A, WOOD M A, THOMPSON A P. Explicit multielement extension of the spectral neighbor analysis potential for chemically complex systems[J]. J. Phys. Chem. A, 2020, 124 (26):5456-5464.

[283] 肖国屏. 热学[M]. 北京:高等教育出版社, 1989.

[284] MEHRER H. Diffusion in solids:Fundamentals, methods, materials, diffusion-controlled processes [M]. Berlin:Springer-Verlag, 2007.

[285] CRANK J. The mathematics of diffusion[M]. Oxford:Clarendon Press, 1975.

[286] LIU Z Y, HE B, QU X, et al. Energetics and diffusion of point defects in Au/Ag metals:A molecular dynamics study[J]. Phys. Rev. B, 2019, 28(8):083401.

[287] HONERKAMP J. Statistical physics:An advanced approach with applications[M]. Berlin:Springer,2012.

[288] MACDONALD D K C. Brownian movement[J]. Phys. Rev. , 108(3):541, 1957.

[289] KNIGHT F B. On the random walk and brownian motion. Transactions of the American mathematical society, 1962, 103(2):218-228.

[290] DREBUSHCHAK V A. Thermal expansion of solids: review on theories[J]. Journal of Thermal Analysis and Calorimetry, 2020, 142(2):1097-1113.

[291] STABLWALL. Thermal expansion-what is it and why should you care? [EB/OL]. [2016-5-31]. https://stablwall. com/thermal-expansion-care/.

[292] WEI K,PEI Y M. Development of designing lightweight composites and structures for tailorable thermal expansion[J]. Chinese Science Bulletin, 2017, 62(1):47-60.

[293] 乔英杰. 工程材料[M]. 哈尔滨:哈尔滨工业大学出版社, 2011.

[294] TOULOUKIAN Y S,KIRBY R K,DESAI P D. Thermophysical properties of matter-the tprc data series. volume 12. Thermal expansion metallic elements and alloys[R]. Lafayette:Thermophysical and Electronic Properties Information Center,1975.

[295] FOILES S M,BASKES M I, DAW M S. Embedded-atom-method functions for the fcc metals Cu, Ag, Au, Ni, Pd, Pt, and their alloys[J]. Phys. Rev. B, 1986, 33(12-15):7983.

[296] GRAY D E. American Institute of Physics handbook[M]. 3rd ed. New York:McGraw-Hill Book company, 1972.

[297] 刘万民,杨光菱,孟立君,等. 丙烯腈-丁二烯-苯乙烯塑料化学镀的研究进展[J]. 化学研究, 2010, 21(4):87-91.

[298] 刘建科,崔永宏. 铜线材热膨胀系数的理论分析和实验研究[J]. 计量学报,2016(1):27-29.

[299] 姚天扬,傅献彩,沈文霞. 物理化学[M]. 5 版. 北京:高等教育出版社, 2005.

[300] Anon. Heat capacity-table of specific heat capacities[EB/OL]. . https://www. liquisearch. com/heat_capacity/table_of_specific_heat_capacities.

[301] 马磊,黄俊源. 单轴加载下钨中裂纹扩展机理的研究[J]. 机械强度,2020,42(4):1012-1016.

[302] YANG X F, HE C Y, YUAN G J, Chen H, et al. The effect of grain boundary structures on crack nucleation in nickel nanolaminated structure: A molecular dynamics study[J]. Computational Materials Science, 2021, 186:110019.

[303] STEPANOVA L,BRONNIKOV S. A computational study of the mixed-mode crack behavior by molecular dynamics method and the multi-parameter crack field description of classical fracture me-

chanics[J]. Theoretical and Applied Fracture Mechanics, 2020, 109:102691.

[304] YASHIRO K. Molecular dynamics study on atomic elastic stiffness at mode I crack tip in Si: Precursor instability in their eigenvalue before crack propagation[J]. Computational Materials Science, 2016, 112:120-127.

[305] YANG Z Y, ZHOU Y G, WANG T, et al. Crack propagation behaviors at Cu/SiC interface by molecular dynamics simulation[J]. Computational Materials Science, 2014, 82:17-25.

[306] IGWEMEZIE V, MEHMANPARAST A, BRENNAN F. The role of microstructure in the corrosion-fatigue crack growth behaviour in structural steels[J]. Materials Science and Engineering: A, 2021, 803:140470.

[307] CHEN J Y, YIN H, SUN Q P. Effects of grain size on fatigue crack growth behaviors of nanocrystalline superelastic niti shape memory alloys[J]. Acta Materialia, 2020, 195:141-150.

[308] RACKWITZ J, YU Q, YANG Y, et al. Effects of cryogenic temperature and grain size on fatigue-crack propagation in the medium-entropy CrCoNi alloy[J]. Acta Materialia, 2020, 200:351-365.

[309] LAM T-N, LEE S Y, TSOU N-T, et al. Enhancement of fatigue resistance by overload-induced deformation twinning in a CoCrFeMnNi high-entropy alloy[J]. Acta Materialia, 2020, 201:412-424.

[310] XIN H H, VELJKOVIC M. Residual stress effects on fatigue crack growth rate of mild steel S355 exposed to air and seawater environments[J]. Materials & Design, 2020, 193:108732.

[311] ALMOTASEM A T, BERGSTRÖM J, GÅÅRD A, et al. Atomistic insights on the wear/friction behavior of nanocrystalline ferrite during nanoscratching as revealed by molecular dynamics[J]. Tribology Letters, 2017, 65:101.

[312] DOAN D-Q, FANG T-H, TRAN A-S, et al. Residual stress and elastic recovery of imprinted Cu-Zr metallic glass films using molecular dynamic simulation[J]. Computational Materials Science, 2019, 170:109162.

[313] FOILES S M, BASKES MI, DAW M S. Embedded-atom-method functions for the fcc metals Cu, Ag, Au, Ni, Pd, Pt, and their alloys[J]. Phys. Rev. B, 1986, 33(12):7983.

[314] DÖRFLER S, WALUS S, LOCKE J, et al. Recent progress and emerging application areas for lithium-sulfur battery technology[J]. Energy Technology, 2021, 9(1):2000694.

[315] SRIPAD S, VISWANATHAN V. Performance metrics required of next-generation batteries to make a practical electric semi truck[J]. ACS Energy Letters, 2017, 2(7):1669-1673.

[316] BORCHARDT L, OSCHATZ M, KASKEL S. Carbon materials for lithium sulfur batteries-ten critical questions[J]. Chemistry: A European Journal, 2016, 22(22):7324-7351.

[317] MANTHIRAM A, CHUNG S H, ZU C X. Lithium-sulfur bat teries: Progress and prospects[J]. Advanced Materials, 2015, 27(12):1980-2006.

[318] HAGEN M, HANSELMANN D, AHLBRECHT K, et al. Lithium-sulfur cells: The gap between the state-of-theart and the requirements for high energy battery cells[J]. Advanced Energy Materials, 2015, 5(16):1401986.

[319] MANTHIRAM A, FU Y Z, CHUNG S H, et al. Rechargeable lithium-sulfur batteries[J]. Chemical Reviews, 2014, 114(23):11751-11787.

[320] LI W, YU Q, YU Y. Highly effficient and low cost friction method for producing 2D nanomaterials on poly(ethylene terephthalate) and their applications for commercial flexible electronics[J]. Translational Materials Research, 2017, 4(3):035001.

[321] FAN X J, SUN W W, MENG F C, et al. Advanced chemical strategies for lithium-sulfur batteries: A review[J]. Green Energy & Environment, 2018, 3(1):2-19.

[322] XU R, BELHAROUAK I, LI J C M, et al. Role of polysulfides in self-healing lithium-sulfur batteries[J]. Advanced Energy Materials, 2013, 3(7):833-838.

[323] FANG R P, ZHAO SHI Y, SUN Z h, et al. More reliable lithium - sulfur batteries: Status, solutions and prospects[J]. Advanced Materials, 2017, 29(48):1606823.

[324] DEHGHANI-SANIJ A R,THARUMALINGAM E, DUSSEAULT M. B. , et al. Study of energy storage systems and environmental challenges of batteries[J]. Renewable and Sustainable Energy Reviews, 2019, 104:192-208.

[325] JAIN A, ONG S PING, HAUTIER G, et al. Commentary:The materials project: a materials genome approach to accelerating materials innovation[J]. APL Materials, 2013, 1(1):011002.

[326] ISLAM M M, OSTADHOSSEIN A, BORODIN O, et al. ReaxFF molecular dynamics simulations on lithiated sulfur cathode materials[J]. Physical Chemistry Chemical Physics, 2015, 17(5):3383-3393.

[327] ZHENG G Y, YANG Y, CHA J J, et al. Hollow carbon nanofiber-encapsulated sulfurcathodes for high specific capacity rechargeable lithium batteries[J]. Nano Letters, 2011, 11(10):4462-4467.

[328] WANG Z L. Transmission electron microscopy of shape-controlled nanocrystals and their assemblies [J]. J. Phys. Chem. B, 2000,10(6):1153-1175.

[329] BOREL J P. Thermodynamical size effect and the structure of metallic clusters[J]. Surface Science, 1981, 106(1-3):1-9.

[330] AKBARZADEH H,PARSAFAR G A. A molecular-dynamics study of thermal and physical properties of platinum nanoclusters[J]. Fluid Phase Equilibria, 2009, 280(1-2):16-21.

[331] BALETTO F, MOTTET C, FERRANDO R. Growth of three-shell onionlike bimetallic nanoparticles[J]. Physical Review Letters, 2003, 90(13):135504.

[332] ALAVI S,THOMPSON D L. Molecular dynamics simulations of the melting of aluminum nanoparticles[J]. J. Phys. Chem. A, 2006, 110(4):1518-1523.

[333] NANDA K K, SAHU S N, BEHERA S N. Liquid-drop model for the size-dependent melting of low-dimensional systems[J]. Phys. Rev. A, 2002, 66(1):013208.

[334] SUN J,SIMON S L. The melting behavior of aluminum nanoparticles[J]. Thermochimica Acta, 2007, 463(1-2):32-40.

[335] SAKAI H. Surface-induced melting of small particles[J]. Surface Science, 1996, 351(1-3):285-291.

[336] KING J S, WITTSTOCK A, BIENER J, et al. Ultralow loading Pt nanocatalysts prepared by atomic layer deposition on carbon aerogels[J]. Nano Letters, 2008, 8(8):2405-2409.

[337] NIE Y, LI L, WEI Z D. Recent advancements in Pt and Pt-free catalysts for oxygen reduction reaction[J]. Chemical Society Reviews, 2015, 44(8):2168-2201.

[338] LI X G, BI W T,ZHANG L, et al. Single-atom Pt Co-catalyst for enhanced photocatalytic H2 evolution[J]. Advanced Materials, 2016, 28(12):2427-2431.

[339] ANTOLINI E. Structural parameters of supported fuel cell catalysts: The effect of particle size, inter-particle distance and metal loading on catalytic activity and fuel cell performance[J]. Applied Catalysis B: Environmental, 2016, 181:298-313.

[340] NIX R M, SOMORJAI G A. Concepts in surface science and heterogeneous catalysis[C/OL]// JORTNER J, PULLMAN B. Perspectives in Quantum Chemistry, Plenary Lectures Presented at the Sixth Internation Congress on Quantum Chemistry. Berlin: Springer,1989: 97-121.

[341] WEN Y W, CAI J M, ZHANG J, et al. Edge-selective growth of MCp_2 (M= Fe, Co, and Ni) pre-

cursors on Pt nanoparticles in atomic layer deposition: A combined theoretical and experimental study[J]. Chemistry of Materials, 2018, 31(1):101-111.

[342] HARRIS P J F. The sintering of platinum particles in an alumina-supported catalyst: Further transmission electron microscopy studies[J]. Journal of Catalysis, 1986, 97(2):527-542.

[343] KUCZYNSKI G. Sintering and heterogeneous catalysis[M]. Berlin: Springer Science & Business Media, 2012.

[344] JIANG Q, SHI F G. Size-dependent initial sintering temperature of ultrafine particles[J]. JMST, 1998(2):171-172.

[345] TIKARE V, BRAGINSKY M, BOUVARD D, et al. Numerical simulation of microstructural evolution during sintering at the mesoscale in a 3D powder compact[J]. Computational Materials Science, 2010, 48(2):317-325.

[346] JIANG D E, CARTER E A. Diffusion of interstitial hydrogen into and through bcc Fe from first principles[J]. Phys. Rev. B, 2004, 70(6):064102.

[347] ELIAZ N, SHACHAR A, TAL B, et al. Characteristics of hydrogen embrittle ment, stress corrosion cracking and tempered martensite embrittlement in high strength steels[J]. Engineering Failure Analysis, 2002, 9(2):167-184.

[348] ORIANI R. Hydrogen degradation of ferrous alloys[M]. Park Ridge: Noyes Publications, 1985.

[349] LEE B J, JANG J W. A modified embedded-atom method interatomic potential for the Fe-H system [J]. Acta Materialia, 2007, 55(20):6779-6788.

[350] XIA Y N, YANG P D, SUN Y G, et al. One-dimensional nanostructures: synthesis, characterization, and applications[J]. Advanced Materials, 2003, 15(5):353-389.

[351] GAO Y J, WANG H B, ZHAO J W, et al. Anisotropic and temperature effects on mechanical properties of copper nanowires under tensile loading[J]. Computational Materials Science, 2011, 50(10):3032-3037.

[352] ALEXANDROV A S, KABANOV V V. Magnetic quantum oscillations in nanowires[J]. Physical Review Letters, 2005, 95(7):076601.

[353] MIYAKE T, SAITO S. Electronic structure of potassium-doped carbon nanotubes[J]. Phys. Rev. B, 2002, 65(16):165419.

[354] MULLER C J, van RUITENBEEK J M, de JONGH L J. Conductance and supercurrent discontinuities in atomic-scale metallic constrictions of variable width[J]. Physical Review Letters, 69(1):140-143.

[355] HAN X D, ZHENG K, ZHANG Y F, et al. Low-temperature in situ large-strain plasticity of silicon nanowires[J]. Advanced Materials, 2007, 19(16):2112-2118.

[356] HOFFMANN S, UTKE I, MOSER B, et al. Measurement of the bending strength of vapor-liquid-solid grown silicon nanowires[J]. Nano Letters, 2006, 6(4):622-625.

[357] BUMM L A, ARNOLD J J, Cygan M T, et al. Are single molecular wires conducting? [J]. Science, 1996, 271(5256):1705-1707.

[358] PARK N Y, NAM H S, CHAP R, et al. Sizedependent transition of the deformation behavior of Au nanowires[J]. Nano Research, 2015, 8(3):941-947.

[359] SEO J H, YOO Y D, PARK N Y, et al. Superplastic deformation of defect-free au nanowires via coherent twin propagation[J]. Nano Letters, 2011, 11(8):3499-3502.

[360] CHAN M K Y, REED J, DONADIO D, et al. Cluster expansion and optimization of thermal conductivity in SiGe nanowires[J]. Phys. Rev. B, 2010, 81(17):174303.

[361] 张结印，高飞，张建军. 硅和锗量子计算材料研究进展[J]. 物理学报，2021，70(21):62-74.

[362] KASPER E, HERZOG H J. Structural properties of silicon-germanium (SiGe) nanostructures [M]//SHIRAKI Y, USAMI N. Silicon-Germanium (SiGe) Nanostructures. Amsterdam: Elsevier, 2011: 3-25..

[363] TERSOFF J. Modeling solid-state chemistry: Interatomic potentials for multicomponent systems [J]. Phys. Rev. B, 1989, 39(8):5566-5568.

[364] YEH J W, CHEN S K, LIN S J, et al. Nanostructured high-entropy alloys with multiple principal elements: Novel alloy design concepts and outcomes[J]. Advanced Engineering Materials, 2004, 6 (5):299-303.

[365] REN X L, YAO B D, ZHU T, et al. Effect of irradiation on randomness of element distribution in cocrfemnni equiatomic highentropy alloy[J]. Intermetallics, 2020, 126:106942.

[366] WANG J J, WU S S, FU S, et al. Ultrahigh hardness with exceptional thermal stability of a nanocrystalline cocrfenimn high-entropy alloy prepared by inert gas condensation[J]. Scripta Materialia, 2020, 187:335-339.

[367] QIAO L, BAO A, WANG Y, et al. Thermophysical properties and high temperature oxidation behavior of FeCrNiAl0. 5 multi-component alloys[J]. Intermetallics, 126:106899, 2020.

[368] GLUDOVATZ B, HOHENWARTER A, CATOOR D, et al. A fracture-resistant high-entropy alloy for cryogenic applications[J]. Science, 2014, 345(6201):1153-1158.

[369] TANG Z, YUAN T, TSAI C W, et al. Fatigue behavior of a wrought Al0. 5CoCrCuFeNi two-phase high-entropy alloy[J]. Acta Materialia, 2015, 99:247-258.

[370] CHUANG M H, TSAI M H, WANG W R, et al. Microstructure and wear behavior of AlxCo-1. 5CrFeNi1. 5Tiy high-entropy alloys[J]. Acta Materialia, 2011, 59(16):6308-6317.

[371] WU D S, KUSADA K, YAMAMOTO T, et al. On the electronic structure and hydrogen evolution reaction activity of platinum group metal-based high-entropy-alloy nanoparticles[J]. Chemical Science, 2020, 11(47):12731-12736.

[372] AYYAGARI A, BARTHELEMY C, GWALANI B, et al. Reciprocating sliding wear behavior of high entropy alloys in dry and marine environments[J]. Materials Chemistry and Physics, 210:162-169, 2018.

[373] LINDNER T, LÖBEL M, SABOROWSKI E, et al. Wear and corrosion behaviour of supersaturated surface layers in the high-entropy alloy systems CrMnFeCoNi and CrFeCoNi[J]. Crystals, 2020, 10(2):110.

[374] TORBATI-SARRAF H, SHABANI M, JABLONSKI P D, et al. The influence of incorporation of Mn on the pitting corrosion performance of CrFeCoNi high entropy alloy at different temperatures [J]. Materials & Design, 2019, 184:108170.

[375] LYU P, CHEN Y N, LIU Z j, et al. Surface modification of CrFeCoNiMo high entropy alloy induced by high-current pulsed electron beam[J]. Applied Surface Science, 2020, 504:144453.

[376] HIREL P. Atomsk: A tool for manipulating and converting atomic data files[J]. Computer Physics Communications, 2015, 197:212-219.

[377] FARKAS D, CARO A. Model interatomic potentials for Fe-Ni-Cr-Co-Al high-entropy alloys[J]. Journal of Materials Research, 2020, 35(22):3031-3040.

[378] FAN Y H, WANG W Y, HAO Z P, et al. Work hardening mechanism based on molecular dynamics simulation in cutting Ni-Fe-cr series of Ni-based alloy[J]. Journal of Alloys and Compounds 2020, 819:153331.

[379] ZHANG J, LIU C, SHU Y H, et al. Growth and properties of cu thin film deposited on Si(001) substrate: A molecular dynamics simulation study[J]. Applied Surface Science, 2012, 261: 690-696.

[380] von BAUER E. Phänomenologische theorie der kristallabscheidung an oberflächen. I[J]. Zeitschrift für Kristallographie-Crystalline Materials, 1958, 110(1-6):372-394.

[381] JELINEK B, GROH S, HORSTEMEYER M F, et al. Modified embed ded atom method potential for Al, Si, Mg, Cu, and Fe alloys[J]. Phys. Rev. B, 2012, 85(24):245102.

[382] TIAN B Z, ZHENG X L, KEMPA T J, et al. Coaxial silicon nanowires as solar cells and nanoelectronic power sources[J]. Nature, 2007, 449(7164):885-889.

[383] LUCOT D, PIERRE F, MAILLY D, et al. Multicontact measurements of a superconducting Sn nanowire[J]. Applied Physics Letters, 2007, 91(4):042502.

[384] GEIM A K, NOVOSELOV K S. The rise of graphene[J]. Nature Materials, 2007, 6(3):183-191.

[385] CHEN Y, LU J, GAO Z X. Structural and electronic study of nano scrolls rolled up by a single graphene sheet[J]. J. Phys. Chem. C, 2007, 111(4):1625-1630.

[386] XIA D, XUE Q Z, YAN K Y, et al. Diverse nanowires activated self-scrolling of graphene nanoribbons[J]. Applied Surface Science, 2012, 258(6):1964-1970.

[387] MCDONALD I R. NpT-ensemble Monte Carlo calculations for binary liquid mixtures[J]. Mol. Phys. ,2002,100(1):95-105.

[388] EPPENGA R,FRENKEL D. Monte Carlo study of the isotropic and nematic phases of infinitely thin hard platelets[J]. Mol. Phys. ,1984,52(6):1303-1334.

[389] SCHULTZ A J,KOFKE D A. Algorithm for constant-pressure Monte Carlo simulation of crystalline solids[J]. Phys. Rev. E,2011,84(42):787-804.

[390] HONKALA K,HELLMANN A,REMEDIAKIS I N,et al. Ammonia synthesis from first-principles calculations[J]. Science,2005,307(5709):555-558.

[391] WU C,SCHMIDT D J,WOLVERTON C,et al. Accurate coverage-dependence incorporated into first-principles kinetic models:Catalytic NO oxidation on Pt(111)[J]. J. Catal. ,2012,286(4):88-94.

[392] HAN B C,VAN DER A V,CEDER G,et al. Surface segregation and ordering of alloy surfaces in the presence of adsorbates[J]. Phys. Rev. B,2005,72(20):205409.

[393] WU F Y. The potts model[J]. Rev. Mod. Phys. ,1982,54(1):235-268.

[394] PANAGIOTOPOULOS A Z. Direct determination of phase coexistence properties of fluids by Monte Carlo simulation in a new ensemble[J]. Mol. Phys. ,1987,100(4):237-246.

[395] PANAGIOTOPOULOS A Z,QUIRKE N,STAPLETON M R,et al. Phase equilibria by simulations in the Gibbs ensemble: alternative derivation,generalization and application to mixtures and membrane equilibria[J]. Mol. Phys. ,1988,63(4):527-545.

[396] LOPES J N C,TILDESLEY D J. Multiphase equilibria using the Gibbs ensemble Monte Carlo method[J]. Mol. Phys. ,1997,92(2):187-196.

[397] KOFKE D A. Gibbs-Duhem integration:a new method for direct evaluation of phase coexistence by molecular simulations[J]. Mol. Phys. ,1993,78(6):1331-1336.

[398] STAUFFER D,AHARONY A. Introduction to the percolation theory[M]. 2nd ed. London: Taylor & Francis,1994.

[399] HOSHEN J,KOPELMAN R. Percolation and cluster distribution. I. Cluster multiple labeling technique and critical concentration algorithm[J]. Phys. Rev. B,1976,14(8):3438-3445.

[400] HOSHEN J,KOPELMAN R,MONBERG E M. Percolation and cluster distribution. II. Layers,vari-

able-range interactions,and exciton cluster model[J]. J. Stat. Phys. ,1978,19(3):219-242.

[401] ZHU R,PAN E,CHUNG P W. Fast multiscale kinetic Monte Carlo simulations of three-dimensional self-assembled quantum dot islands[J]. Phys. Rev. B,2007,75(20):205339.

[402] HUANG H,GILMER G H,TOMAS P D L R. An atomistic simulator for thin film deposition in three dimensions[J]. J. Appl. Phys. ,1998,84(7):3636-3649.

[403] ZIEGLER M,KROEGER J,BERNDT R,et al. Scanning tunneling microscopy and kinetic Monte Carlo investigation of cesium superlattices on Ag(111)[J]. Phys. Rev. B,2008,78(24):1879-1882.

[404] NEGULYAEV N N,STEPANYUK V S,HERGERT W,et al. Atomic-scale self-organization of Fe nanostripes on stepped Cu(111) surfaces:Molecular dynamics and kinetic Monte Carlo simulations [J]. Phys. Rev. B,2008,77(8):085430.

[405] PORNPRASERTSUK R,CHENG J,HUANG H,et al. Electrochemical impedance analysis of solid oxide fuel cell electrolyte using kinetic Monte Carlo technique[J]. Solid State Ionics,2007,178(3):195-205.

[406] WANG X,LAU K C,TURNER C H,et al. Kinetic Monte Carlo simulation of the elementary electrochemistry in a hydrogen-powered solid oxide fuel cell[J]. J. Power Sources, 2010, 195(13):4177-4184.

[407] VOTER A F. Radiation effects in solids[M]. Berlin:Springer-verlag,2006.

[408] EYRING H. The activated complex in chemical reactions[J]. J. Chem. Phys. ,1935,3(2):107-115.

[409] VOTER A F,DOLL J D. Transition state theory description of surface self-diffusion:comparison with classical trajectory results[J]. J. Chem. Phys. ,1984,80(11):5832-5838.

[410] VOTER A F. Classically exact overlayer dynamics:diffusion of rhodium clusters on Rh(100)[J]. Phys. Rev. B,1986,34(10):6819-6829.

[411] KRATZER P. Multiscale simulation method in molecular science[M]. Jülich:Forschungszentrum,2009.

[412] BORTZ A B,KALOS M H,LEBOWITZ J L. A new algorithm for Monte Carlo simulation of ising spin systems[J]. J. Comp. Phys. ,1975,17(1):10-18.

[413] DAWNKASKI E J,SRIVASTAVA D,GARRISON B J. Time dependent Monte Carlo simulations of H reactions on the diamond {001}(2×1) surface under chemical vapor deposition conditions[J]. J. Chem. Phys. ,1995,102(23):9401-9411.

[414] MASON D R,HUDSON T S,SUTTON A P. Fast recall of state-history in kinetic Monte Carlo simulations utilizing the Zobrist key[J]. Comp. Phys. Comm. ,2005,165(1):37-48.

[415] NOVOTNY M A. Monte Carlo algorithms with absorbing markov chains:fast local algorithms for slow dynamics[J]. Phys. Rev. Lett. ,1995,74:1-5.

[416] MIRON R A,FICHTHORN K A. Multiple-time scale accelerated molecular dynamics:addressing the small-barrier problem[J]. Phys. Rev. Lett. ,2004,93(12):128301.

[417] VOTER A F. Hyperdynamics:accelerated molecular dynamics of infrequent events[J]. Phys. Rev. Lett. ,1997,78(20):3908-3911.

[418] MIRON R A,FICHTHORN K A. Accelerated molecular dynamics with the bond-boost method[J]. J. Chem. Phys. ,2003,119(12):6210-6216.

[419] FU C C,TORRE J D,WILLAIME F,et al. Multiscale modelling of defect kinetics in irradiated iron [J]. Nat. Mater. ,2004,4(1):68-74.

[420] DOMAIN C,BECQUART C S,MALERBA L. Simulation of radiation damage in Fe alloys:an object kinetic Monte Carlo approach[J]. J. Nucl. Mater. ,2004,335(1):121-145.

[421] GILLESPIE D T. Approximate accelerated stochastic simulation of chemically reacting systems[J].

J. Chem. Phys. ,2001,115(4):1716-1733.

[422] TIAN T,BURRAGE K. Binomial leap methods for simulating stochastic chemical kinetics[J]. J. Chem. Phys. ,2004,121(21):10356-10364.

[423] HENKELMAN G,JÓNSSON H. Long time scale kinetic Monte Carlo simulations without lattice approximation and predefined event table[J]. J. Chem. Phys. ,2001,115(21):9657-9666.

[424] TRUSHIN O,KARIM A,KARA A,et al. Self-learning kinetic Monte Carlo method:Application to Cu(111)[J]. Phys. Rev. B,2005,72(11):115401.

[425] FAN Y,KUSHIMA A,YIP S,et al. Mechanism of void nucleation and growth in bcc Fe:atomistic simulations at experimental time scales[J]. Phys. Rev. Lett. ,2011,106(12):812-819.

[426] XU H X,OSETSKY Y N,STOLLER R E. Simulating complex atomistic processes:On-the-fly kinetic Monte Carlo scheme with selective active volumes[J]. Phys. Rev. B,2011,84(13):3942-3946.

[427] GIBSON M A,BRUCK J. Efficient exact stochastic simulation of chemical systems with many species and many channels[J]. J. Phys. Chem. A,2000,104(9):1876-1889.

[428] SLEPOY A,THOMPSON A P,PLIMPTON S J. A constant-time kinetic Monte Carlo algorithm for simulation of large biochemical reaction networks[J]. J. Chem. Phys. ,2008,128(20):205101.

[429] CHEN Z Z,KIOUSSIS N,TU K N,et al. Inhibiting adatom diffusion through surface alloying[J]. Phys. Rev. Lett. ,2010,105(1):015703.

[430] NEGULYAEV N,STEPANYNK V S, NIEBERGALL L,et al. Direct evidence for the effect of quantum confinement of surface-state electrons on atomic diffusion[J]. Phys. Rev. Lett. ,2008,101(22):4473-4475.

[431] RAK M,IZDEBSKI M,BROZI A. Kinetic Monte Carlo study of crystal growth from solution[J]. Comp. Phys Commun. ,2001,138(3):250-263.

[432] PIANA S,REYHANI M,GALE J D. Simulating micrometre-scale crystal growth from solution[J]. Nature,2005,438(7064):70-73.

[433] GILMER G H,BENNEMA P. Simulation of crystal growth with surface diffusion[J]. J. Appl. Phys. ,1972,43:1347-1360.

[434] BENNEMA P,VAN DER EERDEN J P. Crystal growth from solution-development in computer simulation[J]. J. Cryst. Growth,1977,42(27):201-213.

[435] FICHTHORN K A,WEINBERG W H. Monte Carlo studies of the origins of the compensation Effect in a catalytic reaction[J]. Langmuir,1991,7(11):2539-2543.

[436] MENG B,WEINBERG W H. Monte Carlo simulations of temperature programmed desorption spectra[J]. J. Chem. Phys. ,1994,100(7):5280-5289.

[437] MENG B,WEINBERG W H. Non-equilibirum effects on thermal desorption spectra[J]. Surf. Sci. ,1997,374(1-3):443-453.

[438] HANSEN E,NEUROCK M. First-principles-based Monte Carlo methodology applied to O/Rh(100)[J]. Surf. Sci. ,2000,464(2-3):91-107.

[439] FRANZ T,MITTENDORFER F. Kinetic Monte Carlo simulations of temperature programed desorption of O/Rh(111)[J]. J. Chem. Phys. ,2010,132(19):194701.

[440] 梁昆淼. 数学物理方法[M]. 2 版. 北京:高等教育出版社,1978.

[441] 喀兴林. 高等量子力学[M]. 2 版. 北京:高等教育出版社,2001.

[442] 关治,陈景良. 数值计算方法[M]. 北京:清华大学出版社,1989.

[443] COOLEY J W,TUKEY J W. An algorithm for the machine calculation of complex Fourier series[J]. Math. Comput. ,1965,19:297-301.

[444] PRESS W H, TEUKOLSKY S A, VETTERLING W T, et al. Numerical recipes: The art of scientific computing[M]. 2nd. Cambridge: Cambridge University Press, 1992.

[445] CLEVELAND C L, LUEDTKE W D, LANDMAN U. Melting of gold clusters[J]. Phys. Rev. B, 1999, 60(7): 5065-5077.

[446] ACKLAND G J, JONES A P. Applications of local crystal structure measures in experiment and simulation[J]. Phys. Rev. B, 2006, 73(5): 054104.

[447] OKABE A, BOOTS B, SUGIHARA K. Spatial tessellations: Concepts and applications of voronoi diagrams[M]. Chichester: John Wiley and Sons, 1992.

[448] BITZEK E, KOSKINEN P, GAHLER F, et al. Structural relaxation made simple[J]. Phys. Rev. Lett., 2006, 97(17): 170201.